张涵信院士

张涵信论文选集

刘　刚　邓小刚　叶友达
　　　　　　　　　　　　　　编
张树海　刘金合　田　浩

科学出版社
北　京

内 容 简 介

张涵信院士是我国著名的力学家，中国计算流体动力学的开拓者之一。他重视流动的物理分析，在计算方法、流动分离与流场拓扑结构、飞行动态稳定与控制、计算和实验的不确定度和验证确认，以及地面实验等领域，获得了丰硕的成果。本书从他发表的学术论文中选取部分代表性的文章汇集成书，有重要的指导和参考意义。

本书可供流体力学、空气动力学、应用数学、航空航天工程科技人员以及高等院校有关专业教师、研究生和高年级学生使用。

图书在版编目(CIP)数据

张涵信论文选集 / 刘刚等编. —北京：科学出版社，2016.4
ISBN 978-7-03-048033-0

Ⅰ. ①张…　Ⅱ. ①刘…　Ⅲ. ①空气动力学-文集　Ⅳ. ①V211.1-53

中国版本图书馆 CIP 数据核字（2016）第072751号

责任编辑：赵敬伟 / 责任校对：胡庆家
责任印制：肖　兴 / 封面设计：耕者工作室

科学出版社 出版
北京东黄城根北街 16 号
邮政编码：100717
http://www.sciencep.com

北京通州皇家印刷厂 印刷
科学出版社发行　各地新华书店经销

*

2016 年 6 月第　一　版　开本：787 × 1092　1/16
2016 年 6 月第一次印刷　印张：41　1/4　插页：1
字数：957 000

定价：280.00元

（如有印装质量问题，我社负责调换）

序

张涵信同志是我国空气动力学界最杰出的专家之一，对空气动力学学科本身和相关的国防科技都做出了重要贡献。因此，他的论文集的出版，是力学界的一件大事。

我本人不是空气动力学专家，和他开始有交往的时间也晚于其他很多人，对他的学术成就又没有很全面的了解，所以本来不是写这个序的最合适的人选。但是，从十几年前开始，我们的交往逐步密切起来，原因是我们对力学工作者应该如何从事力学研究有很多共同的看法，为这一问题还合写过几篇文章。因此，在这方面可以说是“志同道合”。一个人的成功有多种原因，除了个人天赋、勤奋努力、机遇好（如遇到好的导师）等外，从事研究时的途径是否顺应了科学发展的客观规律也是一个重要条件。这篇序言中就着重谈一谈这方面的问题。

大约在十年前，力学界不少人感觉，相对于其他学科，力学的地位在下降，其表现就是在国家的第三次科技发展规划中，和前两次不同，力学未能单独立项。我们两人都感觉这和我国的力学工作者中，有相当一部分人没有把力学的研究紧密地和工程技术的需求相结合，以致于在不少本来和力学有密切关系的工程技术领域，感觉不到力学工作者的研究对它们有多大影响。为此，我们和崔尔杰同志一起写了一篇《有关力学工作的一点反思》，登在了《力学进展》上。总的意思是说，力学研究应该走钱学森先生倡导的技术科学途径，紧密结合实际，特别是工程技术实际的需求。据说在力学界，总的来说，对这篇文章的反映还不错，但也有一部分同志认为它可能会不必要地再次在力学界引起“究竟力学是‘基础科学’还是‘技术科学’之争”。之后，我和张涵信同志又合写了几篇由其他问题引起但性质类似的文章，刊登在了《中国科学》《中国科学报》上。

在我们看来，一方面，名词之争并不是问题的实质，实质是究竟什么是推动力学发展的主要动力。因此，我们并没有陷入名词之争，而是从20世纪力学发展的实际过程来分析，是什么推动了力学一步一步地发展到今天这样。结论自然是，主要是工程技术发展的需求，尤其是航空航天技术发展的需求，而不是某种事先就确定好了的学科体系发展的需求。其实，可以举一个极端的例子，在地球上，除了流星进入大气层外，自然界还没有自然发生的高超声速流动问题。如果不是航天技术发展的需求，有哪个国家或社会会投入成百上千亿元的经费和组织成百上千的科技人员去从事高超声速空气动力学的研究？而在固体力学方面，如果不是航空技术发展的需求，板壳、疲劳、断裂和损伤力学等这些受到众多力学工作者关注的力学分支，恐怕也不会在 20 世纪中叶后相继出现。与此相反，单纯从学科需求出发的一些分支，如理性力学、非线性科学中的混沌、孤立波、分叉等理论，至少在力学范围内，并没有产生持久和很大的影响。原因正是它们没有能和实际需求，特别是工程技术上的实际需求结合起来。

另一方面，解决工程技术等实际问题时，又不能就事论事地仅限于解决某一具体问题，而要力求从更基础的科学层面出发去分析所遇到的现象，给出其定量的规律，并发展出相应的实验技术和计算方法。这就是钱学森先生提倡的发展力学的道路。这一道路，就既解决了工程技术问题，又推动了科学的发展。当然，除了工程技术问题外，也有其他重要的实际问题，如大气、海洋、河流、沙漠等自然界的演化问题，同样应该引起我们的注意。所以，技术科学的提法，需要从更广泛的意义上去理解。

钱学森先生还指出，为了解决具体的工程技术问题，力学工作者要熟悉工程技术中的方法和问题。在开发一种新的工程技术时，事先要对其可能性、可行性和克服困难的主要途径作出判断。否则，研究的选题往往不能切中要害。而这也是很多不在工程技术单位，例如在高校工作的同志，很容易犯的毛病。我本人早年就犯过这种毛病，现在也不能说已经做得很好了。

从文集的内容不难看出，张涵信同志之所以能取得出色的成果，除了他个人的天赋和努力及好的机遇外，正因为他身体力行地实践了钱学森先生的发展力学学科的思想。他针对航空航天技术发展的需求，科学地提出了新的力学问题，发展了新的力学方法，发现了新的力学规律，从而在解决重要的航空航天技术问题的同时，也推动了力学的发展。希望阅读这一论文集的同志，不但要学习其中的科学内容，还要学习他将工程技术问题，或更一般地说，将客观存在的实际问题提高到自然科学的水平以解决之的这一钱学森先生倡导的力学发展思想，这样才能全面地获取文集的精华。

周恒

2015年12月21日

前　言

本文集是从张涵信院士发表的大量学术论文中选出来的。内容涉及数值模拟理论、分离流动、旋涡运动机理及飞行稳定性理论等领域。从文集中可以看到：根据差分方程的修正方程式所包含的耗散、色散等物理量的贡献，张涵信院士用物理分析和数值计算相结合的方法建立了二阶精度 NND 格式和三阶精度以上 ENN 计算格式的理论体系，提出了建立计算格式的一般原则，特别重要的是建立了各阶格式在激波处避免出现虚假波动的物理熵增原则；研究了可压缩三维定常及非定常流动的分离，分别给出了判定流动分离和再附的数学条件，解决了国际学术界长达 20 年关于分离线是极限流线还是其包络线的争论；建立了旋涡沿其轴向分叉演化以致破裂的理论，发现亚声速和超声速旋涡具有本质区别；还建立了流动空间拓扑结构分析的方法，对阐明流动结构和编制计算网格具有重要意义；运用非线性动力学理论和数值模拟相结合的方法分析了飞行器俯仰、摇滚及其耦合运动，提出了稳定性判则及 Hopf 或鞍结点分叉失稳的控制参数，并据此提出了增强高速飞行器稳定性的建议，这对于新一代飞行器的气动布局设计具有重要的指导意义和参考价值。

张涵信院士一直致力于航空航天气动力学的研究，本文集仅给出他以第一作者发表的论文，而对于他和其他合作者联合发表的许多论文，由于篇幅有限，仅能列出论文的目录。他提出“创新是灵魂，应用是归宿”的思想，努力用新方法解决实际问题和发展新的理论。用他的理论和方法，他亲自参与了航空航天飞行器设计研制的很多计算烧蚀、气动力、热流的软件。这些工作这里不能一一详述，特此说明。

编者

2015年12月31日

自　序

出版这一文集时，我首先想到的是引导我走上了这条航空航天空气动力学研究道路的钱学森和郭永怀先生，特别是我的导师郭永怀。这里引用已发表过的一篇文章（摘自《郭永怀先生诞辰一百周年纪念文集》）作为自序，以表达对郭永怀先生深深的怀念。

郭永怀先生诞辰一百周年纪念文集

难忘的记忆

——怀念导师郭永怀

我是1957年第一届力学研究生班的学生。当时，郭永怀先生教力学班的流体力学概论，潘良儒和孙天风先生分别教理想流体力学和气体力学。潘、孙都是郭永怀先生在美国的学生，他们给我们介绍郭永怀先生的成就时，说郭先生在跨声速流动上临界马赫数的研究及PLK方法方面国外的影响很大。当时苏联边界层权威劳强斯基的教科书中，大加推崇郭先生的PLK方法。加上郭先生在教学中的理论严谨和重视物理分析的风范，使我对郭先生十分崇拜。所以，当1960年清华大学推荐我继续读研究生并请郭永怀作导师时，我十分高兴。下面就我当研究生时难忘的一些记忆做一回顾。

1960年3月有一天，郭先生叫我去见他，当时的心情是既高兴又害怕。见面后，郭先生说，我找你来是为了谈谈你的研究方向。接着，他介绍了空气动力学的现状，他说，气体力学的发展有3个阶段：第1阶段是低速空气动力学，基础是牛顿力学；第2阶段是高速空气动力学，基础是牛顿力学加热力学；现在正处于第3阶段，超高速空气动力学，基础是牛顿力学、热力学加物理化学，因为这个阶段，飞行速度高，有化学反应。郭先生问我想在哪个阶段做研究。我当时立即回答在第3阶段。郭先生说，我也是这样想。那你要先做好3件事：（1）你要学习统计力学和物理化学，清华大学物理系有位先生叫谢毓章，他知道谁开这两门课，你可找他，说郭老师叫他帮忙安排。不一定要学得很多，但要打好基础；（2）现在国内俄文的资料较多，苏联在高速空气动力学研究上有大的进展，你在力学班通过了英语，看英文资料不成问题，应该再学会俄语。我请黄克智先生对你进行帮助；(3) 你要搞一个调研，就国内外超高速空气动力学的研究状况及进展作一系统的调研报告，提出未解决的问题，能展望一下前景会更好。接着，他与我商议，用9个月的时间即到1960年12月完成这3件事。这次见面后，我按郭先生的要求，一一做了落实，并拼命地从事调研工作。当时确实俄文资料多。1960年底，我带着两门课的考试成绩、黄克智先生的评语及调研报告去拜见郭先生。这次谈话很简短，郭先生说，课程完成了，我看看你的调研报告怎么样。一个星期后，你等通知再来见我。

我心慌地等了大约10天，终于等到了拜见时间。出乎我的意料，郭先生说报告写得不错，但他做了修改。他从标题到文字，3万字左右的报告，密密麻麻全是修改的红字。他说，你还要按我批的意见改一遍，分成引言、理想完全气体流动、混合理想气体流动、结论4大节。在第2、第3节中再分若干小节，如尖体绕流、钝体绕流、细长体绕流等。突出流动特征、已取得的进展、存在问题及今后要做的工作。他说修改完后再去找他。

郭先生这次给我修改报告，对如何写论文起了示范和指导作用，是我写论文报告关键的一次实践。

当我把报告修改完后，又去找郭先生。他说，这次可谈谈你论文的题目了。现在，国外正在搞洲际导弹，其外形就是钝头细长体，飞行马赫数达20以上。他带有启发性地问我，你想搞什么，是钝体还是后面的细长体？因为我在调研中考虑过这个问题，我便回答说搞钝体绕流。当时我想，郭先生让我搞调研报告，太重要了。否则，我的回答不会这样快。郭先生又说，搞钝体绕流，还是要先搞无黏性完全气体流动，然后搞有化学反应的问题。一步步地走，不能一下吃个胖子。还有，在搞法上要有新的构思。如何搞，你回去想想，有了想法随时可来找我。

大约在这次谈话后半个月，我带着搞钝头绕流的构思及存在问题去请教郭先生。我汇报说，现在解决这一问题流行的方法是摄动法，以激波前后的密度比为小参数。这一方法苏联和美国人都做了，但有缺点。他们是用激波关系来估计各量与小参数的关系，其结果一级近似为Buseman离心力修正，二级近似在离前驻点很近的地方就出现了奇性，与实验不符。我想用物面上的流动关系去估计各量与小参数的关系，其摄动展开式与他们的很不同，一阶近似为牛顿流，与实验很接近，比国外的方法好多了。但有一个问题，就是在激波附近的匹配出现困难。是否应该这样搞，请郭先生指示。郭先生听后，没有立即回答我的问题，他叫我先回去，找时间通知我再来。

第二天中午，我刚准备午休，一贯不午休的郭先生来了电话，叫我马上去见他。见面后，他说，你的做法应该从物理上考虑。气动力是作用在物面上的，当然用物面上的关系去估计各物理量的量级是好的，这就像钱学森所长在研究卡-钱公式时，用来流条件作切线近似比苏联人用驻点条件作近似好。至于激波条件的匹配，是否可引入自变量的一个变换，用新自变量的量级来匹配。郭先生的这个意见，是极为关键的。我按他的指导，引入了 Von Mises 变换，并让此变换有一个恰当的量级，结果解决了激波条件的匹配问题。就这样，我用新的摄动法对高超声速来流，求出了 Euler 方程描述的钝体绕流的各阶近似，其结果与当时苏联的积分关系式数值计算结果非常一致，与实验结果相当符合。郭先生很高兴，叫我写出论文，并把此结果告诉了钱所长，由钱所长把此论文带到当时五院内部的刊物《研究与学习》上发表。后来，1963 年初，郭先生叫我把此研究内容补充到调研报告中的钝体绕流一节，并一起缩减到 2 万多字，作为第一届全国流体力学大会的大会报告。当时没有投影设备，会议论文要求开会前印刷好。后来，该文在 1963 年 12 月《力学学报》上发表。

与此同时，高温化学反应的钝体绕流我也做了研究，导出各阶近似式，其一级、二级、三级近似的数值计算，找了清华大应届毕业生陈允文同学帮助，他出色地完成了计算工作，但由于当时没有比较的数据，论文没有发表。到 1965 年出现了有化学反应的数值解结果，和我们的结果比较，也很一致。于是，此文就投寄《航空学报》，经审查，同意发表。后因文化大革命，此文不仅没有发表，反被丢失了。

1963 年初，钝体绕流工作完成后，郭先生叫我继续研究钝头锥绕流的锥身的计算问题，把钝头绕流的方法推广到其头部后的锥身区。他说，你的调研报告中已经提到，在锥体表面附近存在高熵层。研究这个问题，应考虑熵层的影响。在郭先生的指导下，我把流场分成熵层和外层两个区域，然后求解。国外无人这样做过。这就是 1965 年在《航空学报》上发表的《钝锥绕流的熵层问题》。郭先生还指出，当钝锥的锥角很大时，锥体表面有压力回升现象，这将导致二次激波的形成。他指导我用极限线的原理分析这个问题。这项研究的结果，后来写成论文《二次激波形成的条件》，1964 年发表在《力学学报》上。

在从事研究生论文中，我深切体会到郭先生对学生的成长是关怀备至的。在发表上述论文时，郭先生坚决不同意将他列为作者，在论文最后表示感谢时，他一定要把导师郭永怀改成郭永怀同志。他说，新中国不要随便称导师，列宁才称导师，改成同志亲切。平时，郭先生要求我多参加学术交流，鼓励我参加当时北大每周举行的高超声速讨论会，要求我参加钱所长和他主持的每月一次的高超声速讨论班，并要我在这个讨论班开班时第一个做报告，鼓励我在上海流体力学会议上做大会报告，鼓励我接受上海复旦大学、北京五院的邀请做学术讲课。他说，参加这些交流并做学术报告，会上就有碰撞，新思想就容易产生，错误就容易发现，人就会有长进。当我们的工作写成论文后，他给予热情的鼓励，并帮助发表出去。但当社会上给予荣誉时（例如当选航空学会成立大会的主席团成员），他又告诫我，千万不要骄傲。郭先生的关怀，我是永世不忘的。

跟郭先生做研究生，也帮助我走上了一条力学研究的正确道路，那就是：从工程和学科发展中选择需解决而未解决的重大问题作为研究方向，在解决这些问题时，一定要重视力学分析，提出新方法、新思想、新理论，即有新的创造，然后再把这些创新应用于实际，解决工程问题和力学学科的问题，使研究工作最后有个归宿。根据这种思想，在参加工作和带研究生后，我提出“创新是科技工作的灵魂，应用是科技工作的归宿”作为工作的座右铭，也作为对郭永怀先生的怀念。

以上情况，是近 50 年前的事，因为涉及我的学术生命，所以记忆深刻。文中引用的郭先生的谈话，意思是准确的，但可能不是原话。

目　录

第一部分

研究生时发表的论文

近代高速气体动力学现状*

張 涵 信

(清 华 大 学)

提　　要

本文总結了1959年以后高速气体动力学的主要发展状况. 建議依来流 Mach 数的高低把速度远超过声速的流动分成两个区域: 一个区域是温度不很高, 理想气体模型适用的区域, 这个区域的流动我們叫它为高超声速流动; 另一个区域是高温效应显著, 因而必須采用具有化学反应的混合理想气体模型的区域, 这个区域的流动我們叫它为超高速流动. 本文主要包括两个部分. 第一个部分研究理想气体的高超声速繞流, 內容是: (1)錐体的涡层分析; (2)鈍体繞流, 主要討論激波层方法, 但对冪級数方法的进展、数值解法的进展、非对称繞流也簡单地加以討論; (3)鈍头圓錐及鈍头細长体的繞流, 主要討論非定常比拟理論、熵层問題、数值解法. 第二部分研究混合理想气体的超高速繞流, 內容是: 高溫空气的化学动力学模型、非平衡流的基本方程、相似律、鈍体及尖体繞流研究的主要結果. 文中除了对某些研究进行必要的評論外, 还較詳細地研究了流場的特点及各种計算方法的优劣. 此外, 也指出了有待进一步解决的問題.

主 要 符 号

γ——气体的絕热指数.

M_∞——来流 Mach 数.

β——激波与来流的夹角.

ε——激波前后的密度比, 在理想气体情况下, 常令 $\varepsilon=(\gamma-1)/(\gamma+1)$; 有时表示物体的厚度比或細长比, 这时将另加說明.

α——攻角; 有时表示物面与来流的夹角, 这时将另加說明.

R, ϑ, ω——球坐标.

x, r——柱坐标或直角坐标.

x, y——正交曲綫坐标, 其中 x 平行于物面, y 垂直于物面.

r^*, r_b——分別是激波和物面上的点到对称軸的距离.

p, ρ, s, h——气体的压力、密度、熵和焓.

$\mathbf{V}=(u, v, w)$——气体的速度及其分量.

$p_s, \frac{1}{\varepsilon}\rho_s$——鈍体前駐点处的压力和密度.

ψ——流函数.

* 力学学报, 1963, 6 (4): 249-286. 本文是为1963年10月中国力学学会流体力学学术讨论会准备的专题综合报告。

R_0——鈍体前緣的曲率半径或鈍头細长体內鈍头部分的特征尺度.

R_s^*——激波前緣的曲率半径.

C_{x_0}——鈍头細长体中鈍头部分的阻力系数.

ϑ——几何参数,对于平面問題 $\vartheta = 0$, 对于軸对称問題 $\vartheta = 1$; 有时用 ν 表示几何参数, $\nu = \vartheta + 1$.

“*”——表示激波.

“∞”——表示来流.

引　　言

在气体动力学中,近来对速度远超过声速的流动发生了很大兴趣. 和一般的超声速流动比較,由于来流 Mach 数和来流总能量很大,这种速度远超过声速的流动具有下述一系列新的特点:

1. 对于鈍体或薄体繞流,問題都是非綫性的,并且一般是有旋的.

2. 激波和物面之間的激波层很薄,并且当物面坡度較大时,激波层內气体的密度远較激波前为大. 此外,对于尖体,当絕热指数 γ 与 1 相差較大时,激波对由物面发出的膨胀波仍有強烈吸收的作用,因此,在激波层內激波反射常是次要的.

3. 对于薄体小攻角的繞流,和横向扰动速度相比,沿来流方向的扰动速度可以忽略,因此,定常薄体繞流就相当于平面上的非定常运动(即所謂平面截面規律). 对于尖头薄体,这种非定常运动相当于平面上的活塞运动; 对于小鈍头薄体,这种运动則相当于平面上的点爆炸和活塞的联合运动.

4. 如果設 β 是激波与来流的傾斜角, M_∞ 是来流 Mach 数,則在来流速度远超过声速的情况下,条件 $M_\infty^2 \sin^2\beta \gg 1$ 常常成立. 这时,对于理想气体,流場內各个无量綱量几乎与 M_∞ 无关. 因此,来流速度远超过声速的流动具有与 M_∞ 无关的极限状态.

5. 在来流速度远超过声速的情况下,特别是对于鈍体繞流,激波后的温度常常很高. 例如当 $M_\infty \geqslant 15$ 时,正激波后的温度达 6000°K 以上. 在这种高温下,不但气体分子的移动、轉动和振动自由度都被激发,而且也会出現气体的分离现象,甚至要产生电子激发和电离反应,这就改变了气体的成分和热力学状态. 此外,由于分子振动自由度的激发以及分离、电离的反应达到平衡时需要較长的时間(特别是在高空低密度的情况下更是这样),在流場內,气体一般是处于非平衡态. 如果温度再高,气体的輻射作用也就要考慮了. 目前,这个高速高温气体动力学領域已經形成.

上述特点对于分析速度远超过声速的流动是相当重要的. 特点 1 表明,在計算速度远超过声速的流动时决不允許采用綫性化理論,并且要放弃无旋假定. 特点 2,3 是現有近似方法的依据,例如根据激波层厚度很小和激波层內密度很大的特点,发展了激波层理論;根据尖体表面激波层內激波反射次要的特点,发展了激波膨胀波方法;根据特点 3,发展了非定常运动比拟方法. 特点 4 对于处理实驗結果具有指导意义. 特点 5 指明,在研究速度远超过声速的流动时,应該把流动分成两个区域:(1)气体成分不变而化学反应次要的区域,对于这个区域,可以采用理想气体模型;(2)高温下分离等反应起重要作用的区域,对于这个区域,单純的理想气体模型已不能反映客观实际,必須采用具有化学反应的混合理想气体模型．为了更好地区别上述两个区域的流动的特点，我們建議，第一个区域的流动叫做高超声速流动，因为和一般的超声速流动比較，两者都采用相同的气体模型，并且有相同的基本方程組，只是在 M_∞ 很大时必須采用非綫性理論，这里錢学森关于"高超声速"流动的概念是适用的；第二个区域的流动叫做超高速流动，因为这种与高温相联系的流动远远超出超声速流动和上述高超声速流动所能研究的范围．一般說来，速度在中程导弹速度以上时，相应的气体动力学問題都屬于超高速流动的范围．

由于火箭技术和超高速飞行器的飞快发展，高超声速及超高速气体动力学的研究获得了很大进展．1959 年以前的成就，在 Hayes 和 Probstein[1]，Черный[2] 的专著以及 Lees[3]，Ferri[4]，Van Dyke[5]，Струминский[6] 的論文中已經分別詳細地进行了总結．对于理想气体的高超声速流动，从这些文献中可以了解到流場的基本特点和各种分析方法，例如，对于尖体的繞流，非定常运动比拟方法、激波膨胀波方法、激波层理論等，在这些文献中都有詳細的叙述；对于鈍体的繞流，对称軸附近的羃級数展开法、不可压縮近似方法、Freeman 的激波层方法、数値解中的积分关系式方法(正問題)及差分方法(反問題)，也有詳細的闡明．同时，在这些文献中还可以找到有关上述这些方面发展的 1959 年以前的主要文献．1959 年以后，除了上述几个方面进一步得到完善外，在下述几个方面也取得了新的进展：(1)有攻角尖头迴轉体理想气体繞流的涡层分析；(2)鈍体理想气体繞流的激波层理論及半解析半数值解法；(3)小鈍头圓錐或小鈍头細长体的理想气体繞流以及相应的熵层分析；(4)高温下有化学反应的混合理想气体繞流．此外，关于非定常繞流，也得到了一定的进展．

除了文献[2,6]曾对小鈍头細长体的理想气体繞流作了一些初步总結外，上述几个方面的新进展，目前尙未出現系統的和稍微詳細的总結．最近发表的郑显基的論文[7]，也只能使我們了解目前的大致情况和主要文献．本文的目的就是試图系統地和稍微詳細地总結 1959 年以后这些方面的进展．鉴于随着 M_∞ 的不同，流动应該划分成不同的区域来进行研究，因此，我們的总結就分成两个部分．第一部分是理想气体的高超声速流动．这一部分又分成三节：1. 沿錐体的涡层問題；2. 鈍体的繞流，主要討論激波层理論，但对羃級数方法的进展(包括半解析半数値解法)、数値解法的进展、以及非对称繞流，也簡单加以討論；3. 鈍头細长体和鈍头圓錐的繞流．第二部分討論高温下具有化学反应的混合理想气体的超高速流动．至于具有高温輻射的超高速繞流，由于这个問題刚刚处于建立阶段，所以暫不加以总結．此外，我們也不討論非定常繞流以及和粘性有关的流动．

一、理想气体的高超声速繞流

在这一部分里，我們在常比热理想气体的假定下来討論无粘性气体的定常繞流．

1. 沿錐体的涡层問題

目前在分析尖体有攻角的高超声速繞流时，多采用数値解法和激波层理論．从数値解的观点来看，由于三維特征綫方法目前已經有了很好的发展，因此，問題主要是寻求錐体繞流的数値解．最近 Stocker 和 Mauger[8]，Сягаев[9] 先后利用反問題給出了有攻角圓錐繞流及零攻角橢圓錐繞流的数値解．对于中等以上的 Mach 数，如果攻角不大，在离开物面較远的区域里应用这种方法是比較成功的，但在物面附近应用这种方法則是有困难的．在正問題中，Чушкин 和 Щенников[10] 利用积分关系式方法对有攻角的圓錐及零攻角的橢圓錐也进行了数值計算，但也遇到同样的困难(特别在后面将要提到的熵的多值奇点附近).

根据激波层理論，Гонор[11,12] 和 Scheuing[13] 分别研究了有攻角圓錐和任意錐体的間題，Guirand[14] 和 Миносцев[15] 分别研究了任意三維尖体及有攻角迴轉体的問題．但是所有这些研究中得到的結果在物面处都是奇异的(例如在物面处，解存在对数奇点)．因此，这些解在物面附近是不能均匀适用的.

为什么这些方法在物面附近发生問題呢？这完全是由于物面附近渦层存在的緣故.

正如 Ferri 早在 1950 年所指出的，当超声速和高超声速气体繞过偏斜圓錐和三維錐体时，物体附近出現厚度很小的渦旋层，同时激波层内出現熵的多值奇异綫(通过錐体前緣的射綫)．如果我們从以錐体頂点为中心的球面上来考察問題，这些奇异綫就表現为奇点(流綫在球面上的投影是从激波上进入激波层内并在奇点处相交)．来流和錐体形状不同，这些奇点的数目和位置也不同：有时一个，有时几个；有时位于激波层内部，有时位于錐面上．如果这些奇点不在物面上，物面就是等熵面；如果奇点在物面上，那末由于熵的守恆方程，在奇点之間的各段物面上熵分別保持为常数．任意迴轉体或尖体的三維流动也有类似的情况．在高超声速情况下，渦层厚度是很小的．例如，有攻角的圓錐繞流，渦层厚度大約是 $\varepsilon\exp\left[-\frac{1}{\alpha\varepsilon}\right]$[14]．因此，在渦层内渦旋強度(因而熵梯度)很大，于是，穿过渦层，速度和熵有很大的变化；如果压力不变，密度也有很大的变化．換句話說，速度和密度在渦层内外将有不同的量級．这种情况当然会使差分計算和积分关系式方法遇到困难，同样，在激波层理論中，根据激波条件以 ε 为小参数而提出的各个物理量的級数展开式，自然也不适用.

无論在气动力或在边界层問題中，我們最感兴趣的是物面附近的解．因此如何考慮渦层效应并寻求在整个激波层内均匀适用的解就具有一定的意义．目前对这个問題已經进行了不少研究，主要方法有三种.

第一种方法是郑显基[16]首先采用的，他利用激波层的概念来研究小攻角 α 的圓錐繞

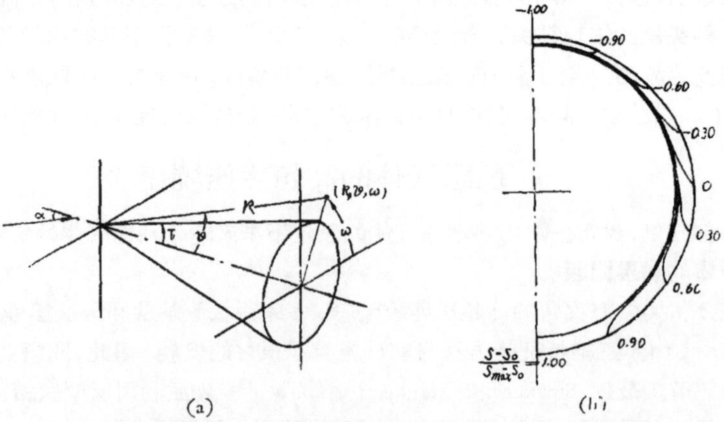

(a) (b)

图 1 (a) 坐标系統．(b) $\alpha=17^\circ$，$\gamma=1.4$，$M_\infty=9.5$，$\tau=45^\circ$ 时激波层内熵 s 的分布.

流. 方法如下:

采用球坐标系 R, ϑ 和 ω (图 1a), 并根据激波层的概念引入下述无量綱量:

$$\left.\begin{aligned}&\bar{p}=\frac{p}{\rho_\infty V_\infty^2\sin^2\tau},\quad \bar{\rho}=\frac{\varepsilon\rho}{\rho_\infty},\\&\bar{u}=\frac{u}{V_\infty},\quad \bar{v}=\frac{v}{\varepsilon V_\infty\sin\tau},\quad \bar{w}=\frac{w}{V_\infty\sin\alpha},\\&\theta=\frac{\sin\vartheta-\sin\tau}{\varepsilon\sin\tau},\quad \sigma=\frac{\sin\alpha}{\sin\tau},\end{aligned}\right\}\tag{1.1}$$

这里 ρ_∞, V_∞ 是来流的密度和速度, $\varepsilon=\dfrac{(\gamma-1)}{(\gamma+1)}$, τ 是圆錐的半錐角. 根据錐形流的特点, 无粘性常比热理想气体定常运动的方程組是

$$\left.\begin{aligned}&J\bar{v}\frac{\partial\bar{u}}{\partial\theta}+\sigma\frac{\bar{w}}{1+\varepsilon\theta}\frac{\partial\bar{u}}{\partial\omega}=\sin^2\tau[\varepsilon^2\bar{v}^2+\sigma^2\bar{w}^2],\\&\frac{\partial\bar{p}}{\partial\theta}=\sigma^2\bar{\rho}\frac{\bar{w}^2}{1+\varepsilon\theta}-\varepsilon\bar{\rho}\left[\bar{v}\frac{\partial\bar{v}}{\partial\theta}+\sigma\frac{\bar{w}}{J(1+\varepsilon\theta)}\frac{\partial\bar{v}}{\partial\omega}+\frac{\bar{u}\bar{v}}{J}\right],\\&\sigma\bar{\rho}\left[J\bar{v}\frac{\partial\bar{w}}{\partial\theta}+\sigma\frac{\bar{w}}{1+\varepsilon\theta}\frac{\partial\bar{w}}{\partial\omega}+\bar{u}\bar{w}\right]=-\frac{\varepsilon}{1+\varepsilon\theta}\left[\frac{\partial\bar{p}}{\partial\omega}+\sigma J\bar{\rho}\bar{v}\bar{w}\right],\\&2(1+\varepsilon\theta)\bar{\rho}\bar{u}+J\frac{\partial}{\partial\theta}[(1+\varepsilon\theta)\bar{\rho}\bar{v}]+\sigma\frac{\partial}{\partial\omega}(\bar{\rho}\bar{w})=0,\\&\left(\bar{v}\frac{\partial}{\partial\theta}+\frac{\sigma}{J}\frac{\bar{w}}{1+\varepsilon\theta}\right)\frac{\bar{p}}{\bar{\rho}^\gamma}=0.\end{aligned}\right\}\tag{1.2}$$

这里 $J=\cos\vartheta=\{1-\sin^2\tau(1+\varepsilon\theta)^2\}^{1/2}$. 边界条件是:

在錐面 $\theta=0$ 上, $\qquad \bar{v}=0$; $\qquad$ (1.3)

在激波 $\theta=\theta_{sh}(\omega)$ 上,

$$\left.\begin{aligned}&J[\bar{\rho}\bar{v}-J\sigma\sin\omega+(1+\varepsilon\theta)\cos\alpha]=\sigma\frac{\theta_\omega}{1+\varepsilon\theta}[\bar{\rho}\bar{w}-\varepsilon\cos\omega],\\&\left[J^2+\left(\frac{\varepsilon\theta_\omega}{1+\varepsilon\theta}\right)^2\right](\bar{p}-\varepsilon K)=\left[J(1+\varepsilon\theta)\cos\alpha-J^2\sigma\sin\omega+\right.\\&\qquad\left.+\sigma\varepsilon\frac{\theta_\omega}{1+\varepsilon\theta}\cos\omega\right]^2-\varepsilon\bar{\rho}\left[J\bar{v}-\sigma\frac{\theta_\omega}{1+\varepsilon\theta}\bar{w}\right]^2,\\&\left[J^2+\left(\frac{\varepsilon\theta_\omega}{1+\varepsilon\theta}\right)^2\right]\left(\frac{\bar{p}}{\bar{\rho}}-K\right)(1+\varepsilon)+\varepsilon^2\left[J\bar{v}-\sigma\frac{\theta_\omega}{1+\varepsilon\theta}\bar{w}\right]^2=\\&\qquad=\left[J(1+\varepsilon\theta)\cos\alpha-J^2\sigma\sin\omega+\sigma\varepsilon\frac{\theta_\omega}{1+\varepsilon\theta}\cos\omega\right]^2,\\&J\sigma(\bar{w}-\cos\omega)+\varepsilon\frac{\theta_\omega}{1+\varepsilon\theta}[\varepsilon\bar{v}-J\sigma\sin\omega+(1+\varepsilon\theta)\cos\alpha]=0,\\&\bar{u}-J\cos\alpha=\sin^2\tau(1+\varepsilon\theta)\sigma\sin\omega,\end{aligned}\right\}\tag{1.4}$$

这里 $\theta_\omega=\dfrac{d\theta_{sh}}{d\omega}$, $K=\dfrac{1}{\varepsilon\gamma M_\infty^2\sin^2\tau}$, 在激波层理論中 $K=O(1)$.

由边界条件(1.3)和方程組(1.2)最后一式可以看出, 在有攻角 ($\sigma\neq0$) 繞流的情况下, 錐面是等熵面.

根据激波层的概念(例如文献[2])和小攻角的假定, 設激波层内各物理量对 ε 和 σ 的量級关系分别与激波条件所給出的一致. 这时流場内的物理量就可以展开成 ε 和 σ 的双

重幂級数:

$$\left.\begin{aligned}\bar{p}&=\bar{p}_{00}+\varepsilon\bar{p}_{10}+\sigma\bar{p}_{01}+\varepsilon^2\bar{p}_{20}+\sigma^2\bar{p}_{02}+\varepsilon\sigma\bar{p}_{11}+\cdots\\\bar{\rho}&=\bar{\rho}_{00}+\varepsilon\bar{\rho}_{10}+\sigma\bar{\rho}_{01}+\varepsilon^2\bar{\rho}_{20}+\sigma^2\bar{\rho}_{02}+\varepsilon\sigma\bar{\rho}_{11}+\cdots\\&\cdots\cdots\cdots\cdots\cdots\cdots\\\bar{w}&=\bar{w}_{00}+\varepsilon\bar{w}_{10}+\sigma\bar{w}_{01}+\varepsilon^2\bar{w}_{20}+\sigma^2\bar{w}_{02}+\varepsilon\sigma\bar{w}_{11}+\cdots\end{aligned}\right\}\tag{1.5}$$

将式(1.5)代入式(1.2)、(1.3)和(1.4),就可以得到各級近似的方程和边界条件. 对于零級近似,积分的結果如下:

$$\left.\begin{aligned}&u_{00}=\cos\tau,\qquad v_{00}=-2\theta,\\&w_{00}=\cos\omega\left(\frac{2\theta}{1+K}\right)^{1/2},\qquad \bar{p}_{00}=1,\\&\bar{\rho}_{00}=\frac{1}{1+K}.\end{aligned}\right\}\tag{1.6}$$

对于一級近似,准确到 $\varepsilon+\sigma$,决定 $\bar{p}$, $\bar{\rho}$, $\bar{u}$, $\bar{v}$, $\bar{w}$ 的方程組是

$$\left.\begin{aligned}&\frac{\partial\bar{u}}{\partial\theta}=0,\\&\frac{\partial\bar{p}}{\partial\theta}=-\varepsilon\bar{\rho}_{00}\bar{v}_{00}\frac{\partial\bar{v}_{00}}{\partial\theta}-\varepsilon\frac{\bar{\rho}_{00}\bar{u}_{00}\bar{v}_{00}}{\cos\tau},\\&\sigma\bar{\rho}\left[Jv\frac{\partial\bar{w}}{\partial\theta}+\sigma\bar{w}_{00}\frac{\partial\bar{w}_{00}}{\partial\omega}+\bar{u}\bar{w}\right]=-\frac{\varepsilon}{1+\varepsilon\theta}\frac{\partial\bar{p}}{\partial\omega}+\varepsilon\sigma\cos\tau\bar{\rho}_{00}\bar{v}_{00}\bar{w}_{00},\\&2(1+\varepsilon\theta)\bar{\rho}\bar{u}+J\frac{\partial}{\partial\theta}[(1+\varepsilon\theta)\bar{\rho}\bar{v}]+\sigma\frac{\partial}{\partial\omega}(\bar{\rho}_{00}\bar{w}_{00})=0,\\&\frac{\partial}{\partial\theta}\left(\frac{\bar{p}}{\bar{\rho}^{\gamma}}\right)=0.\end{aligned}\right\}\tag{1.7}$$

如果把一級近似的边界条件也給出,这个方程組也很容易被积分出来(准确到 $\varepsilon+\sigma$):

$$\left.\begin{aligned}\bar{u}&=\cos\tau-\varepsilon\frac{1+K}{2}\sin\tau\,\mathrm{tg}\,\tau+\sigma\sin^2\tau\sin\omega,\\\bar{v}&=-2\theta+\varepsilon\left[\theta(1+K)\,\mathrm{tg}^2\tau+\theta^2(1-\mathrm{tg}^2\tau)-\frac{4\theta^3}{3(1+K)}\right]+\\&\quad+\sigma\frac{\sin\omega}{\cos\tau}\left[\frac{1+K}{3}\left(\frac{2\theta}{1+K}\right)^{3/2}-2\theta\sin^2\tau\right],\\\bar{w}&=\cos\omega\left(\frac{2\theta}{1+K}\right)^{1/2}+\varepsilon\cos\omega\left\{2(1+K)+\left(\frac{2\theta}{1+K}\right)^{1/2}\left[\frac{1+K}{3\cos^2\tau}-K+\right.\right.\\&\quad\left.+\frac{K^2}{2(1+K)}-\frac{1+K}{4}\mathrm{tg}^2\tau-\frac{15}{8}(1+K)\right]+\left(\frac{2\theta}{1+K}\right)^{3/2}\left[\frac{1+K}{8}\mathrm{tg}^2\tau-\right.\\&\quad\left.\left.-\frac{3}{8}(1+K)\right]-\left(\frac{2\theta}{1+K}\right)^{5/2}\frac{1+K}{24}\right\}+\sigma\left\{\frac{1}{2}\left(1-\frac{K}{1+K}\cos^2\tau\right)\times\right.\\&\quad\left.\times\left(\frac{2\theta}{1+K}\right)^{1/2}-\frac{1}{3}\left(\frac{2\theta}{1+K}\right)\right\}\frac{\sin2\omega}{\cos\tau},\\\bar{p}&=1+\varepsilon\left(\frac{1+5K}{4}-\frac{\theta^2}{1+K}\right)-2\sigma\cos\tau\sin\omega,\\\bar{\rho}&=\frac{1}{1+K}+\varepsilon\left[\frac{1}{4}+\frac{K^2}{(1+K)^2}-\frac{\theta^2}{(1+K)^2}\right]-\sigma\frac{2K}{(1+K)^2}\cos\tau\sin\omega.\end{aligned}\right\}\tag{1.8}$$

然而,根据前面所說的理由,式(1.8)在物面附近不会是完全适用的. 这点由式(1.7)第五

式或式(1.8)第四、五两式很易看出，因为在錐面上它們給出熵是 ω 的函数，而实际上錐面却是等熵面．为了在整个激波层内获得均匀有效的解，郑显基采用的方法是：将适用于涡层外的方程組(1.7)修正成在整个激波层内都是均匀适用的．为了說明这个方法，我們首先分析为什么在采用式(1.5)后錐面就变成不等熵面了．事实上，当采用式(1.5)时，我們总是認为式(1.2)最后一式(熵沿流綫守恆方程)的第二項是高阶小量；因此，在零級近似范围内第二項就被忽略了，从而得到 $\frac{\partial}{\partial\theta}\left(\frac{\bar{p}_{00}}{\bar{\rho}_{00}^{\gamma}}\right)=0$．这个結果显然是零攻角情况下的結果，于是立即可知 $\frac{\partial}{\partial\omega}\left(\frac{\bar{p}_{00}}{\bar{\rho}_{00}^{\gamma}}\right)=0$，而在进行一級近似計算时就必然得到 $\frac{\partial}{\partial\theta}\left(\frac{\bar{p}}{\bar{\rho}^{\gamma}}\right)=0$ 或 $\frac{p}{\rho^{\gamma}}=f(\omega)$．这种解在物面附近显然是不正确的，因为在这里 $\bar{v}=0$，式(1.2)第五式的第一項为零，而第二項則总是不等于零的(当 $\sigma\neq 0$ 时)．我們知道，在錐面上出現渦层的主要原因是：錐面是个等熵面；而这一性質恰好表現为在錐面上 $\bar{v}=0$，这时式(1.2)第五式的第二項就变得重要了．这与上面簡化問題的情况(即保留第一項而忽略第二項)恰恰相反．因此，为了修正式(1.7)第五式，在式(1.2)第五式中保留第二項或在式(1.7)第五式中增加一項 $\frac{\sigma\bar{w}}{\bar{v}_{00}\cos\tau}\frac{\partial}{\partial\omega}\left(\frac{\bar{p}}{\bar{\rho}^{\gamma}}\right)$ 就是必要的了．同样理由，在式(1.7)第一式中也应該增加一項 $\frac{\sigma\bar{w}}{\bar{v}_{00}\cos\tau}\frac{\partial\bar{u}}{\partial\omega}$；至于式(1.7)第二、三、四式，經过同样量級分析后，証明在渦层内是适用的．由于式(1.7)第一、五两式中新附加的項只是在物面附近才是重要的，因此，系数 $\frac{\sigma\bar{w}}{\bar{v}_{00}\cos\tau}$ 可近似地改写为 $\frac{\sigma\bar{w}_0}{\bar{v}_{00}\cos\tau}$，这里 $\bar{w}_0$ 是物面上的 $\bar{w}$ 值．这样我們就可以得到修正后的方程．在郑显基的論文中，曾經用数学的方法証明：当准确到 $\varepsilon+\sigma$ 时，如此获得的修正方程在整个激波层内的确是均匀适用的．

在准确到 $\varepsilon+\sigma$ 的情况下，修改过的方程組的解也是很容易求出的．实际上，由式(1.7)第二式可以求出 $\bar{p}$；由式(1.7)第三式，注意在物面上 $\bar{w}_{00}=0$ 和 $\bar{v}=0$，可以得到 $\sigma\bar{\rho}\bar{u}\bar{w}_0=-\varepsilon\frac{\partial\bar{p}}{\partial\omega}$；而因为在零攻角下 $\frac{\partial\bar{p}_{00}}{\partial\omega}=0$，所以 $\frac{\partial\bar{p}}{\partial\omega}\sim\sigma$[1]，这样，准确到 $\varepsilon+\sigma$，就有 $\sigma\bar{\rho}_{00}\bar{u}_{00}\bar{w}_0=-\varepsilon\frac{\partial\bar{p}}{\partial\omega}$，从而可以求出 $\bar{w}_0$．求出 $\bar{w}_0$ 后，修改过的方程組很易被积分，于是可以分别求出 $\bar{p}$, $\bar{u}$, $\bar{v}$, $\bar{w}$．在如此获得的解中，$\bar{p}$ 和式(1.8)第四式完全相同；$\bar{v}$ 与 $\bar{w}$ 和式(1.8)第二、第三两式比較則只相差一高阶小量，因而可以認为式(1.8)第二、三两式仍然有效；至于 $\bar{\rho}$, $\bar{u}$ 和 $\bar{p}/\bar{\rho}^{\gamma}$，修正后的結果是：

$$\left.\begin{aligned}\bar{\rho}&=\frac{1}{1+K}+\varepsilon\left[\frac{1}{4}+\left(\frac{K}{1+K}\right)^2-\left(\frac{\theta}{1+K}\right)^2\right]-\\&\quad-\frac{2\sigma\cos\tau}{(1+K)^2}\left[\frac{1-\zeta^2}{1+\zeta^2}+(1+K)\sin\omega\right],\\\bar{u}&=\cos\tau-\frac{\varepsilon}{2}(1+K)\sin\tau\,\mathrm{tg}\,\tau-\sigma\sin^2\tau\frac{1-\zeta^2}{1+\zeta^2},\\\frac{\bar{p}}{\bar{\rho}^{\gamma}}&=1+K+\varepsilon[K+2(1+K)\ln(1+K)]+2\sigma\cos\tau\frac{1-\zeta^2}{1+\zeta^2},\end{aligned}\right\}\quad(1.9)$$

1) 記号"～"表示在它前面和后面的量是同一量級的．

这里 $\zeta = \theta^{\varepsilon\sigma(1+K)\sec\tau}\,\mathrm{tg}\left(\frac{\pi}{4}+\frac{\omega}{2}\right)$.

从上面的結果不难看出:

(1) 当 $\theta=0$(錐面上)时, $\zeta=0$, $\bar{p}/\bar{\rho}^{\gamma}$ 和 $\bar{u}$ 皆为常数,这是与实际情况符合的. 但是对于不大的 θ, 由于 $\varepsilon\sigma$ 很小,将有 $\zeta\to\mathrm{tg}(\pi/4+\omega/2)=\cos\omega/(1-\sin\omega)$, 于是式(1.9)給出的 $\bar{p}$, $\bar{u}$, $\bar{p}/\bar{\rho}^{\gamma}$ 趋于式(1.8)的結果. 这就說明,錐面附近存在着角厚度 θ_0 比 $O(\varepsilon\sigma)$ 小得多(或 ϑ_0 比 $O(\varepsilon^2\sigma)$ 小得多)的区域,在这个区域內,式(1.8)給出的 $\bar{\rho}$, $\bar{u}$, $p/\bar{\rho}^{\gamma}$ 不正确;但在这个区域外,式(1.8)的結果仍然适用. 同时在这个区域內,法向速度和熵沿物面发生急剧变化; 这个区域就是一般所說的涡层. 图 1b 給出在 $\gamma=1.4$, $M_\infty=9.5$, $\tau=45^\circ$ 和 $\alpha=17^\circ$ 的条件下,利用式(1.9)第三式得到的熵的分布.

(2) 涡层对压力 $\bar{p}$ 和速度 $\bar{v}$, $\bar{w}$ 的影响很小,穿过涡层压力的变化可以忽略.

(3) 由于涡层的角厚度 ϑ_0 比 $O(\varepsilon^2\sigma)$ 还小得多,因此,对于 $\gamma\to1$ 的高超声速繞流,甚至在較大的攻角时,物面附近的涡层也可能是很薄的.

大約和郑显基同时, Woods[17] 用类似的方法处理了同样的問題. 在苏联, Булах[18,19] 也作了相应的研究.

不久以前, Melnik 和 Scheuing[20] 采用与郑显基完全不同的两种方法来研究了任意錐体的三維繞流. 第一种方法可以叫做內外层連接法,它的基本想法是: 在涡层外,激波层理論所給出的各級近似方程是适用的;在涡层內,根据量級的变化建立相应的各級近似方程. 这內外两个区域的解可以采用边界层問題中的方法連接起来. 第二种方法和第一种方法不同的地方是:采用 Poincaré-Lighthill-郭永怀方法(即 PLK 方法)来消除外层解的奇点,从而扩大了外层解的适用范围,使之与內层解很容易連接起来. 两种方法得到的結果相同. 由于上述作者沒有进行具体計算,在这里我們就不作詳細討論了.

2. 鈍体的高超声速繞流

过去,虽然已經对鈍体繞流提出了很多处理方法——对称軸附近的冪級数展开法、不可压縮近似方法、Freeman 的激波层方法、数値解法(正問題的积分关系式方法及反問題的差分法),但是由于那时前三种方法只能适用于对称軸附近,因此,要了解整个混合流場內的运动,只有依賴于复杂的数値解. 最近,激波层理論和冪級数展开法都有所发展. 与此同时,在数値解法方面,正問題的积分关系式方法和反問題的差分方法,也对簡化計算和扩大应用范圍問題(包括計算复杂物形的繞流和非对称繞流)作了进一步的研究. 本节就来叙述这些最近的成就. 先討論对称繞流,內容是:激波层理論、冪級数展开法的进展、数値解的进展. 最后討論非对称繞流.

2.1. 激波层理論

在鈍体繞流中, Freeman 首先采用激波层方法把激波层內各个物理量展开成下述級数:

$$\left.\begin{aligned} p &= p_0+\varepsilon p_1+\cdots, & \rho &= \frac{1}{\varepsilon}\rho_0+\rho_1+\cdots,\\ u &= u_0+\varepsilon u_1+\cdots, & v &= \varepsilon v_0+\varepsilon^2 v_1+\cdots, \end{aligned}\right\} \tag{1.10}$$

其中速度 u 平行于物面, v 垂直于物面, $\varepsilon=(\gamma-1)/(\gamma+1)$, 并且在此基础上建立了各級近似. 式(1.10)所表达的量級关系与激波条件是一致的, 因此, 在流場內假定式

(1.10)到处成立似乎是合理的．但是根据式(1.10)导出的各级近似方程对平面运动是沒有解的；在軸对称情况下解虽然存在，但与实际情况不符，因为第一，根据零級近似的結果，物面上速度为零，而进一步的計算却变成无穷大了；第二，零級近似的压力分布恰巧是 Busemann 公式，这个公式与实驗結果是有距离的，而进一步的近似，除了在 $\theta < 20^\circ$（由前駐点算起）的范围內，其結果更差．

式(1.10)不收斂的主要原因是，这种級数展开式在整个激波层內，特别是在物面附近的重要区域內，并不是均匀适用的．为什么物面附近的区域是那么重要呢？这是由于我們所研究的对象主要是通过激波后气流偏轉的纵向运动，而这个沿物体的运动，显然是受物体几何形状与压力大小制約的．不难看出，在物体表面上，我們将有 $\dfrac{\partial}{\partial x}\left(\dfrac{u^2}{2}\right) = -\dfrac{1}{\rho}\dfrac{\partial p}{\partial x}$（$x$ 是沿物面的弧长），如果 $\dfrac{p}{\rho_\infty V_\infty^2} \sim 1$，則在物面附近 $\dfrac{u}{V_\infty} \sim \varepsilon^{1/2}$，根据激波层的概念，連續方程将給出 $\dfrac{v}{V_\infty} \sim \varepsilon^{3/2}$．这种数量关系是問題的本質，是描写激波层內运动的解必須滿足的．利用这种数量关系，张涵信給出了新的求解方法[1)]，現在簡略叙述如下：

采用图 2a 所示的符号和坐标系，引入下述无量綱量：

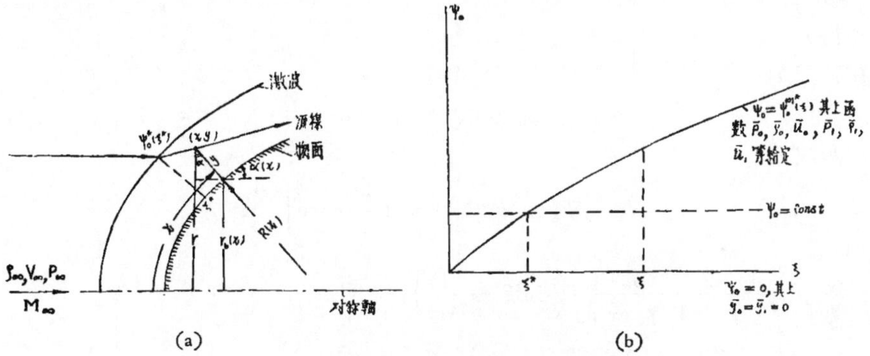

(a) (b)

图 2 (a) 坐标系統．(b) 积分区域的边界和积分路径．

$$
\left.\begin{aligned}
x &= R_0\xi, \\
\psi &= \sqrt{\varepsilon}\,\rho_\infty V_\infty R_0^{\sigma+1}\psi_0(x,\ y);
\end{aligned}\right\} \tag{1.11}
$$

$$
\left.\begin{aligned}
u &= \varepsilon^{1/2}V_\infty\bar{u}, \\
v &= \varepsilon^{3/2}V_\infty\bar{v}, \\
p - p_\infty &= (p_s - p_\infty)\bar{p}, \\
\rho &= \frac{1}{\varepsilon}\rho_s\bar{\rho}, \\
y &= \varepsilon R_0\bar{y}, \\
r &= R_0\bar{r}, \\
r_b &= R_0\bar{r}_b, \quad R = R_0\bar{R},
\end{aligned}\right\} \tag{1.12}
$$

1) 張涵信，高超声速气流繞对称鈍体的运动(尚待發表)．

这里的 p_s 和 ρ_s/ε，利用正激波和等熵理論是很易求得的．此外，流函数 ψ 满足

$$\rho u r^{\vartheta} = \frac{\partial\psi}{\partial y}, \qquad \rho v r^{\vartheta}\left(1+\frac{y}{R}\right) = -\frac{\partial\psi}{\partial x}.$$

可以看出，在上述的量級估計下，$\psi \sim \sqrt{\varepsilon}$．換句話說，$\psi$ 和 u 具有相同的量級．在 von Mises 坐标系 ξ, ψ_0 内，气体动力学的基本方程組是

$$\left.\begin{aligned}
&\frac{\rho_s V_\infty^2}{p_s - p_\infty}\left(\bar{\rho}\bar{u}\frac{\partial\bar{u}}{\partial\xi} + \varepsilon^2\bar{\rho}\bar{v}\frac{\partial\bar{v}}{\partial\xi}\right) + \frac{\partial\bar{p}}{\partial\xi} = 0,\\
&\frac{\rho_\infty V_\infty^2}{p_s - p_\infty}\left(\varepsilon^2\frac{1}{1+\varepsilon\bar{y}/\bar{R}}\frac{\partial\bar{v}}{\partial\xi} - \varepsilon\frac{\bar{u}}{\bar{R}+\varepsilon\bar{y}}\right) = -\bar{r}^{\vartheta}\frac{\partial\bar{p}}{\partial\psi_0},\\
&\frac{\partial}{\partial\xi}\left[\frac{\left(\dfrac{p_\infty}{p_s - p_\infty} + \bar{p}\right)^{1/\gamma}}{\bar{\rho}}\right] = 0,\\
&\frac{\partial\bar{y}}{\partial\psi_0} = \frac{\rho_\infty}{\rho_s}\frac{1}{\bar{\rho}\bar{u}\bar{r}^{\vartheta}},\\
&\frac{\partial\bar{y}}{\partial\xi} = \left(1+\varepsilon\frac{\bar{y}}{\bar{R}}\right)\frac{\bar{v}}{\bar{u}};
\end{aligned}\right\} \tag{1.13}$$

边界条件是

在物面上：

$$\psi_0 = 0, \qquad \bar{y} = 0; \tag{1.14}$$

在激波上：

$$\psi_0 = \psi_0^* = \psi_0^{(0)*}\left[1+\varepsilon\frac{\bar{y}^*}{\bar{r}_b}\cos\alpha\right]^{\vartheta+1}, \tag{1.15}$$

$$\left.\begin{aligned}
&\bar{p}^* = \frac{2}{\gamma+1}\frac{\rho_\infty V_\infty^2}{p_s - p_\infty}\left(\sin^2\beta - \frac{1}{M_\infty^2}\right),\\
&\bar{\rho}^* = \frac{\rho_\infty}{\rho_s}\frac{1}{1+\dfrac{2}{\gamma-1}\dfrac{1}{M_\infty^2\sin^2\beta}},\\
&\bar{u}^* = \frac{\vartheta+1}{\bar{r}_b^{\vartheta+1}}\psi_0^{(0)*}\left(\cos\alpha - \varepsilon\sin\alpha\frac{\bar{y}^{*\prime}}{1+\varepsilon\dfrac{\bar{y}^*}{\bar{R}}}\right) - \varepsilon^2\bar{v}^*\frac{\bar{y}^{*\prime}}{1+\varepsilon\dfrac{\bar{y}^*}{\bar{R}}},
\end{aligned}\right\} \tag{1.16}$$

$$\psi_0^{(0)*} = \frac{1}{\sqrt{\varepsilon}}\frac{1}{\vartheta+1}r_b^{\vartheta+1}, \tag{1.17}$$

这里 $\psi_0 = \psi_0^*(\xi)$ 表示激波在 ξ, ψ_0 坐标系内的位置，$\bar{y}^* = \bar{y}[\xi, \psi_0^*(\xi)]$ 是激波在物理平面内的相应的位置．式(1.15)是 ψ 通过激波时守恆的条件，其中 $\psi_0^{(0)*}$ 是已知函数，但是 ψ_0^* 及 $\bar{y}^*$ 是未知的．此外，在式(1.16)中 α 是物面与来流的夹角，$\varepsilon\bar{y}^{*\prime} = \varepsilon\dfrac{d\bar{y}^*}{d\xi} = \left(1+\varepsilon\dfrac{\bar{y}^*}{\bar{R}}\right)\mathrm{tg}\,(\beta-\alpha)$.

現在将 $\bar{u}$, $\bar{v}$, $\bar{p}$, $\bar{\rho}$, $\bar{y}$, ψ_0^* 等展开成 ε 的幂級数：

$$\left.\begin{aligned}&\bar{u}=\bar{u}_0+\varepsilon\bar{u}_1+\cdots,\\&\bar{v}=\bar{v}_0+\varepsilon\bar{v}_1+\cdots,\\&\cdots\cdots\cdots\cdots\cdots\cdots\\&\psi_0^*=\psi_0^{(0)*}+\varepsilon\psi_0^{(1)*}+\cdots.\end{aligned}\right\}\tag{1.18}$$

将式(1.18)分别代入式(1.13)，(1.14)，(1.15)和(1.16)，可以得到各級近似的方程和边界条件．例如，零級近似的方程是：

$$\left.\begin{aligned}&\bar{\rho}_0\bar{u}_0\frac{\partial\bar{u}_0}{\partial\xi}+\left(1+\frac{2}{\gamma-1}\frac{1}{M_\infty^2}\right)\frac{\partial\bar{p}_0}{\partial\xi}=0,\quad\frac{\partial\bar{p}_0}{\partial\psi_0}=0,\\&\frac{\partial}{\partial\xi}\left(\frac{\bar{p}_0^{1/\gamma}}{\bar{\rho}_0}\right)=0,\ \frac{\partial\bar{y}_0}{\partial\psi_0}=\left(1+\frac{2}{\gamma-1}\frac{1}{M_\infty^2}\right)\frac{1}{\bar{\rho}_0\bar{u}_0\bar{r}_b^{\vartheta}},\ \frac{\partial\bar{y}_0}{\partial\xi}=\frac{\bar{v}_0}{\bar{u}_0};\end{aligned}\right\}\tag{1.19}$$

相应的边界条件是：

$$\psi_0=0:\qquad\bar{y}_0=0;\tag{1.20}$$

$$\left.\begin{aligned}&\psi_0=\psi_0^{(0)*}:\quad\bar{p}_0^*=\sin^2\alpha,\quad\bar{\rho}_0^*=\frac{1+\dfrac{2}{\gamma-1}\dfrac{1}{M_\infty^2}}{1+\dfrac{2}{\gamma-1}\dfrac{1}{M_\infty^2\sin^2\alpha}},\\&\bar{u}_0^*=\frac{\vartheta+1}{\bar{r}_b^{\vartheta+1}}\psi_0^{(0)*}\cos\alpha.\end{aligned}\right\}\tag{1.21}$$

类似地可写出一級及高級近似的方程和边界条件．

利用图 2b，并注意 $\psi_0=\psi_0^{(0)*}(\xi^*)$，这里 ξ^* 是 $\psi_0=\text{const}$ 与 $\psi_0=\psi_0^{(0)*}(\xi)$ 的交点的横坐标，上述零級近似方程的解很易表示成下述形式：

$$\left.\begin{aligned}&\bar{p}_0=\sin^2\alpha,\\&\bar{\rho}_0=\bar{\rho}_0(\xi,\psi_0)=\bar{\rho}_0(\xi,\xi^*)=\frac{1+\dfrac{2}{\gamma-1}\dfrac{1}{M_\infty^2}}{1+\dfrac{2}{\gamma-1}\dfrac{1}{M_\infty^2\sin^2\alpha(\xi^*)}}\left(\frac{\sin^2\alpha(\xi)}{\sin^2\alpha(\xi^*)}\right)^{1/\gamma},\\&\bar{u}_0=\bar{u}_0(\xi,\xi^*)=\left\{\frac{1}{\varepsilon}\cos^2\alpha(\xi^*)+\frac{2\gamma}{\gamma-1}\left(1+\frac{2}{\gamma-1}\frac{1}{M_\infty^2\sin^2\alpha(\xi^*)}\right)\times\right.\\&\qquad\left.\times\sin^2\alpha(\xi^*)\left[1-\left(\frac{\sin^2\alpha(\xi)}{\sin^2\alpha(\xi^*)}\right)^{\frac{\gamma-1}{\gamma}}\right]\right\}^{1/2},\\&\bar{y}_0=\bar{y}_0(\xi,\xi^*)=\left(1+\frac{2}{\gamma-1}\frac{1}{M_\infty^2}\right)\int_0^{\psi_0^{(0)*}(\xi^*)}\frac{d\psi_0}{\bar{\rho}_0\bar{u}_0\bar{r}_b^{\vartheta}(\xi)},\\&\bar{v}_0=\bar{u}_0\frac{\partial\bar{y}_0}{\partial\xi}.\end{aligned}\right\}\tag{1.22}$$

这就不难看出，在物体表面上$\left(\text{相当于}\ \xi^*=0,\alpha(\xi^*)=\dfrac{\pi}{2}\right)$，我們将有

$$\left.\begin{aligned}&C_p=C_{p_s}\sin^2\alpha(\xi),\\&\bar{\rho}_0=[\sin^2\alpha(\xi)]^{1/\gamma},\\&\bar{u}_0=\left\{\frac{2\gamma}{\gamma-1}\left(1+\frac{2}{\gamma-1}\frac{1}{M_\infty^2}\right)\left[1-(\sin^2\alpha(\xi))^{\frac{\gamma-1}{\gamma}}\right]\right\}^{1/2},\end{aligned}\right\}\tag{1.23}$$

这里 C_p 是压力系数，C_{p_s} 是駐点压力系数.

类似地可以写出一級及高級近似的解.

作为例子，对圓球繞流进行了計算（$\gamma = 1.4$，$M_\infty = \infty$）. 所得結果表明，利用本方法得到的流場、声速綫位置、脫体激波距离、极限特征綫的位置，与 Белоцерковский[21] 的数值解的符合情况都相当好.

应該指出，张涵信的零級近似的表面压力分布就是"Newton 公式"，这就給 Newton 公式建立了理論根据. 此外，这个結果还可以解释，Busemann 压力公式不好的原因是由于只考虑了离心力的修正，但忽略了激波坡度的影响. 而計算結果表明，当 ε 相答不很接近时，激波坡度的影响是不可忽略的.

2.2. 冪級数解法的进展

首先討論正問題（給定激波求流場）. 在冪級数展开法的发展过程中，对于平面或軸对称問題，最初是将物理量展开成坐标 η 和 ξ 的双重冪級数（其中 η 为激波的对称軸或激波的法向坐标，ξ 垂直于 η，坐标原点为激波頂点）. 但是沿 η 方向来看，利用这种展开式得到的結果，在駐点附近的区域内可能是发散的，特别在 M_∞ 不大时更是这样. 在以后的工作中，沿激波軸向或法向作冪次展开的方法被放弃，而只将物理量按激波的切向坐标 ξ 或 $\cos\beta$ 展开，此时級数中的各項系数是激波法向坐标 η 的函数. 但是这样一来，在具体求解时出現了下述困难：(1)将冪級数展开式代入基本方程后，决定冪級数系数的零級近似方程包含一級近似的量，而一級近似的方程又包含二級近似的量，以后各級的情况也如此，这样各級近似方程本身是不封閉的. (2)各級近似方程是常微分方程組，除了数値积分外，它們不易被积分成解析式. 过去，为了克服这些困难，很多作者附加了等密度假定或其他假定. 然而这种作法所获得的結果只能用在对称軸附近（因而不能說明冪級数方法沿 ξ 方向适用的区域）. 最近，Swigart[22] 对冪級数方法作了进一步的发展. 为了克服上述第一个困难，他提出了截断級数这种近似办法. 他的基本想法是：在冪級数展开式中，如果級数收斂，高次項的作用就很小，因而当求解級数的前 n 項时，尽管 n 次近似的方程中包含了 $n+1$ 次項的系数，还是可以把最后一項丟掉. 这样得到的常微分方程組当然就是封閉的了. Swigart 用电子計算机求出了数値解. 如果取級数的前三項或前四項，所得結果精度不低于 Van Dyke[5] 的数值解，并且适用于整个混合流場. Swigart 把这种方法叫做半解析半数値計算方法.

关于正問題，直到現在为止还沒有公开的文献能够用冪級数方法較精确地决定整个混合流場的流动. 这自然和上述两个困难有关. 然而，张涵信在写作他的前述論文的过程中曾順便解决了这个問題. 他把垂直和平行于物面的速度、压力、密度分别展成 $\cos\alpha$（α 是物面与来流的夹角）和 $\sqrt{\varepsilon}$ 的双重冪級数；而由于采用了激波层近似，上述困难就被克服了. 这样得到的各級近似方程便很容易求解. 张涵信求出了双重級数中前四項的系数，所得結果同 Белоцерковский[21] 的数値解比較，物面压力、密度、速度分布、声速綫位置、激波脫体距离等都是符合的.

Swigart 的計算和张涵信的結果，同时說明了冪級数方法可适用于整个混合流場，而不是象以前許多人認为的那样只适用于对称軸附近. 可以相信，如果把流函数 ψ 和密度 ρ 也展开成 $\cos\alpha$ 的冪級数，并采用截断級数的办法、利用电子計算机，一定能成功地解决正問題，从而較精确地給出整个混合流場的运动.

2.3. 数値解法的进展

直到现在，除了 Swigart 的半解析半数值解法外，当利用电子計算机对鈍体繞流进行数値計算时，主要利用 Белоцерковский 的积分关系式方法（正問題）和反問題的差分方法——Van Dyke 方法、Vaglio-Laurin 和 Ferri 方法、Garabedian 方法等. 由于这些方法的理論基础在 1959 年以前已經很好地建立了（見文献[1]），近年来对这些方法的发展主要在于扩大应用范围和簡化計算方法两个方面.

在扩大这些方法的应用范围方面，进展相当迅速. 1959 年以前，利用积分关系式方法只計算了二維圓柱及二維剖面的流动，而現在，对于圓球、椭球和光滑迴轉体（参見文献[21,23—25]），对于平鈍头圓柱、平鈍头平板以及其他具有尖角（此处为声速奇点）的迴轉体（参見文献[26—30]），都进行了計算. 在反問題的差分方法方面，1959 年以前多局限于激波为"錐形"曲綫的情形，因此，相应的物体一般是比較光滑的曲綫. 而現在，由于 Vaglio-Laurin 和 Ferri 方法的推广，已經可以計算較复杂的物体的情形（参見文献[31]）. 这些計算提供了大量的数据，这对了解各种物体的流場的特点和气动力特征，毫无疑問是相当有益的.

在簡化計算方面，值得指出的是 Vaglio-Laurin 的工作. 我們知道，反問題差分方法（例如 Vaglio-Laurin 和 Ferri 方法）的一个重要缺点是：对于一个已給定的物体几何形，必須重复多次計算后才能凑出所求的流場. 为了克服这个困难和簡化計算，Vaglio-Laurin 建議首先利用反方法求出一个与已給物体的真实流場相差不很大的流場，然后把它作为基本解将运动方程綫性化，并使之满足已給物体的边界条件. 但是在声速綫附近，直接綫性化会导致結果发散[31]，然而，如果采用 PLK 方法，在小扰动过程中同时将纵坐标（垂直于对称軸的坐标）扰动，并且通过适当选取纵坐标的扰动值，可以得到收斂的結果. 利用这种方法，文献[31]对于平鈍头圓柱体零攻角的繞流（$\gamma = 1.4$, $M_\infty = 4.76$）进行了計算，和实驗結果比較，所得結果是令人满意的.

在积分关系式方法的 n 級近似中，由于对于其中的 $3n$ 个一阶的常微分方程（还有 $n-1$ 个代数方程）只能給出 $2n$ 个初始条件，其他 n 个条件是微分方程組的 n 个鞍型奇点处的解析条件[1]，因此，在求解过程中也必須采用凑的方法；例如，代替 n 个鞍点处的解析条件，可以先选取 n 个未知函数的初值，然后与其他 $2n$ 个初值一起来求解常微分方程組. 如果所求的积分曲綫在鞍点处满足解析条件，那末这种事先选定的初值是正确的，求出的解也是正确的. 否則就必須重新計算，直到满足鞍点处的解析条件为止. 然而，由于通过鞍点只可能有两条积分曲綫，因此，在求解过程中必然出現关于选择初值的強烈的不稳定性如图 3 所示. 选取这些初值过大或过小，解都不能通过鞍点. 这就必然大大增加計算工作量. 正是因为如此，除了 Белоцерковский[25] 和 Базжин[28] 的工作外，大部分工作都限制在一級近似內（$n = 1$）. 在文献[31]中，Vaglio-Laurin 建議采用 PLK 方法来解

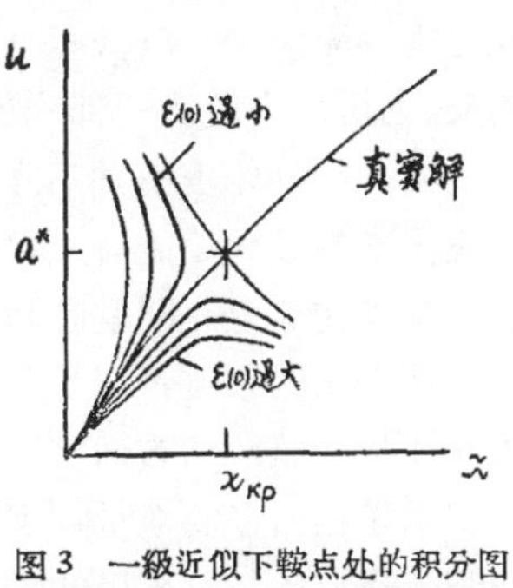

图 3　一級近似下鞍点处的积分图案[31]. 图中 $\varepsilon(0)$ 是所选择的初值——对称軸上的激波距离，a^* 是物面鞍点 $x = x_{kp}$ 处的临界声速.

决这个困难問題．現在以一級近似来説明他的想法．当利用积分关系式的一級近似来求解問題时，可先假定一个基本解（例如假定一个合理的激波形状和表面压力分布），并把真实解看作是基本解加上扰动解，同时为了保証扰动量在鞍点处收斂，沿物面的坐标 x 也应該被扰动（否則，分析表明扰动量在鞍点处发散）．通过适当选取 x 的扰动值，由积分关系式就能得到一組綫性常微分方程，而这組方程的解是收斂的；相应地，初始条件和鞍点处的解析条件也可以被綫性化．大家知道，不論在什么条件下，綫性方程的解总是容易求出的，这样就克服了前面所説的困难．如果經过稍微复杂些的考虑，这种方法也可推广到积分关系式的 n 級近似中去．

2.4. 非对称繞流

和对称繞流比較，目前对非对称繞流研究得很不充分．这里值得提出的只有下述不多的几个工作：

第一个是 Vaglio-Laurin[31] 利用积分关系式方法对非对称剖面繞流的数值計算．为了簡化計算，他采用了前述的 PLK 方法，同时在計算中还作了如下假定：物面流綫在物体上游穿过正激波，也就是説，在流場內物面流綫的熵取最大値．Базжин[32] 用类似的方法也研究了平板有攻角的繞流．

第二个是 Swigart[22] 利用半解析半数値解法对反問題小攻角繞流的計算．他假定激波是对称的錐形曲綫（平面情形）或迴轉曲面（三維情形），其軸与来流的傾斜角为 α．对于平面問題，采用 Van Dyke 的正交曲綫坐标系 ξ，η（参見文献[5]），这里 $\eta=1$ 表示激波，$\xi=0$ 表示激波对称軸；同时流函数 ψ 和密度 ρ 被展开成 ξ 和 α 的冪級数（取 α 的一級近似），代入基本方程和边界条件后，即可得到决定冪級数系数（以 η 为自变量）的各級近似常微分方程．和零攻角的情形一样，由于用这种方法得到的各級近似方程是不封閉的，在积分这些常微分方程时也采用了截断級数的办法．对于三維情形，采用正交坐标系 ξ，η，φ，这里 φ 是激波子午面（ξ，η 面）的輻角；此外，还引入一对流函数 ψ_1，ψ_2．和小攻角的圓錐繞流一样，φ 对 ψ_1，ψ_2 和 ρ 的作用可作为已知函数被分离出来，这样 ψ_1，ψ_2 和 ρ 被展开成 ξ 和 α 的冪級数后，由于 φ 已經分离出来，其未知的系数也就仅是 η 的函数．代入基本方程和边界条件，并利用截断級数的办法，所得的常微分方程組就可以被积分了．作为例子，对 $M_\infty=\infty$，$\gamma=1.4$，1.2，1.1，1.05 和 $\alpha=10^\circ$ 的情况計算了拋物綫激波的平面及三維繞流．和 Vaglio-Laurin 不同，計算过程中不需要对物面流綫的性質作任何假定，相反，它可作为解的一部分被求出．一个有意义的結論是：当 γ 和 1 相差較大时，計算得到的流綫在物体上游并不穿过正激波，而是在正激波所在位置上方不远处穿过，因此，表面流綫不是最大熵値綫．但是如果 γ 接近于 1，Vaglio-Laurin 的假定就是正确的．无疑，这个結論在建立正問題时是値得注意的．

从以上的叙述可以看到，除了非对称問題外，对于鈍体的对称繞流，无論是解析方法方面还是数値解法方面都已发展得相当充分．此外，对于各种繞流的計算数据，近年来也已积累了相当多的数量．这样，連同 1959 年以前的各种研究（解析的和数値解的）一起，我們已經有条件对流場的特点和各种計算方法（包括 1959 年以前的方法）的优劣作出一些結論．图 4,5 画出了各种計算方法給出的球体表面上的压力分布和激波距离；图 6,7 分别給出了球面上压力随 M_∞ 的变化規律和各种鈍头形状的表面压力分布和激波距离；

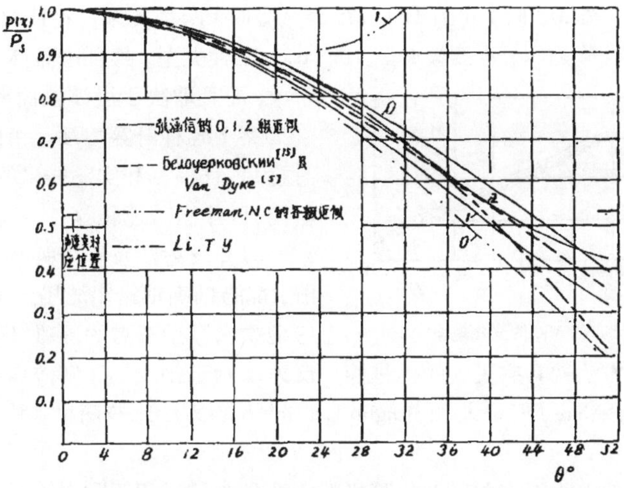

图 4　各种方法給出的球体表面上的压力分布，$\gamma = 1.4$，$M_\infty = \infty$

(图中 θ 是由前緣算起的圓心角).

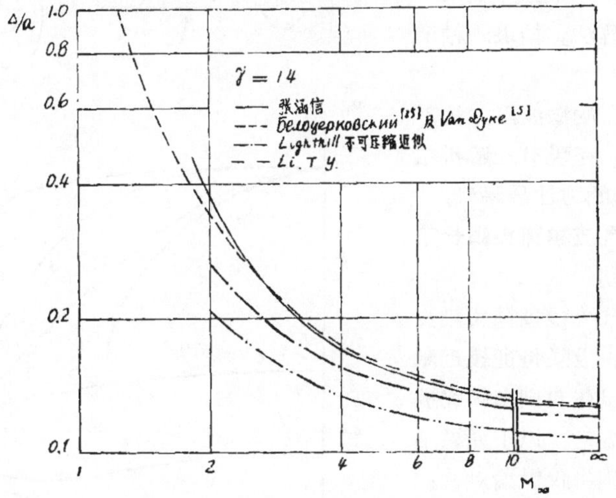

图 5　球体繞流时，各种方法給出的对称軸上的激波脫体距离 $\frac{\Delta}{a}$，

其中 a 是圓球半径.

图 8,9 画出了球体和平鈍头圓柱体激波层內物理量的分布；图 10 表示在各种 M_∞ 下，球、柱繞流时声速綫的变化規律.

由这些图和前面的討論可以看出，鈍体激波层具有下述重要特征：

（1）除非在物体角点附近，激波层內各物理量沿物面法向的分布是接近于綫性的(图 8,9).

（2）在高超声速范围内，M_∞ 的改变对物面压力分布影响甚小(图 6)，对其他量的影响也是如此，这証实了引言中所說的极限状态；物面压力分布主要取决于物形(图 7).

（3）声速綫的形状取决于来流 M_∞、絕热指数 γ 和物体的形状. 对于平面流动，声速綫仅有图 10c（$M_\infty \leqslant M_\infty^*$ 时）和图 10d（$M_\infty > M_\infty^*$ 时）两种类型，并且 M_∞^* 仅取决于絕热指数 γ. 对于軸对称物体，声速綫有图 10c, d, e 三种类型，并且边界 Mach 数不仅取决于 γ，而且取决于激波的曲率.

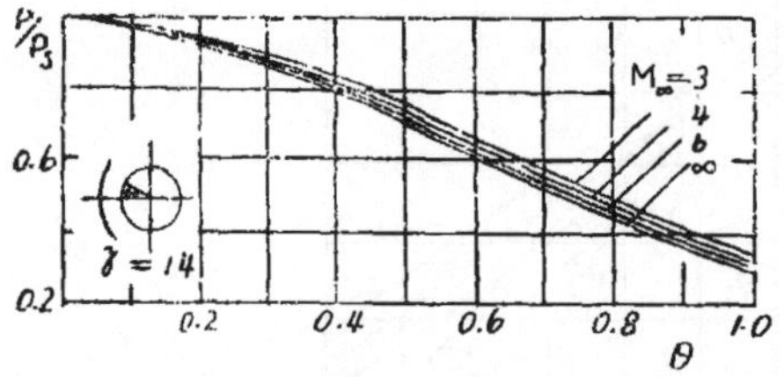

图 6　球面压力分布随 M_∞ 的变化规律[24].

关于各种計算方法，由图 4,5 和以前的討論，并且根据和实驗結果的比較（此处沒有引出）可作出下述結論：

（1）反方法及积分关系式方法的数值解，都能精确地給出流場．但是如果能够很好地克服鞍型奇点的困难（例如采用 PLK 方法），积分关系式方法就具有更大的优越性．反方法对于細致地了解流場情况是很有意义的．在反方法中，Van Dyke[5] 和 Vaglio-Laurin[31] 的方法比較簡单，并且后者适用于复杂物形．

（2）沿激波面或物面方向展开的冪級数方法并不只适用于駐点附近．如果采用张涵信建議的激波层近似，它就可以适用于整个跨声速区．特别，如果采用半解析半数值解法，結果的精度就更高．

（3）Freeman 的激波层方法不适用于鈍体繞流．在現有的解析結果中，张涵信建議的方法最精确．

3. 高超声速气流繞鈍头細长体及鈍头圓錐的运动

当高超声速气流繞过鈍头細长体或鈍头圓錐时，极限特征綫把激波层分成两区．現在我們来研究极限特征綫下游的流动．以下如果不加特殊說明，我們将仅討論对称繞流．

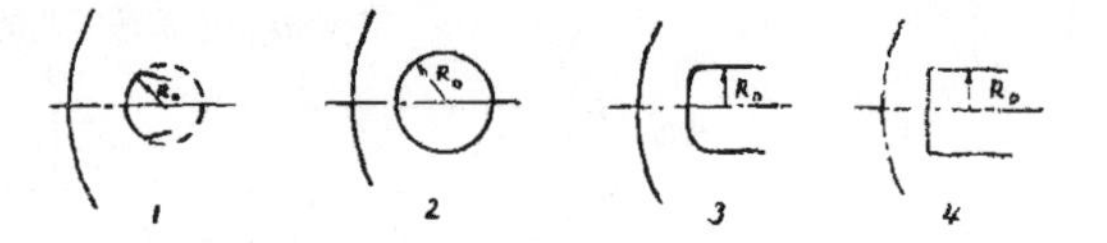

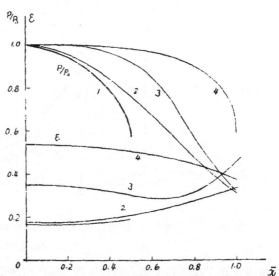

图 7　各种物形的表面压力分布和激波曲綫[6]. $\varepsilon = \frac{y^*}{R_0}$，$y^*$ 是沿物面法向的激波距离. $\gamma = 1.4$，$M_\infty = 4$.

根据現有的研究，計算鈍头細长体或鈍头圓錐的对称繞流，共有三类方法：（1）忽略熵层效应的非定常比拟理論（小扰动理論）；（2）考虑熵层效应的理論；（3）数値解法．关于第一类方法，虽然主要結果是在 1959 年以前得到的，但是由于在討論第二和第三类方法的結果时經常要引用这类方法，同时考虑到只有不多的工作[2,6]对这类方法进行了初步总結，因此，在下面我們还是要簡单地加以討論．关于第二和第三类方法，由于直到現在，第二类方法只在反問題中取得了初步进展（距解决正問題还差得很远），而第三类方法的計算要用电子計算机来进行，因

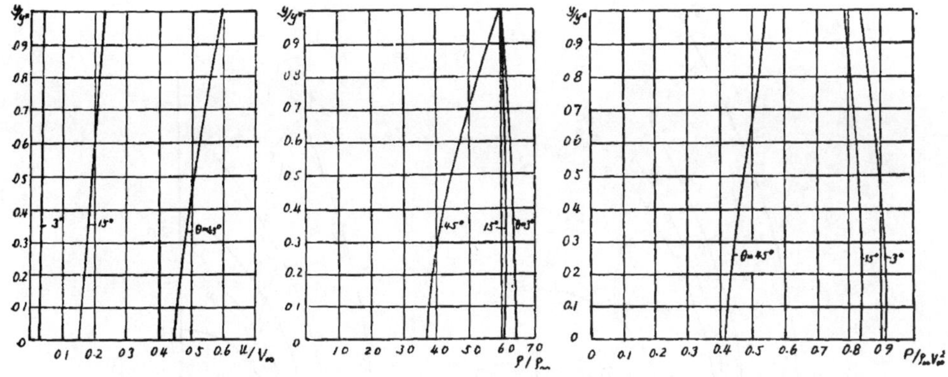

图 8　球体繞流时激波层内速度 u/V'_∞，密度 ρ/ρ_∞，压力 $p/\rho_\infty V_\infty^2$ 沿球面法向 $\frac{y}{y^*}$ 的分布[35]，其中 u 平行于物面，$\gamma = 1.4$，$M_\infty = \infty$.

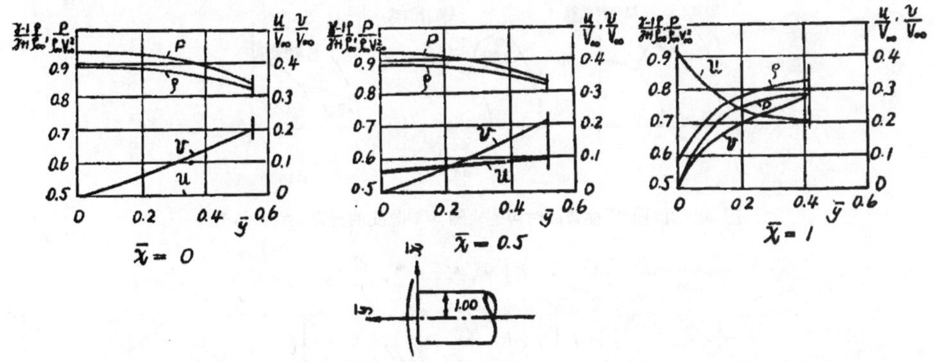

图 9　平鈍头圆柱体激波层内压力、密度、速度的分布[31]，$\gamma = 1.4$，$M_\infty = 4.76$.

此，对于这两类方法也只是簡略地加以总結.

3.1. 忽略熵层效应的非定常比拟理論

这种理論适用于小鈍头薄体后身的繞流，它是在 Hayes[1] 尖头物体非定常比拟理論的基础上，把小鈍头的作用簡化为平面上的点爆炸而发展起来的. 按照这种理論，小鈍头薄体的运动相应于平面上一个非定常运动：在初始时刻，平面上发生点爆炸，以后以爆炸源为中心，发生活塞的膨胀. 爆炸的能量，在二維繞流情况下等于鈍头阻力 X_0 移动单位长度所作的功的一半，在軸对称情况下则等于鈍头阻力 X_0 移动单位长度所作的功. 显然，当小鈍头的阻力为零时，这就是 Hayes 尖头物体的非定常比拟规律.

非定常比拟规律的第一个应用是建立相似律. 相似律的内容是：对于两个对称的小鈍头薄体，如果除了小鈍头外它們仿射相似，则当攻角为零，并且相似参数 $K = M_\infty \varepsilon$，$K^* = c_{x_0}^{\frac{1}{\nu}} \frac{R_0}{L} \varepsilon^{-\frac{2+\nu}{\nu}}$ 分别相等时，两物体的流場相似，也就是說，物面压力 p 和激波位置 r^* 可分别表示成

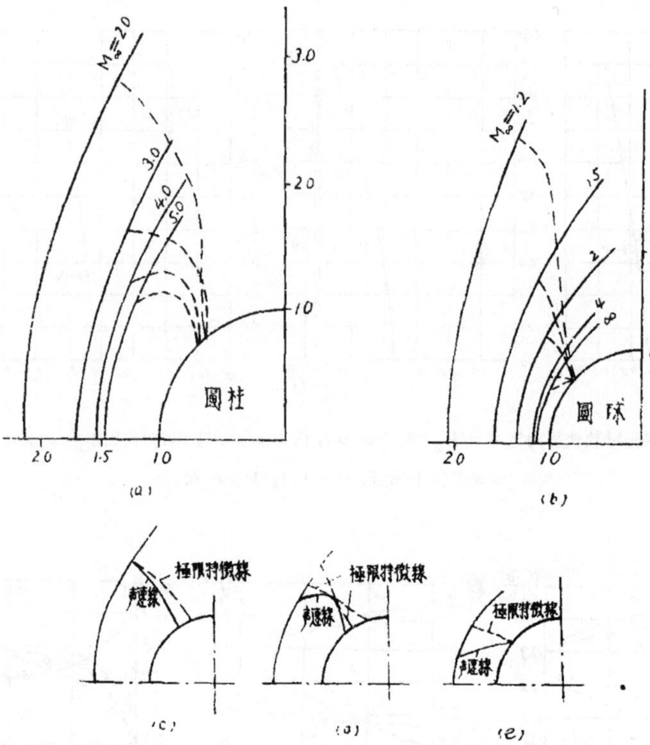

图10 圆球和圆柱繞流时声速綫随 M_∞ 改变的規律，$\gamma = 1.4$.

$$
\left.
\begin{aligned}
&\frac{p - p_\infty}{\rho_\infty V_\infty^2 \varepsilon^2} = f_1\left(\gamma, K, K^*, \frac{x}{L}\right), \\
&\frac{r^*}{\varepsilon L} = f_2\left(\gamma, K, K^*, \frac{x}{L}\right),
\end{aligned}
\right\}
\tag{1.24}
$$

这里 ε 是物体的厚度比，R_0 是鈍头的特征长度，L 是物体的特征长度，C_{x_0} 是鈍头部分的阻力系数，ν 是几何参数(对于平面流动 $\nu = 1$，对于軸对称流动 $\nu = 2$)，x 是由前緣算起的軸向坐标，r^* 是激波到对称軸的距离.

特别对于无限长的鈍头圓錐，当 $M_\infty = \infty$ 时，上式可写成

$$
\left.
\begin{aligned}
&\frac{p - p_\infty}{\rho_\infty V_\infty^2 \operatorname{tg}^2\omega} = f_1\left(\gamma, \sqrt{\frac{1}{2C_{x_0}}\frac{x}{R_0}}\operatorname{tg}^2\omega\right), \\
&\frac{r^*}{C_{x_0}^{1/2} 2R_0}\operatorname{tg}\omega = f_2\left(\gamma, \sqrt{\frac{1}{2C_{x_0}}\frac{x}{R_0}}\operatorname{tg}^2\omega\right),
\end{aligned}
\right\}
\tag{1.25}
$$

这里 ω 是半錐角. 对于无限长的鈍头圓柱体，当 M_∞ 有限时，式(1.24)可写成

$$
\left.
\begin{aligned}
&\frac{p}{p_\infty} = f_1\left(\gamma, \frac{1}{M_\infty^2}\frac{x}{2R_0}\frac{1}{\sqrt{C_{x_0}}}\right), \\
&\frac{r^*}{C_{x_0}^{1/2} 2RM_\infty} = f_2\left(\gamma, \frac{1}{M_\infty^2}\frac{x}{2R_0}\frac{1}{\sqrt{C_{x_0}}}\right).
\end{aligned}
\right\}
\tag{1.26}
$$

式(1.24),(1.25),(1.26)对整理实验数据是很有意义的.

非定常比拟理論的另外一个应用是寻求小鈍头薄体繞流的解．这里下述两方面的工作是值得注意的．

（1）相似性解：

利用非定常运动的比拟規律可以得知，下述問題是存在相似性解的：一个是鈍头圓柱体的繞流，另一个是物面曲綫为冪次規律的鈍头迴轉体的繞流．

鈍头圓柱的繞流問題相应于平面上的点爆炸．对于平面上的点爆炸，Седов 和林紹基（Lin, S. C.）在反压为零（相当于強激波）时求出了精确解；为了考虑反压的影响，Sakurai 将激波层內的压力、密度、速度展开成 $1/M_s^2$ 的冪級数（这里 M_s 是激波 Mach 数，其零級近似是 Седов 和林紹基的解），利用基本方程和边界条件求出了一級近似；（与以上問題有关的文献可在文献[2,6]中找到）以后 Swigart[33] 又求出了二級近似[1]．利用 Swigart 的結果、相应的鈍头圓柱体的表面压力和激波曲綫是[34]

$$\left.\begin{aligned}\frac{p}{p_s}&=0.1069\,\frac{C_{x_0}^{1/2}}{x/R_0}\left(1+2.9476\,\frac{x/R_0}{C_{x_0}^{1/2}M_\infty^2}+0.5458\,\frac{(x/R_0)^2}{C_{x_0}M_\infty^4}\right)\left(1-\frac{1}{7M_\infty^2}\right)^{5/2},\\ \frac{r^*}{R_0}&=1.1244\,C_{x_0}^{1/4}\left(\frac{x}{R_0}\right)^{1/2}\left(1+0.7865\,\frac{x/R_0}{C_{x_0}^{1/2}M_\infty^2}-1.4509\,\frac{(x/R_0)^2}{C_{x_0}M_\infty^4}\right),\end{aligned}\right\}\tag{1.27}$$

这里曾假定 $\gamma = 1.4$，对于半球鈍头，R_0 是球的半径．上两式中的第一項是 Седов 和林紹基的強爆炸解，第二項是 Sakurai 的綫性修正．由于按照非定常比拟关系，$M_s^2 \approx \approx M_\infty^2 \sin^2 \beta$，因此、式(1.27)成立的条件是 $M_\infty^2 \sin^2\beta \gg 1$．

此外，利用爆炸波理論可以求出柱体表面（按照比拟理論它相当于爆炸中心）上的密度 ρ 和熵 s 的分布：$\rho = 0$，$s = \infty$．这就可以看出，柱面是非定常比拟理論的奇点．

对于物面曲綫具有 $r_b = \dfrac{c}{n+1} x^{n+1} \left(-\dfrac{\nu}{\nu+2} < n < 0\right)$ 的形式的物体，由于它的前緣的曲率半径 $R_0 = 0$，因此 $K^* = 0$；与之相应的非定常运动是平面上的活塞膨胀运动．在反压为零时，这种运动的相似性解已經被求出（例如参見文献[2]）；当反压不为零时，文献[35]給出了綫性修正方法．根据这些結果可以求出物体表面上的压力系数和阻力系数．此外，还可以求出物面上的密度 ρ 和熵 s：$\rho = 0$，$s = \infty$．这就再次看到，物面是非定常比拟理論的奇点．

（2）积分关系式方法：

我們知道，在一般情况下，与鈍头細长体相应的平面非定常运动并沒有相似性解；如果一定要利用这种比拟，那只有再引进一些近似以后才可能进行分析．Черный[2] 首先导出了非定常运动的能量和动量积分关系式，然后引进下述两个假定：第一，激波层內質量全部集中在激波附近；第二，在激波附近以外的低密度区，压力和密度不随位置而改变．引进了这两个假定后，从能量和动量积分关系式就可导出决定激波曲綫和表面压力分布的方程．作为例子，Черный 計算了小鈍头薄楔和細长圓錐繞流（$\gamma = 1.4$，$M_\infty = \infty$），并且得到以下几个有意义的結論：

a）对于鈍头楔，表面压力是膨胀不足类型的，并且鈍头楔的阻力大于鈍头阻力和相

1）Swigart 把他的結果叫做三級近似，因为他把 Седов 和林紹基的解叫做一級近似．

应尖楔阻力之和.

b) 对于鈍头圓錐,由前緣向后,最初压力下降,在达到最小值后压力逐漸上升. 当錐角一定时,随着錐体长度 L 的改变,作用在鈍头圓錐上的阻力系数可大于或小于相应的尖头圓錐的阻力系数,并且如果 $\frac{L}{R_0} \approx \frac{1.92}{\mathrm{tg}^2\omega}\sqrt{\frac{C_{x_0}}{2}}$,阻力系数将为最小(和相应的尖錐比較,大約減小了10%).

在 Черный 以后的工作中[36,37],这个方法进一步被系統化了.

3.2. 熵层的理論

非定常比拟理論包含了下述假定:(1)物体是細长的,它对流場纵向速度的扰动可以忽略;(2)鈍头对下游流場的影响仅表現为鈍头阻力所作的功,鈍头的大小、形状以及其他方面的影响(例如在物面附近产生高熵层)可以忽略. 实际上,即使物体是細长的,上述假定在激波层內某些区域里也是不成立的. 明显的事实是:根据非定常比拟理論,在鈍头物面上解将出現奇异性,它不能正确給出物面附近高熵层的性質(物面熵层是由穿过激波前緣区的流綫組成的,而所謂激波前緣区是激波傾角 β 很大的区域),这是因为在熵层內,鈍头的影响沿流綫向下游漂移,纵向扰动速度在那里就不能够忽略,因此,小扰动理論失效.

为了能够正确闡明鈍头細长体表面附近熵层的性質并且給出在整个激波层內均匀适用的解,目前有很多人在进行着研究工作. 同时,由于在鈍头錐的錐角較大时,后身物面上也存在高熵层,因此有些研究就涉及了非細长体.

Сычев[38] 首先研究了冪次激波的反問題 $\left(r^* = \frac{c}{n+1}x^{n+1},\ -\frac{\nu}{\nu+2} \leqslant n < 0\right)$,通过对熵层內各物理量量級的重新分析,他修正了小扰动方程,使它适用于整个激波层区. 在 $M_\infty = \infty$ 时,Сычев 計算結果的結論如下:(1)当 $n > n^* = -\nu\bigg/\left(2+\nu+\frac{2}{\gamma}\right)$时,准确到小扰动理論的精度,熵层厚度可以忽略;但当 $-\frac{\nu}{\nu+2} \leqslant n < n^*$ 时,熵层厚度必須考虑,而在熵层外小扰动理論仍有效.(2)穿过熵层,压力不变.(3)当 $\nu = 2$、$n = -1/2$ 时(由式(1.27)可以看出,这时激波相应于正問題中把強爆炸理論应用到鈍头圓柱問題时得到的結果),作用在物体表面上的压力和強爆炸波給出的圓柱表面上的压力相同,但是物面的形状不是圓柱体(确切地說不是 $r_b = 0$),而是由下面的方程近似地描繪:

$$\frac{r_b}{R_0} = A(C_{x_0}, \gamma)\left(\frac{x}{R_0}\right)^{\frac{1}{2\gamma}}.$$

最近,Сычев[39] 又用 PLK 方法研究了上述反問題. 他首先将基本方程以 von Mises 变数 x, ψ 写出,然后将物理量依厚度比 ε 或鈍头小参数 $\varepsilon_1 = K^{**}\left(\frac{R_0}{L}\right)^{\nu/\nu+2}$(这里 $K^{**} = O(1)$)按照小扰动理論的量級关系展开. 为了除去物面上的奇点,他同时也把 ψ 展开成 $\psi = \rho_\infty V_\infty(\varepsilon L)^\nu[\eta + \varepsilon^2\psi_1(x,\eta) + \cdots]$. 这样,虽然零級近似和非定常比拟結果相同,但是适当选取 ψ_1,却可以除去表面上的奇点,在整个激波层內获得均匀有效的結果. 他得到了和文献[38]相同的結果.

根据 Сычев 的研究，对于正問題，我們可以定性地断定：与非定常比拟理論所給出的結果比較，考慮熵层修正后，激波位置和表面压力分布偏低．从物理角度考慮，这点也是容易理解的．

和 Сычев 不一样，Guirand[40] 把激波层分成熵层和外层两层：对于外层，非定常比拟方程被采用；对于內层，重新建立新的方程．他利用类似于边界层的概念，将內外两层的解連接起来．然而，用这种方法处理正問題是相当复杂的，因而 Guirand 沒有給出明显的結果．

不难看出，上述三种方法和处理錐体涡层效应的三种方法是完全对应的．

Yakura[41] 用另外一种方法研究了反問題的熵层問題．他放弃了非定常比拟假定，因此，他的結果不限于細长体．他也把激波层分成熵层和外层两层．在熵层內，无量綱流函数 $\bar{\psi}=\dfrac{\psi}{\rho_\infty V_\infty R_s^{*\nu}}\sim 1$；在外层，$\bar{\psi}\sim \bar{r}^{*\nu}$ 或 $\bar{\psi}/\bar{r}^{*\nu}\sim 1$（这里 $\bar{r}^*=r^*/R_s^*$，R_s^* 是激波前緣的曲率半径）．分别在熵层內和外层內引入坐标变换 $s=\bar{x}$，$\bar{\Psi}=\bar{\psi}$ 及 $s=\bar{x}$，$\omega=\bar{\psi}/\bar{r}^{*\nu}$（这里 $\bar{x}=x/R_s^*$，x 是軸向坐标），在熵层內就可得以 s，$\bar{\Psi}$ 为自变数的方程，而在外层，基本方程可以写成以 s，ω 为自变数的形式．为了簡化两組方程，根据激波条件和两組解的連接条件，分别将外层和熵层內的物理量展开成 $1/s$ 的冪級数，在外层，冪級数的系数是 ω 的函数，而在熵层则是 $\bar{\Psi}$ 的函数．分别代入基本方程后，可以建立适用于外层和熵层的各級近似解，最后把两組解光滑地連接起来．作为例子，对 $\gamma=1.4$ 和 $M_\infty=\infty$ 的情况，Yakura 計算了四个問題．前两个問題的激波分别是双曲綫和迴轉双曲面，与之相应的物体分别与鈍头楔（半楔角 $\omega=20°$）和鈍头錐（半錐角 $\omega\approx 20°$）接近．第三和第四个問題的激波分别是 $r^*/R_s^*=\sqrt{2\bar{x}}$ 的迴轉拋物面和 $r^*/R_s^*=\bar{x}^{2/3}$ 的拋物綫．計算結果除了再一次証明 Сычев 的結論正确外，还給出了熵层內物理量的变化以及楔、錐表面上熵层厚度的变化規律：对于鈍头楔，随着 x 的增加，熵层厚度减小，但是 $x\to\infty$ 时，熵层厚度趋近于一个不等于零的极限値；对于鈍头錐，随着 x 的增加，熵层厚度趋近于零．

上述各个研究对于了解后身熵层的性質无疑是重要的，但是它們存在着两个缺点：(1)它們都是反問題，显然对于解决有实际意义的正問題，这是很不够的；(2)所得結果只能用在后身，因此，不能說明鈍头和后身之間过渡区的流动現象．要想較精确地給出整个流場，目前还只能采用数値解法．

3.3. 数値解法

目前关于鈍头圓錐（包括圓柱）的对称繞流，已經发展了相当多的数値解法．

Traugott[42] 利用 Белоцерковский 的积分关系式方法（一級近似）計算了球鈍头圓錐的繞流．但是这种方法在球、錐結合处的过渡区不能給出正确的結果，同时也不能很好反映应出后身熵层的性質．Feldman[43]，Vaglio-Laurin 和 Trella[44]，Чушкин[45,46] 利用特征綫方法分别对球鈍头圓錐和圓柱也进行了計算．但是只有 Чушкин 的結果精度較高，而且比較全面（計算包含了各种鈍头形状——长短軸之比 $\delta=0.5$，1.0 和 1.5 的橢球；各种半錐角 $\omega=0°, 5°, 10°, 20°, 30°, 40°$；各种来流 $M_\infty=3, 4, 6, 10, \infty$；此外計算是从离极限特征綫不远的位置开始的，所用初値由积分关系式的二級近似[21]給出）．

最近，Brong 和 Edelfelt[47] 采用綫性化特征綫法(以对称流作为基本解)計算了球鈍头圓錐小攻角的繞流。

当利用特征綫方法計算錐角較大的鈍头錐的繞流时，由于流場內会出現同族特征綫相交的現象，因此，如果不采用特殊措施，計算将无法进行。不久以前，Дьяконов 和 Заицева[48] 建議采用差分法，計算結果表明，精度是足够的。差分方法的优点是适用于具有弱間断的区域。

3.4. 近似解析解和数値解的比較

在前面分析熵层的解析解时，我們已經指出熵层的某些重要特性。数値解的結果，进一步証实了上面的分析。下面为了清楚說明鈍头圓錐激波层內气体压縮和膨胀的性質，在图 11，12，13 中我們引入文献[46]的数値計算結果。

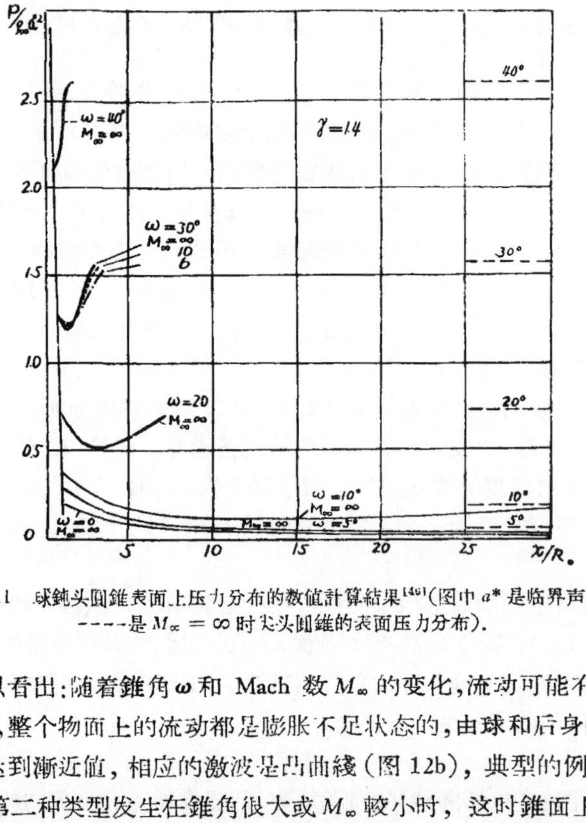

图 11 球鈍头圓錐表面上压力分布的数値計算結果[46](图中 a^* 是临界声速，----是 $M_\infty=\infty$ 时尖头圓錐的表面压力分布)。

由这些图可以看出：随着錐角 ω 和 Mach 数 M_∞ 的变化，流动可能有三种完全不同的类型：第一种类型，整个物面上的流动都是膨胀不足状态的，由球和后身的連接点向后，压力一直減小直至达到漸近値，相应的激波是凸曲綫（图 12b），典型的例子是 $M_\infty=\infty$ 和 $\omega=0$ 的情形。第二种类型发生在錐角很大或 M_∞ 較小时，这时錐面上的流动都是膨胀过度状态的，气流在連接点以后一直压縮直至达到漸近値，典型的例子是 $\omega \geqslant 40°$ 的流动。第三种类型界于上述两种类型之間，即錐面上同时存在膨胀不足和膨胀过度状态。这时气流在連接点以后継續膨胀，在达到比漸近値小得多的最小値后就发生压縮而趋近于漸近値，并且这种趋近过程常常不是单調的。典型的例子是 $\omega=20°$ 的情形。在 M_∞ 不很大的情况下，甚至 $\omega=0$ 时也会出現这种流动类型。对于第二、三种类型，由于在压縮区中第一族特征綫逐漸变陡，它們可能相交，这就导致"悬掛"激波的出現；同时，激波将出現拐点(图 13)。如果激波和悬掛激波相交，激波綫的坡度也将发生間断。

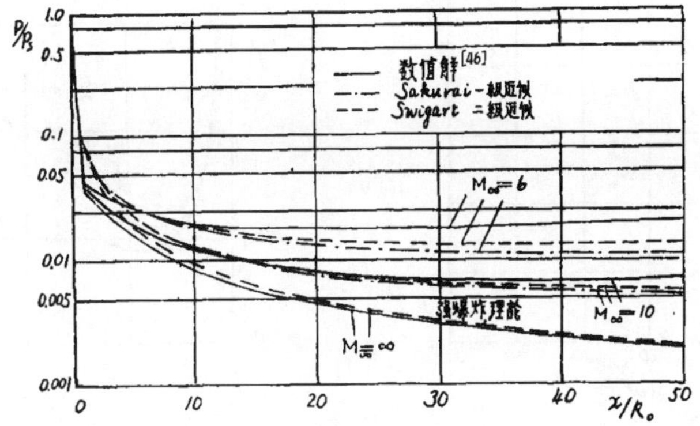

(a)

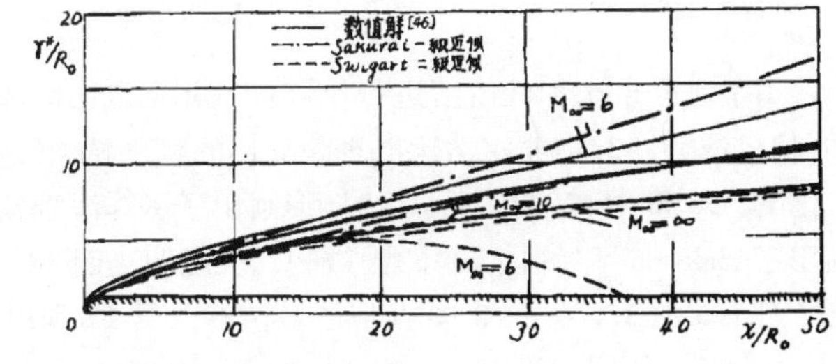

(b)

图 12　球鈍头圓柱的表面压力分布和激波位置，$\gamma = 1.4$.

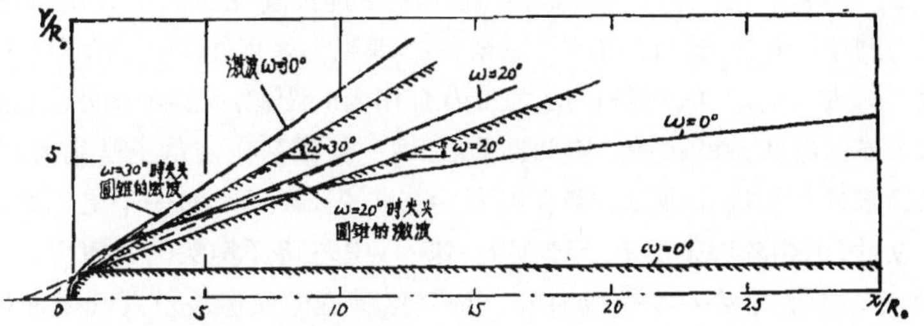

图 13　球鈍头圓錐的激波曲綫[48]，$\gamma = 1.4$, $M_\infty = \infty$.

图 12a 和图 11 还表明，对于球面部分，甚至当 M_∞ 不很大时，压力就几乎与 M_∞ 无关；但是对于后身，除非錐角很大，表面压力将随 M_∞ 強烈改变，只有当 M_∞ 非常大时(这时 $M_\infty^2\sin^2\beta \gg 1$)，这种改变才比較小．这就是說，对于鈍头細长体，到达极限状态需要非常大的 M_∞．这个特点在进行理論分析时是应該注意的．

如果将这些数值計算結果和前述解析結果进行比較，我們还可以說明非定常比拟理論的适用范围．但是这里必須区别两种近似：一种是非定常比拟理論本身固有的近似，另一种是应用非定常比拟理論时另外引入的近似（例如 Черный 的积分关系式方法，Sakurai 和 Swigart 的一級二級近似）．显然，将数值解与同时具有两种近似的理論結果进行比較，是不能說明非定常比拟理論精度的高低的．因此，为了說明非定常比拟理論的适

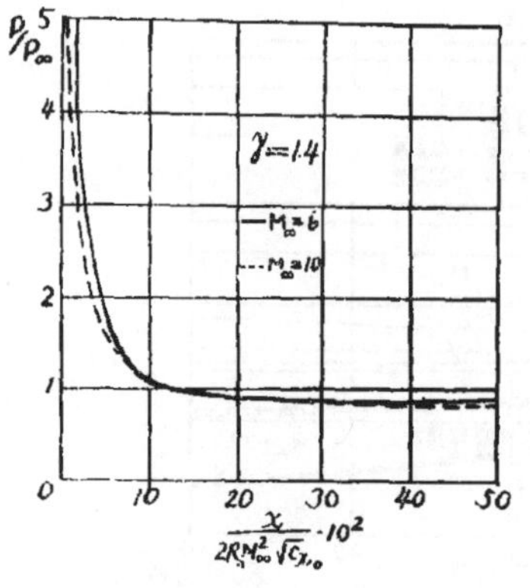

图14　在相似变量下，球鈍头圆柱表面压力分布的数値結果[10].

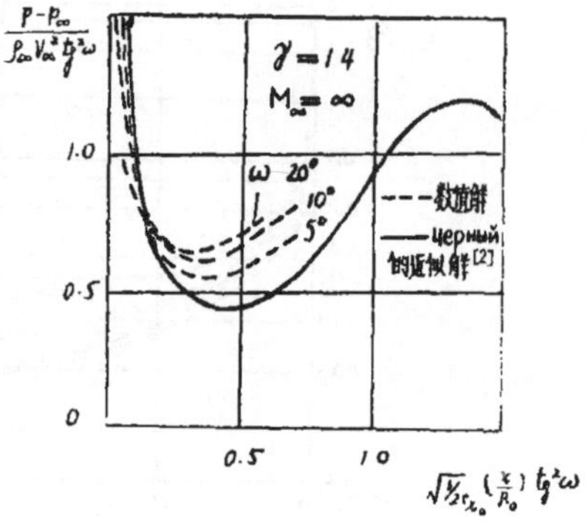

图15　在相似变量下，球鈍头圆锥表面压力分布的数値結果[10].

用范围，我們只能采用下述結果来和数値解进行比較：(1)非定常比拟理論的精确解(例如 $M_\infty=\infty$ 的鈍头圆柱繞流)；(2)由非定常比拟理論导出的精确結論(例如相似律(1.24)、(1.25)、(1.26))．在图12a，b中，对 $M_\infty=\infty$ 的情形画出了爆炸波理論的精确解，同时对 M_∞ 有限的情形画出了 Sakurai 和 Swigart 的一級和二級近似．图14利用相似律(1.26)的相似变量，画出了图12a中 $M_\infty=6$ 和10情形的数値解．图15利用相似律(1.25)的相似变量，画出了图11中的数値解．当 $M_\infty=\infty$ 时，由图12a不难看出，虽然爆炸波理論所給出的表面压力偏高，激波曲綫偏低，但是和数値解的符合程度是相当满意的．当 M_∞ 为有限时，由图14可以看出，原来在物理坐标系内差别很大的曲綫(图12a)，在相似变量下相当接近．这就清楚說明，爆炸波理論在决定鈍头圆柱表面压力分布时是比較准确的．对于鈍头圆錐，由图15可以看出，原来在物理坐标系内差别很大的压力曲綫(图11)在相似变量下也大大接近了，但是彼此之間仍有相当的距离．这就表明，用点爆炸和活塞的联合运动来描写鈍头錐的繞流，定性地說是很好的，但是在定量上是稍有誤差的．

下面我們来分析強爆炸理論和数値解符合的原因，并且說明一下它們之間的差别．

前面已說过，爆炸波理論具有下述誤差：第一，它忽略了鈍头的几何尺度，在鈍头圆柱的情况下，这就等于把圆柱的半径視为零，显然，这种近似使激波位置和表面压力偏低．第二，它忽略了熵层的影响，这使激波位置和表面压力偏高．第三，它忽略了鈍头几何形的影响．正如数値解[31]所指出的，在离开头部較远的地方，这个假定是正确的．至于細长体的假定，在离开头部的地方也是正确的．这样我們可以知道，爆炸波理論的誤差主要是第一、二两种因素引起的，而两者对誤差的貢献是相反的．由于压力的大小主要取决于物体和激波的坡度，因此第二种因素对压力的影响是主要的；这样不考虑熵层时爆炸波理論給出的压力，自然就要比数値解偏高．而对于激波位置，因为激波和对称軸的距离在很大程度上取决于物体的厚度，因此，第一个因素是重要的，这就解释了爆炸波理論給出的激波曲綫为什么比数値解低．可以預料，在爆炸波理論基础上考虑了熵层效应之后，压力分布的精度可能提高一些，但激波曲綫的位置在修正后将更偏低．

最后，我們来研究爆炸波一級和二級近似理論以及 Черный 的积分关系式方法的精度．

从图 12 a, b 可以看出,当 $M_\infty = 6, 10$ 时,爆炸波一級二級近似理論在一級和二級近似値相差不大的一个不大的范围內适用. 这是由于当 x/R_0 較大时,在所考慮的 M_∞ 下,激波強度不大,$M_\infty^2 \sin^2\beta$ 不能远大于 1. 因此,級数展开式(1.27)不收斂.

此外,我們还应該指出,当 M_∞ 为有限时,爆炸波一級二級近似理論甚至不能定性地反映出流場的某些特征,例如它們不能說明"悬掛"激波的存在.

至于 Черный 利用积分关系式方法对于小鈍头細長圓錐所給出的結果,由图 15 可以看出,它过大地夸大了錐面上的膨胀状态. 因此,Черный 給出的錐体阻力系数也就过低. 在文献[46]的計算范围內,并未証实 Черный 的下述結論:对于某些有限长的鈍头圓錐,其阻力系数比相应的尖錐还小.

二、混合理想气体的超高速繞流

1. 高溫空气的化学动力学模型

常比热理想气体的假定只在不高的溫度范围內($T < 1000—1500°$K)适用. 在高溫情况下,必須研究具有化学反应的非平衡流动.

目前高溫空气的化学动力学,在实驗和理論方面都进行了不少研究[49-51]. 从这些研究可以知道,当空气处于 1000—8000°K 的溫度范围內时,主要成分是 O_2, N_2, NO, N, O, NO^+ 和 e^-,而氧及氮的多原子化合物(如 O_3, NO_2 等)并不重要. 在这种情况下,空气中存在下述反应:

① $X_2 + M + \Delta H \rightleftharpoons X_2^v + M$,

② $O_2 + M + 5.1\,\text{ev} \underset{k_{r_2}}{\overset{k_{f_2}}{\rightleftharpoons}} O + O + M$,

③ $N_2 + M + 9.8\text{ev} \rightleftharpoons N + N + M$,

④ $NO + M + 6.5\text{ev} \rightleftharpoons N + O + M$,

⑤ $NO + O + 1.4\text{ev} \rightleftharpoons O_2 + N$,

⑥ $O + N_2 + 3.3\text{ev} \rightleftharpoons NO + N$,

⑦ $N_2 + O_2 + 1.9\text{ev} \rightleftharpoons NO + NO$,

⑧ $X_2 + M + \Delta H \rightleftharpoons X_2^e + M$,

$X + M + \Delta H \rightleftharpoons X^e + M$,

⑨ $N + O + 2.8\text{ev} \rightleftharpoons NO^+ + e^-$,

这里M可以是空气中任何一种成分的分子或原子,X_2 表示分子,X 表示原子. 反应①是分子的振动激发,反应⑧表示分子和原子的电子激发.

但是上述九种反应并不是在任何溫度或来流 M_∞ 范围內都是同等重要的. 根据利用这些反应所作的計算表明[50-53],当溫度处于 1000—2000°K 时,只有反应①是重要的. 对于鈍体繞流,如果来流 $M_\infty < 8$,可以只考慮反应①,②,⑤,⑥,⑦(甚至反应⑦也可以不考慮). 当 $M_\infty = 8—15$ 时,反应①,②,④,⑤,⑥,⑦是重要的(同样,甚至反应⑦也可以不考慮). 如果 $M_\infty = 15—23$,反应①,②,③,④,⑤,⑥,⑧,⑨应該被考慮,至于反应⑦,由于它只在非常靠近激波的区域起作用,因此可不予考慮.

在研究非平衡流动时,了解上述反应的振动、分离、电子激发和电离的松弛时間是很有意义的. 对于純氧和純氮分子，其振动松弛时間无論在实验方面或理論方面都已經有了很好的了解. 文献[54]給出了与实驗結果甚为符合的决定双原子分子振动松弛时間的公式:

$$\tau = \mathscr{M}\frac{T}{p}\exp(\mathscr{N}T^{-\frac{1}{3}})\left[1-\exp\left(-\frac{\theta_v}{T}\right)\right]^{-1}, \tag{2.1}$$

在这里，T 是气体的温度，θ_v 是气体分子的振动特征温度，$\mathscr{M}$，$\mathscr{N}$ 是常量；对于 O_2，$\mathscr{M} = 2.958 \times 10^{-12}$ 秒·大气压/度(K)，$\mathscr{N} = 93°K^{\frac{1}{3}}$；对于 N_2，$\mathscr{M} = 1.469 \times 10^{-15}$ 秒·大气压/度(K)，$\mathscr{N} = 119°K^{\frac{1}{3}}$. 图 16 画出了 O_2 和 N_2 振动松弛时間的实驗結果.

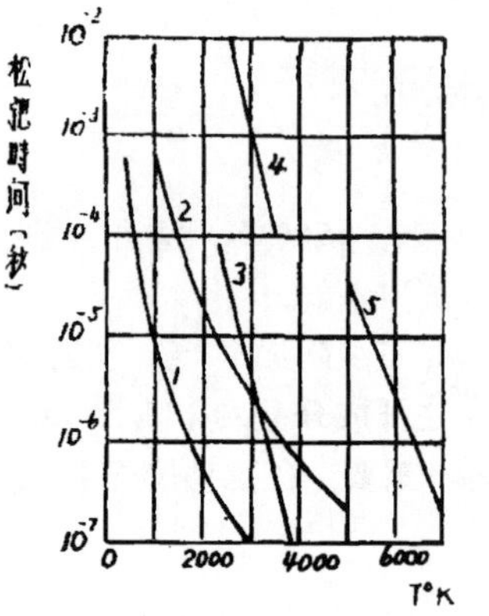

图 16 相应于大气密度的松弛时間[55]. 1——实驗测得的 O_2 振动，2——实驗测得的 N_2 振动，3——計算所得的 O_2 分离（与实驗結果符合），4——实驗测得 NO 生成的松弛时間，5——計算所得的 N_2 分离.

关于 O_2、N_2、NO 等的分离、电子激发和电离的松弛时間，实驗結果很少. 图 16 画出了文献[55]对 O_2 和 N_2 分离松弛时間的理論計算結果，这些理論曲綫和已有的个別 O_2 分离松弛时間的实驗結果是符合的.

尽管在多种成分組成的空气中，由于其他成分的存在以及由于振动松弛、分离等过程的相互作用，图 16 的結果并不能完全反映空气中的真实情况，但是毫无疑問，根据这些結果至少可以作出一些定性的結論. 图 16 表明，当温度比較低时，O_2 的振动松弛过程和 O_2 的分离松弛过程不是同时进行的，前一过程首先发生. 当温度增加时，两种反应的速度都增加，并且后者增加較快；在高温情况下，振动平衡达到之前分离已显著发生. 因此，当研究低温分离空气的非平衡流动时，我們可以假定振动自由度是平衡的. 在高温情况下，精确的分析应該同时考虑振动、分离等的相互作用.

高温空气化学动力学的重要問題之一是决定反应 ②，③，④，⑤，⑥，⑦，⑨ 的正、逆比反应速度常数 k_{fi} 和 k_{ri}. 目前在振动自由度达到平衡和忽略电子激发的前提下，Wray[50] 根据大量实驗結果和理論計算总結出了 k_{ri} 和 k_{fi} 随温度的变化关系，这里 $k_{ri} = k_{fi}/k_{ri}$ 是比反应平衡常数，利用它可以算出 k_{ri}. 表 1 引入了 Wray 的結果. 最近 Hall[53] 对 k_{fi} 也进行了总結. 計算表明，Wray 和 Hall 的結果并沒有很大的差別. 当要求同时考虑振动、分离等的相互作用时，比反应速度常数中应引入振动温度的影响. 关于这方面除了文献[56]和[57]作了初步研究外，目前尚无完善的理論或实驗結果.

2. 非平衡流动的基本方程和边界条件

現在我們研究定常的非平衡流动. 首先采用如下假定:

(1) 設气体是由 n 种成分(如原子、双原子分子等)組成，每种成分都是理想气体，它們的移动和轉动自由度平衡，振动自由度处于松弛状态；在振动自由度內部，状态处于局部平衡，振动自由度的能量可用自身的振动温度来描写.

(2) 不考虑电子激发，設流場內总共存在 r 种反应:

表 1

反应		k_{ei}	M	k_{fi} (厘米³摩尔⁻¹秒⁻¹)
②	$O_2 + M + 5.1ev \underset{k_{r_2}}{\overset{k_{f_2}}{\rightleftharpoons}} 2O + M$ $D = 118.000$ (卡/摩尔)	$1.2\times10^8 T^{-1/2}\exp(-118,000/RT)$ (摩尔/厘米³)	Ar, N, NO	$2.5\times10^{11}T^{1/2}\left(\frac{D}{RT}\right)^{1.5}\exp(-D/RT)$
			N_2	$2\times2.5\times10^{11}T^{1/2}\left(\frac{D}{RT}\right)^{1.5}\exp(-D/RT)$
			O_2	$9\times2.5\times10^{11}T^{1/2}\left(\frac{D}{RT}\right)^{1.5}\exp(-D/RT)$
			O	$25\times2.5\times10^{11}T^{1/2}\left(\frac{D}{RT}\right)^{1.5}\exp(-D/RT)$
③	$N_2 + M + 9.8ev \rightleftharpoons 2N + M$ $D = 224,900$	$18\exp(-224900/RT)$ (摩尔/厘米³)	Ar, O, O_2, NO	$1.7\times10^{12}T^{1/2}\frac{D}{RT}\exp(-D/RT)$
			N_2	$4.2\times10^{12}T^{1/2}\frac{D}{RT}\exp(-D/RT)$
			N	$3.2\times10^{12}T^{1/2}\left(\frac{D}{RT}\right)^2\exp(-D/RT)$
④	$NO + M + 6.5ev \rightleftharpoons N + O + M$ $D = 150,000$	$4.0\exp(-150000/RT)$ (摩尔/厘米³)	Ar, O_2, N_2	$7.0\times10^{10}T^{1/2}\left(\frac{D}{RT}\right)^2\exp(-D/RT)$
			NO, O, N	$20\times7.0\times10^{10}T^{1/2}\left(\frac{D}{RT}\right)^2\exp(-D/RT)$
⑤	$NO + O + 1.4ev \rightleftharpoons O_2 + N$	$0.24\exp(-32020/RT)$		$3.2\times10^9 T\exp(-39100/RT)$
⑥	$N_2 + O + 3.3ev \rightleftharpoons NO + N$	$4.5\exp(-75000/RT)$		$7.0\times10^{13}\exp(-755000/RT)$
⑦	$N_2 + O_2 + 1.9ev \rightleftharpoons 2NO$	$19\exp(-42980/RT)$		$9.1\times10^{21}T^{-5/2}\exp(-128500/RT)$
⑨	$N + O + 2.8ev \rightleftharpoons NO^+ + e^-$	$3.6\times10^{-10}T^{1.5}\exp(-63300/RT)$		$6.4\times10^9 T^{1/2}\exp(-63290/RT)$

$$\sum_{i=1}^{n} \nu_i'^{(j)} A_i \underset{k_{r_j}}{\overset{k_{f_j}}{\rightleftharpoons}} \sum_{i=1}^{n} \nu_i''^{(j)} A_i$$
$$(j = 1, 2, \cdots, r),$$

这里 A_i 代表第 i 种成分的化学式，$\nu_i''^{(j)}$ 和 $\nu_i'^{(j)}$ 分别表示第 j 个反应中第 i 种成分生成或消失的分子数。

采用下述符号：h——混合气体的焓，c_i——第 i 种成分的质量浓度（即单位质量的混合气体中第 i 种成分的质量百分数），σ_i——单位体积内第 i 种成分由于化学反应于单位时間内生成的質量，M_i——第 i 种成分的分子量或原子量．根据質量、动量和能量守恆规律，以及分压定理和質量作用定理，对于无粘性絕热定常流动，我們可得到下述封閉方程組：

$$\begin{aligned}
&\mathbf{V}\cdot \operatorname{grad}\mathbf{V} + \frac{1}{\rho}\operatorname{grad} p = 0,\\
&\operatorname{div}(\rho\mathbf{V}) = 0,\\
&\mathbf{V}\cdot \operatorname{grad} c_i = \frac{\sigma_i}{\rho} \qquad (i = 1, 2, \cdots, n),\\
&\frac{\sigma_i}{\rho} = \sum_{j=1}^{r} \frac{1}{\bar{M}}\frac{M_i}{\tau_j}\left\{K_j \prod_{i=1}^{n} c_i^{\nu_i'^{(j)}} - \prod_{i=1}^{n} c_i^{\nu_i''^{(j)}}\right\}(\nu_i''^{(j)} - \nu_i'^{(j)}),\\
&p = R\rho T \sum_{i=1}^{n} \frac{c_i}{M_i},\\
&h + \frac{V^2}{2} = h_0\text{（常量）},\\
&h = \sum_{i=1}^{n} c_i\left(e_{it} + e_{ir} + e_{iv} + \frac{R}{M_i}T + h_i^{(0)}\right),\\
&\mathbf{V}\cdot \operatorname{grad} e_{iv}(T_i) = \frac{\bar{e}_i(T) - e_{iv}(T_i)}{\tau_i^{(v)}},
\end{aligned} \qquad (2.2)$$

这里 $\bar{M} = \left(\sum_{i=1}^{n} \frac{c_i}{M_i}\right)^{-1}$；$R$——万有气体常数；

$$K_j = \frac{k_{fj}}{k_{rj}} \prod_i \left(\frac{\rho}{M_i}\right)^{\nu_i'^{(j)} - \nu_i''^{(j)}};$$

$$\tau_j = \frac{\rho}{\bar{M}} \frac{1}{k_{rj} \prod_i \left(\frac{\rho}{M_i}\right)^{\nu_i''^{(j)}}}$$——第 j 种反应的松弛时間；

e_{it}，e_{ir}——第 i 种成分单位質量的移动、轉动的内能（由分子运动論很易求出）；

$e_{iv}(T_i)$——第 i 种成分单位質量的振动能量，T_i 是振动温度，对于諧振子分子，

$$e_{iv} = \frac{\bar{e}_i(T)}{\exp\left(\frac{\theta_{vi}}{T_i}\right) - 1}\left(\exp\frac{\theta_{vi}}{T} - 1\right);$$

$\bar{e}_i(T)$——第 i 种成分平衡时的振动能量，对于諧振子分子，$\bar{e}_i(T) = \frac{R\theta_{vi}}{M_i}\left(\exp\frac{\theta_{vi}}{T} - \right.$

$-1\Big)^{-1}$, θ_{vi} 是第 i 种成分的振动特征温度;

$\tau_i^{(v)}$——第 i 种成分的振动松弛时間,由式(2.1)給定;

$h_i^{(0)}$——第 i 种成分在 0°K 时的单位质量的生成热.

在利用上述方程时,注意下述各点是有益的:

(1) 在建立式(2.2)最后一式的过程中,我們沒有考虑分离对振动能量的影响.

(2) 在求解問題时,必須事先已知 k_{fj} 和 k_{rj}. 如前所述,在振动松弛的情況下,决定 k_{fj} 和 k_{rj} 的理論和实验結果是相当不够的. 但是振动处于平衡态时(相应于 $\tau_i^{(v)}=0$, 由式(2.2)最后一式有 $e_{i_v}=\bar{e}_i$), k_{fj} 和 k_{rj} 可采用表 1 的值.

(3) 如果反应足够快,则 $\tau_j\to 0$ (或 $\tau_j\ll\tau$——流动特征时間),流动是平衡的. 由于在任何情況 $\pi\sigma_i$ 下必須是有限值,因此,由式(2.2)第四式有 $K_j=\prod_{i=1}^{n}c_i^{\nu_i''(j)-\nu_i'(j)}$. 利用 K_j 的定义,得到 $k_{ej}=\prod_i\left(\frac{\rho c_i}{M_i}\right)^{\nu_i''(j)-\nu_i'(j)}$. 将这个式子和质点数守恆方程联系在一起,就可以决定各成分的浓度 $c_i=c_i(T,\rho)$ 或 $c_i=c_i(p,T)$. 因为在理想气体混合物中,一切热力学量都是 p, T 和 c_i 的函数,这就可以看出,在平衡态下,一切热力学量都只是 p, T 的函数.

(4) 当 $\tau_j\to\infty$ 或 $\tau_j\gg\tau$ 时,流場是冻結流. 由式(2.2)第四式有 $\sigma_i\to 0$. 再由式(2.2)第三式,得到 $\mathbf{V}\cdot\mathrm{grad}\,c_i=0$, 即沿流綫 c_i 不变.

下面討論边界条件. 在物体表面上,我們不考虑气体和固壁之間的化学反应,因此,同一般气体力学一样,在物面上,气体的物面法向速度分量 $v_n=0$. 对于激波条件,可由动量、质量和能量守恆方程建立,它們是:

$$\left.\begin{aligned}&V_{\infty\tau^*}=v_{\tau^*}^*,\\&\rho_\infty V_{\infty n^*}=\rho^*v_{n^*}^*,\\&p_\infty+\rho_\infty V_{\infty n^*}^2=p^*+\rho^*v_{n^*}^{*2},\\&h_\infty+\frac{1}{2}V_\infty^2=h^*+\frac{1}{2}V^{*2},\end{aligned}\right\}\tag{2.3}$$

这里 n^* 和 τ^* 表示激波面的法向和切向,而激波是这样一个間断面:通过它气体的成分不发生变化,一切松弛过程都在間断面后开始.

由前面的方程不难看出,計算非平衡流动是相当困难的,如果不利用电子計算机,要考虑多种反应簡直是不可能的. 在非平衡流理論发展的初期,为了定性地了解非平衡流动的特点,常常采用簡单分离气体的模型[58,59],即假定: (1)气体是原子 A 和分子 A_2 的理想气体混合物, $A_2+M\rightleftharpoons 2A+M$; (2)移动、轉动和振动自由度都处于平衡态,不考虑电子激发和电离; (3)在分离平衡时, $\frac{\alpha^2}{1-\alpha}=\frac{\rho_D}{\rho}\exp\left(-\frac{D_A}{R_2T}\right)$, 这里 α 是与 ρ, T 相应的平衡浓度, ρ_D 是分离特征密度(在 1000—7000°K 范围內,对于氧, $\rho_D=150$ 克/厘米^3; 对于氮, $\rho_D=130$ 克/厘米^3), D_A 是单位质量原子 A 在 0°K 时的生成热, R_2 是 A_2 的气体常数; (4)对于原子 A, σ_A/ρ 可近似地用下述公式給出(文献[60]对該式的适用情況进行

了討論):

$$\frac{\sigma_A}{\rho} = B\rho T^{-m}\left[(1-c)\exp\left(-\frac{D_A}{R_2T}\right) - \frac{\rho}{\rho_D}c^2\right],$$

这里 c 是原子 A 的浓度，B，m 为常数[59,60]。

在这些假定下，如果引入下述无量綱量：

$$\overline{\mathbf{V}} = \frac{\mathbf{V}}{V_\infty},\ \bar{\rho} = \frac{\rho}{\rho_\infty},\ \bar{p} = \frac{p}{\rho_\infty V_\infty^2},\ \bar{h} = \frac{h}{V_\infty^2},\quad \bar{T} = \frac{T}{V_\infty^2/R_2},$$

$$\bar{x} = \frac{x}{L},\ \bar{y} = \frac{y}{L},\ \bar{z} = \frac{z}{L},\ \overline{\mathrm{grad}} = L\,\mathrm{grad},\quad \overline{\mathrm{div}} = L\,\mathrm{div},$$

这里 L 是流場的特征長度，x，y，z 是直角空間坐标，上面的方程就可以写成

$$\left.\begin{aligned}
&\overline{\mathbf{V}}\cdot\overline{\mathrm{grad}}\,\overline{\mathbf{V}} + \frac{1}{\bar{\rho}}\overline{\mathrm{grad}}\,\bar{p} = 0,\\
&\overline{\mathrm{div}}\,(\bar{\rho}\overline{\mathbf{V}}) = 0,\\
&\overline{\mathbf{V}}\cdot\mathrm{grad}\,c = \mathscr{K}\bar{\rho}\bar{T}^{-m}\left[(1-c)\exp\left(-\frac{D_A}{V_\infty^2}\frac{1}{\bar{T}}\right) - \frac{\rho_\infty}{\rho_D}\bar{\rho}c^2\right],\\
&\bar{h} + \frac{1}{2}\bar{V}^2 = \frac{1}{2} + \frac{1}{\gamma-1}\frac{1}{M_\infty^2},\\
&\bar{h} = \left[\frac{7}{2} + \frac{3}{2}c + (1-c)f\left(\frac{R_2\theta_v}{V_\infty^2}\frac{1}{\bar{T}}\right)\right]\frac{1}{1+c}\frac{\bar{p}}{\bar{\rho}} + c\frac{D_A}{V_\infty^2},\\
&\bar{p} = (1+c)\bar{\rho}\bar{T},\\
&f\left(\frac{R_2\theta_v}{V_\infty^2}\frac{1}{\bar{T}}\right) = \frac{R_2\theta_v}{V_\infty^2}\frac{1}{\bar{T}}\left[\exp\left(\frac{R_2\theta_v}{V_\infty^2}\frac{1}{\bar{T}}\right) - 1\right]^{-1};
\end{aligned}\right\}\tag{2.4}$$

这里 $\mathscr{K} = \dfrac{BR_2^m\rho_\infty L}{V_\infty^{2m+1}} = \dfrac{\text{流动特征时間}}{\text{分离松弛时間}}$. 对于分离平衡流动、代替式(2.4)第三式我們有：

$$\frac{\alpha^2}{1-\alpha} = \frac{\rho_D}{\rho_\infty}\bar{\rho}^{-1}\exp\left(-\frac{D_A}{V_\infty^2}\bar{T}^{-1}\right),\qquad c = \alpha. \tag{2.4'}$$

相应的边界条件是：

在物面上，$$\bar{v}_n = 0; \tag{2.5}$$

在激波上，

$$\left.\begin{aligned}
&\bar{v}_{\tau}^* = \cos(\tau^*, x),\quad \bar{\rho}^*\bar{v}_n^* = \cos(n^*, x),\\
&\bar{p}^* + \bar{\rho}^*\bar{v}_{n^*} = \frac{1}{\gamma M_\infty^2} + \cos^2(n^*, x),\\
&\bar{h}^* + \frac{1}{2}\bar{V}^{*2} = \frac{1}{\gamma-1}\frac{1}{M_\infty^2} + \frac{1}{2},
\end{aligned}\right\}\tag{2.6}$$

这里我們假設 x 方向与来流方向一致，并且来流比热 γ 为常数。

3. 相似律

为了簡单起見、現在我們以簡单分离气体为例来推导鈍体和尖体的相似律．这并不損伤其一般性、所得的結論推广到多种反应的問題也是适用的。

3.1. 鈍体繞流

对于鈍体繞流，$M_\infty^2\cos^2(n^*, x) \gg 1$ 成立，这样由式(2.4)、(2.5)、(2.6)得

$$\overline{\mathbf{V}},\ \bar{p},\ \bar{\rho},\ \bar{h},\ \bar{T}=f\left(\bar{x},\ \bar{y},\ \bar{z},\ \frac{R_2\theta_v}{V_\infty^2},\ \mathscr{K},\ \frac{D_A}{V_\infty^2},\ \frac{\rho_\infty}{\rho_D}\right), \tag{2.7}$$

或鈍头阻力系数 c_x 满足

$$c_x=c_x\left(\frac{R_2\theta_v}{V_\infty^2},\ \mathscr{K},\ \frac{D_A}{V_\infty^2},\ \frac{\rho_\infty}{\rho_D}\right). \tag{2.8}$$

式(2.7)和(2.8)就是一般情况下的相似律. 下面研究几种特殊情形.

(1) 冻結流动. 如果反应速度很慢，此时式(2.4)第三式将不出現，因此，$\mathscr{K}$，$\frac{D_A}{V_\infty^2}$，$\frac{\rho_\infty}{\rho_D}$ 不在式(2.7)和(2.8)中出現. 这样我們得到

$$\left.\begin{aligned}&\overline{\mathbf{V}},\ \bar{p},\ \bar{\rho},\ \bar{h},\ \bar{T}=f\left(\bar{x},\ \bar{y},\ \bar{z},\ \frac{R_2\theta_v}{V_\infty^2}\right),\\&c_x=c_x\left(\frac{R_2\theta_v}{V_\infty^2}\right).\end{aligned}\right\} \tag{2.9}$$

(2) 平衡流动. 此时式(2.4)第三式被式(2.4′)代替，因此，参数 $\mathscr{K}$ 不在式(2.7)和(2.8)中出現. 于是得

$$\left.\begin{aligned}&\overline{\mathbf{V}},\ \bar{p},\ \bar{\rho},\ \bar{h},\ \bar{T}=f\left(\bar{x},\ \bar{y},\ \bar{z},\ \frac{R_2\theta_v}{V_\infty^2},\ \frac{D_A}{V_\infty^2},\ \frac{\rho_\infty}{\rho_D}\right),\\&c_x=c_x\left(\frac{R_2\theta_v}{V_\infty^2},\ \frac{D_A}{V_\infty^2},\ \frac{\rho_\infty}{\rho_D}\right).\end{aligned}\right\} \tag{2.10}$$

(3) 原子复合反应次要的非平衡流. 由于式(2.4)第三式右端第二項代表原子复合的作用. 因此，在所討論的情况下可以从方程中略去，这样，相似参数 ρ_∞/ρ_D 不应出現，于是

$$\left.\begin{aligned}&\overline{\mathbf{V}},\ \bar{p},\ \bar{\rho},\ \bar{h},\ \bar{T}=f\left(\bar{x},\ \bar{y},\ \bar{z},\ \frac{R_2\theta_v}{V_\infty^2},\ \mathscr{K},\ \frac{D_A}{V_\infty^2}\right),\\&c_x=c_x\left(\frac{R_2\theta_v}{V_\infty^2},\ \mathscr{K},\ \frac{D_A}{V_\infty^2}\right).\end{aligned}\right\} \tag{2.11}$$

根据上式和 $\mathscr{K}$ 的定义，我們不难得到下述結論：如果两个几何相似的鈍头物体满足下述条件：(i) $\mathbf{V}_\infty$ 相同，(ii) $\rho_\infty L$ 相同，(iii) 来流气体性質相同（即 R_2, D_A, θ_v, B, m 等相同），則流場相似. 这个結論很易推广到三体碰撞反应可以忽略的任何流动中去. 文献[61]指出，这个相似律的应用范围是相当广泛的.

3.2. 尖头薄体繞流

为了簡单起見，象文献[58]那样，在下面的討論中我們設 $h=(4+c)R_2T+cD_A$. 利用热力学关系 $TdS=dh-\frac{1}{\rho}dp-\sum_i \mu_i dc_i$（这里 μ_i 是第 i 种成分的化学势），經过一番整理后，式(2.4)也可以写成

$$\left.\begin{aligned}&\overline{\mathbf{V}}\cdot\overline{\mathrm{grad}}\,\overline{\mathbf{V}}+\frac{1}{\bar{\rho}}\overline{\mathrm{grad}}\,\bar{p}=0,\\&\overline{\mathrm{div}}\,(\bar{\rho}\overline{\mathbf{V}})=0,\\&\overline{\mathbf{V}}\cdot\overline{\mathrm{grad}}\,c=W_1,\\&\bar{a}_f^2\overline{\mathbf{V}}\cdot\overline{\mathrm{grad}}\,\bar{\rho}-\overline{\mathbf{V}}\cdot\overline{\mathrm{grad}}\,\bar{p}=\frac{\bar{a}_f^2}{4+c}\left[(1+c)\frac{D_A}{V_\infty^2}-\frac{3}{1+c}\frac{\bar{p}}{\bar{\rho}}\right]\frac{\bar{\rho}^2}{\bar{p}}W_1,\end{aligned}\right\} \tag{2.12}$$

$$W_1 = \mathscr{K}\bar{\rho}\bar{T}^{-m}\left[(1-c)\exp\left(-\frac{D_A}{V_\infty^2}\bar{T}^{-1}\right)-\frac{\rho_\infty}{\rho_D}\bar{\rho}c^2\right],$$

$$\bar{p} = (1+c)\bar{\rho}\bar{T},$$

这里 $\bar{a}_f^2 = \frac{a_f^2}{V_\infty^2}$, $a_f^2 = \left(\frac{\partial p}{\partial \rho}\right)_{s,c} = \gamma_f \frac{p}{\rho}$——冻結声速，$\gamma_f$ 是冻結絕热指数.

如果在式(2.12)中引入小扰动假定，则問題可化为平面上的非定常运动. 同时从簡化后的方程我們还可以导出下述相似律：

$$\frac{p}{\rho_\infty V_\infty^2 \varepsilon^2}, \frac{\rho}{\rho_\infty}, \frac{v}{\varepsilon V_\infty}, \frac{w}{\varepsilon V_\infty} = f\left(\bar{x}, \bar{y}, \bar{z}, \gamma_f, \frac{D_A}{V_\infty^2 \varepsilon^2}, \frac{\rho_\infty}{\rho_D}, \frac{B R_2^m \rho_\infty L V_\infty^{-1}}{(\varepsilon V_\infty)^{2m}}, M_\infty \varepsilon\right). \tag{2.13}$$

根据同样的想法，我們可以导出小鈍头薄体的相似律.

4. 非平衡繞流的一些結果

对于非平衡流动，即使物体很薄，小扰动理論也不会使問題很大簡化. 因此，目前主要依賴数值解法.

4.1. 尖体繞流

对于尖体繞流，一般采用特征綫方法. 由基本方程(2.2)，我們可以导出如下的二維及軸对称流动的特征綫方程(設 x, r 是柱坐标或直角坐标)：

在第一、二族特征綫上("+"表示第一族)：

$$\left.\begin{aligned}&\frac{dr}{dx} = \operatorname{tg}(\theta \pm \mu_f),\\&\pm d\theta + \frac{\operatorname{ctg}\mu_f}{\rho V^2}dp + \vartheta\frac{a_f \sin\theta}{V r\cos(\theta \pm \mu_f)}dx =\\&\quad = \frac{a_f}{\rho V^2\left(\frac{\partial h}{\partial \rho}\right)_{p,c_i}}\sum_i\left(\frac{\partial h}{\partial c_i}\right)_{p,\rho,c_j}\cdot\frac{\sigma_i}{\rho}\frac{dx}{\cos(\theta \pm \mu_f)};\end{aligned}\right\} \tag{2.14}$$

在第三族特征綫(流綫)上：

$$\left.\begin{aligned}&\frac{dr}{dx} = \operatorname{tg}\theta,\\&dc_i = \frac{\sigma_i}{\rho V}\frac{dx}{\cos\theta},\\&VdV + \frac{1}{\rho}dp = 0,\\&h + \frac{V^2}{2} = h_0,\end{aligned}\right\} \tag{2.15}$$

这里 μ_f 是冻結 Mach 角，θ 是速度向量与对称軸 x 的夹角.

Архипов 和 Хорошко[62] 利用特征綫方法計算了零攻角圓錐繞流(因为流場出現松弛特征时間，它不是錐形流). 由于在軸对称情况下，圓錐頂点是特征綫方程(2.14)的奇点，因此，在具体計算时必須首先在頂点附近給出初始值. 为此，Архипов 和 Хорошко 首先将基本方程(2.2)以球坐标 R, ϑ, ω (坐标原点是圓錐頂点，在軸对称情况下 $\frac{\partial}{\partial \omega} = 0$)写出，然后将所有物理量在前緣附近展开成冪級数：$f = f_0(\vartheta) + f_1(\vartheta)R + \cdots$，代入基本方程和边界条件后即可得到决定 f_0 和 f_1 的两个常微分方程組；其零級近似为冻結錐形流，一級近似可用数值解法求出．用这种方法求出前緣附近的流动后，后面的流动即可用特征綫方法求出．在計算中，移动和轉动自由度处于平衡态，反应 ①，②，③，④，⑤，⑥ 被考虑，但忽略电子激发和电离．在比反应速度常数中沒有引入振动温度的影响．图 17 是文献[62]的計算結果．我們可以看出，流动在前緣处于冻結状态，以后逐漸趋于平衡，在这一过程中，物面温度逐漸下降，密度逐漸增高．

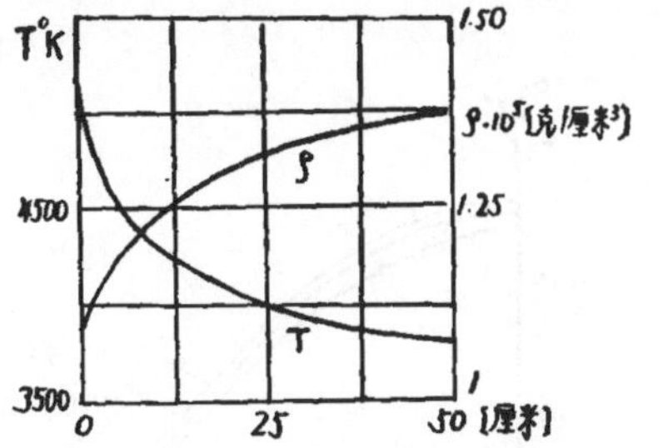

图 17　非平衡繞流时，圓錐表面上的密度和温度分布[62]．$M_\infty = 16.7$，$p_\infty = 1.564 \times 10^3$ 克/厘米·秒²，$\rho_\infty = 1.808 \times 10^{-6}$ 克/厘米³，$T_\infty = 300°K$；来流成分：O_2——21.153%，N_2——78.847%；半錐角为 30°．

Gapiaux 和 Washington[60] 在簡单分离气体模型下利用特征綫方法計算了零攻角的楔体非平衡繞流，得到了一个有意义的結果：在超高速范围內，随着 D_A/V_∞^2 的減小，激波形状可以是向外凸的，"S"形的，或向內凹的．

对于有攻角的尖体繞流，至今还沒有很好的研究結果．这个問題的困难，自然也和表面涡层的影响有关．最近吳江航¹⁾曾利用激波层理論，在簡单分离气体的条件下解出了有攻角的圓錐繞流．他发現，由于分离松弛的影响，在迎风面的非平衡流动区域內，温度低于邻近区域的温度，但是沒有研究涡层的影响．

4.2. 鈍体繞流

鈍体的非平衡流动，目前已进行了不少的計算．Мурзинов[63] 在分离冻結的假定下，研究了球体对称軸附近振动松弛的影响，所采用的方法和李定一²⁾的激波层方法类似，但是放弃了等密度假定．計算結果表明，流动与平衡情况偏差越远，激波脫体距离越大；在对称軸上，由于振动松弛，从激波到物体，密度逐漸增加．Freeman[59] 利用他以前采用的激波层方法，計算了簡单分离气体的球体繞流．但是必須指出，他的結果在物面附近是不正确的．

Lick[64] 利用反方法計算了軸对称鈍体繞流．他假定：(1)激波层內移动、轉动和振动自由度处于平衡态(来流是沒有分离的气体)；(2)气体中存在②，③两种反应或一种反应②；(3)激波形状是 $\frac{x}{R_s^*} = \text{ch}\frac{r^*}{R_s^*} - 1$．Lick 在来流 $M_\infty = 14$ 和相应于 30500 米的高空的温度和密度条件下計算了四种情况．在前三种情况里，反应为②，③，但一种是冻結流，一种是 $R_s^* = 10$ 厘米(相应于平衡流)，一种是 $R_s^* = 0.5$ 厘米(相应于非平衡流)．第四种情况仅考虑了反应②．

最近 Hall，Eschenroeder 和 Marrone[53] 利用 Lick 的反方法計算了多种反应的鈍体非平衡繞流，他們考虑的反应是 ②，③，④，⑤，⑥，⑨ (但假定振动、轉动和移动自由度处于平衡态，忽略电子激发)，并且采用和 Lick 相同的激波．为了驗証相似律(2.11)，在他們的計算中，来流密度 ρ_∞ 和 R_s^* 广泛改变，但是来流速度只取两个值，并且对每个速度，

1) 吳江航，叶瑞人，非平衡离解气体繞有攻角圓錐体的高超声速流动(尙待发表)．

2) 李定一的論文参見：JAS, **24**, 1957, 25—32．

ρ_∞, R_s^* 的乘积分别保持常数.

图 18,19,20 給出了文献[53,64]中的一些計算結果. 由这些图可以得到下述結論:

(1) 当流場内存在化学反应时, 这些反应对表面压力分布及流場內的压力分布影响不大,但对温度和密度分布有較大的影响(图 18,19).

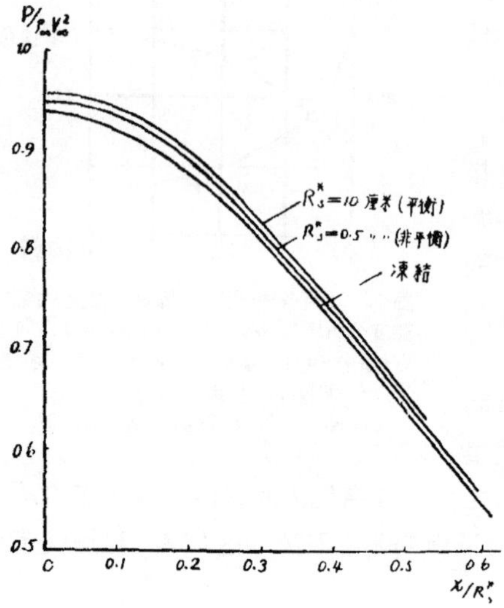

图 18 鈍体表面上的压力分布[64],
$M_\infty = 14$.

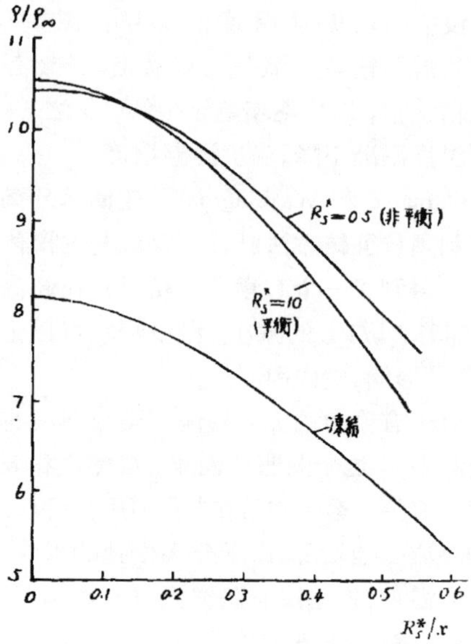

图 19 鈍体表面上的密度分布[64],
$M_\infty = 14$.

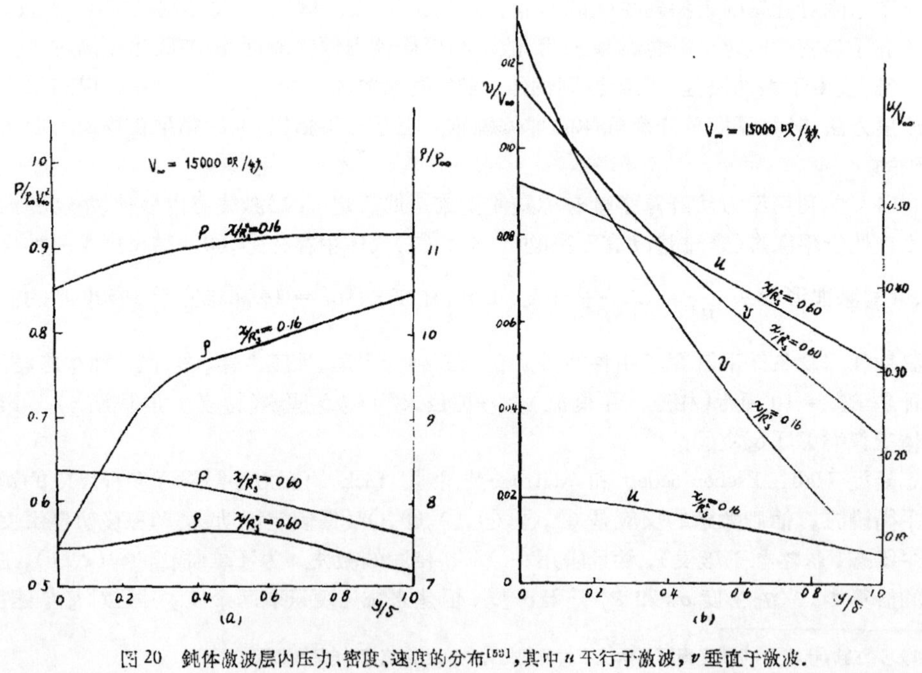

图 20 鈍体激波层内压力、密度、速度的分布[53],其中 u 平行于激波, v 垂直于激波.

(2) 穿过激波层，压力变化不大，速度变化近似为綫性的，但其他物理量具有非单調光滑变化的特征(图 20)．因此，那种把激波层在物面法綫方向分成很多条带并且在这些条带內进行积分的方法将碰到困难，因为这种物理量的变化很难用多項式去逼近．正因为如此，Белоцерковский[65] 在計算非平衡流时，建議沿物面方向将极限特征綫前面的区域分成很多条带，然后用积分关系式方法或直綫法求解．

(3) 在非平衡流中，如果三体碰撞次要，则 $\mathbf{V}_\infty = \text{const}$ 和 $\rho_\infty R_s^* = \text{const}$ 的相似律便很好地成立(图 21)．

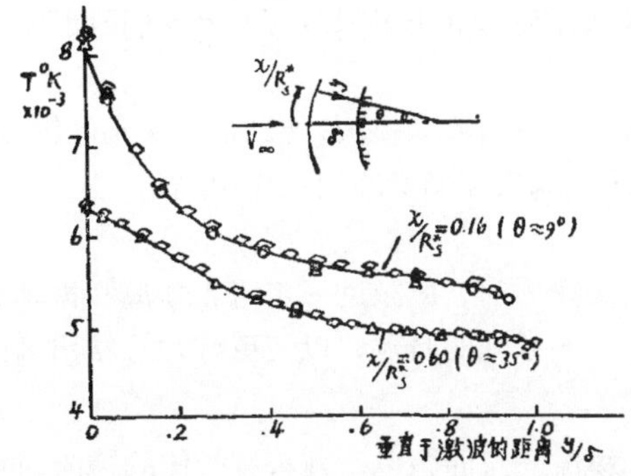

图 21　文献[53]中三体碰撞反应次要的三个算例的温度分布和激波距离[61]．
$V_\infty = 15000$ 呎/秒

高　度	密　度　ρ_∞	R_s^*	$\rho_\infty R_s^*$ 1)	δ/R_s^*	符号
150 仟呎	$0.1147 \cdot 10^{-3}$ 磅/呎^3	0.17 呎	$1.949 \cdot 10^{-5}$	0.0686	◊
200 仟呎	$0.1950 \cdot 10^{-4}$ 磅/呎^3	1　呎	$1.950 \cdot 10^{-5}$	0.0676	○
250 仟呎	$0.2573 \cdot 10^{-5}$ 磅/呎^3	7.579 呎	$1.949 \cdot 10^{-5}$	0.0681	△

1) 单位是磅/呎^2

(4) 在对称軸附近的流动，由于正激波后温度最高，反应进行最快，同时质点运动的速度又很慢，因此对流动的平衡条件最佳，并且在这个区域內，至少在激波附近，应該具有正激波[50,52]后的流动特征：密度沿流动方向上升，而温度則下降．此外 NO 的浓度常常出現最大值．由对称軸向外，有两种因素不利于流动达到平衡：(i)由于沿激波向外，密度几乎不变，而压力依 $\sin^2\beta$ 減小，于是温度也依 $\sin^2\beta$ 減小，这显然将使反应的松弛时間加长；(ii)沿激波向外，质点运动的速度加大，因此流动的特征时間減小．这就表明，在离开对称軸較远的地方，流动逐漸向冻結状态过渡，計算証实了这一点．

和前述方法不同，最近 Gibson[66] 建議利用和正激波比拟的方法求解鈍体前緣区的流动．在对称軸附近以及三体碰撞反应次要的鈍体激波层区，由于沿流綫气体的焓近似为常数(由激波层方法[59]可以証明)，而流綫上浓度变化規律及化学动力学效应則与正激波后的情况完全类似，于是比拟关系便可以建立．Gibson 經过計算表明，利用这种方法，在前緣区可得到与数值解相差不大的結果．但是必須指出，这种方法現在还是相当不成熟的．

几乎所有以上的研究都是在振动自由度平衡的假定下进行的．虽然上面在建立基本方程时考虑了振动对分离的影响，但是除了文献[56]对正激波后的流动进行了計算外，对于繞流間題尚无人采用。最近文献[57]又研究了正激波后分离对振动松弛的影响。

除了前述繞流問題外，非平衡流动的另一重要課題是噴管內的流动。由于篇幅的限制，本文不去討論它。

結　束　語

根据以上討論，我們可以看出，高超声速及超高速繞流的研究目前获得了很大进展。但是下述問題还有待于进一步研究：

(1) 鈍头細长体及鈍头錐体表面上熵层效应的分析(正問題)以及由鈍头到后身过渡区內流动的分析。

(2) 尖头物体及鈍头物体的有攻角繞流，特别是大攻角的繞流。毫无疑問，对于鈍头細长体的后身，这里应該研究涡层和熵层的相互作用。

(3) 組合体的繞流

(4) 在物理和化学动力学方面，应該进一步研究分离和振动之間的相互作用以及多成分混合物中的振动、分离等松弛的特点，以便更好地总結出高温空气的化学动力学模型。

(5) 研究非平衡鈍体繞流的正問題以及鈍头細长体的繞流，特别希望給出解析方法。

(6) 研究高温輻射气体的性质及高温輻射气体的繞流。

本文是在郭永怀同志的直接指导下完成的，作者在这里向他表示衷心的感謝。

参　考　文　献

[1] Hayes, W. D., Probstein, R. F., Hypersonic Flow Theory. Academic Press, New York and London, 1959.

[2] Черный, Г. Г., Течения газа с большой сверхзвуковой скоростью, Физматгиз, М., 1959.

[3] Lees, L., Hypersonic Flow, Fifth Intern. Aeron. Conference, N. Y., June 23—25, 1955.

[4] Ferri, A., A Review of Some Recent Developments in Hypersonic Flow, Advances in Aeronautical Sciences, 2, Pergamon Press, 1959.

[5] Van Dyke, M. D., The Supersonic blunt body problem-review and extensions. *JAS*, **25**, 8, 1958.

[6] Струминский, В. В., Современное состояние проблемы обтекания тел сверхзвуковым потоком газа, Труды всесоюзного съезда по теоретической и прикладной механике, АН СССР, Изд. АН СССР. 1962.

[7] 郑显基 (Cheng, H. K.), Recent advances in hypersonic flow research, *AIAA Journal*, **1**, 2. 1963.

[8] Stocker. P. M. and Mauger, F. E., Supersonic flow past cones of general cross section. *JFM*, **13**, 3, 1962.

[9] Сягаев, В. Ф., Метод численного решения задачи об обтекании конических тел сверхзвуковым потоком газа, *Журнал Вычисли. Матем. и Математ. Физ.*, **3**, 4, 1963.

[10] Чушкин, П. И., Щенников, В. В., Расчет некоторых конических течений без осевой симметрии, *Инж. Физ. Журнал*, **3**, 7, 1960.

[11] Гонор, А. Л., Обтекание конуса под углом атаки с большой сверхзвуковой скоростью, *Изв. АН СССР ОТН*, 7, 1958.

[12] Гонор, А. Л., Обтекание конических тел при движении газа с большой сверхзвуковой скоростью, *Изв. АН СССР ОТН*, 1, 1959.

[13] Scheuing, R. A., Inviscid hypersonic flow with attached shock wave, *ARS Journal*, **31**. 4, 1961.

[14] Guiraud J. P., Newtonian Flow over a Surface-theory and Spplications, Hypersonic Flow, Proceedings of the Eleventh Symposium of the Colston Research Society Held in the University of Bristol 1959 Academic Press. Inc.. 1960.

[15] Миносцев, В. Б., Обтекание гиперзвуковым потоком осемметричных тел, летящих под углом атаки, Труды МФТИ, вып. 7, 1961.

[16] 郑显基 (Cheng, H. K.), Hypersonic flow past a yawed circular cone and other pointed bodies, *JFM*, **12**, 2, 1962.

[17] Woods, B. Z. The flow close to the surface of a circular cone at incidence to a supersonic stream, *Aeron. Quarterly*, **XIII**, 2, 1962.

[18] Булах, Б. М., Сверхзвуковой поток около наклоненного кругового конуса, *ПММ*, 2, 1962.

[19] Булах, Б. М., О несимметричном гиперзвуковом обтекании кругового конуса, *ПММ*, 5, 1962.

[20] Melnik, R. E. and Scheuing, R. A., Shock layer structure and entropy layers in hypersonic conical flows, ARS AFOSR Preprint, 1982—61.

[21] Белоцерковский, О. М., О расчете обтекания осесимметричных тел с отошедшей ударной волной на электронной счетной машине, *ПММ*, **24**, 3, 1960.

[22] Swigart. R. J., A theory of asymmetric hypersonic blunt body flows, *AIAA Journal*, **1**, 5, 1963.

[23] Trangott, S. C., An approximate solution of the direct supersonic flunt body problem for arbitrary axisymmetric shapes, *JAS*, **27**, 5, 1960.

[24] Holt, M., Hoffman, G. H., Calculation of hypersonic flow past spheres and ellipsoides, ARS Preprint 209, 1961.

[25] Белоцерковский, О. М., Расчет обтекания осесимметричных тел с отошедшей ударной волной (расчетные формулы и таблицы полей течений), М., ВЦ АН СССР, 1961.

[26] Holt, M., Direct calculation of pressure distribution of blunt hypersonic nose shapes with sharp corners, *JAS*, **28**, 11, 1961.

[27] Chubb, D. L., Solution to the flow about a two dimensional flate at infinite Mach number, *JAS*, **27**, 1, 1960.

[28] Базжин, А. П., Расчет течения перед тупоносым телом вращения, имеющим угловую точку, *Инж. Журнал*, **1**, 1, 1961.

[29] Шугаев, Ф. В., Сверхзвуковое обтекание осесимметричных тупых тел с отошедшей ударной волной, *Вестн. МГУ. Матем. Механ.*, 2, 1961.

[30] Магомедов, К. М., О сверхзвуковом обтекании тупых тел с известной звуковой точкой, *Изв. АН СССР ОТН*, 1, 1963.

[31] Vaglis-Laurin, R., On the PLK method and supersonic blunt-body problem, *JAS*, **29**, 2, 1962.

[32] Базжин, А. П., К расчету обтекания сверхзвуковым потоком газа плоской пластинки с неприсоединенным скачком уплотнения, *Инж. Журнал*, **3**, 2, 1963.

[33] Swigart, R. J., Third order blast wave theory and its application to hypersonic flow past blunt-nosed cylinders, *JFM*, **9**, 4, 1960.

[34] Чушкин, П. И., Исследование обтекания затупленных тел вращения при гиперзвуковой скорости, *Журнал Вычис. Матем. и Математ. Физ.*, **2**, 2, 1962.

[35] Коробейников, В. П., Мельникова, Н. С., Рязанов, Е. В., Теория точегного взрыва, Физматгиз, 1961.

[36] Черный, Г. Г., Применение интегральных соотношений в задачах о распространении сильных ударных волн, *ПММ*, **24**, 1, 1960.

[37] Черный, Г. Г., Метод интегральных соотношений для расчета течений газа с сильными ударными волнами, *ПММ*, **25**, 1, 1961.

[38] Сычев, В. В., К теории гиперзвуковых течений газа со скачками уплотнения степенной формы, *ПММ*, **24**, 3, 1960.

[39] Сычев, В. В., О метод малых возмущений в задачах обтекания тонких затупленных тел гиперзвуковым потоком газа, *ПМТФ*, 6, 1962.

[40] Guirand, J. P., Ecoulement bidimensionnel hypersonique d'un fluide parfait sur un obstacle mince plan on de revolution comportant un nez emousse, ONERA, *Mem. Technique*, 21, 1961.

[41] Yakura, J. K., A. theory of entropy layers and nose bluntness in hypersonic flow, ARS AFOSR Preprint, 1983—61.

[42] Traugott, S. C., Some features of supersonic and hypersonic flow about blunted cones, *JAS*, **29**, 4, 1962.

[43] Feldman, S., Numerical comparison between exact and approximate theories of hypersonic inviscid flow past slender blunt nosed bodies, *ARS Journal*, **30**, 5, 1960.

[44] Vaglio-Laurin, R., Trella, M., A study of flow fields about some typical blunt nosed slender bodies, *Aerospace engng.*, **20**, 8, 1961.

[45] Чушкин, П. И., Затупленные тела простой формы в сверхзвуковом потоке газа, *ПММ*, **24**, 5, 1960.

[46] Чушкин, П. И., Шулишнина, Н. П., Таблицы сверхзвукового течения около затупленных конусов, М. ВЦ АН СССР, 1961.

[47] Brong, E. A. and Edelfelt, I. H., A flow field about a spherically blunted body of revolution at small yaw in hypersonic stream, IAS paper, 62—181.

[48] Дьяконов, Ю. Н., Заицева, Н. А., Обтекание затупленного тела сверхзвуковым потоком идеального газа, *Изв. АН СССР ОТН Мех. и Машност.*, 1, 1963.

[49] Лосев, С. А., Осипов, А. И., Исследование неравновесных явлений в ударных волнах, *Успехи Физ. Наук*, **74**, 3, 1961.

[50] Wray, K. C., Chemical kinetics of high tempetature air, ARS AFOSR Preprint, **1975—61**.

[51] Ступоченко, Е. В., Стаханов, И. П., Самуйлов, Е. В., Плешанов, А. С., Рождественский, И. Б., Термодинамическое свойство воздуха в интервале температур от 1000 до 12000° К и интервале давлений от 0.001 до 1000 атм, Физическая газодинамика, Изд. АН СССР, М., 1959.

[52] Duff, R. E. and Davidson, N., Calculation of reaction profiles behind steady shock waves; II. The dissociation of air, *Journ. Chem. Phys.*, **31**, 4, 1959.

[53] Hall, J. G., Eschenroeder, A. Q. and Marrone, P. V., Blunt-nosed inviscid airflows with coupled non-equilibrium processes, *JAS*, **29**, 9, 1962.

[54] Бао, Хань-линь, Лунькин, Ю. П., О колебательной релаксаций за ударной волной, *Журнал Тех. Физ.* **33**, 2, 1963.

[55] Логан, Д. Г., Явления релаксации в гиперзвуковой аэродинамике, *Механика*, **1**, 1959.

[56] Hammerling, P., Teare, J. D. and Kivel, B., Theory of radiation from luminous shock waves in nitrogen, *Phys. Fluids*, 2, 1959.

[57] Treanor C. E. and Marrone, P. V., The effect of dissociation on the rate of vibvational relaxation, *Phys. Fluids*, **5**, 9, 1962.

[58] Lighthill, M. J., Dynamics of dissociating gas Part I. Equilibrium flow, *JFM*, **2**, 1, 1957.

[59] Freeman, N. C., Nonequlibrium flow of an ideal dissociating gas, *JFM*, **4**, 4, 1958.

[60] Gapiaux, R. and Washington, M., Nonequilibrium flow past a wedge, *AIAA Journal*, **1**, 3, 1963.

[61] Gibson, W. E., Dissociation scaling for nonequilibrium bluntnose flows, *ARS Journal*, **32**, 2, 1962.

[62] Архипов, В. Н., Хорошко, К. С., Метод учета релаксации в задаче об обтекании конуса, *ПМТФ*, 6, 1962.

[63] Мурзинов, И. Н., Течение газа в окрестности критической точки затупленного тела при конечной скорости возбуждения колебательных степеней свободы, *Изв. АН СССР, ОТН, Мех. и Маш.*, 6, 1961.

[64] Lick, W., Inviscid flow of reacting mixture of gases around a blunt body, *JFM*, **7**, 1, 1960.

[65] Белоцерковский, О. М., Симметричное обтекание затупленных тел сверхзвуковым потоком совершенного и реального газа, *Ж. Вычис. Матем. и Математ. Физ.*, **2**, 6, 1962.

[66] Gibson, W. E. and Marrone, P. V., Correspodence between normal-shock and blunt body flows, *Phys. Fluids*, **5**, 12, 1962.

MODERN DEVELOPMENTS IN RECENT HIGH SPEED AERODYNAMICS

CHANG HAN-SIN

(Tsing-hua University)

高超声速运动中的熵层問題*

張 涵 信

摘　要

本文研究了鈍錐及鈍柱在高超声速飞行中的熵层問題，分析的基础是把激波层分成熵层和外层两个区域。在熵层和外层内，我們分別建立了气体运动的微分方程组和它們的解。利用两层交界面上的压力相等的条件，两层內的解被联結起来，同时，給出了确定流場各物理量的公式。通过分析，闡明了激波层内压力过度膨脹、二次激波形成及激波出現拐点是熵层对外层流动作用的結果。和电子計算机的数値結果[8]及实驗結果[9,10]比較，理論給出的表面压力、表面M数以及熵层内的密度和熵是符合的，这是以往的理論[6,17]作不到的。

一、引　言

为了計算高超声速条件下的傳热率，研究鈍头圓柱及鈍头圓錐的运动，是具有重大意义的。这种运动的特点是：（1）在物体的头部，出現一个强脫体激波，当气流穿过激波后，气体的压力、密度和熵急剧升高，而速度則大大降低。由于熵沿流綫不变，物体的后身将被这种高熵的流体层层包圍着；同时，由于压力的降低，气流加速到超声速区，在物面附近便形成一层低密度、高熵（高溫）的区域或熵层。（2）在物体的后身，当离开物面較远时，由于激波强度（或曲率）变弱，物体的头部影响小，激波后的运动和繞尖体的运动类似。（3）在来流M数有限的条件下，激波将出現拐点，同时表面压力則发生过度膨脹和回升現象，并且激波层内也可能出現二次激波。

到目前为止，对于繞鈍头圓柱及鈍头圓錐的运动，已經进行了大量的工作（見文献〔1〕）。在解析研究方面，針对小鈍头繞流的运动，不定常比拟理論是广泛地被采用了。例如，对于鈍头圓柱的繞流，当来流M数为无穷大时，很多人采用强爆炸比拟理論[2,3]，在M数有限时，Sakurai[4]和Swigart[5]在强爆炸比拟理論的基础上曾进行了一級和二級近似的修正。对于鈍头圓錐的繞流，Черный[6]利用积分方法求出了M_∞趋于无穷时的表面压力分布。但是，这些方法是有缺点的：（1）它們不适用于靠近鈍头部分的区域。（2）除压力外，这些方法給出的解在物体上是奇异的，即密度为零，熵为无穷大。（3）Черный的表面压力分布，如图11所示，当M_∞趋于无穷时，和准确結果比較也有相当距离，特别当錐角稍大时（如錐角小，誤差还稍微小些）；当来流M数不很大时（如$M_\infty=6$），如果以Черный的結果作为零級近似，由图12我們可以看

* 航空学报，1965，1（2）：20-43.

出，在任何錐角下，它与准确結果[7,8]或实驗結果[9,10]都是不符的。（4）它們不能解釋激波层內出現的一些現象，如压力过度膨脹和回升、二次激波形成及激波出現拐点等。

在数值解方面，很多作者采用特征綫方法[7,8,11,12]，这种方法比較精确地給出了表面压力分布和激波曲綫[8]。但是，数值解是不可能清晰地給出鈍头和熵层的內在联系的，而缺乏这种規律，闡明激波层內所发生的現象就不可能了。此外，由于二次激波的形成，如不采取特殊措施，数值計算无法延續到二次激波以后的区域。

以上討論說明，对于这种运动，如果我們能够得到一个具有下述特点的解析方法，那将是非常有用的：（1）它能够比較精确的給出表面压力、密度和表面附近的流場，而且計算工作量不大。（2）它能够描繪流場的图像，从而可以闡明激波层內出現的一些現象。这就是这篇文章的目的。

过去解析方法的缺陷主要是忽視了熵层引起的重要影响。事实上，根据鈍头圓柱及圓錐激波层的特性，这种运动可以分成熵层和外层两个区域：鈍头的影响集中表現在熵层內，而外层內的流动基本上接近繞尖体的运动。当熵层厚度改变时，外层內的流动就发生变化。因此，外层內的运动不但取决于物体后身的形状，而且取决于熵层对外层的反影响，这就說明了在研究激波层內的运动时，我們必須同时研究熵层。关于这点，早巳在 Лунев[13]的工作中显示出来了。他在 Черный 的积分关系式中引入了熵层影响的修正項，如图 11、12 所示，并且得到了比 Черный 更接近眞实情況的結果。但是，Лунев的分析是粗糙的，尽管定性地說明了熵层的重要性，而所得的压力分布，和眞实值比較仍有距离，也还不能給出熵层內各物理量的分布。以后，为了更深入的研究熵层的影响，Сычев[14,15]和 Yakura[16]对于反問題作了比較詳細的分析，并且給出了熵层內各物理量的量級和分布，然而，对于正問題，它們沒有作出任何处理。

为了解决正問題，根据流場的眞实情況，应該将流場分成熵层和外层两区。这个思想，郑显基[17]在研究鈍头平板边界层和前緣鈍头的相互作用問題时，已經明确的提出来了●，他把激波层分成边界层、熵层和外层三区，当 Re 数趋于无穷大时，即是无粘性的情形。在郑显基的分析中，給出了熵层外边界和表面压力的关系式以及其他有益的結果。但是，由于郑在有些方面，作了过份粗糙的假定和处理，因而他得到的表面压力分布（例如参考文献〔9〕），如图 11、12 所示，反不如 Черный 的不考虑熵层的結果准确。

本文的分析也是采用分层模型，同时因为熵层是鈍头部分引起的，我們假設熵层和外层的交界面是在 x_A 点（即 B 点）通过激波的流面（这里 x_A 是鈍头与錐面連接点 A 的横座标，見图 1）。通过量級分析，我們分別建立了熵层和外层的微分方程組，并且求出了滿足連接条件的解。严格說来，熵层和外层之間明显的界限是不存在的，但是，从問題的本质来看，这种簡化仍然是很好的近似。

● Guirud, J. P. 也利用这个思想研究了問題。但是，我們沒能直接讀到他的文章，只是从別的文献中了解到一些情況。

本文分成四个部分，第一部分研究熵层內气体的运动；第二、三部分分别研究鈍头圆柱及鈍头圆錐外层內气体的运动，并且討論了解的連接問題；第四部分是計算例题。分析的結果給出了熵层的特征和熵层厚度的变化規律，并且闡明了压力过度膨脹和回升、二次激波形成以及激波出現拐点等現象的原因（二次激波的問題将在另一篇文章中研究）。計算的結果表明，表面压力、表面M数分布和熵层內的流場，和电子計算机的数值解[8,18]比較是符合的。这就証明了熵层在小鈍头細长体的問題上是占有重要地位的。

二、熵层內气体的运动

如图1所示，在正交座标系$\bar{x}$，$\bar{y}$內，設$\bar{p}$、$\bar{\rho}$、$\bar{u}$、$\bar{v}$分别是气体的压力、密度和$\bar{x}$，$\bar{y}$方向的速度分量，$\bar{r}=\bar{r}_b+\bar{y}\cos\omega$是流場內任一点到对称軸的距离（其中$\bar{r}_b$表示物面曲綫，$\omega$是半錐角），并引入下述无量綱变量：

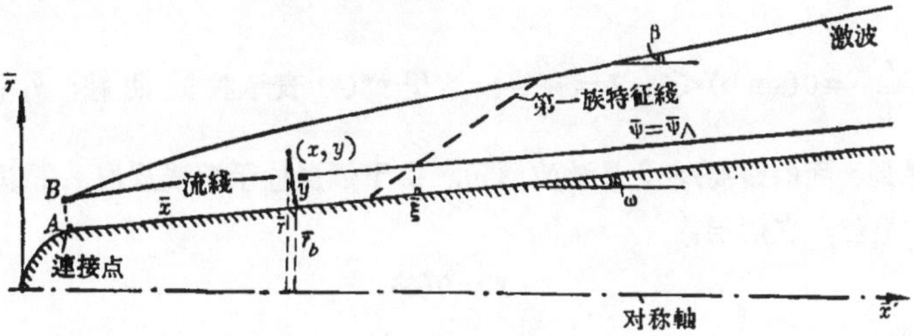

图1　座标系統。

$$
\left.
\begin{aligned}
&x=\frac{\bar{x}}{\bar{L}},\quad y=\frac{\bar{y}}{\bar{L}},\quad r=\frac{\bar{r}}{\bar{L}},\quad r_b=\frac{\bar{r}_b}{\bar{L}},\quad \psi=\frac{\bar{\psi}}{\bar{\rho}_\infty\bar{V}_\infty\bar{L}^{\nu}},\\
&p=\frac{\bar{p}}{\bar{\rho}_\infty\bar{V}_\infty^2},\quad \rho=\frac{\bar{\rho}}{\bar{\rho}_\infty},\quad u=\frac{\bar{u}}{\bar{V}_\infty},\quad v=\frac{\bar{v}}{\bar{V}_\infty},
\end{aligned}
\right\}
\tag{2.1}
$$

这里$\bar{L}$是物体的长度；$\bar{\rho}_\infty$、$\bar{V}_\infty$是来流的密度和速度；$\bar{\psi}$是流函数；ν是一个几何参数，对于平面問題（楔）$\nu=1$；对于軸对称問題（錐）$\nu=2$。通过 von Mises 的轉换，在$x\geqslant x_A$的区域內，气体运动的方程組是：

$$
\left.
\begin{aligned}
&u\frac{\partial u}{\partial x}+v\frac{\partial v}{\partial x}+\frac{1}{\rho}\frac{\partial p}{\partial x}=0;\\
&\tau^{2-\frac{2}{\gamma}}\qquad\delta^2\qquad\tau^{2-\frac{2}{\gamma}}\\
&\frac{\partial p}{\partial\psi}=-\frac{1}{r^{\nu-1}}\frac{\partial v}{\partial x};\\
&\frac{\tau^{2-\frac{2}{\gamma}-(\nu-1)}}{\delta}\qquad\frac{\delta}{\tau^{\nu-1}}\\
&\frac{\partial}{\partial x}\left(\frac{p^{\frac{1}{\gamma}}}{\rho}\right)=0;
\end{aligned}
\right.
\tag{2.2}
$$

$$
\left.
\begin{array}{l}
r^{\nu-1}\dfrac{\partial y}{\partial \psi}=\dfrac{1}{\rho u}; \\
\qquad\quad \tau^{-\frac{2}{\gamma}} \qquad \tau^{-\frac{2}{\gamma}} \\
\dfrac{v}{u}=\dfrac{\partial y}{\partial x}, \\
\quad \delta \qquad \delta
\end{array}
\right)
$$

在上式中，如果我們利用第三式，第二式便容易被积分：

$$u^2+v^2+\frac{2\gamma}{\gamma-1}\ \frac{p}{\rho}=1+\frac{2}{\gamma-1}\ \frac{1}{M_\infty^2} \tag{2.2'}$$

1. 熵层内各物理量的量級

設 $\tau=\dfrac{\bar{r}^*}{\bar{L}}=0(\sin\beta)<1$，$\delta=\dfrac{\bar{y}_A}{\bar{L}}$；这里 $r^*(x)$ 表示激波曲綫；$\bar{y}_A$ 是熵层厚度(熵层外边界到物面的距离)；β 是激波傾角。由于熵层位于激波层内，所以在任何情况下，$\delta<\tau$。显然，在熵层内

$$y=0(\delta) \tag{2.3}$$

根据激波条件

$$p=0(\tau^2) \tag{2.4}$$

我們假定，在熵层内这种量級关系仍适用。由 (2.2) 第三式，沿任何一条流綫，$\rho=p^{\frac{1}{\gamma}}/E(\psi)$，这里 $E(\psi)$ 是熵函数。由于在熵层内，流綫与激波的交点都位于激波强度很大的对称軸附近，这就容易証明，$E(\psi)=0(1)$。因此，由 (2.4)

$$\rho=0\left(\tau^{\frac{2}{\gamma}}\right)。 \tag{2.5}$$

由 (2.3) 和 (2.2) 最后一式，$\dfrac{v}{u}=0(\delta)<0(\tau)$；因此，利用 (2.2′)，(2.4) 及 (2.5)，我們很容易証明

$$u=1+0\left(\tau^{2-\frac{2}{\gamma}}\right), \tag{2.6}$$

再把 (2.3)、(2.5)、(2.6) 代入 (2.2) 的第四式，并根据定义，r 具有 $0(\tau)$ 的量級，这样

$$\psi=0\left(\delta\tau^{\frac{2}{\gamma}+\nu-1}\right), \tag{2.7}$$

利用 (2.3) 和 (2.6)、(2.2) 最后一式給出：

$$v=0(\delta)。 \tag{2.8}$$

根据引言中关于熵层外边界流綫的定义，$\psi=0(a^\nu)$，这里 $a=\bar{a}/\bar{L}$，其中 $\bar{a}$ 是鈍头

前緣的曲率半徑。在小鈍头的情况下，$a \ll 1$；由（2.7），我們可以得到δ和τ、a的关系

$$\delta = 0\left(\frac{a^{\nu}}{\tau^{\frac{2}{\gamma}+\nu-1}}\right), \tag{2.9}$$

我們注意到，由于$\delta < 0(\tau)$，当$\tau \ll 1$时，δ是很小的；如果τ不很小，对于$a \ll 1$的小鈍头，δ也是很小的。这样，不論τ是否很小，只要是小鈍头，我們总可认为$\delta \ll 1$。

2. 方程的簡化

现在我們就利用（2.3）～（2.9）来估計（2.2）中各項的量級，并且为了方便，我們把每項量級的大小，直接写在（2.2）式中各項的下面。我們可以看出，在最后三式中，每項的量級都是一样的；在第一式中，$u\dfrac{\partial u}{\partial x}$与$\dfrac{1}{\rho}\dfrac{\partial p}{\partial x}$的量級是相同的，而$v\dfrac{\partial v}{\partial x}$則不同，$v\dfrac{\partial v}{\partial x}\Big/ u\dfrac{\partial u}{\partial x} = 0\left(\delta^2 \Big/ \tau^{2-\frac{2}{\gamma}}\right)$；在第二式中，等号两边的量級也不同，$\dfrac{1}{r^{\nu-1}}\dfrac{\partial v}{\partial x}\Big/\dfrac{\partial p}{\partial \psi} = 0\left(\delta^2\Big/\tau^{2-\frac{2}{\gamma}}\right)$。当$\tau \ll 1$时，由于$\delta < 0(\tau)$，因此$\delta^2\Big/\tau^{2-\frac{2}{\gamma}} < 0\left(\tau^{\frac{2}{\gamma}}\right) \ll 1$，当τ不很小时，由(2.9)，对于$a \ll 1$的小鈍头，也有$\delta^2\Big/\tau^{2-\frac{2}{\gamma}} \ll 1$。这样，在略去$\delta^2\Big/\tau^{2-\frac{2}{\gamma}}$以上的高阶小量后，由（2.2）可写成：

$$\left.\begin{aligned}
&u\frac{\partial u}{\partial x} + \frac{1}{\rho}\frac{\partial p}{\partial x} = 0;\\
&\frac{\partial p}{\partial \psi} = 0,\quad \frac{p^{\frac{1}{\gamma}}}{\rho} = E(\psi);\\
&\frac{\partial}{\partial \psi}\left[(y\cos\omega + r_b)^{\nu}\right] = \frac{\nu\cos\omega}{\rho u};\\
&\frac{v}{u} = \frac{\partial y}{\partial x}。
\end{aligned}\right\} \tag{2.10}$$

（2.10）就是$x = x_A$以后熵层内的基本方程組。作为边界条件，我們假設在$x = x_A$上，$E(\psi)$是已知的，并且与熵层、外层交界面相应的流函数ψ_A也是已知的（$E(\psi)$和ψ_A的值可以在文献〔19〕内找到）。此外，在物体表面上，还应該滿足：

$$\psi = 0;\ y = 0。 \tag{2.11}$$

在（2.10）中，如果我們利用第三式，第一式还可以被积分成：

$$u^2 + \frac{2\gamma}{\gamma-1}\frac{p}{\rho} = 1 + \frac{2}{\gamma-1}\frac{1}{M_\infty^2}, \tag{2.10'}$$

应該指出，利用（2.4）、（2.5）、（2.6）、（2.8）等量級关系，从（2.2′）也可直接得到（2.10′）。

在（2.10）中，所有无量纲长度 x，y，r_b 都是以 $\bar{L}$ 作为特征量的，ψ 以 $\bar{\rho}_\infty \bar{V}_\infty \bar{L}^\nu$ 作为特征量。为了以后处理方便，在下面的所有分析中，我們都用 $\bar{a}$ 代替 $\bar{L}$。这种特征量的改变，当然不会影响（2.10）的形式。

3．熵层内微分方程的解

由（2.10）第二式，沿物面的法向，在熵层内压力不变：

$$p = p_b(x), \tag{2.12}$$

这里 $p_b(x)$ 是物体表面上的压力，直到现在它还是未知的。如果我們引入压力系数 $c_p = \dfrac{\bar{p}-\bar{p}_\infty}{\bar{\rho}_\infty \bar{V}_\infty^2}$，这里 p_∞ 是来流压力，（2.12）也可以写成：

$$\frac{c_p}{c_{p_1}} = \frac{c_{p_b}}{c_{p_1}} \tag{2.12'}$$

这里 c_{p_1} 是相应的尖錐和尖楔的表面压力系数，c_{p_b} 是物面压力系数。由（2.10）第三式和（2.12），

$$\rho = \frac{p_b(x)^{\frac{1}{\gamma}}}{E(\psi)}\ , \tag{2.13}$$

由（2.10′），

$$u = \left[1 + \frac{2}{\gamma-1}\ \frac{1}{M_\infty^2} - \frac{2\gamma}{\gamma-1} p_b{}^{1-\frac{1}{\gamma}} E(\psi)\right]^{\frac{1}{2}}, \tag{2.14}$$

由（2.10）第四式，幷利用（2.11）

$$(r_b + y\cos\omega)^\nu - r_b^\nu = \frac{\nu\varepsilon\varphi\cos\omega}{p_b(x)^{\frac{1}{\gamma}}}, \tag{2.15}$$

这里 $\varepsilon = \dfrac{\gamma-1}{\gamma+1}$；

$$\varphi = \varphi(x,\psi) = \int_0^\psi \frac{E(\psi)\,d\psi}{\varepsilon\left[1 + \frac{2}{\gamma-1}\ \frac{1}{M_\infty^2} - \frac{2\gamma}{\gamma-1} p_b(x)^{1-\frac{1}{\gamma}} E(\psi)\right]^{1/2}}, \tag{2.16}$$

由（2.10）最后一式：

$$v = u\frac{\partial y}{\partial x}。 \tag{2.17}$$

由（2.12）～（2.17）我們容易看出，如果 $p_b(x)$ 已知，p、ρ、u、y、v 便都可以求出，而要决定 $p_b(x)$，必須研究外层内气体的运动。

在（2.15）中，如果我們令 $\psi = \psi_\Delta$（設相应的 $\varphi = \varphi_\Delta = \varphi(x,\psi_\Delta)$），則熵层、外层交界面到物面的距离（即熵层厚度）是：

$$y_\Lambda=\frac{r_b(x)}{\cos\omega}\left[-1+\left(\frac{\nu\varepsilon\varphi_\Lambda\cos\omega}{r_b(x)^\nu}\cdot\frac{1}{p_b(x)^{\frac{1}{\gamma}}}+1\right)^{\frac{1}{\nu}}\right],\tag{2.18}$$

引入

$$r_\Lambda=y_\Lambda\cos\omega+r_b。\tag{2.19}$$

显然，r_Λ 是交界面到对称軸的距离，则（2.18）可写成：

$$r_\Lambda=\left[r_b^\nu+\frac{\nu\varepsilon\varphi_\Lambda\cos\omega}{p_b(x)^{\frac{1}{\gamma}}}\right]^{\frac{1}{\nu}}\tag{2.20}$$

或者，（2.20）可写成：

$$p_b(x)=\frac{(\nu\varepsilon\varphi_\Lambda\cos\omega)^\gamma}{(r_\Lambda^\nu-r_b^\nu)^\gamma}。\tag{2.21}$$

三、繞鈍头圓柱的运动

1. 外层內气体的运动

我們知道，外层內的运动在 $M_\infty\tau=0(1)$ 的情况下，在軸向和徑向的扰动是小的，根据高超声速小扰动理論，在連接点以后，运动的方程是：

$$\left.\begin{aligned}&\frac{\partial v}{\partial x}+v\frac{\partial v}{\partial r}+\frac{1}{\rho}\frac{\partial p}{\partial r}=0;\\&\frac{\partial\rho}{\partial x}+v\frac{\partial\rho}{\partial r}+\rho\left[\frac{\partial v}{\partial r}+\frac{(\nu-1)v}{r}\right]=0;\\&\frac{\partial p}{\partial x}+v\frac{\partial p}{\partial r}+\gamma p\left[\frac{\partial v}{\partial r}+\frac{(\nu-1)v}{r}\right]=0。\end{aligned}\right\}\tag{3.1}$$

在激波 $r=r^*(x)$ 上，p、ρ、v 满足：

$$\left.\begin{aligned}&p^*=\frac{2\gamma-(\gamma-1)q}{\gamma(\gamma+1)q}\cdot\frac{1}{M_\infty^2};\\&\rho^*=\frac{\gamma+1}{\gamma-1+2q};\\&v^*=\frac{2}{\gamma+1}\cdot\frac{1-q}{\sqrt{q}}\cdot\frac{1}{M_\infty}。\end{aligned}\right\}\tag{3.2}$$

这里 $q=\frac{1}{M_\infty^2\sin^2\beta}$。当 $M_\infty=\infty$时，$q=0$，（3.2）簡化为：

$$p^*=\frac{2}{\gamma+1}\sin^2\beta;$$

$$\left.\begin{aligned}\rho^*&=\frac{\gamma+1}{\gamma-1};\\ v^*&=\frac{2}{\gamma+1}\sin\beta_0\end{aligned}\right\}\tag{3.3}$$

設

$$\left.\begin{aligned}\frac{p}{p^*}&=h(\lambda,q);\\ \frac{\rho}{\rho^*}&=g(\lambda,q);\\ \frac{v}{v^*}&=f(\lambda,q)。\end{aligned}\right\}\tag{3.4}$$

这里 $\lambda=\frac{r}{r^*}$。經过轉换后，(3.1) 可写成：

$$\left.\begin{aligned}&\left[\frac{2(1-q)}{\gamma+1}f-\lambda\right](1-q)\frac{\partial f}{\partial\lambda}+\frac{[\gamma+1-(\gamma-1)(1-q)][\gamma+1-2(1-q)]}{2\gamma(\gamma+1)g}\frac{\partial h}{\partial\lambda}\\ &\qquad+\left[(1-q)q\frac{\partial f}{\partial q}-\frac{2-(1-q)}{2}f\right]\frac{r^*}{q}\frac{dq}{dr^*}=0;\\ &\left[\frac{2(1-q)}{\gamma+1}f-\lambda\right]\frac{1}{g}\frac{\partial g}{\partial\lambda}+\frac{2(1-q)}{\gamma+1}\left[\frac{\partial f}{\partial\lambda}+\frac{\nu-1}{\lambda}f\right]\\ &\qquad+\left[\frac{q}{g}\frac{\partial g}{\partial q}-\frac{2q}{\gamma+1-2(1-q)}\right]\frac{r^*}{q}\frac{dq}{dr^*}=0;\\ &\left[\frac{2(1-q)}{\gamma+1}f-\lambda\right]\frac{\partial h}{\partial\lambda}+\frac{2\gamma(1-q)}{\gamma+1}\left(\frac{\partial f}{\partial\lambda}+\frac{\nu-1}{\lambda}f\right)h\\ &\qquad+\left[q\frac{\partial h}{\partial q}-\frac{2\gamma h}{2\gamma-(\gamma-1)q}\right]\frac{r^*}{q}\frac{dq}{dr^*}=0;\end{aligned}\right\}\tag{3.5}$$

f、g、h 在激波上的条件是：

$$\lambda=1,\quad f=g=h=1。\tag{3.6}$$

此外，在熵层和外层的交界面上还应該满足連接条件（見下节）。

我們注意到如 $\frac{r^*}{q}\frac{dq}{dr^*}=F(q)$（$F$ 是 q 的解析函数），方程 (3.5) 将与 r^* 无关；而且当 $M_\infty\to\infty$，$q=0$ 时，$\frac{r^*}{q}\frac{dq}{dr^*}=F(0)=m=\text{const}$（即 $r^{*m}\sin^2\beta=\text{const}$），(3.5) 还可写成具有相似性解的方程：

$$\left.\begin{aligned}&\left(f-\frac{\gamma+1}{2}\lambda\right)gf'+\frac{\gamma-1}{2}h'-\frac{m(\gamma+1)}{4}fg=0;\\ &\left(f-\frac{\gamma+1}{2}\lambda\right)g'+\left(f'-\frac{\nu-1}{\lambda}f\right)g=0;\end{aligned}\right\}\tag{3.7}$$

$$\left(f-\frac{\gamma+1}{2}\lambda\right)h'+\gamma\left(f'+\frac{\nu-1}{\lambda}f\right)h-\frac{\gamma+1}{2}mh=0;$$

这里"′"表示对 λ 的微分，f、g、h 都只是 λ 的函数。

对于給定的 m，在条件 (3.6) 下，(3.7) 的解是唯一的。然而要确定 m，必須利用連接条件。当 $m=\nu$ 时，方程 (3.7) 正是在相似条件 $r^{*\nu}\sin^2\beta=\text{const}$ 下 Седов[2] 和林紹基[3] 所获得的方程，因此 $h(\lambda)$、$g(\lambda)$ 和 $f(\lambda)$ 的解可以从文献〔2,3〕得到；当 λ 接近于零时，它們可近似的表示为:

$$\left.\begin{aligned}&h(\lambda)=h(0)+\cdots;\\&f(\lambda)=\frac{\gamma+1}{2\gamma}\lambda+\cdots;\\&g(\lambda)=\left(\frac{\gamma+1}{\gamma}\right)^{\frac{1}{\gamma-1}}[h(0)]^{\frac{1}{\gamma-1}}\lambda^{\frac{\nu}{\gamma-1}}+\cdots。\end{aligned}\right\}\tag{3.8}$$

和精确的数值計算的結果比較，(3.8) 的精确度是很好的，例如当 $0\leqslant\lambda\leqslant0.64$ 时，这些公式的相对誤差分別小于 4%、1%和 5%。于是由 (3.8)

$$\frac{g(\lambda)^{\gamma}}{h(\lambda)}=\left(\frac{\gamma+1}{\gamma}\right)^{\frac{\gamma}{\gamma-1}}[h(0)]^{\frac{1}{\gamma-1}}\lambda^{\frac{\nu\gamma}{\gamma-1}}+\cdots。\tag{3.9}$$

根据連接条件，以后我們将会看到，在一定的近似范圍內，$r^{*\nu}\sin^2\beta=\text{const}$ 的条件，确实是可以滿足的。

当 M_∞ 为有限时，相似性解是不存在的；在这种情况下，我們可以采用 Sakurai[4] 和Swigart[5] 的方法将 h、g、f 和 $F(q)$ 展开成 q 的冪級数。这种計算，原則上是解决了的，这里就不仔細討論了。

2．熵层和外层的連接

根据熵层和外层內的解，我們可以分別給出熵层和外层內的流面。显然，为了两层能够連接起来，我們必須要求过图 1B 点分別由熵层和外层內的解所作的流面完全相合，这就給出了連接两层时应該滿足的第一个条件。此外，由于忽略了熵层和外层之間的过渡区，在两层的交界面上，切向速度必然发生間断，而压力則必須相等，这就又給出了第二个連接条件。

在 $M_\infty=\infty$ 时，我們注意到，$r_b=1$ (这里 $\bar{a}$ 是圓柱的半徑)，$\omega=0$，$\bar{p}=0(\tau^2)\ll1$，$\varphi_\Lambda=\int_0^{\psi_\Lambda}\frac{1}{\varepsilon}E(\psi)\left[1+0\left(\tau^{2\left(1-\frac{1}{\gamma}\right)}\right)\right]d\psi$ (見 (2.16))，当与 1 相比从 (2.20) 中略去 $0\left(\tau^{2\left(1-\frac{1}{\gamma}\right)}\right)$ 以上的高阶小量后，熵层和外层交界面的方程可写成：

$$r_\Lambda=\frac{[\nu\varepsilon\varphi(\psi_\Lambda)]^{\frac{1}{\nu}}}{p_b^{\frac{1}{\nu\gamma}}},\tag{3.10}$$

这里 $$\varphi(\psi_\Lambda)=\int_0^{\psi_\Lambda}\frac{1}{\varepsilon}E(\psi)\,d\psi。\tag{3.11}$$

在外层，沿同一流綫：

$$\frac{p}{\rho^\gamma}=\frac{p^*(x)}{\left(\frac{\gamma+1}{\gamma-1}\right)^\gamma}\frac{h(\lambda)}{g(\lambda)^\gamma}=\frac{p^*(x^*)}{\left(\frac{\gamma+1}{\gamma-1}\right)^\gamma},$$

式中 x^* 是流綫与激波交点的横座标。因此，根据激波条件（3.3）第一式，

$$\frac{g(\lambda)^\gamma}{h(\lambda)}=\frac{p^*(x)}{p^*(x^*)}=\frac{\sin^2\beta(x)}{\sin^2\beta(x^*)}。\tag{3.12}$$

由（3.9）和（3.12），并且 $\lambda=\frac{r}{r^*}$，当 λ 接近于零时，我們得：

$$r=[r^{*\nu}\sin^2\beta(x)]^{\frac{1}{\nu}}\left(\frac{\gamma}{\gamma+1}\right)^{\frac{1}{\nu}}\left(\frac{2}{\gamma+1}\right)^{\frac{1}{\nu\gamma}}[\sin^2\beta(x^*)]^{-\frac{\gamma-1}{\nu\gamma}}$$

$$\times\left[\frac{2}{\gamma+1}\sin^2\beta(x)h(0)\right]^{-\frac{1}{\nu\gamma}}\tag{3.13}$$

因此，根据前述第一个連接条件，在熵层和外层的交界面上：

$$r_\Lambda=[r^{*\nu}(x)\sin^2\beta(x)]^{\frac{1}{\nu}}\left(\frac{\gamma}{\gamma+1}\right)^{\frac{1}{\nu}}\left(\frac{2}{\gamma+1}\right)^{\frac{1}{\nu\gamma}}[\sin^2\beta(x_A)]^{-\frac{\gamma-1}{\nu\gamma}}$$

$$\times\left[\frac{2}{\gamma+1}\sin^2\beta(x)h(0)\right]^{-\frac{1}{\gamma\nu}}。\tag{3.14}$$

在 λ 接近于零时，$h(\lambda)=h(0)$；因此 $\frac{2}{\gamma+1}\sin^2\beta(x)h(0)$ 实际上是熵层、外层交界面上的压力 p，但是，在熵层內，压力不变 $\left(\frac{\partial p}{\partial\psi}=0\right)$，于是根据第二个連接条件

$$p_b(x)=\frac{2}{\gamma+1}h(0)\sin^2\beta(x)\tag{3.15}$$

从（3.10）（3.14）中消去 r_Λ，并利用（3.15），我們得到：

$$r^*(x)[\sin^2\beta(x)]^{\frac{1}{\nu}}=\frac{[\nu\varepsilon\varphi(\psi_\Lambda)]^{\frac{1}{\nu}}\left(\frac{\gamma+1}{\gamma}\right)^{\frac{1}{\nu}}\left(\frac{\gamma+1}{2}\right)^{\frac{1}{\nu\gamma}}}{[\sin^2\beta(x_A)]^{-(\gamma-1)/\nu\gamma}}=B^{\frac{2}{\nu}}。\tag{3.16}$$

我們看到，在前述近似范圍內，$r^*(\sin^2\beta)^{\frac{1}{\nu}}$ 确实等于常数 $B^{\frac{2}{\nu}}$。由于 $\sin\beta\approx\frac{dr^*}{dx}$，（3.16）也可表示为：

$$r^*(x)^{\frac{\nu}{2}}\frac{dr^*}{dx}=B$$

积分的结果是

$$r^*(x)=\left[\frac{2+\nu}{2}B(x-x_A)+D\right]^{\frac{2}{\nu+2}},\tag{3.17}$$

这里D是积分常数。由(3.15)，物面压力 $p_b(x)$ 可写成：

$$p_b(x)=\frac{\frac{2}{\gamma+1}B^2h(0)}{\left[\frac{2+\nu}{2}B(x-x_A)+D\right]^{2\nu/\nu+2}}。\tag{3.18}$$

假設在 $x=x_A$ 压力 $p_b=p_{bA}$ 是已知的[8]，则积分常数D是：

$$D=\left[\frac{2}{\gamma+1}\ \frac{1}{p_{bA}}B^2h(0)\right]^{\frac{2+\nu}{2\nu}}\tag{3.19}$$

当 $x\to\infty$时，(3.17)(3.18) 分别可以近似的表达为：

$$\left.\begin{aligned} r^*(x)&=\left(\frac{2+\nu}{2}Bx\right)^{\frac{2}{\nu+2}}(1+\cdots)\\ p_b(x)&=\left(\frac{2}{\nu+2}\right)^{\frac{2\nu}{2+\nu}}\frac{2}{\gamma+1}B^{\frac{4}{\nu+2}}h(0)x^{-\frac{2\nu}{\nu+2}}(1+\cdots)\end{aligned}\right\}\tag{3.20}$$

这和不考虑熵层效应的强爆炸比拟理論的結果是相同的。

在把 (3.18) 代入 (2.20) 后，我們可以求出 $r_\Delta(x)$，当 $x\to\infty$时，它也同样可以近似表达为：

$$r_\Delta(x)=\frac{[\nu\varepsilon\varphi(\psi_\Delta)]^{\frac{1}{\nu}}}{\left[\left(\frac{2}{\nu+2}\right)^{2\nu/\nu+2}\frac{2}{\gamma+1}B^{4/\nu+2}h(0)\right]^{1/\nu\gamma}}x^{\frac{2}{(2+\nu)\gamma}}(1+\cdots),\tag{3.21}$$

根据定义，

$$\lambda_\Delta=\frac{r_\Delta}{r^*}=\frac{[\nu\varepsilon\varphi(\psi_\Delta)]^{\frac{1}{\nu}}}{\left(\frac{2+\nu}{2}\right)^{\frac{2}{\nu+2}\frac{\gamma-1}{\gamma}}B^{\frac{4+2\nu\gamma}{\nu\gamma(\nu+2)}}\left[\frac{2}{\gamma+1}h(0)\right]^{\frac{1}{\nu\gamma}}}\ \frac{1}{x^{\frac{2(\gamma-1)}{(2+\nu)\gamma}}}\times(1+\cdots)。\tag{3.22}$$

我們很容易看出，虽然熵层的絕对厚度是随着 x 的增加而增加的（$x\to\infty$ 时，$r_\Delta\to\infty$），但是当 $x\to\infty$时，熵层的相对厚度 λ_Δ 却趋于零。这就說明：熵层的作用在 $x\to\infty$时将减小为零，这样，强爆炸比拟理論就有了依据。这点在 Сычев[14] 的工作中早已指出过。

由于 (3.16) 式包含未知量 $\beta(x_A)$，B 的值还要进一步确定。根据以上的結論，在 $x\to\infty$ 时，强爆炸理論是足够精确的；因此，$\beta(x_A)$ 的比較合理的选擇是使 (3.20) 式的 $p_b(x)$ 等于强爆炸理論所給的压力，这样，我們得到：

$$B=\frac{2}{2+\nu}\left[\pi^{\frac{\nu-1}{\nu+2}}\left(\frac{1}{2}c_{x_0}\right)^{\frac{1}{\nu+2}}b^{*-\frac{1}{\nu+2}}\right]^{\frac{\nu+2}{2}},\tag{3.23}$$

这里 $c_{x_0}=X_0\Big/\frac{1}{2}\bar{\rho}_\infty\bar{V}_\infty^2\bar{a}^\nu\pi^{\nu-1}$ 是鈍头部分的阻力系数，其中 X_0是鈍头的阻力；b^*是取决于 ν 和 γ 的常数，数值列于表1。当 B 确定后，表面压力 p_b就完全确定了。

表1　常数 b^* 的值

ν \ γ	1.2	1.3	1.4	1.667
1	2.240	1.468	1.077	0.606
2	2.024	1.331	0.983	0.551

四、繞鈍头圓錐的运动

对于鈍头圓錐的运动，为了便于分析，我們假定激波层内气体受强压縮。

1. 外层内气体的运动

〔4.1〕外层内气体运动的方程組

如果引入

$$z=y-y_\Lambda, \tag{4.1}$$

则由（2.2）、（2.2′），外层内气体运动的方程是：

$$\left.\begin{aligned}
&u^2+v^2+\frac{2\gamma}{\gamma-1}\frac{p}{\rho}=1+\frac{2}{\gamma-1}\frac{1}{M_\infty^2};\\
&\frac{\partial p}{\partial\psi}=-\frac{1}{(r_\Lambda+z\cos\omega)^{\nu-1}}\frac{\partial v}{\partial x};\\
&\frac{\partial}{\partial x}\left(\frac{p}{\rho^\gamma}\right)=0;\\
&\frac{\partial z}{\partial\psi}=\frac{1}{\rho u(r_\Lambda+z\cos\omega)^{\nu-1}};\\
&\frac{v}{u}-\frac{dy_\Lambda}{dx}=\frac{\partial z}{\partial x}。
\end{aligned}\right\} \tag{4.2}$$

如图1所示，設 ξ 是第一族特征綫与熵层、外层交界面交点的横座标，则第一族特征綫的方程是：

$$x=\xi+\int_{\psi_\Lambda}^{\psi}\frac{d\psi}{\rho u(r_\Lambda+z\cos\omega)^{\nu-1}\mathrm{tg}(\theta+\mu-\omega)}, \tag{4.3}$$

这里 θ 是流場内速度与来流的夹角，而 $\mu=\mathrm{tg}^{-1}\frac{1}{\sqrt{M^2-1}}$。在 ξ 取不同常数时，(4.3)表示不同的特征綫，因而 ξ 可以看作是特征綫变数。現引入下述变换：

$$\left.\begin{aligned}
&\xi=x-\int_{\psi_\Lambda}^{\psi}\frac{d\psi}{\rho u(r_\Lambda+z\cos\omega)^{\nu-1}\mathrm{tg}(\theta+\mu-\omega)};\\
&\eta=\psi。
\end{aligned}\right\} \tag{4.4}$$

则

$$\left.\begin{aligned}\frac{\partial}{\partial x}&=\frac{\partial\xi}{\partial x}\frac{\partial}{\partial\xi},\\ \frac{\partial}{\partial\psi}&=\frac{\partial}{\partial\eta}+\frac{\partial\xi}{\partial\psi}\frac{\partial}{\partial\xi}。\end{aligned}\right\}\tag{4.5}$$

将（4.5）代入（4.2），基本方程可写成：

$$\left.\begin{aligned}&u^2+v^2+\frac{2\gamma}{\gamma-1}\frac{p}{\rho}=1+\frac{2}{\gamma-1}\frac{1}{M_\infty^2};\\ &\frac{\partial p}{\partial\eta}=-\frac{\partial p}{\partial\xi}\frac{\partial\xi}{\partial\psi}-\frac{1}{(r_\Lambda+z\cos\omega)^{\nu-1}}\frac{\partial v}{\partial\xi}\frac{\partial\xi}{\partial x};\\ &\frac{\partial}{\partial\xi}\left(\frac{p}{\rho^\gamma}\right)=0;\\ &\frac{\partial z}{\partial\eta}+\frac{\partial z}{\partial\xi}\frac{\partial\xi}{\partial\psi}=\frac{1}{\rho u(r_\Lambda+z\cos\omega)^{\nu-1}};\\ &\frac{v}{u}-\mathrm{tg}\,(\theta_\Lambda-\omega)=\frac{\partial z}{\partial\xi}\frac{\partial\xi}{\partial x}。\end{aligned}\right\}\tag{4.6}$$

这里 $\mathrm{tg}\,(\theta_\Lambda-\omega)=\frac{dy_\Lambda}{dx}$，$\theta_\Lambda$ 是熵层、外层交界面与对称軸的夹角。

当激波层內气体受强压縮时，激波层的厚度具有 ε 的量級，我們可采用激波层理論来研究外层內气体的运动。根据激波条件，外层內各物理量的数量級是●：

$$\left.\begin{aligned}&p=0(1),\ \rho=0\left(\frac{1}{\varepsilon}\right),\ u=0(1),\ v=0(\varepsilon),\\ &z=0(\varepsilon),\ r_\Lambda=0(1),\ \omega=\theta_\Lambda+0(\varepsilon),\ \psi=0(1);\end{aligned}\right\}\tag{4.7}$$

将（4.7）代入（4.6），并利用（4.4）第一式，当略去方程中的高阶小量并保留其最低量級的項后，我們可得以下零級近似方程：

$$\left.\begin{aligned}&u^2+\frac{2\gamma}{\gamma-1}\frac{p}{\rho}=1+\frac{2}{\gamma-1}\frac{1}{M_\infty^2};\\ &\frac{\partial p}{\partial\eta}=0\ 或\ \frac{\partial c_p}{\partial\eta}=0;\\ &\frac{\partial}{\partial\xi}\left(\frac{p}{\rho^\gamma}\right)=0;\\ &\frac{\partial z}{\partial\eta}=\frac{1}{\rho u r_\Lambda(x)^{\nu-1}};\\ &\frac{v}{u}-\mathrm{tg}\,(\theta_\Lambda-\omega)=\frac{\partial z}{\partial\xi}。\end{aligned}\right\}\tag{4.8}$$

● 写成級数展开式是：$p=p_0+\cdots$，$\rho=\frac{1}{\varepsilon}\rho_0+\cdots$，$u=u_0+\cdots$，$v=\varepsilon v_0+\cdots$，$\omega=\theta_\Lambda+\varepsilon\omega_1+\cdots$。这里我們把 ω 展开了，这种做法，与 $P.L.K$ 方法中将座标展开有些类似。

相应的激波条件是：在 $\eta=\frac{1}{\nu}r_{\Lambda}^{\nu}(\xi)$ 上：

$$\left.\begin{aligned}c_p^*&=c_{p_1}\frac{\sin^2\theta_\Lambda}{\sin^2\omega};\\ \rho^*&=\frac{\gamma+1}{\gamma-1}\frac{1}{1+\frac{2}{\gamma-1}\frac{1}{M_\infty^2\sin^2\theta_\Lambda}}。\end{aligned}\right\}\tag{4.9}$$

此外，与 (4.8) 相应，由 (4.4) 第一式，x 和 ξ 的关系是：

$$x-\xi=\int_{\psi_\Lambda}^{\psi}\frac{\partial\psi}{\rho u r_\Lambda^{\nu-1}\operatorname{tg}(\theta_\Lambda+\mu-\omega)}。\tag{4.10}$$

〔4.2〕外层内运动方程的解

由 (4.8) 第二式和 (4.9) 第一式

$$c_\nu=c_p^*(\xi)=c_{p_1}\frac{\sin^2\theta_\Lambda(\xi)}{\sin^2\omega}。\tag{4.11}$$

这个結果表明，沿第一族特征綫压力保持不变。

由 (4.8) 第三式和边界条件 (4.9)，

$$\rho=\left(\frac{p(\xi)}{p^*(\xi^*)}\right)^{\frac{1}{\gamma}}\rho^*(\xi^*)。\tag{4.12}$$

这里 ξ^* 是流綫 $\eta=\psi=\text{const}$ 与激波交点的 ξ 值。由 (4.8) 第一式和(4.12)，(4.9)，

$$u=\left[1+\frac{2}{\gamma-1}\frac{1}{M_\infty^2}-\frac{2\gamma}{\gamma-1}\frac{p_b(\xi)^{1-\frac{1}{\gamma}}p^*(\xi^*)^{\frac{1}{\gamma}}}{\rho^*(\xi^*)}\right]^{\frac{1}{2}}。\tag{4.13}$$

由 (4.8) 第四式：

$$z=\int_{\psi_\Lambda}^{\eta}\frac{d\eta}{\rho u r_\Lambda(\xi)^{\nu-1}}。\tag{4.14}$$

由 (4.8) 最后一式：

$$v=\left[\frac{\partial z}{\partial\xi}+\operatorname{tg}(\theta_\Lambda-\omega)\right]\cdot u。\tag{4.15}$$

(4.11)～(4.15) 的結果表明，只要交界面的位置已知，外层内的解就完全确定了。为了要决定交界面的位置，我們必須研究熵层和外层的連接問題。

2. 两层的連接，$r_\Lambda(x)$ 及 $p_b(x)$ 的决定

在第二部分內我們給出了連接解的两个条件。根据这两个条件，由 (4.11) 和 (4.10)，在两层交界面上：

$$c_\iota=c_{p_1}\frac{\sin^2\theta_\Lambda(x)}{\sin^2\omega}。$$

由于在熵层内沿物面法向，压力不变，因此

$$p_b(x)=\frac{1}{\gamma M_\infty^2}+c_{p_1}\frac{\sin^2\theta_\Lambda(x)}{\sin^2\omega}。\tag{4.16}$$

根据几何关系，我們很易証明：

$$\frac{dr_\Lambda}{dr_b}\approx\frac{\sin\theta_\Lambda(x)}{\sin\omega},$$

因此，(4.16) 可写成：

$$p_b(x)=\frac{1}{\gamma M_\infty^2}+c_{p_1}\left(\frac{dr_\Lambda(x)}{dr_b(x)}\right)^2。\tag{4.17}$$

(4.17) 和 (2.21) 合并得：

$$\frac{dr_\Lambda}{dr_b}=\frac{1}{c_{p_1}^{1/2}}\left[\frac{(\nu\varepsilon\varphi_\Lambda\cos\omega)^\gamma}{(r_\Lambda^\nu-r_b^\nu)^\gamma}-\frac{1}{\gamma M_\infty^2}\right]^{\frac{1}{2}},\tag{4.18}$$

当 $M_\infty=\infty$ 时，

$$\frac{dr_\Lambda}{dr_b}=\frac{1}{c_{p_1}^{1/2}}\frac{(\nu\varepsilon\varphi_\Lambda\cos\omega)^{\gamma/2}}{(r_\Lambda^\nu-r_b^\nu)^{\gamma/2}},\tag{4.18'}$$

如果在連接点 A，压力 p_{bA} 已知，于是由 (2.20) 我們得到以下起始条件：

$$r_b=r_{bA}:\ r_\Lambda=\left[r_{bA}^\nu+\nu\varepsilon\varphi(x_A\psi_\Lambda)\cos\omega p_{bA}^{-\frac{1}{\gamma}}\right]^{\frac{1}{\nu}},\tag{4.19}$$

应該指出，由于 φ_Λ 取决于 $p_b(x)=\frac{1}{\gamma M_\infty^2}+c_{p_1}\left(\frac{dr_\Lambda}{dr_b}\right)^2$ (見 (2.16))，(4.18) 实际上是一个积分微分方程，对它直接求解，将是非常困难的。为了簡化計算，我們将对 φ_Λ 作一定的近似。大家知道，当鈍头不存在（即熵层厚度为零）时，錐面上的压力为 p_1。在鈍头情况下，由于熵层厚度对外部流动作用的結果，表面压力便不等于 p_1，这就表明 $p_b=p_1+0(\delta)$。在略去 p_b 的 $0(\delta)$ 量级以后，φ_Λ 可以簡化为：

$$\varphi_\Lambda=\varphi(\psi_\Lambda)=\int_0^{\psi_\Lambda}\frac{E(\psi)\,d\psi}{s\left[1+\frac{2}{\gamma-1}\frac{1}{M_\infty^2}-\frac{2\gamma}{\gamma-1}p_1^{1-\frac{1}{\gamma}}E(\psi)\right]^{1/2}}。\tag{4.20}$$

当 $x\to\infty$ 时，$p_b\to p_1$（見后），因此，这个表达式在 $x\to\infty$ 时是精确的。

在采用了 (4.20) 的近似以后，(4.18) 就是一个比较简单的一阶常微分方程，并且通过数值解法是可以求解的。然后再从 (2.21)，$p_b(x)$ 也可以計算了。如果我們还不滿足于 (4.20) 的近似，我們可以将求得的 $p_b(x)$ 代入 (2.16)，并利用叠代法进一步提高解的精度。但是，叠代的結果表明，(4.20) 是足够精确的。

当 r_b 較大时，如果我們把 r_Λ 和 $c_{p_b}=p_b-\frac{1}{\gamma M_\infty^2}$ 展开成 $\frac{1}{r_b}$ 的冪級数，我們可以找到 r_Λ 和 c_{p_b} 的漸近解析表达式。例如，$\nu=1$ 时，

$$
\left.\begin{aligned}
r_\Lambda &= r_b + \frac{\varepsilon\varphi(\psi_\Lambda)\cos\omega}{\left[c_{p_1}\left(1+\dfrac{1}{c_{p_1}\gamma M_\infty^2}\right)\right]^{\frac{1}{\gamma}}} + \cdots,\\
c_{p_b} &= c_{p_1} + \cdots,
\end{aligned}\right\}\tag{4.21}
$$

当 $\nu=2$ 时,

$$
\left.\begin{aligned}
r_\Lambda = r_b \Bigg\{ & 1 + \frac{\varepsilon\varphi(\psi_\Lambda)\cos\omega}{\left(c_{p_1}+\dfrac{1}{\gamma M_\infty^2}\right)^{1/\gamma}}\frac{1}{r_b^2}\\
&+ \frac{\varepsilon^2\varphi(\psi_\Lambda)^2\cos^2\omega}{\left(c_{p_1}+\dfrac{1}{\gamma M_\infty^2}\right)^{2/\gamma}}\left[\frac{2}{\gamma\left(1+\dfrac{1}{c_{p_1}\gamma M_\infty^2}\right)} - \frac{1}{2}\right]\frac{1}{r_b^4} + \cdots\Bigg\};\\
c_{p_b} = c_{p_1} \Bigg\{ & 1 - \frac{2\varepsilon\varphi(\psi_\Lambda)\cos\omega}{\left(c_{p_1}+\dfrac{1}{\gamma M_\infty^2}\right)^{1/\gamma}}\frac{1}{r_b^2}\\
&- \frac{\varepsilon^2\varphi(\psi_\Lambda)^2\cos^2\omega}{\left(c_{p_1}+\dfrac{1}{\gamma M_\infty^2}\right)^{2/\gamma}}\left[\frac{12}{\gamma\left(1+\dfrac{1}{c_{p_1}\gamma M_\infty^2}\right)} - 4\right]\frac{1}{r_b^4} + \cdots\Bigg\}。
\end{aligned}\right\}\tag{4.22}
$$

对于鈍头圓錐，由 (4.18)，并注意 $\dfrac{dr_\Lambda}{dr_b}=\left(\dfrac{c_{p_b}}{c_{p_1}}\right)^{1/2}>0$，表面压力随 r_b 的变化规律是:

$$
\frac{dp_b}{dr_b} = -\frac{2\gamma[2\varepsilon\varphi(\psi_\Lambda)\cos\omega]^\gamma}{(r_\Lambda^2-r_b^2)^{\gamma+1}}\cdot F;\tag{4.23}
$$

$$
F=\left[r_b^2+2\varepsilon\varphi(\psi_\Lambda)\cos\omega p_b^{-\frac{1}{\gamma}}\right]^{\frac{1}{2}}\left(\frac{p_b-\dfrac{1}{\gamma M_\infty^2}}{c_{p_1}}\right)^{\frac{1}{2}}-r_b。\tag{4.24}
$$

由于 $r_\Lambda^2>r_b^2$，不难看出，p_b 的变化规律主要取决于 F。根据連接点 A 处的压力[8]，計算的結果发現，在連接点 A，$F>0$，$\dfrac{dp_b}{dr_b}<0$，因此由連接点向后，压力随 r_b 的增加而下降；由 (4.24)，F 是逐漸减小的，当压力降低到适当的値时，F 减小为零，$\dfrac{dp_b}{dr_b}=0$，这就是説，压力到达最小值。同时，由 (4.24)，相应的最小压力系数 $c_{p\min}<c_{p_1}$。以后，随着 r_b 的增大，$F<0$，$\dfrac{dp_b}{dr_b}>0$，压力就不断回升（見图 3,4）。

由 (4.18)，我們还可以得到 y_Λ 随 r_b 的变化规律:

$$
\frac{dy_\Lambda}{dr_b}=\frac{1}{c_{p_1}^{1/2}\cos\omega}[c_{p_b}^{1/2}-c_{p_1}^{1/2}];\tag{4.25}
$$

$$
\frac{d^2y_\Lambda}{dr_b^2}=\frac{1}{2c_{p_1}^{1/2}\cos\omega c_{p_b}^{1/2}}\frac{dp_b}{dr_b}。\tag{4.26}
$$

这些关系表明，在最小压力点以前$\left(\frac{dp_b}{dr_b}<0\right)$，$\frac{d^2y_\Lambda}{dr_b^2}<0$，熵层厚度曲綫是向上凸的；在最小压力点以后，$\left(\frac{dp_b}{dr_b}>0\right)$，$\frac{d^2y_\Lambda}{dr_b^2}>0$，熵层厚度曲綫是向上凹的；而最小压力点是熵层厚度曲綫的拐点。此外，(4.25) 式表明，$\frac{dy_\Lambda}{dr_b}$主要取决于$(c_{p_b}^{1/2}-c_{p_1}^{1/2})$；由于在連接点$A$，依錐角和$M_\infty$的不同，$(c_{p_{bA}}^{1/2}-c_{p_1}^{1/2})$可以分别大于、等于或小于零，因此，在研究$y_\Lambda$随$r_b$的变化規律时，我們应該分别不同的情况。当$c_{p_{bA}}>c_{p_1}$时，$\left(\frac{dy_\Lambda}{dr_b}\right)_A>0$；于是由連接点向后，$y_\Lambda$随$r_b$的增加而增加，但由于$c_{p_b}$不断减小，因此$y_\Lambda$随$r_b$增加的速度也将减慢。当$c_{p_b}$降低到$c_{p_1}$时（在$c_{pA}>c_{p_1}$时，由于$c_{p\min}<c_{p_1}$，所以在連接点$A$和最小压力点間存在一个$c_{p_b}=c_{p_1}$的位置），$\frac{dy_\Lambda}{dr_b}=0$，$y_\Lambda$达到最大值。过了这一点以后，由于压力$c_{p_b}$总是小于$c_{p_1}$的，因此$\frac{dy_\Lambda}{dr_b}<0$，也就是說，$y_\Lambda$随$r_b$的增加而一直减小，最后，依 (4.22) 第一式趋近于零。当$c_{p_{bA}}<c_{p_1}$时，除了无穷远处以外，在整个錐面上c_{p_b}都小于c_{p_1}，因此，y_Λ一直随r_b的增大而降低。

如果我們用同样的方法去分析熵层內任一流綫的变化规律，我們就会发現，熵层內流綫的形状和y_Λ是完全类似的。

五、算　例

为了說明分层模型和計算方法的精确度，并进一步闡明熵层的意义，我們具体計算了繞球头圓柱（$\gamma=1.4$, $M_\infty=\infty$）和球头圓錐（$\gamma=1.4$; $M_\infty=6,\infty$; $\omega=5°、10°、20°、30°$）的运动。在計算中，AB断面上的$E(\Psi)$、Ψ_Λ以及連接点A的压力数据分别取自文献〔19，8〕。根据計算結果，在图 2、3、4、5 中，我們分别画出了表面压力及表

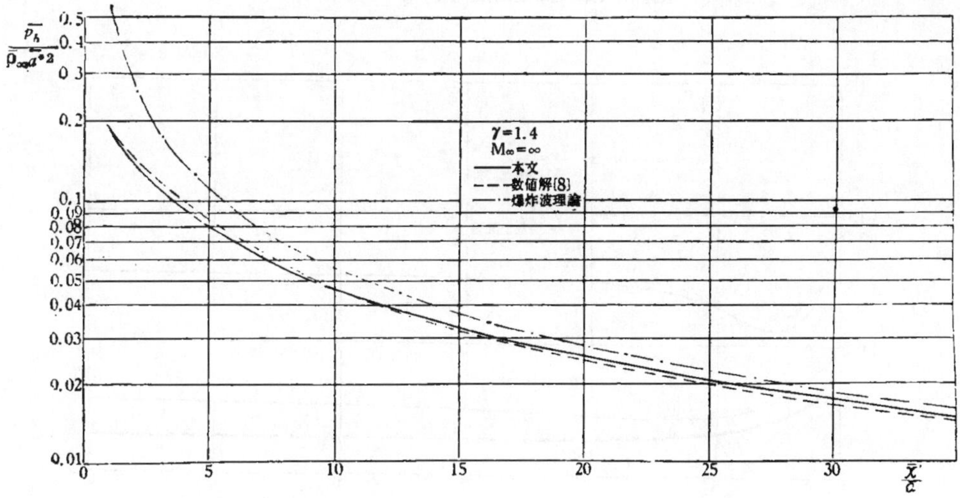

图 2　球鈍头圓柱表面上的压力分布，$\gamma=1.4$，$M_\infty=\infty$（$\bar{a}^*$是临界声速）。

面M数的分布；同时为了比較，我們把电子計算机的計算結果[8]和爆炸波理論的結果也一并画出；可以看出，在$M_\infty=\infty$时，鈍头圆柱上的压力随x的增加一直降低；而鈍头錐体上的压力则出現过渡膨脹和回升的現象，并且在后身則趋于相应尖錐的压力。图6、7表示了熵层內在激波角45°处通过头部激波的一条流綫的变化規律，从这一曲綫的形式，我們就能够得到熵层和外层交界面的变化規律。图8、9画出了在鈍头圆柱和圆錐（ω=20°）的熵层內，密度、速度和熵的分布。图10画出了錐面上最小压力点的位置和半錐角ω及M_∞的关系；我們看到，随着錐角的增大和M_∞的减小，最小压力点前移。图11、12画出了本文某些結果和各种理論[6,13,17]及实驗結果[9,10]的比較。

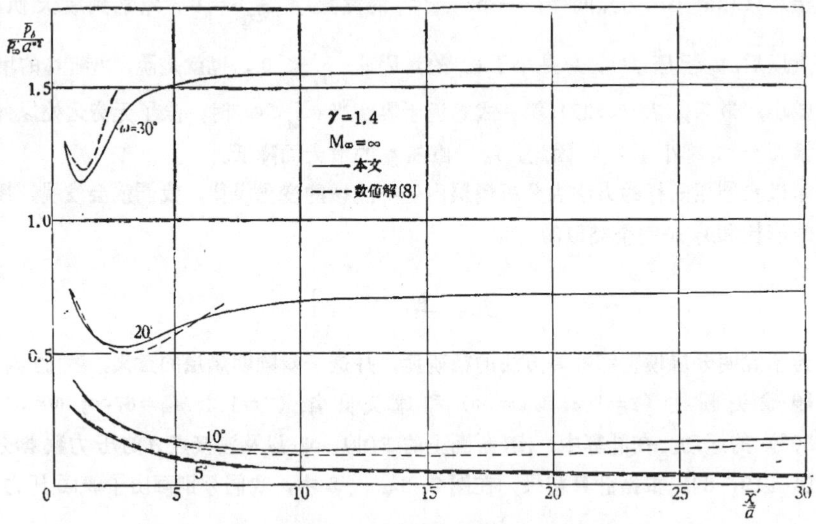

图3 球鈍头圆錐表面上的压力分布，$\gamma=1.4$，$M_\infty=\infty$。

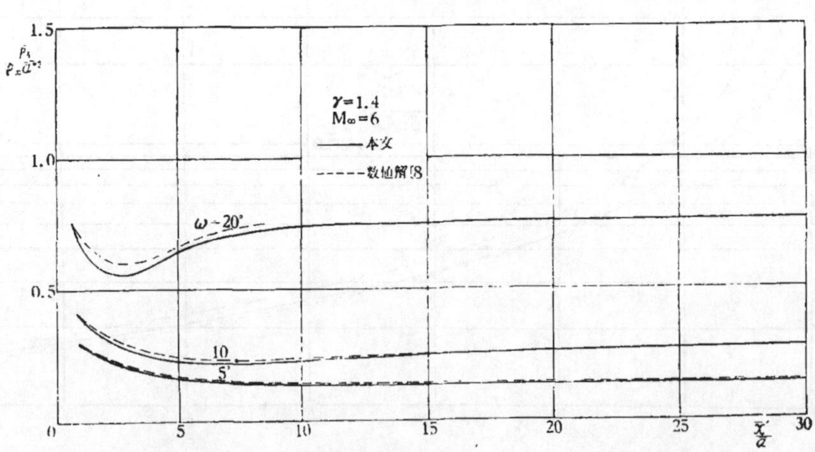

图4 球鈍头圆錐表面上的压力分布，$\gamma=1.4$，$M_\infty=6$。

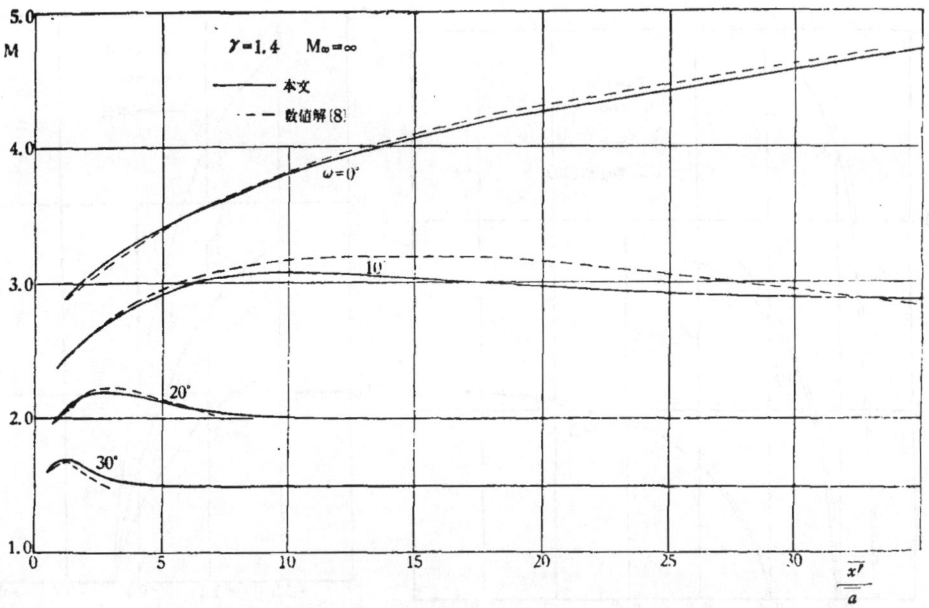

图5　球鈍头圓錐、圓柱表面上的Mach数分布，γ＝1.4，$M_\infty=\infty$。

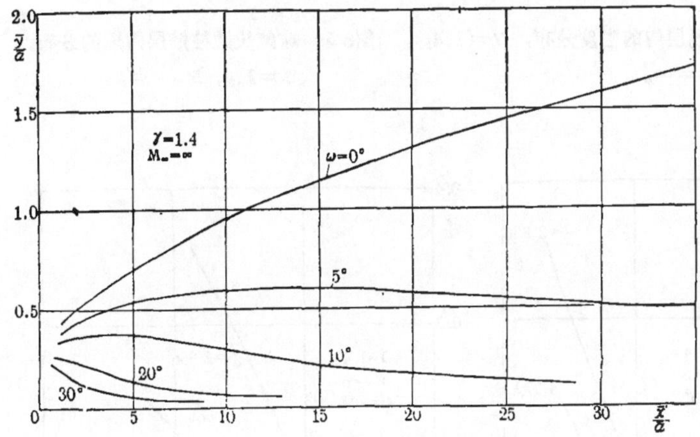

图6　熵层內流綫的变化規律（此流綫和头部激波的交点具有45°的激波傾角），γ＝1.4，$M_\infty=\infty$。

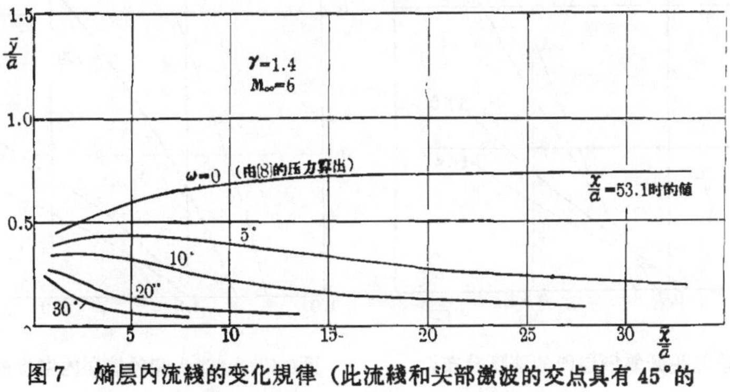

图7　熵层內流綫的变化規律（此流綫和头部激波的交点具有45°的激波傾角），γ＝1.4，$M_\infty=6$。

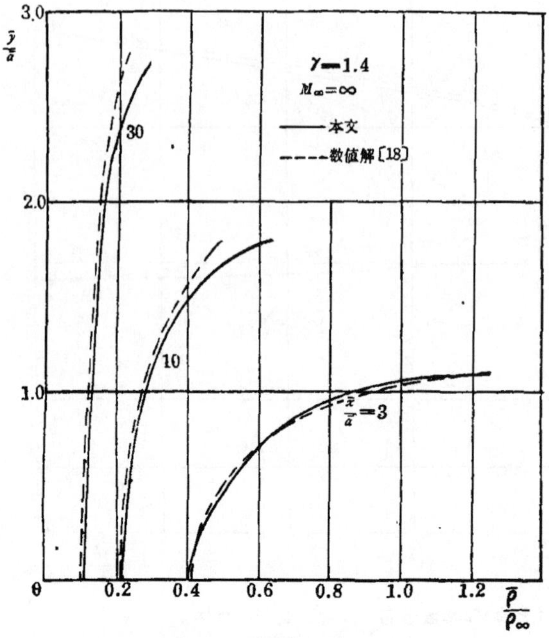

图 8 a　球钝头圆柱熵层内的密度分布，γ=1.4，$M_\infty=\infty$。

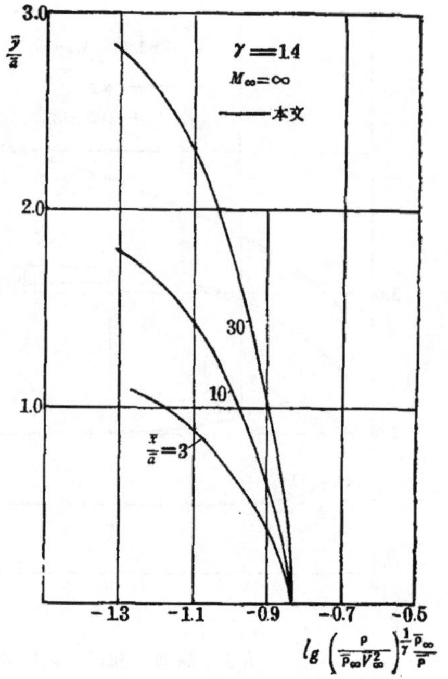

图8 b　球钝头圆柱熵层内熵的分布，γ=1.4，$M_\infty=\infty$。

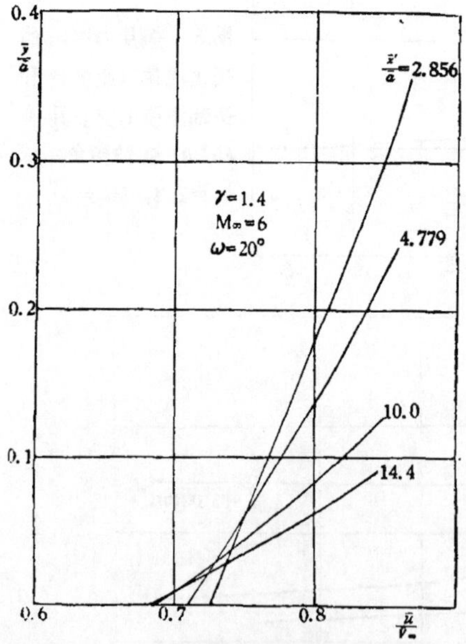

图9 a　球钝头圆錐熵层内的速度分布，ω=20°，γ=1.4，M_∞=6。

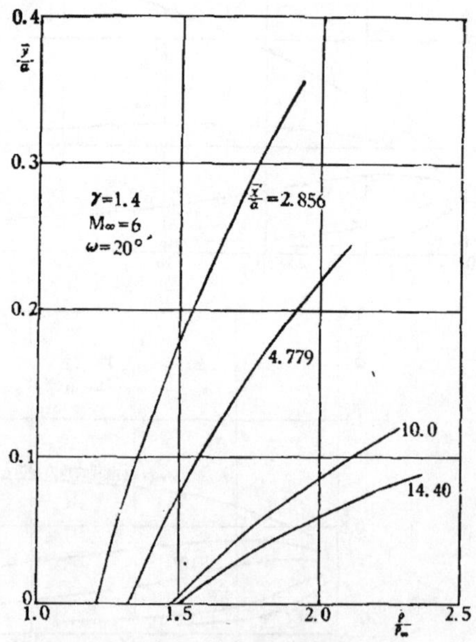

图9 b　球钝头圆錐熵层内密度的分布，ω=20°，γ=1.4，M_∞=6。

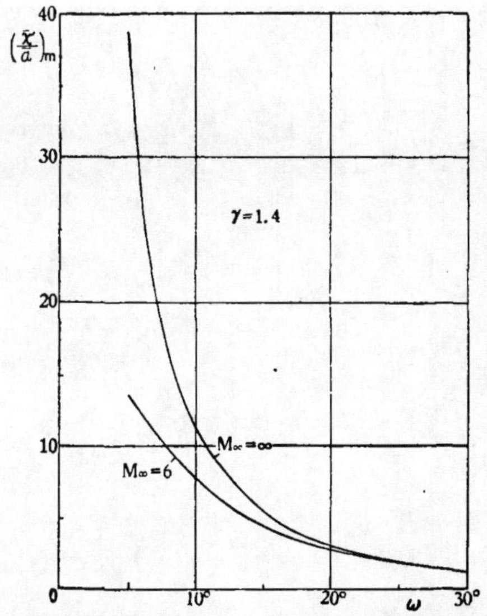

图10　錐面上最小压力点的位置与錐角及M_∞的关系。

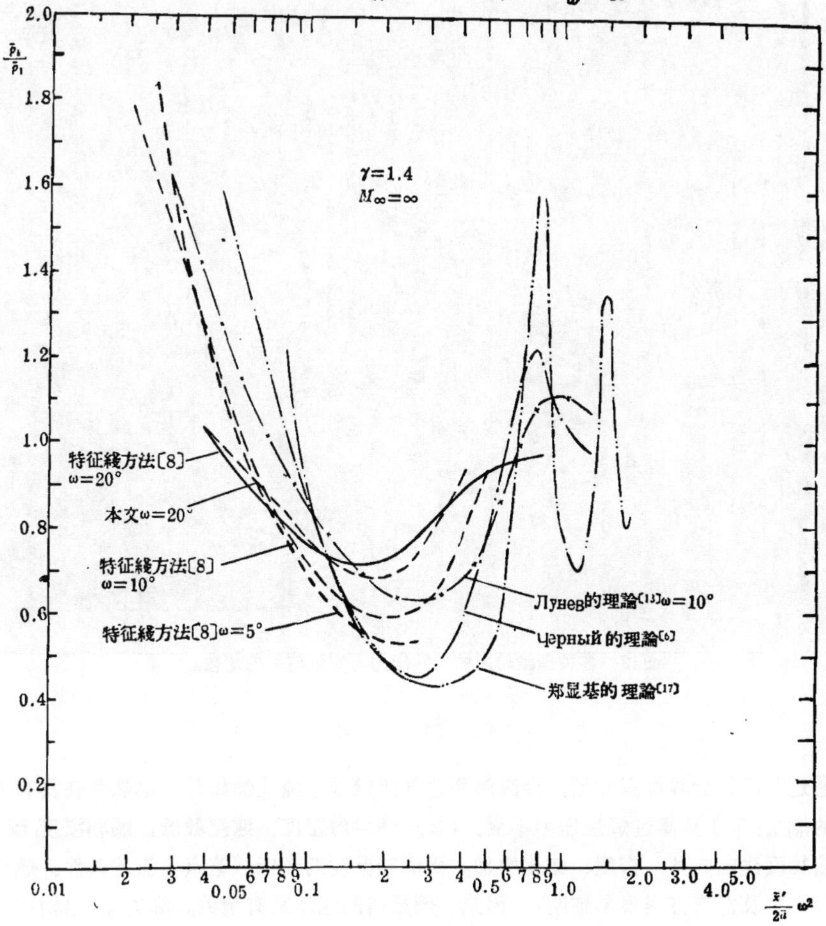

图11　$M_\infty=\infty$，各种理論給出的表面压力的比較。

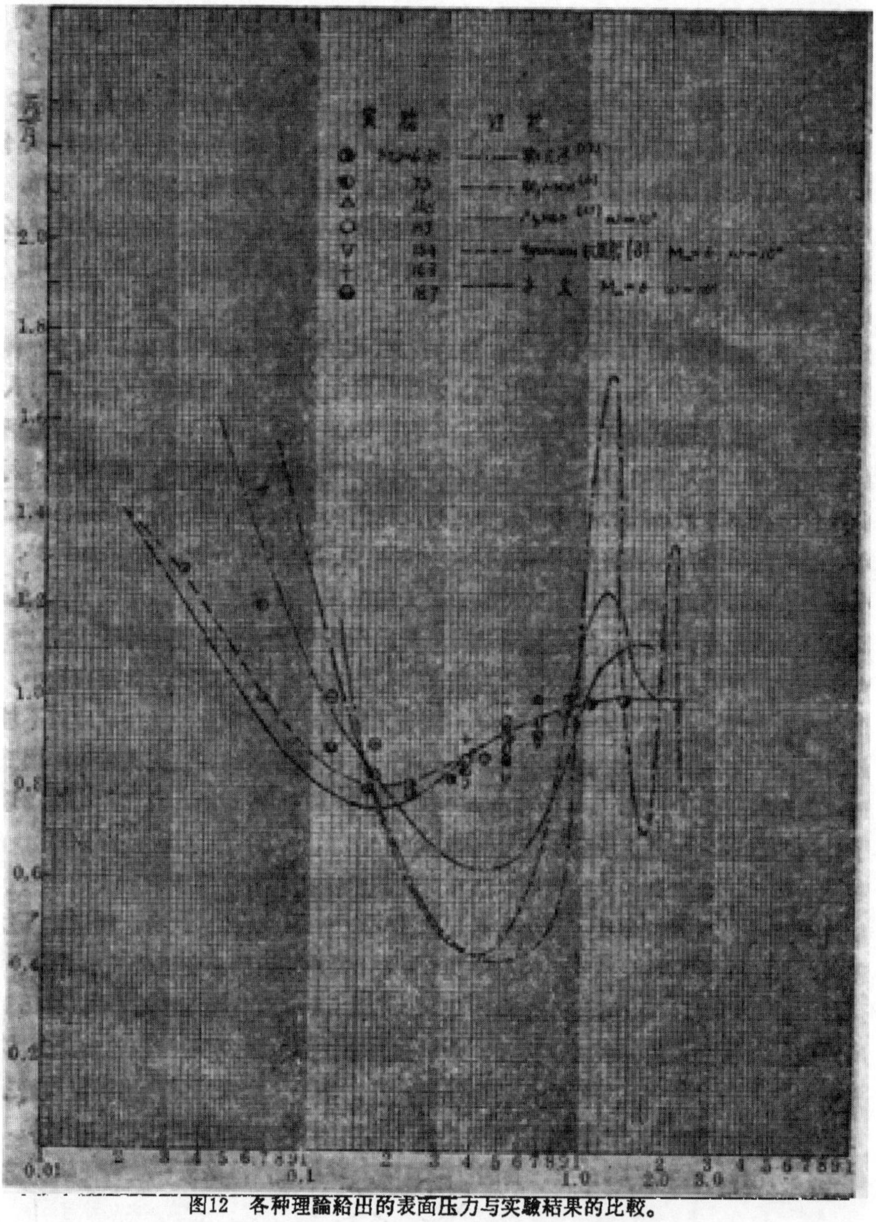

图12 各种理論給出的表面压力与实驗結果的比較。

六、討　　論

通过前面的計算可以知道，当高超声速气流繞过小鈍头物体时，必然存在具有下述性质的熵层：（1）穿过熵层压力不变，（2）熵层內密度、速度較低，熵和溫度較高，幷且沿物面法向向外，密度、速度增加，而熵和溫度則降低（这点由激波条件、熵沿流綫守恒方程及能量方程很易証明）。因此，熵层內的运动是有旋的。和边界层相比，熵层和边界层在形式上有类似之处，但是产生熵层和边界层的物理原因是不同的，边界层的产生是由于流体的慣性小，而熵层則是小鈍头前具有大曲率的脱体激波所引起的。

表面熵层的存在，不但直接影响物面附近的流动，而且也影响外层的运动。事实上，由于熵层內气体的熵較大，而速度和密度較外层低，因此，根据质量守恒的条件，当同样质量分别在熵层和外层流过时，在熵层內它必須占有厚度較大的空間。这样，熵层內的流綫必然对外层內的流动产生排挤作用。因此，除了在計算表面附近的流动必須考虑熵层外，为了精确的計算外层內的运动，我們也必須考虑熵层对外层的反作用。前面的計算結果，証实了这种观点。

由图2、3、4、5、8、11可以看出，总的說来，我們的理論能够給出和电子計算机的数值解[8]及实驗結果相符合的表面压力、表面M数和熵层內物理量的分布。和前人理論[6,17]比較，精度显著地提高了。具体說来，在中等錐角时（如$\omega=20°$），和数值解最为符合，如果M_∞不大（如$M_\infty=6$），在小錐角时也可得到較好的結果。当$M_\infty\to\infty$时，对于小錐角，在离开最小压力点的前方和后方，我們的理論还是較好的。但是，在最小压力点附近的区域里，和数值解[8]有較大的相对誤差（当錐角小时，例如$\omega=5°$；由于最小压力点离开头部很远，因此这种誤差較大的区域，图2沒有能表示出来）。为什么会发生这种情况呢？这与計算外层运动时，我們所采用的激波层理論的适用范圍有关。大家知道，激波层理論只能較好的适用于强压縮区。当M_∞很大时，如錐角較小，在最小压力点以前很大一部分区域里，流动一直处于膨脹状态，因此，激波层理論不能給出較好的結果。当錐角增大或錐角小M_∞不大时，这种膨脹区的长度大大縮短，因而激波层理論就比較适用了。当$M_\infty=\infty$和$\omega=0$时，代替激波层理論，我們用小扰动理論研究了外层的运动，如图2所示，精度是較高的。

如图3所示，当錐角較大时（$\omega\geqslant30°$），我們的理論和数值解[8]有較大的誤差。一个可能的解釋是，当錐角較大时，外层內气体的熵也将是很大的，这时，熵层和外层之間的差別，并不像繞小鈍头細长体的流动那样明显；因此分层的必要性就減小了。

最后，应該指出，熵层厚度或熵层內流綫的变化規律（見图6,7），可以解釋二次激波的形成及激波拐点的出現。事实上，由于錐面和柱面（M_∞有限时）的后身上，熵层外边界是凹的，外层內气体的运动，犹如繞凹曲壁的运动。大家知道，这种流动的第一族特征綫沿流动方向是逐漸变陡的，这就必然导致同族特征綫相交而出現二次激波（有专文討論）。此外，在第三部分里，我們已經証明，在外层內，沿第一族特征綫压力可近似的視为常数，这样，物面上的最小压力，必然沿第一族特征綫傳到激波，它与激波的交点也将是最小压力点，根据激波条件，这时激波就要出現拐点。

参 考 文 献

〔1〕 張涵信，近代高速气体动力学現状，力学学报，5卷4期，1963。

〔2〕 Седов Л. Е.，Движение воздуха при сильном взрыве，ДАН СССР，52，4，1946.

〔3〕 林紹基 (Lin, S. C.，)，Cylindrical shock wave produced by instantaneous energy retease, J. appl. phys.，25，1，1954.

〔4〕 Sakurai, A.，On the propagation and structure of blast wave, J. phys. Japan, 8, 5, 1953，及23，7，1956.

〔5〕 Swigart, R. J.，Third order blast wave theory and its application to hypersonic flow past bluntnosed cylinder, JFM, 9, 4, 1960.

〔6〕 Черный Г. Г.，Течения газа с большой сверхзвуковой скоростью，Физматгиз，М.，1959.

〔7〕 Чушкин П. И.，Затупленные тела простой формы в сверхзвуковом потоке газа，ПММ，24，5，1960．具体計算数据見〔8〕.

〔8〕 Чушкин П. И.，Шулишнина Н.П，Таблицы сверхзвукового течения около затупленных конусов，М. ВЦ. АН СССР，1961.

〔9〕 Bertram, M. H.，Tip-bluntness effects on cone pressure at $M=6.85$, JAS, 23, 9, 1956.

〔10〕 Burke, A. F.，Curtis, J. T.，Blunt-cone pressure distributions at hypersonic Mach numbers, JAS/S, 29, 2, 1962.

〔11〕 Feldman, S.，Numerical comparison between exact and approximate theories of hypersonic inviscid flow past slender bluntnosed bodies, ARS Journal, 30, 5, 1960.

〔12〕 Vaglio-Laurin, R.，Trella, M.，A study of flow fields about some typical bluntnosed slender bodies, Aerospace engng.，20, 8, 1961.

〔13〕 Лунев В. В.，О движении в атмосфере тонкого затупленного тела с большими сверхзвуковими скоростями，Изв. АН СССР ОТН，Мех и Машин.，4，1959.

〔14〕 Сычев В. В.，К теории гиперзвуковых течений газа со скачками уплотнения степенной формы，ПММ，24，3，1960.

〔15〕 Сычев В. В.，О методе малых возмущений в задачах обтекания тонких затупленных тел гиперзвуковым потоком газа，ПМТФ，6，1962.

〔16〕 Yakura, J. K.，A theory of entropy layers and nose bluntness in hypersonic flow, ARS, AFOSR, preprint, 1983-61.

〔17〕 郑显基 (Cheng, H. K.)，Hall, G. H.，Hertzberg, A.，Boundary-layes displacement and leading-edge bluntness effects in high temperature hypersonic flow, JAS/S, 28,5, 1961.

〔18〕 Чушкин П. И.，Исследование обтекания затупленых тел вращения при гиперзвуковой скорости，Журнал Вычис. Матем. Матем. физ.，АН СССР，2，1962.

〔19〕 Белоцерковский О. М.，Расчет обтекания осесимметричных тел с отошедшей ударной (Расчетные формулы и таблицы полей течений) М. ВЦ. АН СССР，1961.

高超声速运动中第二激波形成的条件*

張　涵　信

（清　华　大　学）

在高超声速的条件下，绕钝头圆锥的气流中存在第二激波．例如，文献 [1] 的实验结果指出，当来流 Mach 数为 6.1 和半锥角为 15° 时，由于激波层内存在着第二激波，在第二激波和主激波相交的地方，我们可以观察到主激波的坡度有 1.5° 的偏转．此外，电子计算机的计算[1,2]也表明，在一定的条件下，激波层内出现不连续的现象，以致无法继续进行计算．由于只根据数値解不能清晰地给出流场内各物理量的内在联系，在相当长的一段时间内，人们不能很好地解释下述诸点：1. 锥面上的压力分布情况为什么是先过度膨胀而后又压缩；2. 激波层内在一定条件下为什么会出现不连续现象．

不久以前，我们的论文"高超声速运动中的熵层问题"已经解决了第一个问题．在该文中我们证明了，压力分布情况先过度膨胀而后压缩，其原因是沿钝体表面的熵层对外部流动发生了作用．此外，通过对熵层和外层的分析，我们认为，第二激波形成的原因和表面熵层的效应有联系．计算的结果表明，在钝体表面上，熵层外边界的流线是上游凸起而下游凹下的；这样，在锥体后身，外层内气体的运动就可以近似地看作为绕凹壁的运动．我们知道，在这种运动中，正族特征线的坡度将沿流动方向逐渐变陡，因而就可能使得同族特征线相交．这就意味着流场内可能发生不连续现象，研究这种现象出现的临界条件并研究特征线交点的轨迹，就是本文的目的．

一、求 解 方 法

在图 1 所示的柱坐标系 x, r 内，以 $\xi=\text{const.}$ 和 $\eta=\text{const.}$ 分别表示正族和负族特征线，则在特征线坐标系内，基本方程为：

$$\left.\begin{aligned}&\frac{\partial r}{\partial\eta}=\operatorname{tg}(\theta+\alpha)\frac{\partial x}{\partial\eta},\\&\frac{\partial(\theta-f)}{\partial\eta}=-(\nu-1)\frac{\sin\theta\sin\alpha}{\cos(\theta+\alpha)}\frac{1}{r}\frac{\partial x}{\partial\eta}+\frac{\sin2\alpha}{2\gamma(\gamma-1)}\frac{\partial\ln\varphi}{\partial\eta};\\&1/\sqrt{\varepsilon}\qquad\qquad\qquad\sqrt{\varepsilon}\qquad\qquad\qquad\sqrt{\varepsilon}\end{aligned}\right\}\tag{1.1}$$

$$\left.\begin{aligned}&\frac{\partial r}{\partial\xi}=\operatorname{tg}(\theta-\alpha)\frac{\partial x}{\partial\xi},\\&\frac{\partial(\theta+f)}{\partial\xi}=(\nu-1)\frac{\sin\theta\sin\alpha}{\cos(\theta-\alpha)}\frac{1}{r}\frac{\partial x}{\partial\xi}-\frac{\sin2\alpha}{2\gamma(\gamma-1)}\frac{\partial\ln\varphi}{\partial\xi},\\&1/\sqrt{\varepsilon}\qquad\qquad\qquad\sqrt{\varepsilon}\qquad\qquad\qquad\sqrt{\varepsilon}\end{aligned}\right\}\tag{1.2}$$

这里 θ 是气流方向与 x 轴的夹角，γ 是绝热指数，$\alpha=\operatorname{arc\,tg}1/\sqrt{M^2-1}$ 是 Mach 角，

* 力学学报，1965，8（4）：316-322．1964年8月24日收到。

$M = V/\sqrt{\gamma p/\rho}$ 是 Mach 数(其中 V, p, ρ 分别是气体的速度,压力和密度), ν 是几何参数,对于平面问题, $\nu = 1$, 对于轴对称问题 $\nu = 2$. 此外,

$$\varphi = \frac{p}{\rho^{\gamma}}, \tag{1.3}$$

$$f = -\sqrt{\frac{\gamma+1}{\gamma-1}}\,\mathrm{arc\,tg}\left(\sqrt{\frac{\gamma+1}{\gamma-1}}\,\mathrm{tg}\,\alpha\right) + \alpha. \tag{1.4}$$

正族特征线如果相交,那只能发生在激波层内. 在钝锥情况下,钝头的影响主要表现在熵层内; 它通过熵层厚度的变化对外层流动产生影响. 由于熵层外边界是穿过激波的流面, 外层内气体的运动便可看作是绕空心锥体的运动. 在上述关于熵层问题的论文中,我们曾经证明,尽管熵层厚度的变化对外层流动产生影响,但是熵层外边界流线构成的空心锥面的坡度仍然和钝锥的坡度相差不大. 因此,为了便于分析起见,我们便用绕空心圆锥(其锥角和钝锥相同,见图 1 虚线)的运动(基本流)和由熵层坡度引起的小扰动来近似地当作外层内气体的运动. 当锥角较大时,基本流中的物理量确实比扰动量大得多, 这样, 建立在这种假定上的分析便是有根据的.

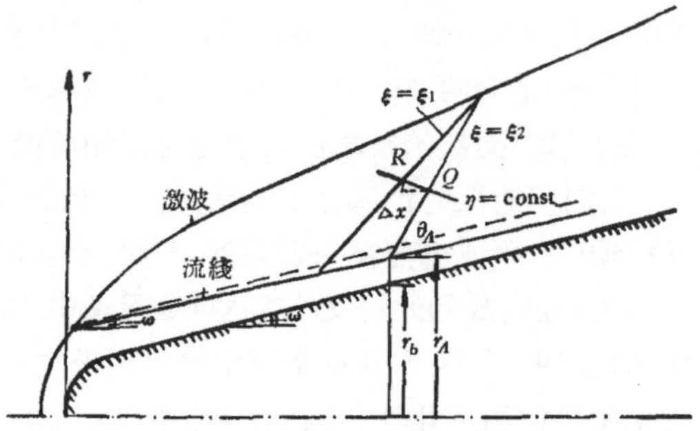

图1 坐标系统

我们知道,当锥角较大时, 空心圆锥激波层内的流动将受到强烈的压缩, 因而运动就满足了激波层理论的条件. 容易证明, 在强激波的条件下, $V = O(1)$, $\rho = O(1/\varepsilon)$, $p = O(1)$, $\theta = O(1)$. 因此 $M = O(1/\sqrt{\varepsilon})$, $\alpha = O(\varepsilon^{1/2})$, $\theta - f = O(1/\sqrt{\varepsilon})$, $\theta + f = O(1/\sqrt{\varepsilon})$. 此外,按照 Черный[3] 关于空心圆锥绕流的计算, $\varphi = \varphi_0(1 + O(\varepsilon))$, 这里 φ_0 是对应于尖锥绕流的熵函数. 采用这些量级关系来估计式(1.1)和(1.2)的第二式中各项的量级. 为了方便起见,我们把每项量级的大小直接写在各项的下面. 可以看出, 等式右方的量同左方的量相比是高一阶的小量. 略去右方的小量后, 我们即可得到零级近似表达式 $\frac{\partial(\theta - f)}{\partial \eta} = \frac{\partial(\theta + f)}{\partial \xi} = 0$, 显然,这就是平面运动的方程.

为了考虑熵层坡度的扰动影响, 现在我们来研究高一阶的近似. 在高一阶的近似范围内,三元效应和熵梯度的效应都应该予以考虑(零级近似范围内则把它们忽略了). 但是,由于扰动量比基本流的量小得多, 我们有理由认为, 扰动量在三元效应和熵效应中是更高阶的小量,因而可以忽略. 这样我们可得:

$$\frac{\partial(\theta - f)}{\partial \eta} = -(\nu - 1)\frac{\sin\theta_0 \sin\alpha_0}{\sin(\theta_0 + \alpha_0)}\frac{\partial \ln r}{\partial \eta} + \frac{\sin 2\alpha_0}{2\gamma(\gamma - 1)}\frac{\partial \ln \varphi}{\partial \eta}, \tag{1.5}$$

$$\frac{\partial(\theta + f)}{\partial \xi} = (\nu - 1)\frac{\sin\theta_0 \sin\alpha_0}{\sin(\theta_0 - \alpha_0)}\frac{\partial \ln r}{\partial \xi} - \frac{\sin 2\alpha_0}{2\gamma(\gamma - 1)}\frac{\partial \ln \varphi}{\partial \xi}, \tag{1.6}$$

这里 θ_0, α_0 分别是空心圆锥激波层内零级近似的气流转角和 Mach 角, 根据 Черный[3] 的

计算,它们是常数$\left[\text{若牛锥角为 }\omega,\text{ 则 }\theta_0=\omega,\ \alpha_0=\arcsin\left(\sqrt{\varepsilon}\,\mathrm{tg}\,\omega\sqrt{1+\frac{2}{\gamma-1}\frac{1}{M_\infty^2\sin^2\omega}}\right)\right]$.

如图 1 所示,设 $R(\xi_1,\eta)$ 和 $Q(\xi_2,\eta)$ 分别是特征线 $\xi=\xi_1=\text{const.}$ 和 $\xi=\xi_2=\text{const.}$ 上的两点(其中 $\xi_2=\xi_1+\Delta\xi$, 而 $\Delta\xi$ 为小量). 现在我们来研究, 当 ξ_1, ξ_2 不变而 η 改变时, R 和 Q 两点间所对应的 Δx 的变化. 显然, Δx 的变化规律能够直接说明第二激波的形成,因为当 $\Delta x\to 0$ 时,将发生同族特征线相交的情况,这就导致不连续现象的产生.

现在用 Δ 表示 Q 和 R (从 R 到 Q) 两点上物理量之差. 由于 R 和 Q 位于特征线 $\eta=\text{const.}$ 上,因此对式(1.6)从 R 到 Q 积分后得

$$\Delta\theta+\Delta f-(\nu-1)\frac{\sin\omega\sin\alpha_0}{\sin(\omega-\alpha_0)}\frac{\Delta r}{r}+\frac{\sin 2\alpha_0}{2\gamma(\gamma-1)}\Delta\ln\varphi=0, \tag{1.7}$$

由式(1.5),对 η 积分后得

$$\begin{aligned}\theta-f+(\nu-1)\frac{\sin\omega\sin\alpha_0}{\sin(\omega+\alpha_0)}\ln r-\frac{\sin 2\alpha_0}{2\gamma(\gamma-1)}\ln\varphi=\\ =\theta_A-f_A+(\nu-1)\frac{\sin\omega\sin\alpha_0}{\sin(\omega+\alpha_0)}\ln r_A-\frac{\sin 2\alpha_0}{2\gamma(\gamma-1)}\ln\varphi_A.\end{aligned} \tag{1.8}$$

式(1.8)中的 θ_A, f_A, r_A 和 φ_A 分别表示熵层外边界流线与特征线 $\xi=\text{const.}$ 的交点上的 θ, f, r 和 φ 的值. 将此式应用于 Q, R 两点,然后相减得

$$\begin{aligned}\Delta\theta-\Delta f+(\nu-1)\frac{\sin\omega\sin\alpha_0}{\sin(\omega+\alpha_0)}\frac{\Delta r}{r}-\frac{\sin 2\alpha_0}{2\gamma(\gamma-1)}\Delta\ln\varphi=\\ =\delta\theta_A-\delta f_A+(\nu-1)\frac{\sin\omega\sin\alpha_0}{\sin(\omega+\alpha_0)}\delta\ln r_A,\end{aligned} \tag{1.9}$$

这里 $\delta\theta_A$, δf_A, $\delta\ln r_A$ 是二特征线 $\xi=\xi_1$, $\xi=\xi_2$ 分别与熵层外边界相交的交点处 θ, f, $\ln r_A$ 值的差. 由于熵层外边界是流线,故有 $\delta\ln\varphi_A=0$.

将式(1.7)和(1.9)相加,我们可得

$$\Delta\theta=\delta F_A-(\nu-1)A_1\Delta\ln r, \tag{1.10}$$

式中

$$\left.\begin{aligned}A_1&=-\frac{\sin\omega\sin^2\alpha_0\cos\omega}{\sin(\omega+\alpha_0)\sin(\omega-\alpha_0)},\\ \delta F_A&=\frac{1}{2}(\delta\theta_A-\delta f_A)+(\nu-1)A_2\delta\ln r_A,\\ A_2&=\frac{1}{2}\frac{\sin\omega\sin\alpha_0}{\sin(\omega+\alpha_0)}.\end{aligned}\right\} \tag{1.11}$$

另一方面,由于 Δ 很小,故由式(1.1)和(1.2)的第一式略去二阶以上的小量后,可得:

$$\begin{aligned}\frac{\partial(\Delta r)}{\partial\eta}&=\frac{\Delta\theta+\Delta\alpha}{\cos^2(\omega+\alpha_0)}\frac{1}{\mathrm{tg}(\omega+\alpha_0)}\frac{\partial r}{\partial\eta}+\mathrm{tg}(\omega+\alpha_0)\frac{\partial(\Delta x)}{\partial\eta},\\ \frac{\partial(\Delta r)}{\partial\eta}&=\mathrm{tg}(\omega-\alpha_0)\frac{\partial(\Delta x)}{\partial\eta}.\end{aligned}$$

由此可得

$$\frac{\partial(\Delta x)}{\partial\eta}=\frac{\Delta\theta+\Delta\alpha}{[\mathrm{tg}(\omega-\alpha_0)-\mathrm{tg}(\omega+\alpha_0)]\sin(\omega+\alpha_0)\cos(\omega+\alpha_0)}\frac{\partial r}{\partial\eta}. \tag{1.12}$$

由于 $\frac{\partial r}{\partial \eta}>0$, $\Delta x>0$, $\mathrm{tg}(\omega-\alpha_0)<\mathrm{tg}(\omega+\alpha_0)$, 故由式(1.12)我们可以看出, 如果 $\Delta\theta+\Delta\alpha>0$, 则 $\frac{\partial(\Delta x)}{\partial \eta}<0$, 即由物面向外, Δx 逐渐减小. 下面我们将看到, 在锥面压力的回升区, $\Delta\theta+\Delta\alpha$ 确实是大于零的.

由式(1.4),

$$\Delta f=-\frac{\frac{2}{\gamma+1}\cos^2\alpha_0}{1-\frac{2}{\gamma+1}\cos^2\alpha_0}\Delta\alpha. \tag{1.13}$$

代入式(1.7),经过整理得

$$\Delta\theta+\Delta\alpha=\frac{\gamma+1}{2}\frac{1}{\cos^2\alpha_0}\left\{\Delta\theta-\frac{\sin\omega\sin\alpha_0}{\sin(\omega-\alpha_0)}\left(1-\frac{2}{\gamma+1}\cos^2\alpha_0\right)\times\right.$$
$$\left.\times\left[(\nu-1)-\frac{\cos\alpha_0\sin(\omega-\alpha_0)}{\gamma(\gamma-1)\sin\omega}\left(\frac{\partial\ln\varphi}{\partial\ln r}\right)_\eta\right]\frac{\Delta r}{r}\right\}.$$

根据激波层理论, 在对 $\frac{\cos\alpha_0\sin(\omega-\alpha_0)}{\gamma(\gamma-1)\sin\omega}\left(\frac{\partial\ln\varphi}{\partial\ln r}\right)_\eta$ 计算后可看出, 除非靠近熵层, 在外层的广大区域内 (特别是接近激波的地方), 这项的值是小的; 因此,作为初步近似,我们将有

$$\Delta\theta+\Delta\alpha=\frac{\gamma+1}{2}\frac{1}{\cos^2\alpha_0}\left[\Delta\theta-(\nu-1)\frac{\sin\omega\sin\alpha_0}{\sin(\omega-\alpha_0)}\left(1-\frac{2}{\gamma+1}\cos^2\alpha_0\right)\frac{\Delta r}{r}\right]. \tag{1.14}$$

将式(1.10)代入式(1.14),我们有

$$\Delta\theta+\Delta\alpha=\frac{\gamma+1}{2}\frac{1}{\cos^2\alpha_0}\left[\delta F_A-(\nu-1)A\frac{\Delta x}{r}\right], \tag{1.15}$$

这里

$$A=-\frac{\sin\omega\sin\alpha_0}{\cos(\omega-\alpha_0)}\left[\frac{\sin\alpha_0\cos\omega}{\sin(\omega+\alpha_0)}+\frac{2}{\gamma+1}\cos^2\alpha_0-1\right]. \tag{1.16}$$

将式(1.15)代入式(1.12),得

$$\frac{\partial(\Delta x)}{\partial\eta}=B\delta F_A\frac{\partial r}{\partial\eta}-(\nu-1)K_1\Delta x\frac{\partial\ln r}{\partial\eta}, \tag{1.17}$$

式中

$$\left.\begin{aligned}B&=-\frac{\gamma+1}{2}\frac{1}{\cos^2\alpha_0}\frac{1}{\sin 2\alpha_0}\frac{\cos(\omega-\alpha_0)}{\sin(\omega+\alpha_0)},\\K_1&=\frac{\gamma+1}{4}\frac{1}{\cos^3\alpha_0}\frac{\sin\omega}{\sin(\omega+\alpha_0)}\left[\frac{\sin\alpha_0\cos\omega}{\sin(\omega+\alpha_0)}+\frac{2}{\gamma+1}\cos^2\alpha_0-1\right].\end{aligned}\right\} \tag{1.18}$$

式(1.17)即是用来决定 Δx 的变化规律的微分方程.

当 Q 点位于熵层外边界上时,根据几何关系容易证明

$$(\Delta x)_A=\frac{\cos(\theta_A-\alpha_A)}{2\cos\alpha_A\cos\theta_A}\delta x_A, \tag{1.19}$$

这里 δx_A 是与 δF_A 相应的坐标增量.

二、第二激波形成的条件

利用式(1.19)，可得微分方程(1.17)的解是

$$\frac{\Delta x}{(\Delta x)_A}=\left(\frac{r_A}{r}\right)^{(\nu-1)K_1}\left\{1+\frac{K_2 r_A}{1+(\nu-1)K_1}\left[1-\left(\frac{r}{r_A}\right)^{1+(\nu-1)K_1}\right]\right\},\tag{2.1}$$

式中

$$\begin{aligned}K_2&=-2B\frac{\cos\alpha_A\cos\theta_A}{\cos(\theta_A-\alpha_A)}\frac{\delta F_A}{dx_A}=\\&=\frac{\gamma+1}{4}\frac{\cos\theta_A\cos\alpha_A}{\sin\alpha_0\cos^3\alpha_0}\frac{\cos(\omega-\alpha_0)}{\cos(\theta_A-\alpha_A)}\frac{1}{\sin(\omega+\alpha_0)}\times\\&\quad\times\left[\left(\frac{d\theta_A}{dx_A}-\frac{df_A}{dx_A}\right)+(\nu-1)\frac{\sin\omega\sin\alpha_0}{r_A\sin(\omega+\alpha_0)}\operatorname{tg}\theta_A\right].\end{aligned}\tag{2.2}$$

这就容易看出，如果在激波层内正族二特征线相交，即 $\Delta x=0$，或当 $r=r_*$ 时，

$$r_*=r_b\left(\frac{r_A}{r_b}+\frac{1+(\nu-1)K_1}{K_2 r_b}\right)^{\frac{1}{1+(\nu-1)K_1}}\left(\frac{r_A}{r_b}\right)^{\frac{(\nu-1)K_1}{1+(\nu-1)K_1}},\tag{2.3}$$

则激波层内的流场必然发生不连续，这就标志着激波的出现（这里 $r_b(x_A)$ 是物面到对称轴的距离）。因此式(2.3)即是出现不连续的条件.

由定义(1.4)容易求得

$$\frac{df_A}{dx_A}=\frac{\frac{2}{\gamma+1}\cos\alpha_A\sin^2\alpha_A}{1-\frac{2}{\gamma+1}\cos^2\alpha_A}\frac{dM_A}{dx_A},\tag{2.4}$$

这里 M_A 是熵层外边界流线上的 Mach 数。根据熵层问题的解，有

$$\frac{dM_A}{dx_A}=-\frac{1}{\gamma M_A}\left(1+\frac{\gamma-1}{2}M_A^2\right)\frac{1}{\bar{p}_{bA}}\frac{d\bar{p}_{bA}}{dx_A},\tag{2.5}$$

$$\frac{d\theta_A}{dx_A}=\frac{1}{2}\frac{\cos^2\theta_A\operatorname{tg}\omega}{c_{p_1}^{1/2}c_{p_{bA}}^{1/2}}\frac{d\bar{p}_{bA}}{dx_A},\tag{2.6}$$

这里 $\bar{p}_{bA}=\frac{p_{bA}}{\rho_\infty V_\infty^2}$，$c_{p_{bA}}=\frac{p_{bA}-p_\infty}{\rho_\infty V_\infty^2}$，$c_{p_1}=\frac{p_1-p_\infty}{\rho_\infty V_\infty^2}$，而 $p_{bA}(x_A)$ 是钝锥的表面压力，p_1 是相应尖锥的表面压力，ρ_∞，p_∞ 和 V_∞ 是来流的密度，压力和速度．将式(2.5)代入式(2.4)，然后将所得结果与式(2.6)一起代入式(2.2)，整理后可得

$$\begin{aligned}K_2=&\frac{\gamma+1}{4}\frac{\cos\theta_A\cos\alpha_A}{\sin\alpha_0\cos^3\alpha_0}\frac{\cos(\omega-\alpha_0)}{\cos(\theta_A-\alpha_A)}\frac{1}{\sin(\omega+\alpha_0)}\times\\&\times\left\{\frac{1}{2}\left[\frac{\cos^2\theta_A\operatorname{tg}\omega}{c_{p_1}^{1/2}c_{p_{bA}}^{1/2}}+\frac{4}{\gamma(\gamma+1)}\frac{\cos\alpha_A\sin\alpha_A}{1-\frac{2}{\gamma+1}\cos^2\alpha_A}\left(\frac{\gamma-1}{2}+\sin^2\alpha_A\right)\frac{1}{\bar{p}_{bA}}\right]\frac{d\bar{p}_{bA}}{dx_A}+\right.\\&\left.+(\nu-1)\frac{\sin\omega\sin\alpha_0}{r_A\sin(\omega+\alpha_0)}\operatorname{tg}\theta_A\right\}.\end{aligned}\tag{2.7}$$

这里我们看到，第二激波形成的条件与压力的回升有直接的联系．对于钝锥绕流，由于在最小压力点以后，$\frac{dp_{bA}}{dx_A}>0$；因此 $K_2>0$，并且 $\frac{dp_{bA}}{dx_A}$ 越大，K_2 也越大．在这种情况下，

根据下面的讨论，激波层内将可能出现第二激波。

由式(2.7)和(2.3)，根据熵层问题的解，我们容易证明，r_* 是 x_A, ω, γ 和 M_∞ 的函数，即 $r_* = f(x_A, \omega, \gamma, M_\infty)$。这样，如果 γ, M_∞ 和 ω 给定，对于钝锥绕流，在最小压力点以后，我们即可得到图 2 的曲线，并且 $\frac{d\bar{p}_{bA}}{dx_A}$ 越大，曲线就越靠近 x_A 轴（即 r_* 的最小值 $r_{*\min}$ 越小）。显然，这条曲线就是正族特征线的包络在 r_*-x_A 平面上的映象。此外，我们容易证明，曲线的最低点 $r_{*\min}$ $\left(此处 \frac{dr_*}{dx_A} = 0\right)$ 对应于物理平面（$x-r$ 平面）上正族特征线的包络的尖角点。事实上，如果我们假定，在 $x-r$ 平面上，正族特征线的包络的方程是 $r_* = f(x_A, \omega, \gamma, M_\infty)$, $x_* = g(x_A, \omega, \gamma, M_\infty)$[1)]，则由于正族特征线的坡度到处都是不为零的有限值，根据包络的定义，我们就有

$$\frac{dr_*}{dx_*} = \frac{dr_*}{dx_A}\Big/\frac{dx_*}{dx_A} = 有限值 \neq 0.$$

这样，当 $\frac{dr_*}{dx_A} = 0$ 时，必有 $\frac{dx_*}{dx_A} = 0$；又由于 $\frac{d^2r_*}{dx_*^2} = \left(\frac{dx_*}{dx_A}\right)^{-2} \times \left[\frac{d^2r_*}{dx_A^2} - \frac{d^2x_*}{dx_A^2}\frac{dr_*}{dx_A}\right]$，并且当 $\frac{dr_*}{dx_A} = 0$ 时，$\frac{d^2r_*}{dx_A^2} \neq 0$，于是 $\frac{d^2r_*}{dx_*^2} = \infty$；这就意味着，$\frac{dr_*}{dx_A} = 0$ 处就对应于包络的尖角点。根据图 2 曲线的这个性质，当我们也把激波的形状画入图 2 时，我们不难看出：如果曲线的最低点位于激波层内，则激波层内就出现不连续，并且与此最低点相应的位置便是不连续现象的起始点；在此起始点以后，流场内出现第二激波。如果曲线的最低点位于激波层外，则激波层内的运动将是连续的。最后，如果曲线的最低点恰巧落在激波上，则激波层内也恰好开始出现第二激波。显然，这是一个临界情形，这个条件可以给出临界 M_∞ 和 ω, γ 的关系。

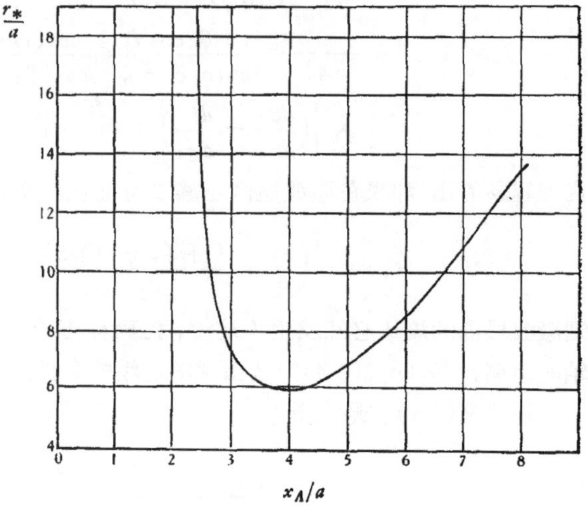

图 2　不连续点随 x_A 的变化规律

$M_\infty = 6$, $\gamma = 1.4$, $\omega = 20°$

作为例子[2)]，我们对 $\gamma = 1.4$, $M_\infty = 6$ 和半锥角 $\omega = 20°$ 的情况进行了计算。结果表明，大约在 $x_A = 4$ 处，由物面发出的正族特征线，将在激波附近开始相交而出现尖角点。

本文是在郭永怀同志的指导下完成的，作者在此表示衷心的感谢。

参　考　文　献

[1] Donald, W. E. and Leonard, P. R. Effect of nose bluntness on the flow around a typical ballistic shape, *AIAA Journal*, 1, 10, 1963.

1) 由于正族特征线在相交之前流场是连续的，因此正族特征线的位置可以求出。这样，由方程 $r_* = f(x_A, \omega, \gamma, M_\infty)$ 即可给出 $x = g(x_A, \omega, \gamma, M_\infty)$。

2) 本文在完成之后才发现文献 [1]，所以算例中的参数和文献 [1] 的不相同。

[2] Чушкин, П. И., Затупленные тела простой формы в сверхзвуковом потоке газа, *П. М. М.*, **24**, 5, 1960. 亦可参见: Чушкин, П. И., Исследование обтекания затупленных тел вращения гиперзвуковой скорости, *Журнал вычис. матем. и математ. физ.*, **2**, 2, 1962.
[3] Черный, Г. Г., Течения газа с большой сверхзвуковой скоростью, Физматгиз, М., 1959.

THE CONDITION FOR THE FORMATION OF THE SECONDARY SHOCK WAVE IN HYPERSONIC FLOW

Zhang Han-xin
(*Tsing-hua University*)

第二部分

与物理分析相结合的数值计算

在这一部分里，张涵信院士将物理分析与数值计算相结合，发展了求解气体运动方程的方法。先是有参数的混合方法，后是反扩散的方法，最后利用差分方程修正方程式的物理分析形成了无波动或实质上无波动、无自由参数耗散型的二阶NND及高阶ENN的计算体系。给出了建立差分格式的通用准则，特别重要的是建立了二阶及高阶通用的计算激波实质上无波动的熵增准则。还研究了网格与差分计算方法的关系，指出了现有计算中压力和摩阻、热流等不能具有同样精度的原因。

超声速、高超声速粘性气体分离流动的数值解法*

张涵信　余泽楚　陆林生　马占奎
（中国气动研究发展中心）

提要　本文研究了超声速、高超声速粘性气体绕二维压缩拐角的分离流动．利用混合的差分格式（滤波格式）对 N-S 方程进行了计算，求得了流场物理量的分布和分离图象．为了简化计算，建立了简化的 N-S 方程，并求得了数值解，和已有的数值结果及实验结果比较，我们采用的差分格式是好用的，简化的 N-S 方程是可行的．

一、引　言

由于机动飞行器的发展，关于粘性气体的分离流动已进行了大量的研究．在解析方面，因引入了较多的假定，误差很大．在数值计算方面，现有的工作可分为两类：一类是把边界层方程和外部无粘流分区处理、耦合求解．这种方法给出的表面压力分布和实验结果大体一致，但由于忽略了物面法向压力梯度等的影响，表面摩阻以及脱体、再附点的位置有较大的误差．另一类是直接求解 Navier-Stokes 方程（以下简称 N-S 方程），这种方法克服了边界层方程差分计算中的一些缺点，可给出与实验较为吻合的流场分布和流动图象，但需过长的机时和过大的机器存贮量．目前许多作者从差分格式方面做了大量的工作，在两步显式格式基础上[1-10]发展了隐式[11,12]及隐、显相结合的格式[13-15]，使计算机时缩短，然而存贮量仍不能减少．此外，当分离流场包含激波时，如果处理不当，激波引起的非线性振荡，使差分计算造成很大困难，至今这一问题仍在研究中．

我们认为，为了克服与激波相关的困难，差分格式可这样选取：在激波附近，它具有一阶精度，此时格式的粘性项可避免非线性的振荡，但在离开激波粘性起作用的区域里，格式为高阶粘度，此时格式粘性项和物理粘性项相比是高阶小量，否则得不到真实的物理解．寻求一个在流场中能自动满足这两个要求的差分算法，是本文的第一个目的．本文的第二个目的是试图寻求一个省机时和存贮量的计算途径，我们认为，采用简化的 N-S 方程是条路子．

本文分五个部分，第二部分给出了 N-S 方程的算法，第三部分给出了简化 N-S 方程及其算法，第四部分给出了计算结果并对结果作了比较，最后一部分是对结果的讨论．

* 力学学报，1981，3（4）：333-346．本文于1980年7月收到。

二、N-S 方程数值求解方法

1. 基本方程、边界条件和起始条件

现在来研究二维压缩拐角的绕流. 设 x', y' 是图 1 所示坐标系的坐标，t' 表示时间，u', v' 是气体运动速度在 x', y' 上的分量，p', ρ', T', μ' 是气体的压力、密度、温度和粘性系数，γ 是绝热指数，

$$e' = \frac{1}{\gamma - 1}\frac{P'}{\rho'} + \frac{1}{2}(u'^2 + v'^2),$$

L' 是图 1 所示的特征长度. 引入如下无量纲量:

$$\left.\begin{aligned} &\rho = \rho'/\rho'_\infty, && p = p'/\rho'_\infty u'^2_\infty, \\ &u = u'/u'_\infty, && v = v'/u'_\infty, \\ &T = T'R/u'^2_\infty, && \mu = \mu'/u'_\infty, \\ &e = e'/u'^2_\infty, && x = x'/L' \\ &y = y'/L', && t = t'u'_\infty/L' \end{aligned}\right\} \tag{2.1}$$

式中 R 为气体常数，下标 ∞ 表示来流状态. 作如下坐标变换

$$\left.\begin{aligned} &\xi = \sec\alpha \cdot x \\ &\eta = y - x\,\mathrm{tg}\,\alpha \end{aligned}\right\} \tag{2.2}$$

这里 α 表示物面与 x 轴的夹角，由图 1 知，$x \leqslant 0$ 时，$\alpha = 0$，$x > 0$ 时，$\alpha = \omega = \text{const}$. 于是常比热完全气体非定常粘性运动的 N-S 方程是:

$$\frac{\partial U}{\partial t} + \frac{\partial F}{\partial \xi} + \frac{\partial G}{\partial \eta} = 0, \tag{2.3}$$

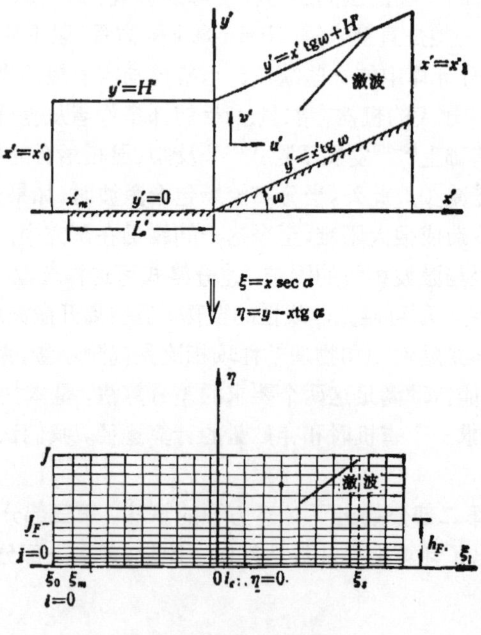

图 1 坐标系及求解域

式中

$$U=\begin{pmatrix}\rho\\ \rho u\\ \rho v\\ \rho e\end{pmatrix},\qquad F=\begin{pmatrix}\rho u\\ \rho u^2-p_{xx}\\ \rho uv-p_{xy}\\ (\rho e-p_{xx})u-p_{xy}v-\theta_x\end{pmatrix}\cdot\sec\alpha$$

$$G=\begin{pmatrix}\rho v-\operatorname{tg}\alpha\cdot\rho u\\ \rho uv-p_{xy}-\operatorname{tg}\alpha(\rho u^2-p_{xx})\\ \rho v^2-p_{yy}-\operatorname{tg}\alpha(\rho uv-p_{xy})\\ (\rho e-p_{yy})v-p_{xy}u-\theta_y-\operatorname{tg}\alpha[(\rho e-p_{xx})u-p_{xy}v-\theta_x]\end{pmatrix}\tag{2.4}$$

这里

$$\left.\begin{aligned}
&p_{xx}=-p+\frac{\mu}{\mathrm{Re}_\infty}\left[2\left(\sec\alpha\frac{\partial u}{\partial\xi}-\operatorname{tg}\alpha\frac{\partial u}{\partial\eta}\right)-\frac{2}{3}\left(\sec\alpha\frac{\partial u}{\partial\xi}-\operatorname{tg}\alpha\frac{\partial u}{\partial\eta}+\frac{\partial v}{\partial\eta}\right)\right]\\
&p_{xy}=p_{yx}=\frac{\mu}{\mathrm{Re}_\infty}\left[\sec\alpha\frac{\partial v}{\partial\xi}-\operatorname{tg}\alpha\frac{\partial v}{\partial\eta}+\frac{\partial u}{\partial\eta}\right]\\
&p_{yy}=-p+\frac{\mu}{\mathrm{Re}_\infty}\left[2\frac{\partial v}{\partial\eta}-\frac{2}{3}\left(\sec\alpha\frac{\partial u}{\partial\xi}-\operatorname{tg}\alpha\frac{\partial u}{\partial\eta}+\frac{\partial v}{\partial\eta}\right)\right]\\
&\theta_x=\frac{\mu}{\mathrm{Re}_\infty}\frac{\gamma}{pr}\left[\sec\alpha\frac{\partial}{\partial\xi}\left(e-\frac{1}{2}u^2-\frac{1}{2}v^2\right)-\operatorname{tg}\alpha\frac{\partial}{\partial\eta}\left(e-\frac{1}{2}u^2-\frac{1}{2}v^2\right)\right]\\
&\theta_y=\frac{\mu}{\mathrm{Re}_\infty}\frac{\gamma}{pr}\frac{\partial}{\partial\eta}\left(e-\frac{1}{2}u^2-\frac{1}{2}v^2\right)\\
&p=(\gamma-1)\rho e-\frac{\gamma-1}{2}\rho(u^2+v^2)\\
&T=p/\rho\\
&\mu=(\gamma\mathrm{M}_\infty^2T)^{3/2}\frac{1+\dfrac{s_1}{T'_\infty}}{\gamma\mathrm{M}_\infty^2T+\dfrac{s_1}{T'_\infty}}
\end{aligned}\right\}\tag{2.5}$$

在(2.5)中，M_∞ 是来流 Mach 数，$\mathrm{Re}_\infty=\rho'_\infty u'_\infty L'/\mu'_\infty$ 是来流 Reynolds 数，Pr 是 Prandtl 数(空气为 0.72)．在计算 μ 时，采用 Sutherland 公式，$s_1=114°\mathrm{K}$．

我们把图 1 所示的区域作为求解域，物体表面置于该区的下边界，壁面上满足无滑流条件，物面以前的下边界上满足对称条件．上边界与物面平行，并令其到物面的距离较远，此时在上边界就可认为是无粘流的解，或者认为是单波运动[16]．左边界 ($\xi=\xi_0$) 为气流进入求解区的入口，我们把它置于物面前缘之前或之后的某一位置处，其中流动参数是已知的．右边界为气流出口，我们把它置于距拐角角点较远的位置处，此时气流沿物面方向的运动，变化已经很小了．假定起始流场是无粘性气体绕拐角定常运动的流场．关于边界条件和起始条件的细节见文献[17]．

2. 网格的划分

为了在差分计算中能很好的反应出壁面附近粘性的影响，我们在 ξ 方向取等距网格，η 方向近壁区取密网格，远壁区取稀网格，其节点方程为[3]：

$$\xi_i=\left(i-i_c+\frac{1}{2}\right)\Delta\xi,\quad 0\leqslant i\leqslant I.\tag{2.6}$$

$$\eta_j = \begin{cases} \dfrac{h_F}{m}\dfrac{\exp(K_j)-1}{\exp(K)-1}, & 0 \leqslant j \leqslant J_F \\ h_F + \dfrac{j-J_F}{J-J_F}(h-h_F), & J_F < j \leqslant J \end{cases} \tag{2.7}$$

这里 i, j 是 ξ, η 方向的节点号，$i=0$ 和 $j=0$ 分别表示左边界和下边界；I, J 表示 ξ, η 方向的网格数，h_F 表示密、稀网格的分界线，J_F 是相应的 η 方向的节点号(图 1)．拐角角点位于 i_c-1 和 i_c 之间，m 为事先给定的常数，它决定了 η 方向网格的最小间距．为了保证 $j=J_F$ 时，$\eta=h_F$，K 应由如下关系确定：

$$K = \frac{1}{J_F}\ln[1+m(e^K-1)] \tag{2.8}$$

由于拐角前平板的无量纲长度为 1，因此 $\Delta\xi = 1/(i_c - i_m)$，平板前缘位于 i_m-1 和 i_m 之间．

3. 差分格式

(1) 模型方程

根据时间分裂理论[3]，方程(2.3)的求解问题等价于求解以下两个方程：

$$\frac{\partial U}{\partial t} + \frac{\partial F}{\partial \xi} = 0 \tag{2.9}$$

$$\frac{\partial U}{\partial t} + \frac{\partial G}{\partial \eta} = 0 \tag{2.10}$$

这两方程的模型方程是：

$$\frac{\partial u}{\partial t} + a\frac{\partial u}{\partial x} = 0 \tag{2.11}$$

为简单计、下面我们通过讨论该模型方程来给出求解 N-S 方程的差分格式（设 a 为常数）．

为了使差分格式能体现引言中的要求，我们利用混合格式的思想[17]来研究问题．设 $\mathscr{L}_1$, $\mathscr{L}_2$ 分别是(2.11)的一阶和二阶精度的差分算子，

$$\mathscr{L}_1 u_j^n = \mathscr{L}_2 u_j^n + \frac{1}{2}k(u_{j+1}^n - 2u_j^n + u_{j-1}^n) \tag{2.12}$$

式中 $k \geqslant 0$ 为待定常数．混合格式为：

$$\begin{aligned} u_j^{n+1} &= \mathscr{L} u_j^n = (1-\theta)\mathscr{L}_2 u_j^n + \theta\mathscr{L}_1 u_j^n \\ &= \mathscr{L}_2 u_j^n + \frac{k\theta}{2}(u_{j+1}^n - 2u_j^n + u_{j-1}^n) \end{aligned} \tag{2.13}$$

这里 θ 叫做开关函数，可以看出 $\theta=1$，(2.13) 为一阶精度，$\theta=0$,(2.13) 为二阶精度．因此如果我们能够给出一个开关函数，使得在激波附近其值自动地接近于 1，而在离开激波的区域，其值自动地接近为零，那末(2.13)就是引言中所要求的差分格式．

如果我们把 $\mathscr{L}_2$ 取为 MacCormack 两步格式，容易验证 (2.13) 具有如下性质：第一、若

$$a\frac{\Delta t}{\Delta x} \leqslant 1,\text{ 且 } a\frac{\Delta t}{\Delta x} - a^2\frac{\Delta t^2}{\Delta x^2} \leqslant k\theta \leqslant 1 - a^2\frac{\Delta t^2}{\Delta x^2},$$

则格式(2.13)具有单调性．第二、沿节点号增加的方向跨过激波，在紧靠近后缘的位置处，若

$$a\frac{\Delta t}{\Delta x}\leqslant 1，且\quad 0\leqslant k\theta\leqslant a\frac{\Delta t}{\Delta x}-a^2\frac{\Delta t^2}{\Delta x^2},$$

则格式(2.13)具有单调性．那三、准确到二阶精度，格式(2.13)可表达为：

$$u_j^{n+1}=\mathscr{L}_2\bar{u}_j^n \tag{2.14}$$

式中

$$\bar{u}_j^n=u_j^n+\frac{k\theta}{2}(u_{j+1}^n-2u_j^n+u_{j-1}^n) \tag{2.15}$$

我们称它为滤波函数．

为了保证捕捉激波时格式单调，且在粘性重要的区域内人工粘性项最小，根据前两个性质和上面对开关函数的要求，我们给出了 k 和 θ 的表达式[19]：

$$k\theta=\frac{\theta}{\theta_{sh}}\left(a\frac{\Delta t}{\Delta x}-a^2\frac{\Delta t^2}{\Delta x^2}\right) \tag{2.16}$$

$$\theta=\left|\frac{p_{j+1}^n-2p_j^n+p_{j-1}^n}{p_{j+1}^n+2p_j^n+p_{j-1}^n}\right|^m \tag{2.17}$$

式中 θ_{sh} 是激波前缘附近的 θ 值，m 为大于零的常数．

(2) N-S 方程

对于模型方程所给出的差分格式(2.13)或(2.14)，我们很容易推广到N-S方程．设 L 是N-S方程(2.3)的差分算子，$L_\xi(\Delta t_\xi)$ 是(2.9)的差分算子，Δt_ξ 是其时间步长，$L_\eta(\Delta t_\eta)$ 是(2.10)的差分算子，Δt_η 是相应的时间步长，其推广的差分格式为：

当 $\Delta t=\Delta t_\xi<\Delta t_\eta$ 时，如果令 M 表示 $\frac{\Delta t_\eta}{\Delta t_\xi}$ 的整数部分，M 为偶数时

$$U_{ij}^{n+M}=L\widetilde{U}_{ij}^n=\underbrace{L_\xi(\Delta t)\cdots L_\xi(\Delta t)}_{\frac{M}{2}个}L_\eta(M\Delta t)\underbrace{L_\xi(\Delta t)\cdots L_\xi(\Delta t)}_{\frac{M}{2}个}\widetilde{U}_{ij}^n \tag{2.18}$$

当 M 为奇数时，

$$U_{ij}^{n+2M}=L\widetilde{U}_{ij}^n=\underbrace{L_\xi(\Delta t)\cdots L_\xi(\Delta t)}_{M个}L_\eta(M\Delta t)L_\eta(M\Delta t)\underbrace{L_\xi(\Delta t)\cdots L_\xi(\Delta t)}_{M个}\widetilde{U}_{ij}^n \tag{2.19}$$

这里下标 i,j 表示结点 (ξ_i,ξ_j)，上标 n 表示 $t=t_n$ 时刻，上标 $n+M$ 表示 $t=t_n+M\Delta t$ 时刻，$\widetilde{U}_{ij}^n$ 为滤波函数，它与 U_{ij}^n 的关系为：

$$\left.\begin{aligned}\widetilde{U}_{i,j}^n&=\widetilde{\widetilde{U}}_{i,j}^n+\frac{1}{2}Q_\eta(\widetilde{\widetilde{U}}_{i,j+1}^n-2\widetilde{\widetilde{U}}_{i,j}^n+\widetilde{\widetilde{U}}_{i,j-1}^n)\\ \widetilde{\widetilde{U}}_{i,j}^n&=U_{i,j}^n+\frac{1}{2}Q_\xi(U_{i+1,j}^n-2U_{ij}^n+U_{i-1,j}^n)\end{aligned}\right\} \tag{2.20}$$

式中

$$\left.\begin{aligned}Q_\xi&=k_\xi\left|\frac{p_{i+1,j}^n-2p_{i,j}^n+p_{i-1,j}^n}{p_{i+1,j}^n+2p_{i,j}^n+p_{i-1,j}^n}\right|^m\\ Q_\eta&=k_\eta\left|\frac{p_{i,j+1}^n-2p_{i,j}^n+p_{i,j-1}^n}{p_{i,j+1}^n+2p_{i,j}^n+p_{i,j-1}^n}\right|^m\end{aligned}\right\} \tag{2.21}$$

k_ξ, k_η 可用(2.16)确定.

当 $\Delta t = \Delta t_\eta < \Delta t_\xi$ 时，如果M表示 $\frac{\Delta t_\xi}{\Delta t_\eta}$ 的整数部分,M为偶数时,

$$U_{ij}^{n+M} = L\widetilde{U}_{ij}^{n} = \underbrace{L_\eta(\Delta t)\cdots L_\eta(\Delta t)}_{M/2\text{个}} L_\xi(M\Delta t) \underbrace{L_\eta(\Delta t)\cdots L_\eta(\Delta t)}_{M/2\text{个}} \widetilde{U}_{i,j}^{n} \tag{2.22}$$

当M为奇数时,

$$U_{ij}^{n+2M} = L\widetilde{U}_{ij}^{n} = \underbrace{L_\eta(\Delta t)\cdots L_\eta(\Delta t)}_{M\text{个}} L_\xi(M\Delta t) L_\xi(M\Delta t) \underbrace{L_\eta(\Delta t)\cdots L_\eta(\Delta t)}_{M\text{个}} \widetilde{U}_{ij}^{n} \tag{2.23}$$

在计算中，L_ξ, L_η 取 MacCormack 二步格式[3].

4. 稳定条件

在进行 $L_\xi(\Delta t_\xi)$ 运算时,稳定条件是:

$0 \leqslant Q_\xi \leqslant 1$

$$\Delta t_\xi = \min \frac{\Delta\xi}{(|u| + c)\sec\alpha + \frac{1}{\rho}\left[\frac{2\gamma\mu}{\Pr\Delta\xi}\sec^2\alpha + \left(\frac{2}{3}\mu^2\right)^{\frac{1}{2}}\frac{\sec\alpha}{\Delta\eta}\right]\frac{1}{\mathrm{Re}_\infty}} \tag{2.24}$$

式中 $c = \left(\gamma\,\frac{p}{\rho}\right)^{\frac{1}{2}}$, $\Delta\eta = \eta_{j+1} - \eta_j$. 在进行 $L_\eta(\Delta t_\eta)$ 计算时,稳定条件是:

$0 \leqslant Q_\eta \leqslant 1$

$$\Delta t_\eta = \min \frac{\Delta\eta}{|v - u\,\mathrm{tg}\,\alpha| + c\sec\alpha + \left[\frac{2\gamma\mu}{\rho\Pr\Delta\eta}\sec^2\alpha + \left(\frac{2}{3}\mu^2\right)^{\frac{1}{2}}\frac{\sec\alpha}{\rho\Delta\xi}\right]\frac{1}{\mathrm{Re}_\infty}} \tag{2.25}$$

三、简化的 N-S 方程及其数值解法

1. 简化的 N-S 方程

二维 N-S 方程的另一种无量纲形式是:

$$\frac{\partial\rho}{\partial t} + \frac{\partial\rho u_1}{\partial x_1} + \frac{\partial\rho v_1}{\partial y_1} = 0$$

内区量级	1	1		
外区量级	1	1		

$$\rho\left(\frac{\partial u_1}{\partial t} + u_1\frac{\partial u_1}{\partial x_1} + v_1\frac{\partial u_1}{\partial y_1}\right) = \frac{\partial}{\partial x_1}\left[-p + 2\mu\frac{\partial u_1}{\partial x_1}\varepsilon^2 - \frac{2}{3}\mu\left(\frac{\partial u_1}{\partial x_1} + \frac{\partial v_1}{\partial y_1}\right)\varepsilon^2\right]$$

内区量级	1	1	1	ε^{2m}	ε^{2m}	ε^{2m}
外区量级	1	1	1	ε^2	ε^2	ε^2

$$+ \frac{\partial}{\partial y_1}\left[\mu\left(\frac{\partial v_1}{\partial x_1} + \frac{\partial u_1}{\partial y_1}\right)\varepsilon^2\right]$$

ε^{2m}	1
ε^2	ε^2

$$\rho\left(\frac{\partial v_1}{\partial t}+u_1\frac{\partial v_1}{\partial x_1}+v_1\frac{\partial v_1}{\partial y_1}\right)=\frac{\partial}{\partial x_1}\left[\mu\left(\frac{\partial v_1}{\partial x_1}+\frac{\partial u_1}{\partial y_1}\right)\varepsilon^2\right]$$

内区量级　ε^{2m}　ε^{2m}　ε^{4m}　ε^{2m}

外区量级　1　1　ε^2　ε^2

$$+\frac{\partial}{\partial y_1}\left[-p+2\mu\frac{\partial v_1}{\partial y_1}\varepsilon^2-\frac{2}{3}\mu\left(\frac{\partial u_1}{\partial x_1}+\frac{\partial v_1}{\partial y_1}\right)\varepsilon^2\right]$$

1　ε^{2m}　ε^{2m}　ε^{2m}

1　ε^2　ε^2　ε^2

$$\rho\left(\frac{\partial e}{\partial t}+u_1\frac{\partial e}{\partial x_1}+v_1\frac{\partial e}{\partial y_1}\right)=\frac{\partial}{\partial x_1}\left[-pu_1+2\mu\frac{\partial u_1}{\partial x_1}u_1\varepsilon^2-\frac{2}{3}\mu\left(\frac{\partial u_1}{\partial x_1}\right.\right.$$

内区量级　1　1　1　ε^{2m}　ε^{2m}

外区量级　1　1　1　ε^2　ε^2

$$\left.+\frac{\partial v_1}{\partial y_1}\right)u_1\varepsilon^2+\mu\left(\frac{\partial v_1}{\partial x_1}+\frac{\partial u_1}{\partial y_1}\right)v_1\varepsilon^2\right]+\frac{\partial}{\partial y_1}\left[-pv_1+2\mu\frac{\partial v_1}{\partial y_1}v_1\varepsilon^2\right.$$

ε^{2m}　ε^{2m}　ε^{2m}　1　ε^{2m}

ε^2　ε^2　ε^2　1　ε^{2m}

$$\left.-\frac{2}{3}\mu\left(\frac{\partial u_1}{\partial x_1}+\frac{\partial v_1}{\partial y_1}\right)v_1\varepsilon^2+\mu\left(\frac{\partial v_1}{\partial x_1}+\frac{\partial u_1}{\partial y_1}\right)u_1\varepsilon^2\right]+\frac{\partial}{\partial x_1}\left[\frac{\gamma}{\gamma-1}\frac{\mu}{\mathrm{Pr}}\right.$$

ε^{2m}　ε^{2m}　ε^{2m}　1

ε^2　ε^7　ε^2　ε^2

$$\left.\times\frac{\partial T}{\partial x_1}\varepsilon^2\right]+\frac{\partial}{\partial y_1}\left[\frac{\gamma}{\gamma-1}\frac{\mu}{\mathrm{Pr}}\frac{\partial T}{\partial y_1}\varepsilon^2\right]$$

ε^{2m}　1

ε^2　ε^2

(3.1)

式中 x_1, y_1 是边界层坐标系，u_1, v_1 是其上的速度分量．$\varepsilon=\mathrm{Re}_\infty^{-\frac{1}{2}}$.

实验和理论研究表明，粘性气体的层流分离运动大致可分成内、外两区．外区的流动接近为无粘性运动，如果以 ε 为小参数，u_1, v_1, p, ρ, x_1, y_1 等分别都是 $O(1)$ 量级．在内区流体分离且与周围流场发生干扰作用．现在来估计内区物理量的量级．设 c_f 是局部表面摩阻系数，在物面附近，

$$\frac{\partial p}{\partial x_1}\sim\frac{\partial c_f}{\partial y_1},$$

由于在层流情况下 $c_f\sim\varepsilon$，因此如果 $(y_1/x_1)\sim\varepsilon^m$，则 $(p-p_\infty)\sim\varepsilon^{1-m}$．又因为内区流体的惯性力和粘性力同量级，当 $\rho\sim1$ 时，则 $u_1\sim\varepsilon^{\frac{1-m}{2}}$，再由连续方程，$v_1\sim\varepsilon^{\frac{1+m}{2}}$．最后由 $c_f\sim\varepsilon^2\mu\dfrac{\partial u_1}{\partial y_1}$得：$y_1\sim\varepsilon^{\frac{3-m}{2}}$，进一步可得 $x_1\sim\varepsilon^{\frac{3(1-m)}{2}}$．对于无分离的边界层问题，由于 $(p-p_\infty)\sim O(1)$，故 $m=1$．在超声速分离流中，可以证明 $m=\frac{1}{2}$.

根据上面内、外层的量级关系来估计(3.1)各项量级．为了方便我们把各项的量级分别写在 (3.1) 式各项的下面．可以看出内、外两区方程各项的量级不是完全相同的，有的在内区为 $O(1)$，但在外区则为 ε^2；有的在内区为 ε^{2m}，但在外区为 $O(1)$．当保留方程的低阶项略去内、外区量级都为 ε^{2m} 以上的高阶小量项时，我们即可得到一组简化的 N-S 方程．将边界层坐标系转换成 x,y 坐标系，再利用变换(2.2)，此简化的 N-S 方程为：

$$\frac{\partial \widetilde{U}}{\partial t}+\frac{\partial \widetilde{F}}{\partial \xi}+\frac{\partial \widetilde{G}}{\partial \eta}=0 \tag{3.2}$$

式中

$$\widetilde{U}=(\rho,\rho u,\rho v,\rho e)^T$$

$$\widetilde{F}=\begin{pmatrix}\rho u\\ \rho u^2+p\\ \rho uv\\ \rho uH\end{pmatrix}\sec\alpha;\quad \widetilde{G}=\begin{pmatrix}\rho v-\rho u\,\mathrm{tg}\,\alpha\\ \rho uv-\dfrac{1}{\mathrm{Re}_\infty}\sec^2\alpha\cdot\mu\dfrac{\partial u}{\partial\eta}-(\rho u^2+p)\,\mathrm{tg}\,\alpha\\ \rho v^2+p-\dfrac{1}{\mathrm{Re}_\infty}\sec^3\alpha\sin\alpha\mu\dfrac{\partial u}{\partial\eta}-\rho uv\,\mathrm{tg}\,\alpha\\ \rho vH-\dfrac{1}{\mathrm{Re}_\infty}\sec^2\alpha\mu\dfrac{\partial}{\partial\eta}\left[H+\left(\dfrac{1}{\mathrm{Pr}}-1\right)h\right]-\rho uH\,\mathrm{tg}\,\alpha\end{pmatrix};$$

这个方程在内、外区都是适用的． 此外，方程的边界条件和起始条件与完全的 N-S 方程相同．

2. 求解方法

求解简化 N-S 方程用的网格系统、差分格式和解题方法与完全的 N-S 方程相同．其计算中的稳定条件是：

对于 $L_\xi(\Delta t_\xi)$：

$$\begin{cases}0\leqslant Q_\xi\leqslant 1\\ \Delta t=\min\dfrac{\Delta\xi}{(|u|+c)\sec\alpha}\end{cases} \tag{3.3}$$

对于 $L_\eta(\Delta t_\eta)$：

$$0\leqslant Q_\eta\leqslant 1$$

$$\Delta t=\min\frac{\eta_{j+1}-\eta_j}{|v-u\,\mathrm{tg}\,\alpha|+c\sec\alpha+\dfrac{2\gamma\mu}{\mathrm{Re}_\infty\cdot\mathrm{Pr}\rho}\sec^2\alpha\dfrac{1}{\eta_{j+1}-\eta_j}} \tag{3.4}$$

四、结果与分析

为了验证混和格式的可用程度和简化 N-S 方程的准确性，我们作了一些计算，结果如下：

1. 超声速、高超声速平板绕流

计算分三种情况：(1) $M_\infty=3$，$\mathrm{Re}_\infty=1.68\times10^4$，$T'_\infty=216.65\mathrm{K}$，绝热壁；(2) $M_\infty=3$，$\mathrm{Re}_\infty=10^3$，$T'_\infty=216.65\mathrm{K}$，绝热壁；(3) $M_\infty=14.1$，$\mathrm{Re}_\infty=1.05\times10^5$，$T'_\infty=72.222\mathrm{K}$，$T_w=297.22\mathrm{K}$，高冷壁． 前一种情况使用 N-S 方程，后二种情况使用简化的 N-S 方程．

图 2 给出了第一种情况的壁面压力和摩擦分布，为了比较，图中也给出了 Carter[9] 的 N-S 方程数值解的结果．可以看出两种结果相近．图 3 是第二种情况的壁面压力分布，图中还画出了 Hodge[5] 和 Carter[9] 的 N-S 方程的数值解．在 $\xi \geqslant 0.2$ 时，三者十分一致，但在前缘，我们的结果和 Hodge 的结果一致，并且波动较小．图 4 是第三种情况的结果，图中还给出了 MacCormack[3] 和强干扰理论的结果[22]．图 3，4 表明，简化 N-S 方程给出的结果和 N-S 方程的结果是完全一致的．

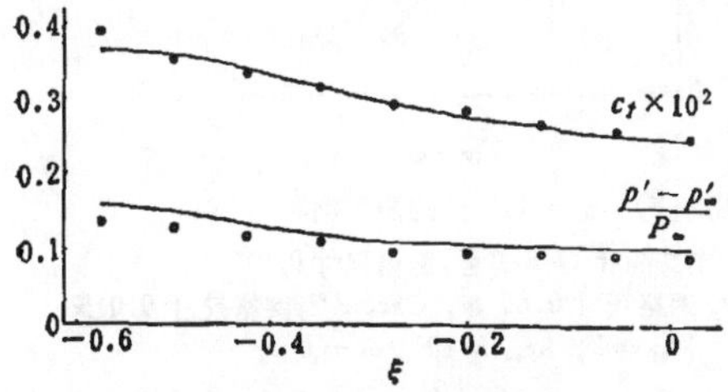

图 2　平板表面压力和摩阻分布

$M_\infty = 3$，$Re_\infty = 1.68\times10^4$，$\omega = 0°$，

$T'_\infty = 216.65K$，$T'_w = 606.62K$

——本文完全 N-S 方程解　⊙ 文献[9]数值解

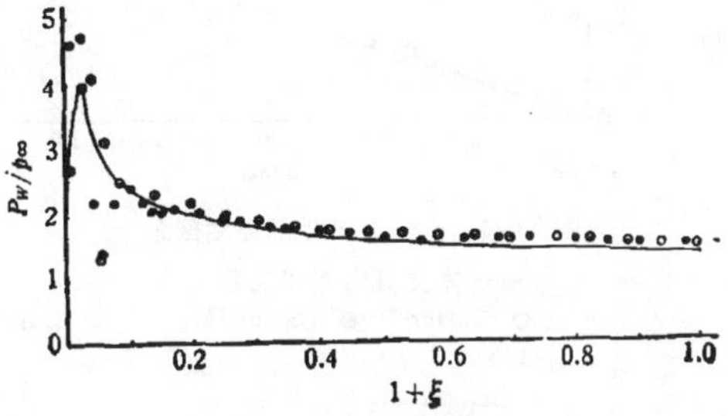

图 3　平板表面压力分布

$M_\infty = 3$，$Re_\infty = 10^3$，$\omega = 0$

——本文简化 N-S 方程解

⊙ Hodge[5]　● Carter[9]

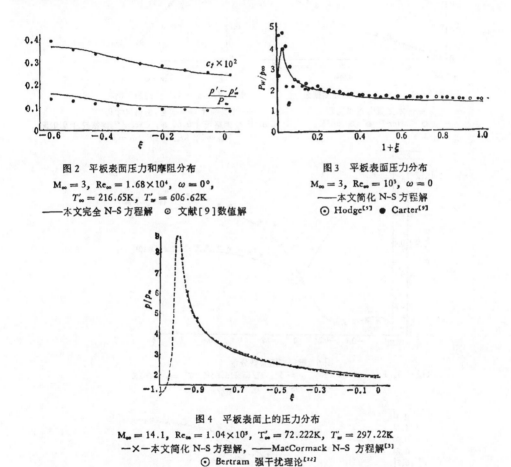

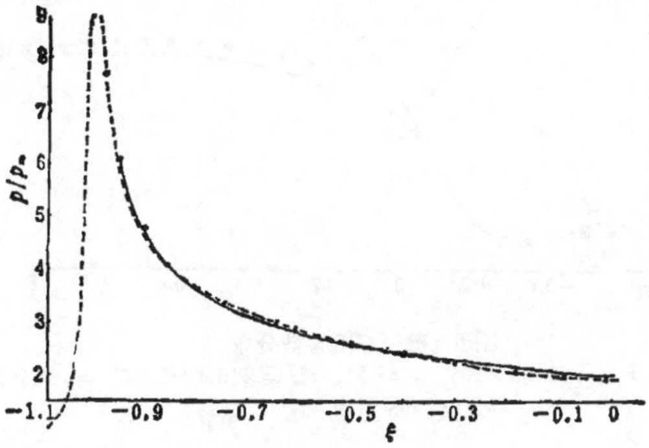

图 4　平板表面上的压力分布

$M_\infty = 14.1$，$Re_\infty = 1.04\times10^5$，$T'_\infty = 72.222K$，$T'_w = 297.22K$

—×—本文简化 N-S 方程解，——MacCormack N-S 方程解[3]

⊙ Bertram 强干扰理论[22]

图 5 给出了第二种情况中 $\xi = 1.0$ 位置上的速度和温度剖面．图中给出了 Carter[9] 细粗网格的计算结果．可以看出，我们的结果和 Carter 细网格的结果一致．这表明简化 N-S 方程给出的流场也是满意的．

2. 超声速二维压缩拐角的分离流动

这里利用 N-S 方程对 $M_\infty = 3$，$Re_\infty = 1.68 \times 10^4$，$T'_\infty = 216.65K$ 绝热壁，折角 $\omega = 5°$，$10°$，$20°$ 三种情况作了计算，图 6，7，8 分别给出了三种情况的壁面压力和摩阻分布．图中也给出了 Carter[9]、MacCormack[3] N-S 方程数值解的结果，可以看出，本文结果与 MacCormack 的结果很为一致．对于 $\omega = 10°$，用简化的 N-S 方程也作了计

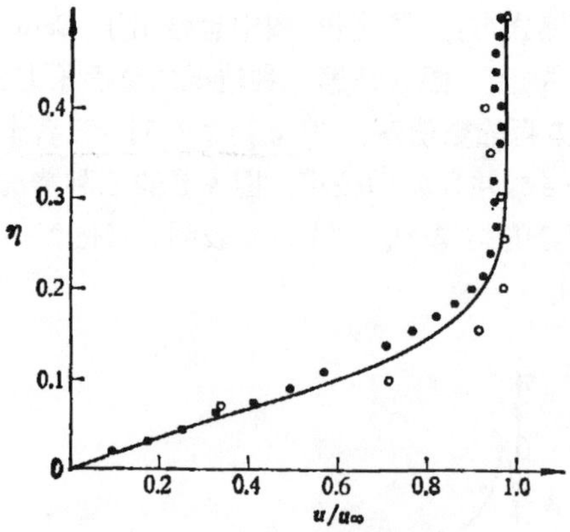

图 5 (a) $\xi = 1.0$ 处的速度剖面

——本文简化 N-S 方程

○ Carter[9] ● Carter[9]

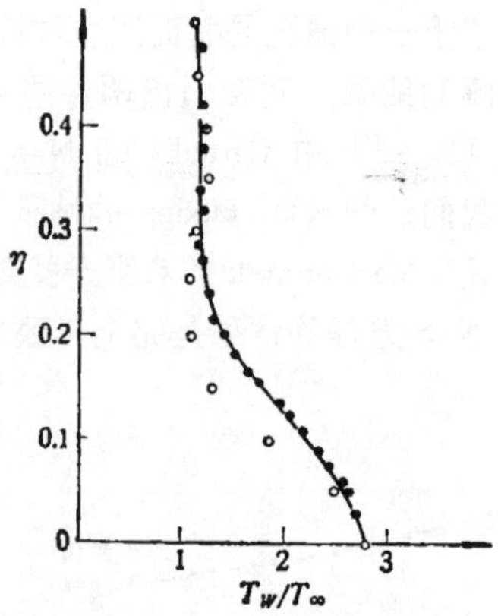

图 5 (b) $\xi = 1.0$ 处的温度剖面

——本文简化 N-S 方程,网格尺寸 0.017

○ Carter[9],网格尺寸 0.05 ●, Carter[9],网格尺寸 0.015

$M_\infty = 3$, $Re_\infty = 10^3$, $\omega = 0$

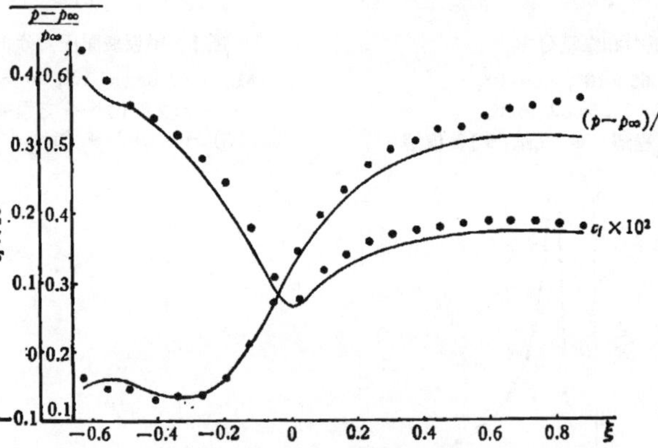

图 6 壁面摩阻系数分布

$M_\infty = 3$, $Re_\infty = 1.68\times10^4$, $\omega = 5°$, $T'_\infty = 216.65K$, $T'_w = 606.62K$

——本文 N-S 方程 ⊙ 文献[9]

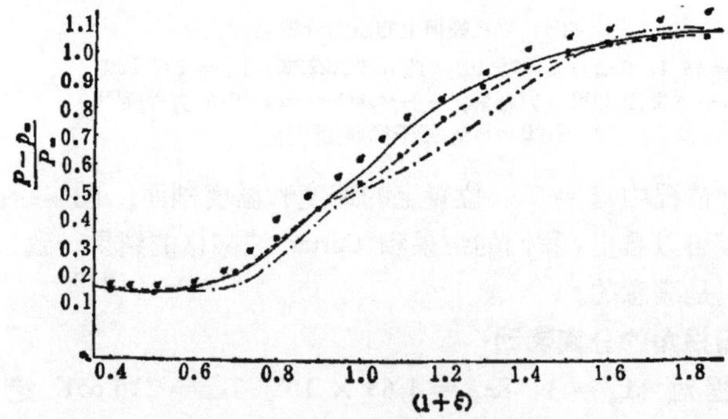

图 7 (a) $\omega = 10°$ 的表面压力分布

$M_\infty = 3$, $Re_\infty = 1.68\times10^4$, $T'_\infty = 216.65K$, $T'_w = 606.62K$, $\omega = 10°$

⊙ MacCormack N-S解[3], ● Carter N-S 解[9],——本文简化 N-S 解

–––本文 N-S 解 —·—边界层差分解[23]

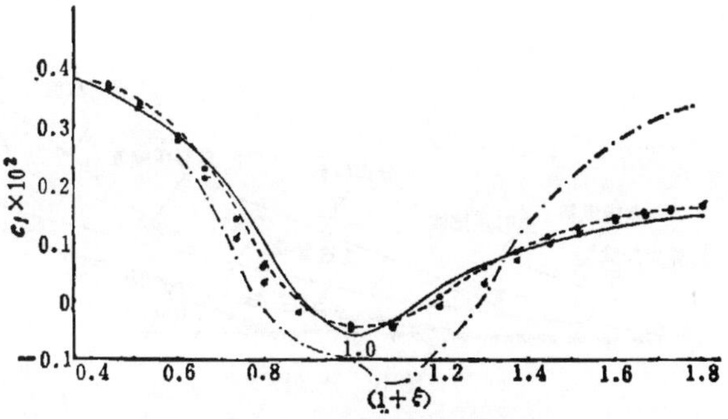

图 7　(b)　$\omega=10°$ 的表面摩阻分布

● Carter N-S 解[9]，　⊙ MacCormack N-S 解[3]

——本文简化 N-S 解，———本文 N-S 解，——·——边界层差分解[23]

$M_\infty=3$, $Re_\infty=1.68\times10^4$, $T'_\infty=216.65K$, $T'_w=606.62K$, $\omega=10°$

算，其结果被画在图 7 中．不难看出，简化 N-S 方程的结果是适用的．图 9 给出了简化 N-S方程、N-S方程计算获得的压力、密度和速度剖面，其位置为 $\xi=-0.05357$ 和 0.3035．可见两者是一致的．由图可以看出，沿壁面法向压力变化是大的．图 10 给出了 N-S 方程计算得到的流动图案．

3. 高超声速二维压缩拐角的分离流动

这里我们计算了 $\omega=15°, 18°, M_\infty=$

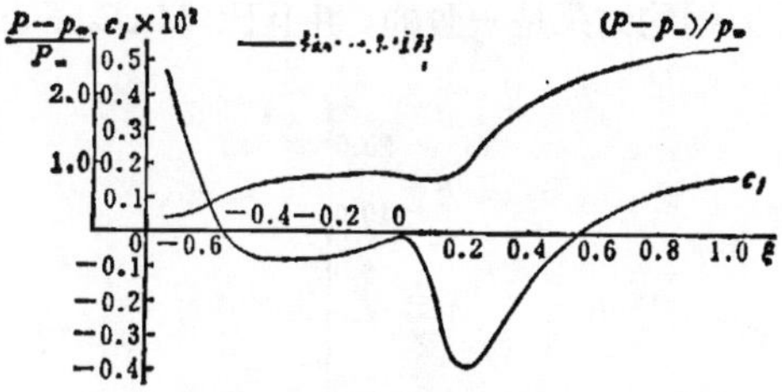

图 8　表面压力和摩阻分布

$M_\infty=3$, $Re_\infty=1.68\times10^4$, $\omega=20°$, $T'_\infty=216.65K$

$T'_w=606.62K$,　——本文 N-S 方程数值解

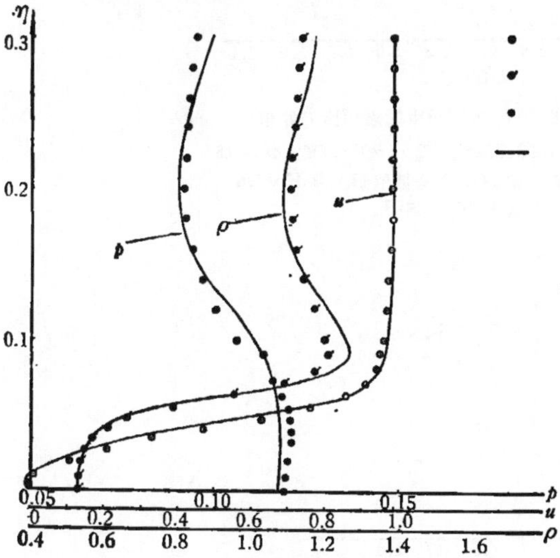

图 9　(a)　完全和简化 N-S 方程计算的压力、密度、速度剖面

● 用简化 N-S 方程计算的 p　● 用简化 N-S 方程计算的 ρ

⊙ 用简化 N-S 方程计算的 u　——N-S 方程的解

$\xi=-0.05357$, $M_\infty=3$, $Re_\infty=1.68\times10^4$

$T'_\infty=216.65K$, $T'_w=606.62K$, $\omega=10°$

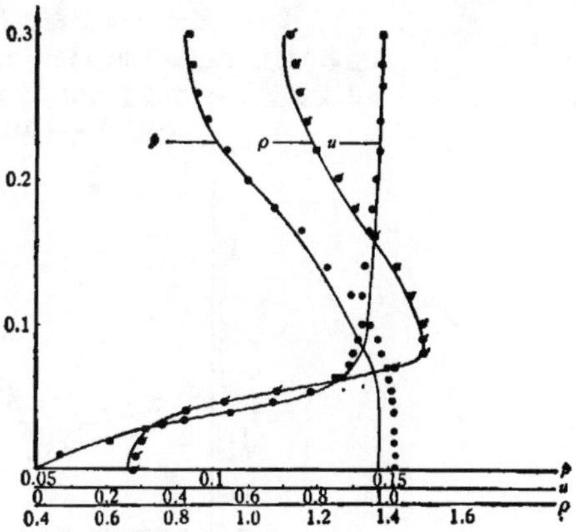

图 9　(b)　完全和简化 N-S 方程计算的压力、密度、速度剖面

● 简化 N-S 方程求得的 p，● 简化 N-S 方程求得的 ρ

⊙ 简化 N-S 方程求得的 u，——N-S 方程的解

$\xi=0.3035$, $M_\infty=3$, $Re_\infty=1.68\times10^4$,

$T'_\infty=216.65K$, $T'_w=606.62K$, $\omega=10°$

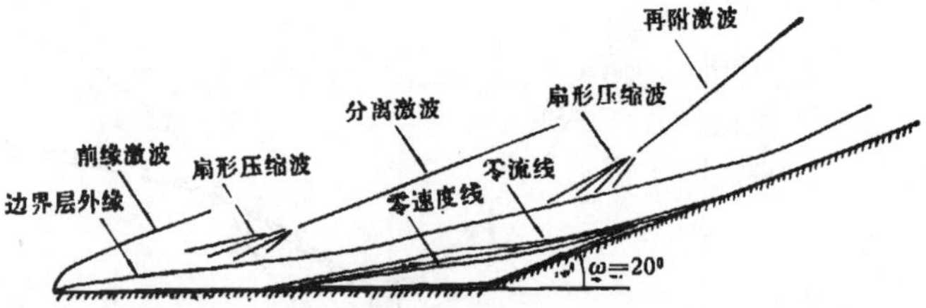

图 10　流动图案

14.1, $Re_\infty = 1.04\times10^5$, $T_\infty=72.22$K, $T_w=297.22$K，高冷壁，两种情况．计算表明，$\omega=15°$ 时流动是附体的，$\omega=18°$ 流动出现分离．图 11,12 分别画出了简化 N-S 方程、N-S 方程计算给出的壁面压力和热流系数的分布．可以看出，两种方程给出的压力分布与实验结果[20] 和 MacCormack[3] N-S 方程的结果都十分吻合；对于热流分布，我们的两种方程的结果是一致的，并且比 MacCormack 的计算结果更接近于实验．

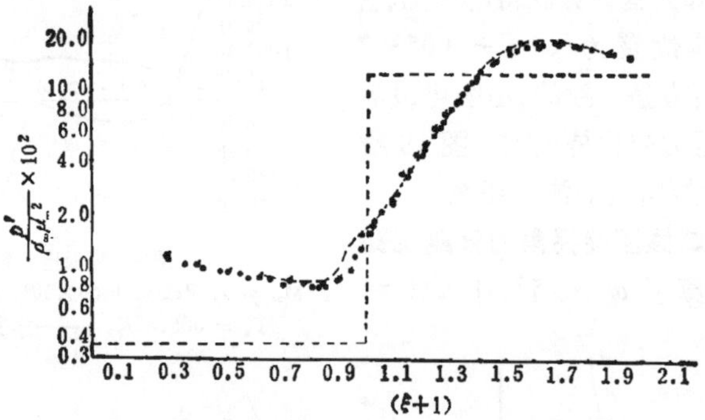

图 11　完全 N-S 方程和简化 N-S 方程解得的表面压力分布
$M_\infty=14.1$, $Re_\infty=1.04\times10^5$, $T'_\infty=72.222$K, $T'_w=297.22$K, $\omega=18°$
● 本文完全 N-S 方程数值解　● 本文简化 N-S 方程数值解　⊙ Holden 实验[20]　--- MacCormack N-S 解[3]

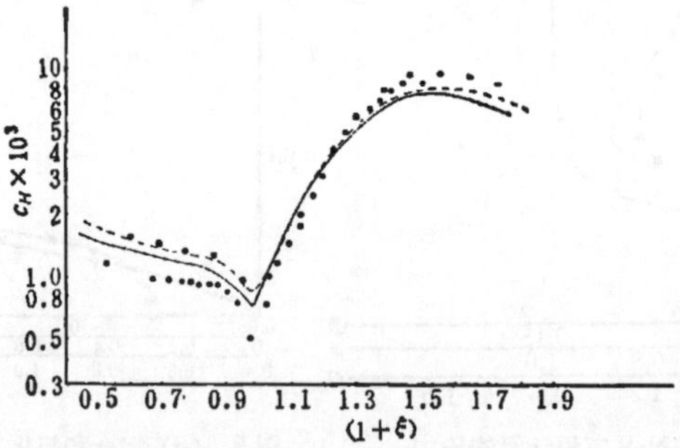

图 12　完全 N-S 方程和简化 N-S 方程解得的表面摩阻分布
$M_\infty=14.1$, $Re_\infty=1.04\times10^5$, $T'_\infty=72.222$K, $T'_w=297.222$K, $\omega=18°$
------本文简化 N-S 方程解　——本文 N-S 方程解
⊙ MacCormack N-S 解[3]　● Holden 实验[20]

五、讨　论

1. 通过前面的分析和计算，可以看出简化的 N-S 方程解分离流动问题是适用的. 在我们的计算范围内，它可得到和 N-S 方程完全一致的结果. 简化的 N-S 方程一方面考虑了粘性的主要影响，另一方面准确考虑了无粘性的作用，和边界层方程相比，它仅复杂些，但由于整个流场都适用，不需要复杂的匹配求解过程，计算结果比边界层方程的数值解[23]好得多. 和 N-S 方程相比它简单得多，可以节省机器存贮量和计算时间.

我们认为，简化的 N-S 方程对解决三维分离流动可能是更为有用的，因为此时求解 N-S 方程需要更大的机器存贮量和更长的计算时间. 目前一些研究表明，在三维情况下粘性的作用不如二维强烈，而非粘性的作用相对重要些，这些情况和简化 N-S 方程的特点正好吻合.

2. 计算表明，我们采用的自动调解的混合格式是好用的. 在激波附近，格式为一阶精度在其他区域，格式为二阶精度. 计算证明这种格式能很好的消去激波附近的非线性振荡，并且计算得到的激波厚度比较小.

3. 本文的计算方法很容易推广到湍流情况.

参　考　文　献

[1] MacCormack, R. W., AIAA 69—354, 1969).
[2] MacCormack, R. W., Lecture notes in physics, 8(1971).
[3] Hung, C. M., and MacCormack, R. W., AIAA, paper 75-2 (1975).
[4] MacCormack, R. W., and Baldwin, B. S., AIAA, paper 75-1 (1975).
[5] Hodge, B. K., AEDC TR 76—119 (1976).
[6] Hodge, B. K., *AIAA J.*, 15, 7(1977).
[7] Shang, J. S., and Hankey, W. L., AIAA paper 77—169.
[8] И. Ю. Браиловская, явные разностные методы для расчета отрывные течений вязково сжимасмого газа, В сб. некоторые применения методе сеток в динамика, изд-во. МГУ вып. 4.
[9] Carter, J. E., Numerical solution of the Navier-Stokes equations for supersonic laminar flow over a two-dimensional compression corner. NASA, TR-R-385, 1972.
[10] Hanin, M., Wolfshtein, M. and Laudau, U. E., Numerical solution of Navier-Stokes equation for interaction of shock wave with laminar layer, ICAS proceedings (1974).
[11] Beam, R. M. and Warming, R. F., AIAA paper 77—645.
[12] Li, C. P., AIAA paper 78—1146.
[13] MacCormack, R. W., NASA TMX 73129 (1976).
[14] Hung, C. M., and MacCormack, R. W., AIAA, paper 77—694 (1977).
[15] Shang, J. S., *AIAA J.* 16, 5(1978).
[16] Г. Г. Черные, Течения гада с большой сверхавуковой скорости, ФИЗМАТТИЗ (1959).
[17] Harten, A., and Zwas, G., *J. of Eng. Math.* 6(1972).
[18] Holden, M. S., and Mosell, J. R., CALSPAN Report No. AF-2410-A-1, 1969.
[19] Bertram, M. H. and Blackstost, T. A, NASA TN D-798, April (1961).
[20] Hankey, W. L., and Holden, M. S., AGARD-AG-203 (1975).

NUMERICAL SOLUTION OF SUPERSONIC AND HYPERSONIC LAMINAR SEPARATED FLOW

Zhang Hanxin Yu Zhechu
Lu Linsheng Ma Zhankui
(*Chinese Aerodynamic Research and Development Center*)

Abstract

Based on a filtering method with switching function, an efficient time splitting numerical scheme of first order accuracy near shock waves and of second order accuracy elsewhere is used to solve the complete Navier-Stokes equations for supersonic and hypersonic flow over two dimensional concave corners. To simplify computation simplified Navier-Stokes equations are developed through an analysis of the order of magnitude of physical variables in the separated flow field. Computations are performed for ramp angles varing from 0 to 20 degrees at Mach numbers from 3.0 to 14.1 and Reynolds numbers from 10^3 to 10^5 under adiabatic or cooled wall temperature. Results obtained by solving numerically the complete and simplified Navier-Stokes equations are compared with experiments. The comparison shows that the numerical scheme presented in this paper is satisfactory and that the simpified Navier-Stokes equations are applicable.

差分计算中激波上、下游解出现波动的探讨*

张涵信

（中国气动力研究与发展中心）

摘要　本文探讨了差分计算中激波上、下游解出现波动的原因。研究指出：在 NS 激波方程中，附加二阶耗散项，可平滑激波；但附加三阶弥散项或四阶耗散项，在一定条件下，可引起解在激波上、下游波动。因此在求解 NS 激波方程时，若采用二阶或三阶差分格式，由于格式弥散项和耗散项的存在，将引起解的波动。

一、引　　言

利用穿行的差分方法求解带激波的运动，如果差分格式为一阶精度（或附加二阶的人工耗散项），激波被抹平；如果差分格式为二阶、三阶等高阶精度，在激波的上、下游常常出现波动[1][2]，而真实情况是没有波动的[3]。这种波动在计算趋于稳定的情况下，依然存在。阐明产生这种波动的原因，将是有意义的。

本文试图对这一问题做一启发性的分析。我们认为，利用差分方程求解微分方程时，由于空间网格和时间步长不为零，导数用差商逼近是近似的。因此差分方程和微分方程间存在一定的差别。例如对于初值问题的模型方程：

$$\frac{\partial u}{\partial t}+a\frac{\partial u}{\partial x}=\nu\frac{\partial^2 u}{\partial x^2} \tag{1.1}$$

对应的差分方程中，将其差分用台劳级数来表示，则与差分方程相当的方程是：

$$\frac{\partial u}{\partial t}+a\frac{\partial u}{\partial x}=\nu\frac{\partial^2 u}{\partial x^2}+\sum_{n=\kappa+1}^{\infty}\nu_n\frac{\partial^n u}{\partial x^n} \tag{1.2}$$

这个方程一般叫做(1.1)的修正方程式，其中 κ 表示差分格式的精度，ν_n 是与时间和空间步长相关的系数。对于相容的差分格式，当空间和时间步长趋于零时，$\nu_n\to 0$。比较(1.1)和(1.2)，微分方程和差分方程的差别是：

$$\varepsilon_\kappa=\sum_{n=\kappa+1}^{\infty}\nu_n\frac{\partial^n u}{\partial x^n} \tag{1.3}$$

这种差别，一方面影响差分方程求解的稳定性，另一方面，也将造成差分方程和微分方程间解的差异。根据这一见解，我们利用小扰动方法，分析了激波上、下游区的流动，

* 空气动力学学报，1984，1：12-19．本文于1983年6月21收到，10月19日收到修改稿。

研究了修正方程中右端二阶、三阶、四阶等项的影响，从而阐明了差分格式与解出现波动的关系，给出了一些有意义的结论。

二、激波运动的NS方程中附加二阶、三阶、四阶等导数项的作用

1．出发方程

为了模拟修正方程中 ε_n 的影响，现在我们来研究一维正激波的运动(图1)，其基本方程组是：

$$\rho\frac{\partial u}{\partial t}+\frac{\gamma+1}{2\gamma}\rho_\infty u_\infty\left(1-\frac{u_2u_\infty}{u^2}\right)\frac{\partial u}{\partial x}=\frac{\partial}{\partial x}\left[(\nu+\nu_2)\frac{\partial u}{\partial x}\right]$$
$$-\frac{\partial}{\partial x}\left[\nu_3\frac{\partial^2 u}{\partial x^2}\right]-\frac{\partial}{\partial x}\left[\nu_4\frac{\partial^3 u}{\partial x^3}\right]+\cdots \tag{2.1}$$

这里 $\rho=\rho_\infty u_\infty/u$，$\rho,u$ 是气体的密度和速度，t 表示时间，x 表示座标(图1)，γ 为绝热指数，$\nu=(4/3)\mu$，μ 是气体的粘性系数，可用

$$\mu=\mu_\infty\left(\frac{h}{h_\infty}\right)^n$$

计算，其中

$$h=\frac{1}{2}u_\infty^2\left(1+\frac{2}{\gamma-1}\frac{1}{M_\infty^2}\right)-\frac{1}{2}u^2$$

下标“∞”表示 $x\to-\infty$ 处的值，M 表示马赫数，n 表示幂指数。在(2.1)中，

$$u_2=\frac{\gamma-1}{\gamma+1}\left(1+\frac{2}{\gamma-1}\frac{1}{M_\infty^2}\right)u_\infty$$

ν_i 为附加导数项的系数，我们假设为常量。应该指出，当 $\nu_i(i=2,3,\cdots)$ 为零时，在定常情况下，(2.1)是精确的描述正激波运动的NS方程[3]，因此通过求解(2.1)，其稳态解是正确的激波。当 ν_i 取不为零但与网格步长有关的某组值时，(2.1)模拟了某种差分格式的修正方程式。因此，通过求解(2.1)，我们可以研究二阶、三阶等附加项对解的影响。

2．二阶、三阶、四阶项的作用

如果以无粘性正激波的物理量分布作为初值，已经证明[3]，当 $\nu_2=\nu_3=\nu_4=\cdots=0$ 时，(2.1)具有稳态的光滑激波解，其激波区很薄(设中心为 $x=0$)，激波区以外，物理量迅速接近无粘性激波上、下游的值。如果 ν_2，$\nu_3\cdots$不为零，虽然(2.1)在远离激波的区域仍接近无粘性的值，但

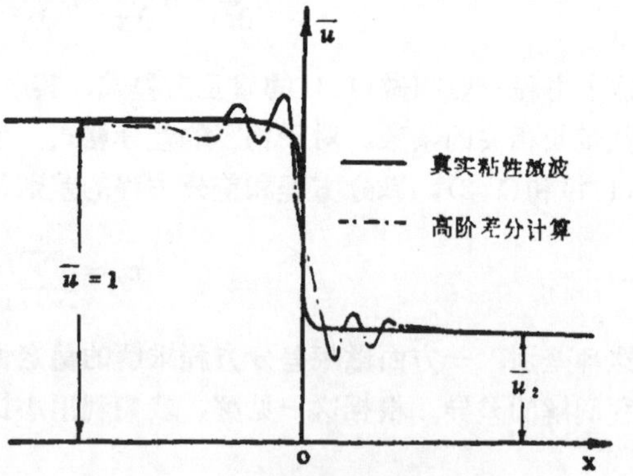

图1　一维正激波的速度分布

在激波附近，解出现波动(图1)。下面来分析 ν_2,ν_3,ν_4 等与波动的关系。

事实上，如果我们仅考虑 ν_2,ν_3,ν_4 存在，当解趋于稳定时，(2.1)给出：

$$(\nu+\nu_2)\frac{\partial \bar{u}}{\partial x}-\nu_3\frac{\partial^2 \bar{u}}{\partial x^2}-\nu_4\frac{\partial^3 \bar{u}}{\partial x^3}=\frac{\gamma+1}{2\gamma}\rho_\infty u_\infty\frac{(\bar{u}-1)(\bar{u}-\bar{u}_2)}{\bar{u}} \tag{2.2}$$

式中

$$\begin{cases}\bar{u}=\dfrac{u}{u_\infty} & (2.3)\\[2ex] \bar{u}_2=\dfrac{\gamma-1}{\gamma+1}\left(1+\dfrac{2}{\gamma-1}\dfrac{1}{M_\infty^2}\right) & (2.4)\end{cases}$$

显然 $\bar{u}=1$ 和 $\bar{u}=\bar{u}_2$ 是无粘性激波上、下游的值。

现在来研究 $\bar{u}=1$ 和 $\bar{u}=\bar{u}_2$ 附近，(2.2)的解的性质，因为在 $x\to-\infty$ 时 $\bar{u}=1$ 和 $x\to\infty$ 时 $\bar{u}=\bar{u}_2$，因此，这种研究可给出解在上、下游区的性状。

令

$$\begin{cases}\bar{u}=1+u' & (\text{上游区})\\ \bar{u}=\bar{u}_2+u' & (\text{下游区})\end{cases} \tag{2.5}$$

设对上游区，$|u'|\ll 1$，对下游区，$|u'|\ll\bar{u}_2$，将(2.5)分别代入(2.2)，略去 u'^2 以上的高阶小量项后得：

$$\begin{aligned}&\mu_1\frac{\partial u'}{\partial x}-\nu_3\frac{\partial^2 u'}{\partial x^2}-\nu_4\frac{\partial^3 u'}{\partial x^3}=k_1u' \quad (\text{上游区})\\ &\mu_2\frac{\partial u'}{\partial x}-\nu_3\frac{\partial^2 u'}{\partial x^2}-\nu_4\frac{\partial^3 u'}{\partial x^3}=-k_2u' \quad (\text{下游区})\end{aligned} \tag{2.6}$$

式中

$$\begin{aligned}&\mu_1=\nu_{1\infty}+\nu_2,\quad \mu_2=\nu_{2\infty}+\nu_2\\ &k_1=\frac{\gamma+1}{2\gamma}\rho_\infty u_\infty(1-\bar{u}_2)>0\\ &k_2=\frac{\gamma+1}{2\gamma}\rho_\infty u_\infty\frac{1-\bar{u}_2}{\bar{u}_2}>0\end{aligned} \tag{2.7}$$

$\nu_{1\infty},\nu_{2\infty}$ 分别为 $\bar{u}=1,\bar{u}_2$ 时的 ν。显然，(2.6)为线性方程，它的一般解很容易由以下特征方程决定：

$$\begin{aligned}&\nu_4\lambda^3+\nu_3\lambda^2-\mu_1\lambda+k_1=0 \quad (\text{上游区})\\ &\nu_4\lambda^3+\nu_3\lambda^2-\mu_2\lambda-k_2=0 \quad (\text{下游区})\end{aligned} \tag{2.8}$$

下面分几种情况讨论：

(1) μ_1,μ_2 大于零，$\nu_3=\nu_4=0$ 的情形

此时(2.8)的特征根为：

$$\lambda=\frac{k_1}{\mu_1} \quad (\text{上游区})$$

$$\lambda=-\frac{k_2}{\mu_2} \quad (\text{下游区})$$

其(2.6)的一般解是：

$$u'=Ae^{\frac{k_1}{\mu_1}x} \quad (上游区)$$

$$u'=Be^{-\frac{k_2}{\mu_2}x} \quad (下游区)$$

或者由(2.5)得：

$$\begin{aligned}\bar{u}&=1+Ae^{\frac{k_1}{\mu_1}x} \quad (上游区)\\ \bar{u}&=\bar{u}_2+Be^{-\frac{k_2}{\mu_2}x} \quad (下游区)\end{aligned} \tag{2.9}$$

(2.9)表明，当$x\to-\infty$时，上游区的解按指数规律光滑地趋于1，当$x\to\infty$时，下游区的解光滑地趋于$\bar{u}_2$，并不出现波动的情况。

(2) $\mu_1>0$，$\mu_2>0$，$\nu_3>0$，$\nu_4=0$的情况

由(2.8)，对于上游区，若

$$\frac{\mu_1^2}{k_1\nu_3}>4 \tag{2.10}$$

两个特征根皆为大于零的实数，其(2.6)的一般解是：

$$\begin{aligned}\bar{u}=1&+A_1\exp\left[\left(\frac{\mu_1}{2\nu_3}+\frac{1}{2\nu_3}\sqrt{\mu_1^2-4\nu_3k_1}\right)x\right]+\\ &+A_2\exp\left[\left(\frac{\mu_1}{2\nu_3}-\frac{1}{2\nu_3}\sqrt{\mu_1^2-4\nu_3k_1}\right)x\right]\end{aligned} \tag{2.11}$$

这里A_1, A_2为积分常数，可见解不出现波动。

若

$$\frac{\mu_1^2}{k_1\nu_3}<4 \tag{2.12}$$

(2.8)的两个特征根为复数，于是(2.6)的一般解是：

$$\begin{aligned}\bar{u}=1&+A_1\exp\left(\frac{\mu_1}{2\nu_3}x\right)\cos\left(\frac{1}{2\nu_3}\sqrt{4\nu_3k_1-\mu_1^2}\,x\right)\\ &+A_2\exp\left(\frac{\mu_1}{2\nu_3}x\right)\sin\left(\frac{1}{2\nu_3}\sqrt{4\nu_3k_1-\mu_1^2}\,x\right)\end{aligned} \tag{2.13}$$

该式表明，解在上游出现波动，且随x增大，振幅逐渐增加。图2a给出了这种变化。

对于下游区，由于(2.8)的特征根皆为实数，且考虑到$x\to\infty$时，$\bar{u}\to\bar{u}_2$，因此(2.6)的解是：

$$\bar{u}=\bar{u}_2+A\exp\left\{\left[\frac{\mu_2}{2\nu_3}-\frac{1}{2\nu_3}\left(\mu_2^2+4k_2\nu_3\right)^{\frac{1}{2}}\right]x\right\} \tag{2.14}$$

可见解不出现波动。

如果假设μ_1，$\mu_2>0$，$\nu_3<0$，$\nu_4=0$，，利用同样的分析方法可以得到：在上游解不出现波动，但在下游，若

$$\frac{\mu_2^2}{k_2|\nu_3|}<4$$

解出现波动(见图2b)

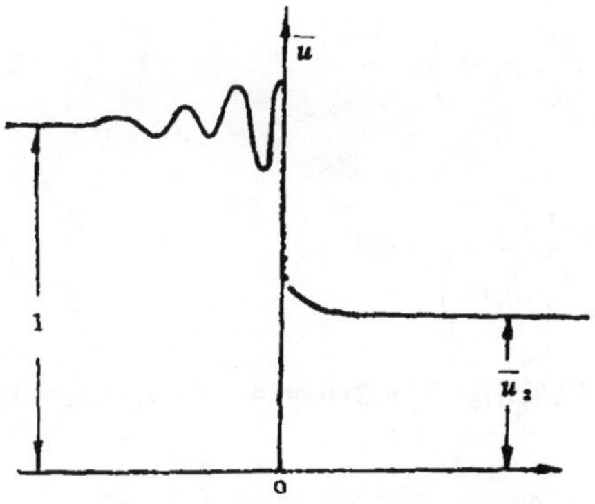

图 2a　$\mu_1,\mu_2>0,\nu_3>0,\nu_4=0$的情形

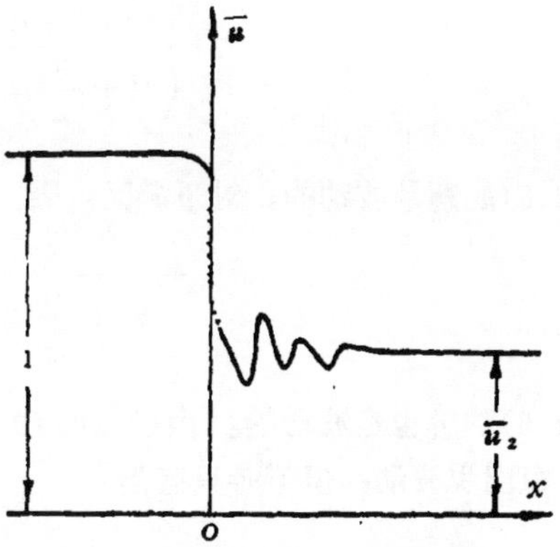

图 2b　$\mu_1,\mu_2>0,\nu_3<0,\nu_4=0$的情形

(3) $\nu_4>0,\nu_3=\mu_1=\mu_2=0$ 的情形

对于上游区，(2.8)给出特征根为：

$$\begin{cases}\lambda_1=-\left(\dfrac{k_1}{\nu_4}\right)^{\frac{1}{3}}\\ \lambda_2=\lambda_2^{(1)}+\lambda_2^{(2)}i\\ \lambda_3=\lambda_2^{(1)}-\lambda_2^{(2)}i\end{cases}\tag{2.15}$$

其中

$$\begin{cases}\lambda_2^{(1)}=\dfrac{1}{2}\left(\dfrac{k_1}{\nu_4}\right)^{\frac{1}{3}}\\ \lambda_2^{(2)}=\dfrac{1}{2}\sqrt{3}\left(\dfrac{k_1}{\nu_4}\right)^{\frac{1}{3}}\end{cases}\tag{2.16}$$

考虑到 $x\to-\infty$ 时，$\bar{u}\to1$，因此(2.6)的解为：

$$\bar{u}=1+A_1e^{\lambda_2^{(1)}x}\cos(\lambda_2^{(2)}x)+A_2e^{\lambda_2^{(1)}x}\sin(\lambda_2^{(2)}x)\tag{2.17}$$

这里 A_1,A_2 为积分常数。显然这个解是波动的，且随 x 增加，振幅加大(见图 3)。

对于下游区，利用类似的方法可知，(2.6)的解是：

$$\bar{u}=\bar{u}_2+B_1e^{-\lambda_2^{(1)}x}\cos(\lambda^{2^{(2)}}x)+B_2e^{-\lambda_2^{(1)}x}\sin(\lambda_2^{(2)}x)\tag{2.18}$$

式中

$$\begin{cases}\lambda_2^{(1)}=\dfrac{1}{2}\left(\dfrac{k_2}{\nu_4}\right)^{\frac{1}{3}}\\ \lambda_2^{(2)}=\dfrac{\sqrt{3}}{2}\left(\dfrac{k_2}{\nu_4}\right)^{\frac{1}{3}}\end{cases}\tag{2.19}$$

这表明，在下游区，解也是波动的，且随 x 减小，振幅加大(见图 3)。

(4) ν_4,ν_3,μ_1,μ_2 同时出现的情形

设 $\nu_4>0$，根据三次方程式根的判别公式易知，对上游区，若

$$\frac{(\nu_3^2+3\mu_1\nu_4)^3}{\left(\nu_3^3+\frac{9}{2}\mu_1\nu_3\nu_4+\frac{27}{2}k_1\nu_4^2\right)^2}<1 \tag{2.20}$$

则(2.6)的解是波动的。对下游区，若

$$\frac{(\nu_3^2+3\mu_2\nu_4)^3}{\left(\nu_3^3+\frac{9}{2}\mu_2\nu_3\nu_4-\frac{27}{2}k_2\nu_4^2\right)^2}<1 \tag{2.21}$$

则(2.6)的解也是波动的。由(2.20)(2.21)可以看出，当 $\nu_3>0,\nu_4\neq0$ 和 $\mu_1=\mu_2=0$ 时，上游恒出现波动，但下游只有当

$$\frac{k_2\nu_4^2}{\nu_3^3}>\frac{4}{27}$$

时，才出现波动。如果 $\nu_3<0,\nu_4\neq0,\mu_1=\mu_2=0$，下游恒出现波动，而上游仅当

$$\frac{k_1\nu_4^2}{|\nu_3^3|}>\frac{4}{27}$$

时，才出现波动(见图4)。

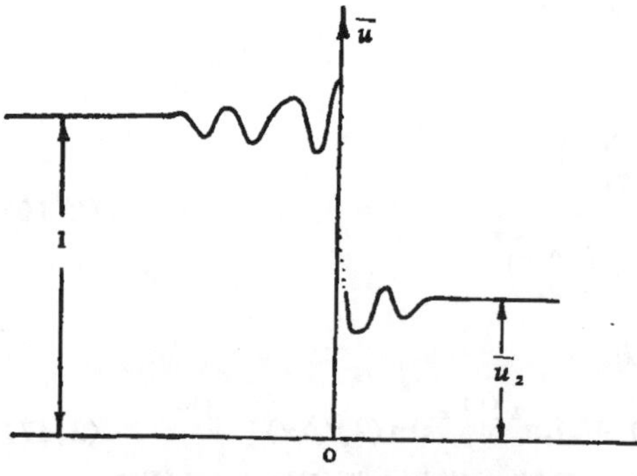

图3 $\nu_4>0,\nu_3=\mu_1=\mu_2=0$的情形

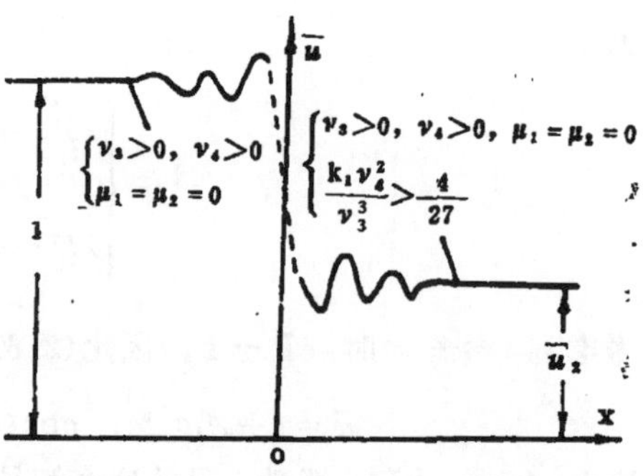

图4 $\nu_3>0,\nu_2>0,\mu_1=\mu_2=0$ 的情形

三、差分计算中激波上、下游解出现波动的讨论

根据上节的分析，可以看到：

1．在粘性激波的传播方程中，仅附加 ν_2，可得到平滑解，二阶耗散项有平滑激波的作用。若仅附加二阶、三阶项，当 $\nu_3>0$ 且

$$\frac{\mu_1^2}{\nu_3k_1}<4$$

时，激波上游，解出现波动，下游解是平滑的。若 $\nu_3<0$ 且

$$\frac{\mu_1^2}{|\nu_3|k_2}<4$$

时，下游解出现波动，上游解是平滑的。若附加四阶项，其作用为：同时引起或加剧激波上、下游的解的波动。

2．因为二阶格式具有三阶弥散项和四阶耗散项，而 $\nu_2=0$，因此当 $\nu=0$ 或很小时，激波上、下游要出现波动。如果四阶耗散项的作用远小于三阶弥散项，则视弥散项系数的正负，激波一侧出现较大的波动。为了减小波动，应该设法减小三阶和四阶项。对于 MacCormack 显式格式，如果 Courant 数接近于 1，ν_3,ν_4 很小，激波上、下游的波动应是小的。文献[1]的数值实验已经证实了这一点。

3．因为三阶格式的 $\nu_2=\nu_3=0$，出现四阶耗散项，因此当 $\nu=0$ 或很小时，激波上、下游不可避免地要出现波动，但一般比二阶格式的波动小。为了再减小波动，应该减小四阶耗散项。可以期望，四阶格式在激波上、下游将只有很小甚至可以忽略不计的波动，因为在这种情况下 $\nu_2=\nu_3=\nu_4=0$，而更高阶的弥散和耗散项的作用是小的。

4．为了验证以上结论的正确性，我们收集了文献中一些利用如下 Burgers 方程

$$\frac{\partial u}{\partial t}+(u+a)\frac{\partial u}{\partial x}=\nu\frac{\partial^2 u}{\partial x^2}$$

研究激波问题的数值实验。图 5 是文献[4]利用一阶差分格式给出的计算结果，其中 $a=0.038925$，$\nu=0$，$x=-\infty$ 时，$u=2.593467$；$x=\infty$ 时，$u=1.393784$。可以看出，激波曲线是平滑的。图6 是文献[5]利用 MacCormack 二阶显式格式给出的计算结果，其中 $a=0$，$\nu=10^{-7}$，$x=-\infty$ 时，$u=-1$，$x=\infty$ 时，$u=1$。可以看出，解在激波上、下游皆出现波动。图7是文献[4]利用三阶格式给出的计算结果，计算条件同图 5。可以看出，激波两方皆有波动，但比二阶格式的波动小得多。图 8 是文献 [6] 利用四阶格式的计算结果，

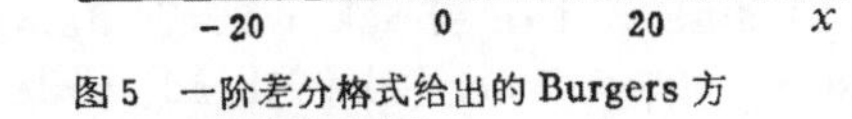

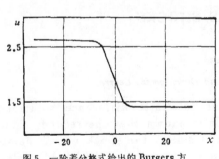

图 5　一阶差分格式给出的 Burgers 方程的激波解[4]

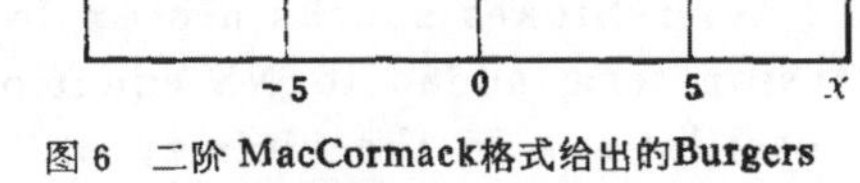

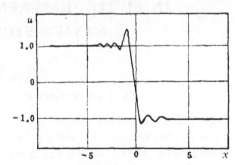

图 6　二阶 MacCormack格式给出的Burgers 方程的激波解[6]

其中 $a=-(1/2)$，$x=-\infty$时，$u=1$，$x=\infty$时，$u=0$，网格雷诺数为 2.5。可以看出，解在激波上、下游几乎看不出有波动存在，而相应情况用二阶格式计算时，波动就出现了(见[6])。

对于 Euler 方程激波解的数值模拟，亦有类似的结论[1，2]。

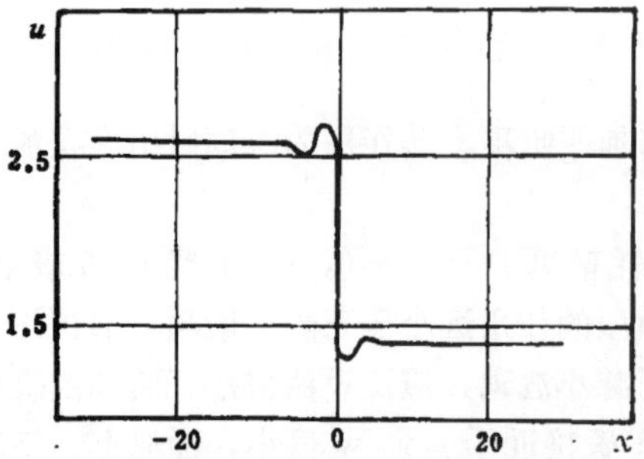

图7 三阶格式给出的Burgers方程的激波解[4]

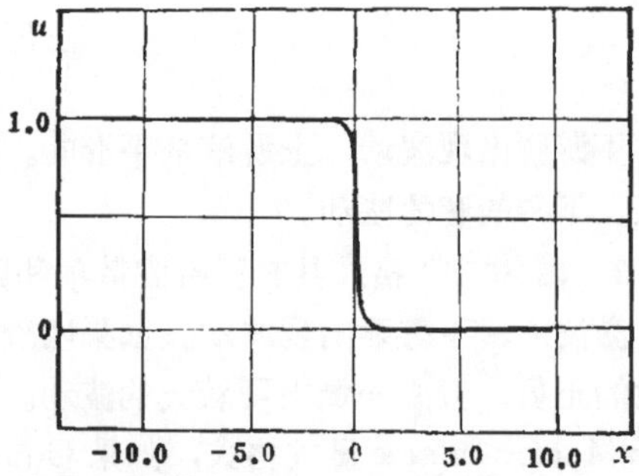

图8 四阶格式给出的Burgers方程的激波解[6]

以上情况表明，数值模拟结果完全证实了上面的分析结论是正确的。因此本文就解释了差分计算中激波上、下游解出现波动的原因。

本文写作过程中，与高树椿同志多次讨论，得到他不少帮助，特此致谢。

参 考 文 献

[1] Anderson, D. A., *J. of Comput. Phys.*, Vol. 15, No. 1, pp. 1—20, 1974.

[2] Beam, R. M. and Warming, R. F., *J. of Comput. Phys.*, Vol. 22, No. 1, pp. 87—110, 1976.

[3] Лойцянский, Л. Г., Механика Жидкости и Газа. ГИФМЛ. Москва, 1959.

[4] Rusanov, V. V., Besmenov, I. V., Nazhestkina, E. I., Lecture notes in Physics, 170, pp. 455—460, 1982.

[5] 邬华谟，杨明亮，构造定常化差分格式的一个想法，高速空气动力学计算方法，中国科学院计算中心，1978。

[6] Graves, R. A., *NASA* TN D-8021, 1975.

THE EXPLORATION OF THE SPATIAL OSCILLATIONS IN FINITE DIFFERENCE SOLUTIONS FOR NAVIER-STOKES SHOCKS

Zhang Hanxin

(China Aerodynamic Research and Development Centre)

In this paper, the spatial oscillations in finite difference solutions for Navier-Stokes shocks are explored. It is shown that the second order diffusion term added to NS equations could smear the shock wave, damp the oscillations in the vicinity of the shock. However, the third order dispersion term and fourth order diffusion term added to NS equations could cause the oscillations in upstream and downstream region of the shock under the conditions given by this paper. Therefore the oscillations in the difference solutions with second or third order accuracy could arise from the numerical dispersion and diffusion terms.

超声速三维粘性分离流动的反扩散数值解法*

张涵信　陆林生　余泽楚　郑　敏

（中国气动力研究与发展中心）

摘要　本文将文献[1,2]的时间分裂的反扩散方法推广到三维粘性分离流动。计算结果表明，这种算法是可行的。

一、引　　言

当利用差分方法计算带激波的粘性分离流动时，以下三个条件应该被满足：第一，在粘性起重要作用的区域内，差分格式的数值粘性项(或人工粘性项)必须小于物理粘性项。由于一阶格式具有的二阶数值粘性项，当网格不很小和雷诺数很大时，与物理粘性项相比不是很小，因此应考虑采用二阶或高阶格式。第二，差分格式应能自动地捕捉激波。文献[1]已经证明，一阶格式由于存在二阶数值粘性项，如果该项的系数为正，可平滑地捕捉激波，但激波被加宽了。二阶格式仅当三阶色散项满足[1]所给出的条件且四阶耗散项较小时，激波才是光滑的，通常的二阶格式，激波上、下总要出现波动。三阶格式由于存在四阶耗散项，激波上、下游也有波动。四阶以上的格式，激波上、下游的波动较小。因此单从光滑地捕捉激波这个意义上来讲，应考虑采用一阶、四阶以上的高阶格式或特殊的二阶格式(如单调格式)。第三，为了减少计算耗时，差分格式有较大的稳定时间步长。为满足这一要求，在网格很小的区域，应考虑采用隐式格式。

满足上述三项要求的差分格式是多种多样的，其中一种情况是激波附近用一阶格式而其余区域用二阶格式。本文就采用这种格式。该项工作有以下特点：第一，在计算中激波附近的一阶格式和其余区域的二阶格式的选用，是靠开关函数自动安排的，因而是自动调节的混合格式。第二，在二阶格式的计算中，采用了两步反扩散方法：第一步全流场采用一阶格式；第二步在激波以外的区域进行反扩散，从第一步中减去其数值耗散项，从而获得二阶格式。此外，为了增大计算的时间步长，在细网格区采用隐式方法，而其余的粗网格区，采用显式方法。从这个意义上来说，我们采用的是显-隐式的混合。文中做了大量数值实验，结果表明，本方法在三维分离流计算中同样是有效的，具有精度高和省机时的优点。

* 空气动力学学报，1986，4（3）：251-257. 本文于1985年9月19收到。

二、理论基础

1．模型方程

为了阐明时间分裂的反扩散算法的基本思想，首先来研究如下的模型方程：

$$\frac{\partial u}{\partial t}+a\frac{\partial u}{\partial x}+b\frac{\partial u}{\partial y}+c\frac{\partial u}{\partial z}=0 \tag{2.1}$$

通过台劳展开，准确到二阶精度，当经过时间步长 Δt，u 由 u^n 变化为 u^{n+1} 时（这里上标 n 表示时间层 t_n），我们可以证明，在利用（2.1）求解 u^{n+1} 时，依次等价于求解如下的差分方程：

$$u^{n+1}=\mathscr{L}_x\left(\frac{1}{2}\Delta t\right)\mathscr{L}_y\left(\frac{1}{2}\Delta t\right)\mathscr{L}_z(\Delta t)\mathscr{L}_y\left(\frac{1}{2}\Delta t\right)\mathscr{L}_x\left(\frac{1}{2}\Delta t\right)u^n \tag{2.2}$$

这里，$\mathscr{L}_x(\Delta t),\mathscr{L}_y(\Delta t),\mathscr{L}_z(\Delta t)$ 分别是如下方程的差分算子：

$$\frac{\partial u}{\partial t}+a\frac{\partial u}{\partial x}=0 \tag{2.3}$$

$$\frac{\partial u}{\partial t}+b\frac{\partial u}{\partial y}=0 \tag{2.4}$$

$$\frac{\partial u}{\partial t}+c\frac{\partial u}{\partial z}=0 \tag{2.5}$$

这就把三维问题形式上化成三个一维问题来求解。下面讨论一维问题的反扩散算法，例如讨论(2.3)式：

（1）反扩散的两步显式算法

第一步应用一阶迎风格式：

$$\overline{u_j^{n+1}}=\begin{cases}u^n-\dfrac{a\Delta t}{\Delta x}(u_j^n-u_{j-1}^n) & a>0\\ u^n-\dfrac{a\Delta t}{\Delta x}(u_{j+1}^n-u_j^n) & a<0\end{cases} \tag{2.6}$$

该式亦可写成：

$$\overline{u_j^{n+1}}=u_j^n-\frac{a\Delta t}{4\Delta x}[(u_{j+1}^n-u_{j-1}^n)+(\overline{u_{j+1}^{n+1}}-\overline{u_{j-1}^{n+1}})]+\frac{1}{2}Q_1(u_{j+1}^n-2u_j^n+u_{j-1}^n) \tag{2.7}$$

式中

$$Q_1=\frac{|a|\Delta t}{\Delta x}\left(1-\frac{|a|\Delta t}{\Delta x}\right) \tag{2.8}$$

可见(2.6)的格式粘性项是：$\frac{1}{2}Q_1(u_{j+1}^n-2u_j^n+u_{j-1}^n)$。

第二步是从 $\overline{u_j^{n+1}}$ 中减去二阶粘性项，即

$$u_j^{n+1}=\overline{u_j^{n+1}}-\frac{1}{2}Q_1(u_{j+1}^n-2u_j^n+u_{j-1}^n) \tag{2.9}$$

将(2.6)代入(2.9)，整理后得：

$$u_j^{n+1}=\begin{cases}\dfrac{1}{2}\left\{u_j^n+\overline{u_j^{n+1}}-\dfrac{a\Delta t}{\Delta x}(\overline{u_{j+1}^{n+1}}-\overline{u_j^{n+1}})\right\} & a>0\\ \dfrac{1}{2}\left\{u_j^n+\overline{u_j^{n+1}}-\dfrac{a\Delta t}{\Delta x}(\overline{u_j^{n+1}}-\overline{u_{j-1}^{n+1}})\right\} & a<0\end{cases} \tag{2.10}$$

(2.6)、(2.10)一起，显然就是二阶精度的 MacCormack格式。这表明，利用二步反扩散方法，如果第一步用迎风格式，可得到 MacCormack格式。当然第一步也可利用别的一阶格式，此时就可得到另外的二阶格式。

（2）反扩散的两步隐式算法

第一步采用如下一阶隐式格式：

$$\overline{u_j^{n+1}}=u_j^n-\frac{a\Delta t}{4\Delta x}[(u_{j+1}^n-u_{j-1}^n)+(\overline{u_{j+1}^{n+1}}-\overline{u_{j-1}^{n+1}})]$$

$$+\frac{1}{2}Q_1(\overline{u_{j+1}^{n+1}}-2\overline{u_j^{n+1}}+\overline{u_{j-1}^{n+1}}) \tag{2.11}$$

显然，$Q_1=0$ 时(2.11)就是 Crank-Nicolson 格式，它是二阶精度的，其增长矩阵为 1。当 $Q_1\neq 0$ 时，(2.11)为一阶格式，其右端最后一项为二阶粘性项，它的存在，提高了计算过程的稳定性。

第二步从 $\overline{u_j^{n+1}}$ 中减去二阶粘性项，于是得：

$$u_j^{n+1}=\overline{u_j^{n+1}}-\frac{1}{2}Q_1(u_{j+1}^n-2u_j^n+u_{j-1}^n) \tag{2.12}$$

这就给出了二阶精度的结果。原则上，通过采用不同的一阶格式(第一步)，并进行相应的反扩散，可得到不同的二阶格式。例如可给出 MacCormack 二阶隐式格式 Beam-Warming 等二阶格式。

在超声速流场中，常常存在激波，为了能够捕捉它，采用自动调节的混合格式：

$$u_j^{n+1}=(1-\theta)\left[\overline{u_j^{n+1}}-\frac{Q_1}{2}(u_{j+1}^n-2u_j^n+u_{j-1}^n)\right]+\theta\overline{u_j^{n+1}} \tag{2.13}$$

或者

$$u_j^{n+1}=\overline{u_j^{n+1}}-(1-\theta)\frac{Q_1}{2}(u_{j+1}^n-2u_j^n+u_{j-1}^n) \tag{2.14}$$

这里 θ 是自动调节因子，在激波附近 $\theta=1$，于是 (2.14) 是一阶精度的，这可以光滑地捕捉激波。在离开激波的区域，$\theta=0$，(2.14)是二阶精度的，这可有效地显示粘滞性的影响。(2.14)就是最后采用的算式。

2．三维 NS 方程

设三维 NS 方程可写成：

$$\frac{\partial U}{\partial t} + \frac{\partial F}{\partial \xi} + \frac{\partial G}{\partial \eta} + \frac{\partial H}{\partial \zeta} = 0 \qquad (2.15)$$

这里 U 为向量；F, G, H 为 $U, U_\xi, U_\eta, U_\zeta$ 及粘性系数的向量函数。准确到二阶精度，计算 U^{n+1} 的差分算式为：

$$U_{i,j,k}^{n+1} = L_\xi\left(\frac{\Delta t}{2}\right) L_\eta\left(\frac{\Delta t}{2}\right) L_\zeta(\Delta t) L_\eta\left(\frac{\Delta t}{2}\right) L_\xi\left(\frac{\Delta t}{2}\right) U_{i,j,k}^n \qquad (2.16)$$

式中 L_ξ, L_η, L_ζ 是如下方程的二阶差分算子：

$$\frac{\partial U}{\partial t} + \frac{\partial F}{\partial \xi} = 0 \qquad (2.17)$$

$$\frac{\partial U}{\partial t} + \frac{\partial G}{\partial \eta} = 0 \qquad (2.18)$$

$$\frac{\partial U}{\partial t} + \frac{\partial H}{\partial \zeta} = 0 \qquad (2.19)$$

为了给出 L_ξ, L_η, L_ζ，采用反扩散方法，例如对于 L_ξ：

第一步采用如下一阶格式：

$$U_{i,j,k}^{\overline{n+1}} = U_{i,j,k}^n - \frac{\Delta t}{4\Delta\xi}\left[(F_{i+1,j,k}^{\overline{n+1}} - F_{i-1,j,k}^{\overline{n+1}}) + (F_{i+1,j,k}^n - F_{i-1,j,k}^n)\right]$$

$$+ \frac{Q_1}{2}(U_{i+1,j,k}^{\overline{n+1}} - 2U_{i,j,k}^{\overline{n+1}} + U_{i-1,j,k}^{\overline{n+1}}) \qquad (2.20)$$

第二步对第一步进行反扩散，即

$$U_{i,j,k}^{n+1} = U_{i,j,k}^{\overline{n+1}} - \frac{Q_1}{2}(U_{i+1,j,k}^n - 2U_{i,j,k}^n + U_{i-1,j,k}^n) \qquad (2.21)$$

为了捕捉激波，最后采用混合格式：

$$U_{i,j,k}^{n+1} = U_{i,j,k}^{\overline{n+1}} - (1-\theta_\xi)\frac{Q_1}{2}(U_{i+1,j,k}^n - 2U_{i,j,k}^n + U_{i-1,j,k}^n) \qquad (2.22)$$

θ_ξ 是对应于 (2.17) 的开关函数。类似地可给出 (2.18)、(2.19) 的差分算式。对模型方程可以证明，这种做法是无条件稳定的。

三、具 体 应 用

利用这种方法，计算了三个问题：(1) 两正交平板间的三维粘性绕流；(2) 平面上三维控制翼的粘性绕流（图 1）；(3) 平面上钝舵（天线杆）的三维粘性绕流（图 2）。NS 方程在贴体坐标系内写出，壁面采用无滑移的条件，并假设温度是给定的。进口剖面假定是已知的。其出口边界、上边界和侧边界分别假定 $\frac{\partial f}{\partial \xi} = \frac{\partial f}{\partial \eta} = \frac{\partial f}{\partial \zeta} = 0$，这里 f 表示物理量。计算网格在近壁面区较密，而远离壁面的区域较稀。Q 和 $Q_{\xi}(\theta_{\eta}、\theta_{\zeta})$分别采用二维的结果[1,2]。在求解 $U^{n+1}_{i,j,k}$ 时，采用块矩阵追赶法。为了和显式算法比较，用显式方法也作了计算。结果表明，本文的反扩散隐式方法具有省机时的优点。和显式方法比较，其有效时间可分别减少 5、7、20 倍。和已有的结果比较，精度是满意的。目前，后两个问题在进行实验，我们期待能与实验结果比较。

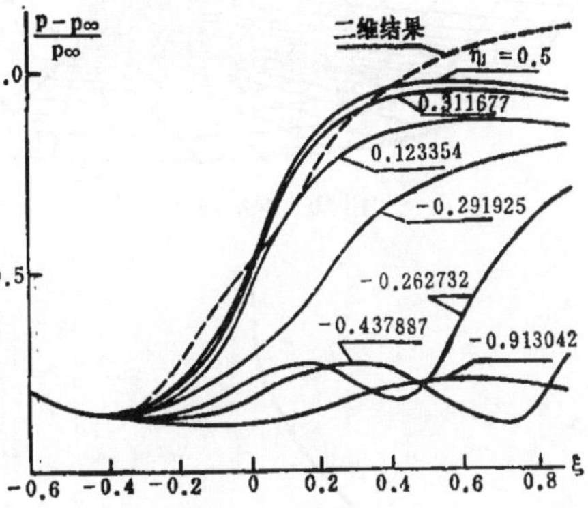

a 壁面压力分布

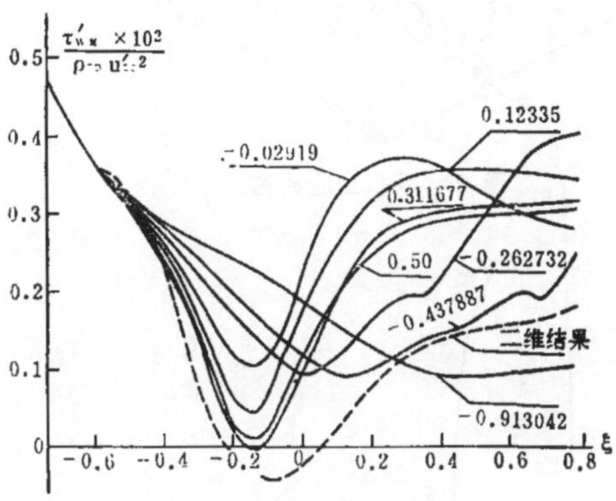

b 壁面摩阻分布

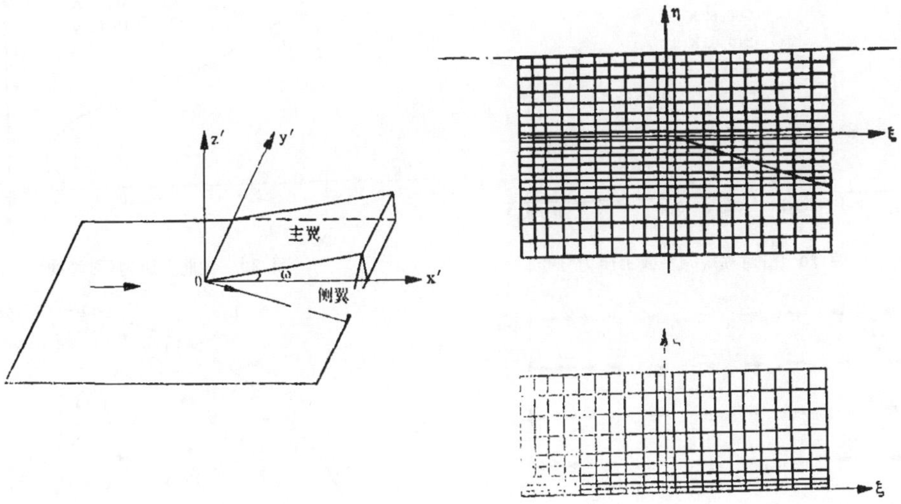

c 外形与网格

图 1　平板上三维控制翼绕流

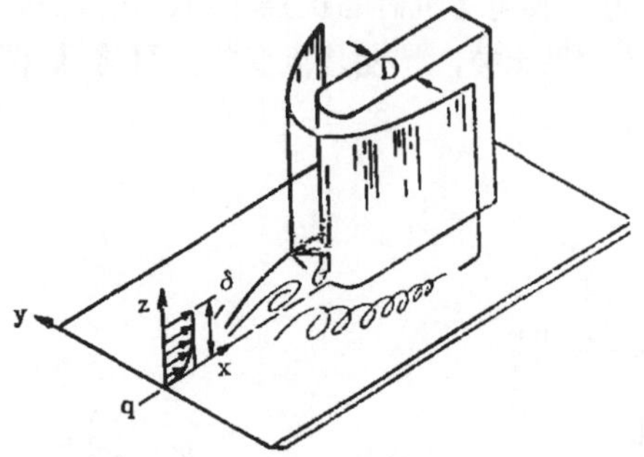

图 2a 平板上的钝舵

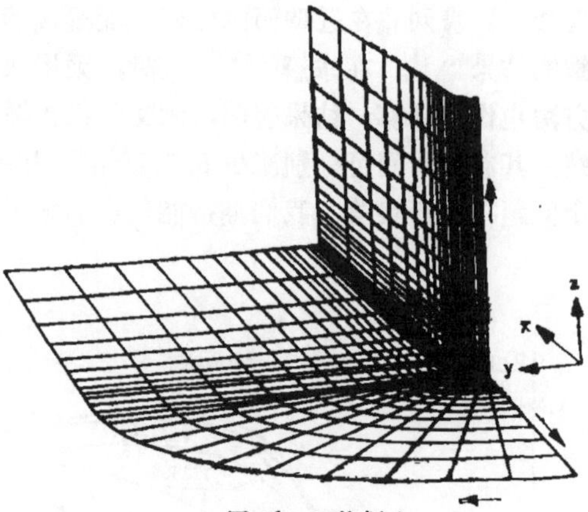

图 2b 网格划分

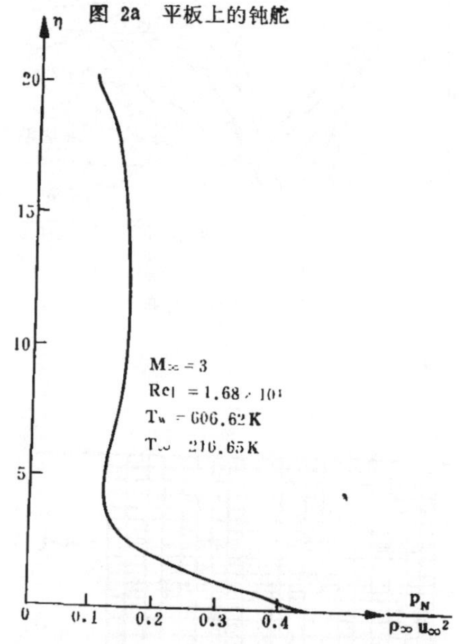

图 2c 沿对称线的平板上压力分布

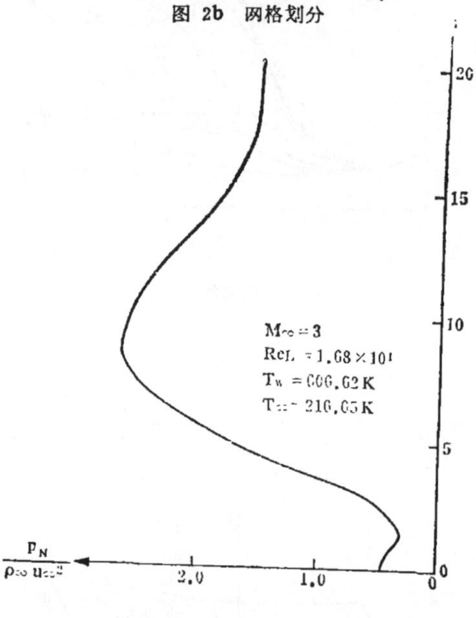

图 2d 钝舵上压力(对称面)

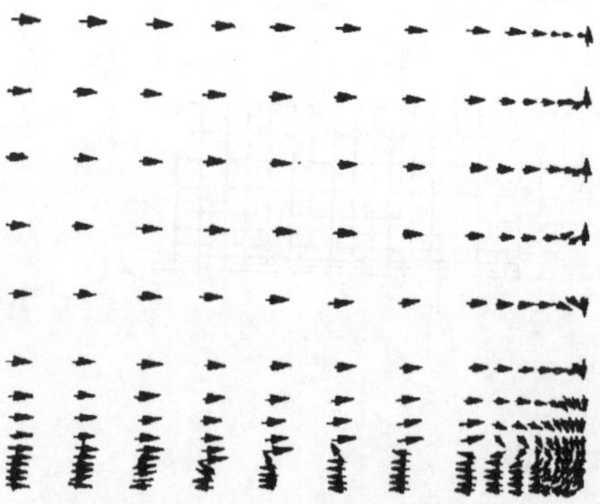

图 2e 对称面上的流线

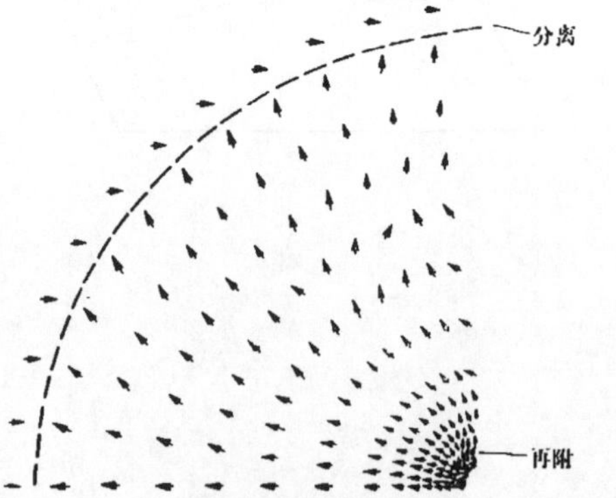

图 2f 平板上的极限流线

参　考　文　献

[1] 张涵信，空气动力学学报，**1** (1984)，12—19。

[2] 张涵信，力学学报，**7**. 4 (1981)。

[3] Zhang H..x. et. al., *Applied Math. and Mech.*, **4**, 1 (1983).

AN ANTIDIFFUSIVE NUMERICAL METHOD SOLVING SUPERSONIC THREE DIMENSIONAL VISCOUS SEPARATED FLOWS

Zhang Hanxin　Lu Linsen

Yu Zechu　Zheng Min

(*China Aerodynamic Research and Development Center*)

Abstract

The time-splitting antidiffusive method described in [1,2] is extended into three dimensional viscous separated flows. The calculated results show that the method is satisfactory.

无波动、无自由参数的耗散差分格式*

张 涵 信

（中国空气动力研究与发展中心）

摘要 本文通过对“模型问题”的研究发现，在激波附近差分解的虚假波动与差分方程的修正方程式的三阶色散项相关。如果适当地调节色散项的系数使之过激波时该系数按要求变号，则可完全抑制激波附近虚假的波动。

在以上发现的基础上，提出了一个有效的无自由参数、无波动的差分格式。文中证明，这个格式就是“TVD格式”，亦可视为Годунов格式的推广。

文中对许多二维、三维流动作了计算，结果表明，本文的格式应用方便且可得到满意的结果，对激波有较高的分辨能力。

关键词 数值计算，差分格式，N-S方程，Euler方程。

一、引 言

在计算包含激波的复杂流场时，激波捕捉法受到重视。为了光滑地捕捉激波和避免激波以外区域差分解的波动，激波附近为一阶精度、其它区域为二阶精度的含自由参数的混合耗散格式得到了广泛应用[1-3]，但是这种方法的缺点是：一，它含有要用经验确定的自由参数，这不仅理论上不够完备，而且在使用上也带来不便；二，它给出的激波厚度大，因而对激波的分辨能力低。为了克服上述缺点，目前人们非常重视发展无波动、无自由参数且具有高分辨能力的耗散差分格式，例如总变差减小的差分格式（TVD[4-8]）和总实质上不波动的差分格式[9]等。

1983年本文作者发现[10]：若在Navier-Stokes方程或Euler方程中，适当地附加三阶导数项，可保证差分解在激波上、下游满足熵增条件，抑制差分解在激波上、下游的波动。基于这种思想，本文作者设计了一种实质上为二阶精度的无自由参数、无波动的差分格式。可以证明，这种格式就是TVD格式，并且亦可视为Годунов格式的推广。通过多个例题的计算表明，该格式具有高分辨率的优点，而且格式简单，便于应用。

二、附加三阶导数项的NS方程和Euler方程的数值模拟以及熵增问题

在文献[10]内，本文作者曾分析指出，如果在一维NS方程或Euler方程的右端，

* 空气动力学学报，1988，6（2）：143-165. 本文于1987年11月26收到。

附加三阶导数项，其差分解将有如下现象：(1) 当在全区三阶导数项的系数 $\nu_3>0$时，激波上游差分解是不波动的，但下游出现波动；(2) 当在全区 $\nu_3<0$ 时，激波下游的差分解是不波动的，但上游出现波动；(3) 如果在激波上游 $\nu_3>0$，而在激波下游 $\nu_3<0$，则差分解在激波上、下游都是不波动的。文献[10]的分析，是建筑在线化分析基础上的，而实际问题是非线性的，因此研究上述结论在非线性情况下的适用性是有意义的。另外，从力学的观点来看，在激波附近，差分解的波动是非物理的，它不满足热力学第二定律所表达的熵增条件[11]，因此研究差分解的波动以及 ν_3 项与熵增条件的关系也是重要的。本节研究这两个问题。

对于常比热完全气体，附加三阶导数项的一维 NS 方程是：

$$
\begin{cases}
\dfrac{\partial\rho}{\partial t}+\dfrac{\partial\rho u}{\partial x}=0\\[2mm]
\rho\dfrac{\partial u}{\partial t}+\rho u\dfrac{\partial u}{\partial x}+\dfrac{\partial p}{\partial x}=\dfrac{\partial}{\partial x}\left(\dfrac{4}{3}\mu\dfrac{\partial u}{\partial x}\right)+\dfrac{\partial}{\partial x}\left(\nu_3\dfrac{\partial^2 u}{\partial x^2}\right)\\[2mm]
\rho\dfrac{\partial}{\partial t}\left(e+\dfrac{u^2}{2}+\dfrac{p}{\rho}\right)-\dfrac{\partial p}{\partial t}+\rho u\dfrac{\partial}{\partial x}\left(e+\dfrac{u^2}{2}+\dfrac{p}{\rho}\right)=
\end{cases}
\tag{1}
$$

$$
=\frac{\partial}{\partial x}\left[\frac{4}{3}\mu\frac{\partial}{\partial x}\left(e+\frac{p}{\rho}+\frac{u^2}{2}\right)\right]+\frac{\partial}{\partial x}\left[\nu_3\frac{\partial}{\partial x}\left(e+\frac{p}{\rho}+\frac{u^2}{2}\right)\right]
$$

式中，t 是时间；x 表示坐标；p、ρ、u、e 是气体的压力、密度、速度和单位质量的内能；μ 是粘性系数；γ 为绝热指数。这里假设 Prandtl 数为 3/4 。为了模拟激波问题，设(1)满足如下边界条件：

$$
\begin{cases}
x\to-\infty\text{时},\ u=u_1,\ \rho=\rho_1,\ p=p_1,\\[1mm]
\qquad\left(\dfrac{\partial u}{\partial x}\right)_1=0,\ \left(\dfrac{\partial}{\partial x}e\right)_1=0\\[2mm]
x\to\infty\text{时},\ u=u_2=u_1\dfrac{\gamma-1}{\gamma+1}\left(1+\dfrac{2}{\gamma-1}\dfrac{1}{M_1^2}\right)
\end{cases}
\tag{2}
$$

式中，

$$
M_1=u_1\Big/\left(\frac{\gamma p_1}{\rho_1}\right)^{\frac{1}{2}}
$$

当 $t\to\infty$ 或者当流动趋于定常时，方程(1)描述了我们有兴趣的定常激波。在定常情况下，方程(1)可进行积分。经过不复杂的运算和整理，可给出如下确定 u 的方程：

$$
\alpha\Delta x^2\frac{\partial^2\bar{u}}{\partial x^2}+\beta\Delta x\frac{\partial\bar{u}}{\partial x}=\frac{3(\gamma+1)}{8\gamma}\frac{(\bar{u}-\bar{u}_1)(\bar{u}-\bar{u}_2)}{\bar{u}}
\tag{3}
$$

式中，

$$
\begin{cases}
\bar{u}=\dfrac{u}{u_1}\\[2mm]
\alpha=\dfrac{2\gamma}{\gamma+1}\dfrac{\nu_3}{\rho_1 u_1\Delta x^2}\\[2mm]
\beta=\dfrac{8}{3}\dfrac{\gamma}{\gamma+1}\dfrac{\mu}{\rho_1 u_1\Delta x}
\end{cases}
$$

显然，当 $\beta=0$ 时，(3)代表了附加三阶导数项的 Euler 方程。当 β 不为零时，为了简单且不影响分析结论，以下假设 $\mu=$ 常数。

将方程(3)中 $\frac{\partial \bar{u}}{\partial x}$ 和 $\frac{\partial^2 \bar{u}}{\partial x^2}$ 分别用二阶精度(或高阶精度)的差商代替后，可以求出任意 α、β 组合下方程(3)的解。在本文的计算中，由于 $\mu \geq 0$，取 $\beta \geq 0$。由于 α 和 ν_3 的符号一致，为了考查 ν_3 的影响，α 正、负皆取。图 1—3 是计算模拟给出的某些结果。图 1 表明，当在激波上、下游 $\alpha>0$ 时，激波上游差分解总是光滑的，但下游出现波

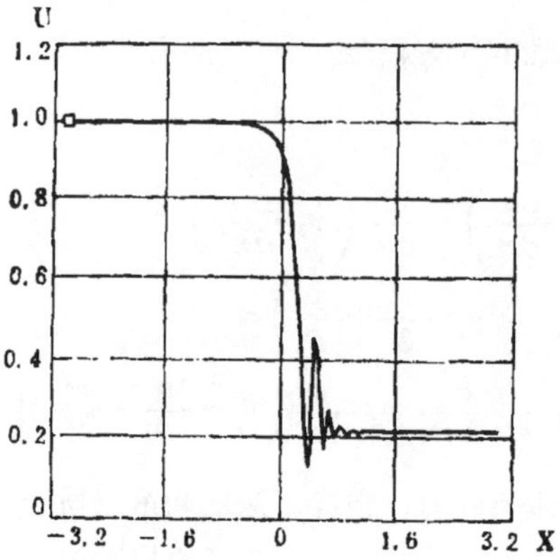

图 1a　正激波流动　$\alpha=0.9$　$\beta=0.9$，$M_\infty=4$

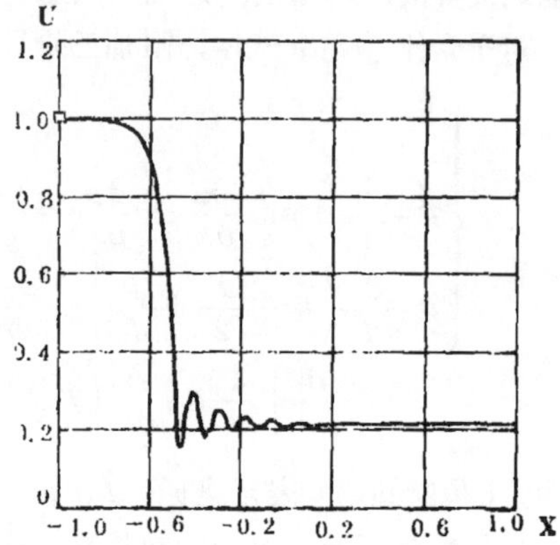

图 1b　正激波流动　$\alpha=3.0$，$\beta=1.5$，$M_\infty=4$

□ 起始点

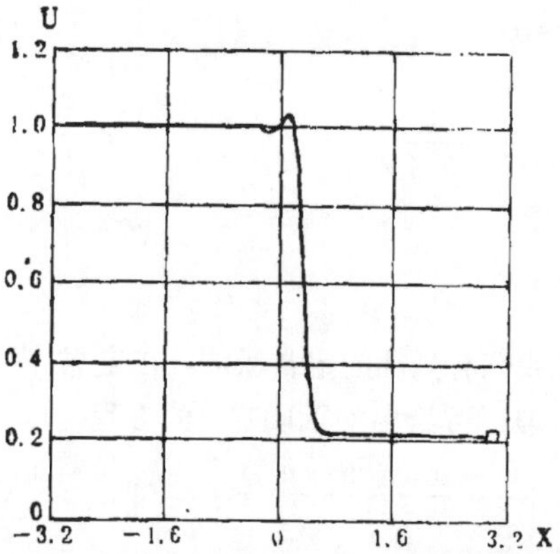

图 2a　正激波流动　$\alpha=-0.9$，$\beta=0.9$，$M_\infty=4$

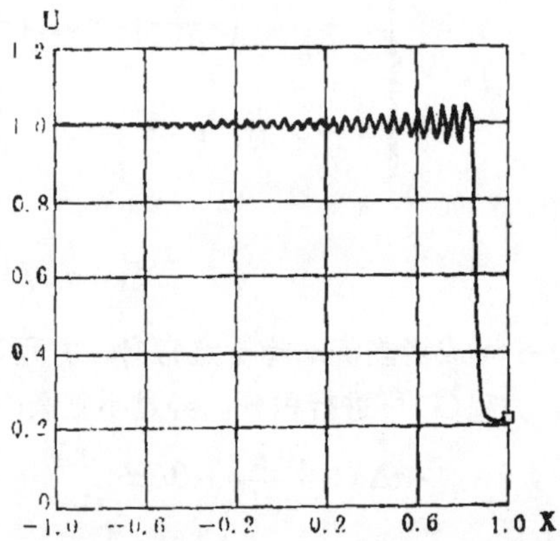

图 2b　正激波流动　$\alpha=-0.6$，$\beta=3.0$，$M_\infty=4$

□ 起始点

动。图 2 表明，当在激波上、下游 $\alpha<0$ 时，下游总是光滑的，但上游出现波动。图 3 表明，如果在激波上游 $\alpha>0$，而在激波下游 $\alpha<0$，则激波上、下游的差分解都是光滑的。数值模拟完全证实了文献[10]中定性分析的结论。另外，由方程(1)，根据熵 S 的

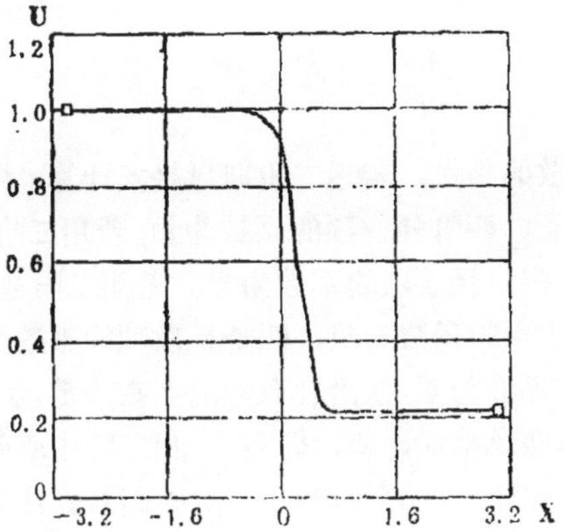

图 3　正激波流动

$\alpha_{上游}=0.9$，$\alpha_{下游}=-0.9$，$\beta=0.9$．$M_{\infty}=4.0$

□ 起始点

定义，经过运算后易得如下熵变化方程：

$$\rho T\frac{DS}{Dt}=\frac{4}{3}\mu\left(\frac{\partial u}{\partial x}\right)^2+3\nu_3\frac{\partial u}{\partial x}\frac{\partial^2 u}{\partial x^2} \tag{4}$$

这里$\frac{DS}{Dt}$是熵的个体导数。对于真实的物理激波，在激波上游，$\frac{\partial u}{\partial x}<0$，$\left(\frac{\partial^2 u}{\partial x^2}\right)<0$，因而$\left(\frac{\partial u}{\partial x}\right)\left(\frac{\partial^2 u}{\partial x^2}\right)>0$。在激波下游$\frac{\partial u}{\partial x}<0$，$\frac{\partial^2 u}{\partial x^2}>0$，因而$\left(\frac{\partial u}{\partial x}\right)\left(\frac{\partial^2 u}{\partial x^2}\right)<0$。这种情况表明，如果在全区内$\nu_3>0$，则激波上游是满足熵增条件的，如果$\mu$很小（Euler方程$\mu=0$），下游则不满足熵增条件。如果在全区内，$\nu_3<0$，则激波上游不满足熵增条件，但下游是满足熵增条件的。如果在激波上游，$\nu_3>0$，而在激波下游，$\nu_3<0$，则激波上、下游都是满足熵增条件的。

应该指出，由于在激波过渡区，可能有个别点$\frac{\partial u}{\partial x}\frac{\partial^2 u}{\partial x^2}=0$，因此当$\mu=0$时，在这个别点，可能熵增条件得不到满足。

三、无波动、无自由参数的耗散格式的建立

首先研究如下一维标量方程：

$$\frac{\partial u}{\partial t}+\frac{\partial f(u)}{\partial x}=0 \tag{5}$$

这里f是u的函数，且设$f=au$及$a=\frac{\partial f}{\partial u}$，其中，$a$为其特征值，显然它可写为

$$a=a^{+}+a^{-}$$

式中$a^{+}=1/2(a+|a|)$，$a^{-}=1/2(a-|a|)$。引入$f^{+}=a^{+}u$，$f^{-}=a^{-}u$，于是，

$$f=f^{+}+f^{-}$$

这样(5)可表达为：

$$\frac{\partial u}{\partial t}+\frac{\partial f^{+}}{\partial x}+\frac{\partial f^{-}}{\partial x}=0 \tag{6}$$

大家知道，对于半离散的格式，若用二阶迎风格式计算 $\partial f^{+}/\partial x$，其修正方程式右端的三阶导数项的系数为正，四阶耗散项的系数为负；若用二阶中心格式计算 $\partial f^{+}/\partial x$，则三阶导数项的系数为负，四阶耗散项的系数为零。若用二阶迎风格式计算 $\partial f^{-}/\partial x$，其修正方程式右端的三阶导数项的系数为负，四阶耗散项的系数为负；若用中心格式计算 $\partial f^{-}/\partial x$，则三阶导数项的系数为正，四阶耗散项的系数为零。利用这些结论，如果在激波区的上游，$\partial f^{+}/\partial x$ 用二阶迎风格式计算，$\partial f^{-}/\partial x$ 用二阶中心差分计算；而在激波区下游，$\partial f^{-}/\partial x$ 用二阶迎风格式计算，$\partial f^{+}/\partial x$ 用二阶中心差分计算，则半离散格式的修正方程式在激波区上游，三阶导数项的系数恒为正，在激波区下游，三阶导数项的系数恒为负，而四阶导数项的系数在激波上、下游皆为负。根据第二节的研究，如此设计的半离散化的差分计算式，在激波上、下游(除个别点外)，其差分解是无波动的。且又由于在全区四阶导数项的系数为负，在物理解光滑的区域可抑制差分解的奇偶失连的波动。

综上所述，半离散化的差分算式是：

在激波上游区：

$$\left(\frac{\partial u}{\partial t}\right)_{j}^{n}=-\frac{3f_{j}^{+n}-4f_{j-1}^{+n}+f_{j-2}^{+n}}{2\Delta x}-\frac{f_{j+1}^{-n}-f_{j-1}^{-n}}{2\Delta x} \tag{7}$$

在激波下游区：

$$\left(\frac{\partial u}{\partial t}\right)_{j}^{n}=-\frac{-3f_{j}^{-n}+4f_{j+1}^{-n}-f_{j+2}^{-n}}{2\Delta x}+\frac{f_{j+1}^{+n}-f_{j-1}^{+n}}{2\Delta x} \tag{8}$$

经过不复杂的计算，(7)、(8)两式亦可表示为：

$$\left(\frac{\partial u}{\partial t}\right)_{j}^{n}=-\frac{1}{\Delta x}\left(h_{j+\frac{1}{2}}^{n}-h_{j-\frac{1}{2}}^{n}\right) \tag{9}$$

式中

$$h_{j+\frac{1}{2}}=f_{j+\frac{1}{2}L}^{+}+f_{j+\frac{1}{2}R}^{-} \tag{10}$$

$$f_{j+\frac{1}{2}L}^{+}=\begin{cases}f_{j}^{+}+\frac{1}{2}\Delta f_{j-\frac{1}{2}}^{+} & (\text{上游区})\\ f_{j}^{+}+\frac{1}{2}\Delta f_{j+\frac{1}{2}}^{+} & (\text{下游区})\end{cases} \tag{11}$$

$$f_{j+\frac{1}{2}R}^{-}=\begin{cases}f_{j+1}^{-}-\frac{1}{2}\Delta f_{j+\frac{1}{2}}^{-} & (\text{上游区})\\ f_{j+1}^{-}-\frac{1}{2}\Delta f_{j+\frac{3}{2}}^{-} & (\text{下游区})\end{cases} \tag{12}$$

$$\Delta f_{j+\frac{1}{2}}^{+}=f_{j+1}^{+}-f_{j}^{+}$$

$$\Delta f_{j+\frac{1}{2}}^{-}=f_{j+1}^{-}-f_{j}^{-}$$

(11)式表明，在计算 $f^+_{j+\frac{1}{2}L}$ 时，其激波上、下游分别需在($\Delta f^{+n}_{j-\frac{1}{2}}$；$\Delta f^{+n}_{j+\frac{1}{2}}$)中选择自己相应的值；同样在计算 $f^-_{j+\frac{1}{2}R}$ 时，激波上、下游也应在($\Delta f^-_{j+\frac{1}{2}}$，$\Delta f^-_{j+\frac{3}{2}}$)中选择其相应的值。大家知道，对于物理量 u 单调变化的激波(如图 3)，$\Delta u_{j-\frac{1}{2}}$ 与 $\Delta u_{j+\frac{1}{2}}$ 的符号是相同的，且在激波上游，$\Delta u_{j-\frac{1}{2}}$ 的绝对值小，在激波下游，$\Delta u_{j+\frac{1}{2}}$ 的绝对值小。又由于在(9)中空间差分保持二阶精度的范围内，

$$\begin{cases}\Delta f^+_{j-\frac{1}{2}}=f^+_j-f^+_{j-1}=a^+_j\,\Delta u_{j-\frac{1}{2}}\\ \Delta f^+_{j+\frac{1}{2}}=f^+_{j+1}-f^+_j=a^+_j\,\Delta u_{j+\frac{1}{2}}\end{cases}$$

$$\Delta f^-_{j+\frac{1}{2}}=f^-_{j+1}-f^-_j=a^-_{j+1}\,\Delta u_{j+\frac{1}{2}}$$

$$\Delta f^-_{j+\frac{3}{2}}=f^-_{j+2}-f^-_{j+1}=a^-_{j+1}\,\Delta u_{j+\frac{3}{2}}$$

因此 $\Delta f^+_{j-\frac{1}{2}}$ 与 $\Delta f^+_{j+\frac{1}{2}}$ 的符号是相同的，且在激波上游 $\Delta f^+_{j-\frac{1}{2}}$ 的绝对值小；在激波下游 $\Delta f^+_{j+\frac{1}{2}}$ 的绝对值小。同样，$\Delta f^-_{j+\frac{1}{2}}$ 与 $\Delta f^-_{j+\frac{3}{2}}$ 的符号也相同，在激波上游，$\Delta f^-_{j+\frac{1}{2}}$的绝对值小，在激波下游，$\Delta f^-_{j+\frac{3}{2}}$的绝对值小。如果 min mod$(x, y)$有如下含义：

第一，当 x，y 同号时，min mod(x, y)取值为 x，y 中绝对值最小的那个元素，此时(11)(12)可统一写为：

$$f^+_{j+\frac{1}{2}L}=f^+_j+\frac{1}{2}\min\bmod(\Delta f^+_{j-\frac{1}{2}},\ \Delta f^+_{j+\frac{1}{2}})\tag{13}$$

$$f^-_{j+\frac{1}{2}R}=f^-_{j+1}-\frac{1}{2}\min\bmod(\Delta f^-_{j+\frac{1}{2}},\ \Delta f^-_{j+\frac{3}{2}})\tag{14}$$

根据上面的分析，(9)、(10)、(13)、(14)给出的半离散化的差分算式，其差分解在激波上、下游是不波动的，但其个别点，由于不满足熵增条件，差分可能出现波动。为了抑制这种波动，我们给 min mod(x, y)另加一个含义，即

第二，当(13)、(14)中，两个元素 x，y 异号时，min mod(x, y) 取值为零。在这种情况下，不难证明，(9)给出的差分算式是一阶精度的。

(9)、(10)、(13)、(14)就是我们要建立的无波动的、无自由参数的耗散格式。从建立格式的过程可以看到，除了在计算过程中，个别点有时为一阶精度外，格式是二阶精度的。因此，和激波附近一阶，其它区域二阶的混合格式比较，它捕捉激波的分辨率高了。

现在，将这种方法推广到一维 Euler 方程：

$$\frac{\partial U}{\partial t}+\frac{\partial F(U)}{\partial x}=0\tag{15}$$

这里U是向量函数，F是U的向量函数，其半离散化的无波动、无自由参数的差分格式可写成：

$$\left(\frac{\partial U}{\partial t}\right)^n_j=-\frac{1}{\Delta x}(H^n_{j+\frac{1}{2}}-H^n_{j-\frac{1}{2}})\tag{16}$$

式中，

$$H_{j+\frac{1}{2}} = F^{+}_{j+\frac{1}{2}L} + F^{-}_{j+\frac{1}{2}R} \tag{17}$$

$$F^{+}_{j+\frac{1}{2}L} = F^{+}_{j} + \frac{1}{2}\min\bmod(\Delta F^{+}_{j-\frac{1}{2}},\ \Delta F^{+}_{j+\frac{1}{2}}) \tag{18}$$

$$F^{-}_{j+\frac{1}{2}R} = F^{-}_{j+1} - \frac{1}{2}\min\bmod(\Delta F^{-}_{j+\frac{1}{2}},\ \Delta F^{-}_{j+\frac{3}{2}}) \tag{19}$$

对于一维 NS 方程：

$$\frac{\partial U}{\partial t} + \frac{\partial F}{\partial x} = \frac{\partial F_v}{\partial x} \tag{20}$$

我们仍可采用上述方法建立其对流项 $\partial F/\partial x$ 的差分算式；对于其粘性项 $\partial F_v/\partial x$，可采用二阶中心格式计算。

为了计算三维流动，采用了时间分裂法，即将三维 NS 方程

$$\frac{\partial U}{\partial t} + \frac{\partial F}{\partial x} + \frac{\partial G}{\partial y} + \frac{\partial H}{\partial z} = \frac{\partial F_v}{\partial x} + \frac{\partial G_v}{\partial y} + \frac{\partial H_v}{\partial z} \tag{21}$$

分裂为如下三个“一维型”方程：

$$\begin{cases} \dfrac{\partial U}{\partial t} + \dfrac{\partial F}{\partial x} = \dfrac{\partial F_v}{\partial x} \\ \dfrac{\partial U}{\partial t} + \dfrac{\partial G}{\partial y} = \dfrac{\partial G_v}{\partial y} \\ \dfrac{\partial U}{\partial t} + \dfrac{\partial H}{\partial z} = \dfrac{\partial H_v}{\partial z} \end{cases} \tag{22}$$

然后对每个“一维型”方程，按上面的方法，建立起相应的无波动、无自由参数的差分计算格式。

四、格式的总变差及稳定条件

总变差的概念是 Harten[14] 等人引入的。总变差减小的格式能抑制差分在激波处的波动。总变差的定义是：

$$TV^n = \sum_j |u^n_{j+1} - u^n_j| = \sum_j |\Delta u^n_{j+\frac{1}{2}}| \tag{23}$$

如果引入

$$S_{j+\frac{1}{2}} = \begin{cases} 1 & \Delta u_{j+\frac{1}{2}} \geq 0 \text{ 时} \\ -1 & \Delta u_{j+\frac{1}{2}} < 0 \text{ 时} \end{cases} \tag{24}$$

则该式可写成：

$$TV^{(n)} = \sum_j S_{j+\frac{1}{2}} \Delta u^n_{j+\frac{1}{2}} \tag{25}$$

$$\left(\frac{\partial TV}{\partial t}\right)^n = \sum_j S_{j+\frac{1}{2}} \left[\left(\frac{\partial u_{j+1}}{\partial t}\right)^n - \left(\frac{\partial u_j}{\partial t}\right)^n\right] \tag{26}$$

由(9)、(10)、(13)、(14)易得：

$$\left(\frac{\partial u}{\partial t}\right)^n_j = \left(\frac{\partial u_j}{\partial t}\right)^n = -\frac{1}{\Delta x}(\Delta f^{+n}_{j-\frac{1}{2}} + \Delta f^{-n}_{j+\frac{1}{2}})$$

$$-\frac{1}{2\Delta x}\min\bmod(\Delta f_{j-\frac{1}{2}}^{+n},\ \Delta f_{j+\frac{1}{2}}^{+n})$$

$$+\frac{1}{2\Delta x}\min\bmod(\Delta f_{j-\frac{3}{2}}^{+n},\ \Delta f_{j-\frac{1}{2}}^{+n})$$

$$+\frac{1}{2\Delta x}\min\bmod(\Delta f_{j+\frac{1}{2}}^{-n},\ \Delta f_{j+\frac{3}{2}}^{-n})$$

$$-\frac{1}{2\Delta x}\min\bmod(\Delta f_{j-\frac{1}{2}}^{-n},\ \Delta f_{j+\frac{1}{2}}^{-n})$$

根据 min mod(x, y)的定义，上式亦可写成：

$$\left(\frac{\partial u}{\partial t}\right)_j^n=-\frac{1}{\Delta x}(\Delta f_{j-\frac{1}{2}}^{+n}+\Delta f_{j+\frac{1}{2}}^{-n})$$

$$-\frac{1}{2\Delta x}k_1\Delta f_{j-\frac{1}{2}}^{+n}+\frac{1}{2\Delta x}k_2\Delta f_{j-\frac{1}{2}}^{+n}$$

$$+\frac{1}{2\Delta x}k_3\Delta f_{j+\frac{1}{2}}^{-n}-\frac{1}{2\Delta x}k_4\Delta f_{j+\frac{1}{2}}^{-n}$$

这里

$$0\le k_i\le 1\qquad i=1,\ 2,\ 3,\ 4\tag{27}$$

于是上式可写成：

$$\left(\frac{\partial u}{\partial t}\right)_j^n=-\frac{1}{\Delta x}\alpha\Delta f_{j-\frac{1}{2}}^{+n}-\frac{1}{\Delta x}\beta\Delta f_{j+\frac{1}{2}}^{-m}\tag{28}$$

式中

$$\alpha=\left[1-\frac{1}{2}(k_2-k_1)\right]$$

$$\beta=\left[1-\frac{1}{2}(k_3-k_4)\right]$$

利用(27)易知：

$$\alpha\ge\frac{1}{2}\qquad\beta\ge\frac{1}{2}$$

另一方面(28)亦可写成：

$$\left(\frac{\partial u}{\partial t}\right)_j^n=-\hat{\alpha}_{j-\frac{1}{2}}\Delta u_{j-\frac{1}{2}}^n+\hat{\beta}_{j+\frac{1}{2}}\Delta u_{j+\frac{1}{2}}^n\tag{29}$$

其中

$$\hat{\alpha}_{j-\frac{1}{2}}=\frac{1}{\Delta x}\cdot\frac{f_j^{+n}-f_{j-1}^{+n}}{u_j^n-u_{j-1}^n}\alpha$$

$$\hat{\beta}_{j+\frac{1}{2}}=-\frac{1}{\Delta x}\frac{f_{j+1}^{-n}-f_j^{-n}}{u_{j+1}^n-u_j^n}\beta$$

由于

$$\frac{\partial f^+}{\partial u}=a^+\geq 0,\quad \frac{\partial f^-}{\partial u}=a^-\leq 0$$

因此

$$\frac{f_j^{+n}-f_{j-1}^{+n}}{u_j^n-u_{j-1}^n}\geq 0,\quad \frac{f_{j+1}^{-n}-f_j^{-n}}{u_{j+1}^n-u_j^n}\leq 0$$

这就得到：

$$\begin{cases}\hat{\alpha}_{j+\frac{1}{2}}\geq 0\\ \hat{\beta}_{j+\frac{1}{2}}\geq 0\end{cases}\tag{30}$$

将(29)代入(26)，得：

$$\left(\frac{\partial TV}{\partial t}\right)^n=\sum_j S_{j+\frac{1}{2}}\{-\hat{\alpha}_{j+\frac{1}{2}}\Delta u_{j+\frac{1}{2}}^n+\hat{\beta}_{j+\frac{3}{2}}\Delta u_{j+\frac{3}{2}}^n$$

$$+\hat{\alpha}_{j-\frac{1}{2}}\Delta u_{j-\frac{1}{2}}^n-\hat{\beta}_{j+\frac{1}{2}}\Delta u_{j+\frac{1}{2}}^n\}$$

将该式整理后得：

$$\left(\frac{\partial TV}{\partial t}\right)^n=-\sum_j v_{j+\frac{1}{2}}S_{j+\frac{1}{2}}\Delta u_{j+\frac{1}{2}}^n=-\sum_j v_{j+\frac{1}{2}}\left|\Delta u_{j+\frac{1}{2}}^n\right|\tag{31}$$

式中

$$v_{j+\frac{1}{2}}=\hat{\alpha}_{j+\frac{1}{2}}\left(1-\frac{S_{j+\frac{3}{2}}}{S_{j+\frac{1}{2}}}\right)+\hat{\beta}_{j+\frac{1}{2}}\left(1-\frac{S_{j-\frac{1}{2}}}{S_{j+\frac{1}{2}}}\right)$$

由(24)、(30)易知，$v_{j+\frac{1}{2}}\geq 0$，再由(31)可得：

$$\left(\frac{\partial TV}{\partial t}\right)^n\leq 0\tag{32}$$

这表明本文给出的差分算式，总变差是减小的。

对(9)、(10)、(13)、(14)给出的格式进行线性稳定性分析，可以证明，当$(\partial u/\partial t)_j^n$用一阶精度的差分计算时，稳定性条件是：$\frac{|a|\Delta t}{\Delta x}\leq\frac{2}{3}$，如$\left(\frac{\partial u}{\partial t}\right)_j^n$用二阶精度的差分计算，稳定条件为：$\frac{|a|\Delta t}{\Delta x}\leq 1$。

五、推广的二阶 ГодунOB 格式

根据上节的研究，对于方程(15)，由(16)可给出如下时间为一阶、空间为二阶（个别点除外)的无波动、无自由参数的计算格式：

$$U_j^{n+1}=U_j^n-\frac{\Delta t}{\Delta x}(H_{j+\frac{1}{2}}^n-H_{j-\frac{1}{2}}^n)\tag{33}$$

式中，$H_{i+\frac{1}{2}}$由(17)、(18)和(19)表达。本节证明(33)就是推广的时间一阶、空间二阶的 Годунов 格式。

事实上，引入

$$\bar{U}_i=\frac{1}{\Delta x}\int_{x_{i-\frac{1}{2}}}^{x_{i+\frac{1}{2}}} U dx \tag{34}$$

将(15)由 $x=x_{i-\frac{1}{2}}$ 到 $x=x_{i+\frac{1}{2}}$ 积分，可以得到：

$$\left(\frac{\partial \bar{U}}{\partial t}\right)_i+\frac{1}{\Delta x}(F_{i+\frac{1}{2}}-F_{i-\frac{1}{2}})=0. \tag{35}$$

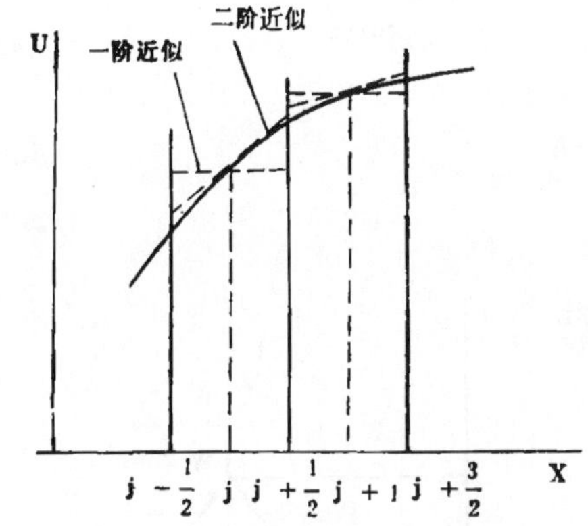

图 4　Годунов 一阶、二阶近似

引入

$$H^n_{i+\frac{1}{2}}=\frac{1}{\Delta t}\int_{t_n}^{t_n+\Delta t} F_{i+\frac{1}{2}}\, dt \tag{36}$$

将(35)由 t_n 到 $t_{n+1}=t_n+\Delta t$ 对时间积分得：

$$\bar{U}^{n+1}_i=\bar{U}^n_i-\frac{\Delta t}{\Delta x}(H^n_{i+\frac{1}{2}}-H^n_{i-\frac{1}{2}}) \tag{37}$$

Годунов 曾假设，在区域 $x_{i-\frac{1}{2}}$ 到 $x_{i+\frac{1}{2}}$内，U用常量近似，并取 x_i 点的值 U_i (图4)，此时(34)给出

$$\bar{U}_i=U_i \tag{38}$$

这样，在 $x_{i+\frac{1}{2}}$ 处，其左右两方的U 将构成带初始间断的 Riemann 问题。大家知道 Riemann 问题的精确解是可以求得的，因此 $F_{i+\frac{1}{2}}=F(U_{i+\frac{1}{2}})$可被求得，从而 $H^n_{i+\frac{1}{2}}$可被决定。

而在实际情况下，在 $(x_{i-\frac{1}{2}},\ x_{i+\frac{1}{2}})$内，$U$ 是变化的，它可表示为如下 Taylor 级数：

$$U=U_i+\left(\frac{\partial U}{\partial x}\right)_i(x-x_i)+\cdots \tag{39}$$

因为(38)实际上相当于(39)取第一项，所以 Годунов 的上述方法称之为一阶近似。

为了提高计算精度，现在用(39)的前两项来表示U，即研究(39)的二阶近似。在这种情况下，由(34)可知，仍有

$$\bar{U}_i=U_i$$

并且在 $x_{i+\frac{1}{2}}$ 处，仍构成带初始间断的 Riemann 问题。但是，由于采用二阶切线近似，间断的强度减小了。此时准确到 $O(\Delta x)$，Riemann 问题可被解析给出。事实上，设 $A=\partial F/\partial U$ 为其 Jacobian 矩阵，(15)可写成：

$$\frac{\partial U}{\partial t}+A\frac{\partial U}{\partial x}=0 \tag{40}$$

由(39)的二阶近似可知，在 $x_{j+\frac{1}{2}}$ 处的 Riemann 解区，$\partial U/\partial x$ 具有 $O(\Delta x)$ 的量级。另一方面，A 可表达为：$A=A^{n}_{j+\frac{1}{2}L}+O(\Delta x)$。这里 $A^{n}_{j+\frac{1}{2}L}$ 是紧靠在间断左方的 A。这样由(40)可知，如果将 A 视为常量，(40)可给出准确到 $O(\Delta x)$ 的解。下面我们在 A 为常量的假定下，求解(40)。

设矩阵 A 可写成：

$$A=R^{-1}\Lambda R \tag{41}$$

这里 Λ 为特征对角矩阵，它可表示为：

$$\Lambda=\mathrm{diag}(\lambda_1,\ \lambda_2\cdots\lambda_r,\ \lambda_{r+1}\cdots\lambda_m)$$

λ_i 为 A 的特征值。不失一般性，假定 $\lambda_i\geq 0(i=1,\ 2\cdots r)$ 及 $\lambda_i\leq 0(i=r+1\cdots m)$。$R$ 是其左特征向量矩阵。将(41)代入(40)，两方左乘矩阵 R，并引入

$$W=RU=(w^{(1)},w^{(2)},\cdots w^{(r)},w^{(r+1)},\cdots w^{(m)})^T \tag{42}$$

则得：

$$\frac{\partial W}{\partial t}+\Lambda\frac{\partial W}{\partial x}=0 \tag{43a}$$

或者

$$\frac{\partial w^{(l)}}{\partial t}+\lambda_l\frac{\partial w^{(l)}}{\partial x}=0 \tag{43b}$$

$$(l=1,\ 2,\ \cdots r,\ r+1,\ \cdots m)$$

利用特征线方法求解方程(43)，可得：

$$w^{(l)}=\begin{cases} w^{(l)n}_{j+\frac{1}{2}L} & l=1,\ 2,\ \cdots r \\ w^{(l)n}_{j+\frac{1}{2}R} & l=r+1,\ \cdots m \end{cases}$$

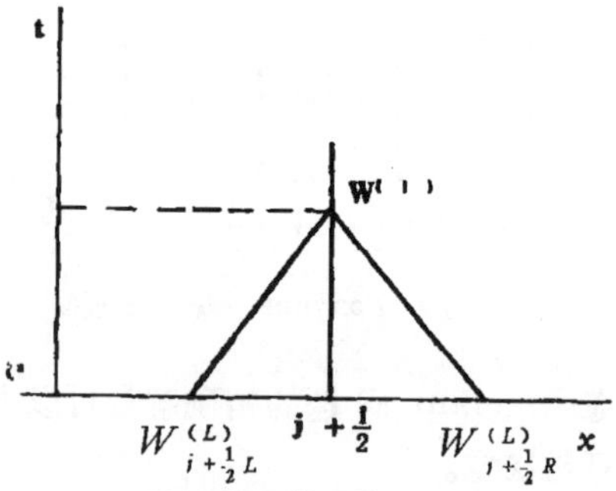

图 5 特征线及其符号意义

这里下标 $j+1/2\ L$ 表示过 $(x_{j+\frac{1}{2}},\ t)$ 点的正族特征线与 $t=t_n$ 线的交点(图 5)；下标 $j+1/2\ R$ 表示过 $(x_{j+\frac{1}{2}},\ t)$ 点的负族特征线与 $t=t_n$ 的交点。该式亦可写成

$$\Lambda W=\frac{1}{2}\Lambda(W^{n}_{j+\frac{1}{2}L}+W^{n}_{j+\frac{1}{2}R})-\frac{1}{2}|\Lambda|(W^{n}_{j+\frac{1}{2}L}-W^{n}_{j+\frac{1}{2}R})$$

式中

$$|\Lambda|=\mathrm{diag}(|\lambda_1|,\ |\lambda_2|,\ \cdots|\lambda_m|)$$

将上式左乘以 R^{-1}，由于 $F=AU=R^{-1}\Lambda RU=R^{-1}\Lambda W$，因此有：

$$F_{j+\frac{1}{2}}=\frac{1}{2}(F^{n}_{j+\frac{1}{2}L}+F^{n}_{j+\frac{1}{2}R})-\frac{1}{2}(A^{+}-A^{-})(U^{n}_{j+\frac{1}{2}L}-U^{n}_{j+\frac{1}{2}R})$$

式中

$$A^{+}=R^{-1}\Lambda^{+}R$$

$$A^{-}=R^{-1}\Lambda^{-}R$$

$$\Lambda^{+}=\mathrm{diag}(\lambda_1,\ \lambda_2,\ \cdots\lambda_r,\ 0,\ 0,\ \cdots 0)$$

$$\Lambda^- = \mathrm{diag}(0,\ 0,\ \cdots 0,\ \lambda_{r+1}\cdots\lambda_n)$$

如果再定义

$$F^+ = A^+ U$$
$$F^- = A^- U$$

则上式可写成：

$$F_{j+\frac{1}{2}} = F^{+n}_{j+\frac{1}{2}L} + F^{-n}_{j+\frac{1}{2}R} \tag{44}$$

如果在 t_n 到 $t_n+\Delta t$ 的时间间隔内，假设 $F_{j+\frac{1}{2}}$ 为常量，并取 $F^n_{j+\frac{1}{2}}$ 的值，此时(36)给出：

$$H^n_{j+\frac{1}{2}} = F^{+n}_{j+\frac{1}{2}L} + F^{-n}_{j+\frac{1}{2}R} \tag{45}$$

这里 $F^{+n}_{j+\frac{1}{2}L}$，$F^{-n}_{j+\frac{1}{2}R}$ 是 $x=x_{j+\frac{1}{2}}$ 间断处，在间断左方和右方(紧靠间断)的值。

在 U 用(39)前两项表达的情况下，在区间 $(x_{j-\frac{1}{2}},\ x_{j+\frac{1}{2}})$ 内 F 也是变化的，仿照(39)，它可表达为：

$$F^{+n}_{j+\frac{1}{2}L} = F^{+n}_j + \frac{1}{2}\left(\frac{\partial F^+}{\partial x}\right)_j \Delta x \tag{46}$$

$$F^{-n}_{j+\frac{1}{2}R} = F^{-n}_{j+1} - \frac{1}{2}\left(\frac{\partial F^-}{\partial x}\right)_{j+1} \Delta x \tag{47}$$

准确到 $O(\Delta x)$，(46)中 $(\partial F/\partial x)_j$ 可用一阶差商表示。这样，$(\partial F/\partial x)_j$ 将有两种算法：

$$\left(\frac{\partial F}{\partial x}\right)_j \approx \frac{F_j - F_{j-1}}{\Delta x} \quad 或者 \quad \left(\frac{\partial F}{\partial x}\right)_j \approx \frac{F_{j+1} - F_j}{\Delta x}$$

从物理意义上考虑，在这两个表达式中，应选用差商绝对值小的那个，因此，选择准则是：

$$\left(\frac{\partial F^+}{\partial x}\right)_j = \frac{1}{\Delta x} \min \bmod\,(\Delta F^{+n}_{j-\frac{1}{2}},\ \Delta F^{+n}_{j+\frac{1}{2}})$$

于是(46)可写成

$$F^+_{j+\frac{1}{2}L} = F^+_j + \frac{1}{2} \min \bmod(\Delta F^+_{j-\frac{1}{2}},\ \Delta F^+_{j+\frac{1}{2}})$$

同样，

$$F^-_{j+\frac{1}{2}R} = F^-_{j+1} - \frac{1}{2} \min \bmod\,(\Delta F^-_{j+\frac{1}{2}},\ \Delta F^-_{j+\frac{3}{2}})$$

将(45)和此二式与(17)、(18)、(19)比较，不难看出它们是相同的。因此上节给出的计算格式可以看作 Годунов 格式的推广。

六、格式的应用

为了验证本文给出的差分格式的有效程度，在作者倡导下，作者的合作者们完成了以下计算：

1. Burgers 方程的计算(毛枚良[12])

出发方程为：

$$\frac{\partial u}{\partial t}+u\frac{\partial u}{\partial x}-\mu\frac{\partial^2 u}{\partial x^2} \tag{48}$$

边界条件和起始条件是：

$$\begin{cases} u(t,\ -1)=0.5 \\ u(t,\ 1)=-0.5 \\ u(0,\ x)=-\dfrac{1}{2}x \end{cases} \tag{49}$$

图6给出的是 $\mu=10^{-4}$ 的计算结果。图7是 $\mu=10^{-2}$ 的计算结果。对 $\mu=10^{-8}$ 也作了计算，其结果与图6几乎没有差别，因而没有示出。图中实线是精确解。可以看出数值解和精确解很一致。当 $\mu\leq10^{-4}$ 时，激波仅跨越一个网格点，格式对激波的分辨率高。

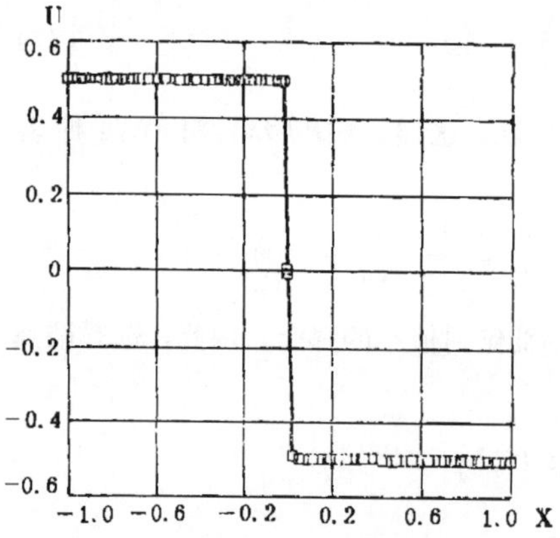

图6 计算给出的 Burgers 方程的解 $\mu=10^{-4}$
—— Burgers 解，□ 数值计算解

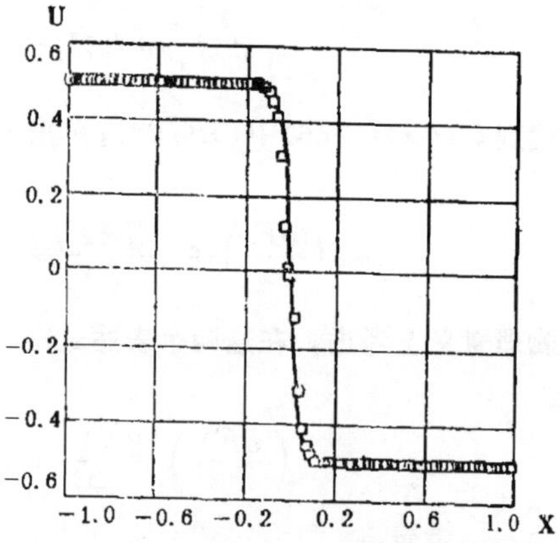

图7 计算给出的 Burgers 方程的解 $\mu=0.01$
—— Burgers 解，□ 数值计算解

2. 激波管流动的模拟(毛枚良[12])

出发方程为：

$$\frac{\partial U}{\partial t}+\frac{\partial F}{\partial x}=0 \tag{50}$$

$$U=\begin{pmatrix}\rho \\ \rho u \\ \rho E\end{pmatrix},\quad E=\frac{1}{\gamma-1}\frac{p}{\rho}+\frac{u^2}{2}$$

$$F=\begin{pmatrix}\rho u \\ \rho u^2+p \\ (\rho E+p)u\end{pmatrix},\quad \gamma=1.4$$

初始条件是：

$$U(x,0)=\begin{cases}U_L & x<0\\ U_R & x>0\end{cases}$$

$$U_L=\begin{pmatrix}1\\0\\2.5\end{pmatrix}$$

$$U_R=\begin{pmatrix}0.125\\0\\0.25\end{pmatrix}$$

计算采用了 130 个空间网格点。$(\partial u/\partial t)$；用一阶前向差分。图 8 是计算给出的第 60 个时间步长的密度、压力分布与精确结果的比较。

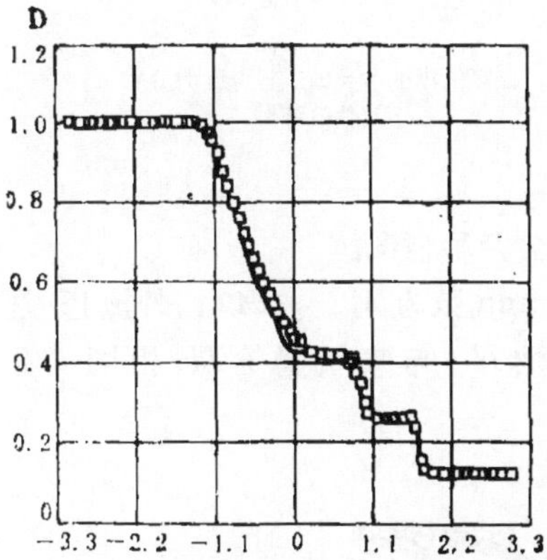

图 8a　计算给出的激波管内流动的密度分布
—— Riemann 解，□ 数值计算解

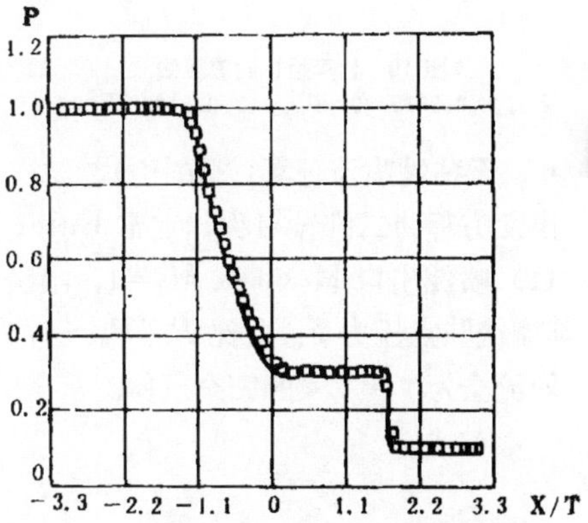

图 8b　计算给出的激波管内流动的压力分布
—— Riemann 解，□ 数值计算解

3. 无粘性激波在固壁上的反射（郑敏[13]）

出发方程为二维非定常 Euler 方程，边界条件如图 9 所示，取均匀流场为初始条件。

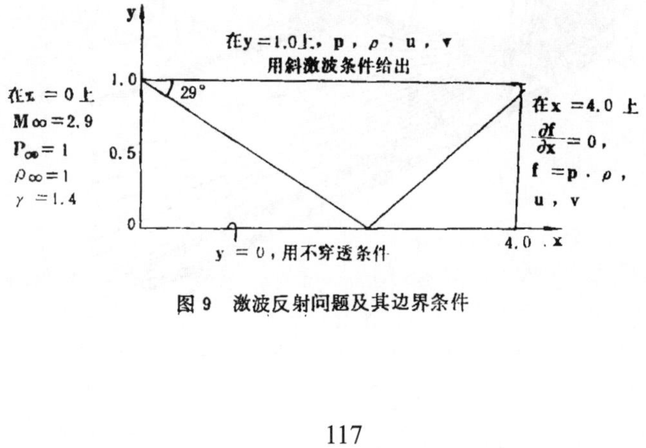

图 9　激波反射问题及其边界条件

图 10 是计算给出的等压线分布，图中清晰地显示出入射及反射激波。图 11 是计算给出的 $y=0.5$ 上的压力分布。

图 10 计算给出的等压线
$P_{max}=0.3515690$ $P_{min}=7.6701932$ E-02

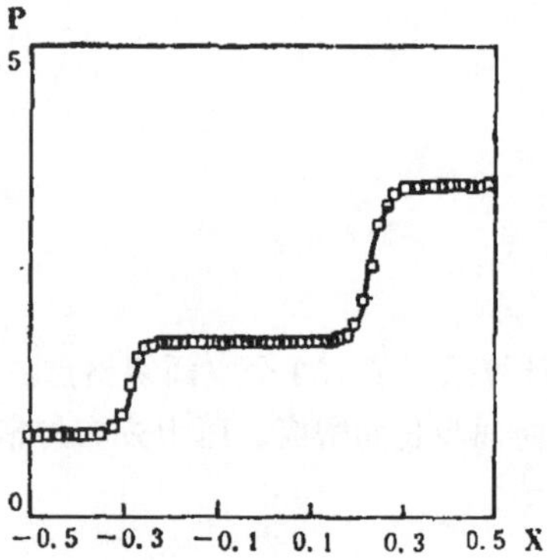

图 11 计算给出的 $y=0.5$ 上的压力分布
□ 数值解

4．无粘性喷流计算(郑敏[14])

出发方程为二维轴对称非定常 Euler 方程。计算分两种情况：

(1) 喷流出口 Mach 数 $M_j=1$，喷流外部流动 Mach 数为 $M_\infty=3.42$，外流压力 P_∞ 与喷流驻点压力 P_{0j} 之比 $P_\infty/P_{0j}=1/60$。外流总焓 H_∞ 与喷流总焓 H_j 相同。喷流、外流全为 $\gamma=1.4$ 的完全气体。

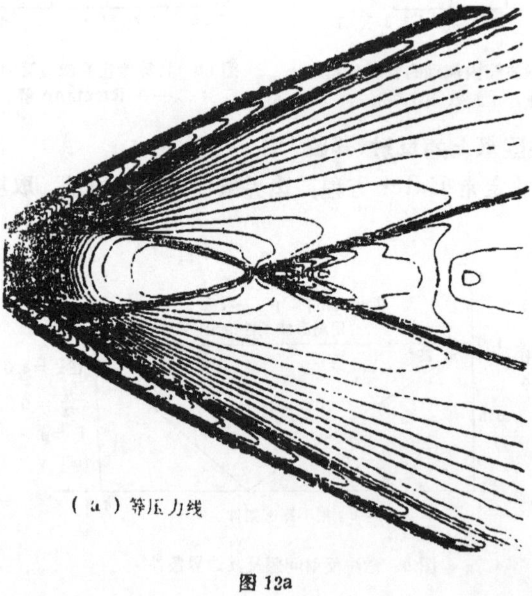

图 12a

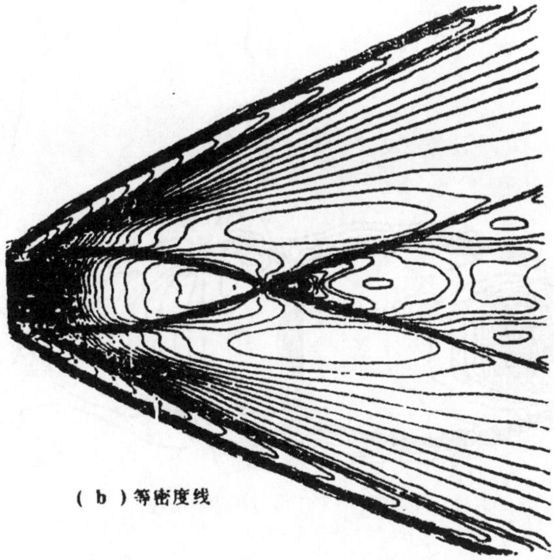

(b) 等密度线

图 12　计算给出的喷流的等压线和等密度线(外流为超声速)

图 12 是计算给出的等压线、等密度线分布。图 13 给出的是轴线上的 Mach 数分布。

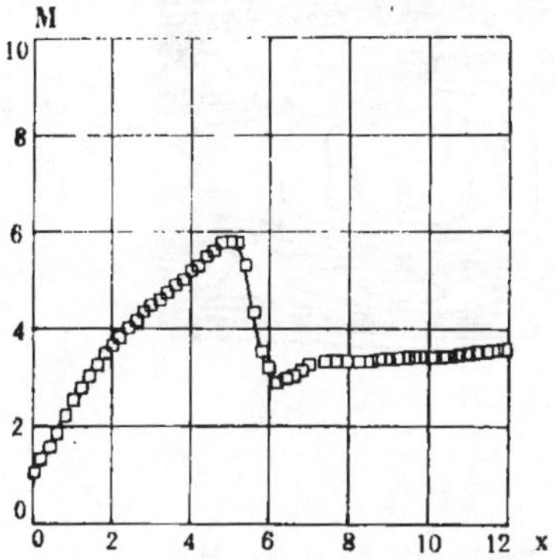

图 13　计算给出的有超声速外流的喷流轴线上的 March 数分布

(2) 喷流出口 $M_j=1$，喷流外部大气静止，$M_\infty=0$，$P_\infty/P_{0j}=1/50$，$H_\infty=H_j$，喷流和大气的 $\gamma=1.4$。

图 14 是计算给出的等压线、等密度线分布。图 15 是对称轴上的压力、Mach 数分布。图中清晰地显示出马氏盘的位置。

5．高超声速无粘性气体绕二维截面的定常流动(叶友达[15])

图 16 是计算外形。来流 $M_\infty=10$，攻角 $\alpha=0°$，完全气体 $\gamma=1.4$。主激波用装配法，内激波用捕捉法。出发方程为二维非定常 Euler 方程。计算采用贴体网格(图16)，物面用不穿透条件。并且物面和激波条件均采用特征关系表达。

图 17 是计算给出的流场等压线分布。图 18 是计算给出的表面压力分布。计算清楚地给出了内伏激波。

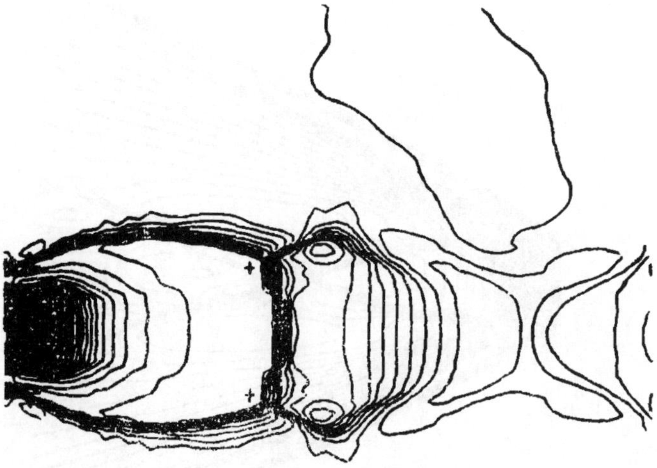

（a）压力等值线

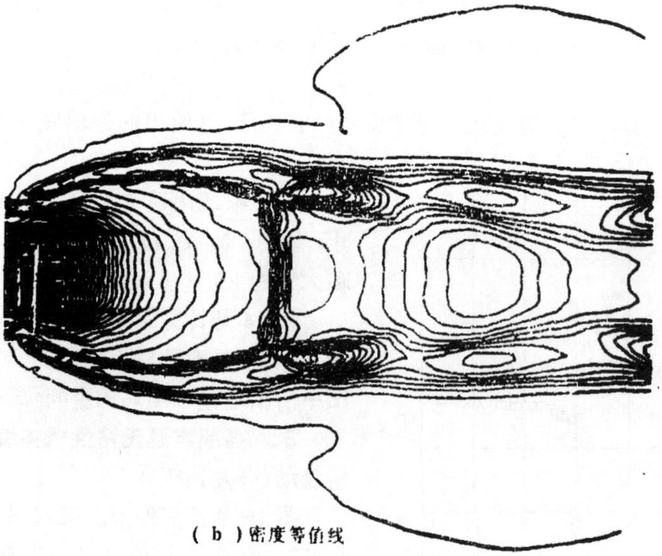

（b）密度等值线

图 11　自由喷流的等压力、等密度线

6．高超声速粘性气体绕图16所示二维剖面的流动（沈清[11]）

计算来流条件为

$$M_{\infty}=10,\ Re_{\infty}=\frac{\rho_{\infty}V_{\infty}R_{0}}{\mu_{\infty}}=10^{6}$$

（R_0为头部曲率半径），$T_{\infty}=200\ \mathrm{K}$，$\alpha=0°$，$\gamma=1.4$。出发方程为二维非定常NS方程，

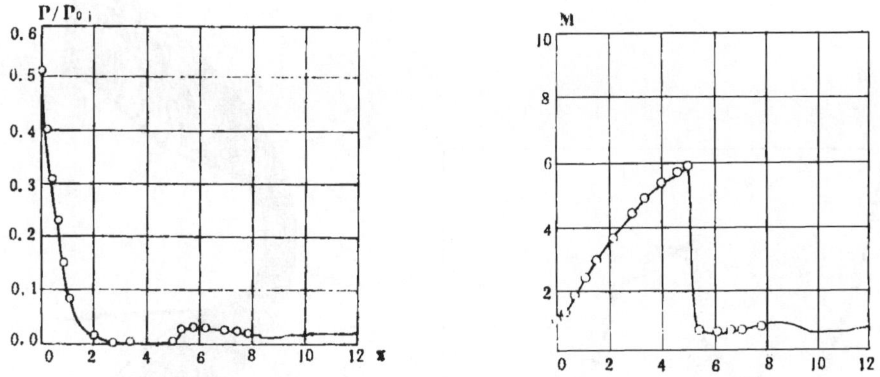

a　轴向压力分布　　　　b　轴向 M 数分布

图 15　喷流计算结果与文献[17]结果比较

○ 文献[17]　　—— 本文

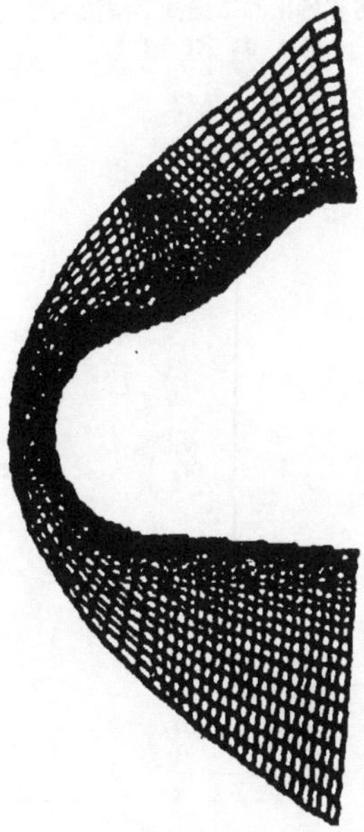

图 16　二维截面外形及其计算网格

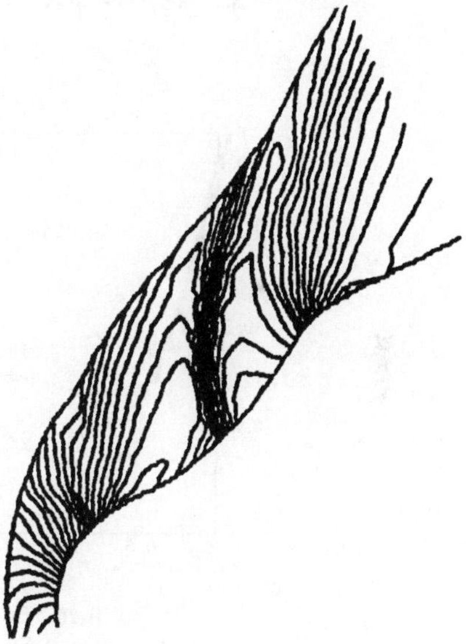

图 17　Euler 方程解给出的截面绕流流场的等压线

$M=10, \alpha=0°$　NND 格式

并利用贴体网格(图16)。主激波用装配法，物面用无滑移条件，且给定物面温度 $T_w=$ 1600 K。

图 19 是计算给出的流场等压线分布。图 20 是计算给出的表面压力与无粘流表面压力的比较。显然，当出现分离时，两者相差甚远。

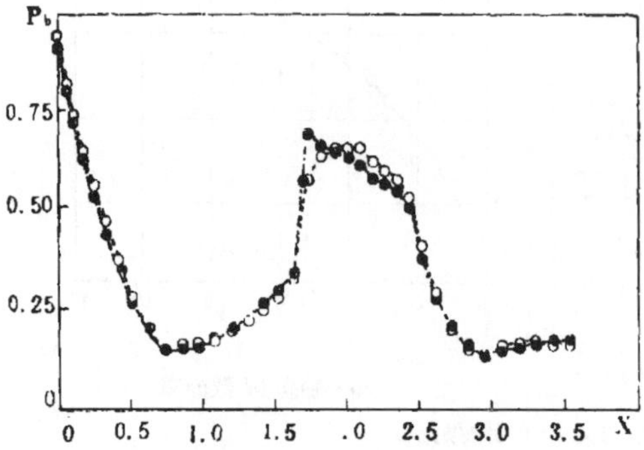

图 18 Euler 方程解给出的截面上的压力分布
M = 10 ,α = 0°
○ NND 格式 ● SCM 格式

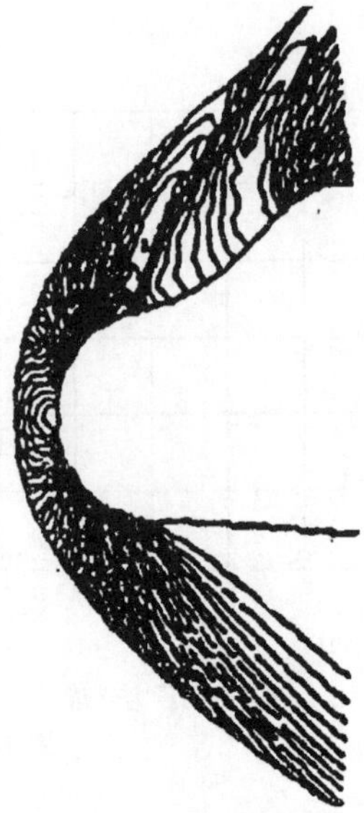

图 19 NS 方程解出的二维剖面绕流的等压线
$M=10$，$Re=10^6$

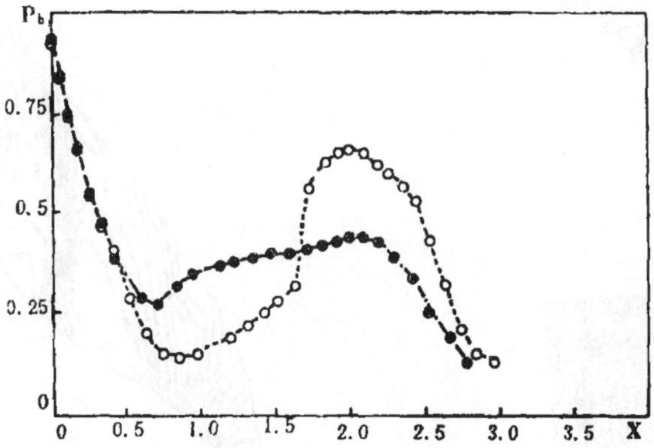

图 20 Euler 方程、NS 方程解的比较
○ 无粘 M = 10，α = 0°
● 有粘

7. 航天飞机头部区域无粘性绕流计算(叶友达[15])

出发方程为三维非定常 Euler 方程，图 21 是计算外形及贴体网格。来流 $M_\infty=10$，$\alpha=-5°$，$\gamma=1.4$。主激波用装配法，物面用不穿透条件，且分别用特征关系表示激波和物面条件。图 22 给出了物面上和对称面上等压线、等密度线分布。

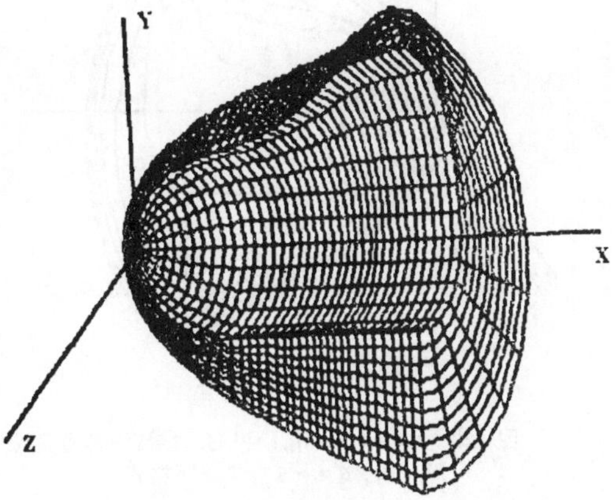

图 21　三维计算外形及其网格

8．航天飞机头部区域粘性绕流计算(沈清[16])

出发方程为三维非定常 NS 方程，来流条件为：$M_\infty=10$，$Re_\infty=10^5$，$\alpha=0°$，$\gamma=1.4$，$T_\infty=200$ K，$T_w=1600$ K。激波和物面边界均采用特征关系计算。

图 23 是计算给出的表面和对称面上的等压线和等 Mach 线分布。

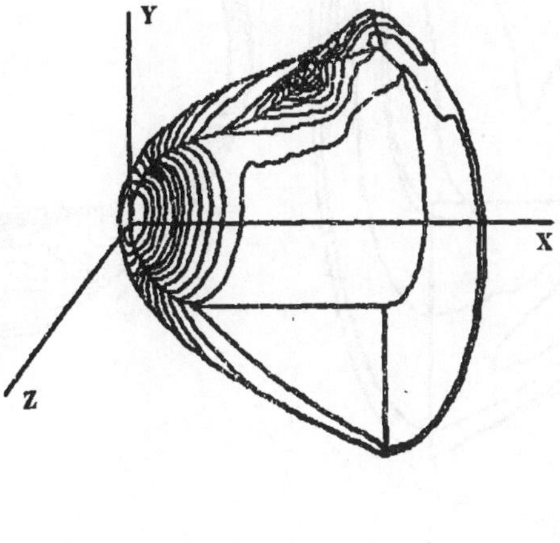

图 22a　Euler 方程解给出的三维流的等压线

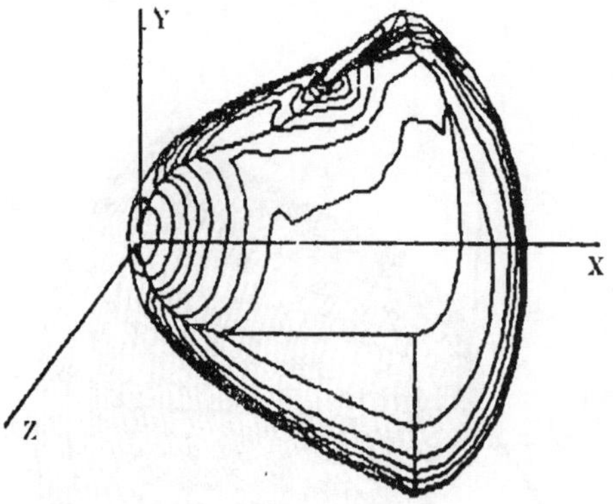

图 22b　Euler 方程解给出的三维流的等密度线
$M=10$，$\alpha=-5°$，NND 格式

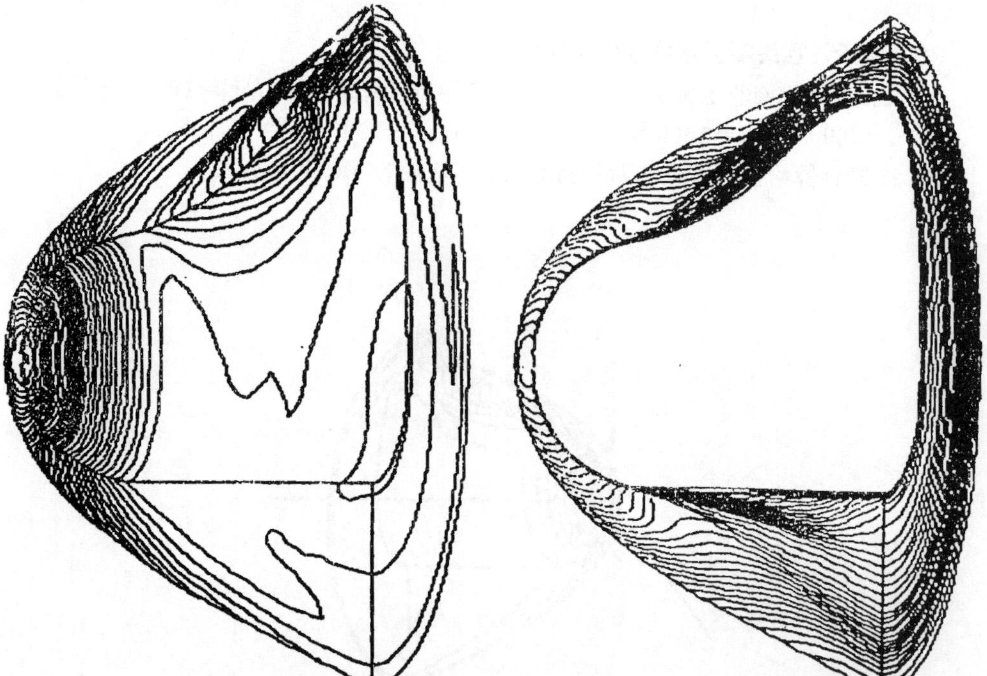

a 等压线　　　　b 等 Mach 线

图 23　NS 方程解出的三维流的等压线、等 Mach 线

以上计算结果表明，本文给出的计算格式具有适用性广，计算简单，流场分辨率高等一系列优点。由于格式的建立有很好的物理依据，上述计算所表现出来的优点是可以预料的。虽然本文格式的Courant数不比一般显式格式大，但计算表明，收敛速度不比一般显式格式低。由于稳定条件的限制，同一般显式格式一样，这个分辨率高的格式，在计算粘性流时，仍需要较长的机时。为此，发展隐式格式是必要的。

在本格式形成过程中经常与高树椿同志讨论，得到他很多帮助。庄逢甘先生也多次与作者讨论，受到不少启发。沈清、叶友达、郑敏、毛枚良等同志的计算，对作者帮助很大。在此谨向以上先生表示深切的感谢。

参 考 文 献

[1] Pulliam, T. H.: AIAA Paper ,85—0438 (1985).
[2] Jameson, A., Schmidt, W. and Turkel, E.: AIAA Paper 85—293 (1985).
[3] 张涵信等：应用数学与力学，4, 1 (1983)。
[4] Harten, A.: SIAM J. Num. Anal, 21, 1—23 (1984).
[5] Van Leer, B.: J. Comp. Phys. 32, 101—136, (1979).
[6] Chakravarthy, S.R. and Osher, S.: AIAA Paper 85—0363. (1985).
[7] Davis, S. F.: ICASE Report No. 84—20, (1984).
[8] Yee, H. C.: NASA TM 89464, (1987).
[9] Harten, A. Osher, S., Engquist. B., and Chakravarthy, S.: ICASE Report 86—18, (1986).
[10] 张涵信：空气动力学学报 1, (1983)。
[11] 张涵信：中国空气动力研究与发展中心报告 (1986)。
[12] 毛枚良：中国空气动力研究与发展中心报告，(1987)。
[13] 郑 敏：中国空气动力研究与发展中心报告，(1987)。
[14] 郑 敏：中国空气动力研究与发展中心报告，(1987)。
[15] 叶友达：中国空气动力研究与发展中心报告，(1987)。
[16] 沈 清：中国空气动力研究与发展中心报告，(1987)。
[17] Tsutomu Saito et al.: Trans. Japan Soc. Aero. Space Sci., 28, No. 82, (1986).

NON-OSCILLATORY AND NON-FREE-PARAMETER DISSIPATION DIFFERENCE SCHEME

Zhang Hanxin
(China Aerodynamics Research and Development Center)

Abstract Through a model study, the spurious oscillations occuring near shock waves with finite difference equations were found`to be related to the dispersion terms in the corresponding modified differential equation. If the signs of the dispersion coefficients are properly adjusted so that the signs change across waves, the undisirable oscillations can be totally suppressed and this fact is also in conformity with the requirement of the second law in thermodynamics, i. e. with this artifice the entropy of heat isolated system increases.

Based on the above findings, an efficient finite difference scheme is developed and in fact it is a "TVD" scheme though much simpler. Our scheme is related to the Godunov's, and may be considered as its extension.

Finally, numerical results of two-and three-dimensional flows are given with the present numerical schemes. It is shown that the algorithm is efficient and robust.

Key words finite difference scheme, numerical calculation, Navier-Stokes equation, Euler equation.

EXPLICT NND SCHEMES SOLVING EULER EQUATIONS*

Zhang Hanxin(1), **Ye Youda**(2)

ABSTRACT: Through a study for the one dimensional Navier-Stokes equations, it was found that the spurious oscillations occuring near shock waves with finite difference equations are related to the dispersion term in the corresponding modified differential equations. If the sign of the dispersion coefficient is properly adjusted so that the sign changes across shock waves, the undesirable oscillations can be totally suppressed. Based on this finding, the non-oscillatory, containing on free parameters and dissipative scheme(NND scheme) is developed. This scheme is one of "TVD". Numerical results for two and three dimensional flows show that this algorithm is efficient and robust.

Key words: Numerical simulation; TVD scheme; NND scheme; Difference calculation.

I. INTRODUCTION

In the calculation of complex flow fields containing shock waves, most attention has been paid to the shock capturing method. In order to capture shock waves smoothly without spurious oscillations near or in the shock regions, mixed dissipative schemes containing free parameters with first order accuracy near shocks and second order schemes else where have been widely used[1-4]. There are inherent disadvantages in employing these schemes. Firstly, the free parameters are basically determined through numerical experiments, secondly, the resolution of shock is not very satisfactory. Naturally, the development of non-oscillatory dissipative schemes containing no free parameters with high resolution has much been emphasized recently, such as TVD schemes[8-9] and ENO schemes[10].

In reference[11], Zhang found with a linearized analysis of one dimensional Navier-Stokes equations that when a proper manipulation of the coefficients of third order derivatives ν_3 in the corresponding modified differential equation is used, the spurious oscillation at both upstream and downstream shocks can be totally suppressed. The choice of ν_3 was not realized before. While it was usually thought that the third order dispersion term in the modified differential equation would not play an essential role in a linear problem, e.g. in the stability analysis etc. , the do contribute though nonlinear interactions to the unwanted wave structures and even lead to chaos id they are not properly treated.

Based on the above physical concepts, we suggest a new NND scheme[13] which is non-oscillatory, containing no free parameters and dissipative. The details will be described in this paper . In order to test the effectiveness of the scheme, we have carried out numerical simulations for two and three dimensional flows with the Euler equations. The results of calculations are given.

* 4-th Symposium on CFD, Japan, 1990

1 Research Scientist, Professor, CARDC, P.O Box 211, Mianyang, Sichuan, P.R. China

2 Doctoral Graduate Student. CARDC

II. THE IMPORTANCE OF THE ROLE OF THE THIRD ORDER DISPERSION TERM

Now we study the problem of one dimensional shock wave using time-dependent method. The model equation and boundary conditions are

$$\begin{cases} \dfrac{\partial u}{\partial t}+a\dfrac{\partial u}{\partial x}-\nu\dfrac{\partial^2 u}{\partial x^2}=0 \\ x\to-\infty, u\to u_\infty, \dfrac{\partial u}{\partial x}\to 0 \end{cases} \tag{2.1}$$

where

$$a=\frac{\gamma+1}{\gamma}u_\infty\left(1-\frac{u_2u_\infty}{u^2}\right)$$

$$\nu=\frac{4}{3}\frac{\mu}{\rho_\infty} \tag{2.2}$$

$$u_2=\frac{\gamma-1}{\gamma+1}\left(1+\frac{2}{\gamma-1}\frac{1}{M_\infty^2}\right)u_\infty$$

ρ, u and μ are the fluid density, velocity, and the coefficient of viscosity respectively. The variable t represents the time and x represents a coordinate (Fig. 2.1). Freestream conditions are denoted with a sign "∞". M_∞ is the freestream Mach number and γ is the radio of the specific heat. If the flow is steady and the coefficient of viscosity is constant, Equation (2.1) represents the exact Navier-Stocks equations governing normal shock wave.

If a finite difference method is applied to solving the equation (2.1), the following modified differential equation which is actually the finite difference equation can be written as

$$\frac{\partial u}{\partial t}+a\frac{\partial u}{\partial x}-\nu\frac{\partial^2 u}{\partial x^2}=\nu_2\frac{\partial^2 u}{\partial x^2}+\nu_3\frac{\partial^3 u}{\partial x^3}-\nu_4\frac{\partial^4 u}{\partial x^4}+\cdots \tag{2.3}$$

Where the right hand side represents the truncation error for difference method. For second order accurate difference method, $\nu_2=0$. Now we study the effects of coefficients $\nu_2, \nu_3, \cdots$ on the above steady solution.

In fact, if the flow is steady, the equation (2.3) can be integrated once to obtain

$$(\nu+\nu_2)\frac{\partial \bar{u}}{\partial x}+\nu_3\frac{\partial^2 \bar{u}}{\partial x^2}-\nu_4\frac{\partial^3 \bar{u}}{\partial x^3}=\frac{\gamma+1}{2\gamma}u_\infty\frac{(\bar{u}-1)(\bar{u}-\bar{u}_2)}{\bar{u}} \tag{2.4}$$

where

$$\bar{u}=\frac{u}{u_\infty}$$

$$\bar{u}_2=\frac{\gamma-1}{\gamma+1}\left(1+\frac{2}{\gamma-1}\frac{1}{M_\infty^2}\right)$$

Obviously, $\bar{u}=1$ is the nondimensional velocity in the upstream region of the inviscid shock and $\bar{u}=\bar{u}_2$ is the nondimensional velocity in the downstream region.

We assume that the numerical oscillations induced by the truncation error of difference method are small, then in the upstream region of the shock

$$\bar{u} = 1 + u' \tag{2.5a}$$

and in the downstream region of the shock

$$\bar{u} = \bar{u}_2 + u' \tag{2.5b}$$

Where $u' \Box 1$ upstream and $u' \Box \bar{u}_2$ downstream. Substituting (2.5a) and (2.5b) into the equation (2.4) and neglecting the high order small quantity, we obtain

$$v_1 \frac{\partial u'}{\partial x} + v_3 \frac{\partial^2 u'}{\partial x^2} - v_4 \frac{\partial^3 u'}{\partial x^3} = k_1 u' \qquad (upstream)$$

$$v_1 \frac{\partial u'}{\partial x} + v_3 \frac{\partial^2 u'}{\partial x^2} - v_4 \frac{\partial^3 u'}{\partial x^3} = -k_2 u' \qquad (downstream) \tag{2.6}$$

where

$$v_1 = v + v_2$$

$$k_1 = \frac{\gamma + 1}{2\gamma} u_\infty \left(1 - \bar{u}_2\right) > 0$$

$$k_2 = \frac{\gamma + 1}{2\gamma} u_\infty \frac{1 - \bar{u}_2}{\bar{u}_2} > 0$$

Equation (2.6) is linear and its solution can be determined by following characteristic equation

$$v_4 \lambda^3 - v_3 \lambda^2 - v_1 \lambda + k_1 = 0 \qquad (upstream) \tag{2.7}$$

$$v_4 \lambda^3 - v_3 \lambda^2 - v_1 \lambda - k_2 = 0 \qquad (downstream) \tag{2.8}$$

To discuss following cases is of some help:

(1) $v_1 > 0, v_3$ and v_4 are very small.

This case corresponds to using the first order difference scheme. The solution of equation (2.6) is

$$u = 1 + u' = \begin{cases} 1 + A \exp(\dfrac{k_1}{v_1} x) & (upstream \quad x < 0) \\[3mm] \bar{u}_2 + B \exp(-\dfrac{k_2}{v_1} x) & (downstream \quad x > 0) \end{cases} \tag{2.9}$$

A, B are constants. This result shows that there is no numerical oscillations in both sides of the shock.

(2) $v_2 = 0, v_3 < 0, v_4$ is very small.

For inviscid flow ($v = 0$) or the flow at high Reynolds number (v is very small), the solution of equation (2.6) is

$$\bar{u}=\begin{cases}1+A_1\exp(\frac{v_1}{2|v_3|}x)\cdot\cos\left(\frac{1}{2|v_3|}\sqrt{4|v_3|k_1-v_1^2}\cdot x\right)\\ +A_2\exp(\frac{v_1}{2|v_3|}x)\cdot\sin\left(\frac{1}{2|v_3|}\sqrt{4|v_3|k_1-v_1^2}\cdot x\right) & (upstream)\\ \bar{u}_2+A\exp\left\{\left[\frac{v_1}{2|v_3|}-\frac{1}{2|v_3|}\left(v_1^2+4k_2|v_3|\right)^{\frac{1}{2}}\right]\cdot x\right\} & (downstream)\end{cases} \tag{2.10}$$

It is very clear that the spurious oscillations occur in the upstream region of the shock, but not in the downstream region.

(3) $v_2=0, v_3>0, v_4$ is very small.

In a similar way, we can prove that the spurious oscillations occur in the downstream region of the shock, but not in the upstream region.

The cases (2) and (8) correspond to using the second order difference scheme. Through above study for one dimensional Navier-Stokes equations, it is found that the spurious oscillations occurring near the shock with the second order finite difference equations are related to the dispersion term in the corresponding modified differential equations. If we can keep $v_3>0$ in the upstream region of the shock and $v_3<0$ downstream, we may have a smooth shock transition, i.e. the undesirable oscillations can be totally suppressed[12,13].

III. A FORMULATION OF THE SEMI-DISCRETIZED NND SCHEME[13]

1. The Case for a Scalar Equation

To construct a semi- discretized NND scheme we start with an one dimensional scalar equation

$$\frac{\partial u}{\partial t}+\frac{\partial f(u)}{\partial x}=0 \tag{3.1}$$

here $f=au$ and $a=\partial f/\partial u$, a is the characteristic speed and we may write

$$a=a^++a^- \tag{3.2}$$

Where

$$a^+=(a+|a|)/2,\quad a^-=(a-|a|)/2 \tag{3.3}$$

Define

$$f^+=a^+u \quad \text{and} \quad f^-=a^-u \tag{3.4}$$

we have

$$f=f^++f^- \tag{3.5}$$

Equation (3.1) may be written as

$$\frac{\partial u}{\partial t}+\frac{\partial f^+}{\partial x}+\frac{\partial f^-}{\partial x}=0 \tag{3.6}$$

fourth order dissipative term remains zero. Based on the above findings, we may employ the following difference schemes to evaluate space derivatives:

In the upstream region of a shock

second order upwind difference be used to replace $\partial f^+ / \partial x$,

second order central difference be used to replace $\partial f^- / \partial x$.

In the downstream region of a shock

second order central difference be used to replace $\partial f^+ / \partial x$,

second order upwind difference be used to replace $\partial f^- / \partial x$.

In so doing, we have made proper choice of the sign of the coefficient of the third derivative in the modified differential equation, i.e. v_3 is positive upstream of a shock and v_3 is negative downstream of a shock and this will provide us with a sharp transition without spurious oscillations both upstream and downstream of shocks. At the same time, we notice that the coefficient of fourth order dissipative derivative is negative in the entire region, and that this helps to suppress odd-even discoupling in smooth regions of physical flows.

Now we write down the semi-discretized difference from of equation (3.6) as follows:

In the upstream region of a shock

$$\left(\frac{\partial u}{\partial t}\right)_j^n = -\left(3f_j^{+n} - 4f_{j-1}^{+n} + f_{j-2}^{+n}\right)/(2\Delta x) - \left(f_{j+1}^{-n} + f_{j-1}^{-n}\right)/(2\Delta x) \tag{3.7}$$

In the downstream region of a shock

$$\left(\frac{\partial u}{\partial t}\right)_j^n = -\left(-3f_j^{-n} + 4f_{j+1}^{-n} - f_{j+2}^{-n}\right)/(2\Delta x) - \left(f_{j+1}^{+n} - f_{j-1}^{+n}\right)/(2\Delta x) \tag{3.8}$$

Equations (3.7) and (3.8) can be combined together using the expressions for numerical flux function to form

$$\left(\frac{\partial u}{\partial t}\right)_j^n = -\left(k_{j+1/2}^n - k_{j-1/2}^n\right)/\Delta x \tag{3.9}$$

Where

$$k_{j+1/2} = f_{j+1/2L}^+ + f_{j+1/2R}^- \tag{3.10}$$

And

$$f_{j+1/2L}^+ = \begin{cases} f_j^+ + \dfrac{1}{2}\Delta f_{j-1/2}^+ & (upstream) \\ f_j^+ + \dfrac{1}{2}\Delta f_{j+1/2}^+ & (downstream) \end{cases} \tag{3.11}$$

$$f_{j+1/2R}^- = \begin{cases} f_{j+1}^- - \dfrac{1}{2}\Delta f_{j+1/2}^- & (upstream) \\ f_{j+1}^- - \dfrac{1}{2}\Delta f_{j+1/2}^- & (downstream) \end{cases} \tag{3.12}$$

$$\Delta f_{j+1/2}^{\pm} = f_{j+1}^{\pm} - f_j^{\pm} \tag{3.13}$$

$$f^+_{j+1/2L}=\begin{cases} f_j^+ +\frac{1}{2}\Delta f^+_{j-1/2} & (upstream) \\ f_j^+ +\frac{1}{2}\Delta f^+_{j+1/2} & (downstream) \end{cases} \tag{3.11}$$

$$f^-_{j+1/2R}=\begin{cases} f_{j+1}^- -\frac{1}{2}\Delta f^-_{j+1/2} & (upstream) \\ f_{j+1}^- -\frac{1}{2}\Delta f^-_{j+1/2} & (downstream) \end{cases} \tag{3.12}$$

$$\Delta f^{\pm}_{j+1/2}=f^{\pm}_{j+1}-f^{\pm}_j \tag{3.13}$$

It is clear from equation (3.11) we have to make choice between $\Delta f^+_{j-1/2}$ and $\Delta f^+_{j+1/2}$ for the upstream and downstream regions. For a shock wave with monotonic u profile it is easy to convince us that in general up to second order accuracy that $\Delta f^+_{j-1/2}$ and $\Delta f^+_{j+1/2}$ ……… are with the same algebraic sign, and in the upstream region the absolute value of $\Delta f^+_{j-1/2}$ is smaller than $\left|\Delta f^+_{j+1/2}\right|$ and the opposite is true in the downstream region. Similarly, $\Delta f^-_{j+1/2}$ and $\Delta f^-_{j+3/2}$ are also with the same sign, and the absolute value of $\Delta f^-_{j+1/2}$ is smaller than that of $\Delta f^-_{j+3/2}$ in the upstream and opposite is true in the downstream region. Therefore, if we introduce a minmod function, such that $\min\bmod(x,y)$ is equal to one of the arguments with smaller absolute value in case x and y are with the same algebraic sign, then equations (3.11) and (3.12) can be written as

$$\Delta f^+_{j+1/2L}=f^+_j+\frac{1}{2}\min\bmod\left(\Delta f^+_{j-1/2},\Delta f^+_{j+1/2}\right) \tag{3.14}$$

$$\Delta f^-_{j+1/2R}=f^-_{j+1}-\frac{1}{2}\min\bmod\left(\Delta f^-_{j+1/2},\Delta f^-_{j+3/2}\right) \tag{3.15}$$

The equation (3.9),(3.10),(3.14) and (3.15) are that we have pursued in order to establish the so called NND scheme. The schemes are second order accurate (possibly, except at some extremum points) and they are dissipative in the sense $\nu_4<0$. Therefore, in comparison with other mixed schemes which are first order accurate in the shock region and second order elsewhere, the present scheme would possess a capability of the high resolution of shock waves.

We can prove that semi-discretized NND scheme possesses TVD property.

2. Extension to Euler and Navier-Stokes Equations

It is not difficult to extend formally the scheme for scalar equation (3.1) to one dimensional Euler equations

$$\frac{\partial U}{\partial t}+\frac{\partial F(U)}{\partial x}=0$$

here U is a vector and F is a function of the vector U. The NND scheme reads in semi-discretized form

$$(\frac{\partial U}{\partial t})_j = -(H_{j+1/2} - H_{j-1/2})/\Delta x$$

Where

$$H_{j+1/2} = F^+_{j+1/2L} + F^-_{j+1/2R}$$
$$F^+_{j+1/2L} = F^+_j + 1/2 \min\bmod\left(\Delta F^+_{j-1/2}, \Delta F^+_{j+1/2}\right)$$
$$F^-_{j+1/2R} = F^-_{j+1} - 1/2 \min\bmod\left(\Delta F^-_{j+1/2}, \Delta F^-_{j+3/2}\right)$$

Now we study one dimensional Navier-Stokes equations

$$\frac{\partial U}{\partial t} + \frac{\partial F(U)}{\partial x} = \frac{\partial F_v}{\partial x}$$

where F_v is due to viscous contribution. For the convective part the NND scheme is used, for the viscous diffusive part the usual central difference schemes can be employed.

For three dimensional flow, the equations can be written as

$$\frac{\partial U}{\partial t} + \frac{\partial F}{\partial x} + \frac{\partial G}{\partial y} + \frac{\partial H}{\partial z} = \frac{\partial F_v}{\partial x} + \frac{\partial G_v}{\partial y} + \frac{\partial H_v}{\partial z} \tag{3.16}$$

where right hand of the equation (3.16) is due to viscous contribution. The well known time splitting method may be adopted, the problem si reduced to three 1-D problems:

$$\frac{\partial U}{\partial t} + \frac{\partial F}{\partial x} = \frac{\partial F_v}{\partial x} \tag{3.17}$$

$$\frac{\partial U}{\partial t} + \frac{\partial g}{\partial y} = \frac{\partial G_v}{\partial y} \tag{3.18}$$

$$\frac{\partial U}{\partial t} + \frac{\partial H}{\partial z} = \frac{\partial H_v}{\partial z} \tag{3.19}$$

For every 1-D problem, the NND scheme can be used. Define L_x, L_y, L_z for difference expressions of equations (3.17),(3.18),(3.19), then we have

$$U^{n+1} = L(\Delta t)U^n$$

$L(\Delta t)$ has the following form

$$L(\Delta t) = L_s(\Delta t/2)L_y(\Delta t/2)L_y(\Delta t)L_y(\Delta t/2)L_s(\Delta t/2)$$

or

$$L(\Delta t) = L_y(\Delta t/2)L_s(\Delta t/2)L_s(\Delta t)L_s(\Delta t/2)L_y(\Delta t/2)$$

$$L(\Delta t) = L_s(\Delta t/2)L_s(\Delta t/2)L_y(\Delta t)L_s(\Delta t/2)L_s(\Delta t/2)$$

For Euler equations we have the Δt in the above expression be chosen as

$$\Delta t = \min(\Delta t_x, \Delta t_y, \Delta t_z)$$

where

$$\Delta t_x = CFL_{\max} \Delta x / |\lambda_A|_{\max}$$

$$\Delta t_y = CFL_{\max} \Delta y / |\lambda_B|_{\max}$$

$$\Delta t_z = CFL_{\max} \Delta z / |\lambda_C|_{\max}$$

$|\lambda_A|_{\max}$ is the maximum absolute elgen value of matrix $A = \partial F / \partial U$, $|\lambda_B|_{\max}$ is the corresponding value of matrix $B = \partial G / \partial U$ and $|\lambda_C|_{\max}$ is one of matrix $C = \partial H / \partial U$. Similar expressions can be given for Navier-stokes equations.

IV. EXPLICIT NND SCHEMES

Based on above semi-discrete NND scheme, the numerical solution of the scalar equation (3.1) can be computed by following different explicit schemes discretized in time and space.

1. First Order in Time and Second Order in Space Explicit NND Scheme.

For this case, $(\frac{\partial u}{\partial t})_j$ in (3.9) is discretized using the Euler first order difference, i.e. $(\frac{\partial u}{\partial t})_j = (u_j^{n+1} - u_j^n) / \Delta t$. Then from (3.9) we have

$$u_j^{n+1} = u_j^n - \frac{\Delta t}{\Delta x}(h_{j+1/2}^n - h_{j-1/2}^n) \tag{4.1}$$

This scheme is first order in time and second order in space. It possesses TVD property. The maximum allowable Courant number is $2/3$.

Through a rearrangement for $h_{j+1/2}^n$, we can rewrite it as follows

$$\begin{aligned} h_{j+1/2} &= \frac{1}{2}[f_j + f_{j+1} - (a_{j+1/2}^+ - a_{j+1/2}^-)\Delta u_{j+1/2}] \\ &+ \frac{1}{2}\min\operatorname{mod}(\Delta f_{j-1/2}^+, \beta \Delta f_{j+1/2}^+) \\ &- \frac{1}{2}\min\operatorname{mod}(\Delta f_{j+1/2}^-, \beta \Delta f_{j+3/2}^-) \end{aligned} \tag{4.2}$$

with $\beta = 1$, In Ref. [14], Osher and Chakravarthy have obtained a TVD scheme using the flux limiter concept by simply modifying the second order upwind scheme. Our numerical flux expression (4.2) is formally just the same as theirs except the parameter β . If $\beta = 2$ is used[15], the general effect of this limiter is to reduce their scheme to first order spatial accuracy in regions of steep gradients[16]. However, NND is second order accuracy in regions of steep gradients.

For Euler equation (3.19), NND scheme can be expressed as

$$U_j^{n+1} = U_j^n - \frac{\Delta t}{\Delta x}(H_{j+1/2}^n - H_{j-1/2}^n) \tag{4.8}$$

where

$$H_{j+1/2} = F_j^+ + \frac{1}{2}\min\operatorname{mod}(\Delta F_{j+1/2}^+, \Delta F_{j-1/2}^+)$$
$$+ F_{j+1}^- - \frac{1}{2}\min\operatorname{mod}(\Delta F_{j+3/2}^-, \Delta F_{j+1/2}^-)$$

2. Second Order in Time and Space Explicit NND Scheme

This is two step predictor-corrector scheme, For equation (3.1), the scheme is

$$\begin{cases} \overline{u}_j^{n+1} = u_j^n - \dfrac{\Delta t}{\Delta x}(h_{j+1/2}^n - h_{j-1/2}^n) \\ u_j^{n+1} = \dfrac{1}{2}[u_j^n + \overline{u}_j^{n+1} - \dfrac{\Delta t}{\Delta x}(\overline{h}_{j+1/2}^{n+1} - \overline{h}_{j-1/2}^{n+1})] \end{cases} \tag{4.4}$$

This scheme is second order in time and space, and is TVD scheme. The maximum allowable Courant number is 1.

For simplicity, the predictor step of (4.4) can be also taken as

$$\overline{u}_j^{n+1} = u_j^n - \frac{\Delta t}{\Delta x}(f_{j-1/2}^{+n} + f_{j+1/2}^{-n})$$

i.e. $\min\operatorname{mod}(a,b) = 0$ in $h_{j+1/2}^n$ is used. Then the scheme which is still second order in time and space can expressed as

$$\begin{cases} \overline{u}_j^{n+1} = u_j^n - \dfrac{\Delta t}{\Delta x}(\Delta f_{j-1/2}^{+n} + \Delta f_{j+1/2}^{-n}) \\ u_j^{n+1} = u_j^n - \dfrac{\Delta t}{\Delta x}(\widetilde{h}_{j+1/2} - \widetilde{h}_{j-1/2}) \end{cases} \tag{4.5}$$

Where

$$\begin{aligned} \widetilde{h}_{j+1/2} = &\frac{1}{2}(f^{+n}_j + f_j^{\overline{+n+1}}) + \frac{1}{2}\min\operatorname{mod}(\Delta f_{j+1/2}^{\overline{+n+1}}, \Delta f_{j-1/2}^{\overline{+n+1}}) \\ &+ \frac{1}{2}(f^{-n}_{j+1} + f_{j+1}^{\overline{-n+1}}) - \frac{1}{2}\min\operatorname{mod}(\Delta f_{j+3/2}^{\overline{-n+1}}, \Delta f_{j+1/2}^{\overline{-n+1}}) \end{aligned} \tag{4.6}$$

This is also TVD scheme. The maximum allowable Courant number is 1.

Substituting (4.6) into (4.5), we can obtain

$$
\begin{aligned}
u_j^{n+1} &= \frac{1}{2}[(u_j^n + \overline{u_j^{n+1}}) - \frac{\Delta t}{\Delta x}(\Delta \overline{f_{j+1/2}^{+n+1}} + \Delta \overline{f_{j-1/2}^{-n+1}})] \\
&+ \frac{1}{2}\frac{\Delta t}{\Delta x}[(\Delta \overline{f_{j+1/2}^{+n+1}} - \min\bmod(\Delta \overline{f_{j+1/2}^{+n+1}}, \Delta \overline{f_{j-1/2}^{-n+1}}))] \\
&- \frac{1}{2}\frac{\Delta t}{\Delta x}[(\Delta \overline{f_{j-1/2}^{+n+1}} - \min\bmod(\Delta \overline{f_{j-1/2}^{+n+1}}, \Delta \overline{f_{j-3/2}^{+n+1}}))] \\
&- \frac{1}{2}\frac{\Delta t}{\Delta x}[(\Delta \overline{f_{j+1/2}^{-n+1}} - \min\bmod(\Delta \overline{f_{j+1/2}^{-n+1}}, \Delta \overline{f_{j+3/2}^{-n+1}}))] \\
&+ \frac{1}{2}\frac{\Delta t}{\Delta x}[\Delta \overline{f^{-}{}_{j-1/2}^{n+1}} - \min\bmod(\Delta \overline{f^{-}{}_{j+1/2}^{n+1}}, \Delta \overline{f^{-}{}_{j-1/2}^{n+1}})]
\end{aligned}
\tag{4.7}
$$

It is very clear that this form is the extension of MacCormack's two step predictor-correcto scheme. Adding some third order terms to MacCormack's corrector step, (4.7) becomes a TVI scheme.

For one dimensional Euler equations, we have

$$
\overline{U}_j^{n+1} = U_j^n - \frac{\Delta t}{\Delta x}(\Delta F^{+}{}_{j-1/2}^{n} + \Delta F^{-}{}_{j+1/2}^{n})
$$

$$
U_j^{n+1} = U_j^n - \frac{\Delta t}{\Delta x}(\widetilde{H}_{j+1/2} - \widetilde{H}_{j-1/2})
$$

where

$$
\begin{aligned}
\widetilde{H}_{j+1/2} &= \frac{1}{2}(F^{+}{}_j^n + \overline{F^{+}{}_j^{n+1}}) + \frac{1}{2}\min\bmod(\Delta \overline{F^{+}{}_{j+1/2}^{n+1}}, \Delta \overline{F^{+}{}_{j-1/2}^{n+1}}) \\
&+ \frac{1}{2}(F^{-}{}_{j+1}^{n} + \overline{F^{-}{}_{j+1}^{n+1}}) - \frac{1}{2}\min\bmod(\Delta \overline{F^{-}{}_{j+3/2}^{n+1}}, \Delta \overline{F^{-}{}_{j+1/2}^{n+1}})
\end{aligned}
$$

V. APPLICATIONS TO THE SOLUTIONS OF EULER EQUATIONS

1. Regular Reflection of Shock Wave and expansion wave

In order to check out shock-capturing properties of NND schemes, we consider the problem showed in Fig. 5.1, OABC is a camber, its position is defined as follows

$$
y = \begin{cases} 0 & 0 \le x < 8 \\ -0.05*(x-8)^2 & 8 \le x \le 12 \end{cases}
$$

MN is a flat plate, FA is an oblique shock wave. Computational region is OABCDEFO.

We specify a uniform $M_\infty = 2.8$, at the left boundary FO, specify the conditions behind a shock at EF, where the angle made by the incident shock wave and flat plate is 29°. A flow tangency condition is specified at boundary OABC and MN, and variables are extrapolate at boundary CED.

Since Euler equation is a hyperbolic system for this case, so we can solve them using the space marching algorithm.

The space marching computation is started with the left boundary. The grid used are $\Delta x = 0.01$ and $\Delta y = 0.025$.

Fig. 5.2 shows the pressure, density and Mach number contours evaluated with single step NND scheme, Fig. 5.3 and Fig. 5.4 show the pressure, density and Mach number contours calculated using first order upwind scheme(UP-1) and second order upwind scheme(UP-2), it is very clear that the spurious oscillations near or in the shock region can be totally suppressed with NND scheme and high resolution of NND scheme to shock capturing.

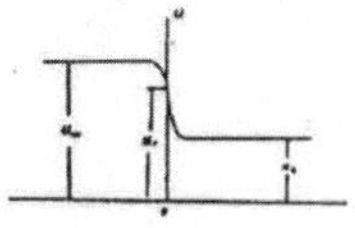

Fig 2.1 One dimensional shock wave

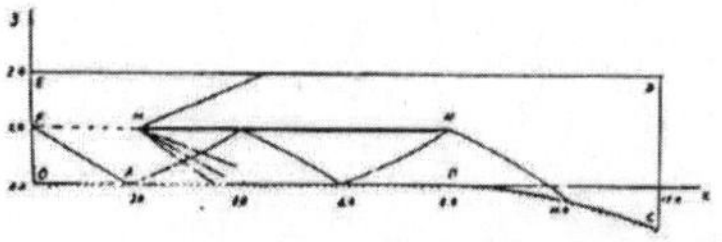

Fig 5.1 Interaction of shock wave and expansion wave

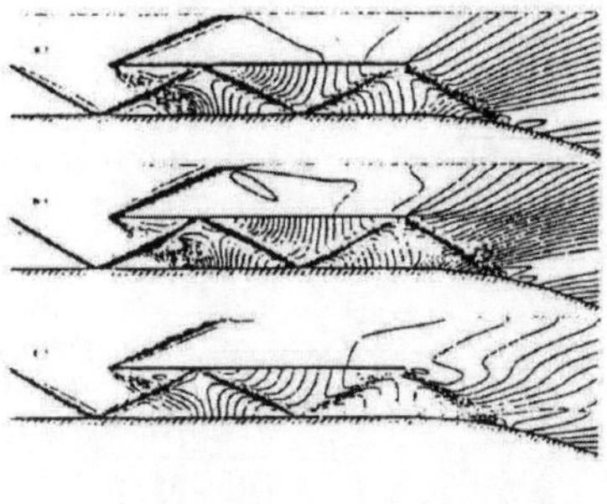

Fig 5.3(a)Pressure ,(b)Density, (c)Mach number, (Up-1)

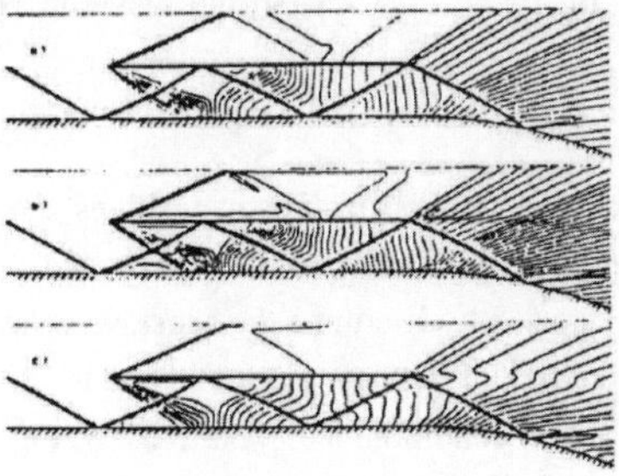

Fig 5.2 (a)Pressure ,(b)Density, (c)Mach number, (NND-1)

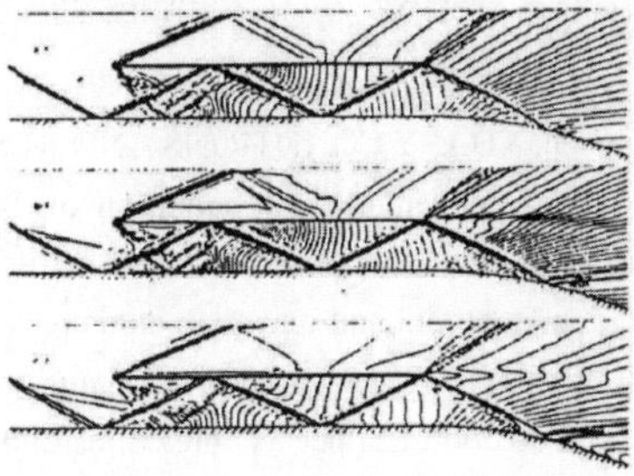

Fig 5.4(a)Pressure ,(b)Density, (c)Mach number, (Up-2)

2.Hypersonic Flow Around Space-Shuttle-Like Geometry

GOVERNING RQUATIONS AND DIFFERENCE METHOD

Here we study the hypersonic flow around space-shuttle-like geometry for complete space shuttle orbiter and is call as "QUICK Geometry Model"[22]. It is obvious that the flow is supersonic in the afterbody flowfield when the angle of attack is not very large, so the space marching method is applied to solve steady Euler equations.

In a nearly orthogonal curvilinear body fitted coordinate system with

$$\begin{cases} \xi = \xi(x) \\ \eta = \eta(x, y, z) \\ \zeta = \zeta(x, y, z) \end{cases}$$

Where x, y, z are Cartesian coordinate andξ,η,ζ are the coordinate of stream wise, circuferential and wall-normal directions respectively. The three-dimensional compressible steady Euler equations can be written in dimensionless as

$$\frac{\partial \tilde{E}}{\partial \xi}+\frac{\partial \tilde{F}}{\partial \eta}+\frac{\partial \tilde{G}}{\partial \zeta}=0 \tag{5.1}$$

Where

$$\tilde{E}=\xi_x E/J$$

$$\tilde{F}=\left(\eta_x E+\eta_y F+\eta_z G\right)/J$$

$$\tilde{G}=\left(\zeta_x E+\zeta_y F+\zeta_z G\right)/J$$

$$E=\left(\rho u, \rho u^2+p, \rho uv, \rho uw, eu+pu\right)^T$$

$$F=\left(\rho v, \rho uv, \rho v^2+p, \rho vw, ev+pv\right)^T$$

$$G=\left(\rho w, \rho uw, \rho vw, \rho w^2+p, ew+pw\right)^T$$

$$J=\frac{\partial(\xi,\eta,\zeta)}{\partial(x,y,z)}$$

Since equations (5.1) are hyperbolic and $\tilde{F}=\tilde{F}\left(\tilde{E}\right)$, $\tilde{G}=\tilde{G}\left(\tilde{E}\right)$, so the two step NND scheme (4.5) can be used.

BOUNDARY CONDTIONS AND RESULTS

Using tangential flow condition on body surface and four characteristic relations derived from Euler equations, all variables on the body can be determined. At the shock wave, the Rankine-Hugoniot and one characteristic relation can be used to determine the shock wave shape and all variables. The initial profile can be given by the time-dependent blunt body code[18]. The inviscid solution has been obtained at following freestream condition, $M_\infty=7$, $\alpha=5.0°$. In Fig.5.5, the pressure and Mach number contours on the leeward side are given, Fig.5.6 shows the pressure and Mach number contours on windward side. Fig.5.7 shows the pressure and density contours on the meridional surface $\varphi=90°$. The above results show that the bow shock and flowfields are accurately calculated without numerical oscillations. The capability of capturing shock and other discontinuities with NND schemes is satisfactory.

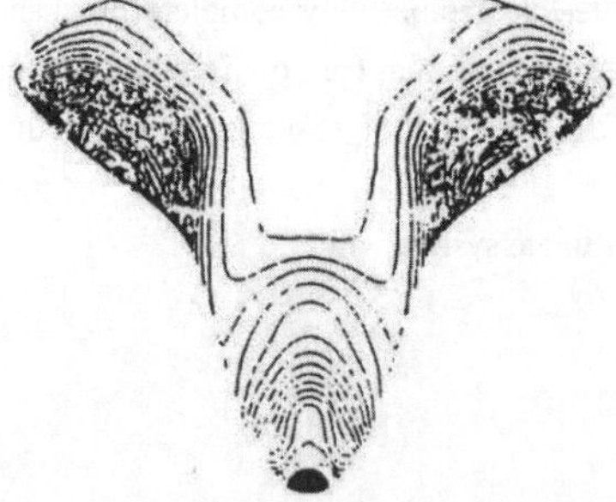

Fig 5.5(a) Pressure counters (M_∞=7) on leeward

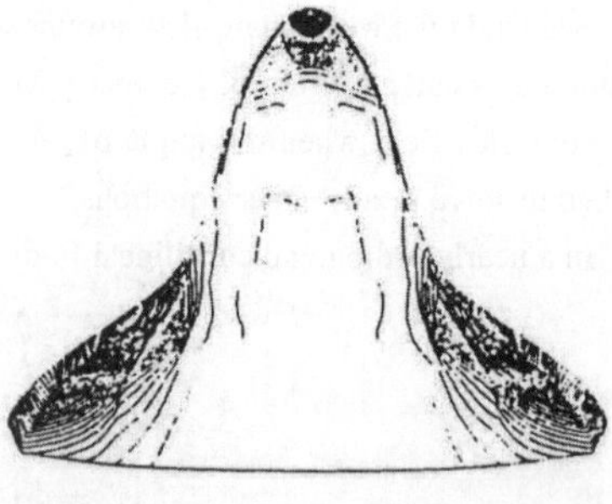

Fig 5.6(a) Pressure counters (M_∞=7) on windward

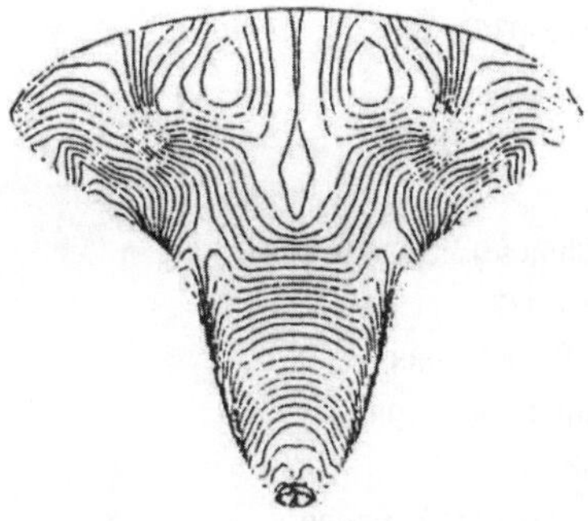

Fig 5.5(b) Mach number counters (M_∞=7) on leeward

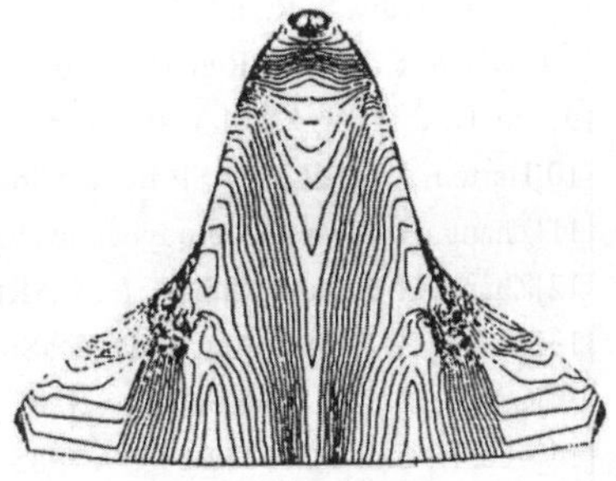

Fig 5.6(b) Mach number counters (M_∞=7) on windward

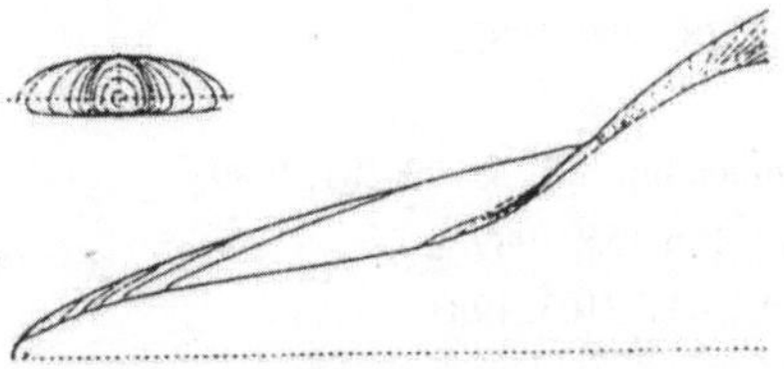

Fig 5.7(a) Pressure counters (M_∞=7) on the meridional surface φ=90°

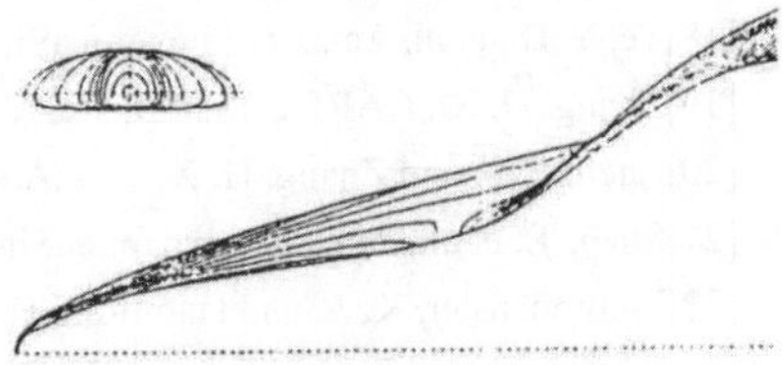

Fig 5.7(b) Density contours (M_∞=7) on the meridional surface φ=90°

VI. CONCLUDING REMARKS

Through a study for one dimensional N.S equations, it was found that the spurious oscillations occurring near shock wave with finite difference equations are related to the dispersion term in the corresponding modified differential equations. If the sign of the dispersion coefficient v1 is properly adjusted, the is, the sign changes across shock wave, v2>0 upstream and V2<0 downstream, the undesirable oscillations can be totally suppressed. Based on this finding, the semi-discretized non-oscillatory, containing no free parameters and dissipative scheme is developed(that is NND scheme), and explicit NND schemes possess TVD property.

According to above calculated results[19,20,21], we have gained confidence on the use of NND schemes suggested here. The distinguished feature of the schemes is the capability of capturing shock and other contact discontinuities as exemplified by above graphical representations. The schemes possess good stability characteristics and converged accuracy, this is essential to any high shock resolution scheme. The present form seems to be the simplest, meanwhile, the amount of numerical work is much reduced in comparison with some other high resolution TVD schemes.

Authors are grateful to Mr. GaoShuchun and Mr. GuoZhiquan for many helpful discussions during the course of this work.

REFERENCES

[1]Pulliam, T. H., AIAA paper 85-0438,1985.

[2]Jameson, A., and Yoon, S., AIAA paper 85-0293,1985.

[3]Zhang, H. X., et al, applied Math. And Mech. (China),4, 1, 54-68, 1983

[4]Zhang, H. X., and Zheng, M., Lecture notes in Physics, 264, 689-692, 1986.

[5]Harten,A., SIAM J. Anal. 21, 1-23, 1984.

[6]Leer, B. V., J. Comp. Phys., 32, 101-136, 1979.

[7]Chakravarthy, S. R., and Osher, S., AIAA paper 85-0363, 1985.
[8]Davis, S. F., ICASE Report 84-20, 1984.
[9]Yee. H. C., NASA TM 89464, 1987.
[10]Harten, A., et al., ICASE Report 86-18, 1986
[11]Zhang, H. X., Acta Aerodynamics Sinica, (in Chinese). 1, 12-19, 1984.
[12]Zhang, H. X., and Mal, M. L., CARDC Report, 1987.
[13]Zhang, H. X., ActaAerodynamicaSinica, 6,2, 143-165, 1988.
[14]Oscher, S., and Chakravarthy, S. R., UCLA Math.Report, 1984.
[15]Yee, H. C., NASA TM 86839, 1985.
[16]Thompson, D. S., and Matus, R. J., AIAA paper 89-1935 CP, 1989.
[17]Zhang, H. X., CARDC Report, 1989.
[18]Ye, Y. D., et al, ActaAerodynamicaSinica, 7, 3, 282-290, 1989.
[19]Zhang, H. X., CARDC Report, 1989.
[20]Zheng, M., and Zhang, H. X., ActaAerodynamicaSinica, 7, 3, 273-281, 1989.
[21]Shen, T., et al., ActaAerodynamicaSinica, 7, 2, 146-155, 1989.
[22]Weilmuenster, K. J., and Hamilton, H. H., NASA TP 2103, 1983.

NND Schemes and Their Applications to Numerical Simulation of Two- and Three-Dimensional Flows*

HANXIN ZHANG and FENGGAN ZHUANG

China Aerodynamics Research and Development Center
Beijing, China

I. Introduction

In the calculation of complex flow fields containing shock waves, the most attention has been paid to the shock-capturing method. In order to capture shock waves smoothly without spurious oscillations near or in the shock regions, mixed dissipative schemes containing free parameters with first-order accuracy near shocks and second-order schemes elsewhere have

* Advances in Applied Mechanics, Vol.19, 1992. This work was supported in part by the China National Natural Science Foundation under Grant 9188010.

been widely used (see Pulliam, 1985; Jameson and Yoon, 1985; and Zhang *et al.*, 1983, and Zheng, 1986). There are inherent disadvantages in employing these schemes. First, the free parameters are basically determined through numerical experiments; second, the resolution of shock is not very satisfactory. Naturally, the development of nonoscillatory dissipative schemes containing no free parameters with high resolution has been much emphasized recently, such as TVD schemes (see Harten, 1984; van Leer, 1979; Chakravarthy and Osher, 1985; Davis, 1984; and Yee, 1987) and ENO schemes (see Harten, 1986).

In Zhang (1984), Zhang found with a linearized analysis of one-dimensional Navier–Stokes equations that when a proper manipulation of the coefficients of third-order derivatives ν_3 in the corresponding modified differential equations is used, the spurious oscillation at both upstream and downstream shocks can be totally suppressed. The choice of ν_3 must be in accordance with the second law of thermodynamics. The numerical experiments with one-dimensional nonlinear Navier–Stokes equations confirm that the conclusion reached by linearized analysis is valid in general. The importance of the role of ν_3 was not realized before. While it was usually thought that the third-order dispersion term in the modified differential equations would not play an essential role in a linear problem, e.g., in the stability analysis, etc., they do contribute through nonlinear interactions to the unwanted wave structure, and even lead to chaos if they are not properly treated.

Based on these physical concepts, we suggest a new NND scheme (see Zhang, 1988) that is nonoscillatory, contains no free parameters, and is dissipative. The details will be described in this paper. In order to test the effectiveness of the scheme, we have carried out numerical simulations for two- and three-dimensional flows with the Euler equations and Navier-Stokes equations. The results of calculations are given. Finally, some concluding remarks are given.

II. The Importance of the Role of the Third-Order Dispersion Term

A. Analytic Analysis (see Zhang, 1984)

Now we study the problem of one-dimensional shock wave using a time-dependent method. The model equation and boundary conditions are

$$\begin{cases} \dfrac{\partial u}{\partial t} + a\dfrac{\partial u}{\partial x} - \nu\dfrac{\partial^2 u}{\partial x^2} = 0, \\ x \to -\infty, \qquad u \to u_\infty, \qquad \dfrac{\partial u}{\partial x} \to 0, \end{cases} \tag{2.1}$$

where

$$a = \frac{\gamma + 1}{2\gamma} u_\infty \left(1 - \frac{u_2 u_\infty}{u^2}\right),$$

$$\nu = \frac{4}{3}\frac{\mu}{\rho_\infty}, \tag{2.2}$$

$$u_2 = \frac{\gamma - 1}{\gamma + 1}\left(1 + \frac{2}{\gamma - 1}\frac{1}{M_\infty^2}\right)u_\infty .$$

ρ, u, and μ are the fluid density, velocity, and the coefficient of viscosity, respectively. The variable t represents the time and x represents a coordinate (Fig. 1). Free-stream conditions are denoted with the sign "∞." M_∞ is the free-stream Mach number and γ is the ratio of the specific heat. If the flow is steady and the coefficient of viscosity is constant, Eq. (2.1) represents the exact Navier–Stokes equations governing a normal shock wave.

If a finite-difference method is applied to solving Eq. (2.1), the following modified differential equation, which is actually a finite-difference equation, can be written as

$$\frac{\partial u}{\partial t} + a\frac{\partial u}{\partial x} - \nu\frac{\partial^2 u}{\partial x^2} = \nu_2\frac{\partial^2 u}{\partial x^2} + \nu_3\frac{\partial^3 u}{\partial x^3} - \nu_4\frac{\partial^4 u}{\partial x^4} + \cdots, \tag{2.3}$$

where the right-hand side represents the truncation error for the difference method. For a second-order accurate difference method, $\nu_2 = 0$.

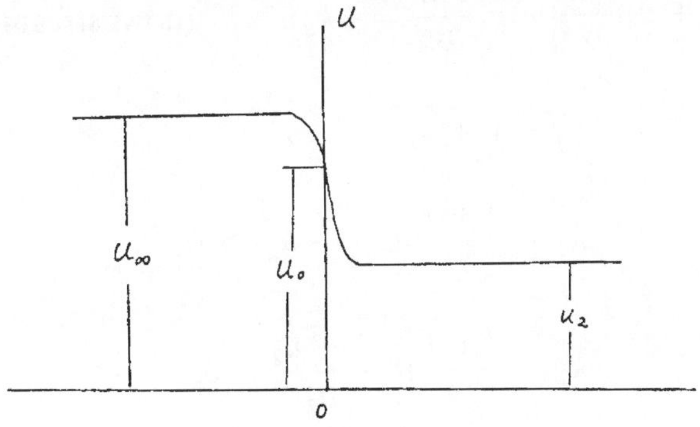

Now, we study the effects of coefficients $\nu_2, \nu_3, \ldots$ of the preceding steady solution. In fact, if the flow is steady, Eq. (2.3) can be integrated once to obtain

$$(\nu + \nu_2)\frac{\partial \bar{u}}{\partial x} + \nu_3 \frac{\partial^2 \bar{u}}{\partial a^2} - \nu_4 \frac{\partial^3 \bar{u}}{\partial x^2} = \frac{\gamma + 1}{2\gamma} u_\infty \frac{(\bar{u} - 1)(\bar{u} - \bar{u}_2)}{\bar{u}}, \tag{2.4}$$

where

$$\bar{u} = \frac{u}{u_\infty},$$

$$\bar{u}_2 = \frac{\gamma - 1}{\gamma + 1}\left(1 + \frac{2}{\gamma - 1}\frac{1}{M_\infty^2}\right).$$

Obviously, $\bar{u} = 1$ is the nondimensional velocity in the upstream region of the inviscid shock, and $\bar{u} = \bar{u}_2$ is the nondimensional velocity in the downstream region.

We assume that the numerical oscillations induced by the truncation error of the difference method are small; then, in the upstream region of the shock,

$$\bar{u} = 1 + u', \tag{2.5a}$$

and in the downstream region of the shock,

$$\bar{u} = \bar{u}_2 + u', \tag{2.5b}$$

where $u' \ll 1$ upstream and $u' \ll \bar{u}_2$ downstream. Substituting (2.5a) and (2.5b) into Eq. (2.4) and neglecting the high-order small quantity, we obtain

$$\begin{aligned} &\nu_1 \frac{\partial u'}{\partial x} + \nu_3 \frac{\partial^2 u'}{\partial x^2} - \nu_4 \frac{\partial^3 u'}{\partial x^3} = k_1 u' \quad \text{(upstream)}, \\ &\nu_1 \frac{\partial u'}{\partial x} + \nu_3 \frac{\partial^2 u'}{\partial x^2} - \nu_4 \frac{\partial^3 u'}{\partial x^3} = -k_2 u' \quad \text{(downstream)}, \end{aligned} \tag{2.6}$$

where

$$\nu_1 = \nu + \nu_2,$$

$$k_1 = \frac{\gamma + 1}{2\gamma} u_\infty (1 - \bar{u}_2) > 0,$$

$$k_2 = \frac{\gamma + 1}{2\gamma} u_\infty \frac{1 - \bar{u}_2}{\bar{u}_2} > 0.$$

Equation (2.6) is linear and its solution can be determined by following characteristic equations:

$$\nu_4\lambda^3 - \nu_3\lambda^2 - \nu_1\lambda + k_1 = 0 \qquad \text{(upstream)}, \tag{2.7}$$

$$\nu_4\lambda^3 - \nu_3\lambda^2 - \nu_1\lambda - k_2 = 0 \qquad \text{(downstream)}. \tag{2.8}$$

To discuss following cases is of some help:

Case 1. $\nu_1 > 0$, ν_3 and ν_4 are very small. This case corresponds to using the first-order difference scheme. The solution of Eq. (2.6) is

$$u = 1 + u' = \begin{cases} 1 + Ae^{(k_1/\nu_1)x} & \text{(upstream } x > 0), \\ \bar{u}_2 + Be^{-(k_2/\nu_1)x} & \text{(downstream } x > 0); \end{cases} \tag{2.9}$$

A, B are constants. This result shows that there is no numerical oscillation in both sides of the shock.

Case 2. $\nu_2 = 0$, $\nu_3 < 0$, ν_4 is very small. For inviscid flow ($\nu = 0$) or the flow at high Reynolds number (ν is very small), the solution of Eq. (2.6) is

$$\bar{u} = \begin{cases} 1 + A_1 \exp\left(\dfrac{\nu_1}{2|\nu_3|}x\right)\cos\left(\dfrac{1}{2|\nu_3|}\sqrt{4|\nu_3|k_1 - \nu_1^2}\,x\right) & \\ \quad + A_2 \exp\left(\dfrac{\nu_1}{2|\nu_3|}x\right)\sin\left(\dfrac{1}{2|\nu_3|}\sqrt{4|\nu_3|k_1 - \nu_1^2}\,x\right) & \text{(upstream)}, \\ \bar{u}_2 + A\exp\left\{\left[\dfrac{\nu_1}{2|\nu_3|} - \dfrac{1}{2|\nu_3|}(\nu_1^2 + 4k_2|\nu_3|)^{1/2}\right]x\right\} & \text{(downstream)}. \end{cases} \tag{2.10}$$

It is very clear that the spurious oscillations occur in the upstream region of the shock, but not in the downstream region.

Case 3. $\nu_2 = 0$, $\nu_3 > 0$, ν_4 is very small. In a similar way, we can prove that the spurious oscillations occur in the downstream region of the shock, but not in the upstream region.

Cases 2 and 3 correspond to using the second-order difference scheme. Through the preceding study for one-dimensional Navier–Stokes equations, it is found that the spurious oscillations occurring near the shock with the second-order finite difference equations are related to the dispersion term in the corresponding modified differential equations. If we can keep $\nu_3 > 0$ in the upstream region of the shock and $\nu_3 < 0$ downstream, we may have a smooth shock transition, i.e., the undesirable oscillations can be totally suppressed.

B. Physical Discussion and Numerical Simulation (see Zhang and Mao, 1987, and Zhang, 1988)

The preceding conclusion can be also verified by following physical discussion from the second law of thermodynamics. In fact, the one-dimensional Navier–Stokes equations modified by the addition of dispersion terms with coefficient ν_s are as follows:

$$\frac{\partial \rho}{\partial t} + \frac{\partial \rho u}{\partial x} = 0,$$

$$\rho \frac{\partial u}{\partial t} + \rho u \frac{\partial u}{\partial x} + \frac{\partial p}{\partial x} = \frac{\partial}{\partial x}\left(\frac{4}{3}\mu \frac{\partial u}{\partial x}\right) + \frac{\partial}{\partial x}\left(\nu_3 \frac{\partial^2 u}{\partial x^2}\right), \tag{2.11}$$

$$\rho \frac{\partial H}{\partial t} - \frac{\partial p}{\partial t} + \rho u \frac{\partial H}{\partial x} = \frac{\partial}{\partial x}\left(\frac{4}{3}\mu \frac{\partial H}{\partial x}\right) + \frac{\partial}{\partial x}\left(\nu_3 \frac{\partial^2 H}{\partial x^2}\right),$$

where p represents the pressure, H represents the total enthalpy, and the Prandtl number is assumed to be 3/4. From Eq. (2.11), we may obtain an equation of entropy s for the heat-isolated system

$$\rho T \frac{Ds}{Dt} = \frac{4}{3}\mu\left(\frac{\partial u}{\partial x}\right)^2 + 3\nu_3\left(\frac{\partial u}{\partial x}\right)\left(\frac{\partial^2 u}{\partial x^2}\right). \tag{2.12}$$

Here, Ds/Dt is the substantial derivative of entropy. For a true physical shock, we have, in the upstream of the shock,

$$\frac{\partial u}{\partial x} < 0, \qquad \frac{\partial^2 u}{\partial x^2} < 0; \tag{2.13}$$

hence,

$$\left(\frac{\partial u}{\partial x}\right)\left(\frac{\partial^2 u}{\partial x^2}\right) > 0. \tag{2.14}$$

And in the downstream of the shock,

$$\frac{\partial u}{\partial x} < 0, \qquad \frac{\partial^2 u}{\partial x^2} > 0; \tag{2.15}$$

hence,

$$\left(\frac{\partial u}{\partial x}\right)\left(\frac{\partial^2 u}{\partial x^2}\right) < 0. \tag{2.16}$$

For inviscid flow or flow at high Reynolds numbers, we may disregard the viscous contribution to the entropy; therefore, we may observe that if $\nu_3 > 0$ in the whole shock region, then the increasing-entropy condition is met in upstream region but not in the downstream region, and this is associated with the appearance downstream of spurious oscillations; on the other hand, if $\nu_3 < 0$ in the whole region, then the increasing-entropy condition is not met in the upstream, and there occur spurious oscillations upstream. Now, it is obvious that if we can keep $\nu_3 > 0$ upstream and $\nu_3 < 0$ downstream, we may have a smooth shock transition.

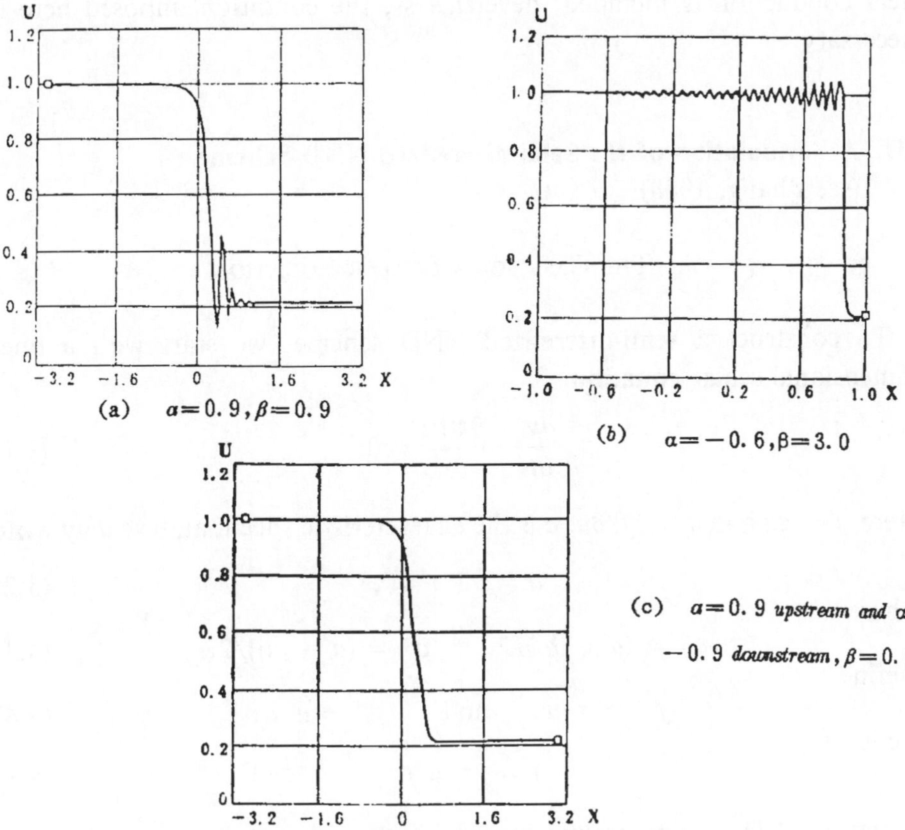

(a)　$\alpha = 0.9, \beta = 0.9$

(b)　$\alpha = -0.6, \beta = 3.0$

(c)　$\alpha = 0.9$ *upstream and* $\alpha = -0.9$ *downstream*, $\beta = 0.9$

FIG. 2　Numerical simulation for normal shock wave with (2.11).

$a = 2\gamma\nu_3/[(\gamma+1)\rho_\infty u_\infty \Delta x^2]$:,　　$\beta = 3\gamma\mu/[8(\gamma+1)\rho_\infty u_\infty \Delta x]$:,　　$M_\infty = 4$.

To test the effectiveness of previous conclusion, we calculated one-dimensional flow with Eqs. (2.11). Numerical results (see Zhang and Mao, 1987) verify the preceding conclusion. Figure 2a shows the case for $\nu_3 > 0$ in the whole shock region. Figure 2b is for $\nu_3 < 0$ in the whole shock region. Figure 2c corresponds with $\nu_3 > 0$ upstream and $\nu_3 < 0$ downstream. In passing, we may note that there might be individual points in the shock region where $(\partial u/\partial x)(\partial^2 u/\partial x^2) = 0$, and hence when $\mu = 0$, the increasing-entropy condition is not satisfied at these points.

It might be argued that in the limit of mesh size approaching zero, the coefficients ν_2, ν_3, and ν_4, etc., will become zero anyway, and the solution obtained will seem to converge to the required solution of Navier–Stokes equations. But care must be taken that the correct physical solution can only be arrived from a sequence of solutions that satisfies the second law of thermodynamics. Of course, entropy at certain places may decrease if heat conduction is included; nevertheless, the condition imposed here is necessary.

III. A Formulation of the Semi-discretized NND Scheme

(see Zhang, 1988)

A. The Case for a Scalar Equation

To construct a semi-discretized NND scheme, we start with a one-dimensional scalar equation

$$\frac{\partial u}{\partial t} + \frac{\partial f(u)}{\partial x} = 0. \tag{3.1}$$

Here, $f = au$ and $a = \partial f/\partial u$, a is the characteristic speed, and we may write

$$a = a^+ + a^-, \tag{3.2}$$

where

$$a^+ = (a + |a|)/2, \qquad a^- = (a - |a|)/2. \tag{3.3}$$

Define

$$f^+ = a^+ u \qquad \text{and} \qquad f^- = a^- u; \tag{3.4}$$

we have

$$f = f^+ + f^-. \tag{3.5}$$

Equation (3.1) may be written as

$$\frac{\partial u}{\partial t} + \frac{\partial f^+}{\partial x} + \frac{\partial f^-}{\partial x} = 0. \tag{3.6}$$

It is easy to verify that if the second-order upwind difference scheme is used to evaluate the term $\partial f^+/\partial x$, the coefficient of the third-order derivative in the right-hand side of the modified equation is positive and the coefficient of the fourth-order dissipative term is negative; if the second-order central difference is used, the coefficient of the third-order derivative is negative and the coefficient of the fourth-order dissipative term is zero. Similarly, if the second-order upwind scheme is used to evaluate $\partial f^-/\partial x$, the corresponding coefficient of third-order derivative is negative, while we still have the coefficient of fourth-order dissipative term negative; if the second-order central difference is used, the coefficient of third-order derivative is positive and the coefficient of fourth-order dissipative term remains zero. Based on those findings, we may employ the following difference schemes to evaluate space derivatives.

In the upstream region of a shock:

second-order upwind difference can be used to replace $\partial f^+/\partial x$;
second-order central difference can be used to replace $\partial f^-/\partial x$.

In the downstream region of a shock:

second-order central difference can be used to replace $\partial f^+/\partial x$;
second-order upwind difference can be used to replace $\partial f^-/\partial x$.

In so doing, we have made the proper choice of the sign of the coefficient of the third derivative in the modified differential equation, i.e., ν_3 is positive upstream of a shock and ν_3 is negative downstream of a shock, and this will provide us with a sharp transition without spurious oscillations, both upstream and downstream of shocks. At the same time, we notice that the coefficient of fourth-order dissipative derivative is negative in the entire region, and that this helps to suppress odd–even discoupling in smooth regions of physical flows.

Now we write down the semi-discretized difference form of Eq. (3.6) as follows: in the upstream region of a shock,

$$\left(\frac{\partial u}{\partial t}\right)_j^n = -\frac{(3f_j^{+n} - 4f_{j-1}^{+n} + f_{j-2}^{+n})}{(2\,\Delta x)} - \frac{(f_{j+1}^{-n} - f_{j-1}^{-n})}{(2\,\Delta x)}; \tag{3.7}$$

in the downstream region of a shock,

$$\left(\frac{\partial u}{\partial t}\right)_j^n = -\frac{(-3f_j^{-n} + 4f_{j+1}^{-n} - f_{j+2}^{-n})}{(2\,\Delta x)} - \frac{(f_{j+1}^{+n} - f_{j-1}^{+n})}{(2\,\Delta x)}. \tag{3.8}$$

Equations (3.7) and (3.8) can be combined together using the expressions for the numerical flux function to form

$$\left(\frac{\partial u}{\partial t}\right)_j^n = -\frac{(h_{j+1/2}^n - h_{j-1/2}^n)}{\Delta x}, \tag{3.9}$$

where

$$h_{j+1/2} = f_{j+1/2L}^+ + f_{j+1/2R}^-, \tag{3.10}$$

and

$$f_{j+1/2L}^+ = \begin{cases} f_j^+ + \frac{1}{2}\Delta f_{j-1/2}^+ & \text{(upstream)}, \\ f_j^+ + \frac{1}{2}\Delta f_{j+1/2}^+ & \text{(downstream)}; \end{cases} \tag{3.11}$$

$$f_{j+1/2R}^- = \begin{cases} f_{j+1}^- - \frac{1}{2}\Delta f_{j+1/2}^- & \text{(upstream)}, \\ f_{j+1}^- - \frac{1}{2}\Delta f_{j+3/2}^- & \text{(downstream)}; \end{cases} \tag{3.12}$$

$$\Delta f_{j+1/2}^{\pm} = f_{j+1}^{\pm} - f_j^{\pm}. \tag{3.13}$$

It is clear from Eq. (3.11) that we have to make a choice between $\Delta f_{j-1/2}^+$ and $\Delta f_{j+1/2}^+$ for the upstream and downstream regions. For the shock wave with monotonic u profile, it is easy to convince ourselves that, in general up to second-order accuracy, $\Delta f_{j-1/2}^+$ and $\Delta f_{j+1/2}^+$ have the same algebraic sign, and that in the upstream region, $|\Delta f_{j-1/2}^+|$ is smaller than $|\Delta f_{j+1/2}^+|$, and the opposite is true in the downstream region. Similarly, $\Delta f_{j+1/2}^-$ and $\Delta f_{j+3/2}^-$ also have the same sign, and the absolute value of $\Delta f_{j+1/2}^-$ is smaller than that of $\Delta f_{j+3/2}^-$ in the upstream region, and the opposite is true in the downstream region. Therefore, if we introduce a minmod function, such that minmod(x, y) is equal to the argument with the smaller absolute value in the case where x and y have the same algebraic sign, then Eqs. (3.11) and (3.12) can be written as

$$f_{j+1/2L}^+ = f_j^+ + \tfrac{1}{2}\,\text{minmod}(\Delta f_{j-1/2}^+, \Delta f_{j+1/2}^+), \tag{3.14}$$

$$f_{j+1/2R}^- = f_{j+1}^- - \tfrac{1}{2}\,\text{minmod}(\Delta f_{j+1/2}^-, \Delta f_{j+3/2}^-). \tag{3.15}$$

We have remarked that there might exist individual points where the increased entropy condition is not satisfied and the finite-difference solution might possess undesirable oscillations, so we impose, as a choice, when x and y are of different algebraic signs, minmod$(x, y) = 0$, and then the finite-difference scheme if reduced to the first-order accuracy.

The Eqs. (3.9), (3.10), (3.14), and (3.15) have been pursued in order to establish the so-called NND scheme. The schemes are second-order accurate (except possibly at some extremum points), and they are dissipative in the sense that $\nu_4 < 0$. Therefore, in comparison with other mixed schemes that are first-order accurate in the shock region and second-order accurate elsewhere, the present scheme would be capable of the high resolution of shock waves.

We can prove that the semi-discretized NND scheme possesses the TVD property. In fact, according to the definition of total variation diminishing (TVD) given by Harten, the total variation is

$$\mathrm{TV}^n = \sum_j |u_{j+1}^n - u_j^n| = \sum_j |\Delta u_{j+1/2}^n|.$$

Let

$$S_{j+1/2} = \begin{cases} 1, & \text{when } \Delta u_{j+1/2} \geq 0, \\ -1, & \text{when } \Delta u_{j+1/2} < 0. \end{cases}$$

We have

$$\left(\frac{\partial\,\mathrm{TV}}{\partial t}\right)^n = \sum_j S_{j+1/2}\left[\left(\frac{\partial u_{j+1}}{\partial t}\right)^n - \left(\frac{\partial u_j}{\partial t}\right)^n\right]. \tag{3.16}$$

Using (3.10), (3.14), and (3.15), (3.9) can be rewritten as

$$\left(\frac{\partial u_j}{\partial t}\right)^n = -\hat{\alpha}_{j-1/2}\,\Delta u_{j-1/2}^n + \hat{\beta}_{j+1/2}\,\Delta u_{j+1/2}^n, \tag{3.17}$$

where

$$\hat{\alpha}_{j-1/2} = \frac{1}{\Delta x}\frac{f_j^{+n} - f_{j-1}^{+n}}{\Delta u_{j-1/2}^n}\left[1 - \tfrac{1}{2}(k_2 - k_1)\right],$$

$$\hat{\beta}_{j+1/2} = -\frac{1}{\Delta x}\frac{f_{j+1}^{-n} - f_j^{-n}}{\Delta u_{j+1/2}^n}\left[1 - \tfrac{1}{2}(k_3 - k_4)\right],$$

and

$$0 \leq k_1 = \operatorname{minmod}\left(1, \frac{\Delta f_{j+1/2}^{+n}}{\Delta f_{j-1/2}^{+n}}\right) \leq 1,$$

$$0 \leq k_2 = \operatorname{minmod}\left(\frac{\Delta f_{j-3/2}^{+n}}{\Delta f_{j-1/2}^{+n}}, 1\right) \leq 1,$$

$$0 \leq k_3 = \operatorname{minmod}\left(1, \frac{\Delta f_{j+3/2}^{-n}}{\Delta f_{j+1/2}^{-n}}\right) \leq 1,$$

$$0 \leq k_4 = \operatorname{minmod}\left(\frac{\Delta f_{j-1/2}^{-n}}{\Delta f_{j+1/2}^{-n}}, 1\right) \leq 1,$$

Since

$$\frac{f_j^{+n} - f_{j-1}^{+n}}{u_j^n - u_{j-1}^n} \geq 0, \qquad \frac{f_{j+1}^{-n} - f_j^{-n}}{u_{j+1}^n - u_j^n} \leq 0,$$

we obtain

$$\hat{\alpha}_{j+1/2} \geq 0, \qquad \hat{\beta}_{j+1/2} \geq 0$$

Substituting (3.17) into (3.16), we have

$$\left(\frac{\partial \, \mathrm{TV}}{\partial t}\right)^n = -\sum_j v_{j+1/2} |\Delta u_{j+1/2}^n|, \tag{3.18}$$

where

$$v_{j+1/2} = \hat{\alpha}_{j+1/2}\left(1 - \frac{S_{j+3/2}}{S_{j+1/2}}\right) + \hat{\beta}_{j+1/2}\left(1 - \frac{S_{j-1/2}}{S_{j+1/2}}\right) \geq 0.$$

It is proven that $(\partial \, \mathrm{TV}/\partial t)^n \leq 0$; i.e., the semi-discretized NND scheme is total variation diminishing.

B. Extension to Euler and Navier–Stokes Equations

It is not difficult to extend formally the scheme for the scalar Eq. (3.1) to one-dimensional Euler equations

$$\frac{\partial U}{\partial t} + \frac{\partial F(U)}{\partial x} = 0. \tag{3.19}$$

Here, U is a vector and F is a function of the vector U. The NND scheme reads, in semi-discretized form,

$$\left(\frac{\partial \mathbf{U}}{\partial t}\right)_j^n = -(H_{j+1/2}^n - H_{j-1/2}{}^n)/\Delta x, \tag{3.20}$$

where

$$H_{j+1/2} = F_{j+1/2L}^+ + F_{j+1/2R}^-, \tag{3.21}$$

$$F_{j+1/2L}^+ = F_j^+ + \tfrac{1}{2}\,\mathrm{minmod}(\Delta F_{j-1/2}^+, \Delta F_{j+1/2}^+), \tag{3.22}$$

$$F_{j+1/2R}^- = F_{j+1}^- - \tfrac{1}{2}\,\mathrm{minmod}(\Delta F_{j+1/2}^-, \Delta F_{j+3/2}^-). \tag{3.23}$$

Now, we study one-dimensional Navier–Stokes equations

$$\frac{\partial U}{\partial t} + \frac{\partial F}{\partial x} = \frac{\partial F_{\mathrm{v}}}{\partial x}, \tag{3.24}$$

where F_{v} is due to viscous contribution. For the convective part, the NND scheme is used; for the viscous diffusive part, the usual central-difference schemes can be employed.

For three-dimensional flow, the equations can be written as

$$\frac{\partial \mathbf{U}}{\partial t}+\frac{\partial F}{\partial x}+\frac{\partial G}{\partial y}+\frac{\partial H}{\partial z}=\frac{\partial F_{\mathrm{v}}}{\partial x}+\frac{\partial G_{\mathrm{v}}}{\partial y}+\frac{\partial H_{\mathrm{v}}}{\partial z}, \tag{3.25}$$

where the right-hand side is due to viscous contribution. The well-known time-splitting method may be adopted; the problem is reduced to three 1D problems:

$$\frac{\partial \mathbf{U}}{\partial t}+\frac{\partial F}{\partial x}=\frac{\partial F_{\mathrm{v}}}{\partial x}, \tag{3.26}$$

$$\frac{\partial \mathbf{U}}{\partial t}+\frac{\partial G}{\partial y}=\frac{\partial G_{\mathrm{v}}}{\partial y}, \tag{3.27}$$

$$\frac{\partial \mathbf{U}}{\partial t}+\frac{\partial H}{\partial z}=\frac{\partial H_{\mathrm{v}}}{\partial z}. \tag{3.28}$$

For every 1D problem, the NND scheme can be used. Define L_x, L_y, L_z for the difference expressions of Eqs. (3.26), (3.27), and (3.28). Then, we have

$$U^{n+1}=L(\Delta t)U^{n}.$$

$L(\Delta t)$ has one of the following forms:

$$L(\Delta t)=L_x(\Delta t/2)L_y(\Delta t/2)L_z(\Delta t)L_y(\Delta t/2)L_x(\Delta t/2)$$

or

$$L(\Delta t)=L_y(\Delta t/2)L_z(\Delta t/2)L_x(\Delta t)L_z(\Delta t/2)L_y(\Delta t/2)$$

$$L(\Delta t)=L_z(\Delta t/2)L_x(\Delta t/2)L_y(\Delta t)L_x(\Delta t/2)L_z(\Delta t/2)$$

For Euler equations, we have the Δt in the preceding expression chosen as

$$\Delta t=\min(\Delta t_x, \Delta t_y, \Delta t_z),$$

where

$$\Delta t_x = CFL_{\max}\,\Delta x/|\lambda_A|_{\max},$$

$$\Delta t_y = CFL_{\max}\,\Delta y/|\lambda_B|_{\max},$$

$$\Delta t_z = CFL_{\max}\,\Delta z/|\lambda_C|_{\max},$$

$|\lambda_A|_{\max}$ is the maximum absolute eigenvalue of the matrix $A=\partial F/\partial \mathbf{U}$, $|\lambda_B|_{\max}$ is the corresponding eigenvalue of the matrix $B=\partial G/\partial \mathbf{U}$, and $|\lambda_C|_{\max}$ is the corresponding eigenvalue of the matrix $C=\partial H/\partial \mathbf{U}$. Similar expressions can be given for Navier–Stokes equations.

IV. Explicit NND Schemes

Based on the preceding semi-discrete NND scheme, the numerical solution of the scalar Eq. (3.1) can be computed by the following five different explicit schemes discretized in time and space.

A. NND-1 Scheme (see Zhang, 1988)

For this case, $(\partial u/\partial t)_j^n$ in (3.9) is discretized using the Euler first-order difference, i.e., $(\partial u/\partial t)_j^n = (u_j^{n+1} - u_j^n)/\Delta t$. Then, from (3.9), we have

$$u_j^{n+1} = u_j^n - \frac{\Delta t}{\Delta x}(h_{j+1/2}^n - h_{j-1/2}^n). \tag{4.1}$$

This scheme is first order in time and second order in space. It possesses the TVD property. The maximum allowable Courant number is 2/3. The scheme is referred to as NND-1.

Through a rearrangement for $h_{j+1/2}^n$, we can rewrite it as follows:

$$\begin{aligned} h_{j+1/2} = {} & \tfrac{1}{2}[f_j + f_{j+1} - (\alpha_{j+1/2}^{+} - \alpha_{j+1/2}^{-})\,\Delta u_{j+1/2}] \\ & + \tfrac{1}{2}\,\mathrm{minmod}(\Delta t_{j-1/2}^{+},\, \beta\,\Delta f_{j+1/2}^{+}) \\ & - \tfrac{1}{2}\,\mathrm{minmod}(\Delta f_{j+1/2}^{-},\, \beta\,\Delta f_{j+3/2}^{-}), \end{aligned} \tag{4.2}$$

with $\beta = 1$. Osher and Chakravarthy (1984) have obtained a TVD scheme using the flux limiter concept by simply modifying the second-order upwind scheme. Our numerical flux expression (4.2) is formally just the same as theirs except for the parameter β. However, we notice that at $\beta = 2$ (see Yee, 1985) the general effect of this limiter is to reduce the scheme to first-order spatial accuracy in regions of steep gradients (see Thompson and Matus, 1989). However, NND-1 has second-order accuracy in regions of steep gradients.

For the Euler equation (3.19), the NND-1 scheme can be expressed as

$$\mathbf{U}_j^{n+1} = \mathbf{U}_j^n - \frac{\Delta t}{\Delta x}(H_{j+1/2}^n - H_{j-1/2}^n), \tag{4.3}$$

where

$$\begin{aligned} H_{j+1/2} = {} & F_j^{+} + \tfrac{1}{2}\,\mathrm{minmod}(\Delta F_{j+1/2}^{+},\, \Delta F_{j-1/2}^{+}) \\ & + F_{j+1}^{-} - \tfrac{1}{2}\,\mathrm{minmod}(\Delta F_{j+3/2}^{-},\, \Delta F_{j+1/2}^{-}). \end{aligned}$$

Using the Taylor expression and (3.1), we obtain

$$u_j^{n+1} = u_j^n + \left(\frac{\partial u}{\partial t}\right)_j^n \Delta t + \frac{1}{2}\Delta t^2 \frac{\partial}{\partial x}\left(\alpha \frac{\partial f}{\partial x}\right) + \cdots, \tag{4.4}$$

where $f = \alpha u$. When $\alpha = \alpha^+ > 0$, we have $f = f^+ = \alpha^+ u$ and, when $\alpha = \alpha^- < 0$, then $f = f^- = \alpha^- u$. Since $\partial/\partial x(\alpha\, \partial f/\partial x)$ may be expressed as

$$\begin{aligned}\frac{\partial}{\partial x}\left(\alpha \frac{\partial f}{\partial x}\right) = {} & \frac{1}{\Delta x^2}\Big[\operatorname{minmod}(\alpha_{j+1/2}^+ \Delta f_{j+1/2}^+, \alpha_{j-1/2}^+ \Delta f_{j-1/2}^+) \\ & - \operatorname{minmod}(\alpha_{j-1/2}^+ \Delta f_{j-1/2}^+, \alpha_{j-3/2}^+ \Delta f_{j-3/2}^+)\Big] \\ & + \frac{1}{\Delta x^2}\Big[\operatorname{minmod}(\alpha_{j+3/2}^- \Delta f_{j+3/2}^-, \alpha_{j+1/2}^- \Delta f_{j+1/2}^-) \\ & - \operatorname{minmod}(\alpha_{j+1/2}^- \Delta f_{j+1/2}^-, \alpha_{j-1/2}^- \Delta f_{j-1/2}^-)\Big].\end{aligned} \tag{4.5}$$

The numerical solution of (3.1) may be expressed as

$$u_j^{n+1} = u_j^n - \frac{\Delta t}{\Delta x}(\tilde{h}_{j+1/2}^n - \tilde{h}_{j-1/2}^n), \tag{4.6}$$

where

$$\begin{aligned}\tilde{h}_{j+1/2} = {} & f_j^+ + \frac{1}{2}\operatorname{minmod}\Big[\left(1 - \alpha_{j+1/2}^+ \frac{\Delta t}{\Delta x}\right)\Delta f_{j+1/2}^+, \\ & \left(1 - \alpha_{j-1/2}^+ \frac{\Delta t}{\Delta x}\right)\Delta f_{j-1/2}^+\Big] \\ & + f_{j+1}^- - \frac{1}{2}\operatorname{minmod}\Big[\left(1 + \alpha_{j+3/2}^- \frac{\Delta t}{\Delta x}\right)\Delta f_{j+3/2}^-, \\ & \left(1 + \alpha_{j+1/2}^- \frac{\Delta t}{\Delta x}\right)\Delta f_{j+1/2}^-\Big].\end{aligned}$$

This TVD scheme is second order in time and space. The maximum allowable Courant number is 1. We refer to this scheme as NND-2.

Through some rearrangements for $\tilde{h}_{j+1/2}$, we can prove that NND-2 is just the Harten TVD scheme (see Harten, 1983).

For the Euler equation (3.19), NND-2 can be written as

$$\mathbf{U}_j^{n+1} = \mathbf{U}_j^n - \frac{\Delta t}{\Delta x}(\tilde{H}_{j+1/2}^n - \tilde{H}_{j-1/2}^n), \tag{4.7}$$

where

$$\begin{aligned}\tilde{H}_{j+1/2} = F_j^+ &+ \frac{1}{2}\operatorname{minmod}\left[\left(I - A_{j+1/2}^+\frac{\Delta t}{\Delta x}\right)\Delta F_{j+1/2}^+,\right.\\ &\left.\left(I - A_{j-1/2}^+\frac{\Delta t}{\Delta x}\right)\Delta F_{j-1/2}^+\right]\\ &+ F_{j+1}^- - \frac{1}{2}\operatorname{minmod}\left[\left(I + A_{j+3/2}^-\frac{\Delta t}{\Delta x}\right)\Delta F_{j+3/2}^-,\right.\\ &\left.\left(I + A_{j+1/2}^-\frac{\Delta t}{\Delta x}\right)\Delta F_{j+1/2}^-\right].\end{aligned}$$

C. NND-3 Scheme (see Zhang, 1989b)

This is a two-step predictor–corrector scheme. For a scalar hyperbolic equation (3.1), the scheme is

$$\begin{cases} u_j^{\overline{n+1}} = u_j^n - \dfrac{1}{2}\dfrac{\Delta t}{\Delta x}(h_{j+1/2}^n - h_{j-1/2}^n), \\ u_j^{n+1} = u_j^n - \dfrac{\Delta t}{\Delta x}(h_{j+1/2}^{\overline{n+1}} - h_{j-1/2}^{\overline{n+1}}), \end{cases} \tag{4.8}$$

where $h_{j+1/2}$ is given by (3.10), (3.14), and (3.15). This TVD scheme is second order in time and space. The maximum allowable Courant number is 1. We refer to this as NND-3 scheme.

For the one-dimensional Euler equation (3.19), NND-3 scheme can be expressed as

$$\mathbf{U}_j^{\overline{n+1}} = \mathbf{U}_j^n - \frac{\Delta t}{2\,\Delta x}(H_{j+1/2}^n - H_{j-1/2}^n),$$

$$\mathbf{U}_j^{n+1} = \mathbf{U}_j^n - \frac{\Delta t}{\Delta x}(H_{j+1/2}^{\overline{n+1}} - H_{j-1/2}^{\overline{n+1}}),$$

where $H_{j+1/2}$ is given by (3.21), (3.22), and (3.23).

This is another two-step predictor–corrector scheme. For Eq. (3.1), the scheme is

$$\begin{cases} u_j^{\overline{n+1}} = u_j^u - \dfrac{\Delta t}{\Delta x}(h_{j+1/2}^n - h_{j-1/2}^n), \\ u_j^{n+1} = \dfrac{1}{2}\left[u_j^n + u_j^{\overline{n+1}} - \dfrac{\Delta t}{\Delta x}(h_{j+1/2}^{\overline{n+1}} - h_{j-1/2}^{\overline{n+1}})\right], \end{cases} \tag{4.9}$$

This scheme is second order in time and space, and is a TVD scheme. The maximum allowable Courant number is 1.

For simplicity, the predictor step of (4.9) can be also taken as

$$u_j^{\overline{n+1}} = u_j^n - \frac{\Delta t}{\Delta x}(\Delta f_{j-1/2}^{+n} + \Delta f_{j+1/2}^{-n}),$$

i.e., minmod$(a, b) = 0$ is used in $h_{j+1/2}^n$. Then, the scheme, which is still second order in time and space, can be expressed as

$$\begin{cases} u_j^{\overline{n+1}} = u_j^n - \dfrac{\Delta t}{\Delta x}(\Delta f_{j-1/2}^{+n} + \Delta f_{j+1/2}^{-n}), \\ u_j^{n+1} = u_j^n - \dfrac{\Delta t}{\Delta x}(\tilde{\tilde{h}}_{j+1/2} - \tilde{\tilde{h}}_{j-1/2}), \end{cases} \tag{4.10}$$

where

$$\begin{aligned} \tilde{\tilde{h}}_{j+1/2} = {} & \tfrac{1}{2}(f_j^{+n} + f_j^{\overline{n+1}}) + \tfrac{1}{2}\,\text{minmod}(\Delta f_{j+1/2}^{+\overline{n+1}}, \Delta f_{j-1/2}^{+\overline{n+1}}) \\ & + \tfrac{1}{2}(f_{j+1}^{-n} + f_{j+1}^{-\overline{n+1}}) - \tfrac{1}{2}\,\text{minmod}(\Delta f_{j+3/2}^{-\overline{n+1}}, \Delta f_{j+1/2}^{-\overline{n+1}}). \end{aligned} \tag{4.11}$$

This is also a TVD scheme. The maximum allowable Courant number is 1. We refer to (4.9) and (4.10) as NND-4(a) and NND-4(b).

Substituting (4.11) into (4.10), we obtain

$$u_j^{\overline{n+1}} = u_j^n - \frac{\Delta t}{\Delta x}(\Delta f_{j-1/2}^{+n} + \Delta f_{j+1/2}^{-n}),$$

$$\begin{aligned} u_j^{n+1} = {} & \frac{1}{2}\left[u_j^n + u_j^{\overline{n+1}} - \frac{\Delta t}{\Delta x}(\Delta f_{j+1/2}^{+\overline{n+1}} + \Delta f_{j-1/2}^{-\overline{n+1}})\right] \\ & + \frac{1}{2}\frac{\Delta t}{\Delta x}[\Delta f_{j+1/2}^{+\overline{n+1}} - \text{minmod}(\Delta f_{j-1/2}^{+\overline{n+1}}, \Delta f_{j-1/2}^{+\overline{n+1}})] \end{aligned}$$

$$-\frac{1}{2}\frac{\Delta t}{\Delta x}[\Delta f_{j-1/2}^{+\overline{n+1}} - \text{minmod}(\Delta f_{j-1/2}^{+\overline{n+1}}, \Delta f_{j-3/2}^{+\overline{n+1}})]$$

$$-\frac{1}{2}\frac{\Delta t}{\Delta x}[\Delta f_{j+1/2}^{-\overline{n+1}} - \text{minmod}(\Delta f_{j+3/2}^{-\overline{n+1}}, \Delta f_{j+1/2}^{-\overline{n+1}})]$$

$$+\frac{1}{2}\frac{\Delta t}{\Delta x}[\Delta f_{j+1/2}^{-\overline{n+1}} - \text{minmod}(\Delta f_{j+1/2}^{-\overline{n+1}}, \Delta f_{j-1/2}^{-\overline{n+1}})]. \qquad (4.12)$$

It is very clear that NND-4(b) is the extension of MacCormack's two-step predictor–corrector scheme. Because some third-order terms shown in (4.12) are added to MacCormack's corrector step, NND-4(b) is a TVD scheme.

For one-dimensional Euler equations, NND-4 can be written as

$$\bar{\mathbf{U}}_j^{\overline{n+1}} = \mathbf{U}_j^n - \frac{\Delta t}{\Delta x}(\Delta F_{j-1/2}^{+n} + \Delta F_{n+1/2}^{-n}),$$

$$\mathbf{U}_j^{n+1} = \mathbf{U}_j^n - \frac{\Delta t}{\Delta x}(\tilde{\tilde{H}}_{j+1/2} - \tilde{\tilde{H}}_{j-1/2}),$$

where

$$\tilde{\tilde{H}}_{j+1/2} = \tfrac{1}{2}(F_j^{+n} + F_j^{+\overline{n+1}}) + \tfrac{1}{2}\,\text{minmod}(\Delta F_{j+1/2}^{+\overline{n+1}}, \Delta F_{j-1/2}^{+\overline{n+1}})$$
$$+ \tfrac{1}{2}(F_{j+1}^{-n} + F_{j+1}^{-\overline{n+1}}) - \tfrac{1}{2}\,\text{minmod}(\Delta F_{j+3/2}^{-\overline{n+1}}, \Delta F_{j+1/2}^{-\overline{n+1}}).$$

E. NND-5 Scheme (see Zhang, 1989b)

According to the Runge–Kutta method, the numerical solution of (3.1) can be expressed as

$$u_j^{(1)} = u_j^n - \alpha_1\frac{\Delta t}{\Delta x}(h_{j+1/2}^n - h_{j-1/2}^n),$$

$$u_j^{(2)} = u_j^n - \alpha_2\frac{\Delta t}{\Delta x}(h_{j+1/2}^{(1)} - h_{j-1/2}^{(1)}),$$

$$u_j^{n+1} = u_j^n - \alpha_3\frac{\Delta t}{\Delta x}(h_{j+1/2}^{(2)} - h_{j-1/2}^{(2)}).$$

In this paper, we assume $\alpha_1 = 1/6$, $\alpha_2 = 1/2$, $\alpha_3 = 1$. The scheme is second order in time and space. The maximum allowable Courant number is 2.

If we substitute $\mathbf{U}, F$ for u, f, respectively, the NND-5 scheme solving one-dimensional Euler equations is obtained.

V. Implicit NND Scheme (see Zhang, 1989a)

The numerical results show that the preceding explicit NND schemes possess a good convergence accuracy and a high resolution for capturing shock waves, vortices, and shear layers. However, the computational time is long for explicit calculations with fine mesh, such as the case for computing the turbulent flows. Therefore, it is necessary to develop an implicit NND scheme for the unconditional stability.

Some implicit TVD schemes have been presented in the references. Because the implicit difference of these schemes depends respectively on 5, 9, 13 grid points for one- two- and three-dimensional flows in general, the amount of numerical work for inverting diagonal matrices with blocks are large. It is necessary to develop implicit schemes that depend on a smaller number of grid points.

Based on the preceding considerations, a new implicit NND scheme is developed. The details will be described in what follows.

In fact, for the one-dimensional Euler equation (3.19), we have

$$\left(\frac{\partial \mathbf{U}}{\partial t}\right)_j^n = -\frac{1}{\Delta x}(H_{j+1/2}^n - H_{j-1/2}^n), \tag{5.1}$$

$$\left(\frac{\partial \mathbf{U}}{\partial t}\right)_j^{n+1} = -\frac{1}{\Delta x}(H_{j+1/2}^{n+1} - H_{j-1/2}^{n+1}), \tag{5.2}$$

from (3.20). According to the Crank-Nicolson method, $\mathbf{U}_j^{n+1}$ can be expressed as

$$\mathbf{U}_j^{n+1} = \mathbf{U}_j^n + \Delta t\left[(1-\theta)\left(\frac{\partial \mathbf{U}}{\partial t}\right)_j^n + \theta\left(\frac{\partial \mathbf{U}}{\partial t}\right)_j^{n+1}\right]. \tag{5.3}$$

The expression (5.3) is of second-order accuracy in time for $\theta = \frac{1}{2}$ and is first-order for $\theta = 1$. Substituting (5.1) and (5.2) into this expression, the following implicit scheme can be obtained:

$$\mathbf{U}_j^{n+1} = \mathbf{U}_j^n - \frac{\Delta t}{\Delta x}(\tilde{H}_{j+1/2} - \tilde{H}_{j-1/2}), \tag{5.4}$$

where

$$\begin{aligned}\tilde{H}_{j+1/2} - \tilde{H}_{j-1/2} = &[(1-\theta)H_{j+1/2}^n + \theta H_{j+1/2}^{n+1}] \\ &- [(1-\theta)H_{j-1/2}^n + \theta H_{j-1/2}^{n+1}].\end{aligned} \tag{5.5}$$

Define

$$k_1 = \frac{1}{2}\text{minmod}\left(\frac{\Delta F^+_{j+1/2}}{\Delta F^+_{j-1/2}}, 1\right),$$

$$k_2 = \frac{1}{2}\text{minmod}\left(\frac{\Delta F^-_{j+3/2}}{\Delta F^-_{j+1/2}}, 1\right),$$

$$k_3 = \frac{1}{2}\text{minmod}\left(1, \frac{\Delta F^+_{j-3/2}}{\Delta F^+_{j-1/2}}\right),$$

$$k_4 = \frac{1}{2}\text{minmod}\left(1, \frac{\Delta F^-_{j-1/2}}{\Delta F^-_{j+1/2}}\right).$$

The main idea in establishing our implicit scheme is to use the limiters k_s at time step n; we have, in general,

$$k_j^{n+1}\,\Delta F^{\pm n+1}_{j+1/2} = k_j^n\,\Delta F^{\pm n+1}_{j+1/2} + O(\Delta t\,\Delta x).$$

Then, Eq. (5.5) may be written as

$$\tilde{H}_{j+1/2} - \tilde{H}_{j-1/2} = H^n_{j+1/2} - H^n_{j-1/2} + \theta(1 + k_1^n - k_3^n)(\delta F_j^{+n+1} - \delta F_{j-1}^{+n+1})$$
$$+ \theta(1 - k_2^n + k_4^n)(\delta F_{j+1}^{-n+1} - \delta F_j^{-n+1}),$$

where

$$\delta F_j^{\pm n+1} = F_j^{\pm n+1} - F_j^{\pm n}.$$

Since

$$\delta F_j^{+n+1} = A_j^{+n}\,\delta\mathbf{U}_j^{n+1} + O(\Delta t^2),$$

$$\delta F_j^{-n+1} = A_j^{-n}\,\delta\mathbf{U}_j^{n+1} + O(\Delta t^2),$$

where

$$\delta\mathbf{U}_j^{n+1} = \mathbf{U}_j^{n+1} - \mathbf{U}_j^n, \qquad A^+ + A^- = \frac{\partial F}{\partial \mathbf{U}} = A.$$

Equation (5.4) can be estimated by the equation

$$\hat{A}^n_{j-1}\,\delta\mathbf{U}^{n+1}_{j-1} + \hat{B}^n_j\,\delta\mathbf{U}^{n+1}_j + \hat{C}^n_{j+1}\,\delta\mathbf{U}^{n+1}_{j+1} = -\frac{\Delta t}{\Delta x}(H^n_{j+1/2} - H^n_{j-1/2}), \quad (5.6)$$

where

$$\hat{A}^n_{j-1} = -\theta\frac{\Delta t}{\Delta x}(1 + k_1^n - k_3^n)A^{+n}_{j-1},$$

$$\hat{B}^n_j = I + \theta\frac{\Delta t}{\Delta x}(1 + k_1^n - k_3^n)A_j^{+n} - \theta\frac{\Delta t}{\Delta x}(1 - K_2^n + k_4^n)A_j^{-n},$$

$$\hat{C}^n_{j+1} = \theta\frac{\Delta t}{\Delta x}(1 - k_2^n + k_4^n)A^{-n}_{j+1}.$$

Equation (5.6) is the goal we have pursued in order to establish the so-called implicit NND scheme. For $\theta = 1$, the scheme is of first-order accuracy in time and second-order in space. We can prove that this scheme for $\theta = 1$ is a TVD scheme, and is unconditionally stable.

VI. Applications to Solutions of Euler and Navier–Stokes Equations

To test the effectiveness of NND schemes, in addition to model problems, we calculated two- and three-dimensional flows with Euler and Navier–Stokes equations. The computational results are given in this section.

A. Regular Reflection of Shock Wave (see Zhang, 1989b)

1. *Governing Equations and Boundary Conditions*

A popular problem for checking out shock-capturing properties is the regular reflection of an oblique shock wave by a flat plate. Figure 3 shows the computational region. The Euler equations of gas dynamics with $\gamma = 1.4$ in the Cartesian (x, y) plane can be written in the conservative form as

$$\frac{\partial E}{\partial x} + \frac{\partial F}{\partial y} = 0, \tag{6.1}$$

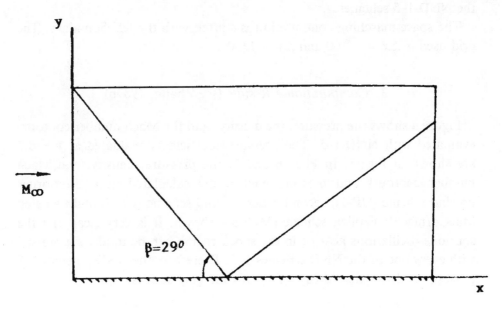

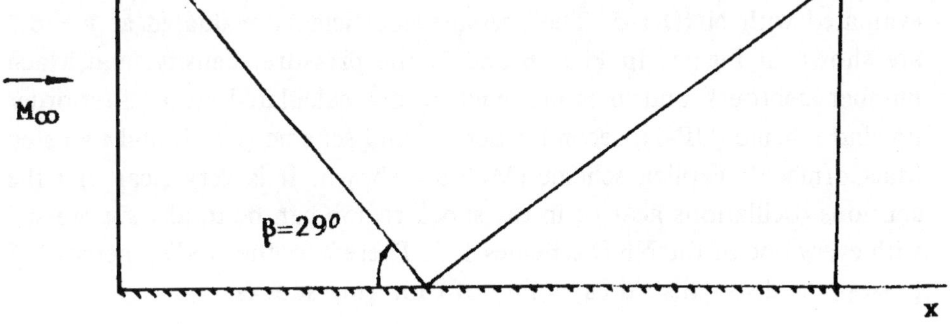

where

$$E = \begin{bmatrix} \rho u \\ \rho u^2 + p \\ \rho uv \\ (e + p)u \end{bmatrix}, \quad F = \begin{bmatrix} \rho u \\ \rho uv \\ \rho v^2 + p \\ (e + p)v \end{bmatrix}.$$

In the preceding equations, u and v are the velocity components in the x and y direction, respectively, and

$$e = \frac{p}{\gamma - 1} + \frac{1}{2}\rho(u^2 + v^2).$$

We specify a uniform $M_\infty = 2.9$ flow at the left boundary. At the top boundary, we specify the conditions behind a shock, where the angle β made by the incident shock wave and flat plate is 29°. A flow tangency condition is specified at the wall, and all variables are extrapolated at right boundary.

2. *Difference Equation*

Equation (6.1) is a hyperbolic system for this case, so we can solve it using the space-marching algorithm along the positive direction of x-axis. In fact, since E and F are functions of U where $U = [\rho, \rho u, \rho v, e]^T$, F is a function of E. Substituting E and F here for U and F, respectively, in Section V gives the NND-1–5 schemes.

The space-marching computation is started with the left boundary. The grid used is $\Delta x = 1/100$ and $\Delta y = 1/50$.

3. *Computational Results* (see Zhang, 1989b)

Figure 4 shows the pressure, the density, and the Mach number contours evaluated with NND-1–5. The pressure coefficients evaluated at $y = 0.5$ are shown in Fig. 5. In Figs. 6 and 7, the pressure, density, and Mach number contours and pressure coefficients calculated using first-order upwind scheme (UP-1), second-order upwind scheme (UP-2) and two-step MacCormack's explicit scheme (MC) are shown. It is very clear that the spurious oscillations near or in the shock region can be totally suppressed with every one of the NND schemes 1–5. Therefore, the NND schemes 1–5 possess the distinguished capability of capturing shocks.

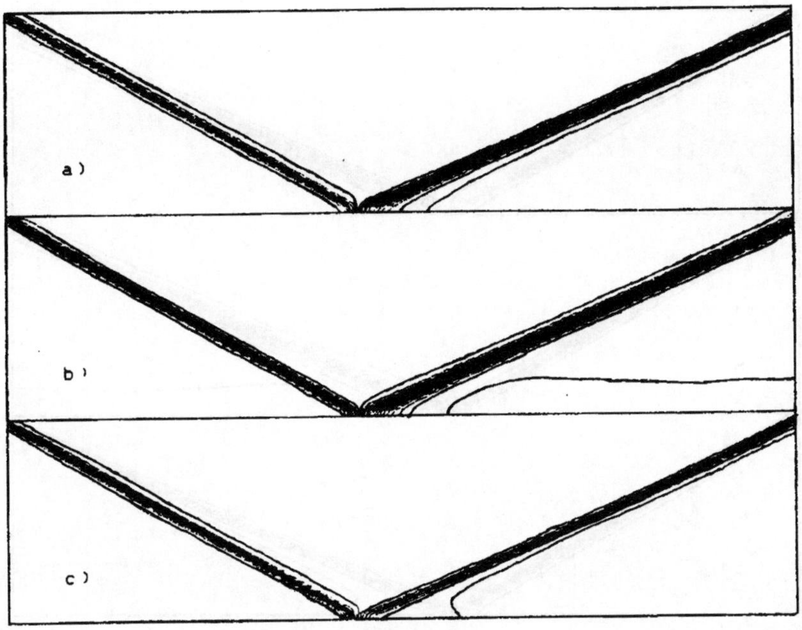

（1）　*NND*－1

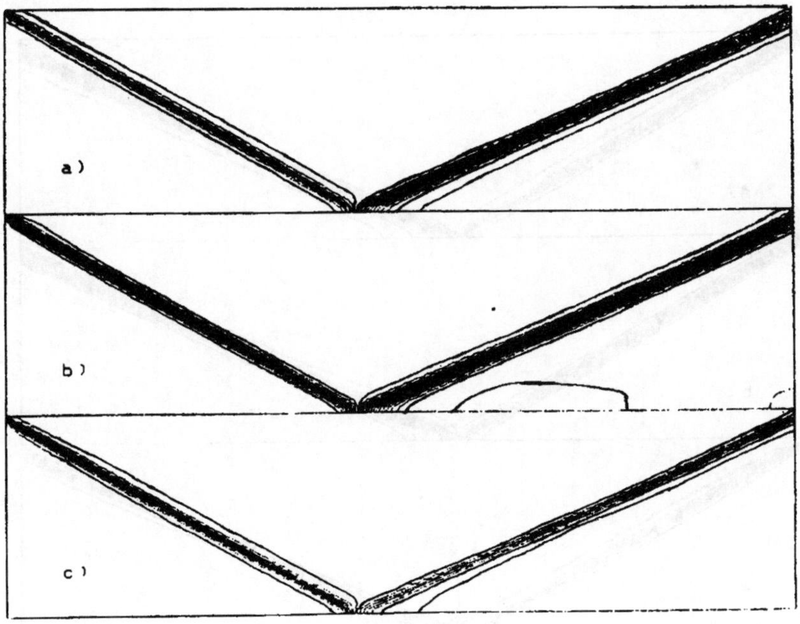

（2）　*NND*－2

FIG. 4　The pressure (a), the density (b), and Mach number contours for regular reflection of an oblique shock wave.

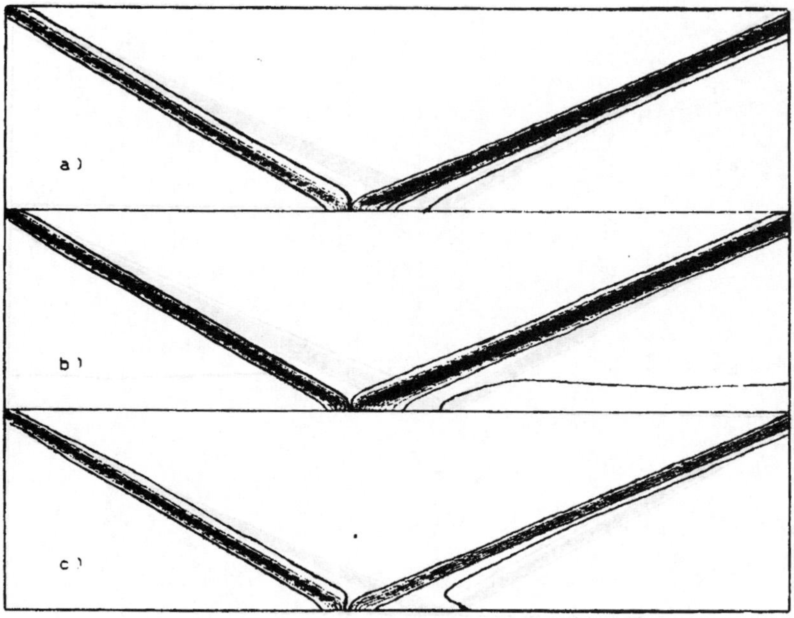

(3) *NND* − 3

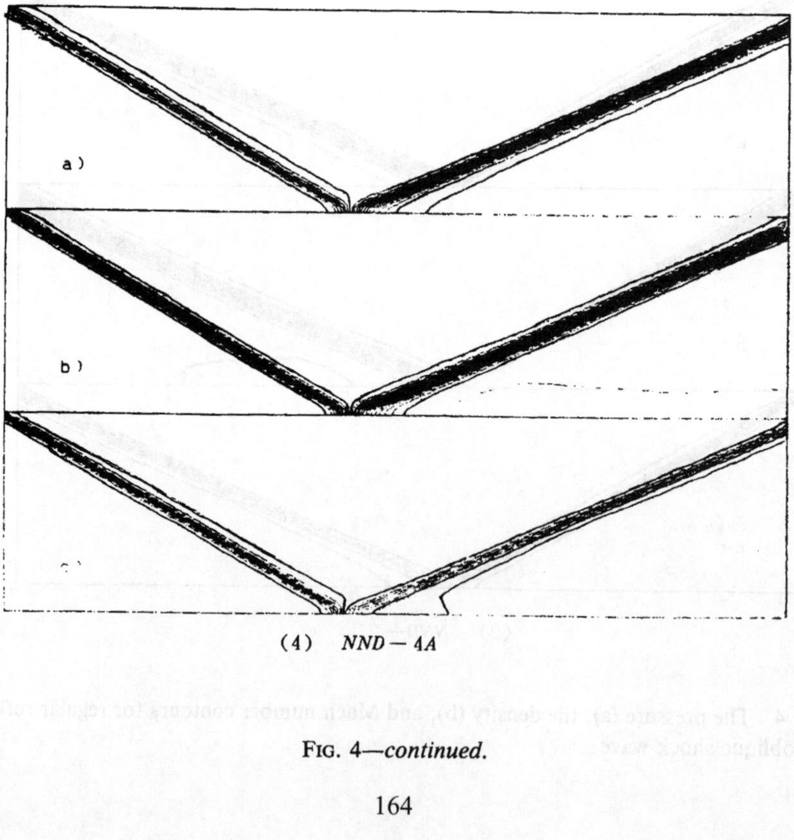

(4) *NND* − 4*A*

FIG. 4—*continued.*

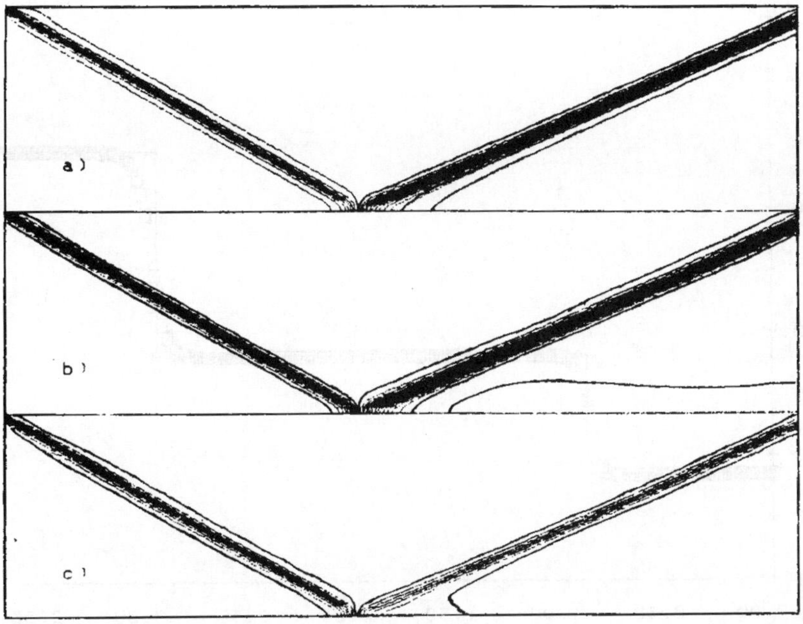

(5)　*NND*－4*B*

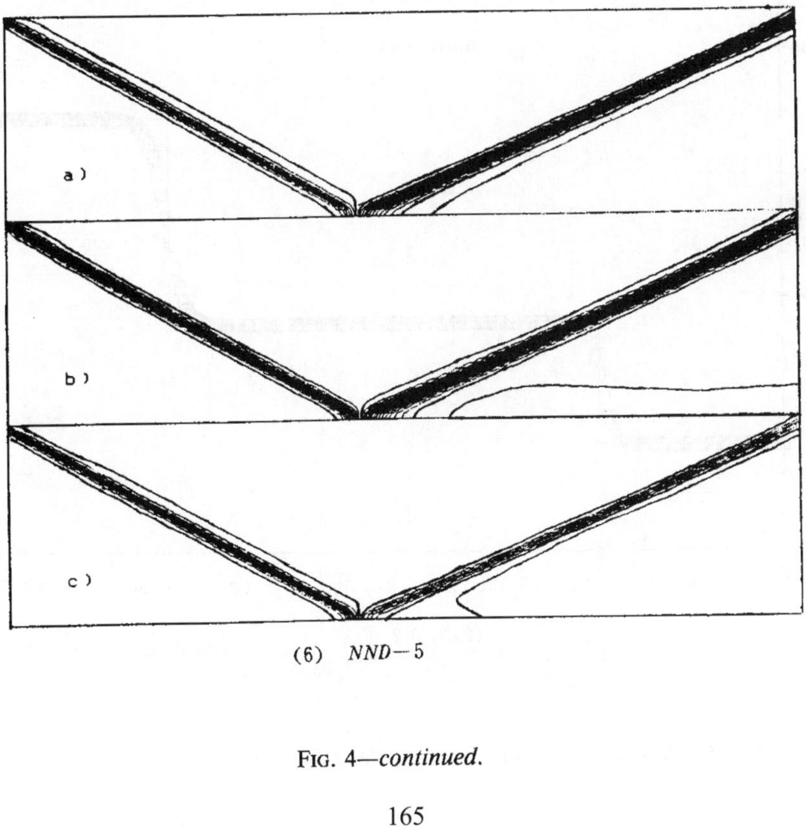

(6)　*NND*－5

FIG. 4—*continued.*

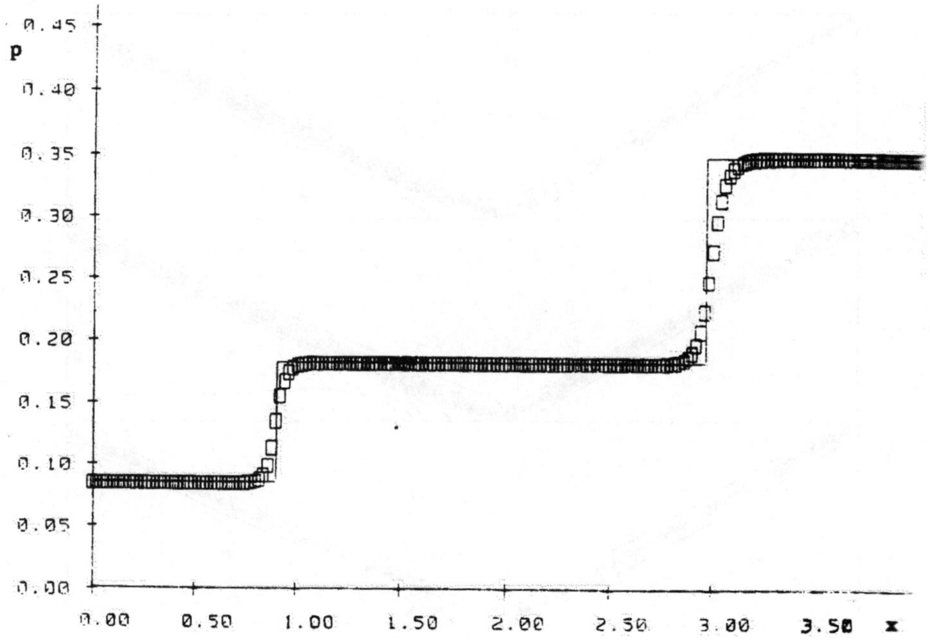

(1)*NND*-1

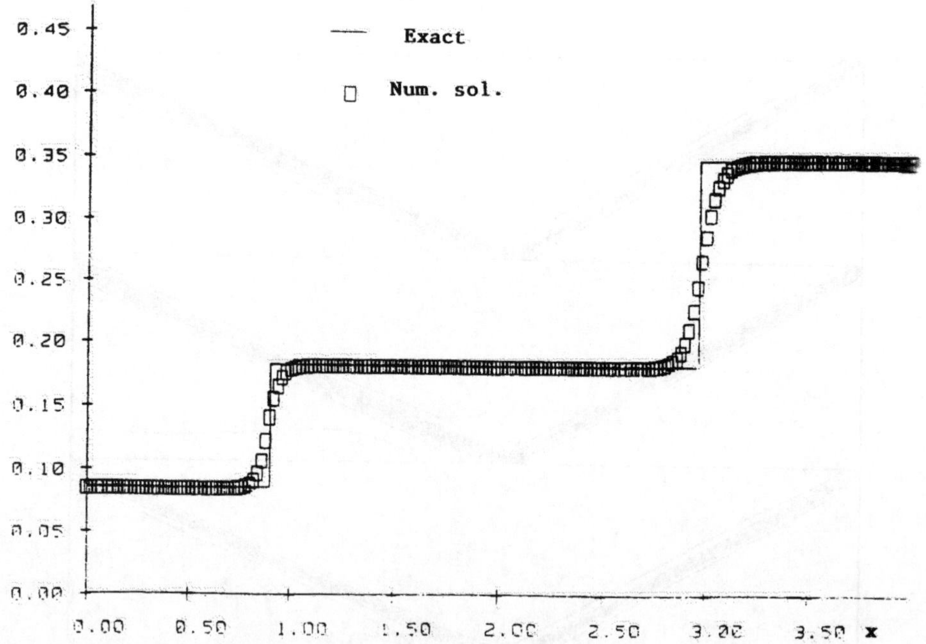

(2)*NND*-2

FIG. 5 Pressure distributions for regular reflection at $y = 0.5$.

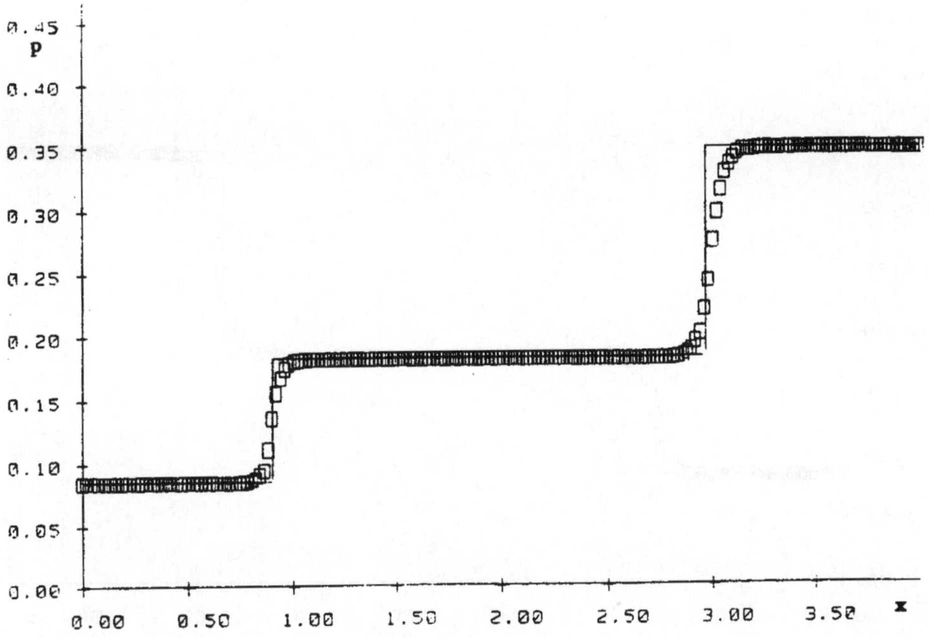

(3)*NND*-3

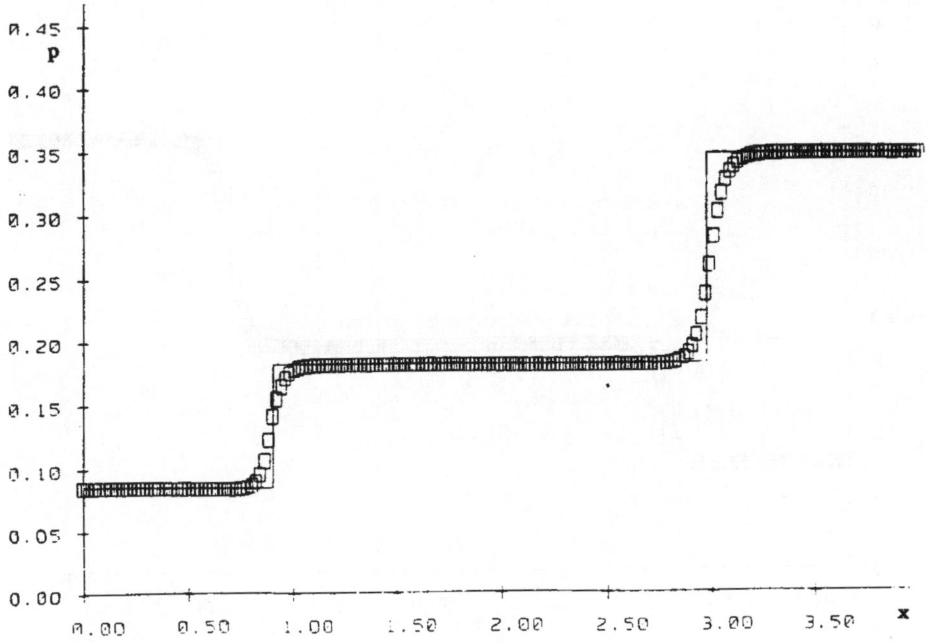

(4)*NND*-4*A*

FIG. 5—*continued.*

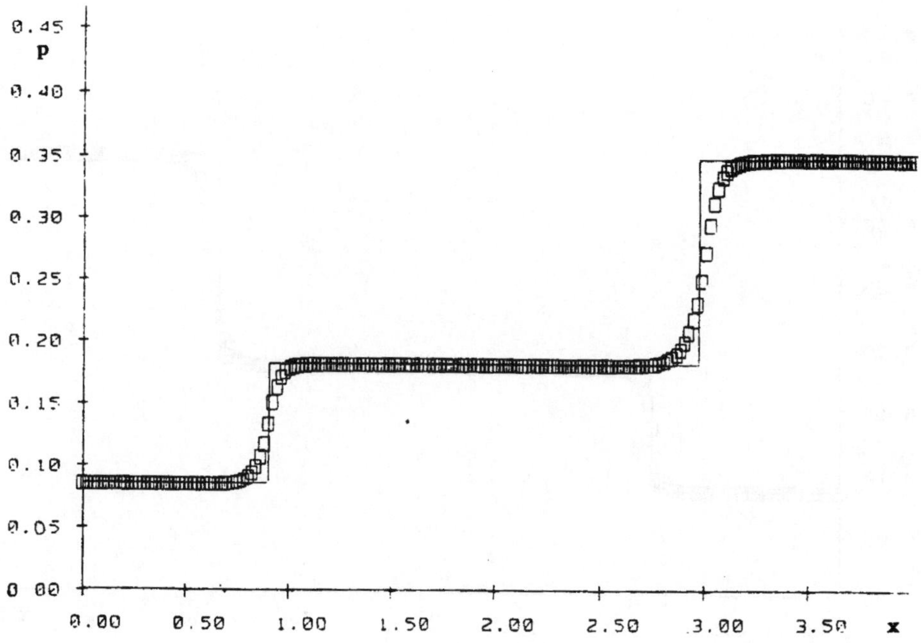

(5)*NND*-4*B*

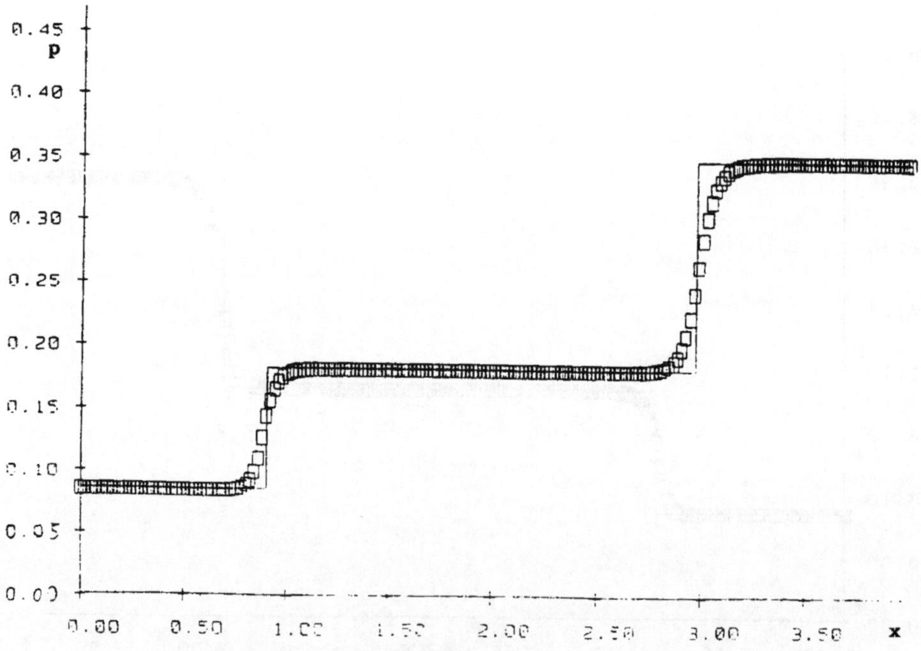

(6)*NND*-5

FIG. 5—*continued.*

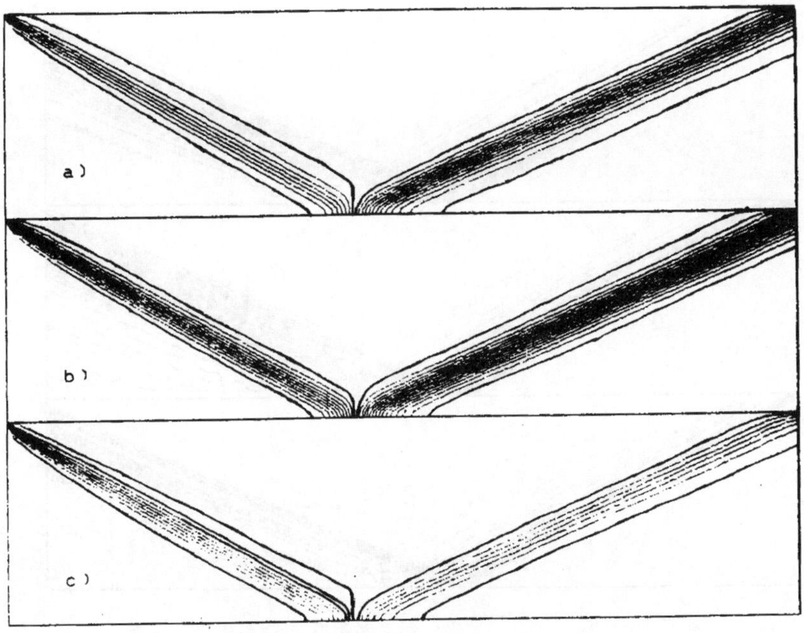

(1) *UP*−1

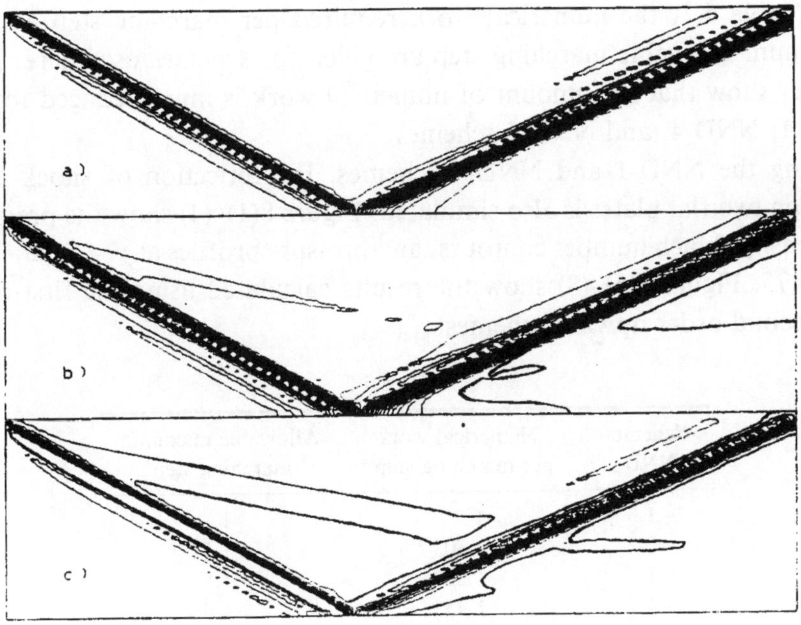

(2)*UP*−2

FIG. 6 The Pressure (a) density (b) and Mach number (c) contours calculated by UP-1, UP-2 and MC schemes.

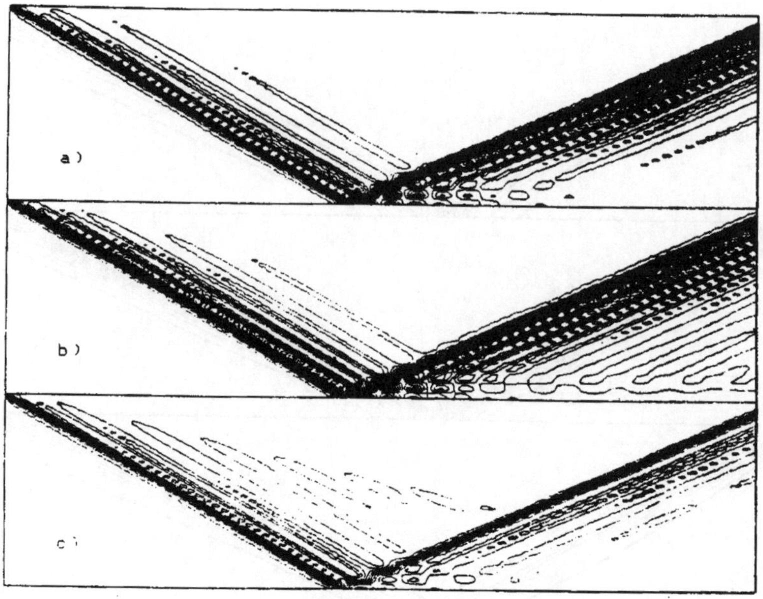

(3)*MC*

FIG. 6—*continued.*

In Table 6.1, the numerical work required per marching step and the maximum allowable marching step are given for schemes used here. Both indexes show that the amount of numerical work is much reduced for the NND-1, NND-4, and NND-5 schemes.

Using the NND-1 and NND-4 schemes, the reflection of shock wave between two flat plates is also simulated. Figure 8(1)–(4) show the pressure, the density, Mach number contours, and pressure profiles at $y = 0.25, 0.50$, and 0.75. Figure 8(5)–(8) show the results calculated using the first-order and second-order upwind schemes.

TABLE 1

Scheme NND	Numerical work per marching step*	Allowable maximum marching step*
−1	1	1
−2	4.803	1.5
−3	1.882	1.5
−4A	1.453	1.5
−4B	1.483	1.5
5	2.85	3.0

* 1. The data are relative to one of NND-1 scheme.
2. Computer VAX II/780 is used.

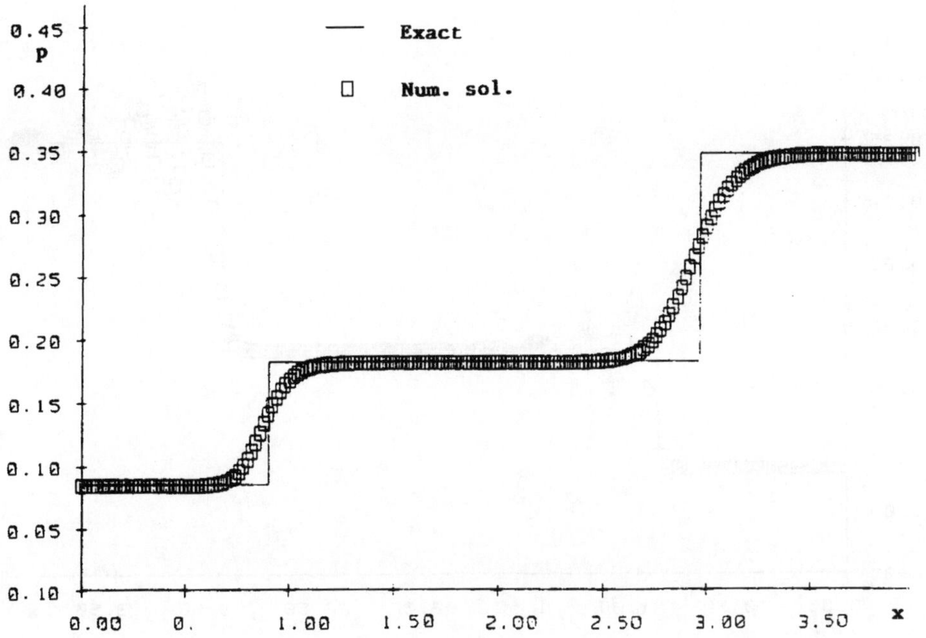

(1)$UP-1$

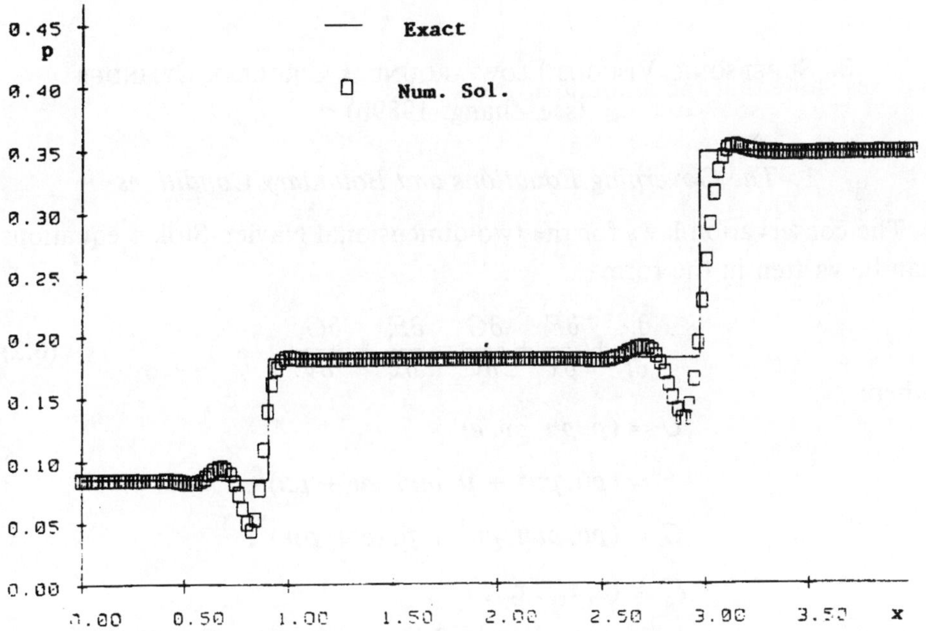

(2)$UP-2$

FIG. 7　The pressure distributions calculated by UP-1, UP-2 and MC schemes.

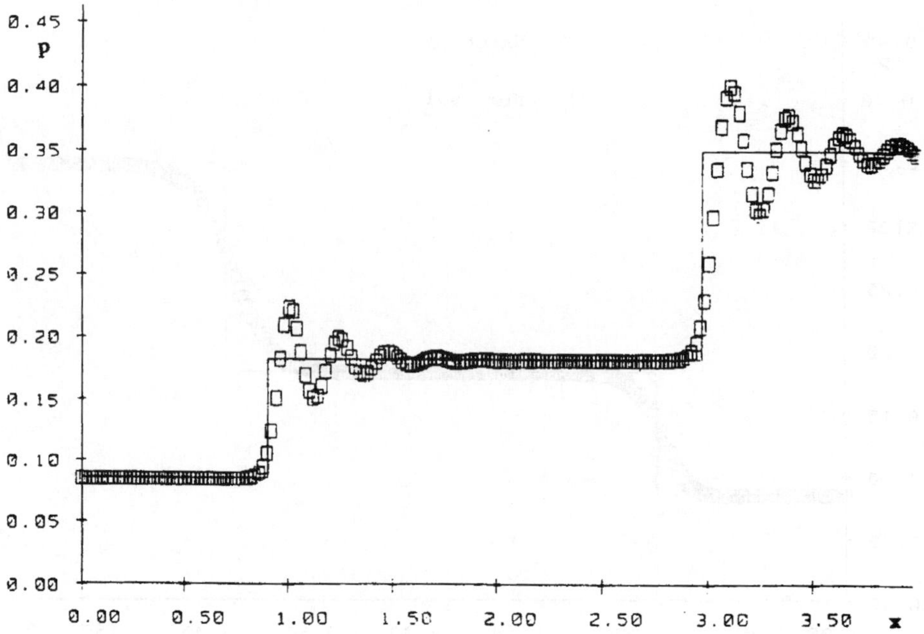

(3)*MC*

FIG. 7—*continued.*

B. SUPERSONIC VISCOUS FLOW AROUND A CIRCULAR CYLINDER (see Zhang, 1989b)

1. *The Governing Equations and Boundary Conditions*

The conservation laws for the two-dimensional Navier–Stokes equations can be written in the form

$$\frac{\partial u}{\partial t}+\frac{\partial F}{\partial x}+\frac{\partial G}{\partial y}=\frac{\partial F_v}{\partial x}+\frac{\partial G_v}{\partial y}, \tag{6.2}$$

where

$$U=(\rho,\rho u,\rho v,e)^T,$$
$$F=(\rho u,\rho u^2+p,\rho uv,eu+pu)^T,$$
$$G=(\rho v,\rho vu,\rho v^2+p,(e+p)v)^T,$$
$$F_v=(0,\tau_{xx},\tau_{xy},f)^T,$$
$$G_v=(0,\tau_{xy},\tau_{yy},g)^T,$$

and

$$e=\frac{p}{\gamma-1}+\frac{\rho}{2}(u^2+v^2).$$

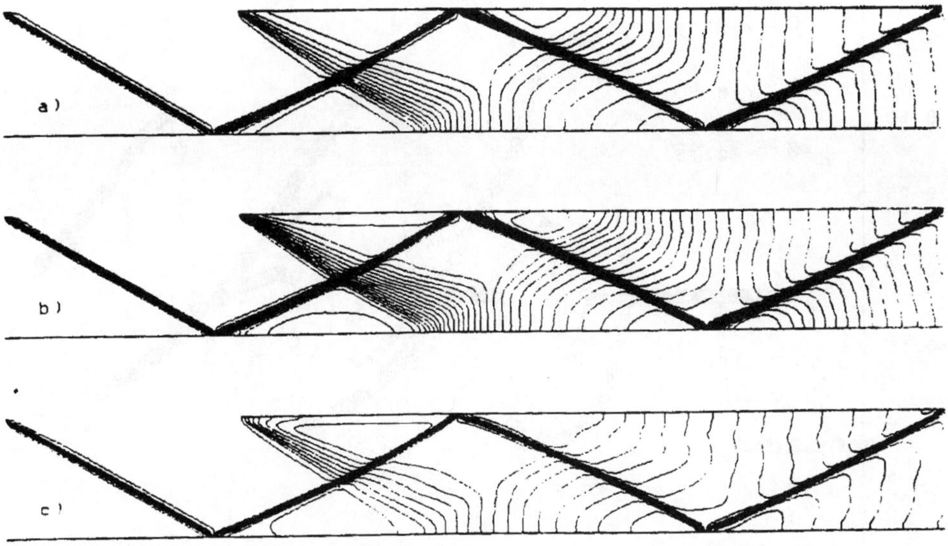

(1)*NND*−1

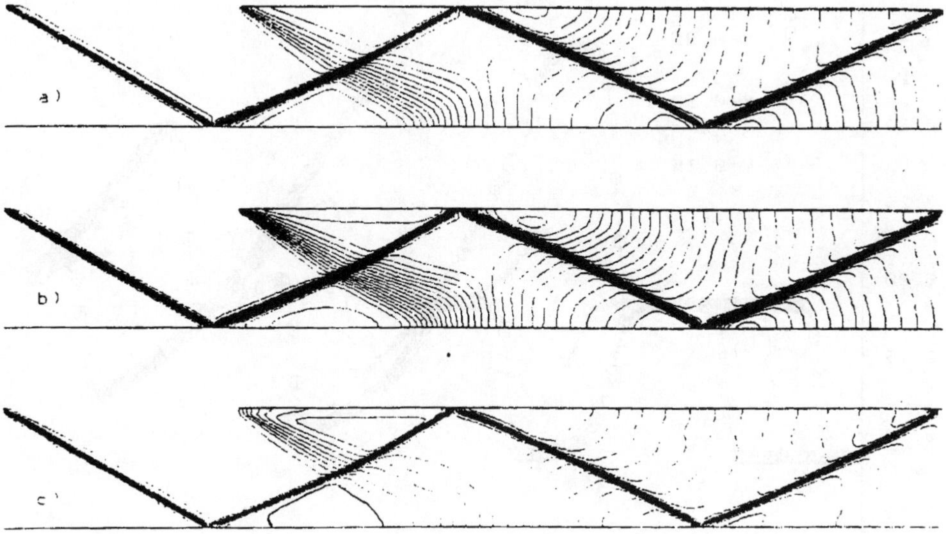

(2)*NND*−4*A*

FIG. 8 (1)-(4) The pressure (a), density (b), Mach number (c) contours and pressure distributions calculated by NND-1 and NND-4A.

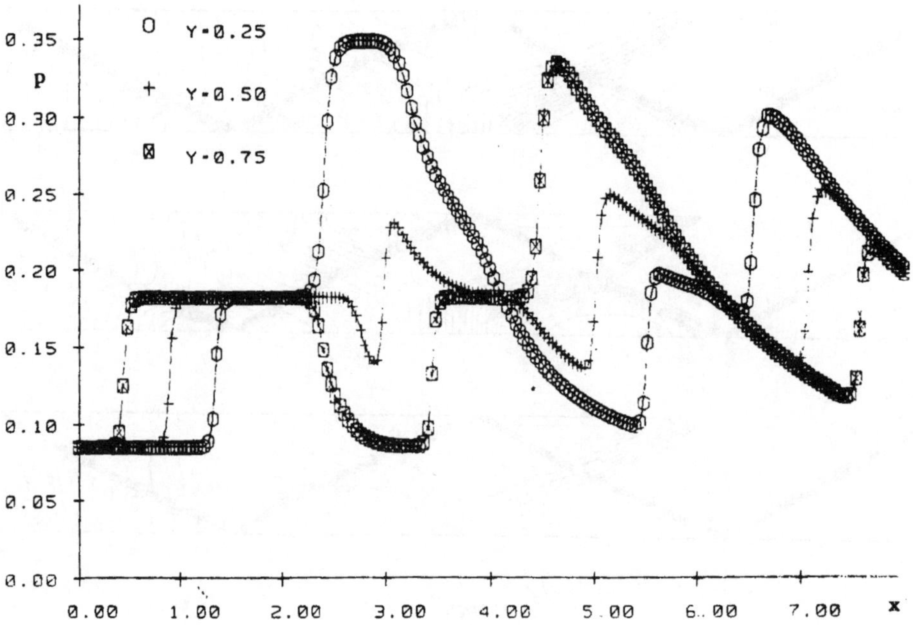

(3) *NND*−1

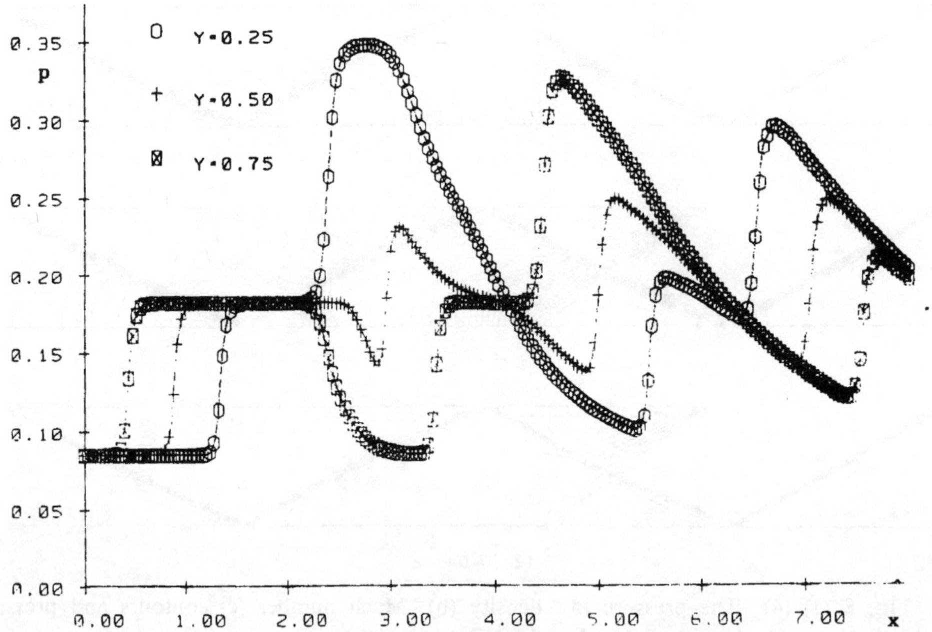

(4) *NND*−4*A*

FIG. 8 (1)-(4)—*continued.*

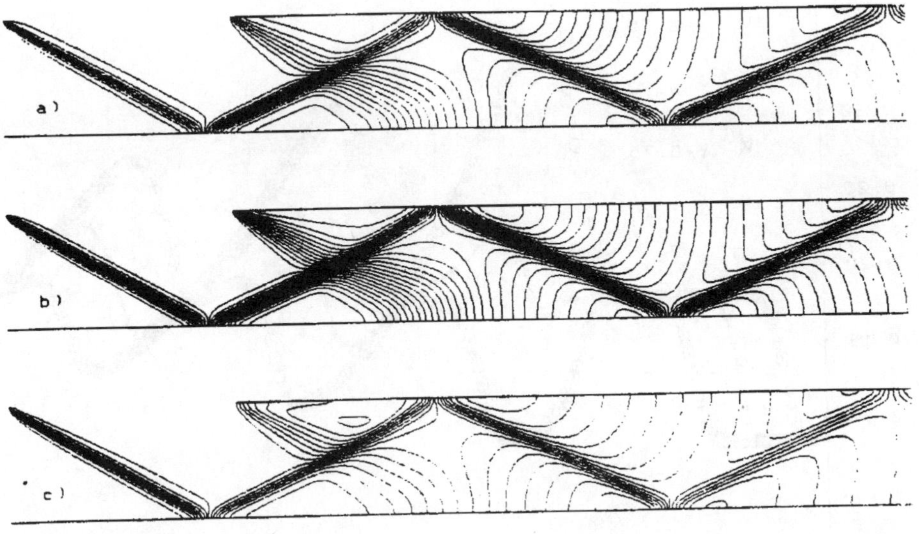

(5) $UP-1$

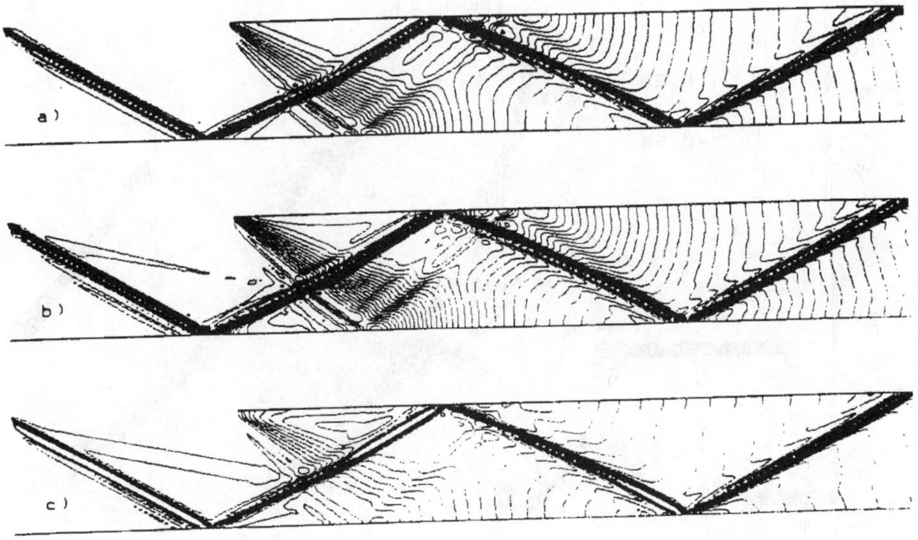

(6) $UP-2$

FIG. 8 (5)–(8) The pressure (a), density (b), Mach number (c) contours and pressure distributions calculated by UP-1 and UP-2.

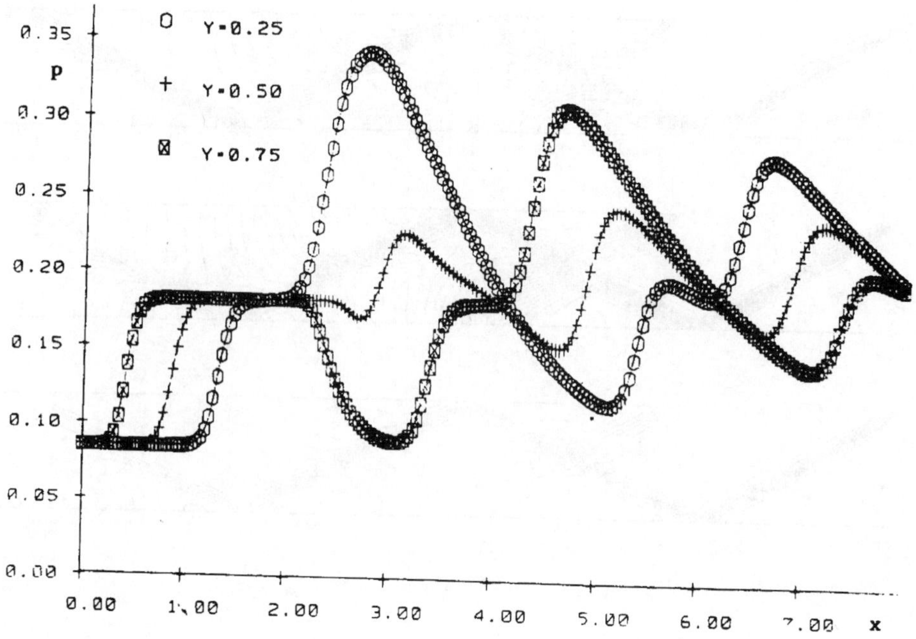

(7) UP—1

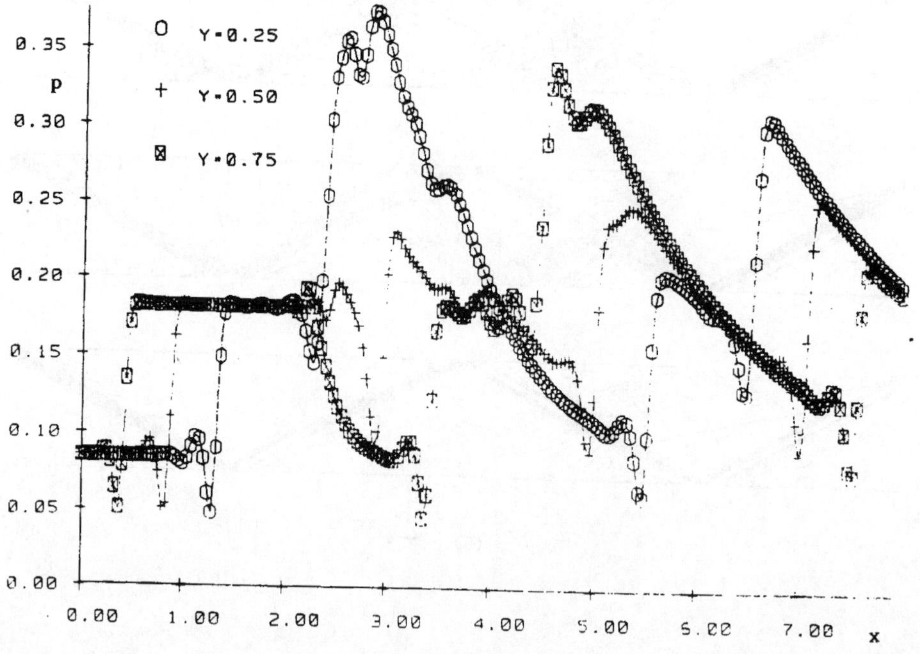

(8) UP—2

FIG. 8 (5)-(8)—*continued.*

We also have

$$\tau_{xx} = \frac{\mu}{\mathrm{Re}}\left(\frac{4}{3}\frac{\partial u}{\partial x} - \frac{2}{3}\frac{\partial v}{\partial y}\right),$$

$$\tau_{xy} = \frac{\mu}{\mathrm{Re}}\left(\frac{\partial u}{\partial y} + \frac{\partial v}{\partial x}\right),$$

$$\tau_{yy} = \frac{\mu}{\mathrm{Re}}\left(-\frac{2}{3}\frac{\partial u}{\partial x} + \frac{4}{3}\frac{\partial v}{\partial y}\right),$$

$$f = u\tau_{xx} + v\tau_{xy} + \frac{\mu}{\mathrm{Re}}\frac{1}{\mathrm{Pr}}\frac{\gamma}{\gamma - 1}\frac{\partial}{\partial x}\left(\frac{p}{\rho}\right),$$

$$g = u\tau_{xy} + v\tau_{yy} + \frac{\mu}{\mathrm{Re}}\frac{1}{\mathrm{Pr}}\frac{\gamma}{\gamma - 1}\frac{\partial}{\partial y}\left(\frac{p}{\rho}\right).$$

The dynamic viscosity μ is given by Sutherland's formula. The Reynolds number is Re, and the Prandtl number is $\mathrm{Pr} = 0.72$. Under the generalized coordinate transformation $\xi = \xi(x, y)$ and $\eta = \eta(x, y)$, Eq. (6.2) can be written in a form that maintains the strong conservation law form as

$$\frac{\partial \hat{\mathbf{U}}}{\partial t} + \frac{\partial \hat{F}}{\partial \xi} + \frac{\partial \hat{G}}{\partial \eta} = \frac{1}{\mathrm{Re}}\left(\frac{\partial \hat{F}_{\mathrm{v}}}{\partial \xi} + \frac{\partial \hat{G}_{\mathrm{v}}}{\partial \eta}\right), \tag{6.3}$$

where

$$\hat{\mathbf{U}} = \mathbf{U}/J,$$

$$\hat{F} = (\xi_x F + \xi_y G)/J,$$

$$\hat{G} = (\eta_x F + \eta_y G)/J,$$

$$\hat{F}_{\mathrm{v}} = (\xi_x F_{\mathrm{v}} + \xi_y G_{\mathrm{v}})/J,$$

$$\hat{G}_{\mathrm{v}} = (\eta_x F_{\mathrm{v}} + \eta_y G_{\mathrm{v}})/J,$$

$$J = \xi_x \eta_y - \xi_y \eta_x.$$

The physical domain of interest is prescribed by three types of boundaries, namely an inflow, an outflow, and a solid wall. A scheme of the physical and computational domain is shown in Fig. 9. At the inflow boundary, the flow is supersonic and the flow conditions are given: the free-stream Mach number $M_\infty = 3$, the Reynolds number based on the freestream conditions and the diameter of cylinder D $\mathrm{Re} = \rho_\infty V_\infty D/\mu_\infty = 10^5$, and the free-stream temperature $T_\infty = 980\,\mathrm{K}$. At the outflow boundary, the flow is dominantly supersonic and a simple first-order extrapolation of all the flow variables is sufficient.

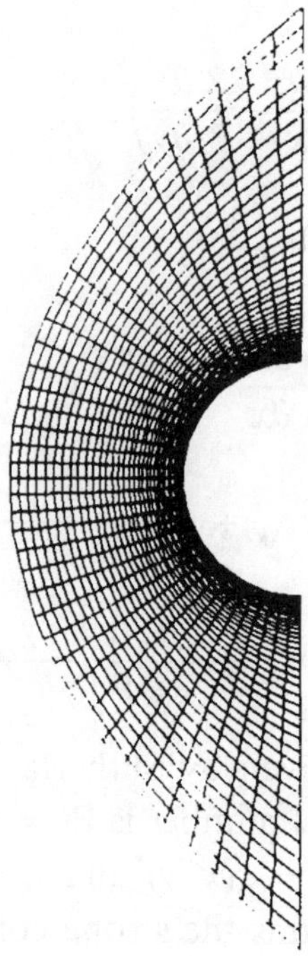

FIG. 9 Computational domain.

At the solid wall, no-slip boundary conditions $u = v = 0$ and an adiabatic wall boundary condition are considered. The surface pressure is obtained by solving the normal momentum equation. Since the Reynolds number is high in this case, the normal momentum equation can be approximated at the wall by $\partial p/\partial n = 0$, where n represents the direction normal to the body. The surface density is obtained by zeroth-order extrapolation to the surface.

2. *Difference Method and Results*

For simplicity, the mesh is generated using an algebraic grid generator that has the capability of clustering in the body normal direction to resolve the boundary layers, as well as to reach a specified outer boundary (Fig. 9).

Equation (6.2) is the same as Eq. (3.25), so the previous NND schemes solving (3.25) can be used here.

Figure 10 shows the pressure contours calculated with NND-1–5 and the implicit NND scheme. The velocity distributions on the symmetrical axis and the pressure distributions on the body surface are shown in Figs. 11 and 12, respectively.

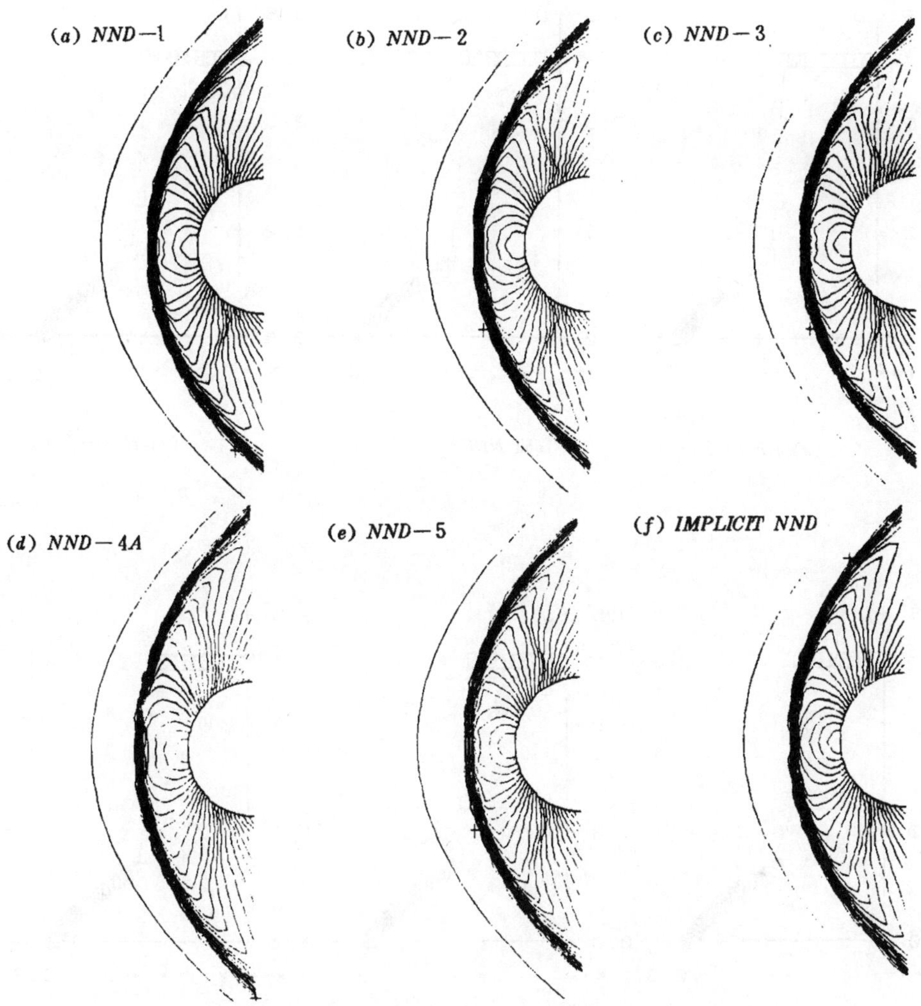

FIG. 10 Pressure contours calculated by NND-1–5 and implicit NND.

C. AXIAL SYMMETRIC FREE JET FLOWS (see Zheng and Zhang, 1989)

1. *Nondimensional Equations and Boundary Conditions*

Now we calculate the axial symmetric free jet with Euler and N–S equations. We can write the compressible equations in a cylindrical coordinate system (x, r, θ) (Fig. 13) as

$$\frac{\partial U}{\partial t}+\frac{\partial F}{\partial x}+\frac{\partial G}{\partial r}+H=\frac{\varepsilon}{\mathrm{Re}_\infty}\left(\frac{\partial f}{\partial x}+\frac{1}{r}\frac{\partial g}{\partial r}+h\right), \tag{6.4}$$

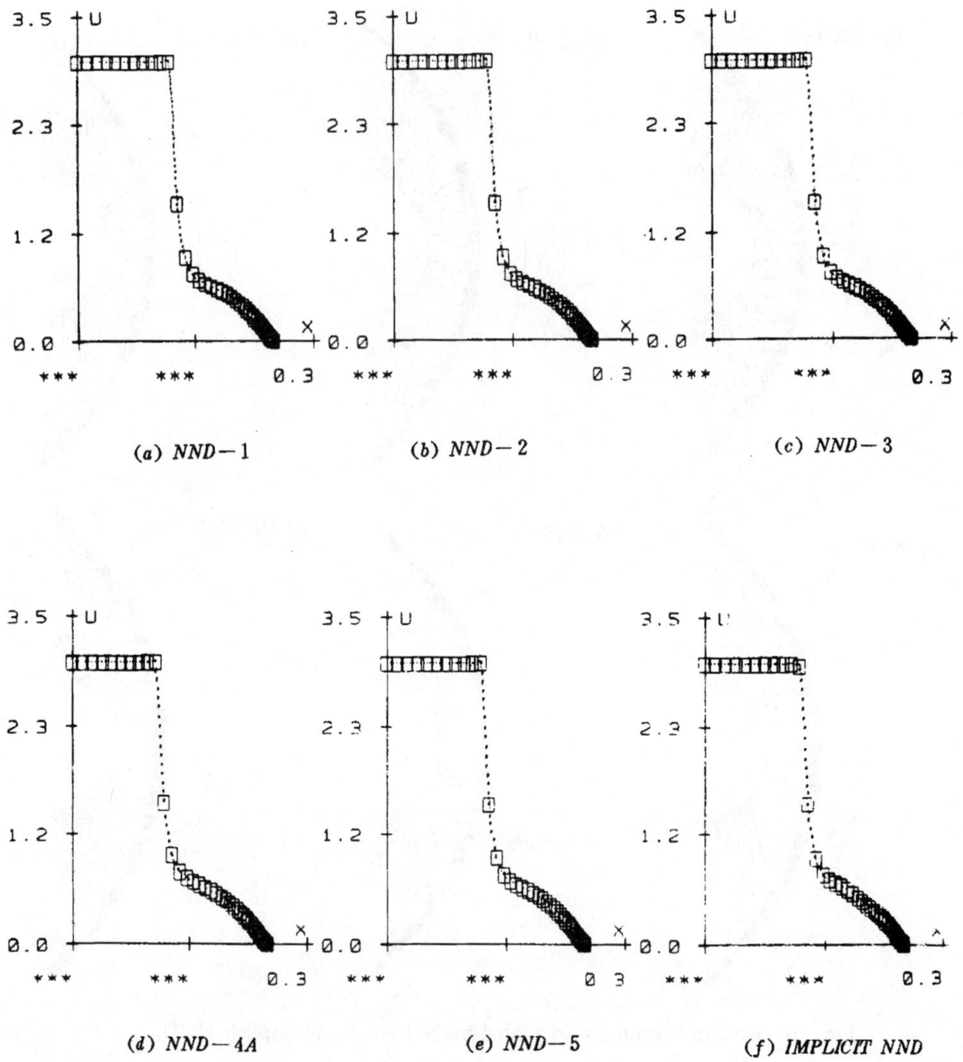

FIG. 11 Velocity distributions on the symmetrical axis calculated by NND-1-5 and implicit NND.

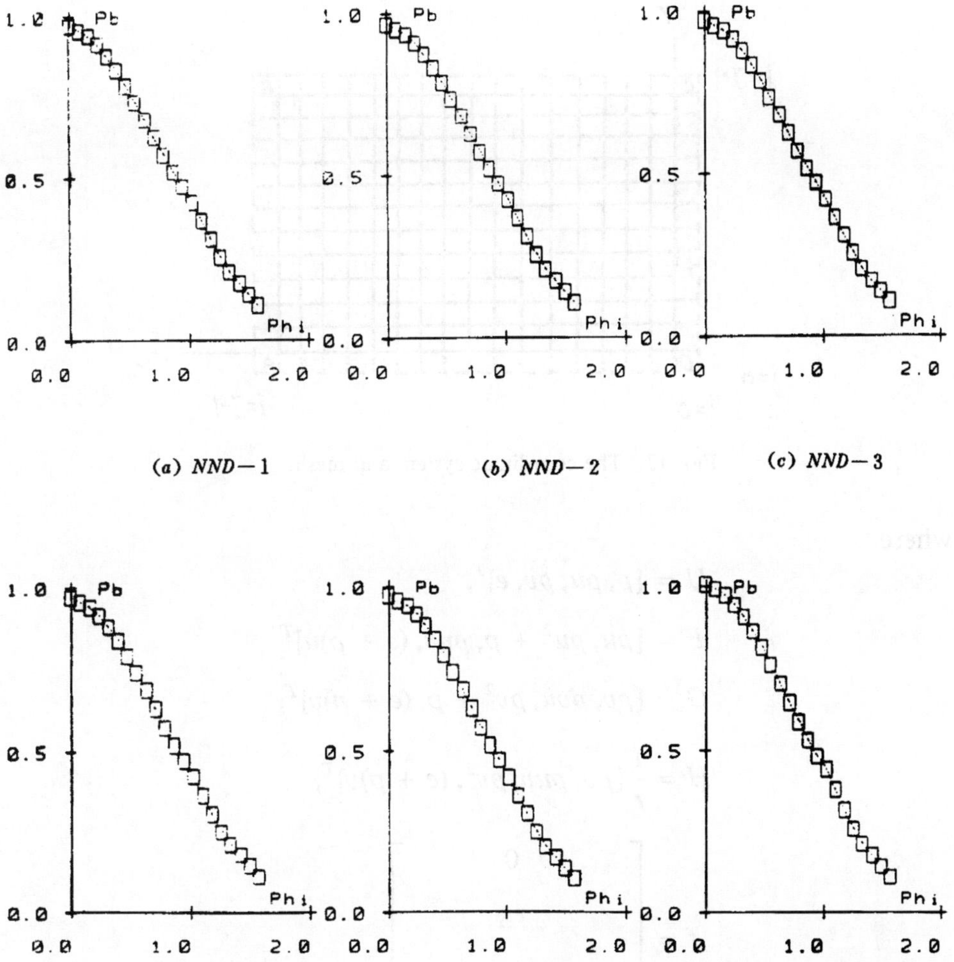

(a) *NND*−1　(b) *NND*−2　(c) *NND*−3

(d) *NND*−4*A*　(e) *NND*−5　(f) *IMPLICIT NND*

FIG. 12 Pressure distributions on the body surface calculated by NND-1-5 and implicit NND.

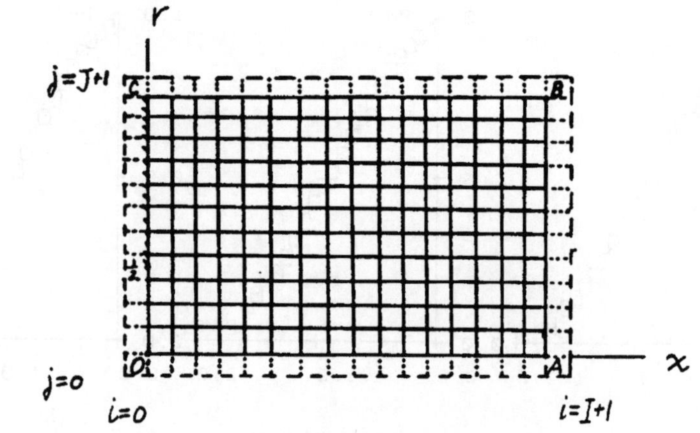

FIG. 13 The coordinate system and mesh.

where

$$U = [\rho, \rho u, \rho v, e]^T,$$

$$F = [\rho u, \rho u^2 + p, \rho uv, (e + p)u]^T$$

$$G = [\rho v, \rho vu, \rho v^2 + p, (e + p)v]^T,$$

$$H = \frac{1}{r}[\rho v, \rho uv, \rho v^2, (e + p)v]^T,$$

$$f = \begin{bmatrix} 0 \\ \tau_{xx} \\ \tau_{xr} \\ u\tau_{xx} + v\tau_{xr} + q_x \end{bmatrix},$$

$$g = r\begin{bmatrix} 0 \\ \tau_{xr} \\ \tau_{rr} \\ u\tau_{xr} + v\tau_{rr} + q_r \end{bmatrix},$$

$$h = \frac{1}{r}[0, 0, -\tau_{\theta\theta}, 0]^T.$$

For Euler equations, $\varepsilon = 0$, and for N–S equations, $\varepsilon = 1$. In Eq. (6.4), u, v represent the components of the velocity along the coordinate directions x, r, respectively. Equation (6.4) is expressed in nondimensional form, with reference values for the velocity, pressure, density, temperature, viscosity, and total energy taken as $(p'_\infty/\rho'_\infty)^{1/2}$, p'_∞, ρ'_∞, T'_∞, μ'_∞, and p'_∞, respectively, where the subscript ∞ represents the conditions of the external stream, which is at rest, and the dimensional variables are denoted by a $'$. The reference length is the exit diameter D' of the jet. The Reynolds number if $\mathrm{Re}_\infty = (p'_\infty \rho'_\infty)^{1/2} D'/\mu'_\infty$.

We assume that in both external and internal regions the gas is perfect, and the equation of state is

$$p = \rho T.$$

For the viscous case considered here, the flow is laminar, and the viscosity μ is calculated by Sutherland's formula.

The nondimensional boundary conditions can be written as follows:

On the axis of symmetry ($r = 0$), we have $v = 0$. The outer boundary CB (Fig. 13) is set far away from the axis of symmetry. Here, the stream can be considered as at rest. So corresponding boundary conditions are

$$\rho = 1, \qquad p = 1, \qquad u = v = 0.$$

The left boundary consists of two parts. On the body surface, we have

$$u = 0$$

for the inviscid case, and

$$u = v = 0, \qquad T = T_w$$

for the viscous flow, where T_w is the surface temperature. On the exit of the jet, the following conditions can be given:

$$\begin{cases} p = p_0\left(\dfrac{\gamma+1}{2}\right)^{-\gamma/\gamma-1}, \\ \rho = \rho_0\left(\dfrac{\gamma+1}{2}\right)^{-1/\gamma-1}, \\ u = \left(\gamma\dfrac{p}{\rho}\right)^{1/2}, \\ v = 0, \end{cases}$$

where the stagnation condition is denoted by subscript 0. Supposing the right boundary is set far away from the exit of the jet, so zero-gradient boundary conditions can be used:

$$\frac{\partial \varphi}{\partial x} = 0,$$

where $\varphi = u, v, p, \rho$.

2. *Difference Equations*

The mesh used for the simulation is shown in Fig. 13. Using the NND-1 scheme, the following difference equations can be obtained from Eq. (6.4):

$$\mathbf{U}_{ij}^{n+1} = \overline{\mathbf{U}_{ij}^{n+1}} + \frac{\varepsilon\,\Delta t}{\mathrm{Re}_\infty}\left[\left(\frac{\partial f}{\partial x}\right)_{ij}^n + \left(\frac{1}{r}\frac{\partial g}{\partial r}\right)_{ij}^n + h_{ij}^n\right] - H_{ij}^n\,\Delta t,$$

where

$$\overline{\mathbf{U}_{ij}^{n+1}} = L_x(\tfrac{1}{2}\,\Delta t)L_r(\Delta t)L_x(\tfrac{1}{2}\,\Delta t)U_{ij}^n,$$

$$L_x(\Delta t)U_{ij}^n = U_{ij}^n - (\Delta t/\Delta x)(X_{i+1/2_j}^n - X_{i-1/2_j}^n),$$

$$X_{i+1/2_j}^n = F_{i+1/2_jL}^+ + F_{i+1/2_jR}^-,$$

$$F_{i+1/2_jL}^+ = F_{ij}^+ + \tfrac{1}{2}\,\mathrm{minmod}(\Delta F_{i-1/2_j}^+, \Delta F_{i+1/2_j}^+),$$

$$F_{i+1/2_jR}^- = F_{i+1_j}^- - \tfrac{1}{2}\,\mathrm{minmod}(\Delta F_{i+1/2_j}^-, \Delta F_{i+3/2_j}^-),$$

$$L_r(\Delta t)U_{ij}^n = U_{ij}^n - (\Delta t/\Delta r)(Y_{ij+1/2}^n - Y_{ij-1/2}^n),$$

$$Y_{ij+1/2} = G_{ij+1/2L}^+ + G_{ij+1/2R}^-,$$

$$G_{ij+1/2L}^+ = G_{ij}^+ + \tfrac{1}{2}\,\mathrm{minmod}(\Delta G_{ij-1/2}^+, \Delta G_{ij+1/2}^+),$$

$$G_{ij+1/2R}^- = G_{ij+1}^- - \tfrac{1}{2}\,\mathrm{minmod}(\Delta G_{ij+1/2}^-, \Delta G_{ij+3/2}^-),$$

and $(\partial f/\partial x)_{ij}^n$, $(\partial g/\partial x)_{ij}^n$ can be calculated using second-order central difference scheme.

3. *Numerical Results*

For the axial symmetric free jet simulated here, the ratio of the exit total pressure p_{0j}' to the external pressure p_∞' is 50; the exit Mach number $M = 1.0$. The total enthalpy is the same for both external and internal stream ($H_j' = H_\infty$). The ratio of specific heats is 1.4 for both external and internal streams. We assume that $T_w = T_\infty' = 300\,\mathrm{K}$ and

$$\mathrm{Re}_{\mathrm{jet}} = \frac{\rho_{ij}' u_{ij}' D'}{\mu_{ij}'} = \sqrt{\gamma p_{ij}\rho_{ij}}\,\frac{1}{\mu_{ij}}\,\mathrm{Re}_\infty = 10^5.$$

The mesh system is 60×60. The time step Δt is determined by following stability conditions:

$$\Delta t = \tfrac{2}{3}\min(\Delta t_x, \Delta t_r),$$

$$\Delta t_x = \frac{\Delta x}{\left\{|u| + \alpha + \dfrac{1}{\rho\,\mathrm{Re}_\infty}\left[\dfrac{2\gamma\mu}{\mathrm{Pr}\,\Delta x} + \left(\dfrac{2}{3}\mu^2\right)^{1/2}\dfrac{1}{\Delta r}\right]\right\}_{\max}},$$

$$\Delta t_x = \frac{\Delta r}{\left\{|v| + \alpha + \dfrac{1}{\rho\,\mathrm{Re}_\infty}\left[\dfrac{2\gamma\mu}{\mathrm{Pr}\,\Delta r} + \left(\dfrac{2}{3}\mu^2\right)^{1/2}\dfrac{1}{\Delta x}\right]\right\}_{\max}},$$

For air, the Prandtl number Pr = 0.72. Figure 14(a, b) give the density and pressure contours, respectively, for the axial symmetric free jet with Euler and N–S equations. The existence of the drum shock and Mach disc is clearly

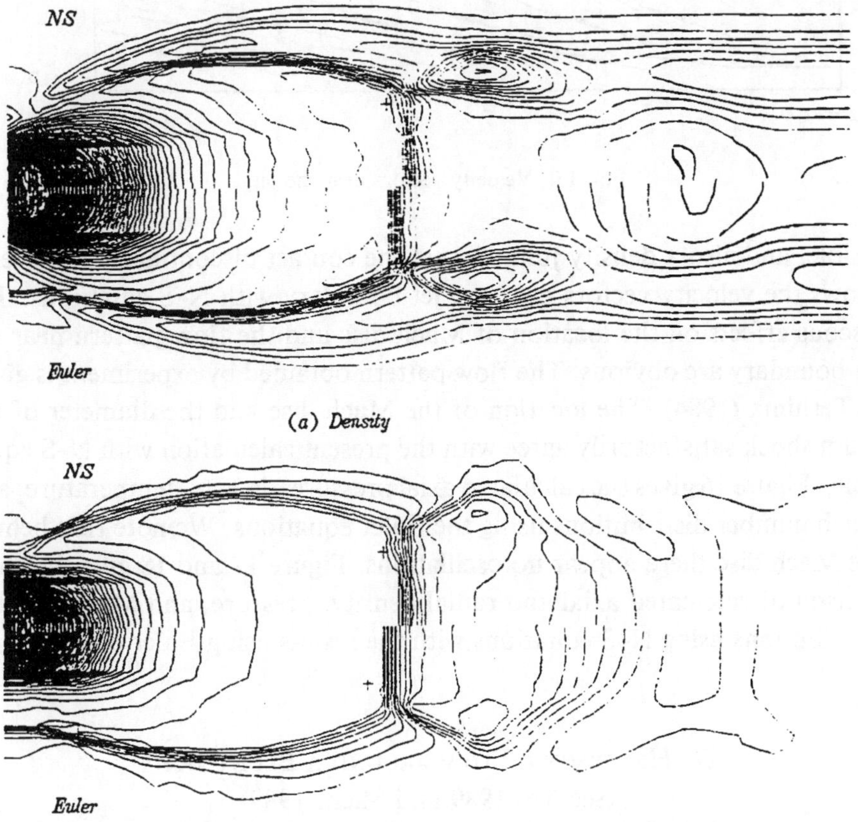

(a) Density

(b) Pressure

FIG. 14　Density and pressure contours calculated by NND-1.

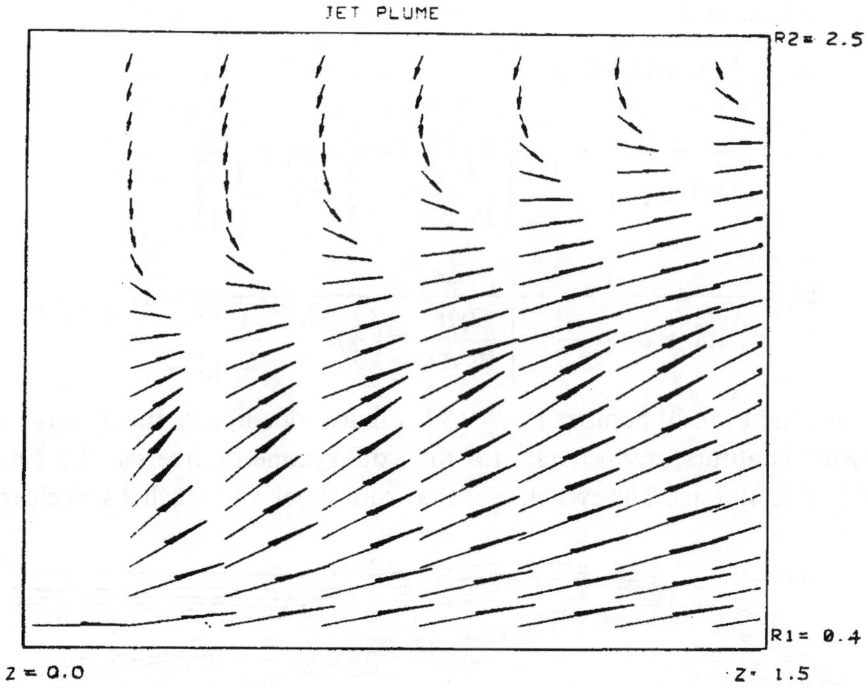

FIG. 15 Velocity vectors near the jet.

visible, and also a density jump across the contact discontinuity. Figure 15 shows the velocity vectors near the jet boundary with N–S equations. The viscous effects on the location of Mach disc and the flow pattern near the jet boundary are obvious. The flow pattern obtained by experiment is given in Teshima (1984). The location of the Mach disc and the diameter of the drum shock satisfactorily agree with the present calculation with N–S equations. Figure 16 gives the calculated axial pressure, density, temperature, and Mach number distributions using the Euler equations. We note that behind the Mach disc there appear no oscillations. Figure 17 and 18 give the comparison of calculated axial and radial density, pressure, and Mach number distributions using N–S equations with the results using Euler equations.

D. Hypersonic Flow around a Blunt Body (see Ye, 1989 and Shen, 1989)

The computation of 3D hypersonic flow around blunt bodies is of increasing interest for the future development of spacecrafts and hypersonic

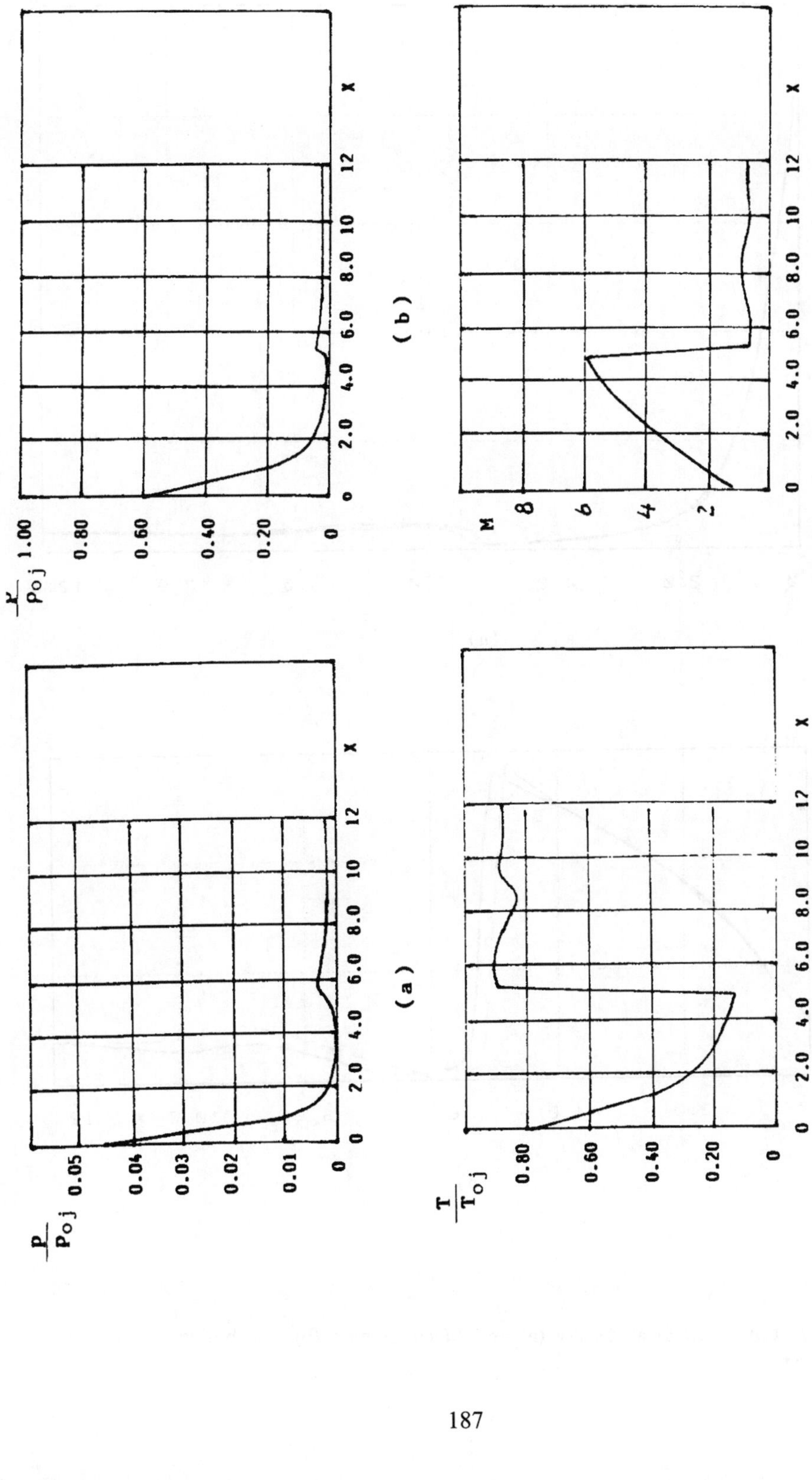

FIG. 16　Calculated pressure (a), density (b), temperature (c) and Mach number (d) distribution (——— present).

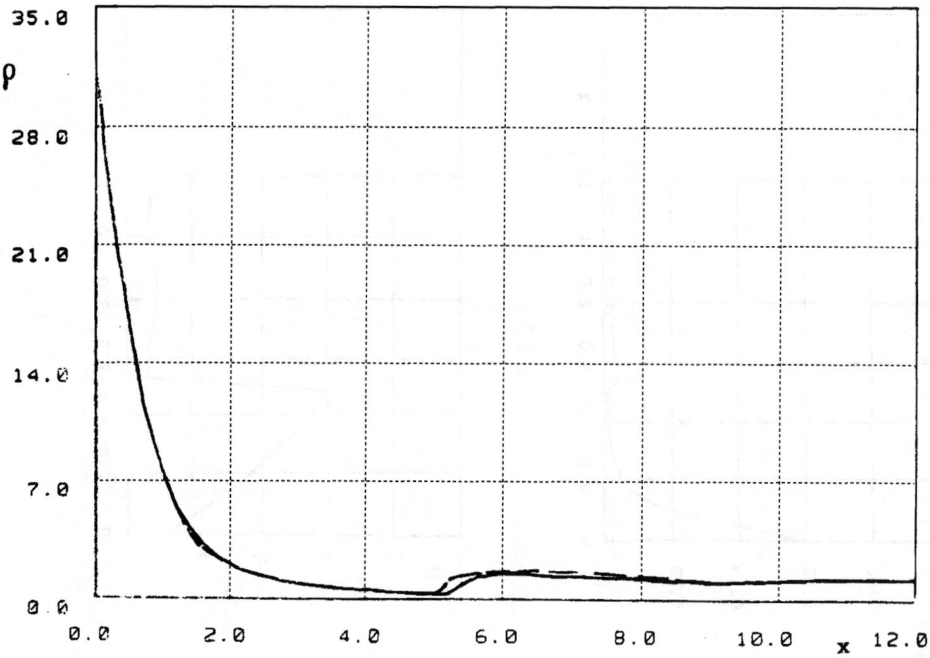

(*a*)

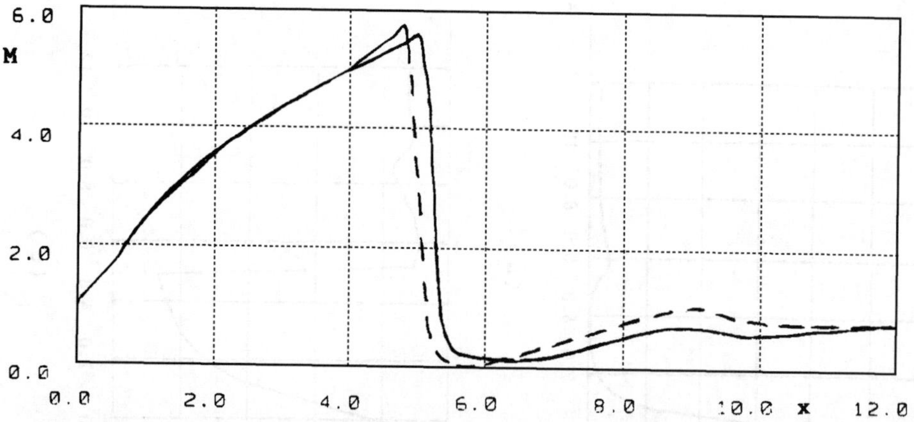

(*b*)

FIG. 17 Calculated axial density (a) and Mach number (b) distributions. ——— NS, ---- Euler.

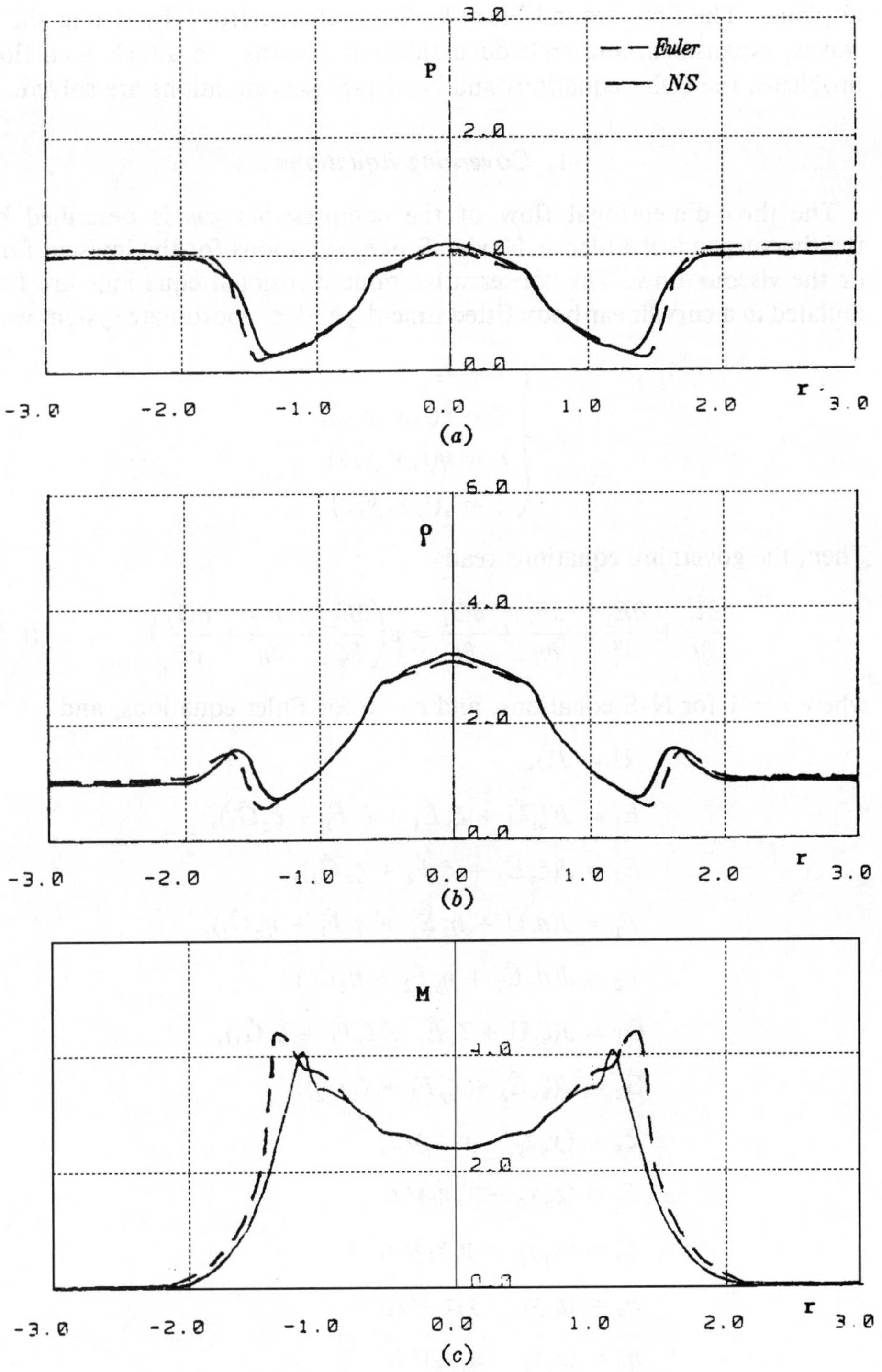

FIG. 18　Calculated radial pressure (a), density (b) and Mach number (c) distributions.

airplanes. The flow around blunt bodies is characterized by strong shock waves, expansions, and embedded subsonic regions. To attack such flow problems, the Euler equations and Navier–Stokes equations are solved.

1. *Governing Equations*

The three-dimensional flow of the compressible gas is described by the time-dependent Euler or Navier–Stokes equations for the inviscid flow or the viscous flow. The conservative nondimensional equations are formulated in a curvilinear body fitted time-dependent coordinate system with

$$\begin{cases} \tau = t, \\ \xi = \xi(t, x, y, z), \\ \eta = \eta(t, x, y, z), \\ \zeta = \zeta(t, x, y, z). \end{cases}$$

Then, the governing equations read

$$\frac{\partial \mathbf{U}}{\partial t} + \frac{\partial E_1}{\partial \xi} + \frac{\partial F_1}{\partial \eta} + \frac{\partial G_1}{\partial \zeta} = \varepsilon\left(\frac{\partial E_2}{\partial \xi} + \frac{\partial F_2}{\partial \eta} + \frac{\partial G_2}{\partial \xi}\right), \tag{6.5}$$

where $\varepsilon = 1$ for N–S equations, and $\varepsilon = 0$ for Euler equations, and

$$\begin{aligned}
\mathbf{U} &= J\hat{\mathbf{U}}, \\
E_1 &= J(\xi_t\hat{\mathbf{U}} + \xi_x\hat{E}_1 + \xi_y\hat{F}_1 + \xi_z\hat{G}_1), \\
E_2 &= J(\xi_x\hat{E}_2 + \xi_y\hat{F}_2 + \xi_z\hat{G}_2), \\
F_1 &= J(\eta_t\hat{\mathbf{U}} + \eta_x\hat{E}_1 + \eta_y\hat{F}_1 + \eta_z\hat{G}_1), \\
F_2 &= J(\eta_x\hat{E}_2 + \eta_y\hat{F}_2 + \eta_z\hat{G}_2), \\
G_1 &= J(\zeta_t\hat{\mathbf{U}} + \zeta_x\hat{E}_1 + \zeta_y\hat{F}_1 + \zeta_z\hat{G}_1), \\
G_2 &= J(\zeta_x\hat{E}_2 + \zeta_y\hat{F}_2 + \zeta_z\hat{G}_2), \\
\xi_x &= (y_\eta z_\zeta - y_\zeta z_\eta)/J, \\
\xi_y &= (z_\eta x_\zeta - x_\eta z_\zeta)/J, \\
\xi_z &= (x_\eta y_\zeta - y_\eta x_\zeta)/J, \\
\eta_x &= (z_\xi y_\zeta - y_\xi z_\zeta)/J, \\
\eta_y &= (x_\xi z_\zeta - x_\zeta z_\xi)/J, \\
\eta_z &= (y_\xi x_\zeta - x_\xi y_\zeta)/J,
\end{aligned}$$

$$
\begin{aligned}
\zeta_x &= (y_\xi z_\eta - z_\xi y_\eta)/J,\\
\zeta_y &= (x_\eta z_\xi - z_\eta x_\xi)/J,\\
\zeta_z &= (x_\xi y_\eta - y_\xi x_\eta)/J,\\
\xi_t &= -x_\tau \xi_x - y_\tau \xi_y - z_\tau \xi_z,\\
\eta_t &= -x_\tau \eta_x - y_\tau \eta_y - z_\tau \eta_z,\\
\zeta_t &= -x_\tau \zeta_x - y_\tau \zeta_y - z_\tau \zeta_z,\\
1/J &= \partial(\xi, \eta, \zeta)/\partial(x, y, z).
\end{aligned}
$$

In the preceding, the $\tilde{\mathbf{U}}$, $\hat{E}_1$, $\hat{E}_2$, $\hat{F}_1$, $\hat{F}_2$, $\hat{G}_1$, $\hat{G}_2$ can be expressed as

$$
\hat{\mathbf{U}} = [\rho, \rho u, \rho v, \rho w, e]^T,
$$

$$
\hat{E}_1 = [\rho u, \rho u^2 + p, \rho uv, \rho uw, eu + pu]^T,
$$

$$
\hat{E}_2 = \frac{1}{\mathrm{Re}} \begin{bmatrix} 0 \\ \tau_{xx} \\ \tau_{xy} \\ \tau_{xz} \\ \tau_{xx} u + \tau_{xy} v + \tau_{xz} w + k \dfrac{\partial T}{\partial x} \end{bmatrix},
$$

$$
\hat{F}_1 = [\rho v, \rho uv, \rho v^2 + p, \rho vw, (e + p)v]^T,
$$

$$
\hat{F}_2 = \frac{1}{\mathrm{Re}} \begin{bmatrix} 0 \\ \tau_{xy} \\ \tau_{yy} \\ \tau_{yz} \\ \tau_{xy} u + \tau_{yy} v + \tau_{zy} w + k \dfrac{\partial T}{\partial y} \end{bmatrix},
$$

$$
\hat{G}_1 = [\rho w, \rho wu, \rho wv, \rho w^2 + p, (e + p)w]^T,
$$

$$
\hat{G}_2 = \frac{1}{\mathrm{Re}} \begin{bmatrix} 0 \\ \tau_{xz} \\ \tau_{yz} \\ \tau_{zz} \\ u\tau_{xz} + v\tau_{yz} + w\tau_{zz} + k \dfrac{\partial T}{\partial z} \end{bmatrix},
$$

and

$$\tau_{xx} = 2\mu \frac{\partial u}{\partial x} - \frac{2}{3}\mu\left(\frac{\partial u}{\partial x} + \frac{\partial v}{\partial y} + \frac{\partial w}{\partial z}\right),$$

$$\tau_{yy} = 2\mu \frac{\partial v}{\partial y} - \frac{2}{3}\mu\left(\frac{\partial u}{\partial x} + \frac{\partial v}{\partial y} + \frac{\partial w}{\partial z}\right),$$

$$\tau_{zz} = 2\mu \frac{\partial w}{\partial z} - \frac{2}{3}\mu\left(\frac{\partial u}{\partial x} + \frac{\partial v}{\partial y} + \frac{\partial w}{\partial z}\right),$$

$$\tau_{xy} = \mu\left(\frac{\partial v}{\partial x} + \frac{\partial u}{\partial y}\right),$$

$$\tau_{yz} = \mu\left(\frac{\partial w}{\partial y} + \frac{\partial v}{\partial z}\right),$$

$$\tau_{zx} = \mu\left(\frac{\partial u}{\partial z} + \frac{\partial w}{\partial x}\right),$$

where u, v, and w are the velocity components in the Cartesian system (x, y, z).

The coordinate system (ξ, η, ζ) is chosen nearly orthogonal, with the ζ-coordinate normal to the body surface. The ξ-coordinates and η-coordinates are the streamwise and the circumferential directions, respectively. The interior mesh is created with the body and the bow shock wave as two boundaries, and a fine clustering mesh spacing is used near the body surface in order to resolve viscous effects. The calculated formation for interior mesh in Cartesian system is

$$\begin{cases} x = x_w + \alpha(x_s - x_w), \\ y = y_w + \alpha(y_s - y_w), \\ z = z_w + \alpha(z_s - z_w) \end{cases}$$

and

$$\alpha = 1 + \beta\left[1 - \left(\frac{\beta+1}{\beta-1}\right)^{1-b}\right] \Big/ \left[1 + \left(\frac{\beta+1}{\beta-1}\right)^{1-b}\right],$$

$$b = \frac{K-1}{K_{\max}-1},$$

where w and s represent the bow shock and the body surface, β is the clustering factor, and K is indexing of the computational mesh in the ζ-direction.

2. *Boundary Conditions*

As an example, the flow around a double-ellipsoidal body was calculated. The geometry is shown in Fig. 19. In the present numerical procedure, the bow shock wave is treated as a discontinuous surface, and the shock-fitting scheme is introduced for the computational efficiency. Rankine–Hugoniot relations and one characteristic relation derived from Eq. (6.5) are applied to determine the flow just behind the shock wave, and the shock speed. No-slip condition requires $u = v = w = 0$ on the body surface for the viscous flow. The surface pressure p is obtained from the zero normal pressure gradient. The surface temperature T_w is held constant. Then, the surface density ρ is obtained from the equation of state. For the inviscid flow, the body surface boundary condition requires that the velocity component normal to the body be zero; four characteristic relations derived from Euler equations are used. On the outflow plane, a linear extrapolation is imposed. On the symmetrical plane, the symmetry conditions are enforced.

The initial flow fields are determined by assuming the suitable shock-wave shapes with Rankine–Hugoniot relations, and using modified Newtonian surface pressure distribution along the body surface. Between the body and the shock wave, a linear variation of the flow variables is assumed.

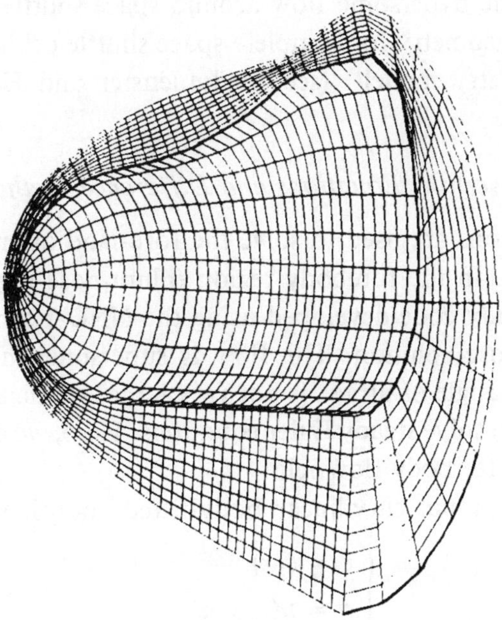

FIG. 19 Geometry and grid.

3. *Difference Method and Results*

Since Eq. (6.5) is of the same form as Eq. (3.25), time-splitting scheme presented there can be applied in the present case. For simplicity the NND-1 scheme is used here.

a. Inviscid Solution

The inviscid solution has been obtained at following free stream conditions: $M_\infty = 10$; $\alpha = -5°$.

The domain of the calculation and mesh are shown in Fig. 19. In Fig. 20, the lines of constant pressure and Mach number on the symmetry plane and the body surface are given. The $41 \times 17 \times 11$ (streamwise $\times$ circumferential $\times$ surface normal) grid is used.

b. Viscous Solution

Here, the $45 \times 19 \times 26$ (streamwise $\times$ circumferential $\times$ surface normal) grid and $\beta = 1.03$ are used. In Fig. 21, the lines of constant pressure and temperature are shown.

E. Hypersonic Flow Around Space-Shuttle-like Geometry

Now we study the hypersonic flow around space-shuttle-like geometry, which is modified geometry for complete space shuttle orbiter and is called as "QUICK geometry model" (see Weilmuenster and Hamilton, 1983) (Fig. 22).

1. *Governing Equations and Difference Method*

The Euler equations are used to solve the fore- and afterbody flowfield over this geometry. In the forebody region (blunt-nose region), the time-dependent blunt body code developed using the NND-1 scheme is used to obtain the blunt-nose solution. The flow is supersonic in the afterbody flowfield when the angle of attack is not very large, so the space-marching method is applied to solve steady Euler equations. Here, we discuss only the calculation of the afterbody flowfield.

In a nearly orthogonal curvilinear body-fitted coordinate system with

$$\begin{cases} \xi = \xi(x), \\ \eta = \eta(x, y, z), \\ \zeta = \zeta(x, y, z), \end{cases}$$

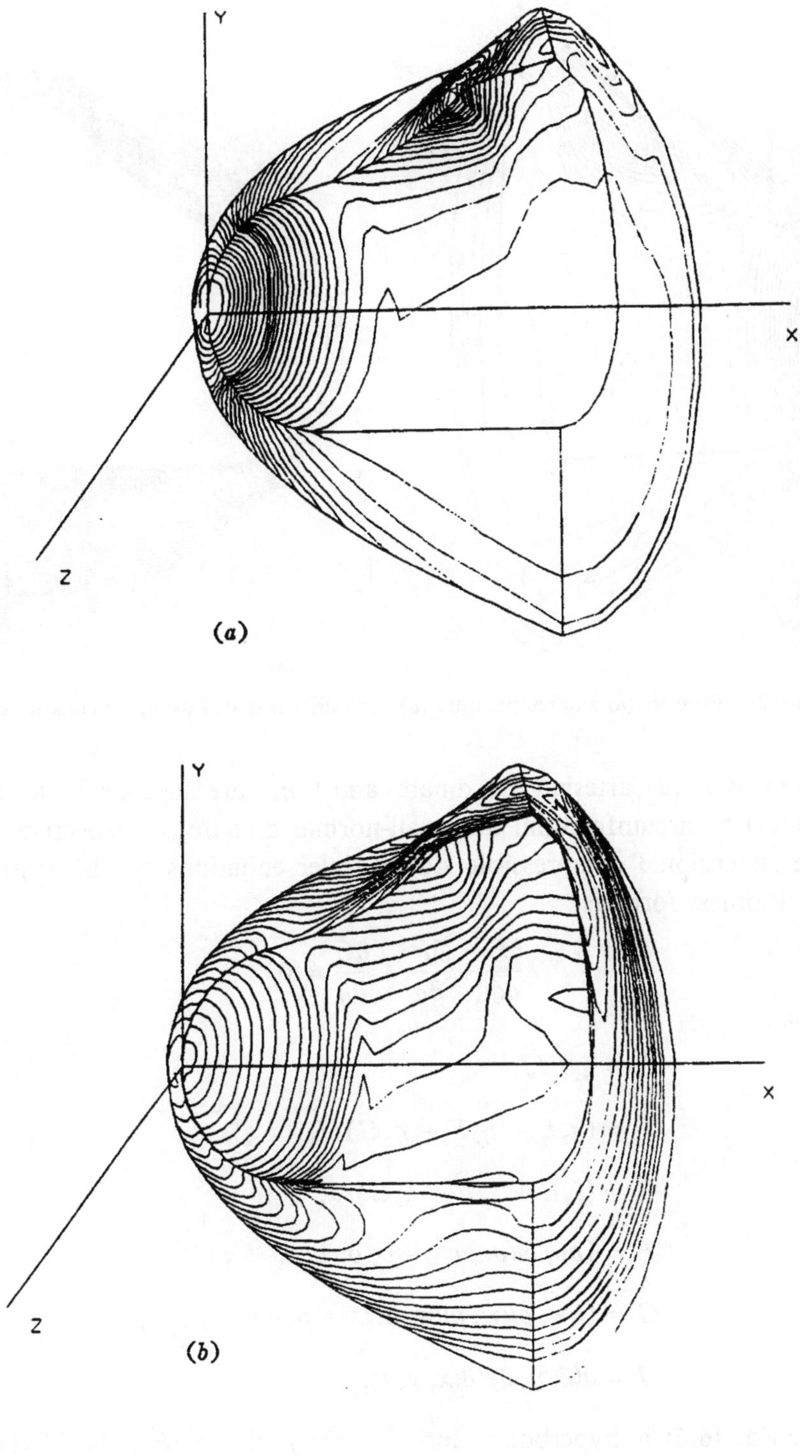

FIG. 20　Pressure (a) and Mach number (b) contours calculated using Euler equations.

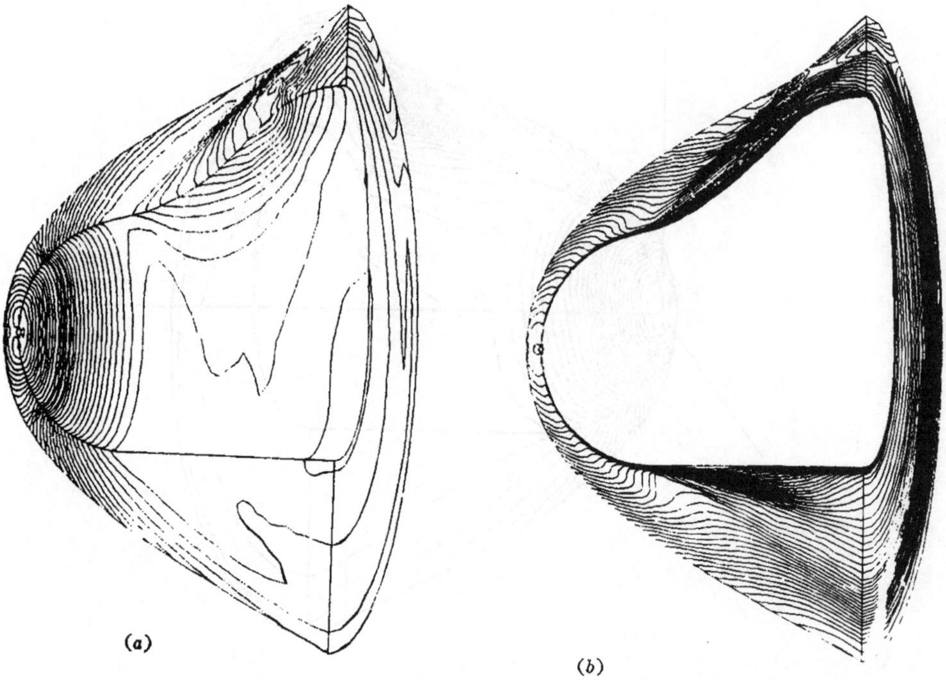

FIG. 21 Pressure (a) and temperature (b) contours calculated using NS equations.

where x, y, z are Cartesian coordinates and ξ, η, ζ are the coordinates of the streamwise, circumferential and wall-normal directions, respectively, the three-dimensional compressible steady Euler equations can be written in dimensionless form as

$$\frac{\partial \tilde{E}}{\partial \xi} + \frac{\partial \tilde{F}}{\partial \eta} + \frac{\partial \tilde{G}}{\partial \eta} = 0, \tag{6.6}$$

where

$$\tilde{E} = \xi_x E/J,$$

$$\tilde{F} = (\eta_x E + \eta_y F + \eta_z G)/J,$$

$$\tilde{G} = (\zeta_x E + \zeta_y F + \zeta_z G)/J,$$

$$F = [\rho v, \rho uv, \rho v^2 + p, \rho vw, ev + pv]^T,$$

$$G = [\rho w, \rho uw, \rho vw, \rho w^2 + p, ew + pw]^T,$$

$$J = \partial(\xi, \eta, \zeta)/\partial(x, y, z).$$

Since Eq. (6.6) is hyperbolic, and $\tilde{F} = \tilde{F}(\tilde{E})$, $\tilde{G} = \tilde{G}(\tilde{E})$, the NND-4(b) scheme can be used.

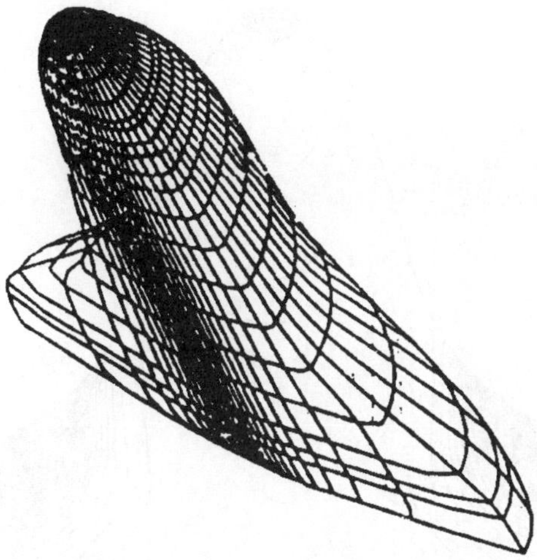

FIG. 22　QUICK geometry model.

2. *Boundary Conditions and Results*

Using the tangential-flow condition on body surface, and four characteristic relations derived from Euler equations, all variables on the body can be determined. At the shock wave, the Rankine–Hugoniot relations and one characteristic relation can be used to determine the shock-wave shape and all variables. The initial profile can be given by the time-dependent blunt-body code with the NND-1 scheme. The inviscid solution has been obtained at the following free-stream condition:

$$M_\infty = 10, \qquad \alpha = 5°.$$

In Fig. 23, the pressure and Mach number contours on the leeward side are given. Figure 24 shows the pressure and Mach number contours on windward side. The pressure, density, and Mach number contours in the cross sections at $x = 24$ and 26 are shown in Fig. 25. In Fig. 26, the pressure distributions on three meridional surfaces ($\varphi = 83.57°$, $90°$, and $96.43°$) are given, and the pressure distribution on the cross sections ($x = 23, 24, 25$, and 26) are shown in Fig. 27. Figure 28 shows the pressure and density contours on the meridional surface $\varphi = 90°$. The preceding results show that the bow shock and flowfields are accurately calculated, and that the canopy shocks are accurately captured with no oscillations. The capabilities of capturing shock and other discontinuities with NND schemes is satisfactory.

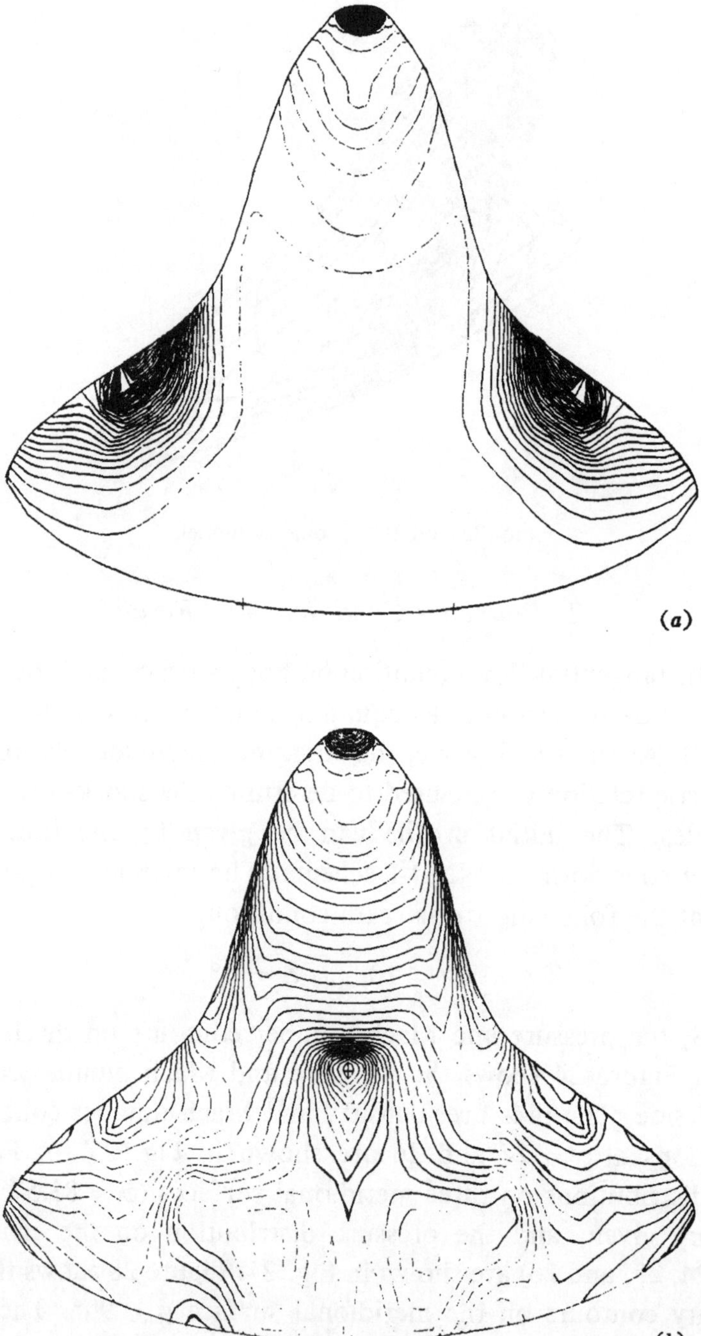

FIG. 23 The pressure (a) and Mach number (b) contours on the leeward side.

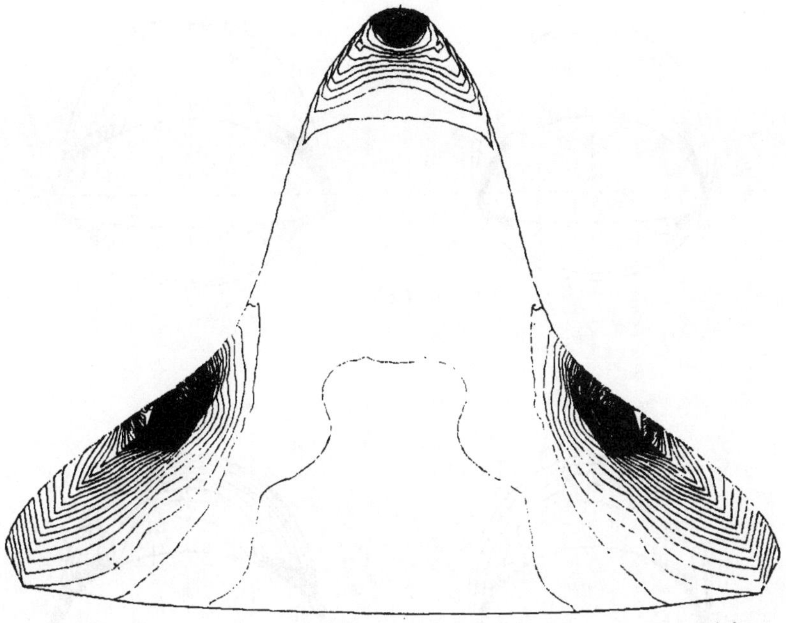
(a)

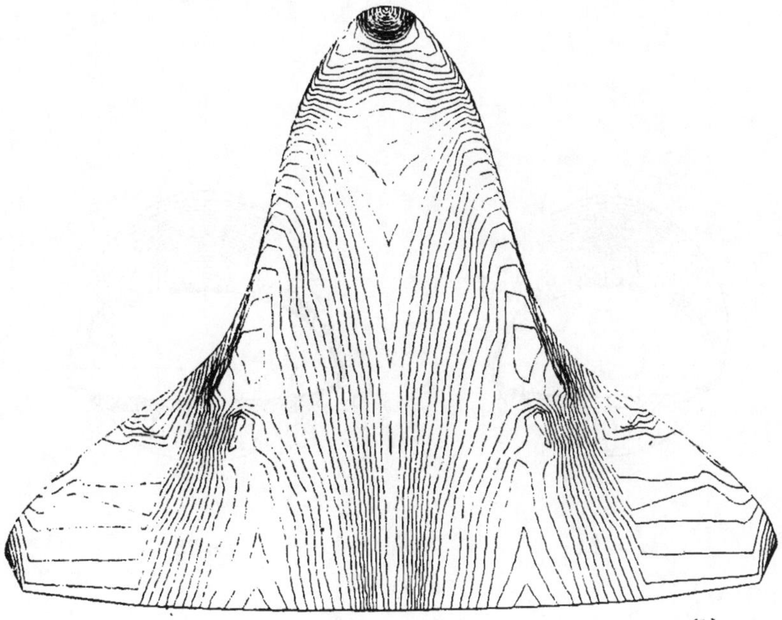
(b)

FIG. 24　The pressure (a) and Mach number (b) contours on the windward side.

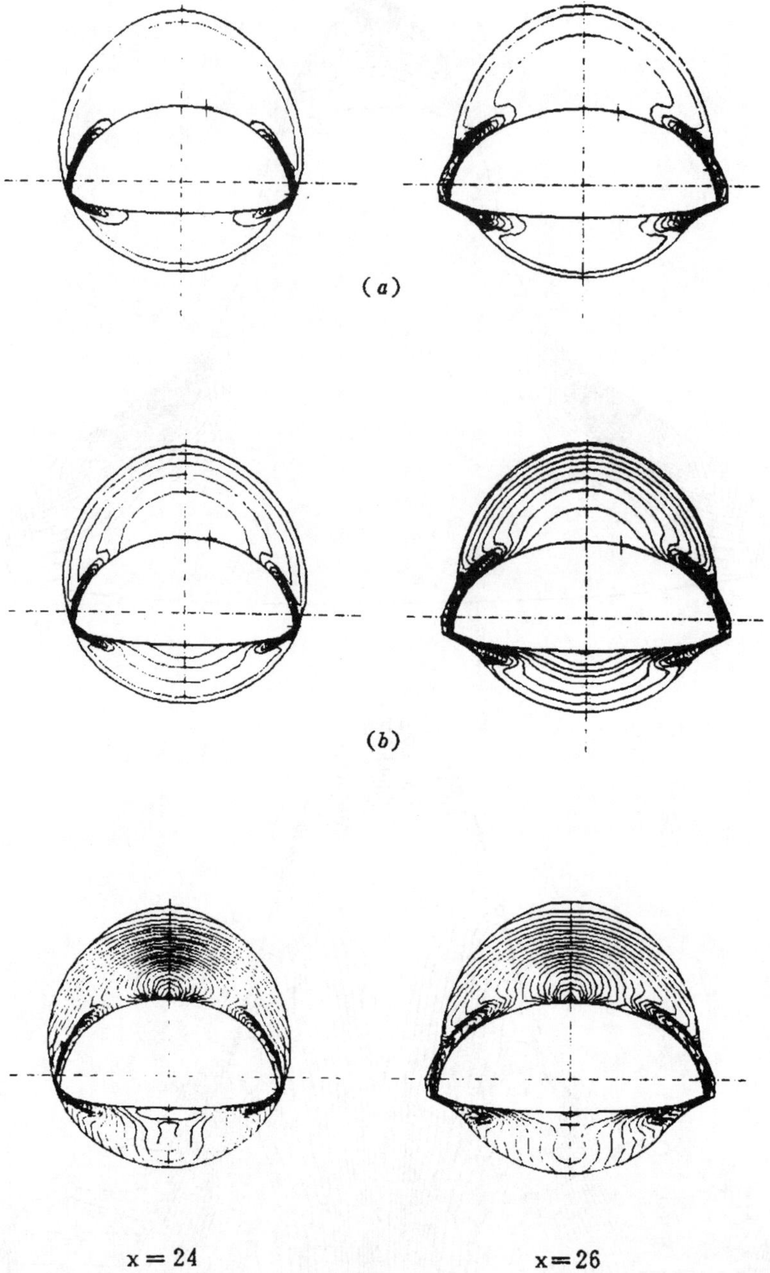

(c)

FIG. 25 Pressure (a), density (b) and Mach number (c) contours on the cross sections at x = 24, 26.

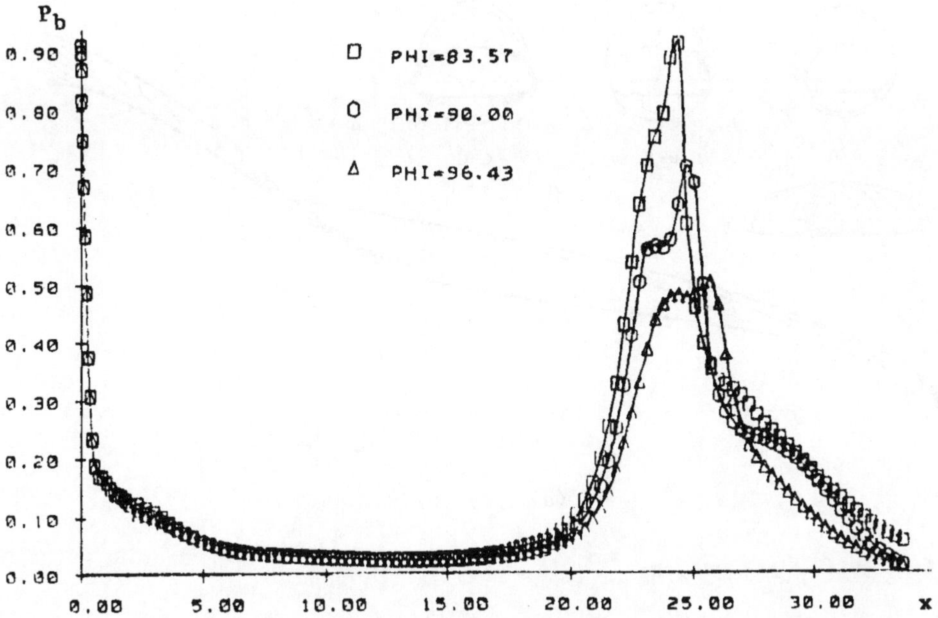

FIG. 26. Pressure distributions on the three dimensional surfaces.

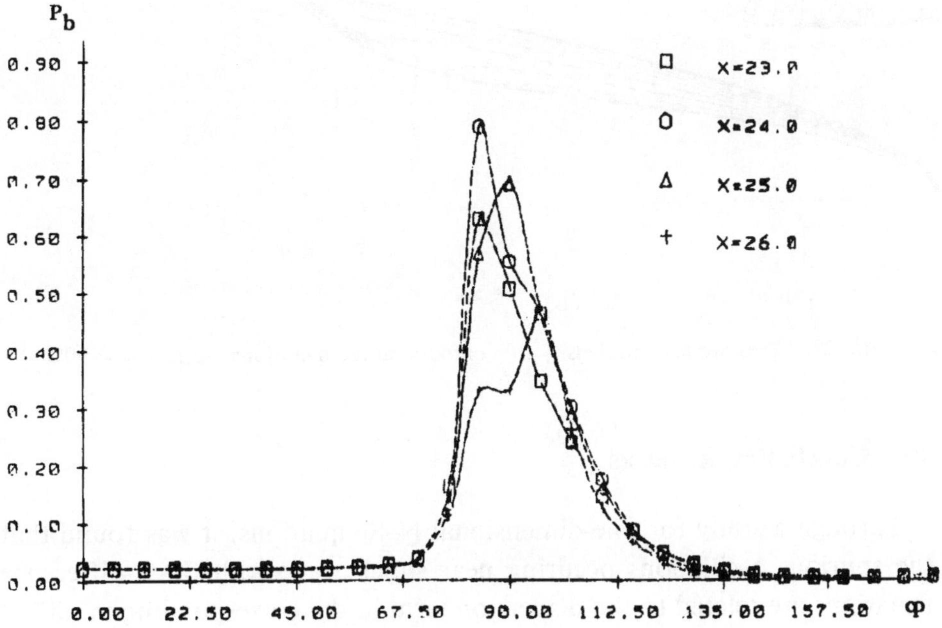

FIG. 27. Pressure distributions on the cross sections.

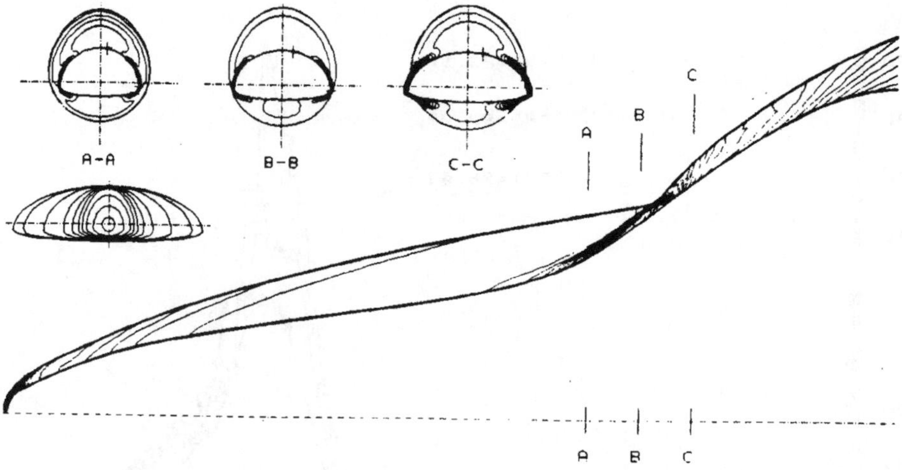

(*a*)

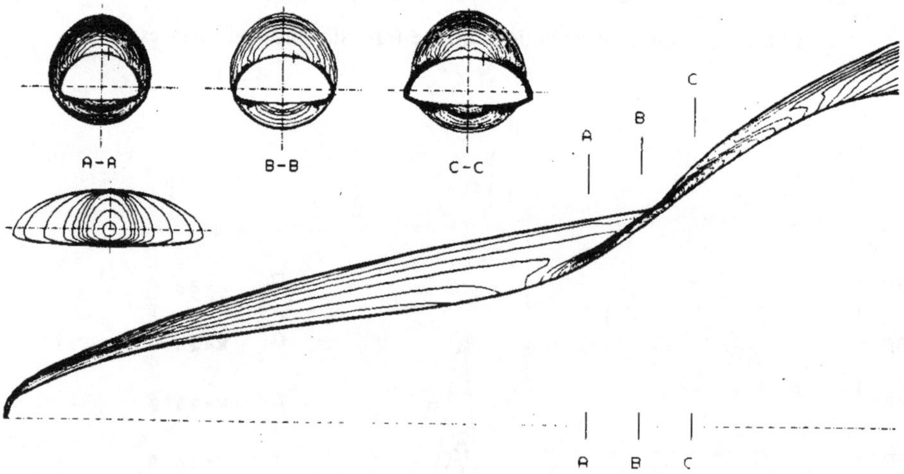

(b)

FIG. 28. Pressure (a) and density (b) contours on the meridional surface $\varphi = 90°$.

VII. Concluding Remarks

Through a study for one-dimensional N–S equations, it was found that the spurious oscillations occuring near shock wave with finite-difference equations are related to the dispersion term in the corresponding modified differential equations. If the sign of the dispersion coefficient v_3 is properly adjusted, that is, the sign changes across shock wave, $v_3 > 0$ upstream, and $v_3 < 0$ downstream, the undesirable oscillations can be totally suppressed. Based on this finding, the semidiscretized nonoscillatory, containing no free parameters and dissipative scheme is developed, and five explicit NND schemes (NND 1–5) and an implicit NND scheme are given. We can prove that all NND schemes possess the TVD property.

It is very interesting to note the following facts:

(1) The expression of NND-1 scheme is formally just the same as the Osher–Chakravarthy scheme based on the second-order upwind method except for the delimiter parameters β, and NND-1 is of second-order accuracy in regions of steep gradients as well as smooth regions.
(2) NND-2 is just the Harten TVD scheme.
(3) NND-4 is the TVD scheme that can be looked upon as an extension of MacCormack's predictor—corrector scheme.
(4) From the consideration of the amount of numerical work required, using NND-1, NND-4, NND-5, or implicit NND schemes is suitable.

In general, we have seen that the NND schemes developed so far are very flexible, and are easily adapted to solve different kinds of flow problems, either in the time-dependent manner or in the direct treatment of the steady case, e.g., marching in the region of supersonic flow. Besides from the derivation of the scheme at its inception, this kind of consideration may be applied to the calculations of flow region where we have contact discontinuities or shear flows with steep gradients of the flow parameters, as already exemplified here to a certain extent by our numerical simulations. From the preceding calculated results, we have gained confidence in the use of the NND schemes suggested here. The distinguished feature of these schemes is the capability of capturing shock and other contact discontinuities, as examplified by the preceding graphical representations. The schemes possess good stability characteristics and converged accuracy; this is essential to any high-shock resolution scheme. The present form seems to be the simplest; meanwhile, the amount of numerical work is much reduced in comparison with some other high-resolution TVD schemes.

The authors are grateful to Mr. Gao Shuchun for many helpful discussions during the course of this work, and also to Mr. Shen Qing and Mr. Ye Youde, who provided many of the numerical results used here. This work was supported in part by the China National Natural Science Foundation under Grant 91888010.

References

Chakravarthy, S. R., and Osher, S. (1985). A new class of high accuracy TVD schemes for hyperbolic conservation laws. *AIAA* paper 85-0363.

Davis, S. F. (1984). TVD finite difference schemes and artificial viscosity. ICASE Report 84-20.

Harten, A. (1983). A high resolution scheme for the computation of weak solution of hyperbolic conservation laws. *J. Comp. Phys.* **49**, 357-393.

Harten, A. (1984). On a class of high resolution total variation-stable finite difference schemes. *SIAM J. Anal.* **21**, 1-23.

Harten, A. (1986). Some results on uniformly high order accurate assentially nonoscillatory schemes. ICASE Report 86-18.

Jameson, A., and Yoon, S. (1985). Multigrid solution of the Euler equations using implicit schemes. *AIAA* Paper 85-0293.

Oscher, S., and Chakravarthy, S. R. (1984). Very high order accurate TVD schemes. UCLA Math. Report.

Pulliam, T. H. (1985). Artificial dissipation models for the Euler equations. *AIAA* Paper 85-0438.

Shen, T. (1989). Applications of NND scheme to the solving Navier-Stokes equations on the fore-head of space-shuttle-like body. *Acta Aerodynamica Sinica* **7**, (2), 146-155.

Teshima, K. (1984). Visualization of freejet by laser induced fluoresence method. *J. Japan Soc. Aero. Space Sci.* **32**, 61-64.

Thompson, D. S., and Matus, R. J. (1989). Conservation errors and convergence characteristics of iterative space-marching algorithms. *AIAA* Paper 89-1935 CP.

van Leer, B. (1979). Towards the ultimate conservation difference scheme *V*, a second order sequel to Godunov's method. *J. Comp. Phys.* **32**, 101-136.

Weilmuenster, K. J., and Hamilton II, H. H. (1983). Calculations of inviscid flow over shuttle-like vehicles at high angles of attack and comparisons with experimental data. NASA TP2103.

Ye, Y. D. (1989). Numerical computation of inviscid flow around nosetip of space shuttle with NND scheme. *Acta Aerodynamica Sinica* 7, (3), 282-290.

Yee, H. C. (1985). On the implementation of a class of upwind schemes for system of hyperbolic conservation laws. NASA TM86839.

Yee, H. C. (1987). Upwind and symmetric shock-capturing schemes. NASA TM89464.

Zhang, H. X. (1983). A mixed explicit-implicit antidiffusive method of Navier-Stokes equations for supersonic and hypersonic separated flows. *Applied Math. and Mech. (China)*, **4**, (1), 54-68.

Zhang, H. X. (1984). The exploration of the spatial oscillations in finite difference solutions for Navier-Stokes shocks (in Chinese). *Acta Aerodynamica Sinica* **1**, 12-19.

Zhang, H. X. (1988). NND scheme. *Acta Aerodynamica Sinica* **6**, (2), 143-165.

Zhang, H. X. (1989a). Implicit NND schemes. CARDC Report.

Zhang, H. X. (1989b). Explicit NND schemes. CARDC Report.

Zhang, H. X., and Mao, M. L. (1987). Numerical simulation for one dimensional Navier-Stokes equations. CARDC Report.

Zhang, H. X., and Zheng, M. (1986). A mixed antidissipative method solving three dimensional separated flow. *Lecture Notes in Physics*, **264**, 689-692.

Zheng, M., and Zhang, H. X. (1989). Applications of NND scheme to the calculation of freejet flows. *Acta Aerodynamica Sinica* **7**, (3), 273-281.

求解气动方程的混合反扩散方法*

张　涵　信

中国空气动力研究与发展中心，四川绵阳（邮政编码621000）

提要　本文综述了反扩散格式的发展，指出利用混合反扩散方法，理论上既可导出 Beam-Warming 以及 Jameson 等发展的含参数的格式，又可导出不含参数的TVD 格式．研究了含参数的混合反扩散格式和不含参数的反扩散格式，并介绍了格式的应用情况．

关键词　反扩散方法；TVD 格式；差分格式；数值模拟

1 引　　言

用差分方法数值求解粘性气体的运动时，对差分计算格式有以下基本要求：①差分格式的数值耗散项应远小于其物理粘性项．因为一阶差分格式具有二阶数值耗散项，雷诺数较大时，它常常大于物理粘性项，所以高雷诺数粘性流动宜采用二阶或高阶精度的差分格式；②如果流场存在激波，当用激波捕捉法时，差分格式应能很好地捕捉激波．因为没有通量限制的二阶或三阶差分格式，其差分解在激波附近有虚假的波动，为了光滑地捕捉激波，文献中常采用具有二阶正耗散项的一阶格式或采用具有数值通量限制的二阶或高阶格式；③差分格式应能压制或避免物理量光滑区的差分解出现的虚假的波动．为此在使用二阶中心格式时，常在修正方程式的右端附加上负的四阶耗散项，或采用能自动生成负的四阶耗散项的格式；④差分格式给出的代数方程计算量要小．在隐式差分计算中，二阶中心格式依赖的点数最少：一维、二维、三维问题分别依赖于3，5，7个点，而对于二阶迎风格式，则一维、二维、三维问题分别依赖于5,9,13个点，显然在这个意义上，二阶中心格式的计算量最小；⑤差分计算格式应有较快的收敛速度．当用稳定法求解时，这要求有较大的推进时间步长．粘性流动计算，特别是湍流计算，必须采用很小的网格，因此受稳定条件限制的显式格式，不能获得大的时间步长．文献中常采用无条件稳定的隐式计算格式．另外，采用多重网格及自适应网格技术，也可加速收敛．

已发展了很多有效的求解 Navier-Stokes 方程的差分格式，例如 Beam-Warming [1] 提出的隐式含参数格式以及 Jameson [2] 在多重网格技术中提出的含参数格式等．这两种格式都以二阶中心格式为基础，为了压制物理量光滑区内可能出现的虚假的波动，两者都附加了负的四阶耗散项．为了增强矩阵求逆过程中的稳定性，两者都附加了二阶增量项（相当于三

* 力学进展，1991，21（3）：284-296.

阶小量项）. Beam-Warming 格式适用于无内伏激波的流场计算. 为了能够光滑地捕捉激波，Jameson 在其格式中附加了正的二阶耗散项. 目前，以上两种格式已广泛地被用于流场计算中. 在使用中，由于在这两个格式中，二阶、四阶耗散项以及二阶增量项都是人为附加的，其系数需由数值实验确定. 另外由于激波附近为一阶格式，对激波的分辨率不高.

在中国空气动力研究与发展中心，我们发展了另一种称之为混合反扩散的格式[3-6]，它可表示为

$$L=(1-\theta)L_2+\theta L_1 \tag{1}$$

这里 L 表示被发展的格式，L_1 是一阶迎风格式；L_2 是二阶格式，它可由一阶格式 L_1 用反扩散方法而得到. θ 是自动调节的开关函数，在激波处，$\theta=1$，格式 L 是一阶精度的；在激波以外的区域，$\theta=0$，格式是二阶精度的. 用这种方法建立的差分格式，形式上和 Beam-Warming 格式特别和 Jameson 格式相同，并且可给出二阶、四阶耗散项和二阶增量项系数的计算表达式. 我们称如此建立的格式为含参数的混合反扩散格式.

为了提高对激波的计算精度，我们进一步利用混合反扩散方法建立了一个分辨率高的无参数的二阶（个别点一阶）耗散格式，并称它为不含参数的反扩散格式. 可以证明，这个格式是总变差减小，即 TVD 的.

本文综述了反扩散格式的发展和应用.

2 含参数的混合反扩散格式

2.1 一维情形

为了便于说明含参数混合反扩散格式的建立过程，先研究一维 Navier-Stokes 方程

$$\frac{\partial U}{\partial t}+\frac{\partial F}{\partial x}+\frac{\partial F_v}{\partial x}=0 \tag{2}$$

这里 U 是矢量函数，$F=F(U)$，$F_v=F_v(U_x)$. 应用通量分裂技术，我们有

$$F=F^++F^-,\quad F^+=A^+U,\quad F^-=A^-U$$

其中 A^+ 和 A^- 是 F 的正、负 Jacobi 矩阵. 如果 $\partial F^+/\partial x$，$\partial F^-/\partial x$ 分别用一阶迎风格式计算，而 $\partial F_v/\partial x$ 用二阶中心格式计算，我们就可以得到在时间方向二阶精度在空间方向一阶精度的计算格式

$$\begin{aligned}L_1\quad U_i^{n+1}=U_i^n&-\frac{\Delta t}{4\Delta x}\left[(F_{i+1}^n-F_{i-1}^n)+(F_{i+1}^{n+1}-F_{i-1}^{n+1})\right]\\&-\frac{\Delta t}{2\Delta x}\left[(F_{v\,i+1/2}^n-F_{v\,i-1/2}^n)+(F_{v\,i+1/2}^{n+1}-F_{v\,i-1/2}^{n+1})\right]\\&+\frac{1}{4}Q_x\left[(U_{i+1}^{n+1}-2U_i^{n+1}+U_{i-1}^{n+1})+(U_{i+1}^n-2U_i^n+U_{i-1}^n)\right]\end{aligned} \tag{3}$$

这里

$$Q_x=\frac{\Delta t}{\Delta x}|A_i^n|,\qquad |A|=A^+-A^- \tag{4}$$

为了构造二阶格式 L_2，应用反扩散方法，即从一阶格式 L_1 中减去二阶的耗散项，得

$$
\begin{aligned}
L_2\quad U_i^{n+1}=U_i^n-&\frac{\Delta t}{4\Delta x}\left[\left(F_{i+1}^n-F_{i-1}^n\right)+\left(F_{i+1}^{n+1}-F_{i-1}^{n+1}\right)\right]\\
-&\frac{\Delta t}{2\Delta x}\left[\left(F_{v\,i+1/2}^{n}-F_{v\,i-1/2}^{n}\right)+\left(F_{v\,i+1/2}^{n+1}-F_{v\,i-1/2}^{n+1}\right)\right]\\
+&\frac{1}{4}Q_x\left[\left(U_{i+1}^{n+1}-2U_i^{n+1}+U_{i-1}^{n+1}\right)+\left(U_{i+1}^n-2U_i^n+U_{i-1}^n\right)\right]\\
-&\frac{1}{2}Q_x\left(\bar{U}_{i+1}^{n+1}-2\bar{U}_i^{n+1}+\bar{U}_{i-1}^{n+1}\right)
\end{aligned}\tag{5}
$$

式中

$$
\bar{U}_i^{n+1}=\frac{1}{2}k\left(U_{i+1}^n+U_{i-1}^n\right)+(1-k)U_i^n\tag{6}
$$

k 为待定的常数．将（3），（5）代入（1），并应用如下关系：

$$
F^{n+1}=F^n+A^n\left(U^{n+1}-U^n\right)+\cdots
$$

$$
F_v^{n+1}=F_v^n+D^n\left(U_x^{n+1}-U_x^n\right)+\cdots
$$

这里 $A=\partial F/\partial U$，$D=\partial F_v/\partial U_x$，经整理后得

$$
\begin{aligned}
L\quad &\delta U_i^{n+1}+\frac{\Delta t}{4\Delta x}\left(A_{i+1}^n\delta U_{i+1}^{n+1}-A_{i-1}^n\delta U_{i-1}^{n+1}\right)\\
&+\frac{\Delta t}{2\Delta x^2}\left[D_{i+1/2}^n\delta U_{i+1}^{n+1}-\left(D_{i+1/2}^n+D_{i-1/2}^n\right)\delta U_i^{n+1}+D_{i-1/2}^n\delta U_{i-1}^{n+1}\right]\\
&-\varepsilon_{ix}\left(\delta U_{i+1}^{n+1}-2\delta U_i^{n+1}+\delta U_{i-1}^{n+1}\right)=-\frac{\Delta t}{2\Delta x}\left(F_{i+1}^n-F_{i-1}^n\right)\\
&-\frac{\Delta t}{\Delta x}\left(F_{v\,i+1/2}^n-F_{v\,i-1/2}^n\right)+\varepsilon_{ex}^{(2)}\left(U_{i+1}^n-2U_i^n+U_{i-1}^n\right)\\
&-\varepsilon_{ex}^{(4)}\left(U_{i+2}^n-4U_{i+1}^n+6U_i^n-4U_{i-1}^n+U_{i-2}^n\right)
\end{aligned}\tag{7}
$$

这里

$$
\delta U^{n+1}=U^{n+1}-U^n,\qquad \varepsilon_{ix}=(1/4)Q_x
$$

$$
\varepsilon_{ex}^{(2)}=\left(\frac{1}{2}\right)Q_x\theta,\qquad \varepsilon_{ex}^{(4)}=\left(\frac{1}{4}\right)kQ_x(1-\theta)
$$

格式（7）就叫做含参数的混合反扩散格式．显然在激波附近，$\theta=1$，$\varepsilon_{ex}^{(2)}=(1/2)Q_x$，$\varepsilon_{ex}^{(4)}=0$，格式（7）为一阶精度．由于有正的二阶耗散项的存在，它可捕捉激波．在离开激波的区域，$\theta=0$，$\varepsilon_{ex}^{(2)}=0$，$\varepsilon_{ex}^{(4)}=(1/4)kQ_x$，格式为二阶精度．由于有负的四阶耗散项的存在，它可抑制虚假的奇偶失连波动（odd-even uncouple oscillation）．

冻结（7）中的系数后，应用 Fourier 稳定性分析方法，我们可以证明，如果$k\leqslant1/2$，格式（7）是无条件稳定的．基于这个考虑，我们选择 $k\leqslant1/2$．关于 θ，可采用以下公式计算：

$$
\theta=\left|\frac{P_{i+1}^n-2P_i^n+P_{i-1}^n}{P_{i+1}^n+2P_i^n+P_{i-1}^n}\right|\tag{8}
$$

2.2 与 Beam-Warming 及 Jameson 格式的比较

在一维 NS 方程情况下，如果将 Beam-Warming 和 Jameson 格式写出，并和反扩散格式（7）比较，容易发现：

①Beam-Warming 格式和（7）中令 $\varepsilon_{ex}^{(2)}=0$ 所得到的格式在形式上完全相同．在 Beam-Warming 格式中，其四阶耗散项和二阶增量项是附加的，系数 $\varepsilon_{ex}^{(4)}$ 和 ε_i 须由经验决定．混合反扩散格式（7）是导出的，其系数 $\varepsilon_{ex}^{(4)}$ 和 ε_i 由公式确定．

②Jameson 格式和（7）形式上完全相同，它们之间系数的比较见表 1．

在 Jameson 格式中，其二阶、四阶和二阶增量项是附加的，系数 $\varepsilon_{ex}^{(2)}$，$\varepsilon_{ex}^{(4)}$（或 $k^{(2)}$，$k^{(4)}$）和 ε_i 由经验给定，例如有的文献建议：$k^{(2)}=1/4$，$k^{(4)}=1/128$，$\varepsilon_i=1/8$．而混合反扩散格式，其二阶、四阶耗散项和二阶增量项是导出的，系数 $\varepsilon_{ex}^{(2)}$，$\varepsilon_{ex}^{(4)}$和 ε_i 由公式给出．应该指出，在使用混合反扩散格式时，为了计算这些系数，必须计算矩阵 $|A|$，这增大了计算工作量．有趣的是，如果将 Q_x 取为常量，且令 $Q_x=1/2$，$k=1/16$，则混合反扩散格式给出的系数恰和 Jameson 格式中经验建议的系数趋于一致．

表 1　Jameson 格式和混合反扩散格式中系数 $\varepsilon_{ex}^{(2)}$，$\varepsilon_{ex}^{(4)}$，ε_i 的比较

系数 \ 格式	Jameson 格式	混合反扩散格式
$\varepsilon_{ex}^{(2)}$	$k^{(2)}\theta$	$(1/2)Q_x\theta$
$\varepsilon_{ex}^{(4)}$	$\max[0,(k^{(4)}-k^{(2)}\theta)]$ 由此得 $\varepsilon_{ex}^{(4)}=\begin{cases}0, & \theta\to1\\ k^{(4)}, & \theta\to0\end{cases}$	$(kQ_x/4)(1-\theta)$ 由此得 $\varepsilon_{ex}^{(4)}=\begin{cases}0, & \theta\to1\\ (1/4)kQ_x, & \theta\to0\end{cases}$
ε_i	／	$(1/4)Q_x$

2.3 三维情形

对于三维问题，文献中多采用近似因式分解法求解，这与交替方向的隐式算法（ADI）本质上是一致的．线性 von Neumann 分析指出，在二维情形下，近似因式分解法是无条件稳定的，但是，对于三维问题，它是无条件不稳定的．另一种算法是ADI算法的变种，称之为 LU 因式分解格式．在本文中，我们采用时间分裂格式．设三维 NS 方程是

$$\frac{\partial U}{\partial t}+\frac{\partial F}{\partial \xi}+\frac{\partial G}{\partial \eta}+\frac{\partial H}{\partial \zeta}+\frac{\partial F_v}{\partial \xi}+\frac{\partial G_v}{\partial \eta}+\frac{\partial H_v}{\partial \zeta}=0 \tag{9}$$

这里 $F=F(U)$，$G=G(U)$，$H=H(U)$，$F_v=F_v(U_\xi)$，$G_v=G_v(U_\xi,U_\eta)$，$H_v=H_v(U_\xi,U_\eta,U_\zeta)$．按照时间分裂法，准确到二阶精度，方程（9）的求解，等价于依次

$$U^{n+1}=L_\xi\left(\frac{1}{2}\Delta t\right)L_\eta\left(\frac{1}{2}\Delta t\right)L_\zeta(\Delta t)\,L_\eta\left(\frac{1}{2}\Delta t\right)L_\xi\left(\frac{1}{2}\Delta t\right)U^n \tag{10}$$

求解三个一维问题．这里 L_ξ, L_η, L_ζ 分别表示以下三个一维方程的差分算子：

$$\frac{\partial U}{\partial t}+\frac{\partial F}{\partial \xi}+\frac{\partial F_v}{\partial \xi}=0 \tag{11}$$

$$\frac{\partial U}{\partial t}+\frac{\partial G}{\partial \eta}+\frac{\partial G_v}{\partial \eta}=0 \tag{12}$$

$$\frac{\partial U}{\partial t}+\frac{\partial H}{\partial \zeta}+\frac{\partial H_v}{\partial \zeta}=0 \tag{13}$$

应用混合反扩散格式（7），首先以 t_n 时刻的 U^n 为初场求解一维方程（11），步长取为 $(1/2)\Delta t$，然后以所得的结果为初值，求解一维方程（12），其中 G_v 中的 U_ξ 取初场值，步长取为 $(1/2)\Delta t$；然后再以所得结果为初场，求解方程（13），其中 H_v 内的 U_ξ, U_η 取初场值，步长取 Δt．将所得结果再作初场，步长取 $(1/2)\Delta t$ 求解（12），再以 $(1/2)\Delta t$ 为步长求解（11），所得结果即为 $t_n+\Delta t$ 时刻的 U^{n+1}．如此计算下去，（9）的解可以被求出．

在每一个一维问题的计算中，三对角块矩阵的求逆是必要的．但若采用一定的近似，则可将三对角块矩阵的求逆，转化为三对角标量矩阵的求逆[7]．

3　不含参数的反扩散格式

为了简单，这里先研究如下一维 Euler 方程：

$$\frac{\partial U}{\partial t}+\frac{\partial F}{\partial x}=0 \tag{14}$$

设通量 F 可分裂为

$$F=F^{+}+F^{-} \tag{15}$$

这里 $F^{+}=A^{+}U$，$F^{-}=A^{-}U$，$A^{+}=S^{-1}\Lambda_{+}S$，$A^{-}=S^{-1}\Lambda_{-}S$，$\Lambda_{\pm}=\mathrm{diag}[(\lambda_A^{(1)}\pm|\lambda_A^{(1)}|)/2,(\lambda_A^{(2)}\pm|\lambda_A^{(2)}|)/2,(\lambda_A^{(3)}\pm|\lambda_A^{(3)}|)/2,(\lambda_A^{(4)}\pm|\lambda_A^{(4)}|)/2]$，$\lambda_A^{(i)}$ 是矩阵 $A=\partial F/\partial U$ 的特征值．将（15）代入（14），并根据特征值的正负选择空间差分方向，于是可得半离散化的一阶迎风格式为

$$L_1\qquad \left(\frac{\partial U}{\partial t}\right)_i=-\frac{1}{\Delta x}(F_i^{+}-F_{i-1}^{+})-\frac{1}{\Delta x}(F_{i+1}^{-}-F_i^{-})$$

容易证明，该格式的二阶数值耗散项是

$$\frac{1}{2\Delta x}(\Delta F_{i+1/2}^{+}-\Delta F_{i-1/2}^{+})-\frac{1}{2\Delta x}(\Delta F_{i+3/2}^{-}-\Delta F_{i+1/2}^{-})$$

式中 $\Delta F_{i+1/2}^{\pm}=F_{i+1}^{\pm}-F_i^{\pm}$，$\Delta F_{i+1/2}^{-}=F_{i+1}^{-}-F_i^{-}$．利用反扩散方法从 L_1 中减去该耗散项，可得如下半离散化的二阶格式：

$$L_2\qquad \left(\frac{\partial U}{\partial t}\right)_i=-\frac{1}{\Delta x}(F_i^{+}-F_{i-1}^{+})-\frac{1}{\Delta x}(F_{i+1}^{-}-F_i^{-})$$

$$-\frac{1}{2\Delta x}(\Delta F_{i+1/2}^{+}-\Delta F_{i-1/2}^{+})+\frac{1}{2\Delta x}(\Delta F_{i+3/2}^{-}-\Delta F_{i+1/2}^{-})$$

将 L_1, L_2 代入混合格式（1），经整理后得

$$\left(\frac{\partial U}{\partial t}\right)_i = -\frac{1}{\Delta x}(h_{i+1/2} - h_{i-1/2}) \tag{16}$$

这里

$$h_{i+1/2} = (F^+_{i+1/2})_L + (F^-_{i+1/2})_R \tag{17}$$

$$(F^+_{i+1/2})_L = F^+_i + \frac{1}{2}\varphi\Delta F^+_{i+1/2} \tag{18}$$

$$(F^-_{i+1/2})_R = F^-_{i+1} - \frac{1}{2}\varphi\Delta F^-_{i+3/2} \tag{19}$$

式中 $\varphi = 1-\theta$. 我们在[8]中通过对一维激波的研究证明，若按以下方法选择 φ：

$$\varphi\Delta F^+_{i+1/2} = \min\ \mathrm{mod}(\Delta F^+_{i+1/2},\ \Delta F^+_{i-1/2})$$

$$\varphi\Delta F^-_{i+3/2} = \min\ \mathrm{mod}(\Delta F^-_{i+1/2},\ \Delta F^-_{i+3/2})$$

这里 $\min\ \mathrm{mod}(a,b) = (1/2)[\mathrm{sign}(a)+\mathrm{sign}(b)]\min(|a|,|b|)$，sign 为符号函数，则差分格式可有效地抑制激波附近差分解的虚假的波动。将此二式代入（18），（19）得

$$(F^+_{i+1/2})_L = F^+_i + \frac{1}{2}\min\ \mathrm{mod}(\Delta F^+_{i+1/2}, \Delta F^+_{i-1/2}) \tag{20}$$

$$(F^-_{i+1/2})_R = F^-_{i+1} - \frac{1}{2}\min\ \mathrm{mod}(\Delta F^-_{i+1/2}, \Delta F^-_{i+3/2}) \tag{21}$$

（16），（17），（20），（21）即是我们寻求的差分计算格式。当（14）为标量方程时，可以证明，该格式是总变差减小（TVD）的，并且存在负的四阶耗散项，因而格式既可抑制激波附近虚假的波动，又可抑制光滑区内虚假的波动。还可以证明，如果 $(\partial U/\partial t)^n_i$ 用一阶前向差分近似. 格式取显式，则稳定条件是 $\sigma = |\lambda|\Delta t/\Delta x \leqslant 2/3$，这里 λ 是特征值. 如果 $(\partial U/\partial t)^n_i$ 取二阶精度，格式取显式，则满足稳定条件的最大 σ 可达到 1 或更大. 在此基础上，还可以发展隐式格式。

对于一维 NS 方程（2），半离散化的差分格式亦可被建立，其中 $\partial F/\partial x$ 的计算同上，而 $\partial F_v/\partial x$ 的计算采用二阶中心格式。

对于三维 NS 方程，同第二节一样，采用时间分裂法求解.

4 格式的应用

应用混合反扩散格式，我们计算了许多二维及三维粘性和无粘性流动，这节给出一些主要计算结果. 所有算例，都假设气体为常比热完全气体，$\gamma = 1.4$. 如为层流运动，其 Prandtl 数取 0.72，粘性系数用 Sutherland 公式计算，如为湍流，湍流 Prandtl 数取 0.9，湍流粘性系数用 Baldwin 和 Lomax 模型计算.

4.1 二维压缩拐角的超声速绕流

在研究机动弹头控制翼（图 1a）周围的流动时，常常将问题近似为图 1b 所示二维压缩拐角绕流. 为了便于采用 NS（完全的或简化的）方程求解，采用了图 1b 所示的坐标变换，在 ξ-ζ 平面上，求解域变为矩形域，其计算网格如图1c，边界条件如下：左方进口边界上假设来流是已给定的；右边出口边界上假设流动物理量沿 ξ 方向的变化为零，上边界离物面较远，其上物理量沿 ζ 方向的变化可以视为零，或采用单波理论计算其上的物理量. 物体表面

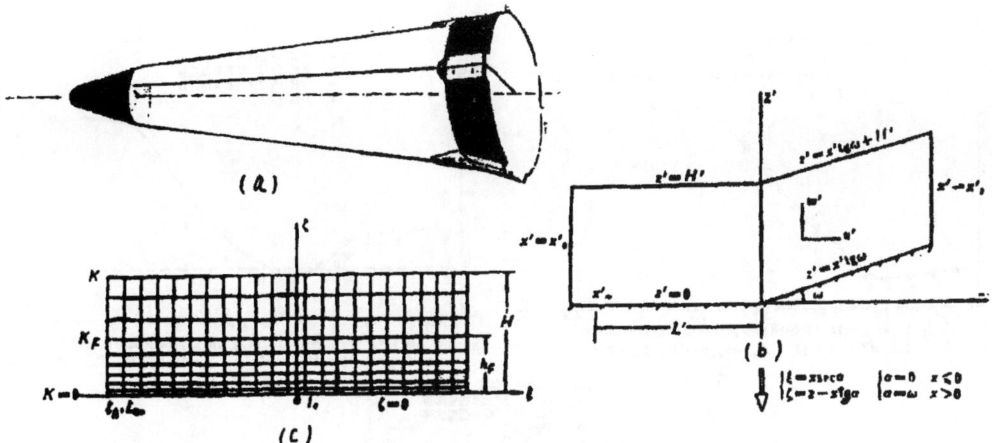

图1　二维拐角的外形、求解域及网格

假设温度已给，流动满足无滑移的速度条件．图 2 给出了来流条件 $M_\infty = 3$，$Rc_{\infty L} = 1.68 \times 10^4$，$T_\infty = 216.65°K$ 和壁温 $T_w = 606.62°K$，拐角 $\omega = 10°$ 的表面压力和表面摩阻分布的计

图2(a)　$M_\infty = 3$ 二维压缩拐角层流绕流表面压力分布
$Re_L = 1.68 \times 10^4$，$\omega = 10°$，$T_\infty = 216.65°K$，$T_w = 606.62°K$

图2(b)　$M_\infty = 3$ 二维压缩拐角层流绕流表面摩阻分布
$Re_L = 1.68 \times 10^4$，$\omega = 10°$，$T_\infty = 216.65°K$，$T_w = 606.62°K$

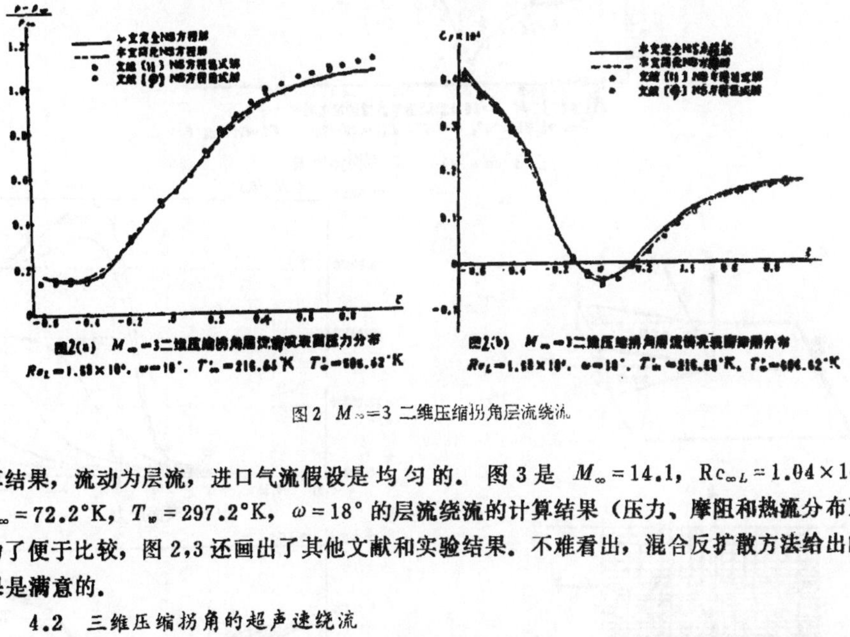

图2　$M_\infty = 3$ 二维压缩拐角层流绕流

算结果，流动为层流，进口气流假设是均匀的．图 3 是 $M_\infty = 14.1$，$Rc_{\infty L} = 1.04 \times 10^5$，$T_\infty = 72.2°K$，$T_w = 297.2°K$，$\omega = 18°$ 的层流绕流的计算结果（压力、摩阻和热流分布）．为了便于比较，图 2,3 还画出了其他文献和实验结果．不难看出，混合反扩散方法给出的结果是满意的．

4.2　三维压缩拐角的超声速绕流

为了考虑机动弹头控制翼周围的三维影响，我们利用 NS 方程计算了图 4 所示的平面上三维拐角绕流，由于流动是对称的，图中只画出了对称面的半方．计算采用坐标变换，将物理空间的求解域转换为 ξ, η, ζ 过渡空间的长方体求解域．图 4 画出了计算网格，流动假设为层流，进口、出口、物面、上边界的边界条件同二维情况．对称面上采用对称条件，侧面边界条

图3(a)　$M_\infty=14.1$ 二维拐角层流绕表面压力分布
$Re_L=1.04\times10^5,\ \omega=18°,\ T_w^*=72.222°K,\ T_\infty^*=297.22°K$

图3(b)　$M_\infty=14.1$ 二维拐角层流绕表面摩阻分布
$Re_L=1.04\times10^5,\ \omega=18°,\ T_w^*=72.222°K,\ T_\infty^*=297.22°K$

图3(c)　$M_\infty=14.1$ 二维拐角层流绕表面 q 分布
$Re_L=1.04\times10^5,\ \omega=18°,\ T_w^*=72.222°K,\ T_\infty^*=297.22°K$

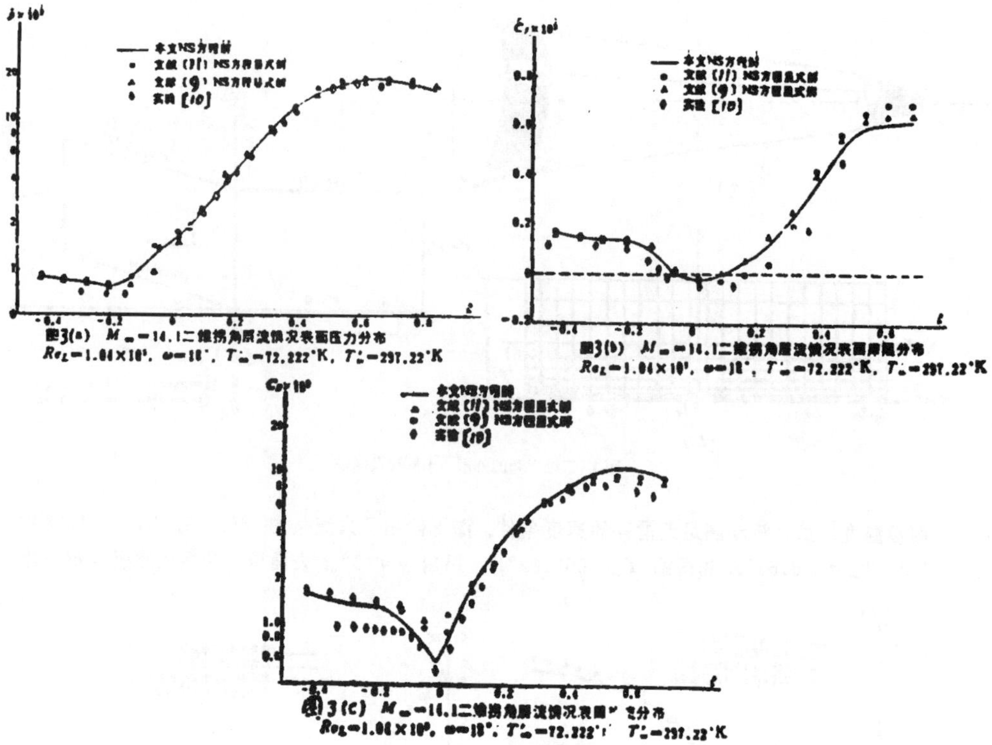

图3　$M_\infty=14.1$ 二维拐角绕流

(a) 表面压力

(b) 表面摩阻

图4　三维拐角的外形、求解域及网格

图5　三维拐角绕流计算结果

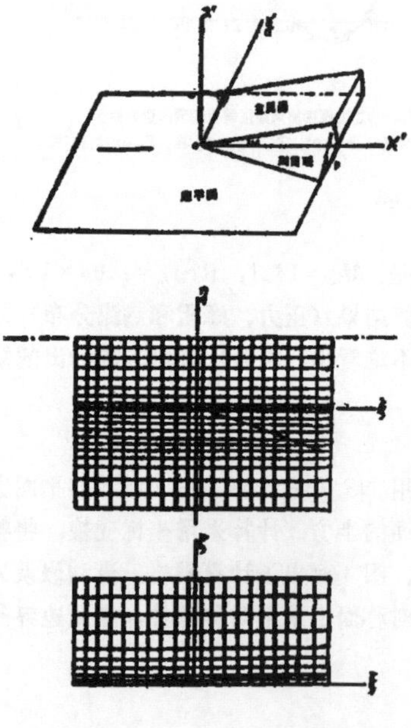

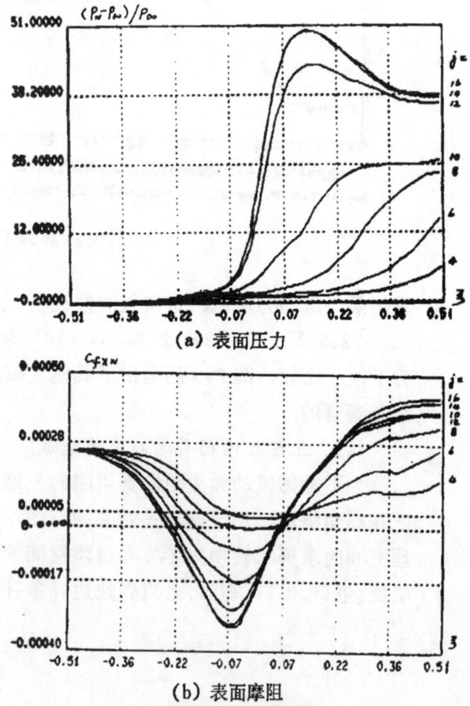

件为$\partial f/\partial\eta=0$. 这里$f$表示流动物理量. 计算条件是：$M_\infty=8.86$，$Re_L=0.688\times10^5$，$T_\infty=184°K$，$T_w=290°K$，拐角$\omega=36°$，侧面倾角$\phi=49.61°$. 图5(a),(b) 给出了计算得到的表面压力和摩阻分布，图中$j=12$—16是属于主控制面的网格线. 容易看出，在主控制面上，在计算条件下压力和摩阻分布沿展向变化不很大，因此作为工程近似，二维假设是可以接受的.

4.3 平面上的钝舵绕流

研究这个问题对了解高超声飞行器表面上天线杆周围的流动具有重要意义. 我们利用雷诺平均的 NS 方程，数值模拟了超声速湍流绕流. 钝舵由半圆柱和其光滑连接的平板组成（图6(a)），图6(b)是求解域和计算网格. 由于流动是对称的，求解域只考

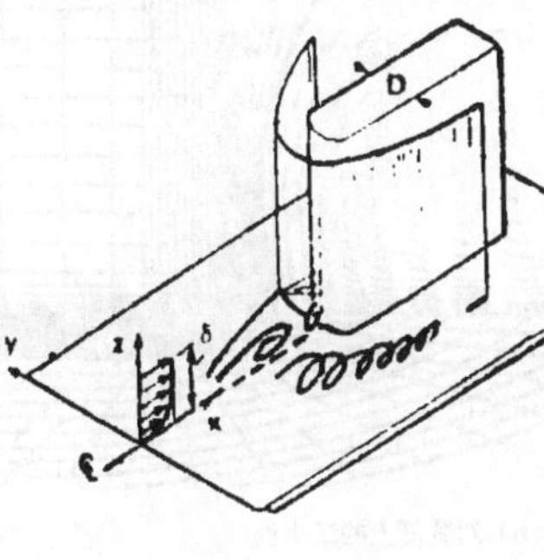

(a) 平面上钝舵绕流

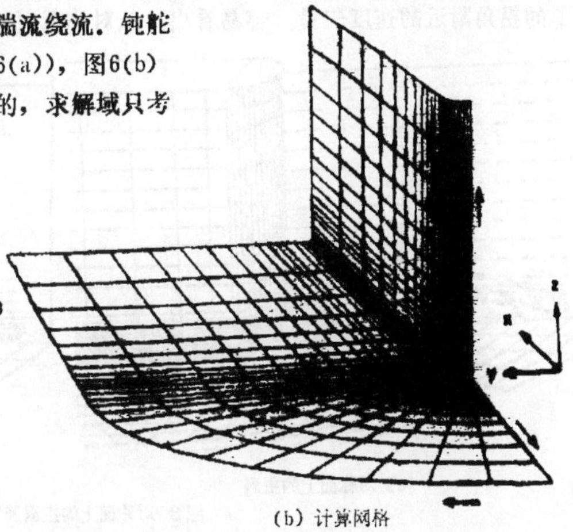

(b) 计算网格

图6 平面上的钝舵绕流及计算网格

虑了对称面的半方. 网格图中的ξ方向是沿着钝舵表面的，η方向与钝舵表面垂直，ζ方向与平板表面垂直. 计算域由钝舵表面、平板表面、对称面、$\eta=\eta_J$的侧边界面、$\zeta=\zeta_K$的上边界面和$\xi=\xi_I$的出口边界面围成. 在侧边界面上，假定各流动物理量f是已知的，其值取钝舵不存在时平面边界层在相应位置上的值. 在出口边界面上，假设$\partial f/\partial\xi=0$；在上边界面

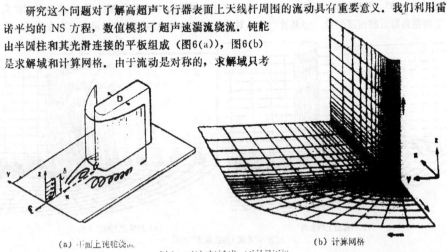

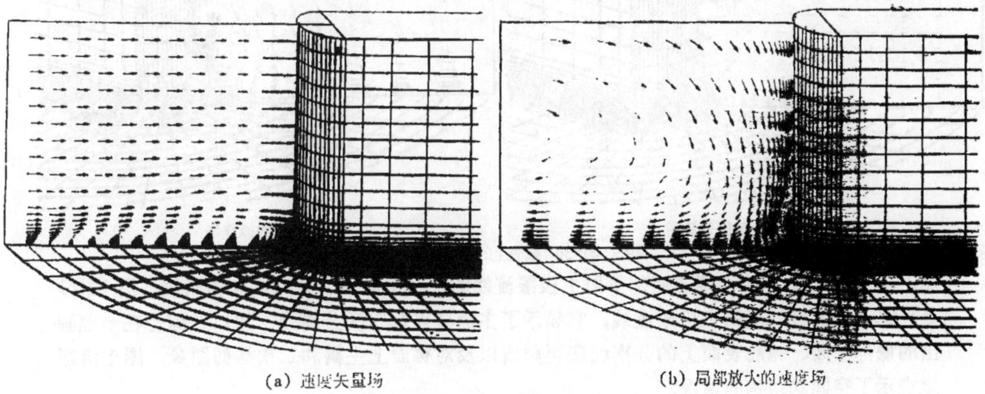

(a) 速度矢量场　　(b) 局部放大的速度场

图7 平板-钝舵绕流对称面上的速度场

上，假设$\partial f/\partial \zeta=0$．在平板和钝舵表面上，温度已知，速度满足无滑移条件．在对称面上，流动满足对称条件．至于起始条件，采用平板边界层方程给出的解．计算条件是，$M_\infty=2.95$，$Re_D=5\times10^5$，$T_\infty=98.33°K$，进口边界层的厚度为$0.18D$．其中D为钝舵的直径．图7(a)给出了计算得到的对称平面上速度矢量场的分布．为了更清楚的显示钝舵、平面交界拐角区流动的情况，图7(b)是被局部放大了的拐角附近的速度场．图8(a)，(b)清晰地揭示了涡结构的情况，图8(a)表示了主涡，图8(b)表示了二次涡．图9(a)是计算得到的在$\phi=30°$（从钝舵前缘算起沿钝舵表面的角度）截面上的速度矢量，图9(b)是局部放大了的拐角附近的速度矢量．容易看出，从对称截面起始的主涡和二次涡沿ξ方向在增大、发

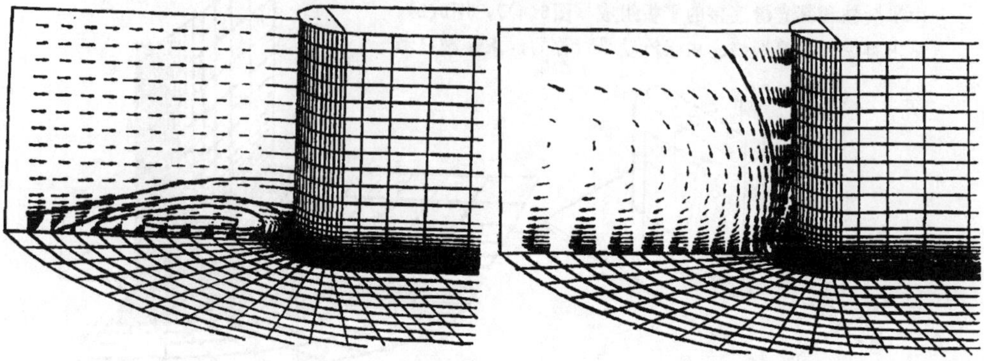

(a) 对称面上的主涡　　(b) 对称面上的二次涡

图8　对称面上的主涡及二次涡

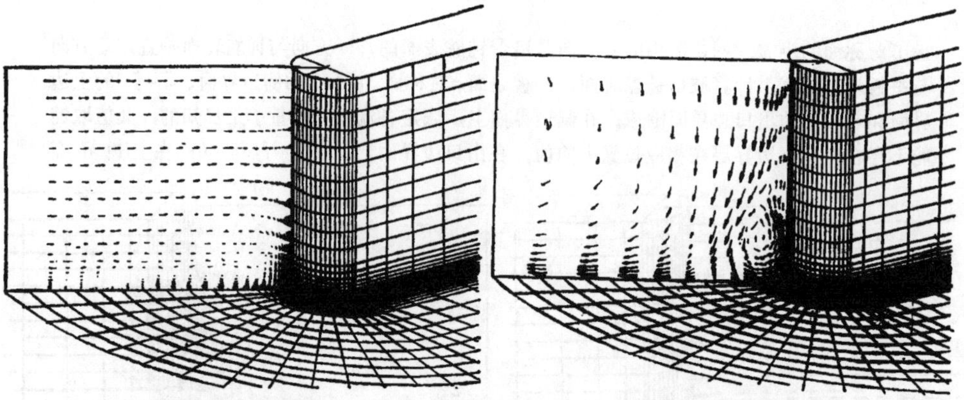

(a) 速度矢量场　　(b) 局部放大的速度场

图9　$\phi=30°$ 截面上的速度场

展．图10(a)是计算得到的底部平面上极限流线图，图中显示了分离线和再附线．图10(b)是计算得到的钝舵表面上极限流线，它显示了主流驻点及二次分离线．图11是综合在一起画出的底部平面、钝舵表面上的分离线和再附线以及对称面上主涡和二次涡的图象，图中清晰地表示了空间涡结构的情况．

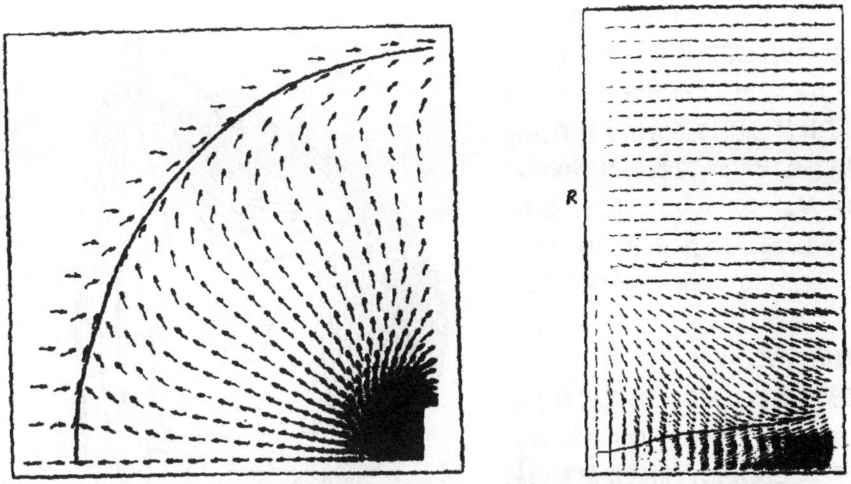

（a）底部平面上的分离线和再附线　　（b）钝舵表面上的分离线

图 10　计算给出的表面上的分离线和再附线

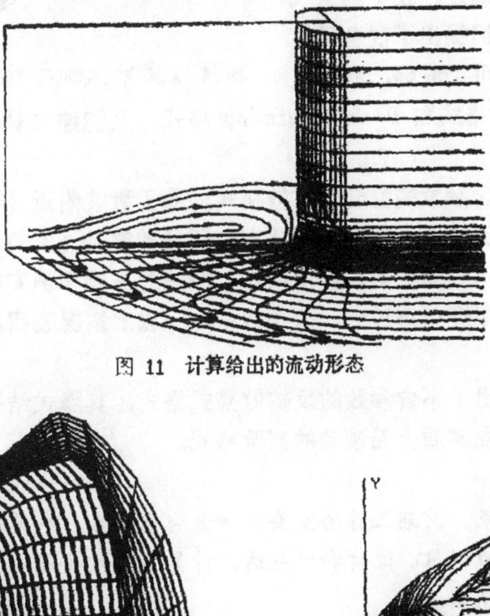

图 11　计算给出的流动形态

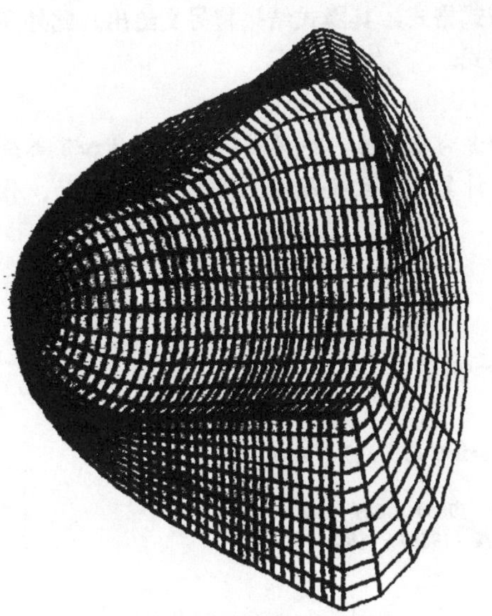

图 12　航天飞机头部外形及网格

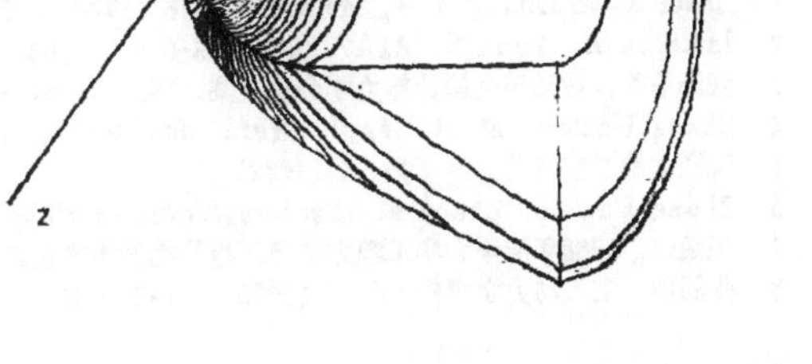

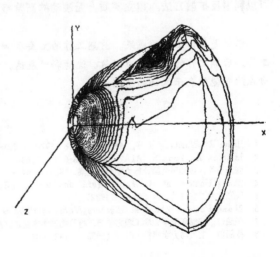

图 13　航天飞机头部区流场的等压线分布（Euler 方程解）

4.4 航天飞机头部区的流场计算

利用无参数的反扩散格式，我们分别用Euler和NS方程对图12所示航天飞机头部区的流场作了计算。图12还给出了计算采用的网格。图13是Euler方程解的等压线，计算条件为：$M_\infty=10$，$\alpha=5°$。图14是NS方程解的等压线，计算条件为：$M_\infty=10$，$\alpha=0°$，$Re_\infty=10^6$，$T_\infty=200°K$，$T_w=1600°K$。

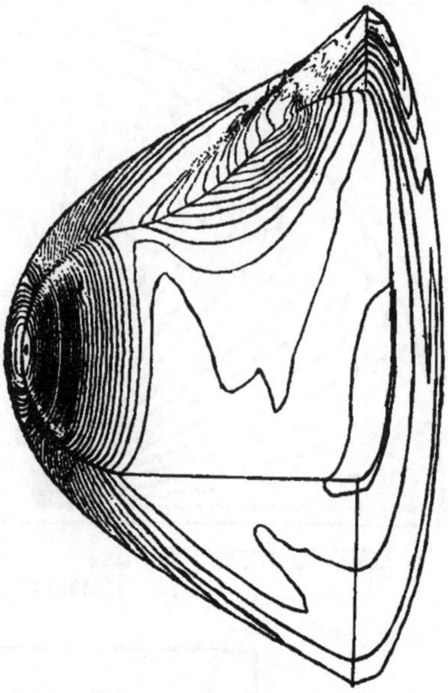

图14 航天飞机头部区流场的等压线分布（NS方程解）

5 简短的讨论

在数值求解气动方程时，常采用有名的Beam-Warming差分格式及Jameson差分格式。这些格式是实用的，格式中附加的耗散项（二、四阶）以及二阶时间增量项的系数（即自由参数）由实验确定。在中国空气动力研究与发展中心，我们提出了混合反扩散方法。在第2，3节内可以看到，利用这个方法既能导出Jameson格式和Beam-Warming格式，又能建立对激波计算有高分辨能力的TVD格式。

大量计算表明，对于含参数的混合反扩散格式，除了激波附近分辨率不高外，和实验结果比较，可得到相当好的流场各个物理量的分布，所得激波是光滑的，且可抑制差分解可能产生的虚假的波动。对于不含参数的反扩散格式，激波的分辨率确实提高了，激波处的物理量的变化是陡峻的，激波厚度仅跨过一、两个网格点。以上情况表明，混合反扩散方法是有效的和实用的。

应该指出，本文仅给出了不含参数的反扩散显式格式，其隐式结果将另文给出。此外还可以利用反扩散方法，建立实质上无波动的高阶格式。

本文是集体工作的成果。前期工作的主要参加者为陆林生、余泽楚，马占奎参加了部分工作。后期工作的参加者为郑敏、沈清和叶友达。计算工作主要是以上同志分别完成的。作者在此对他们表示深切的感谢。

参考文献

1 Beam R, Warming R F. *AIAA J.*, 16 (1978): 393—401
2 Jameson A, Yoon S. AIAA paper 85-0293, 1985
3 张涵信等. 1980年全国计算力学会议文集 (1980): 64—76
4 Zhang Hanxin, et al. *Appl. Math. and Mech.* (English edition), 4, 1 (1983)
5 张涵信等. 空气动力学学报, 4 (1982)
6 Zhang Hanxin, Zheng M. *Lecture Notes in Physics* (1986): 689—692
7 张涵信. 1988年清华大学工程力学与工程热物理学术会议文集 (1988): 162—175
8 张涵信. 空气动力学学报, 6, 2 (1988); 143—165

9 Hung C M, Maccormack R W. AIAA paper 75-1. 1975
10 Holden M S, Mosell J R. CALSPAN Report No AF-2410-A-1. 1969
11 张涵信等. 力学学报, 4 (1981): 333—346

THE ANTIDISSIPATIVE METHOD FOR SOLVING GAS DYNAMIC EQUATIONS

Zhang Han-xin
China Aerodynamic Research and Development Center

Abstract The advances in the antidissipative method for solving gas dynamic equations are reviewed. The antidissipative mixed difference scheme proposed by the author of this paper may be used to obtain not only Beam-Warming scheme and Jameson scheme with free parameters, but also "TVD" Scheme. In the second part of this paper we discuss antidissipative mixed difference scheme with parameters. The third part deals with antidissipative mixed scheme containing no parameters. The applications of antidissipative mixed difference schemes are given in the fourth part.

Keywords *numerical simulation*; *antidissipative method*; TVD *scheme*; *difference scheme*

高精度差分求解气动方程的几个问题*

张涵信　　贺国宏　　张　雷

中国空气动力研究与发展中心，四川绵阳(邮政编码 621000)

摘要　本文探讨了发展高精度格式的必要性，研究了高精度格式与网格以及熵增条件的关系，并发展了一种半离散化的空间为三阶精度的格式。从此半离散化的格式出发，可建立多步显式格式及隐式格式。模型问题的计算表明，该三阶精度的格式具有好的精度，且激波附近基本上没有波动。

关键词　TVD格式，ENO格式，NND格式，Euler方程。

引　言

近年来，为了捕捉激波和其它间断，二阶精度的MUSCL格式[1,2]，TVD格式[3,4]和NND格式[5,6]被发展。这些格式和具有人工或格式耗散的一阶格式相比，具有高的分辨能力。然而，在局部的极值点，常常退化为一阶精度，这是一个缺点。另外，在计算具有大反压梯度以及具有分离的流动时，除非网格间距很小，这些格式在精度上也嫌不足。为此，最近一些新的高阶精度的差分格式发展起来，例如三阶和高精度的ENO格式[7,8]。

本文目的在于探讨高阶精度格式的必要性，研究高阶精度格式与网格以及与熵增条件的关系。并在此基础上，按照推广Godunov格式的思路[5]，提出了一个空间为三阶精度的半离散化的差分格式，从此格式出发，进一步可建立多步显式和单步隐式格式。文中还用所建立的格式对简单的模型问题作了计算。

一、高精度差分的必要性与网格

为了说明高精度差分的必要性以及与网格的关系，研究如下无量纲化的边界层方程

$$\begin{cases} u\dfrac{\partial u}{\partial x}+v\dfrac{\partial u}{\partial y}=-\dfrac{1}{\rho}\dfrac{\partial p}{\partial x}+\gamma\dfrac{\partial^2 u}{\partial y^2} \\ v=-\displaystyle\int_0^y\dfrac{\partial u}{\partial x}\mathrm{d}y,\ \gamma=\dfrac{1}{Re_{\infty L}} \end{cases} \tag{1}$$

这里 $Re_{\infty L}$ 为来流雷诺数，u、v 是直角坐标系 x、y 内的速度分量，p 为已知的压力。若对 y 方向的对流项进行离散，粘性项采用高精度差分计算，则可得$(\partial u/\partial x)$的半离散化差

* 空气动力学学报，1993，11（4）：347-356. 国家自然科学基金资助项目。本文于1993年3月9日收到。

分方程，并可依此沿x方向作推进计算。在这种情况下，其相应的修正方程式为

$$u\frac{\partial u}{\partial x}+v\frac{\partial u}{\partial y}+\frac{1}{\rho}\frac{\partial p}{\partial x}=\gamma\frac{\partial^2 u}{\partial y^2}+\gamma_2\frac{\partial^2 u}{\partial y^2}+\gamma_3\frac{\partial^3 u}{\partial y^3}+\gamma_4\frac{\partial^4 u}{\partial y^4}+\cdots \tag{2}$$

式中$\gamma_2=k_2v\Delta y$，$\gamma_3=k_3v\Delta y^2$，$\gamma_4=k_4v\Delta y^3$，$\cdots$，k_2、k_3、k_4是与格式相关的常数，Δy是y方向的网格距离。为了估计修正方程式中各附加项的相对重要性，暂时冻结$\gamma_2,\gamma_3,\gamma_4,\cdots$。此时（2）可写成

$$u\frac{\partial u}{\partial x}+v\frac{\partial u}{\partial y}+\frac{1}{\rho}\frac{\partial p}{\partial x}=\frac{\partial}{\partial y}\left\{\frac{1}{Re_{\infty L}}\left[1+\gamma_2 Re_{\infty L}+\gamma_3 Re_{\infty L}\left(\frac{\partial^2 u}{\partial y^2}\bigg/\frac{\partial u}{\partial y}\right)\right.\right.$$
$$\left.\left.+\gamma_4 Re_{\infty L}\left(\frac{\partial^3 u}{\partial y^3}\bigg/\frac{\partial u}{\partial y}\right)+\cdots\right]\frac{\partial u}{\partial y}\right\}$$

为了保证计算给出的流动是真实的（特别在物面附近），必须要求

$$\gamma_2 Re_{\infty L}+\left|\gamma_3 Re_{\infty L}\left(\frac{\partial^2 u}{\partial y^2}\bigg/\frac{\partial u}{\partial y}\right)\right|+\left|\gamma_4 Re_{\infty L}\left(\frac{\partial^3 u}{\partial y^3}\bigg/\frac{\partial u}{\partial y}\right)\right|+\cdots\ll 1 \tag{3}$$

而利用（1），在物面附近，

$$\frac{\partial^2 u}{\partial y^2}\bigg/\frac{\partial u}{\partial y}\sim\frac{1}{\tau_w}\frac{\partial p}{\partial x},\qquad \frac{\partial^3 u}{\partial y^3}\bigg/\frac{\partial u}{\partial y}\sim\frac{1}{\tau_w}\frac{\partial^2 p}{\partial x\partial y}$$

这里τ_w是壁面摩擦力。将此诸式和γ_2，γ_3，γ_4，$\cdots$表达式代入(3)，可得

$$|k_2|Re_\Delta+|k_3|Re_\Delta\left|\frac{\Delta y}{\tau_w}\frac{\partial p}{\partial x}\right|+k_4 Re_\Delta\left|\frac{\Delta y^2}{\tau_w}\left(\frac{\partial^2 p}{\partial x\partial y}\right)_w\right|+\cdots\ll 1 \tag{4}$$

式中$Re_\Delta=\rho|v|\Delta y/\mu$称为局部网格雷诺数。由(4)可得到如下结论：

（1）当对流项采用一阶格式时，假设(4)中的高阶项很小，则有

$$Re_\Delta\ll\frac{1}{|k_2|} \tag{5}$$

因为k_2为$o(1)$的量级，例如一阶迎风格式$k=1/2$，这就得到$Re_\Delta\ll o(1)$，对于高雷诺数的流动，除非极密的网格，这个条件是很难满足的，因此粘性流计算，难以采用一阶格式。

（2）当对流项采用二阶格式时，如果(4)中的高阶项很小，则有

$$Re_\Delta\ll\frac{1}{|k_3|}\frac{1}{\left|\dfrac{\Delta y}{\tau_w}\dfrac{\partial p}{\partial x}\right|} \tag{6}$$

该式表明，$|(\Delta y/\tau_w)(\partial p/\partial x)|$是决定$Re_\Delta$的无量纲量。当流动的压力梯度很小且无分离时该参数很小，因而Re_Δ可取较大的值，此时采用二阶精度的格式是可行的。但是如果流动存在分离(分离点附近$\tau_w\approx 0$，$\partial p/\partial x$很大)，除非采用极小的网格间距，二阶精度的格式是不足的。

（3）当对流项采用三阶精度格式时，(4)给出

$$Re_{\Delta} \ll \frac{1}{|k_4|\left|\frac{\Delta y^2}{\tau_w}\left(\frac{\partial^2 p}{\partial x \partial y}\right)_w\right|} \tag{7}$$

此时 $|(\Delta y^2/\tau_w)[\partial^2 p/(\partial x \partial y)]_w|$ 是主要参数。由于对于粘性流动，在物面附近 $|\partial^2 p/\partial x \partial y|_w \approx 0$，因此(7)给出的 Re_{Δ} 一般可以不是很小的，这表明采用不是很密的网格，即使对于分离区和压力梯度较大的情况，三阶精度的差分格式也能给出较精确的结果。这就是研究三阶或更高阶格式的意义。

对于高雷诺数流动，当对流项采用三阶精度的差分进行计算时，可以证明，如果 $Re_{\Delta}>1$，其粘性项用二阶精度的差分进行计算，是与之匹配的。

二、高精度差分与激波捕捉

力学家早就知道，求解带激波的无粘性流动，可用积分形式的动量、能量和质量守恒方程。由此可进一步导出：在物理量的连续区，流动满足Euler方程；在激波两方，流动满足R-H关系，并且R-H关系给出的解不是唯一的，其真正唯一的激波解，还应满足热力学第二定律给出的在绝热过程下熵增的条件。对于Navier-Stokes方程所描述的流动，流体力学家也已证明，在绝热过程中熵增条件是自动满足的。以上情况表明，用精确的Euler方程不能计算激波，只能采用修正的Euler方程且令其满足熵增条件才能正确的捕捉激波。在利用高精度差分格式求解时，这个修正的方程式就是与差分方程对应的微分方程

$$\frac{\partial U}{\partial t}+\frac{\partial F}{\partial x}+\frac{\partial G}{\partial y}+\frac{\partial H}{\partial z}=\Phi \tag{8}$$

这里

$$U=\begin{pmatrix}\rho\\ \rho u\\ \rho v\\ \rho w\\ \rho e\end{pmatrix},\ F=\begin{pmatrix}\rho u\\ \rho u^2+p\\ \rho uv\\ \rho uw\\ (\rho e+p)u\end{pmatrix},\ G=\begin{pmatrix}\rho v\\ \rho vu\\ \rho v^2+p\\ \rho vw\\ (\rho e+p)v\end{pmatrix},\ H=\begin{pmatrix}\rho w\\ \rho wu\\ \rho wv\\ \rho w^2+p\\ (\rho e+p)w\end{pmatrix},\ \Phi=\begin{pmatrix}\varphi_1\\ \varphi_2\\ \varphi_3\\ \varphi_4\\ \varphi_5\end{pmatrix}$$

其中 Φ 是差分格式给出的各方程的截断误差。由(8)出发按照熵的定义经过不复杂的运算，可以证明，在绝热情况下，当

$$\varphi_5-[H-(u^2+v^2+w^2)]\varphi_1-(u\varphi_2+v\varphi_3+w\varphi_4)>0 \tag{9}$$

时，(8)所描述的运动是熵增的。因此(9)可视为熵增条件。现引入 $\tilde{U}$、$\tilde{F}$、$\tilde{G}$ 和 $\tilde{H}$，它们满足

$$U_t=\frac{\partial \tilde{U}}{\partial U}=\begin{pmatrix}H-(u^2+v^2+w^2) & 0 & 0 & 0 & 0\\ 0 & u & 0 & 0 & 0\\ 0 & 0 & v & 0 & 0\\ 0 & 0 & 0 & w & 0\\ 0 & 0 & 0 & 0 & -1\end{pmatrix} \tag{10}$$

$$\begin{cases} \tilde{F}_U=\dfrac{\partial \tilde{F}}{\partial U}=\tilde{U}_U\cdot F_U \\ \tilde{G}_U=\dfrac{\partial \tilde{G}}{\partial U}=\tilde{U}_U\cdot G_U \\ \tilde{H}_U=\dfrac{\partial \tilde{H}}{\partial U}=\tilde{U}_U\cdot H_U \end{cases} \tag{11}$$

还可证明，当

$$\frac{\partial \tilde{U}}{\partial t}+\frac{\partial \tilde{F}}{\partial x}+\frac{\partial \tilde{G}}{\partial y}+\frac{\partial \tilde{H}}{\partial z}<0 \tag{12}$$

时，熵增条件(9)一定成立。事实上，由(10)、(11)、(12)和(8)易得

$$\tilde{U}_U\left(\frac{\partial U}{\partial t}+\frac{\partial F}{\partial U}\frac{\partial U}{\partial x}+\frac{\partial G}{\partial U}\frac{\partial U}{\partial y}+\frac{\partial H}{\partial U}\frac{\partial U}{\partial z}\right)=\tilde{U}_U\left(\frac{\partial U}{\partial t}+\frac{\partial F}{\partial x}+\frac{\partial G}{\partial y}+\frac{\partial H}{\partial z}\right)=\tilde{U}_U\Phi<0$$

将矩阵$\tilde{U}_U$和Φ的表达式代入，易知$[H-(u^2+v^2+w^2)]\varphi_1<0$，$u\varphi_2<0$，$v\varphi_3<0$；$w\varphi_4<0$以及$\varphi_5>0$。这样不等式(9)就自然成立。由于这个原因，(12)式可视为一个判断熵增的条件。但是和(9)比，它限制实在太强了，所以我们称(12)为熵增的强条件。

最近有人提出，可将不等式近似修改为

$$\frac{\partial \tilde{U}}{\partial t}+\frac{\partial \tilde{F}}{\partial x}+\frac{\partial \tilde{G}}{\partial y}+\frac{\partial \tilde{H}}{\partial z}<o(\varepsilon^{\alpha}) \tag{13}$$

式中ε代表网格的间距，α代表格式精度的阶数，并称(13)为熵增的弱条件。

一个差分格式，如果能很好的捕捉激波，最好要求满足熵增条件(9)或(12)。至少，也应满足熵增的弱条件(13)，文献[5]指出，对于一维Euler方程，如果适当配置修正方程式中三阶色散项的系数γ_3，使其在激波前$\gamma_3>0$，而在激波后$\gamma_3<0$，在一定条件下，可以建立一个二阶格式，使之满足熵增条件(9)，这就是NND格式。但是，在三阶精度以上，我们还很难建立一个格式，使之严格满足熵增条件(9)，因而在激波附近总会有些波动。然而如果作出某些限制，使所建立的格式，满足熵增的弱条件，还是可能的。并且由于格式的阶数较高，$\alpha\geqslant 3$，$o(\varepsilon^{\alpha})$是很小的，这个弱条件接近熵增不等式(12)。因而，激波附近的波动将是很小的。

三、一个三阶精度的差分格式

这节我们给出一个空间为三阶精度的半离散化的差分格式。为了简单，我们研究以下一维方程

$$\frac{\partial u}{\partial t}+\frac{\partial f(u)}{\partial x}=0 \tag{14}$$

式中通量f可按其Jacobian的特征值的正、负分解为正、负通量f^+与f^-之和，即

$$f=f^{+}+f^{-} \tag{15}$$

取网格结点为$\{x_j\}$，设结点间是等距离的，其网格步长为Δx，又设$x_{j-\frac{1}{2}}$和$x_{j+\frac{1}{2}}$分别是结点x_{j-1}，x_j以及x_j，x_{j+1}间的中点，由$x_{j-\frac{1}{2}}$到$x_{j+\frac{1}{2}}$将(14)对x积分，可以得到

$$\frac{\partial \bar{u}}{\partial t}=-\frac{1}{\Delta x}(f_{i+\frac{1}{2}}-f_{i-\frac{1}{2}}) \tag{16}$$

式中

$$\bar{u}=\frac{1}{\Delta x}\int_{x_{i-\frac{1}{2}}}^{x_{i+\frac{1}{2}}} u\,\mathrm{d}x \tag{17}$$

而利用(15)，$f_{i+\frac{1}{2}}$可表达为

$$f_{i+\frac{1}{2}}=f_{i+\frac{1}{2}}^{+}+f_{i+\frac{1}{2}}^{-} \tag{18}$$

现在我们假设，在x_i附近，u可用二次多项式来表达其变化，即

$$u=u_i+\left(\frac{\partial u}{\partial x}\right)_i(x-x_i)+\frac{1}{2}\left(\frac{\partial^2 u}{\partial x^2}\right)_i(x-x_i)^2+\cdots$$

将此式代入(17)，完成积分后得

$$\bar{u}=u_i+\frac{1}{24}\left(\frac{\partial^2 u}{\partial x^2}\right)_i\Delta x^2+\cdots$$

将此式代入(16)，并利用(14)，可以得到

$$\left(\frac{\partial u}{\partial t}\right)_i=-\frac{1}{\Delta x}\left\{\left[f_{i+\frac{1}{2}}-\frac{1}{24}\left(\frac{\partial^2 f}{\partial x^2}\right)_{i+\frac{1}{2}}\Delta x^2\right]\right.$$
$$\left.-\left[f_{i-\frac{1}{2}}-\frac{1}{24}\left(\frac{\partial^2 f}{\partial x^2}\right)_{i-\frac{1}{2}}\Delta x^2\right]\right\}+o(\Delta x^3) \tag{19}$$

这里在不影响所论精度的前提下利用了如下近似

$$\left(\frac{\partial^3 f}{\partial x^3}\right)_i\Delta x=\left(\frac{\partial^2 f}{\partial x^2}\right)_{i+\frac{1}{2}}-\left(\frac{\partial^2 f}{\partial x^2}\right)_{i-\frac{1}{2}}$$

将(15)代入(19)，可以得到

$$\left(\frac{\partial u}{\partial t}\right)_i=-\frac{1}{\Delta x}\left(h_{i+\frac{1}{2}}-h_{i-\frac{1}{2}}\right) \tag{20}$$

式中

$$h_{i+\frac{1}{2}}=h_{i+\frac{1}{2}}^{+}+h_{i+\frac{1}{2}}^{-} \tag{21}$$

$$\begin{cases} h_{i+\frac{1}{2}}^{+}=f_{i+\frac{1}{2}}^{+}-\dfrac{1}{24}\left(\dfrac{\partial^2 f^+}{\partial x^2}\right)_{i+\frac{1}{2}}\Delta x^2 \\ h_{i+\frac{1}{2}}^{-}=f_{i+\frac{1}{2}}^{-}-\dfrac{1}{24}\left(\dfrac{\partial^2 f^-}{\partial x^2}\right)_{i+\frac{1}{2}}\Delta x^2 \end{cases} \tag{22}$$

我们假设，在x_i和x_{i+1}点附近，f^+，f^-分别是按二次曲线规律变化，这样$f_{i+\frac{1}{2}}^{+}$和$f_{i-\frac{1}{2}}^{-}$可表达为

$$f_{i+\frac{1}{2}}^{+}=f_i^{+}+\left(\frac{\partial f^+}{\partial x}\right)_i\frac{1}{2}\Delta x+\frac{1}{2}\left(\frac{\partial^2 f^+}{\partial x^2}\right)_i\left(\frac{1}{2}\Delta x\right)^2+\cdots$$

$$f_{i+\frac{1}{2}}^{-}=f_{i+1}^{-}-\left(\frac{\partial f^-}{\partial x}\right)_{i+1}\frac{1}{2}\Delta x+\frac{1}{2}\left(\frac{\partial^2 f^-}{\partial x^2}\right)_{i+1}\left(\frac{1}{2}\Delta x\right)^2+\cdots$$

将此两式代入(22)，在不影响精度的前提下，可以给出

$$
\begin{cases}
h_{i+\frac{1}{2}}^{+}=f_i^{+}+\left(\dfrac{\partial f^{+}}{\partial x}\right)_i\dfrac{1}{2}\Delta x+\dfrac{1}{12}\left(\dfrac{\partial^2 f^{+}}{\partial x^2}\right)_i\Delta x^2+\cdots \\
h_{i+\frac{1}{2}}^{-}=f_{i+1}^{-}-\left(\dfrac{\partial f^{-}}{\partial x}\right)_{i+1}\dfrac{1}{2}\Delta x+\dfrac{1}{12}\left(\dfrac{\partial^2 f^{-}}{\partial x^2}\right)_{i+1}\Delta x^2+\cdots
\end{cases}
\tag{23}
$$

下面先讨论 $h_{i+\frac{1}{2}}^{+}$的计算。利用 Taylor 展开公式容易得到

$$
\left(\frac{\partial f^{+}}{\partial x}\right)_i=\frac{\Delta f_{i+\frac{1}{2}}^{+}}{\Delta x}-\frac{1}{2}\left(\frac{\partial^2 f^{+}}{\partial x^2}\right)_{i+\frac{1}{2}}\Delta x+o(\Delta x^2)
\tag{24}
$$

式中 $\Delta f_{i+\frac{1}{2}}^{+}=f_{i+1}^{+}-f_i^{+}$，或者

$$
\left(\frac{\partial f^{+}}{\partial x}\right)_i=\frac{\Delta f_{i-\frac{1}{2}}^{+}}{\Delta x}+\frac{1}{2}\left(\frac{\partial^2 f^{+}}{\partial x^2}\right)_{i-\frac{1}{2}}\Delta x+o(\Delta x^2)
\tag{25}
$$

将(24)代入(23)第一式，可以得到

$$
h_{i+\frac{1}{2}}^{+}=f_i^{+}+\frac{1}{2}\Delta f_{i+\frac{1}{2}}^{+}-\frac{1}{6}\left(\frac{\partial^2 f^{+}}{\partial x^2}\right)_{i+\frac{1}{2}}\Delta x^2+o(\Delta x^3)
\tag{26}
$$

而将(25)代入(23)第一式得

$$
h_{i+\frac{1}{2}}^{+}=f_i^{+}+\frac{1}{2}\Delta f_{i-\frac{1}{2}}^{+}+\frac{1}{3}\left(\frac{\partial^2 f^{+}}{\partial x^2}\right)_{i-\frac{1}{2}}\Delta x^2+o(\Delta x^3)
\tag{27}
$$

由于$\left(\dfrac{\partial^2 f^{+}}{\partial x^2}\right)_{i+\frac{1}{2}}$和$\left(\dfrac{\partial^2 f^{+}}{\partial x^2}\right)_{i-\frac{1}{2}}$可分别表示为

$$
\left(\frac{\partial^2 f^{+}}{\partial x^2}\right)_{i+\frac{1}{2}}=
\begin{cases}
\dfrac{\Delta f_{i+\frac{3}{2}}^{+}-\Delta f_{i+\frac{1}{2}}^{+}}{\Delta x^2}+o(\Delta x) \\
\dfrac{\Delta f_{i+\frac{1}{2}}^{+}-\Delta f_{i-\frac{1}{2}}^{+}}{\Delta x^2}+o(\Delta x)
\end{cases}
$$

$$
\left(\frac{\partial^2 f^{+}}{\partial x^2}\right)_{i-\frac{1}{2}}=
\begin{cases}
\dfrac{\Delta f_{i+\frac{1}{2}}^{+}-\Delta f_{i-\frac{1}{2}}^{+}}{\Delta x^2}+o(\Delta x) \\
\dfrac{\Delta f_{i-\frac{1}{2}}^{+}-\Delta f_{i-\frac{3}{2}}^{+}}{\Delta x^2}+o(\Delta x)
\end{cases}
$$

于是(26)和(27)可分别写成

$$
h_{i+\frac{1}{2}}^{+}=f_i^{+}+\frac{1}{2}\Delta f_{i+\frac{1}{2}}^{+}-
\begin{cases}
\dfrac{1}{6}(\Delta f_{i+\frac{3}{2}}^{+}-\Delta f_{i+\frac{1}{2}}^{+})+o(\Delta x^3) \\
\dfrac{1}{6}(\Delta f_{i+\frac{1}{2}}^{+}-\Delta f_{i-\frac{1}{2}}^{+})+o(\Delta x^3)
\end{cases}
\tag{28}
$$

$$
h_{i+\frac{1}{2}}^{+}=f_i^{+}+\frac{1}{2}\Delta f_{i-\frac{1}{2}}^{+}+
\begin{cases}
\dfrac{1}{3}(\Delta f_{i+\frac{1}{2}}^{+}-\Delta f_{i-\frac{1}{2}}^{+})+o(\Delta x^3) \\
\dfrac{1}{3}(\Delta f_{i-\frac{1}{2}}^{+}-\Delta f_{i-\frac{3}{2}}^{+})+o(\Delta x^3)
\end{cases}
\tag{29}
$$

下面研究如何从(28)和(29)计算 $h^+_{j+\frac{1}{2}}$。容易看出，当(28)和(29)中的第三项被忽略时，按照NND格式的思想，$h^+_{j+\frac{1}{2}}$的计算是通过$\Delta f^+_{j+\frac{1}{2}}$与$\Delta f^+_{j-\frac{1}{2}}$的比较来执行的，如果$|\Delta f^+_{j+\frac{1}{2}}| \leqslant |\Delta f^+_{j-\frac{1}{2}}|$，我们就取包含$\Delta f^+_{j+\frac{1}{2}}$的$h^+_{j+\frac{1}{2}}$，如果$|\Delta f^+_{j+\frac{1}{2}}| > |\Delta f^+_{j-\frac{1}{2}}|$，我们就取包含$\Delta f^+_{j-\frac{1}{2}}$的$h^+_{j+\frac{1}{2}}$。这样做可避免激波附近的波动。在三阶格式情况下，我们推广这种思想，具体做法是：

(1) 先将$\Delta f^+_{j+\frac{1}{2}}$与$\Delta f^+_{j-\frac{1}{2}}$进行比较，当$|\Delta f^+_{j+\frac{1}{2}}| \leqslant |\Delta f^+_{j-\frac{1}{2}}|$时，我们选择(28)作为$h^+_{j+\frac{1}{2}}$的算式；当$|\Delta f^+_{j+\frac{1}{2}}| > |\Delta f^+_{j-\frac{1}{2}}|$时，则选择(29)作为算式。

(2) 在(28)中，比较$(\Delta f^+_{j+\frac{3}{2}} - \Delta f^+_{j+\frac{1}{2}})$和$(\Delta f^+_{j+\frac{1}{2}} - \Delta f^+_{j-\frac{1}{2}})$，取绝对值小的那个作为第三项的算式。同样，在(29)中，比较$(\Delta f^+_{j+\frac{1}{2}} - \Delta f^+_{j-\frac{1}{2}})$和$(\Delta f^+_{j-\frac{1}{2}} - \Delta f^+_{j-\frac{3}{2}})$，取绝对值小的作为其第三项的算式。采用以上限制的目的是要使所建立的格式满足熵增的弱条件。

根据以上限制原则，引入

$$\mathrm{ms}(a,b)=\begin{cases} a & |a|\leqslant|b| \\ b & |a|>|b| \end{cases} \tag{30}$$

则$h^+_{j+\frac{1}{2}}$最后可表达为

当$|\Delta f^+_{j+\frac{1}{2}}| \leqslant |\Delta f^+_{j-\frac{1}{2}}|$时

$$\begin{aligned} h^+_{j+\frac{1}{2}} &= f^+_j + \frac{1}{2}\mathrm{ms}(\Delta f^+_{j+\frac{1}{2}}, \Delta f^+_{j-\frac{1}{2}}) \\ &\quad - \frac{1}{6}\mathrm{ms}[(\Delta f^+_{j+\frac{3}{2}} - \Delta f^+_{j+\frac{1}{2}}), (\Delta f^+_{j+\frac{1}{2}} - \Delta f^+_{j-\frac{1}{2}})] \end{aligned} \tag{31}$$

当$|\Delta f^+_{j+\frac{1}{2}}| > |\Delta f^+_{j-\frac{1}{2}}|$时

$$\begin{aligned} h^+_{j+\frac{1}{2}} &= f^+_j + \frac{1}{2}\mathrm{ms}(\Delta f^+_{j+\frac{1}{2}}, \Delta f^+_{j-\frac{1}{2}}) \\ &\quad + \frac{1}{3}\mathrm{ms}[(\Delta f^+_{j+\frac{1}{2}} - \Delta f^+_{j-\frac{1}{2}}), (\Delta f^+_{j-\frac{1}{2}} - \Delta f^+_{j-\frac{3}{2}})] \end{aligned} \tag{32}$$

利用同样的方法，我们可以从(23)第二式中导出 $h^-_{j+\frac{1}{2}}$的算式

当$|\Delta f^-_{j+\frac{3}{2}}| \leqslant |\Delta f^-_{j+\frac{1}{2}}|$时

$$\begin{aligned} h^-_{j+\frac{1}{2}} &= f^-_{j+1} - \frac{1}{2}\mathrm{ms}[(\Delta f^-_{j+\frac{3}{2}}, \Delta f^-_{j+\frac{1}{2}})] \\ &\quad + \frac{1}{3}\mathrm{ms}[(\Delta f^-_{j+\frac{5}{2}} - \Delta f^-_{j+\frac{3}{2}}), (\Delta f^-_{j+\frac{3}{2}} - \Delta f^-_{j+\frac{1}{2}})] \end{aligned} \tag{33}$$

当$|\Delta f^-_{j+\frac{3}{2}}| > |\Delta f^-_{j+\frac{1}{2}}|$时

$$\begin{aligned} h^-_{j+\frac{1}{2}} &= f^-_{j+1} - \frac{1}{2}\mathrm{ms}[(\Delta f^-_{j+\frac{3}{2}}, \Delta f^-_{j+\frac{1}{2}})] \\ &\quad - \frac{1}{6}\mathrm{ms}[(\Delta f^-_{j+\frac{3}{2}} - \Delta f^-_{j+\frac{1}{2}}), (\Delta f^-_{j+\frac{1}{2}} - \Delta f^-_{j-\frac{1}{2}})] \end{aligned} \tag{34}$$

(20)、(21)、(31)～(34)就是我们要建立的半离散化的格式。可以证明，它在空间上是三阶精度的。

从这个半离散化的格式出发，我们可以建立分数步的显式差分计算格式。例如时间二阶和空间三阶精度的二步显式格式就可写成

$$
\begin{cases}
\bar{u}_j^{n+1} = u_j^n - \dfrac{\Delta t}{\Delta x}\left(h_{j+\frac{1}{2}}^n - h_{j-\frac{1}{2}}^n\right) \\[2ex]
u_j^{n+1} = \dfrac{1}{2}\left[u_j^n + \bar{u}_j^{n+1} - \dfrac{\Delta t}{\Delta x}\left(\bar{h}_{j+\frac{1}{2}}^{n+1} - \bar{h}_{j-\frac{1}{2}}^{n+1}\right)\right]
\end{cases}
\tag{35}
$$

它的稳定条件为：Courant 数$\leqslant 2/3$。原则上我们还可以写出时间和空间均为三阶精度的多步显式格式以及隐式的三阶精度的算式。这里为了简单就不列举算式了。

为了验证这个三阶格式的适用性，我们计算了如下两个简单例题。

例题 1：出发方程为

$$
\frac{\partial}{\partial t}\begin{vmatrix}\rho \\ \rho u \\ \rho e\end{vmatrix} + \frac{\partial}{\partial x}\begin{bmatrix}\rho u \\ \rho u^2 + p \\ (\rho e + p)u\end{bmatrix} = 0 \tag{36}
$$

初始条件为　　$t=0$

$$
(\rho, \rho u, \rho e)^T = \begin{cases}(1, 0, 2.5)^T & x<0 \\ \left(\dfrac{1}{8}, 0, 0.25\right)^T & x>0\end{cases} \tag{37}
$$

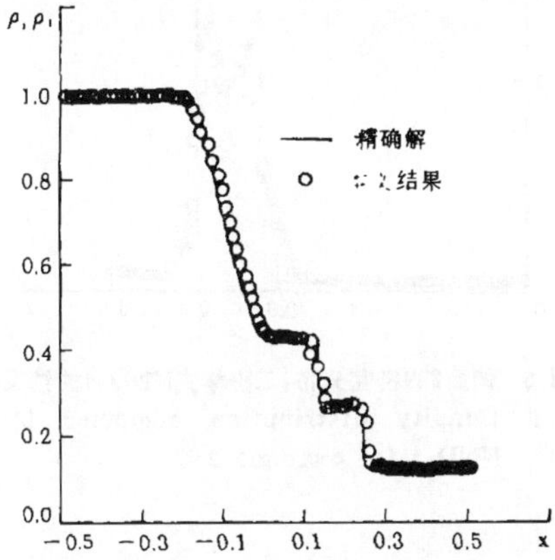

图 1　例题1的密度分布，本文三阶格式的结果

Fig. 1　Density distribution computed by present scheme for example 1

图 1 是利用(35)给出的密度分布，为了比较，图中画出了精确解的结果(实线)，还在图2、3中画出了 NND-1 和NND-4 的结果。

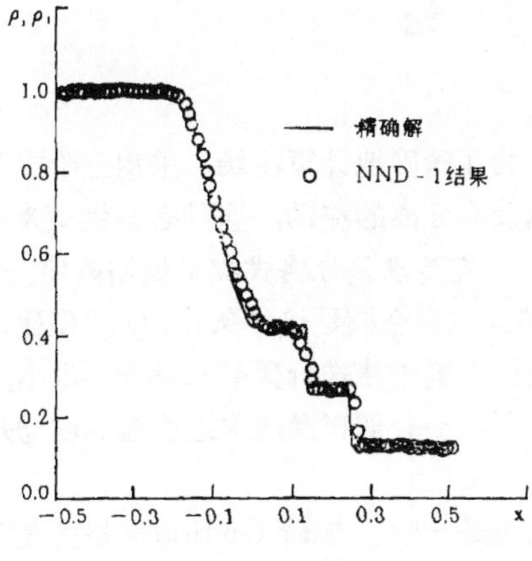

图 2　例题1的密度分布，二阶格式NND-1的结果

Fig. 2　Density distribution computed by NND-1 for example 1

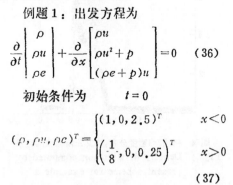

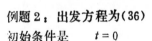

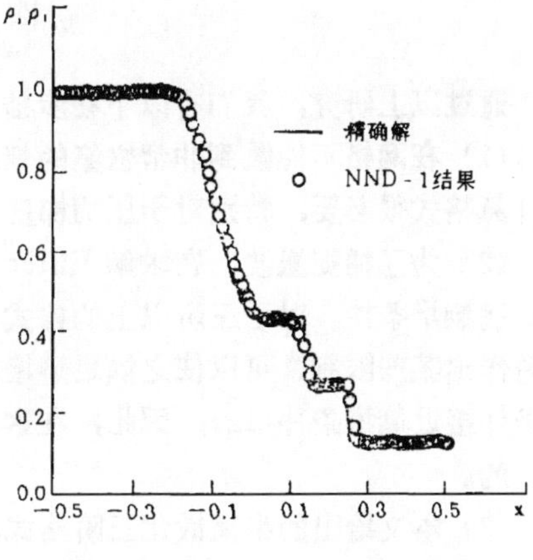

图 3　例题1的密度分布，二阶格式NND-4的结果

Fig. 3　Density distribution computed by NND-4 for example 1

例题 2：出发方程为(36)

初始条件是　　$t=0$

$$(\rho,\rho u,\rho e)^T=\begin{cases}(1,0,2.5\times10^3)^T & 0\leqslant x<0.1\\(1,0,2.5\times10^{-2})^T & 0.1\leqslant x<0.9\\(1,0,2.5\times10^2)^T & 0.9\leqslant x<1.0\end{cases}$$

图4是利用(35)算出的密度分布，图中实线为精确解，图5是NND-1给出的结果。

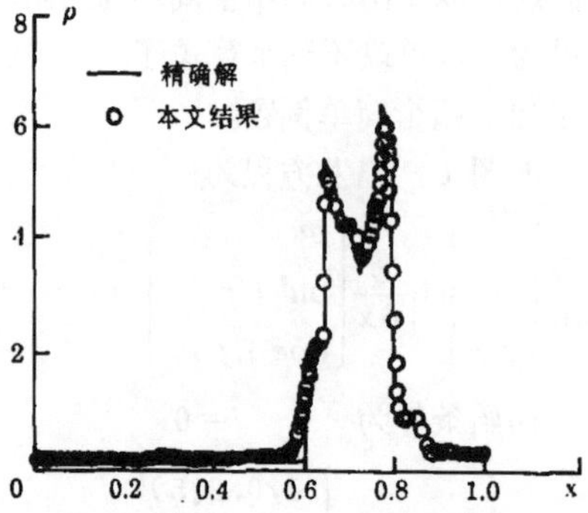

图 4 例题2的密度分布，本文三阶格式的结果

Fig. 4 Density distribution computed by present scheme for example 2

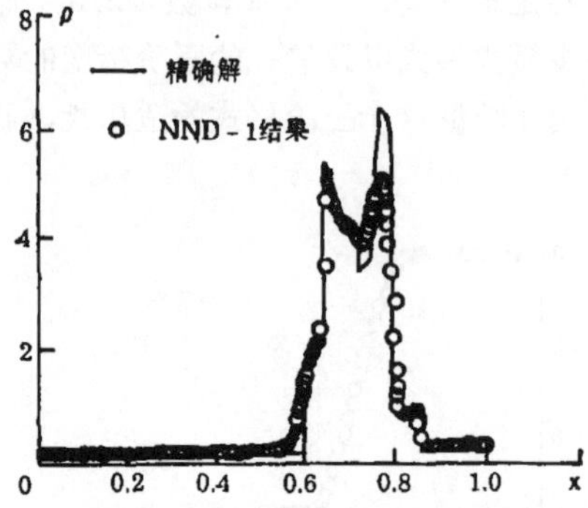

图 5 例题2的密度分布，二阶格式NND-1的结果

Fig. 5 Density distribution computed by NND-1 for example 2

由以上两例的结果可以看出：

(1) 利用三阶格式，流场中所有的重要特征都可刻画出来，并且结果比二阶NND格式的结果好。

(2) 在激波附近，三阶格式的结果稍有些轻微的波动。

四、结　　论

通过以上研究，我们有以下初步结论：

(1) 在网格不能做到非常密集的情况下，为了精确地计算流场，采用三阶或更高阶的计算格式很必要，特别对于压力梯度大，以及有分离的流动，这种必要性更为突出。

(2) 为了捕捉激波，在求解Euler方程时，应要求差分格式满足熵增条件。至少要满足弱熵增条件。对于三阶以上的格式，虽然难以完全满足熵增条件(9)。但通过对通量差作出某些限制，可以使之满足熵增的弱条件。鉴于格式阶数$\alpha\geqslant3$，$o(\varepsilon^\alpha)$很小，这个弱条件接近熵增条件(12)，因此，在这种情况下，差分解在激波附近引起的波动是不会很大的。

(3) 本文给出的半离散化三阶格式，实质上是一阶、二阶Godunov格式在三阶上的推广。初步计算表明，它的计算精度好，在激波附近基本上没有波动。

参 考 文 献

1 Van Leer B. *J. of Computational Physics*, 1979, 32(1)
2 Colella P, Woodward P R. *J. of Computational Physics*, 1984, 54(1)
3 Harten A. *J. of Computational Physics*, 1983, 49(2)
4 Osher S, Charkravarthy S R. *SIAM J. on Numerical Analysis*, 1984, 21(4)
5 张涵信. 无波动、无自由参数的耗散差分格式. 空气动力学学报, 1988, 6(2):143~165
6 Zhang Hanxin, Zhuang Fenggan. Advances in Applied Mechanics, 1992, 29
7 Harten A, Osher S. *SIAM J. on Numerical Analysis*, 1987, 24(2)
8 Harten et al.. *J. of Computational Physics*, 1987, 71(2)

Some Important Problems for High order Accurate Difference Scheme Solving Gas Dynamic Equations

Zhang Hanxin He Guohong Zhang Lei

(China Aerodynamics Research and Development Center)

Abstract In this paper, the importance of high order accurate difference scheme for solving gas dynamic equation is discussed. The relation of the scheme with the grid and entropy increase condition is investigated. The semi-discretized difference scheme with third order accuracy in space is developed. Based on this semi-discretized scheme, the multistep explicit and the one step implicit scheme can be established. The results given by model problems show that the present scheme possesses high accuracy for the calculating of flowfields, and basically there is no any spurious oscillation near the shock wave.

Key words TVD scheme, Essentially Non-Oscillatory scheme, NND scheme, Euler equations.

关于建立高阶差分格式的问题*

张涵信 李 沁
中国空气动力研究与发展中心，四川绵阳 621000
庄逢甘
中国航天局，北京 100074

摘要 为了能在不太密的网格上捕捉到流场的细致结构，通常采用高阶精度的差分格式进行数值模拟。为能抑制计算过程中和在激波附近产生的虚假波动，本文从物理构思出发，提出了建立高阶格式的两个基本原则，作者称之为抑制波动的原则和稳定性原则。通过对典型问题的计算表明，这些原则是有效的，由此建立的二阶格式即 NND 格式无虚假波动，由此建立的三、四阶以上的格式仅在激波附近有微小波动。算例还表明，不符合文中原则的高阶格式的结果则要差得多。为了进一步克服激波附近的微小波动，文中还建议了两种方法，一种是基于熵增原则的方法，另一种是采用激波附近为二阶 NND 格式、其它区域为高阶格式的混合方法。

关键词 高阶精度差分格式；抑制波动的原则；稳定性原则；混合格式；熵增条件

中图分类号 O241.3，O354

0 引 言

文献[1]中已经指出，当采用二阶精度的差分格式计算粘性流动时，网格雷诺数应满足如下条件

$$Re_{\Delta}=\frac{k}{\left|\frac{\Delta}{\tau_w}\frac{\partial p}{\partial x}\right|}$$

其中 Δ 为网格间距，τ_w 为表面摩擦力，$\partial p/\partial x$ 为压力梯度。不难看出，对于分离流动(τ_w 小而 $\partial p/\partial x$ 较大)，要作精确计算，必须采用很小的网格雷诺数，即网格尺度需很小。在这种情况下，计算区域内节点数目多，计算存储量很大。文献[1]同时指出，如果采用三阶或更高阶的格式，网格雷诺数的要求可以放宽。这是研究高阶格式的一个意义。另一方面，现在不少文献通过直接求解 N-S 方程来模拟湍流结构，为能在不很密的网格上得到精细结构，其计算方法多采用高阶格式，这是研究高阶格式的另一个意义。正是因为上述原因，很多人致力于高精度格式的研究[2~5]。

我们认为在建立高阶精度格式时，应注意以下两个问题：(1) 与差分方程等价的修正方程式与原来的微分方程是有差别的，它们各自的精确解间也存在差别，原微分方程是没有虚假

* 空气动力学学报，1998，16（1）：14-23. 本文于1997年2月15日收到，8月10日收到修改稿。

波动解的，如果差分格式设计不好，差分方程的精确解就可能包含虚假的波动。在低阶精度格式的情况下，这种波动不是很小，因此必须避免这种波动。对于高阶精度的格式，由于截断误差很小，差分方程和微分方程的精确解彼此差别甚小，即使有波动也是微小的，因此避免这种波动的要求可能放松。(2)在求其差分方程的数值解时，不可避免会引入误差，这些误差在计算过程中应能自动衰减并且不产生新的虚假波动。这点对高阶格式就特别需要，因为当利用高阶格式计算湍流时，如果计算格式不能自动消除误差，就可能将虚假的波动误认为湍流。基于这种认识，本文在研究高阶精度格式的建立时，就特别注意求解过程中计算误差的发展问题。我们要求计算误差在计算过程中是自动衰减的，并且不进一步生成新的虚假波动。为此，在误差发展中，我们提出了"抑制波动"和"稳定"的要求，并依此提出了建立高阶格式的原则。为了进一步考查原则的正确性，我们按此原则设计了高阶差分格式，并通过典型算例作了考查。结果表明，这些原则是正确的。

1　建立高阶精度格式的原则

为了便于说明问题，现在研究 Euler 方程的求解。由于三维非定常 Euler 方程可分裂成三个一维方程依次求解，因此从以下一维方程出发

$$\frac{\partial U}{\partial t}+\frac{\partial F(U)}{\partial x}=0 \tag{1}$$

其中 $A=\partial F(U)/\partial U$ 为 Jacobian 矩阵。以下在 A 为常系数矩阵的假定下讨论问题。由于 $A=S^{-1}\Lambda S$，S 是 A 的左特征向量矩阵，$\Lambda=\mathrm{diag}(\lambda^{(1)},\cdots,\lambda^{(n)})$ 是 A 的特征值对角矩阵，$\lambda^{(l)}$ 为矩阵 A 的特征值。引入 $\mathrm{d}W=S\mathrm{d}U$，且令 $W=(W^{(1)},\cdots,W^{(n)})^T$，则(1)式可写成

$$\frac{\partial W^{(l)}}{\partial t}+\lambda^{(l)}\frac{\partial W^{(l)}}{\partial x}=0 \qquad (l=1,\cdots,n) \tag{2}$$

若令 $W^{(l)}=u, a=\lambda^{(l)}$，于是(2)式给出

$$\frac{\partial u}{\partial t}+a\frac{\partial u}{\partial x}=0 \tag{3}$$

下面研究该方程的差分求解问题。如果我们利用某差分格式求解(3)式，该格式给出的半离散化方程等价于以下修正方程式

$$\frac{\partial u}{\partial t}+a\frac{\partial u}{\partial x}=\sum_{n=1}^{\infty}\gamma_n\frac{\partial^n u}{\partial x^n} \tag{4}$$

其中 $\gamma_n=k_n\Delta x^{n-1}$ 是截断误差中第 n 阶导数项的系数。

设 $u_0(x,t)$ 是修正方程式(4)的精确解。由于在计算中会不可避免地引入误差 $\delta(x,t)$，因此计算解 $u=u_0(x,t)+\delta(x,t)$。显然该误差 $\delta(x,t)$ 也应满足(4)式。如果在初始 $t=0$ 时刻的误差分布为

$$\delta=Ae^{ikx} \tag{5}$$

这里 A 为小量，k 为正数。则(4)式给出 $\delta(x,t)$ 的解是[6]

$$\delta(x,t)=Ae^{\alpha t}e^{ik(x-bt)} \tag{6}$$

式中

$$a=\sum_{m=1}^{\infty}\gamma_{2m}(-1)^m k^{2m} \tag{7}$$

$$b=a-\sum_{m=1}^{\infty}\gamma_{2m+1}(-1)^m k^{2m} \tag{8}$$

这里 Ae^{at} 代表误差振幅的发展规律。我们知道，方程式(3)有精确解，在满足条件(5)式的前提下，该精确解是

$$u=Ae^{ik(x-at)} \tag{9}$$

即扰动或间断以 $dx/dt=a$ 传播。比较(6)式和(9)式可以看出，由于截断误差的存在，振幅和波的传播速度都改变了。振幅的变化直接影响误差的放大和缩小，即影响计算的稳定性；波的传播速度的变化，直接影响间断附近解的波动。下面根据这两个方面，提出增强计算稳定性和减小间断附近波动的措施或原则。

1.1 抑制波动原则

如图1，在 x,t 平面上，$dx/dt=D$ 表示一维间断的传播速度，$dx/dt=\zeta_L$ 和 $dx/dt=\zeta_R$ 分别表示 $x-Dt=0$ 左、右两方扰动传播的速度，其熵增条件是：$\zeta_L>D>\zeta_R$。在现在的情况下，由于方程被线化，间断被退化为扰动波，但截断误差的色散项改变了原间断 $x-Dt=0$ 左、右两方扰动传播的速度。如果按照熵增原则来设计色散项，使之在间断左方(L)和右方(R)满足

$$b_L=\left(\frac{dx}{dt}\right)_L>a>\left(\frac{dx}{dt}\right)_R=b_R$$

则可抑制间断附近的波动。将(8)式代入上式，这个条件可写为

在间断的左方(L)

$$\sum_{m=1}^{\infty}\gamma_{2m+1}(-1)^m k^{2m}<0 \tag{10}$$

在间断的右方(R)

$$\sum_{m=1}^{\infty}\gamma_{2m+1}(-1)^m k^{2m}>0 \tag{11}$$

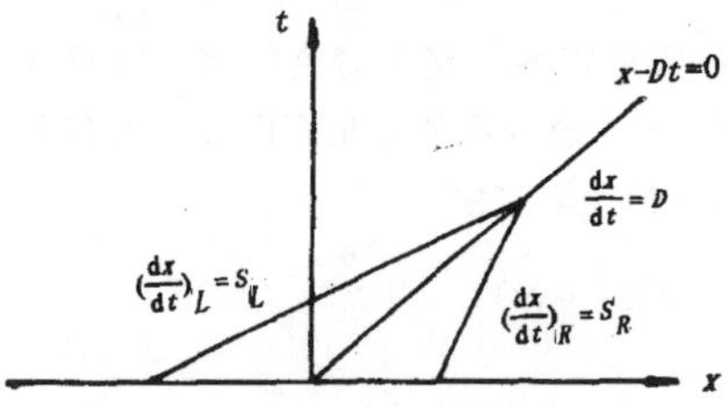

图1　间断传播图

Fig. 1　The propagation of a discontinuity

文献[7]从波群速的观点出发，也指出过这一条件。由于 $\gamma_m=k_m\Delta x^{m-1}$，当 Δx 很小时，(10)和(11)式中最领前的一项是主项。当略去其他项后，(10)式和(11)式给出

在间断的左方　　$(-1)^m\gamma_{2m+1}<0$　　(12)

在间断的右方　　$(-1)^m\gamma_{2m+1}>0$　　(13)

1.2 稳定性原则

(6)式给出，如果 $a<0$，即

$$\sum_{m=1}^{\infty}\gamma_{2m}(-1)^m k^{2m}<0 \tag{14}$$

则随时间增长，误差是减小的，这是保证稳定性所要求的，因此(14)式是稳定性原则。如果仅考虑主项，(14)式又可近似写成

$$(-1)^m\gamma_{2m}<0 \tag{15}$$

2　应用举例

2.1　二阶格式

根据上节给出的原则，二阶格式应满足的要求是

在激波左方　　$\gamma_3>0$

在激波右方　　$\gamma_3<0$

在整个区域　　$\gamma_4<0$

文献[8]给出的NND格式正是按此原则设计的。这是一个TVD类型的无波动无自由参数的计算格式。由于已有众多的文献利用该格式求解了各种问题，并证明该格式对捕捉激波和计算流场有很好的分辨能力，这里就不进一步讨论了。

2.2　三阶格式

按照上节的原则，三阶格式应该满足

在激波左方　　$\gamma_5<0$

在激波右方　　$\gamma_5>0$

在整个区域　　$\gamma_4<0$

呙超按此原则，对一维Euler方程式(1)，设计了如下半离散化的计算格式

$$\frac{\partial U}{\partial t}=-\frac{1}{\Delta x}(h^n_{j+1/2}-h^n_{j-1/2}) \tag{16}$$

式中

$$h_{j+1/2}=h^+_{j+1/2}+h^-_{j+1/2} \tag{17}$$

$$h^+_{j+1/2}=f^+_j+\mathrm{md}[h^+_{j+1/2}(a_1),\ h^+_{j+1/2}(a_2)] \tag{18}$$

$$h^-_{j+1/2}=f^-_{j+1}+\mathrm{md}[h^-_{j+1/2}(a_1),\ h^-_{j+1/2}(a_2)] \tag{19}$$

$$h^+_{j+1/2}(a)=\frac{1}{3}f^+_{j+1}-\frac{1}{6}f^+_j-\frac{1}{6}f^+_{j-1}+a\left[-\frac{1}{6}f^+_{j+1}+\frac{5}{6}f^+_j+\frac{1}{3}f^+_{j-1}-h^+_{j-1/2}(a)\right] \tag{20}$$

$$h^-_{j+1/2}(a)=-\frac{1}{6}f^-_{j+2}-\frac{1}{6}f^-_{j+1}+\frac{1}{3}f^-_j+a\left[\frac{1}{3}f^-_{j+2}+\frac{5}{6}f^-_{j+1}+\frac{1}{6}f^-_j-h^-_{j+1/2}(a)\right] \tag{21}$$

$$\mathrm{md}\ (x,y)=\begin{cases}x,\ \text{if } |x|<|y|\\ y,\ \text{if } |x|\geqslant|y|\end{cases}$$

在(18)式和(19)式中，若令$(a_1,a_2)=(1,-1/2)$，该格式满足上述原则。若$a_1=a_2=4/5$，除在全区$\gamma_4<0$外，激波左、右方均有$\gamma_5<0$；若$a_1=a_2=0$，除在全区$\gamma_4<0$外，激波左、右方均有$\gamma_5>0$。利用这三种不同的计算格式，呙超在时间方向采用六阶Runge-Kutta方法分别求解了一维激波管问题，计算条件同文献[9]。图2,3,4分别给出了三种情况的计算结果。可以看出，如果全区满足$\gamma_4<0$，$\gamma_5<0$，在膨胀区右方、激波右方的流场出现波动；如果全区满足$\gamma_4<0$和$\gamma_5>0$，波动更为严重，并发生在激波左方等区域。但是如果满足第二节的原则，除在激波附近有小的波动外，可获得满意的结果。此外，呙超还对$\gamma_4>0$的格式作了试验，发现根本得不到稳定的结果。这些说明，第二节的原则是必要的。

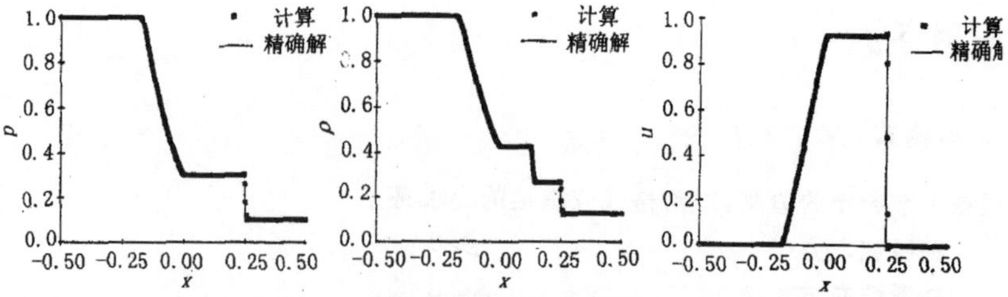

图 2　三阶格式的解，$\gamma_4<0$，$(\gamma_5)_L<0$，$(\gamma_5)_R<0$

Fig. 2　Results of the third order scheme with $\gamma_4<0$, $(\gamma_5)_L<0$, $(\gamma_5)_R<0$

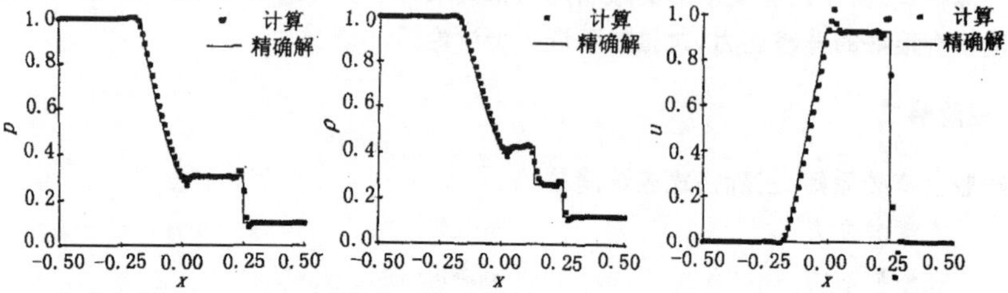

图 3　三阶格式的解，$\gamma_4<0$，$(\gamma_5)_L>0$，$(\gamma_5)_R>0$

Fig. 3　Results of the third order scheme with $\gamma_4<0$, $(\gamma_5)_L>0$, $(\gamma_5)_R>0$

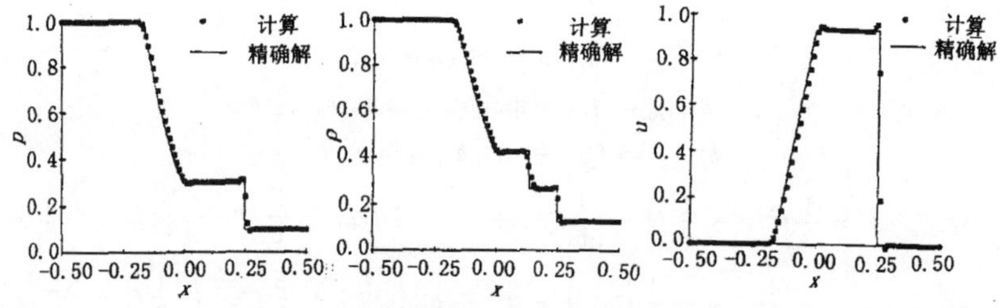

图 4　三阶格式的解，$\gamma_4<0$，$(\gamma_5)_L<0$，$(\gamma_5)_R>0$

Fig. 4　Results of the third order scheme with $\gamma_4<0$, $(\gamma_5)_L<0$, $(\gamma_5)_R>0$

3　四阶格式

按照第一节的原则，应要求四阶格式满足如下条件

在激波左方　　$\gamma_5<0$

在激波右方　　$\gamma_5>0$

在整个区域　　$\gamma_6>0$

根据这些条件，黎作武设计了如下四阶格式

$$h_{j+1/2}^{+}=\begin{cases}f_j^{+}+\dfrac{4}{12}f_{j+1/2}^{+}+\dfrac{19}{42}f_{j-1/2}^{+}-\dfrac{1}{7}f_{j-3/2}^{+}, & |\Delta f_{j+1/2}^{+}|>|\Delta f_{j-1/2}^{+}|\\ f_j^{+}-\dfrac{1}{12}f_{j+3/2}^{+}+\dfrac{1}{2}f_{j+1/2}^{+}+\dfrac{1}{12}f_{j-1/2}^{+}, & |\Delta f_{j+1/2}^{+}|<|\Delta f_{j-1/2}^{+}|\end{cases}$$

$$h^{-}_{j+1/2}=\begin{cases} f^{-}_{j+1}-\dfrac{1}{12}f^{-}_{j+3/2}-\dfrac{1}{2}f^{-}_{j+1/2}+\dfrac{1}{12}f^{-}_{j-1/2}, & |\Delta f^{-}_{j+3/2}|>|\Delta f^{-}_{j+1/2}| \\ f^{-}_{j+1}+\dfrac{1}{7}f^{-}_{j+5/2}-\dfrac{19}{42}f^{-}_{j+3/2}-\dfrac{4}{21}f^{-}_{j+1/2}, & |\Delta f^{-}_{j+3/2}|<|\Delta f^{-}_{j+1/2}| \end{cases}$$

此外，黎作武还设计了另外两种四阶格式，一个全区同时满足 $\gamma_6>0$ 和 $\gamma_5<0$，另一个全区同时满足 $\gamma_6>0$ 和 $\gamma_5>0$。图 5,6,7 分别是三种格式对激波管问题的计算结果。

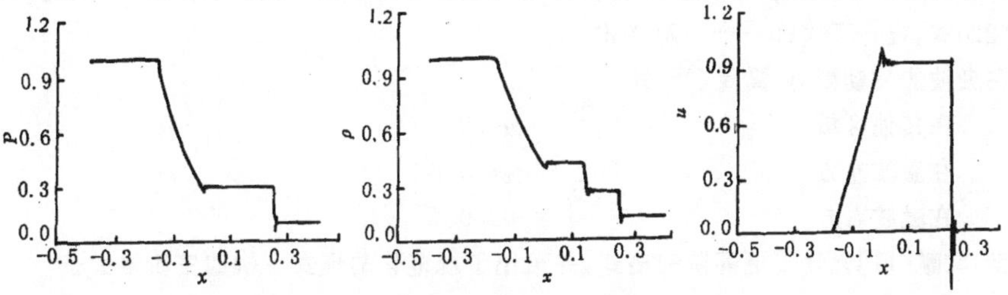

图 5　四阶格式的解，$\gamma_6>0,(\gamma_5)_L<0,(\gamma_5)_R<0$

Fig. 5　Results of the fourth order scheme with $\gamma_6>0,(\gamma_5)_L<0,(\gamma_5)_R<0$

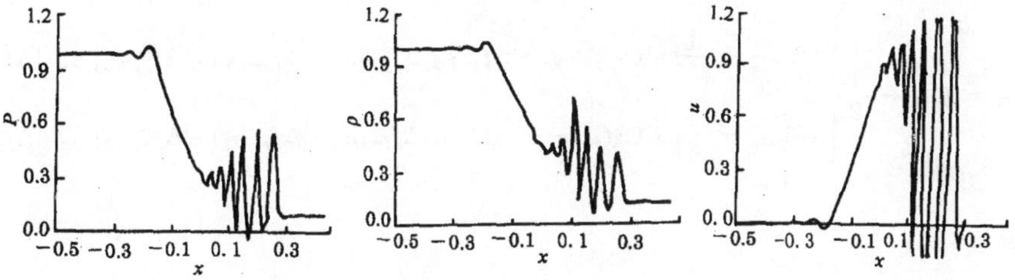

图 6　四阶格式的解，$\gamma_6>0,(\gamma_5)_L>0,(\gamma_5)_R>0$

Fig. 6　Results of the fourth order scheme with $\gamma_6>0,(\gamma_5)_L>0,(\gamma_5)_R>0$

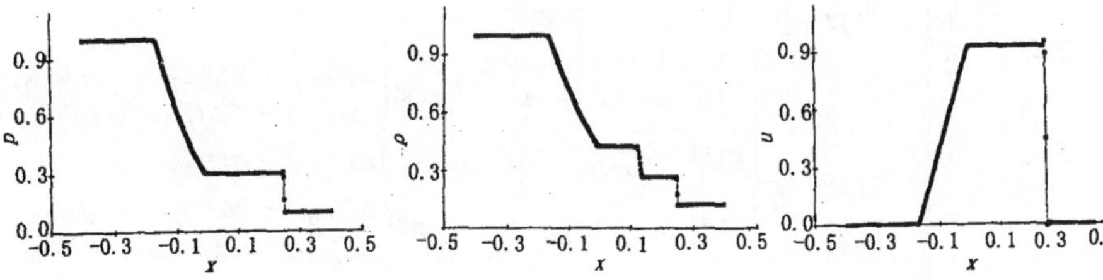

图 7　四阶格式的解，$\gamma_6>0,(\gamma_5)_L<0,(\gamma_5)_R>0$

Fig. 7　Results of the fourth order scheme with $\gamma_6>0,(\gamma_5)_L<0,(\gamma_5)_R>0$

可以看出，对于满足第一节原则的格式，除激波处有小的波动外，可获得满意的结果；但其余两种情况，在其他区域都出现了较大的波动。

以上算例表明，第一节提出的高阶格式设计准则是重要的，满足原则的二阶格式可在全区获得无波动的结果；满足原则的更高阶格式(如三阶、四阶格式)除激波处有小的波动外，在分辨率上均可获得比二阶格式更好的结果。其缺点是，这样设计的三阶、四阶格式，激波附近还有小的波动。为了解决这一问题，在文献[9,10]中贺国宏和陈坚强分别根据定常激波的熵增条件，提出了避免激波附近差分解波动的条件，即在激波处满足

$$\gamma_N\left(\frac{\partial^{N-1}f}{\partial x^{N-1}}\right)\left(\frac{\partial f}{\partial x}\right)>0 \tag{22}$$

这里 f 分别是正、负通量，γ_N 是修正方程截断误差首项的系数。他们根据第一节提出的原则及条件(22)式，设计了这样一个三阶格式

在激波的波动处，γ_4 满足(22)式

在其他区域	$\gamma_4<0$
在激波左方	$\gamma_5<0$
在激波右方	$\gamma_5>0$

进一步，文献[11]设计了更高阶的格式，并给出了规范化的形式。例如三阶格式是

$$h^+_{j+1/2}=f^+_j+\frac{1}{2}\begin{cases}\Delta f^+_{j+1/2}-\dfrac{1}{6}\mathrm{md}(\Delta f^+_{j+3/2}-\Delta f^+_{j+1/2},\Delta f^+_{j+1/2}-\Delta f^+_{j-1/2}), & |\Delta f^+_{j+1/2}|<|\Delta f^+_{j-1/2}|\\ \Delta f^+_{j-1/2}+\dfrac{1}{3}\mathrm{md}(\Delta f^+_{j+1/2}-\Delta f^+_{j-1/2},\Delta f^+_{j-1/2}-\Delta f^+_{j-3/2}), & |\Delta f^+_{j+1/2}|\geqslant|\Delta f^+_{j-1/2}|\end{cases}$$

$$h^-_{j+1/2}=f^-_{j+1}-\frac{1}{2}\begin{cases}\Delta f^-_{j+3/2}+\dfrac{1}{3}\mathrm{md}(\Delta f^-_{j+5/2}-\Delta f^-_{j+3/2},\Delta f^-_{j+3/2}-\Delta f^-_{j+1/2}), & |\Delta f^-_{j+3/2}|<|\Delta f^-_{j+1/2}|\\ \Delta f^-_{j+1/2}-\dfrac{1}{6}\mathrm{md}(\Delta f^-_{j+3/2}-\Delta f^-_{j+1/2},\Delta f^-_{j+1/2}-\Delta f^-_{j-1/2}), & |\Delta f^-_{j+3/2}|\geqslant|\Delta f^-_{j+1/2}|\end{cases} \tag{23}$$

四阶格式是

$$h^+_{j+1/2}=f^+_j+\frac{1}{2}\begin{cases}\begin{array}{l}\Delta f^+_{j+1/2}-\dfrac{1}{6}\\ \text{如果 }|\Delta f^+_{j+1/2}|\\ <|\Delta f^+_{j-1/2}|\end{array}\begin{cases}(\Delta f^+_{j+3/2}-\Delta f^+_{j+1/2})+\dfrac{1}{12}\mathrm{md}\begin{pmatrix}\Delta f^+_{j+5/2}-2\Delta f^+_{j+3/2}+\Delta f^+_{j+1/2},\\ \Delta f^+_{j+3/2}-2\Delta f^+_{j+1/2}+\Delta f^+_{j-1/2}\end{pmatrix}\\ \text{如果 }|\Delta f^+_{j+3/2}-\Delta f^+_{j+1/2}|<|\Delta f^+_{j+1/2}-\Delta f^+_{j-1/2}|\\ (\Delta f^+_{j+1/2}-\Delta f^+_{j-1/2})-\dfrac{1}{12}\mathrm{md}\begin{pmatrix}\Delta f^+_{j+3/2}-2\Delta f^+_{j+1/2}+\Delta f^+_{j-1/2},\\ \Delta f^+_{j+1/2}-2\Delta f^+_{j-1/2}+\Delta f^+_{j-3/2}\end{pmatrix}\\ \text{否则}\end{cases}\\ \begin{array}{l}\Delta f^+_{j-1/2}+\dfrac{1}{3}\\ \text{否则}\end{array}\begin{cases}(\Delta f^+_{j+1/2}-\Delta f^+_{j-1/2})-\dfrac{1}{12}\mathrm{md}\begin{pmatrix}\Delta f^+_{j+3/2}-2\Delta f^+_{j+1/2}+\Delta f^+_{j-1/2},\\ \Delta f^+_{j+1/2}-2\Delta f^+_{j-1/2}+\Delta f^+_{j-3/2}\end{pmatrix}\\ \text{如果 }|\Delta f^+_{j+1/2}-\Delta f^+_{j-1/2}|<|\Delta f^+_{j-1/2}-\Delta f^+_{j-3/2}|\\ (\Delta f^+_{j-1/2}-\Delta f^+_{j-3/2})+\dfrac{1}{4}\mathrm{md}\begin{pmatrix}\Delta f^+_{j+1/2}-2\Delta f^+_{j-1/2}+\Delta f^+_{j-3/2},\\ \Delta f^+_{j-1/2}-2\Delta f^+_{j-3/2}+\Delta f^+_{j-5/2}\end{pmatrix}\\ \text{否则}\end{cases}\end{cases}$$

$$
h^-_{j+1/2}=f^-_{j+1}-\frac{1}{2}\begin{cases}
\Delta f^-_{j+3/2}+\dfrac{1}{3}\begin{cases}
(\Delta f^-_{j+5/2}-\Delta f^-_{j+3/2})-\dfrac{1}{4}\mathrm{md}\begin{pmatrix}\Delta f^-_{j+7/2}-2\Delta f^-_{j+5/2}+\Delta f^-_{j+3/2},\\ \Delta f^-_{j+5/2}-2\Delta f^-_{j+3/2}+\Delta f^-_{j+1/2}\end{pmatrix}\\
\text{如果 } |\Delta f^-_{j+5/2}-\Delta f^-_{j+3/2}|<|\Delta f^-_{j+3/2}-\Delta f^-_{j+1/2}|\\
(\Delta f^-_{j+3/2}-\Delta f^-_{j+1/2})+\dfrac{1}{12}\mathrm{md}\begin{pmatrix}\Delta f^-_{j+5/2}-2\Delta f^-_{j+3/2}+\Delta f^-_{j+1/2}\\ \Delta f^-_{j+3/2}-2\Delta f^-_{j+1/2}+\Delta f^-_{j-1/2}\end{pmatrix}\\
\text{否则}
\end{cases}\\
\text{如果 } |\Delta f^-_{j+3/2}|<|\Delta f^-_{j+1/2}|\\
\Delta f^-_{j+1/2}-\dfrac{1}{6}\begin{cases}
(\Delta f^-_{j+3/2}-\Delta f^-_{j+1/2})+\dfrac{1}{12}\mathrm{md}\begin{pmatrix}\Delta f^-_{j+5/2}-2\Delta f^-_{j+3/2}+\Delta f^-_{j+1/2}\\ \Delta f^-_{j+3/2}-2\Delta f^-_{j+1/2}+\Delta f^-_{j-1/2}\end{pmatrix}\\
\text{如果 } |\Delta f^-_{j+3/2}-\Delta f^-_{j+1/2}|<|\Delta f^-_{j+1/2}-\Delta f^-_{j-1/2}|\\
(\Delta f^-_{j+1/2}-\Delta f^-_{j-1/2})-\dfrac{1}{12}\mathrm{md}\begin{pmatrix}\Delta f^-_{j+3/2}-2\Delta f^-_{j+1/2}+\Delta f^-_{j-1/2}\\ \Delta f^-_{j+1/2}-2\Delta f^-_{j-1/2}+\Delta f^-_{j-3/2}\end{pmatrix}\\
\text{否则}
\end{cases}\\
\text{否则}
\end{cases}
\tag{24}
$$

这样设计的格式，被称为 ENN 格式。贺国宏、陈坚强用三阶格式作了大量数值模拟。结果表明，ENN 格式确实可抑制激波附近的上述波动。图 8 是宗文刚利用四阶格式对激波管问题的计算结果。

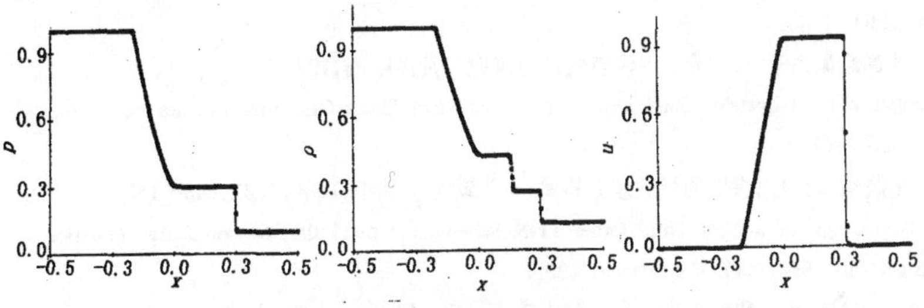

图 8　四阶格式的解

Fig. 8　Results of the fourth order scheme

此外，文献[11]提出也可利用混合格式来解决激波处的波动问题，即在激波附近，自动采用 NND 格式；在激波以外的区域，自动采用高阶格式。图 9 是李沁用此格式给出的管道内楔体绕流的结果。为了比较，在同样条件下图 10 给出了 NND 格式的计算结果。可以看出，前者对剪切层和马赫杆等流场细节的分辨率更高。

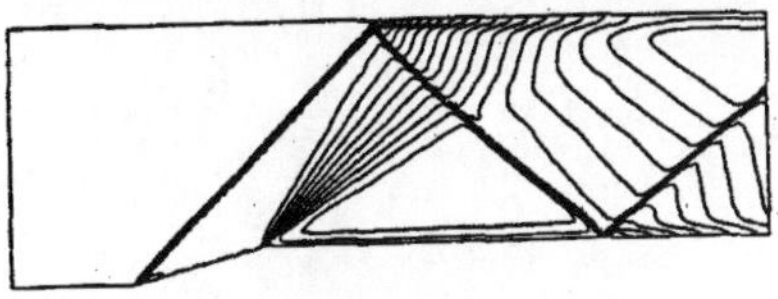

图 9　四阶混合格式求解管道内楔体绕流的等马赫线图($M_\infty=2.0$)

Fig. 9　The iso-mach number contour about the tunnel flow around a wedge using the fourth order mixing scheme ($M_\infty=2.0$)

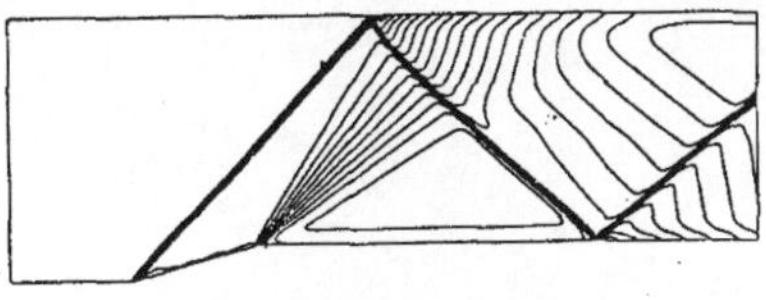

图 10　NND 格式求解管道内楔体绕流的等马赫线图($M_\infty=2.0$)

Fig. 10　The iso-mach number contour about the tunnel flow around a wedge using the NND mixing scheme ($M_\infty=2.0$)

3 结 论

根据以上研究，我们认为文中给出的高阶格式的设计原则(10)、(11)、(14)式是重要的，根据这些原则设计的二阶格式在激波附近没有波动；根据这些原则设计的高阶格式，除在激波附近小区域有微小的波动外，可获得满意的结果。为了抑制这种波动，本文提出了两种方法：一是利用条件(22)式；另一方法是利用混合格式，即在激波处格式退化为二阶 NND 格式，在其他区域采用根据上述原则设计的高阶格式。

本文引用了黎作武、贺国宏、陈坚强、宗文刚、呙超等同志的计算结果，在此表示感谢！

参 考 文 献

1 张涵信等，高精度差分求解气动方程的几个问题. 空气动力学学报，1993，11(4)：347～356.

2 Harten A, Osher S. *SIAM Journal on Numerical Analysis*, 1987, 24(2).

3 Harten A et al. *Journal of Computational Physics*, 1987, 71(2).

4 Wu H M. New NEO Schemes of Non-MUSCL Type, Proceedings of Asia Workshop on CFD, 1994.

5 Ma Y W, Fu D X. Finite Difference Schemes with Super High Order of Accuracy, Proceedings of Asia Workshop on CFD, 1994.

6 张涵信. 计算流体力学，第二章，中国空气动力研究与发展中心，1988.

7 Jiang Zonglin et al. Dispersion Conditions for Non-oscillatory Shock Capturing Schemes and Its Applications. *CFD Journal*, 1995, 4(2).

8 张涵信. 无波动、无自由参数的耗散差分格式，空气动力学学报，1988，7(2)：143～165.

9 He G. Application of a New Third Order ENN Scheme for the Euler/Navier-Stokes Equations, Conference Proceedings, First Asian CFD Conference, 1995.

10 Chen J et al. Numerical Simulation of H_2/Air Combustion Flow over Oblique Detonation Ram Accelerator with High Accuracy Scheme. Conference Proceedings, First Asian CFD Conference, 1995.

11 Li Q. High Accuracy Difference Schemes for Solving Gas Dynamic Equations. Second Asia Workshop on Computational Fluid Dynamics, 1996.

On the Construction of High Order Accuracy Difference Schemes

Zhang Hanxin　Li Qin

(*China Aerodynamics Research and Development Center, Mianyang, Sichuan* 621000)

Zhuang Fenggan

(*China Aerospace Corporation, Beijing* 100074)

Abstract In order to capture the subtle structure in the flow field using not too dense grids, the high order accuracy difference schemes are often adopted in numerical simulations. To suppress the virtual oscillations in computations and in the vicinity of shock waves, two basic principles are presented from the physical consideration, i.e., the principle of suppressing oscillations and the principle of the stability. Through the computations about some typical problems, these principles are found to be efficient. Based on the principles, the second order NND scheme are free of oscillations, the third, fourth and higher order schemes are only of tiny oscillations in the region of shock wave, and the schemes not obeying the principles in the paper give worse results. Moreover, to overcome the tiny oscillations in the vicinity of shock waves, two suggestions are proposed, one is the methods based on the principle of entropy increase, another is the mixing method, i.e., the scheme degenerates into the second order NND scheme in the region of shock wave and retains its high order accuracy in the rest of the field.

Key words high order accuracy difference scheme; the principle of suppressing oscillations; the principle of the stability; the mixing method; the condition of entropy increase

网格与高精度差分计算问题 1)*

张涵信　吕　超　宗文刚
(中国空气动力研究与发展中心，四川绵阳 621000;
国家计算流体力学实验室，北京 100083)

摘要　研究 NS 方程差分求解时来流雷诺数、计算格式精度和计算网格之间的关系. 给出了判定空间三个方向上的粘性贡献在给定雷诺数、格式精度和网格下是否能够正确计入的估计方法. 指出在 NS 方程的二阶差分方法的数值模拟中，由于物面法向采用了压缩网格技术，物面附近的网格间距很小，该方向上的粘性贡献可被计入. 但是如果流向和周向的网格较粗，相应的差分方程中的粘性贡献可能落入截断误差相同的量级，因此在精度上等于仍是求解略去流向和周向粘性项的薄层近似方程. 指出，高阶精度的差分计算格式，可以避免对网格要求苛刻的困难. 并进一步讨论了建立高阶精度格式的问题，提出了建立高阶精度格式应该满足的原则：耗散控制原则以及色散控制原则. 为了避免激波附近可能出现的微小非物理振荡，建议发展混合高阶精度格式，即在激波区，采用网格自适应的 NND 格式，在激波以外的区域，采用按上述原则发展的高阶格式.

关键词　NS 方程，网格判则，建立高精度格式的原则

引　言

随着计算机的快速发展和数值方法能力的迅速提高，复杂外形绕流的 NS 方程数值模拟的研究工作越来越多. 在这些计算模拟工作中，有的计算采用十万个网格点，有的采用数百万个甚至上千万个网格点. 分析这些研究给出的结果大致可以得到以下结论：(1) 当用高阶格式求解时，所需的网格点数比低阶格式要少；(2) 当用二阶精度格式求解时，对于高 Reynolds 流动，在物体的迎风区，粗网格的结果和实验值尚能接近，但对于背风、拐角等具有分离、旋涡和强烈压缩或膨胀的流动区域，其粗网格的结果和实验相差甚远 [1]; (3) 细网格可给出与粗网格完全不同的旋涡和分离结构 [2]. 这些情况给我们提出如下问题：

1) 当用二阶格式求解复杂外形绕流的 NS 方程时，应该如何选择网格点数才能获得满意的结果？

2) 粗网格的数值模拟，在多大程度和多大范围内能反应粘性的效应？其机理和规律是什么？

3) 对于高阶精度的差分格式，为什么网格点的数目可以放松？

4) 对于有激波的流场，如何建立高阶精度的差分格式？

本文目的就是探讨以上问题. 不包括引言，本文共分 4 节. 第 1 节讨论网格数与差分格式精度的关系，这里我们提出了确定网格数的估算关系，并阐明了网格点数控制粘性影响的机制. 第 2 节讨论了建立高阶格式的原则，这些原则可以帮助我们选择和分析各种高阶格式. 第 3 节是前两节结果的应用，第 4 节是简单的结论.

* 力学学报，1999，31（4）：398-405. 1999-03-22收到第一稿，1999-05-07收到修改稿。谨以此文纪念郭永怀院士90周年诞辰。

1　网格点数和格式精度的关系

三维流动无量纲化的 NS 方程可写成

$$\frac{\partial U}{\partial t}+\frac{\partial F}{\partial x}+\frac{\partial G}{\partial y}+\frac{\partial H}{\partial z}=\frac{1}{Re_L}\Big(\frac{\partial F_v}{\partial x}+\frac{\partial G_v}{\partial y}+\frac{\partial H_v}{\partial z}\Big) \tag{1}$$

这里 x,y,z 分别表示流向、周向和物面法向的坐标，并为了简单，我们略去了无量纲化的方法和方程 (1) 中各项和各个符号意义的说明 [3], Re_L 是以物体长度 L 为特征长度的 Reynolds 数. 如果采用 m 阶精度的差分格式求解方程 (1), 与 m 阶精度的差分格式等价的修正方程是

$$\frac{\partial U}{\partial t}+\frac{\partial F}{\partial x}+\frac{\partial G}{\partial y}+\frac{\partial H}{\partial z}=\frac{1}{Re_L}\Big(\frac{\partial F_v}{\partial x}+\frac{\partial G_v}{\partial y}+\frac{\partial H_v}{\partial z}\Big)+O(\Delta x^m,\Delta y^m,\Delta z^m,\cdots) \tag{2}$$

式中 $\Delta x,\Delta y,\Delta z$, 表示网格间距， $O(\Delta x^m,\Delta y^m,\Delta z^m,\cdots)$ 表示截断误差项，它们是 m 阶以上的小量． (2) 式可进一步被写成

$$\frac{\partial U}{\partial t}+\frac{\partial F}{\partial x}+\frac{\partial G}{\partial y}+\frac{\partial H}{\partial z}=\frac{\Delta x^\alpha}{Re_L\Delta x^\alpha}\frac{\partial F_v}{\partial x}+\frac{\Delta y^\beta}{Re_L\Delta y^\beta}\frac{\partial G_v}{\partial y}+\frac{\Delta z^\gamma}{Re_L\Delta z^\gamma}\frac{\partial H_v}{\partial z}+ O(\Delta x^m,\Delta y^m,\Delta z^m,\cdots) \tag{3}$$

选择 (3) 中的 α,β 和 γ, 使其满足

$$\alpha=-\frac{\lg Re_L}{\lg\Delta x},\qquad \beta=-\frac{\lg Re_L}{\lg\Delta y},\qquad \gamma=-\frac{\lg Re_L}{\lg\Delta z} \tag{4}$$

于是： $Re_L\Delta x^\alpha=1, Re_L\Delta y^\beta=1, Re_L\Delta z^\gamma=1$. 则 (3) 式进一步可写成

$$\frac{\partial U}{\partial t}+\frac{\partial F}{\partial x}+\frac{\partial G}{\partial y}+\frac{\partial H}{\partial z}=\Delta x^\alpha\frac{\partial F_v}{\partial x}+\Delta y^\beta\frac{\partial G_v}{\partial y}+\Delta z^\gamma\frac{\partial H_v}{\partial z}+ O(\Delta x^m,\Delta y^m,\Delta z^m,\cdots) \tag{5}$$

(5) 式指出，对于高雷诺数流动，除非 $\frac{\partial F_v}{\partial x},\frac{\partial G_v}{\partial y},\frac{\partial H_v}{\partial z}$ 很大，粘性项的贡献是比较小的. 要用差分方法正确计算这些小量项的贡献，必须要求截断误差项比粘性项的贡献要小很多. 这表明：如果所采用的网格和计算格式使 $\alpha>m$, 则 x 方向原本小的粘性项的贡献被落入截断误差范围，同样如果 $\beta>m$ 或者 $\gamma>m$ 时，则所用网格和差分格式使 y 方向或 z 方向原本小的粘性项的贡献被落入截断误差范围. 只有当 α,β,γ 分别取值小于或远小于 m 时，所采用网格和差分格式才能比较正确地计入各方向的粘性贡献. 这也进一步表明，当 (4) 中的 α,β,γ 分别取值 m 时， (4) 式就可以给出 x,y,z 方向的临界网格间距 $\Delta x^*,\Delta y^*,\Delta z^*$, 其意义是：当实际采用的计算网格 $\Delta x,\Delta y,\Delta z$ 分别小于或远小于临界网格间距时， x,y,z 方向的粘性效应就能被正确计入；否则，如果某方向所用的网格间距大于该临界网格值时，则该方向的粘性效应可能就落入截断误差的范围.

在很多采用二阶差分格式求解 NS 方程的文献中， x,y 方向的网格没有达到临界值的要求. 因为 z 方向的网格，在物面附近采用了压缩技术，在这种情况下，于物面附近，相应的

$\gamma < m = 2$, 因此物面附近的粘性效应能够被计入. 但是在 x, y 方向, 由于网格基本是等距的, 相应的 α, β 都大于 $m = 2$, 因此这些文献表面上是求解完全的 NS 方程, 而事实上, 其精度仅相当于薄层近似方程的求解. 有些文献, x 方向的网格数不满足要求, 但 y, z 方向满足, 此时相当于求解抛物化 NS 方程.

鉴于二阶格式求解 NS 方程时对网格要求的上述困难, 采用高阶格式, 可以解决这个矛盾, 因此发展高阶精度的差分格式是很有意义的.

2 建立高阶格式的基本原则

在利用高阶格式求解 NS 方程时, 粘性项采用高阶中心格式是适宜的, 其主要困难是如何妥善处理无粘项, 特别是对于有激波的情况, 应能光滑和狭窄捕捉激波. 为此我们研究无粘流动的计算格式, 并且为了简单, 从一维问题出发来讨论建立高阶精度格式的原则.

对于一维无粘流动, 其连续区的流动可用如下 Euler 方程来描述

$$\frac{\partial U}{\partial t} + \frac{\partial F}{\partial x} = \frac{\partial U}{\partial t} + \boldsymbol{A}\frac{\partial U}{\partial x} = 0, \qquad \boldsymbol{A} = \frac{\partial F}{\partial U} \tag{6}$$

其中 $\boldsymbol{A}$ 是 F 的 Jacobian 矩阵. 下面讨论建立高阶格式的原则.

事实上, 由于矩阵 $\boldsymbol{A}$ 可写成

$$\boldsymbol{A} = S^{-1}\boldsymbol{\Lambda S} \tag{7}$$

这里 $\boldsymbol{\Lambda} = \mathrm{diag}(\lambda_1, \lambda_2, \cdots, \lambda_n)$ 是 $\boldsymbol{A}$ 的特征对角矩阵, λ_l $(l = 1, 2, \cdots, n)$ 是其特征值, $\boldsymbol{S}$ 是左特征向量矩阵. 将此式代入 (6) 后并左乘矩阵 $\boldsymbol{S}$, 于是得到

$$\boldsymbol{S}\frac{\partial U}{\partial t} + \boldsymbol{\Lambda S}\frac{\partial U}{\partial x} = 0 \tag{8}$$

引入新的向量 $\boldsymbol{W} = (w_1, w_2, \cdots, w_n)^{\mathrm{T}}$, 使其满足

$$\mathrm{d}\boldsymbol{W} = \boldsymbol{S}\mathrm{d}U \tag{9}$$

引入 $u = w^{(l)}, a = \lambda_l$, 由 (9) 式, 我们可以得到

$$\frac{\partial u}{\partial t} + a\frac{\partial u}{\partial x} = 0 \tag{10}$$

将此式用于网格节点 j, 它可给出

$$\left(\frac{\partial u}{\partial t}\right)_j + \left(a\frac{\partial u}{\partial x}\right)_j = 0$$

假设采用高阶精度的差分格式离散 $\left(\frac{\partial u}{\partial x}\right)_j$ 就可获得一个相应的半离散化的差分方程. 与此差分方程完全等价的修正方程式是

$$\left(\frac{\partial u}{\partial t}\right)_j + \left(a\frac{\partial u}{\partial x}\right)_j = \sum v_n\left(\frac{\partial^n u}{\partial x^n}\right)_j \tag{11}$$

式中 v_n 是差分方程截断误差项的系数.

2.1 耗散控制原则

设 u_0 是差分方程 (11) 的真解. 当用数值方法求解差分方程 (11) 时, 由于不可避免地要引入计算误差 $\delta(x,t)$, 所以差分方程的数值解是 $u=u_0+\delta$, 因为 u,u_0 均满足方程 (11), 因此 δ 满足的方程是

$$\left(\frac{\partial\delta}{\partial t}\right)_j+a\left(\frac{\partial\delta}{\partial x}\right)_j=\sum v_n\left(\frac{\partial^n\delta}{\partial x^n}\right)_j \tag{12}$$

设在初始时刻 $t=0$, 误差的分布是

$$\delta=\delta_0=Ae^{\mathrm{i}kx} \tag{13}$$

这里 k 是误差的波数, A 是初始误差的振幅, 由 (12), $t>0$ 时, 可以给出

$$\delta=Ae^{\alpha t}e^{\mathrm{i}k[x-(a-\beta)t]} \tag{14}$$

式中

$$\left.\begin{aligned}\alpha&=\sum_m(-1)^m v_{2m}k^{2m}\\ \beta&=\sum_m(-1)^m v_{2m+1}k^{2m}\end{aligned}\right\} \tag{15}$$

显然, $Ae^{\alpha t}$ 代表误差振幅随时间的变化, 一个好的差分格式, 应该是其误差随时间而减小的, 即满足稳定性的要求. 这就给出

$$\alpha=\sum(-1)^m v_{2m}k^{2m}<0 \qquad (W) \tag{16a}$$

这里 (W) 表示在整个连续区均应满足. 如果仅考虑首项, 该式给出

$$(-1)^m v_{2m}<0 \qquad (W) \tag{16b}$$

我们称 (16a) 或 (16b) 为建立差分格式的耗散控制原则或稳定性原则.

2.2 色散控制原则

由 (14) 可以看出, $(a-\beta)$ 是扰动误差的传播速度, 因为 a 是原始 Euler 方程的扰动传播速度, 所以 β 是原始扰动速度的修正, 由于它取决于修正方程式中的色散项, 所以我们称之为色散波的修正. 为了使连续区的差分解, 在激波区不产生非物理的波动, 我们要求激波两方扰动误差的传播方向应该向激波会聚, 这就像真实物理激波为满足熵增条件所提出的要求一样. 于是我们得到

$$\sum(-1)^m v_{2m+1}k^{2m}\begin{cases}<0 & (\mathrm{L})\\ >0 & (\mathrm{R})\end{cases} \tag{17a}$$

这里 (L) 表示激波的左方, (R) 表示激波的右方. 如果仅考虑首项, 可以得到

$$(-1)^m v_{2m+1}\begin{cases}<0 & (\mathrm{L})\\ >0 & (\mathrm{R})\end{cases} \tag{17b}$$

我们称 (17a) 或 (17b) 为色散波控制条件.

剩下一个问题是激波区如何自动识别. 在文献 [6] 中我们曾经提出, 可利用以下关系

$$\left(\frac{\partial f}{\partial x}\right)_j\left(\frac{\partial^2 f}{\partial x^2}\right)_j \begin{cases} >0 & \text{(L)} \\ <0 & \text{(R)} \end{cases} \tag{18}$$

来识别激波的左方 (L) 和右方 (R), 这里 f 是通量 F 的分量. 由于

$$\left(\frac{\partial f}{\partial x}\right)_j = \frac{1}{\Delta x}\left(\Delta f_{j+1/2} + \Delta f_{j-1/2}\right) + \cdots$$

$$\left(\frac{\partial^2 f}{\partial x^2}\right)_j = \frac{1}{\Delta x}\left(\Delta f_{j+1/2} - \Delta f_{j-1/2}\right) + \cdots$$

所以, (18) 亦可近似写成

$$(\Delta f_{j+1/2})^2 - (\Delta f_{j-1/2})^2 \begin{cases} >0 & \text{(L)} \\ <0 & \text{(R)} \end{cases}$$

该式表明, 在激波的左方 (L), $|\Delta f_{j-1/2}| < |\Delta f_{j+1/2}|$; 在激波的右方 ($R$), $|\Delta f_{j+3/2}| < |\Delta f_{j+1/2}|$. 这样, 关于激波区, 就可以用以下条件判断, 即当出现

$$|\Delta f_{j-1/2}| < |\Delta f_{j+1/2}| > |\Delta f_{j+3/2}|$$

$$\left(\Delta f_{j+1/2}\right)^2 - \left(\Delta f_{j-1/2}\right)^2 > 0 \qquad \text{(L)}$$

$$\left(\Delta f_{j+3/2}\right)^2 - \left(\Delta f_{j+1/2}\right)^2 < 0 \qquad \text{(R)}$$

时, 则认为出现了激波. 也可像文献 [7] 那样, 应用压力和密度的表达式来判断激波.

应用以上两个原则, 贺国宏、陈坚强、李沁、宗文刚等人分别建立了二阶、三阶以上高阶的紧致和非紧致差分格式. 他们的结果表明, 两个原则所给出的格式, 在二阶情况下, 就是 NND 格式 [4], 它能光滑地捕捉激波. 在高阶情况下, 激波以外的流场有很高的计算精度, 但在激波附近, 有微小的波动. 为了避免这种波动, 一个办法就是在激波区采用网格自适应的二阶 NND 格式, 在激波以外, 采用高阶格式. 这种混合算法, 能给出相当满意的计算结果.

3 算 例

1) 跨声速翼型绕流

为了说明网格对粘性流动的影响, 我们研究了 NACA 0012 跨声速绕流. 来流条件为: $M_\infty = 0.85$, $Re = 10^5$, $\alpha = 1.0°$. 计算采用了三层混合网格, 即物面附近为贴体结构网格, 稍离开物面为三角形非结构网格, 外边为矩形网格. 计算格式为二阶 NND 格式. 计算结果表明, 当网格点数不满足第 1 节提出的要求时 (20 000 多个网格单元), 从物面拖出的剪切层并不明显

出现涡脱落现象，上翼面激波的位置比较靠后．但是，如果网格点数增加到满足第 1 节的要求时 (80 000 多个网格单元), 在尾迹内出现周期性涡脱落运动，此时，上翼面的激波向前移动，并且也在作小振幅的周期振荡．图 1 是相应的计算结果．

2) 激波在突然放大二维管道内的传播

本算例考察运动 Mach 数 $Ms = 2.0$ 的激波传入突然放大的二维管道．流动用 Euler 方程描述，这是一个包含激波反射、绕射和激波干扰的问题，流场内有复杂的波系．为了求解流场，我们采用第 2 节的原则构造了激波附近二阶、以外区域五阶的高阶紧致格式．为了比较，全流场也分别用二阶 NND 格式及五阶紧致格式作了计算．计算结果表明，当采用相同的网格划分时，二阶 NND 格式可得到无虚假波动的结果，并能给出流场的主要结构，但激波稍宽，且激波外的某些流场细节，其分辨率不如全流场用五阶格式的计算结果好，但五阶格式在激波附近有微小的波动．采用混合格式，激波外的流场细节的分辨率几乎和全流场的五阶格式相同，且激波也变窄了．图 2 是混合五阶紧致格式计算给出的等密度线．

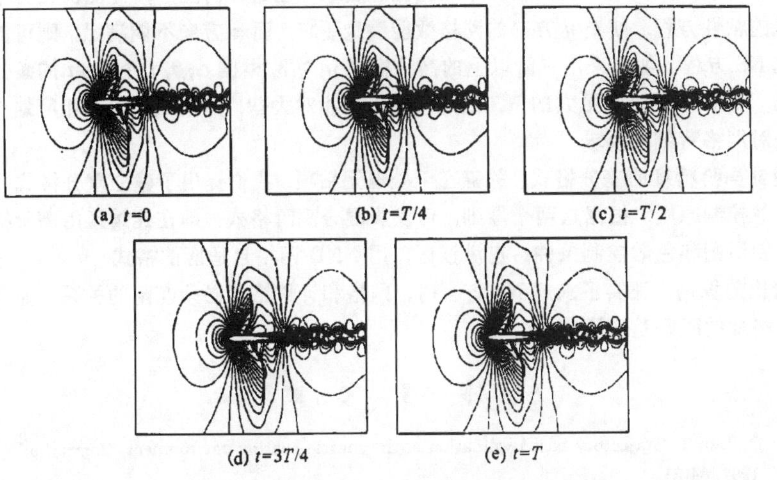

(a) $t=0$　(b) $t=T/4$　(c) $t=T/2$　(d) $t=3T/4$　(e) $t=T$

图 1 NACA 0012 翼型跨声速粘性绕流 $M_\infty = 0.85, Re = 10^5, \alpha = 1.0°$ (马赫数等值线)

Fig.1 Transonic viscous flow over NACA 0012 airfoil, $M_\infty = 0.85, Re = 10^5, \alpha = 1.0°$ (Contour of Mach number)

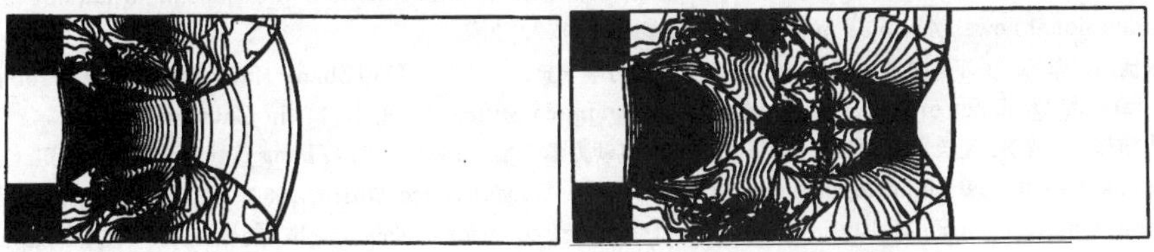

(a) $t=2.5$　(b) $t=3.5$

图 2 激波在突然扩张的二维管道内的传播 (等密度线)

Fig.2 A shock propagating in a sudden-expansion tube (Contour of density)

4 简单的结论

根据以上的分析，我们有以下结论：

1) 当差分格式的精度和计算网格已经给定后，在求解 NS 方程时，粘性项的贡献能否被正确计入，可以用以下等式给出的 α,β,γ 来判断

$$\alpha=-\frac{\lg Re_L}{\lg\Delta x},\qquad \beta=-\frac{\lg Re_L}{\lg\Delta y},\qquad \gamma=-\frac{\lg Re_L}{\lg\Delta z}$$

如果 α,β,γ 均大于差分格式的精度 m，则原本较小的粘性项的贡献均可能属于截断误差的范围．如果其中有一个大于 m，则它对应的方向上，粘性项的贡献落入截断误差的范围．只有当三者分别满足小于 m 的条件时，粘性项的全部贡献才能被计入．

2) 由于在文献中，物面法向方向的网格均采用了压缩技术，即在物面附近有很密的网格，因此这些求解 NS 方程的文献，均计入了物面法向粘性的贡献．但是，在 x,y 方向，很多利用二阶格式求解的文献，给出的网格数不满足上述要求，在这种情况下，可能仅相当于求解属于薄层近似的粘性方程．如果 y 方向的网格数能满足要求，而 x 方向不能满足，则可能相当于求解抛物化 NS 方程．如果采用三阶以上的高阶格式 $m\geq 3$，根据 α,β,γ 小于 m 的条件，与二阶格式相比，α,β,γ 可以取更大的值，因此网格可以相对大些，网格点数也就相应地少些．这样可以放松对网格苛刻的要求．

3) 建立高阶精度的差分格式，关键在于处理无粘项．我们提出了建立差分格式的耗散控制原则和色散控制原则．根据这两个原则，可发展混合高阶格式，即在连续区用高阶格式，它满足耗散控制原则和色散控制条件；在激波区，用 NND 网格自适应的格式．

4) 给出的算例，证实了求解 NS 方程时，网格和计算格式必须匹配的关系．证实了所提出建立高阶格式的原则是适用的．

参 考 文 献

1 Olynick D, Tam T. Trajectory based validation of the shuttle heating environment. *Journal of Spacecraft and Rockets*, 1997, 34(2)

2 Moschetta JM et al. Detailed numerical investigation of supersonic cross flow separation. AIAA paper 94-2382, 1994

3 黎作武，张涵信．绕 Apollo 飞船的高超声速化学非平衡流动的数值模拟．力学学报，1996, 28(1) (Li Zuowu, Zhang Hanxin. Numerical simulation of chemical nonequilibrium flow around Apollo airboat. *Acta Mechanica Sinica*, 1996, 28(1) (in Chinese))

4 Zhang Hanxin, Zhuang Fenggan. NND schemes and their applications to numerical simulation of two and three dimensional flows. *Advance in Applied Mechanics*, 1992, 29

5 张涵信，李沁．关于建立高阶格式的问题．空气动力学学报，1998, 16(1) (Zhang Hanxin, Li Qing. Problems about establishing higher order schemes. *Acta Aerodynamica Sinica*, 1998, 16(1) (in Chinese))

6 张涵信．无波动、无自由参数的耗散差分格式．空气动力学学报，1988, 6(2) (Zhang Hanxin. Non-oscillation, no free coefficients disipative finite difference scheme. *Acta Aerodynamica Sinica*, 1988, 6(2) (in Chinese))

7 Jameson A, Yoon S. Multigrid solution of the Euler equations using implicit schemes. AIAA paper 85-0293, 1995

PROBLEMS ABOUT GIRD AND HIGH ORDER SCHEMES [1)]

Zhang Hanxin, Guo Chao, Zong Wengang

(*Chinese Aerodynamics Research and Development Center, Mianyang, Sichuan* 621000, *China; National Laboratory of Computational Fluid Dynamics, Beijing* 100083, *China*)

Abstract In this paper, the relation between the difference scheme and grid system is studied for solving Navier-Stokes equations with given Reynolds number. Only if this relation is satisfied in the directions x, y, z respectively, the Navier-Stokes equations can be simulated properly. In many references solving full Navier-Stokes equations with second order difference scheme, the grids in the direction z normal to the wall are fine enough since the clustering grid technique is used. The proposed relation is satisfied in this direction. However, the grids along the circumferential and main flow directions are not. Then the calculated viscous terms in these two directions will have the magnitude in the same order as the truncation error of the difference equations. In this case, it seems to solve full Navier-Stokes equations, in fact it only equivalent to solving the thin-layer approximation equations.

From the criteria of grid interval, less grid points are needed when a higher order difference scheme is used. Then this paper discussed further how to establish a higher order difference scheme. The principles are proposed to construct high order schemes for solving Navier-Stokes equations, which are related to suppressing non-physical oscillations, maintaining computational stability and capturing the shock wave narrowly and sharply. Based on these principles, hybrid schemes are presented, which are NND schemes in the shock wave region and higher order difference schemes established according to the above principles in the whole region except the shocks.

Key words Navier-Stokes equations, criteria of grid, principles on establishing high order schemes

---

Received 22 March 1999, revised 7 May 1999.

1) In memory of academician Kuo Yonghuai's 90 anniversary.

与物理分析相结合的计算流体力学*

张涵信　　　　庄逢甘

(中国空气动力研究与发展中心,绵阳 621000)　(中国航天科技集团公司,北京 100830)

"我发现他非常富有想象力,他具有天赋的数学才智,能成功地把他的准确洞察自然现象中的物理图像的非凡能力结合在一起"——von Kármán 对钱学森的评价

摘要　在 CFD 中,物理分析的重要性被阐明。借助于物理分析建立了网格和差分格式精度之间的关系;揭示了构造差分格式的若干原则,发展了边界处理方法,给出了分析流场结构的拓扑理论。在这些研究基础上,可以建立网格、差分格式精度和边界处理相协调的计算方法。能够正确地分析计算流场的拓扑结构和流动机理。大量应用研究表明,发展与物理分析相结合的计算体系是非常重要的。

关键词　物理分析,计算网格,构造差分格式的原则,边界处理,拓扑分析

引　言

20 世纪 60 年代以前,求解气动方程主要依赖于物理分析方法。物理分析方法可给出流动物理量之间的关系,从而可揭示流场结构的特征和流动的规律及机理。计算流体力学形成后,求解气动方程所描述的流场,转向依赖于数值计算方法。现在几乎任何复杂的流动,都可用计算流体力学去计算。在这种情况下,物理分析被冷落。但是与此同时,产生了如下新的问题[1~9]:第一,计算实践发现,在划分计算网格时,如果不根据流场的特征选择网格结点分布,很难获得满意的结果;第二,如果不根据流场的结构特征设计和选择数值方法,很难正确计算复杂的流场;第三,如果不根据流场的物理特征提出和处理边界条件,很难得到满意的结果;第四,如果缺乏揭示流场结构规律的理论指导,对于复杂流动数值计算给出的"数值海洋",很难从中分析和阐明流动的机理和规律,在没有实验结果可以对比的情况下,也难以判断计算结果的正确性。解决这些问题的途径,就是将计算流体力学与物理分析相结合。近几年来,我们沿着这一方向开展了研究,建立了"与物理分析相结合的计算流体力学"体系。该体系可从物理分析出发,设计内点计算需要的差分计算格式及边界点计算的方法,配置适宜的计算网格间距。并且由物理分析出发,利用近代发展起来的微分方程定性分析理论和非线性动力学理论,给出揭示流场结构的拓扑理论,从而可帮助有效的分析计算流场的结构和机理。应用该计算体系所作的大量数值模拟表明,物理分析和数值模拟的结合,是完全必须和十分有益的。本文是近年来这方面研究工作的总结。论文除引言和结语外,还包含三个部分。第一部分研究差分计算中内点计算格式的建立、边界处理方法以及网格节点的划分;第二部分讨论流动结构的拓扑规律;第三部分是研究结果的应用。

* 钱学森技术科学思想与力学,国防工业出版社,2011:128-143.

1　差分格式、网格与边界的处理

1.1　差分格式的建立

在用差分方法求解 Euler 或 N—S 方程时，以下几点是必须考虑的。

① 由于在实际计算中，网格的间距总不为零，所求解的差分方程，并不是原来的微分方程，它是具有截断误差的原来微分方程的修正方程式。因此差分方程的精确解与原来微分方程的精确解不同。在物理量光滑的区域，只要网格间距充分小，这种不同是很小的。但是在物理量急剧变化的区域，由于各阶导数都可能很大，差分解与原始方程的解可能差别很大，甚至差分解会产生非物理的波动解。激波是物理量急剧变化的区域，为此应该要求差分解在激波区能光滑和正确地捕捉激波。

② 在实际计算中，不可避免地要引入数值误差，一个好的差分格式，随计算时间增长，不应使数值误差放大。

③ 在物理量急剧变化的区域，例如激波附近，数值误差不诱发新的非物理的波动。

④ 对于非定常流动，流场中包含有振动的成分，差分方程的截断误差，不要改变其原问题的频谱特性。

总之，我们希望差分计算格式，应尽可能小地污染原问题的对流特征和耗散特征，在设计差分格式时应能满足上面提出的要求。第一项要求，我们称之为光滑捕捉激波的原则；第二项称之为稳定性或耗散控制原则；第三项称之为抑制非物理波动或色散控制原则；第四项称之为保频谱原则。

在文献[10～13]内，我们从物理分析出发，曾对上述原则作了详细分析和理论推导，这里仅给出最后的结果。

(1) 光滑捕捉激波的原则

对于一维 Euler 和 N—S 方程，分析表明，若仅限于一阶和二阶精度，可构造出完全光滑捕捉激波的格式，但是若精度提高，只能构造出实质上无波动的格式。“实质上”的含义是：激波附近有微小但不影响计算继续进行的波动。如果设 v_{2n} 和 v_{2n+1} $(n=1,2,\cdots)$ 分别表示修正方程式中右端截断误差项的耗散项和色散项的系数，它们分别与网格间距 Δx^{2n-1} 和 Δx^{2n} 成正比，对于光滑捕捉激波的一阶格式，它满足

$$
\begin{aligned}
&v_2>0 \quad (\mathrm{W})\\
&v_3>0 \quad (\mathrm{L})\\
&v_3<0 \quad (\mathrm{R})
\end{aligned}
\tag{1}
$$

这里 W 表示在全计算域内满足；L，R 分别表示在激波左方和右方满足。对于光滑捕捉激波的二阶格式，它满足

$$
\begin{aligned}
&v_3>0 \quad (\mathrm{L})\\
&v_3<0 \quad (\mathrm{R})\\
&v_4<0 \quad (\mathrm{W})
\end{aligned}
\tag{2}
$$

如此建立的格式，是无波动、无自由参数且具有耗散性的，缩写为 NND 格式。应该指出，在激波区格式精度本身是没有意义的，但是由于二阶格式捕捉的激波厚度比一阶格式小，故采用二阶格式是适宜的。

(2) 耗散控制原则

它要求差分格式截断误差中耗散项的系数满足

$$\alpha = \sum_{m=1}^{\infty} v_{2m}(-1)^m k^{2m} < 0 \tag{3}$$

式中 k 表示数值误差的波数。如果仅考虑首项,式(3)可写成

$$(-1)^m v_{2m} < 0 \tag{3'}$$

这个条件可保证计算的稳定性。

(3) 色散控制原则

它要求差分方程截断误差中色散项的系数满足

$$\begin{aligned} \beta &= \sum_{m=1}^{\infty}(-1)^m v_{2m+1} k^{2m} < 0 \quad (\mathrm{L}) \\ \beta &= \sum_{m=1}^{\infty}(-1)^m v_{2m+1} k^{2m} < 0 \quad (\mathrm{R}) \end{aligned} \tag{4}$$

如果仅考虑首项,式(4)可写成

$$\begin{aligned} (-1)^m v_{2m+1} &< 0 \quad (\mathrm{L}) \\ (-1)^m v_{2m+1} &> 0 \quad (\mathrm{R}) \end{aligned} \tag{4'}$$

这个条件可保证数值误差在激波区不诱发新的波动。

(4) 保频谱原则

它要求截断误差中色散和耗散项的系数满足

$$\alpha^2 + \omega^2 \beta^2 = \min \tag{5}$$

式中 ω 为振动成分的波数。该式表明,计算非定常运动,格式的耗散项和色散项都要小,因此采用高阶格式或密网格的二阶格式是必要的。

1.2 网格间距的确定

网格间距的大小,与差分格式的截断误差有关。在实际求解 Euler 或 N—S 方程时,我们希望修正方程式的截断误差能限制在一定的范围内,从而差分解可正确描述流动的对流和耗散特征。在这种物理考虑下,文献[14]对 Euler 或 N—S 方程求解需要的网格作了研究,并且给出了决定网格间距的条件。

(1) 对于 Euler 方程

$$\frac{\partial U}{\partial t} + \frac{\partial F}{\partial x} + \frac{\partial G}{\partial y} + \frac{\partial H}{\partial z} = 0$$

若用 m 阶精度的格式求解,其网格间距应该满足的条件是

$$c_1 \Delta x^m = \varepsilon_1 \quad c_2 \Delta y^m = \varepsilon_2 \quad c_3 \Delta z^m = \varepsilon_3 \tag{6}$$

这里

$$c_1 = \left| \frac{v_m^{(1)}}{F} \frac{\partial^m F}{\partial x^m} \right| \qquad c_2 = \left| \frac{v_m^{(2)}}{G} \frac{\partial^m G}{\partial y^m} \right| \qquad c_3 = \left| \frac{v_m^{(3)}}{H} \frac{\partial^m H}{\partial z^m} \right|$$

$v_m^{(1)}, v_m^{(2)}, v_m^{(3)}$ 是修正方程式相应截断误差项的系数,$\varepsilon_1 \ll 1, \varepsilon_2 \ll 1, \varepsilon_3 \ll 1$ 是根据精度要求给出的三个小量。

(2) 对于 N—S 方程

$$\frac{\partial U}{\partial t} + \frac{\partial F}{\partial x} + \frac{\partial G}{\partial y} + \frac{\partial H}{\partial z} = \frac{1}{Re_L}\left(\frac{\partial F_v}{\partial x} + \frac{\partial G_v}{\partial y} + \frac{\partial H_v}{\partial z}\right)$$

如果用 m 阶精度的格式求解，其网格间距除应该满足条件(6)外，还应满足如下条件

$$b_1\Delta x^{m-\alpha}=\varepsilon_1' \qquad b_2\Delta y^{m-\beta}=\varepsilon_2' \qquad b_3\Delta x^{m-\gamma}=\varepsilon_3' \tag{7}$$

这里

$$b_1=\left|\frac{v_m^{(1)}}{F_v}\frac{\partial^m F}{\partial x^m}\right| \qquad b_2=\left|\frac{v_m^{(2)}}{G_v}\frac{\partial^m G}{\partial y^m}\right| \qquad b_3=\left|\frac{v_m^{(3)}}{H_v}\frac{\partial^m H}{\partial za^m}\right|$$

$\varepsilon_1'\ll 1,\varepsilon_2'\ll 1,\varepsilon_3'\ll 1$ 是根据精度要求给出三个小量，α,β,γ 由下式确定

$$\alpha=-\frac{\lg Re_L}{\lg\Delta x} \qquad \beta=-\frac{\lg Re_L}{\lg\Delta y} \qquad \gamma=-\frac{\lg Re_L}{\lg\Delta z} \tag{8}$$

Re_L 是被求解区域流动的特征雷诺数。

1.3　边界处理方法

大家知道，在流体力学中，常利用物理信号特征分析的方法来确定边界条件的数目。自然地，应该利用物理信号的特征分析来处理边界条件[15]。借助于这个概念，求解气动方程的物面条件、入流和出流条件等都可用特征控制方程来表达。以二维问题

$$\frac{\partial U}{\partial t}+\frac{\partial E}{\partial \xi}+\frac{\partial F}{\partial \eta}+\frac{\partial E_v}{\partial \xi}+\frac{\partial F_v}{\partial \eta}=0$$

为例，设 $\eta=\eta_0$ 为物面，借助特征分析，粘性等温物面条件可用如下控制方程给出

$$\begin{pmatrix} \boldsymbol{l}_1 \\ 0,1,0,0 \\ 0,0,1,0 \\ -\frac{e}{\rho^2},0,0,\frac{1}{\rho}\end{pmatrix}\frac{\partial U}{\partial t}+\begin{pmatrix}\boldsymbol{l}_1\\ \mathbf{0}\\ \mathbf{0}\\ \mathbf{0}\end{pmatrix}\left(\frac{\partial E}{\partial \xi}+\frac{\partial F}{\partial \eta}\right)+\begin{pmatrix}\boldsymbol{l}_1\\ \mathbf{0}\\ \mathbf{0}\\ \mathbf{0}\end{pmatrix}\left(\frac{\partial E_v}{\partial \xi}+\frac{\partial F_v}{\partial \eta}\right)=0$$

这里，l_1 是 $\frac{\partial F}{\partial U}$ 的左特征向量。如果设 $\eta=\eta_1$ 为出流边界，且其上 $M_\eta=\frac{v}{a}<1$，于是出口边界可由如下控制方程给出

$$\frac{\partial U}{\partial t}+\begin{pmatrix} l_1\\ l_2\\ l_3\\ l_4\end{pmatrix}^{-1}\begin{pmatrix}\mathbf{0}\\ l_2\\ l_3\\ l_4\end{pmatrix}\frac{\partial F}{\partial \eta}+\frac{\partial E}{\partial \xi}+\frac{\partial F_v}{\partial \eta}+\frac{\partial E_v}{\partial \xi}=0$$

类似地可建立其他边界控制方程。在实际计算中，可用精度和内点格式一致的差分格式来求解以上边界控制方程，但应注意在采用高阶精度边界格式计算时，要克服可能引起的不稳定性。沈孟育为解决这一问题，提出用上节设计格式的原则来设计边界格式，此时的修正方程式是由边界控制方程出发得到的。

2　流场拓扑结构的分析

在计算物体绕流时，为了从计算结果中获得流动的形态和特征，常常作出物体表面的流态图和在垂直于体轴的横截面上的流态图。借助于物理分析以及常微分方程的定性分析理论和非线性动力学理论，其表面流和横截面流的拓扑结构规律可以给出[16~18]。

2.1　表面流的拓扑[16]

设 x,y,z 为正交曲线坐标系，其中 x,y,z 轴在物体表面上，z 轴垂直于物面；u,v,w 是

沿 x,y,z 轴的速度分量，对于 N—S 方程所描述的物面上无速度滑移的流动，在物面附近，u，v，w 可表示为

$$u = \left(\frac{\partial u}{\partial z}\right)_0 z + \frac{1}{2}\left(\frac{\partial^2 u}{\partial z^2}\right)_0 z^2 + \cdots$$

$$v = \left(\frac{\partial v}{\partial z}\right)_0 z + \frac{1}{2}\left(\frac{\partial^2 v}{\partial z^2}\right)_0 z^2 + \cdots$$

$$w = \frac{1}{2}\left(\frac{\partial^2 w}{\partial z^2}\right)_0 z^2 + \cdots$$

式中下标"0"表示在物面上取值。将上式代入流线方程

$$\frac{h_2}{h_1}\frac{\partial y}{\partial x} = \frac{v}{u}$$

$$\frac{h_3}{h_1}\frac{\partial z}{\partial x} = \frac{w}{u}$$

这里 $h_1, h_2, h_3 = 1$ 是相应坐标的尺度因子，当 $z \to 0$ 时，可得流线在物面上的极限形式

$$\frac{h_2}{h_1}\frac{\mathrm{d}y}{\mathrm{d}x} = \left(\frac{\partial v}{\partial z}\right)_0 \Big/ \left(\frac{\partial u}{\partial z}\right)_0 \tag{9}$$

我们称式(9)所描述的积分曲线为表面极限流线。对于牛顿流体，式(9)亦可写成

$$\frac{h_2}{h_1}\frac{\mathrm{d}y}{\mathrm{d}x} = \frac{\tau_{zy}}{\tau_{zx}} \tag{10}$$

这里，τ_{zy}和 τ_{zx}分别表示物面上摩擦力在 y 和 x 方向的分量。所以对于牛顿流体，表面极限流线就是摩擦力线。因为$(\partial v/\partial z)_0$ 和$(\partial u/\partial z)_0$ 均是 x, y 的非线性函数，式(9)是一非线性常微分方程。根据常微分方程的定性分析理论，如果式(9)在物面上的临界点（即：$(\partial v/\partial z)_0 = (\partial u/\partial z)_0 = 0$的点，也叫奇点）的形态以及临界点的分布情况已知，其积分曲线所描述的拓扑结构可以给出。此外，对于有分离和旋涡的运动，确定分离线和附着线的形态和位置对确定表面流的拓扑结构也是重要的。因此下面研究式(9)临界点以及分离和附着线的形状。

将$(\partial v/\partial z)_0$ 和$(\partial u/\partial z)_0$ 在临界点进行台劳展开，并利用 N—S 方程在物面上给出的关系以及微分方程的定性分析理论可以给出以下结论。

① 设(x_s, y_s)是极限流线方程的临界点（奇点），定义 $J = \left(\frac{\partial^2 u}{\partial x \partial z}\right)_s \left(\frac{\partial^2 v}{\partial y \partial z}\right)_s - \left(\frac{\partial^2 u}{\partial y \partial z}\right)_s \cdot \left(\frac{\partial^2 v}{\partial x \partial z}\right)_s$，$q = h_1 h_2 \left(\frac{\partial^2 w}{\partial z^2}\right)$，则当 $J > 0$ 和 $4J - q^2 > 0$ 时，(x_s, y_s)为极限流线方程的螺旋点，并且在$(\partial^2 w/\partial z^2)_s > 0$ 时螺旋点的形态是稳定的，$(\partial^2 w/\partial z^2)_s < 0$ 是不稳定的。如果 $J > 0, 4J - q^2 < 0$，(x_s, y_s)为极限流线方程的结点，并且$(\partial^2 w/\partial z^2)_s > 0$ 时为稳定的，$(\partial^2 w/\partial z^2)_s < 0$ 时为不稳定的。如果 $J < 0$，(x_s, y_s)为极限流线方程的鞍点。

因为在一般情况下，$(\partial^2 w/\partial z^2)_s \neq 0$，所以物面上的临界点仅有螺旋点、结点和鞍点三种形态。此外，如果物面上的螺旋点和结点统称为节点，并用 N 来表示，鞍点用 S 来表示，则在物面上节点和鞍点的总数遵守 Lighthill 提出的拓扑规律

$$\sum N - \sum S = 2(2 - n)$$

这里 n 表示物体连通度，单连通物体 $n = 1$。

② 对于 N—S 方程描述的流动，若物面上存在一条极限流线，周围的极限流线向它收拢，

并且在其上，$(\partial^2 w/\partial z^2)_0>0$ 这条极限流线一定是分离线。可以证明，这个结论等价于以下数学条件：在分离线上

$$\left(\frac{\partial u}{\partial z}\right)_0=0 \qquad \left(\frac{\partial^2 u}{\partial x\partial z}\right)_0<0 \qquad \left(\frac{\partial^2 w}{\partial z^2}\right)_0>0$$

③ 对于 N—S 方程描述的流动，若物面上存在一条极限流线，周围的极限流线向它收敛，但在其上，$(\partial^2 w/\partial z^2)_0<0$ 这条极限流线是附着线。与这个结论等价的数学条件是

$$\left(\frac{\partial u}{\partial z}\right)_0=0 \qquad \left(\frac{\partial^2 u}{\partial x\partial z}\right)_0<0 \qquad \left(\frac{\partial^2 w}{\partial z^2}\right)_0<0$$

以上两个结论表明，极限流线向某一极限流线收拢，并不是预示分离的充分条件。

④ 对于 N—S 方程描述的流动，若物面存在一条极限流线，周围的极限流线由它向外发散，并且其上满足 $(\partial^2 w/\partial z^2)_0<0$，这条极限流线也是附着线，与之对应的数学条件是

$$\left(\frac{\partial u}{\partial z}\right)_0=0 \qquad \left(\frac{\partial^2 u}{\partial x\partial z}\right)_0>0 \qquad \left(\frac{\partial^2 w}{\partial z^2}\right)_0<0$$

这类附着线是 Legendre 首先指出的，为和上一类附着线相区别，我们称它为 Legendre 附着线，而上一类附着线，就简称为附着线。

⑤ 在分离线和 Legendre 附着线上，可能存在很多极限流线方程的奇点，此时沿分离线或 Legendre 附着线，鞍点和节点是交替分布的。如果分离线从奇点始，该奇点必为鞍点；如果分离线进入奇点，该奇点必为节点。如果 Legendre 附着线从奇点始，该奇点必为结点，如果 Legendre 附着线进入奇点，该奇点必为鞍点。但对另一种附着线，其上不可能有两个或两个以上的奇点，若要有一个奇点，它就是鞍点。

⑥ 分离线有三种起始形态，第一种为鞍点起始，它对应于闭式分离。第二种为正常点起始，它对应于开式分离。第三种为鞍点起始，它对应于 Werle 所发现的分离形态，是闭式分离到开式分离的临界过渡形态。Legendre 附着线也有结点起始、正常点起始和鞍点起始等三种起始形态。但对另一类附着线，仅可能有鞍点起始和正常点起始的形态。

2.2　二维绕流时流动的拓扑

对于二维绕流，如果流动定常，流线不随时间改变，如果流动非定常，我们研究的流线形态将是对瞬时而言的。在二维流动情况下，有以下流动结构的拓扑规则。

① 对于定常或非定常的不可压缩流动，流场内部（不含物面边界）流线方程的奇点（临界点）仅有两种：鞍点和中心点。设奇点的坐标为 (x_s, y_s)，则当

$$\left(\frac{\partial u}{\partial x}\right)_s^2+\left(\frac{\partial v}{\partial x}\right)_s\left(\frac{\partial u}{\partial y}\right)_s>0 \text{ 时为鞍点}$$

$$\left(\frac{\partial u}{\partial x}\right)_s^2+\left(\frac{\partial v}{\partial x}\right)_s\left(\frac{\partial u}{\partial y}\right)_s<0 \text{ 时为中心点}$$

这里，u, v 是直角坐标系 x, y 的速度分量。

② 若流动是可压缩的定常流动，上述结论仍成立。若流动是非定常的，当 $(\partial\rho/\partial t)_0\neq 0$ 时，流场内的奇点有三种：鞍点、螺旋点和结点。当奇点 s 处

$$\left(\frac{\partial u}{\partial x}\right)_s\left(\frac{\partial v}{\partial y}\right)_s-\left(\frac{\partial v}{\partial x}\right)_s\left(\frac{\partial u}{\partial y}\right)_s>0 \text{ 且 } \Omega_s^2>\left(\frac{\partial u}{\partial x}-\frac{\partial v}{\partial y}\right)_s^2+\left(\frac{\partial v}{\partial x}+\frac{\partial u}{\partial y}\right)_s^2$$

时为螺旋点，当

$$\left(\frac{\partial u}{\partial x}\right)_s\left(\frac{\partial v}{\partial y}\right)_s-\left(\frac{\partial v}{\partial x}\right)_s\left(\frac{\partial u}{\partial y}\right)_s>0 \text{ 且 } \Omega_s^2<\left(\frac{\partial u}{\partial x}-\frac{\partial v}{\partial y}\right)_s^2+\left(\frac{\partial v}{\partial x}+\frac{\partial u}{\partial y}\right)_s^2$$

时为结点，当

$$\left(\frac{\partial u}{\partial x}\right)_s\left(\frac{\partial v}{\partial y}\right)_s-\left(\frac{\partial v}{\partial x}\right)_s\left(\frac{\partial u}{\partial y}\right)_s<0$$

时为鞍点。这里 $\Omega=\frac{\partial v}{\partial x}-\frac{\partial u}{\partial y}$ 表示旋涡强度。

③ 如果 x,z 是物面边界层正交坐标系，其中 x 沿着物面，z 轴垂直于物面向外，u,w 是沿 x,z 轴的速度分量，对于物面静止的定常粘性绕流，物面是 $z\to0$ 的极限流线，物面上流线方程的奇点全为鞍点，并且在鞍点处，$(\partial u/\partial z)_s=0$。由于物面上的奇点，仅一半在流场内，故称为半奇点(此处为半鞍点)。进一步可以证明，当半鞍点上满足 $(\partial u/\partial z)_s=0$ 和 $(\partial^2 u/\partial x\partial z)_s<0$ 时，它是分离点，当半鞍点上满足 $(\partial u/\partial z)_s=0$ 和 $(\partial^2 u/\partial x\partial z)_s>0$ 时，它是再附点。

④ 如果流场是左右对称的，对不可压缩定常和非定常流动以及可压缩定常流动，在流场的对称线上若有奇点，它只能是鞍点。

⑤ 在包含物面边界的整个流场内(复连域)其奇点总数满足下式

$$\sum N+\frac{1}{2}\sum N'-\sum S-\frac{1}{2}\sum S'=I(\infty)-I_c$$

这里 $\Sigma N,\Sigma S$ 分别表示流场内结点(螺旋点、结点和中心点)和鞍点的总数，$\Sigma N',\Sigma S'$ 表示物面上结点和鞍点的函数，$I(\infty)$ 表示 ∞ 处的 Poincare 指数，I_c 为沿物面的 Poincare 指数。

在定常流动情况下，物面上没有半结点，若无穷远处来流是均匀的，$I(\infty)=0$。当物体静止时，$I_c=1$，于是上式给出

$$\sum N-\sum S-\frac{1}{2}\sum S'=-1$$

该式指出，物面上的半鞍点必为偶数。

2.3　垂直于体轴的横截面流态的拓扑

所谓垂直于物体轴线的横截面上的流态，是指横截面上的速度分量所描述的流线形态。从该截面流线方程出发，利用 N—S 方程和微分方程的定性理论以及非线性动力学理论，可以证明如下结论[17,18]。

① 如果把物体表面与其垂直于体轴的横截面的交线称之为截面轮廓线，当物面与其体轴的夹角不为零时，则截面轮廓线不是横截面上的截面流线，此时如果截面轮廓线上有一点，它是表面极限流线方程的奇点，则该点也是该横截面上截面流线方程的奇点。当物体表面与其体轴的夹角为零时，则截面轮廓线是其横截面上的截面流线。此时如果截面轮廓线上有一点，它或者是表面极限流线方程的奇点，或者过该点的极限流线与截面轮廓线垂直，则该点也是截面流线方程的奇点。

② 如果在横截面上，存在一条 $u=0$(或 $(\partial v/\partial y)=0$)的线，这里 u,v 是横截面上正交坐标系 x,y 方向的速度分量，设 v_A,v_B(或 $(\partial u/\partial y)_A(\partial u/\partial y)_B$)是这条线上 A,B 两点上的速度分量(速度梯度分量)，则当 $v_A,v_B>0$(或 $(\partial u/\partial y)_A(\partial u/\partial y)_B)>0$ 时，在 A,B 两点之间的这条线上，截面流线方程 $\frac{\mathrm{d}y}{\mathrm{d}x}=\frac{v}{\mu}\left(\text{或}\frac{\mathrm{d}y}{\mathrm{d}x}=\frac{\partial v}{\partial y}\Big/\frac{\partial u}{\partial y}\right)$ 必有偶数个奇点。如果当 $v_A,v_B<0$(或 $(\partial u/\partial y)_A(\partial u/\partial y)_B)<0$，必有奇数个奇点。

根据这些结论，可以确定截面对称线上和截面轮廓线上的奇点数。

③ 对于物体的外部绕流，在整个横截面上，截面流线方程奇点总数满足如下规则

$$\sum N + \frac{1}{2}\sum N' - \sum S - \frac{1}{2}\sum S' = - I_c$$

这里$\sum N$和$\sum S$是截面轮廓线以外的截面流线的结点和鞍点总数，$\sum N'$和$\sum S'$是截面轮廓线上的结点和鞍点总数。I_c 是截面轮廓线的 Poincare 指数，它与截面所在位置的纵向流特征有关。如果是物体有迎角的绕流，横截面所在的区域内，物体表面无纵向分离，则 $I_c = 1$。如果存在纵向分离区，横截面在此区域内，则 I_c 为零或为偶数。

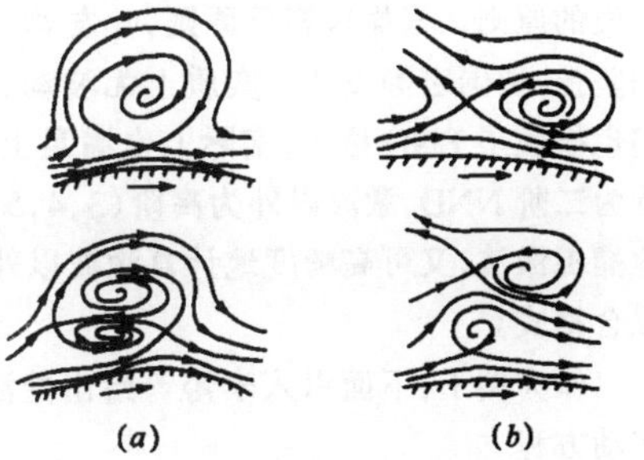

图 1　运动壁附近的流态

(*a*) 顺流情况；(*b*) 逆流情况。

④ 如果物面是绕体轴转动的，当物面轮廓线的运动方向和其截面外部流动方向一致时(顺流运动型)，外流和物面轮廓线如有分离，其基本流态是蜗牛结构，它是由贴近物面的鞍点和它上面的一个螺旋泡组成(见图 1(*a*))。当物面轮廓线的运动方向和截面外部流动方向相反时(逆流运动型)，其外流和物面轮廓线间基本流态是拉伸的螺旋泡结构，它是由并列的鞍点和螺旋点组成(见图 1(*b*))。如果两种运动壁的分离情况下，在物面轮廓线附近又出现反流，则其原来的顺流运动的分离形态下又嵌入了局部逆流运动的分离形态。而原来逆流运动的分离形态下又嵌入了局部顺流运动的分离形态(见图 1(*a*，*b*))。

2.4　横向流拓扑结构的稳定性

前述横向流的拓扑结构，在某些参数范围内是稳定的，但在另一些参数范围内可能是不稳定的。根据物理分析，关于横向流拓扑结构的稳定性，我们有如下结论[19]：对于三维物体绕流，设 u, v 构成其截面的速度场，将 u, v 作变动则形成一个新的速度场，如果新速度场的每一个流线弧，都保证定向地对应于原流场的一流线弧，则原流场 u, v 是结构稳定的，否则是结构不稳定的。

再设 M 和∂M 是截面上速度场的内域和边界，且速度场满足以下条件。

① 在 M 内，流线方程的奇点仅为结点(含螺旋点)和鞍点，且

$$\lambda = -\frac{\partial u}{\partial x} + \frac{\partial v}{\partial y} \neq 0$$

② 不存在同时连接两个鞍点的流线，不存在与∂M 有两个切点的流线，不存在与∂M 有一个切点且过 M 中一个鞍点的流线，不存在过鞍点的闭轨流线。

在此条件下，所述截面速度场所描述的流场结构是稳定的。否则是不稳定的。

横向流的拓扑结构失稳后，横向流可演化为非对称的定态流，亦可演化成周期振荡流、准周期振荡流或混沌运动。

3　应用

根据第二部分给出的建立差分格式的四原则，我们可以通过选择截断误差项的系数来设计差分格式，也可用以检验已有的差分格式。例如我们设计了上面已经提到的二阶 NND 格式，它可高分辩地捕捉微波并可满意地进行流场计算。我们检验了文献中流行的 MacCormack 格式、Beam-Warming 格式，Jameson 格式以及许多 TVD 格式，它们均满足或部分满足上述

所说的原则。根据这四条原则，叶友达、沈清、邓小刚、刘君等发展了 NND 的各种系列格式；陈坚强、贺国宏等设计了实质上无波动、无自由参数的三阶和四阶格式，简称 ENN 格式。他们也检验了 ENO 格式，实际上也满足上面的原则。最近李沁和宗文刚又分别设计了激波附近为二阶 NND、激波以外为高阶(3,4,5 阶)的混合差分格式和紧致格式，它们既可光滑狭窄地捕捉激波，又可高精度地计算激波以外的流场。沈孟育等人根据以上原则也建立了新颖的混合格式。

作为例子，下面引入李沁等给出的激波附近 2 阶、激波外 4 阶的混合格式[20]。对于一维流动方程

$$\frac{\partial U}{\partial t}+\frac{\partial F}{\partial x}=0 \tag{11}$$

其半离化的格式可表示为

$$\left(\frac{\partial U}{\partial t}\right)_j=-\frac{1}{\Delta x}\left(H_{j+\frac{1}{2}}-H_{j-\frac{1}{2}}\right) \tag{12}$$

式中

$$H_{j+\frac{1}{2}}=H^+_{j+\frac{1}{2}}+H^-_{j+\frac{1}{2}}$$

$$H^+_{j+\frac{1}{2}}=\begin{cases}\left(H^+_{j+\frac{1}{2}}\right)_{NND} & \text{若}\left|\operatorname{sign}\left(\Delta F^+_{j-\frac{3}{2}}\right)+\operatorname{sign}\left(F^+_{j-\frac{1}{2}}\right)\right|+\left|\operatorname{sign}\left(\Delta F^+_{j-\frac{1}{2}}\right)+\operatorname{sign}\left(\Delta F^+_{j+\frac{1}{2}}\right)\right|=0\\ & \text{或}\left|\operatorname{sign}\left(\Delta F^+_{j+\frac{1}{2}}\right)+\operatorname{sign}\left(F^+_{j-\frac{1}{2}}\right)\right|+\left|\operatorname{sign}\left(\Delta F^+_{j+\frac{1}{2}}\right)+\operatorname{sign}\left(\Delta F^+_{j+\frac{3}{2}}\right)\right|=0\\ w_1\widetilde{H}^+_1+w_2\widetilde{H}^+_2+w_3\widetilde{H}^+_3 & \text{其他情况}\end{cases}$$

$$\widetilde{H}^+_1=C_1F^+_{j-2}-\frac{1+4C_1}{2}F^+_{j-1}+\frac{3+2C_1}{2}F^+_j$$

$$\widetilde{H}^+_2=C_2F^+_{j-1}+\frac{1-4C_2}{2}F^+_j+\frac{1+2C_2}{2}F^+_{j+1}$$

$$\widetilde{H}^+_3=\frac{1+2C_3}{2}F^+_j+\frac{1-4C_3}{2}F^+_{j+1}+C_3F^+_{j+\frac{1}{2}}$$

$$(C_1,C_2,C_3)=(0.189915766,-0.149078931,0.149078931)$$

$$w_i=\frac{b_i}{b_1+b_2+b_3},\ b_i=\frac{\alpha_i}{(IS_j+\varepsilon)^2}\quad(i=1,2,3)$$

$$IS_1=(F^+_{j-2}-4F^+_{j-1}+3F^+_j)^2,\ IS_2=(F^+_{j+1}-F^+_{j-1})^2$$

$$IS_3=(F^+_{j+2}-4F^+_{j+1}+3F^+_j)^2,\ \varepsilon=10^{-6}$$

$$(\alpha_1,\alpha_2,\alpha_3)=(0.1092369696,0.47093503,0.41982794)$$

类似地可以给出 $H^-_{j+\frac{1}{2}}$。

仍从式(11)和(12)出发，宗文刚等给出的激波附近 2 阶、激波外为 5 阶精度的紧致格式是[21]：

$H^+_{j+\frac{1}{2}}$由下式确定

$$(w_1\varphi_1+w_2\varphi_2)H^+_{j-\frac{1}{2}}+H^+_{j+\frac{1}{2}}+(w_2\psi_2+w_3\psi_3)H^+_{j+\frac{1}{2}}=w_1\varphi_1H^{+B_2}_{j-\frac{1}{2}}+$$
$$w_2\varphi_2H^{+C_3}_{j-\frac{1}{2}}+w_1H^{+A_2}_{j+\frac{1}{2}}+w_2H^{+B_3}_{j+\frac{3}{2}}+w_3H^{+B_2}_{j+\frac{1}{2}}+w_2\psi_2H^{+A_3}_{j+\frac{3}{2}}+w_3\psi_3H^{+A_2}_{j+\frac{3}{2}}$$

式中 $H^{+A_2}_{j+\frac{1}{2}} = F^{+}_{j} + \frac{1}{2}\Delta F^{+}_{j-\frac{1}{2}} \quad H^{+B_2}_{j+\frac{1}{2}} = F^{+}_{j} + \frac{1}{2}\Delta F^{+}_{j+\frac{1}{2}}$

$$H^{+A_3}_{j+\frac{1}{2}} = F^{+}_{j} + \frac{1}{2}\Delta F^{+}_{j-\frac{1}{2}} + \frac{1}{3}\left(\Delta F^{+}_{j+\frac{1}{2}} - \Delta F^{+}_{j-\frac{3}{2}}\right)$$

$$H^{+B_3}_{j+\frac{1}{2}} = F^{+}_{j} + \frac{1}{2}\Delta F^{+}_{j-\frac{1}{2}} + \frac{1}{3}\left(\Delta F^{+}_{j-\frac{1}{2}} - \Delta F^{+}_{j-\frac{1}{2}}\right)$$

$$= F^{+}_{j} + \frac{1}{2}\Delta F^{+}_{j+\frac{1}{2}} - \frac{1}{6}\left(\Delta F^{+}_{j+\frac{1}{2}} - \Delta F^{+}_{j-\frac{1}{2}}\right)$$

$$H^{+C_3}_{j+\frac{1}{2}} = F^{+}_{j} + \frac{1}{2}\Delta F^{+}_{j+\frac{1}{2}} - \frac{1}{6}\left(\Delta F^{+}_{j+\frac{3}{2}} - \Delta F^{+}_{j+\frac{1}{2}}\right)$$

$$\Delta F^{+}_{j+\frac{1}{2}} = \Delta F^{+}_{j+1} - F^{+}_{j}$$

$$w_i = \frac{x_i}{x_1 + x_2 + x_3} \quad x_i = \frac{c_i}{(IS_i + \varepsilon)^p} \quad (i = 1,2,3)$$

$$IS_1 = \Delta F^{+2}_{j-2} \qquad IS_2 = \frac{1}{2}\left(\Delta F^{+}_{j+\frac{1}{2}} + \Delta F^{+}_{j-\frac{1}{2}}\right)^2 \qquad IS_3 = \Delta F^{+2}_{j+\frac{1}{2}}$$

$$(c_1, c_2, c_3) = \left(\frac{1}{10}, \frac{37}{60}, \frac{17}{60}\right)$$

$$(\varphi_1, \varphi_2) = \left(\frac{5}{6}, \frac{25}{37}\right) \qquad (\psi_2, \psi_3) = \left(\frac{5}{37}, \frac{5}{17}\right)$$

$$\varepsilon = 10^{-5}, p = 4$$

以上仅列出了一维 Euler 方程的求解格式,对于三维 N—S 方程,每个方向上的对流项都可用类似方法给出其计算格式,其粘性项可用中心格式计算。

当计算格式确定后,根据格式的精度和求解域的 Reynolds 数,由第二部分的网格原则,可设计计算网格。应该指出的是,如果我们用网格原则来检验文献中求解 N—S 方程时所用的网格,我们发现,所有的文献,由于在物面法向均采用了网格加密技术,在物面法向,网格间距的原则可以满足。但是有些文献,由于流向和周向网格太粗,两个方向上的网格原则均不满足,这些文献,表面上是求解完全的 N—S 方程,而实际上仅相当于求解薄层近似方程。另有些文献,仅流向不满足网格原则,这时它相当于求解抛物化 N—S 方程。

当网格和内点格式确定后利用第二部分的边界控制方程,可采用与内点格式大体精度一致的格式进行边界计算。

网格、内点格式和边界格式确定后,就可对问题进行数值求解。当三维物体的粘性绕流其数值解利用 N—S 方程求出后,为了分析流场结构和机理,可以按照第三部分给出表面极限流线方程和横截面流线方程作出其表面流态和横截面流态图。根据第三部分给出的表面流的拓扑理论,可以分析和识别分离线、附着线、分离线的性状、分离线和附着线上的奇点分布及表面流的奇点分布。根据第三部分给出横截流态的拓扑规则可以分析和识别截面轮廓上、截面对称线上以及整个横截面上的奇点分布、奇点数、分离和旋转的性状。表面流和横向流的拓扑规则还有以下重要作用。第一,用来检验数值结果的正确性,如果数值计算给出的流态不符合拓扑规则,就不能认为计算结果是正确的。第二,可以弥补数值结果的不足。由于计算网格和计算方法等的限制,在很多情况下,清晰和准确地给出表面流和横向流的各个奇点的性状以及流动细节是困难的,拓扑结构理论可以帮助辩识这些奇点和细节,例如,可以指出缺少的奇点数及其性状。第三,可以帮助设置网格。例如对于拓扑结构预测的旋涡中心以及数值结果没有清楚显示出来的奇点处,应局部加密网格把它们清楚显示出来。

当横向流的拓扑结构给出后,利用结构稳定理论可以判定这些结构是不是稳定的。例如对于细长体有攻用对称绕流($Ma_\infty=2$),我们发现,当迎角由小增加到某临界值时,背风对称线的这条截面流线上,会同时出现两个鞍点,此时横向流的拓扑结构就不稳定了,对称分离形态立即转变为非对称分离形态[19]。用这种理论确定的临界迎角,恰好和实验得到的对称流到非对称转变的临界迎角一致。

已有大量数值模拟结果证明,与物理分析相结合的数值模拟是成功的、有效的,篇幅的限制这里仅举几个例子。

图 2 是宗文刚利用他建立的 2 阶和 5 阶混合的紧致格式以及 2 阶 NND 格式关于激波在突扩管道内传播的计算结果。激波在管道进口的 $Ma_s=2$,管道直径扩张比为 2,出发方程为 Euler 方程,根据网格准则,要获得满意的结果,高阶混合格式的网格应为 1000×200(流向和径向),而 NND 格式的网格应为 2000×400,图 2 是某一瞬时的等密度线分布,可以看出,粗网格的高阶紧致混合格式和细网格的 2 阶 NND 格式,可得到一致的结果,其被捕捉的激波波系结构十分清晰,激波的厚度也是小的,但如果用粗网格的 NND 格式进行计算,流场的细节不如前面给出的结果清晰,激波的厚度也比较宽。

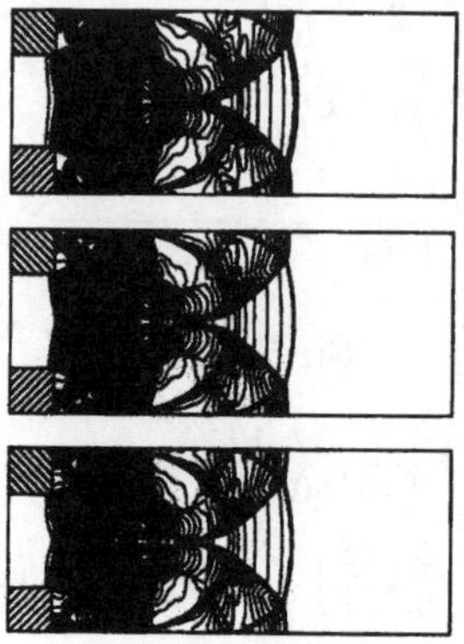

图 2 激波在突然扩张管道内的传播,等密度线分布,$Ma_s=2$, $H/h=2$

图 3 是宗文刚关于钝锥有迎角绕流的热流和表面极限流线的计算结果,出发方程为 N—S 方程,迎角 $\alpha=20°$。计算取 2 阶和 5 阶混合的紧致差分格式。取两种网格分布,一为 $75\times19\times61$(流向、半周向和法向),另一为 $75\times37\times61$,后者满足网格准则。可以看出,对于后一种网格,他得到了和实验很一致的热流分布,并且二次分离线也可计算给出。而当采用不符合网格准则的粗网格时,热的结果就与实验不一致,并且还不能给出二次分离。图 4 是黎作武利用 NND 格式,关于双椭球外型绕流的计算结果,$Ma_\infty=8$, $\alpha=0°$相应于 60km 高空的条件,出发方程为 N—S 方程。图中给出了俯仰子午线上的压力和热流分布(上表面),并和实验结果作了对比,黎作武研究指出,计算和实验差别明显的区域,正好是那里采用的网格不符合网格准则。图 5 是黎作武利用 NND 格式关于飞船绕流的计算结果,出发方程为 N—S 方程,图 5(b)给出了气动力系数分布,计算和实验相当一致。图 5(a)和图 5(c)是在拓扑分析理论指导下画出的表面流态和横截面流态图,可以看出流场的拓扑结构是清晰的。图 6 是李沁等利用他们发展的 2 阶和 4 阶混合格式关于超声速混合层空间演化问题的计算结果,出发方程为 N—S 方程,对流马赫数 $Ma_c=0.5$,进口速度分布为

$$u=\frac{1}{2}(U_1+U_2)+\frac{1}{2}(U_1-U_2)\operatorname{th}y+u'$$
$$v=0+v'$$

这里 U_1, U_2 均大于声速,u', v'是已知的 t 的周期小扰动函数,计算域的长宽比 $L/H=256/70$, $Re_L=2.1\times10^4$。根据网格准则,网格取 1515×451。为了考查扰动速度 u', v'的影

响，在进口选取了单频扰动（$\omega = 0.3387$）和双频扰动（$\omega_1 = \omega, \omega_2 = \frac{1}{k}\omega$，　其中 $k = 2,3,4,\cdots$）

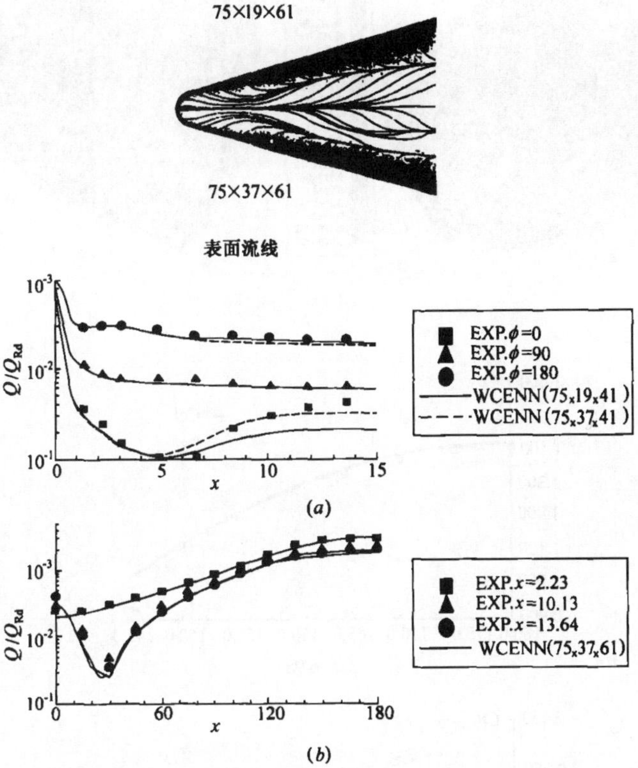

图 3　钝锥绕流的表面流线和表面热流分布 $Ma_\infty = 10, \alpha = 20°$

（a）流向热流分布；（b）周向热流分布。

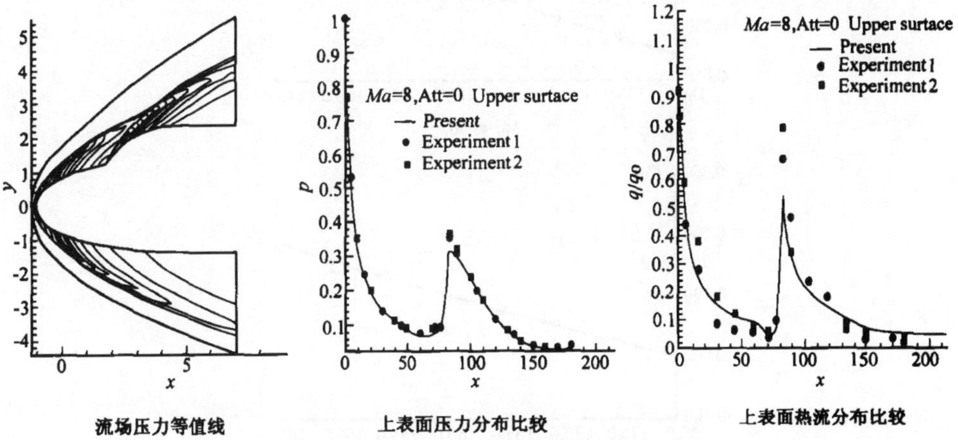

图 4　双椭球外形绕流的上表面的压力和热流分布，

$Ma_\infty = 8, \alpha = 0°$，60km 高空的来流条件

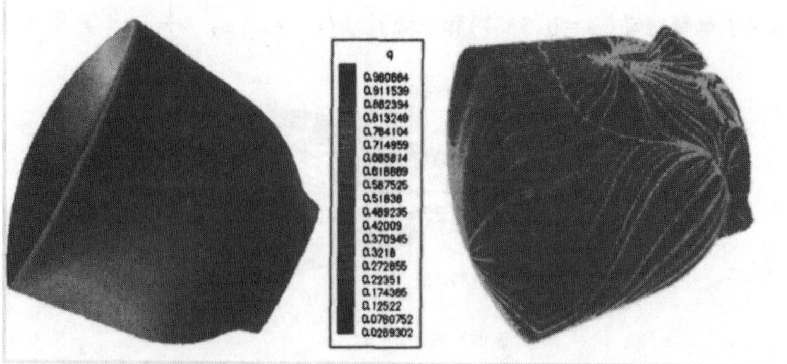

(a)

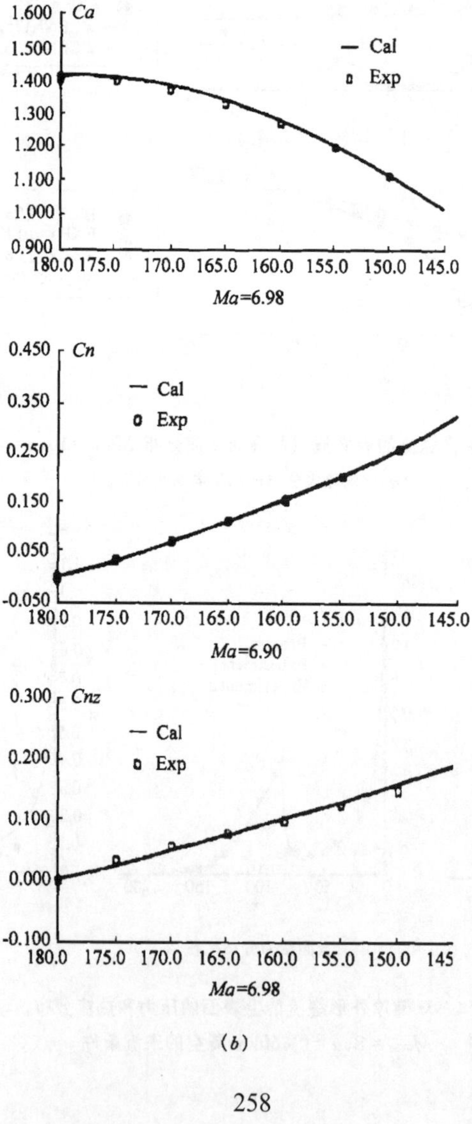
Ca
1.600
1.500
1.400
1.300
1.200
1.100
1.000
0.900
— Cal
Exp
180.0 175.0 170.0 165.0 160.0 155.0 150.0 145.0
Ma=6.98
Cn
0.450
0.350
0.250
0.150
0.050
-0.050
— Cal
Exp
180.0 175.0 170.0 165.0 160.0 155.0 150.0 145.0
Ma=6.90
Cnz
0.300
0.200
0.100
0.000
-0.100
— Cal
Exp
180.0 175.0 170.0 165.0 160.0 155.0 150.0 145
Ma=6.98

(b)

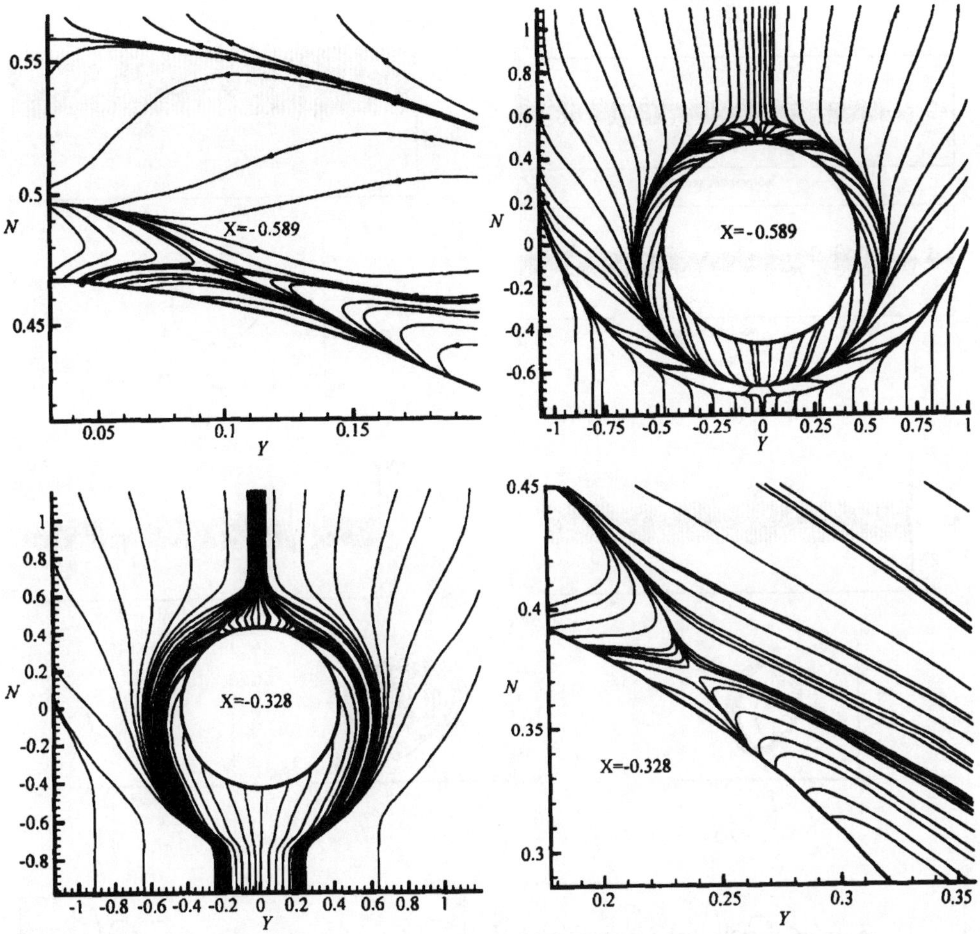

(c)

图5　飞船有迎角的粘性绕流

(a) 飞船的表面热流云图(光体)以及典型的表面油流(凸出物);

(b) 气动力系数随迎角的变化和实验结果的比较;(c) 飞船截面流线形态。

等不同情况。计算获得了如下结果。

① 由进口向后,在单频扰动情况下($\omega=0.3387$),在进口下游相当长的距离内,剪切层的流动一直保持单频周期运动的形态。但在离进口更远的下游沈青的计算发现(他用的是3阶精度格式),出现猝发现象,有大的扰动间频出现,以后流动会变成周期、准周期、甚至混沌运动(见图6(a)~(d))。

② 若在进口存在两种周期扰动($\omega_1=\omega\quad\omega_2=\frac{1}{k}\omega$),在离进口一定距离后,当$k=2$时,出现两涡合并,$k=3$时出现了三涡合并,当$k=4$时,出现四涡合并。借助于拓扑分析理论,上述现象可清晰地显示出来(见图6(e),(f))。

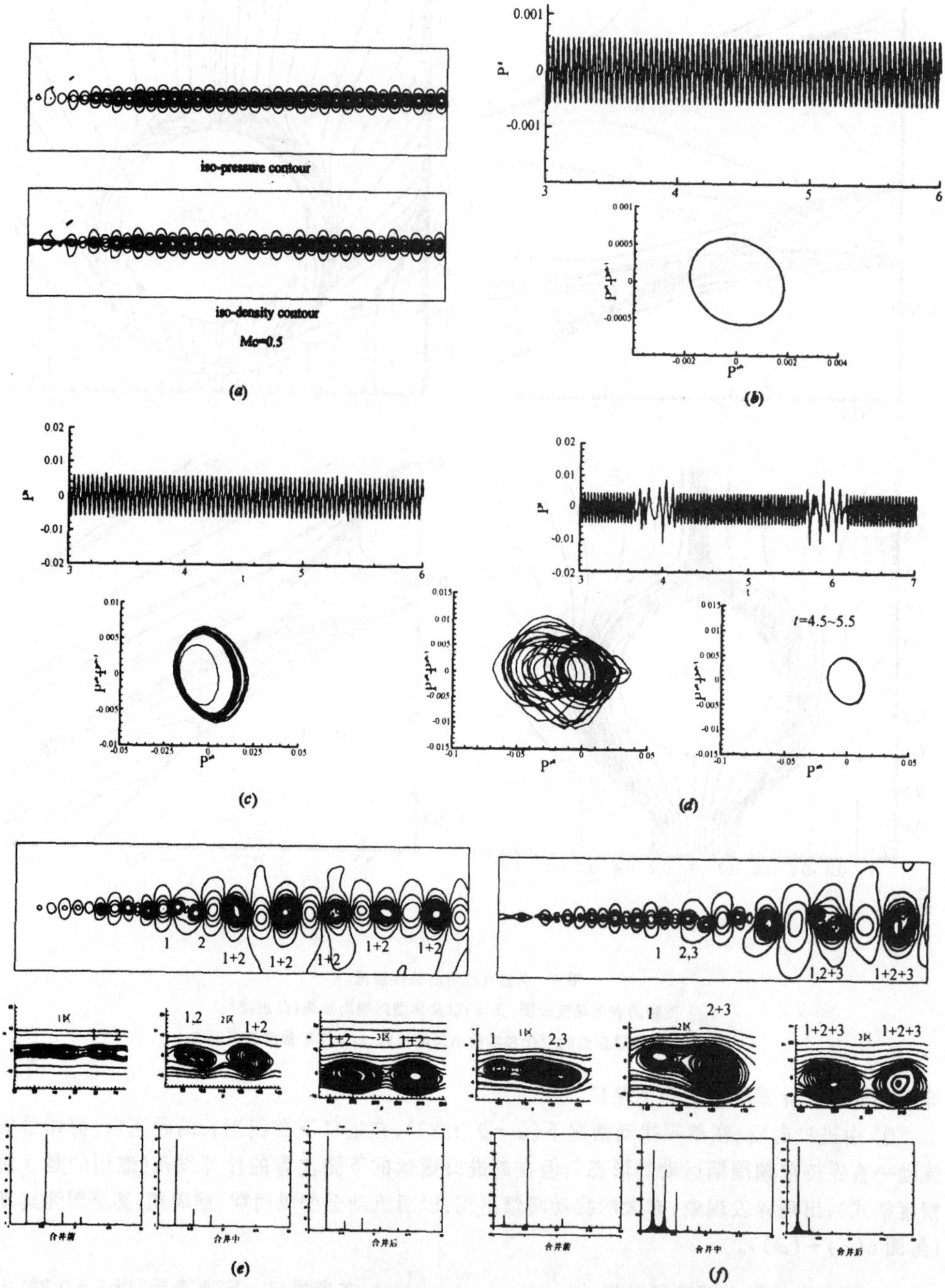

图 6 超声速混合层的演化，$Ma_c=0.5$，进口为单频及双频扰动

(a) 进口为单频扰动时，$x/L<2$ 处，某时刻的等压线和等密度线(李沁)；(b) 压力随时间的变化及相图，$x/L=2$(沈青)；(c) 压力随时间的变化及相图，$x/L=2.4$(沈青)；(d) 压力随时间的变化及相图，$x/L=2.48$(沈青)；(e) 进口为双频扰动 $\left(\omega,\frac{1}{2}\omega\right)$ 的等压线流线及频谱(李沁)；(f) 进口为双频扰动 $\left(\omega,\frac{1}{3}\omega\right)$ 的等压线流线及频谱(李沁)。

4 简单的结语

根据计算流体力学发展中存在的问题，指出发展与物理分析相结合的计算流体力学是一重要方向。数值模拟和物理分析相结合，可给出设计差分计算格式的原则和方法；可给出与流动特征和差分格式精度相匹配的网格间距的决定条件；可给出与内点计算相协调的边界处理方法；还可以给出分析流场拓扑的拓扑理论。物理分析和数值模拟相结合使我们建立了计算流体力学的新体系。大量的应用研究表明，依此体系开展数值模拟是有效和成功的。因此将物理分析和数值模拟结合起来是完全必要的。

参 考 文 献

1 Rizzi A, Vos J . Toward establishing credibility in computational fluid dynamics. AIAA J, 1998, 36, 5

2 Oberkampt WL, Blottner FG. Issues in computational fluid dynamics code verification and validation. AIAA J, 1998, 36, 5

3 Jameson A, Martinelli L. Mesh refinement and modeling errors in flow simulations. AIAA J, 1998, 36, 5

4 Roache PJ. Verification of code and calculations. AIAA J, 1998, 36, 5

5 Olymick D, Tam T. Trajectory based validation of shuttle heating environment. J of Spacecraft and Rockets, 1997, 34, 3

6 Mosecheffe J M, et al. Detailed numerical investigation of supersonic flows separation. AIAA 94-2384, 1994

7 Gnoffo PA, et al. Computational aerothermodynamic design issues for hypersonic vehicles. J of spacecraft and Rockets, 1999, 36, 1

8 Hayder ME et al. Toward perfectly absorbing boundary conditions for Euler equations. AIAA J, 1999, 37, 8

9 Josyula E. Computational simulation improvements of supersonic high angle of attack missile flows. J of Spacecraft and Rockets J, 1999, 36, 1

10 Zhang HX. The exploration of the spatial oscillations in finite difference solutions for Navier stokes shocks. Acta Aerodynamica Sinica, 1984, 12, 1

11 Zhang HX, Zhuang FQ. NND schemes and their applications to numerical simulations of two and three dimensional flows. Advances in Applied Mechanics, 1992, 29

12 Zhang HX, et al. On construction of high order accuracy difference schemes. Acta Aerodynamica Sinica, 1998, 16, 1

13 Zhang HX. On problems to develop physical analysis in CFD, 4th Asian CFD conference, September 18-22, 2000, MianYang China.

14 Zhang HX, et al. Problems about grid and high order schemes. Acta Mechanica Sinica, 1999, 31, 4

15 Li Q, Zhang HX, Gao S. A hybrid fourth scheme, boundary condition based on characteristic and their application. Acta Mechanica Sinica, 2000, 18, 2

16 Zhang HX. Numerical simulation of three dimensional separated flow and applications of topological theory. Advances in Science of China, Mechanics, 1991, 1

17 Zhang HX. Cross flow topology of three dimensional separation flows and vortex motion. Acta Aerodynamica Sinica, 1997, 15, 1

18 Zhang HX, Guo Y. Topology of flow pattern on cross section perpendicular to surface of revolutionary body. Acta Aerodynamica Sinica, 2000, 18, 1

19 Zhang HX, Ran Z. On the structured stability of the flows over slenders at angle of attack. Acta Aerodynamica Sinica, 1997, 15, 1

20 Li Q, et al. Numerical simulations on supersonic shear layer flows. Acta Aerodynamica Sinica, 1999, 17, 4

21 宗文刚，张涵信. 基于 NND, ENN 格式的高阶紧致格式. 空气动力研究文集，1999, 8

关于 CFD 高精度保真的数值模拟研究*

张涵信

(中国空气动力研究与发展中心，四川 绵阳　621000)

摘　要:本文由四部分组成。第一部分研究了利用高阶格式、网格、物理模型和高性能计算机求解 NS 方程时，计算数据的高精度保真性的要求以及高精度保真的指标。第二部分研究了利用大规模计算开展大涡模拟和直接数值模拟存在的问题。第三部分分析了在高雷诺数下 NS 方程计算方法和网格的关系。最后提出了建立计算数值验证、确认的新方法。

关键词:保真高精度；大涡模拟(LES)；网格和格式的关系；验证确认

中图分类号:V211.3　　**文献标识码**:A　　**doi**: 10.7638/kqdlxxb-2015.0211

Investigations on fidelity of high order accurate numerical simulation for computational fluid dynamics

Zhang HanXin

(China Aerodynamics Research and Development Center, Mianyang Sichuan　621000, China)

Abstract: This paper consists of four parts. First, the requirement of fidelity and its assessment indicator for numerical results with high order accurate methods, meshes, physical models and high performance computer are investigated. Second, the problems in large eddy simulation and direct numerical simulation with high performance computer are discussed. Third, the relation between numerical scheme and mesh is analyzed for solving Navier-Stokes equations with given high Reynolds number. Finally, a new method for verification and validation of CFD simulation is proposed.

Keywords: fidelity of high accuracy; LES; relation between scheme and mesh; verification and validation

0　引　言

空气动力学中流动物理方程建模的研究，方程求解高阶算法的发展，网格生成技术的进步，超大规模计算机的迅速出现及并行算法的研究，再加上实验设备的发展和测试技术的提高，使得航空航天等工程设计者尽管在不同设计阶段需要的气动数据精度可以不同，但为了提高飞行器的性能，扩大飞行走廊[1]，总要求气动工作者所提供的 CFD 和实验数据是高精度保真的。这就提出如下问题:

1. 高精度保真的指标是什么？给出的数值结果达到什么程度就是高精度保真了？能否给出一个哪怕是大致的指标？

2. 怎样才能做到高精度，至少以下工作要做好:(1)计算出发的物理方程要准确，层流的方程为 NS 方程是准确的，但对于湍流还要寻求精确的描述；(2)气动算法应该高精度；(3)计算用的网格、算法和物理模型要匹配。

3. 怎样判定结果已达到了高精度。通过实验验证是一种方法，但存在实验结果必须先证明是高精度的问题，能否另找一种方法实现这种验证呢？

本文讨论这些问题。

* 空气动力学学报，2016，34（1）：1-4.

收稿日期:2015-12-10；　**修订日期**:2016-01-06

作者简介:张涵信(1936-)，男，中科院院士，长期从事计算流体力学研究.

引用格式:张涵信. 关于 CFD 高精度保真的数值模拟研究[J]. 空气动力学学报，2016，34(1)：1-4.
doi: 10.7638/kqdlxxb-2015.0211　Zhang H X. Investigations on fidelity of high order accurate numerical simulation for computational fluid dynamics[J]. Acta Aerodynamica Sinica, 2016, 34(1): 1-4 .

第二部分 与物理分析相结合的数值计算

1 高精度的指标

当飞行器外形给定，飞行器的气动力、热等任一物理量的值就确定了(我们称它为真值，虽然它是不知道的)。设其值可表达为：

$$C = a_m 10^m + a_{m-1} 10^{m-1} + a_{m-2} 10^{m-2} + \cdots + a_{m-n} 10^{m-n} + \cdots \tag{1}$$

当用 CFD 进行计算时，我们可给出近似值 X_c，假设计算值和真值相比，它们前 n 位有效数值准确。那么计算值的绝对误差的最大值是：

$$\Delta < |X_c - C|_{\max} = U(\text{或 } \Delta_c) \tag{2}$$

相对误差是：

$$\delta < \frac{U}{|X_c|}\left(\text{或}\frac{\Delta_c}{|X_c|}\right) = \delta_c \tag{3}$$

进一步可以给出：

$$\begin{gathered}\Delta < \Delta_c = 10^{m-n+1} = 10^{m-n+5} \text{ dragcounts} \\ 1 \text{ dragcounts} = 10^{-4}\end{gathered} \tag{4}$$

$$\begin{aligned}\delta < \delta_c &= \frac{1}{a_m 10^{-1} + a_{m-1} 10^{-2} \cdots + a_{m-n+1} 10^{-n}} \cdot 10^{-n} \\ &\approx \frac{10}{a_m + a_{m-1} 10^{-1}} \cdot 10^{-n}\end{aligned} \tag{5}$$

例如，当 $n=2$，前两位真值准确

$$\Delta_c = 10^{m+3} \text{ dragcounts} \tag{6}$$

$$\delta_c = (10/a_m + a_{m-1} 10^{-1})\ \% \tag{7}$$

当 $n=3$，前三位真值准确

$$\Delta_c = 10^{m+2} \text{ dragcounts} \tag{8}$$

$$\delta_c = (10/a_m + a_{m-1} 10^{-1})\ ‰ \tag{9}$$

现有的二阶精度的计算结果，气动压力有的可达 $n=2$ 两位真值准确。气动热还远达不到 $n=2$ 真值准确。我请教过多位设计师，问他们准确到多少位就满意了。他们为难的说在实际工程中有三位真值准确就行了。例如运输机，一般升力系数 C_L、力矩系数 C_m 和阻力系数 C_D 要求三位真值准确，可以要求：

$$\begin{aligned}&C_L = 0.XXX, m = -1, \quad \Delta_{C_L} = 0.001 \\ &C_m = 0.XXX, m = -1, \quad \Delta_{C_m} = 0.001 \\ &C_D = 0.0XXX, m = -2, \quad \Delta_{C_D} = 0.0001\end{aligned} \tag{10}$$

这种情况启示我们所谓高准确的 CFD 计算结果，可首先定为达到三位有效数据真值准确作为大致的指标。

2 湍流 LES、DNS 求解问题

要进行保真的高精度计算，首先要解决流动方程的正确描述。湍流就是一个重要问题。湍流的计算有模式理论、大涡模拟(LES)和直接数值模拟(DNS)三种。

2.1 湍流的模式理论及 LES

关于湍流计算对模式理论有以下共识：

1) 以雷诺应力方程为基础，采用一方程模型、k-ε 和 k-ω 等 RANS 模式理论[2-4]，可给出不复杂外形和不大分离区(这多属于平衡湍流)的压力分布、摩阻、力矩及热流分布。压力的计算精度高些，但摩阻、力矩和热流的计算精度尚需进一步改进。

2) 为了能计算复杂外形和大分离区的非平衡流动，诸多文献建议采用 LES 方法，但应较好地计算亚格子网格应力，特别近壁面区的模型。有人建议壁面附近用 RANS、外部区域用 LES 的混合 RANS-LES 的方法[5]。

但是，我们认为，对 LES，除了壁面区的模型外，还应研究以下问题：

1) LES 原是建立在空间滤波基础上的，其流动与时间有关。RANS 是建立在时间平均基础上的，不同体系的 RANS 和 LES 能统一起来吗？两者之间的连接有通用的方法吗？要寻求 RANS-LES 统一的支持理论，不然就限于经验的范围。

2) 对于湍流，实验证明在高马赫数下，可能存在小激波，此时 LES 的模型还适用吗？

3) 数值求解 LES 方程时，大规模并行计算(HPC)出现问题。设特征空间为 ℓ^3，划分计算网格，此时小网格尺度为

$$\Delta = \frac{\ell}{(N)^{\frac{1}{3}}} \tag{11}$$

这里 $N = Re_\ell^n$ 为 LES 的计算网格数，式中 Re_ℓ^n 是用来流条件和特征长度 ℓ 计算，Chapman[6] 认为 $n=1.8$。Choi 和 Moin[7] 认为 $N=13/7=1.875$。

当 $Re_\ell = 10^5$ 时，尺度为 Δ 的网格点为 10^9，即 10 亿。如果 $Re_\ell = 10^7$，需上万亿网格点。最近日本人用他们国家最快的计算机(10 PF/S，我国天河计算机为 50 PF/S)，用 LES 数值求解了汽车绕流，网格数达数万亿。如 $Re_\ell = 10^8$，需数万万亿网格点。工程上的 Re_ℓ 高达 10^9。这就表明，没有 HPC，求解 LES 是困难的。还存在结果如何平均的问题。有了 HPC，甚至有更高的运算速度，要解决工程上高雷诺数的问题，2030 年前恐怕也是困难的。因此应从物理机理的角度发展简化的 LES 模式理论或其他方法。

2.2 DNS 的计算

一般认为，NS 方程是湍流的物理方程。对于特征空间为 ℓ^3，当雷诺数为 Re_ℓ 时，为保证 ℓ 能包含大涡，Δ 可能小至 Kolmogorov 以下尺度。计算网格点数至少应该为 $Re_\ell^{9/4}$，网格点间距为 Δ，也可写成：

$$\Delta=\frac{\ell}{(Re_{\ell}^{n})^{\frac{1}{3}}}=\frac{\ell}{Re_{\ell}^{n/3}} \tag{12}$$

对于上面的分析，$n=9/4$，这是 Chapman 的估计，Choi 和 Moin 指出 $n=37/14$。这里的指数 n 比 LES 的大很多，要对 NS 方程求解，网格点数比 LES 密很多，如 $Re=10^7$，对 LES 为 4×10^{12}。对 DNS 为 5.6×10^{15}。这样小的尺度要求，在现有的超大规模计算机上是可以划分的，甚至可划分的更小。但是按照 NS 方程是连续流的条件，根据连续流的要求应有 $\lambda/\Delta<Kn=10^{-2}$，这里 λ 为分子碰撞自由程，对空气它随空间高度增加，在地面取最小值，约为 6.68×10^{-8} m，于是要求 $\Delta>100\lambda$。此时按规定划分网格，就落入了滑流的范围，流动的计算就进入了另一领域。

但是，必须指出，DNS 求解能提供非常丰富的湍流特征。它能帮助我们验证模式理论，帮助我们验证 LES 方法和 RANS-LES 方法，可以启示我们发展更新湍流结论的认识，发展更新的湍流描述方法。

2.3 从连续流到稀薄气体流应发展 Boltzmann 算法

流体力学的发展，先是无粘性流 Euler 方程求解，进一步发展到 NS 方程求解，下一步自然也就是 Boltzmann 方程求解。这个问题早在十多年前，我们已经提出。DNS 巨型网格算法出现的物理问题，更证明这一趋势是正确的。但这里 Boltzmann 算法的发展，应该考虑高温化学反应等效应。目前采用的诸如 Shekhov 类型的 BGK 方法，仅是对碰撞积分的简化考虑，这里仍存在碰撞积分的模型问题，应发展全面反应碰撞积分的方法。

3 高阶计算方法及网格、边界、模型的协调匹配问题

在建立保真的流动物理模型后。采用高精度格式是必要的。现已有有限差分和有限体积、紧致差分以及滤波等各类[8-10]高精度的差分方法。高精度自适应的非结构网格高精度算法可参见王志坚主编的书[8]。

现在讨论差分计算方面的情况，在美国，Harten 和 Osher 等提出了 ENO 格式(1987，1988)，它是非线性插值方法能抑制激波处的波动。在中国，张涵信、贺国宏、陈坚强、李沁等提出用熵增条件抑制激波波动的 ENN 方法(1994)。傅德薰、马延文等提出抑制激波波动的群速度法，还可用于紧致差分上(1994)。沈孟育研究广义紧致格式时，以三阶格式为例，证明独立发展的 ENO、熵增条件和群速度三种抑制激波波动的方法所得到的表达式是一致的(1995)。邓小刚(1996)在 Lele 高阶线性节点和半节点紧致格式基础上，采用原始变量插值法构造了新颖的 CNS 高阶紧致格式。因用了类似 ENO 的关系，激波附近无波动。再后，加权无波动格式 WENO 提出后，上述格式又引入了加权分析，如 WENN 和 WCNS。这些研究成果，在验证典型激波或其他典型简单绕流上都能很好的给出计算结果。但对于航天、航空飞行器的计算，只有个别的结果，无法给出摩阻和热流的满意的计算结果。特别对于高马赫数流动，再加上湍流方程尚有问题，要建立通用的高阶格式的平台需再加努力。

但这节我们要强调重视网格、模型和计算格式协调匹配问题。因涉及 Re_{ℓ} 及边界的影响，需要求解物理量的导数，这会损坏计算精度。更主要的是涉及计算格式与网格和模型的匹配。设三个无量纲坐标方向计算网格的尺度为 Δx、Δy、Δz，$\alpha=-\frac{\lg Re_{\ell}}{\lg\Delta x}$，$\beta=-\frac{\lg Re_{\ell}}{\lg\Delta y}$，$\gamma=-\frac{\lg Re_{\ell}}{\lg\Delta z}$，$m$ 为计算格式的名义精度(或称无粘性部分计算的精度)，只有当 $m\gg\max(\alpha,\beta,\gamma)$ 时，真正的粘性流的计算精度才是高的。上面关于 LES 的计算，无量纲的网格尺度为：

$$\Delta x=\Delta y=\Delta z=(Re_{\ell}^{n})^{-\frac{1}{3}}=Re_{\ell}^{-n/3}\quad(n=1.8) \tag{13}$$

只有 $m\gg\frac{3}{n}=\frac{3}{1.8}=1.67$ 时，真实计算精度才是高的。看来，3 阶、4 阶精度恐怕还是不够的。

4 如何验证确认计算精度

如果流动的物理方程已知，计算网格和高阶计算格式给定，那么 CFD 的计算结果是否达到了所要求的精度？如何验证、确认？流动方程的理论解一般给不出，用这条道路无法判定。另一方法，利用和计算相同的外形、边界条件等作实验，用实验结果和计算值比较，但这存在实验值是否准确，因为测量技术不能保证非常准确。我认为可以尝试利用大数据系统的概率统计理论，即对同一问题，用不同网格、不同精度格式作计算，然后对关心的物理量利用大数定律求其数学期望和方差，根据其期望和方差进一步给出修正的数学期望的估值。这一方法我们已经做了初步应用，得到了好的结果。例如，美国组织召开了系列 DPW(Drag Predictions Workshop)研讨会，众多研究机构利用各自的 CFD 软件、不同的算法和网格，围绕 DLR-F6 外形(不带发动机短舱)进行了大量计算。以 $M_{\infty}=0.75$，$Re_c=3\times10^6$，$C_L=0.5$ 这一状态为例，我们对第二届 DPW 的全部计算数据进行了分析。

按我们前述的方法，三位准确的真值 $C_D=0.029406$，而精细的实验作比较的结果为 $C_D=0.0295$。

5 结 论

综合以上所述，有以下结论：

(1) 什么是保真的高精度数据，这里提出三位有效数据真值准确是否可暂作一个标准。

(2) LES和RANS的结合是一个现今认为最好的模式理论，但作湍流的通用模型还有进一步发展的空间。在实际高 Re 情况下，即使用HPC计算，未来几十年内也难以用LES解决实际工程问题。NS方程可用作湍流的基本方程，可用HPC计算，但在 Re 很大时，要求的网格出现稀薄气体流动，这又出现了新问题。

(3) 发展高阶计算方法是必要的。但必须重视网格问题。网格、边界处理和算法要协调匹配。这里仅讨论了算法精度方法的问题。因流动方程中存在 Re 数，用高阶格式计算时，对无粘性部分为 m 阶精度，但粘性部分格式精度会变低。本文提出 $m-\max(\alpha,\beta,\gamma)\gg 1$ 作为粘性部分的精度，式中

$$(\alpha,\beta,\gamma)=\left(-\frac{\lg Re_\ell}{\lg\Delta x},-\frac{\lg Re_\ell}{\lg\Delta y},-\frac{\lg Re_\ell}{\lg\Delta z}\right)。$$

(4) 除用实验结果验证确认CFD计算值外，本文提出对同一问题，用不同格式、不同网格作大量计算，然后利用大数定律理论求其数学期望的方法作为验证、确认方法。

致谢：本文曾多次与张树海、张来平、李沁和叶友达进行了讨论，他们提出了很好的建议，作为八十岁的我在此表示感谢。

参 考 文 献：

[1] Tinoco E N, Bogue D R, Kao T J, et al. Progress toward CFD for full flight envelope[J]. The Aeronautical Journal, 2005, 109: 451-460.

[2] Spalart P R, Allmaras S R. A one-equation turbulence model for aerodynamic flows[J]. La Recherche Aerospatiale, 1994, 1: 5-21.

[3] Menter F. Two-equation eddy-viscosity turbulence models for engineering applications[J]. AIAA Journal, 1994, 32: 1598-1605.

[4] Wilcox D C. Turbulence modeling for CFD, DCW Industries [M]. 3rd edition, November 2006.

[5] Direct and large-eddy simulation 9 (DLES 9)[EB/OL]. ERCOFTAC workshop, April 3-9, 2013, Dresden, Germany, Http://www.dles9.org.

[6] Chapman D R. Computational aerodynamics development and outlook[J]. AIAA J, 1979, 17: 1293.

[7] Choi H, Moin P. Grid-point requirements for large eddy simulation: chapman's estimates revisited[J]. Phys. Fluids, 2012, 24: 011702.

[8] Wang Z J. Adaptive high order methods in computational fluid dynamics[M]. Vol. 2, Advances in Computational Fluid Dynamics, World Scientific.

[9] Zhang H X. Some recent progress of high-order methods on structured and unstructured grids in CARDC[C]//Invited Lecture, ICCFD8, July 14-18, 2014, Chengdu, China.

[10] Deng X G. Developing high-order linear and nonlinear schemes satisfying geometric conservation law[C]//Invited Lecture, ICCFD8, July 14-18, 2014, Chengdu, China.

Some Recent Progress of High-Order Methods on Structured and Unstructured Grids in CARDC *

Zhang H.X.[1,3], Zhang L.P.[1,2], Zhang S.H.[1,2] & Li Q.[2,3]

[1] China Aerodynamics Research and Development Center, Mianyang Sichuan 621000, China
[2] State Key Laboratory of Aerodynamics, Mianyang Sichuan 621000, China
[3] National Laboratory of Computational Fluid Dynamics, Beijing 100191, China

Corresponding author: zhanglp_cardc@126.com

Abstract: Some recent progress of high-order methods in China Aerodynamics Research and Development Center (CARDC) is reviewed in this paper, including the principals to design high-order method construction, series of high-order finite-difference schemes on structured grids, and discontinuous Galerkin/finite volume (DG/FV) hybrid schemes on unstructured grids. The applications of these high-order schemes are also presented to demonstrate the ability to simulate complex flow physics.

Keywords: High-Order Method, Finite Difference Scheme, Finite Volume Scheme, Discontinuous Galerkin, Structured Grids, Unstructured Grids.

1 Introduction

In recent years, significant progress has been made in developing numerical algorithms for the solution of the Euler and Navier-Stokes equations on structured and unstructured grids. Nearly all production flow solvers are based on second-order numerical methods. However, many problems are multi-scale, such as aeroacoustics, vortex dominant flow and turbulence. The simulations for these multi-scale problems need high order and high resolution numerical methods [1-4]. The main deficiency of widely available, second-order methods for the accurate simulations of the above-mentioned flows is the excessive numerical diffusion and dissipation. High-order accurate, low-diffusion and low dissipation numerical methods can significantly alleviate this deficiency of the traditional second order methods, and improve predictions of vortical and other complex, separated, unsteady flows. Therefore, various higher-order methods have been developed in the last two decades.

In the early history of computational fluid dynamics (CFD), the structured grid, including the extension to the body-fitted coordinates, was directly adopted to discretize the computational domain, since the geometries was not so complicated. On structured grids, the finite difference methods (FDM) were firstly developed. There are two typical approaches to design high-order finite difference schemes. The first is the traditional concept that the derivative of a function on the numerical grid is approximated by a linear combination of the function on a subset of the grid (stencil). The linear combination coefficients should satisfy desired order conditions. This is the standard finite difference method that is called non-compact finite difference scheme by Adams and Shariff [5], such as TVD [6], ENO [7] and WENO [8,9] schemes. The second approach to design finite difference schemes, corresponding to the so-called compact schemes, is to form a linear combination of the unknown approximations to the derivative at the grid points in a stencil, and equate it with another linear combination of the function itself at the grid points in the same stencil. The word "compact" corresponds to the fact that for the same order of accuracy, the stencil can be more compact in the second approach. However, a linear system must be solved to obtain approximations to the derivative at the grid points for compact schemes, thus the effective stencil for the approximation of the

* The Eight International Conference on Computational Fluid Dynamics, 2014, July 14-18:1-29.

derivative at a grid point, in terms of the function values in the mesh, is not compact at all. The most influential reference for compact schemes is developed by Lele [10].

With the development of CFD, the geometries in realistic applications of aerospace industry have been becoming more and more complex, the traditional single-block structured grids were not able to deal with the complex geometries, therefore, the multi-block structured grid techniques, such as matched and patched grids, and even overlapping grids, were proposed, which enhance the ability to simulate realistic configurations. Therefore, how to achieve high-order accuracy on multi-block structured grids is one of the very important issues. On the other hand, the unstructured grids, as well as the structured/unstructured hybrid grids, were paid more attention in recent two decades due to the flexibility for complex geometries [11]. Therefore, a series of high-order methods on unstructured grids were proposed in recent years, such as the k-exact finite volume (FV) method [12], the discontinuous Galerkin (DG) method [13-14], the spectral volume (SV) method [15], and the spectral difference (SD) method [16], the correction procedure via Reconstruction (CPR) method [17-18], etc. Interested readers can refer to the comprehensive review articles for higher-order methods by Ekaterinaris [3] on structured grids and by Wang [4] on unstructured grids.

Early in 1980s in China Aerodynamics Research and Development Center (CARDC), based on the theory of entropy increment and the relationship of dissipation and dispersion property of numerical schemes in the vicinity of shock waves, the second-order NND (Non-oscillatory, Non-free-parameter and Dissipative) finite difference scheme [19-21] was proposed by Zhang Hanxin, which was similar to the famous TVD scheme. The NND scheme had been widely used in aerodynamic applications in China and other countries. Since then, a series of third- (and higher) order schemes, named as ENN, WENN, DWENN [22-24], were developed by Zhang Hanxin and his collaborators. On the other hand, following the idea of compact scheme, a series of linear and non-linear compact schemes, such as DCS, CNS, WCNS [25-27], were proposed by Deng Xiaogang and Zhang Hanxin in 1990s.

In order to meet the requirement of uniform high-order simulations for complex physics and geometry, CARDC has been engaged in developing new high-order schemes on structured and unstructured grids for more than ten years. In this paper, some recent progress of high-order methods in CARDC will be reviewed. Firstly, the principals to design high-order methods are discussed. Then a series of high-order finite-difference schemes on structured grids, and high-order discontinuous Galerkin/finite volume (DG/FV) hybrid schemes on unstructured grids are introduced. Finally, some typical applications of these high-order schemes are also presented to demonstrate the performance of these high-order schemes.

2 Principles to Design Numerical Schemes

When solving NS equations, it is appropriate to use central difference schemes to discretize the viscous terms due to their diffusive nature. The key of schemes for NS equations is how to deal with the inviscid parts. So we start at Euler equations to study the construction of the difference schemes. For simplicity, we first investigate the one-dimensional problems. The one dimensional Euler equations are:

$$\frac{\partial U}{\partial t}+\frac{\partial F(U)}{\partial x}=\frac{\partial U}{\partial t}+A\frac{\partial U}{\partial x}=0 \tag{1}$$

Where $A=\partial F(U)/\partial x$ is Jacobian matrix of flux F. Because $A=S^{-1}\Lambda S$, where S is the left characteristic vector matrix, $\Lambda=diag(\lambda^{(1)},\lambda^{(2)},\cdots,\lambda^{(n)})$ is the diagonal matrix of A, and $\lambda^{(i)}$ is the eigenvalue, (1) becomes:

$$S\frac{\partial U}{\partial t}+\Lambda S\frac{\partial U}{\partial x}=0 \tag{2}$$

Let $dW=SdU$ where $W=(w^{(1)}, w^{(2)},..., w^{(n)})^T$, the above equation can be written as:

$$\frac{\partial w^{(l)}}{\partial t}+\lambda^{(l)}\frac{\partial w^{(l)}}{\partial x}=0 \qquad (l=1,2,\cdots,n) \tag{3}$$

Let $u=w^{(l)}$, $a=\lambda^{(l)}$, (3) becomes:

$$\frac{\partial u}{\partial t}+a\frac{\partial u}{\partial x}=0 \tag{4}$$

Using the equation on node j and adopting a difference scheme with m-th order accuracy to discretize $(\frac{\partial u}{\partial x})_j$, a semi-discretized difference equation can be obtained. Its equivalent modified equation is

$$\frac{\partial u}{\partial t}+a\frac{\partial u}{\partial x}=\sum_{n=m+1}^{\infty}\nu_n\frac{\partial^n u}{\partial x^n} \tag{5}$$

where ν_n is the coefficient of the truncation error in difference equation.

Supposing u_0 is the real solution of the equation (5). When using certain numerical method to solve (5), it is inevitable to introduce computational error δ. So the numerical solution of (5) is $u=u_0+\delta$. Since u and u_0 satisfy (5), the governing equation for δ is

$$\frac{\partial \delta}{\partial t}+a\frac{\partial \delta}{\partial x}=\sum_{n=m+1}^{\infty}\nu_n\frac{\partial^n \delta}{\partial x^n} \tag{6}$$

Supposing the distribution of error at t=0 is

$$\delta=\delta_0=Ae^{ikx} \tag{7}$$

where k is wave number of the error and A is its initial amplitude. According to (6), it stands for t>0

$$\delta(x,t)=Ae^{\alpha t}e^{ik[x-(a-\beta)t]} \tag{8}$$

Where

$$\alpha=\sum\nu_{2n}(-1)^n k^{2n} \quad , \quad \beta=\sum\nu_{2n+1}(-1)^n k^{2n} \tag{9}$$

Based on (8) and (9), some criteria are proposed on the construction of difference scheme.

2.1 The Criterion of Dissipation Controlling

It is easy to see from (8) that $Ae^{\alpha t}$ represents the variation of error amplitude with time. For a good difference scheme, the error should decline with time or satisfy the request of stability. So it comes the first principle on the construction of the difference scheme, namely, the stability principle:

$$\alpha=\sum\nu_{2n}(-1)^n k^{2n}<0 \qquad (w) \tag{10a}$$

where w means the whole field of computation and ν_{2n} is the coefficient of the dissipative term of the difference scheme's truncation error. If only the leading term is considered, (10a) becomes:

$$\alpha=(-1)^n\nu_{2n}<0 \qquad (w) \tag{10b}$$

which is called as the criterion of dissipation controlling. If ν_{2n} is controlled by (10), the stability condition can be satisfied.

2.2 The Criterion of Dispersion Controlling

From (8), (α - β) is propagation velocity of the disturbance. Because α is the speed of the disturbance of the original Euler equation, β is the modified speed for the original disturbance. In order to make the numerical solution be of smooth distribution away from the shock wave and confine the disturbances within the shock region if they occur, it is suggested the propagation direction of the disturbance should converge towards the shock wave from both side of it:

$$\sum(-1)^n\nu_{2n+1}k^{2n}\begin{cases}<0 & (L)\\ >0 & (R)\end{cases} \tag{11a}$$

where L represents the left of the shock wave, R represents the right of the shock wave, and ν_{2n+1} is the coefficient of the dispersive term of truncation error given by the difference scheme. If the leading term is considered, it can be obtained:

$$(-1)^n \nu_{2n+1} \begin{cases} <0 & (L) \\ >0 & (R) \end{cases} \tag{11b}$$

which is called as the principle of dispersion controlling.

2.3 The Criterion of Capturing Shock Waves

When numerically simulating the flow field with shock waves, we hope that the difference schemes can capture the shock wave smoothly and sharply, and the Rankine-Hugoniot relation should be satisfied on both sides of the shock. We had shown that the second order scheme designed using above two principles ($\nu_3 > 0(L), \nu_3 < 0(R), \nu_4 < 0\,(w)$) can satisfy the above demands, e.g., the NND scheme [20-21]. Based on this knowledge, one potential way for computation of flow field with the shock wave is to use the high order scheme out of the shock region and use the NND scheme within the shock wave region.

2.4 The Criterion of Frequency Spectrum Controlling

When making numerical simulation about the unsteady flow, we have to deal with the periodic or quasi-periodic motion in the flow field. It is expected that the error of the numerical solution should not change the frequency spectrum characteristic of the unsteady motion.

Suppose the governing equation of the unsteady flow can be written as

$$\frac{\partial u}{\partial t} = R \tag{12}$$

For one-dimensional Euler equation, $R = -a\dfrac{\partial u}{\partial x}$. If R is discretized using a difference scheme, the semi-discretized difference equation can be written as:

$$\frac{\partial u}{\partial t} = \overline{R} \tag{13}$$

Suppose $\int_{-\infty}^{\infty} |R| dx < \infty$, $\int_{-\infty}^{\infty} |\overline{R}| dx < \infty$, the spectrum of R and $\overline{R}$ are

$$F(\omega) = \frac{1}{2\pi}\int_{-\infty}^{\infty} \mathrm{Re}^{-i\omega x}\, dx \tag{14}$$

$$\overline{F}(\omega) = \frac{1}{2\pi}\int_{-\infty}^{\infty} \overline{\mathrm{R}}\mathrm{e}^{-i\omega x}\, dx \tag{15}$$

To make the difference between the two quantities as small as possible, it results:

$$\left|F(\omega) - \overline{F}(\omega)\right| = \min \tag{16}$$

Considering (4) and (5), we have $R = -a\dfrac{\partial u}{\partial x}$ and $\overline{R} = -a\dfrac{\partial u}{\partial x} + \sum \nu_n \dfrac{\partial^n u}{\partial x^n}$. Substituting the above formulae into (14) and (15) and using the Fourier transformation, the following equation can be obtained

$$\alpha^2 + \omega^2 \beta^2 = \min \tag{17}$$

where α and β can be given from (9), and ω=k. Eq. (17) is called as the criterion of frequency spectrum controlling. To make the difference of the solution between the difference equation and original differential equation as small as possible, the scheme with minimum dissipative and dispersive error should be adopted.

3 Compact Schemes with Spectral-like Resolution

3.1 Linear Central Compact Schemes with Spectral-like Resolution

In 1992, Lele [10] proposed a compact scheme as following:

$$\beta f'_{j-2} + \alpha f'_{j-1} + f'_j + \alpha f'_{j+1} + \beta f'_{j+2} = a\frac{f_{j+\frac{1}{2}} - f_{j-\frac{1}{2}}}{\Delta x} + b\frac{f_{j+\frac{3}{2}} - f_{j-\frac{3}{2}}}{3\Delta x} + c\frac{f_{j+\frac{5}{2}} - f_{j-\frac{5}{2}}}{5\Delta x} \tag{18}$$

where, the left hand side of equation (18) contains the derivatives on nodes and the right hand side contains the function values at the cell centers. a, b, c, β and α are coefficients that have been given by Lele in [10]. The prominent feature of this compact scheme given by equation (18) is its high resolution for short wave, which is spectral-like. However, there are two distinguished drawbacks. First, the stencil contains both the grid point and cell centers, but only part information is used. The accuracy and resolution of the designed scheme is not optimal. Second, the scheme contains the values on the cell-centers, which are unknown. Lele proposed a compact interpolation to compute the values on cell-centers from those on nodes. However, the compact interpolation can introduce transfer error. As a result, the resolution is significantly reduced for high wave numbers.

In paper [28], we proposed a new idea to design a compact scheme to improve the accuracy and resolution. First, instead of using only the values on cell centers, both the values of cell centers and grid nodes are used on the right hand side of compact schemes. Second, the function values on both grid nodes and cell centers are directly computed with the same scheme instead of using interpolation. Hence, the two drawbacks of Lele's compact scheme can be overcome. Our compact scheme is as following:

$$\beta f'_{j-2}+\alpha f'_{j-1}+f'_j+\alpha f'_{j+1}+\beta f'_{j+2}=a\frac{f_{j+\frac{1}{2}}-f_{j-\frac{1}{2}}}{\Delta x}+b\frac{f_{j+1}-f_{j-1}}{2\Delta x}+c\frac{f_{j+\frac{3}{2}}-f_{j-\frac{3}{2}}}{3\Delta x}+d\frac{f_{j+2}-f_{j-2}}{4\Delta x}+e\frac{f_{j+\frac{5}{2}}-f_{j-\frac{5}{2}}}{5\Delta x} \tag{19a}$$

$$\beta f'_{j-\frac{5}{2}}+\alpha f'_{j-\frac{3}{2}}+f'_{j-\frac{1}{2}}+\alpha f'_{j+\frac{1}{2}}+\beta f'_{j+\frac{3}{2}}=a\frac{f_j-f_{j-1}}{\Delta x}+b\frac{f_{j+\frac{1}{2}}-f_{j-\frac{3}{2}}}{2\Delta x}+c\frac{f_{j+1}-f_{j-2}}{3\Delta x}+d\frac{f_{j+\frac{3}{2}}-f_{j-\frac{5}{2}}}{4\Delta x}+e\frac{f_{j+2}-f_{j-3}}{5\Delta x} \tag{19b}$$

The coefficients can be found in paper [28]. The accuracy order is increased from original 8th to 14th, while, the resolution is maintained, which can be seen in Fig.1.

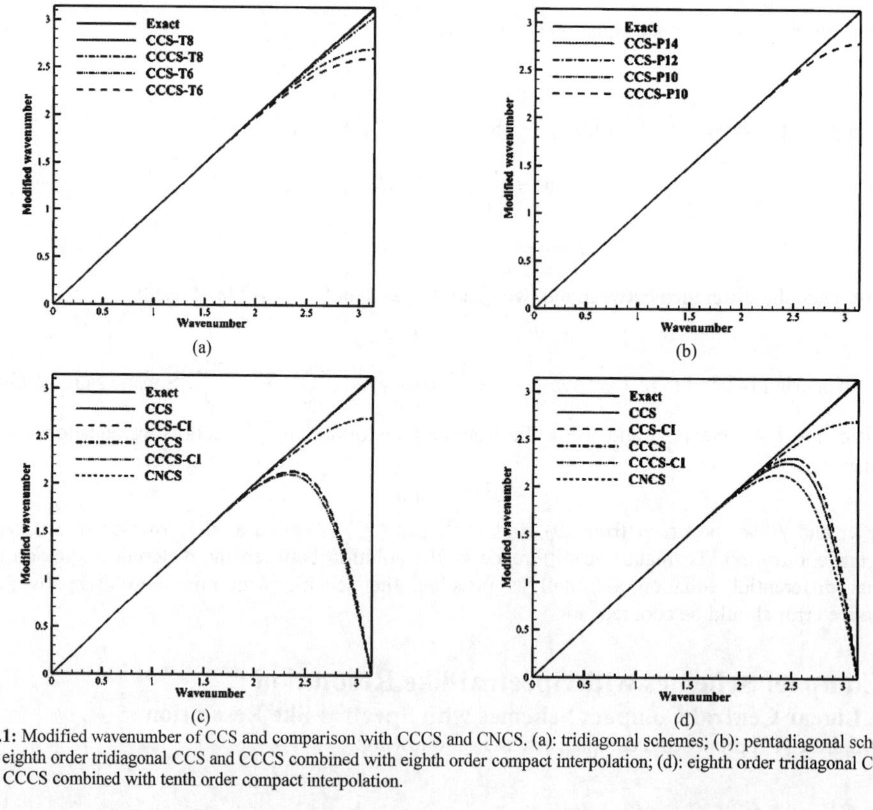

Fig.1: Modified wavenumber of CCS and comparison with CCCS and CNCS. (a): tridiagonal schemes; (b): pentadiagonal schemes; (c): eighth order tridiagonal CCS and CCCS combined with eighth order compact interpolation; (d): eighth order tridiagonal CCS and CCCS combined with tenth order compact interpolation.

This approach increases the memory requirement. However, since the compact interpolation to compute the values on the half-grid is replaced by the compact formula to compute the spatial derivative (and the updating residue) at these half-grid points, with comparable computational cost, it does not increase the computational cost. Both the accuracy order and the wave resolution property are improved significantly. Numerical tests show that this is an ideal scheme for the direct numerical simulation for multi-scale problems.

3.2 Nonlinear Compact Schemes with Spectral-like Resolution

To capture strong shock waves in flow field, we developed the above linear compact scheme to non-linear one by introducing the WENO idea [8,9]. The implementation is as follow. The values on cell centers of the right hand side of the equations (19) are interpolated locally from the values on a stencil. In general, we can get a $(2r\text{-}1)^{\text{th}}$ order approximation based on the flux function in a stencil $S^{2r-1}=(x_{i-r+1},\dots,x_{i+r-1})$. Using this stencil, the flux at any point can be evaluated as an interpolating polynomial:

$$\hat{f}^{2r-1}(x)=f_i+\sum_{l=1}^{2(r-1)}a_l(x-x_i)^l \tag{20}$$

Evaluating the function at the cell-center $x_{i+1/2}$, the $(2r\text{-}1)^{\text{th}}$ order approximation is given by:

$$\hat{f}^L_{i+\frac{1}{2}}=q^{2r-1}(f_{i-r+1},\dots,f_{i+r-1}) \tag{21}$$

where the superscript L refers to the fact that the stencil S^{2r-1} is biased to the left relative to the interpolation point $x_{i+1/2}$ and q^{2r-1} depends linearly on the flux values f_j in the stencil S^{2r-1}.

Similar to the reconstruction process of WENO scheme in [69], the stencil S^{2r-1} can be divided into r sub-stencils

$$S_k^{2r-1}=(x_{i+k-r+1},x_{i+k-r+2},\dots,x_{i+k}),\ k=0,1,\dots,r\text{-}1$$

In each of these sub-stencils, the rth order approximation can be obtained

$$\hat{f}^{(k)}_{i+\frac{1}{2}}=q_k^r(f_{i+k-r+1},\dots,f_{i+k}) \tag{22}$$

where

$$q_k^r(g_0,\dots,g_{r-1})=\sum_{l=0}^{r-1}a_{k,l}^r g_l \tag{23}$$

With $a_{k,l}^r$ for $0\le k,l\le r-1$, being constant coefficients.

The value $\hat{f}^L_{i+\frac{1}{2}}$ can be obtained by a linear combination of $\hat{f}^{(k)}_{i+\frac{1}{2}}$

$$q^{2r-1}(f_{i-r+1},\dots,f_{i+r-1})=\sum_{k=0}^{r-1}C_k^r q_k^r(f_{i+k-r+1},\dots,f_{i+k}) \tag{24}$$

with suitable constants C_k^r, also called the linear weights .

The approximation (24) is linear. A scheme based on this approximation cannot capture strong shock waves and other discontinuities without spurious oscillations. Adopting the WENO idea, we use nonlinear weights ω_k^r to replace the linear weights C_k^r and obtain a nonlinear approximation

$$\hat{f}_{i+\frac{1}{2}}=\sum_{k=0}^{r-1}\omega_k^r q_k^r(f_{i+k-r+1},\dots,f_{i+k}) \tag{25}$$

where the nonlinear weight ω_k^r for the stencil S^{2r-1} is given by:

$$\omega_k^r=\frac{\alpha_k^r}{\alpha_0^r+\alpha_1^r+\dots+\alpha_{r-1}^r} \tag{26}$$

with

$$\alpha_k^r = \frac{C_k^r}{(\varepsilon + IS_k^r)^p}, \quad k=0,1,...,r\text{-}1$$

The choice of the nonlinear weights relies on the smoothness indicator IS_r, which is computed by

$$IS_r = \sum_{n=1}^{k-1} \int_{x_{j-\frac{1}{2}}}^{x_{j+\frac{1}{2}}} \Delta x^{2n-1} \left(\frac{\partial^n (f_r(x))}{\partial x^n} \right)^2 dx \tag{27}$$

Refer to [69] for details.

3.3 Numerical Experiments

3.3.1 Benchmark of Computational Aeroacoustics (linear scheme)

We test a benchmark of Computational Aeroacoustics [29]. Sponge zones are used to absorb and minimize reflections from the computational boundaries. We take a 400×400 equally spaced mesh and perform the simulation until t = 600. Fig.2 contains the distributions of density along y = 0 at typical times and their comparison with the exact solution. No noticeable difference is observed between the numerical results and the exact solution.

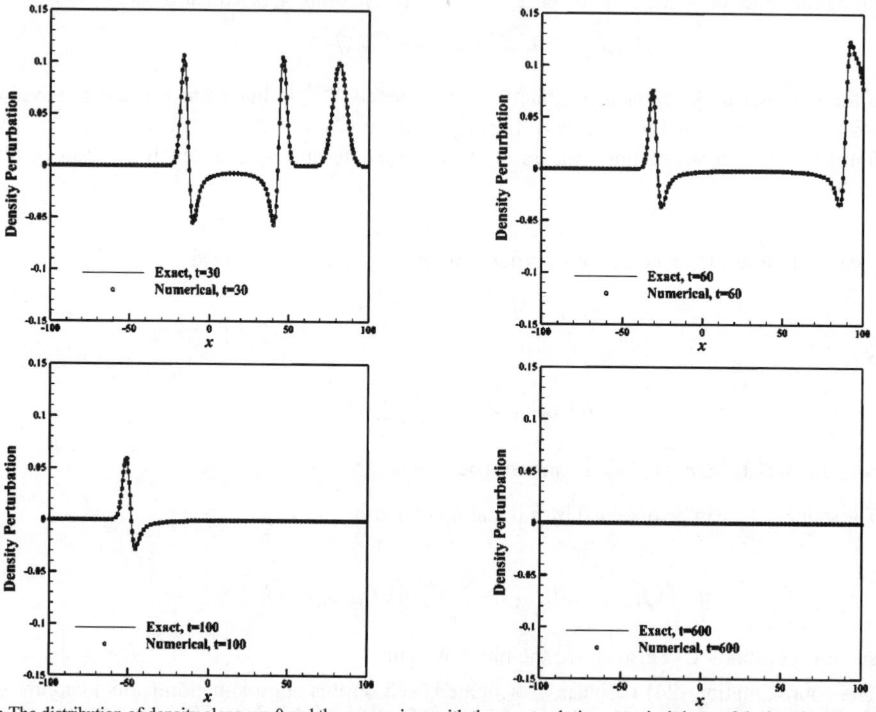

Fig.2: The distribution of density along y = 0 and the comparison with the exact solution at typical times of the benchmark of CAA.

3.3.2 Three-Dimensional Decaying Isotropic Turbulence (Linear Scheme)

We start with a specified spectrum for the initial velocity field which is divergence free. The normalized temperature and density are simply initialized to unity at all spatial points. The dimensionless parameters are Re = 519 and M = 0.308, yielding the initial turbulent Mach number M_t to be 0.3 and the initial Taylor microscale Reynolds number Re_λ to be 72.

The computational domain is [0,2π]×[0,2π]×[0,2π]. Periodic boundary conditions are used in all boundaries. Fig.3 shows the grid converged results agree well with the numerical result of Samtaney et al. [30]. From this figure, we find that CCS needs 40^3 grid density to reach grid converged solution, while the smallest grid density to obtain the grid converged results are 64^3 and 80^3 for CCCS and CNCS respectively. Again, we find that the resolution of CCS is much better than those of CNCS and CCCS. It is an ideal numerical scheme for direct numerical simulation of turbulence.

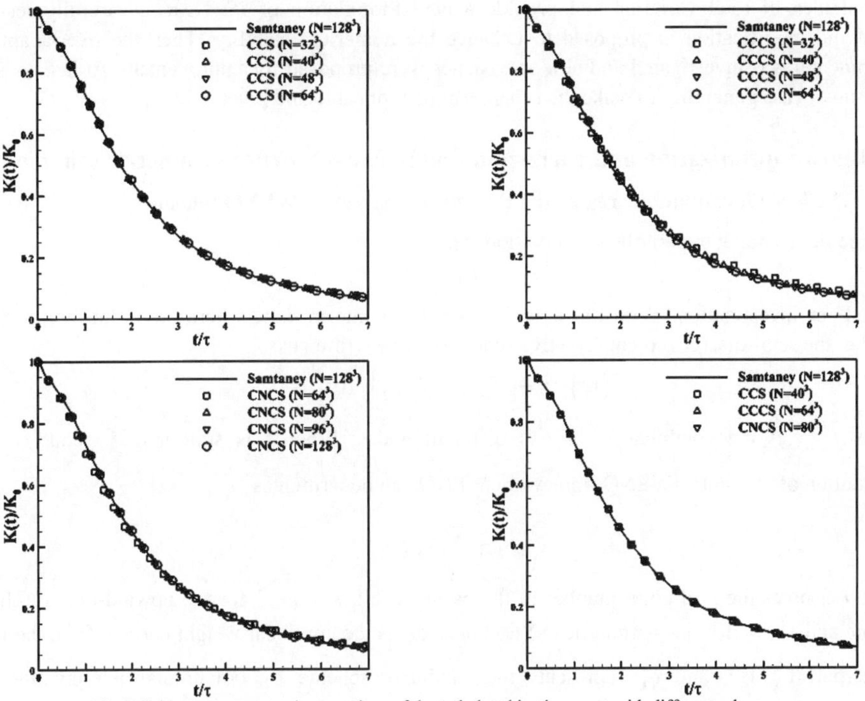

Fig.3: Grid convergence and comparison of the turbulent kinetic energy with different schemes

3.3.3 Double Mach Reflection of a Strong Shock (Non-Linear Scheme)

The domain of the problem is [0,4] × [0,1] and a Mach 10 shock in air which initially makes a $\pi/3$ angle with the horizontal axis. The undisturbed air ahead of the shock has density ρ=1.4, pressure p=1.0, and velocity u=0.0, v=0.0. Along the bottom boundary at y=0, the short region [0, 1/6] is always assigned values for the initial post-shock flow, and reflecting boundary conditions are applied to the interval [1/6, 4]. This boundary condition forces the reflected shock to be "attached" to the reflecting wall. The results for the density are depicted at time t=0.2 in Fig.4. Note that the 5th order nonlinear scheme captures the flow structure very clearly.

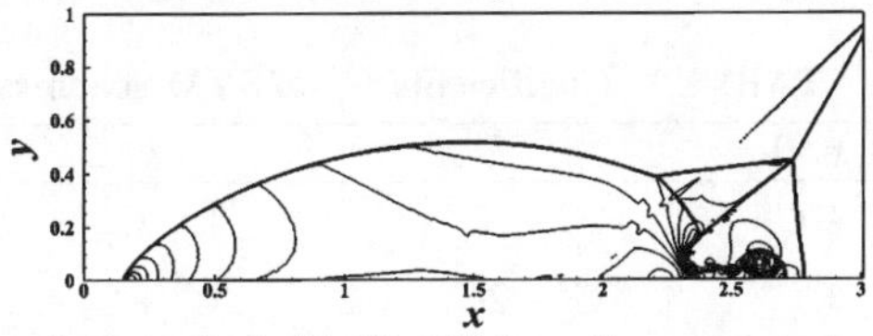

Fig.4: Double Mach Reflection of a Strong Shock（N=480×120）by nonlinear compact scheme with spectral resolution

4 The 4th-order symmetric WENN scheme through improved linear and nonlinear optimizations

In this section, linear and nonlinear optimizations under the framework of the symmetric WENO are investigated. To improve the linear features of the schemes, optimization methods are studied, among which one is an Adams-Shariff-like method, and the other is a new approach proposed in this paper. A new optimized fourth-order linear scheme is worked out thereafter. To substantially enhance the practical performance of the scheme, nonlinear optimizations are studied. We first work on the original idea of total variation and provide a new formulation of *IS*. Next, a carefully-designed downwind modification is proposed to enhance the numerical stability. Then the over-adaptation phenomenon was investigated and new approaches were proposed for improvement. At last we study the issue of case generality to make the scheme more applicable and practical.

4.1 Linear optimization and corresponding linear 4th-order symmetric scheme

4.1.1 The basic formulations regarding the linear symmetric WENO scheme

The one-dimensional hyperbolic conservation law

$$u_t + f(u)_x = 0 \tag{28}$$

is used for investigation. With the domain discretized into $x_i=i\Delta x$, where Δx is the uniform grid spacing, the semi-discretized conservative scheme can be written as

$$\left(u_t\right)_j = -\left(\hat{f}_{j+1/2} - \hat{f}_{j-1/2}\right)/\Delta x \tag{29}$$

where $\hat{f}_{j+1/2}$ is the combination of f at different nodes. When f is split into f^+ and f^-, the formulation of f^+ in the WENO framework WENO can be written as

$$\hat{f}^+_{j+1/2} = \sum_{k=0}^{r'} \omega_k q_k^r \tag{30}$$

where r denotes the grid point number of the basic stencil, $r' = r-1$ for the upwind-biased (UPW-) scheme and $r' = r$ for the symmetric (SYM-) one, ω_k is the nonlinear weight derived from the linear counterpart C_k^r [9], and q_k^r represents the candidate scheme by polynomial interpolation. For simplicity, superscript '+' is dropped in the following if without explicit explanation. Here, we only investigate the scheme at r=3 with the schematic shown in Fig.5.

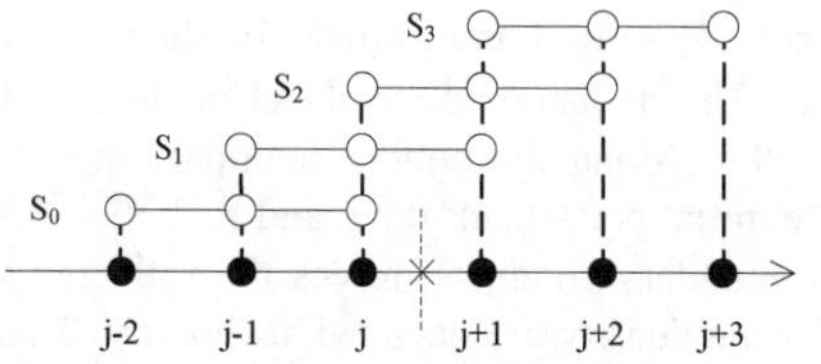

Fig.5: Candidate stencils for the symmetric WENO scheme at $r=r'=3$

TABLE 1. Coefficients C_k^3 of SYM-schemes

R	*k=0*	*k=1*	*k=2*	*k=3*
3	$1-C_1^3-C_2^3-C_3^3$	C_1^3	C_2^3	C_3^3
4	C_0^3	$C_0^3-2C_3^3+1/2$	$-2C_0^3+C_3^3+1/2$	C_3^3
5	$-C_3^3+1/10$	$-3C_3^3+3/5$	$3C_3^3+3/10$	C_3^3
6	1/20	9/20	9/20	1/20

Following common convention,

$$q_k^r = \sum_{l=0}^{r-1} a_{k,l}^r f\left(u_{j-r+k+l+1}\right) \tag{31}$$

The value of $a_{k,l}^3$ can be found in [9], with the candidate scheme being of third order. The linear form of $\hat{f}_{j+1/2}$ can be obtained by replacing ω_k with C_k^r. It is easy to find that the final scheme by Eq. (30) can have order R from 3 to 6. The linear weight C_k^3 is given in Table 1.

The formulation of f^- can be derived by using the symmetric forms of f^+ with respect to $x_{j+1/2}$.

4.1.2 Linear optimizations

Suppose that the discretization of $\partial f/\partial x$ can be written as

$$\frac{\partial f}{\partial x}(x) \approx \frac{1}{\Delta x}\sum_{j=-M}^{N} a_j f(x + j\Delta x) \tag{32}$$

Applying a Fourier transform, the so-called modified scaled wave number can be defined as

$$\kappa' = -i\sum_{j=-M}^{N} a_j e^{ij\kappa} \tag{33}$$

where $\kappa = k\Delta x$ is the scaled physical wave number, and k is the original one. If $R < M + N$, the coefficients of the difference scheme a_j are not uniquely determined, and free coefficients can be further used for optimization. The purpose of the operation is to make the modified wave number be as close to κ as possible. In order to fulfill this, a set of equations is solved and the fourth order scheme WENN/WENO-OS4 is obtained correspondingly.

The optimization equations for the unknowns C_0^3, C_3^3 and κ are:

$$\begin{cases} \operatorname{Re}(\kappa'(\kappa)) = \Re_{\max} \\ d\operatorname{Re}(\kappa'(\kappa))/d\kappa = 0 \\ \operatorname{Im}(\kappa'(\pi)) = \pi_{dissp} \end{cases} \tag{34}$$

where $\Re_{\max}$ is chosen as the maximum of the dispersion of DRP4 or 1.725478452, and π_{dissp}=-12/35. As a result, the coefficients of the proposed schemes are summarized in Table 2 together with some referenced ones, where "Central" denotes the central scheme and the number after the scheme represents the accuracy order.

TABLE 2. Coefficients C_k^3 of various schemes

Schemes	C_0^3	C_1^3	C_2^3	C_3^3
WENO-SYMBO3	0.094647545896	0.428074212384	0.408289331408	0.068988910312
DRP4	0.07955985	0 .42044007	0.42044007	0.07955985
Central4	0	0.5	0.5	0
WENN/WENO-OS4	0.09656593557	0.4677197788	0.3712912073	0.06442307842
WENO5	0.1	0.6	0.3	0.0
Central6	0.05	0.45	0.45	0.05

In this table, WENO-SYMBO3 refers to the third-order bandwidth-optimized WENO-type scheme by Weirs, Martin and coworkers [31]. The dispersion and dissipation relations of the proposed schemes are shown in Fig.6 and are compared with other representatives. From Fig.6(a), it can be seen that WENO7, WENN/WENO-OS4, WENO-SYMBO3 (all shown in symbols) and DRP4 have quite similar dispersion relations. In short, the characteristic of WENN/WENO-OS4 is that it has specific low dissipation and improved dispersion relation such as DRP4 or WENO7, with an order which is one higher than third-order optimized companions.

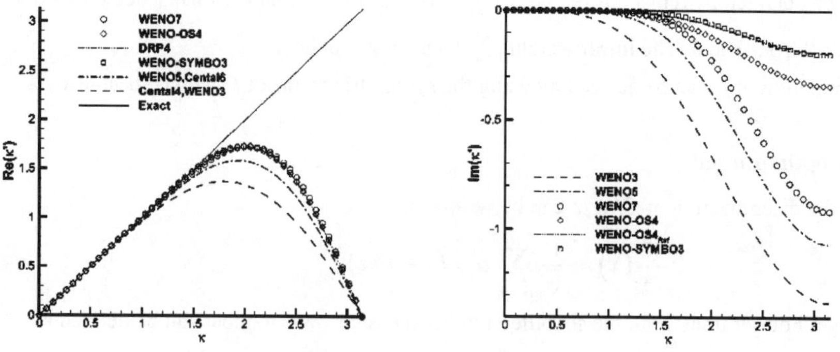

(a) Dispersion property (b) Dissipation property

Fig.6: The real and imaginary part of the modified wave number of various schemes

4.2 Nonlinear optimization and corresponding nonlinear 4th-order scheme

For standard WENO schemes, it is canonical to get the nonlinear weight ω_k from C_k^r using the following procedure:

$$\omega_k = \alpha_k \Big/ \sum\nolimits_{l=0}^{r} \alpha_l \tag{35}$$

where

$$\alpha_k = C_k^r \Big/ \left(\varepsilon + IS_k\right)^p \tag{36}$$

and usually p=2 and ε=10^{-5}~10^{-7} [9] (10^{-16} in this paper). If IS_k can be expanded by a Taylor series expansion as

$$IS_k = D\left(1 + O\left(\Delta x\right)^{R-r_{cs}}\right) \tag{37}$$

Then

$$\alpha_k = \frac{C_k^r}{D^p}\left(1 + O\left(\Delta x\right)^{R-r_{cs}}\right) \tag{38}$$

where r_{cs} denotes the order of the candidate scheme on the basic stencil and equals to 3 for WENO5, and R is usually the final order of the weighted scheme. Jiang & Shu [9] proposed the well-known indicator

$$IS_k^{JS} = \sum\nolimits_{l=1}^{r_{cs}-1} \int_{x_{j-1/2}}^{x_{j+1/2}} \Delta x^{2l-1} \left(\partial^{(l)} q_k^r(x) \big/ \partial x^{(l)}\right)^2 dx \tag{39}$$

where $q_k^r(x)$ is the reconstructed interpolation polynomial to approximate $\hat{f}_{j+1/2}$.

From the above, it is clear that the weighting procedures Eqs.(35)-(36) act as the framework of WENO schemes, and *IS* is very important in the process. Improvements aforementioned aimed for better resolution and accuracy from various motivations. In the following, we will propose a new *IS* from a different consideration.

4.2.1 Nonlinear optimization I: new indicator of smoothness based on the idea of total variation

In this section, a type of *IS* is presented based on the idea of total variation, which is especially used for fourth-order schemes such as WENN/WENO-OS4.

Considering the fact that the numerical approximation of $\hat{f}_{j+1/2}$ in Eq. (29) comes from the value of $\partial q_k^r(x)/\partial x$ at $x_{j+1/2}$, it is natural to use the numerical variations on stencil(s) of $\partial q_k^r(x)/\partial x$ to "measure" the smoothness of the solution. After carefully studying the dependent grid stencil, we propose the following smoothness measurement

$$IS_k^{TV2}=1/r\sum_{l=0}^{r-1}\left(q_k^r(x_{j-r+3/2+\min(k,r-1)+l})'-q_k^r(x_{j-r+1/2+\min(k,r-1)+l})'\right)^2,\ k=0\ldots r \tag{40}$$

The minimum function works only at $k=r$ to emphasize the upwind inclination at the most downwind stencil S^r. When $r=3$, IS^{TV2} is:

$$\begin{cases} IS_0^{TV2}=\frac{1}{12}\left(3f_{j-2}-4f_{j-1}+f_j\right)^2+\frac{1}{12}\left(f_{j-2}-f_j\right)^2+\frac{1}{12}\left(f_{j-2}-4f_{j-1}+3f_j\right)^2 \\ IS_1^{TV2}=\frac{1}{12}\left(-3f_{j-1}+4f_j-f_{j+1}\right)^2+\frac{1}{12}\left(f_{j-1}-f_{j+1}\right)^2+\frac{1}{12}\left(-f_{j-1}+4f_j-3f_{j+1}\right)^2 \\ IS_2^{TV2}=\frac{1}{12}\left(3f_j-4f_{j+1}+f_{j+2}\right)^2+\frac{1}{12}\left(f_j-f_{j+2}\right)^2+\frac{1}{12}\left(f_j-4f_{j+1}+3f_{j+2}\right)^2 \\ IS_3^{TV2}=\frac{1}{12}\left(3f_{j+1}-4f_{j+2}+f_{j+3}\right)^2+\frac{1}{12}\left(f_{j+1}-f_{j+3}\right)^2+\frac{1}{12}\left(5f_{j+1}-8f_{j+2}+3f_{j+3}\right)^2 \end{cases}$$

It is easy to show that

$$IS_k^{TV2}=f_j'^2\Delta x^2\left(1+O(\Delta x)\right)\ \text{when}\ f'\neq 0 \tag{41}$$

From Eq.(41), it can be seen that IS^{TV2} can only be used for fourth-order schemes where critical points are not of concern. In order to further enhance the stability originated from IS, a hybrid indicator is proposed as

$$IS_k^{TV2h}=\left(1-\alpha_{IS}^{TV1}-\alpha_{IS}^{TV2}\right)IS_k^{JS}+\alpha_{IS}^{TV1}IS_k^{TV1}+\alpha_{IS}^{TV2}IS_k^{TV2} \tag{42}$$

The motivation of Eq.(42) comes from the empirical observation that different IS manifests different level of dissipation, namely, IS^{TV1} behaves most dissipatively, IS^{TV2} behaves least, and IS^{JS} is intermediate in dissipative behavior. After taking balance between resolution and stability, the suggested weights for Eq. (42) are $\left(\alpha_{IS}^{TV1},\alpha_{IS}^{TV2}\right)=(0,0.6)$.

4.2.2 Nonlinear optimization II: new modification on the most downwind *IS* to improve stability

For the symmetric WENO-type scheme, numerical tests have shown that oscillations will occur after the shock wave if the most downwind IS is directly used. In Ref. [31], a modification was proposed as

$$IS_r=\max_{0\le k\le r} IS_k \tag{43}$$

As shown by practices, for IS defined by Eq.(42), it is found that even Eq.(43) cannot guarantee numerical stability. After taking analysis and numerical tests, a new modification is proposed for IS at $r=3$ as

$$IS_3^{TV2h}=\max_{0\le k\le 3}\left\{IS_k^{TV2h}\right\}+\delta\times\max\left\{\left(f_j-2f_{j+1}+f_{j+2}\right)^2,\left(f_{j+1}-2f_{j+2}+f_{j+3}\right)^2\right\} \tag{44}$$

Our tests show that, Eq.(44) is the just appropriate choice to ensure numerical stability. For subsonic and supersonic flows, the suggested value for δ is 5; for hypersonic flows ($M>6$), the suggested value is 13/12, the same as that in IS^{JS}.

4.2.3 Nonlinear optimization III: the switch between linear and nonlinear states of the scheme

In this section, a parameter p is designed to indicate whether the solution is smooth ($p = 0$) or not ($p = 2$). To fulfill this and avoid aforementioned drawbacks, an algorithm is carefully designed. First, after noticing the works in [9, 32], $IS^{1/2}$ is chosen as the variable to determine p, whereas in [32, 33], the direct use of IS was thought to be problem-dependent and replaced by the total variation. Next, the algorithm is provided for p as

Step (1): Compute p_l by

$$p_1 = TF\left(rescale\left(IS_{\max}^{1/2}\right), c_{TF}, IS_{l,1}^{1/2}, IS_{u,1}^{1/2}\right)$$

$$TF(x,c,x_l,x_u) = 1 + \tanh\left(c\times\left(x-\left[(x_u+x_l)/2\right]\right)/(x_u-x_l)\right) \tag{45}$$

$$IS_{\max}^{1/2} = \left(\max_{k=0\ldots r'} IS_k\right)^{1/2}$$

where $c_{TF}=8$, $IS_{l,1}^{1/2}, IS_{u,1}^{1/2}$ are thresholds with the suggested values as $IS_{l,1}^{1/2}=0.057$, $IS_{u,1}^{1/2}=0.079$, and "*rescale*" function will be explained later in Section 4.2.4.

Step (2): If $IS_{\max}^{1/2} > r_{TF}\left(\dfrac{1}{\sqrt{\left(\rho u^2+p\right)_{rsc}}}\right)\times IS_{l,1}^{1/2}$, then

$$p_2 = TF(IS_{\max,RTL}^{1/2}, c_{TF}, IS_{l,2}^{1/2}, IS_{u,2}^{1/2})$$

$$r_{TF}(x) = 0.3196e^{-9.4303x^2} + 0.095$$

$$IS_{\max,RTL}^{1/2} = \left[\frac{\max_{k=0\ldots r'} IS_k}{\varepsilon_p + \min_{k=0\ldots r'} IS_k}\right]^{1/2} \tag{46}$$

$$p = \max(p_1, p_2)$$

where r_{TF} acts as the threshold varying from 0.1~0.339, the subscript r_{sc} refers to a non-dimensional referenced state explained in Section 4.2.4, $IS_{\max,RTL}^{1/2}$ is a relative measure similar to that in [9], $\varepsilon_p = 10^{-16}$, and the thresholds $IS_{l,2}^{1/2}=7.1$ and $IS_{u,2}^{1/2}=7.7$

otherwise,

$$p = p_1 \tag{47}$$

Our practices have shown that step (2) with the proposed r_{TF} can efficiently avoid the potential of misjudging a smooth field to be an oscillatory one.

In step (1), the threshold values are obtained by computations on representative examples with the Steger-Warming flux splitting method. In order to overcome problem-dependency caused by the direct use of *ISs*, rescale functions are presented as companions, the derivation of which will be described in Section 4.2.4.

Two ways are suggested for using the switch variable p:

(1) Using p as the power in $\alpha_k = C_k^r\big/\left(\varepsilon + IS_k\right)^p$.

(2) Using p as the weight between C_k^r and ω_k. Following the same idea in Ref.[34], p can be used as

$$\omega_k = (1-p/2)C_k^r + p/2\times\omega_k \tag{48}$$

It is worthy of mention that ω_k on the right hand side of Eq. (48) is obtained following Eqs. (35) and (36), where the value of the power in Eq. (36) is 2. The practices show that both ways give similar results.

4.2.4 Nonlinear optimization IV: the *rescale* function for case-generality

It is strongly preferred by the engineering community that one consistent set of parameters of a method can be applied for diverse problems. A more general description about the situation is how consistent use of threshold values of a scheme can be realized under various situations. Such issue concerns case generality and may strongly influence the applicability of high-order optimized schemes which use threshold values. In the following, three circumstances are analyzed and corresponding *rescale* functions are proposed.

1) The *rescale* function concerning grid transformation

The *rescale* function is proposed as

$$rescale\left(\vec{x}\right)=\vec{x}\Big/\left[J^{-1}\left(k_x^2+k_y^2+k_z^2\right)^{1/2}\right] \tag{49}$$

where k represents computational coordinates such as ξ, η, or ζ, $\vec{x}$ denotes the variable vector, and $J^{1}=|\partial(x, y, z)/\partial(\xi, \eta, \zeta)|$. By using Eq.(49), problem dependence arising from grid transformation can be largely removed

2) The optional *rescale* function for characteristic variables

For high-order WENO-type schemes, it is known that the use of characteristic variables make results less oscillatory than ones using flux components. The characteristic variable vector is obtained by multiplying the flux by the left eigenvector matrix which is related to the Jacobian matrix $\partial\hat{F}/\partial\hat{Q}$, where $\hat{F}$ is the numerical flux as before and $\hat{Q}$ is the conservative variable vector $J^{1}[\rho, \rho u, \rho v, \rho w, p/(\gamma\text{-}1)+\rho\ (u2+v2+w2)/2]$. Because the form of the matrix is not unique, differences exist between various implementations. When the following the left eigenvector matrix is used to derive characteristic variables,

$$L=\begin{bmatrix}
\frac{1}{\sqrt{2}a}\left(\varphi^2+a\bar{\theta}\right) & -\frac{1}{\sqrt{2}a}\left[(\gamma-1)u+\bar{k}_x a\right] & -\frac{1}{\sqrt{2}a}\left[(\gamma-1)v+\bar{k}_y a\right] & -\frac{1}{\sqrt{2}a}\left[(\gamma-1)w+\bar{k}_z a\right] & \frac{1}{\sqrt{2}a}(\gamma-1) \\
\frac{\bar{k}_x}{a}\left(a^2-\varphi^2\right)+\bar{k}_z v-\bar{k}_y w & \frac{\bar{k}_x}{a}(\gamma-1)u & \frac{\bar{k}_x}{a}(\gamma-1)v-\bar{k}_z & \frac{\bar{k}_x}{a}(\gamma-1)w+\bar{k}_y & -\frac{\bar{k}_x}{a}(\gamma-1) \\
\frac{\bar{k}_y}{a}\left(a^2-\varphi^2\right)+\bar{k}_x w-\bar{k}_z u & \frac{\bar{k}_y}{a}(\gamma-1)u+\bar{k}_z & \frac{\bar{k}_y}{a}(\gamma-1)v & \frac{\bar{k}_y}{a}(\gamma-1)w-\bar{k}_x & -\frac{\bar{k}_y}{a}(\gamma-1) \\
\frac{\bar{k}_z}{a}\left(a^2-\varphi^2\right)+\bar{k}_y u-\bar{k}_x v & \frac{\bar{k}_z}{a}(\gamma-1)u-\bar{k}_y & \frac{\bar{k}_z}{a}(\gamma-1)v+\bar{k}_x & \frac{\bar{k}_z}{a}(\gamma-1)w & -\frac{\bar{k}_z}{a}(\gamma-1) \\
\frac{1}{\sqrt{2}a}\left(\varphi^2-a\bar{\theta}\right) & -\frac{1}{\sqrt{2}a}\left[(\gamma-1)u-\bar{k}_x a\right] & -\frac{1}{\sqrt{2}a}\left[(\gamma-1)v-\bar{k}_y a\right] & -\frac{1}{\sqrt{2}a}\left[(\gamma-1)w-\bar{k}_z a\right] & \frac{1}{\sqrt{2}a}(\gamma-1)
\end{bmatrix}$$

the corresponding *rescale* function will be imposed

$$rescale(\vec{x})=\Lambda_{cv}\cdot\vec{x} \tag{50}$$

where $\Lambda_{cv}=diag\left(1/\left(\sqrt{2}a\right),1/a,\ldots,1/a,1/\left(\sqrt{2}a\right)\right)$.

3) Considerations for diverse states and the combined final *rescale* function

To ensure that consistent thresholds can be applied to a wide range of problems, it is proposed that variables be further rescaled by a nondimensionalization operation before they are used. The implementation is to divide by a referenced state which is usually chosen as the inflow or the upstream state of a shock wave (e.g., in the 1-D Sod problem). The details are given as follows according to two situations.

Case 1: The characteristic variables are used directly in the scheme

When variables are obtained by aforementioned matrix L, Eq. (39) will be used. A referenced factor is designed to rescale the quantity level of variables, and the final combined rescale function is

$$rescale(\vec{x})=\frac{\Lambda_{cv}\cdot\vec{x}}{\sqrt{\rho_{rsc}(\rho u^2+p)_{rsc}}\sqrt{k_x{}^2+k_y{}^2+k_z{}^2J^{-1}}} \tag{51}$$

Case 2: The components of the flux are used as variables in the scheme.

From dimensional analysis, the rescaling diagonal matrix can be derived as

$$\Lambda_{flux}=diag\left(\frac{1}{\sqrt{\rho_{rsc}(\rho u^2+p)_{rsc}}},1/(\rho u^2+p)_{rsc},\ldots,1/(\rho u^2+p)_{rsc},\frac{\sqrt{\rho_{rsc}}}{(\rho u^2+p)_{rsc}^{3/2}}\right) \tag{52}$$

The final combined rescale function is then

$$rescale(\vec{x}) = \frac{\Lambda_{flux} \cdot \vec{x}}{\sqrt{k_x^{\ 2} + k_y^{\ 2} + k_z^{\ 2} J^{-1}}} \tag{53}$$

When (53) are used, it can be conceived that threshold values referred in Section 4.2.3 will be different from those where Eq. (51) is used.

4.3 The new fourth-order nonlinear scheme

Combined with outcomes from the linear optimizations in Section 4.2, the new nonlinear fourth-order symmetric WENO scheme, namely WENN/WENO-OS4, is obtained. For completeness, the implementations are summarized below.

First, the candidate schemes about q_k^r are computed using Eq.(31), and the coefficients are obtained from Table 2. Next, IS^s are evaluated using Eq. (32) at $\left(\alpha_{IS}^{TV1}, \alpha_{IS}^{TV2}\right) = (0, 0.6)$ and the most downwind IS is modified by Eq. (34). Thirdly, the parameter p is derived by algorithms described in Section 4.2.3, while the *rescale* function uses *Eq.(35)*. Finally, the nonlinear implementation is accomplished by Eq. (35) together with either Eq. (36) or (48). The applications of the new 4th order nonlinear scheme will be given in Section 6.

5 High-order DG/FV Hybrid Schemes on Unstructured Grids

Because of the flexibility for complex geometries, 'compact' higher-order methods on unstructured and hybrid (or mixed) grids are paid much more attention in recent years. As the leader of higher-order numerical methods for compressible flow computations in aerospace applications, the DG method has recently become popular for problems with both complex physics and geometry. Refer to [14] for a comprehensive review on the DG method history and literature.

However, the DG method does have a number of weaknesses, including the huge memory requirement and high computational cost. In order to improve the efficiency in both memory and CPU time for 3D realistic complex configurations, many hybrid approaches have been proposed, including 1) different schemes for inviscid and viscous flux discretization [35-36]; 2) hybrid approach based on domain decomposition [37]; 3) DG/FV hybrid approach based on local polynomial reconstruction, such as the post-processing techniques of DG [38-39], Hermit WENO (HWENO) reconstruction [40], the PnPm scheme [41-42], the reconstructed-based DG scheme [43-44].

Inspired by above research, by comparing the DG and FV methods, we proposed the concept of 'static reconstruction' and 'dynamic reconstruction' for higher-order numerical schemes. Based on the new concept, a 'hybrid reconstruction' approach was developed, and then a class of hybrid DG/FV schemes was presented for 1D and 2D Euler and NS equations on unstructured grids [45-48]. The basic idea is reviewed in the following section.

5.1 Basic Idea of 'Static', 'Dynamic' and 'Hybrid' Reconstruction'

All the higher-order methods on unstructured grids have a common feature: they achieve higher order accuracy by locally approximating the solutions as a higher order polynomial. However, unlike the *k*-exact FV method, which supposes a polynomial on a large grid stencil, the DG methods suppose that the solution space is a piecewise discontinuous polynomial of degree p in each cell or element, with a $(p+1)^{\text{th}}$ order of accuracy. Due to the local approximation only in each cell itself, these higher-order methods are usually 'compact', which means that each cell is de-coupled with its adjacent face neighboring cells, even though they are connected by the numerical flux on the interfaces. So these 'compact' higher-order methods are much more suitable for massively parallel computing because the communication of data between sub-blocks of grid is minimized, especially for implicit time evaluation. The main difference of these methods from each other lies in the location of DOFs (degrees of freedom) and how the DOFs are updated. The difference of the DG methods from the FV methods becomes very evident:

1) In the DG methods, all DOFs are time-dependent; they are computed via weighted residual

finite element method, and 'extracted' from governing equations. We think that it is one of the main reasons why the second order DG schemes are more accurate than the second order FV schemes with the same order, and why the DG method need more memory and computation cost. All the DOFs are calculated simultaneously with time advancing. So we call the DG method as a 'dynamic reconstruction' method, or 'time-dependent' reconstruction method.

2) In the *k*-exact FV methods, the higher-order DOFs (p>0) are re-constructed using the cell-averaged value on a specified grid stencil. For example, in traditional second-order FV schemes, the first-order derivatives (p=1) are usually solved by the well-known Green's formulation or the least-square approach. In other word, the reconstruction operator is applied at the final output time, and therefore we call this kind of reconstructions as a post-processing technique. So we name this approach as a 'static reconstruction' or 'grid-dependent' reconstruction method.

The concept can help us to understand the essential (the piecewise polynomial reconstruction) of higher-order numerical method in a different point of view. Based on this concept, a 'hybrid reconstruction' approach can be obtained naturally by coupling the 'static reconstruction' and the 'dynamic reconstruction'. Firstly, we can calculate the lower-order DOFs using 'dynamic reconstruction' of the DG methods. Then, following the idea of the FV methods, higher-order DOFs are computed by 'static construction' with the help of face neighboring cells. Once the higher-order DOFs are re-constructed, the higher-order polynomial can be obtained to achieve higher-order numerical solution. Because of fewer DOFs of reconstruction polynomial are computed by the DG method, the hybrid method is expected to reduce the memory and computation cost.

5.2 High-order DG/FV Hybrid Schemes on Unstructured Grids

Consider the following two-dimensional conservation law

$$\frac{du_i}{dt}+\nabla\cdot\vec{F}_i(u)=0 \tag{54}$$

where, i is the index of variables, the state variable $u=(u_i)$. $\vec{F}_i(u)=(f_i(u),g_i(u))$ is the flux vector. Assume that the domain Ω is subdivided into a collection of non-overlapping elements Ω_e. In each Ω_e, the flux divergence $\nabla\cdot\vec{F}$ is projected to a polynomial space of degree n, P_n, noted as $\hat{\nabla}\cdot\vec{F}_i^{(e)}$. It means that $\hat{\nabla}\cdot\vec{F}_i^{(e)}$ can be expressed locally as a piecewise polynomial of degree n.

$$\hat{\nabla}\cdot\vec{F}_i^{(e)}=\sum_{p=0}^{N-1}d_{i,p}^{(e)}B_p^{(e)} \tag{55}$$

in which $N=(n+1)(n+2)/2$ for two-dimensional case. In the following context, for convenience, we sometimes omit the superscript of cell marker $(\cdot)^{(e)}$, when there is no confusion. Here, B_p is the finite element basis functions, and $d_{i,p}$ are the coefficients of flux divergence, which can be calculated via L_2 projection procedure.

Multiplying Eq.(55) by the test function B_q, integrating over the domain Ω_e, and performing integration by parts, we have:

$$\int_{\Omega_e}(d_{i,p}B_p)B_q d\Omega=\int_{\Omega_e}\vec{F}_i\cdot\nabla B_q d\Gamma-\int_{\Gamma_e}(\vec{F}_i\cdot\vec{\mathbf{n}})B_q d\Omega \tag{56}$$

where Γ_e denotes the boundary of Ω_e, $\vec{\mathbf{n}}$ is the unit outward normal vector.

Replacing the flux function $\vec{F}_i\cdot\vec{\mathbf{n}}$ with the approximate Riemann flux $h_i=\hat{F}_i(u^+,u^-,\vec{\mathbf{n}})$, we have

$$M_i D_i = Rhs_i \tag{57}$$

in which $M_i=(<B_pB_q>)$ is the local mass matrix. Here, $<B_pB_q>$ is the inner product of basis function in Ω_e, and $D_i=(d_{i,p})$ is the vector of the i-th unknown. The right-hand-side term $Rhs_i=(rhs_{i,p})$

$$rhs_{i,p}=\int_{\Omega_e}\vec{F}_i\cdot\nabla B_p d\Gamma-\int_{\Gamma_e}h_i B_p d\Omega \tag{58}$$

Here, Riemann flux $\hat{F}_i$ is regarded as the boundary condition to reconstruct flux divergence $\hat{\nabla}\cdot\vec{F}_i$ locally.

The key issue in formulation (58) is how to construct the state variable distribution to compute the convection term and Riemann flux at Gauss quadrature points. Like flux divergence, we project the state variables to P_n space locally,

$$u_i^{(e)} = \sum_{p=0}^{N-1} u_{i,p}^{(e)} B_p^{(e)} \tag{59}$$

$u_{i,p}^{(e)}$ is called as the degrees of freedom (DOFs). Then, the discretization form of governing equation (54) can be re-written as

$$\int_{\Omega_e} \left(\frac{du_i^{(e)}}{dt} + \hat{\nabla} \cdot F_i^{(e)} \right) d\Omega = 0 \tag{60}$$

Then we have

$$M_i \frac{d}{dt}\left(u_{i,p}\right) = -\left(rhs_{i,p}\right) \tag{61}$$

Eq. (61) is equivalent to the weak formulation of DGM. As well-known, one of the distinguished properties of DGM is the 'compactness', since it constructs the higher-order piece-wise polynomial locally, instead of extending the grid stencil like the *k*-exact FVM. As mentioned in Section 5.1, constructing piecewise polynomial in each cell is the key step for numerical method. In DGMs, all DOFs are updated as time evolution (called as 'dynamic reconstruction'), while in FVMs, the high-order derivatives are computed at the final output time (called as 'static reconstruction'). Generally, the 'dynamic reconstruction' needs more CPU time and memory requirement to deal with all the DOFs. However, the 'static reconstruction' operator is unnecessary to update all DOFs at each time step, most of the DOFs can be computed by reconstruction with the help of neighboring cells, so a larger grid stencil should be adopted for higher-order reconstruction, which results in a non-compact method. Naturally, a 'hybrid reconstruction' approach can be adopted to achieve some balance between the 'compact' property and the computational cost.

A higher-order polynomial distribution of state variables can be written as

$$v_i^{(e)} = \sum_{p=0}^{M-1} v_{i,p}^{(e)} B_p^{(e)} \tag{62}$$

Thanks to the hierarchy of the basis functions, $v_{i,p}^{(e)} = u_{i,p}^{(e)}$, when $0 \le p \le N-1$. Therefore, the higher-order coefficients $v_{i,p}^{(e)}$, $(N \le p \le M-1)$ can be reconstructed like the traditional FVMs. For example, the first order derivatives can be taken to construct the second order derivatives with Green's theorem, such as:

$$u_{xx} = \frac{1}{|\Omega_G|} \int_{\Omega_G} \frac{\partial^2 u}{\partial x^2} d\Omega = \frac{1}{|\Omega_G|} \sum_{\Gamma_l \in \partial\Omega_G} \int_{\Gamma_l} \frac{\partial u}{\partial x} n_x^{(l)} d\Gamma \tag{63a}$$

Similarly,

$$u_{yy} = \frac{1}{|\Omega_G|} \int_{\Omega_G} \frac{\partial^2 u}{\partial y^2} d\Omega = \frac{1}{|\Omega_G|} \sum_{\Gamma_l \in \partial\Omega_G} \int_{\Gamma_l} \frac{\partial u}{\partial y} n_y^{(l)} d\Gamma \tag{63b}$$

The cross-derivatives can be calculated by following equation. In our code, we take an arithmetic mean to approximate the cross-derivatives.

$$u_{xy} = \frac{1}{|\Omega_G|} \int_{\Omega_G} \frac{\partial^2 u}{\partial x \partial y} d\Omega = \frac{1}{|\Omega_G|} \sum_{\Gamma_l \in \partial\Omega_G} \int_{\Gamma_l} \frac{\partial u}{\partial x} n_y^{(l)} d\Gamma \tag{64a}$$

$$u_{yx} = \frac{1}{|\Omega_G|} \int_{\Omega_G} \frac{\partial^2 u}{\partial x \partial y} d\Omega = \frac{1}{|\Omega_G|} \sum_{\Gamma_l \in \partial\Omega_G} \int_{\Gamma_l} \frac{\partial u}{\partial y} n_x^{(l)} d\Gamma \tag{64b}$$

The choice of the Gauss integral region Ω_G is the main issue of this static reconstruction. In our DG/FV hybrid schemes, we take the target cell as Ω_G, $(\Omega_G = \Omega_e)$. The first-order derivatives at nodes of Ω_G are calculated from the neighboring cells using a weighted-average approach. Here, the weight function is chosen as the reverse of the cell-center-to-node distance. We call this static reconstruction operator as the cell-vertex type scheme. The desired accuracy of this kind hybrid DG/FV scheme as (63)~(64) is the 3rd order one, and named as DG/FV3. Naturally, we can compute $u_{xxx}, u_{xxy}, u_{xyy}, u_{yyy}$ using u_{xx}, u_{xy}, u_{yy} in the same way, which is desired to achieve the 4th order, and named as DG/FV4. Anyway, other kinds of Gauss integral region can be adopted here, which had been shown in [46]. Moreover, the least-square approach can be adopted also to calculate the higher-order derivatives, as in RDG [43-44].

5.3 Numerical Results

5.3.1 Spatial Accuracy Study: Vortex Evolution Problem

The convection of a 2D inviscid isentropic vortex is selected as the first test case to check the accuracy of the high-order DG method and the hybrid DG/FV schemes. The details of this case can be found in Ref. [46]. The numerical simulation is carried out until t=2.0 on a set of uniform Cartesian grid. The three-stage Runge-Kutta explicit scheme is employed. The time step is set small enough so that the spatial error is the dominant error source. In Table 3, the cell-averaged density errors are listed. It can be seen that the hybrid DG/FV schemes achieve the desired third-order or fourth-order of accuracy. However, the absolute errors of DGMs are smaller than those of the hybrid DG/FV schemes with the same order. The possible reason is that the higher-order DOFs in DGMs come from the governing equation ('dynamic reconstructed' simultaneously with the lower-order DOFs), which is more accurate than the reconstructed data from neighboring cells in the hybrid DG/FV schemes ('static reconstructed' by Gauss-Green formula).

Table 3. Accuracy study of DGMs and the hybrid DG/FV schemes

Gird size	DGM2		DGM3		DGM4		DG/FV3		DG/FV4	
	L_2 Error	Order	L_2 Error	Order	L_2 Error	Order	L_2 Error	Order	L_2 Error	Order
20*20	4.479E-03	---	8.857E-04	---	1.281E-04	---	2.509E-03	---	6.823E-04	---
40*40	1.431E-03	1.65	7.259E-05	3.61	8.129E-06	3.98	1.864E-04	3.75	5.400E-05	3.67
80*80	3.734E-04	1.94	6.361E-06	3.52	5.271E-07	3.95	1.051E-05	4.15	3.898E-06	3.80

Table 4. Comparison of the computational cost for 2D Euler equations

	Grid	CPU Time(S)	Memory(M)
2nd order DGM	10*10*2	1.75E-02	0.304
	20*20*2	6.77E-02	0.778
	40*40*2	2.74E-01	2.700
	80*80*2	1.01E+00	8.300
3rd order DGM	10*10*2	4.50E-02	0.432
	20*20*2	1.73E-01	1.300
	40*40*2	7.22E-01	4.500
	80*80*2	2.95E+00	17.10
DG/FV3 Scheme	10*10*2	2.43E-02	0.352
	20*20*2	9.31E-02	0.988
	40*40*2	3.51E-01	3.400
	80*80*2	1.39E+00	11.20

To demonstrate the advantage of the hybrid DG/FV schemes, their computational costs are compared with those by the original DGM2 and DGM3, as listed in Table 4 for 2D Euler equations. All the hybrid schemes, as well as DGM2 and DGM3 based on Taylor basis functions are programmed in a code, and run on a desktop computer running the Linux operator system. The CPU of the computer is Intel Xeon E540 with frequency of 2.66GHz, and the total memory is 4.0GB. Because of fewer DOFs of reconstruction polynomial are computed by DGM in the hybrid DG/FV schemes, the hybrid method can effectively, evidently reduce the memory requirement and computation cost. From Table 4, we can see that, comparing with DGM3, the memory requirement and CPU time are reduced by approximately 30% and 50%, respectively. We can expect that the hybrid DG/FV schemes be more efficient for the three-dimensional cases, which is very important for realistic applications.

5.3.2 Compressible mixing layer in 2D

This case is a rather complex problem that was proposed by Colonius *et al.* [49]. It concerns the time-dependent flow of a compressible mixing layer. The upper horizontal velocity is Ma_1 = 0.5 and the lower one is Ma_2 = 0.25. The initial condition for the mixing layer is the laminar solution to the steady compressible two-dimensional Navier-Stokes equations. Velocities are normalized by U_1 and all other quantities by their values in the free stream. The flow is perturbed at the inflow using perturbations that come from a linear stability analysis of the inviscid Rayleigh equations in our simulation. See [49] for more details. For this case, the hybrid mesh consists of 25,272 cells including triangles and rectangles and the computational domain is [0, 800] × [-100, 100], as shown in Fig.7. In streamwise direction, the grid spacing is linearly increasing from Δx=0.5 to Δx =2.0 up to the last 400δ region where the grid is highly stretched. In normal direction, the grid is continuously stretched with the smallest spacing Δy=0.5 in the middle of the mixing layer and the largest spacing Δy=8 at the upper and lower boundaries. The vorticity contours obtained with DG/FV(4) and DG/FV(5) scheme are shown in Fig.7 and are compared with the reference solutions of Colonius et al. [49]. A good agreement of our DG/FV4 and DG/FV5 solutions can be noted using such a coarse grid.

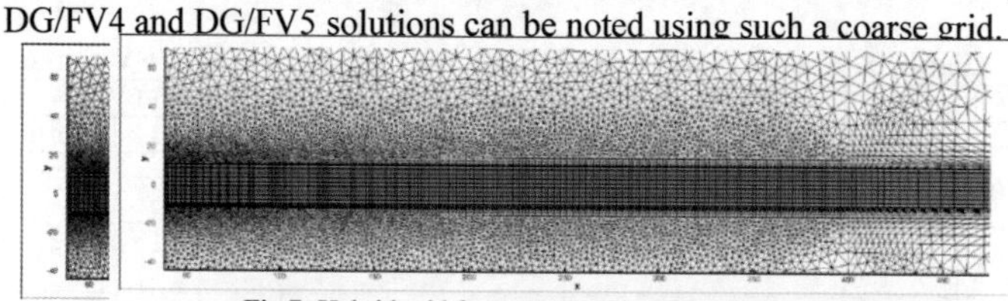

Fig.7: Hybrid grid for compressible mixing layer simulation

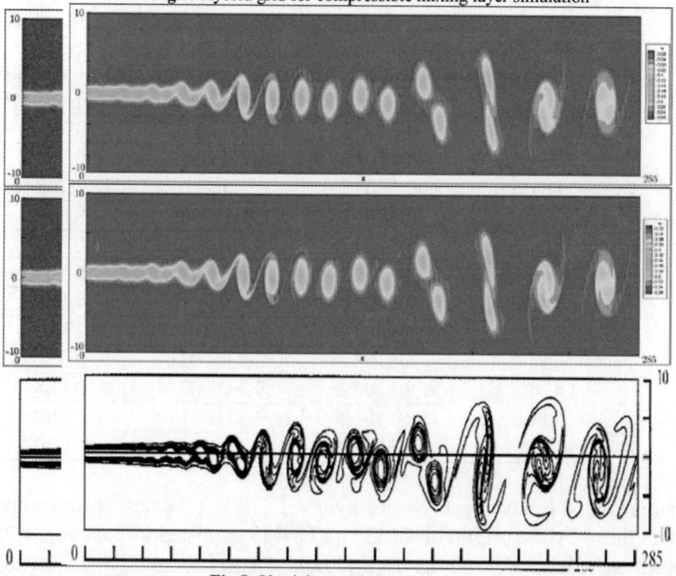

Fig.8: Vorticity contours

(a) The 4th order DG/FV scheme; (b) The 5th order DG/FV scheme; (c) result from ref. [49]

6 Applications of High-order Schemes

In this section, some applications of above high-order schemes are presented to demonstrate the ability to simulate the complex flow field and the high-resolution to the flow structures.

6.1 The interaction of two co-rotating Gaussian vortices

Gaussian vortex is a typical vortex. There are a lot of studies [50-52] on the sound generation by the merging of two co-rotating Gaussian vortices. In the paper [70], we revisit the merging of two co-rotating Gaussian vortices to show the difference of sound generation with the different initial distribution and different structure.

6.1.1 Setup of the problem

Two Gaussian vortices are initially separated by distance *2R* and the swirling flow associated with each vortex (when considered separately) achieves a maximum Mach number, $M_0=U_0/c_\infty=0.56$, at a radius from the center of each vortex core. Figure 9 is a sketch of the flow with definitions of relevant parameters.

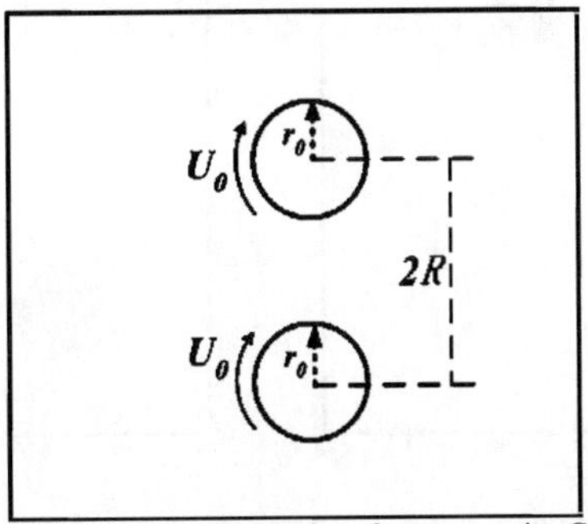

Fig.9: Schematic diagram of The interaction of two co-rotating Gaussian vortices

The initial value of the physical parameters is the same as that in [50-52]. Each vortex is Gaussian-distributed according to

$$\text{tangential velocity: } V=\frac{\Gamma_0}{2\pi r}\left(1-e^{-\alpha(\frac{r}{r_0})^2}\right)$$

$$\text{vorticity: } \omega=\frac{\alpha\Gamma_0}{\pi r_0^2}e^{-\alpha(\frac{r}{r_0})^2}=\frac{1}{r}\frac{\partial}{\partial r}(rV)$$

$$\text{circulation: } \Gamma_0=\frac{2\pi U_0 r_0}{\beta}$$

in which α=1.2564312086261697, β=0.7153318629591616. Reynolds numbers based on the circulation of each vortex *Re*=7500. The radius from the center of each vortex core r_0/R=0.15. In the far field, $\rho=1$, $p=1/\gamma$, $u=v=0$. With these flow parameters, the initial period of rotation is about τ=105, and the fundamental wavelength of sound is about λ=52.5. Such a large separation in the acoustic and flow length scales qualifies the vortices as a compact sound source. The computational domain is [-115,115]×[-115,115], corresponding to two wavelengths in all directions was used. A third-order TVD Runge–Kutta scheme is used for time advancement with a time-step size of Δt = 0.005, and perform the simulation until t = 700 .

6.1.2 Results and discussion

The results of the near-field vorticity from a computation with 1000×1000 mesh points by CCS are depicted in a composite picture of Fig.10, clearly showing a time period of co-rotation followed by a merger. As explained by Meunier et al. [53], when the core size reaches approximately 25% of the separation distance, the vortex separation distance starts to decrease quickly, two identical distributed vortices will merge into a single one in a mainly convective process. After the merger, the resulting elliptical vortex evolves into a single circular vortex.

The compactness of the vortical flow region allows the use of several acoustic analogies for computing the far-field sound. The acoustic analogy theory for low Mach number flow proposed by

Mohring [54] and numerical validated for this problem by [51-52] requires only the third time derivative of the second-order moments of vorticity to calculate the sound pressure at points outside of the source region. The connection between the near-field vortex-dynamics and far-field quadrupole acoustic pressure in two-dimensional flow [53] is:

$$P(r,\theta,t)=\frac{\rho_\infty}{8\pi c_\infty^2}\int_0^{\xi_0}[\frac{d^3Q_1}{dt^3}(t^\star)\cos(2\theta)+\frac{d^3Q_2}{dt^3}(t^\star)\sin(2\theta)]d\xi \tag{65}$$

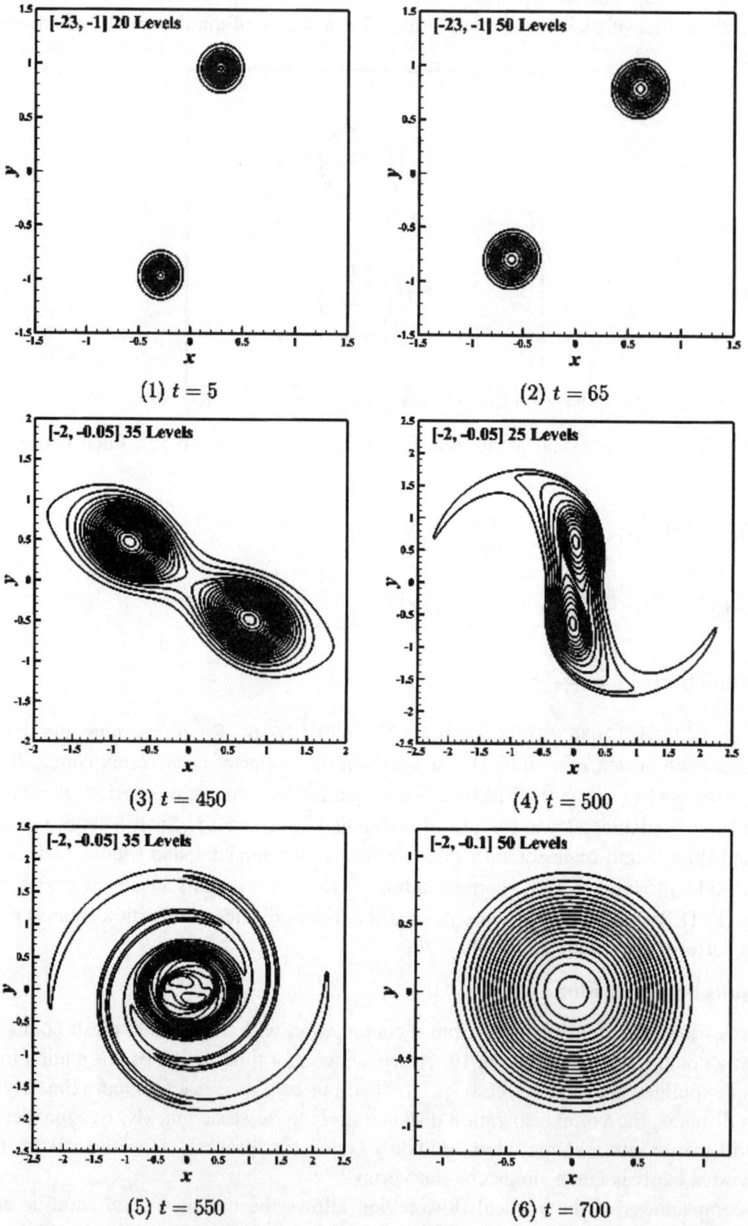

Fig.10: The evolution of the vorticity field in the vortex merging of two corotating Gaussian vortices.

where $r=\sqrt{x^2+y^2}$, θ is measured with respect to the x -axis, $t^*=t-\frac{r}{c_\infty}\cosh(\xi)$ is a modified retared time, $\xi_0=\cosh^{-1}[\frac{c_\infty(t-t_0)}{r}]$, $t_0=\tau/4$. This choice of t_0 was sufficient to allow the initial acoustic transients associated with the start of the computation to leave the near field. The source terms are the second-order moments of vorticity

$$Q_1\equiv 2\iint xy\omega dxdy \quad and \quad Q_2\equiv\iint(y^2-x^2)\omega dxdy \tag{66}$$

The frequency and amplitude of the source terms increase slightly with time as the vortices move closer together. Figure 11 is the time histories of the quadruple acoustic source term, it clearly shows a peak in amplitude corresponding to the vortex merger. Note that after merger, the frequency approximately doubles and the amplitude diminishes significantly.

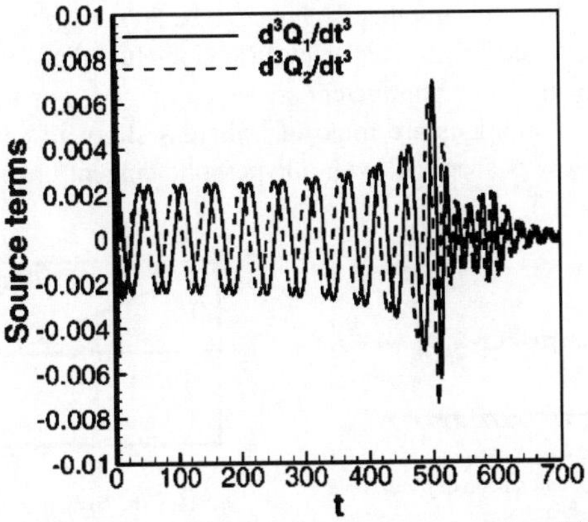

Fig.11: The time evolution of second-order moments of vorticity.

The temporal evolution of the far-field pressure fluctuations at distances of half wavelength and two wavelengths are shown in figure 12. Note that the nearly sinusoidal nature of fluctuations shows a slight increase in both frequency and amplitude as time moves towards merger. The initial large peak is the acoustic transient. The simulations also show a peak in amplitude at merger. After merger, it diminishes significantly. Our numerical result agrees with that given by Eldredge et al.[52]. However, because of the difference in the merging instant, it is different from that given by Mitchell et al.[51].

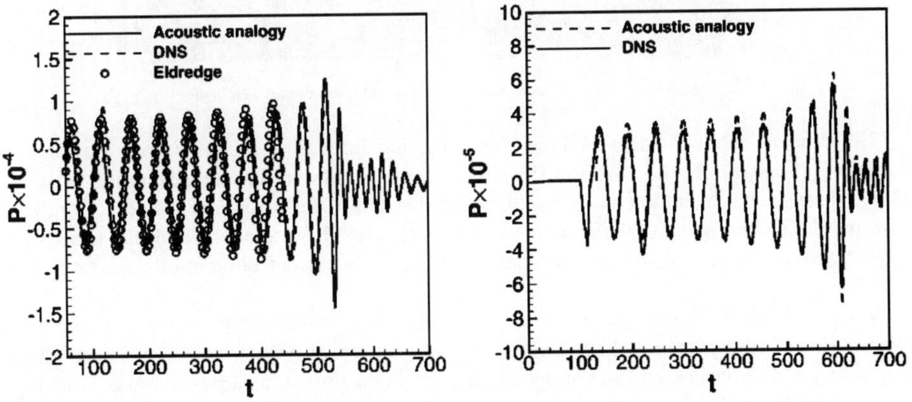

Fig.12: The temporal evolution of far-field sound pressure. Left: The measurement probe is located at (x,y)=(0,λ/2) . Right: The measurement probe is located at (x,y)=(0,2λ).

6.2 The mechanism of sound generation in the interaction between shock wave and shear layer

6.2.1 Setup of the problem

We perform the numerical simulation of the compressible unsteady two-dimensional Navier-Stokes equations by nonlinear compact scheme developed in above section combined with third-order TVD Runge-Kutta scheme for a shock wave interacting with a shear layer. Fig.13 shows the schematic of this physical problem [55]. An oblique shock is made to impinge on a spatially developing shear layer at an initial convective Mach number of 0.6.

The computational domain has normalized size [0,200]×[-20,20], and the initial flow field is divided into five parts as Fig.14. The grid is taken to be uniform in x and stretched in y. The reference distance is taken as vorticity thickness, the reference density is taken as the average of the two free streams and a reference velocity as the velocity jump (u_1-u_2) across the shear layer. The Prandtl number is set to 0.72. The Reynolds number is chosen to be 500.

The upper boundary condition is fixed using Rankine-Hugoniot relations for an oblique shock angle of β=12°. Details of the flow parameters are given in [55]. For the left and right boundaries, supersonic inflow/outflow conditions are imposed, whereas slip-wall conditions are assumed at the bottom boundary. The inflow is specified with a hyperbolic tangent profile, fluctuations are added to the inflow as Yee et al. [55].

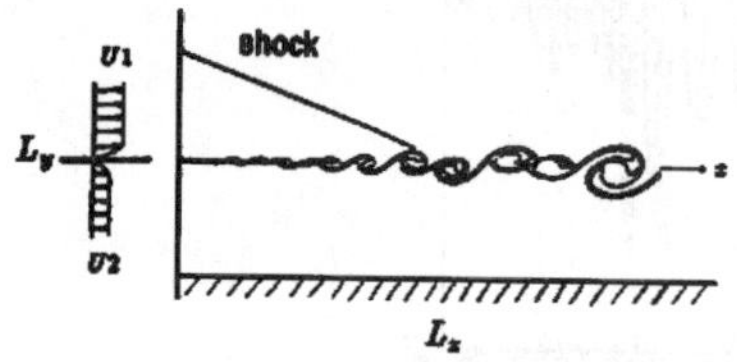

Fig.13: Schematic diagram of the interaction of shock wave and supersonic shear layer

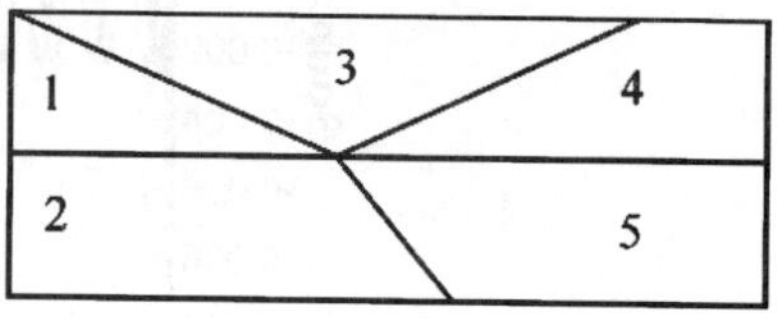

Fig14: The computational domain of initial flow field

6.2.2 Results and discussion

In this section, we focus on two zones of the interaction of shock wave and shear layer, see Fig. 15, which is the dilatation at t=120. The first zone is the location of the incident oblique shock impinges on the shear layer, and the second zone is the location of the reflected shock impinges on the shear layer.

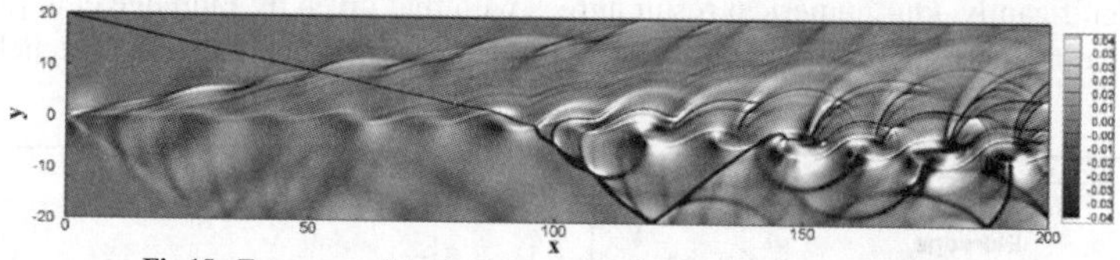

Fig.15: Two zones of shock wave passing through supersonic shear layer

The process of an incident oblique shock passing through a shear layer is similar to the interaction process for a shock-vortex [56-57], and results showed that the generation of sound is closely related to the generation of a vortex-induced shocklet. We can confirm this point from Fig.16, where the red dashed lines mark the acoustic wave generated by interaction with the shock-vortex. Then, an acoustic wave is generated and radiated at the locus of contact point of shocklet and shear layer.

When the reflected shock passes through the shear layer in the braid region, a portion of the reflected shock penetrates the shear layer. However, the other portion of the reflected shock is dragged by the shear layer, and leaks at the saddle point in the form of an acoustic wave. From Fig.17, where the red dashed lines mark the acoustic wave, we can deduce that the source of sound is located at the saddle point between the vortices, namely the braid region. This is the shock leakage mechanism [58-60].

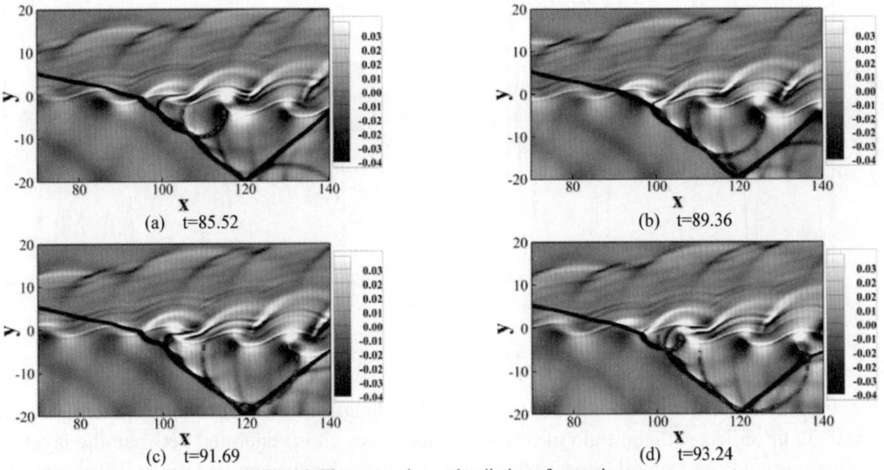

Fig.16: The generation and radiation of acoustic wave

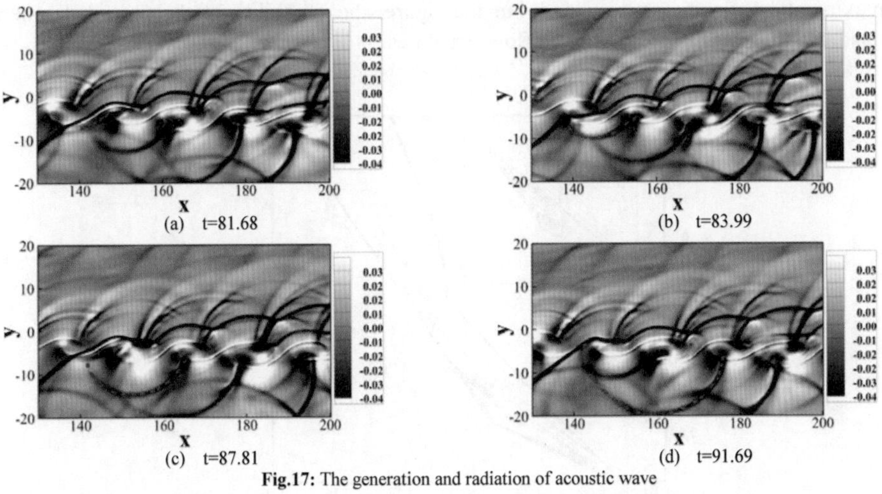

Fig.17: The generation and radiation of acoustic wave

Fig.18 is the time evolution of the sound pressure signal and the sound pressure level (SPL) spectrum as a function of the Strouhal number at the location of the reflected shock impinging on the shear layer. We can clearly see that there are two sources of aerodynamic noise: One is the sound generated by vortex roll up in the shear layer, and the other one is the sound from shock-leakage by the interaction between the reflected shock wave and shear layer. Through frequency-spectrum analysis, we find that sound from interaction between the reflected shock wave and shear layer is much stronger than that from vortex roll up in the shear layer.

6.3 Hypersonic flow around sharp double-cone (SDC) at M_∞=9.59

This case is usually used to test the capability of WENN/WENO-OS4 for heat prediction besides providing a description of shock/boundary-layer interaction. The geometry is demonstrated in the lower zoom window of Fig.19. The inflow conditions are: M_∞=9.59, T_∞=185.6K, T_w=293.3K, Re = 139436 m^{-1}. The grid number is: $n_{stream}\times n_{normal}$=256×148.

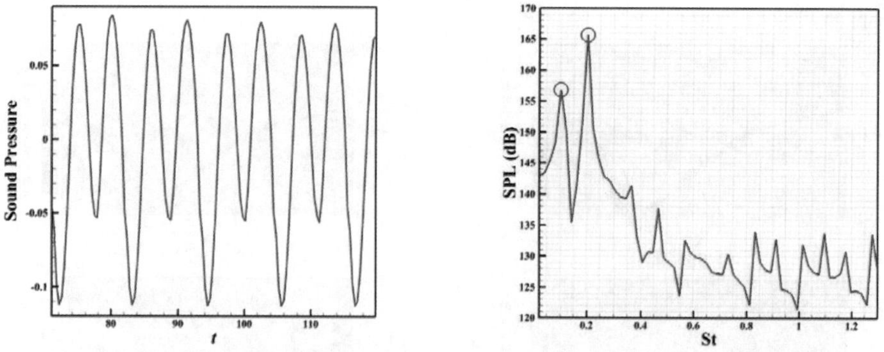

(a) Time evolution of the sound pressure (b) SPL spectrum of the sound pressure

Fig.18: The sound pressure signal and the SPL spectrum from Fast Fourier Transform (FFT)

Fig.19 shows the wave and vortex structures. The length in the figure is in meters. The density gradient contour indicates that a train of reflected shocks which is generated between the layer formed by the slip line and the second cone surface was resolved by the computation. In the upper zoom window of the figure, at least four vortices were resolved by the scheme which indicates the complexity of hypersonic separation. From the figure, the capability of the proposed schemes is demonstrated regarding the resolution of flow structures.

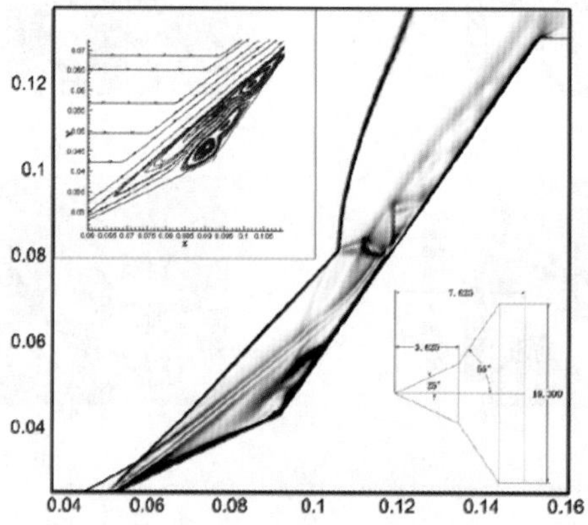

Fig.19: The contour of magnitude of density gradient with a zoomed view of streamlines

Quantitative results of the pressure (Cp) and heat flux (Stanton number, St) are shown in Fig.20, and results by using the parameter p as the weight have also been provided, which are denoted by diamonds in the figure. The results are compared with those of experiment and the computation from Gnoffo [61] on grid size 512×256. In the figure, the x coordinate is non-dimensionalized by the horizontal distance from the cone tip to the first kink. Regarding the pressure distribution, an overall consistency was obtained between the computations (WENN/WENO-OS4 and Gnoffo). The results by WENN/WENO-OS4 generally agree with the experimental data, except a relatively more downstream shift around the location x=1.3 than that of Gnoffo. Concerning the heat flux, Gnoffo's result shows a higher peak at x≈1.3 compared with the experiment, while WENN/WENO-OS4 shows a lower one. From the figure, no obvious difference is observed between the two ways of using p in WENN/WENO-OS4.

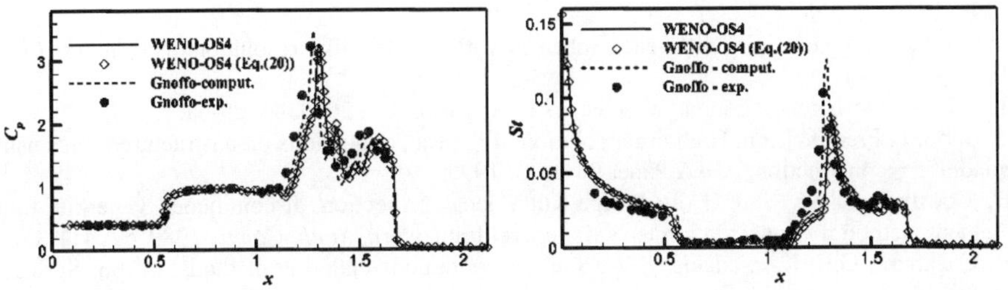

(a) C_p (b) *St*

Fig.20. The comparisons between the computations and the experiment

7 Concluding Remarks

In this paper, some recent progress of high-order methods in CARDC was reviewed. Firstly the principals to design high-order methods were discussed. Then a series of high-order finite-difference schemes on structured grids were reviewed, including the linear and nonlinear compact schemes with spectral-like resolution, the new 4th order symmetric WENN scheme through linear and nonlinear optimizations. Thirdly, a class of high-order DG/FV hybrid schemes on unstructured grids was reviewed. Finally, some applications of these high-order schemes were also presented for complex flow physics.

Beside the works reviewed in this paper, there are many other studies by Zhang Hanxin, Deng Xiaogang and their collaborators in the implementation of high order numerical scheme in complex engineering problems. Those contain the weighted nonlinear compact scheme, characteristic-based interface condition on complex multi-block grids, patched grids, and so on. These works have tremendously enhanced the capability of high-order schemes on complex grids for complicated geometries, and some of the high-order schemes have been applied the RANS simulations of realistic flight vehicles, and ILES simulations of aero-acoustic problems. These works was not included in this paper. Readers can refer the references [62-68] for more details.

In future, we will continue to improve our high order schemes in their resolution, robustness, the efficiency for parallel computation, the corresponding high order boundary scheme and the relation between numerical scheme and turbulent model. Apply them to study the mechanisms of multi-scale problems, such as aeroacoustics and turbulence and to compute the aerodynamics for realistic configurations.

References

[1] C.K.W. Tam. Computational aeroacoustics: Issues and methods. *AIAA J.*, 1995, 33: 1788-1796.

[2] T. Colonius, S.K. Lele. Computational aeroacoustics: Progress on nonlinear problems of sound generation. *Prog. Aero. Sci.*, 2004, 40: 345-416.

[3] J.A. Ekaterinaris. High-order accurate, low numerical diffusion methods for aerodynamics. *Prog. Aero. Sci.*, 2005, 41: 192-300.

[4] Z.J. Wang. High-order methods for the Euler and Navier-Stokes equations on unstructured grids. *Prog. Aero. Sci.*, 2007, 43: 1-41.

[5] N.A. Adams and K Shariff. A high-resolution hybrid compact-ENO scheme for shock-turbulence interaction problems. *J. Comput. Phys.*, 1996, 127: 27-51.

[6] A. Harten. High resolution schemes for hyperbolic conservative laws. *J. Comput. Phys.*, 1983, 49: 357-393.

[7] A. Harten, B. Engquist, S. Osher, S. Chakravarthy. Uniformly high order essentially non-oscillatory schemes, III. *J. Comput. Phys.*, 1987, 71: 231-303

[8] X.D. Liu, S. Osher, T. Chan. Weighted essentially non-oscillatory schemes. *J. Comput. Phys.*, 1994, 115, 200-212.

[9] G.S. Jiang, C.W. Shu. Efficient implementation of weighted ENO schemes. *J. Comput. Phys.*,

1996, 126: 202-228.
[10] S.K. Lele. Compact finite difference schemes with spectral-like resolution. *J. Comput. Phys.*, 1992, 103: 16-42.
[11] T.J. Baker. Mesh generation: art or science? *Prog. Aero. Sci.*, 2005, 41: 29-63.
[12] T. Barth, P. Frederickson. High order solution of the Euler equations on unstructured grids using quadratic reconstruction. AIAA Paper 90-0013, 1990.
[13] B. Cockburn, C.W. Shu. TVB Runge-Kutta local projection discontinuous Galerkin finite element method for conservation laws II: general framework, *Math. Comp.*, 1989, 52: 411-35.
[14] B. Cockburn, G.E. Karniadakis, C.W. Shu. Discontinuous Galerkin methods, Berlin: Springer, 2000.
[15] Z.J. Wang. Spectral (finite) volume method for conservation laws on unstructured grids: basic formulation. *J. Comput. Phys.*, 2002, 178: 210-251.
[16] Y. Liu, M. Vinokur and Z.J. Wang. Discontinuous spectral difference method for conservation laws on unstructured grids. *J. Comput. Phys.*, 2006, 216: 780-801.
[17] Z.J. Wang and H.Y. Gao, A unifying lifting collocation penalty formulation including the discontinuous Galerkin, spectral volume/difference methods for conservation laws on mixed grids. *J. Comput. Phys.*, 2009, 228: 8161-8186.
[18] H.T. Huynh. High-order methods by correction procedures using reconstructions. In eds. Z. J. Wang, Adaptive High-order Methods in Computational Fluid Dynamics, World Scientific, Singapore, 2011, pp. 422.
[19] H.X. Zhang. The discussion on the numerical oscillation near shock wave of the finite difference. *ACTA Aerodyn. Sin.*, 1984, 1(1): 12-19.
[20] H.X. Zhang. Non-oscillatory and non-free-parameter dissipation difference scheme. *ACTA Aerodyn. Sin.*, 1988, 6(2): 143-165.
[21] H.X. Zhang, F.G. Zhuang. NND schemes and their applications to numerical simulation of two and three dimensional flow. *Advances in Applied Mechanics*, 1992, 29:193-256.
[22] G.H. He, H.X. Zhang. Application of a new third order ENN scheme for the Euler/Navier-Stokes equations. Conference Proceedings, the first Asian CFD Conference, 1995.
[23] H.X. Zhang, Q. Li, F.G. Zhuang. On the construction of high order accuracy difference schemes. *ACTA Aerodyn. Sin.,* 1998, 16(1): 14-23.
[24] W.G. Zong, X.G. Deng, H.X. Zhang. Double weighted essentially non-oscillatory shock-capturing schemes. *ACTA Aerodyn. Sin.*, 2003, 21(2): 218-225.
[25] X.G. Deng, H. Maekawa, C. Shen. A class of high-order dissipative compact schemes, AIAA 1996-1972, 1996.
[26] X.G. Deng, H. Maekawa. Compact high-order accurate nonlinear schemes. *J. Comput. Phys.*, 1997, 130(1): 77-91.
[27] X.G. Deng, H.X. Zhang. Developing high-order weighted compact nonlinear schemes. *J. Comput. Phys.*, 2000, 165: 22-44.
[28] X.L. Liu, S.H. Zhang, H.X. Zhang, C.W. Shu. A new class of central compact schemes with spectral-like resolution I: Linear schemes. *J. Comput. Phys.*, 2013, 248: 235-256.
[29] J.C. Hardin, J.R. Ristorcelli, C.K.W. Tam. ICASE/LaRC workshop on benchmark problems in computational aeroacoustics (CAA). NASA Conference Publication 3300, 1995.
[30] R. Samtaney, D.I. Pullin, B. Kosovic. Direct numerical simulation of decaying compressible turbulence and shocklet statistics. *Physics of Fluids*, 2001, 13(5): 1415-1430.
[31] M.P. Martín, E.M. Taylor, M. Wu, V.G. Weirs. A bandwidth-optimized WEMO scheme for the direct numerical simulation of compressible turbulence. *J. Comput. Phys.*, 2006, 220: 270-289.
[32] E.M. Taylor, M. Wu, M.P. Martín. Optimization of nonlinear error for weighted essentially non-oscillatory methods in direct numerical simulations of compressible turbulence. *J. Comput. Phys.*, 2006, 223: 384-397.
[33] M. Wu, M.P. Martín. Direct numerical simulation of supersonic turbulent boundary layer over a compression ramp. *AIAA J.*, 2007, 45: 879-889.
[34] Z.S. Sun, Y.X. Ren, C. Larricq, S.Y. Zhang, Y.C. Yang. A class of finite schemes with low dispersion and controllable dissipation for DNS of compressible turbulence. *J. Comput. Phys.*, 2011, 230: 4616-4635.
[35] H. Luo, J.D. Baum and R. Löhner. High-Reynolds number viscous computations using an

unstructured-grid method. *Journal of Aircraft*, 2005, 42(2).
[36] R.R. Thareja, J.R, Stewart. A point implicit unstructured grid solver for the Euler and Navier-Stokes equations. *Inter. J. Numer. Meth. Fluids*, 1989, 9: 405-425.
[37] L.X. He, L.P. Zhang, H.X. Zhang. A finite element/finite volume mixed solver on hybrid grids. Proceedings of the Fourth International Conference on Computational Fluid Dynamics, 10-14 July, 2006, Ghent, Belgium, edited by Herman Deconinck and Erik Dick, Springer Press, 2006: 695-700.
[38] B. Cockburn, M. Luskin, C.W. Shu, E. Suli. Enhanced accuracy by post-processing for finite element methods for hyperbolic equations. *Mathematics of Computation*, 2003, 72: 577-606.
[39] J.K. Ryan, C.W. Shu, H.L. Atkins. Extension of a post-processing technique for the discontinuous Galerkin method for hyperbolic equations with applications to an aeroacoustic problem. *SIAM J. Sci. Comput.*, 2005, 26: 821-843.
[40] J.X. Qiu, C.W. Shu. Hermite WENO schemes and their application as limiters for Runge–Kutta discontinuous Galerkin method: one-dimensional case. *J. Comput. Phys.*, 2003, 193: 115-135.
[41] M. Dumbser, D.S. Balsara, E.F. Toro. A unified framework for the construction of one-step finite volume and discontinuous Galerkin schemes on unstructured meshes. *J. Comput. Phys.*, 2008, 227: 8209-8253.
[42] M. Dumbser. Arbitrary high order PnPn schemes on unstructured meshes for the compressible Navier-Stokes equations. *Comput. & Fluids*, 2010, 39: 60-76.
[43] H. Luo, L. Luo, R. Norgaliev, V.A. Mousseau and N. Dinh. A reconstructed discontinuous Galerkin method for the compressible Navier-Stokes equations on arbitrary grids. *J. Comput. Phys.*, 2010, 229: 6961-6978.
[44] H. Luo, L.P. Luo, A. Ali, R. Norgaliev and C. Cai. A parallel, reconstructed discontinuous Galerkin method for the compressible flows on arbitrary grids. *Commun. Comput. Phy.*, 2011, 9(2): 363-389.
[45] L.P. Zhang, W. Liu, L.X. He, X.G. Deng, H.X. Zhang. A class of hybrid DG/FV methods for conservation laws I：Basic formulation and one-dimensional systems. *J. Comput. Phys.*, 2012, 231:1081-1103.
[46] L.P. Zhang, W. Liu, L.X. He, X.G. Deng, H.X. Zhang. A class of hybrid DG/FV methods for conservation laws II：Two-dimensional Cases. *J. Comput. Phys.*, 2012, 2 31:1104-1120.
[47] L.P. Zhang, W. Liu, L.X. He, X.G. Deng, H.X. Zhang. A class of hybrid DG/FV methods for conservation laws III: Two-dimensional Euler equations. *Commun. Comput. Phy.*, 2012, 12(1): 284-314.
[48] L.P. Zhang, W. Liu, M. Li, X. He, H.X. Zhang. A class of DG/FV hybrid schemes for conservation law IV: 2D viscous flows and implicit algorithm for steady cases. *Computers &* Fluids, 2014, 97: 110-125.
[49] T. Colonius, S.K. Lele, P. Moin. Sound generation in a mixing layer. *J. Fluid Mech.*, 1997, 330: 375-409.
[50] T.Colonius, S.K. Lele, P. Moin. The scattering of sound waves by a vortex: numerical simulations and analytical solutions. *J. Fluid Mech.*, 1994, 260: 271-298.
[51] B.E. Mitchell, S.K. Lele, P. Moin. Direct computation of the sound from a compressible co-rotating vortex pair. *J. Fluid Mech.*, 1995, 285: 181-202.
[52] J.D. Eldredge, T. Colonius, A. Leonard. A vortex particle method for two-dimensional compressible flow. *J. Comput. Phys.*, 2002, 179: 371-399.
[53] P. Meunier, U. Ehrenstein, T. Leweke and M. Rossi. A merging criterion for two-dimensional co-rotating vortices. *Phys. Fluids*, 2002,14: 2757-2766.
[54] W. Mohring. On vortex sound at low Mach number. *J. Fluid Mech.*, 1978, 85: 685.
[55] H.C. Yee, N.D. Sandham, M.J. Djomehri. Low-dissipative high-order shock-capturing methods using characteristic-based filters. *J. Comput. Phys.*, 1999, 150: 199-238.
[56] S.H. Zhang, Y.T. Zhang, C.W. Shu. Interaction of an oblique shock wave with a pair of parallel vortices: Shock dynamics and mechanism of sound generation. *Physics of Fluids*, 2006, 18, 126101.
[57] S.H. Zhang, S.F. Jiang, Y.T. Zhang, C.W. Shu. The mechanism of sound generation in the interaction between a shock wave and two counter-rotating vortices. *Physics of Fluids*, 2009, 21,

076101.
[58] T.A. Manning, S.K. Lele. A numerical investigation of sound generation in supersonic jet screech. AIAA Paper 2000-2081, 2000.
[59] T. Suzuki, S.K. Lele. Shock leakage through an unsteady vortex-laden mixing layer: application to jet screech. *J. Fluid Mech.*, 2003, 490: 139-167.
[60] C. Lui, S.K. Lele. Sound generation mechanism of shock-associated noise. AIAA Paper 2003-3315, 2003.
[61] P. Gnoffo. CFD validation studies for hypersonic flow prediction. AIAA paper 2001-1025, 2001.
[62] X.G. Deng, M.L. Mao, G.H. Tu. Geometric conservation law and applications to high-order finite difference schemes with stationary grids. *J. Comput. Phys.*, 2011, 230: 1100-1115.
[63] X.G. Deng, Y.B. Min, M.L. Mao, H.Y. Liu, G.H. Tu, H.X. Zhang. Further studies on geometric conservation law and applications to high-order finite difference schemes with stationary grids. *J. Comput. Phys.*, 2013, 239(1): 90-111.
[64] X.G. Deng, M.L. Mao, G.H. Tu, Y.F. Zhang, H.X. Zhang. Extending weighted compact nonlinear schemes to complex grids with characteristic-based interface conditions. *AIAA J.*, 2010, 48(12): 2840-2851.
[65] G.H. Tu, X.G. Deng, M.L. Mao. Implementing high-order weighted compact nonlinear scheme on patched grids with a nonlinear interpolation. Computers & Fluids, 2013, 77: 181-193.
[66] X.G. Deng, Y. Jiang, M.L. Mao, H.Y. Liu, G.H. Tu. Developing hybrid cell-edge and cell-node dissipative compact scheme for complex geometry flows. Science China – Technological Science, 2013, 56(10): 2361-2369.
[67] X.G. Deng, M.L. Mao, G.H. Tu, H.X. Zhang, Y.F. Zhang. High-order and high-accurate CFD method and their application for complex grid problem. *Commun. Comput. Phys.*, 2012, 11(4): 1081-1102.
[68] Y. Jiang, X.G. Deng, M.L. Mao, H.Y. Liu. Effect of surface conservation law on large eddy simulation based on seventh-order dissipative compact scheme. *Appl. Mech. Mater.*, 2013, 419: 30-37.
[69] S. H. Zhang, S. F. Jang, C.W. Shu. Development of nonlinear weighted compact schemes with increasingly higher order accuracy. *J. Comput. Phy.*, 2008, 227:7294–7321.
[70] S.H. Zhang, H. Li, X.L. Liu, H. X. Zhang, and C.W. Shu. Classification and sound generation of two-dimensional interaction of two Taylor vortices. *Physics of Fluids*, 2013, 056103.

第三部分

分离与旋涡流动

借助于对流动物理特征的分析，张涵信院士提出了分离流动的模型和分离相固结的正交坐标系。利用非线性分析理论最先给出了三维可压缩定常NS方程和边界层方程描述的流动分离的数学条件和分离的性状。证明了在NS方程下分离线是壁面极限流线的收拢渐近线且本身也是极限流线。在边界层方程下，分离线可能变成极限流线的包络并产生Goldstein奇性。还进一步阐明了分离线的起始点有鞍点起始、正常点起始和鞍结点组合起始三种形态。分离线上若有若干极限流线方程的奇点时，则鞍点、结点是交替分布的。对分离后的再附，文中也作了分析。

分离线由物面向外发展是要卷成旋涡的，旋涡沿其轴向随轴向速度、密度的改变发生分叉演化，且轴向速度为亚、超声速时演化的形态完全不同，演化破裂的形态也不同，文中给出了该情况的详细讨论。

文中还特别研究了非定常情况分离条件和分离性状。这里只是指出，在分离点防热材料有可能撕裂，在再附点则可能加快烧蚀。

三维定常粘性流动的分离条件及分离线附近流动的性状*

张　涵　信

（中国气动力研究与发展中心）

摘要　本文给出了三维定常粘性流动的分离条件，考查了分离线附近流动的性状，指出对NS方程所描述的实际流动，分离线为壁面极限流线的“收拢渐近线”，且本身也为极限流线。文中研究了分离线的起始和终结，指出开式和闭式起始[3]的分离线除无限向后延伸外，再有只能是焦点和结点终结。分离线的起点不能是焦点或结点，其终点不能是鞍点。对再附线亦给出了相应的结论。最后讨论了决定分离线位置的方法。

一、引　　言

研究粘性气体的分离流动，对飞机、导弹和高超声速机动飞行器的设计，具有重要意义。其中一个重要问题是希望给出分离的起始点以及分离区边界线的位置，这就是所谓分离条件和分离线的性状问题。目前对这个问题已有了很多理论、实验研究[1,2,3]和综合评述[4,5]。但正如Brown和Stewartson[4]以及Williams[5]等人先后强调的那样，这方面的问题至今尚未取得一致的认识。Eichelbrenner和Oudart[6]，Maskell[1]及王国璋[3]等人，认为分离线是壁面极限流线的包络。而Legendre[7]、Lighthill[2]、Hunt[8]、Tobak和Peake[9-11]等人认为，分离线是其附近壁面极限流线的“收拢渐近线”，且本身也是一条极限流线。

本文试图从理论上澄清上述问题。文中通过对分离流面的研究，建立了判定三维定常粘性流动分离的条件，在此基础上分析了分离线附近流动的性状，并证明分离线是其附近极限流线的收拢渐近线，其本身也是极限流线。对于分离再附情况，亦有类似的结论。文中还讨论了分离线的起始和发展及其位置的确定方法问题。

二、判定流动分离的条件

研究固定壁面上三维定常流动的分离时，文献中常常引用图1来说明分离线的几何意义，即认为：（1）分离线是从物面离开的分离流面与物面的交线；（2）在分离流面两

* 空气动力学学报，1985，1：1-12. 本文于1984年10月12日收到。

侧来自两方的流体，跟随分离流面一起，流向物面上方。下面在此意义下来建立分离的条件。

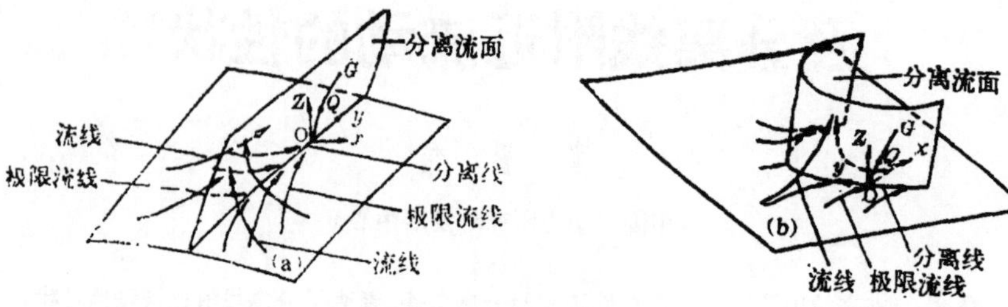

图 1　分离图象及坐标系统

1．分离流面从物面离开的条件

设 x,y,z 为正交曲线座标系，其中 x，y 轴在物体表面上，z 轴为物面的法向，相应的尺度系数分别为 $h_1=h_1(x,y,z)$，$h_2=h_2(x,y,z)$，$h_3=1$，又设分离流面的方程为：$z=f(x,y)$，或者

$$F(x,y,z)=z-f(x,y)=0 \tag{2.1}$$

则分离流面的单位外法向量是：

$$\vec{n}=\frac{-\frac{1}{h_1}\frac{\partial f}{\partial x}\vec{e}_x-\frac{1}{h_2}\frac{\partial f}{\partial y}\vec{e}_y+\vec{e}_z}{\left[1+\left(\frac{1}{h_1}\frac{\partial f}{\partial x}\right)^2+\left(\frac{1}{h_2}\frac{\partial f}{\partial y}\right)^2\right]^{\frac{1}{2}}} \tag{2.2}$$

式中 $\vec{e}_x,\vec{e}_y,\vec{e}_z$ 为 x,y,z 轴的单位向量，再设流体运动的速度为：

$$\vec{V}=u\vec{e}_x+v\vec{e}_y+w\vec{e}_z \tag{2.3}$$

这里 u，v，w 是 x,y,z 方向的速度分量。由于 $\vec{V}$ 处处与流面相切，因此 $\vec{V}\cdot\vec{n}=0$，于是由(2.2)，(2.3)可得：

$$\frac{1}{h_1}\frac{\partial f}{\partial x}=\frac{w-\frac{v}{h_2}\frac{\partial f}{\partial y}}{u} \tag{2.4}$$

另一方面，分离流面法向 $\vec{n}$ 与 $\vec{e}_z$ 的夹角 θ 是：

$$\cos\theta=\vec{n}\cdot\vec{e}_z=\left[1+\left(\frac{1}{h_1}\frac{\partial f}{\partial x}\right)^2+\left(\frac{1}{h_2}\frac{\partial f}{\partial y}\right)^2\right]^{-\frac{1}{2}}$$

由此可得：

$$\left[\mathrm{tg}^2\theta-\left(\frac{1}{h_2}\frac{\partial f}{\partial y}\right)^2\right]^{\frac{1}{2}}=\frac{1}{h_1}\frac{\partial f}{\partial x} \tag{2.5*}$$

* 这里仅取正号，意味着 x 的正方向由附体一侧指向分离一侧。

将(2.4)代入此式得：

$$\left[\operatorname{tg}^2\theta-\left(\frac{1}{h_2}\frac{\partial f}{\partial y}\right)^2\right]^{\frac{1}{2}}=\frac{w-\dfrac{v}{h_2}\dfrac{\partial f}{\partial y}}{u} \tag{2.6}$$

这就是决定流面法向与物面法向夹角的方程。现取分离线为 y 轴(图 1)，必有 $(\vec{n}\cdot\vec{e}_y)_0=0$，这里下标“0”表示在分离线上取值。利用 (2.2) 可得：

$$\left(\frac{1}{h_2}\frac{\partial f}{\partial y}\right)_0=0 \tag{2.7}$$

这就是分离流面在分离线处的几何关系。

(2.6)对分离线外的分离流面上的任一点皆成立。现设 o 为分离线上任一点，如图 1 设 OG 是座标面 xoz 与分离流面的交线，Q 是其上任一点，设 OQ 的弧长为 Δs，现研究当 $\Delta s\to 0$ 时(2.6)的极限形式。在分离情况下，流面在分离线处突然抬起并离开物面，因此 $(\operatorname{tg}\theta)_0\neq 0$。利用(2.7)，(2.6)左端给出 $(\operatorname{tg}\boldsymbol{\theta})_0$，但由物面无滑流条件，(2.6)右端是“0/0”型的。所以采用 L'Hospital 法则得：

$$(\operatorname{tg}\theta)_0=\frac{\left(\dfrac{\partial w}{\partial s}\right)_0-\left(\dfrac{\partial v}{\partial s}\right)_0\left(\dfrac{1}{h_2}\dfrac{\partial f}{\partial y}\right)_0-v_0\left[\dfrac{\partial}{\partial s}\left(\dfrac{1}{h_2}\dfrac{\partial f}{\partial y}\right)\right]_0}{\left(\dfrac{\partial u}{\partial s}\right)_0}$$

式中

$$\left(\frac{\partial}{\partial s}\right)_0=\left(\frac{\partial x}{\partial s}\right)_0\left(\frac{\partial}{\partial x}+\frac{\partial z}{\partial x}\frac{\partial}{\partial z}\right)_0$$

表示沿 OG 的方向导数，因为 Q 点在 OG 弧线上，$(\partial z/\partial x)_0=(h_1\operatorname{tg}\theta)_0$，于是上式给出：

$$\begin{aligned}(\operatorname{tg}\theta)_0=&\left\{\left(\frac{\partial w}{\partial x}\right)_0+(h_1\operatorname{tg}\theta)_0\left(\frac{\partial w}{\partial z}\right)_0-\left[\left(\frac{\partial v}{\partial x}\right)_0+(h_1\operatorname{tg}\theta)_0\left(\frac{\partial v}{\partial z}\right)_0\right]\left(\frac{1}{h_2}\frac{\partial f}{\partial y}\right)_0\right.\\&\left.-v_0\left[\frac{\partial}{\partial x}\left(\frac{1}{h_2}\frac{\partial f}{\partial y}\right)+h_1\operatorname{tg}\theta\frac{\partial}{\partial z}\left(\frac{1}{h_2}\frac{\partial f}{\partial y}\right)\right]_0\right\}\\&\times\left[\left(\frac{\partial u}{\partial x}\right)_0+(h_1\operatorname{tg}\theta)_0\left(\frac{\partial u}{\partial z}\right)_0\right]^{-1}\end{aligned} \tag{2.8}$$

利用物面条件 $u_0=v_0=w_0=0$ 得，

$$\left(\frac{\partial u}{\partial x}\right)_0=\left(\frac{\partial v}{\partial x}\right)_0=\left(\frac{\partial w}{\partial x}\right)_0=0$$

又由连续方程知：

$$\left(\frac{\partial w}{\partial z}\right)_0=-\left\{\frac{1}{\rho h_1h_2}\left[\frac{\partial(\rho h_2u)}{\partial x}+\frac{\partial(\rho h_1v)}{\partial y}+w\frac{\partial(\rho h_1h_2)}{\partial z}\right]\right\}_0=0$$

这里ρ是流体的密度。再利用(2.7)易知，(2.8)式右端的分子为零。因此要$(\mathrm{tg}\,\theta)_0$不为零，必须有：

$$\left(\frac{\partial u}{\partial z}\right)_0=0 \tag{2.9}$$

下面进一步研究$(\mathrm{tg}\,\theta)_0$的表达式。不失一般性，可将座标原点置于o点处，因为NS方程所描述的实际流动在分离线处无Goldstein奇性[12]，因此利用Taylor级数的展开公式，o点附近的u，v，w可表达为：

$$\begin{cases} u=\dfrac{1}{2}\left(\dfrac{\partial^2 u}{\partial z^2}\right)_0 z^2+\left(\dfrac{\partial^2 u}{\partial x\,\partial z}\right)_0 xz+\cdots \\ v=\left(\dfrac{\partial v}{\partial z}\right)_0 z+\dfrac{1}{2}\left(\dfrac{\partial^2 v}{\partial z^2}\right)_0 z^2+\left(\dfrac{\partial^2 v}{\partial y\partial z}\right)_0 yz+\left(\dfrac{\partial^2 v}{\partial x\partial z}\right)_0 xz+\cdots \\ w=\dfrac{1}{2}\left(\dfrac{\partial^2 w}{\partial z^2}\right)_0 z^2+\cdots \end{cases} \tag{2.10}$$

这里应用了物面条件、(2.9)及$(\partial w/\partial z)_0=0$。另外，$f(x,y)$，$h_2$亦可被展开为：

$$f(x,y)=\left(\frac{\partial f}{\partial x}\right)_0 x+\left(\frac{\partial^2 f}{\partial x\partial y}\right)_0 xy+\frac{1}{2}\left(\frac{\partial^2 f}{\partial x^2}\right)_0 x^2+\cdots \tag{2.11}$$

$$h_2=(h_2)_0+\left(\frac{\partial h_2}{\partial x}\right)_0 x+\left(\frac{\partial h_2}{\partial y}\right)_0 y+\left(\frac{\partial h_2}{\partial z}\right)_0 z+\cdots \tag{2.12}$$

在引导(2.11)时应用了(2.7)。将(2.10)—(2.12)代入(2.6)整理后得：

$$(\mathrm{tg}\,\theta)_0=\frac{\left(\dfrac{\partial^2 w}{\partial z^2}\right)_0-2\left(\dfrac{\partial v}{\partial z}\right)_0\left(\dfrac{1}{h_2}\dfrac{\partial^2 f}{\partial x\partial y}\right)_0\dfrac{x}{z}}{\left(\dfrac{\partial^2 u}{\partial z^2}\right)_0+2\left(\dfrac{\partial^2 u}{\partial x\partial z}\right)_0\dfrac{x}{z}} \tag{2.13}$$

式中$z=f(x,y)$。由(2.11)及(2..5)得：

$$\frac{f(x,y)}{x}=\left(\frac{\partial f}{\partial x}\right)_0+\cdots \tag{2.14}$$

$$\left(\frac{\partial f}{\partial x}\right)_0=(h_1\,\mathrm{tg}\,\theta)_0 \tag{2.15}$$

$$\left(\frac{\partial^2 f}{\partial x\partial y}\right)_0=\left[\frac{\partial}{\partial y}(h_1\,\mathrm{tg}\,\theta)\right]_0 \tag{2.16}$$

将(2.15)代入(2.14)并将所得结果连同(2.16)一起代入(2.13)，然后令x，y，z分别趋于零，于是最后可得：

$$2\left(\frac{\partial v}{\partial z}\right)_0\left(\frac{h_1}{h_2}\right)_0\frac{\partial(h_1\,\mathrm{tg}\,\theta)_0}{\partial y}+\left[2\left(\frac{\partial^2 u}{\partial x\partial z}\right)_0-\left(h_1\frac{\partial^2 w}{\partial z^2}\right)_0\right](h_1\,\mathrm{tg}\theta)_0+ \\ +\left(\frac{\partial^2 u}{\partial z^2}\right)_0(h_1\,\mathrm{tg}\,\theta)_0^2=0 \tag{2.17}$$

由于原点 o 是任意选取的，该式在分离线上任一点皆成立，这就得到了决定 $\operatorname{tg}\theta_0$ 的方程。对于牛顿流体，根据 NS 方程、牛顿定律、物面条件和(2.9)，有

$$\begin{cases}\left(\dfrac{\partial^2 u}{\partial z^2}\right)_0=\left(\dfrac{1}{\mu}\dfrac{1}{h_1}\dfrac{\partial p}{\partial x}\right)_0\\[2ex]\left(\dfrac{\partial^2 w}{\partial z^2}\right)_0=\left(\dfrac{1}{\mu}\dfrac{\partial p}{\partial z}\right)_0\\[2ex]\left(\dfrac{\partial^2 u}{\partial x\partial z}\right)_0=\left(\dfrac{1}{\mu}\dfrac{\partial \tau_{zx}}{\partial x}\right)_0\end{cases}\tag{2.18}$$

这里 μ 是粘性系数，p 是压力，τ_{zx} 为表面摩擦应力在分离线法向的分量。引入

$$\begin{cases}f(y)=\dfrac{\left(\dfrac{\partial^2 u}{\partial z^2}\right)_0}{2\left(\dfrac{\partial v}{\partial z}\right)_0\left(\dfrac{h_1}{h_2}\right)_0}=\dfrac{\left(\dfrac{1}{\mu}\dfrac{1}{h_1}\dfrac{\partial p}{\partial x}\right)_0}{2\left(\dfrac{h_1}{h_2}\right)_0\left(\dfrac{\partial v}{\partial z}\right)_0}\\[4ex]g(y)=\dfrac{2\left(\dfrac{\partial^2 u}{\partial x\partial z}\right)_0-\left(h_1\dfrac{\partial^2 w}{\partial z^2}\right)_0}{2\left(\dfrac{\partial v}{\partial z}\right)_0\left(\dfrac{h_1}{h_2}\right)_0}=\dfrac{2\left(\dfrac{1}{\mu}\dfrac{\partial \tau_{zx}}{\partial x}\right)_0-\left(h_1\dfrac{1}{\mu}\dfrac{\partial p}{\partial z}\right)_0}{2\left(\dfrac{h_1}{h_2}\right)_0\left(\dfrac{\partial v}{\partial z}\right)_0}\end{cases}\tag{2.19}$$

则(2.17)的解是：

$$(\operatorname{tg}\theta)_0=\frac{1}{(h_1)_0}\left\{e^{\int_0^y g\,dy}\left[\int_0^y e^{-\int_0^y g\,dy}f(y)\,dy+\frac{1}{(h_1\operatorname{tg}\theta)_{0i}}\right]\right\}^{-1}\tag{2.20}$$

式中 $(h_1\operatorname{tg}\theta)_{0i}$ 表示 $y=0$ 时 $(h_1\operatorname{tg}\theta)_0$ 的起始值。因为应用了条件(2.9)，所以(2.20)表明，满足条件(2.9)的 $(\operatorname{tg}\theta)_0$ 有非零解，即流面抬起并离开物面。

2．回流条件

为了表达图 1 所示分离流动的第二个特征，我们来考查分离线附近流体的运动，其流线方程为：

$$\begin{cases}\dfrac{1}{h_1}\dfrac{\partial z}{\partial x}=\dfrac{w}{u}\\[2ex]\dfrac{h_2}{h_1}\dfrac{\partial y}{\partial x}=\dfrac{v}{u}\end{cases}\tag{2.21}$$

第一式代表了与分离线垂直的截面上的流动特征；第二式代表了与 xoy 面平行的截面上的流动特征，当 $z\to 0$ 时，它就是壁面极限流线。

将(2.10)代入(2.21)第一式，略去高阶小量项后得：

$$\frac{\partial z}{\partial x}=\frac{(h_1)_0\left(\dfrac{\partial^2 w}{\partial z^2}\right)_0\cdot z}{\left(\dfrac{\partial^2 u}{\partial z^2}\right)_0 z+2\left(\dfrac{\partial^2 u}{\partial x\partial z}\right)_0 x}\tag{2.22}$$

根据常微分方程的奇点理论，当

$$q=2(h_1)_0\left(\frac{\partial^2 w}{\partial z^2}\right)_0\left(\frac{\partial^2 u}{\partial x\partial z}\right)_0<0$$

时，则在与分离线垂直的截面上，o点是鞍型奇点；当$q>0$时，o点是结点或焦点型奇点；又由于在分离情况下，流动是离开物面向外的，即$w>0$，由(2.10)第三式易知，$(\partial^2 w/\partial z^2)_0>0$，因此当$q>0$时，$(\partial^2 u/\partial x\partial z)_0>0$，这样

$$R=-\left[\left(h_1\frac{\partial^2 w}{\partial z^2}\right)_0+2\left(\frac{\partial^2 u}{\partial x\partial z}\right)_0\right]<0$$

结点或焦点o是不稳定的，显然这不是图1所示的图象。因此o点只可能是鞍型奇点，这就给出

$$\left(\frac{\partial^2 w}{\partial z^2}\right)_0\left(\frac{\partial^2 u}{\partial x\partial z}\right)_0<0 \tag{2.23}$$

因为$(\partial^2 w/\partial z^2)_0>0$，于是

$$\left(\frac{\partial^2 u}{\partial x\partial z}\right)_0<0 \tag{2.24}$$

这就是表征分离流面两侧来自两方的流体跟随分离流面向外运动的条件，我们称之为回流条件。

3．判定流动分离的条件

根据以上讨论，判定流动分离的条件是：在分离线上，

$$\begin{cases}\left(\dfrac{\partial u}{\partial z}\right)_0=0\\[2ex]\left(\dfrac{\partial^2 u}{\partial x\partial z}\right)_0<0\end{cases} \tag{2.25}$$

利用类似的方法，可以得到：在再附线上分离流动再附着的条件是：

$$\begin{cases}\left(\dfrac{\partial u}{\partial z}\right)_0=0\\[2ex]\left(\dfrac{\partial^2 u}{\partial x\partial z}\right)_0>0\end{cases} \tag{2.26}$$

三、分离线、再附线附近流动的性状

现在来研究(2.21)第三式，当$z\to 0$时所给出的流动性状。根据上节给出的分离、再附条件，可以有以下结论：

1．若在分离线上，$(\partial v/\partial z)_0\neq 0$，则分离线是一条壁面极限流线

事实上，设过分离线上某点o的壁面极限流线为$x=x(y)$，下面来求o点的$x(y)$对y的各阶导数，由壁面极限流线的定义，一阶导数是：

$$\frac{h_1}{h_2}\frac{dx}{dy}=\frac{\partial u/\partial z}{\partial v/\partial z} \tag{3.1}$$

将此式沿极限线流再求其方向导数得：

$$\frac{h_1}{h_2}\frac{d^2x}{dy^2}+\left[\frac{\partial}{\partial y}\left(\frac{h_1}{h_2}\right)+\frac{\partial}{\partial x}\left(\frac{h_1}{h_2}\right)\frac{dx}{dy}\right]\frac{dx}{dy}$$

$$-\left(\frac{\partial^2 u}{\partial y\partial z}+\frac{\partial^2 u}{\partial z\partial x}\frac{dx}{dy}\right)\left(\frac{\partial v}{\partial z}\right)^{-1}-\left(\frac{\partial u}{\partial z}\right)\left(\frac{\partial^2 v}{\partial y\partial z}+\frac{\partial^2 v}{\partial x\partial z}\frac{dx}{dy}\right)\left(\frac{\partial v}{\partial z}\right)^{-2} \tag{3.2}$$

由(2.9)，在分离线上，$\partial u/\partial z=0$，因此 $\partial^2 u/\partial y\partial z=0$，$\partial x/\partial y=0$，于是由(3.2)得：

$$\frac{d^2x}{\partial y^2}=0 \tag{3.3}$$

用类似的方法可以证明：

$$\frac{\partial^n x}{\partial y^n}=0 \tag{3.4}$$

这里 $n=2,3,4\cdots$。这表明极限流线 $x=x(y)$ 在 o 点的各阶导数皆为零，因此极限流线就是 y 轴，即分离线是一条极限流线。

还可以从另一角度来证明这一结论是正确的。事实上，将 $\partial u/\partial z$，$\partial v/\partial z$ 在 o 点进行 Taylor 展开：

$$\begin{cases}\dfrac{\partial u}{\partial z}=\left(\dfrac{\partial^2 u}{\partial x\partial z}\right)_0 x+\cdots\\[2ex] \dfrac{\partial v}{\partial z}=\left(\dfrac{\partial v}{\partial z}\right)_0+\left(\dfrac{\partial^2 v}{\partial x\partial z}\right)_0 x+\left(\dfrac{\partial^2 v}{\partial y\partial z}\right)_0 y+\cdots\end{cases} \tag{3.5}$$

并代入(3.1)，略去高阶小量后得：

$$\frac{dx}{\partial y}=Ax \tag{3.6}$$

式中

$$A=\left(\frac{h_2}{h_1}\right)_0\left(\frac{\partial^2 u/\partial x\partial z}{\partial v/\partial z}\right)_0 \tag{3.7}$$

积分(3.6)得：

$$x=\pm ce^{Ay} \tag{3.8}$$

这里 c 是积分常数。可以看出，若要求积分曲线过 o 点($x=y=0$)，只有 $c=0$，即过 o 点的极限流线为 $x=0$。所以分离线就是一条极限流线。

2．若 $\partial v/\partial z\neq0$，则在分离线附近的极限流线分别向分离线收拢，并以分离线为渐近线

事实上，由结论 1，(3.8)成立。如图 2 设 A 点的 x 座标为 ε，则过 A 点的极限流线为 $x=\varepsilon e^{Ay}$。如果在物面附近，$v>0$，即流动和 y 轴的正向一致，因为在物面上 $v=0$，因此在物面处 $\partial v/\partial z>0$．而对于分离线，$\partial^2 u/\partial x\partial z<0$，于是由(3.7)知 $A<0$，这表明随着 y 的增加，极限流线到分离线的距离减小，且 $y\to\infty$时，$x\to0$，即极限流线收拢

渐近于 y 的正向。如果 $v<0$，即流动和 y 轴的负向一致，则在物面处 $\partial v/\partial z<0$，于是对分离线，$A>0$，这表明随着 y 的减小，极限流线到分离线的距离减小，且 $y\to-\infty$ 时，$x\to0$，即极限流线收拢于 y 轴的负向。以上研究表明，不论何种情况，分离线是附近极限流线的收拢渐近线。

3．若 $\partial v/\partial z\neq0$，在再附线附近，壁面极限流线是以再附线为渐近线而向外发散的（图 3）

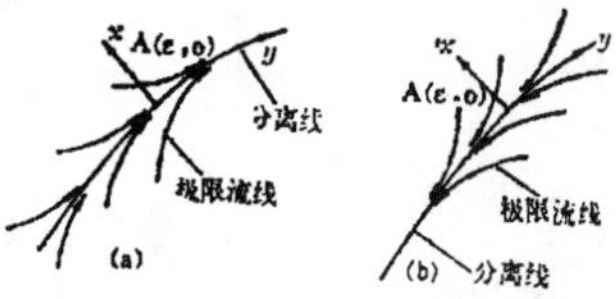

图 2　分离线附近极限流线的性状

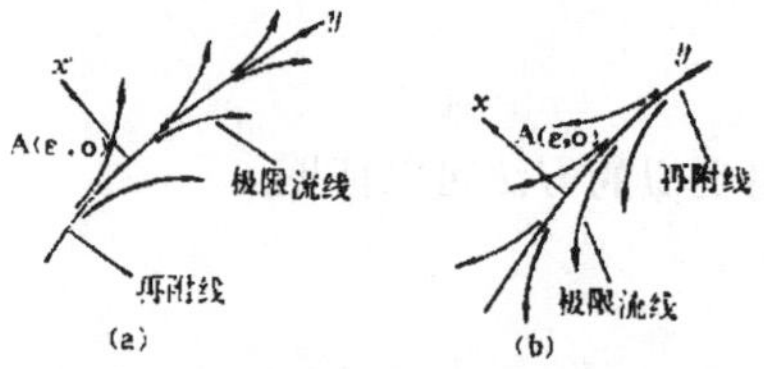

图 3　再附线附近极限流线的性状

事实上，如图 3 过 A 点的极限流线方程是：$x=\varepsilon e^{Ay}$。如果 $v>0$，则 $\partial v/\partial z>0$，而对于再附情况 $\partial^2u/\partial x\partial z>0$，因此 $A>0$，这表明当 $y\to-\infty$ 时，$x\to0$，随 y 增加，极限流线到分离线的距离加大，即极限流线沿 y 轴的正向是发散的。如果 $v<0$，则 $\partial v/\partial z<0$，$A<0$，当 $y\to\infty$ 时，$x\to0$，随 y 减小，极限流线到分离线的距离加大，即极限流线沿 y 轴的负向是发散的。总之，不论那种情况，再附线附近的极限流线是以再附线为渐近线且向外发散的。

4．对于满足牛顿摩擦定律的实际流动，分离条件为：

$$(\tau_{zx})_0=0,\qquad \left(\frac{\partial\tau_{zx}}{\partial x}\right)_0<0 \tag{3.9}$$

再附条件为：

$$(\tau_{zx})_0=0,\qquad \left(\frac{\partial\tau_{zx}}{\partial x}\right)_0>0 \tag{3.10}$$

且结论 1，2，3 对摩擦力线也适用。

这是因为根据牛顿定律，在物体表面上

$$\tau_{zx}=\mu\frac{\partial u}{\partial z},\quad \tau_{zy}=\mu\frac{\partial v}{\partial z}$$

摩擦力线就是极限流线。

四、分离线的起始和发展

一般称分离线上沿流向居最上游位置的点为分离线的起点。不失一般性，通过适当的座标选择，分离线的起点仅有两种情况：一为两摩擦力分量同时不为零的正常点；另一为两摩擦力分量同时为零的奇点。根据一阶常微分方程解的存在和唯一性定理，从正常点起始的分离线是过该起始点的极限流线在起点以后的线段，其上满足条件(2.25)；且 $(\partial^2 u/\partial x\partial z)_0<0$ 是该线段与附近其他极限流线区别的标志。这就是王国璋所说的开式起始分离[3]（图 4a）。对于起点为奇点的分离线的性状，下面将与分离线上其他的奇点一起分析。

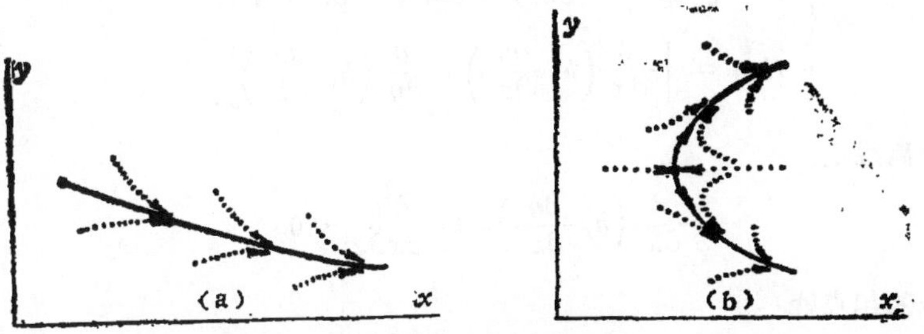

图 4　分离线起点的性状

在物面上采用正交座标系 x，y（此处 y 轴可不取作分离线），其极限流线的方程可写为：

$$\frac{dy}{dx}=\frac{h_1\dfrac{\partial v}{\partial z}}{h_2\dfrac{\partial u}{\partial z}} \tag{4.1}$$

设在分离线上 s 为奇点，

$$\left(\frac{\partial u}{\partial z}\right)_s=\left(\frac{\partial v}{\partial z}\right)_s=0$$

令

$$\begin{cases} q_s=\left[\dfrac{\partial}{\partial y}\left(h_1\dfrac{\partial v}{\partial z}\right)\cdot\dfrac{\partial}{\partial x}\left(h_2\dfrac{\partial u}{\partial z}\right)-\dfrac{\partial}{\partial x}\left(h_1\dfrac{\partial v}{\partial z}\right)\cdot\dfrac{\partial}{\partial y}\left(h_2\dfrac{\partial u}{\partial z}\right)\right]_s \\ R_s=-\left[\dfrac{\partial}{\partial x}\left(h_2\dfrac{\partial u}{\partial z}\right)+\dfrac{\partial}{\partial y}\left(h_1\dfrac{\partial v}{\partial z}\right)\right]_s \end{cases} \tag{4.2}$$

根据微分方程中的奇点理论，当 $q_s<0$ 时，奇点是鞍型的；当 $q_s>0$ 时，奇点为结点或焦点型的，且当 $R_s>0$ 时是稳定的，极限流线的走向指向奇点，$R_s<0$ 时是不稳定的，极限流线的走向离开奇点。利用这些结果，有如下结论：

1．若分离线的起点为奇点，该奇点只能是鞍型的

事实上，由(4.2)第二式和连续方程可得：

$$R_s=(h_1h_2)_s\left(\frac{\partial^2 w}{\partial z^2}\right)_s \tag{4.3}$$

因为在分离情况下，$\partial^2 w/\partial z^2>0$，所以 $R_s>0$。这表明，若奇点为结点或焦点型，它们将是稳定的，这显然不是分离线的起点，因为分离起点极限流线的走向是由起点向外的。为了证明奇点确实是鞍型的，取 y 轴为分离线，此时由于沿 y 轴 $\partial u/\partial z=0$，因此

$$\frac{\partial}{\partial y}\left(h_2\frac{\partial u}{\partial z}\right)=0$$

于是(4.2)给出：

$$\begin{cases} q_s=\left[\dfrac{\partial}{\partial y}\left(h_1\dfrac{\partial v}{\partial z}\right)\cdot\dfrac{\partial}{\partial x}\left(h_2\dfrac{\partial u}{\partial z}\right)\right]_s \\ R_s=-\left[\dfrac{\partial}{\partial x}\left(h_2\dfrac{\partial u}{\partial z}\right)+\dfrac{\partial}{\partial y}\left(h_1\dfrac{\partial v}{\partial z}\right)\right]_s \end{cases} \tag{4.4}$$

又因为在分离线上，

$$\frac{\partial}{\partial x}\left(h_2\frac{\partial u}{\partial z}\right)=h_2\frac{\partial^2 u}{\partial x\partial z}<0$$

而在分离线的起点处

$$\frac{\partial}{\partial y}\left(h_1\frac{\partial v}{\partial z}\right)>0$$

因此 $q_s<0$，这正好是鞍型奇点。此时分离线由鞍点出发，向两侧发展，且两支在分离起点彼此相切，构成一条向两侧延伸并把来流与分离区分开的光滑曲线（图 4b），这就是王国璋所说的闭式起始分离[3]。

2．若在分离线向后发展过程中，有时还进入奇点，该点只能是结点型或焦点型的

事实上，在分离线进入的奇点处，有

$$\frac{\partial}{\partial y}\left(h_1\frac{\partial v}{\partial z}\right)<0$$

而根据(2.25)，

$$\frac{\partial}{\partial x}\left(h_2\frac{\partial u}{\partial z}\right)<0$$

于是由(4.4)第一式，$q_s>0$，因此不可能是鞍型奇点。

进一步利用(4.2)可以分析，奇点可以是结点型或焦点型的。

利用类似的方法来研究再附线，可以得到，再附线的起始也有两种形态：一为正常点起始，一为焦点或结点起始，不可能为鞍点起始，其终点为奇点只能是鞍点型的。

最后指出，利用 NS 方程，在奇点 $s(x=y=0)$ 处当 $z\to 0$ 时，(2.21)第二式可表达为：

$$\left(\frac{h_2}{h_1}\frac{dy}{dx}\right)_s=\frac{\dfrac{1}{2}\left(\dfrac{\partial^2 v}{\partial z^2}\right)_s z^2+\cdots}{\dfrac{1}{2}\left(\dfrac{\partial^2 u}{\partial z^2}\right)_s z^2+\cdots}=\frac{\left(\dfrac{\partial^2 v}{\partial z^2}\right)_s}{\left(\dfrac{\partial^2 u}{\partial z^2}\right)_s}=\left(\frac{h_1}{h_2}\right)_s\left(\frac{\partial p/\partial y}{\partial p/\partial x}\right)_s \tag{4.5}$$

可以看出，若在 s 点压力 p 不取极值，即 $(\partial p/\partial x)_s$，$(\partial p/\partial y)_s$ 不同时为零，则(4.5)给出一个确定的曲线方向，显然这不是实验观察到的螺旋奇点的情况，因此出现螺旋奇点的必要条件是：s 为压力的极值点。

五、分离线位置的确定问题

文献中常用以下两种方法确定分离线的位置：一是求其壁面极限流线的收拢渐近线或包络线[3,13]，根据上面的分析，对 NS 方程所描述的流动，只有前者才是有根据的*；二是以最小表面摩擦力线为基础，假设分离线是与最小摩擦力线平行的极限流线的收拢渐近线，然后通过摩擦力的级数展开公式取其低阶项的方法确定分离线位置[14]，利用本文的分离条件，可以放弃这个方法中的假设，因此本文的讨论为这种方法提供了理论依据并推广了这种方法。

以上方法，原则上适用再附线位置的确定。

六、简单的结论

对于 NS 方程所描述的实际三维定常粘性流动，在分离、再附线附近，流场不出现 Goldstcin 奇异性。根据这一特征，通过以上分析有下面的结论：

1．判定流动分离的条件是：在分离线上，

$$\left(\frac{\partial u}{\partial z}\right)_0=0,\ \left(\frac{\partial^2 u}{\partial x\partial z}\right)_0<0$$

判定分离流动再附的条件是：在再附线上，

$$\left(\frac{\partial u}{\partial z}\right)_0=0,\ \left(\frac{\partial^2 u}{\partial x\partial z}\right)>0$$

这是二维 Prandtl 判据的推广。

2．分离线是一条极限流线，其附近的极限流线以它为收拢渐近线，分离线不是极限流线的包络。

3．再附线是一条极限流线，其附近的极限流线以它为渐近线并且向外散开，再附线不是极限流线的包络。

4．分离线有两种起始形态，一为正常点起始，此时分离线是过起始点的极限流线在起始点以后的线段，这相当于王国璋的开式分离[1]；另一为鞍点起始，分离线为来流区和分离区的分界线，这相当于王国璋的闭式分离。分离线除无限延伸外，只有以结点或焦点的形态终结。分离线的起点若为奇点它必是鞍点。

5．再附线也存在正常点和奇点起始两种形态。但起始奇点只能是焦点或结点。再附线除无限延伸外，只能是鞍点形态终结。

6．可以用求其壁面极限流线收拢渐近线的方法来确定分离线的位置，也可以从最小摩擦力线出发，利用分离条件给出分离线到最小摩擦力线的距离公式，来确定分离线。利用类似的方法可确定分离再附线的位置。

---

* 对边界层方程描述的流动，我们另文[14]已证明，包络准则是正确的。

参　考　文　献

[1] Maskell, E. C., RAE Rept. Acro. **2565**, Nov. (1955).

[2] Lighthill, M. J., In Laminar Boundary Layers, ed. L. Rosenbead, pp. 1—113, London Oxford (1963).

[3] Wang, K. C., *AIAA J*.10, pp. 1044—1050 (1972).

[4] Brown S. N. and Stewartson, K., Ann. Rev. *Fluid Mech*. **1**, pp. 45—72(1969),

[5] Williams, J.C., Ⅲ. Ann. Rev. *Fluid Mech*. **9**, pp. 113—144, (1977).

[6] Eichelbrenner, E.A. and Oudart, A., ONERA Publ. 76, Chatillon, France (1955).

[7] Legendre, R., La Recherche Aeronautique, No. 54, 3—8(1956).

[8] Hunt, J. C.R., Abell, C. J., Peterka, J. A. and Woo, H., JFM **86**,Part 1, pp. 179—200 (1978).

[9] Tobak, M. and Peake, D.J., AIAA Paper 79-1480 (1979).

[10] Tobak, M. and Peake, D. J., AIAA Paper 81-1260 (1981).

[11] Tobak, M. and Peake, D.J., Ann. Rev. *Fluid Mech*. Vol. **14**, pp. 61—85 (1982).

[12] 张涵信，三维定常粘性流动中分离线的性状——建筑在边界层方程上的分析，中国气动力研究与发展中心报告，1983。

[13] Tai, T. C., *AIAA J*. **19**,10 (1981).

[14] Hirschel, E. H. and Kordulla, W., Flugwiss, Z., Weltraumforsch 4, Heft 5 (1980).

THE SEPARATION CRITERIA AND FLOW BEHAVIOUR FOR THREE DIMENSIONAL STEADY SEPARATED FLOW

Zhang Hanxin

(*China Aerodynamic Research and Development Center*)

Abstract

In this paper, the separation criterion and the flow behaviour near separation line are explored for steady three dimensional viscous flows. The separation (or attachment) criterion is presented. It is proved that the separation line (or attachment line) is a limiting streamline on the wall, and the neighbouring limiting streamlines are convergent to separation line (or are divergent to attachment line), the separation line is not the envelop of limiting streamlines for the flows described by NS equations. In addition, the forms for flow separation, the behaviour of the singularity points on the separation line and problems of deciding separation line are discussed.

分离流动的某些进展*

中国气动力研究与发展中心

张 涵 信

摘 要

本文综述了判定二维非定常和三维定常粘性流动分离的条件及分离点、线附近流动性状的研究概况，介绍了作者的工作。

一、引 言

近十几年来，由于机动飞行器研制的需要，分离流动的研究受到重视。其中二维非定常和三维定常流中分离的起始及流动性状是很有兴趣的问题。关于二维非定常流动，早在五十年代末Moore[1](1957)、Rott[2](1956)、Sears[3](1956)就指出，Prandtl的二维定常流动的分离判据不再适用。他们各自独立地提出了以后人们称之为MRS的分离判据（其相应的分离点附近的速度剖面称为MRS剖面)。再后Sears和Telionis[4](1971)提出非定常边界层方程的解在分离点有Goldstein奇性，从而出现了“奇点分离判据”。Vidal[5](1959)和Ludwig[6](1964)对运动壁上定常流的实验证实了MRS判据。Telionis和Werle[7](1973)对下游运动壁上定常边界层的数值解；Telionis, Tsahalis和Werle[8](1973)对非定常Howarth线性减速边界层的差分解；Williams和Johnson[9](1974), Williams[10](1981)以及C. T. Wang和S. F. Shen[11](1978)对Howarth线性减速类型及Falkner-Skan类型的非定常边界层的半相似性解；也都证实了MRS判据和奇点分离判据。这些都属于下游运动壁（或壁面不动，分离点向上游运动）的情况。但是，对于上游运动壁的情况，Danberg和Fansler[12]关于定常边界层的相似解；Tsahalis[13]关于非定常边界层的数值解以及Inoue[14]关于简化NS方程的数值解，都没有证实MRS判据。最近Dommelen和Shen[15,16]利用Lagrange方法，计算了瞬时起动的圆柱表面上的边界层流动。发现当圆柱从起动到运动至0.75圆柱直径的距离时，奇点在距前驻点110°的地方开始产生，并以0.52倍的圆柱运动速度沿表面向前运动，最后终止到104.5°的定常位置上；他们还发现在奇点处MRS判据虽成立，但摩擦应力曲线光滑、平坦，而位移厚度急剧增加，因而它不是由粘性摩擦力控制的Goldstein奇点（也叫粘性奇点)，而是另一种类型的所谓无粘性奇点。王国璋[17]的非定常比拟计算，在一定程度上支持了Dommelen和Shen的结果。但是Cebeci[18]，Dwyer和

* 航空学报，1985，6（4）：301-312. 1984年9月20日收到。

Sherman[19]等人认为，在有限的时间内，对瞬时起动的圆柱问题，奇点并不发生。

关于三维定常流动，五十年代就对分离的起始及分离区边界线（分离线）的性状作了研究。目前已有很多理论、实验[20~27]及综述文章[28~30]。但是 Brown 和Stewartson[28]及 Williams[30]等人指出，至今仍有许多问题未取得一致认识。例如关于分离线的性质，早期的 Eichelbrenner 和 Oudart[31]，Maskell[20]以及王国璋[24]等人认为，分离线是壁面极限流线的包络。但是 Legendre[21][32]，Lighthill[22]（曾引入摩擦力线的概念，通常认为摩擦力线和极限流线是等同的）以及 Hunt[33]，Tobak 和 Peake[34~36]等人则认为分离线是一条壁面极限流线，除在奇点外，其附近的极限流线不可能与分离线在有限位置相交，分离线是周围极限流线的“收拢渐近线”。另外，在边界层方程所描述的流动中，Brown 和 Stewartson[28]提出：分离线是否也像二维非定常流动的分离点一样，具有 Goldstein 奇性？最近 Cousteix[37]利用近似的积分关系式方法作了研究，指出这种奇异性可能存在。

关于三维分离线的起始和终结也是人们关心的问题。Legendre[21]和 Lighthill[22]曾提出分离线由鞍点起始。但是 Maskell[20]和王国璋[24]等人从实验和计算发现分离的起始有两种形态，Maskell 称之为气泡和涡层分离；王国璋则叫做开式和闭式分离；最近 Tobak，Peake[34]等人又称其为整体和局部分离。气泡或闭式（或整体）分离，其分离线的起点确实为鞍型奇点，但是涡层或开式（或局部）分离起点不是奇点。关于分离线的终结，研究表明[20~24]，除非遇到摩擦应力为零的奇点，分离线是连续变化的，如果碰到焦点和结点，它会终止在这些奇点上。鉴于奇点和分离的联系，Legendre[21]，Oswatitsch[23]，Lighthill[22]等人曾利用拓扑学方法研究物面上奇点的分布规律。Hunt[33]等人将物面奇点和拓扑分析推广到包括“外流场的物体截面”，并提出了半结点和半鞍点的概念。Tobak 和 Peake[34]进一步研究了拓扑学在三维分离流中的应用，并提出了拓扑结构及结构稳定性理论[35,36]。本文作者[38]和刘谋佶[39]等人也做了奇点分析工作。

综上所述，二维非定常和三维定常流动的分离起始及其流动性状仍有下列问题需要研究：

对二维非定常流，MRS 判据、奇点分离判据是不是普遍的和等同的？奇点分离判据的奇点性质是粘性的，还是无粘性的？在有限的时刻以后，分离奇点会不会出现？对三维定常流动，什么是分离条件？分离线是壁面极限流线的包络，还是极限流线及其周围极限流线的渐近线？对于定常边界层方程所描述的流动，分离线是否具有奇性？分离线如何起始和终结？奇点分布规律及奇点处分离线的性状如何？

另外，根据王国璋的比拟分离判据[17]，在某些情况下，二维非定常流动，可比拟为三维定常流动，因此二维非定常流和三维定常流的分离判据应该是可以相互转换的。现有两种流动的分离判据，是否可以相互转换？也是值得考查的。

本文目的是希望对以上问题作某些讨论和评述，并介绍作者本人的工作。

二、二维非定常流动

Sears，Moore 和 Hartuian 指出固定壁面上的非定常流和运动壁面上的定常流间存在相似性。Sears 把二维非定常流的分离定义为“在同分离点一起运动的坐标系内，出现驻点和把边界层、尾流分开的分流线”(见文献〔3～13〕)。根据这个定义，分离点是驻点型的。Moore，Rott 和 Sears 还给出了分离点附近的流动图象（MRS 图象)(见图 1),其中（a）是相应于固定壁面的定常流,（b）、（c）相应于运动壁的情况。1981 年 O' Brien[42]通过更细致的分析指出，非定常层流分离流，同定常流动一样具有图 2 所示三种形态。如果仅限于考查驻点附近，O' Brien 的这三种形态和 MRS 图象是完全一致的。目前研究二维非定常分离流动，大多就是从上述分离定义和分离图象出发的。

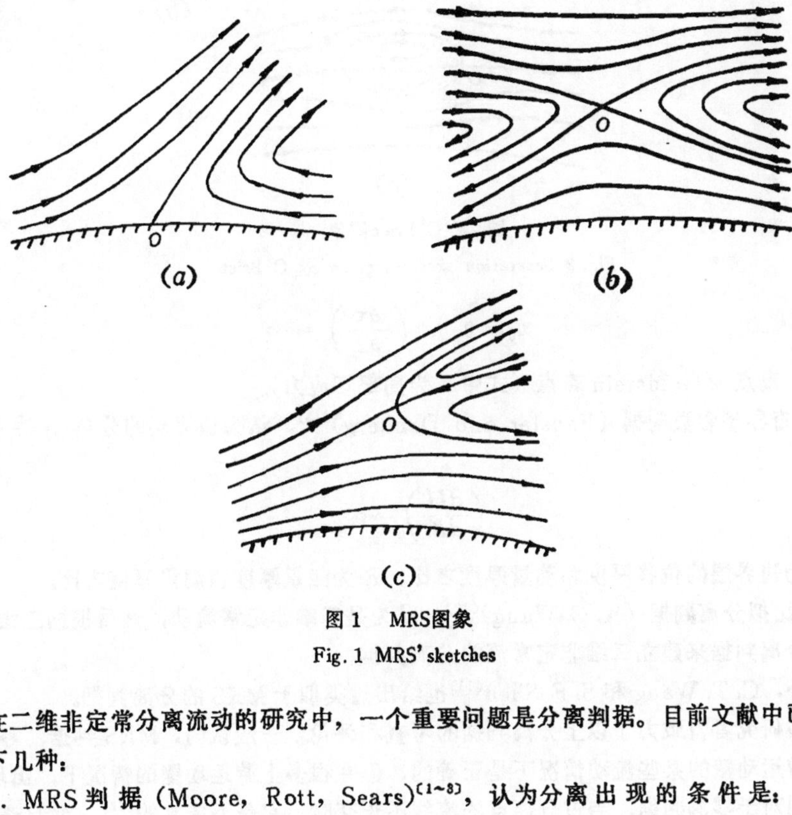

图 1　MRS图象

Fig. 1 MRS' sketches

在二维非定常分离流动的研究中，一个重要问题是分离判据。目前文献中已提出的有以下几种：

1．MRS 判据 (Moore，Rott，Sears)[1~8]，认为分离出现的条件是：在分离点上

$$u_0=0\qquad\left(\frac{\partial u}{\partial y}\right)_0=0\tag{2.1}$$

这里 u 为 x 方向的速度分量，y 为垂直于物面的方向，xoy 为与分离点一起运动的坐标系。

2．零涡判据 (O' Brien)[42]，认为分离的条件是：在分离点

$$u_0=0\qquad\Omega_0=\left(\frac{\partial v}{\partial x}-\frac{\partial u}{\partial y}\right)_0=0\tag{2.2}$$

这里 v 是 y 方向的速度分量。

3．奇点分离判据 (Sears and Telionis)[4]，认为在边界层方程所描述的流动中，分离的条件是：

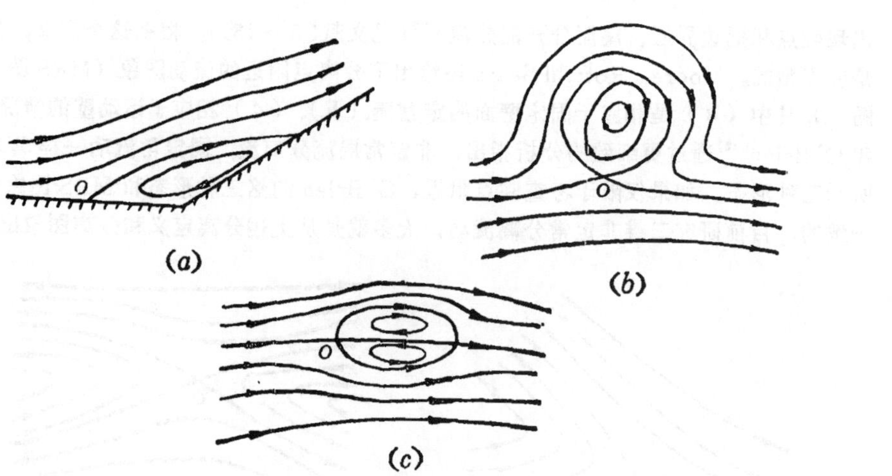

图 2　O' Brien图象

Fig. 2 Separation sketches given by O' Brien

$$u_0 = 0 \qquad \left(\frac{\partial \tau}{\partial x}\right)_0 \to \infty \tag{2.3}$$

即分离点为 Goldstein 奇点（式中 τ 为局部切应力）。

4．奇异型参数判据（Fansler and Danberg）[43]，认为边界层的分离条件是：在分离点

$$\left(\frac{dH}{dK}\right)_0 \to \infty \tag{2.4}$$

这里H为边界层的位移厚度和动量厚度之比，K为能量厚度和动量厚度之比。

5．比拟分离判据（K. C. Wang）[17]，认为是二维非定常流动，然后根据三维定常流动的分离判据来建立二维非定常流的分离判据。

此外，C. T. Wang 和 S. F. Shen[11]也给出过类似于 MRS 的分离判据。

很多研究者曾致力于以上分离判据的考查和评论。一般认为，MRS 判据、零涡判据在下游运动壁的某些流动情况下是正确的，但在很多上游运动壁的情况下，出现了问题，特别对于零涡判据，当过分离点的流线不正交时，它是不成立的[42]。对于奇点分离判据、奇异型参数判据，它们也仅适用于某些边界层的流动。比拟分离判据又依赖于三维定常分离判据，而这个问题尚在讨论中。鉴于这种情况，我们从 Sears 的分离定义出发，利用微分方程的奇点理论，研究了不可压缩粘性流动的分离问题，给出了如下判定分离的条件[40,41]。

1．在粘性流场中，若在“o”点上，$u_0 = v_0 = 0$，且满足条件

$$F = \left(\frac{\partial u}{\partial x}\right)_0^2 + \left(\frac{\partial v}{\partial x}\right)_0 \left(\frac{\partial u}{\partial y}\right)_0 > 0 \tag{2.5}$$

则“o”点是分离点。若$F < 0$，则“o”点不是分离点。这里x，y是与“o”点一起运动的坐标系，u，v是其速度分量。

2．若在“o”点上，$u_0 = v_0 = 0$，$F = 0$，且满足条件 $\Omega_0 = 0$ 和

$$(q^2 + R^3)/q^2 = 0 \tag{2.6}$$

这里，$q=\left(\frac{C_1}{D_1}\right)^3-\frac{3}{2}\frac{B_1}{D_1}\frac{C_1}{D_1}-\frac{1}{2}\frac{A_1}{D_1}$，$R=-\left(\frac{C_1}{D_1}\right)^2+\left(\frac{B_1}{D_1}\right)\neq 0$及$A_1=(\partial^2 v/\partial x^2)_0$，$B_1=(\partial^2 u/\partial x^2)_0$，$C_1=(\partial^2 u/\partial x\partial y)_0$，$D_1=(\partial^2 u/\partial y^2)_0$ 则"o"点是分离点。

根据以上的研究，我们可导出如下结论[41]：

（1）由条件1，过分离点存在一条零u（$u=0$）线，这相当于MRS图象1（b）。由条件2，过分离点存在两条零u线，这相当于MRS图象1（a）和1（c）。

（2）如果在"o"点，MRS条件成立，及$\left(\frac{\partial u}{\partial x}\right)_0\neq 0$，则条件1一定满足，"$o$"点必定是分离点，因此MRS判据包含在条件1中。并且此时过o点的流线坡度一为无限大（此时$(\partial^2 u/\partial x\partial y)_0$并不是无限大的）。另一为$\frac{1}{2}\left(\frac{\partial v}{\partial x}\right)_0\Big/\left(\frac{\partial u}{\partial x}\right)_0$。

（3）如果在"o"点，零涡判据成立及$\left(\frac{\partial u}{\partial x}\right)_0\neq 0$或$\left(\frac{\partial u}{\partial y}\right)_0\neq 0$，则条件1一定满足，"$o$"点必定是分离点，因此零涡判据包含在条件1中。

（4）对于满足条件1的分离流动，除非$\Omega_0=\left(\frac{\partial v}{\partial x}\right)_0-\left(\frac{\partial u}{\partial y}\right)_0=0$，过分离点$o$的两条流线不会正交。

（5）对于固定壁上的定常流，如果在壁面上"o"点满足$\left(\frac{\partial u}{\partial y}\right)_0=0$及$\left(\frac{\partial^2 u}{\partial x\partial y}\right)_0\neq 0$，则条件2得到满足，因此"$o$"点是分离或再附点。这就是Prandtl定常流的判据。

（6）对于边界层方程所描述的流动，如果在"o"点

$$u_0=v_0=0\qquad(\partial u/\partial y)_0=0$$

且$(\partial u/\partial x)_0=(\partial v/\partial x)_0=0$，则一般说，"$o$"点是Goldstein奇点，条件2得到满足，因此"o"点是分离点，并且此时过"o"点的一条流线的坡度为无限大。这就是奇点分离判据。

（7）对于满足条件1的分离流动，MRS条件和零涡条件不是必要的，但是对于满足条件2的分离流动，MRS和零涡条件是必要的。

以上结论告诉我们：

1．从Sears定义出发而得到的分离判定条件，把流动分成两类：一为具有一条零u线的；另一类为具有两条零u线的，这点和MRS图象以及O'Brien图象是一致的。

2．MRS判据、零涡判据、奇点分离判据、Prandtl判据都包含在我们的分离条件中。

3．对于具有一条零u线的分离流动，MRS条件和零涡条件是分离的充分条件，但不是必要的，因而不能代表所有的分离流动。对于具有两条零u线的分离流动，MRS条件和零涡条件是必要的，但不是充分的；满足这些条件的点，不一定就是分离点。综上所述，MRS判据、零涡判据不是通用的。在文献中，许多作者计算下游运动壁上的定常流时，发现多数情况下MRS条件成立，这是因为多数是具有两条零u线的流动，此时MRS条件是必要的。在计算上游运动壁的定常流时，发现多数情况下MRS条件不成立，这是因为多数是具有一条零u线的流动，此时MRS条件不是必要的。

4．对于边界层方程所描述的分离流动，若流动是具有两条零u线的，当MRS条

件成立时，一般说，分离点就是 Goldstein 奇点（粘性奇点）。此时，MRS 和奇点分离判据一般说是等同的。但是，若流动是具有一条零 u 线的，当 MRS 条件成立时，过分离点的一条流线其坡度是无限大的，此时出现无粘性奇点。因此奇点分离判据不是通用的。当 MRS 条件成立时，既可出现粘性奇点，又可出现无粘性奇点。

5．O'Brien 的意见是正确的：即当过分离点的流线不正交时，零涡条件是不满足的。

三、三维定常流动

研究固定壁面上三维定常分离流动时，须说明什么叫分离线。文献中常常引用图 3 来说明分离线的几何意义，即认为分离线是分离流面与物面的交线，且在分离流面的两侧来自两方的流体，跟随分离流面一起流向物面上方。在此意义之下定义的分离线，用摩擦应力为零做为判据是不正确的。目前两个比较流行的分离判据——包络判据和渐近极限流线判据，仍在讨论中。Бай-Зеликовин[44] 对三维定常边界层所提出的分离的必要条件：$\vec{\tau}_w \cdot \mathrm{grad}p=0$，$\vec{u}_e \cdot \mathrm{grad}p>0$（这里 $\vec{\tau}_w$ 是壁面摩擦应力向量，p 是压力，$\vec{u}_e$ 为边界层外缘的速度），没有得到实验的支持。用摩擦应力的绝对值为最小的线作为分离线[45]，也是不准确的。因此，进一步研究判定三维定常流动分离的条件及其在分离线附近流动的性状，是完全必要的。我们开展了这一研究，从上述分离线的定义出发，建立了如下判定流动分离和分离流再附的条件：

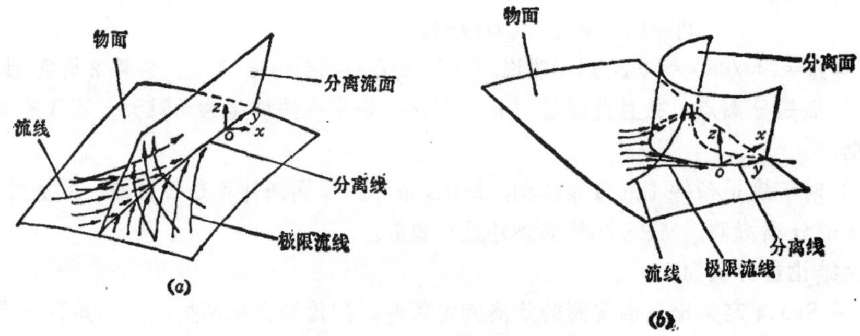

图 3　三维分离线的几何意义

Fig. 3 Illustrating the separation line

1．设 x，y，z 是正交曲线坐标系，其中 y 轴为分离线，z 轴为物面的法向，则当流动出现分离时，在分离线上任一“o”点，以下条件成立

$$(\partial u/\partial z)_0=0 \qquad (\partial^2 u/\partial x\partial z)_0<0 \tag{3.1}$$

这里 u 为 x 方向（分离线法向）的速度分量。显然（3.1）式是二维 Prandtl 判据的推广。

2．当分离流动再附着物面时，在再附线上任一“o”点，以下条件成立：

$$(\partial u/\partial z)_0=0 \qquad (\partial^2 u/\partial x\partial z)>0 \tag{3.2}$$

应该指出，条件（3.1）和（3.2）对 NS 方程和边界层方程所描述的流动都是成立的。

利用以上的条件，可导出如下结论：

（1）对于NS方程所描述的流动，分离线是一条极限流线，其周围的极限流线，分别向分离线收拢，以分离线作为其渐近线（图4（a））。

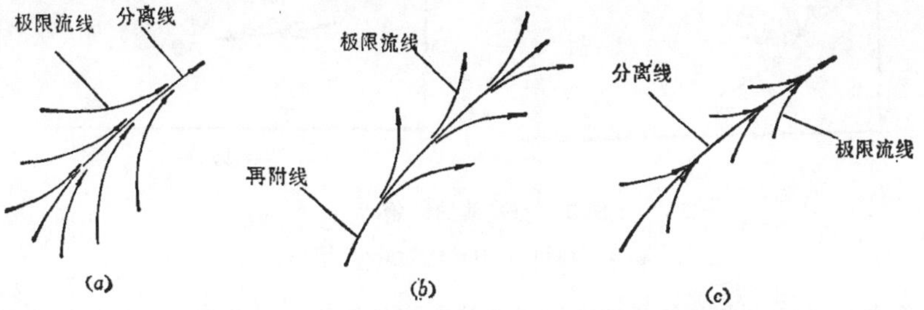

图4　分离线及再附线附近极限流线的性状

（a）NS方程描述的流动的分离线；（b）NS方程描述的流动的再附线；（c）边界层方程描述的流动的分离线。

Fig. 4 Limiting streamline patterns near separation and attachment lines

(a) Separation line for NS equation; (b) Attachment line for NS equation; (c) Separation line for boundary layer equation.

（2）对于边界层方程所描述的流动，一般说，流动在分离线的法向具有Goldstein奇性，并且分离线是极限流线的包络（图4（c））。

（3）对于NS方程所描述的流动，再附线是一条极限流线，其周围的极限流，以再附线为渐近线且逐渐向外散开（图4（b））。

对于牛顿流体，由于极限流线就是摩擦应力线，因此上述结论对摩擦应力线也适用。

根据以上结论，王国璋等人从求解边界层方程出发，必然得到分离线是极限流线的包络。自然，如果从求解NS方程出发，就会得到分离线是极限流线和附近极限流线的收拢渐近线的结论，因此在这个意义上，Legendre和Lighthill的见解也是正确的。出现差别的原因是由于边界层近似，使解在分离线处出现奇性，致使极限流线的形状发生畸变，于是真实情况下本为极限流线收拢渐近线的分离线，这时畸变为极限流线的包络。

此外，我们还讨论了分离线和再附线的起始和发展。指出分离线的起始，如Maskell和K. C. Wang所描述的，有两种起状态：一为正常点起始，即起始点的摩擦应力分量不为零，此时起始点以后的分离线，是单一的光滑曲线（图5（b）），曲线两方，前方来流皆可穿过。另一为奇点起始，即起始点的摩擦应力分量为零，此时起始点以后的分离线围成一个分离区（图5（a）），并把前方来流与分离区隔开。分离线在向后发展过程中，除非出现奇点，将一直向后延伸，而在奇点处，则以一定的形态终结。利用微分方程中的奇点理论，对分离线上奇点附近极限流线的形态作分析后，可以证明：如分离线的起点是奇点，那么它只可能是鞍型的；如果分离线的终点是奇点，那么它只可能是结点型和焦点型的。

对于再附线，亦可得到相应的结论：若起点为奇点，它只能是结点型或焦点型的；若终点为奇点，它只可能是鞍型的。此外，还可证明，分离线上或再附线上的焦点，是

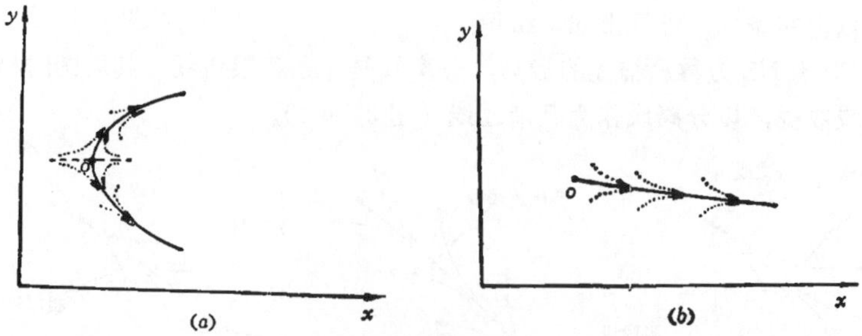

图 5　分离线的起始
Fig. 5 Origin of the separation line

压力的极值点。可见，奇点与分离线的形态是密切相关的。因此研究物体表面上奇点的分布规律，对研究分离线具有重要意义。六十年代初，Davey[46] 和 Lighthill[22] 研究指出极限流线方程的奇点分布遵守如下拓扑规则：在单连物体的表面上，结点和焦点的总数 N 比鞍点的总数 S 多 2。以后拓扑规则由壁面推广到壁面以外的流动中。对于单连物体，当它浸没在无限远处为均匀的流动中时，Smith[47]，Hunt[33]，Tobak 和 Peake[36] 等人指出：

（1）设三维物体 B 与平面壁面 P 构成单连体，并且 P 或为无限大或为环形表面，则在 B 与 P 的表面上，极限流线的奇点数满足

$$[(\underbrace{\Sigma N}_{\text{结点，焦点总数}})-(\underbrace{\Sigma S}_{\text{鞍点总数}})]_{B+P}=0$$

（2）在切割三维物体的二维横截面上，流线的奇点数满足

$$\left(\underbrace{\Sigma N}_{\text{物面轮廓线外结点，焦点总数}}+\frac{1}{2}\underbrace{\Sigma N'}_{\text{物面轮廓线上的结点、焦点总数（亦称半结点、半焦点总数）}}\right)-\left(\underbrace{\Sigma S}_{\text{物面轮廓线外鞍点总数}}+\frac{1}{2}\underbrace{\Sigma S'}_{\text{物面轮廓线上鞍点总数（亦称半鞍点总数）}}\right)=-1$$

（3）若三维物体的绕流为锥型流，则在以锥型流中心为中心的球面上，流线的奇点数满足

$$\left(\Sigma N+\frac{1}{2}\Sigma N'\right)-\left(\Sigma S+\frac{1}{2}\Sigma S'\right)=0$$

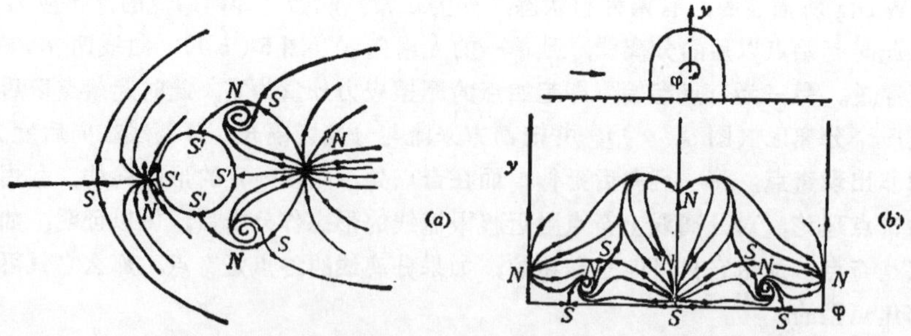

图 6　半球圆柱-平面组合体表面上的极限流线
Fig. 6 Limiting streamline patterns on the hemisphere-cylinder-plane plate

这里N，S和N'，S'的意义同上。作为例子，图6给出了直立在平面上的半球圆柱绕流的表面摩擦力线和奇点分布的情况。这个图是求解NS方程得到的[48]。图6(a)是平面上的摩擦力线和奇点分布图，此时圆柱和平面交线上的奇点为半奇点。由图可见，$\Sigma N=4$，$\Sigma N'=0$，$\Sigma S=3$，$\Sigma S'=4$，因此$\left(\Sigma N+\frac{1}{2}\Sigma N'\right)-\left(\Sigma S+\frac{1}{2}\Sigma S'\right)=-1$，它满足拓扑规律(2)。图6($b$)是半球圆柱面上的奇点分布图，将半球圆柱$B$同底部平面$P$视为一体，其两者的交线为表面上内点的连线。由图可见，$\Sigma N=9$，$\Sigma S=9$，因此$(\Sigma N-\Sigma S)_{B+P}=0$，它满足拓扑规则(1)。

四、K.C.Wang方法及二维非定常和三维定常流间的联系

王国璋认为[17]，如果把二维非定常流的时间变数t视为某种空间变数，就可得到一种三维定常流动。这种定常流动的壁面极限流线的方程为

$$dx/dt=(\partial u/\partial z)_{z=0}\Delta z \qquad (4.1)$$

这里z为垂直于物面的坐标系，u是壁面上坐标x方向的速度分量，Δz是计算网格的步长。利用(4.1)，借助于边界层方程的数值解，王国璋求出了壁面极限流线的分布图象，并根据包络判据，求出了分离线的位置(图7)。根据王国璋的方法，上面分别给出的二维非定常流及三维定常流的分离条件，彼此之间应该是可以互相转换的。本节将研究这种转换。

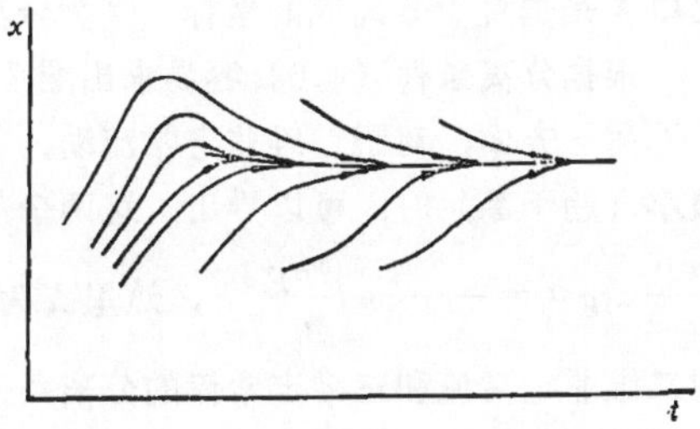

图7 分离线附近的流动图象

Fig. 7 Flow pattern near the separa tion line

采用上述坐标系和符号，再设w为z方向的速度分量，p，ρ为流体的压力，密度；ν为运动粘性系数，引入

$$v=\frac{u_\infty}{L}\Delta z \qquad y=\left(\frac{u_\infty}{L}t\right)\Delta z \tag{4.2}$$

这里u_∞为流场的特征速度，L为特征长度。如果压力仅是x的函数，即$\partial p/\partial t=0$。于是二维不可压缩非定常流的边界层方程组，可完全转换为如下三维定常边界层的方程组

$$\begin{cases} \dfrac{\partial u}{\partial x}+\dfrac{\partial v}{\partial y}+\dfrac{\partial w}{\partial z}=0 \\ u\dfrac{\partial u}{\partial x}+v\dfrac{\partial u}{\partial y}+w\dfrac{\partial u}{\partial z}=-\dfrac{1}{\rho}\dfrac{\partial p}{\partial x}+\nu\dfrac{\partial^2 u}{\partial z^2} \\ u\dfrac{\partial v}{\partial x}+v\dfrac{\partial v}{\partial y}+w\dfrac{\partial v}{\partial z}=-\dfrac{1}{\rho}\dfrac{\partial p}{\partial x}+\nu\dfrac{\partial^2 v}{\partial z^2} \end{cases} \tag{4.3}$$

除了$y=0$($t=0$)的起始条件外，相应的边界条件是

$$\begin{cases} z=0 \quad u=w=0,\quad v=\dfrac{u_\infty}{L}\Delta z \\ z\to\infty \quad u\to u_e, \quad v=v_e=\dfrac{u_\infty}{L}\Delta z \end{cases} \tag{4.4}$$

利用转换（4.2）式，在壁面处，极限流线的方程为

$$\frac{dx}{dy}=\frac{\left(\frac{\partial u}{\partial z}\right)_0\Delta z}{\frac{u_\infty}{L}\Delta z}=\frac{L}{u_\infty}\left(\frac{\partial u}{\partial z}\right)_0 \tag{4.5}$$

容易验证，该式和（4.1）式是相同的。

下面在 Δz 很小（趋于零）和 y 有限的假定下来讨论问题。这相当于研究 t 很大的情形。利用和第三节完全相同的方法研究上面得到的三维定常流动，可得其分离条件是（在分离线上）

$$\left(\frac{\partial u}{\partial z}\right)_0=\frac{u_\infty}{L}\operatorname{ctg}\alpha \qquad \left(\frac{\partial^2 u}{\partial z\partial \bar{x}}\sin\alpha\right)_0<0 \tag{4.6}$$

这里 $\bar{x}$ 是垂直于分离线的坐标，α 为分离线与 x 轴的夹角。

根据分离条件（4.6），容易求出图 7 所示分离线附近极限流线的图象。

另一方面，对于二维非定常流动，在第二节内已经给出了分离条件 1，2，当 Δz 很小（趋于零）时，可以导出，这两个条件恰好和（4.6）一致，并且还可以求得 $\frac{u_\infty}{L}\operatorname{ctg}\alpha=-\frac{1}{\mu}\frac{\partial p}{\partial x}h$，这里 h 为分离点到物面的距离。这表明上两节分别给出的二维非定常流和三维定常流的分离条件，在王国璋方法的意义上，彼此是可以互相转换的。

五、结 束 语

本文综述了当前对二维非定常流和三维定常流的分离判定条件及分离点、线附近流动性状的研究概况，指出了存在的问题，同时介绍了作者近期的研究结果。这些结果对解释当前存在的问题是有意义的。但是为了进一步考查这些结果的通用性，有必要对一些流动进行数值实验。另外，本文讨论的范围，对二维非定常流仅限于分离点附近；对三维定常流，仅限于壁面分离线附近。而对于分离流动，常常涉及到较大范围流场，因此有必要进一步研究分离流动空间结构。最后，分离流和涡运动是互相联系的，搞清这些联系，对开展工程计算具有重要意义。

参 考 文 献

〔1〕 Moore, F.K., In boundary layer research, Proceeding of the Symposium of International Union of Theoretical and Applied Mech., H. Gorther (ed), (1957), pp.291～311.

〔2〕 Rott, N., Quarterly Journal of Applied Mathematics, vol.13, (1956), pp.444～451.

〔3〕 Sears, W.R., JAS vol.23, (1956), pp.490～499.

〔4〕 Sears, W.R. and Telionis, D.P., In Recent Research of Unsteady Boundary layer, E.A.Eichelbrenner (ed), vol.1, (1971), pp.404～447.

〔5〕 Vidal, R.J., WADC, TR-59-75, (1959).

〔6〕 Ludwig, G.R., AIAA paper 64-6, (1964).

〔7〕 Telionis, D.P. and Werle, M.J., JAM, vol.95, (1973), pp.369～374.

〔8〕 Telionis, D.P., Tsahalis, D.T. and Werle, M.J., The Physics of Fluid, vol.17, (1973), pp. 968～973.

〔9〕 Williams, J.C. and Johnson, W.D., AIAA J. vol.12, (1974), pp.1388～1393.

〔10〕 Williams, J. C., In Numerical and Physical Aspects of Aerodynamic flows, Cebeci, T. C. (ed), (1982), pp.347～364.

〔11〕 Wang, J. C. T. and Shen, S. F., AIAA J. vol. 16, No. 10, (1978), pp. 1025～1029.

〔12〕 Danberg, J. E. and Fansler, K. S., AIAA J. vol. 13, No. 1, (1975), pp.110～112.

〔13〕 Tsahalis, D. T., AIAA J. vol. 15, No.4, (1977), pp.561～566.

〔14〕 Inoue, O., AIAA J. vol. 19, No.9, (1981), pp. 1108～1111.

〔15〕 Dommelen, V. and Shen, S. F., Bienn. Fluid, Dvn. Symp. 13th, Olsztyn, Poland.

〔16〕 Dommelen, V. and Shen, S. F., in Numerical and Physical Aspects of Aerodynamic flows. Cebeci, T. C. (ed), (1982), pp.293～311.

〔17〕 Wang, K. C., in Numerical and Physical Aspects of Aerodynamic flows, T. C. Cebeci(ed), (1982), pp. 279～291.

〔18〕 Cebeci, T., in Numerical and Physical A Aspects of Aerodynamic flows, Cebeci, T. C. (ed), (1982), pp.265～277.

〔19〕 H. A. Dwyer and F. S. Sherman, in Numerical and Physical Aspects of Aerodynamic flows, T. C. Cebeci (ed), (1982), pp.313～323.

〔20〕 Maskell, E. C., RAE, Rep. Aero. 2565, (1955).

〔21〕 Legendre, R., La Recherche Aeronautique, No. 54, (1956), pp.3～8.

〔22〕 Lighthill, M. J., in Laminar Boundary Layers, Rosenhead, L. (ed), Oxford at the Clarendon press, (1963), pp. 46～113.

〔23〕 Oswatitsch, K., NASA TTF—15200.

〔24〕 Wang. K. C., AIAA J. 10. (1972), pp. 1044～1050.

〔25〕 Buckmaster, J., Phys. Fluids, 15, (1972), pp. 2106～2113.

〔26〕 Han Taeyoung and Patel, V. C., JFM. 92, part. 4.(1979), pp.643～657.

〔27〕 Legendre, R., L'Aeronautique et L'Astronautique, vol. 75. No. 2, (1979), pp. 39～42.

〔28〕 Brown, S. N. and Stewartson, K., Annual Review of Fluid Mechanics, vol.5, (1973), pp.339～360.

〔29〕 Peake, D. J., NRC Canade 15471, (1976).

〔30〕 Williams, J. C., Annual Review of Fluid Mechanics, vol.9, (1977), pp.113～144.

〔31〕 Eichelbrenner, E. A. and Oudart, A., ONERA, publ. 76, Chatillon, France, (1955).

〔32〕 Legendre, L., Rech. Aerosp.6, (1977), pp.327～355.

〔33〕 Hunt, J. C. R., Abell, C. J., Peterke, J. A. and Woo, H., JFH, 86, part 1, (1978), pp.179～200.

〔34〕 Tobak, M. and Peake, D. J., AIAA paper 79—1480. (1979).

〔35〕 Tobak, M. and Peake, D. J., AIAA paper 81—1260. (1981).

〔36〕 Tobak, M. and Peake, D. J., Ann. Rev. Fluid Mechanics, vol. 14, (1982), pp. 61～85.

〔37〕 Cousteix, J. and Houdeville, R., AIAA J. vol. 19, (1981), No8, pp.976～985.

〔38〕 张涵信，三维粘性流动在分离线附近的特性及分离准则，国防科大论文报告资料，82—1089，(1982)。

〔39〕 刘谋佶，航空学报 Vol.6, No.1, (1985), 1～12页。

〔40〕 张涵信，力学学报，3，(1983)，227～232页。

〔41〕 张涵信，力学学报，6，(1983)，559～570页。

〔42〕 O' Brien, V., Phys. Fluids, 24, 6, 1981, pp. 1005～1009.

〔43〕 Fansler, K. S. and Danberg, J. F., AIAA J. vol. 15, No.2, (1977), pp.274～276.

〔44〕 Баи. Зеликович, Г. М., МЖГ, 2, (1970).

〔45〕 Hirschel, E. H. and Kordulla, W., Z. Flugwiss Weltraumforsch, 4, Heft, 5, (1980), pp. 295～307.

〔46〕 Davey, A., J. F. M. 10, (1963), pp. 593～610.

〔47〕 Smith, J. H. B., RAE TR69119.

〔48〕 Purohit, S. C., Shang, J. C. and Hankey, W. L., AIAA paper 82—1020, (1982).

ADVANCES IN THE STUDY OF SEPARATED FLOWS

Zhang Hanxin

(*Chinese Aerodynamic Research and Development Center*)

Abstract

This paper consists of three parts. The first deals with two-dimensional unsteady viscous separated flows. A number of separation criteria are briefly reviewed, and some progresses in identification of separation are discussed. The second involves the study of three-dimensional steady separated flows and the survey of the debatable question, whether a separation line is a limiting streamline or an envelope of the limiting streamlines. New achievements in this field are mentioned. The third elaborates the similarities between the equations of three-dimensional steady boundary layers and those of two-dimensional unsteady boundary layers. The question about analogous unsteady separation is discussed.

三维定常粘性流动中分离线的性状
——建筑在边界层方程上的分析*

张涵信
（中国气动力研究与发展中心）

摘要　本文在边界层方程的基础上，研究了分离线附近流动的性状，证明在分离线上存在 Goldstein 奇性，且分离线是壁面极限流线的包络。

一、引　　言

关于三维定常粘性流动中分离线的性状，文献中有不同的见解。Oudart[1]、Maskell[2] 及王国璋[3]等人认为，分离线是壁面极限流线的包络（简称包络观点）；而 Legendre[4]、Lighthill[5]、Hunt[6]、Tobak 和 Peake[7-9]等人认为，分离线是其附近壁面极限流线的收拢渐近线，且本身也是一条极限流线（简称流线观点）；还有些人例如 Eichelbrenner 和 Stewartson，先是支持包络观点，后又转向流线观点。本文作者对该问题作过研究[10]，给出了判定流动分离的条件[10,11]，并进一步证明当，用 NS 方程描述粘性流动时，给出的分离线是壁面极限流线的收拢渐近线，且本身也为极限流线，在这个意义上支持了流线观点；但是，当用边界层方程描述流动时，给出的分离线则为壁面极限流线的包络，在这个意义上又支持了包络观点。这种情况表明，边界层近似改变了分离线附近极限流线的性状，从而阐明了文献中出现分歧的原因。文献[11]发表了作者利用 NS 方程所作的分析，本文是作者建筑在边界层方程基础上的分析。文中除引言外包括五节，第二节给出了分离条件；第三节利用特征线理论研究了分离线的 Goldstein 奇性，第四节作了分离线是极限流线包络的分析。最后一节是简单的结论。

二、分 离 条 件

研究固定壁面上三维定常流动的分离时，文献中常引用图 1 来说明分离线的几何意义，即认为：(1) 分离线是从物面离开的分离流面与物面的交线，(2) 在分离流面两侧，来自两方的流体，跟随分离流面一起，流向物面上方。根据这一分离流动的模式，在文

* 空气动力学学报，1985，1：1-8．本文于1985年6月28日收到。

献[11]内，我们给出了如下判定流动出现分离$\left(\left(\frac{\partial^2 w}{\partial z^2}\right)_0>0\right)$的条件：

$$\begin{cases}\left(\dfrac{\partial u}{\partial z}\right)_0=0\\ \left(\dfrac{\partial^2 u}{\partial x\,\partial z}\right)_0<0\end{cases}\tag{2.1}$$

这里x，z是正交曲线座标系x，y，z中的两个座标，其中x，y轴在物体表面上，且y轴沿着分离线。u是速度$\vec{V}=u\vec{e}_x+v\vec{e}_y+w\vec{e}_z$在$x$方向的速度分量($v$,$w$为$y$,$z$轴方向的速度分量，$\vec{e}_x$、$\vec{e}_y$、$\vec{e}_z$为$x$，$y$，$z$轴的单位向量)，下标“0”表示分离线上的点。

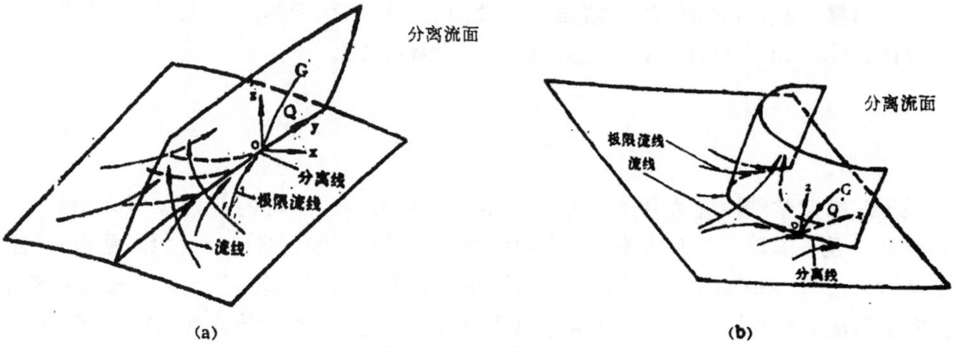

图 1　分离图象及座标系统

文献[11]在建立(2.1)第一式时，采用的为 L'Hospital 法则，因此不受分离线是否具有 Goldstein 奇性的限制。同样也可证明，(2.1)第二式也可由 L'Hospital 法则得到。因此(2.1)既适用于 NS 方程所描述的流动，也适用于边界层方程所描述的流动。

三、分离线处的 Goldstein 奇性问题

为了简单，这节假定流体是不可压缩的。

1．特征线理论

不可压缩流体的边界层方程组是：

$$\begin{cases}\dfrac{1}{h_1}\dfrac{\partial u}{\partial x}+\dfrac{1}{h_2}\dfrac{\partial v}{\partial y}+\dfrac{\partial w}{\partial z}+\dfrac{u}{h_1 h_2}\dfrac{\partial h_2}{\partial x}+\dfrac{v}{h_1 h_2}\dfrac{\partial h_1}{\partial y}=0,\\ \dfrac{u}{h_1}\dfrac{\partial u}{\partial x}+\dfrac{v}{h_2}\dfrac{\partial u}{\partial y}+w\dfrac{\partial u}{\partial z}+\dfrac{1}{h_1 h_2}\dfrac{\partial h_1}{\partial y}uv-\dfrac{1}{h_1 h_2}\dfrac{\partial h_2}{\partial x}v^2\\ \qquad=-\dfrac{1}{\rho h_1}\dfrac{\partial p}{\partial x}+\nu\dfrac{\partial^2 u}{\partial z^2},\end{cases}\tag{3.1}$$

$$
\left\{
\begin{aligned}
&\frac{u}{h_1}\frac{\partial v}{\partial x}+\frac{v}{h_2}\frac{\partial v}{\partial y}+w\frac{\partial v}{\partial z}-\frac{1}{h_1h_2}\frac{\partial h_1}{\partial y}u^2+\frac{1}{h_1h_2}\frac{\partial h_2}{\partial x}uv\\
&=-\frac{1}{\rho h_2}\frac{\partial p}{\partial y}+\nu\frac{\partial^2 v}{\partial z^2},\\
&\frac{\partial p}{\partial z}=0
\end{aligned}
\right.
$$

这里 p、ρ 是气体的压力和密度，ν 是气体的运动粘滞系数。现引入：

$$
\left\{
\begin{aligned}
\bar{u}&=\frac{\partial u}{\partial z}\\
\bar{v}&=\frac{\partial v}{\partial z}\\
\bar{w}&=\frac{\partial w}{\partial z}
\end{aligned}
\right.
\tag{3.2}
$$

将(3.1)第一式对 z 求一次导数，第二、三式分别对 z 求二次导数，并利用物面条件 $u=v=w=0$，以及在物面上由连续性方程得到的关系式 $\partial w/\partial z=\bar{w}=0$，当 $z=0$ 时可得：

$$
\left\{
\begin{aligned}
&\frac{1}{h_1}\frac{\partial \bar{u}}{\partial x}+\frac{1}{h_2}\frac{\partial \bar{v}}{\partial y}+\frac{\partial \bar{w}}{\partial z}+\frac{1}{h_1h_2}\frac{\partial h_2}{\partial x}\bar{u}+\frac{1}{h_1h_2}\frac{\partial h_1}{\partial y}\bar{v}=0\\
&\frac{2}{h_1}\bar{u}\frac{\partial \bar{u}}{\partial x}+\frac{2}{h_2}\bar{v}\frac{\partial \bar{u}}{\partial y}+\bar{u}\frac{\partial \bar{w}}{\partial z}+\frac{2}{h_1h_2}\frac{\partial h_1}{\partial y}\bar{u}\,\bar{v}-\frac{2}{h_1h_2}\frac{\partial h_2}{\partial x}\bar{v}^2=\nu\frac{\partial^3 \bar{u}}{\partial z^3}\\
&\frac{2}{h_1}\bar{u}\frac{\partial \bar{v}}{\partial x}+\frac{2}{h_2}\bar{v}\frac{\partial \bar{v}}{\partial y}+\bar{v}\frac{\partial \bar{w}}{\partial z}-\frac{2}{h_1h_2}\frac{\partial h_1}{\partial y}\bar{u}^2+\frac{2}{h_1h_2}\frac{\partial h_2}{\partial x}\bar{u}\,\bar{v}=\nu\frac{\partial^3 \bar{v}}{\partial z^3}
\end{aligned}
\right.
\tag{3.3}
$$

由(3.3)第一式解出 $\partial\bar{w}/\partial z$，然后分别代入(3.3)第二、三式后得：

$$
\left\{
\begin{aligned}
&\frac{\bar{u}}{h_1}\frac{\partial \bar{u}}{\partial x}+\frac{2}{h_2}\bar{v}\frac{\partial \bar{u}}{\partial y}-\frac{\bar{u}}{h_2}\frac{\partial \bar{v}}{\partial y}=f\\
&\frac{2}{h_1}\bar{u}\frac{\partial \bar{v}}{\partial x}+\frac{\bar{v}}{h_2}\frac{\partial \bar{v}}{\partial y}-\frac{\bar{v}}{h_1}\frac{\partial \bar{u}}{\partial x}=g
\end{aligned}
\right.
\tag{3.4}
$$

式中

$$
\left\{
\begin{aligned}
f&=\nu\frac{\partial^3 \bar{u}}{\partial z^3}+\frac{1}{h_1h_2}\left(\frac{\partial h_2}{\partial x}\bar{u}^2-\frac{\partial h_1}{\partial y}\bar{u}\,\bar{v}+2\frac{\partial h_2}{\partial x}\bar{v}^2\right)\\
g&=\nu\frac{\partial^3 \bar{v}}{\partial z^3}+\frac{1}{h_1h_2}\left(2\frac{\partial h_1}{\partial y}\bar{u}^2-\frac{\partial h_2}{\partial x}\bar{u}\,\bar{v}+\frac{\partial h_1}{\partial y}\bar{v}^2\right)
\end{aligned}
\right.
\tag{3.5}
$$

设方程(3.4)定义的特征方程为：

$$
y=y(x)
\tag{3.6}
$$

沿特征线方向取方向导数得：

$$
\frac{1}{h_1}\frac{d}{dx}=\frac{1}{h_1}\frac{\partial}{\partial x}+\lambda\frac{1}{h_2}\frac{\partial}{\partial y}
\tag{3.7}
$$

这里

$$\lambda=\frac{h_2}{h_1}\frac{dy}{dx} \tag{3.8}$$

由(3.7)解出$(1/h_1)(\partial/\partial x)$，然后分别代入(3.4)，整理后得：

$$\begin{cases}\left(-\lambda\frac{\bar{u}}{h_2}+\frac{2}{h_2}\bar{v}\right)\frac{\partial\bar{u}}{\partial y}-\frac{\bar{u}}{h_2}\frac{\partial\bar{v}}{\partial y}=F\\ \frac{\lambda}{h_2}\bar{v}\frac{\partial\bar{u}}{\partial y}+\left(\frac{\bar{v}}{h_2}-2\frac{\bar{v}}{h_2}\lambda\right)\frac{\partial\bar{v}}{\partial y}=G\end{cases} \tag{3.9}$$

式中

$$\begin{cases}F=f-\frac{\bar{u}}{h_1}\frac{d\bar{u}}{dx}\\ G=g+\frac{\bar{v}}{h_1}\frac{d\bar{u}}{dx}-2\frac{\bar{u}}{h_1}\frac{d\bar{v}}{dx}\end{cases} \tag{3.10}$$

当存在特征线时，必有：

$$\begin{vmatrix}\left(-\lambda\frac{\bar{u}}{h_2}+\frac{2}{h_2}\bar{v}\right), & -\frac{\bar{u}}{h_2}\\ \frac{\lambda}{h_2}\bar{v}, & \left(\frac{\bar{v}}{h_2}-2\frac{\bar{u}}{h_2}\lambda\right)\end{vmatrix}=0, \tag{3.11}$$

$$\begin{vmatrix}F & -\frac{\bar{u}}{h_2}\\ G & \left(\frac{\bar{v}}{h_2}-2\frac{\bar{u}}{h_2}\lambda\right)\end{vmatrix}=0 \tag{3.12}$$

$$\begin{vmatrix}-\lambda\frac{\bar{u}}{h_2}+\frac{2}{h_2}\bar{v}, & F\\ \frac{\lambda}{h_2}\bar{v}, & G\end{vmatrix}=0 \tag{3.13}$$

由(3.11)，可得特征线的方程为：

$$\lambda=\frac{h_2}{h_1}\frac{dy}{dx}=\frac{\bar{v}}{\bar{u}} \tag{3.14}$$

显然这就是壁面极限流线的方程，而由(3.12)，(3.13)得特征线上的相容关系是：

$$F\bar{v}-G\bar{u}=0 \tag{3.15}$$

2．分离线处的 Goldstein 奇性

现讨论 $\bar{v}\neq 0$ 的特形，将(3.10)代入(3.15)得：

$$f-2\frac{\bar{u}}{h_1}\frac{d\bar{u}}{dx}-g\frac{\bar{u}}{\bar{v}}+2\frac{\bar{u}^2}{\bar{v}}\frac{1}{h_1}\frac{d\bar{v}}{dx}=0 \tag{3.16}$$

而由(3.7)和(3.14)，

$$\frac{1}{h_1}\frac{d\bar{u}}{\partial x}=\frac{1}{h_1}\frac{\partial\bar{u}}{\partial x}+\frac{\bar{v}}{\bar{u}}\frac{1}{h_2}\frac{\partial\bar{u}}{\partial y}$$

$$\frac{1}{h_1}\frac{d\bar{v}}{dx}=\frac{1}{h_1}\frac{\partial\bar{v}}{\partial x}+\frac{\bar{v}}{\bar{u}}\frac{1}{h_2}\frac{\partial\bar{v}}{\partial y}$$

将此二式代入(3.16)得：

$$f-2\bar{u}\frac{1}{h_1}\frac{\partial\bar{u}}{\partial x}-2\frac{\bar{v}}{h_2}\frac{\partial\bar{u}}{\partial y}-g\frac{\bar{u}}{\bar{v}}+2\frac{\bar{u}^2}{\bar{v}}\frac{1}{h_1}\frac{\partial\bar{v}}{\partial x}$$

$$+2\bar{u}\frac{1}{h_2}\frac{\partial\bar{v}}{\partial y}=0$$

将(3.5)代入此式，整理后得：

$$\frac{1}{h_1}\frac{\partial(\bar{u}^2)}{\partial x}=\nu\frac{\partial^3\bar{u}}{\partial z^3}+\frac{1}{h_1h_2}\left(\frac{\partial h_2}{\partial x}\bar{u}^2-\frac{\partial h_1}{\partial y}\bar{u}\,\bar{v}+2\frac{\partial h_2}{\partial x}\bar{v}^2\right)$$

$$-2\frac{\bar{v}}{h_2}\frac{\partial\bar{u}}{\partial y}-\frac{\bar{u}}{\bar{v}}\left[\nu\frac{\partial^3\bar{v}}{\partial z^3}+\frac{1}{h_1h_2}\left(2\frac{\partial h_1}{\partial y}\bar{u}^2-\frac{\partial h_2}{\partial x}\bar{u}\,\bar{v}\right.\right.$$

$$\left.\left.+\frac{\partial h_1}{\partial y}\bar{v}^2\right)\right]+2\frac{\bar{u}^2}{\bar{v}}\frac{1}{h_1}\frac{\partial\bar{v}}{\partial x}+2\bar{u}\frac{1}{h_2}\frac{\partial\bar{v}}{\partial y}\tag{3.17}$$

我们将此式用于分离线上任一点0，由分离条件(2.1)易知$(\bar{u})_0=0$，$(\partial\bar{u}/\partial y)_0=0$，因此当$\bar{v}_0\neq0$时，(3.17)给出：

$$\left(\frac{\partial\bar{u}^2}{\partial x}\right)_0=a_0\tag{3.18}$$

式中

$$a_0=(h_1)_0\left(\nu\frac{\partial^3\bar{u}}{\partial z^3}+\frac{2}{h_1h_2}\frac{\partial h_2}{\partial x}\bar{v}^2\right)$$

由于

$$\left(\frac{\partial\bar{u}^2}{\partial x}\right)_0=2\left(\frac{\partial u}{\partial z}\right)_0\left(\frac{\partial^2u}{\partial x\,\partial z}\right)_0$$

而在分离线上，$(\partial u/\partial z)_0=0$，因此当$a_0$不为零时，由(3.18)知$(\partial^2u/\partial x\,\partial z)_0$是奇异的。这表明当求解边界层方程时，一旦由$x<0$推进到分离线$x=0$，计算就会被中断。下面更细致的来分析$\partial u/\partial z$在分离线前($x\leq0$)的变化规律。利用(2.1)、(3.18)和台劳展开式可得：

$$\bar{u}_0^2=-a_0|x|+\cdots,\quad(x\leq0)$$

由此式易知$a_0<0$。引入$k=(-a_0)^{\frac{1}{2}}$，则有：

$$\bar{u}=k|x|^{\frac{1}{2}}+\cdots,\quad(x\leq0)\tag{3.19}$$

该式表明，沿分离线法向，存在 Goldstein 奇异性，$(\partial\bar{u}/\partial x)_0\to-\infty$。

四、分离线的性状

利用上两节的结果，有以下结论：

若在分离线上，$\overline{v}_0 \neq 0$，$\overline{u}$ 具有 Goldstein 奇性，即(3.19)成立，则极限流线与分离线相切，且分离线是极限流线的包络。

事实上，对于这种情况，在分离线上"0"点附近，极限流线的方程可表达为

$$\frac{dx}{dy}=\frac{h_2}{h_1}\frac{k|x|^{\frac{1}{2}}}{\left(\frac{\partial v}{\partial z}\right)_0}+\cdots=A|x|^{\frac{1}{2}}+\cdots \qquad (x\leq 0) \tag{4.1}$$

这里"…"表示高阶小量，A的表达式为

$$A=\left(\frac{h_2}{h_1}\right)_0\frac{k}{\left(\frac{\partial v}{\partial z}\right)_0} \tag{4.2}$$

当略去高阶小量，并积分(4.1)可得：

$$y=-\frac{2}{A}|x|^{\frac{1}{2}}+c \qquad (x\leq 0) \tag{4.3}$$

这里 c 是积分常数，容易看出，过"0"点的极限流线是：

$$y=-\frac{2}{A}|x|^{\frac{1}{2}} \qquad (x\leq 0) \tag{4.4}$$

根据曲线族包络的定义，曲线族(4.3)的包络线是 $x=0$，即分离线是极限流线的包络线。

下面来研究极限流线的走向。如果在物面附近，$v>0$，即流动沿着 y 的正向，则 $(\partial v/\partial z)_0>0$，由(4.2)，当 $x\leq 0$ 时，$A>0$，这就给出图 2a 的图象，如果 $v<0$，即流动沿着 y 的负向，$(\partial v/\partial z)_0<0$，由(4.2)，当 $x\leq 0$ 时，$A<0$，这就给出图 2b 的图象。

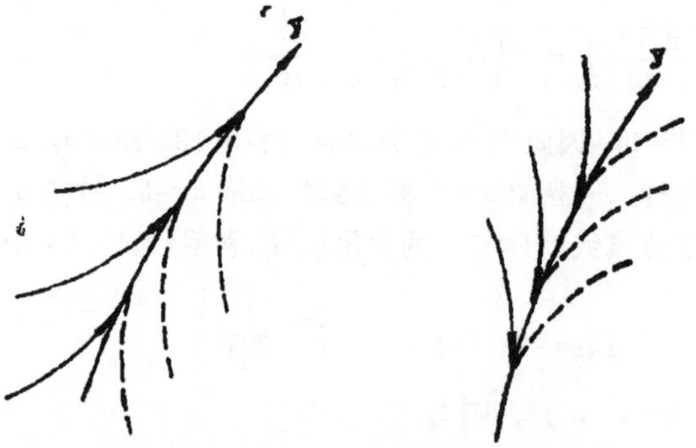

图 2　分离线附近极限流线的性状

五、简单的结论

根据以上建筑在边界层方程上的分析，我们有以下结论：

1．一般说来，解在分离线处沿其法向要出现 Goldstein 奇异性，即

$$\frac{\partial u}{\partial z}=k\,|x|^{\frac{1}{2}}$$

2．对于具有 Goldstein 奇异性的分离线，若$(\partial v/\partial z)_0\neq 0$，则分离线是极限流线的包络。且在分离线处，极限流线的走向是收拢的。

将以上两点和 NS 方程所描述的实际流动的情况相比较，容易看出：边界层近似使解在分离线上出现了 Goldstein 奇异性，并且实际的分离线原为极限流线的收拢渐近线，且本身也为极限流线，现在被改变为极限流线的包络。这样我们就阐明了边界层方程和 NS 方程所描述的分离线性状的差别，澄清了文献中一些模糊的认识。

参　考　文　献

[1] Eichelbrenner E. A., and Oudart, A., ONERA, publ. 76, Chatiilon, France, (1955).

[2] Maskell, E. C, RAE Rept. Aero 2565, Nov. (1955).

[3] Wang, K. C, AIAA J. 10, (1972), 1044—1050.

[4] Legendre, R, La Recherche Aeronautique, No54, 3—8, (1956).

[5] Lighthill, M. J, In Laminar Boundary Layers, ed. L. Rosenbead, pp1—113, London, Oxford, (1963).

[6] Hunt, J. C. R, Abell, C.J, Peterka J. A, and Woo, H., JFM 86, Part. 1, (1978). 179—200.

[7] Tobak M. and Peake, D. J. AIAA paper 79-1480, (1979).

[8] Tobak Mand Peake, D. J, AIAA paper 81-1260, (1981).

[9] Tobak M. and Peake, D. J. Ann. Rev. Fluid Mech. **14**, (1982), 61-85.

[10] 张涵信，分离点、线附近流动性状的研究进展，全国第一届分离流与涡运动专题讨论会报告，1984；亦可见《航空学报》**4**，(1985)。

[11] 张涵信，三维定常粘性流动的分离条件及分离线附近流动的性状，全国第一届分离流与涡运动专题讨论会报告，1984；亦可见《空气动力学学报》，1(1985)。

THE BEHAVIOUR OF SEPARATION LINE FOR THREE DIMENSIONAL STEADY VISCOUS FLOW— BASED ON BOUNDARY LAYER EQUATIONS

Zhang Hanxin
(China Aerodynamic Research and Development Center)

Abstract

In this paper, the flow behaviour near a separation line is studied for steady three dimensional viscous flow described by boundary layer equations. It is proved that there is a Goldstein singularity at the separation line, and the separation line is an envelop of the limiting streamlines.

分离线上的奇点以及分离线的形态*

张　涵　信

（中国空气动力研究与发展中心）

摘要　本文研究了分离线上的奇点，指出分离线有四种基元形态，复杂流动的分离线，可通过这四种基元形态组合而成。文中证明，同存在由鞍点始到结点终的分离线一样，其上无奇点的开式分离线是存在的。另外还存在具有螺结点类型的分离线。文中研究了分离线上奇点的分布规律，指出分离线上鞍点的总数或与结点的总数相等，或者差一个，且鞍点和结点是交替相间分布的。

一、引　　言

在研究钝体及细长体有攻角绕流时，一个正在发展中的方法就是利用Euler方程数值求解分离流动，这里其重要前提就是预先给定分离线的位置和形状。因此研究分离线上奇点的分布规律以及分离线的形态，具有重要意义。最初Lighthill[1]认为，分离线起始于摩擦应力线(或极限流线)的奇点且终止于奇点，这个观点在一段时间内曾得到一些人的支持。王国璋认为[2]：分离线具有两种形式，一为闭式分离，此时分离线的起点为摩擦应力线的鞍型奇点，这和Lighthill的模式一致；另一为开式分离，此时分离线起始于流场中部，且起点为摩擦力线的正常点。Tobak和Peake[3]没有采用“开式”和“闭式”两个术语，而提出了“整体”和“局部”分离的概念，并且认为，还存在另一种具有“螺结点”类型的分离线。本文从理论上研究了这一问题，仔细分析了分离线上奇点的分布规律，指出分离线可能存在四种基元形态，实际三维粘性流动的分离线，都是四种基元形态的组合。文中通过对奇点的分析，证明开式分离线是存在的，同时也证明“螺结点”类型的分离线存在。文中指出，在分离线上鞍点和结点是交替相间出现的，且鞍点、结点的总数或者相等，或者相差一。

二、摩擦力线(或极限流线)的表达式及其奇点

我们仅讨论Navier-Stokes方程描述的三维定常层流运动。此时流场内的物理量是解析的，其物面上速度的各阶导数存在且分别可用压力、摩擦力等物理量的导数来表

* 空气动力学学报，1987，5（1）：1-10. 本文于1985年12月24日收到，1986年7月30日收到修改稿。

达。采用正交曲线坐标系 x, y, z；其中 x, y 轴在物体表面上，且 y 轴为分离线，z 轴与物面垂直，设 $h_1(x,y), h_2(x,y), h_3=1$ 分别为其尺度因子，u，v，w 为其速度分量，在分离情况下，根据文献[4]给出的分离判据，在分离线上任一点"o"，以下条件成立：

$$\begin{cases} \left(\dfrac{\partial u}{\partial z}\right)_o=0 \\ \left(\dfrac{\partial^2 u}{\partial x\,\partial z}\right)_o<0 \\ \left(\dfrac{1}{h_1}\dfrac{\partial^2 u}{\partial x\,\partial z}+\dfrac{1}{h_2}\dfrac{\partial^2 v}{\partial y\,\partial z}\right)_o<0 \end{cases} \tag{2.1}$$

这里下标"o"表示"o"点处的物理量。

现在来研究 o 点周围摩擦应力的分布和摩擦应力线的方程。为了简单且不失一般性，取 o 点为坐标原点。利用 Taylor 公式，由(2.1)，在 o 点周围的物面上，$(\partial u/\partial z)$，$(\partial v/\partial z)$ 可展开为：

$$\begin{cases} \dfrac{\partial u}{\partial z}=a_0 x+a_1 x^2+a_2 xy+\cdots \\ \dfrac{\partial v}{\partial z}=b_0+b_1 x+b_2 y+b_3 x^2+b_4 xy+b_5 y^2+\cdots \end{cases} \tag{2.2}$$

式中，

$$\begin{cases} a_0=\left(\dfrac{\partial^2 u}{\partial x\partial z}\right)_o \\ a_1=\dfrac{1}{2}\left(\dfrac{\partial^3 u}{\partial x^2\partial z}\right)_o \\ a_2=\left(\dfrac{\partial^3 u}{\partial x\,\partial y\,\partial z}\right)_o \\ b_0=\left(\dfrac{\partial v}{\partial z}\right)_o \\ b_1=\left(\dfrac{\partial^2 v}{\partial x\partial z}\right)_o \\ b_2=\left(\dfrac{\partial^2 v}{\partial y\partial z}\right)_o \\ b_3=\dfrac{1}{2}\left(\dfrac{\partial^3 v}{\partial x^2\partial z}\right)_o \\ b_4=\left(\dfrac{\partial^3 v}{\partial x\partial y\partial z}\right)_o \\ b_5=\dfrac{1}{2}\left(\dfrac{\partial^3 v}{\partial y^2\partial z}\right)_o \\ \cdots\cdots\cdots\cdots\cdots\cdots \end{cases} \tag{2.3}$$

由于在分离线上，

$$\left(\frac{\partial u}{\partial z}\right)_o=0,\quad \left[\frac{\partial^n}{\partial y^n}\left(\frac{\partial u}{\partial z}\right)\right]_o=0\quad (n=1,2,3,\cdots)$$

因此(2.2)第一式不存在仅含 y 的一次和高次项。引入，

$$\begin{cases} g(x,\ y)=a_0+a_1x+a_2y+\cdots \\ f(y)=b_0+b_2y+b_5y^2+\cdots \\ h(x,\ y)=b_1+b_3x+b_4y+\cdots \end{cases} \tag{2.4}$$

则(2.2)可写成：

$$\begin{cases} \dfrac{\partial u}{\partial z}=x\cdot g(x,\ y) \\ \dfrac{\partial v}{\partial z}=x\,h(x,\ y)+f(y) \end{cases} \tag{2.5}$$

于是壁面摩擦力线的方程是：

$$\frac{h_2}{h_1}\ \frac{\partial y}{\partial x}=\frac{xh(x,\ y)+f(y)}{x\cdot g(x,\ y)} \tag{2.6}$$

我们来研究(2.6)的奇点*。显然，这些奇点可由以下联立方程的解给出：

$$\begin{cases} x\cdot g(x,\ y)=0 \\ x\cdot h(x,\ y)+f(y)=0 \end{cases} \tag{2.7}$$

不难看出，(2.7)的求解问题可化为求解以下两个方程组：

$$\begin{cases} x=0 \\ f(y)=0 \end{cases} \tag{2.8}$$

及

$$\begin{cases} g(x,\ y)=0 \\ x\,h(x,\ y)+f(y)=0 \end{cases} \tag{2.9}$$

显然(2.8)给出的奇点全部落在分离线上，而(2.9)给出的奇点，则位于分离线外。本文主要研究分离线上的奇点。

三、分离线上的一阶奇点**

不失一般性，这节和以下各节皆假定 $b_0=(\partial v/\partial z)_0>0$，即认为 y 轴的正向，在 0 点恰和分离线的走向一致，且 0 点不是(2.6)的奇点。

先研究最简单的一阶奇点，即在(2.2)中，略去 x，y 的二阶以上的小量项。为了便于说明分离线在起点和终点的形态，假设 0 点距起点或终点很近。此时由(2.4)得：

$$\begin{cases} g(x,\ y)=a_0 \\ f(y)=b_0+b_2y \\ h(x,y)=b_1 \end{cases} \tag{3.1}$$

* 在以分离线为 y 轴的坐标系内，螺旋点变形为结点。

** 这节和以下几节所指的 n 阶 ($n=1,\ 2,\cdots$) 奇点含义是：保留(2.2)中 x^n，y^n 等 n 阶以下的小量项，略去 $(n+1)$ 阶以上的小量项。这个定义不同于常微分方程中所述的高阶奇点。

由(3.1)第二式易知，$f(y)$随 y 的变化，如图1 。当 $b_2=0$ 时，分离线上无奇点，当 $b_2\neq 0$

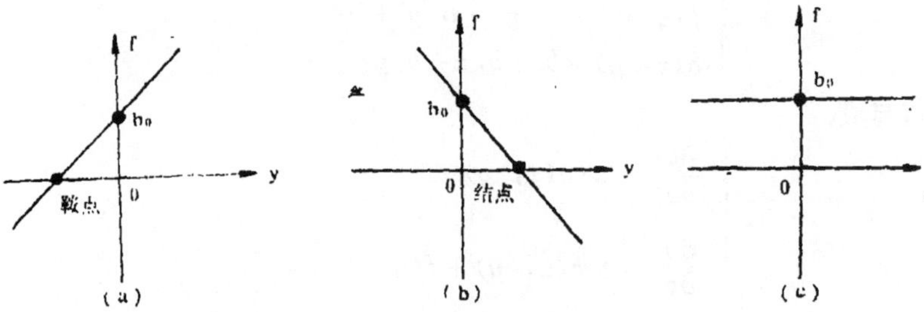

图 1　一阶情况下 f(y)的变化

时. 分离线上的奇点位置为：

$$\begin{cases} x=0 \\ y=-\dfrac{b_0}{b_2}=c \end{cases} \tag{3.2}$$

引人

$$\begin{cases} \xi=x \\ \eta=y+\dfrac{b_0}{b_2}=y-c \end{cases} \tag{3.3}$$

则(2.6)变为：

$$\frac{h_2}{h_1}\frac{\partial\eta}{\partial\xi}=\frac{b_1\xi+b_2\eta}{a_0\xi}$$

根据微分方程中的奇点理论易知，当 $q=a_0b_2<0$ 时，点($x=0$, $y=-b_0/b_2$)为鞍型奇点，当 $q=a_0b_2>0$ 时，为结点型奇点(结点和螺旋点)。利用分离条件(2.1)第二式 $a_0=(\partial^2u/\partial x\partial z)_c<0$，因此当 $b_2=(\partial f/\partial y)_c>0$时(下标 c 表示在奇点处的值)，奇点为鞍型的，当 $b_2=(\partial f/\partial y)_c<0$ 时，奇点为结点型。而由(3.1)，当 $b_2=(\partial f/\partial y)_c>0$时，奇点的 y 坐标为负，即奇点在 0 点的上游，当 $b_2=(\partial f/\partial y)_c<0$ 时，奇点的 y 坐标为正，即奇点位于 0 点的下游。这表明，若分离线从奇点发出，该奇点必为鞍点，若分离线进入奇点，该奇点必为结点或螺旋点。这些结论和文献[4]一致。值得注意的是，当 $b_2=0$,

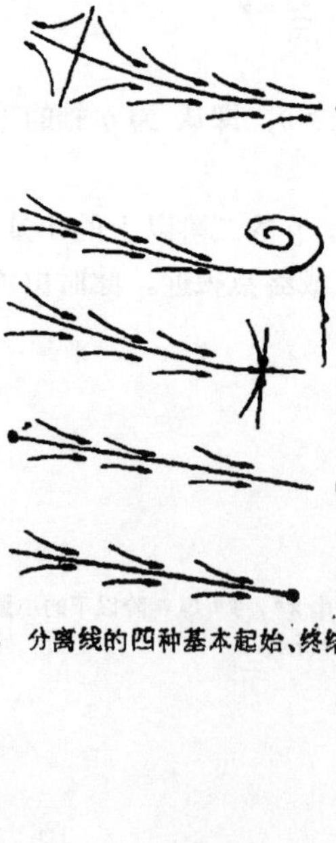

图 2　分离线的四种基本起始、终结形态

$c\to\infty$，分离线上不存在奇点。

综合以上研究，从局部来看分离线的起始和终结有如下四种基本形态(图2 (a)、(b) (c)、(d))。

第一种：分离线从鞍点起始(图2 (a))。

第二种：分离线进入结点或螺旋点(图2 (b))。

第三种：分离线从正常点起始(图2 (c))。

第四种：分离线进入正常点(图2 (d))。

以后我们称这四种形态为基元形态。

四、分离线上的二阶奇点

所谓二阶奇点，就是在(2.2)中，考虑 x，y 的一阶和二阶项，略去三阶以上的小量。此时，

$$\begin{cases} g(x,\ y)=a_0+a_1x+a_2y \\ f(y)=b_0+b_2y+b_5y^2 \\ h(x,\ y)=b_1+b_3x+b_4y \end{cases} \tag{4.1}$$

为了分析(2.8)给出的奇点及其性质，下面研究(4.1)第二式给出的 f 的变化。因为 $b_5=0$ 时，$f=b_0+b_2y$，这个线性表达式上节已经讨论过了，所以这里不再讨论它。

1．f 的变化曲线如图3(a)(b)。此时 $b_5=(\partial^2f/\partial y^2)>0$，$b_2^2-4b_0b_5>0$。$f=0$ 给

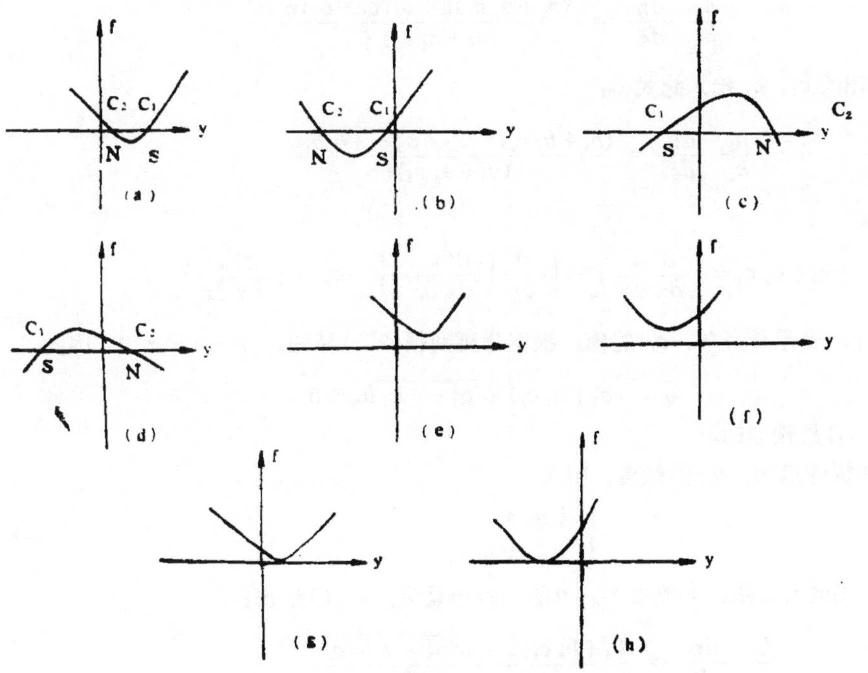

图3　二阶情况下，f 可能的几种情况

出的两个实根是：

$$y_1=\frac{-b_2+\sqrt{b_2^2-4b_0b_5}}{2b_5}=c_1$$
$$y_2=\frac{-b_2-\sqrt{b_2^2-4b_0b_5}}{2b_5}=c_2 \tag{4.2}$$

式中 c_1，c_2 几何位置见图3。于是分离线上的两个奇点是：

$$\begin{cases}x_1=0\\ y_1=c_1\end{cases}$$

$$\begin{cases}x_2=0\\ y_2=c_2\end{cases}$$

下面分析此二奇点的性质。先分析奇点$(0, c_1)$。引入

$$\begin{cases}\xi=x\\ \eta=y-c_1\end{cases} \tag{4.3}$$

方程(2.6)可改写为：

$$\frac{h_2}{h_1}\frac{d\eta}{d\xi}=\frac{b_5\eta(\eta+c_1-c_2)+b_1\xi+b_3\xi^2+b_4\xi(\eta+c_1)}{\xi(a_0+a_1\xi+a_2\eta+a_2c_1)}$$

由于在分析该式的奇点性质时，该方程中的二次项是不重要的，故可略去[5]，于是该式可写成：

$$\frac{h_2}{h_1}\frac{d\eta}{d\xi}=\frac{(b_1+b_4c_1)\xi+b_5(c_1-c_2)\eta}{(a_0+a_2c_1)\xi}$$

将(4.2)给出的 c_1，c_2 代入此式得：

$$\frac{h_2}{h_1}\frac{d\eta}{d\xi}=\frac{(b_1+b_4c_1)\xi+\sqrt{b_2^2-4b_0b_5}\,\eta}{(a_0+a_2c_1)\xi}$$

利用(2.3)，

$$a_0+a_2c_1=\left(\frac{\partial^2u}{\partial x\partial z}\right)_0+\left[\frac{\partial}{\partial y}\left(\frac{\partial^2u}{\partial x\partial z}\right)\right]_0\cdot c_1=\left(\frac{\partial^2u}{\partial x\partial z}\right)_{c_1}$$

式中下标 c_1，表示奇点$(0, c_1)$的值。根据分离判据(2.1)易知，$a_0+a_2c_1<0$，因此

$$q=(a_0+a_2c_1)\sqrt{b_2^2-4b_0b_5}<0$$

即奇点$(0, c_1)$是鞍型的。

下面分析奇点$(0, c_2)$的性质。引入

$$\begin{cases}\xi=x\\ \eta=y-c_2\end{cases} \tag{4.4}$$

利用和上面相同的方法，当略去 ξ，η 的高阶小量后，(2.6)给出：

$$\frac{h_2}{h_1}\frac{d\eta}{d\xi}=\frac{(b_1+b_4c_2)\xi-\sqrt{b_2^2-4b_0b_5}\,\eta}{(a_0+a_2c_2)\xi}$$

根据分离判据(2.1)，

$$a_0+a_2c_2=\left(\frac{\partial^2u}{\partial x\partial z}\right)_o+\left[\frac{\partial}{\partial y}\left(\frac{\partial^2u}{\partial x\partial z}\right)\right]_o c_2=\left(\frac{\partial^2u}{\partial x\partial z}\right)_{c_2}<0,$$

因此

$$q=-(a_0+a_2c_2)\sqrt{b_2^2-4b_0b_5}>0$$

即奇点(0，c_2)是结点型的。

因为在分离线上($a_0+a_2c_1$)及($a_0+a_2c_2$)分别小于零，而由(4.1)第二式和(4.2)

$$\left(\frac{\partial f}{\partial y}\right)_{c_1}=\sqrt{b_2^2-4b_0b_5},\quad\left(\frac{\partial f}{\partial y}\right)_{c_2}=-\sqrt{b_2^2-4b_0b_5}$$

所以亦可说，若奇点处的$(\partial f/\partial y)>0$，奇点是鞍型的；若奇点处的$(\partial f/\partial y)<0$，奇点是结点型的。在讨论一阶奇点时，已经看到这个规律了，可以证明，对更高阶的情况，这个结论也成立。

根据图3(a)(b)给出的两个奇点(0，c_1)(0，c_2)的位置和上面关于两个奇点性质的讨论，其对应的分离线的图象如图4(a)(b)所示。

2．f的变化如图3(c)(d)，此时$b_5<0,b_2^2-4b_0b_5>0$。$f=0$给出的两根仍为(4.2)所表达的$y_1=c_1$和$y_2=c_2$。即奇点位置为(0，c_1)及(0，c_2)。利用和上面完全相同的方法可以证明，奇点(0，c_1)是鞍点型而奇点(0，c_2)为结点型。且根据c_1，c_2的表达式知$c_2>0$，$c_1<0$，因此，鞍型奇点(0,c_1)位于0点的上游，而结点型奇点(0,c_2)位于0点下游，图4(c)给出了对应这种情况的分离线的形态。

3．f的变化如图3(e)、(f)，此时$b_5>0$，$b_2^2-4b_0b_5<0$，分离线上无奇点，相应的分离线的图象如图4(d)。

4．f的变化如图3(g)、(h).此时$b_5>0$，$b_2^2-4b_0b_5=0$。$f=0$给出的两个根为重根，$c_1=c_2=c=-(1/2)(b_2/b_5)$。引入

$$\begin{cases}\xi=x\\ \eta=y-c\end{cases}$$

则(2.6)可写成：

$$\frac{h_2}{h_1}\frac{d\eta}{d\xi}=\frac{(b_1+b_4c)\xi+b_3\xi^2+b_4\xi\eta+b_5\eta^2}{(a_0+a_2c)\xi+a_1\xi^2+a_2\xi\eta}.$$

利用文献[5]给出的定理容易证明，过($\xi=0$，$\eta=0$)除分离线外，没有其它摩擦力线穿过。其图象似如4(d)。显然，这种情况是$f=0$从有根到无根的临界情况。或者说是出现无奇点分离线的临界情况。

根据以上研究，如果不考虑$b_5=0$的一阶情况，在二阶情况下，分离线有四种形态：第一种如图4(a)，从0点经过的分离线进入结点c_2，并与在鞍点c_1发出的分离线在c_2点相会。第二种如图4(b)，这类似于引言中所说的螺旋点类型的分离线。第三种如图4(c)，分离线由鞍点起始而进入结点，这相当于Lighthill所说的分离线，第四种如图4(d)，这是无奇点的分离线，我们采用王国璋的术语称它为开式分离线。

通过对表面实验流谱的分析，除一阶情况外，二阶情况下的四种形态是存在的。图5(a)给出的切尖三角翼有攻角绕流的表面油流实验的流谱[6]，攻角 $\alpha=22°$，图中清楚看到分离线 S_1F_1 和 S_2F_1 在 F_1 会聚，这相当于图4(a)所示的第一种情况。在同一图中，可以看到分离线 S_2F_2，它从鞍点出发到结点终止.这相当于图4(c)所示的第三种情况。图5(b)是旋成体在攻角 $\alpha=20°$ 时的表面流谱，它是Legendre[6]根据Werle[7]的实验图片给出的示意图。这相当于图4(b)的第二种情况。图5(c)是球、柱体有攻角绕流的分离线，它是根据实验图象绘制的。可以看到它存在图4(d)所示的开式分离线。

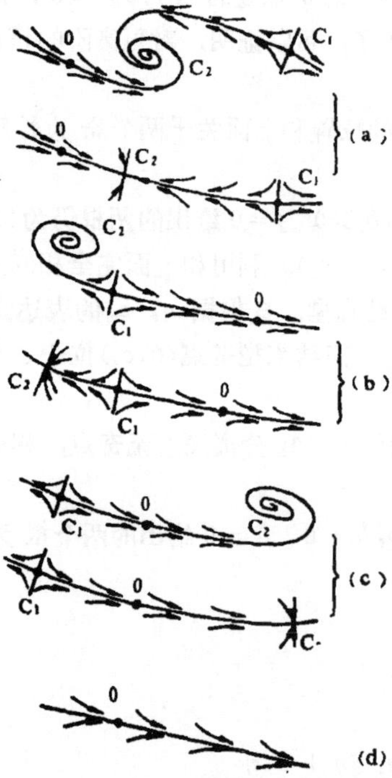

图4 分离线的几种形态

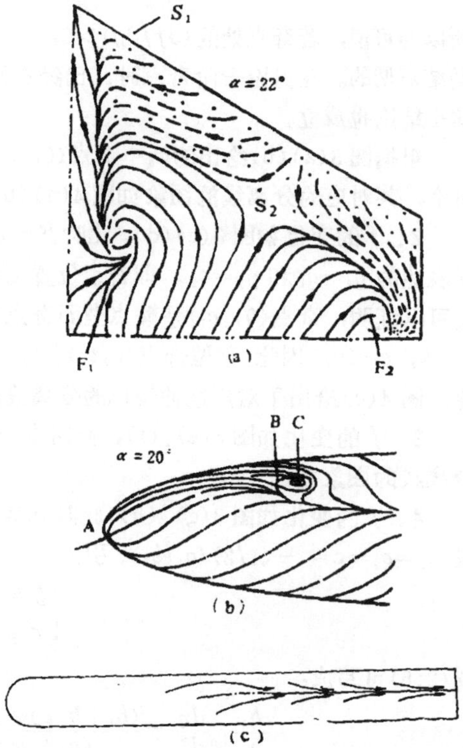

图5 表面流谱实验结果

根据以上结果，不难看出：

1. 尽管在二阶情况下，分离线的形态复杂了，但是仔细分析，它的基元仍不外一阶奇点情况下的四种形态。例如图4所示情况(c)，可认为是一阶情况的基元形态(b)(a)组成。

2. 象存在Lighthill的由鞍点始到结点终的分离线一样，无奇点的开式分离线是存在的。

3. Tobak和Peake所坚持的螺结点类型的分离线是存在的。

五、分离线上的高阶奇点

利用和上节相同的方法，通过研究 $f(y)$的变化，可以研究任何高阶情况下的奇点并分析其性质。象图1和图3一样。在高阶情况下，$f(y)$与 y 轴的交点用来决定其奇点的位置，并且依 $\partial f/\partial y$ 在交点处的正负，可判断奇点的性质。当$(\partial f/\partial y)>0$时，奇点是鞍型的；当$(\partial f/\partial y)<0$时，奇点是结点型的。如果$f(y)$的曲线与 y 轴不相交，对应的是无奇点的开式分离线。如果$f(y)$的曲线仅与 y 轴有一个切点，这就意味着将开始出现无奇点的开式分离线。通过更细致的分析，我们可以得到：

1．高阶情况下的分离线的图象，仍是由一阶奇点的基元图象组合而成。组合的基本原则是：分离线只能从鞍点发出，不能进入鞍点；分离线只能进入结点，不能从结点发出。

2．由于 $f(y)$曲线与 y 轴的交点中，$(\partial f/\partial y)>0$ 的交点总数与$(\partial f/\partial y)<0$ 的交点总数之差或为零，或为1，因此在分离线上，结点总数和鞍点总数或相同，或差一个。又由于沿 y 轴，在交点上$(\partial f/\partial y)$的正负是交替出现的，因此在分离线上，鞍点、结点也是交替分布的。

3．当流场参数改变时，有奇点的分离线可变为无奇点的分离线，过渡条件是：在奇点$(0,\ y_c)$上，$f(y_c)=0$，$(\partial f/\partial y)_c=0$。根据(2.2)容易得到，$f(y_c)=(\partial v/\partial z)_c$，$(\partial f/\partial y)_c=(\partial^2 v/\partial y\,\partial z)_c$，因此由有奇点的分离线，过渡到无奇点的开式分离线的临界条件是：在奇点$(0,\ c)$($(\partial v/\partial z)_c=0$)上，$(\partial^2 v/\partial y\,\partial z)_c=0$。

六、讨论和结论

根据以上研究，可作如下几点讨论和结论：

1．从局部来看，分离线有从鞍点发出、到结点终止、从正常点发出、到正常点终止等四种基元形态。在实际三维粘性分离流动中，分离线可能是千姿百态的，但是它们都可以由这四种基元形态组合而成。

2．同存在 Lighthill 所描述的由鞍点始到结点终的分离线一样，理论上也存在其上无奇点的王国璋所描述的开式分离线。

3．Tobak 和 Peake 所主张的具有“螺结点”类型的分离线，理论上可能是存在的。

4．在分离线上，结点和鞍点是交替相间出现的。分离线上结点的总数，或者与鞍点的总数相等，或者差一个。

5．在流场的参数改变时，有奇点的分离线可发展成为无奇点的开式分离线，其过渡的临界条件是：在奇点上 $\partial^2 v/\partial y\partial z=0$。

参 考 文 献

[1] Lighthill, M. J.: In Laminar Boundary Layers, ed. L. Rosenbead, London, oxford (1963) 1—113.
[2] Wang K. C.: AFOSR TR-83-0119 (1983).
[3] Tobak, M. and Peake, D. J.: Ann. Rev. Fluid Mech. Vol. 14, (1982).61—85
[4] 张涵信：空气动力学学报 1，(1985)。
[5] 秦元勋：微分方程所定义的积分曲线，科学出版社 (1959)。
[6] 邓学蓥：旋涡分离流研究中的油流显示及流谱分析，涡运动与分离流学习班 (1985)。
[7] Werle, H.: La Recherche Aeronautique, No.90, 3—14, Sept—Oct. (1962).
[8] Legendre R.: Rech. Aerosp. No. 105, (1965), 3-9.

THE BEHAVIOUR OF SEPARATION LINE AND SINGULAR POINTS ON THE SEPARATION LINE

Zhang Hanxin

(*China Aerodynamic Research and Development center*)

Abstract

The distribution of singular points along the separation line is studied in this paper. It is pointed out that there are four elemental forms for all separation lines. The open separation line, closed separation line and separation line connected directly to vortex are studied. It is proved that the saddle points and nodal points along separation line appear alternately. i. e. two saddle points (or two nodal points) can not directly connect each other along separation line.

ADVANCES IN THE STUDY OF SEPARATED FLOWS*

Zhang Hanxin

(China Aerodynamic Research and Development Center)

ABSTRACT: This paper consists of three parts. The first deals with the separation conditions for three dimensional steady viscous separated flows, in which the behaviour of separated flow described by Navier-Stokes equations and boundary layer equations is studied. The second part involves an application of differential topology to qualitative analysis of flow fields. Here the distribution rule of singular points on the separation line is studied. The last part discusses the numerical method solving Navier-Stokes equations for separated flows. The obtained computational results are analysed by the above mentioned theories and methods.

KEY WORDS: separated flows, separation conditions, numerical simulation.

During the last decade or so, more attention has been paid to the numerical simulation of three dimensional separated viscous flows. In order to simulate accurately the separated flow fields, it is necessary to answer the following questions:

(1) How can the location of the separation line be determined? Here it is important to investigate separatio conditions for three dimensional steady separated flows.

(2) How can the vortex structure and flow behaviour in the separated region be analysed? Here it is very useful to investigate the topological rule for the distributions of singular points on the body surface.

(3) How can the complicated separated flow fields be calculated exactly and quickly? Here the key question is to develop a powerful numerical method.

The objective of this paper is to discuss and review the above mentioned problems and to introduce the author's works on these subjects. This paper consists of three parts. The first deals with the separation conditions for three dimensional steady viscous separated flows, in which the behaviour of separated flow described by Navier-Stokes equations and boundary layer equations is studied. The second part involves an application of differential topology to qualitative analysis of flow fields. Here the distribution rule of singular points on the separation line is studied. The last part discusses the numerical method solving Navier-Stokes equations for separated flows. The computational results are analysed by the above-mentioned theories and methods.

I. SEPARATION CONDITIONS

In the 1950's, research work was conducted on the separation criterion and the separation line patterns for three dimensional steady viscous flows. Lighthill[1] is the pioneer in this field. To date, a lot of theories, experimental works and review papers are available on this topic. However, Wang K.

* ACTA MECHANICA SINICA, 1988, 4（2）: 93-111. Received 10 October 1987.

C.[2], et al pointed out that there still existed a lot of controversy on this subject. For example, some researchers[2-4] believe that the separation line is an envelope of the limiting streamlines on the wall. However, according to the others[1,5-7], the separation line is a limiting streamline on the wall and except for the singular point, it is impossible for the nearby limiting streamlines to intersect with the separation line. The separation line is an asymptote of converging limiting streamlines. While somebodies believe that the separation line of the flow described by the boundary layer equations would exhibit a Goldstein-type singularity similar to the separation point of two dimensional flow, for example, some works[8] using integral relation techniques does show the possibility of exhibiting such kind of singularity.

Recently, the author published a series of work[9-12] on this topic, in which the separation conditions are given.[9] The flow behaviour near separation line is studied[9,10,11] by Navier-Stokes equations and the boundary layer equations.

1. Separation conditions[9,10]

Fig.1 is always quoted in literature to illustrate the geometry of the separation line on the fixed surface. It is considered that:

(1) Separation line is an intersection line between the body surface and the separated flow surface away from the body surface.

(2) At both sides of the separated flow surface, the fluid, flowing along the body surface far from the separation line, follows and goes with the separated flow surface near the separation line. Based on this meaning, the separation conditions can be established.

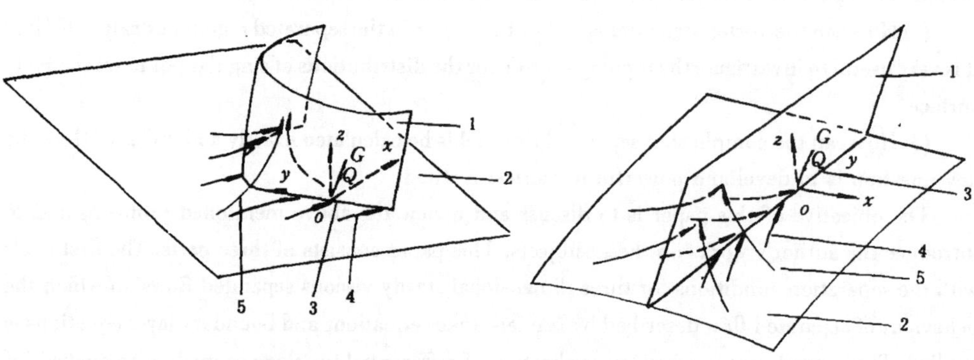

Fig. 1. Separated flow pattern and coordinate system

1 — separated flow surface

2 — body surface

3 — separation line

4 — limiting streamline

5 — streamline

Let x, y, z be the coordinates in an orthogonal coordinate system with x and y lying on the body surface, and z in the normal direction of the body surface. Let the respective scaling coefficients be $h_1(x,y)$, $h_2(x,y)$, $h_3(x,y) = 1.0$. Also let the equation of the separated flow surface be $z = f(x,y)$, or

$$F(x, y, z) = z - f(x, y) = 0 \tag{1.1}$$

So the unit vector normal to the separated flow surface is

$$n = \frac{-\frac{1}{h_1}\frac{\partial f}{\partial x}e_x - \frac{1}{h_2}\frac{\partial f}{\partial y}e_y + e_z}{\left[1 + \left(\frac{1}{h_1}\frac{\partial f}{\partial x}\right)^2 + \left(\frac{1}{h_2}\frac{\partial f}{\partial y}\right)^2\right]^{\frac{1}{2}}} \tag{1.2}$$

where e_x, e_y, e_z are the unit vectors in x, y and z directions respectively. In addition, let the flow velocity vector be:

$$V = ue_x + ve_y + we_z \tag{1.3}$$

where u, v, w are the velocity components along x, y, z. Because V is tangential to the separated flow surface, so $n \cdot V = 0$. From (1.2) and (1.3), it follows

$$\frac{1}{h_1}\frac{\partial f}{\partial x} = \left(w - \frac{v}{h_2}\frac{\partial f}{\partial y}\right)/u \tag{1.4}$$

On the other hand, the angle θ between the normal vector of separated flow surface and e_z is

$$\cos\theta = n \cdot e_z = \left[1 + \left(\frac{1}{h_1}\frac{\partial f}{\partial x}\right)^2 + \left(\frac{1}{h_2}\frac{\partial f}{\partial y}\right)^2\right]^{-\frac{1}{2}}$$

From this it follows

$$\left[\mathrm{tg}^2\theta - \left(\frac{1}{h_2}\frac{\partial f}{\partial y}\right)^2\right]^{\frac{1}{2}} = \frac{1}{h_1}\frac{\partial f}{\partial x} \tag{1.5}$$

Substituting (1.4) into (1.5), we obtain

$$\left[\mathrm{tg}^2\theta - \left(\frac{1}{h_2}\frac{\partial f}{\partial y}\right)^2\right]^{\frac{1}{2}} = \left(w - \frac{v}{h_2}\frac{\partial f}{\partial y}\right)/u \tag{1.6}$$

Now take the separation line as y axis (Fig.1), then $(n.e_y)_o = 0$, where the subscript "o" indicates the value taken from the separation line. Using (1.2), we obtain

$$\left(\frac{1}{h_2}\frac{\partial f}{\partial y}\right)_o = 0 \tag{1.7}$$

The Eq. (1.6) is valid for any point on the separated flow surface. Now let "o" be a point on the separation line as shown in Fig. 1, oG being the intersection line between the coordinate plane xoz and the separated flow surface, Q being a point on oG, the arc length oQ being Δs. Let's find out the limit form of (1.6) when $\Delta s \to 0$. Under separation conditions, the separated flow surface suddenly rises up and leaves the body surface on the separation line, therefore $(\mathrm{tg}\theta)_o \neq 0$. According to (1.7), the left hand side of (1.6) gives $(\mathrm{tg}\theta)_o \neq 0$, while the right hand side of (1.6) becomes "$\frac{0}{0}$" from the non-slip conditions along the body surface. Applying L'hospital' law we have

$$(h_1\mathrm{tg}^2\theta)_o\left(\frac{\partial u}{\partial z}\right)_o=\left(\frac{\partial w}{\partial x}\right)_o+(h_1\mathrm{tg}\theta)_o\left(\frac{\partial w}{\partial z}\right)_o$$
$$-\left[\left(\frac{\partial v}{\partial x}\right)_o+(h_1\mathrm{tg}\theta)_o\left(\frac{\partial v}{\partial z}\right)_o\right]\left(\frac{1}{h_2}\frac{\partial f}{\partial y}\right)_o \tag{1.8}$$
$$-v_o\left[\frac{\partial}{\partial x}\left(\frac{1}{h_2}\frac{\partial f}{\partial y}\right)+h_1\mathrm{tg}\theta\frac{\partial}{\partial z}\left(\frac{1}{h_2}\frac{\partial f}{\partial y}\right)\right]_o-\mathrm{tg}\theta_o\left(\frac{\partial u}{\partial x}\right)_o$$

where the relation $\frac{\partial}{\partial s}=\left(\frac{\partial x}{\partial s}\right)_o\left[\frac{\partial}{\partial x}+h_1\mathrm{tg}\theta\frac{\partial}{\partial z}\right]_o$ is used. Using the body surface condition $u_o=v_o=w_o=0$, we obtain $\left(\frac{\partial u}{\partial x}\right)_o=\left(\frac{\partial v}{\partial x}\right)_o=\left(\frac{\partial w}{\partial x}\right)_o=0$, and from the continuity equation we have

$$\left(\frac{\partial w}{\partial z}\right)_o=0 \tag{1.9}$$

Using (1.7), we know that the right hand side of (1.8) is zero. So in order to make $(\mathrm{tg}\theta)_o\neq 0$, we must have

$$\left(\frac{\partial u}{\partial z}\right)_o=0 \tag{1.10}$$

This is the condition under which the separated flow surface leaves the body surface.

In order to describe the second feature of separation flow shown in Fig. 1, let us examine the fluid motion near the separation line. The equations for the streamline are as follows:

$$\begin{aligned}\frac{1}{h_1}\frac{\partial z}{\partial x}&=\frac{w}{u}\\ \frac{h_2}{h_1}\frac{\partial y}{\partial x}&=\frac{v}{u}\end{aligned} \tag{1.11}$$

The first equation represents the flow behaviour in a section perpendicular to the separation line; the second represents the flow behaviour in the section parallel to xoy plane*, and as $z\to 0$, they are the limiting streamlines on the body surface. On the separation line of the flow described by Navier-Stokes equations, there is no Goldstein singularity, and u, v, w can be expressed as

$$\begin{aligned}u&=\frac{1}{2}\left(\frac{\partial^2 u}{\partial z^2}\right)_o z^2+\left(\frac{\partial^2 u}{\partial x\partial z}\right)_o xz+\cdots\\ v&=\left(\frac{\partial v}{\partial z}\right)_o z+\frac{1}{2}\left(\frac{\partial^2 v}{\partial z^2}\right)_o z^2+\left(\frac{\partial^2 v}{\partial y\partial z}\right)_o yz+\left(\frac{\partial^2 v}{\partial x\partial z}\right)_o xz+\cdots\\ w&=\frac{1}{2}\left(\frac{\partial^2 w}{\partial z^2}\right)_o z^2+\cdots\end{aligned} \tag{1.12}$$

* For the sake of convenience the analysis uses the assumption that the surface of the body is not too strongly curved.

Substituting (1.12) into the first equation of (1.11), and neglecting small quatities of higher order, we obtain

$$\frac{\partial z}{\partial x}=\frac{(h_1)_o\left(\frac{\partial^2 w}{\partial z^2}\right)_o z}{\left(\frac{\partial^2 u}{\partial z^2}\right)_o z+2\left(\frac{\partial^2 u}{\partial x\partial z}\right)_o x} \tag{1.13}$$

According to the topological theory of ordinary differential equations, when $q = 2(h_1)_o(\partial^2 w/\partial z^2)(\partial^2 u)/(\partial x\partial z)_o < 0$, point "$o$" is a saddle point in the section perpendicular to the separation line. When $q > 0$, the point "o" is a nodal point or a spiral node. For separation flow, the fluid leaves the body surface outwards, e.g. $w > 0$, we obtain $(\partial^2 w/\partial z^2)_o > 0$ from equation (1.12). So, when $q > 0$, $(\partial^2 u)/(\partial x\partial z)_o > 0$, thus $R = -[(h_1\partial^2 w/\partial z^2)_o + 2(\partial^2 u/\partial x\partial z)_o] < 0$, the nodal point or spiral node is unstable, and evidently this is not the flow patterns shown in Fig.1. Therefore the point "o" can only be of saddle type. Since $(\partial^2 w/\partial z^2)_o > 0$, we obtain

$$\left(\frac{\partial^2 u}{\partial x\partial z}\right)_o < 0 \tag{1.14}$$

which is the running together condition.

From the continuity equation of the incompressible flow, $\left(\frac{\partial^2 w}{\partial z^2}\right)_o = -\left[\frac{1}{h_1}\frac{\partial}{\partial x}\left(\frac{\partial u}{\partial z}\right) + \frac{1}{h_2}\frac{\partial^2 v}{\partial y\partial z}\right]_o$, so the conditions under which the flow separates are:

$$\left.\begin{aligned}&\left(\frac{\partial u}{\partial z}\right)_o = 0\\ &\left(\frac{\partial^2 u}{\partial x\partial z}\right)_o < 0\\ &\left(\frac{1}{h_1}\frac{\partial^2 u}{\partial x\partial z}+\frac{1}{h_2}\frac{\partial^2 v}{\partial y\partial z}\right)_o < 0^*\end{aligned}\right\} \tag{1.15}$$

on the separation line.

Since the first condition of (1.15) is derived from L'hospital' rule, it does not depend upon (1.12). It means that this condition can be applied to the flow discribed by boundary layer equations as well as NS equations. For the second and third conditions, we proved that they could also be applied to the flows described by boundary layer equations[10].

Similarly, the reattachment conditions for separated flows can be given as

* For compressible flow, this condition is $\left(\frac{\partial^2 w}{\partial z^2}\right)_o > 0$.

$$\left.\begin{aligned}&\left(\frac{\partial u}{\partial z}\right)_o=0\\&\left(\frac{\partial^2 u}{\partial x\partial z}\right)_o>0\\&\left(\frac{1}{h_1}\frac{\partial^2 u}{\partial x\partial z}+\frac{1}{h_2}\frac{\partial^2 v}{\partial y\partial z}\right)_o>0\end{aligned}\right\}\tag{1.16}$$

on the reattachment line.

2. The Behaviour of Separated Flow Described by NS Equations[9]

Let's study the flow behaviour based on the second equation of (1.11) for $z\to 0$. The following conclusions can be drawn:

(1) If $(\partial v/\partial z)_o\neq 0$ at the separation line, the separation line is a limiting streamline on the wall.

In fact, suppose that the limiting streamline passing the point "o" at the separation line is $x = x(y)$, the first order derivative of $x(y)$ for y is

$$\frac{h_1}{h_2}\frac{dx}{dy}=\frac{\left(\dfrac{\partial u}{\partial z}\right)}{\left(\dfrac{\partial v}{\partial z}\right)}\tag{1.17}$$

The directional derivative of (1.17) along the limiting streamline gives

$$\frac{h_1}{h_2}\frac{d^2x}{dy^2}+\left[\frac{\partial}{\partial y}\left(\frac{h_1}{h_2}\right)+\frac{\partial}{\partial x}\left(\frac{h_1}{h_2}\right)\frac{dx}{dy}\right]\frac{dx}{dy}$$
$$=\left(\frac{\partial^2 u}{\partial y\partial z}+\frac{\partial^2 u}{\partial z\partial x}\frac{dx}{dy}\right)\left(\frac{\partial v}{\partial z}\right)^{-1}-\frac{\partial u}{\partial z}\left(\frac{\partial^2 v}{\partial y\partial z}+\frac{\partial^2 v}{\partial x\partial z}\frac{dx}{dy}\right)\left(\frac{\partial v}{\partial z}\right)^{-2}$$

From (1.10), $\partial u/\partial z=0$, $\partial^2 u/\partial y\partial z=0$, and $dx/dy=0$ at the separation line, so we obtain from (1.17):

$$\frac{d^2x}{dy^2}=0$$

Similarly, we can prove

$$\frac{d^nx}{dy^n}=0$$

where $n = 2, 3, 4, \ldots$ It shows that the overall derivatives are zero at the separation line, so the separation line $x = 0$ is a limiting streamline.

(2) If $(\partial v/\partial z)_o\neq 0$, the separation line is a running together of limiting streamlines on the surface.

In fact, substituting (1.12) into (1.17) and neglecting small quantities of higher order, we obtain

$$\frac{dx}{dy}=Ax\tag{1.18}$$

where

$$A = \left(\frac{h_2}{h_1}\right)_o \frac{\left(\dfrac{\partial^2 u}{\partial x \partial z}\right)_o}{\left(\dfrac{\partial v}{\partial z}\right)_o} \tag{1.19}$$

Integrating (1.18), we obtain

$$x = \pm Ce^{Ay} \tag{1.20}$$

here C is a constant. Supposing ε is the x-coordinates of the point A (Fig.2), the limiting streamline passing the point A is $x = \varepsilon e^{Ay}$ from (1.20). If $v > 0$ near the surface, i.e. the flow is forward along the positive direction of the y axis, then $(\partial v / \partial z)_o > 0$ on the surface. Since $(\partial^2 u / \partial x \partial z)_o < 0$ at the separation line, we obtain $A < 0$ from (1.19). It means that the distance between the limiting streamline and the separation line decreases when y increases, and $x \to 0$ when $y \to \infty$ (Fig. 2a). If $v < 0$ near the surface, i.e. the flow is forward along the oppositive direction of y axis, the $(\partial v / \partial z)_o < 0$ on the surface. We obtain $A > 0$ from (1.19). It means that the distance between the limiting streamline and the separation line decreases when y decreases, and $x \to 0$ when $y \to -\infty$ (Fig. 2b). Thus, we can say that the separation line is a running together of limiting streamlines.

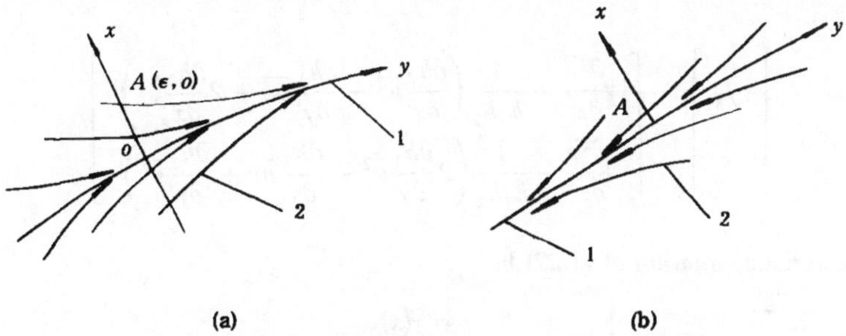

Fig. 2. Behaviour of limiting streamlines near separation line for the flow described by NS equations

1 — separation line

2 — limiting streamline

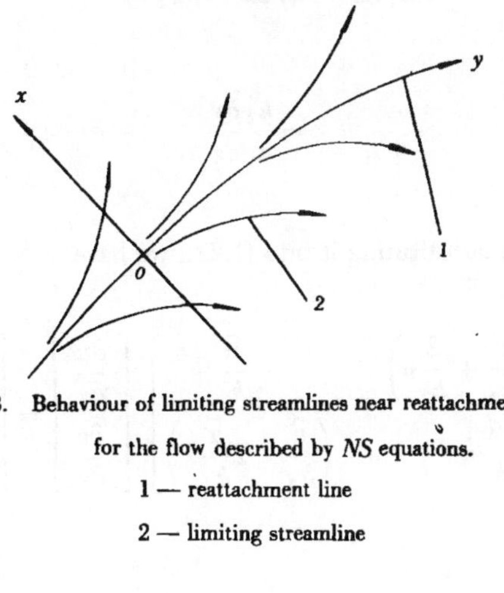

Fig. 3. Behaviour of limiting streamlines near reattachment line for the flow described by NS equations.

1 — reattachment line

2 — limiting streamline

(3) Similarly, we can prove that the reattachment line is a limiting streamline and an asymptote of diverging limiting streamlines if $(\partial v/\partial z)_o \neq 0$ at the reattachment line (Fig. 3).

3. The Behaviour of the Separated Flow Described by Boundary Layer Equations

For simplicity the fluid is assumed to be imcompressible. Supposing

$$\left.\begin{aligned}\bar{u} &= \partial u/\partial z\\ \bar{v} &= \partial v/\partial z\\ \bar{w} &= \partial w/\partial z\end{aligned}\right\} \tag{1.21}$$

and using the condition for the body surface, we obtain the following differential equations by carrying out differentiation of boundary layer equations.

$$\begin{bmatrix}\dfrac{\bar{u}}{h_1} & 0\\ -\dfrac{\bar{v}}{h_1} & \dfrac{2}{h_1}\bar{u}\end{bmatrix}\frac{\partial}{\partial x}\begin{bmatrix}\bar{u}\\ \bar{v}\end{bmatrix}+\begin{bmatrix}\dfrac{2}{h_2}\bar{v} & -\dfrac{\bar{u}}{h_2}\\ 0 & \dfrac{\bar{v}}{h_2}\end{bmatrix}\frac{\partial}{\partial y}\begin{bmatrix}\bar{u}\\ \bar{v}\end{bmatrix}=\begin{bmatrix}f_1\\ f_2\end{bmatrix} \tag{1.22}$$

where

$$\begin{bmatrix}f_1\\ f_2\end{bmatrix}=\begin{bmatrix}v\dfrac{\partial^3\bar{u}}{\partial z^3}+\dfrac{1}{h_1h_2}\left(\dfrac{\partial h_2}{\partial x}\bar{u}^2-\dfrac{\partial h_1}{\partial y}\bar{u}\bar{v}+2\dfrac{\partial h_2}{\partial x}\bar{v}^2\right)\\ v\dfrac{\partial^3\bar{v}}{\partial z^3}+\dfrac{1}{h_1h_2}\left(2\dfrac{\partial h_1}{\partial y}\bar{u}^2-\dfrac{\partial h_2}{\partial x}\bar{u}\bar{v}+\dfrac{\partial h_1}{\partial y}\bar{v}^2\right)\end{bmatrix} \tag{1.23}$$

Let the characteristic equation of (1.22) be

$$y = y(x)$$

The directional derivative along the characteristic line is

$$\frac{1}{h_1}\frac{d}{dx}=\frac{1}{h_1}\frac{\partial}{\partial x}+\lambda\frac{1}{h_2}\frac{\partial}{\partial y} \tag{1.24}$$

where

$$\lambda=\frac{h_2}{h_1}\frac{dy}{dx}$$

Solving (1.24) for $\dfrac{1}{h_1}\dfrac{\partial}{\partial x}$, and substituting it into (1.22), we have

$$\begin{bmatrix}\left(-\lambda\dfrac{\bar{u}}{h_2}+\dfrac{2}{h_2}\bar{v}\right) & -\dfrac{\bar{u}}{h_2}\\ \dfrac{\lambda}{h_2}\bar{v} & \left(\dfrac{\bar{v}}{h_2}-2\dfrac{\bar{u}}{h_2}\lambda\right)\end{bmatrix}\begin{bmatrix}\dfrac{\partial\bar{u}}{\partial y}\\ \dfrac{\partial\bar{v}}{\partial y}\end{bmatrix}=\begin{bmatrix}F_1\\ F_2\end{bmatrix} \tag{1.25}$$

where

$$\begin{bmatrix} F_1 \\ F_2 \end{bmatrix} = \begin{bmatrix} f_1 - \frac{\bar{u}}{h_1}\frac{d\bar{u}}{dx} \\ f_2 + \frac{\bar{v}}{h_1}\frac{d\bar{u}}{dx} - 2\frac{\bar{u}}{h_1}\frac{d\bar{v}}{dx} \end{bmatrix} \tag{1.26}$$

If the characteristic line exists, we have

$$\begin{bmatrix} -\lambda\frac{\bar{u}}{h_2} + \frac{2}{h_2}\bar{v} & -\frac{\bar{u}}{h_2} \\ \frac{\lambda}{h_2}\bar{v} & \frac{\bar{v}}{h_2} - 2\frac{\bar{u}}{h_2}\lambda \end{bmatrix} = 0 \tag{1.27}$$

$$\begin{bmatrix} F_1 & -\frac{\bar{u}}{h_2} \\ F_2 & \frac{\bar{v}}{h_2} - 2\frac{\bar{u}}{h_2}\lambda \end{bmatrix} = 0 \tag{1.28}$$

From (1.27), the equation for the characteristic line is

$$\lambda = \frac{h_2}{h_1}\frac{dy}{dx} = \frac{\bar{v}}{\bar{u}} \tag{1.29}$$

Obviously, this is the equation for the limiting streamline, while from (1.28) and (1.27), the compatible relation at the characteristic line is

$$F_1\bar{v} - F_2\bar{u} = 0 \tag{1.30}$$

Now let us study the flow behaviour near the separation line for the case $\bar{v} \neq 0$. Substituting (1.26) into (1.30). Or using the first equation of (1.22), we obtain

$$\frac{1}{2}\frac{1}{h_1}\frac{\partial \bar{u}}{\partial x} = \nu\frac{\partial^3 \bar{u}}{\partial z^3} + \frac{1}{h_1 h_2}\left(\frac{\partial h_2}{\partial x}\bar{u}^2 - \frac{\partial h_1}{\partial y}\bar{u}\bar{v} + 2\frac{\partial h_2}{\partial x}\bar{v}^2\right) + \frac{\bar{u}}{h_2}\frac{\partial \bar{v}}{\partial y} - 2\frac{\bar{v}}{h_2}\frac{\partial \bar{u}}{\partial y} \tag{1.31}$$

Since $\bar{u}_o = (\partial \bar{u} / \partial y)_o = 0$ at the separation line, we can give the following expression from (1.31):

$$\left(\frac{\partial \bar{u}^2}{{}^{\text{L}}x}\right)_o = a_o \tag{1.32}$$

where

$$a_o = 2(h_1)_o\left(\nu\frac{\partial^3 \bar{u}}{\partial z^3} + \frac{2}{h_1 h_2}\frac{\partial h_2}{\partial x}\bar{v}^2\right)_o$$

Since $\left(\frac{\partial \bar{u}^2}{\partial x}\right)_o = 2\left(\frac{\partial u}{\partial z}\right)_o\left(\frac{\partial^2 u}{\partial x \partial z}\right)_o$ and $\left(\frac{\partial u}{\partial z}\right)_o = 0$ at the separation line, $\left(\frac{\partial^2 u}{\partial x \partial z}\right)_o$ is infinity if $a_o \neq 0$. It shows that the leeside flow behind the separation line $(x > 0)$ can not be calculated according to the boundary layer theory. This conclusion has been proved by numerical simulations. Now let us study the expression for $\partial u / \partial z$ in the region $x \leqslant 0$. Using (1.10` (1.32) ¹ⁿd Tayler's formula, we obtain

$$\bar{u}^2 = -a_o|x| + \cdots$$

Since $\bar{u}^2 > 0$ when $x < 0$, so $a_o < 0$. Supposing $k = (-a_o)^{\frac{1}{2}}$, we have

$$\bar{u} = k|x|^{\frac{1}{2}} + \cdots \tag{1.33}$$

Obviously, the Goldstein singularity exists along the normal direction of the separation line, and $(\partial \bar{u} / \partial x)_o \to -\infty$. The last result is consistent with the second formula of (1.15).

From the above analysis, the following conclusion about the behaviour of separation line can be drawn.

If $\bar{v}_o \neq 0$ and $\bar{u}$ behaves Goldstein singularity at the separation line, the separation line is an envelope of the limiting streamlines.

In fact, the equation of the limiting streamline near the point "o" can be expressed as

$$\frac{dx}{dy} = A|x|^{\frac{1}{2}} \tag{1.34}$$

where small quantities of higher order are neglected, and

$$A = \left(\frac{h_2}{h_1}\right)_o \frac{k}{\left(\dfrac{\partial v}{\partial z}\right)_o} \tag{1.35}$$

Integrating (1.34), we obtain

$$y = -\frac{2}{A}|x|^{\frac{1}{2}} + C \tag{1.36}$$

here C is an integral constant. It can be easily found out that the limiting streamline which passes the point "o" is

$$y = -\frac{2}{A}|x|^{\frac{1}{2}} \qquad (x \leqslant 0) \tag{1.37}$$

According to the definition of an envelope, the envelope line of the curve family (1.36) is $x = 0$, so the separation line is the envelope of limiting streamlines.

Now let's study the direction of limiting streamline. If $v > 0$ near the body surface, that is, the

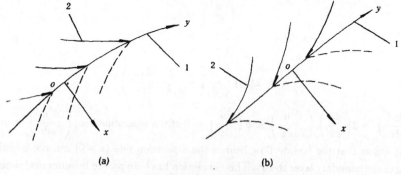

Fig. 4. Flow pattern near separation line for the flow described by boundary layer equations.
1 — separation line
2 — limiting streamline

flow is along the positive direction of axis y, then $(\partial v/\partial z)_o > 0$. From (1.35), $A > 0$ at $x \leqslant 0$, and this gives the picture shown in Fig. 4(a). If $v < 0$, that is, the flow is along the negative direction of axis y, then $(\partial v/\partial z)_o < 0$. From (1.35), $A < 0$ at $x < 0$, and this gives the picture shown in Fig. 4(b).

According to our study, we can answer the question raised in literature, i.e. is a separation line also a limiting streamline or is it an envelope of the limiting streamlines? If we study the separation line based on the boundary layer theory, "the envelope version" is suitable. On the other hand, if we study the separation line based on the NS equation, then the "streamline version" is correct. Obviously, the actual separation line is certainly a limiting streamline, and is a running together of limiting streamlines.

II. DISTRIBUTION RULE OF SINGULAR POINTS ALONG THE SEPARATION LINE[12]

Lighthill is also the pioneer in the topological structure analysis of the flow pattern. He pointed out that the singular point distribution of the limiting streamline equation obeys the following topological rule: on the surface of monoconnective body, the total numeber of the nodes and spiral points is 2 more than that of saddles. Later, the topological rule extended from flow over a wall to that beyond the wall. For example, if we consider any surface in the space and the continuous velocity field on the surface, this surface can intersect with the surface of the body. By defining the singular point on the body surface as a semi-nodal point N' or semi-saddle point S', Hunt proved that

$$\left(\Sigma N + \frac{1}{2}\Sigma N'\right) - \left(\Sigma S + \frac{1}{2}\Sigma S'\right) = 1 - n$$

where ΣN is total nodal point number, ΣS is the total saddle point number, $\Sigma N'$ is the total semi-nodal point number, $\Sigma S'$ is the total semi-saddle point number and n is the chosen degree of surface connection. For a single connected region, $n = 1$. For a double connected region, $n = 2$.

Now let's study the distribution rule of the singular points along the separation line.

Using (1.15) and (1.12) for the flow discribed by NS equations, the equation of limiting streamlines on the surface ($z = 0$) can be written as

$$\frac{h_2\,dy}{h_1\,dx} = \frac{\dfrac{\partial v}{\partial z}}{\dfrac{\partial u}{\partial z}} = \frac{x\cdot h(x, y) + f(y)}{x\cdot g(x, y)} \tag{2.1}$$

where

$$\left.\begin{aligned} \frac{\partial u}{\partial z} &= x\cdot g(x, y) \\ \frac{\partial v}{\partial z} &= x\cdot h(x, y) + f(y) \end{aligned}\right\} \tag{2.2}$$

$$\left.\begin{aligned} g(x, y) &= a_0 + a_1 x + a_2 y + \cdots \\ f(y) &= b_0 + b_2 y + b_5 y^2 + \cdots \\ h(x, y) &= b_1 + b_3 x + b_4 y + \cdots \end{aligned}\right\} \tag{2.3}$$

and

$$a_0 = \left(\frac{\partial^2 u}{\partial x \partial z}\right)_o \qquad a_1 = \frac{1}{2}\left(\frac{\partial^3 u}{\partial x^2 \partial z}\right)_o \qquad a_2 = \left(\frac{\partial^3 u}{\partial x \partial y \partial z}\right)_o \cdots$$

$$b_0 = \left(\frac{\partial v}{\partial z}\right)_o \qquad b_1 = \left(\frac{\partial^2 v}{\partial x \partial z}\right)_o \qquad b_2 = \left(\frac{\partial^2 v}{\partial y \partial z}\right)_o \tag{2.4}$$

$$b_3 = \frac{1}{2}\left(\frac{\partial^3 v}{\partial x^2 \partial z}\right)_o \qquad b_4 = \left(\frac{\partial^3 v}{\partial x \partial y \partial z}\right)_o \qquad b_5 = \frac{1}{2}\left(\frac{\partial^3 v}{\partial y^2 \partial z}\right)_o \cdots$$

It is evident that all singular points at the separation line ($x = 0$) can be given by $f(y) = 0$. Supposing $s(O, y_s)$ is a singular point on the separation line, and let

$$x = O + \xi = \xi$$

$$y = y_s + \eta$$

the equation of the limiting streamlines near point "s" can be written as

$$\frac{d\eta}{d\xi} = \left(\frac{h_1}{h_2}\right)_s \frac{h(O, y_s)\cdot\xi + f'(y_s)\cdot\eta}{g(O, y_s)\cdot\xi} \tag{2.5}$$

where small quantities of higher order are neglected, and

$$f'(y_s) = \left(\frac{df}{dy}\right)_{y=y_s} = \left(\frac{\partial^2 v}{\partial y \partial z}\right)_s \tag{2.6}$$

$$g(O, y_s) = \left(\frac{\partial^2 u}{\partial x \partial z}\right)_s$$

from (2.3), (2,4). The subscript "s", indicates the value taken from the point "s" at the separation line.

Using (1.15) and (2.6), we have $g(O, y_s) < 0$, and we can draw the following conclusions from (2.5), (2.6):

(1) If separation line starts from singular point "s", then the point "s" must be a saddle point. In fact, $f'(y_s) = \left(\frac{\partial^2 v}{\partial y \partial z}\right)_s > 0$ in this case, so we have $f'(y_s)g(O, y_s) < 0$. According to the singularity theory of ordinary differential equations, the point "s" is a saddle point. It means that if $f'(y_s) > 0$ the point must be saddle point.

(2) If separation line ends at the singular point "s", then point "s" must be a nodal point or spiral node. In other words, if $f'(y_s) < 0$, the point "s" must be a nodal point or spiral node.

(3) If many singular points with $f(y_s) = 0$ are distributed at the separation line, and because $f(y)$ is continuous along the separation line, so points with $f'(y) < 0$ and points with $f'(y_s) > 0$ must appear alternatively, i.e. two saddle points or two nodal points cannot directly connect each other along the separation line. Between two saddle points (or two nodal points), the nodal point (or saddle point) must appear. Let ΣS be total saddle point number, ΣN be total nodal point number, then $\Sigma N - \Sigma S$ must be zero or ± 1. This is the topological rule for the distribution of singular points at the separation line.

III. NUMERICAL SIMULATION OF SEPARATED FLOW AND APPLICATIONS OF THE TOPOLOGICAL THEORY

When viscous flow fields are computed using the finite difference method, the following three requirements must be satisfied: firstly, in order to evaluate accurately the viscous effects, the numerical viscous term (or additional artificial viscous term) should be much less than real physical viscous term. Because the real physical viscous term is very small comparing with the numerical viscous term of the first order scheme when the Reynolds number is very large, the second order scheme or high order scheme must be used in the viscous region. Secondly, the difference scheme should be able to capture the shock wave automatically if there is a shock in the flow field. Because the oscillations occur near the shock wave when second order and third order scheme without limiter are used, the first order and second order scheme with limiter, which can capture the shock wave smoothly or have very small oscillations near the shock wave, can be used. Thirdly, the convergence rate must be high enough to save computational time. Therefore it is suitable to use implicit scheme, adaptive grid and multigrid method.

According to the above requirements, the following difference scheme L is used in CARDC ([13], [14]):

$$L = (1-\theta)L_2 + \theta L_1 \tag{3.1}$$

where L_1 expressed the first order scheme, such as first order upwind scheme or other first order scheme with positive dissipative term. L_2 is the second order scheme, such as second order upwind scheme. In this paper L_2 is given using antidissipative method. θ is an automatically adjustable switch function[13], $\theta=1$ near the shock wave, and $\theta=0$ in the viscous region. In addition, if we choose particular limiter for θ, the TVD scheme can be established.

Using this method, the three dimensional separated flows are studied.

1. Computation Method

For simplicity, let us first study one dimensional flow. The Navier-Stokes equations are

$$\frac{\partial U}{\partial t} + \frac{\partial F}{\partial x} + \frac{\partial Fv}{\partial x} = 0 \tag{3.2}$$

where U is vector function, and $F = F(U)$, $Fv = Fv(U_x)$. The following first order scheme with positive dissipative term is used

$$\begin{aligned} L_1:\quad U_i^{n+1} = U_i^n &- \frac{\Delta t}{4\Delta x}[(F_{i+1}^n - F_{i-1}^n) + (F_{i+1}^{n+1} - F_{i-1}^{n+1})] \\ &- \frac{\Delta t}{2\Delta x}[(Fv_{i+\frac{1}{2}}^n - Fv_{i-\frac{1}{2}}^n) + (Fv_{i+\frac{1}{2}}^{n+1} - Fv_{i-\frac{1}{2}}^{n+1})] \\ &+ \frac{1}{2}\cdot Q_x(U_{i+1}^{n+1} - 2U_i^n + U_{i-1}^{n+1}) \end{aligned} \tag{3.3}$$

where Q_x is the coefficient of second order dissipation. Using the antidissipative method i.e. subtracting dissipative term from first order scheme, we can obtain the second order scheme:

$$\begin{aligned} L_2:\quad U_i^{n+1} = U_i^n &- \frac{\Delta t}{4\Delta x}[(F_{i+1}^n - F_{i-1}^n) + (F_{i+1}^{n+1} - F_{i-1}^{n+1})] \\ &- \frac{\Delta t}{2\Delta x}[(Fv_{i+\frac{1}{2}}^n - Fv_{i-\frac{1}{2}}^n) + (Fv_{i+\frac{1}{2}}^{n+1} - Fv_{i-\frac{1}{2}}^{n+1})] \end{aligned}$$

$$+\frac{1}{2}\cdot Q_x(U_{i+1}^{n+1}-2U_i^{n+1}+U_{i-1}^{n+1})$$

$$-\frac{1}{2}\cdot Q_x(\overline{U_{i+1}^{n+1}}-2\overline{U_i^{n+1}}+\overline{U_{i-1}^{n+1}}) \tag{3.4}$$

where

$$\overline{U_i^{n+1}}=\frac{U_{i+1}^n+U_{i-1}^n}{4}+\frac{U_i^n}{2} \tag{3.5}$$

Substituting (3.3) and (3.4) into (3.1), we can obtain

$$\begin{aligned}
&\delta U_i^{n+1}+\frac{\Delta t}{4\Delta x}(A_{i+1}^n\delta U_{i+1}^{n+1}-A_{i-1}^n\delta U_{i-1}^{n+1})\\
&-\frac{\Delta t}{2\Delta x}[D_{i+\frac12}^n\delta U_{i+1}^{n+1}-(D_{i+\frac12}^n+D_{i-\frac12}^n)\delta U_i^{n+1}+D_{i-\frac12}^n\delta U_{i-\frac12}^{n+1}]\\
&-\varepsilon_{ix}(\delta U_{i+1}^{n+1}-2\delta U_i^{n+1}+\delta U_{i-1}^{n+1})\\
&=-\frac{\Delta t}{2\Delta x}(F_{i+1}^n-F_{i-1}^n)-\frac{\Delta t}{\Delta x}(Fv_{i+\frac12}^n-Fv_{i-\frac12}^n)\\
&+\varepsilon_{ex}^{(1)}(U_{i+1}^n-2U_i^n+U_{i-1}^n)\\
&-\varepsilon_{ex}^{(2)}(U_{i+2}^n-4U_{i+1}^n+6U_i^n-4U_{i-1}^n+U_{i-2}^n)
\end{aligned} \tag{3.6}$$

here $A=\dfrac{\partial F}{\partial U}$, $D=-\dfrac{\partial Fv}{\partial U_x}$, $\varepsilon_{ix}=\dfrac{1}{2}Q_x$, $\varepsilon_{ex}^{(1)}=\dfrac{1}{2}Q_x\cdot\theta$, $\varepsilon_{ex}^{(2)}=\dfrac{1}{8}Q_x(1-\theta)$. Obviously, near the shock, $\theta=1$, $\varepsilon_{ex}^{(1)}=\dfrac{1}{2}Q_x$ and $\varepsilon_{ex}^{(2)}=0$, the term $\varepsilon_{ex}^{(1)}(U_{i+1}^n-2U_i^n+U_{i-1}^n)$ is necessary for capturing the shock smoothly. In the viscous region far from the shock, $\theta=0$, $\varepsilon_{ex}^{(1)}=0$ and $\varepsilon_{ex}^{(2)}=\dfrac{1}{8}Q_x$, the term $\varepsilon_{ex}^{(2)}(U_{i+2}^n-4U_{i+1}^n+6U_i^n-4U_{i-1}^n+U_{i-2}^n)$ is important for restraining the odd-even uncouple oscillation of second order central scheme.

For multi-dimensional problems, the approximate factorization scheme is often adopted in literature. This factorization is very similar to the Alternating Direction Implicit (ADI) method. So it is often referred to as an ADI scheme. However a linear Von Neumann analysis shows that the ADI scheme is unconditionally stable for 2-D problems, but it is unconditionally unstable for 3-D problems. One possible alternative to ADI scheme is an approximate LU factorization scheme. In our work, the time split method is used. Let the three dimensional NS equations be

$$\frac{\partial U}{\partial t}+\frac{\partial F}{\partial \xi}+\frac{\partial G}{\partial \eta}+\frac{\partial H}{\partial \zeta}+\frac{\partial Fv}{\partial \xi}+\frac{\partial Gv}{\partial \eta}+\frac{\partial Hv}{\partial \zeta}=0 \tag{3.7}$$

where $Fv=Fv(U_\xi)$, $Gv=Gv(U_\xi,U_\eta)$, $Hv=Hv(U_\xi,U_\eta,U_\zeta)$. According to time split method solving equations (3.7) is equivalent to solving the following three equations:

$$\frac{\partial U}{\partial t}+\frac{\partial F}{\partial \xi}+\frac{\partial Fv}{\partial \xi}=0 \tag{3.8}$$

$$\frac{\partial U}{\partial t}+\frac{\partial G}{\partial \eta}+\frac{\partial Gv}{\partial \eta}=0 \tag{3.9}$$

$$\frac{\partial U}{\partial t}+\frac{\partial H}{\partial \zeta}+\frac{\partial Hv}{\partial \zeta}=0 \tag{3.10}$$

Using the above difference scheme (3.6) for one dimensional flow, the difference scheme solving equation (3.8) can be given, then U_ξ in Gv can be calculated, and the difference scheme solving equation (3.9) can be given. Similarly, the difference scheme solving (3.10) can be given.

In order to calculate every one-dimensional difference equation, the block tridiagonal inversions are necessary.

2. Example

In 1981, this scheme was first applied to the two dimensional laminar separated flow over the compression corner. After that, many two dimensional laminar and turbulent flows, such as shock wave-boundary layer interaction, axisymmetrical compression corner and so on, are solved. The results indicated the satisfactory efficiency and reliability of the scheme, which was then successfully applied to solving three dimensional flows. As an example, the numerical simulation for turbulent

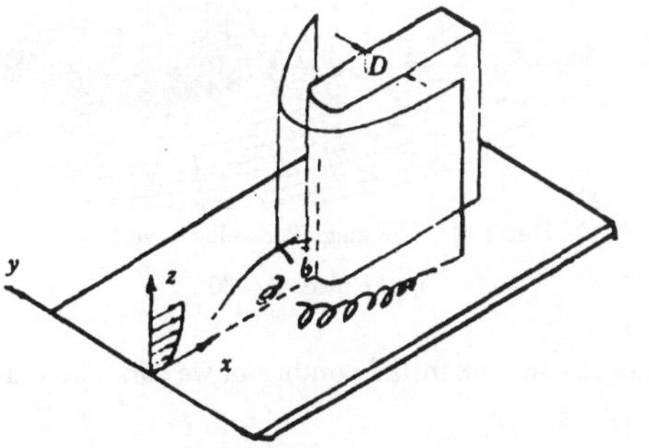

Fig. 5. Supersonic separated flow over blunt fin mounted on flat plate

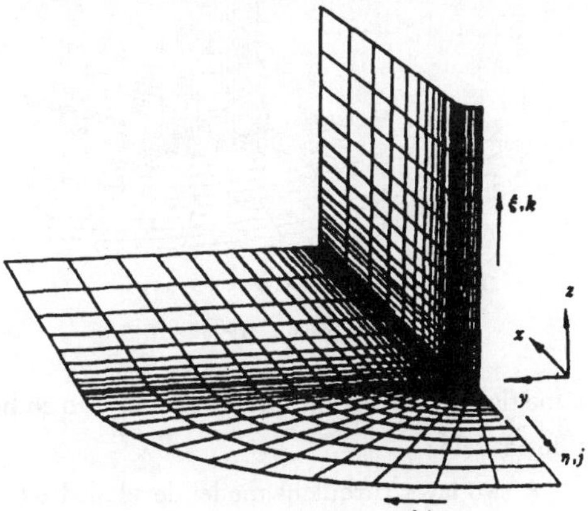

Fig. 6. The computational grids

separated flow over a blunt fin mounted on flat plate is given (Fig. 5). For simplicity, the flow is assumed to be symmetrical with respect to the center plane of the fin, hence only half of the flow is calculated. Fig. 6 shows a mesh system (30×29×29), where I-direction corresponds to the coordinate along the fin. The J-direction corresponds to the coordinate which is outward from the fin, the K-direction corresponds to coordinate which is normal to the flat plate. A fine mesh near the wall is required for an adequate resolution of the viscous effects.

The fin is assumed infinite in height and length, so zero gradient boundary conditions are imposed at the outer boundaries in corresponding directions. On the plane of symmetry, the symmetrical conditions are imposed. On the wall, the no-slip condition is applied. The wall is assumed to be adiabatic. The outer boundary of $J=J_{max}$ is set far enough away from the fin to avoid any influence on the interaction. Here, the profile of U can be given using the boundary layer profile

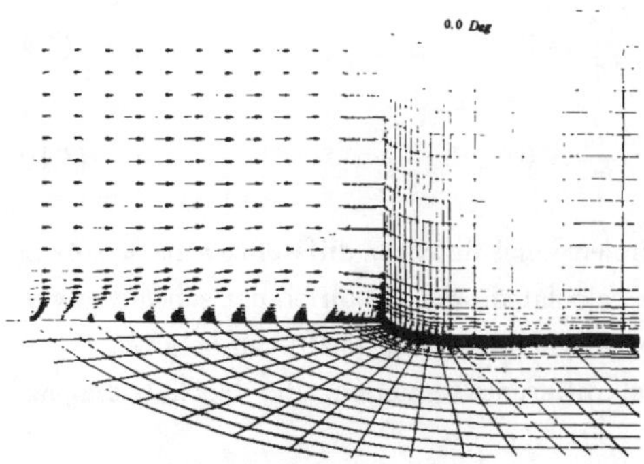

Fig. 7(a) The velocity vectors in the plane $\phi = 0°$.

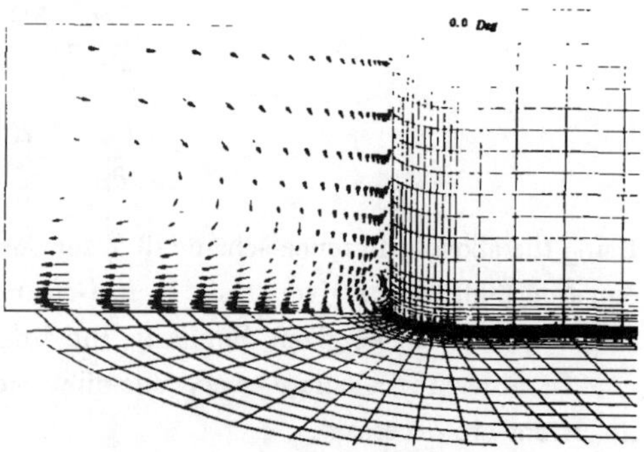

Fig. 7(b) The magnified velocity vectors in the plane $\phi = 0°$.

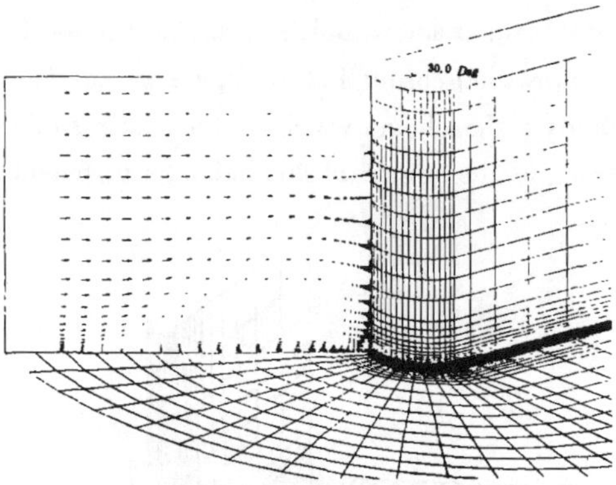

Fig. 7(c) The velocity vectors in the plane $\phi = 30°$.

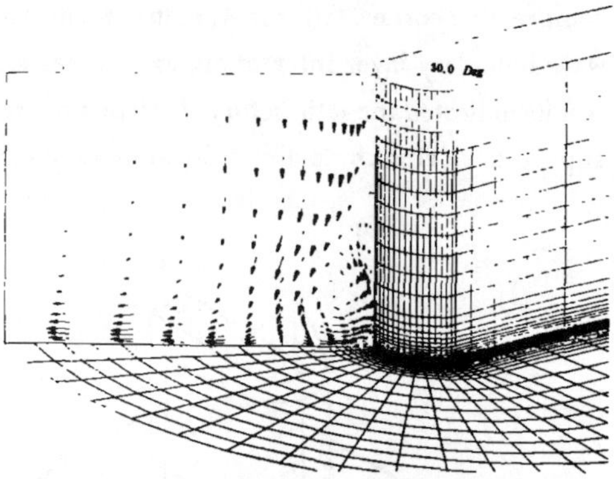

Fig. 7(d) The magnified velocity vectors in the plane $\phi = 30°$.

on the flat plate along the outer boundary. In addition, as for the initial condition, we can take it as uniform field.

A two layer turbulent model developed by Baldwin and Lomax is applied to evaluating the turbulent viscosity. The turbulent Prandtl number is assumed to be 0.90.

The flow to be simulated is at free stream conditions of $M_\infty = 2.95$, $T_\infty = 98.33$ and $Re_D = 5 \times 10^5$ based on the diameter D of the blunt fin. The incoming boundary layer thickness is $0.18D$.

The simulated velocity vectors in the planes $\varphi = 0, 30°$ are shown in Fig. 7. Where φ is the angle on the fin measuring from the nose. There exists obviously a primary horseshoe vortex and a small secondary and third vortices near the fin and plate juncture. Fig. 8 shows simulated limiting streamlines on the flat plate and fin surface.

However, because the mesh used in this simulation is not very fine, the details of the flow pattern, such as the location of separation line and the vortex topological construction, are still not very clear. This disadvantage can be removed by the theory and method given in the part 1 and part 2. For examples, using the above separation conditions and reattachment conditions, we can determine the locations of separation line and reattachment line. Based on the qualitative theory given in part 2 for separated flow, the topological construction for separated flow field can be

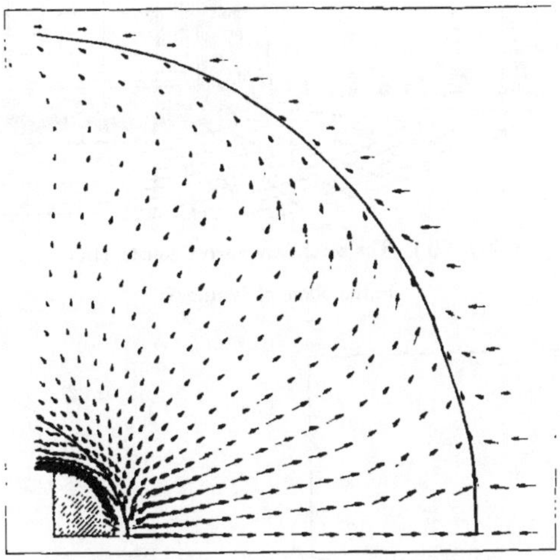

Fig. 8(a) The calculated separation line and reattachment line on the flat plate.

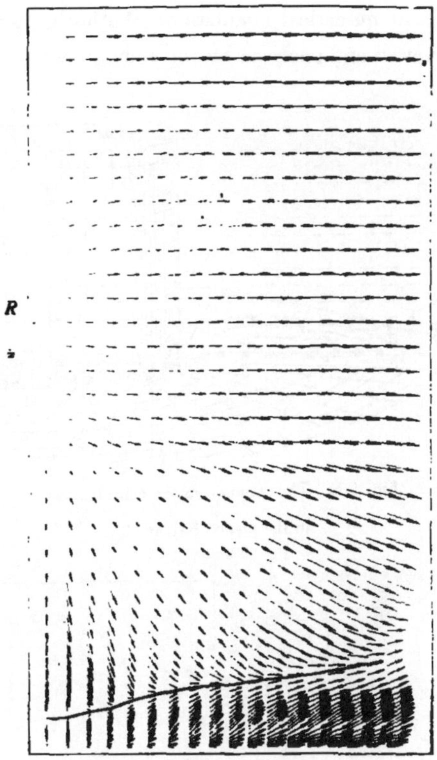

Fig. 8(b) The calculated separation line on the surface of blunt fin.

determined from the computational data. Fig. 8 shows the separation line and reattachment line. Fig. 9 gives vortex construction in the plane of symmetry. The topological construction of simulated flow is shown in Fig. 10. It is clear that the streamlines entering the separated region start from the infinity. If we study the flow pattern on the plate, the separated flow is closed. However, if we study the flow in space, the separated flow is not closed.

To sum up, this paper reviews our recent studies on the separation conditions and flow pattern near the separation line for three dimensional steady viscous flows. We have proved that separation line is a limiting streamline and a running together of limiting streamlines nearby when the flow is described by NS equations. However, when the flow is described by boundary layer equations, the separation line is an envelope of limiting streamlines. The reason for this is that the boundary layer approximation results in a singularity of the solution at separation line, so that aberration of the limiting streamlines occurs and the separation line which should originally be an asymptote of the converging limiting streamlines under real condition turns into an envelope of limiting streamlines. In addition, we have discussed the topological rule for the distribution of singular points at the separation line. The above studies may be helpful not only in clarifying the current controversy but also in numerical simulations. Author's numerical simulation of three dimensional flow are reviewed and analysed by the above theories.

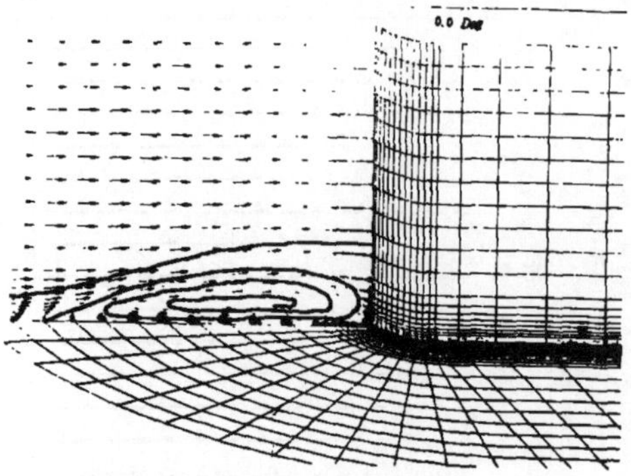

Fig. 9(a) The primary vortex construction in the plane of symmetry.

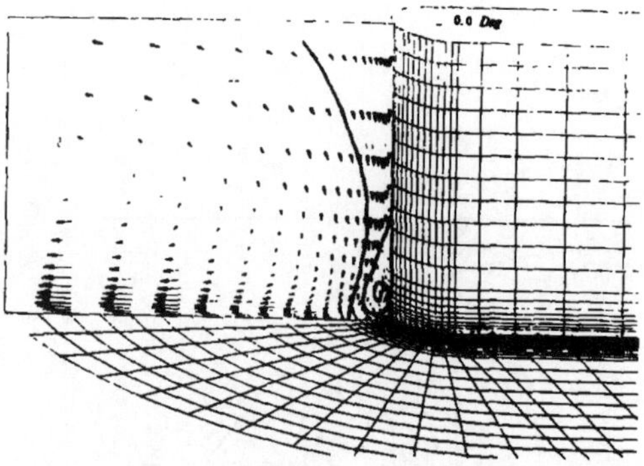

Fig. 9(b) The secondary vortex construction in the plane of symmetry.

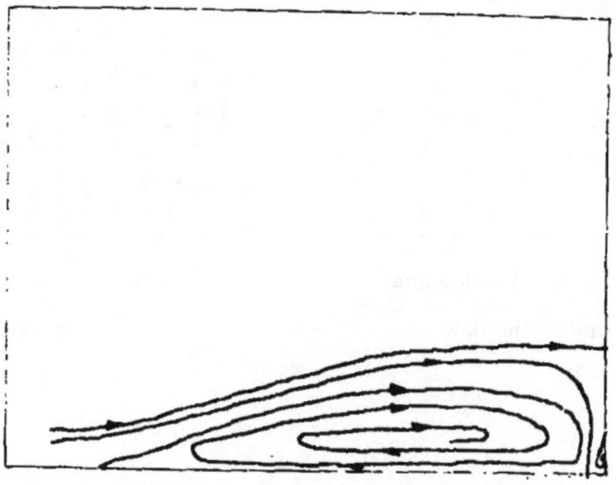

Fig. 9(c) The vortex construction in the plane of symmetry.

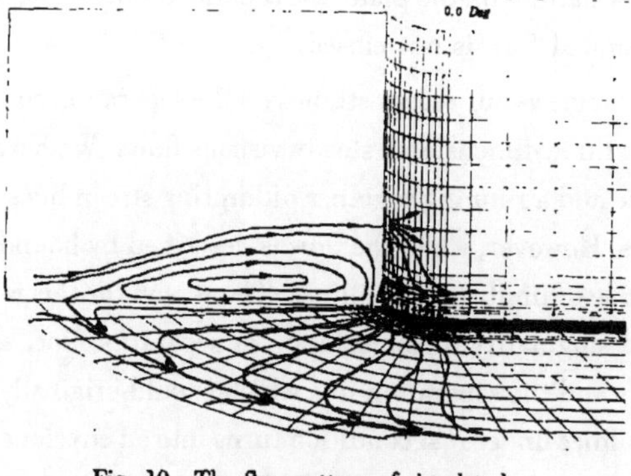

Fig. 10. The flow pattern of simulated flow field.

REFERENCES

[1] Lighthill, M.J., In Laminar boundary layer, Rosenhead L. (ed), Oxford at the clarendon press (1963), 46—113.

[2] Wang K.C., AIAA paper 83-0296 (1983).

[3] Maskell, E.C., RAE Rept. Aero 2565 (Nov. 1955).

[4] Eichelbrenner, E.A. and Oudart. A., ONERA, Publ. 76, Chatillon, France (1955).

[5] Legendre, R., La Recherche Aeronautique, 54 (1956), 3—8.

[6] Hunt, J.C.R. et al, JFM, 86, Part 1, 179—200 (1978).

[7] Tobak, M. and Peake, D.J., Ann. Rev. Fluid. Mech. 14, 61—85 (1982).

[8] Cousteix, J. and Houdeville, R., *AIAA J.* **19**, 976—985 (1981).

[9] Zhang H.X., *Acta Aerodynamica*, 1(1985).

[10] Zhang H.X., *Acta Aerodynamica*, 4(1985) and ACRDC-Report 85-005 (1985).

[11] Zhang H.X., *Acta Aeronautica and Astronautica Sinica*, **6**, 4(1985).

[12] Zhang H.X., CARDC Report, 87—3001 (1987).

[13] Zhang H.X. et al, *Applied Math and Mech.*, **4**, 1(1983).

[14] Zhang H.X. and Zheng M., Lecture Notes in Physics, **264** (1986).

NUMERICAL SIMULATION OF THREE-DIMENSIONAL SEPARATED FLOW AND APPLICATIONS OF TOPOLOGICAL THEORY*

Zhang Hanxin (张涵信)
(*China Aerodynamic Research and Development Center*)

Abstract

This paper consists of three parts. The first part discusses a numerical method for solving NS equations for separated flow. The second part involves differential topology and its applications to qualitative analysis of flow fields. Conditions under which the flow separates, flow behaviour near the separation line and topological rule for singular points are studied. The last part shows computational results of three dimensional separated flow and the calculated flow fields are then analysed by using a topological theory.

Key words. Separated flow, Mixed antidissipative scheme, Topological theory

1. Introduction

During the last decade or so, much attention has been paid to the numerical simulation of three dimensional viscous separated flow. In order to simulate the separated flow fields accurately, it is necessary to study the following problems:

(1) How can the complicated separated flow fields be calculated accurately and quickly? The key question is to develop powerful numerical methods.

(2) How can the flow behaviour in the separated region, such as the vortex structure and the pattern of separation line, be analysed according to the computed flow field? Here it is very useful to investigate and apply the topological rule to the distribution of singular points.

The objective of this paper is to discuss and review the above-mentioned problems and to introduce the author's works on these subjects. This paper consists of three parts. The first one discusses the numerical method in solving Navier-Stokes equations for separated flows. The second part involves the investigation and application of differential topological conditions determining flow separation, and the distribution rule of singular points on the separation line. The last part gives computational results of three dimensional separated flow. The computed flow fields are then analysed by using the above-mentioned topological theories and methods.

* Advances in Science of China Mechanics, 11 (1): 59-80.

2. Numerical Method for Solving Navier-Stokes Equations for Separated Flows

When viscous flow fields are computed by using the finite difference method, the following demands must be satisfied: firstly, in order to evaluate the viscous effect accurately the numerical viscosity term (or additional artificial viscous term) should be much less than the real physical viscosity term. Because the real physical viscosity term is very small as compared with the numerical viscosity term in the first order scheme when the Reynolds number is very large, the second order scheme or high order schemes must be used in the viscous region. Secondly, the difference scheme should be able to capture the shock wave automatically if there is any in flow field. Because the oscillations occur near the shock wave when second order and third order schemes without limiter are used, the first order and second order schemes with limiter, which can capture the shock wave smoothly or with only small oscillations, may be used. Thirdly, the difference scheme should be able to suppress the odd-even point oscillations in smooth regions of physical flows. Fourthly, the convergence rate must be high enough to save CPU time. Therefore it is suitable to use implicit scheme, adaptive grid and multigrid method.

Many efficient numerical methods for solving Navier-Stokes equations for separated flow, such as the implicit scheme presented by Beam-Warming and multigrid method described by Jameson for implicit scheme, have been developed. In order to suppress spurious odd and even point oscillations and to prevent overshoots near shock waves these schemes are augmented artificially by second and fourth order dissipative terms. As a result, these schemes contain many free parameters which must be determined by experience.

Another difference scheme has been developed at the China Aerodynamic Research and Development Center. It is called a mixed antidissipative scheme and can be written as

$$L = (1-\theta)L_2 + \theta L_1 \tag{2.1}$$

where L represents the difference scheme; L_1 expresses a first order scheme, such as the first order upwind scheme or other first order schemes with positive dissipative terms; L_2 is a second order scheme such as the second order upwind scheme. In this paper L_2 is given by using antidissipative method. θ is an automatically adjustable switch function, $\theta = 1$ near the shock wave and $\theta = 0$ in the viscous region. In addition, if we choose a particular limiter for θ, the TVD scheme can be established. By using this method, three dimensional separated flows are studied.

For simplicity, let us first study one dimensional flow. The Navier-Stokes equations are written as

$$\partial U/\partial t + \partial F/\partial x + \partial F_v/\partial x = 0 \tag{2.2}$$

where U is vector function and $F = F(U), Fv = Fv(Ux)$. The following first order scheme with positive dissipative term is used

$$
\begin{aligned}
U_i^{n+1} = U_i^n &- (\Delta t/4\Delta x)[(F_{i+1}^n - F_{i-1}^n) + (F_{i+1}^{n+1} - F_{i-1}^{n+1})] \\
&- (\Delta t/2\Delta x)[(F_{vi+0.5}^n - F_{vi-0.5}^n) + (F_{vi+0.5}^{n+1} - F_{vi-0.5}^{n+1})] \\
&+ (1/4)Q_x[(U_{i+1}^{n+1} - 2U_i^{n+1} + U_{i-1}^{n+1}) + (U_{i+1}^n - 2U_i^n + U_{i-1}^n)] \qquad (2.3)
\end{aligned}
$$

Using the technique for flux splitting we put $F = F^+ + F^-$, $F^+ = A^+U$ and $F^- = A^-U$, where A^+ and A^- are positive and negative Jacobian matrices for F. If the first order upwind difference is used to replace $\partial F^+/\partial x$ and $\partial F^-/\partial x$, and the second order central difference is used to replace $\partial F_v/\partial x$, then we can obtain

$$
Q_x = (\Delta t/\Delta x)|A_i^n| \qquad (2.4)
$$

where $|A| = A^+ - A^-$.

In order to construct a second order scheme L_2, we use the antidissipative method, that is, we subtract the second order dissipative term from the first order scheme L_1. Then we obtain

L_2:

$$
\begin{aligned}
U_i^{n+1} = U_i^n &- (\Delta t/4\Delta x)[(F_{i+1}^n - F_{i-1}^n) + (F_{i+1}^{n+1} - F_{i-1}^{n+1})] \\
&- (\Delta t/2\Delta x)[(F_{vi+0.5}^n - F_{vi-0.5}^n) + (F_{vi+0.5}^{n+1} - F_{vi-0.5}^{n+1})] \\
&+ (1/4)Q_x[(U_{i+1}^{n+1} - 2U_i^{n+1} + U_{i-1}^{n+1}) + (U_{i+1}^n - 2U_i^n + U_{i-1}^n)] \\
&- (1/2)Q_x[\bar{U}_{i+1}^{n+1} - 2\bar{U}_i^{n+1} + \bar{U}_{i-1}^{n+1}] \qquad (2.5)
\end{aligned}
$$

where

$$
\bar{U}^{n+1} = (1/2)k(U_{i+1}^n + U_{i-1}^n) + (1-k)U_i^n \qquad (2.6)
$$

and k is a constant. Substituting (2.3), (2.5) into (2.1), we can obtain

$$
\begin{aligned}
&\delta U_i^{n+1} + (\Delta t/4\Delta x)(A_{i+1}^n \delta U_{i+1}^{n+1} - A_{i-1}^n \delta U_{i-1}^{n+1}) \\
&\quad - (\Delta t/2\Delta x^2)[D_{i+0.5}^n \delta U_{i+1}^{n+1} - (D_{i+0.5}^n + D_{i-0.5}^n)\delta U_i^{n+1} \\
&\quad + D_{i-0.5}^n \delta U_{i-0.5}^{n+1}] - \varepsilon_{ix}(\delta U_{i+1}^{n+1} - 2\delta U_i^{n+1} + \delta U_{i-1}^{n+1}) \\
&= -(\Delta t/2\Delta x)(F_{i+1}^n - F_{i-1}^n) - (\Delta t/\Delta x)(F_{0,1+0.5}^n - F_{0,1-0.5}^n) \\
&\quad + \varepsilon_{ex}^{(1)}(U_{i+1}^n - 2U_i^n + U_{i-1}^n) \\
&\quad - \varepsilon_{ex}^{(2)}(U_{i+2}^n - 4U_{i+1}^n + 6U_i^n - 4U_{i-1}^n + U_{i-2}^n) \qquad (2.7)
\end{aligned}
$$

Here $\delta U^{n+1} = U^{n+1} - U^n, A = \partial F/\partial U, D = -(\partial F_v/\partial U_x)$, $\varepsilon_{ix} = (1/4)Q_x$, $\varepsilon_{ex}^{(1)} = (1/2)Q_x \cdot \theta$, $\varepsilon_{ex}^{(2)} = (1/4)kQ_x(1-\theta)$. Near the shock, $\theta = 1, \varepsilon_{ex}^{(1)} = (1/2)Q_x$, $\varepsilon_{ex}^{(2)} = 0$, the term $\varepsilon_{ex}^{(1)}(U_{i+1}^n - 2U_i^n + U_{i-1}^n)$ is necessary for capturing the shock smoothly. In the viscous region far from the shock, $\theta = 0$, $\varepsilon_{ex}^{(1)} = 0$ and $\varepsilon_{ex}^{(2)} = (1/4)kQ_x$, the term $\varepsilon_{ex}^{(2)}(U_{i+2}^n - 4U_{i+1}^n + 6U_i^n - 4U_{i-1}^n + U_{i-2}^n)$ is important for suppressing the odd-even uncoupled oscillation of the second order central scheme.

Using Fourier method for stability analysis, it can be proved that if $k \leqslant 1/2$ the above difference scheme (2.7) is unconditionally stable. Thus $k \leqslant 1/2$ can be used. From [13], the expression for θ is

$$
\theta = |(P_{i+1}^n - 2P_i^n + P_{i-1}^n)/(P_{i+1}^n + 2P_i^n + P_{i-1}^n)|
$$

Obviously, if $\varepsilon_{ix}, \varepsilon_{ex}^{(1)}$ and $\varepsilon_{ex}^{(2)}$ are considered as the free parameters, the difference scheme (2.7) is the same as Jameson's and when $\varepsilon_{ex}^{(1)} = 0$ it is the same as Beam-Warming's. However the parameters ε_{ix}, $\varepsilon_{ex}^{(1)}$ and $\varepsilon_{ex}^{(2)}$ in the difference scheme (2.7) are all determined if (2.4) is used.

For multi-dimensional problems, the approximate factorization scheme is often adopted in literature. This factorization is quite similar to the Alternating Direction Implicit (ADI) method. So it is often referred to as an ADI scheme. However a linear Von Neumann analysis shows that while the ADI scheme is unconditionally stable for 2-D problems, it is unconditionally unstable for 3-D problems. One possible alternative to the ADI scheme is an approximate LU factorization scheme. In our work the time split method is used. Let the three dimensional NS equations be written as

$$(\partial U/\partial t)+(\partial F/\partial \xi)+(\partial G/\partial \eta)+(\partial H/\partial \zeta)+(\partial F_v/\partial \xi)$$
$$+(\partial G_v/\partial \eta)+(\partial H_v/\partial \zeta)=0 \tag{2.8}$$

According to the time split method solving equation (2.8) is equivalent to solving the following three equations:

$$(\partial U/\partial t)+(\partial F/\partial \xi)+(\partial F_v/\partial \xi)=0 \tag{2.9}$$

$$(\partial U/\partial t)+(\partial G/\partial \eta)+(\partial G_v/\partial \eta)=0 \tag{2.10}$$

$$(\partial U/\partial t)+(\partial H/\partial \zeta)+(\partial H_v/\partial \zeta)=0 \tag{2.11}$$

Using the above difference scheme (2.7) for one dimensional flow, the difference scheme for solving equation (2.9) can be given. Similarly, the difference schemes for solving (2.10). (2.11) can be given.

In order to calculate each one-dimensional difference equation, block tridiagonal inversions are necessary.

3. Topological Theory for analysing Flow Fields

In order to analyse the computational flow fields, it is necessary to invoke the topological theory. In this section the following subjects are studied:

- The conditions determining flow separation in three dimensional viscous steady flows.
- The flow behaviour near the separation line.
- The distribution rule of singular points along the separation line.

1) *Separation Conditions*

In the 1950's research work was conducted on the separation criterion and separation line patterns for three dimensional viscous steady flows. Lighthill was the pioneer in this field. To date, many theories, experimental works and review papers are available on this topic. However, Wang K. C.[2], et al. pointed out that there still existed a lot of controversy over this subject. For example, some researchers believe that the separation line is an envelope of limiting streamlines on the wall[2-4]. However, according to [5—7], the separation line is a limiting streamline on the wall and with the exception of the singular point, it is impossible for nearby limiting streamlines to intersect with the separation line. The separation line is an asymptote of converging limiting streamlines. While numerical simulation results for a three-dimensional boundary layer with a prescribed pressure distribution indicated[15-18] that the boundary layer thickened very rapidly so that the normal velocity component near the separation line became large. It is generally agreed that the boundary layer equation is singualar at the separation line. However, there is a little consensus on the pattern of the separation line.

Recently, the author published a series of papers[9,10] on this topic, in which the separation conditions are given and the flow behaviour near the separation line is studied.

Fig. 1 is often quoted in literature to illustrate the geometry of the separation line on a fixed surface. It is considered that:

(1) The separation line is an intersection line between the body surface and the separation surface emerging from the body surface.

(2) On either side of the separation surface, a fluid particle flowing over the body surface turns and follows the separation flow surface near the separation line.

Based on this scenario, separation conditions can be established.

Let x, y, z be a generalized orthogonal coordinate system erected with x and y lying on the body surface where $z = 0$ and z in the normal direction of the body surface. Let the respective scaling coefficients be $h_1(x,y,z)$, $h_2(x,y,z)$, $h_3(x,y,z) = 1$. Also let the equation of the separation surface be $z = f(x,y)$ or

$$F(x, y, z) = z - f(x, y) = 0 \tag{3.1}$$

so that the unit vector normal to the separation surface is

$$\boldsymbol{n} = [-(1/h_1)(\partial f/\partial x)\boldsymbol{e}_x - (1/h_2)(\partial f/\partial y)\boldsymbol{e}_y + \boldsymbol{e}_z]/\{1 + [(1/h_1)(\partial f/\partial x)]^2 + [(1/h_2)(\partial f/\partial y)]^2\}^{1/2} \tag{3.2}$$

where $\boldsymbol{e}_x, \boldsymbol{e}_y, \boldsymbol{e}_z$ are the unit vectors in x, y, and z directions respectively. In addition, let the velocity vector be

$$\boldsymbol{V} = u\boldsymbol{e}_x + v\boldsymbol{e}_y + w\boldsymbol{e}_z \tag{3.3}$$

where u, v, w are the velocity components along x, y, z. Because $\boldsymbol{V}$ is tangential to the separated flow surface, $\boldsymbol{n} \cdot \boldsymbol{V} = 0$. From (3.2) and (3.3), it follows

$$(1/h_1)(\partial f/\partial x) = [w - (v/h_2)(\partial f/\partial y)]/u \tag{3.4}$$

On the other hand, the angle θ between the normal vector of separation surface and $\boldsymbol{e}_z$ is

$$\cos\theta = \boldsymbol{n} \cdot \boldsymbol{e}_z = \{1 + [(1/h_1)(\partial f/\partial x)]^2 + [(1/h_2)(\partial f/\partial y)]^2\}^{-1/2}$$

From this it follows

$$\{\mathrm{tg}^2\theta - (1/h_2)[(\partial f/\partial y)]^2\}^{1/2} = (1/h_1)(\partial f/\partial x) \tag{3.5}$$

Substituting (3.4) into (3.5) we obtain

$$\{tg^2\theta - [(1/h_2)(\partial f/\partial y)]^2\}^{1/2} = [w - (v/h_2)(\partial f/\partial y)]/u \qquad (3.6)$$

Now take the separation line as y axis (Fig. 1). Then $(\boldsymbol{n}\cdot\boldsymbol{e}_y)_0 = 0$, where the subscript "0" indicates that the value is taken on the separation line. Using (3.2) we obtain

$$[(1/h_2)(\partial f/\partial y)]_0 = 0 \qquad (3.7)$$

Eq. (3.6) is valid for any point on the separation surface. Now let "O" be a point on the separation line as shown in Fig. 1, OG being the intersection line between

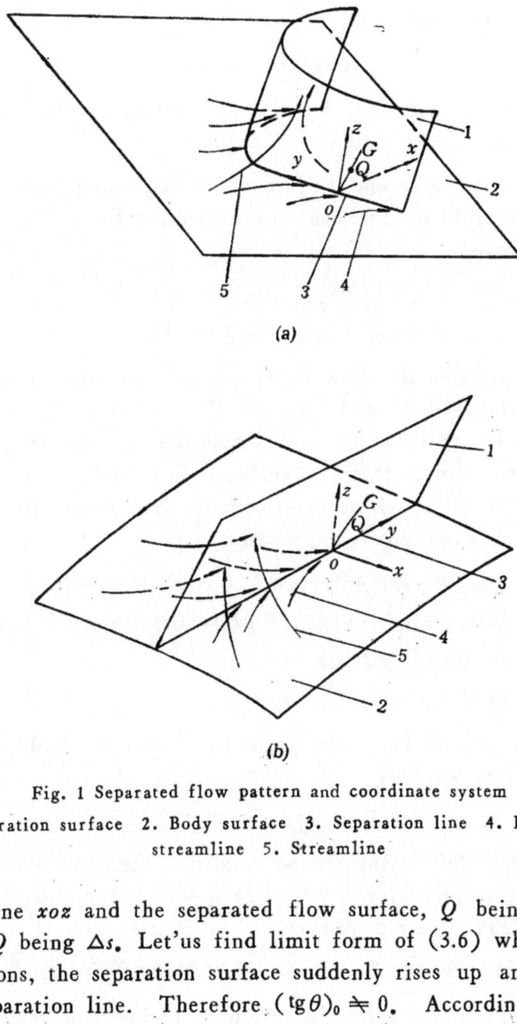

Fig. 1 Separated flow pattern and coordinate system

1. Separation surface 2. Body surface 3. Separation line 4. Limiting streamline 5. Streamline

the coordinate plane xoz and the separated flow surface, Q being a point on OG, the arc length OQ being Δs. Let'us find limit form of (3.6) when $\Delta s \to 0$. Under separation conditions, the separation surface suddenly rises up and leaves the body surface on the separation line. Therefore $(tg\theta)_0 \neq 0$. According to (3.7) the left hand side of (3.6) gives $(tg\theta)_0 \neq 0$, while the right hand side of (3.6) becomes "0/0" from the nonslip conditions along the body surface. Applying L'Hospital' rule we have

$$(h_1 tg^2\theta)_0(\partial u/\partial z)_0 = (\partial w/\partial x)_0 + (h_1 tg\theta)_0(\partial w/\partial z)_0 - [(\partial v/\partial x)_0$$

$$+ (h_1 \mathrm{tg}\theta)_0(\partial v/\partial z)_0][(1/h_2)(\partial f/\partial y)]_0$$
$$- v_0\{(\partial/\partial x)[(1/h_2)(\partial f/\partial y)] + h_1 \mathrm{tg}\theta(\partial/\partial z)[(1/h_2)(\partial f/\partial y)]\}_0$$
$$- \mathrm{tg}\theta_0(\partial u/\partial x)_0 \tag{3.8}$$

where the relation $\partial/\partial s = (\partial x/\partial s)_0[(\partial/\partial x) + h_1 \mathrm{tg}\theta(\partial/\partial z)]_0$ is used. Using the body surface condition $u_0 = v_0 = w_0 = 0$, we obtain $(\partial u/\partial x)_0 = (\partial v/\partial x)_0 = (\partial w/\partial x)_0 = 0$, and from the continuity equation we have

$$(\partial w/\partial z)_0 = 0 \tag{3.9}$$

Using (3.7), we know that the right hand side of (3.8) is zero. Therefore, in order to make $(\mathrm{tg}\theta)_0 \neq 0$, we must have

$$(\partial u/\partial z)_0 = 0 \tag{3.10}$$

This is the first condition necessary for flow separation so that the separation surface leaves the body surface at a non-zero angle.

In order to describe the second feature of the separated flow as shown in Fig. 1, let us examine the fluid motion near the separation line. The equations for the streamline are as follows:

$$\begin{aligned}(1/h_1)(\partial z/\partial x) &= w/u \\ (h_2/h_1)(\partial y/\partial x) &= v/u\end{aligned} \tag{3.11}$$

The first equation represents the flow behaviour in a section perpendicular to the separation line, and the second represents the flow behaviour in the section parallel to xoy plane. As $z \to 0$ they are limiting streamlines on the body surface. For the sake of convenience we assume that the surface of the body is not too strongly curved. Near the separation line of the flow described by the Navier-Stokes equations there is no singularity and u, v, w can be expressed as

$$\left.\begin{aligned}u &= 1/2(\partial^2 u/\partial z^2)_0 z^2 + (\partial^2 u/\partial x\partial z)_0 xz + \cdots \\ v &= (\partial v/\partial z)_0 z + (1/2)(\partial^2 v/\partial z^2)_0 z^2 + (\partial^2 v/\partial y\partial z)_0 yz \\ &\quad + (\partial^2 v/\partial x\partial z)_0 xz + \cdots \\ w &= (1/2)(\partial^2 w/\partial z^2)_0 z^2 + \cdots\end{aligned}\right\} \tag{3.12}$$

Since for the separated flow the fluid lifts from the body surface, i.e $w > 0$ near the separation line, we have

$$(\partial^2 w/\partial z^2)_0 > 0 \tag{3.13}$$

from equation (3.12). This is the second condition for flow separation. From the continuity of incompressible flow, $(\partial^2 w/\partial z^2)_0 = -[(1/h_1)(\partial/\partial x)(\partial u/\partial z) + (1/h_1h_2)(\partial/\partial y)(\partial v h_1/\partial z)]_0$. This condition can be written as

$$[(1/h_1)(\partial^2 u/\partial x\partial z) + (1/h_1h_2)(\partial^2 v h_1/\partial y\partial z)]_0 < 0 \tag{3.14}$$

Substituting (3.12) into the first equation of (3.11) and neglecting small terms of higher orders we obtain

$$\partial z/\partial x = [(h_1)_0(\partial^2 w/\partial z^2)_0 z]/[(\partial^2 u/\partial z^2)_0 z + 2(\partial^2 u/\partial x\partial z)_0 x] \tag{3.15}$$

According to the topological theory of ordinary differential equations, the point "O" is a saddle point in the section perpendicular to the separation line when $q = 2(h_1)_0$

$\times(\partial^2 w/\partial z^2)_0(\partial^2 u/\partial x\partial z)_0<0$. When $q>0$ the point "O" is a nodal point or a spiral node. Using (3.13), $(\partial^2 u/\partial x\partial z)_0>0$ when $q>0$. Thus $R=-[h_1(\partial^2 w/\partial z^2)_0+2(\partial^2 u/\partial x\partial z)_0]<0$, and the nodal point or spiral node is unstable. Evidently, this is not the flow patterns shown in Fig. 1. Therefore, the point "O" can only be of the saddle point type. Since $(\partial^2 w/\partial z^2)_0>0$, we obtain

$$(\partial^2 u/\partial x\partial z)_0<0 \tag{3.16}$$

which is the third condition for flow separation.

From the above study, the conditions under which the flow separates are

$$\begin{aligned}&(\partial u/\partial z)_0=0\\&(\partial^2 u/\partial x\partial z)_0<0\\&\{(\partial^2 u/\partial x\partial z)+(1/h_2)[\partial(h_1 v)/(\partial y\partial z)]\}_0<0^{1)}\end{aligned} \tag{3.17}$$

on the separation line for incompressible flow.

Since the first condition of (3.17) is derived from the L'Hospital rule, it does not depend upon (3.12), meaning that this condition can be applied to the flow described by boundary layer equations as well as NS equations. For the second and third conditions, we have proved that they could also be applied to the flows described by the boundary layer equations.

Similarly, the reattachment conditions for separated flows are

$$\begin{aligned}&(\partial u/\partial z)_0=0\\&(\partial^2 u/\partial x\partial z)_0>0\\&(\partial^2 w/\partial z^2)_0<0\end{aligned}$$

on the reattachment line.

2) *The Behaviour of Separated Flow*

Now let we study the flow for which the flow fields are analytical, such as the flow described by Navier-Stokes equations. The following conclusions can be drawn based on the second equation in (3.11) for $z\to 0$:

(1) If $(\partial v/\partial z)_0\neq 0$ on the separation line, then the separation line is a limiting streamline on the wall.

In fact, if the limiting streamline passing through the point "O" on the separation line is $x=X(y)$, then the first order derivative of $X(y)$ with respect to y is

$$(h_1/h_2)(dx/dy)=(\partial u/\partial z)/(\partial v/\partial z) \tag{3.18}$$

The directional derivative of (3.18) along the limiting streamline gives

$$\begin{aligned}&[(h_1/h_2)(d^2x/dy^2)]+\{(\partial/\partial y)(h_1/h_2)+[(\partial/\partial x)(h_1/h_2)](dx/dy)\}\\&=[(\partial^2 u/\partial y\partial z)+(\partial^2 u/\partial z\partial x)(dx/dy)](\partial v/\partial z)^{-1}\\&\quad-(\partial u/\partial z)[(\partial^2 v/\partial y\partial z)+(\partial^2 v/\partial x\partial z)(dx/dy)](\partial v/\partial z)^{-2}\end{aligned} \tag{3.19}$$

From (3.10) $\partial u/\partial z=0, \partial^2 u/\partial y\partial z=0$, and $dx/dy=0$ on the separation line, so

1) For compressible flow this condition is (3.13).

we obtain from (3.19)

$$d^2x/dy^2 = 0$$

Similarly, we can prove

$$d^nx/dy^n = 0$$

where $n = 2,3,4,\cdots$. It shows that all the derivatives are zero on separation line. This proves that the separation line $x = 0$ is a limiting streamline.

(2) If $(\partial v/\partial z)_0 \neq 0$, the separation line is a running-together of limiting streamlines on the surface.

In fact, substituting (3.12) into (3.18) and neglecting small terms of higher orders, we obtain

$$dx/dy = A \cdot x \tag{3.20}$$

where

$$A = (h_2/h_1)_0\{[(\partial^2 u/\partial x\partial z)_0]/(\partial v/\partial z)_0\} \tag{3.21}$$

Integrating (3.20) we obtain

$$x = \pm ce^{Ay} \tag{3.22}$$

here c is a constant. Supposing that ε is the x-coordinates of the point A(Fig. 2), the limiting streamline passing the point A is $x = \varepsilon e^{Ay}$ from (3.22). If $v > 0$ near the surface i.e. the flow is forward along the positive direction of the y axis, then $(\partial v/\partial z)_0 > 0$ on the surface. Since $(\partial^2 u/\partial x\partial z)_0 < 0$ on the separation line, we obtain $A<0$ from (3.21). This means that the distance between the limiting streamline and the separation line decreases when y increases (Fig. 2a). If $v < 0$ near the surface, i.e. the flow is forward along the negative direction of y axis, then $(\partial v/\partial z)_0 < 0$ on the surface. We obtain $A > 0$ from (3.21). It means that the distance between the limiting streamline and the separation line decreases when y decreases. Thus we can say that the separation line is a running-together of limiting streamlines.

(3) Similarly, we can prove that the reattachment line is a limiting streamline

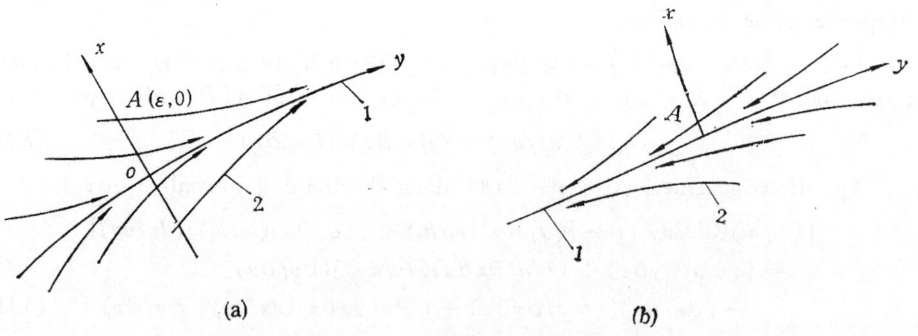

1. separation line 2. limiting streamline

Fig. 2 Behaviour of limiting streamlines near separation line for the flow described by NS equations and an asymptote of diverging limiting streamlines if $(\partial v/\partial z) \neq 0$ on the reattachment line (Fig. 3).

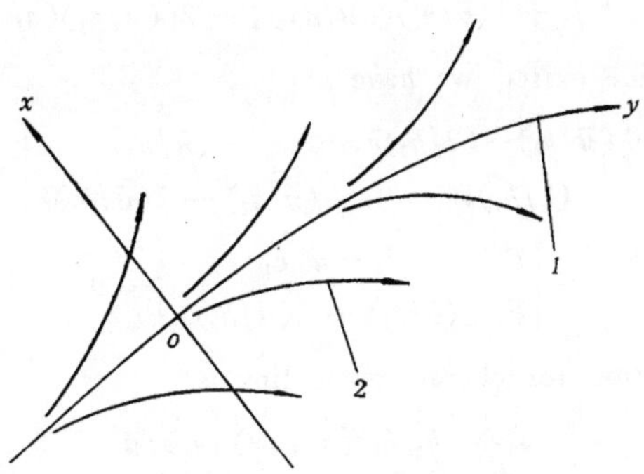

1. reattachment line 2. limiting streamline

Fig. 3 Behaviour of limiting streamlines near reattachment line for the flow described by NS equations

3) *The Behaviour of the Separated Flow Described by Boundary Layer Equations*

For simplicity the fluid is assumed to be imcompressible. Supposing

$$\begin{cases} \bar{u} = \partial u/\partial z \\ \bar{v} = \partial v/\partial z \\ \bar{w} = \partial w/\partial z \end{cases} \tag{3.23}$$

and using the condition for the body surface, the following differential equations can be given by carrying out differentiation for boundary layer equations on z

$$\begin{pmatrix} \bar{u}/h_1 & 0 \\ -\bar{v}/h_1 & (2/h_1)\bar{u} \end{pmatrix} \partial/\partial x \begin{pmatrix} \bar{u} \\ \bar{v} \end{pmatrix} + \begin{pmatrix} (2/h_2)\bar{v} & -\bar{u}/h_2 \\ 0 & \bar{v}/h_2 \end{pmatrix} \partial/\partial y \begin{pmatrix} \bar{u} \\ \bar{v} \end{pmatrix} = \begin{pmatrix} f_1 \\ f_2 \end{pmatrix} \tag{3.24}$$

where

$$\begin{pmatrix} f_1 \\ f_2 \end{pmatrix} = \begin{pmatrix} \nu\partial^3 u/\partial z^3 + (1/h_1h_2)[(u^2\partial h_2/\partial x) - (uv\partial h_1/\partial y) + (2v^2\partial h_2/\partial x)] \\ \nu\partial^3 v/\partial z^3 + (1/h_1h_2)[(2u^2\partial h_1/\partial y) - (uv\partial h_2/\partial x) + (v^2\partial h_1/\partial y)] \end{pmatrix} \tag{3.25}$$

Let the characteristic equation of (3,24) be

$$y = y(x)$$

The directional derivative along the characteristic line is

$$(1/h_1)(d/dx) = (1/h_1)(\partial/\partial x) + [\lambda(1/h_2)(\partial/\partial y)] \tag{3.26}$$

where

$$\lambda = (h_2/h_1)(dy/dx)$$

Solving (3.26) for $(1/h_1)(\partial/\partial x)$ and substituting it into (3.24), we have

$$-\begin{pmatrix} -\lambda(\bar{u}/h_2) + (2/h_2)\bar{v} & -\bar{u}/h_2 \\ \lambda\bar{v}/h_2 & (\bar{v}/h_2) - 2\bar{u}\lambda/h_2 \end{pmatrix} \begin{pmatrix} \partial\bar{u}/\partial y \\ \partial\bar{v}/\partial y \end{pmatrix} = \begin{pmatrix} F_1 \\ F_2 \end{pmatrix} \tag{3.27}$$

where

$$\begin{pmatrix} F_1 \\ F_2 \end{pmatrix} = \begin{pmatrix} f_1 - [(\bar{u}/h_1)(d\bar{u}/dx)] \\ f_2 + [(\bar{v}/h_1)(d\bar{u}/dx)] - 2[(\bar{u}/h_1)(d\bar{v}/dx)] \end{pmatrix} \tag{3.28}$$

If the characteristic line exists, we have

$$\begin{vmatrix} -\lambda(\bar{u}/h_2)+(2/h_2)\bar{v} & -(\bar{u}/h_2) \\ (\lambda/h_2)\bar{v} & (\bar{v}/h_2) - 2(\bar{u}/h_2)\lambda \end{vmatrix} = 0 \tag{3.29}$$

$$\begin{vmatrix} F_1 & -\bar{u}/h_2 \\ F_2 & (\bar{v}/h_2) - 2(\bar{u}/h_2)\lambda \end{vmatrix} = 0 \tag{3.30}$$

From (3.29) the equation for characteristic line is

$$\lambda = (h_2/h_1)(dy/dx) = \bar{v}/\bar{u} \tag{3.31}$$

Obviously, this is the equation for the limiting streamline. While from (3.30), the compatible relation at characteristic line is

$$F_1\bar{v} - F_2\bar{u} = 0 \tag{3.32}$$

Let us study the flow behaviour near the separation line for the case $\bar{v} \neq 0$. Since $\bar{u}_0 = (\partial \bar{u}/\partial y)_0 = 0$ on the separation line and the characteristic lines behind the separation line start from the downstream region, the space marching method solving boundary layer equations (along the x-axis) cannot be continued through the separation line. Now we can give the following expression from the first equation of (3.27) or (3.24)

$$\partial \bar{u}^2/\partial x = a_0 \tag{3.33}$$

where

$$a_0 = 2(h_1)_0[\nu(\partial^3\bar{u}/\partial z^3) + (2/h_1h_2)(\partial h_2/\partial x)\bar{v}^2]$$

Using (3.10), (3.33) and Taylor's formula, we obtain

$$\partial u/\partial z|_{z=0} = \bar{u} = (a_0x + a_1x^2 + \cdots)^{1/2} \tag{3.34}$$

near the separation line on the body surface. While from the boundary layer equation, we have

$$\partial^2 u/\partial z^2|_{z=0} = (1/\mu)(1/h_1)(\partial p/\partial x) \tag{3.35}$$

where p is the function of x and y. Using the boundary conditions on the surface, (3.34), (3.35) and Taylor's formula we can obtain

$$u = (a_0x + a_1x^2 + \cdots)^{1/2}z + \phi \cdot z^2 + \cdots \tag{3.36}$$

where

$$\phi = (1/2)(1/\mu)(1/h_1)(\partial p/\partial x)$$

In addition, using the continuity equation and (3.36), we have

$$w = -(1/4h_1)[(a_0 + 2a_1x)/(a_0x + a_1x^2)^{\frac{1}{2}}]z^2 - \psi z^2 + \cdots \tag{3.37}$$

where

$$\psi = (1/2h_1h_2)[\partial(h_1\bar{v})/\partial y]|_{z=0}$$

Now let us discuss the following cases

1) $a_0 \neq 0$

Under this circumstance, the normal velocity component w grows very rapidly as the separation line is approached, i.e. when $x \to 0$ and $z \neq 0$,

$$w = -(1/4h_1)(a_0/\sqrt{a_0 x})z^2 - \cdots$$

So the boundary layer equation is singular on separation line for $a_0 \neq 0$. A lot of numercal solutions for boundary layer equation with a prescribed pressure gradient confirm that this singularity exists at least under some circumstances. Thus we have

$$\partial^2 u/\partial x \partial z = (1/2)(a_0/\sqrt{a_0 x}) + \cdots$$

near separation line on the body surface. Obviously, $(\partial^2 u/\partial x \partial z)_0$ is infinity on separation line and the Goldstein singularity exists along the normal direction of the separation line. The leeside flow behind the separation line $(x > 0)$ cannot be calculated according to the boundary layer theory. Therefore, the following study is restricted to the region $x \leqslant 0$. Since $(\partial u/\partial z)^2 > 0$ at the body surface when $x < 0$, $a_0 < 0$ near the separation line from (3.36). Supposing $k = (-a_0)^{1/2}$, we have

$$\bar{u} = k|x|^{\frac{1}{2}} \cdots \tag{3.38}$$

and

$$\partial u/\partial x = \partial^2 u/\partial x \partial z = -(1/2)k/\sqrt{|x|} + \cdots \tag{3.39}$$

near the separation line on the body surface. The last result is consistent with the second formula of (3.17).

From the above analysis, the following conclusion about the behaviour of the separation line can be drawn:

If $v_0 \neq 0$ and u behaves like Goldstein singularity on the separation line, the separation line is an envelope of the limiting streamlines.

In fact, the equation of the limiting streamline near the point "O" can be expressed as

$$dx/dy = A|x|^{\frac{1}{2}} \tag{3.40}$$

where small terms of higher order are neglected, and

$$A = (h_2/h_1)_0[k/(\partial v/\partial z)_0] \tag{3.41}$$

Integrating (3.40), we obtain

$$y = -(2/A)|x|^{\frac{1}{2}} + c \tag{3.42}$$

here c is an integral constant. It can be easily found out that the limiting streamline passing the point "O" is

$$y = -(2/A)|x|^{1/2} \quad (x \leqslant 0) \tag{3.43}$$

According to the definition of an envelope, the envelope line of the curve family (3.42) is $x = 0$, so the separation line is the envelope of limiting streamlines.

Now let us study the direction of limiting streamlines. If $v > 0$ near the body surface, that is, the flow is along the positive direction of axis y, then $(\partial v/\partial z)_0 > 0$. From (3.41), $A > 0$ for $x \leqslant 0$ and this gives the picture as shown in Fig. 4(a).

If $v < 0$, that is, the flow is along the negative direction of axis y, then $(\partial v/\partial z)_0 < 0$. From (3.41), $A < 0$ for $x \leqslant 0$ and this gives the picture as shown in Fig. 4(b).

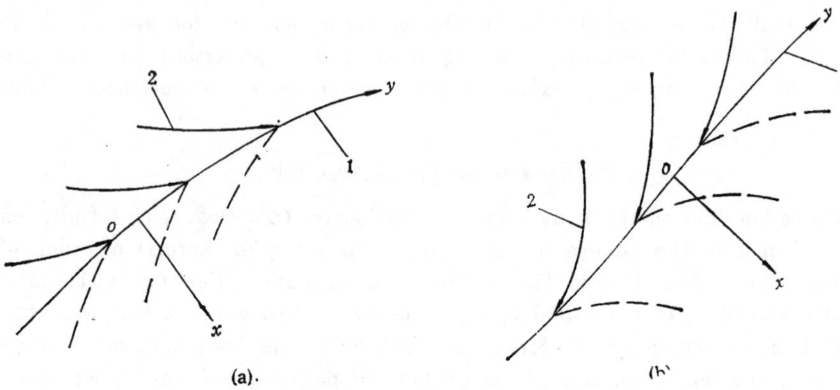

Fig. 4 Flow pattern near separation line for the flow described by boundary layer equations

1. separation line, 2. limiting streamline

2) $a_0 = 0$

Under this circumstance, the velocity components given by (3.36) and (3.37) can be written as

$$u = (1/2)(\partial^2 u/\partial z^2)_0 z^2 + (\partial^2 u/\partial x \partial z)_0 xz + \cdots$$
$$w = (1/2)(\partial^2 w/\partial z^2)_0 z^2 + \cdots$$

where

$$(\partial^2 u/\partial x \partial z)_0 = \sqrt{a_1}$$
$$(\partial^2 u/\partial z^2)_0 = 2\phi$$
$$(\partial^2 w \partial z^2)_0 = -[2\phi + (1/h_1)\sqrt{a_1}]$$

Obviously, these expressions for velocity components are identical with the earlier expression (3.12). The solution of boundary layer equation by using the inverse mode. maybe correspond to this circumstance. Therefore, the separation line is a running-together of limiting streamlines for the flow described by boundary layer equation in this case.

According to our study, we can draw some conclusions: If we study the separation line based on the flow equation whose solution is singular at the separation line, as shown by the numerical solutions of boundary layer equation using the direct mode at least under some circumstances, "the envelope version" is suitable. On the other hand if we study the separation line based on the flow equation whose solution is no singularity, such as NS equation and the boundary layer equation using inverse mode, then "streamline version" is suitable. Obviously, the actual separation line is certainly a limiting streamline and is a running-together of limiting stream lines.

4) *Distribution Rule of Singular Points Along the Separation Line*

Lighthill is also the pioneer in the topological structure analysis of the flow pattern. He pointed out that the singular point distribution of the limiting streamline equation obeys the following topological rule. On the surface of monoconnective body, the total number of the node and spiral points is 2 more than that of saddles. Later, the topological rule for flows over a wall was extended to that beyond the wall. For example, if we consider any surface in the space and the continuous velocity field on the surface, this surface can intersect with the surface of the body. By defining the singular point on the body surface as a semi-nodal point N' or semi-saddle point s', Hunt proved that

$$\sum N + (1/2)\sum N' - [\sum S + (1/2)\sum S'] = 1 - n$$

where $\sum N$ is total nodal point number; $\sum S$ is the total saddle point number; $\sum N'$ is the total semi-nodal point number; $\sum S'$ is the total semi-saddle point number and n is the chosen degree of surface connection. For a single connected region, $n = 1$. For a double connected region, $n = 2$.

Now let us study the distribution rule of the singular points along the separation line.

Using (3.17) and (3.12) for the flow, the solution of which has no Goldstein singularity, such as the flow described by NS equations, the equation of limiting streamlines on the surface ($z = 0$) can be written as

$$(h_2/h_1)(dy/dx) = (\partial v/\partial z)/(\partial u/\partial z) = [xh(x,y) + f(y)]/[xg(x,y)] \tag{3.44}$$

where

$$\begin{aligned} \partial u/\partial z &= xg(x,y) \\ \partial v/\partial z &= xh(x,y) + f(y) \end{aligned} \tag{3.45}$$

$$\begin{aligned} g(x,y) &= a_0 + a_1 x + a_2 y + \cdots \\ f(y) &= b_0 + b_2 y + b_4 y^2 + \cdots \\ h(x,y) &= b_1 + b_3 x + b_5 y + \cdots \end{aligned} \tag{3.46}$$

and

$$\begin{aligned} &a_0 = (\partial^2 u/\partial x\partial z)_0,\ a_1 = (1/2)(\partial^3 u/\partial x^2\partial z)_0,\ a_2 = (\partial^3 u/\partial x\partial y\partial z)_0\cdots \\ &b_0 = (\partial v/\partial z)_0,\ b_1 = (\partial^2 v/\partial x\partial z)_0,\ b_2 = (\partial^2 v/\partial y\partial z)_0 \\ &b_3 = (1/2)(\partial^3 v/\partial x^2\partial z)_0,\ b_4 = (1/2)(\partial^3 v/\partial y^2\partial z)_0,\ b_5 = (\partial^3 v/\partial x\partial y\partial z)_0\cdots \end{aligned} \tag{3.47}$$

It is evident that all singular points at the separation line ($x = 0$) can be given by $f(y) = 0$. Supposing that $s(0, y_s)$ is a singular point on the separation line and letting

$$\begin{aligned} x &= 0 + \xi = \xi \\ y &= y_s + \eta \end{aligned}$$

the equation of limiting streamlines near point "S" can be written as

$$d\eta/d\xi = (h_1/h_2)[h(0,y_s)\xi + f'(y_s)\eta]/[g(0,y_s)\xi] \tag{3.48}$$

where small quantities of higher order are neglected and

$$\begin{aligned} f'(y_s) &= (df/dy)_{y=y_s} = (\partial^2 v/\partial y\partial z)_S \\ g(0,y_s) &= (\partial^2 u/\partial x\partial z)_S \end{aligned} \tag{3.49}$$

from (3.46),(3.47). The subscript "S" indicates the value taken from the point "S"

on the separation line.

Using (3.17) and (3.49), we have $g(0, y_s) < 0$ and we can draw the following conclusions from (3.48) and (3.49):

(1) If the separation line starts from a singular point "S", then "S" must be a saddle point.

In fact, $f'(y_s) = (\partial^2 v/\partial y \partial z)_s > 0$ in this case, so we have $f'(y_s)g(0, y_s) < 0$. According to the singularity theory of ordinary differential equations, the point "S" is a saddle point. It means that if $f'(y_s) > 0$, the point "S" must be a saddle point.

(2) If separation line ends at the singular point "S", then "S" must be a nodal point or a spiral node. In other words, if $f'(y_s) < 0$, the point "S" must be a nodal point or spiral node.

(3) If many singular points with $f(y_s) = 0$ are distributed at the separation line then because $f(y)$ is continuous along the separation line, points with $f'(y) < 0$ and points with $f'(y_s) > 0$ must appear alternatively, i.e. two saddle points or two nodal points can not directly connect each other along the separation line. Between two saddle points (or two nodal points), the nodal point (or saddle point) must appear. Let $\sum S$ be total saddle point number, and $\sum N$ be total nodal point number, then $\sum N - \sum S$ must be zero or ± 1. This is the topological rule for the distribution of singular points on separation line.

4. Numerical Simulation for Three Dimensional Separated Flow and Application of the Topological Theory

In 1981, our scheme given in the first part was first applied to the two

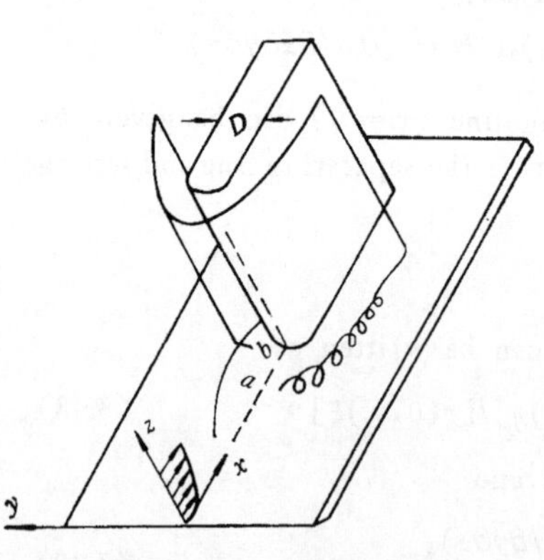

Fig. 5 Supersonic separated flow over blunt fin mounted on flat plate

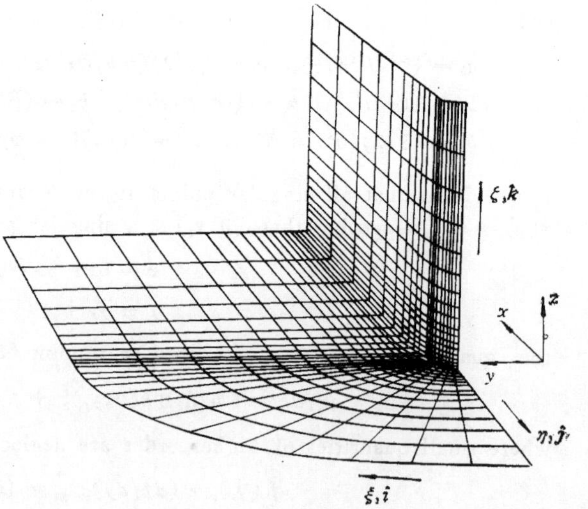

Fig. 6 The computational grids

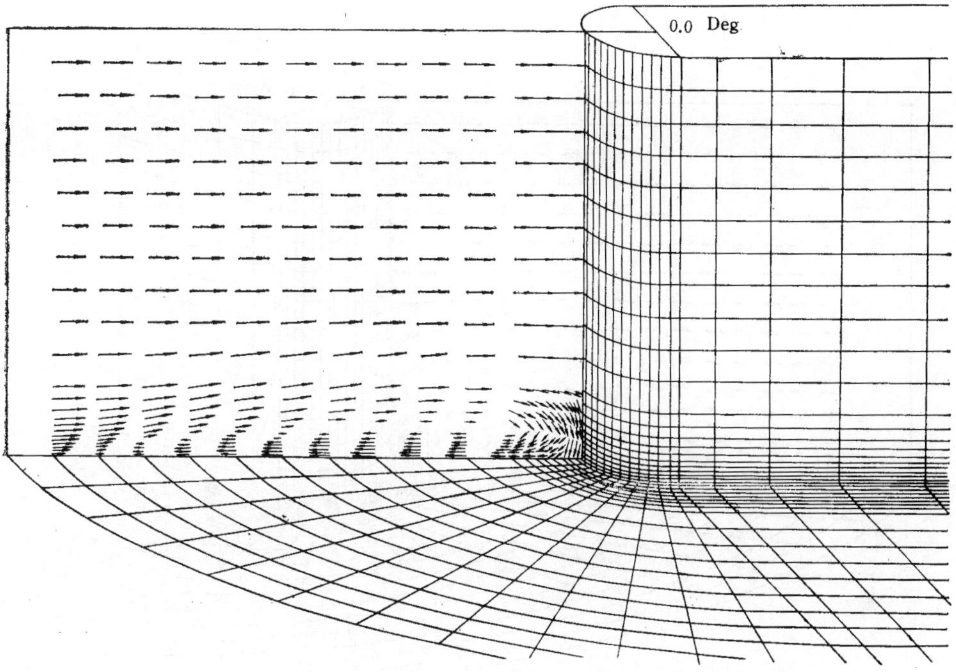

Fig. 7(a)　The velocity vectors in the plane $\phi = 0°$

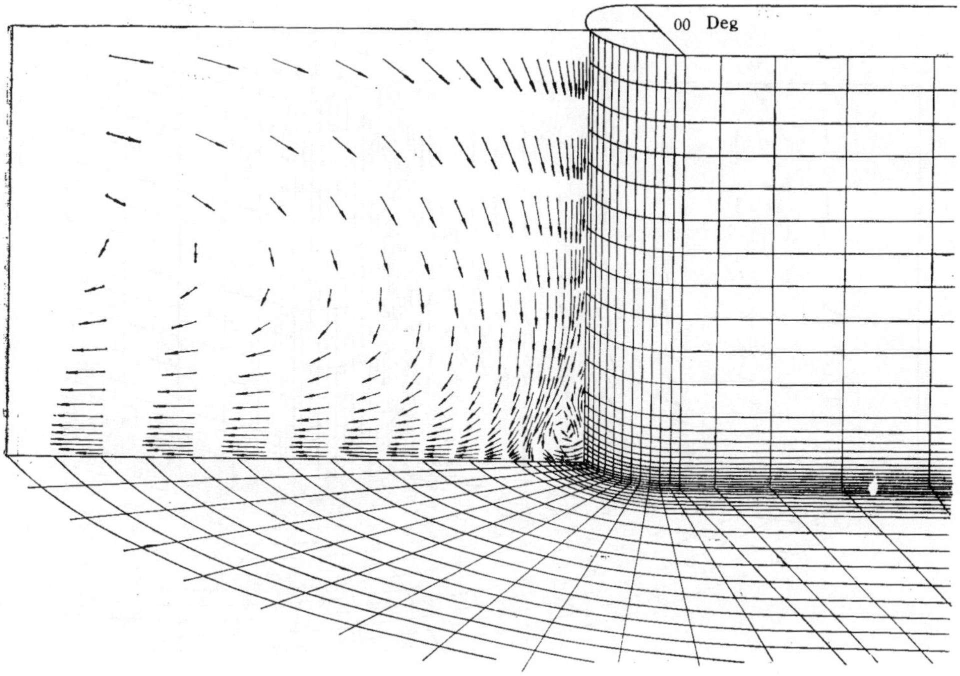

Fig. 7(b)　The magnified velocity vectors in the plane $\phi = 0°$

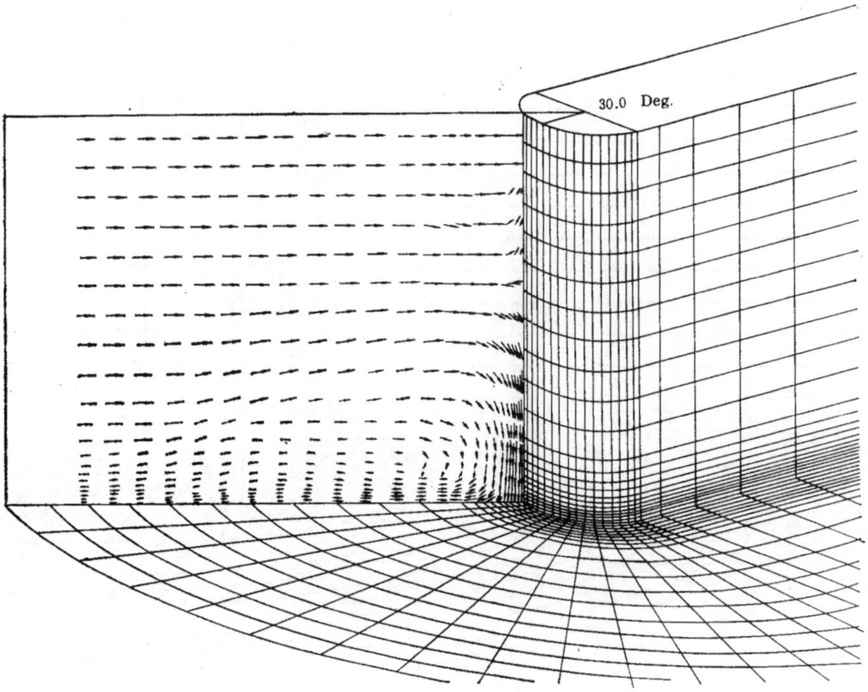

Fig. 7(c) The velocity vectors in the plane $\phi = 30°$

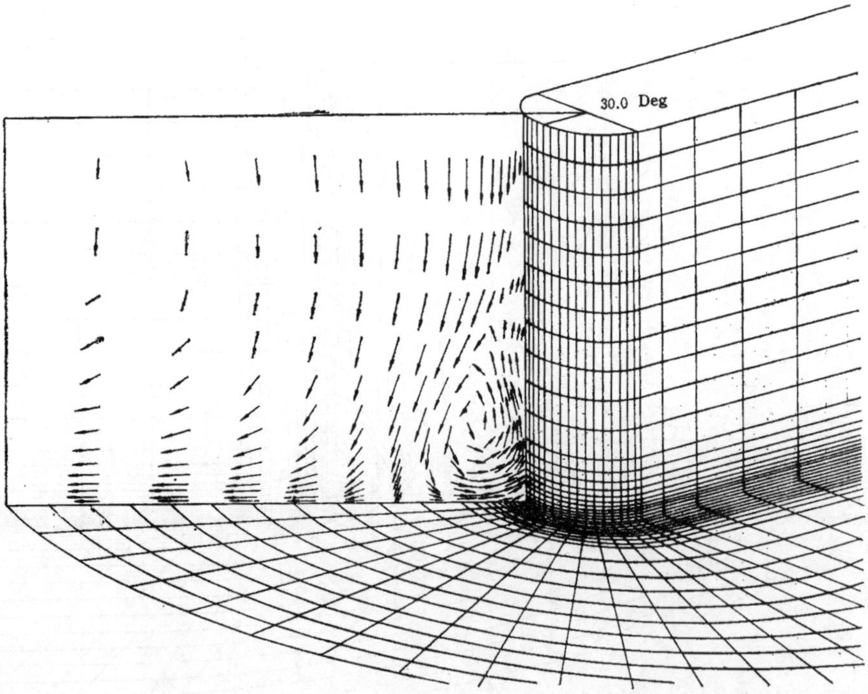

Fig. 7(d) The magnified velocity vectors in the plane $\phi = 30°$

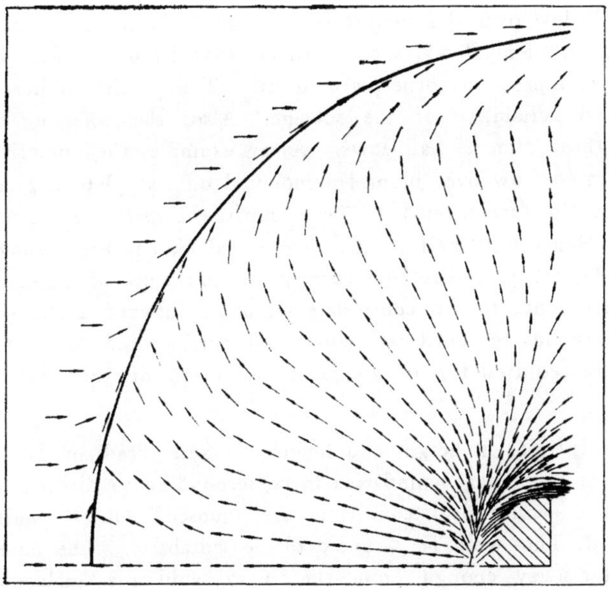

Fig. 8(a) The calculated separation line and reattachment line on the flat plate

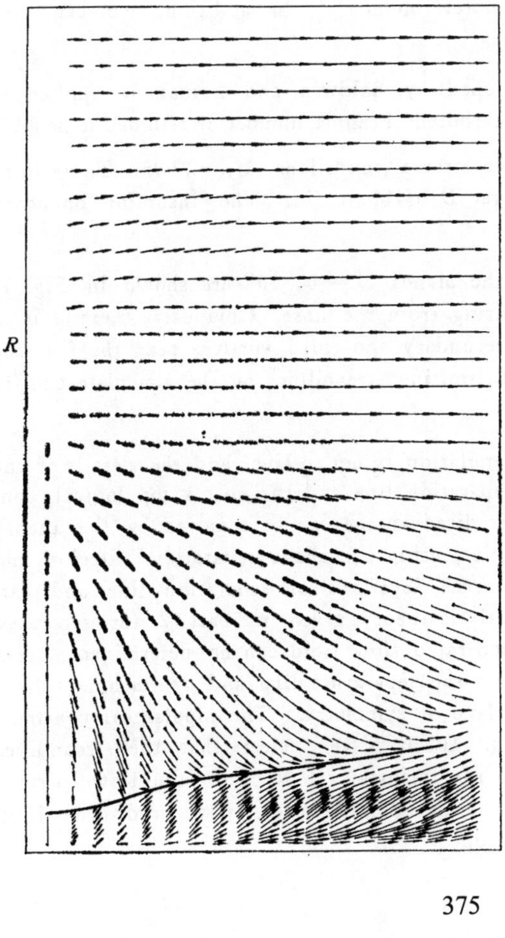

Fig. 8(b) The calculated separation line on the surface of blunt fin

dimensional laminar separated flow over the compression corner. After that, many two dimensional laminar and turbulent flows, such as shock wave-boundary layer interaction and axisymmetrical compression corner, are solved. The results indicated satisfactorily the efficiency and reliability of the scheme. Also, the scheme was successfully applied to solve three dimensional flows. As an example, the numerical simulation for turbulent separated flow over blunt fin mounted on flat plate is given (Fig. 5). For simplicity, the flow is assumed to be symmetrical with respect to the center plane of the fin. Hence only half of the flow is calculated. Fig.6 shows a mesh system ($30 \times 29 \times 29$), where I-direction corresponds to the coordinate along the fin. The J-direction corresponds to the coordinate which is outward from the fin, and the K-direction corresponds to coordinate which is normal to the flat plate. Finer meshes near the wall are required for an adequate resolution of the viscous effects.

The fin is assumed to be infinite in height and length, so zero gradient boundary conditions are imposed at the outer boundaries in corresponding to directions. On the plane of symmetry, the symmetrical conditions are imposed. On the wall, the no-slip condition is applied. The wall is assumed to be adiabatic. The outer boundary of $J = J_{max}$ is set far away enough from the fin to avoid any influence on the interaction. Here, the profile of U can be given using the boundary layer profile on the flat plate along the outer boundary. In addition, we can take uniform flow field as initial condition.

A two-layer turbulent model developed by Baldwin and Lomax is applied to evaluate the turbulent viscosity. The turbulent Prandtl number is assumed to be 0.90.

The flow to be simulated is at free stream conditions $M_\infty = 2.95$, $T_\infty = 98.33$ and $Re_D = 5 \times 10^3$ based on the diameter D of blunt fin. The incoming boundary layer thickness is $0.18D$.

The simulated velocity vectors in the planes $\varnothing = 0$, $30°$ are shown in Fig. 7, where ϕ is the angle on the fin measuring from the nose. Obviously, there exist a primary horseshoe vortex and a small secondary and third vortices near the fin and plate juncture. Fig. 8 shows simulated limiting streamlines on the flat plate and fin surface.

However, the mesh used in this simulation is not so fine, and the details of the flow pattern, such as the location of separation line and the vortex topological construction, are not still very clear. This disadvantage can be removed by the theory and method given in part 2. For examples, using the above separation criterion and reattachment criterion, we can determine the locations of separation line and reattachment line. Using the qualitative analysis theory given in part 2 for separated flow, the topological construction for separated flow field can be determined, based on the computational date. Fig. 8 shows the separation line and reattachment line. Fig.9 gives vortex construction in the plane of symmetry. The topological construction for simulated flow is shown in Fig. 10. It is very clear that the streamlines entering the separated region start from the infinity. If we study the flow pattern on the body surface, the separated flow is closed. However, if we study the flow in space, the separated flow is not closed.

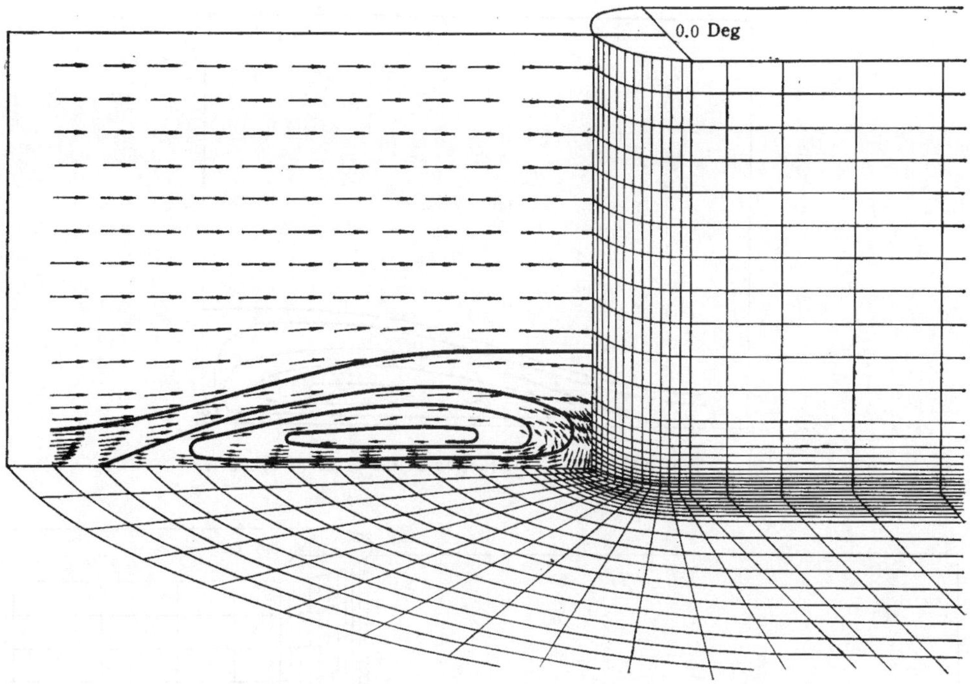

Fig. 9(a) The primary vortex construction in the plane of symmetry

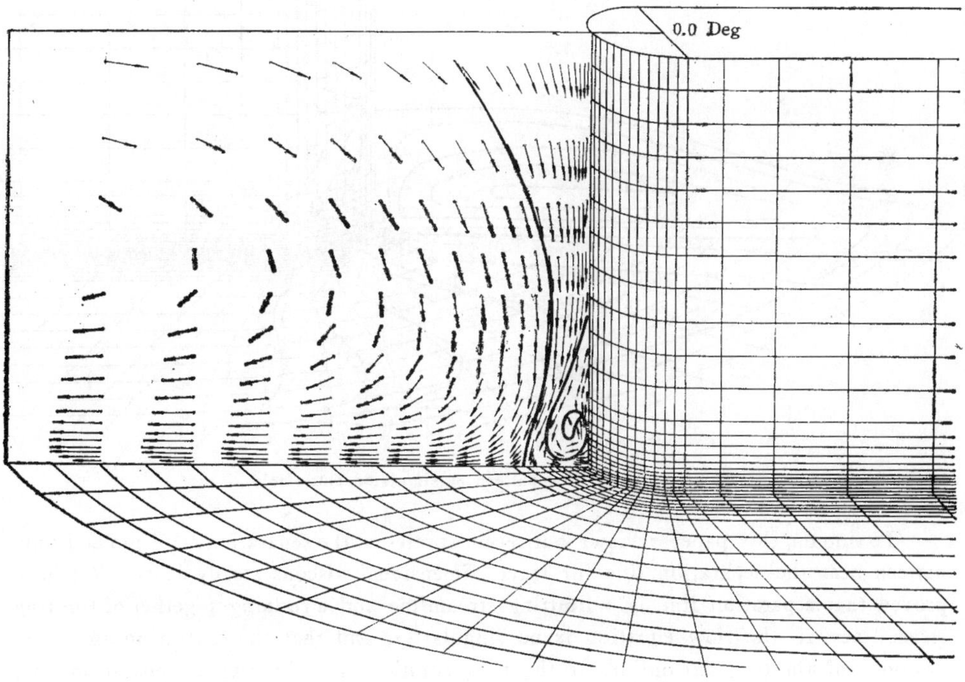

Fig. 9(b) The secondary vortex construction in the plane of symmetry

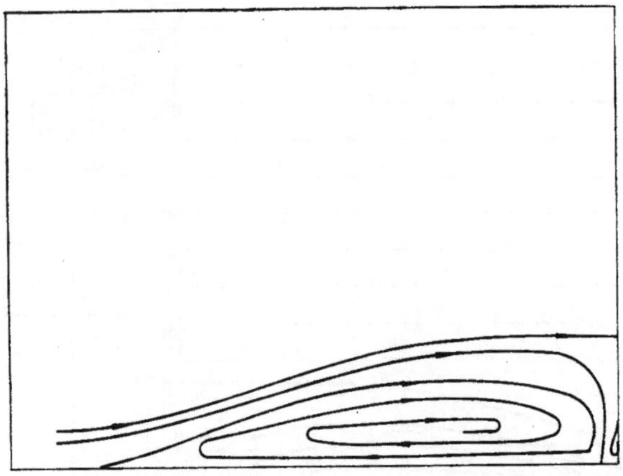

Fig. 9 (c) The vortex construction in the plane of symmetry

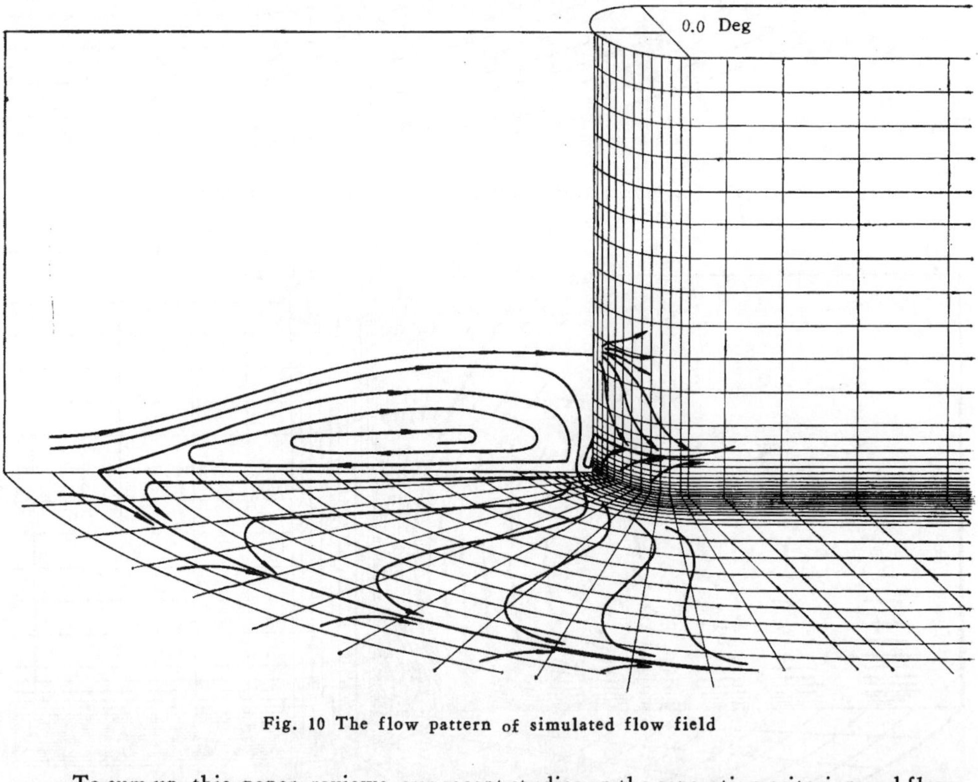

Fig. 10 The flow pattern of simulated flow field

To sum up, this paper reviews our recent studies on the separation criterion and flow pattern near the separation line for three dimensional viscous steady flows. We have proved that separation line is a limiting streamline and a running-together of limiting streamlines if the flow equation is no singularity, and that the separation line is an envelope of limiting streamlines if the flow solution is a singular at separation line. The actual separation line is certainly a limiting streamline and a running-together of limiting streamlines. In addition, we have discussed the topological rule for the distribution of singular points at the separation line. The above studies may be helpful not only for solving the existing controversy but also for numerical simulations. We also review the author's numerical simulation for the three-dimensional flow. The simulated results are analysed by the above theories.

References

[1] Lighthill, M.J., in Laminar boundary layer, Rosenhead L. (ed),Oxford, at the Clarendon Press, 1963, 46—113.

[2] Wang K. C., AIAA paper 83—0296, 1983.

[3] Maskell E. C., RAE Rept. Aero 2565, Nov. 1955.

[4] Eichelbrenner E. A. and Oudart A., ONERA, Publ. 76, Chatillon, France, 1955.

[5] Legendre R., La Recherche Aeronautique, No.54, 3—8, 1956.

[6] Hunt J. C. R et al., JFM, 86, Patr 1, 179—200, 1978.

[7] *Tobak M. and Peake*, D.J., Ann. Rev. Fluid. Mech., 14, 61—85, 1982.

[8] Cousteix J. and Houdeville R., *AIAA J.*, **19**, 976—985, 1981.

[9] Zhang H. X., *Acta Aerodynamica*, 1, 1985.

[10] Zhang H. X., *Acta Aerodynamica*, 4, 1985.

[11] Zhang H. X., *Acta Aeronautica and Astronautica Sinica*, 6, 4, 1985.

[12] Zhang H. X. *Acta Aeronautica*, 1, 1987.

[13] Zhang H. X. et al, *Applied Math and Mech.*, 4, 1, 1983.

[14] Zhang H. X. and Zheng M., Lecture Notes in Physics, 264, 1986.

[15] Raven H. C., *AIAA J.*, **22**. No. 4, 554—556, 1984.

[16] Patel V. C. and Baek J. H., *AIAA J.*, 23, 1, 55—63, 1985.

[17] Cebeci T,. et al., *JFM*, **107**, 57—87, 1981.

[18] Wang K. C., *JFM*, **72**, 49—65, 1975.

三维可压缩非定常流的壁面分离判据及其分离线附近的流动形态*

张涵信[1,2]，张树海[1,3]，田　浩[1,2]，张来平[1,3]，李　沁[1]

（1. 中国空气动力研究与发展中心，四川 绵阳 621000；2. 国家 CFD 实验室，北京 100191；
3. 空气动力学国家重点实验室，四川 绵阳 621000）

摘　要：通过引入依赖于密度的物面法向速度变换 $w_r=-\frac{1}{\rho h_1 h_2}\int_0^z h_1 h_2 \frac{\partial \rho}{\partial t}\mathrm{d}z$，描述物理速度空间（$u_a, v_a, w_a = u, v, w+w_r$）具有无滑移壁面条件的三维可压缩非定常连续方程可转换成变换速度空间（u, v, w）内具有无滑移条件定常连续方程。因此，采用定常壁面分离的分析方法和结论，再通过变换和研究 w_r 的贡献，给出了三维可压缩非定常壁面分离的判则以及分离线附近的流动形态。研究指出，二维和三维情况下，都出现伴有壁外附着的壁面分离情况。数值模拟证实了理论和结论。

关键词：可压缩非定常流动；壁面分离；分离流面；分离判则

中图分类号：V211.3　　**文献标识码**：A

0　引　言

分离流动的判则，是研究分离流动关心的问题。对于二维不可压缩壁面分离，壁面上有一个分离点，早在 1904 年，Prandtl[3] 就首先给出了分离判则。对于三维可压缩定常情况，物面上会出现分离线，Hesieh 和 Wang[1] 以及 Wang[9-10] 研究了边界层的分离，认为分离线是极限流线的包络，Tobak 和 Peake[8] 研究了一般的流动，认为分离线是极限流线的收拢线，他们都没有给出分离判则。张涵信[13-17] 采用拓扑分析方法，研究了三维定常可压缩流动分离特性，给出了三维定常可压缩流动的分离判则，并依此给出了 Wang[9-10] 和 Tobak 和 Peake[8] 的结论。吴介之[11-12] 对复杂物体绕流的判则做了更一般的数学证明。Surana[6] 采用非线性动力系统方法，也导出了三维定常流的分离判则。

关于非定常流动的分离，20 世纪 50 年代，Moore[2]，Rott[4] 和 Sears[5] 分别研究过二维不可压缩非定常流动分离，并首次指出分离点可能出现在物体外部，从而提出了以他们三人命名的 MRS 判则，再后关于二维以及三维非定常可压缩的分离判则，研究的不多。张涵信[18] 对一般非定常分离流做了初步研究。Surana[7] 对时均定常的非定常流做了研究。本文是张涵信[18] 关于非定常分离流动研究的继续。

1　三维非定常可压缩壁面分离的判则

由分离线起始的分离面，随时间沿物面法向向上或向下移动。这里体现非定常运动的法向速度 w 是重要的（图 1）。

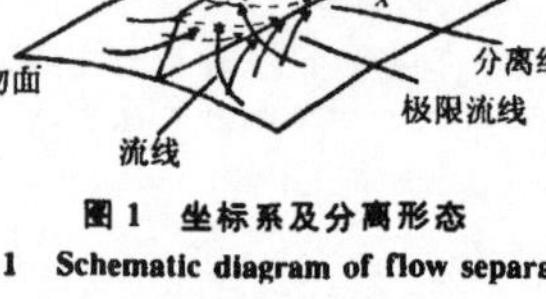

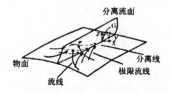

图 1　坐标系及分离形态

Fig. 1　Schematic diagram of flow separation and coordinate system

分离流动的形态是运动学的问题，借助于连续性方程和无滑移边界条件就可确定；研究分离判则，应从非定常连续性方程和无滑移条件出发，并且重视研

* 空气动力学学报，2013, 30（4）：421-430+463.
收稿日期：2011-07-05；修订日期：2012-02-21
基金项目：国家自然科学基金资助（91016001）
作者简介：张涵信（1936-），男，中科院院士，长期从事流体力学研究。

究物面法向的运动速度。关于 NS 方程式中动量和能量的方程，在计算分离线的具体位置和分离流场时必须用到。

设 x、y、z 为物面正交曲线坐标系，z 为物面法向，$h_1=h_1(x,y,t)$、$h_2=h_2(x,y,t)$ 和 $h_3=1$ 为拉梅系数。用下标"a"表示坐标系内的速度分量 u_a、v_a、w_a，ρ 是密度，则连续性方程可写成：

$$\frac{\partial\rho}{\partial t}+\frac{1}{h_1h_2}\left[\frac{\partial}{\partial x}(\rho h_2u_a)+\frac{\partial}{\partial y}(\rho h_1v_a)+\frac{\partial}{\partial z}(\rho h_1h_2w_a)\right]=0 \tag{1}$$

令：

$$\begin{cases}u_a=u\\ v_a=v\\ w_a=w+w_r\end{cases} \tag{2}$$

式中

$$w_r=-\frac{1}{\rho h_1h_2}\int_0^z h_1h_2\frac{\partial\rho}{\partial t}\mathrm{d}z \tag{3}$$

将式(2)(3)代入(1)可得：

$$\frac{\partial}{\partial x}(\rho h_2u)+\frac{\partial}{\partial y}(\rho h_1v)+\frac{\partial}{\partial z}(\rho h_1h_2w)=0 \tag{4}$$

连续性方程中不再出现密度的非定常项，形式上和定常的连续性方程相同。

由壁面无滑移条件 $u_a=v_a=w_a=0$，再利用式(3)，可得，$z=0$，

$$u=v=w=0 \tag{5}$$

即连续性方程(4)仍满足无滑移条件(5)。

由(3)在物面上有

$$\left(\frac{1}{\rho}\frac{\partial\rho}{\partial t}\right)_0=-\left(\frac{\partial w_r}{\partial z}\right)_0 \tag{6}$$

或者

$$\rho_0=\rho_0(0)\exp\left(-\int_0^t\left(\frac{\partial w_r}{\partial z}\right)_0\mathrm{d}t\right) \tag{7}$$

这里标大写"0"表示在物面上的值，下标小写"0"表示在分离线上的值。设 y 轴为分离线，由方程(4)和壁面条件(5)，再利用我们给出的定常壁面分离判则[18]，可以得到在变换速度空间(u,v,w)的分离判则，再考虑到 w_r 的作用，就可以得到在物理速度空间(u_a,v_a,w_a)内的壁面分离和再附准则，具体如下：

(1) 壁面分离判则是：

$$\begin{cases}\left(\dfrac{\partial u}{\partial z}\right)_0=0 & \left(\dfrac{\partial^2 u}{\partial x\partial z}\right)_0<0\\ \left(\dfrac{\partial^2 \rho h_2u}{\partial x\partial z}\right)_0+\left(\dfrac{\partial^2 \rho h_1v}{\partial y\partial z}\right)_0<0 & \\ \left(\dfrac{\partial w_r}{\partial z}\right)_0=-\left(\dfrac{1}{\rho}\dfrac{\partial\rho}{\partial t}\right)_0\geq 0 & \end{cases} \tag{8}$$

(2) 壁面再附判则是：

$$\begin{cases}\left(\dfrac{\partial u}{\partial z}\right)_0=0 & \left(\dfrac{\partial^2 u}{\partial x\partial z}\right)_0>0\\ \left(\dfrac{\partial^2 \rho h_2u}{\partial x\partial z}\right)_0+\left(\dfrac{\partial^2 \rho h_1v}{\partial y\partial z}\right)_0>0 & \\ \left(\dfrac{\partial w_r}{\partial z}\right)_0=-\left[\dfrac{\partial}{\partial t}(\ln\rho)\right]_0\leq 0 & \end{cases} \tag{9}$$

在二维情况下，会出现壁面分离壁外再附的情况，其判则是：

$$\begin{cases}\left(\dfrac{\partial u}{\partial z}\right)_0=0 & \left(\dfrac{\partial^2 u}{\partial x\partial z}\right)_0>0\\ \left(\dfrac{\partial w_r}{\partial z}\right)_0=-\left[\dfrac{\partial}{\partial t}(\ln\rho)\right]_0>0 & \end{cases} \tag{10}$$

壁面再附壁外分离的判则是：

$$\begin{cases}\left(\dfrac{\partial u}{\partial z}\right)_0=0 & \left(\dfrac{\partial^2 u}{\partial x\partial z}\right)_0<0\\ \left(\dfrac{\partial w_r}{\partial z}\right)_0=-\left[\dfrac{\partial}{\partial t}(\ln\rho)\right]_0<0 & \end{cases} \tag{11}$$

2　非定常分离的性状

先讨论表面流态。对三维问题，同定常流相同，由(8)前三式可以得到：

(1) 若$\left(\frac{\partial v}{\partial z}\right)_0\neq 0$，分离线是一条极限流线，其附近的极限流线向它收拢；

(2) 若分离线通过奇点($\left(\frac{\partial u}{\partial z}\right)_0=0$，$\left(\frac{\partial v}{\partial z}\right)_0=0$)，起始的奇点为鞍点，进入的为结点(或螺旋点)；

(3) 分离的起始状态有三种：正常点起始、鞍/结点或鞍/螺旋点组合起始和鞍点起始。

同样的方法，可分析再附点及再附线的性状。

以下我们来描述各种判则给出的分离、附着和分离附着耦合的截面流态。

2.1　三维非定常分离情况

根据物面条件，文献[14]已经给出，在分离或附着点附近，u，v，w 可表示为：

$$u=\frac{1}{2}\left(\frac{\partial^2 u}{\partial z^2}\right)_0z^2+\left(\frac{\partial^2 u}{\partial x\partial z}\right)_0xz+\cdots$$

$$v=\left(\frac{\partial v}{\partial z}\right)_0z+\frac{1}{2}\left(\frac{\partial^2 v}{\partial z^2}\right)_0z^2+\left(\frac{\partial^2 v}{\partial x\partial z}\right)xz+\left(\frac{\partial^2 v}{\partial y\partial z}\right)_0yz+\cdots$$

$$w=\frac{1}{2}\left(\frac{\partial^2 w}{\partial z^2}\right)_0z^2+\cdots$$

而对于 w_r，它可表示为：

$$w_r=\left(\frac{\partial w_r}{\partial z}\right)_0\cdot z+\cdots$$

以下分析，为简单，设 $h_1=1$，$h_2=h_3=1$。

在垂直于分离线 y 轴的任一横截面上，u,w 构成的流线，文献[14]已经指出，分离点 0 为鞍点形态，物面($z=0$)为极限流线，并且已经证明，过分离点抬起的分离流线为：

$$x=\frac{1}{2}B'z,\quad B'=\frac{\left(\dfrac{\partial^2 u}{\partial z^2}\right)_0}{\dfrac{1}{2}\left(\dfrac{\partial^2 w}{\partial z^2}\right)_0-\left(\dfrac{\partial^2 u}{\partial x\partial z}\right)_0}$$

若 $\left(\frac{\partial^2 u}{\partial z^2}\right)_0>0$ 时，$B'>0$，流线形态为图 2(a)；当 $\left(\frac{\partial^2 u}{\partial z^2}\right)_0<0$ 时，$B'<0$，流线形态为图 2(b)。

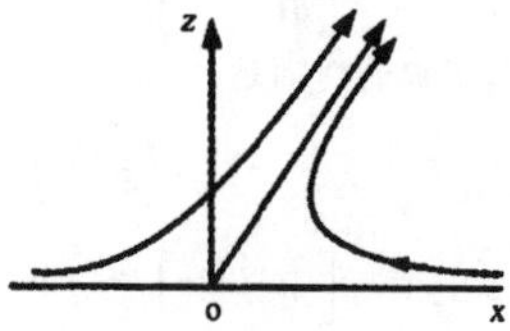

(a) $\left(\frac{\partial^2 u}{\partial z^2}\right)_0>0$

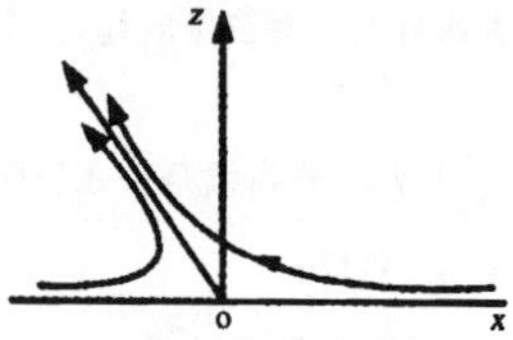

(b) $\left(\frac{\partial^2 u}{\partial z^2}\right)_0<0$

图 2 变换速度空间截面(x,z)上壁面分离的截面流线(u,w)

Fig. 2 Schematic diagram of sectional streamlines (u,w) for wall separation on transformed space (x,z).

(a) $\left(\frac{\partial^2 u}{\partial z^2}\right)_0>0$; (b) $\left(\frac{\partial^2 u}{\partial z^2}\right)_0<0$

我们关心的是物理速度空间(u_a,w_a)截面的截面流线形态，即 $\frac{dx}{dz}=\frac{u}{w+w_r}$ 在 0 点附近的变化。利用以上表达式，可以证明，在略去二阶小量的情况下，流线方程可写成

$$\frac{dx}{dz}=Ax+Bz \tag{12}$$

这里，$A=\left(\frac{\partial^2 u}{\partial x\partial z}\right)_0\Big/\left(\frac{\partial w_r}{\partial z}\right)_0$，$B=\frac{1}{2}\left(\frac{\partial^2 u}{\partial z^2}\right)_0\Big/\left(\frac{\partial w_r}{\partial z}\right)_0$

方程(12)的解是：

$$x=\left(C+\frac{B}{A^2}\right)e^{Az}-\frac{B}{A^2}(1+Az)$$

其中，C 为积分常数。在表面附近，该解又可近似写成：

$$x=Ce^{Az}+\frac{1}{2}Bz^2 \tag{13}$$

显然，$C=0$ 为过分离点的流线，在 $x>0$ 时，$C>0$，在 $x<0$ 时，$C<0$。又因此种情况下，$A<0$，当 $\left(\frac{\partial^2 u}{\partial z^2}\right)_0>0$ 时，$B>0$，式(13)给出流线形态为图 3(a)；当 $\left(\frac{\partial^2 u}{\partial z^2}\right)_0<0$ 时，$B<0$，式(13)给出流线形态为图 3(b)。这里，$C=0$ 是过分离点的流线。与 u、w 的图像比较，物面不是极限流线。这是由于物面上 $\frac{\partial\rho}{\partial t}\neq0$，但过分离点的分离流线仍在 z 轴的同一侧。

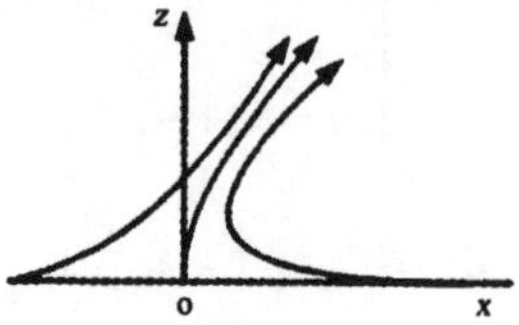

(a) $\left(\frac{\partial^2 u}{\partial z^2}\right)_0>0$

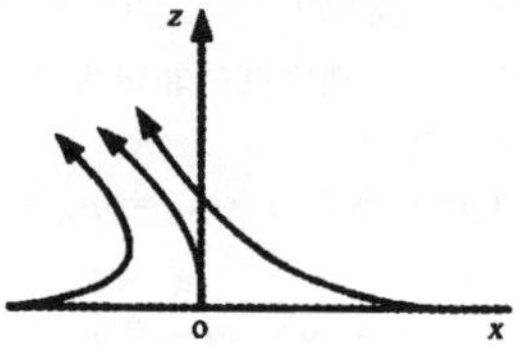

(b) $\left(\frac{\partial^2 u}{\partial z^2}\right)_0<0$

图 3 物理速度空间截面(x,z)上壁面分离的截面流线(u_a,w_a)

Fig. 3 Schematic diagram of sectional streamlines (u_a,w_a) for wall separation on physical space (x,z).

(a) $\left(\frac{\partial^2 u}{\partial z^2}\right)_0>0$; (b) $\left(\frac{\partial^2 u}{\partial z^2}\right)_0<0$

2.2 三维非定常附着情况

利用同样的分析方法，可以证明，在 u、w 的截面上，当 $\left(\frac{\partial^2 u}{\partial z^2}\right)_0<0$ 时，流态为图 4(a)，当 $\left(\frac{\partial^2 u}{\partial z^2}\right)_0>0$ 时，流态为图 4(b)。

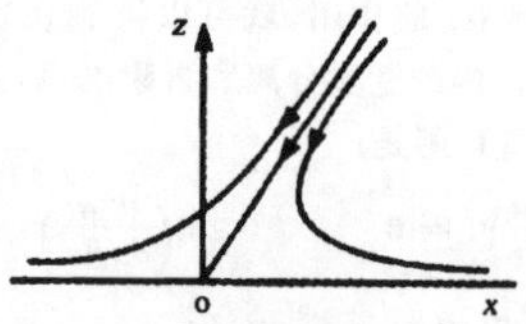

(a) $\left(\frac{\partial^2 u}{\partial z^2}\right)_0<0$

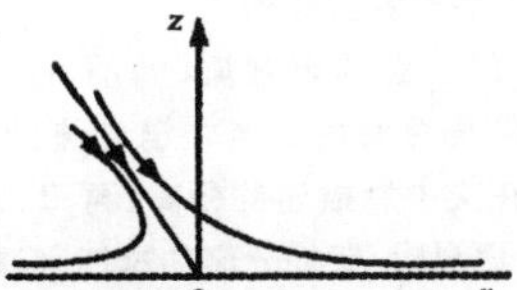

(b) $\left(\frac{\partial^2 u}{\partial z^2}\right)_0>0$

图 4　变换速度空间截面(x,z)上壁面再附的截面流线(u,w)

Fig. 4　Schematic diagram of sectional streamlines (u,w) for wall attachment on transformed space (x,z).

(a) $\left(\frac{\partial^2 u}{\partial z^2}\right)_0<0$; (b) $\left(\frac{\partial^2 u}{\partial z^2}\right)_0>0$

在 u、w_a 截面上，当$\left(\frac{\partial^2 u}{\partial z^2}\right)_0<0$ 时，$B>0$，而 $A<0$，流态为图 5(a)；而当$\left(\frac{\partial^2 u}{\partial z^2}\right)_0>0$ 时，$B<0$，流态为图 5(b)。

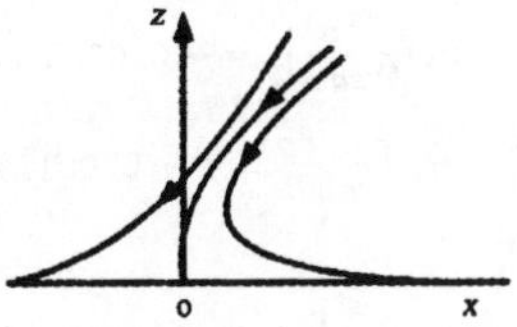

(a) $\left(\frac{\partial^2 u}{\partial z^2}\right)_0<0$

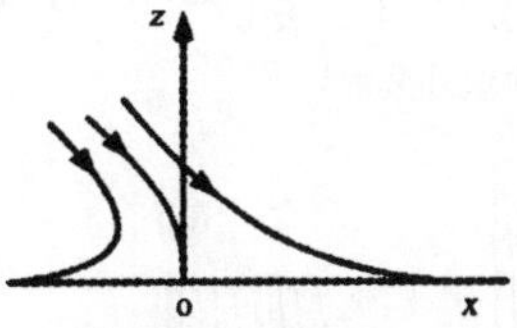

(b) $\left(\frac{\partial^2 u}{\partial z^2}\right)_0>0$

图 5　物理速度空间截面(x,z)上壁面再附的截面流线(u_a,w_a)

Fig. 5　Schematic diagram of sectional streamlines (u_a,w_a) for wall attachment on physical space (x,z).

(a) $\left(\frac{\partial^2 u}{\partial z^2}\right)_0<0$; (b) $\left(\frac{\partial^2 u}{\partial z^2}\right)_0>0$

2.3　二维非定常壁面分离壁外附着情况

此时，壁外附近有一个驻点 Q，可以证明，驻点 Q 位置是：

$$z_Q=-\left(\frac{\partial w_r}{\partial z}\right)_0\Big/\frac{1}{2}\left(\frac{\partial^2 w}{\partial z^2}\right)_0$$

$$x_Q=-\frac{1}{2}\left(\frac{\partial^2 u}{\partial z^2}\right)_0 z_Q\Big/\left(\frac{\partial^2 u}{\partial x\partial z}\right)_0$$

并且该点 Q 为鞍点。因这种情况下，$A>0$，当$\left(\frac{\partial^2 u}{\partial z^2}\right)_0<0$ 时，$B<0$，$x_Q>0$，即在 u、w_a 的截面流态图上，过 0 点的分离线在 z 轴左方，而 Q 点在右方，其流态图为 6(a)；当$\left(\frac{\partial^2 u}{\partial z^2}\right)_0>0$ 时，$B>0$，$x_Q<0$，u、w_a 的截面流态是图 6(b)，过 0 点的分离线在 z 轴右方，而 Q 点在左方。

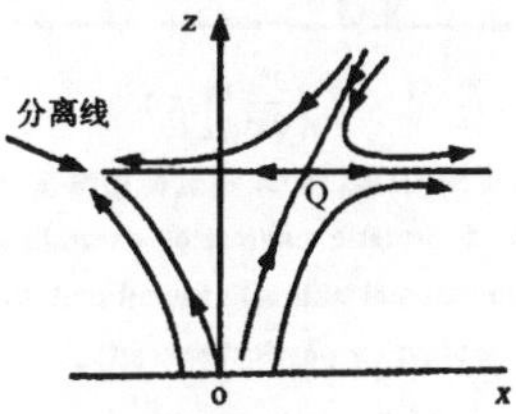

(a) $\left(\frac{\partial^2 u}{\partial z^2}\right)_0<0$

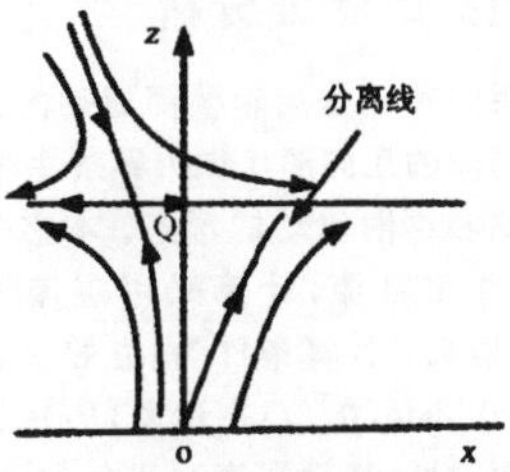

(b) $\left(\frac{\partial^2 u}{\partial z^2}\right)_0>0$

图 6　物理速度空间(u_a,w_a)二维壁面分离壁外附着的流线

Fig. 6　Schematic diagram of streamlines for two dimensional wall separation and off wall attachment on physical space (u_a,w_a).

(a) $\left(\frac{\partial^2 u}{\partial z^2}\right)_0<0$; (b) $\left(\frac{\partial^2 u}{\partial z^2}\right)_0>0$

2.4　二维非定常壁面附着壁外分离情况

用类似的方法，可以证明，在$\left(\frac{\partial^2 u}{\partial z^2}\right)_0>0$ 的情况下，u，w_a 的截面流态是图 7(a)；当$\left(\frac{\partial^2 u}{\partial z^2}\right)_0<0$ 时，u，w_a 的截面流态是图 7(b)。

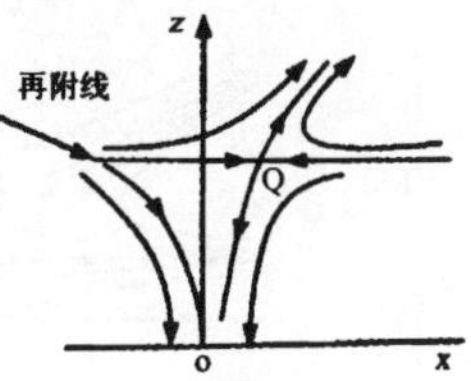

(a) $\left(\frac{\partial^2 u}{\partial z^2}\right)_0>0$

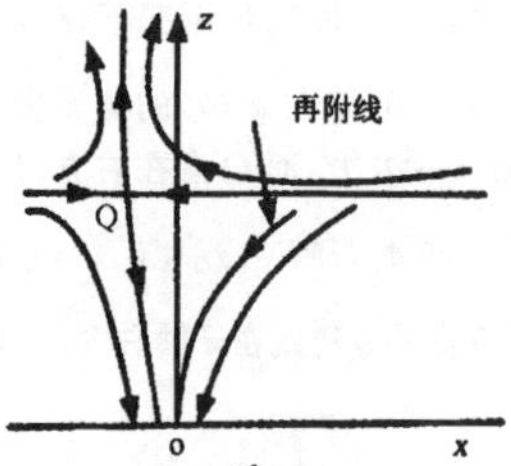

(b) $\left(\frac{\partial^2 u}{\partial z^2}\right)_0<0$

图 7　物理速度空间(u_e,w_e)二维壁面附着壁外分离的流线

Fig. 7　Schematic diagram of streamlines for two dimensional wall attachment and off wall separation on physical space (u_e,w_e).

(a) $\left(\frac{\partial^2 u}{\partial z^2}\right)_0>0$; (b) $\left(\frac{\partial^2 u}{\partial z^2}\right)_0<0$

3　数值模拟的验证分析

本文采用的算例是运动壁面驱动的方腔流。方腔流动具有简单的几何形状和边界条件，能够精确地刻画壁面分离和再附流动的形态。本文分别计算了二维和三维非定常流，计算采用层流 NS 方程和 NND[19]计算格式。计算条件为：方腔上表面以马赫数 $M=0.3+0.2\sin(0.2t)$在运动，$Re=1200$。物面为无滑移物面边界，物面温度边界条件采用等温壁。二维和三维方腔流动的计算网格分别为 101×101 和 101×101×101，并在壁面附近加密。

3.1　二维方腔非定常流动

对于二维方腔非定常流（如图 6），计算的目的是：二维情况是否满足二维非定常流的分离再附判则，是否存在文中所描述的分离、再附、壁面分离/壁外再附和壁面再附/壁外分离的这四种流态。计算分别给出了 $t=0.25$ 和 $t=0.75$ 两个时刻的结果。结果包含了两个时刻的流线图，截面流线的形态，以及分离再附判则中每一项的具体数值，这些数值都是无量纲的结果。

图 8 是 $t=0.25$ 时刻的结果，计算给出了如下形态：(A_1、A_2)壁面再附；(B_1、B_2)壁面再附/壁外分离。

A_1：壁面再附：

$$\left(\frac{\partial u}{\partial z}\right)_0=0,\left(\frac{\partial^2 u}{\partial x\partial z}\right)_0=0.003028>0,$$

$$\left(\frac{\partial w_r}{\partial z}\right)_0=-\left[\frac{1}{\rho}\frac{\partial \rho}{\partial t}\right]_0=-0.00133<0$$

B_1：壁面再附壁外分离：

$$\left(\frac{\partial u}{\partial z}\right)_0=0,\left(\frac{\partial^2 u}{\partial x\partial z}\right)_0=-0.0005087<0,$$

$$\left(\frac{\partial w_r}{\partial z}\right)_0=-\left[\frac{1}{\rho}\frac{\partial \rho}{\partial t}\right]_0=-0.001187<0$$

A_2：壁面再附：

$$\left(\frac{\partial u}{\partial z}\right)_0=0,\left(\frac{\partial^2 u}{\partial x\partial z}\right)_0=0.0003776>0,$$

$$\left(\frac{\partial w_r}{\partial z}\right)_0=-\left[\frac{1}{\rho}\frac{\partial \rho}{\partial t}\right]_0=-0.00134<0$$

B_2：壁面再附壁外分离：

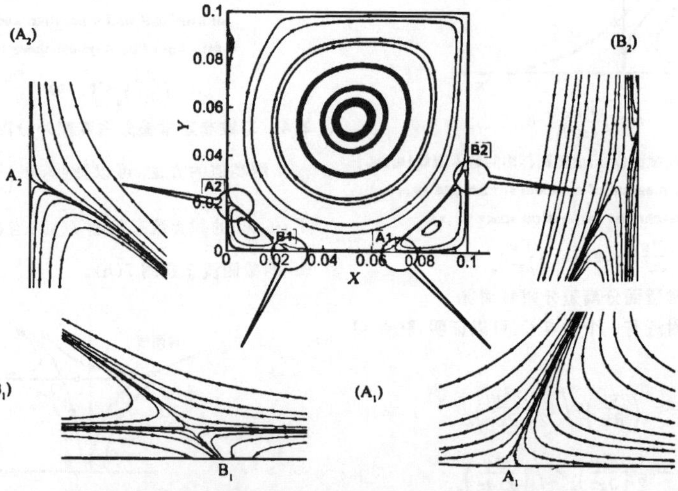

图 8　二维非定常流分离点、再附点附近的流线形态 $t=0.25$

Fig. 8　Flow pattern in the near region of separation and attachment point for two dimensional unsteady flow at $t=0.25$

$$\left(\frac{\partial u}{\partial z}\right)_0=0,\left(\frac{\partial^2 u}{\partial x\partial z}\right)_0=-0.00211254<0,$$

$$\left(\frac{\partial w_r}{\partial z}\right)_0=-\left[\frac{1}{\rho}\frac{\partial \rho}{\partial t}\right]_0=-0.00125<0$$

图 9 是 $t=0.75$ 时刻的结果，给出了如下形态：(C_1、C_2)壁面分离；(D_1、D_2)壁面分离/壁外再附。

C_1：壁面分离：

$$\left(\frac{\partial u}{\partial z}\right)_0=0,\left(\frac{\partial^2 u}{\partial x\partial z}\right)_0=-2.28054\text{E-}06<0,$$

$$\left(\frac{\partial w_r}{\partial z}\right)_0=-\left[\frac{1}{\rho}\frac{\partial \rho}{\partial t}\right]_0=0.0000594>0$$

D_1：壁面分离壁外再附：

$$\left(\frac{\partial u}{\partial z}\right)_0=0,\left(\frac{\partial^2 u}{\partial x\partial z}\right)_0=4.68\text{E-}05>0,$$

$$\left(\frac{\partial w_r}{\partial z}\right)_0=-\left[\frac{1}{\rho}\frac{\partial \rho}{\partial t}\right]_0=0.000042>0$$

C_2：壁面分离：

$$\left(\frac{\partial u}{\partial z}\right)_0=0,\left(\frac{\partial^2 u}{\partial x\partial z}\right)_0=-2.89\text{E-}06<0,$$

$$\left(\frac{\partial w_r}{\partial z}\right)_0=-\left[\frac{1}{\rho}\frac{\partial \rho}{\partial t}\right]_0=5.94\text{E-}05>0$$

D_2：壁面分离壁外再附：

$$\left(\frac{\partial u}{\partial z}\right)_0=0,\left(\frac{\partial^2 u}{\partial x\partial z}\right)_0=5.547\text{E-}05>0,$$

$$\left(\frac{\partial w_r}{\partial z}\right)_0=-\left[\frac{1}{\rho}\frac{\partial \rho}{\partial t}\right]_0=3.82\text{E-}05>0$$

计算给出的分离判则、截面流线的形态、过分离点的流线与外驻点各在 z 轴两方的规律等，均和理论结果完全一致。

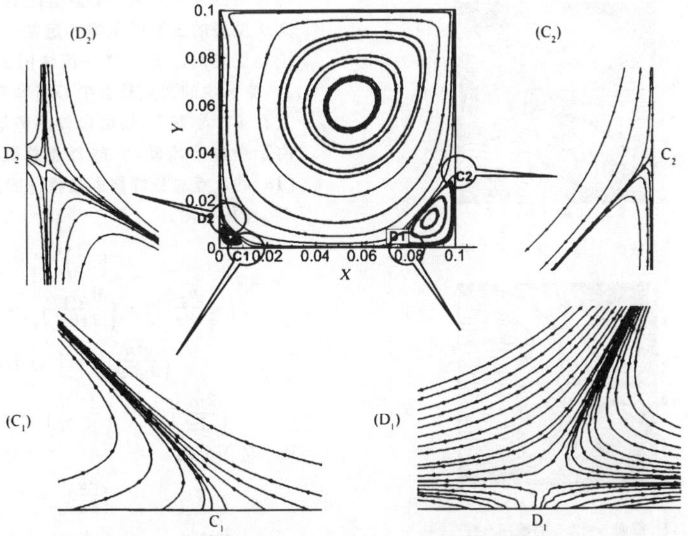

图 9　二维非定常流分离再附点附近流动形态 $t=0.75$

Fig. 9　Flow pattern in the near region of separation and attachment point for two dimensional unsteady flow at $t=0.75$

3.2　三维方腔非定常流动

对于三维方腔非定常流如图 10，计算的目的是：分离时是否满足文中提出的分离判则；并且三维流动除了分离和再附流态外是否也存在壁面分离，壁外再附和壁面再附，壁外分离这两种流态。满足分离判则式中前三式的分离线的性状，是否和理论一致。计算给出了 $t=0.25$ 和 $t=0.75$ 两个时刻的结果。结果中包含了部分壁面的极限流线，不同截面的流线图，还有分离再附判则中每一项的具体数值。

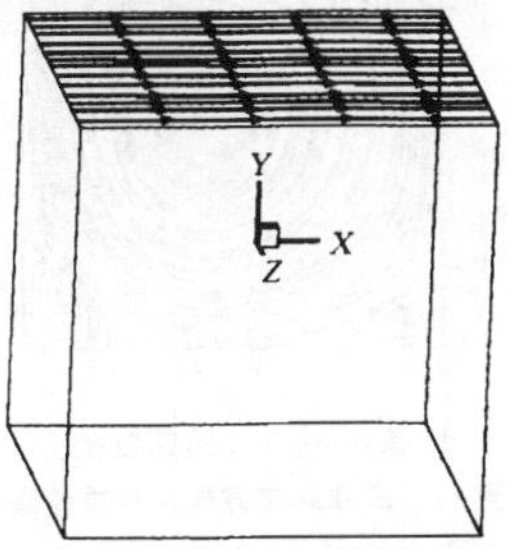

图 10　1：1：1 的三维方腔流计算示意图

Fig. 10　Schematic diagram of three dimensional cavity of 1：1：1

由于非定常流的初场为三维定常方腔流收敛后的结果，因此，图 11 首先给出了三维定常方腔流的计算结果。从图中可以看出，定常流的结果是对称的，拓扑结构图也是稳定的。

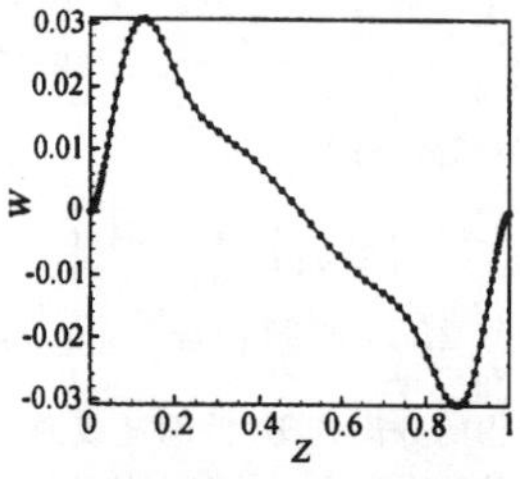

(a) 直线 $x=y=0.5$ 上速度分布

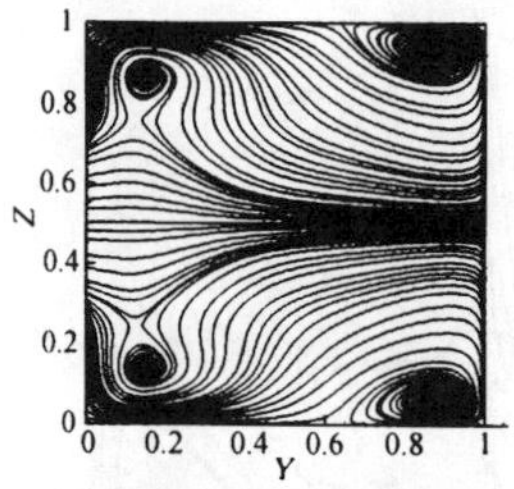

(b) 截面 $x=0.5$ 的截面流线

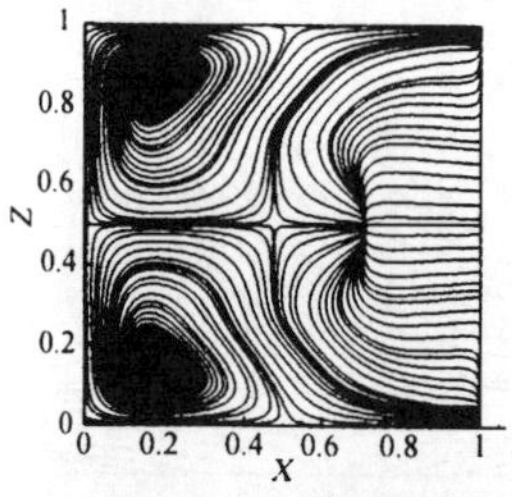

(c) 截面 $y=0.5$ 的截面流线

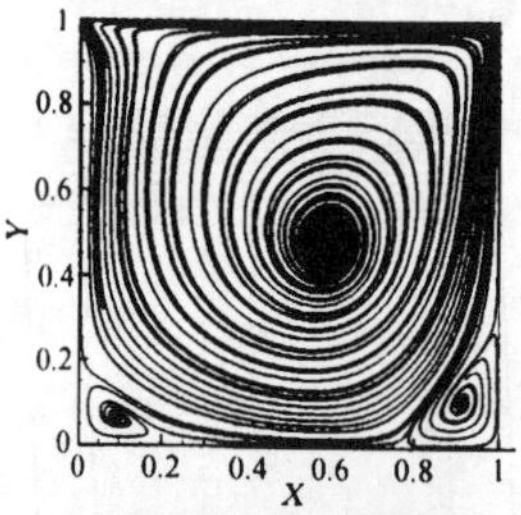

(d) 截面 $z=0.5$ 的截面流线

图 11　三维定常方腔流计算结果

Fig. 11　Numerical result for three dimensional steady cavity flow

图 12 给出了 $t=0.25$ 时刻部分壁面的极限流线，还给出了壁外分离点或再附点的连线发展的空间形态。可以看出，分离线和再附线都各是一条极限流线，并且分离线是极限流线的收拢渐近线，而对于再附线，其周围的极限流线以它为渐近线而向外发散。这些和文献[18]的理论是一致的。

图 13 给出了一些截面的流线图。这些截面是 $t=0.25$ 时刻 $y=0.5$ 和 $z=0.1$ 以及 $t=0.75$ 时刻 $z=0.1$ 的截面流线。非定常计算的结果也是对称的。截面 $y=0.5(t=0.25)$ 和 $z=0.1\ (t=0.25)$ 截面流线呈现了壁面分离/壁外再附的图像，$z=0.1(t=0.75)$ 的截面流线显示了壁面再附/壁外分离的流态。

图 14 给出了截面 $z=0.5$ 流线图中分离点和再附点的分离再附判则的数值证明。计算结果表明，本文所发展的三维可压缩非定常壁面分离的判则和理论是正确的。分析这一流线图的拓扑结构，可以看出，流场内的奇点只有中心点和鞍点两种形态，边界上有 4 个半鞍点，物面以外的流场内有 3 个中心点，由于是内部流动，它的奇点总数为 1。这些与文献[18]的奇点总数规律都是相符的。

A_1：壁面再附：

$$\left(\frac{\partial u}{\partial z}\right)_0=0$$

$$\left(\frac{\partial^2 \rho h_2 u}{\partial x\partial z}\right)_0+\left(\frac{\partial^2 \rho h_1 v}{\partial x\partial z}\right)_0=23.5911>0$$

$$\left(\frac{\partial^2 u}{\partial x\partial z}\right)_0=18.6615>0$$

$$\left(\frac{\partial w_\gamma}{\partial z}\right)_0=-\left(\frac{1}{\rho}\frac{\partial \rho}{\partial t}\right)_0=-0.034<0$$

B_1：壁面分离：

$$\left(\frac{\partial u}{\partial z}\right)_0=0$$

$$\left(\frac{\partial^2 \rho h_2 u}{\partial x\partial z}\right)_0+\left(\frac{\partial^2 \rho h_1 v}{\partial x\partial z}\right)_0=-9.52946<0$$

$$\left(\frac{\partial^2 u}{\partial x\partial z}\right)_0=-9.23935<0$$

$$\left(\frac{\partial w_\gamma}{\partial z}\right)_0=-\left(\frac{1}{\rho}\frac{\partial \rho}{\partial t}\right)_0=0.0186>0$$

A_2：壁面再附：

$$\left(\frac{\partial u}{\partial z}\right)_0=0$$

$$\left(\frac{\partial^2 \rho h_2 u}{\partial x\partial z}\right)_0+\left(\frac{\partial^2 \rho h_1 v}{\partial x\partial z}\right)_0=39.419>0$$

$$\left(\frac{\partial^2 u}{\partial x\partial z}\right)_0=35.1847>0$$

$$\left(\frac{\partial w_\gamma}{\partial z}\right)_0=-\left(\frac{1}{\rho}\frac{\partial \rho}{\partial t}\right)_0=-0.0402<0$$

B_2：**壁面分离**：

$$\left(\frac{\partial u}{\partial z}\right)_0 = 0 \qquad \left(\frac{\partial^2 u}{\partial x \partial z}\right)_0 = -8.61741 < 0$$

$$\left(\frac{\partial^2 \rho h_2 u}{\partial x \partial z}\right)_0 + \left(\frac{\partial^2 \rho h_1 v}{\partial x \partial z}\right)_0 = -8.34891 < 0 \qquad \left(\frac{\partial w_\gamma}{\partial z}\right)_0 = -\left(\frac{1}{\rho}\frac{\partial \rho}{\partial t}\right)_0 = 0.0248 > 0$$

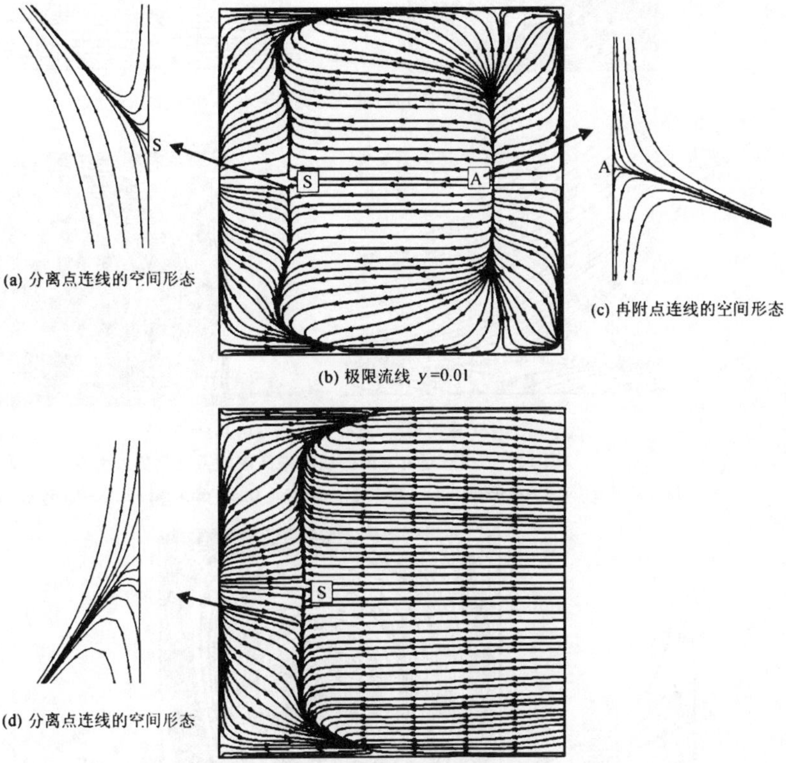

(a) 分离点连线的空间形态

(b) 极限流线 $y=0.01$

(c) 再附点连线的空间形态

(d) 分离点连线的空间形态

(e) 极限流线 $x=0.99$

图 12　三维非定常方腔流极限流线及分离再附点连线的空间形态($t=0.25$)

Fig. 12　The limiting streamlines and the flow pattern near separation and reattachment points for three dimensional unsteady cavity flow at $t=0.25$

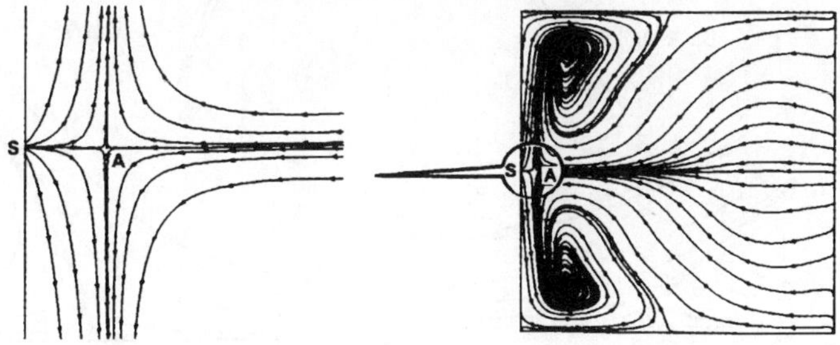

(a) 壁面分离　壁外再附($y=0.5$, $t=0.25$)

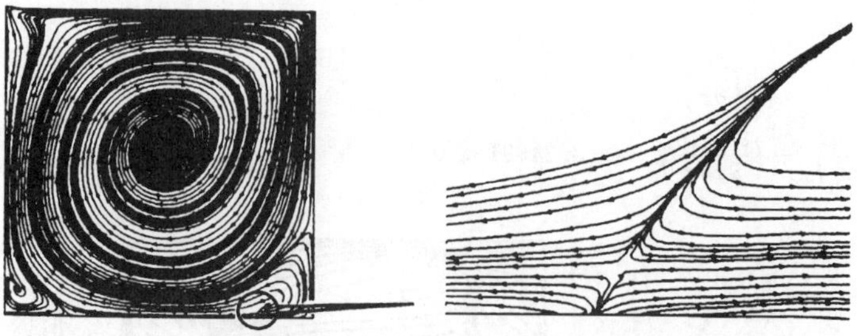

(b) 壁面分离/壁外再附($z=0.1,t=0.25$)

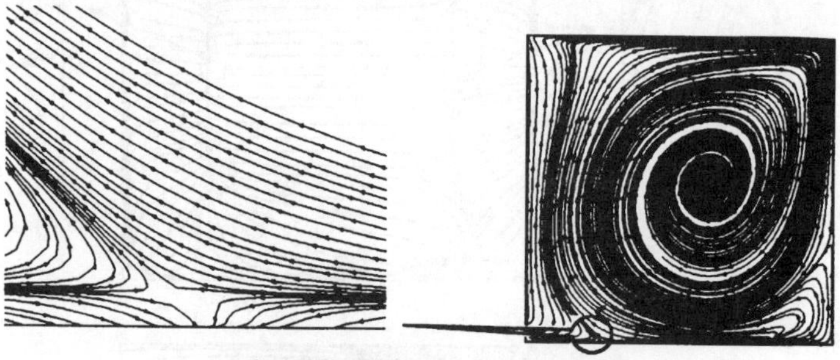

(c) 壁面再附/壁外分离($z=0.1,t=0.75$)

图 13 三维非定常方腔流动的截面流线及其局部放大图

Fig. 13 Sectional streamlines and their zoomed for three dimensional unsteady cavity flo

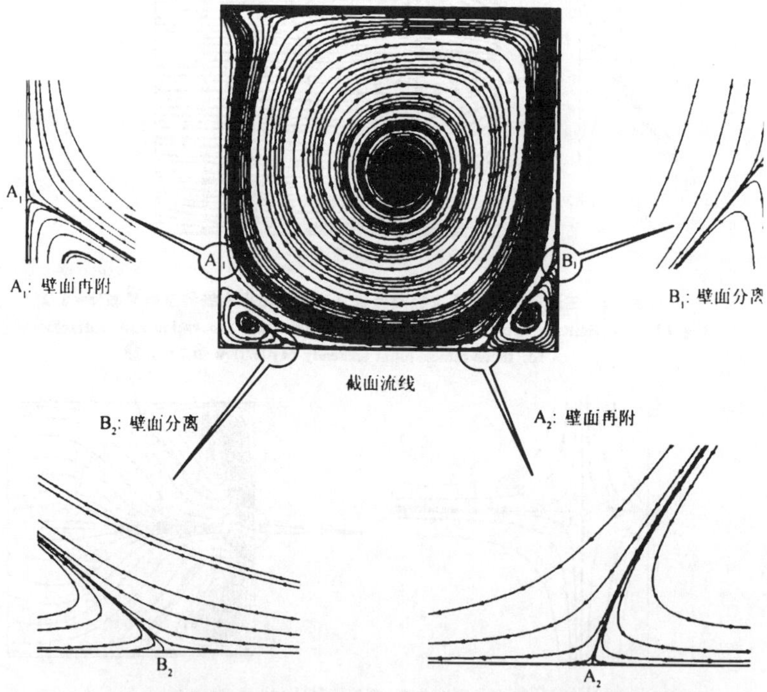

图 14 截面流线($z=0.5,t=0.25$)及其分离点和再附点附近局部结构

Fig. 14 Sectional streamlines and the flow structure near the separation and reattachmen points on the cross section of $z=0.5$ at $t=0.25$

4 结 论

通过以上研究，有以下结论：

(1) 本文发展了二维和三维可压缩非定常壁面分离的判则和理论。(2) 对于二维情况，存在壁面分离、壁面再附、壁面分离-壁外再附和壁面再附-壁外分离这四种流态。(3) 三维情况，分离线是极限流线，并且周围的极限流线向它收拢。(4) 不仅二维情况存在壁面分离-壁外再附和壁面再附-壁外分离这两种流态，三维情况也存在。(5) 数值计算的结果证明本文发展的二维和三维可压缩非定常壁面分离的判则和理论是正确的。

参 考 文 献：

[1] HESIEH T, WANG K C. Three dimensional separational separated flow structure over a cylinder with a hemispherical cap[J]. *Journal of Fluid Mech*, 1996, 324: 83-108.

[2] MOORE F K. Boundary layer research[M]. edites by H. G. Gortter. Springer Vertag, Berting. 1958: 296-310.

[3] PRANDTL. Über Flüssigkeitsbewegung bei sehr kleineir Reibung[M]. In Verh. III, Int. Math. Kongr., Heidelberg, 1904: 484-491.

[4] ROTT N. Unsteady viscous flows in the vicinity of a separation point[J]. *Quarterly Applied Mathematics*, 1956, 13: 444-451.

[5] SEARS W R, TELLIONIS D P. Boundary-Layre separation in unsteady flow[J]. *SIAM J. Appl. Math*, 1975, 28: 215-235.

[6] SURANA A, GRUNBERG O, HALLER G. Exact theory of three dimensional flow separation. Part 1. Steady separation[J]. *Journal of Fluid Mech*, 2006, 564: 57-103.

[7] SURANA A, GUSTAAF B J. GRUNBERG OLIVER, et al. An exact theory of three-dimensional fixed separation in unsteady flows[J]. *Physics of Fluids*, 2008, 20, 107101.

[8] TOBAK M, PEAKE D J. Topology of three dimensional separated flows[J]. *Annu Rev. Fluid Mech*, 1982, 14: 61-85.

[9] WANG K C. Boundary layer separation in three dimensio[A]. Porc. Lockheed-Georgie Company Viscous flow symposium[C]. 1976: 341-414.

[10] WANG K C. Three dimensional separated flow structure over protate spheroids[A]. Proc. R. Soc. Lond. A[C]. 1990, 429: 73-90.

[11] WU J Z. Voticity and vortex dynamics[M]. Springer press. 2006.

[12] WU J Z. A vorticity dynamics theory of three dimensional flow separation[J]. *Phy. of Fluids*, 2000, 12: 1932.

[13] 张涵信. 二维粘性不可压缩流动的通用分离判据[J]. 力学学报, 1983, 6: 559-570.

[14] 张涵信. 三维定常粘性流动的分离条件及分离线附近流动的性状[J]. 空气动力学学报, 1985, 1: 1-12.

[15] 张涵信. 分离流的某些进展[J]. 航空学报, 1985, 6(4): 301-312.

[16] ZHANG Han-xin. Numerical simulation of three dimensional separated flow field and application of topological theory[J]. *Advances in science of China, Mechanics*, 1991, 1.

[17] 张涵信. 分离流与涡运动的结构分析[M]. 国防工业出版社, 2005.

[18] 张涵信. (2007)三维非定常的壁面分离判则及分离线的性状[R]. 国防科学技术报告, GF20070, NL-CFD20079733, 2007.

[19] ZHANG Han-xin, ZHUANG Feng-gan. NND schemes and their applications to numerical simulation of two and three dimensional flows[J]. *Advances in Applied Mechanics*, 1992, 29: 193-255.

Separation on fixed surface for three dimensional compressible unsteady flows

ZHANG Han-xin[1,2], ZHANG Shu-hai[1,3], TIAN Hao[1,2], ZHANG Lai-ping[1,3], LI Qin[1]

(1. *China Aerodynamics Research and Development Center, Mianyang Sichuan* 621000, *China*;
2. *National Laboratory of Computational Fluid Dynamics, Beijing* 100191, *China*;
3. *State Key Laboratory of Aerodynamics, Mianyang Sichuan* 621000, *China*)

Abstract: Through introducing a transformation for the density related velocity component $w_r = -\frac{1}{\rho h_1 h_2}\int_0^z h_1 h_2 \frac{\partial \rho}{\partial t} dz$ on the direction normal to wall, the continuous equation of three dimensional unsteady compressible flow in physical space $(u_a, v_a, w_a = u, v, w + w_r)$ with no-slip wall condition can be transformed to an equation for the steady flow in the transformed velocity space (u, v, w) with no-slip wall. Then, using the same analysing method and corresponding result of the steady flow separation, the criteria for the compressible unsteady flow can be obtained after considering the contribution of w_r. It is found that there is a case that flow separates on wall and reattaches off wall in both two dimensional and three dimensional flow. The analysing results have been proved by numerical simulation.

Key words: compressible unsteady flow; wall separation; separation surface; criteria of flow separation.

旋涡沿轴线的非线性分叉*

张涵信

中国空气动力研究与发展中心，四川绵阳(邮政编码 621000)

摘要　本文研究了低速旋涡沿其轴向的演变,发现涡轴上$\lambda=(1/\rho_0)(\partial\rho w/\partial z)_0$是决定其演变规律的重要参数。如果$\lambda>0$,涡轴附近横截面的流线是由外向内转的稳定螺旋点形态；如果$\lambda<0$,是由内向外转的不稳定螺旋点形态。如果沿涡轴，λ变号，则由变号点起出现Hopf分叉，产生极限环。λ由正变为负，极限环是稳定的；λ由负变为正,极限环是不稳定的。一个稳定的旋涡要演变为破裂,一定要伴随先出现Hopf分叉。旋涡破裂可能存在三种形态：第一种为泡状破裂，其破裂点为驻点，破裂泡的后缘一般是不封闭的；第二种为螺旋型破裂。Euler方程所描述的解指出，在反压区不可能出现速度为零的破裂点；第三种为泡形-螺旋型组合破裂形态，其破裂点为驻点，前面为小破裂泡,然后演变为螺旋流。文中还对上述理论发现与已有的实验和数值模拟结果作了对比分析。

关键词　旋涡运动，Hopf分叉，旋涡破裂，定性分析理论。

引　言

研究旋涡沿其轴向发展、演变以至破裂的规律，具有重要理论意义和应用价值。目前已有很多实验和数值模拟工作[1~8]开展了这方面的研究，提出了不少解释旋涡破裂的见解。但是，这些研究，还不足以完全阐明旋涡演变和破裂的机理。本文作者近两年来开展了分析研究，发现旋涡沿其轴向发展，其截面流态存在非线性分叉现象，并进一步给出了分叉条件。这种非线性分叉，与旋涡破裂密切相关，以此为基础，可揭示旋涡破裂的机理，给出旋涡破裂的条件和可能出现的破裂形态。本文就是这些研究工作的总结。

一、分析方法和主要结论

为讨论简单，假设涡轴为直线，旋涡绕其轴旋转并沿轴向前运动。假设流动是定常的，x, y, z为直角坐标系，其中z沿着涡轴，x, y轴位于涡轴横截面上，再假设u, v, w是x, y, z的速度分量，流体不可压缩，于是描述旋涡运动的NS方程组是

* 空气动力学学报，1994，12（3）：243-251.

$$\begin{cases}\frac{\partial u}{\partial x}+\frac{\partial v}{\partial y}+\frac{\partial w}{\partial z}=0\\ u\frac{\partial u}{\partial x}+v\frac{\partial u}{\partial y}+w\frac{\partial u}{\partial z}+\frac{1}{\rho}\frac{\partial p}{\partial x}=\nu\left(\frac{\partial^2 u}{\partial x^2}+\frac{\partial^2 u}{\partial y^2}+\frac{\partial^2 u}{\partial z^2}\right)\\ u\frac{\partial v}{\partial x}+v\frac{\partial v}{\partial y}+w\frac{\partial v}{\partial z}+\frac{1}{\rho}\frac{\partial p}{\partial y}=\nu\left(\frac{\partial^2 v}{\partial x^2}+\frac{\partial^2 v}{\partial y^2}+\frac{\partial^2 v}{\partial z^2}\right)\\ u\frac{\partial w}{\partial x}+v\frac{\partial w}{\partial y}+w\frac{\partial w}{\partial z}+\frac{1}{\rho}\frac{\partial p}{\partial z}=\nu\left(\frac{\partial^2 w}{\partial x^2}+\frac{\partial^2 w}{\partial y^2}+\frac{\partial^2 w}{\partial z^2}\right)\end{cases} \tag{1}$$

边界条件是：

在涡轴上： $u=v=0$ （2）

在横向距涡轴的远方：速度场已给，例如是具有给定环量、向内旋转的速度场。

在旋涡起始截面，假设速度和压力场已知，例如是一以轴线为中心具有稳定螺旋形态的速度场。在出口截面，假设压力已知。

文献中很多人利用数值方法求解以上NS方程，然后根据所求得的解研究垂直于旋涡轴线各截面上的以及过涡轴的各纵向截面上的流态，从而研究旋涡的发展。在实验方面，通过测量各截面上的流速分布来研究旋涡沿轴线的演变。本文采用拓扑分析方法来研究截面流态及其发展规律。

在垂直于涡轴的横截面上，流线的方程是

$$\frac{dy}{dx}=\frac{v(x,y,z)}{u(x,y,z)} \tag{3}$$

这里 z 是暂时固定的坐标。而过 z 轴纵向截面流线的方程是

$$\frac{dz}{dx}=\frac{w(x,y,z)}{u(x,y,z)} \tag{4}$$

这里 y 是暂时固定的坐标。利用方程(3)、(4)、(1)、(2)，和拓扑分析方法[9]，可得如下结论：

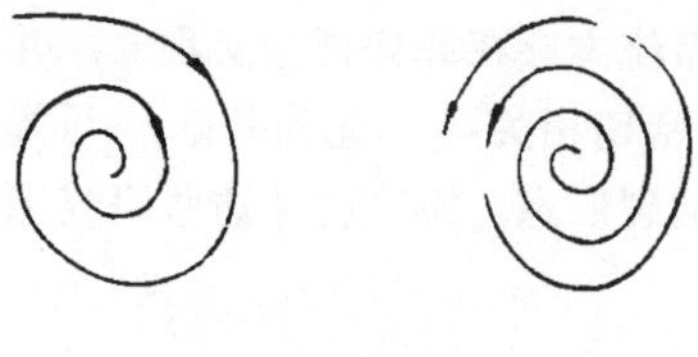

（a） $\lambda>0$ （b） $\lambda<0$

图 1 涡轴附近的横截面流态

Fig.1 Transversal sectional flow pattern in the neighbourhood of vortex axis

结论1 沿涡轴 z，$\lambda=\partial w/\partial z$ 是决定其横截面流态的重要参数，如果 $\lambda>0$，在涡轴附近，截面流线为稳定的螺旋点形态（图1(a)），即流线由外部指向旋涡中心；如果 $\lambda<0$，则为不稳定的螺旋点形态（图1(b)），即截面流线由旋涡中心指向外部。

现在来证明这一结论。设“0”点是涡轴与横截面的交点，由边界条件(2)，“0”点附近，u、v 可表示为

$$u=\left(\frac{\partial u}{\partial x}\right)_0 x+\left(\frac{\partial u}{\partial y}\right)_0 y+\cdots$$

$$v=\left(\frac{\partial v}{\partial x}\right)_0 x+\left(\frac{\partial v}{\partial y}\right)_0 y+\cdots$$

这里下标“0”表示在“0”点取值。将此两式代入(3)，并略去二次以上的小量项，于是在0

点附近，截面流线的方程为

$$\frac{\mathrm{d}y}{\mathrm{d}x}=\frac{\left(\frac{\partial v}{\partial x}\right)_0 x+\left(\frac{\partial v}{\partial y}\right)_0 y}{\left(\frac{\partial u}{\partial x}\right)_0 x+\left(\frac{\partial u}{\partial y}\right)_0 y} \tag{5}$$

根据常微分方程的定性分析理论[9]，设

$$J=\left(\frac{\partial u}{\partial x}\right)_0\left(\frac{\partial v}{\partial y}\right)_0-\left(\frac{\partial u}{\partial y}\right)_0\left(\frac{\partial v}{\partial x}\right)_0$$

$$\Delta=\left[\left(\frac{\partial u}{\partial x}\right)_0+\left(\frac{\partial v}{\partial y}\right)_0\right]$$

当 $4J-\Delta^2\leqslant 0$ 时，方程(5)代表的“0”点附近的流态为鞍点、结点或退化结点；而当 $4J-\Delta^2>0$ 时，所代表的流态为螺旋点或中心点形态。显然鞍点、结点或退化结点的形态均不是旋涡，因此对于这里讨论的旋涡运动，必有

$$4J-\Delta^2>0$$

这是所论问题的前提。此外，“0”点附近，流线的走向由 Δ 决定[9]。而由连续性方程，易知 $\Delta=-\lambda$，因此，若 $\lambda>0$，则 $\Delta<0$，微分方程的定性理论指出，截面流线在“0”点附近为稳定螺旋点形态，即流线由外部指向涡心。若 $\lambda<0$，则 $\Delta>0$，截面流线在“0”点附近为不稳定螺旋点形态，即流线由涡心指向外部。这就证明了结论1。

下面进一步讨论 J 和 Δ 的含义。由 NS 方程(1)和涡轴条件(2)易知

$$\Delta=-\lambda=-\left(\frac{\partial w}{\partial z}\right)_0=\left(\frac{\partial u}{\partial x}\right)_0+\left(\frac{\partial u}{\partial y}\right)_0 \tag{6}$$

$$w_0\left(\frac{\partial w}{\partial z}\right)_0=-\frac{1}{\rho}\left(\frac{\partial p}{\partial z}\right)_0+\nu\left[\left(\frac{\partial^2 w}{\partial x^2}\right)_0+\left(\frac{\partial^2 w}{\partial y^2}\right)_0+\left(\frac{\partial^2 w}{\partial z^2}\right)_0\right] \tag{7}$$

将(6)代入(7)可得

$$\lambda=-\Delta=\frac{1}{w_0}\left\{-\frac{1}{\rho}\left(\frac{\partial p}{\partial z}\right)_0+\nu\left[\left(\frac{\partial^2 w}{\partial x^2}\right)_0+\left(\frac{\partial^2 w}{\partial y^2}\right)_0+\left(\frac{\partial^2 w}{\partial z^2}\right)_0\right]\right\} \tag{8}$$

该式表明，$\lambda(=-\Delta)$ 的性质，由轴向压力梯度、粘性耗散和轴向速度 w_0 决定。当雷诺数趋于无穷大时（$\nu\to 0$），λ 由压力梯度 $(\partial p/\partial z)_0$ 和 w_0 决定。当 $w_0>0$ 时，顺压梯度 $(\partial p/\partial z)_0<0$ 给出 $\lambda>0$；而反压梯度 $(\partial p/\partial z)_0>0$ 给出 $\lambda<0$。

将 NS 方程组(1)的第二、三、四式分别对 x，y，z 求导，然后三式相加得

$$J=\lambda^2+\frac{1}{2\rho}\left[\left(\frac{\partial^2 p}{\partial x^2}\right)_0+\left(\frac{\partial^2 p}{\partial y^2}\right)_0+\left(\frac{\partial^2 p}{\partial z^2}\right)_0\right] \tag{9}$$

由此可见，J 的性质亦由压力梯度、粘性耗散和轴向速度决定。由(8)、(9)两式进一步得到

$$\begin{aligned}4J-\Delta^2=&\frac{3}{w_0^2}\left\{\frac{1}{\rho}\left(\frac{\partial p}{\partial z}\right)_0-\nu\left[\left(\frac{\partial^2 w}{\partial x^2}\right)_0+\left(\frac{\partial^2 w}{\partial y^2}\right)_0+\left(\frac{\partial^2 w}{\partial^2 z}\right)_0\right]\right\}^2\\&+\frac{2}{\rho}\left[\left(\frac{\partial^2 p}{\partial x^2}\right)_0+\left(\frac{\partial^2 p}{\partial y^2}\right)_0+\left(\frac{\partial^2 p}{\partial z^2}\right)_0\right]\end{aligned} \tag{10}$$

该式表明当

$$\lambda^2 > -\frac{2}{3}\frac{1}{\rho}\left[\left(\frac{\partial^2 p}{\partial x^2}\right)_0 + \left(\frac{\partial^2 p}{\partial y^2}\right)_0 + \left(\frac{\partial^2 p}{\partial z^2}\right)_0\right] \tag{11}$$

时，z轴附近为螺旋或中心点形态，这正是我们要讨论的情况。

结论2　若一发展中的旋涡，沿其轴线λ变号，例如λ由正变为负或由负变为正，则从变号点起，其涡心附近的截面流线图上开始出现极限环，即出现Hopf分叉(图2)。λ由正到负的变号点，极限环是稳定的(图2(a))；λ由负到正的变号点，极限环是不稳定的(图2(b))。

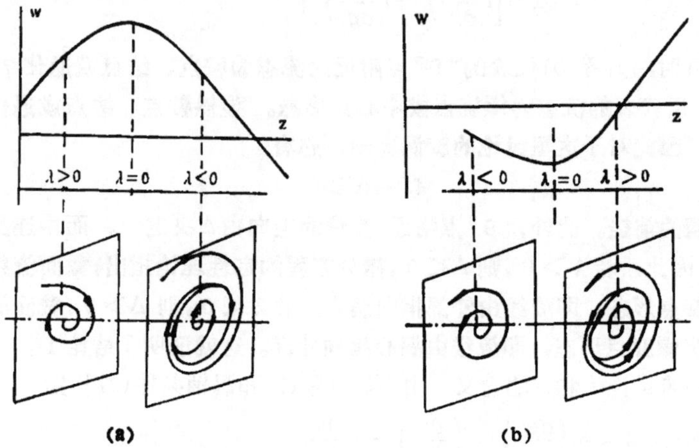

图2　从$\lambda>0$到$\lambda<0$以及从$\lambda<0$到$\lambda>0$的Hopf分叉

Fig.2　Hopf bifurcation from $\lambda>0$ to $\lambda<0$ and $\lambda<0$ to $\lambda>0$

现在来证明这个结论。事实上，利用连续方程，在涡心附近，横截面流线方程表示为

$$\frac{\mathrm{d}y}{\mathrm{d}x} = \frac{\left(\frac{\partial v}{\partial x}\right)_0 x - \left(\frac{\partial u}{\partial x}\right)_0 y - \lambda\cdot y + N(x,y,\lambda)}{\left(\frac{\partial u}{\partial x}\right)_0 x + \left(\frac{\partial u}{\partial y}\right)_0 y + M(x,y,\lambda)} = \frac{Q(x,y,\lambda)}{P(x,y,\lambda)} \tag{12}$$

式中，$M(x,y,\lambda)$，$N(x,y,\lambda)$为高阶小量项，$P(x,y,\lambda)$，$Q(x,y,\lambda)$为x，y，λ的解析函数，根据常微分方程定性理论中的有关定理[9]，可知当λ由正到负变号或由负到正变号时，在涡心附近，截面流线将出现极限环，并且λ由正到负变号，极限环是稳定的，由负到正变号，极限环是不稳定的。根据这个分析，λ有几次变号，极限环就出现几次，且稳定的和不稳定的极限环是交替出现的。作为例子，图3给出了ρw沿z轴变化的一种情况，图中有两个变号点，对应有两个极限环。图中标出了极限环的性质和涡心附近截面流线的性状。

应该指出，这个结论是建筑在$4J-\Delta^2>0$的基础上，也就是说，螺旋点或中心点的形态在涡轴附近总保持。在涡破裂后，特别在较远的区域，这个前提并不能一直保持，当出现 $4J-\Delta^2<0$ 时，旋涡肯定已经不存在了，但是并不能因而得到结论：涡破裂的起始条件就是 $4J-\Delta^2=0$，因为在 $4J-\Delta^2>0$ 时，旋涡也可能开始破裂。

结论3　沿 z 轴正向运动的旋涡，只有在 $\lambda<0$ 和 $w_0\geq 0$ 的区域才可能出现破裂。

这是容易证明的。因为当旋涡处于稳定状态时（$\lambda>0$），涡心附近的流体，除了有沿轴向运动的速度外，其横向速度是由外部指向涡心的。而涡破裂是流体偏离原来的涡轴而向外运动的，这只能发生在 $\lambda<0$ 的区域。因涡破裂点的前方，w_0 是大于零的，因此涡在 $\lambda<0$ 的区域出现破裂时，其破裂点要么 $w_0>0$，要么 $w_0=0$。

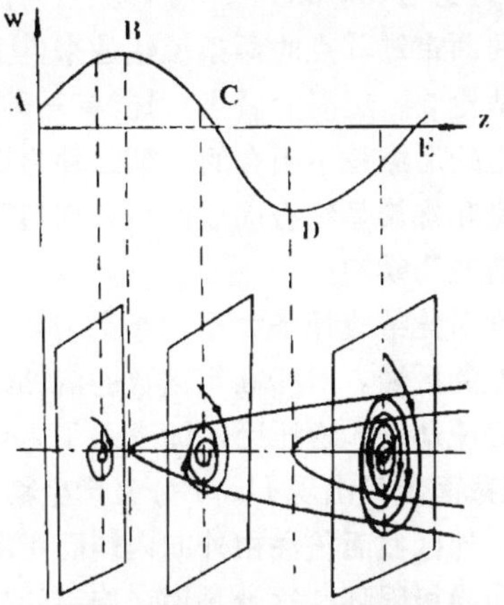

图 3　旋涡横截面上流线的发展

Fig.3　Evolution of transversal streamlines of vortex

结论4　在过涡轴的任一纵向平面上，若涡轴流线上的 w 由正降至 $w=0$，则该 $w=0$ 的驻点，其纵向截面流态是鞍型的，从鞍点发出的两条流线指向下游（图4(a)）。如果 w 沿轴线由负升至 $w=0$，则该驻点处纵向截面流态也是鞍型的，此时过鞍点的两条流线由上游指向鞍点（图4(b)）。

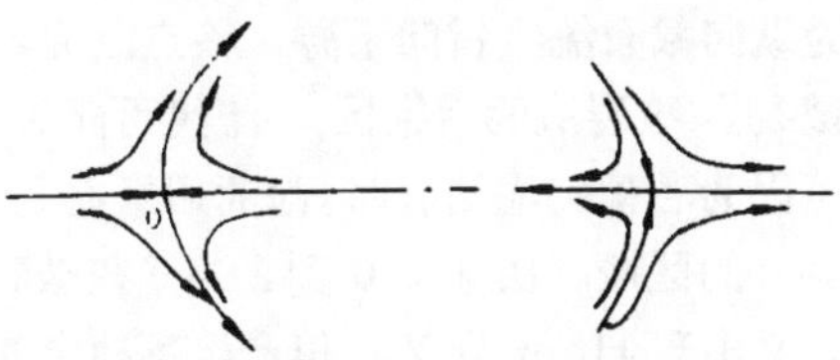

(a)$\lambda<0$的区域　　(b)$\lambda>0$的区域

图 4　驻点处的纵向截面流态

Fig.4　Longitudinal section streamlines near a stagnation point

现证明这个结论。不失一般性，我们在纵向 xoz 截面上研究问题。设驻点为 o，由于它位于涡轴上，于是以下条件成立

$$u_0=w_0=\left(\frac{\partial u}{\partial z}\right)_0=0$$

利用这些条件，驻点附近 u，w 可表述为

$$u=\left(\frac{\partial u}{\partial x}\right)_0 x+\cdots$$

$$w=\left(\frac{\partial w}{\partial x}\right)_0 x+\left(\frac{\partial w}{\partial z}\right)_0 z+\cdots$$

略去二阶以上的小量项后，纵向截面流线方程是

$$\frac{\partial z}{\partial x}=\frac{\left(\frac{\partial w}{\partial x}\right)_0 x+\left(\frac{\partial w}{\partial z}\right)_0 z}{\left(\frac{\partial u}{\partial x}\right)_0 x}$$

该式表明，驻点处的纵向截面流线形态，取决于 $J=(\partial u/\partial x)_0(\partial w/\partial z)_0$ 的符号。当 w 由正降至零时，此时的驻点位于 $\lambda<0$ 的区域，$(\partial w/\partial z)_0<0$，且由于横截面流线由涡心指

向外部，必有$(\partial u/\partial x)_0>0$，这样必有$J<0$，即驻点附近流线为鞍点形态。且由$(\partial u/\partial x)_0$和$(\partial w/\partial z)_0$的符号可断定从鞍点发出的两条流线是指向下游的。当驻点是由w的负值升至零时，此时驻点位于$\lambda>0$的区域，$(\partial w/\partial z)_0>0$，且由于横截面流线由外部指向涡心，必有$(\partial u/\partial x)_0<0$，即驻点附近流线也为鞍点形态，且由$(\partial u/\partial x)_0$和$(\partial w/\partial z)_0$的符号可断定过驻点的两条流线是来自上游的，这就证明了本结论。

结论5　旋涡的破裂，可能有三种形式：第一种为泡型破裂，其破裂的起点为驻点，破裂泡的后缘是不闭合的。第二种为螺旋型破裂，其后涡心流线演变为螺旋线。第三种为泡型和螺旋型组合而成的组合破裂形态，其破裂的起始点为驻点，接着为小破裂泡，然后转变为螺旋线。

现对此结论论证如下。事实上，一个发展中的旋涡，一般开始时是稳定的，即处于$\lambda>0$的区域。对于高雷诺数的流动，这相当于旋涡处于顺压区。随着流动的变化，沿其轴线流动进入逆压区，即进入了$\lambda<0$的区域。从$\lambda>0$到$\lambda<0$，由$\lambda=0$的位置起，横截面流线出现Hopf分叉产生稳定的极限环。该极限环的边界，将流动分成内、外两区，外区截面流线由外向内转而指向极限环；内区是不稳定的，截面流线由涡心向外转而指向极限环。这就是说，旋涡的失稳，首先发生在涡轴附近。这样，涡轴附近处于不稳区的流体，在向前运动且不断减速的过程中，就可能因失稳而破裂。根据结论4，当破裂点出现在$w=0$的位置时，其纵向截面流线为鞍点形态。且因$\lambda<0$，由鞍点发生的纵向截面流线指向下游，鞍点以后，轴向流动出现反流，这就是实验观察到的泡状涡破裂。破裂泡的后缘区，流线可能是不闭合的，如果能够闭合，它也是不稳定的。这是因为若破裂泡闭合时，泡的后缘必是第二个轴向速度$w=0$的驻点，且该驻点必位于$\lambda>0$的区域。由$\lambda<0$到$\lambda>0$在破裂泡的区域必然又存在一个$\lambda=0$的点，由此点起，又出现Hopf分叉，但产生不稳定的极限环。这样，第二个驻点必位于不稳定的极限环内。如果破裂泡较长，不稳定极限环内所含的破裂泡区也是大的。大范围不稳定的极限环是难以保持的，因此破裂泡闭合的前提就难以成立。如果破裂泡很小，在第二个驻点区，不稳定的极限环刚刚出现，尺度很小，此时破裂泡有可能保持，但其后的流动是不稳定的，流线将因失稳而变成不稳定形态。

下面讨论螺旋破裂点的情形

不少文献曾用Euler方程描述旋涡运动，结果发现，在反压区出现螺旋型涡破裂，这种情况其旋涡的破裂点不可能有$w=0$。现证明如下：事实上在Euler方程情况下，在涡轴(z轴)上，

$$w\frac{\partial w}{\partial z}=-\frac{1}{\rho}\frac{\partial p}{\partial z} \tag{13}$$

该式表明，若破裂的起始点$w=0$，必有$\partial p/\partial z=0$，即破裂点不可能发生在$\partial p/\partial z>0$的位置。(13)式还表明，若破裂发生在$\partial p/\partial z>0$的位置，因出现破裂时$\lambda<0$，故在破裂点必有$w>0$，这是正常点起始的螺旋型破裂。

结论6　对于NS方程所描述的旋涡运动，如果$(\partial^2 w/\partial x^2+\partial^2 w/\partial y^2+\partial^2 w/\partial z^2)>0$，泡型破裂可以出现在反压区。否则，反压区内不能出现泡状破裂。

这也是容易证明的。因为在NS方程情况下，在涡轴z上，

$$\left(w\frac{\partial w}{\partial z}\right)_0=-\frac{1}{\rho}\left(\frac{\partial p}{\partial z}\right)_0+\nu\left(\frac{\partial^2 w}{\partial x^2}+\frac{\partial^2 w}{\partial y^2}+\frac{\partial^2 w}{\partial z^2}\right)_0$$

这就可以看出，在泡型破裂点($w=0$)，必有

$$\left(\frac{\partial p}{\partial z}\right)_0=\mu\left(\frac{\partial^2 w}{\partial x^2}+\frac{\partial^2 w}{\partial y^2}+\frac{\partial^2 w}{\partial z^2}\right)_0$$

该式表明，仅当$(\partial^2 w/\partial x^2+\partial^2 w/\partial y^2+\partial^2 w/\partial z^2)_0>0$时，在泡型破裂的起始点，才有$(\partial p/\partial z)_0>0$。否则泡型破裂不能出现在反压区。

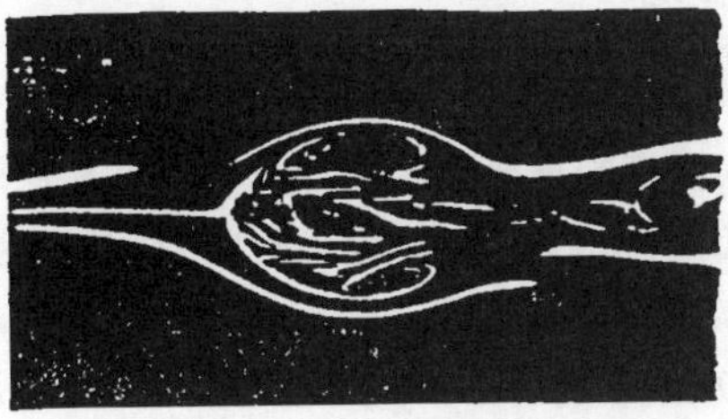

(a) 泡型破裂[10]

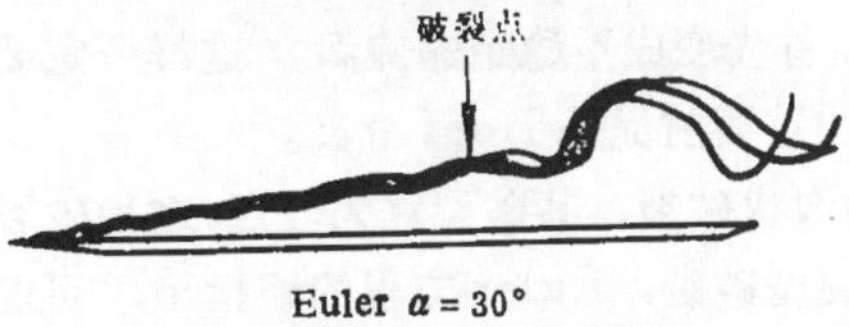

(b) 螺旋型破裂[7](Euler方程解)

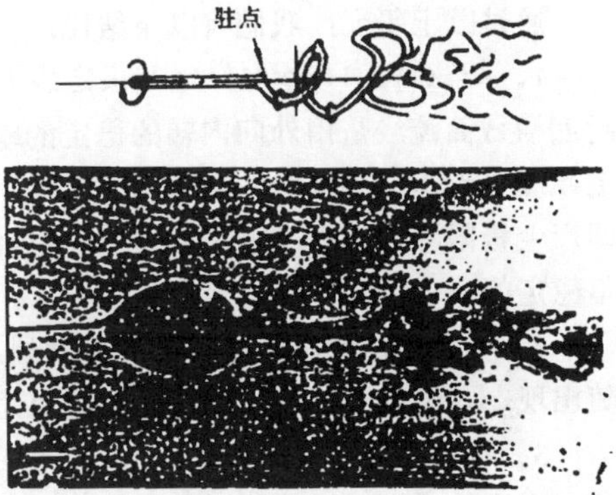

(c) 泡-螺旋型破裂[11]

图 5 三种可能的涡破裂形态

Fig.5 Three kinds of vortex breakdown

以上诸结论是对不可压缩流体而言的。我们进一步可以证明，对于可压缩流体，$\lambda=(1/\rho_0)(\partial\rho w/\partial z)_0$将是决定旋涡沿轴线演变的重要参数，从这一新的参数出发讨论定常可压缩旋涡，当$M_z=w/a<1$时(这里a为局部声速)，可以得到与上面完全类似的结论。如果流动是弱非定常的，当坐标系x，y，z固结在涡轴上时，上面的分析对瞬时流线也成立。为了简单，本文就不进一步引入这些讨论了。

二、实验和数值模拟结果的对比分析

已有很多文献利用实验和数值模拟方法研究旋涡沿轴线演变的规律。文献[1]在利用激光偏光方法研究旋涡横截面的速度分布时首次发现，在旋涡破裂之前，涡轴附近总存在一个孔洞区，这里远前方均匀播撒的粒子，达不到该孔洞区，因而测不出该区的速度。其他LDV的实验结果，也证实了孔洞现象的存在。但是，一直缺乏正确的物理解释。我们的理论结果，阐明了出现孔洞现象的根本原因。这是由于：旋涡破裂前，截面流线出现Hopf分叉，流线由涡心转向外部极限环。在这种情况下，跟随流体一起运动的粒子，自然要离开涡心而移至极限环附近。所以孔洞现象的发现实际上是Hopf分叉现象的一个证明。最近文献[4]报导，实验已观察到极限环的存在，显然这是对我们理论结果的有力支持。

在数值模拟方面，文献[4]指出，对三角翼有攻角绕流，在接近后缘涡破裂以前的

区域，存在稳定的极限环。文献[6,7]发现，涡破裂均发生在$\lambda<0$的区域。文献[7]的结果表明,当利用Euler方程求解时，仅能得到螺旋型破裂。文献[6,7]的结果指出，当从NS方程出发求解时，螺旋型和泡型破裂的情况都可得到，且泡型破裂点$w=0$。文献[8]的结果指出,泡型-螺旋型混合破裂型式是存在的。以上所有这些结果，均证实了我们的理论结果。

三、简单的结论

通过以上研究，我们有以下结论：

1. $\lambda=(1/\rho_0)(\partial\rho w/\partial z)_0$是决定旋涡沿其轴向演变的重要参数，如果$\lambda>0$，涡轴附近横截面流线是由外向内转的稳定的螺旋点形态；如果$\lambda<0$，是由外向内转的不稳定螺旋点形态。如果沿涡轴z,出现λ变号的情况,则由变号点起开始出现Hopf分叉,即产生极限环。如果λ由正变为负，极限环是稳定的；如果λ由负变为正，极限环是不稳定的。

2. 一个稳定的旋涡($\lambda>0$)要破裂，必须首先变成不稳定的旋涡。这样一定要伴随出现Hopf分叉。所以稳定旋涡演变为破裂的重要前提是Hopf分叉。

3. 存在三种可能的涡破裂型式。第一种为泡状破裂，其破裂点为驻点,这种破裂，其破裂泡的后缘一般是不闭合的。第二种为螺旋型破裂，Euler方程的解指出，可能会出现其破裂点为$w\neq 0$的正常点。第三种为泡状-螺旋型组合破裂形态，其破裂点为驻点，以后是小破裂泡，再后是螺旋流。

以上研究结论，得到了实验和数值模拟结果的证实。

参 考 文 献

1 Butefish K A, et al.. Three Component LDA Measurements on a 65 Degree Delta Wing. DFVLR IB 222-87 A34, 1987.

2 Higenstock A. Validation of Transonic Turbulent Flows past Delta Wing Configurations. *Aeronautical Journal*, 1991, 95(947): 219～230

3 Stabl W H et al.. Experimental Investigations of the Vortex Flow on Delta Wings at High Incidence. *AIAA J.*, 1992, 30(4): 1027～1032

4 Rockwell D. Three Dimensional Flow Structure on Delta Wings at High Angle of Attack, Experimental Concepts and Issues. AIAA Paper 93-550, 1993.

5 Visbal M. Structure of Vortex Breakdown on a Pitching Delta Wing. AIAA Paper 93-0434, 1993.

6 Fujii K, Schiff L B. Numerical Simulation of Vortex Flows over a Strakedetla Wing. AIAA Paper 87-1229, 1987.

7 Agrewal S et al.. Numcrical Investigation of Vortex Breakdown on a Detla Wing. *AIAA J.*, 1992, 30(3): 584～591

8 Break M et al.. Computers and Fluids. 1993, 22(2/3): 229～237

9 Jordan D W, Smith P. Nonlinear Ordinary Differential Equations. Clarendon Press,Oxford, 1977.

10 Escudier M. Vortex Breakdown: Observations and Explanations. Prog. Aerospace Sci., 1988, 25: 189～229

11 Lugt H J. Vortex Flow in Nature and Technology. A Wiley-Interscience Publication, 1983, 89～90

Bifurcation of Vortex Motion Along Its Axis

Zhang Hanxin
(China Aerodynamics Research and Development Center)

Abstract The vortex evolution along its axis is investigated by using topological theory. It is pointed out that $\lambda=(1/\rho_0)(\partial\rho w/\partial z)_0$ at the axis of vortex is an important parameter to determine the evolution mechanism of vortex. If $\lambda>0$ along the axis, the sectional streamlines near the axis in the transversal plane possess a stable spiral(inward) pattern. If $\lambda<0$ along the axis, the transversal streamlines are an unstable spiral (outward). As the sign of λ changes along the axis from positive to negative or from negative to positive, the flow pattern in the transversal plane will yield a Hopf bifurcation starting from the position where $\lambda=0$, meanwhile, the former is a stable limit cycle and the later an unstable one. The vortex bursting is accompanied with an unstable transversal spiral pattern and the decrease of axial velocity. If the vortex is stable initially, i.e. $\lambda>0$ in the initial region, the Hopf bifurcation certainly appears in advance of the bursting point. There are three kinds of vortex bursting which are the bubble type, bubble-spiral type, and spiral type. The bursting point for the bubble type and bubble-spiral type is a stagnation one, where the vortex flow possesses a saddle pattern in the longitudinal plane containing the axis. For the subsonic vortex moving forward along its axis with $M_z<1$ at high Reynolds number, the sign of λ is the same as the $(\partial w/\partial z)_0$ and the opposite with $(\partial p/\partial z)_0$. It means that in the adverse pressure region the unstable transversal spiral pattern is just accompanied with the decrease of axial velocity. As the vortex moves forward along the axis from the favorable pressure to the adverse pressure, the initially stable vortex will become bursting later through the Hopf bifurcation occuring in the adverse pressure region. If the subsonic vortex flow is described by Euler equations, the bubble type, bubble-spiral type of vortex bursting can not occur in the region of adverse pressure gradient. In this case, the spiral burst occuring in the region of adverse pressure gradient possesses a bursting point where $w>0$. In this meaning, the spiral bursting point may be no stagnation.

Key words topological analysis, transversal sectional streamlines, vortex bursting, Hopf bifurcation.

亚、超声速旋涡流动特征的定性分析研究*

张涵信
中国空气动力研究与发展中心，四川绵阳(邮政编码 621000)

摘要 本文研究了沿其轴向运动的亚声速和超声速旋涡的性状，指出两者完全不同。在加速区，于涡轴附近，亚声速旋涡的横截面流线即横截面上的速度场的向量线为由外向内转的稳定螺旋点形态，空间流线沿其轴向是收缩的，而超声速旋涡的横截面流线为由内向外转的不稳定螺旋点形态，空间流线沿其轴向是散开的。在减速区，两者的情况也恰好相反。此外，当旋涡由加速区过渡到减速区时，两者横截面流线方程在涡轴附近的Hopf分叉情况也不同，亚声速情况出现稳定的极限环，而超声速情况出现不稳定的极限环。文中还讨论了涡破裂问题，对于亚声速旋涡，其破裂位置发生在减速区。对于超声速旋涡，除非有激波出现，在减速区不会破裂；在加速区。也不会出现破裂点为驻点的破裂形态。文中指出，水洞实验显示不了超声速旋涡的形态，对亚声速旋涡有效的控制方法，不适用于超声速旋涡。

关键词 旋涡运动，亚、超声速旋涡，Hopf 分叉，旋涡破裂，拓扑分析。

引 言

在文献[1,2]内，我们曾研究了不可压缩旋涡沿轴向演变的规律，并指出，当轴向马赫数 $M_z<1$ 时，对于高雷诺数的情况，不可压缩旋涡的流动特征，与 $M_z<1$ 的情况定性相同，因此利用水洞实验，可观察 $M_z<1$ 的旋涡的性状。以后为了叙述方便，称 $M_z<1$的旋涡为亚声速旋涡，而$M_z>1$的旋涡，则称为超声速旋涡。在实际工程中，超声速飞行器周围的旋涡，常常是超声速的。我们自然要问，超声速旋涡的流动特征是否也和亚声速情况定性一致？它可否也可用水洞实验来定性观察其特性？它在沿轴向演变过程中，是否和亚声速情况一样在减速区出现破裂？所有这些涉及流动机理的问题，都是控制和利用旋涡时所关心的。本文目的是借助于定性分析理论来讨论上述问题。

一、定性分析研究

为了简单，假设涡轴为直线，并用 z 轴表示，x、y 轴在旋涡的横截面上，u、v、w 是

* 空气动力学学报，1995, 13 (3)：259-264. 本文于1994年10月5日收到，1995年2月5日收到修改稿。

直角坐标系x、y、z轴的速度分量。在旋涡的实验和数值模拟研究中，一般都测出或计算出旋涡各横截面上的速度场及速度场的向量线，研究其沿涡轴的变化规律。与此对应，本文从定性分析角度研究旋涡横截面流态沿轴向的演变规律。参见文献[2]，在涡轴附近，其横截面上的速度场$(u,\ v)$所构成的向量线称之为截面流线的方程可表达为

$$\frac{\mathrm{d}y}{\mathrm{d}x}=\frac{\left(\frac{\partial v}{\partial x}\right)_0 x-\left[\left(\frac{\partial u}{\partial x}\right)_0+\lambda\right]y+N(x,y,\lambda)}{\left(\frac{\partial u}{\partial x}\right)_0 x+\left(\frac{\partial u}{\partial y}\right)_0 y+M(x,y,\lambda)} \tag{1}$$

这里$N(x,\ y,\ \lambda)$和$M(x,\ y,\ \lambda)$是x，y，λ的解析函数$\lambda=[(1/\rho)(\partial\rho w/\partial z)]_0$。其中$\rho$是气体的密度，下标“0”表示在涡轴上取值。(1)是一个含参数λ的非线性方程，当λ取不同值时，它代表了不同截面上的流线方程。由于它表征了旋涡，它满足

$$4\left\{\left(\frac{\partial u}{\partial x}\right)_0\left[\left(\frac{\partial u}{\partial x}\right)_0+\lambda\right]+\left(\frac{\partial v}{\partial x}\right)_0\left(\frac{\partial u}{\partial y}\right)_0\right\}+\lambda^2<0$$

下面研究可压缩粘性气体的旋涡。由 NS 方程和涡轴上$u=v=0$的条件，经演算后可以得到

$$\left(\frac{L}{U_\infty}\right)\lambda=\bar{\lambda}=(1-M_z^2)\frac{\partial\bar{w}}{\partial\bar{z}}+G_0 \tag{2}$$

$$\left(\frac{\partial\bar{w}}{\partial\bar{z}}\right)_0=\left[\frac{1}{\bar{\rho}\,\bar{w}}\left(-\frac{\partial\bar{p}}{\partial\bar{z}}+F\right)\right]_0 \tag{3}$$

式中带“－”的量为无量钢量[3]，U_∞、L为特征速度和长度，且

$$G=\left\{\frac{\bar{w}}{\gamma\bar{p}}\left(\frac{\partial\bar{\tau}_{xz}}{\partial\bar{x}}+\frac{\partial\bar{\tau}_{yz}}{\partial\bar{y}}+\frac{\partial\bar{\tau}_{zz}}{\partial\bar{z}}\right)\right.$$

$$\left.+\frac{\gamma-1}{\gamma}\frac{1}{\bar{p}}\left[\phi+\frac{\partial}{\partial\bar{x}}\left(K\frac{\partial\bar{T}}{\partial\bar{x}}\right)+\frac{\partial}{\partial\bar{y}}\left(K\frac{\partial\bar{T}}{\partial\bar{y}}\right)+\frac{\partial}{\partial\bar{z}}\left(K\frac{\partial\bar{T}}{\partial\bar{z}}\right)\right]\right\}\frac{1}{Re}$$

$$F=\left(\frac{\partial\bar{\tau}_{xz}}{\partial\bar{x}}+\frac{\partial\bar{\tau}_{yz}}{\partial\bar{y}}+\frac{\partial\bar{\tau}_{zz}}{\partial\bar{z}}\right)\frac{1}{Re},\qquad K=\frac{\gamma}{\gamma-1}\frac{\bar{\mu}}{Pr}$$

$$\phi=2\bar{\mu}\left[\left(\frac{\partial\bar{u}}{\partial\bar{x}}\right)^2+\left(\frac{\partial\bar{v}}{\partial\bar{y}}\right)^2+\left(\frac{\partial\bar{w}}{\partial\bar{z}}\right)^2\right]-\frac{2}{3}\bar{\mu}\left(\frac{\partial\bar{u}}{\partial\bar{x}}+\frac{\partial\bar{v}}{\partial\bar{y}}+\frac{\partial\bar{w}}{\partial\bar{z}}\right)^2$$

$$+\bar{\mu}\left(\frac{\partial\bar{v}}{\partial\bar{x}}+\frac{\partial\bar{u}}{\partial\bar{y}}\right)^2+\bar{\mu}\left(\frac{\partial\bar{w}}{\partial\bar{y}}+\frac{\partial\bar{v}}{\partial\bar{z}}\right)^2+\bar{\mu}\left(\frac{\partial\bar{u}}{\partial\bar{z}}+\frac{\partial\bar{w}}{\partial\bar{x}}\right)^2$$

当流动的 Reynolds 数Re非常大时，G和F都是很小的。为了便于阐明亚、超声速旋涡的差别，下面讨论$Re\gg1$的情形。此时由(2)、(3)，下述关系成立

$$\lambda=(1-M_z^2)\left(\frac{\partial w}{\partial z}\right)_0 \tag{4}$$

$$\left(\frac{\partial w}{\partial z}\right)_0=-\left(\frac{1}{\rho w}\frac{\partial p}{\partial z}\right)_0 \tag{5}$$

利用拓扑分析理论[4,5]，由(4)、(5)和方程(1)，可以给出亚声速和超声速旋涡的横截面流态沿其轴线演变定性特征。为了便于比较，下面我们以列表对比的形式，给出其结果

亚声速旋涡
$(M_z<1)$

(1) 旋涡沿 z 轴向前运动($w_0>0$)并处于顺压区$\left[\left(\frac{\partial p}{\partial z}\right)_0<0\right]$时：

由(5)，$\left(\frac{\partial w}{\partial z}\right)_0>0$即流动在该区加速；

由(4)，$\lambda>0$，涡轴附近的横截面流线为稳定的螺旋点形态(图1(a))，空间流线沿涡轴是收缩的(图1(b))。

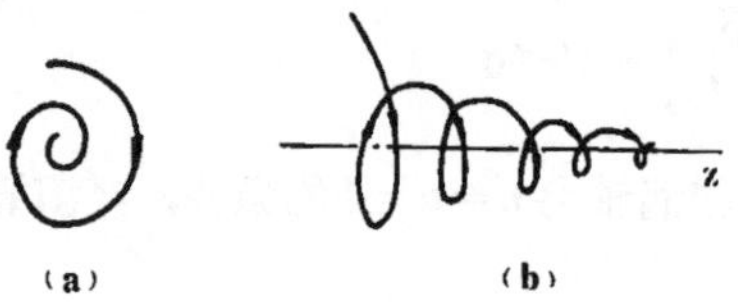

图 1　亚声速旋涡在其轴线附近的截面流线(a)和空间流线(b)

Fig.1 Transversal (a) and spatial (b) streamlines near axis of subsonic vortex

(2) 旋涡沿 z 轴运动($w_0>0$)和处于反压区$\left[\left(\frac{\partial p}{\partial z}\right)_0>0\right]$时，由(5) $\left(\frac{\partial w}{\partial z}\right)_0>0$，即流动在该区减速。由(4) $\lambda<0$，涡轴附近的横截面流线为不稳定螺旋点形态，空间流线沿涡轴是散开的(形如图2)。

(3) 旋涡沿轴运动并由顺压区$\left[\left(\frac{\partial p}{\partial z}\right)_0<0\right]$进入反压区$\left[\left(\frac{\partial p}{\partial z}\right)_0>0\right]$时，由(5)得，相应旋涡由加速区$\left(\frac{\partial w}{\partial z}\right)_0>0$进入减速区$\left(\frac{\partial w}{\partial z}\right)_0<0$。由(4)得，相应旋涡由 $\lambda>0$ 变为 $\lambda<0$，且由 $\lambda=0$的位置起，开始出现 Hopf 分叉，产生稳定的极限环(见图3)。

(4) 旋涡沿 z 轴运动且由反压区

超声速旋涡
$(M_z>1)$

(1) 旋涡沿 z 轴向前运动($w_0>0$)并处于顺压区$\left[\left(\frac{\partial p}{\partial z}\right)_0<0\right]$时：

由(5)，$\left(\frac{\partial w}{\partial z}\right)_0>0$即流动在该区加速；

由(4)，$\lambda<0$，涡轴附近的横截面流线为不稳定的螺旋点形态(图2(a))，空间流线沿涡轴是散开的(图2(b))。

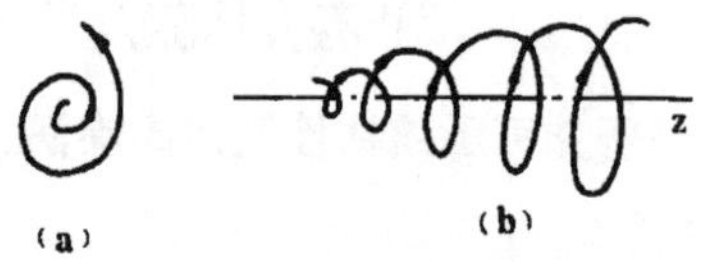

图 2　超声速旋涡在其轴线附近的截面流线(a)和空间流线(b)

Fig.2 Transversal (a) and spatial (b) streamlines near the axis of supersonic vortex

(2) 旋涡沿 z 轴运动($w_0>0$)和处于反压区$\left[\left(\frac{\partial p}{\partial z}\right)_0>0\right]$时，由(5) $\left(\frac{\partial w}{\partial z}\right)_0<0$，即流动在该区减速。由(4)$\lambda>0$，涡轴附近的横截面流线为稳定的螺旋点形态，空间流线沿涡轴是收缩的(形如图1)。

(3) 旋涡沿轴运动并由顺压区$\left[\left(\frac{\partial p}{\partial z}\right)_0<0\right]$进入反压区$\left[\left(\frac{\partial p}{\partial z}\right)_0<0\right]$时，由(5)得，相应旋涡由加速区$\left(\frac{\partial w}{\partial z}\right)_0>0$进入减速区$\left(\frac{\partial w}{\partial z}\right)_0<0$。由(4)得，相应旋涡由 $\lambda<0$ 变为 $\lambda>0$，且由 $\lambda=0$ 的位置起，开始出现 Hopf 分叉，产生不稳定的极限环见图(4)。

(4) 旋涡沿 z 轴运动且由反压区

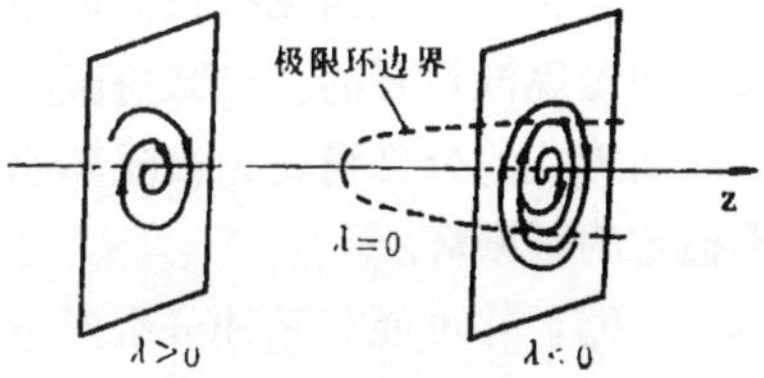

图 3　$M_z<1$的旋涡沿其轴线的分叉
Fig.3　Hopf bifurcation of transversal flow pattern for vortex with $M_z<1$

$\left[\left(\frac{\partial p}{\partial z}\right)_0>0\right]$进入顺压区$\left[\left(\frac{\partial p}{\partial z}\right)_0<0\right]$时，由(5)，相应旋涡由减速区$\left(\frac{\partial w}{\partial z}\right)_0<0$进入加速区$\left(\frac{\partial w}{\partial z}\right)_0>0$，由(4)，相应旋涡由$\lambda<0$变为$\lambda>0$，此时旋涡沿其轴线的分叉情况形如图4。

(5) 旋涡破裂情况

由于旋涡的破裂是涡核附近的流线突然由原来的z轴方向向外偏离，所以它只能发生在$\left(\frac{\partial w}{\partial z}\right)_0<0$的减速区，此时$\lambda<0$，涡心附近的流线是向外散开的不稳定螺旋点形态。文献[1]已经指出，存在泡型、螺旋型和泡-螺旋组合型三种破裂形态。

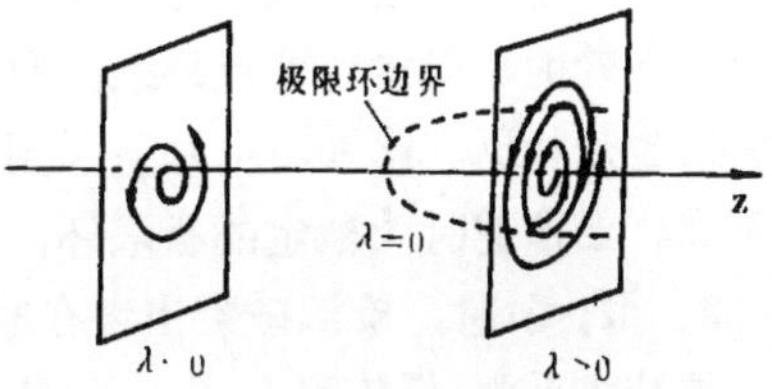

图 4　$M_z>1$的旋涡沿其轴线的分叉
Fig.4　Hopf bifurcation of transversal flow pattern for vortex with $M_z>1$

$\left[\left(\frac{\partial p}{\partial z}\right)_0>0\right]$进入顺压区$\left[\left(\frac{\partial p}{\partial z}\right)_0<0\right]$时，由(5)，相应旋涡由减速区$\left(\frac{\partial w}{\partial z}\right)_0<0$进入加速区$\left(\frac{\partial w}{\partial z}\right)_0>0$，由(4)，相应旋涡由$\lambda>0$变为$\lambda<0$，此时旋涡沿其轴线的分叉情况形如图3。

(5) 旋涡破裂情况

由于在$\left(\frac{\partial w}{\partial z}\right)_0<0$的减速区，参数$\lambda>0$，涡核附近的流线是向内收缩的稳定螺旋点形态，所以除非在发展过程中出现激波，使轴向速度变成亚声速($M_z<1$)，并且继续保持$\left(\frac{\partial w}{\partial z}\right)_0<0$，旋涡不会破裂。在$\left(\frac{\partial w}{\partial z}\right)_0>0$的区域，参数$\lambda<0$，涡核附近的流线是向外散开的不稳定螺旋点形态，但轴向速度w_0是沿轴增加的，在这种情况下，不可能出现破裂点为驻点的破裂情况。

以上分析，忽略了粘性和热传导的影响。在雷诺数不是非常大时，研究旋涡的演变，应该计及(2)、(3)式中G和F。对以上结论的修正，由于篇幅所限，这里就不进一步讨论了。

二、主要结论

通过以上研究，我们有以下结论：

1. 沿其涡轴向前运动的旋涡，其亚声速情况和超声速情况的流动性状完全不同。当Reynolds数很大时、在加速区，亚声速旋涡的截面流线涡心附近为由外向内的稳定的螺旋点形态，空间流线沿涡轴走向是逐渐收缩的；但超声速旋涡，截面流线在涡心附近却是由内向外的不稳定螺旋点形态，空间流线沿涡轴走向是逐渐散开的。在减速区，两者的情况也是相反。此外，由加速区到减速区，两者截面流线的分叉情况和极限环的性质也不同，亚声速时为稳定的极限环，超声速时为不稳定的极限环。

2．$M_s<1$时，旋涡破裂出现在减速区[$(\partial w/\partial z)_0<0$]，并可能有三种破裂形态：泡型、螺旋型及泡-螺旋组合型。但$M_s>1$时，除非通过激波将M_s降到小于1，减速区不可能出现破裂。在加速区[$(\partial w/\partial z)_0>0$]，也不可能出现破裂点为驻点的破裂形态。

3．利用水洞分析观察$M_s<1$的旋涡的定性特征是适宜的，但对$M_s>1$的旋涡，不再适用。

4．旋涡的控制，应区分$M_s<1$和$M_s>1$两种情况。因为两者的发展机理不同，对$M_s<1$的有效控制技术，在$M_s>1$时不再适用。

以上研究结论已得到实验和数值模拟结果验证，关于这方面的情况，将有另文发表。

参　考　文　献

1 张涵信，邓小刚．三维定常分离流和涡运动的定性分析研究．空气动力学学报，1992，10(1)：8～20

2 张涵信．旋涡沿轴线的非线性分叉．空气动力学学报，1994，12(3)：243～251

3 张涵信，黎作武．高超声速层流尾迹的数值模拟．力学学报，1992，24(4)

4 Jordan D W, Smith P. Nonlinear Ordinary Differential Equations. Clarendon Press, OXFORD 1977.

5 张锦炎．常微分方程几何理论与分叉问题．北京大学出版社，1981.

Analytical Analysis of Subsonic and Supersonic Vortex Motion

Zhang Hanxin

(*China Aerodynamics Research and Development Center*)

Abstract The vortex evolution along its axis is investigated by using topological theory. It is pointed out that $\lambda=[(1/\rho)(\partial\rho w/\partial z)]_0$ at the axis of vortex is an important parameter to determine the evolution mechanism of vortex. If $\lambda>0$ along the axis, the sectional streamlines near the axis in the transversal plane possess a stable spiral(inward) pattern. If $\lambda<0$ along the axis, the transversal streamlines are unstable spiral(outward). As the sign of λ changes along the axis from positive to negative or from negative to positive, the flow pattern in the transversal plane will yield a Hopf bifurcation starting from the position where $\lambda=0$. Meanwhile, the former is a stable limit cycle and the later an unstable one. The vortex bursting is accompanied with an unstable transversal spiral pattern and the decrease of axial velocity. If the vortex is stable initially, i.e. $\lambda>0$ in the initial region, the Hopf bifurcation certainly appears in advance of the bursting point. There are three kinds of vortex bursting which are the bubble type, bubble-spiral type, and spiral type. For the subsonic vortex moving forward along its axis with $M_s<1$ at high Reynolds number, the sign of λ is the same as $(\partial w/\partial z)_0$ and the opposite with $(\partial p/\partial z)_0$. It means that in the adverse pressure region the unstable transversal spiral pattern is just accompanied with the decrease of axial velocity. As the vortex moves forward along the axis from the favorable pressure to the adverse pressure, the initially stable vortex will become bursting later through the Hopf bifurcation occuring in the adverse pressure region. For the supersonic vortex moving forward along its axis with $M_s>1$ at high Reynolds number, the sign of λ is the same as $(\partial p/\partial z)_0$ and the opposite with $(\partial w/\partial z)_0$. It means that in the region of unstable spiral pattern the axial velocity is increased, and that in the region of stable spiral pattern the axial velocity is decreased. So the vortex in the supersonic case is not easy to burst except where the shock wave exists.

Key words vortex motion, subsonic and supersonic vortex, Hopf bifurcation, vortex bursting, topological analysis.

第四部分

流场的拓扑结构

在飞行器流场中，根据物面的极限流线方程和垂直于体轴的截面流线方程，流场内的流态可以给出。这两类方程的临界点（或称奇点）的分布规律也可给出。于是由这些奇点构成的流动空间框架即流动的空间拓扑结构可以给出。这部分先研究物体表面、横截面上的拓扑结构分布规律，进一步研究空间拓扑结构的稳定性。

在数值计算中，哪个地方应作精细的网格计算，拓扑规律的研究可给予启示。结合网格、计算格式和边界处理的协调以及分离、再附点的气动力、热的规律，网格计算就有了指导原则。

超声速主流中横向喷流场的激波-旋涡结构的数值模拟*

张涵信　刘君
（中国空气动力研究与发展中心）

摘要　本文利用NND格式[1]，通过求解NS方程，对二维超声速主流中横向喷流干扰流场进行了数值模拟，计算清楚地给出了激波结构、回流区和混合层。本文计算得到的激波结构和实验相当一致。最有兴趣的是由于喷流的干扰，主流在喷口前发生主涡分叉，观察到三个流向旋转涡和两个反流向旋转涡；在喷口后的背风区，存在具有低压和回流区的尾迹。

关键词　有限差分法，横向喷流，分离流动，旋涡运动。

引　　言

喷流是近代空气动力学中既有应用价值又有学术意义的重要研究课题。在应用方面，布局航天飞行器的发动机、设计底部防热系统、控制飞行器、了解飞行器的后体阻力、设计空天飞机的发动机以及设计垂直或短距起落飞机等都需要研究喷流。在学术方面，喷流流场常常具有复杂的激波和旋涡结构，例如，图2是根据实验图片[2]图1画出的横向喷流流场的图画。当超声速来流绕过具有横向喷流的平板时，在平板前缘产生斜激波10，来流受到喷流阻碍后产生分离，形成主分离区1，于是主流被向外偏转而形成分离激波2，喷流又迫使气流产生斜激波3。激波2，3相交形成λ激波4。主流通过激波4后，压力提高，使得喷流边界受压因而向下弯曲，进而使主流产生膨胀波5。另一方面，喷口内高压气体在喷口两方产生很强的膨胀波，波系的相互干扰导致喷流过渡膨胀，产生悬挂于流场内的马氏盘7。由于喷流的作用，在喷口前缘产生二次分离。在喷口后缘，也产生分离，待再附后产生再附激波8。如果雷诺数不是很大，主分离区1内的旋涡可能分叉为二个或多个同向的支涡，支涡之间以鞍点连结，在鞍点下方，可能产生局部分离形成与支涡反向的二次涡。对于这个复杂的激波、旋涡相互作用的流动结构，至今理论上还没有完全搞清楚。在数值模拟方面，文献[3]、[4]对平面上的钝舵绕流取得了较好的进展。然而对上述复杂的波系、旋涡干扰模拟，特别是λ激波和主涡分叉以及二次涡的模拟，研究得不多。要较好地解决这种复杂流场的模拟，必须采用既能捕捉激波和切向间断又能捕捉涡旋的计算方法。文献[1]给出的NND格式，除个别

* 空气动力学学报，1991,9（1）：8-13. 中国自然科学基金资助项目。

点外其定常解是二阶精度的，理论上能满足上述要求。本文目的就是利用NND格式来解决复杂的横向喷流场中波系和旋涡结构的模拟问题。

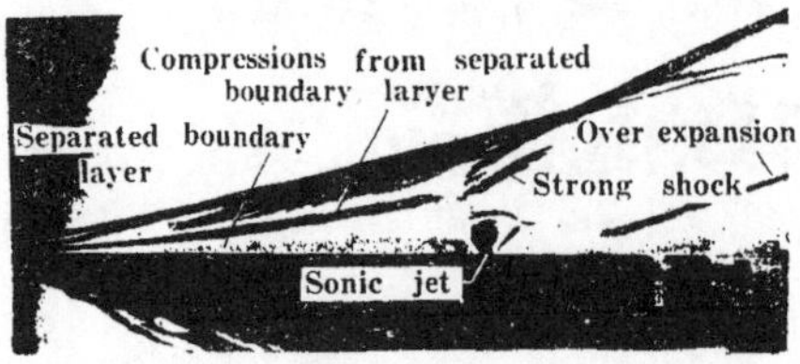

图1 二维横向喷流的实验图片
Fig.1 The experimental photograph of a jet in a supersonic crossflow

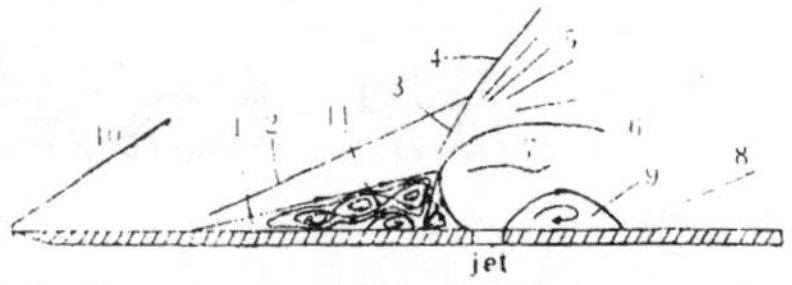

图2 二维横向喷流场的波系和涡系结构示意图
Fig.2 The scheme of the shock structure and vortices in the flow field

① 分离区 ② 分离激波 ③ 喷口前缘激波 ④ λ激波 ⑤ 喷口上方膨胀波 ⑥ 喷流滑移面 ⑦ 马赫盘 ⑧ 再附激波 ⑨ 喷口后分离区 ⑩ 前缘激波 ⑪ 主涡的分叉涡

(1) Separated region
(2) The shock from separation
(3) The shock in front of the injector
(4) The λ shock (5) The expansion waves
(6) The slip surface (7) Mach disc
(8) Reattachment shock
(9) The recirculation region in the lee of the injector (10) The leading edge-shock
(11) The vortices in the primary separated region

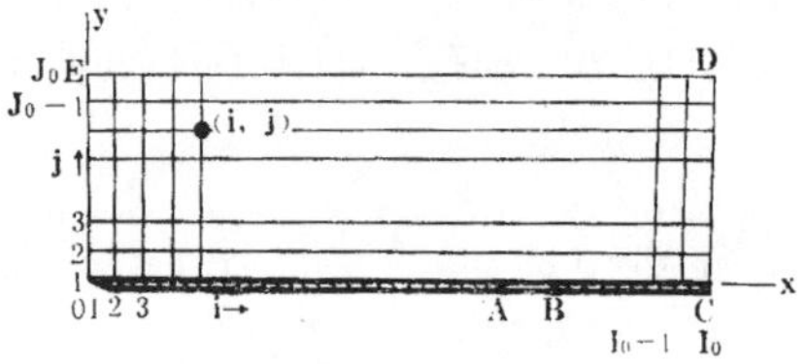

图3 计算区域
Fig.3 The region calculated

一、求解方法

1. 出发方程和边界条件

我们用NS方程来描述其运动。如图3，设超声速气流绕过具有横向喷流的平板，流动是二维和定常的。下面利用时间相关法研究问题。采用图3所示坐标系x、y及流体力学中常用的符号，引入如下无量纲量

$$\begin{cases} x = x^*/d^*, & y = y^*/d^* \\ u = u^*/V_\infty^*, & v = v^*/V_\infty^* \\ p = p^*/\rho_\infty^* V_\infty^{*2} & \rho = \rho^*/\rho_\infty^* \\ \mu = \mu^*/\mu_\infty^* & T = T^* R/V_\infty^{*2} \\ t = t^* V_\infty^*/d^* \end{cases} \tag{1}$$

式中带*的量是有量纲的，d^*为喷口直径，R为气体常数，假定气体为常比热完全气体，于是二维守恒型NS方程是

$$\frac{\partial U}{\partial t}+\frac{\partial F}{\partial x}+\frac{\partial G}{\partial y}+\frac{\partial F_v}{\partial x}+\frac{\partial G_v}{\partial y}=0 \tag{2}$$

式中

$$U=(\rho,\ \rho u,\ \rho v,\ e)^T$$

$$F=[\rho u,\ \rho u^2+p,\ \rho uv,\ (e+p)u]^T$$

$$G=[\rho v,\ \rho uv,\ \rho v^2+p,\ (e+p)v]^T$$

$$F_v=-\frac{\mu}{Re}\begin{pmatrix}0\\ \tau_{xx}\\ \tau_{xy}\\ u\tau_{xx}+v\tau_{xy}+\frac{\gamma}{\gamma-1}\frac{1}{Pr}\frac{\partial T}{\partial x}\end{pmatrix}$$

$$G_v=-\frac{\mu}{Re}\begin{pmatrix}0\\ \tau_{yx}\\ \tau_{yy}\\ u\tau_{xy}+v\tau_{yy}+\frac{\gamma}{\gamma-1}\frac{1}{Pr}\frac{\partial T}{\partial y}\end{pmatrix}$$

$$e=\frac{1}{2}\rho(u^2+v^2)+\frac{p}{\gamma-1}$$

$$\tau_{xx}=\frac{4}{3}\frac{\partial u}{\partial x}-\frac{2}{3}\frac{\partial v}{\partial y}$$

$$\tau_{yy}=\frac{4}{3}\frac{\partial v}{\partial y}-\frac{2}{3}\frac{\partial u}{\partial x}$$

$$\tau_{xy}=\frac{\partial v}{\partial x}+\frac{\partial u}{\partial y}=\tau_{yx}$$

$$Re=\frac{\rho_\infty d^* V_\infty^*}{\mu_\infty^*}$$

Pr 为 Prandtl 数。状态方程为

$$p=\rho T \tag{3}$$

粘性系数采用 Sutherland 公式计算

$$\mu=\left(\frac{T}{T_\infty}\right)^{1.5}\frac{1+T_s}{\frac{T}{T_\infty}+T_s}$$

这里 $T_s=T_s^*/T_\infty^*$。T_s^* 为常量(计算中取 104 K)。

计算从平板前缘开始，边界条件的提法如下(见图3)

(1) 在平板前缘 OE 边界，给定来流条件；

(2) 在平板后缘 CD 出口边界及侧边界 ED，采用零梯度条件(即物理量沿 x 方向的梯度，沿 y 方向的梯度分别为零)

(3) 在喷流边界 AB，假设流动物理量已知；

(4) 在 OA，BC 固壁边界，$u=v=0$，且假设壁面绝热：$\partial T/\partial y=0$

2．方程的离散化和边界处理

利用通量分裂技术，方程(2)可写成

$$\frac{\partial U}{\partial t}+\frac{\partial F^+}{\partial x}+\frac{\partial F^-}{\partial x}+\frac{\partial G^+}{\partial y}+\frac{\partial G^-}{\partial y}+\frac{\partial F_v}{\partial x}+\frac{\partial G_v}{\partial y}=0 \tag{4}$$

这里 $F=F^{+}+F^{-}$，$G=G^{+}+G^{-}$，F^{+}，F^{-} 和 G^{+}，G^{-} 分别是 F 和 G 的正负通量。将方程(4)分裂为如下两个"一维"方程

$$\frac{\partial U}{\partial t}+\frac{\partial F^{+}}{\partial x}+\frac{\partial F^{-}}{\partial x}+\frac{\partial F_{v}}{\partial x}=0 \tag{5}$$

$$\frac{\partial U}{\partial t}+\frac{\partial G^{+}}{\partial y}+\frac{\partial G^{-}}{\partial y}+\frac{\partial G_{v}}{\partial y}=0 \tag{6}$$

若设 $L(\Delta t)$表示(4)的差分求解算子，$L_x(\Delta t)$、$L_y(\Delta t)$分别表示(5)、(6)的差分求解算子，根据时间分裂理论，准确到二阶精度，$L(\Delta t)$可表示为

$$U^{n+1}=L(\Delta t)U^{n}=L_{x}\left(\frac{1}{2}\Delta t\right)L_{y}(\Delta t)L_{x}\left(\frac{1}{2}\Delta t\right)U^{n} \tag{7}$$

或者

$$U^{n+1}=L(\Delta t)U^{n}=L_{y}\left(\frac{1}{2}\Delta t\right)L_{x}(\Delta t)L_{y}\left(\frac{1}{2}\Delta t\right)U^{n} \tag{8}$$

这里 Δt 是推进求解的时间步长。

为了能够较好地捕捉激波，剪切层和旋涡，我们采用 NND 格式来计算 L_x 和 L_y。采用图3所示网格的标号，并用上标 n 表示时间的标号，于是 L_x 的表达式是

$$U_{i,j}^{n+1}=U_{i,j}^{n}-\frac{\Delta t}{\Delta x}\left(H_{i+\frac{1}{2},j}^{(x)n}-H_{i-\frac{1}{2},j}^{(x)n}\right)+Q_{i,j}^{(x)n}$$

式中

$$H_{i+\frac{1}{2},j}^{(x)}=F_{i+\frac{1}{2},jL}^{+}+F_{i-\frac{1}{2},jR}^{-}$$

$$F_{i+\frac{1}{2},jL}^{+}=F_{i,j}^{+}+\frac{1}{2}\operatorname{minmod}(\Delta F_{i-\frac{1}{2},j}^{+},\Delta F_{i+\frac{1}{2},j}^{+})$$

$$F_{i+\frac{1}{2},jR}^{-}=F_{i+1,j}^{-}-\frac{1}{2}\operatorname{minmod}(\Delta F_{i+\frac{1}{2},j}^{-},\Delta F_{i+\frac{3}{2},j}^{-})$$

$$\operatorname{minmod}(a,b)=\frac{1}{2}[\operatorname{sing}(a)+\operatorname{sing}(b)]\min(|a|,|b|)$$

$Q_{i,j}^{(x)}$ 是粘性项的差分表达式，这里采用中心格式计算。

同样，L_y 的表达式是

$$U_{i,j}^{n+1}=U_{i,j}^{n}-\frac{\Delta t}{\Delta y}\left(H_{i,j+\frac{1}{2}}^{(y)n}-H_{i,j-\frac{1}{2}}^{(y)n}\right)+Q_{i,j}^{(y)n}$$

$$H_{i,j}^{(y)}=G_{i,j+\frac{1}{2}L}^{+}+G_{i,j-\frac{1}{2}R}^{-}$$

$$G_{i,j+\frac{1}{2}L}^{+}=G_{i,j}^{+}+\frac{1}{2}\operatorname{minmod}\left(\Delta G_{i,j-\frac{1}{2}}^{+},\Delta G_{i,j+\frac{1}{2}}^{+}\right)$$

$$G_{i,j+\frac{1}{2}R}^{-}=G_{i,j+1}^{-}-\frac{1}{2}\operatorname{minmod}\left(\Delta G_{i,j+\frac{1}{2}}^{-},\Delta G_{i,j+\frac{3}{2}}^{-}\right)$$

$Q_{i,j}^{(y)}$ 是采用中心差分表达的粘性项。计算时，步长 Δt 由以下稳定条件确定

$$\Delta t=\frac{2}{3}\min\left\{\frac{\Delta x}{(|u|+a)+\frac{2\gamma}{Pr}\frac{\mu}{Re}\frac{1}{\Delta x}},\ \frac{\Delta y}{(|v|+a)+\frac{2\gamma}{Pr}\frac{\mu}{Re}\frac{1}{\Delta y}}\right\}$$

式中 a 为声速。

关于边界点的处理，采用图3网格标号，$i=1$ 的一排，存放来流条件；根据零梯度条件，$U_{I_0-1j}=U_{I_0j}$，$U_{iJ_0-1}=U_{iJ_0}$。在固体表面上，$u_{i1}=v_{i1}=0$，$p_{i1}=p_{i2}$，$\rho_{i1}=\rho_{i2}$，其中后两个条件是根据条件

$$\left(\frac{\partial p}{\partial y}\right)_{y=0}=0\left(\frac{1}{Re}\right)\approx 0$$

和

$$\left(\frac{\partial T}{\partial y}\right)_{y=0}=0$$

得到的。在喷口截面上，采用已知的声速条件。

二、计算结果及分析

本文在以下条件做了计算：

$M_\infty=6$，$Re=10^4$，$M_j=1$，$T^*_{0\infty}=477.6\ \mathrm{K}$，$P_{0j}/P_\infty=38.2$，$H_{0j}=H_{0\infty}$，喷流和主流同为氮气，$\gamma=1.4$，$Pr=1$。计算中 x 方向取 800 个网格，y 方向取 90 个网格。

图4是计算给出的等压线分布，图5是等密度线分布。这两个图清楚地给出了分离激波、喷口前缘激波、λ 激波、马赫盘、再附激波、主分离区外缘的剪切层以及沿喷流边界发展的膨胀波。和实验给出波系照片图1相比较，它们相当相似。图6画出了计算得到流场的涡系结构的情况，为了便于画图，x 方向作了压缩。图6a是喷口前方涡系的情况，结果表明，在主分离区，主分离涡分叉成三个支涡，支涡之间用鞍点连接。在喷口前的拐角处，存在二次分离涡，同时在第二个分叉鞍点下方，也存在二次分离涡。图6b是喷口后方涡的情形，可以看出，在喷口拐角处，存在一个分离区。

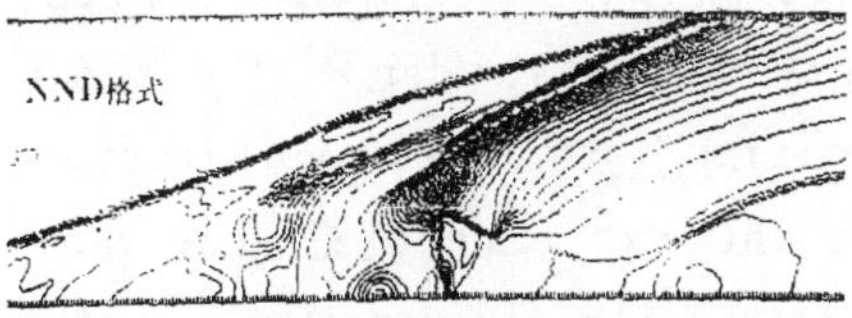

图 4　压力等值线图($M=6.0, Re=10\ E+4$)
Fig.4　The pressure contours

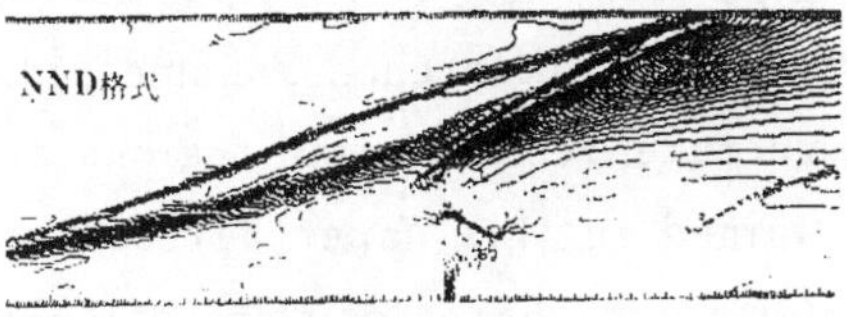

图 5　密度等值线图($M=6.0, Re=10\ E+4$)
Fig.5　The density contours

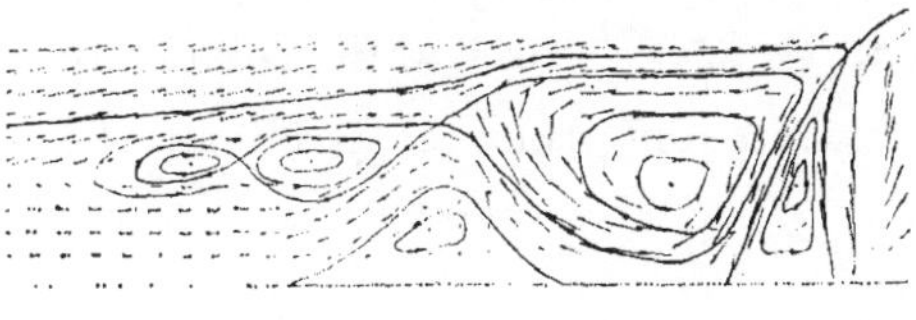

(a) 喷口前　(a) In front of the injector

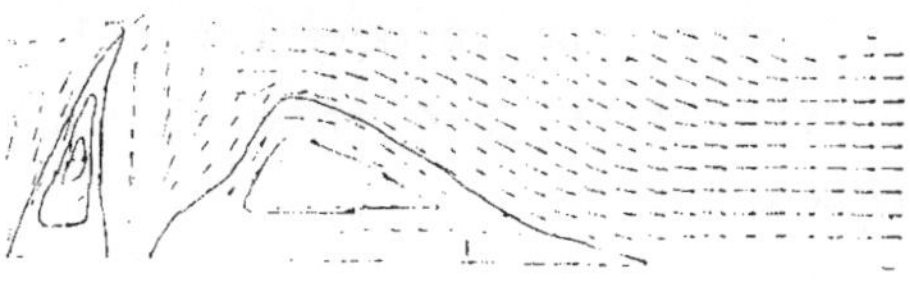

(b) 喷口后　(b) In the lee of the injector

图 6　横向喷流场内旋涡拓扑结构
Fig.6　The structure of vortices obtained in the present paper

图6根据计算结果还画出了流场的涡旋拓扑结构。其拓扑理论分析，将在另文中描述。

三、简单的结论

通过本文的计算模拟，可得到如下结论：

1. 具有二阶精度的无波动、无自由参数的耗散格式(NND)，可很好地捕捉激波系及涡旋结构。

2. 计算结果清楚地给出了喷流场内波系和涡系结构。特别有意义的是，本文给出的波系结构和实验相当一致，并且计算给出了分叉涡的多涡结构。

参 考 文 献

[1] 张涵信，空气动力学学报，7，2，(1989)。
[2] David, J. Remeo, NASA TN D-743.
[3] Hung, C.M., AIAA paper 84-0457. 北京国际流体力学会议论文集，(1987)。
[4] 张涵信，第十届国际流体力学数值方法会议论文集，(1986)。

NUMERICAL SIMULATION OF A JET INTERACTING WITH A SUPERSONIC CROSSFLOW

Zhang Hanxin Liu Jun

(China Aerodynamics Research and Development Center)

Abstract The interaction of a jet and a supersonic crossflow has been simulated by solving Navier-Stokes equations with NND scheme which is a non-oscillatory, containing no free parameters and dissipative finite difference scheme [1]. The results clearly depict the shock structure, recirculation regions and the mixing layer. The shock structure obtained in this paper agrees well with the experiment [2]. The most interesting characteristics of calculated flow is the bifurcations of the primary votex in front of the injector due to the interaction of the jet and the crossflow. Three streamwise rotating vortices and two counterrotating vortices can be observed. A wake flow with relatively lower pressure and recirculation zone exists on the lee side of the injector.

Key words numerical simulation, separated flow, NND scheme, interaction of a jet and a crossflow.

三维定常分离流和涡运动的定性分析研究*

张涵信　　邓小刚

中国空气动力研究与发展中心，四川绵阳(邮政编码 621000)

摘要　本文由两部分组成。第一部分研究和分析了物体表面上的分离形态，指出若分离线从奇点始，该奇点为鞍点；若在奇点终，该奇点为结点。若分离线上有很多奇点，其鞍点和结点是交替分布的。分离线的起始，可能有三种形态：一种称之为闭式分离的鞍点起始；一种为正常点起始；一种为鞍、结点组合形态起始。可以把正常点起始和距离很近的鞍、结点组合形态起始称之为开式分离。在一定条件下，闭式分离的形态，先转变为鞍、结点组合的形态，然后过渡到正常点的开式分离。第二部分研究了旋涡沿其轴线发展过程中，其横截面流线形态的发展，指出旋涡轴线上物理量 $\lambda=(1/\rho)(\partial\rho w/\partial z)$ 是决定流线形态的重要参量。如果 $\lambda>0$，截面流线在涡心附近是稳定的螺旋点形态。如果 $\lambda<0$，为不稳定的螺旋点形态，如果 $\lambda=0$，流线形态是中心型的，当沿涡轴 λ 由正变负或由负变正时，相应在涡心附近截面流线由稳定螺旋点形态变为不稳定螺旋点形态，或由不稳定螺旋点形态变为稳定螺旋点形态；并且从 λ 由正到负的变号点起，截面流线产生稳定的极限环，或从 λ 由负到正的变号点起，产生不稳定的极限环。旋涡破裂只能发生在截面流线为不稳定螺旋点形态的区域中，在通过涡轴的纵向平面内，破裂点处的流线形态是鞍型的。破裂涡的合拢点处在不稳定的极限环区域内。

关键词　分离流动，旋涡流动，涡破裂，拓扑分析。

引　　言

关于三维分离流动，目前已作了大量实验和数值模拟研究。为了显示分离流动在空间的特征，通常画出物体表面上的极限流线、分离线和流动横截面上的截面流线。然而由于实验和计算分辨能力的限制，在所给出的图像中，常常有局部区域，特别在极限流线方程和截面流线方程的奇点处，其流动性状模糊不清，因而要完整地阐明流场结构，常常出现困难。在这种情况下，开展定性分析理论研究，是很有意义的。与此相关，分离流动的某些机理，例如分离线的起始形态及其转换问题，文献中还存在不同认识，开展定性分析研究，对正确认识流动机理也是很有帮助的。本文目的在于介绍作者在分离流动定性分析研究的进展。论文包括引言共分四个部分，第二部分是关于表面流态的研究，作者在简单回顾已发表的工作的基础上，重点讨论了分离线的形态问题。第三部分研究了与涡轴垂直截面上，截面流线的性状和特征，讨论了旋涡沿其轴线运动、发展和破裂的规律。文中最后作了简单的结论。

一、表面分离流态的研究

关于表面上的分离流态，Lighthill[1] 作了开创性研究，他给出了表面极限流线(或

* 空气动力学学报，1992，10（1）：8-20．本研究得到国家自然科学基金资助。

摩擦力线)方程奇点数目的规律。以后 Perry[2]、Peake 和 Tobak[3]、Dallman[4]以及 Hunt[5] 等人作了进一步的研究。张涵信也研究了定常三维分离流动的表面流态，在分离流面与物面有一倾角的假定下，导出了判定流动分离的数学条件[6]，并证明分离线本身是一条极限流线，其周围的极限流线向它收拢、渐近。张涵信的分析还指出[10]：其周围极限流线向它收拢、渐近的极限流线，并不一定是分离线。在此基础上又进一步研究了分离线上极限流线方程奇点分布的规律[6,7]以及分离线的起始形态，张涵信给出了如下结论：

1．在物体表面上，若分离线从奇点始，该奇点必是极限流线方程的鞍点。

2．在物体表面上，若分离线在奇点终，该奇点必为极限流线方程的结点*。

3．若在分离线上有很多奇点，其鞍点和结点是交替分布的。或者说，两个鞍点（或两个结点）不能直接用分离线连接。

4．在物面上，分离线可能存在三种起始形态。第一种为 Lighthill 首先指出的鞍点起始；第二种为王国璋首先提出的正常点起始；第三种为 Werle 首先发现的鞍、结点组合形态的起始。对于第一种形态，这是大家熟悉的闭式分离；对于第二种形态，这是开式分离。按照开式分离的定义，如果鞍点和结点充分接近，第三种形态的分离线，其周围的极限流线均来自前方同一结点，因此也可视为开式分离。所以在这个意义上来说，开式分离有两种起始形态，一为正常点起始，一为鞍、结点充分接近的组合起始形态。当鞍、结点距离较远时，第三种形态的分离线，部分具有闭式分离的特征，部分具有开式分离的特征。

5．鞍点起始的分离线，在一定条件下，先转变为鞍、结点组合的分离形态，然后再过渡到正常点的形态。

现在来证明以上结论。采用文献[6]给出的坐标系(图1)，其中 x 轴垂直于分离线，y 轴沿着分离线，z 轴垂直于物面，u，v，w 是相应的速度分量。根据分离的数学条件，在分离线上任一点“o”，我们有

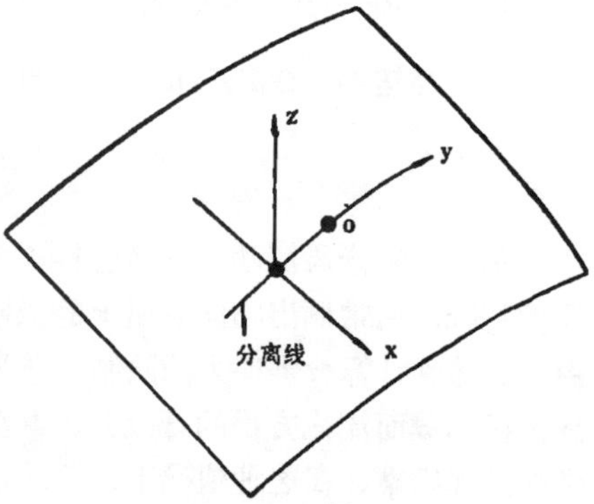

图1 坐标系统及分离线

Fig.1 Coordinate system and separation line

$$\left(\frac{\partial u}{\partial z}\right)_o=0,\ \left(\frac{\partial^2 u}{\partial x\,\partial z}\right)_o<0,\ \left(\frac{\partial^2 w}{\partial z^2}\right)_o>0 \tag{1}$$

将 $\partial u/\partial z$ 和 $\partial v/\partial z$ 在分离线附近用 x 的台劳级数表示，可得

* 它包括中心点、螺旋点、退化和临界结点。

$$\begin{cases} \dfrac{\partial u}{\partial z}=xg(x,\ y) \\ \dfrac{\partial v}{\partial z}=f(y)+xh(x,\ y) \end{cases} \tag{2}$$

式中

$$g(x,\ y)=\left(\frac{\partial^2 u}{\partial x\,\partial z}\right)_o+\frac{1}{2}\left(\frac{\partial^3 u}{\partial x^2\partial z}\right)_o x+\cdots$$

$$h(x,\ y)=\left(\frac{\partial^2 v}{\partial x\,\partial z}\right)_o+\frac{1}{2}\left(\frac{\partial^2 v}{\partial x^2\,\partial z}\right)_o x+\cdots$$

$$f(y)=\left(\frac{\partial v}{\partial z}\right)_o$$

下标“o”表示“o”点的值，因为“o”是分离线上任一点，因此带下标“o”的量是y的函数。在建立(2)时，用到了条件(1)。由(2)极限流线方程是

$$\frac{h_2}{h_1}\ \frac{dy}{dx}=\frac{xh(x,y)+f(y)}{xg(x,y)} \tag{3}$$

该式表明在分离线$x=0$上，极限流线方程的奇点由

$$f(y)=0 \tag{4}$$

决定。现设$x=0$，$y=y_s$是分离线上的某奇点，我们来研究该奇点附近极限流线的性状。引入

$$\begin{cases} \xi=x \\ \eta=y-y_s \end{cases}$$

由于

$$g(x,\ y)=\left(\frac{\partial^2 u}{\partial x\,\partial z}\right)_s+O(\xi,\ \eta)$$

$$h(x,\ y)=\left(\frac{\partial^2 v}{\partial x\,\partial z}\right)_s+O(\xi,\ \eta)$$

$$f(y)=f'(y_s)\eta+O(\eta^2)$$

代入(3)得

$$\frac{d\eta}{d\xi}=\left(\frac{h_1}{h_2}\right)_s\left\{\left[\left(\frac{\partial^2 v}{\partial x\,\partial z}\right)_s\xi+f'(y_s)\eta\right]\Big/\left(\frac{\partial^2 u}{\partial x\,\partial z}\right)_s\xi\right\}$$

式中

$$f'(y_s)=\left(\frac{\partial f}{\partial y}\right)_s=\left(\frac{\partial^2 v}{\partial y\,\partial z}\right)_s$$

下标s表示奇点(0，y_s)上的值。根据常微分方程的定性分析理论[8,9]，由于分离条件(1)给出，$(\partial^2 u/\partial x\partial z)_s<0$，奇点(0，$y_s$)的性质，取决于$f'(y_s)$的符号。若$f'(y_s)>0$，所对应的奇点是鞍点型的；若$f'(y_s)<0$，所对应的奇点是结点型的。当分离线的起点是奇点时，因为该点$(\partial v/\partial z)_s=0$，而稍稍离开此点$(\partial v/\partial z)_o>0$，故有$f'(y_s)>0$，因此它必为鞍点，这就证明了结论1。当分离线进入奇点时，同样可以知道，$f'(y_s)<0$，因此该点必为结点，这就证明了结论2。另一方面，由于沿分离线，$f(y)$是一连续函数(图2)，于是沿分离线$f(y_s)$为零的点，其$f'(y_s)$的符号是正、负交替分布的。这表

明，沿分离线其鞍点和结点是交替分布的，这就证明了结论3。

因为分离线的走向和摩擦力方向一致，为了便于进一步分析问题，图2标出了分离线上摩擦力的走向。作为分离线的起点，分离线是由该点起始并离开该点的，因此由图2可以看出，分离线的起始可能存在图3所示三种情况：(a)鞍点起始；(b)鞍、结点组合的形态起始；(c) 正常点起始。这就给出了结论4。

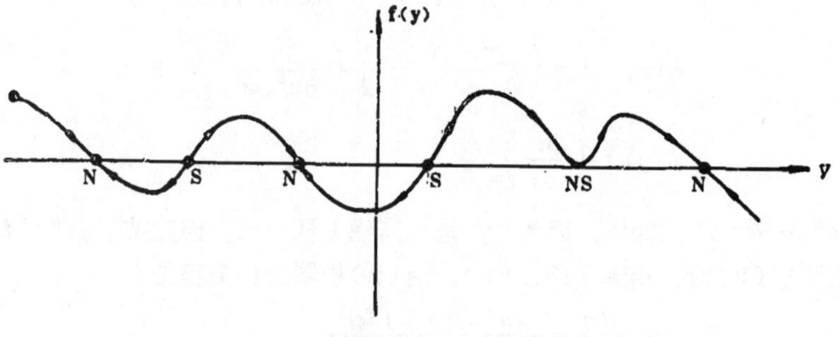

图2　沿分离线 $f(y)$的变化

Fig. 2　The variation of $f(y)$ along a separation line

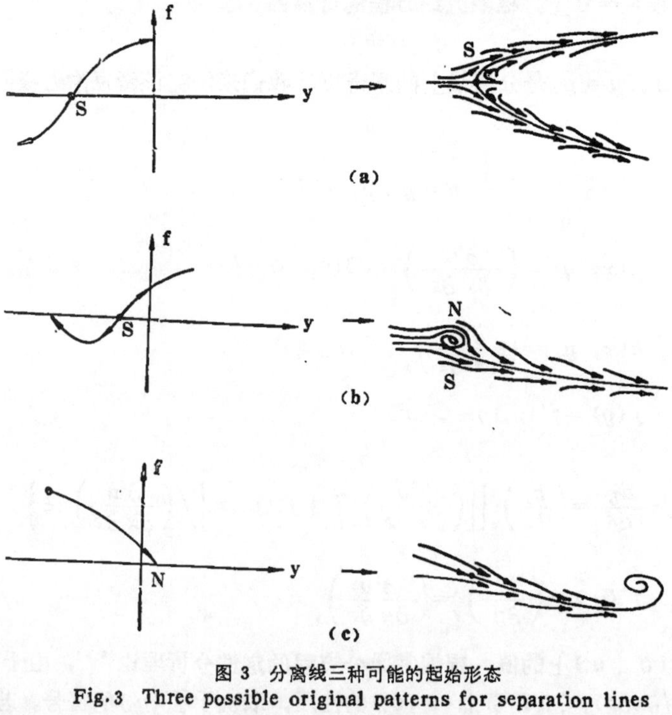

(a)

(b)

(c)

图3　分离线三种可能的起始形态

Fig. 3　Three possible original patterns for separation lines

以上是建筑在线性基础上的分析。现在来研究非线性的影响。略去三阶以上的小量，$f(y)$可表达为

$$f(y)=c+by+ay^2$$

式中

$$c=\left(\frac{\partial v}{\partial z}\right)_{00},\quad b=\left(\frac{\partial^2 v}{\partial y\,\partial z}\right)_{00},\quad a=\frac{1}{2}\left(\frac{\partial^3 v}{\partial y^2\,\partial z}\right)_{00}$$

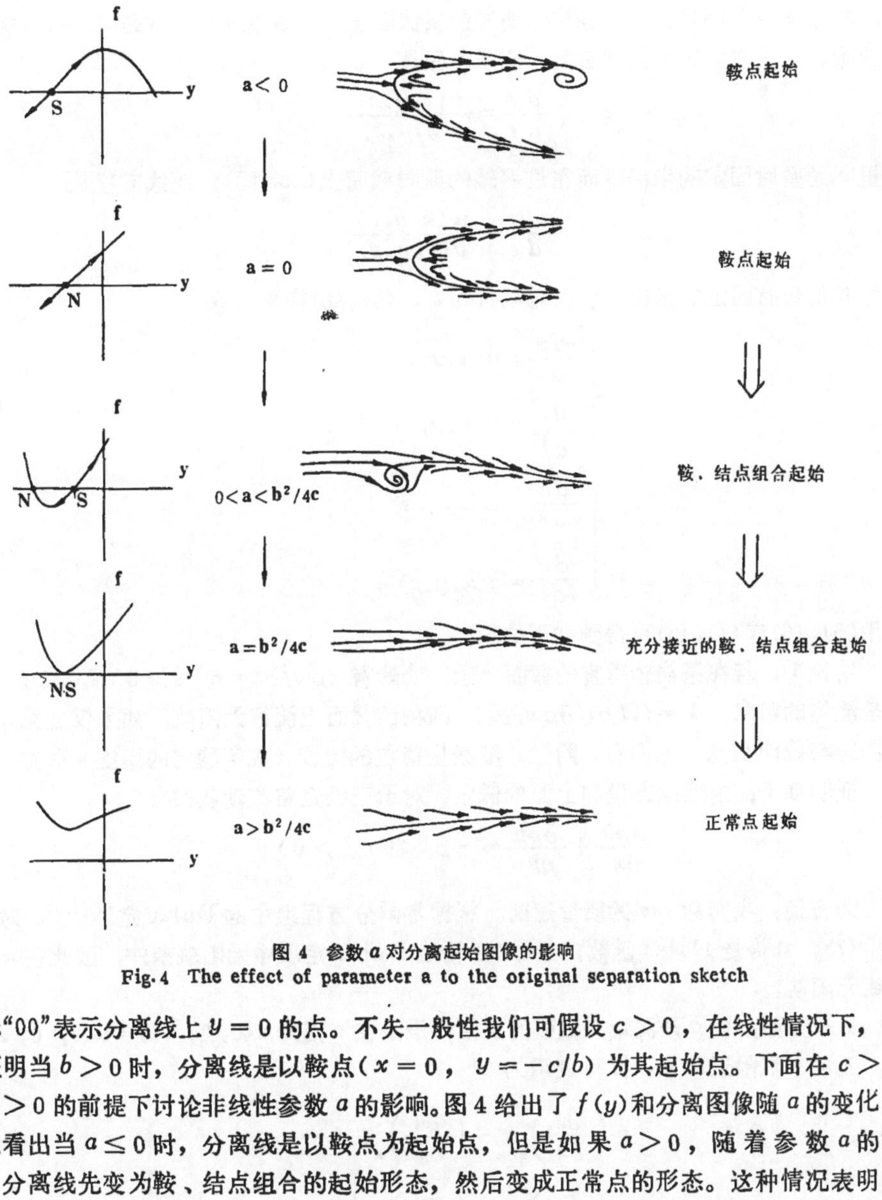

图 4　参数 a 对分离起始图像的影响
Fig.4　The effect of parameter a to the original separation sketch

下标"00"表示分离线上 $y=0$ 的点。不失一般性我们可假设 $c>0$，在线性情况下，已经证明当 $b>0$ 时，分离线是以鞍点（$x=0$，$y=-c/b$）为其起始点。下面在 $c>0$ 和 $b>0$ 的前提下讨论非线性参数 a 的影响。图 4 给出了 $f(y)$ 和分离图像随 a 的变化，可以看出当 $a\leq 0$ 时，分离线是以鞍点为起始点，但是如果 $a>0$，随着参数 a 的增加，分离线先变为鞍、结点组合的起始形态，然后变成正常点的形态。这种情况表明，在一定条件下，由鞍点起始的分离形态，可先变成鞍、结点组合的起始形态，然后再变成正常点起始的形态。

二、旋涡横截面流线形态的研究

关于截面流线形态的研究，Hunt[6] 作了开创工作，他给出了截面流线方程奇点数目的规律。在本节内我们研究旋涡横截面上流线形态的发展。为讨论简单，先假设涡轴为直线，旋涡绕其轴旋转并沿轴向前运动。假定流动是定常的，x，y，z 为直角坐标系，其中 z 沿着涡轴，x，y 轴位于涡轴的横截面上，再假设 u，v，w 是 x，y，z 轴的速度分量，于是在涡轴的横截面上，流线方程是

$$\frac{dy}{dx}=\frac{v(x,y,z)}{u(x,y,z)} \tag{5}$$

这里 z 为暂时固定的坐标。而在过涡轴的纵向截面上（xoz 面），流线方程是

$$\frac{dz}{dx}=\frac{w(x,y,z)}{u(x,y,z)} \tag{6}$$

这里 y 是暂时固定的坐标。引入虚拟时间 t，(5)、(6)亦可写成

$$\begin{cases}\dfrac{dx}{dt}=u(x,y,z)\\[2ex] \dfrac{dy}{dt}=v(x,y,z)\end{cases} \tag{7}$$

$$\begin{cases}\dfrac{dz}{dt}=w(x,y,z)\\[2ex] \dfrac{dx}{dt}=u(x,y,z)\end{cases} \tag{8}$$

利用(5)、(6)或(7)、(8)可得到如下结论：

结论1，若在某涡轴垂直的截面 π 上，处处有 $\partial\rho w/\partial z=\rho\cdot\lambda>0$（或 <0），这里 ρ 是流体的密度，$\lambda=(1/\rho)(\partial\rho w/\partial z)$，则在该截面上流线无闭轨，如果仅是孤立涡，在涡轴与截面交点（称涡心）附近，流线呈稳定的螺旋（或不稳定的螺旋）形态。

证明如下：由连续方程和上面的假定，对于三维定常流动我们有

$$\frac{\partial\rho u}{\partial x}+\frac{\partial\rho v}{\partial y}=-\rho\lambda<0\ (\text{或}>0) \tag{9}$$

以后为方便，我们称 ρw 为质量速度。根据常微分方程组中的 Dulac 定理[8,9]，对于方程组(7)，ρ 恰是 Dulac 函数，条件(9) 恰是 Dulac 定理中无闭轨条件，因此在 π 面上流线无闭轨。

另一方面，设 o 是涡轴与截面的交点，于是在 o 点处 $u(0,\ 0,\ z_\pi)=v(0,\ 0,\ z_\pi)=0$，而在 o 点附近，u，v 可表示为

$$u=\left(\frac{\partial u}{\partial x}\right)_o x+\left(\frac{\partial u}{\partial y}\right)_o y+\cdots$$

$$v=\left(\frac{\partial v}{\partial x}\right)_o x+\left(\frac{\partial v}{\partial y}\right)_o y+\cdots$$

将此两式代入(5)得

$$\frac{dy}{dx}=\frac{\left(\dfrac{\partial v}{\partial x}\right)_o x+\left(\dfrac{\partial v}{\partial y}\right)_o y}{\left(\dfrac{\partial u}{\partial x}\right)_o x+\left(\dfrac{\partial u}{\partial y}\right)_o y} \tag{10}$$

根据常微分方程的定性分析理论，设

$$J=\left(\frac{\partial u}{\partial x}\right)_o\left(\frac{\partial v}{\partial y}\right)_o-\left(\frac{\partial u}{\partial y}\right)_o\left(\frac{\partial v}{\partial x}\right)_o,\quad \Delta=\left(\frac{\partial u}{\partial x}\right)_o+\left(\frac{\partial v}{\partial y}\right)_o$$

当 $4J-\Delta^2\leq 0$ 时，方程 (10) 在 o 点附近所代表的流态为鞍点、结点或退化结点；而当 $4J-\Delta^2>0$ 时，所代表的流动为螺旋点或中心点形态。显然鞍点、结点或退化结点的形态均不能代表旋涡，因此对于这里讨论的旋涡运动，必有

$$4J-\Delta^2>0$$

这是所论问题的前提。因为已知流场内流线无闭轨，在 o 点附近，流线只能为螺旋点形态，且流线的走向，由 Δ 决定[8,9]。利用(9)式，易知 $\Delta<0$（或 >0），于是流线指向 o 点(或指向外部)，即涡是稳定(不稳定)的。

下面进一步研究 Δ，J 的含义。为了简单，假定流体是不可压缩的，于是描述流体运动的 NS 方程是

$$\begin{cases}\dfrac{\partial u}{\partial x}+\dfrac{\partial v}{\partial y}+\dfrac{\partial w}{\partial z}=0\\ u\dfrac{\partial u}{\partial x}+v\dfrac{\partial u}{\partial y}+w\dfrac{\partial u}{\partial z}+\dfrac{1}{\rho}\dfrac{\partial p}{\partial x}=\nu\left(\dfrac{\partial^2 u}{\partial x^2}+\dfrac{\partial^2 u}{\partial y^2}+\dfrac{\partial^2 u}{\partial z^2}\right)\\ u\dfrac{\partial v}{\partial x}+v\dfrac{\partial v}{\partial y}+w\dfrac{\partial v}{\partial z}+\dfrac{1}{\rho}\dfrac{\partial p}{\partial y}=\nu\left(\dfrac{\partial^2 v}{\partial x^2}+\dfrac{\partial^2 v}{\partial y^2}+\dfrac{\partial^2 v}{\partial z^2}\right)\\ u\dfrac{\partial w}{\partial x}+v\dfrac{\partial w}{\partial y}+w\dfrac{\partial w}{\partial z}+\dfrac{1}{\rho}\dfrac{\partial p}{\partial z}=\nu\left(\dfrac{\partial^2 w}{\partial x^2}+\dfrac{\partial^2 w}{\partial y^2}+\dfrac{\partial^2 w}{\partial z^2}\right)\end{cases}\tag{11}$$

由(11)第一式

$$\Delta=\left(\frac{\partial u}{\partial x}\right)_o+\left(\frac{\partial v}{\partial y}\right)_o=-\left(\frac{\partial w}{\partial z}\right)_o\tag{12}$$

而由(11)第四式和涡轴上 $u=v=0$ 的条件得：

$$w_o\left(\frac{\partial w}{\partial z}\right)_o=-\frac{1}{\rho}\left(\frac{\partial p}{\partial z}\right)_o+\nu\left(\frac{\partial^2 w}{\partial x^2}+\frac{\partial^2 w}{\partial y^2}+\frac{\partial^2 w}{\partial z^2}\right)_o$$

将此式代入(12)得

$$\Delta=\frac{1}{w_o}\left\{\frac{1}{\rho}\left(\frac{\partial p}{\partial z}\right)_o-\nu\left(\frac{\partial^2 w}{\partial x^2}+\frac{\partial^2 w}{\partial y^2}+\frac{\partial^2 w}{\partial z^2}\right)_o\right\}\tag{13}$$

该式表明，Δ 的性质由轴向压力梯度、粘性耗散和轴向速度 w_o 决定。当雷诺数趋于无穷大时($\nu\to 0$)，Δ 的性质由压力梯度 $(\partial p/\partial z)_o$ 和 w_o 决定，当 $w_o>0$ 时，顺压梯度 $(\partial p/\partial z)_o<0$ 给出 $\Delta<0$；反压梯度 $(\partial p/\partial z)_o>0$ 给出 $\Delta>0$。

将(11)第二、三、四式分别对 x，y，z 求导，然后三式相加得

$$J=\Delta^2+\frac{1}{2\rho}\left(\frac{\partial^2 p}{\partial x^2}+\frac{\partial^2 p}{\partial y^2}+\frac{\partial^2 p}{\partial z^2}\right)_o\tag{14}$$

由此可见 J 的性质亦由压力梯度、粘性耗散和轴向速度决定。(13)、(14)给出

$$4J-\Delta^2=\frac{3}{w_o^2}\left\{\frac{1}{\rho}\left(\frac{\partial p}{\partial z}\right)_o-\nu\left(\frac{\partial^2 w}{\partial x^2}+\frac{\partial^2 w}{\partial y^2}+\frac{\partial^2 w}{\partial z^2}\right)_o\right\}^2+\frac{2}{\rho}\left(\frac{\partial^2 p}{\partial x^2}+\frac{\partial^2 p}{\partial y^2}+\frac{\partial^2 p}{\partial z^2}\right)_o\tag{15}$$

该式表明，当

$$\left[\frac{1}{\rho}\left(\frac{\partial p}{\partial z}\right)_0-\nu\left(\frac{\partial^2 w}{\partial x^2}+\frac{\partial^2 w}{\partial y^2}+\frac{\partial^2 w}{\partial z^2}\right)_0\right]^2>-\frac{2}{3}\ \frac{w_0^2}{\rho}\left(\frac{\partial^2 p}{\partial x^2}+\frac{\partial^2 p}{\partial y^2}+\frac{\partial^2 p}{\partial z^2}\right)_0 \tag{16}$$

时，z 轴附近的流态为螺旋或中心点型，这正是我们讨论的旋涡运动的情况。

对于可压缩流动，利用同样的方法可得到 Δ，J 的更为复杂的表达式，例如由连续性方程可导出 Δ 的表达式是

$$\Delta=-\frac{1}{\rho_0}\left(\frac{\partial \rho w}{\partial z}\right)_0 \tag{17}$$

结论 2：在旋涡沿 z 轴运动过程中，若沿涡轴

$$\lambda=\frac{1}{\rho}\ \frac{\partial \rho w}{\partial z}>0$$

则在满足此条件的涡轴的垂直截面上，于涡轴附近，旋涡是稳定的，即流线指向旋涡中心。若沿涡轴，$\lambda<0$，则在满足此条件的涡轴的垂直截面上，于涡轴附近，旋涡是不稳定的，即流线指向外部。若 $\lambda=0$，则在满足此条件的涡轴的垂直截面上，于涡轴附近，流线具有中心点的形态。

这个结论的证明方法同上。

结论 3：在旋涡沿 z 向运动过程中，只有不稳定涡才能出现破裂。一个稳定的涡，只有先发展成不稳定的旋涡才能出现破裂。

这是容易证明的。因为沿 z 向运动的旋涡，在破裂点 $\rho w=0$，因此在破裂前，必有一个 ρw 由大变小的过程，即必有 $\lambda<0$ 的一段区间，根据结论 2，此时横截面的涡是不稳定的。

结论 4：若一发展中的旋涡，沿其轴线 λ 变号，例如 λ 由正变负或由负变正，则从变号点起，其涡心附近的截面流线图上开始出现极限环。λ 由正到负的变号点，极限环是稳定的；λ 由负到正的变号点，极限环是不稳定的。

现在来证明这个结论。事实上，利用连续方程，在涡心附近横截面流线方程可表示为

$$\frac{dx}{dt}=\left(\frac{\partial u}{\partial x}\right)_0 x+\left(\frac{\partial u}{\partial y}\right)_0 y+M(x,y)=P(x,y,\lambda)$$

$$\frac{dy}{dt}=\left(\frac{\partial v}{\partial x}\right)_0 x-\left(\frac{\partial u}{\partial x}\right)_0 y-\lambda y+N(x,y)=Q(x,y,\lambda)$$

这里 $M(x,y)$，$N(x,y)$ 为高阶小量项，$P(x,y,\lambda)$，$Q(x,y,\lambda)$ 为 x，y，λ 的解析函数，根据常微分方程定性理论中有关定理[9]，可知当 λ 由正到负变号或由负到正变号时，在涡心附近，截面流线将出现极限环，并且 λ 由正到负变号，极限环是稳定的，由负到正变号，极限环是不稳定的。根据这个定理，λ 有几次变号，极限环就出现几次。因为沿涡轴 λ 是连续分布的，λ 如有多次变号，由正到负和由负到正应是交替出现的，因此稳定的和不稳定的极限环也是交替出现的。作为例子，图 5 给出了 ρw 沿 z 轴变化的一种情况，可以看出，图中 λ 有三个变号点，相应可能有三个极限环出现。图中标出了极限环的性质及涡心附近截面流线的性状。

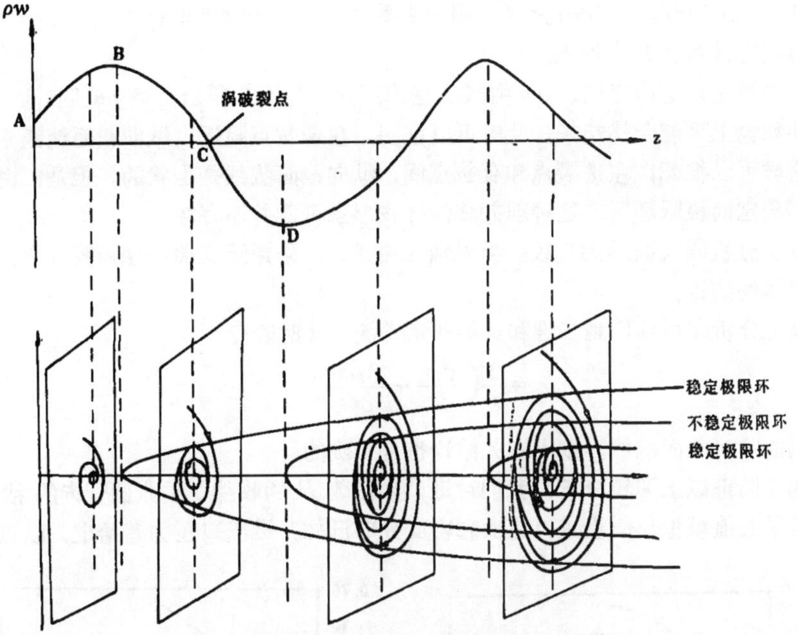

图 5　旋涡横截面上流线形态的发展

Fig.5　The development of streamline patterns on cross sections of vortex

应该指出，这个结论是建筑在 $4J-\Delta^2>0$ 的基础上，也就是说，螺旋点或中心点的形态在涡轴附近总保持。在涡破裂后较远的区域，这个前提是否一直保持，待进一步研究。

结论 5：旋涡在发展中，如涡轴上存在破裂点，则过涡轴的纵向截面流线，在破裂点为鞍点形态。

事实上，不失一般性，我们在 xoz 截面上研究问题。设破裂点为 o，由于它位于涡轴上，又由于前方横截面为不稳定的螺旋点形态，于是我们有以下条件

$$\begin{cases} u_o=w_o=0\,,\ \left(\dfrac{\partial u}{\partial z}\right)_o=0 \\ \left(\dfrac{\partial u}{\partial x}\right)_o>0\,,\ \left(\dfrac{\partial w}{\partial z}\right)_o<0 \end{cases} \tag{18}$$

这样在破裂点附近，u，w 可表示为

$$u=\left(\frac{\partial u}{\partial x}\right)_o x+\cdots$$

$$w=\left(\frac{\partial w}{\partial x}\right)_o x+\left(\frac{\partial w}{\partial z}\right)_o z+\cdots$$

于是方程（6）给出

$$\frac{dz}{dx}=\frac{\left(\dfrac{\partial w}{\partial x}\right)_o x+\left(\dfrac{\partial w}{\partial z}\right)_o z}{\left(\dfrac{\partial u}{\partial x}\right)_o x}$$

由 (18)，$(\partial u/\partial x)_o(\partial w/\partial z)_o<0$，根据常微分方程中的定性理论[8,9]，在 xoz 平面上，破裂点附近流线为鞍点形态。

如果沿旋涡运动方向，ρw 由减小变为回升，如图 5 所示，当 ρw 回升到零值时，破裂涡理论上可能合拢起来。此时可以证明，在合拢点附近，纵向截面流线亦为鞍点形态。这样可以推想，在破裂点和合拢点间，纵向截面流线是泡状的。但是，由于合拢点位于不稳定的极限环区，这种理想化的合拢形态可能并不存在。

以上分析假设涡轴为直线。当涡轴为曲线时，采用正交曲线坐标系分析问题，亦可得到同样的结论。

以上分析亦可推广到二维和三维非定常流，此时若令

$$\lambda=\frac{1}{\rho}\left(\frac{\partial\rho}{\partial t}+\frac{\partial\rho w}{\partial z}\right)$$

对旋涡的瞬时截面流线，以上有关结论也是正确的。

为了验证以上理论分析，我们对进口半径为 R 的收缩、扩张圆管内的粘性旋转流动进行了数值模拟，假设进口速度和密度分布已知，进出口压力差给定，以进口平均物

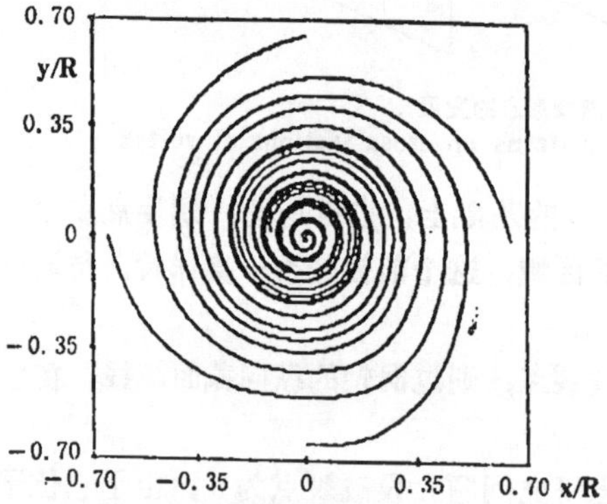

截面流线为稳定螺旋点形态 $z/R=1.00$

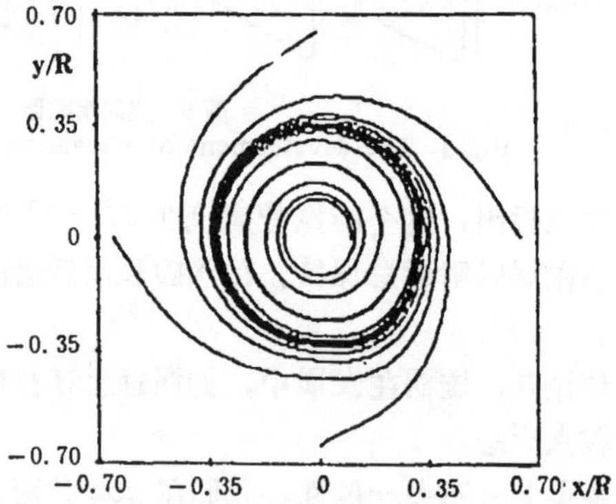

极限环仍存在 $z/R=1.50$

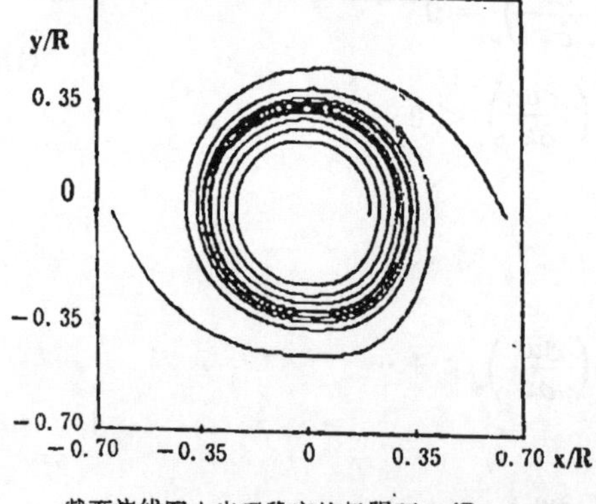

截面流线图上出现稳定的极限环 $z/R=1.30$

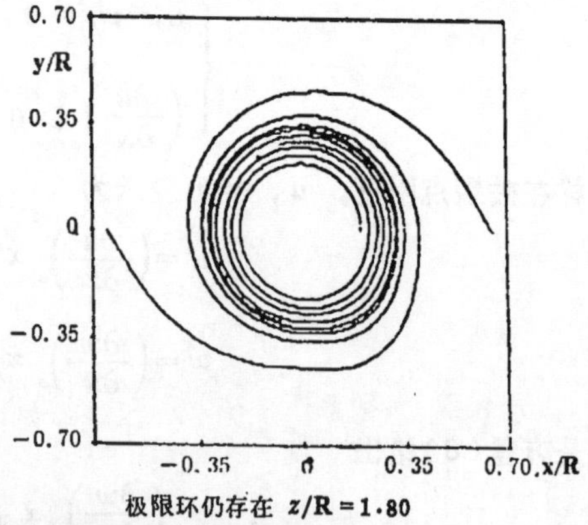

极限环仍存在 $z/R=1.80$

图 6 收缩扩张圆管内旋转粘性流动在各截面上流线的形态

Fig. 6 The patterns of streamlines on different cross sections in a contraction-diffusion tube for viscous flow

理量为特征量的雷诺数 $Re_R=200$，由于气流是旋转的，且沿流动方向压力先降低而后回升，因而数值结果给出：$z/R<1.2$ 时 $\lambda>0$ 而 $z/R>1.2$ 时 $\lambda<0$，由 $\lambda=0$ 的位置起，出现稳定的极限环。图 6 给出了数值模拟结果，和理论分析完全一致。

三、简单的结论

为了定性分析具有旋涡的三维分离流场的特征，研究物体表面上极限流线的形态以及旋涡横截面上流线的形态是很有意义的。Lighthill 关于物面极限流线方程奇点数目的规律以及 Hunt 关于截面流线方程奇点数目的规律，是开创性的研究成果。本文在此基础上作了进一步研究，获得了如下新结论：

1．在物体表面上，若分离线从奇点始，该奇点必为鞍点；若分离线在奇点终，该奇点必为结点（包括螺旋点）。若分离线上有很多奇点，其鞍点和结点是交替分布的。

2．分离线可能存在三种起始形态。第一种为鞍点起始；第二种为正常点起始；第三种为鞍、结点组合的起始形态。第一种是大家熟知的闭式分离，第二种为开式分离。当鞍、结点充分接近时，第三种也可视为开式分离。在这个意义上，开式分离有两种起始形态。

3．在一定条件下，鞍点起始的分离线，先转变成鞍、结点组合的形态，然后再转变为正常点的分离线。

4．对于定常旋涡，沿其轴线 z 轴，其中物理量 $\lambda=(1/\rho)(\partial\rho w/\partial z)$ 是决定横向截面流线形态的重要参数。如果 $\lambda>0$，截面流线在涡心附近是稳定的螺旋点形态；如果 $\lambda<0$ 是不稳定的螺旋点形态；如 $\lambda=0$，截面流线在涡心处为中心点形态。

5．若一发展中的旋涡，沿其轴线 λ 变号，即 λ 由正变为负或由负变为正，则在变号点，其截面流线图上开始出现极限环。λ 由正到负的变号点，极限环是稳定的；λ 由负到正的变号点，极限环是不稳定的。

6．横截面流线为稳定螺旋点形态的区域内，旋涡不会出现破裂。旋涡破裂一定出现在截面流线为不稳定螺旋点形态的区域内。一个旋涡，若在起始区其截面流线为稳定的螺旋点形态，它只能先演变成不稳定的螺旋点形态，然后才可能破裂。

7．在通过涡轴的纵向平面内，破裂点附近流线形态是鞍型的，如果存在破裂涡的合拢点，理论上它附近纵向截面流线也是鞍型的。但是由于该合拢点位于非稳定的极限环内，合拢点处的真实流态，可能并非如此简单。

8．对于不可压缩流动，参数

$$\lambda=-\frac{1}{w_o}\left[\frac{1}{\rho}\left(\frac{\partial p}{\partial z}\right)_o-\nu(\nabla^2 w)_o\right].$$

涡心处螺旋型流动存在的条件是：

$$\left[\frac{1}{\rho}\left(\frac{\partial p}{\partial z}\right)_o-\nu(\nabla^2 w)_o\right]^2>-\frac{2}{3}\ \frac{w_o^2}{\rho}(\nabla^2 p)_o$$

这里 ∇^2 为 Laplace 算子。这表明参数 λ 和螺旋流存在条件都取决于压力和粘性耗散。对于可压缩流动，可导出更复杂的关于 λ 和螺旋型流态存在条件的表达式。

9．对于非定常流，若令

$$\lambda=\frac{1}{\rho}\left(\frac{\partial\rho}{\partial t}+\frac{\partial\rho w}{\partial z}\right)$$

对旋涡的瞬时截面流线，结论4，5等也是正确的。

参考文献

1 Lighthill M J. Laminar Boundary Layers, ed by Rosenhead L. 1963.
2 Perry A E and Fairlie B D. *Adv. in Geophys*, 18B, 1974, 299—315
3 Peake D J and Tobak M. AGARD-LS-1271, 1982, (2)
4 Dallmann U. AIAA Paper 83-1735, 1983.
5 Hunt J C R et al.. JFM 86, 1987, 179—200
6 张涵信. 空气动力学学报, 1985, 3(1): 1—12
7 张涵信. 空气动力学学报, 1987, 5(1): 1—10
8 张芷芬等. 微分方程定性理论. 科学出版社, 1985.
9 张绵炎. 常微分方程几何理论与分支问题. 北京大学出版社, 1981.
10 张涵信. 中国空气动力研究与发展中心报告, TR-9-87036, 1987.

Analytic Studies for Three Dimensional Steady Separated Flows and Vortex Motion

Zhang Hanxin　　Deng Xiaogang
(China Aerodynamics Research and Development Center)

Abstract This paper consists of two parts.

In the first part, the distribution rule of singular points along the separation line is given. If the separation line starts from singular point, then this point must be a saddle point. If the separation line ends at the singular point, then this point must be a nodal point or spiral node. If many singular points are distributed at separation line, two saddle points or two nodal points cannot directly connect each other along the separation line. There are three types for starting pattern of separation lines. One starts from a saddle point. We call it as closed separation line. The second starts from regular point which is open separation line. The third is the combination of saddle point with nodal point.

In the second part, the development of a vortex along its axis z is studied. Depending on whether $\lambda=(1/\rho)(\partial\rho w/\partial z)$at the axis z is positive or negative, we will have the transversal streamline being spiral inward vortex (called as stable) or spiral outward vortex (called as unstable). Where w is the velocity component along the axis z and ρ is the density of gas flow. The vortex bursting is accompanied with an unstable spiral. If λ variates from positive to negative along the axis z or from negative to positive, the stable limiting cycle for the transversal. streamline equation or unstable limiting cycle will exist in the region behind the place where $\lambda=0$. In the longitudinal section at bursting point, the section streamlines are of saddle type. The numerical results given by this paper agree with all qualitative pictures mentioned above.

Key words separated flow, vortex flow, vortex bursting, topological analysis.

高超声速层流尾迹的数值模拟*

张涵信　　黎作武

（中国空气动力研究与发展中心，四川绵阳，211信箱，621000，绵阳）

提要　本文利用无波动、无自由参数、耗散的差分格式（NND 格式），通过求解 NS 方程，数值模拟了高超声速层流尾迹的流动，清晰地给出了主激波、拐角膨胀波、迹激波及自由剪切层．所得流场物理量的分布与实验结果甚为一致．计算发现了底部迴流区由起始向定常的发展中，在瞬时流线图上经历了极限环形成、胀大、缩小、再胀大最后消失的演变过程．

关键词　高超声速流动，尾迹流动，分离流动，旋涡流动

一、引　　言

导弹及航天飞行器再入大气层时，其后是高温气体分子、离子等组成的尾迹．研究尾迹流场的结构及特征，不仅是解释尾迹中各种现象的需要，也对解决飞行器底部的气动力、热和飞行器识别等问题有重要意义．

关于尾迹流场，一般将流动全部出现超声速，且流动参数变化较小的下游流场，称为远尾，而将连接物体底部和远尾的区域称为近尾．近尾流动结构复杂，包含激波、剪切层和旋涡的干扰，是尾迹流动中研究的难点．目前很多工作都集中在这一领域内．

早在五十年代，Chapman 就提出了计算近尾流动的近似方法和近似模型[1]，以后 Denison 和 Baum[2]，Weiss[3] 及 Ohrenberger 和 Baum[4] 等作了进一步发展．但由于模型和方法的局限性，这方面工作没得到普遍应用．另一方面，不少人利用飞行试验、弹道靶和风洞实验来研究尾流[5-10]．

进入 80 年代后，尾迹流场的数值模拟发展起来．应用时间相关的可压缩 NS 方程，Sahu 等人[11]研究了跨声速抛射体后的尾迹；Deiwert[12]，Thomas[13] 及 Lombard[14] 等计算了跨声速带喷流的底部流动．Rekis 和 Conti[15] 以及 Tassa 和 Conti[16] 等计算了高马赫数的锥体尾流，并分析了马赫数、雷诺数及钝度比的影响．Hollander[17]、Conti[18] 研究了真实气体对尾流的影响．但是，应该指出，由于尾流场内存在主激波、迹激波、拐角膨胀区、剪切层和迴流区（图 1），且彼此之间相互干扰，因此要成功地模拟尾流，在计算方法上，必须对激波、膨胀波、剪切层和旋涡的捕捉有高的分辨能力，这正是计算模拟需要进一步做的．最近张涵信提出的基本上二阶精度的 NND 格式[19]，大量数值实验表明，具有较强的捕捉激波、膨胀波及旋涡的能力．本文目的在于利用这一格式来计算尾迹流场，并在此基础上研究尾迹内流动和旋涡的特征．

* 力学学报，1992, 24（4）：389-399．本文于1991年7月28日收到，1991年12月24日收到修改稿。

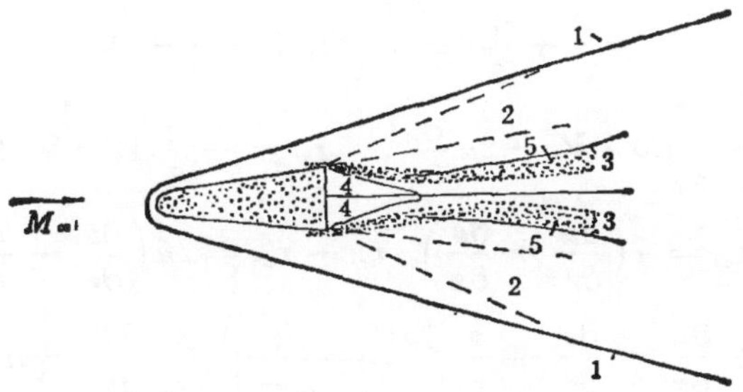

图1　钝锥尾迹流场示意图

1.主激波 2.膨胀波区 3.尾激波 4.迴流区 5.自由剪切层

二、控制方程和边界条件

1. 控制方程

在本文研究的马赫数和雷诺数条件下，流动为层流状态．因此我们假设尾迹为轴对称层流．采用图2所示柱座标系 (x, r, θ),其描述尾迹流动的无量纲化的 NS 方程为:

$$\frac{\partial U}{\partial t}+\frac{\partial E}{\partial x}+\frac{\partial F}{\partial r}+G=\frac{1}{\mathrm{Re}}\left(\frac{\partial E_v}{\partial x}+\frac{\partial F_v}{\partial r}+G_v\right) \tag{1}$$

式中:

$$U=(\rho, \rho u, \rho v, \rho e)^T$$

$$E=(\rho u, \rho u^2+p, \rho u v, \rho u H)^T$$

$$F=(\rho v, \rho u v, \rho v^2+p, \rho v H)^T$$

$$G=\frac{1}{r}(\rho v, \rho u v, \rho v^2, \rho v H)^T$$

$$E_v=\left(0, \tau_{xx}, \tau_{xr}, \tau_{xx}u+\tau_{xr}v+\frac{\gamma}{\gamma-1}\frac{K}{\mathrm{Pr}_\infty}\frac{\partial T}{\partial x}\right)^T$$

$$F_v=\left(0, \tau_{xr}, \tau_{rr}, \tau_{xr}u+\tau_{rr}v+\frac{\gamma}{\gamma-1}\frac{K}{\mathrm{Pr}_\infty}\frac{\partial T}{\partial r}\right)^T$$

$$G_v=\frac{1}{r}(0, \tau_{xr}, \tau_{rr}-\tau_{\theta\theta}, \hat{T}_4)^T$$

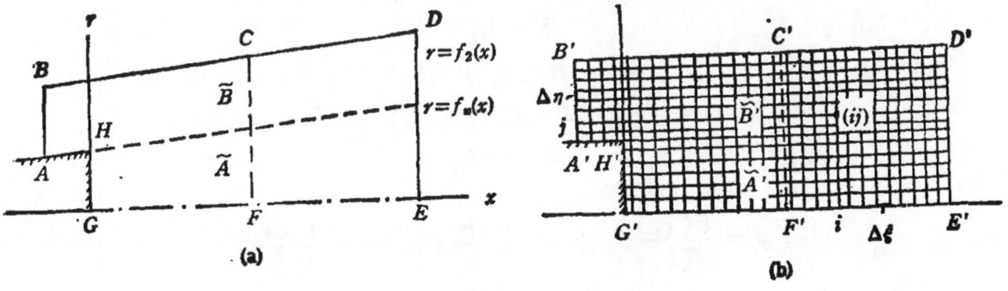

图2　物理和过渡平面的计算域

$$e=\varepsilon+\frac{1}{2}(u^2+v^2),\ H=e+\frac{p}{\rho}$$

$$\tau_{xx}=-\frac{2}{3}\mu\nabla\cdot V+2\mu\frac{\partial u}{\partial x},\quad \tau_{rr}=-\frac{2}{3}\mu\nabla\cdot V+2\mu\frac{\partial v}{\partial r}$$

$$\tau_{xr}=\mu\left(\frac{\partial u}{\partial r}+\frac{\partial v}{\partial x}\right),\ \tau_{rr}-\tau_{\theta\theta}=2\mu\left(\frac{\partial v}{\partial r}-\frac{v}{r}\right)$$

$$\nabla\cdot V=\frac{\partial u}{\partial x}+\frac{\partial v}{\partial r}+\frac{v}{r},\ \hat{T}_4=\frac{\gamma}{\gamma-1}\frac{K}{\mathrm{Pr}_\infty}\frac{\partial T}{\partial x}+u\tau_{xr}+v\tau_{rr}$$

$$\mathrm{Re}=\frac{\rho_\infty u_\infty R_b}{\mu_\infty},\ \mathrm{Pr}_\infty=\frac{c_{p\infty}\mu_\infty}{K_\infty}$$

这里无量纲的参数定义如下：时间 t 和坐标 x,r 分别相对于 R_b/u_∞ 和 R_b；R_b 是物体的底部半径 u_∞ 是来流的速度。压力 p、密度 ρ 分别相对于 $\rho_\infty u_\infty^2$ 和 ρ_∞，速度在 x,r 方向的分量 u,v 相对于 u_∞；温度 T、粘性系数 μ 和导热系数 K 分别相对于 u_∞^2/R_∞、μ_∞ 和 K_∞。这里 R_∞ 是来流的气体常数，下标“∞”表示来流值。

对于完全气体，无量纲的状态方程和内能 ε 的表达式是：

$$p=\rho T$$

$$\varepsilon=\frac{1}{\gamma-1}\frac{p}{\rho}$$

这里 γ 为绝热指数。粘性系数 μ 由 Sutherland 公式给出，且假设 $\frac{c_p\mu}{\lambda}=\mathrm{Pr}_\infty=0.72$。

引入如下变换：

$$\begin{cases}\tau=t\\ \xi=\xi(t,x,r)\\ \eta=\eta(t,x,r)\end{cases}$$

则控制方程变换为：

$$\frac{\partial\bar{U}}{\partial\tau}+\frac{\partial\bar{E}}{\partial\xi}+\frac{\partial\bar{F}}{\partial\eta}+\bar{G}=\frac{1}{\mathrm{Re}}\left(\frac{\partial\bar{E}_v}{\partial\xi}+\frac{\partial\bar{F}_v}{\partial\eta}+\bar{G}_v\right)\tag{2}$$

式中，

$$\bar{U}=JU$$
$$\bar{E}=J(\xi_t U+\xi_x E+\xi_r F)$$
$$\bar{F}=J(\eta_t U+\eta_x E+\eta_r F)$$
$$\bar{G}=JG$$
$$\bar{E}_v=J(\xi_x E_v+\xi_r E_v)$$
$$\bar{F}_v=J(\eta_x E_v+\eta_r F_v)$$
$$\bar{G}_v=JG_v$$

并且，

$$J=\frac{\partial(x,r)}{\partial(\xi,\eta)},\ \xi_x=\frac{1}{J}\frac{\partial r}{\partial\eta},\ \eta_x=-\frac{1}{J}\frac{\partial r}{\partial\xi}$$

$$\xi_r=-\frac{1}{J}\frac{\partial x}{\partial\eta},\ \eta_r=\frac{1}{J}\frac{\partial x}{\partial\xi},\ \xi_t=\frac{1}{J}(x_\eta r_\tau-r_\eta x_\tau)$$

$$\eta_t = \frac{1}{J}(r_\xi x_\tau - x_\xi r_\tau)$$

(2)式即为可压缩完全 NS 方程。如略去该方程中的时间导数项及与流向(ξ 方向)相关的粘性导数项$\left(如\ \frac{\partial^2}{\partial\xi^2},\ \frac{\partial^2}{\partial\xi\partial\eta}\ 等\right)$,则得到可用于空间推进的抛物化 NS 方程:

$$\frac{\partial \bar{E}}{\partial \xi} + \frac{\partial \bar{F}}{\partial \eta} + \bar{G} = \frac{1}{\mathrm{Re}}\left(\frac{\partial \bar{F}_v}{\partial \eta} + \bar{G}_v\right) \tag{3}$$

式中 $\bar{E}$,$\bar{F}$ 和 $\bar{G}$,同完全的 NS 方程,而

$$\bar{F}_v = J(0,\ \eta_x\tau_{xx} + \eta_r\tau_{xr},\ \eta_x\tau_{xr} + \eta_r\tau_{rr},\ \hat{S}_4)^T$$

$$\bar{G}_v = \frac{J}{r}(0,\ \tau_{xr},\ \tau_{rr} - \tau_{\theta\theta},\ \hat{T}_4)^T$$

这里,

$$\tau_{xx} = \frac{2}{3}\mu\left(2\eta_x u_\eta - \eta_r v_\eta - \frac{v}{r}\right)$$

$$\tau_{xr} = \mu(\eta_r u_\eta + \eta_x v_\eta)$$

$$\tau_{rr} = \frac{2}{3}\mu\left(-\eta_x u_\eta + 2\eta_r v_\eta - \frac{v}{r}\right)$$

$$\tau_{rr} - \tau_{\theta\theta} = 2\mu\left(\eta_r v_\eta - \frac{v}{r}\right)$$

$$\hat{S}_4 = \frac{\gamma}{\gamma - 1}K(\eta_x^2 + \eta_r^2)\frac{1}{\mathrm{Pr}_\infty}T_\eta + \eta_x u\tau_{xx} + \eta_r vT_{rr} + (\eta_x v + \eta_r u)\tau_{xr}$$

$$\hat{T}_4 = \frac{\gamma}{\gamma - 1}K\eta_r\frac{1}{\mathrm{Pr}_\infty}T_\eta + u\tau_{xr} + v\tau_{rr}$$

2. 边界条件:

本文研究的尾迹流场为图 2 所示区域 ABCDEFGHA,其中外边界 BCD 的确定原则是:一方面它应包含物体的主激波,另一方面它与主激波又相距很近。这可用尝试法决定,即先估计主激波的位置,从而初选 BCD,然后通过流场计算将 BCD 调整到合宜的位置。可把尾迹分成二个区域:近尾区 ABCFGHA 和远尾区 CDEF。远尾区的主要标志是其内流场全为超声速。两个区域均可用时间相关的激波捕捉法求方程(2)的稳定解。但为了节省计算时间,在远尾区内,也可用空间推进法求解定常抛物化 NS 方程(3)。边界条件如下:

(1) 壁面 AHG 上,采用无滑移条件 $u = v = 0$,且假设壁面绝热(或等温)。

(2) 对称轴 GFE 上,应用对称条件:

$$v = 0,\ \frac{\partial \rho}{\partial r} = \frac{\partial u}{\partial r} = \frac{\partial p}{\partial r} = 0$$

(3) 外边界 BCD 上,由于位于主激波上方,我们赋于来流值。

(4) 人口边界 AB,它位于底部流动影响区的上游,其上物理量由上游钝体绕流解给出。

(5) 当近尾、远尾均采用时间相关求解时,两区作为一个整体考虑,此时出口边界 DE 上的物理量由相邻内点物理量一阶外插确定。如近尾用时间相关法,远尾用空间推

进，在求解近尾流场时，分界面 CF 上的值也用相邻但属近尾内点的值外插确定，CF 上的值解出后，以此作为初值推进计算远尾流动。

三、网格及数值离散

1. 网格

在计算域中(图 2(a))，将壁面线 AH 延伸，于是流场被划分为上、下两个区域 $\tilde{A}$，$\tilde{B}$。设 $r=f_w(x)$ 是延伸线的方程，$r=f_2(x)$ 是计算域上边界线 BCD 的方程，作如下坐标变换:

$$x=\xi$$

$$r=\begin{cases}\eta f_w(x) & 0\leqslant\eta\leqslant 1\quad 区域\ \tilde{A}\\ f_w+g[f_2(x)-f_w(x)], & 1<\eta\leqslant 2\quad 区域\ \tilde{B}\end{cases}\tag{4}$$

式中，

$$g=\frac{e^{k(\eta-1)}-1}{e^k-1}$$

这里 k 为常量，则物理平面上计算域 ABCDEFGHA，被转变为 ξ，η 平面上的计算域 A′B′C′D′E′F′G′H′A′。求解时，用等距网格线将 ξ,η 平面上的计算域，划分成规则网格，其网格间距分别为 $\Delta\xi$ 和 $\Delta\eta$。利用变换(4)，ξ,η 平面上任一节点 (i,j)，在 x,r 平面上均有对应的位置。

2. 数值格式

本文使用两种计算格式——NND-1 及 NND-4[20]。NND-1 在时间方向为一阶、空间方向为二阶精度，而 NND-4 在时间和空间方向均为二阶精度，它们同属于 TVD 格式。

对于方程(2)，NND-1 给出的差分方程是:

$$\begin{aligned}\bar{U}_{ij}^{n+1}=\bar{U}_{ij}^{n}&-\frac{\Delta t}{\Delta\xi}\left(H_{i+1/2,j}^{(1)n}-H_{i-1/2,j}^{(1)n}\right)-\frac{\Delta t}{\Delta\eta}\left(H_{ij+1/2}^{(2)n}-H_{ij-1/2}^{(2)n}\right)\\&-\Delta t\bar{G}_{ij}^{n}+\frac{\Delta t}{\mathrm{Re}}\left[\left(\frac{\partial\bar{E}_v}{\partial\xi}\right)_{ij}^{n}+\left(\frac{\partial\bar{F}_v}{\partial\eta}\right)_{ij}^{n}+\bar{G}_{v\,ij}^{n}\right]\end{aligned}\tag{5}$$

式中，

$$\begin{aligned}H_{i+1/2,j}^{(1)}=\bar{E}_{ij}^{+}&+\frac{1}{2}\min\operatorname{mod}\left(\Delta\bar{E}_{i-\frac{1}{2},j}^{+},\Delta\bar{E}_{i+\frac{1}{2},j}^{+}\right)\\&+\bar{E}_{i+1,j}^{-}-\frac{1}{2}\min\operatorname{mod}\left(\Delta\bar{E}_{i+\frac{1}{2},j}^{-},\Delta\bar{E}_{i+\frac{3}{2},j}^{-}\right)\end{aligned}$$

$$\begin{aligned}H_{ij+1/2}^{(2)}=\bar{F}_{ij}^{+}&+\frac{1}{2}\min\operatorname{mod}\left(\Delta\bar{F}_{ij-\frac{1}{2}}^{+},\Delta\bar{F}_{ij+\frac{1}{2}}^{+}\right)\\&+\bar{F}_{ij+1}^{-}-\frac{1}{2}\min\operatorname{mod}\left(\Delta\bar{F}_{ij+\frac{1}{2}}^{-},\Delta\bar{F}_{ij+\frac{3}{2}}^{-}\right)\end{aligned}$$

$$\Delta\bar{E}_{i+1/2,j}^{\pm}=\bar{E}_{i+1,j}^{\pm}-\bar{E}_{ij}^{\pm}$$

$$\Delta\bar{F}_{i,j+1/2}^{\pm}=\bar{F}_{i,j+1}^{\pm}-\bar{F}_{i,j}^{\pm}$$

$\bar{E}^{\pm}$ 和 $\bar{F}^{\pm}$ 分别是 $\bar{E}$ 和 $\bar{F}$ 的正负通量。在(5)式中，$\left(\frac{\partial\bar{E}_v}{\partial\xi}\right)_{ij}$ 和 $\left(\frac{\partial\bar{F}_v}{\partial\eta}\right)_{i,j}$ 分别用二

阶中心差分格式计算，上标 n 表示在 $t=t_n$ 时间层取值，Δt 是时间方向的推进步长。

若(2)使用 NND-4 求解，相应的差分方程是：

$$\bar{U}_{ij}^{*}=\bar{U}_{ij}^{n}-\frac{\Delta t}{\Delta\xi}\left(H_{i+1/2,j}^{(1)n}-H_{i-1/2,j}^{(1)n}\right)-\frac{\Delta t}{\Delta\eta}\left(H_{i,j+\frac{1}{2}}^{(2)n}-H_{i,j-\frac{1}{2}}^{(2)n}\right)-\Delta t\bar{G}_{ij}^{n}+\frac{\Delta t}{\text{Re}}\left[\left(\frac{\partial\bar{E}_v}{\partial\xi}\right)_{i,j}^{n}+\left(\frac{\partial\bar{F}_v}{\partial\eta}\right)_{i,j}^{n}+\bar{G}_{v_{i,j}}^{n}\right] \tag{6}$$

$$\bar{U}_{ij}^{n+1}=\frac{1}{2}\left\{\bar{U}_{ij}^{n}+\bar{U}_{ij}^{*}-\frac{\Delta t}{\Delta\xi}\left(H_{i+1/2,j}^{(1)*}-H_{i-1/2,j}^{(1)*}\right)-\frac{\Delta t}{\Delta\eta}\left(H_{ij+1/2}^{(2)*}-H_{i,j-\frac{1}{2}}^{(2)*}\right)-\bar{G}_{ij}^{*}\Delta t+\frac{\Delta t}{\text{Re}}\left[\left(\frac{\partial\bar{E}_v}{\partial\xi}\right)_{ij}^{*}+\left(\frac{\partial\bar{F}_v}{\partial\eta}\right)_{ij}^{*}+\bar{G}_{v_{ij}}^{*}\right]\right\} \tag{7}$$

两个格式的稳定条件分别可由下式给出：

$$\Delta t=k_s\cdot\min(\Delta t_x,\Delta t_r)$$

$$\Delta t_x=\frac{\Delta x}{\left\{|u|+a+\frac{1}{\rho\text{Re}}\left[\frac{2\gamma\cdot\mu}{\text{Pr}_\infty\Delta x}+\left(\frac{2}{3}\mu^2\right)^{1/2}\frac{1}{\Delta r}\right]\right\}_{\max}}$$

$$\Delta t_r=\frac{\Delta r}{\left\{|v|+a+\frac{1}{\rho\text{Re}}\left[\frac{2\gamma\cdot\mu}{\text{Pr}_\infty\Delta r}+\left(\frac{2}{3}\mu^2\right)^{1/2}\frac{1}{\Delta x}\right]\right\}_{\max}}$$

式中 a 为声速. 对 NND-1，$k_s=\frac{2}{3}$；而对 NND-4，$k_s=1$.

在远尾区，由于流动全为超声速，定常抛物化 NS 方程(3)是双曲抛物型的，因此可用空间推进方法求解. 由于在方程(3)中，$\bar{F}=\bar{F}(\bar{E})$，如果将 $\bar{E}$ 视为非定常方程中的 $\bar{U}$，ξ 视为 t，那么上面用 NND-4 给出的差分方程，很容易推广到方程(3)，这里为了简单，不再列出(3)的差分表示式.

四、计算结果及分析

为了验证本文方法和结果的准确性，我们计算了有实验资料的氦气钝锥尾流. 计算条件取自实验[10]，即来流 $M_\infty=16.35$，$\text{Re}=0.605\times10^{5}$*，壁面绝热. 计算分两个区域进行：近尾迹区用差分方程(5)计算，(纵向)×(横向网格)取91×46. 为近似模拟风洞实验时近尾区内的气体由静止起动到定常状态中间经历的非定常发展过程，假设初场静止且无量纲压力，密度分别为 $p=10^{-4}$，$\rho=10^{-3}$，进口边界 AB 上的物理量由钝体绕流程序给出(在本算例中，球钝锥的钝度比为 0.2，钝锥的半锥角为 10°). 远尾迹区的流动，用 NND-4 给出的抛物化 NS 方程的空间推进差分算式计算，横向网格数取为 70，纵向网格步长由稳定性条件给出. 计算中假定(4)式内的 $f_2=0.6+x\,\text{tg}\,11°$，$k=2.5$.

图 3,4 是计算给出的氦气近尾区的等压力和等 Mach 数线分布，图中清晰地显示出主激波、绕拐角的膨胀波和尾激波. 从等 Mach 线图上，还可看到由钝身表面上发展过

* 以底部直径为特征长度的雷诺数 $\text{Re}_D=1.21\times10^{5}$

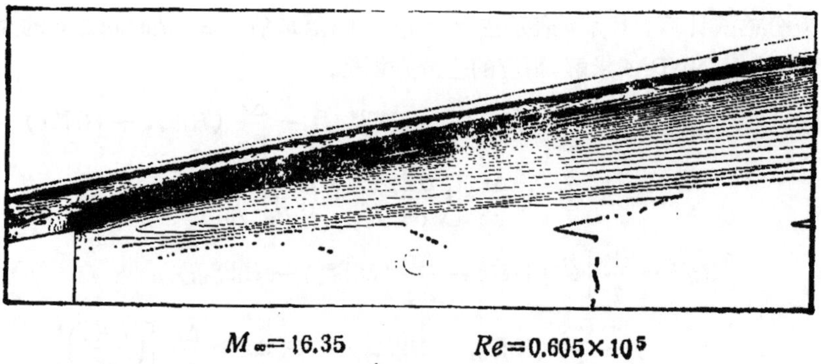

图 3 He 气尾流的等压力线

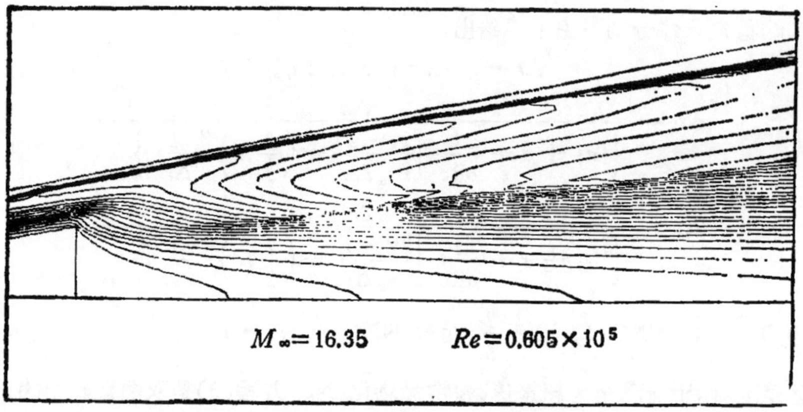

图 4 He 气尾流的等 Mach 线

来的很厚的自由剪切层，尾激波部分被埋在剪切层内。图 5 是 $x=6$ 横截面上流物理量的分布，可以看到压力、密度经主激波、膨胀波、尾激波和剪切层的变化。有意义的是，

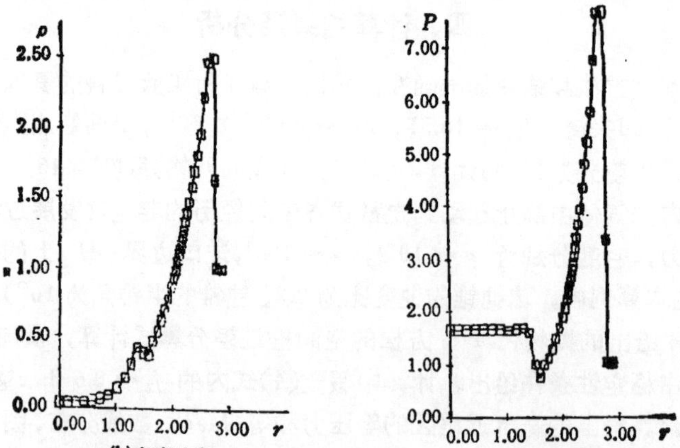

图 5 $x=6$ 横截面上的压力和密度分布

$x=6.00$

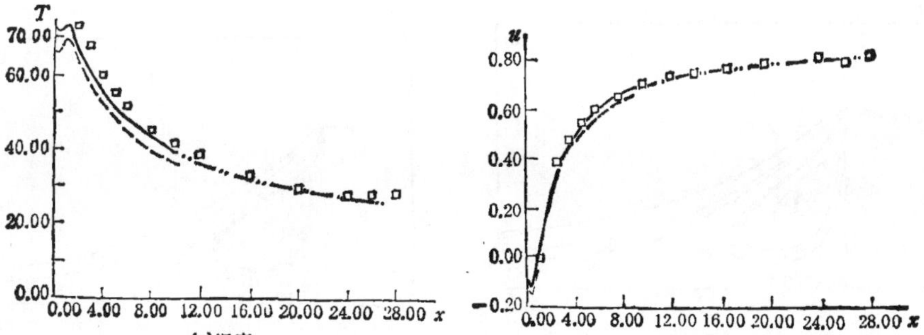

(a)温度　　(b)速度

图 6　尾迹轴线上的温度和速度分布

□实验[10] —本文时间相关法 …文献[18]. --本文空间推进法

NND 格式所捕捉的主激波，仅跨过一个网格节点．图 6 是计算给出的尾流轴线上的温度和速度分布．为了比较，图中画出了实验结果[10]和文献[18]给出的计算结果，可以看出，计算和实验的一致性是满意的．

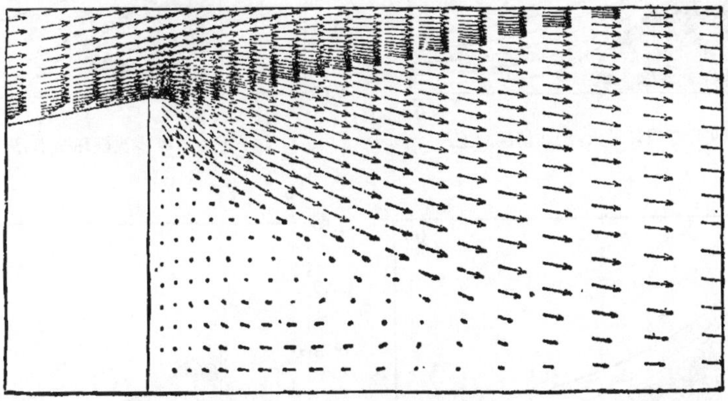

图 7　近尾迹区速度向量图

为了阐明底部流动分离的特征，图 7 画出了近尾区流动的速度向量图．更是兴趣的是图8，它给出了底部分离区瞬时流线随时间变化的过程：

(1) 图 8(a) 表明，高速气流刚一绕过拐角，在底部就迅速产生迴流旋涡区．开始时*，涡心是稳定的螺旋点，即流线指向涡心．

(2) 随时间增长，如图 8(b)(c)，在某一时刻后涡心由稳定的螺旋点形态演变为不稳定的螺旋点形态，并且在迴流区内形成极限环．极限环外，流线指向内部；极限环内，流线由涡心指向极限环．且随时间增加，极限环不断扩大．

(3) 时间再增加，如图 8(d)(e)，极限环进一步缩小，最后缩小到极限位置．

(4) 如果时间再增，如图 8(f)(g)(h)，极限环又逐渐增大，最后达到迴流区外边界而消失．

在经极限环生成、增大、缩小、增大的反复演变后，涡心再变为中心点形态(图 8(h))，

* 开始时底部区的密度很低．

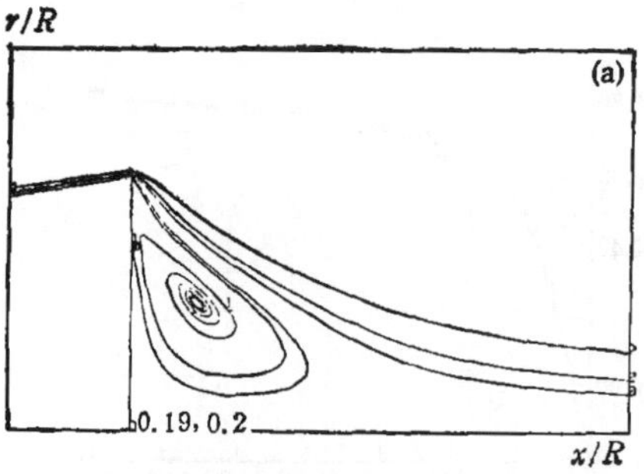

（a）初始，流线向内转

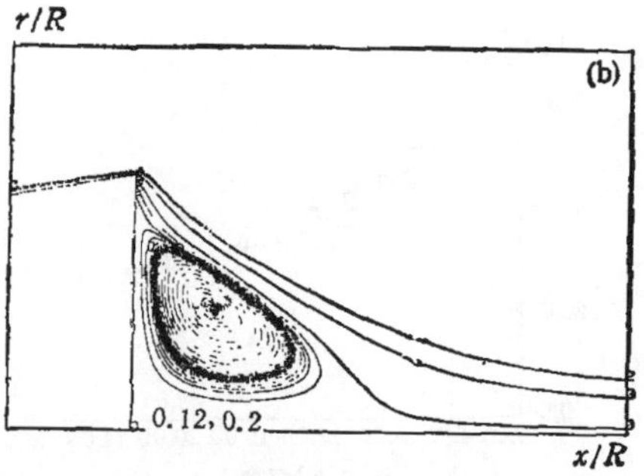

（b）$T = 300$ 步，出现极限环，环内流线向外转，环外流线向内转

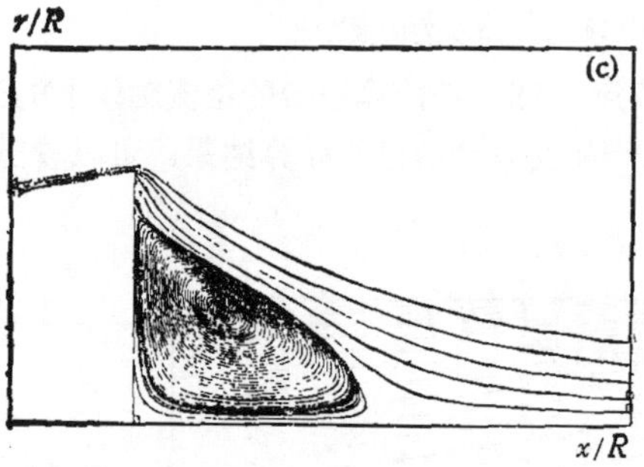

（c）$T = 400$ 步极限环增大，流线情况同上.

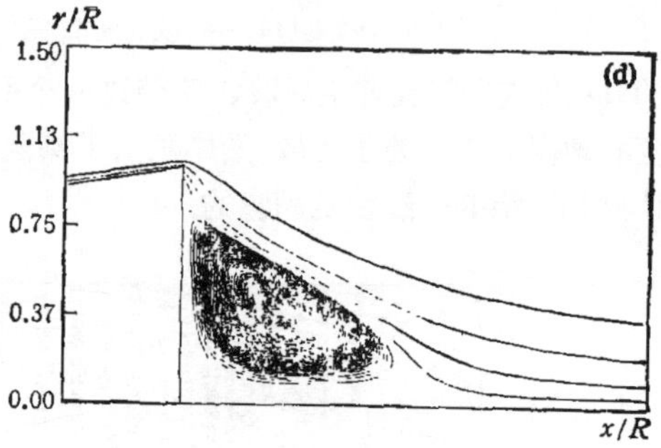

（d）$T = 650$ 步极限环缩小，流线情况同上

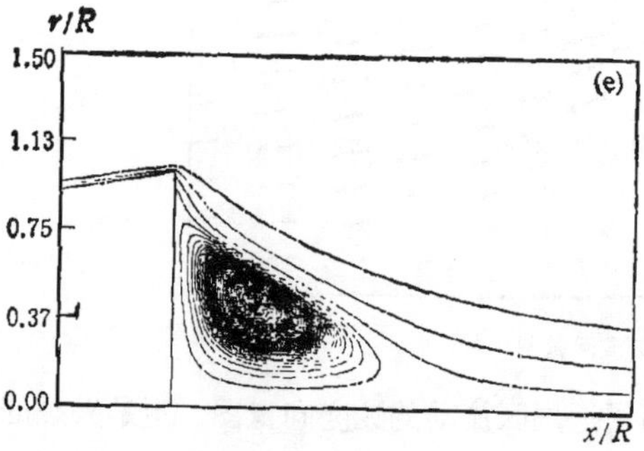

（e）$T = 800$ 极限环更小，流线情况同上

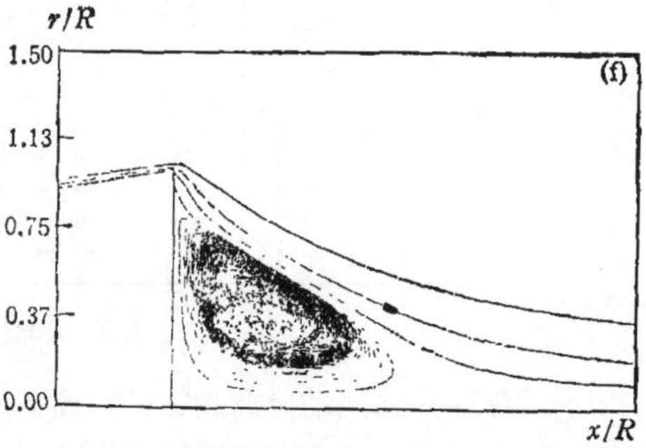

$T = 1000$，极限环又增大，流线情况同上.

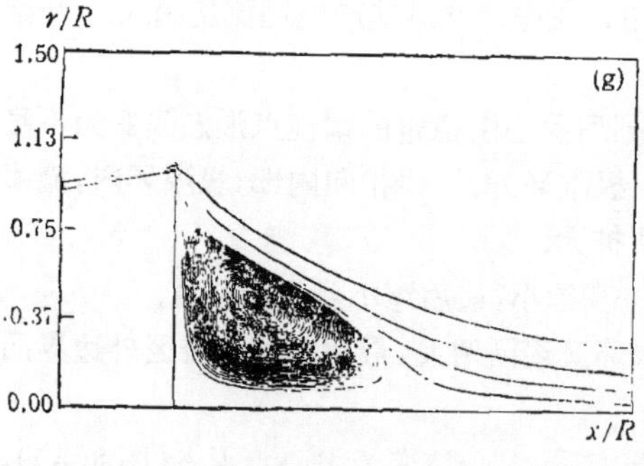

（g）$T = 1100$ 极限环更大，流线情况同上

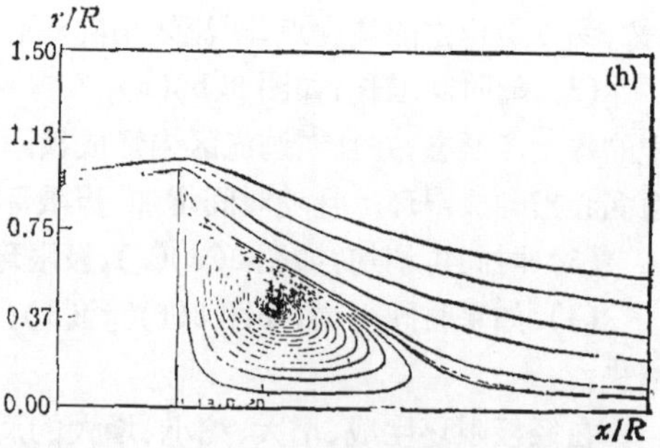

（h）$T = 2400$ 极限环消失，流线向外转，涡心为中心点

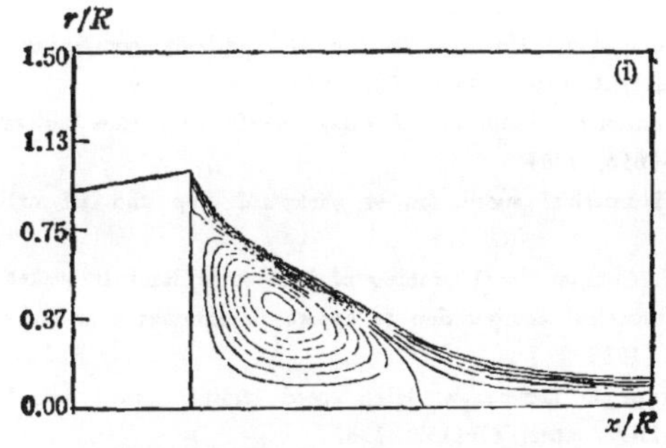

(i) 定常情况，迴流区内流线为闭合曲线簇

图 8　迴流区由起始到定常，瞬时流线的演变过程

并且其周围的闭合流线的区域不断加大，最后整个迴流区的流线均是闭合的(图 8(i))，这就意味着定常状态的到来。

张涵信利用拓扑方法对上述旋涡演变过程作了定性的理论分析，在计算条件下，分析结论和数值结果完全一致，张的理论分析，将有另文发表。

五、简单的结论

通过以上分析，我们有以下结论：

1. 利用 NND 格式，能清晰地给出尾流场、主激波、拐角膨胀区、剪切层和尾激波。所捕捉的主激波仅跨过一个网格节点。计算所获得的尾流轴向压力、温度和速度分布，和实验结果相当一致。

2. 计算模拟给出了底部迴流区形成和发展过程。定常尾迹迴流区，流线是闭合的．但是迴流区由开始形成到定常，在计算条件下，需要经过极限环产生、胀大、缩小、再增大等非定常演变过程。这也是高速可压缩流动与不可压缩流动的区别。

参　考　文　献

[1] Chapman D R An analysis of base pressure at supersonic velocities and comparison with experiment. NACA, TR 1051, 1951.

[2] Denison, M R Baum. E Compressible free shear layer with finite initial thickness. IAS paper, No 65-- 125. 1962

[3] Weiss. R F A new theoretical solution of laminar hypersonic near wake. AIAA J, 1967, 5: 2142—2148

[4] Ohrenberger John T, Baum Eric. A theoretical model of the near wake of a slender body in supersonic flow. AIAA paper, 70—792. 1970

[5] Cassanto J M. Radial base pressure gradients in laminar flow. AIAA J, 1967, 5: 2278—2279

[6] Bulmer Bruce M. Re-entry vehicle base pressure and heat transfer measurements at M=18. AIAA J, 1975, 13: 522—524

[7] Levensteins Z J, Krumins M V. Aerodynamic characteristics of hypersonic wakes. AIAA J, 1967, 5, 1596—1602

[8] Muntz E P, Softley E J. An experimental study of laminar near wakes. Missile and Space Division, GE, TIS, R64sd6. 1965

[9] Murman Earll M. Experimental studies of a laminar hypersonic cone wake. AIAA J, 1969, 7, 1724—1730.

[10] Peterson Carl W. An experimental study of laminar hypersonic blunt cone wakes. Astronautical Acta, 1969, 15, 67—76.

[11] Sahu J et al. Numerical computation of base flow for a projectile at transonic speeds. AIAA paper,

82—1358. 1982

[12] Deiwert G S. Three dimensional flow over a conical afterbody containing a centered propulsive jet, A numerical simulation. AIAA paper, 83—1709. 1983

[13] Thomas P D et al. Numerical simulation of axisymmetric base flow on tactical missiles with propulsive jet. AIAA paper, 84—1658, 1984

[14] Lombard C K et al. Numerical simulation of backward step and jet exhaust flows. AIAA paper, 86-0432. 1986

[15] Reklis R P, Conti R J. Computational probing of hypersonic laminar wakes. AIAA paper, 84-1579. 1984

[16] Tassa Y Conti R J, Numerical computation of hypersonic laminar near wake flow via Navier-Stokes solver. AIAA paper, 85-1672. 1985

[17] Hollander H, de Lavergne D Devezeaux. High speed laminar near wake flow calculation by an implicit Navier-Stokes solver. AIAA paper, 87-1157. 1987

[18] Tassa Y, Conti R J. Numerical Navier-Stokes modeling of hypersonic laminal wakes behind blunt cones with real gas effects. AIAA paper, 86-0374. 1987

[19] 张涵信、无波动、无自由参数的耗散差分格式．空气动力学学报，1988，6(2)

[20] Zhang H X, Zhuang F G. NND schemes and their applications to numerical simulation of two and three dimensional flows. CARDC TR-9-90021. 1990

NUMERICAL SIMULATION OF HYPERSONIC LAMINAR WAKE FLOW

Zhang Hanxin, Li Zuowu

(China Aerodynamics Reseach and Development Center, P. O. Boxzll, Mianyang, Sichuan, 621000)

Abstract The hypersonic iaminar wake flow behind spherically blunted cone is studied by solving Navier—Stokes equations with NND schemes (Non oscillatory, containing no free parameters and dissipative scheme). The bow shock, corner expansion fan, wake shock and free layer in the wake region are captured successfully. The calculated pressure, temperature and velocity distributions along the wake centerline agree with experimental date satisfactorily. Especially, the history of vortex in the recirculation region started impulsively from rest is explored. It is found that the consequences of development of vortex are related to the variation of limit cycle of transient streamlines.

Key words hypersonic flow, wake flow, separated flow, vortex flow

H_2/O_2燃烧的超声速非平衡流动的数值模拟*

张涵信　陈坚强　高树椿
（中国空气动力研究与发展中心）

文摘　本文从包含组分方程的完全NS方程出发，采用NND格式和H_2/O_2燃烧模型，通过求解NS方程，模拟了具有压缩拐角的二维管道和球头两类激波点火、燃烧流动。计算清楚地给出了流场中的激波、爆震波以及各种物理量的分布，并分析了激波、爆震波及其相互之间的耦合。在此基础上，讨论了稀释剂添加情况对流场的影响。计算中为了解决耦合方程组的刚性，提高计算的稳定时间步长，对化学生成源项，妥善地采用了隐式处理技术。

主题词　NND格式，非平衡流，爆震波，NS方程。

符　号

R_0：万用常数　　n：物面法向

t：时间　　x,r：柱坐标

ξ,η,τ：贴体坐标（流向、物面法向、时间）

u,v：速度分量　　M_i,f_i：组元i的分子量和质量分数。

$\overline{M}_\infty$：来流平均分子量

h_i,H_{fi},C_{Pi}：组元i的焓，生成热和定压比热。

上标　—：贴体坐标上的值

下标　∞：来流值　　W：壁面

图标　Re：反应值　　NRe：无反应值

S/S_0：无量纲弧长

min，max：最小、最大值

n：等值线条数

* 宇航学报，1994，2：14-24．本文于1992年9月21日收到。

一、前　　言

对于日新月异的空间技术，有效而准确地模拟化学反应流是十分必要的。例如，要正确分析高超声速飞行器的气动特性，须研究带化学反应的外部非平衡绕流；为合理设计高性能的推进系统，如超燃冲压发动机(Scramjet)，须正确分析有化学反应和燃烧的内部流动。本文研究的超声速氢、氧燃烧流，就是内流中很重要的一类情况。

早在五十年代，人们就开始了燃烧流方面的数值模拟研究。Ferri[2]对70年代以前的工作做了总结，其中大部分计算采用显式的Mac Cormack方法。最近，T. Ishiguro[3]采用TVD格式模拟了超声速H_2,O_2燃烧流，S. Yungster[4]等对球柱抛射体的反应流也进行了计算，并对其中的许多复杂现象做了机理分析。

但是，以往大部分工作多限于无粘流，并采用化学和流动方程解耦的计算方法，只有少量的工作耦合求解NS方程。在非平衡流计算中，存在以下困难：1. 所求解的方程组存在刚度(Stiffness)问题。这是由于化学反应的特征时间与流动特征时间不匹配，从而使显式计算的稳定时间步长变得很小，降低了计算效率。2. 由于反应速率很强地依赖于流场中的温度，这就导致流场计算和化学计算应耦合进行，因此增加了计算量；3. 为了正确捕捉流场中存在的激波、爆震波及其相互间干扰，应采用高分辨率的计算格式。

本文从带化学反应的NS方程出发，采用流动和化学反应耦合求解的方法，研究了H_2，O_2混合气体超声速燃烧问题。计算中考虑两种燃烧模型，即5组元2反应模型和7组元8反应模型。为克服上述求解中的困难，采取了以下措施：1. 对化学反应的源项，进行了妥善的隐式处理，从而克服了刚性方程组推进步长小的困难；2. 为能很好地捕捉激波、爆震波和膨胀波等流场细节，本文采用文献[1]提出的NND格式。

二、基本方程和边界条件

2.1　基本方程

本文采用考虑非平衡化学反应的、包含各组元方程的完全NS方程作为控制方程。为了简单，这里仅研究二维和轴对称流动。采用文献中常用的符号和无量纲量，并作如下坐标变换：

$$\tau = t,\quad \xi = \xi(t,x,r),\quad \eta = \eta(t,x,r)$$

则在贴体坐标系下，无量纲化的NS方程为：

$$\frac{\partial \overline{U}}{\partial \tau} + \frac{\partial \overline{E}}{\partial \xi} + \frac{\partial \overline{F}}{\partial \eta} + \varepsilon \cdot \overline{G} = \frac{1}{\mathrm{Re}}\left(\frac{\partial \overline{E}_v}{\partial \xi} + \frac{\partial \overline{F}_v}{\partial \eta} + \varepsilon \cdot \overline{G}_v\right) + \overline{S}$$

其中，$\overline{U} = U/J$

$$\overline{E} = (\xi_t U + \xi_x E + \xi_r F)/J,\quad \overline{F} = (\eta_t U + \eta_x E + \eta_r F)/J$$

$$\overline{E}_v = (\xi_x E_v + \xi_r F_v)/J,\quad \overline{F}_v = (\eta_x E_v + \eta_r F_v)/J$$

$$\overline{G} = G/J,\qquad \overline{G}_v = G_v/J,\qquad \overline{S} = S/J$$

$$J^{-1} = x_\xi r_\eta - x_\eta r_\xi, \qquad \varepsilon = \begin{cases} 1 & \text{轴对称} \\ 0 & \text{二维} \end{cases}$$

这里 U 和各通量项为：

$$U = (\rho, \rho u, \rho v, E_0, \rho f_i)^T$$

$$E = (\rho u, \rho u^2 + P, \rho uv, \rho uH, \rho f_i u)^T$$

$$F = (\rho v, \rho uv, \rho v^2 + P, \rho vH, \rho f_i v)^T$$

$$G = \rho v(1, u, v, H, f_i)^T / r$$

$$E_v = (0, \tau_{xx}, \tau_{xr}, u\tau_{xx} + v\tau_{xr} + k\frac{\partial T}{\partial x} + \rho\sum_i Dh_i \frac{\partial f_i}{\partial x}, \rho D\frac{\partial f_i}{\partial x})^T$$

$$F_v = (0, \tau_{xr}, \tau_{rr}, u\tau_{xr} + v\tau_{rr} + k\frac{\partial T}{\partial r} + \rho\sum_i Dh_i \frac{\partial f_i}{\partial r}, \rho D\frac{\partial f_i}{\partial r})^T$$

$$G_v = \frac{1}{r}(0, \tau_{xr}, \tau_{rr} - \tau_{\theta\theta}, u\tau_{xr} + v\tau_{rr} + k\frac{\partial T}{\partial r} + \rho\sum_i Dh_i \frac{\partial f_i}{\partial r}, \rho D\frac{\partial f_i}{\partial r})^T$$

$$S = (0,0,0,0,S_i)^T$$

其中，$H = (E_0 + P)/P$，　$E_0 = e + \frac{1}{2}\rho(u^2 + v^2)$

$$\tau_{xx} = -\frac{2}{3}\mu(\nabla\cdot\vec{V}) + 2\mu\frac{\partial u}{\partial x}, \quad \tau_{rr} = -\frac{2}{3}\mu(\nabla\cdot\vec{V}) + 2\mu\frac{\partial v}{\partial r}$$

$$\tau_{xr} = \mu\left(\frac{\partial u}{\partial r} + \frac{\partial v}{\partial x}\right), \quad \tau_{rr} - \tau_{\theta\theta} = 2\mu\left(\frac{\partial v}{\partial r} - \frac{v}{r}\right)$$

$$\nabla\cdot\vec{V} = \frac{\partial u}{\partial x} + \frac{\partial v}{\partial r} + \varepsilon\frac{v}{r},$$

$$K = \bar{C}_P\mu/Pr, \quad \bar{C}_p = \sum_i C_{Pi}f_i, \quad \rho D = \mu/Pr$$

通常取 $Pr = 0.72$，$Le = 1$，这里的内能由下式决定：

$$e = \sum \rho f_i h_i - P, \quad h_i = \int C_{Pi}\mathrm{d}T + H_{fi}$$

其中 C_{Pi} 是温度的函数，可以用以下多项式拟合：

$$C_{Pi} = A_i + B_iT + C_iT^2 + D_iT^3 + E_iT^4$$

式中系数 A_i, B_i, C_i, D_i 和 E_i 根据 JANNAF[5] 表获得。

无量纲化的气体状态方程为：

$$P = \rho RT, \quad R = \beta_1\sum_{i=1}^{N}(f_i/M_i), \quad \beta_1 = R_0T_\infty/(U_\infty^2\overline{M}_\infty)$$

至于粘性系数 μ 由下面给出，源项 S_i 可根据质量作用定律求得，具体表达式及正、逆反应速率的表达式可参见[6]，[8]，这样方程组是封闭的，可以联立求解，其中温度可根据 E_0 的表达式，采用 Newton－Raphson 迭代求得。

2.2　粘性系数的确定

混合气体的粘性系数由 Wilke 半经验公式求得：

$$\mu = \sum_{i=1}^{N} \mu i/(1+\Phi_i)$$

$$\Phi_i = \sum_{\substack{r=1\\r\neq i}}^{N} x_r\left[1+\sqrt{\frac{\mu_i}{\mu_r}}\left(\frac{M_r}{M_i}\right)^{\frac{1}{4}}\right]^2 \Big/ \sqrt{8(1+\frac{M_i}{M_r})}$$

这里， $X_i = f_i/M_i\Big/\left(\sum_{r=1}^{N}\frac{f_r}{M_r}\right)$是组元 i 的摩尔浓度。第 i 组元的粘性系数 μ_i 可表示为：

$$\mu_i = 2.67\times 10^{-5}\sqrt{M_iT}\Big/\sigma_i^2\Omega_i^{(2,2)} \qquad (\text{克}/\text{厘米}\cdot\text{秒})$$

其中，$\Omega_i^{(2,2)} = 1.56\Big/\left(\frac{KT}{\varepsilon_i}\right)^{\frac{1}{4}}$，常数 σ_i，K/ε_i 取自文献[11]。

2.3 化学模型(燃烧模型)

在进行化学反应非平衡流的数值模拟时，化学反应模型是重要的。为了简化计算，根据不同的情况和反应的主次，人们提出了各种燃烧模型。本文采有以下两种模型：

模型Ⅰ：它是由 R. C. Rogers 和 Chinitz[6]提出的五组元(H_2，O_2，N_2，H_2O，OH)，二反应模型。

模型Ⅱ：它是由 Moretti[7]提出的七组元(H_2，O_2，N_2，H_2O，OH，O，H)，八反应模型。

2.4 边界条件

物面采取无滑移条件 ($u = v = 0$)，假设物面绝热$\left(\frac{\partial T}{\partial n}\Big|_w = 0\right)$，且是完全无催化的$\left(\frac{\partial f_i}{\partial n}\Big|_w = 0\right)$，在对称轴上，应用对称条件。

三、数值方法

为了能正确分辨流场中的激波，爆震波和其他物理现象，将文献[11]的 NND4 格式，用来求解上面的控制方程。

在控制方程中，化学生成源项的出现，使方程组变成刚性的。本文采用 Bussing 和 Murman[9]提出的点隐式方法来克服刚性方程求解的困难，即对化学生成源项作隐式处理，而其余项仍按显式方法计算。在计算中，粘性项用二阶中心差分计算，对流项中的通量采用 Steger 分裂技术，略去中间的推导过程，NND—4 给出的计算格式是：

予测步：

$$[I-\Delta tD^n](\overline{U_{ij}^{n+1}}-\overline{U}_{ij}^n) = -\frac{\Delta t}{\Delta\xi}(\bar{\bar{E}}_{i+\frac{1}{2},j}^n-\bar{\bar{E}}_{i-\frac{1}{2},j}^n)-\frac{\Delta t}{\Delta\eta}(\bar{\bar{F}}_{i,j+\frac{1}{2}}^n-\bar{\bar{F}}_{i,j-\frac{1}{2}}^n)-\varepsilon\Delta t\overline{G}_{ij}^n$$
$$+\frac{1}{Re}\left[\frac{\Delta t}{2\Delta\xi}(\overline{E}_{vi+1j}^n-\overline{E}_{vi-1j}^n)+\frac{\Delta t}{2\Delta\eta}(\overline{F}_{vij+1}^n-\overline{F}_{vij-1}^n)+\varepsilon\Delta t\overline{G}_{vij}^n\right]+\Delta t\cdot\overline{S}_{ij}^n$$

校正步：

$$[I-\Delta tD^{\overline{n+1}}](\overline{U}_{ij}^{\overline{\overline{n+1}}}-\overline{U_{ij}^{n+1}}) = -\frac{\Delta t}{\Delta\xi}(\bar{\bar{E}}_{i+\frac{1}{2},j}^{\overline{n+1}}-\bar{\bar{E}}_{i-\frac{1}{2},j}^{\overline{n+1}})-\frac{\Delta t}{\Delta\eta}(\bar{\bar{F}}_{i,j+\frac{1}{2}}^{\overline{n+1}}-\bar{\bar{F}}_{i,j-\frac{1}{2}}^{\overline{n+1}})$$

$$-\varepsilon\Delta t\overline{G_{ij}^{n+1}}+\frac{1}{Re}\left[\frac{\Delta t}{2\Delta\xi}(\overline{E_{vi+1j}^{n+1}}-\overline{E_{vi-1j}^{n+1}})+\frac{\Delta t}{2\Delta\eta}(\overline{F_{vij+1}^{n+1}}-\overline{F_{vij-1}^{n+1}})+\varepsilon\Delta t\overline{G_{vij}^{n+1}}\right]$$

$$+\Delta t\cdot\overline{S_{ij}^{n+1}}$$

$$U_{ij}^{n+1}=\frac{1}{2}(U_{ij}^{n}+U_{ij}^{\overline{n+1}})$$

其中，

$$\bar{\bar{E}}_{i+\frac{1}{2},j}^{n}=E_{i+\frac{1}{2},j,L}^{+n}+E_{i+\frac{1}{2}j,R}^{-n},\qquad D^{n}=\left(\frac{\partial S}{\partial U}\right)^{n}$$

$$E_{i+\frac{1}{2},j,L}^{+n}=E_{ij}^{+n}+\frac{1}{2}\text{minmod}\left(\Delta E_{i+\frac{1}{2},j}^{+n},\Delta E_{i-\frac{1}{2}j}^{+n}\right)$$

$$E_{i+\frac{1}{2},j,R}^{-n}=E_{i+1j}^{-n}-\frac{1}{2}\text{minmod}\left(\Delta E_{i+\frac{3}{2}j}^{-n},\Delta E_{i+\frac{1}{2}j}^{-n}\right)$$

$$\Delta E_{i+\frac{1}{2},j}^{\pm}=E_{i+1j}^{\pm}-E_{ij}^{\pm}$$

限制函数 $\text{minmod}(x,y)=\frac{1}{2}[\text{Sign}(x)+\text{Sign}(y)]\cdot\min(|x|,|y|)$，对 $\bar{\bar{F}}_{ij+\frac{1}{2}}^{n}$ 也可写出类似的表达式。计算时稳定时间步长取为：

$$\Delta t=CN\cdot\min\left(\frac{\Delta\xi}{|\lambda_i|\max},\frac{\Delta\eta}{|\lambda'_i|\max}\right)$$

这里，$CN<1$，λ_i，λ'_i 分别为 $A=\frac{\partial E}{\partial U}$，$B=\frac{\partial E}{\partial U}$ 的特征值。

四、算例和结果分析

本文计算了两个例题：

4.1　具有压缩拐角的二维管道内的激波点火问题。

假设在管道前，来流条件为：$M_\infty=4$，$T_\infty=900k$，$Re_\infty=2.15\times10^5$，气体为 H_2 和空气(Air)的混合物，($2H_2+O_2+3.76N_2$)。计算时采用模型 I，流向及其法向网格分别取为 121×103。

图 1 为压力等值线，混合气体在激波后由于温度升高而燃烧，产生相应的爆震波，使激波上翘，从图上可以很明显地看到在激波后伴随着一道较强的爆震波。图 5 为距下壁面 0.13cm 处的压力和温度分布。当气体一过压缩拐角所产生的激波，由于波后温度已升高到反应温度，混合气体发生燃烧，温度、压强升高，H_2，O_2 浓度下降，OH 和 H_2O 的浓度升高，计算结果同文献[3]结果符合很好，但由于考虑的反应式较少(两个)，所给出的激波点火延迟不很明显，(这一延迟位置大约在 $x=1.6\sim2.2$cm 外)，为此必须采用包含更多、更详细反应机理的化学模型。

图 3,4 为 $x=0.5$，2.75cm 两个横截面上的压力(图 3(a))、密度(图 3(b))、温度(图 4(a))、速度(图 4(b))分布，为了比较，图中还画出了无反应的情况。对于 $x=0.5$cm 的位置，因它位于压缩激波之前，几乎不发生反应，参数分布与无反应时几乎一样。$x=2.75$cm 时，

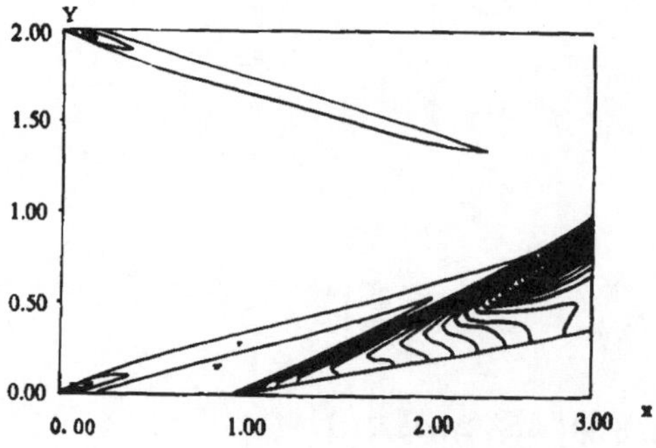

图 1　管道内超声速 H_2,O_2 燃烧流场的等压力线

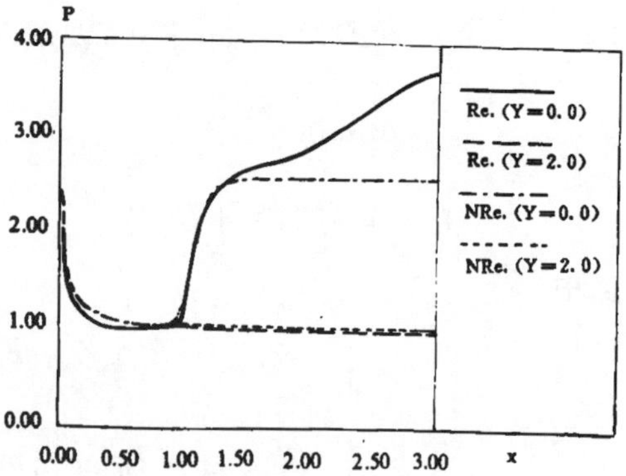

图 2　管道下表面上的压力分布

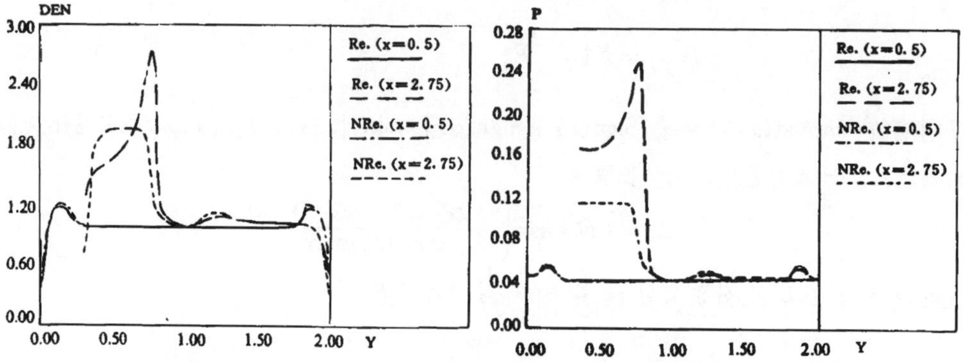

(a)　压力分布　　　(b)　密度分布

图 3　管道内 $x=0.5$,2.75 两个横截面上的压力和密度分布

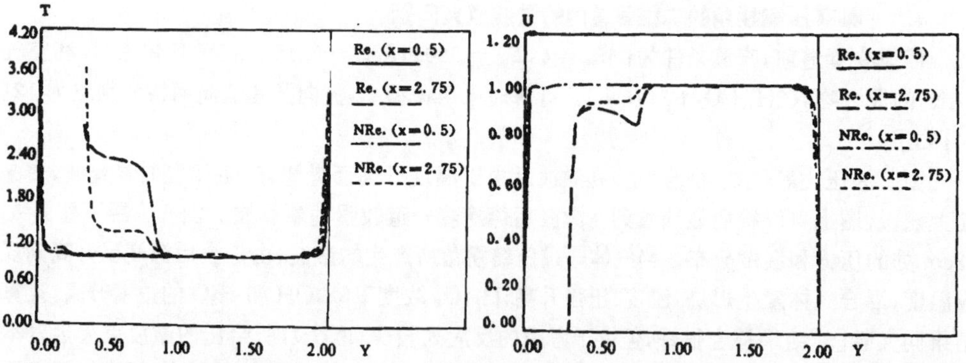

(a)　温度分布　　　(b)　速度分布

图 4　管道内 $x=0.5$,2.76 两个横截面上的温度和速度分布

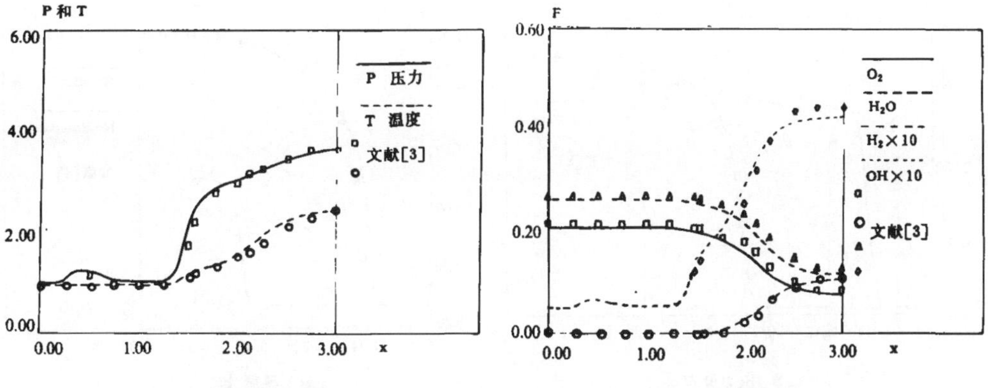

(a) 压力和温度分布　　　　(b) 质量分数的分布

图 5　管道内 $y=0.13$cm 位置上压力、温度和组元质量分数的分布

化学反应发生，分布曲线和无反应情况差别很大，并且由于爆震波的作用，压力、密度在激波后有较大下降，出现 Von Neumann 尖峰。由图 4 还可看出，和无反应情况比较，化学反应使流动速度降低、温度升高，激波离下表面的距离变远，同时下表面压力增加(见图 2)，这就导致楔面所受的阻力增加。

4.2　球头绕流的激波点火问题

球直径为 15mm，计算中流向和法向网格数为 42×88，采用燃烧模型 Ⅱ，本文计算了以下两种情况：

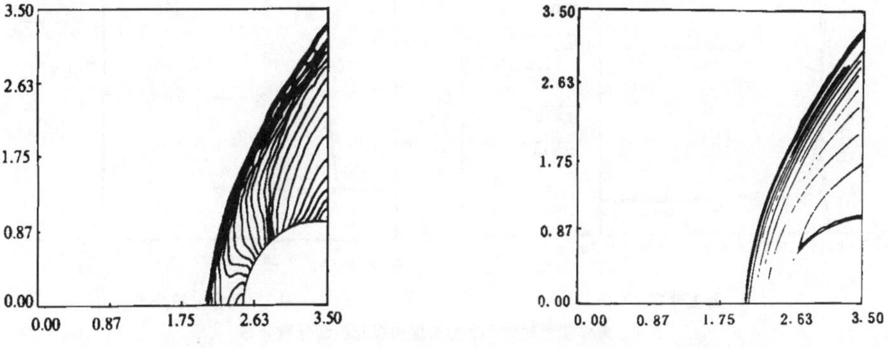

(a) 密度分布　　　　(b) “O”的质量分数

图 6　H_2,O_2 混合气体绕球体燃烧的流场分布

4.2.1　不加稀释剂 N_2 的情况

假设来流条件是：$M_\infty=5.08$，$T_\infty=291.5$k，$V_\infty=2705$m/s，$P_\infty=186$mm(Hg)，$Re_\infty=1.51\times10^5$(相对于球半径)，气体为 H_2/O_2 混合物($2H_2+O_2$)。

图 6 是计算给出的等密度线和氧原子“O”的质量分布。图 7、8 为对称轴上的压力、温度、密度和各组元质量分数的分布。从图可以看出，这些参数的分布和无反应情况有很大差

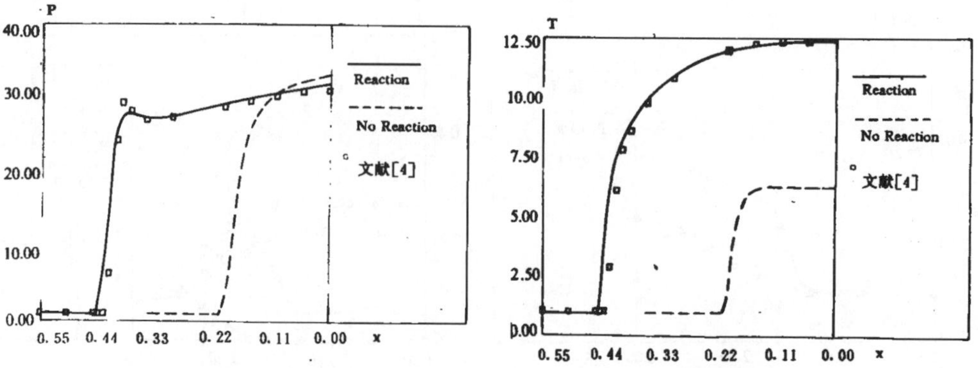

(a) 压力分布　　(b) 温度分布

图 7　球体绕流对称轴上的压力、温度分布

别，气体过激波后，压力、密度都出现 Von Neumann 尖峰，同时激波层厚度增加。图 6 表明，在远离对称轴的位置上，由于受爆震波的影响，脱体弓形激波几乎变成斜激波(称斜 Chapmann－Jouguet 爆震)，而且在激波后跟有一道爆震波。图 9 是计算得到的壁面压力分布，由于燃烧放热，压力在驻点附近一个小区域内(主要为亚声速区)比无反应时要低，其他区域的压力都比无反应情况高，总体效应表现为钝体头部阻力略有增加，这个结论与文献[10]的结果是一致的。

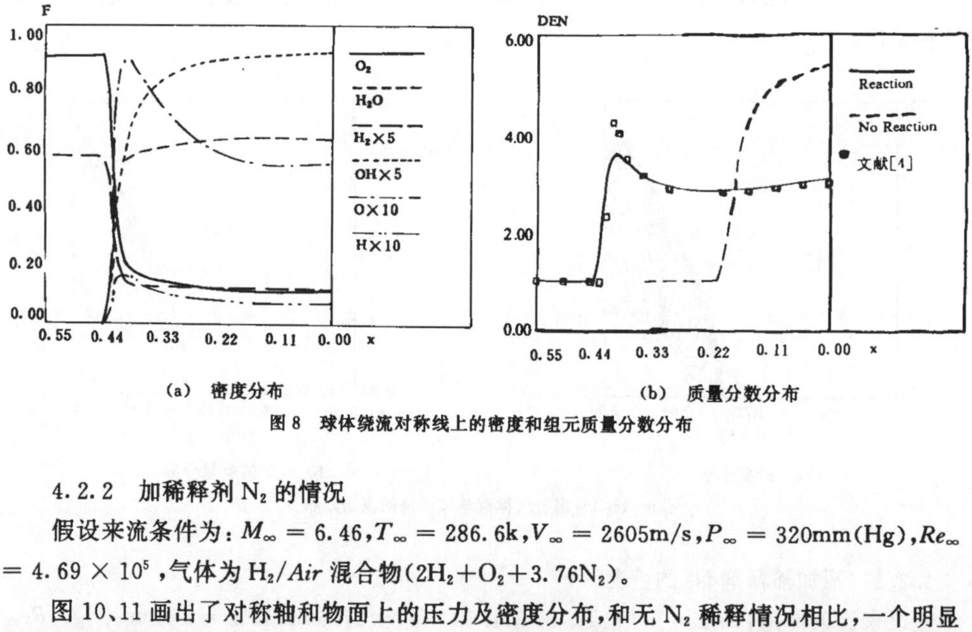

(a) 密度分布　　(b) 质量分数分布

图 8　球体绕流对称线上的密度和组元质量分数分布

4.2.2　加稀释剂 N_2 的情况

假设来流条件为：$M_\infty = 6.46$，$T_\infty = 286.6\text{k}$，$V_\infty = 2605\text{m/s}$，$P_\infty = 320\text{mm(Hg)}$，$Re_\infty = 4.69 \times 10^5$，气体为 H_2/Air 混合物($2H_2+O_2+3.76N_2$)。

图 10、11 画出了对称轴和物面上的压力及密度分布，和无 N_2 稀释情况相比，一个明显的差别就是激波后压力没有 Von Neumann 尖峰，并且在流场中不存在较强的爆震波，激波脱体距离的增加也要小些，壁面压力分布在驻点附近没有明显的下降区(图 12)，这些都是

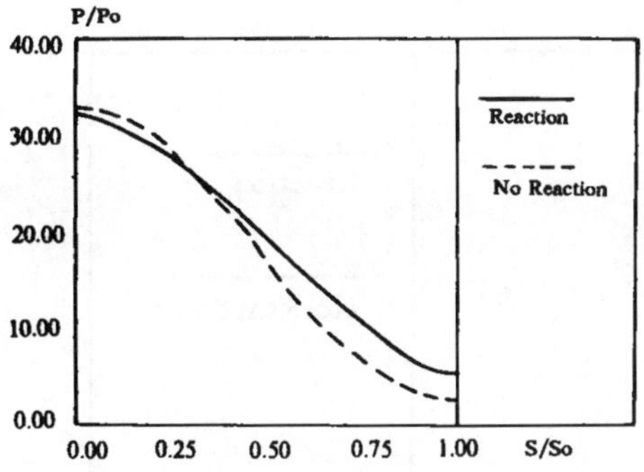

图 9　球体表面上的压力分布

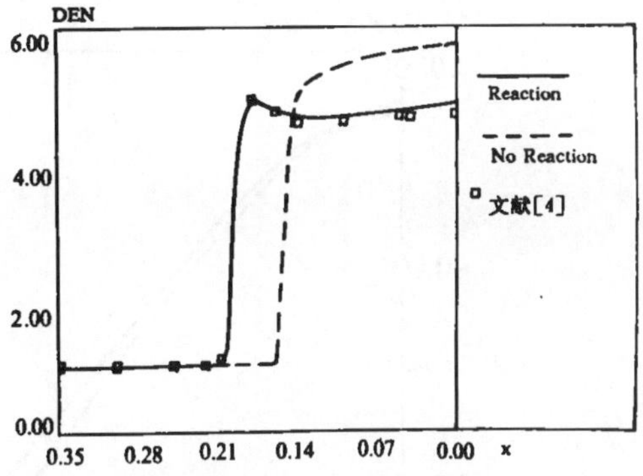

图 10　有 N_2 稀释时，对称轴上的密度分布

由于在 N_2 稀释情况下放出的热量不足所造成，但是和无反应情况相比，头部所受阻力还是要大些(图 12)。

上述两类计算结果同文献[4]的结果吻合很好，只是由于粘性效应的影响，激波层厚度比[4]的无粘结果略宽。

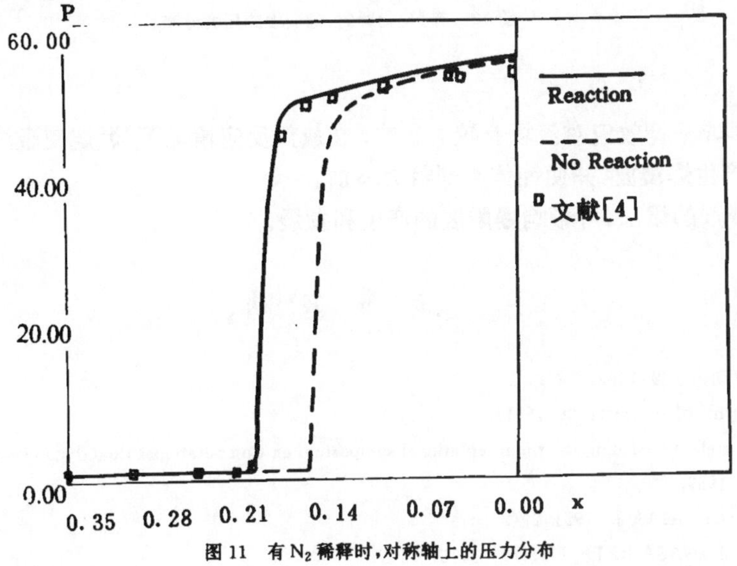

图 11　有 N_2 稀释时，对称轴上的压力分布

五、结　　论

1. 本文所用的数值方法对求解有化学反应的非平衡流动是成功的，并能较好地捕捉激波、爆震波等各种物理现象。

2. ZND(Zeldovich－Von Neumann－Doring)爆震模型的一般特征在本文得到了很好

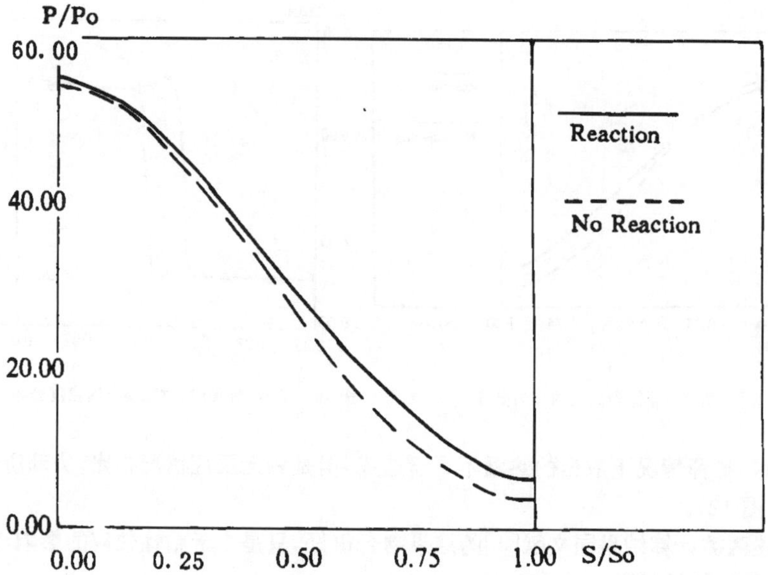

图 12 有 N_2 稀释时，球面上的压力分布

的模拟。

3. 化学非平衡效应对流场有较大影响。在放热反应情况下，燃烧使激波加强，激波远离壁面，产生爆震波，并使钝体头部阻力增加。

4. 稀释剂的添加，可影响爆震波的产生和发展。

参考文献

1. 张涵信. 空气动力学报，1988，6(2).
2. Ferri A. Journal of Aircraft，1968，5(1).
3. I Shiguro T. etal.. Proceedings of the international symposium on Computational fluid dynamics at Nagoya on 28－31，Do3，1989.
4. Yungster S. etal.. AIAA J.，1991，29(2).
5. Esch D D. etal.. NASA RFT－TR－70－3，1970.
6. Rogers R C，Chinitz W. AIAA Paper 82－0112，1982.
7. Moretti G，AIAA J. 1965，3(2).
8. Evans J S，Schexnayder C J. AIAA J，1980，18(2).
9. Bussing T R A，Murman E M. AIAA Paper 85－0331，1985.
10. 普朗特. 流体力学概论. 科学出版社，1976.

NUMERICAL SIMULATION OF SUPERSONIC NONEQUILBRIUM FLOWS FOR H_2/O_2 COMBUSTIONS

Zhang Hanxin　Chen Jianqiang　Gao Shuchun

(Ching Aerodynamics Research and Development Center)

ABSTRACT　Navier—Stokes equations governing the supersonic H_2/O_2 combustion flows with nonequilibrium chemistry have been solved numerically. Two chemical reaction models, One with two reactions and the other with eight reactions have been adopted. In order to capture the shock wave and detonation wave satisfactorily and over come the stiffness of the individual species continuity equations, the high resolution NND—4 scheme presented by Zhang and the implicit treatment of the chemical source term are used. Results obtained for shock—induced ignitions of 2—D compression corner of ramped duct and sphere are presented. The flow features, such as shock waves, detonation, Von Neumann spike of the density distribution and so on, are given clearly.

KEY WORDS　NND scheme, Nonequilibrium flow, Detonation wave, NS equations.

带尖针杆的钝体粘性绕流的数值模拟*

张涵信　黄　洁　高树椿

（中国空气动力研究与发展中心，四川绵阳，621000）

NUMERICAL SIMULATION OF HYPERSONIC FLOW OVER AXISYMMETRIC SPIKED BODY

Zhang Hanxin, Huang Jie, Gao Shuchun

(China Aerodynamics Research and Development Center, Mianyang, Sichuan, P. O. Box 211, 621000)

摘　要　用无波动、无自由参数耗散的差分（NND）格式数值求解了 N-S 方程，模拟了尖锥柱与球头组合体的高超音速粘性流动；清晰地给出了激波、膨胀波、剪切层和旋涡等流动图象。计算给出的定常流场与实验图象甚为一致。通过数值模拟研究了激波、旋涡的形成和发展过程以及相互作用情况。发现分离区中的旋涡存在分叉、合并及二次分离等演变历程。钝体主激波和分离激波从开始形成到相互撞击；发展到在与分离区相互干扰下向前、向后运动和变形；最后趋于定常状态。

关键词　纳维-斯托克斯方程，整流锥，数值流场显示

中图分类号　V211.3，O357.43

Abstract　In this paper the hypersoinc viscous flow over a spiked hemisphere has been simulated numerically. The complex flow features including shock waves, expansion waves, shear layer and vortices have been captured successfully. Meanwhile, the phenomena, such as the bifurcation and mergence of vortices, secondary separation and so on, have been found. It is shown that the calculated pressure distribution along the body surface and flow pattern are in good agreement with the experiments.

Key words　Navier-Stokes equation, spikes (aerodynamic configurations), numerical flow visualization

在再入飞行器设计中，钝体前安装尖针杆可减小头部波阻，在一定雷诺数范围内，还可减小气动加热。例如美国 Lockheed 公司在“三叉戟”I 型导弹上安装可伸缩的尖针杆，在高超音速情况下减阻达 52%[1]。对带尖针杆的钝体绕流，从 50 年代起就开展了大量实验研究[2,3]，但由于流场的复杂性，数值模拟结果不多。最近，文献［4］采用 Yee 的 TVD 格式计算了 $Ma_\infty=6.8$ 和 $Re=1.2\times10^5$ 的流场；文献［5］计算了三种带尖针杆钝体的减阻效果。在这些文献中，关于流场的结构和流动的发展过程研究得不多，需进一步作数值模拟研究。这就是本文的目的。

1　基本方程和边界条件

现采用 NND 格式[6]对文献［2］实验所用外形（图 1）的绕流流场进行数值模拟。

1.1　柱坐标系下的轴对称 N-S 方程

现仅研究零攻角绕流。由于流场是轴对称的，故只考虑柱坐标系统的子午面坐标（x，

* 航空学报，1994, 15（5）：519-525. 1992年9月21日收到，1993年5月4日收到修改稿。

r)，其中 x 沿物体对称轴、在此坐标系内，无量纲化的 N-S 方程组是

$$\frac{\partial \tilde{U}}{\partial t} + \frac{\partial(\tilde{E}_1 + \tilde{E}_2)}{\partial x} + \frac{\partial(\tilde{F}_1 + \tilde{F}_2)}{\partial r} + \tilde{H} + \tilde{G} = 0 \quad (1)$$

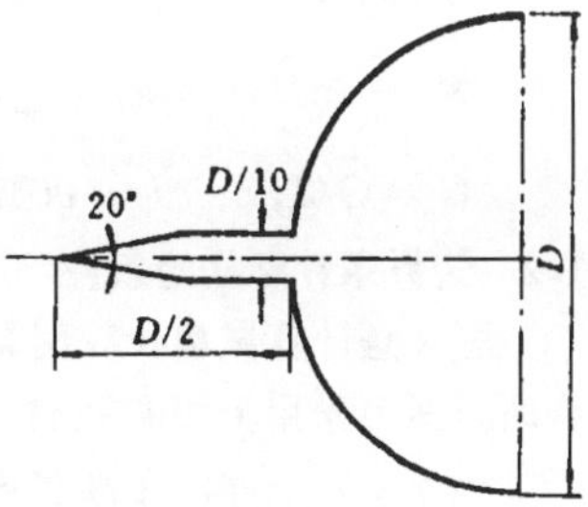

图 1　计算物体外形

式中

$$\tilde{U} = (\rho e,\ \rho,\ \rho u,\ \rho v)^{\mathrm{T}}$$

$$\tilde{E}_1 = \begin{pmatrix} (\rho e + p)u \\ \rho u \\ \rho u^2 + p \\ \rho u v \end{pmatrix}, \qquad \tilde{E}_2 = \frac{1}{Re}\begin{pmatrix} \tau_{xx}u + \tau_{xr}v - K\dfrac{\partial T}{\partial x} \\ 0 \\ \tau_{xx} \\ \tau_{xr} \end{pmatrix},$$

$$\tilde{F}_1 = \begin{pmatrix} (\rho e + p)v \\ \rho v \\ \rho v u \\ \rho v^2 + p \end{pmatrix}, \qquad \tilde{F}_2 = \frac{1}{Re}\begin{pmatrix} \tau_{rx}u + \tau_{rr}v - K\dfrac{\partial T}{\partial r} \\ 0 \\ \tau_{rx} \\ \tau_{rr} \end{pmatrix},$$

$$\tilde{H} = \frac{1}{r}\begin{pmatrix} (\rho e + p)v \\ \rho v \\ \rho u v \\ \rho v^2 \end{pmatrix}, \qquad \tilde{G} = \frac{1}{rRe}\begin{pmatrix} \tau_{rx}u + \tau_{rr}v - K\dfrac{\partial T}{\partial r} \\ 0 \\ \tau_{xr} \\ \tau_{rr} - \tau_{\theta\theta} \end{pmatrix},$$

$$\tau_{xx} = -\left[\lambda\left(\frac{\partial u}{\partial x} + \frac{\partial v}{\partial r} + \frac{v}{r}\right) + 2\mu\frac{\partial u}{\partial x}\right], \qquad \tau_{xr} = -\mu\left(\frac{\partial u}{\partial r} + \frac{\partial v}{\partial x}\right)$$

$$\tau_{rr} = -\left[\lambda\left(\frac{\partial u}{\partial x} + \frac{\partial v}{\partial r} + \frac{v}{r}\right) + 2\mu\frac{\partial v}{\partial r}\right], \qquad \tau_{\theta\theta} = -\left[\lambda\left(\frac{\partial u}{\partial x} + \frac{\partial v}{\partial r} + \frac{v}{r}\right) + 2\mu\frac{v}{r}\right]$$

式中 p、ρ、T、μ、u、v 为无量纲化气体的压力、密度、温度、粘性系数和速度在 x、r 方向上的分量。它们是以来流密度 ρ_∞、速度 V_∞、温度 T_∞ 和粘性系数 μ_∞ 无量纲化的。坐标用球体直径 D 无量纲化，时间用 D/V_∞ 无量纲化。此时，完全气体的状态方程为

$$T = \gamma Ma_\infty^2 p/\rho$$

这里 Ma_∞ 为来流 Mach 数。此外，$\lambda = -2\mu/3$，μ 由 Sutherland 公式给出。$K = \dfrac{\mu}{(\gamma-1)\ Ma_\infty^2 Pr}$，$Pr$ 为 Prandtl 数（空气取值 0.72）。e 的表达式是

$$e = p/(\gamma - 1)\rho + (u^2 + v^2)/2$$

在上述方程中，Re 为以来流物理量和球头半径为特征量的 Reynolds 数。

现作如下坐标变换

$$\tau = t, \qquad \xi = \xi(x, r), \qquad \eta = \eta(x, r)$$

则 N-S 方程可写成

$$\frac{\partial U}{\partial t} + \frac{\partial(E_1 + E_2)}{\partial \xi} + \frac{\partial(F_1 + F_2)}{\partial \eta} + H + G = 0 \qquad (2)$$

其中

$$U=\tilde{U}/J,\quad E_1=(\xi_t\tilde{U}+\xi_x\tilde{E}_1+\xi_r\tilde{F}_1)/J,\quad E_2=(\xi_t\tilde{U}+\xi_x\tilde{E}_2+\xi_r\tilde{F}_2)/J,$$

$$F_1=(\eta_t\tilde{U}+\eta_x\tilde{E}_1+\eta_r\tilde{F}_1)/J,\quad F_2=(\eta_t\tilde{U}+\eta_x\tilde{E}_2+\eta_r\tilde{F}_2)/J,\quad H=\tilde{H}/J,$$

$$G=\tilde{G}/J,\quad J=\partial(\xi,\eta)/\partial(x,r),\quad \xi_t=\eta_t=0$$

1.2 边界条件和初始条件

图 2 是计算域和计算网格。计算域的下边界为物面，其上采用无滑移条件（$u=v=0$）和等温壁（$T_w=\text{const}$）条件。在高雷诺数情况下，可以证明 $\partial p/\partial\eta\approx 0$，因此用它作为计算条件。

计算域的左边界和上边界分别位于尖针杆前方和远离物面，其上的物理量应取来流值。在计算域的右边界，其上各物理量采用外插法给出。

关于初始流场，假设内点的物理量均取来流值。从此初始条件开始计算，如果保证时间方向的精度，就能近以地模拟风洞实验中流动由起动到定常的中间发展过程。

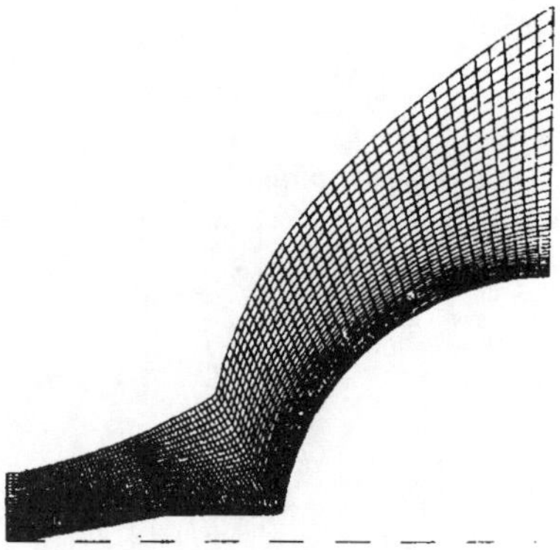

图 2　计算网格

2　差分离散

2.1　网格

采用文献 [5] 提出的抛物型网格生成技术生成计算网格（图 2）。

2.2　通量分裂

采用 Van Leer 的分裂技术，将通量 $\varphi=E_1$，F_1 分裂为 $\varphi=\varphi^++\varphi^-$。若引入

$$M_n=\tilde{\tilde{V}}/a$$

这里，$\tilde{\tilde{V}}=(u\tilde{K}_x+v\tilde{K}_r)(\tilde{K}_x^2+\tilde{K}_r^2)^{-1/2}$，对于通量 E_1，$\tilde{K}=\xi$，对于 F_1，$\tilde{K}=\eta$，则 $\varphi^\pm$ 的表达式是

$|M_n|\geqslant 1$ 时，

$$\varphi^+=\varphi,\quad \varphi^-=0,\quad M_n\geqslant -1$$
$$\varphi^+=0,\quad \varphi^-=\varphi,\quad M_n\leqslant -1$$

$|M_n|<1$ 时，

$$\varphi^\pm=\frac{(\tilde{K}_x^2+\tilde{K}_r^2)^{\frac{1}{2}}}{J}\begin{bmatrix} f_e^\pm \\ f_m^\pm \\ f_m^\pm[(\tilde{K}_x(-\tilde{\tilde{V}}\pm 2a)/(\tilde{K}_x^2+\tilde{K}_r^2)^{1/2}\gamma+u] \\ f_m^\pm[(\tilde{K}_r(-\tilde{\tilde{V}}+2a)/(\tilde{K}_x^2+\tilde{K}_r^2)^{1/2}\gamma+v] \end{bmatrix}$$

$$f_m^\pm=\pm\rho a^2(M_n\pm 1)^2/4$$

$$f_e^\pm=f_m^\pm\left[\frac{-(\gamma-1)\tilde{\tilde{V}}^2\pm 2(\gamma-1)\tilde{\tilde{V}}a+2a^2}{\gamma^2-1}+\frac{1}{2}(u^2+v^2)\right]$$

2.3 差分格式

采用显式格式，对流项按 NND-1 格式[6]离散，粘性及导热项用二阶中心格式离散，于是有

$$
\begin{aligned}
U_{i,j}^{n+1} = U_{i,j}^{n} - \Big[& \frac{\Delta t}{\Delta \xi}\left(Q^{(1)n}_{i+\frac{1}{2},j} - Q^{(1)n}_{i-\frac{1}{2},j}\right) + \frac{\Delta t}{\Delta \eta}\left(Q^{(2)n}_{i,j+\frac{1}{2}} - Q^{(2)n}_{i,j-\frac{1}{2}}\right) \\
& + \frac{\Delta t}{\Delta \xi}\left(E^{n}_{2_{i+\frac{1}{2},j}} - E^{n}_{2_{i-\frac{1}{2},j}}\right) + \frac{\Delta t}{\Delta \eta}\left(F^{n}_{2_{i,j+\frac{1}{2}}} - F^{n}_{2_{i,j-\frac{1}{2}}}\right) + H^{n}_{i,j}\Delta t + G^{n}_{i,j}\Delta t \Big]
\end{aligned}
$$

式中

$$
Q^{(1)}_{i+\frac{1}{2},j} = E^{+}_{1_{i+\frac{1}{2},j,L}} + E^{-}_{1_{i+\frac{1}{2},j,R}}, \quad Q^{(2)}_{i,j+\frac{1}{2}} = F^{+}_{1_{i,j+\frac{1}{2},L}} + F^{-}_{1_{i,j+\frac{1}{2},R}},
$$

$$
E^{+}_{1_{i+\frac{1}{2},j,L}} = E^{+}_{1_{i,j}} + \frac{1}{2}\min\bmod\left(\Delta E^{+}_{1_{i+\frac{1}{2},j}}, \Delta E^{+}_{1_{i-\frac{1}{2},j}}\right),
$$

$$
E^{-}_{1_{i+\frac{1}{2},j,R}} = E^{-}_{1_{i+1,j}} - \frac{1}{2}\min\bmod\left(\Delta E^{-}_{1_{i+\frac{3}{2},j}}, \Delta E^{-}_{1_{i+\frac{1}{2},j}}\right),
$$

$$
F^{+}_{1_{i,j+\frac{1}{2},L}} = F^{+}_{1_{i,j}} - \frac{1}{2}\min\bmod\left(\Delta F^{+}_{1_{i,j+\frac{1}{2}}}, \Delta F^{+}_{1_{i,j-\frac{1}{2}}}\right).
$$

$$
F^{-}_{1_{i,j+\frac{1}{2},R}} = F^{-}_{1_{i,j+1}} - \frac{1}{2}\min\bmod\left(\Delta F^{-}_{1_{i,j+\frac{3}{2}}}, \Delta F^{-}_{i,j+\frac{1}{2}}\right),
$$

$$
\Delta E^{\pm}_{i+\frac{1}{2},j} = E^{\pm}_{i+1,j} - E^{\pm}_{i,j},
$$

$$
\min\bmod(a,b) = \frac{1}{2}\left[\mathrm{sign}(a) + \mathrm{sign}(b)\right]\min(|a|,|b|)
$$

3 算　　例

为检验计算结果的可靠性，计算了有实验结果[2]的尖锥柱与球头组合体的绕流（图 1），计算条件与文献［2］的条件一致，来流马赫数 $Ma_\infty=6.8$，雷诺数 $Re=1.2\times10^5$，来流温度 $T_\infty=67$℃。壁面温度文献［2］中未给出，计算中假设 $T_w=300\mathrm{K}$。

计算网格（图 2）在物面法向取 41 个结点，流向取 150 个结点。为使计算过程中的结果能反映流动的发展过程，时间步长取得很小。下面较详细地给出一些计算结果。

3.1 流场建立过程中旋涡、激波的产生和发展过程

图 3 给出各个时刻流场的流线图。流动起始后，首先在尖锥与球头联接的拐角处分离（图 3（*a*））；随时间增加，拐角处的分离涡迅速增大（图 3（*b*））；在尖锥柱的肩部和紧靠近拐角处出现二次分离（图 3（*c*）），分离区中旋涡数量从一个发展到三个。随后，主分离区和二次分离区均增大，且在肩部二次分离区之后又出现一个三次分离区（图 3（*d*））。在旋涡和激波相互干扰下，随时间进一步增加，分离主涡和肩部二次涡出现分叉，分别变为两个同向涡（图 3（*d*）、（*e*））。流场中一度呈现 6 个涡。再后三次分离区消失，肩部分叉为两个同向涡的二次分离涡又合并成一个，这时流场中存在 4 个涡（图 3（*e*））。再后分叉为两个同向涡的主涡也合并为一个涡，肩部二次涡缩小；时间再增加，肩部二次涡又增大；几经反复最后流动趋于定常三涡状态（图 3（*f*））。图 4 给出了壁面零摩擦力点随时间的变化，流动达定常状态后分离点位置不再随时间改变。

图 5 给出不同时间流场的等压线，由此可观察到流场中激波的形成和发展过程。流场启动后，球体的弓形脱体激波和尖锥前缘的激波首先形成并不断向上游运动（图 5（*a*））。随着

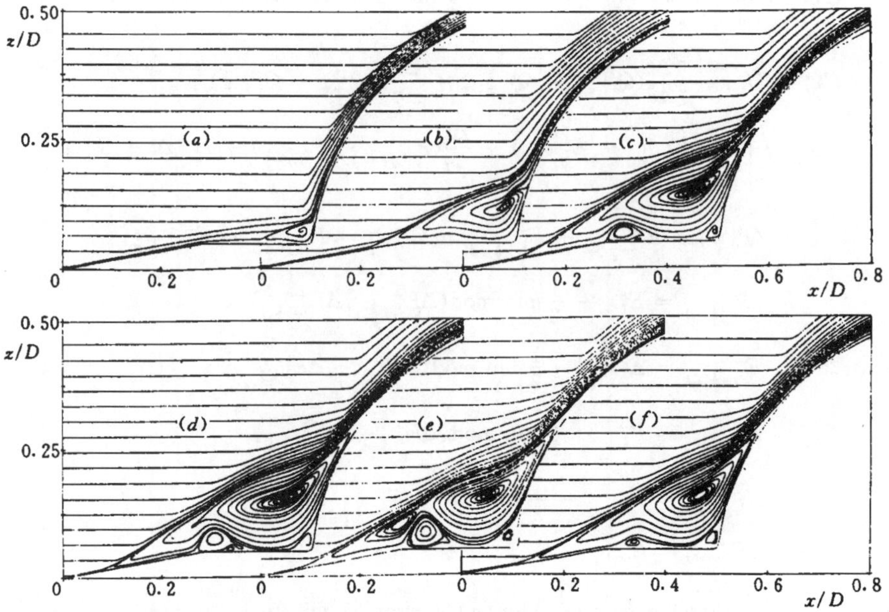

图 3　绕流由起始到定常状态流线图象的演变

(*a*) $t=0.27$　(*b*) $t=0.82$　(*c*) $t=1.81$　(*d*) $t=2.20$　(*e*) $t=3.43$　(*f*)　$t=5.03$

尖锥柱与球体联接的拐角处出现分离，分离激波产生，与球体弓形激波相交形成“λ激波”（图 5（*b*））；随时间增加分离区增大，分离激波上抬交点后移（图 5（*c*））；尔后分离区缩小交点又前移（图 5（*d*））；几经变动（图 5（*e*）），最后达定常状态（图 5（*f*））。

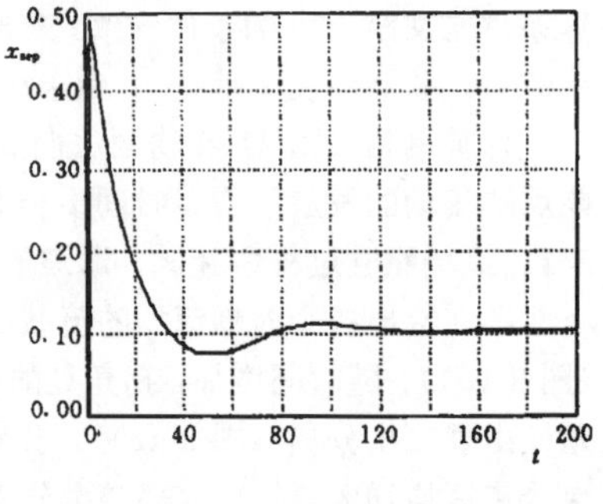

图 4　壁面零摩擦力点 x_{sep} 随时间的变化

3.2　定常状态流场性状

图 6 给出定常流场的壁面压力分布的计算结果与实验结果[2]，两者吻合甚好。图 7 是壁面热流分布的计算结果与实验结果[2]，两者变化的趋势是一致的。数值上有差别可能是因计算采用的初始壁温与实验情况不一致。从图 7 还可看出，球体表面热流较低但尖锥前缘处热流很高。采用这种方式减阻，应解决尖针杆前缘防热问题。

图 8 给出定常流场的等压线和流线。定常流场为三涡结构（图 8（*b*）），即分离主涡、拐角处及肩部出现的二次分离涡。图 9 给出了计算得到的等密度线（上半部）和实验得到的纹影照片[2]（下半部）两者给出的激波形状和位置相当一致。

根据计算压力分布，积分后可得物体阻力系数，结果表明尖针杆可使钝体减阻 13.1%。

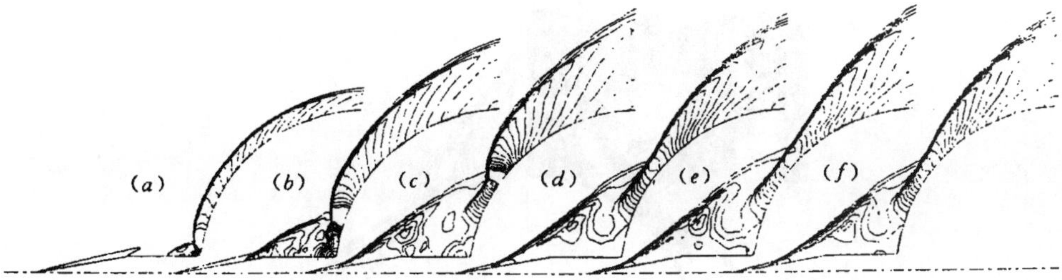

图 5　绕流由起始到定常状态等压线的演变

(a) $t=0.27$　(b) $t=0.82$　(c) $t=1.81$　(d) $t=3.43$　(e) $t=5.03$　(f) $5=5.41$

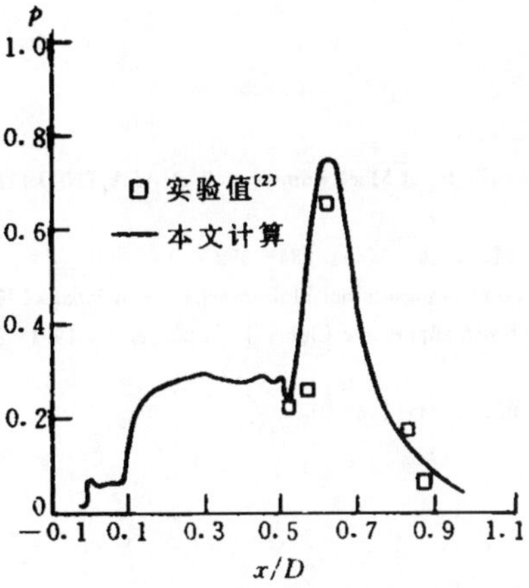

图 6　定常状态壁面压力分布

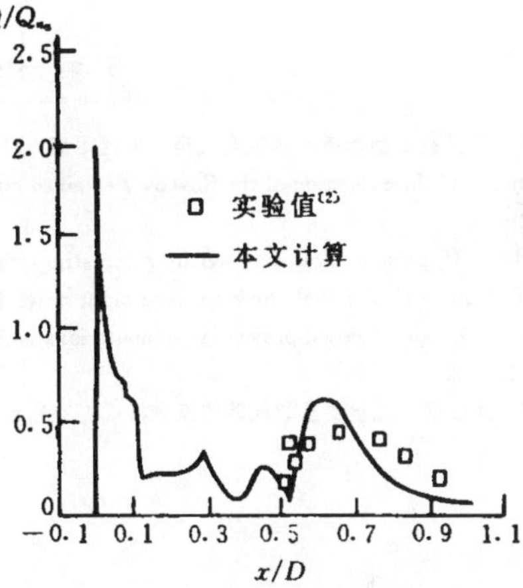

图 7　定常状态壁面热流分布

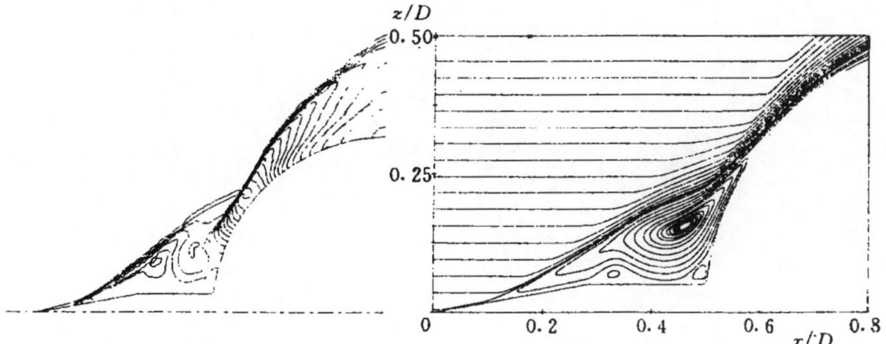

(a)　　　　(b)

图 8　定常状态下流场的等压线和流线

(a) 等压线　　　　(b) 流线

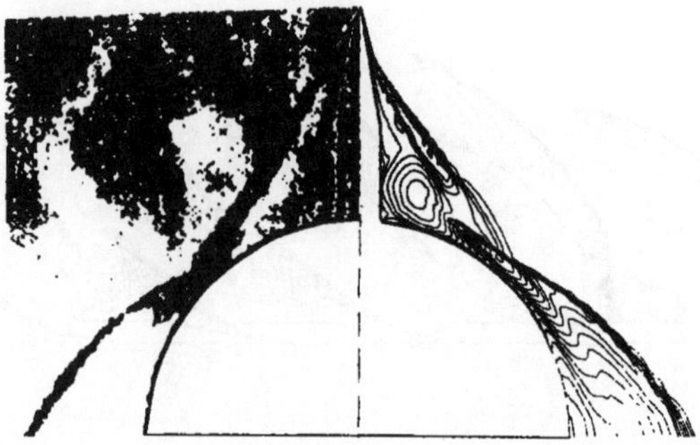

图 9 等密度线的计算值（上半部）和纹影照片（下半部）

参考文献

1 培 强. 三叉戟 I 型导弹的减阻空气锥. 现代军事，1985；(1)：25－29

2 Grawford D H. Investigation of the flow over a spiked nose hemisphere cylinder at Mach number 6. 8. NASA TN-D 118，1959

3 Maull D J. Hypersonic flow over axially symmetric spiked bodies. JFM，1960：8(4)：584－592

4 Fujita F. Kubota H. Flowfield over a spiked blunt nose. 4th Symposium on Computational Fluid Mechanics in Japan，1990

5 Mikhail A G. Spiked nosed projectile：computations and dual flow modes in supersonic flight. J of Spacecraft，1991；28 (4)：418－424

6 张涵信. 无波动、无自由参数耗散的差分格式. 空气动力学学报，1988；6(2)：145－155

三维分离流动的拓朴分析研究*

张涵信

（中国空气动力研究与发展中心，四川绵阳 621000）

关键词　分离流动、旋涡运动、拓朴分析

1 引　言

本文报道了"旋涡、激波和非平衡起主导作用的复杂流动"研究的部分成果．作者研究了如下分离流动的理论问题[1－5]：

(1)物体表面上分离线的性状；(2)"极限流线的收扰线"是不是分离线的充分条件；(3)分离线上奇点分布的拓朴规律；(4)分离线的各种起始形态及其相互转换关系；(5)分离流动的空间形态、旋涡的截面流态以及沿轴线的演变规律．

作者解决了上述问题．作为理论的验证和应用，还收集了有关实验结果，并开展了相应的数值模拟．

为什么要研究以上问题，背景是：

(1)对三维分离流动，分离线的性状是什么？学术界一直在争论．一派学者认为：分离线是极限流线的包络；另一派学者认为：分离线是一条极限流线，其周围的极限流线向它收扰；

(2)在利用表面油流实验研究分离流动时，人们习惯把极限流线的收扰认为就是分离线，这种看法是否正确？"极限流线的收扰是分离线的充分条件吗？"这是近年来不少人提出的疑问；

(3)实验发现，分离线上常常存在很多极限流线方程的奇点．人们很想了解，这些奇点在分离线上的分布有无规律；

(4)王国璋首先发现：在物体表面上，分离线具有开式和闭式两种起始形态，并且认为，开式分离形态中存在正常点起始的分离线形态．部分学者怀疑正常点开式分离形态存在．在这种情况下，自然很希望搞清楚分离线的起始形态；

(5)文献中物面上的分离形态研究较多，而空间形态研究较少．旋涡是分离流场的肌腱，研究旋涡的截面形态及其沿轴线演变规律，对了解空间分离流动性状具有重要意义．因此是学术界关心的课题．

作者就是在此背景下开展研究工作的．

* 自然科学进展，1994，4（2）：229-231（研究简讯）．1993-05-03收稿，1993-09-01收修改稿。

2 研究结论

已有的研究工作，由于没有找到解决问题的合宜途径，因此没能解决以上问题．作者找到了这条途径，即：(1) 建立了对分析问题特别有利的正交坐标系．例如在研究分离线的性状时，引入了与分离线相固结的正交坐标系，其中一个坐标轴沿着分离线，一个坐标垂直于分离线并在物面上，第三个坐标轴垂直于物面；在研究旋涡运动时，一个坐标轴取为涡轴，另两个位于其横截面上；(2) 建立公认的与实验观察一致的三维定常分离和旋涡运动的模式；(3) 在所给出的坐标系下，建立流动的基本方程和边界条件，给出流面、流线、截面流线、极限流线的方程，利用拓朴分析方法和建立的模式，研究分离线附近流动的性状及旋涡的运动．利用这个途径，作者严格地导出了如下结论：

1. 三维定常流动分离的数学条件是：

$$\left(\frac{\partial u}{\partial z}\right)_0=0,\ \left(\frac{\partial^2 u}{\partial x\partial z}\right)_0<0,\ \left(\frac{\partial^2 w}{\partial z^2}\right)_0>0, \tag{1}$$

这里 u, v, w 是 x, y, z 轴上的速度分量，其中 y 轴沿着分离线，"0"表示分离线上任一点．

类似地可以导出：当垂直于附着线的截面流线为结点形态时，在附着线上满足的条件为

$$\left(\frac{\partial u}{\partial z}\right)_0=0,\ \left(\frac{\partial^2 u}{\partial x\partial z}\right)_0<0,\ \left(\frac{\partial^2 w}{\partial z^2}\right)<0, \tag{2}$$

当垂直于附着线的截面流线为鞍点形态时，在附着线上满足的条件是

$$\left(\frac{\partial u}{\partial z}\right)_0=0,\ \left(\frac{\partial^2 u}{\partial x\partial z}\right)_0>0,\ \left(\frac{\partial^2 w}{\partial z^2}\right)<0. \tag{3}$$

这里"0"表示附着线上任一点．后一种附着线就是 Legendre 定义的三维分离的再附线．

2. 实际流动(用 NS 方程描述)的分离线是一条极限流线，其周围的极限流线向它收扰．仅当分离流动用边界层方程描述且分离线具有 Goldstein 奇性时，分离线才是极限流线的包络．

3. "极限流线的收扰"仅是分离线的必要条件，而不是充分条件．收扰的极限流线不一定就是分离线，它可以是附着条件(2)代表的附着线．

4. 若分离线上存在很多极限流线方程的奇点，其鞍点和结点是交替分布的．这个拓朴规律亦可表述如下：同性质的奇点-鞍点和鞍点或结点和结点，不能用分离线直接连结．

5. 在物体表面上，分离线只可能有三种起始形态：第一种分离线起始于鞍点，这相当于 Lighthill 的闭式分离；第二种分离线起始于正常点，这相当于王国璋的正常点开式分离；第三种分离线的起始形态为鞍、结点的组合．当鞍点和结点并不很接近时，它部分具有闭式、部分具有开式分离的性质．当鞍点和结点充分接近时，它可视为开式分离．因此在这个意义上开式分离有两种形态：一为正常点起始，另一为充分接近的鞍、结点组合的起始形态．在一定条件下，分离线的起始形态可以相互转换：由鞍点起始的分离线先变为鞍、结点组合起始的分离线，再变为正常点起始的分离线．

6. 正常点起始的开式分离，其分离流面上的流线，除分离线外并不通过物面上分离线的起始点．在起始区域，分离流面并不卷曲，其上原很贴近物面的流线，逐渐抬起而离开物面．但在下游，分离流面卷曲并形成旋涡．

7. 沿旋涡轴线，$\lambda=\dfrac{\partial\rho w}{\partial z}$ 是决定其横截面上的流线形态的重要参数，这里 ρ 为密度，z 为沿涡轴的坐标，w 为 z 向速度分量．在涡轴附近，如果 $\lambda>0$，旋涡是稳定的，流线由外指向涡心，如果 $\lambda<0$，旋涡是不稳定的，流线由涡心指向外部．一个稳定的旋涡，它不会破裂，旋涡破裂只能发生在不稳定的旋涡区（$\lambda<0$）．如果沿涡轴，λ 由正变为负，在 $\lambda=0$ 的变号点起，出现 Hopf 分叉，于涡心附近，截面流线将产生稳定的极限环．如果 λ 由负变为正，则从 $\lambda=0$ 的变号点起，也出现 Hopf 分叉，产生极限环，但它是不稳定的．

在 $\lambda<0$ 的区域，涡轴附近不稳定的螺旋流促使涡轴流线在向前运动过程中改变其形态．一种为流线斜率在某处突然改变，在此突变点 $w=0$，其纵向截面流线为鞍点形态；另一种为流线的突变点，$w\neq0$．前者相当于泡形涡破裂，后者相当于螺旋型破裂．在泡形破裂情况下，其破裂泡在后缘不稳定的，或者是不闭合的．还可能存在一种涡破裂的形态．它是泡型与螺旋型的组合，即开始时为小的破裂泡，然后迅速过渡为螺旋流．

以上研究结论，已被实验和数值模拟结果证实．

参 考 文 献

[1] Zhang, H. X., *Acta Mechanica Sinica*, 1988, 4(2):93—111.

[2] Zhang, H. X., *Advances in Science of China, Mechanics*, Science Press, China, 1991, 51—80.

[3] 张涵信、沈 清、高树椿，空气动力学学报，1991, 9(2):160—175.

[4] 张涵信、邓小刚，空气动力学学报，1992, 10(1):8—20.

[5] 庄逢甘、张涵信，计算流体力学的理论、方法和应用，科学出版社，北京，1992, 1—11.

细长锥体有攻角绕流对称流态到非对称流态的结构稳定性研究*

张涵信　冉　政
中国空气动力研究与发展中心，四川绵阳 621000

摘要　从结构稳定性的思路出发，研究了圆锥体有攻角绕流对称流态到非对称流态的转变。借助结构稳定性理论，发现小攻角下对称流态是结构稳定的，但大攻角下对称流态是结构不稳定的。文中给出了判定出现结构不稳定的对称流态的数学条件。

关键词　锥体绕流；非对称流态；拓扑分析；结构稳定性

中图分类号　V211.3，V211.42

0　引　言

圆锥体有攻角绕流时，背风区的涡结构是复杂的。对于低速、跨声速和低超声速流动，在一定的攻角范围内，先是对称涡结构，攻角大时变成为非对称的涡结构。为什么会出现这种对称流态到非对称流态的转化，一直为人们所关注，并且已作了很多的研究[1~2]。最先有作者认为，这是由于物体表面不对称或者表面粗糙度分布不对称所造成的；以后不少工作否定了这种看法，认为对称流态在小攻角下是稳定的，但攻角大到某临界攻角以后变为不稳定，非对称流态是对称流态失稳所形成的。最近又有工作否定上述"失稳"的观点，重新提出表面不对称或粗糙度不对称的观点，特别强调再附区域这种不对称重要的影响。

本文另辟新路，从结构稳定性的思路出发来研究这一问题，并试图统一上述不同的认识。本文的研究表明：对称流场和非对称流场能否稳定存在以及对称流场到非对称流场的转化，可用结构稳定性理论来阐明，如果物体几何上完全对称，小攻角时，流态对称且是结构稳定的，因此它能够保持。但是当攻角增大时，对称流态会转化成结构不稳定的流态，在小扰动作用下又会变成结构稳定的非对称流态。如果物体几何上不对称，小攻角时，它就是结构稳定的非对称流态。

1　流场结构稳定性理论

众所周知，微分方程所定义的系统具有一系列拓扑性质。例如奇点的个数及性态，

* 空气动力学学报，1997，15（1）：20-26. 国家自然科学基金资助项目。本文于1996年5月6日收到，6月27日收到修改稿。

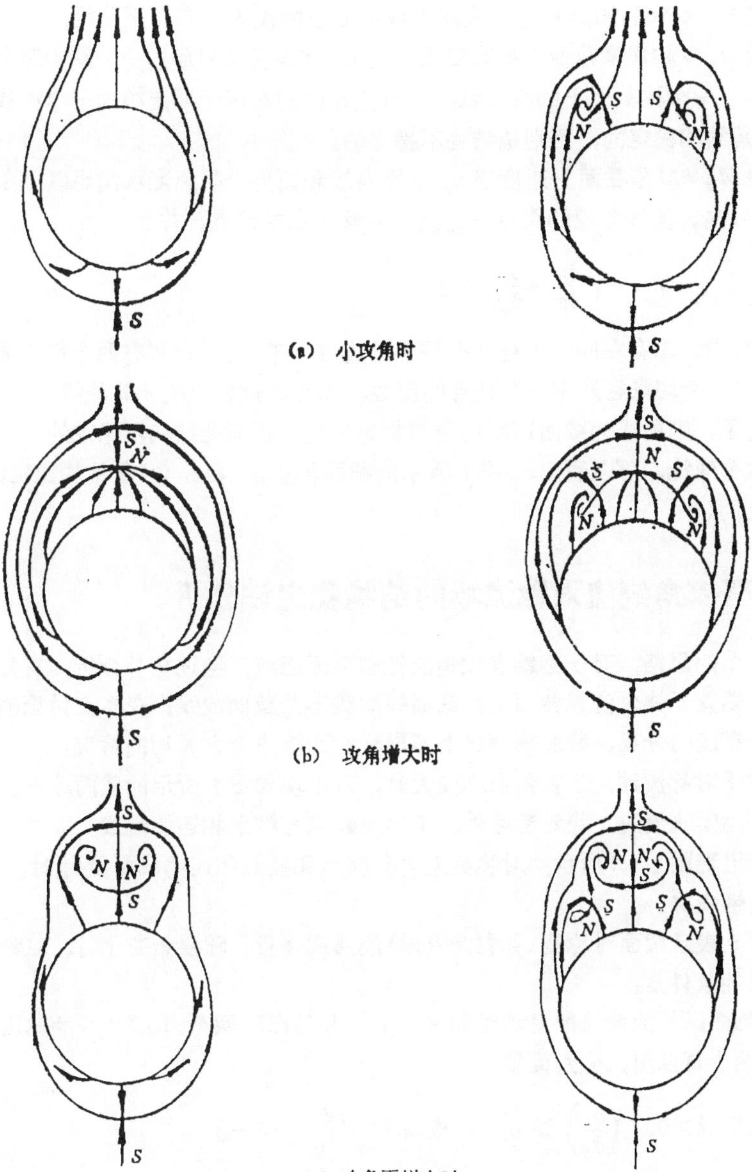

(a) 小攻角时

(b) 攻角增大时

(c) 攻角再增大时

图 1　攻角变大时，锥体超声速绕流横截面上流态的变化

Fig.1　The changed flow fields over slenders with different angles of attack

极限环的存在性及位置、个数问题。实际问题中还经常需要研究：当系统出现“扰动”时，相应系统的拓扑结构是否改变，在什么条件下它的拓扑结构没有改变？即所谓的系统结构稳定性问题[3]。1937年安德波罗夫等在研究非线性振动问题时首先提出了平面圆盘上的系统结构稳定性概念。1952年H.De Baggis[4]给出了圆盘上系统结构稳定的充要条件，1959年M. M. Peixoto等人[5,6]，提出了结构稳定性的概念和判定结构稳定性的定理，但这些结果很少引起广大流体力学家的注意。

如果将Peixoto的概念和定理应用于横截面上的流场，有以下结论：

(1) 设 u，v 构成横截面上的速度场，将 u，v 作变动则形成一个新的速度场，如果新速度场中每一个该截面上的流线弧，都保证定向的对应于原流场的一个流线弧，则原流场 u，v 是结构稳定的，否则是结构不稳定的。

(2) 设M，∂M是截面上速度场 u，v 的内域和边界，且速度场满足以下条件：

a．在M内，流线方程的奇点仅是结点或螺旋点或鞍点，并且

$$\lambda=-\left(\frac{\partial u}{\partial x}+\frac{\partial v}{\partial y}\right)\neq 0$$

b．在M内，不存在同时连结两个鞍点的流线；不存在与∂M有两个切点的流线，不存在与∂M有一个切点且过M一个鞍点的流线，不存在过鞍点的闭轨流线。

在此之下，则所述的截面速度场是结构稳定的，否则是结构不稳定的。

根据这个理论，可以看出，图1所示的截面流态，(a)，(b)是结构稳定的，(c)是结构不稳定的。

2 圆锥有攻角绕流对称流场的结构稳定性分析

按照上节的思路，对于圆锥有攻角的低超声速绕流，经过拓扑分析，有如下结论：

(1) 在垂直于体轴的横截面上，截面轮廓线不是截面流线；在本文讨论的攻角范围内，流动没有流向分离，截面轮廓线上不出现截面流线与之相切的情况。

(2) 对于对称流动，当攻角由小变大时，可出现如图1所示的截面流态。流场内不存在过鞍点的闭轨流线，除对称线外，不出现鞍点与鞍点相连的流线。

(3) 当出现图1 (c)所示的对称线上含有鞍点和鞍点相连的截面流线时，对称流场的结构稳定性丧失。

(4) 设 v 表示截面对称线(称它为 y 轴)的速度分量，随攻角变化时，对称流态出现结构不稳定的条件是：

a．在物面以外的背风区对称线即 y 轴上，开始出现两个$v(y_s)=0$ 的速度零点。

b．在两个奇点上，分别满足

$$\text{如果}\ \lambda>0,\quad \left(\frac{\partial v}{\partial y}\right)_s>0 \quad \text{或者} \quad \left(\frac{\partial v}{\partial y}\right)_s<-\lambda$$

$$\text{如果}\ \lambda<0,\quad \left(\frac{\partial v}{\partial y}\right)_s<0 \quad \text{或者} \quad \left(\frac{\partial v}{\partial y}\right)_s>-\lambda$$

这里下标 s 表示奇点的位置。

(5) 若 λ 接近于零，随攻角变化，对称流态开始出现结构不稳定的临界情况可近似表达为：

在物面以外的背风区对称线上，$v(y)$ 沿 y 轴的变化曲线，由 $v(y)$ 处大于零，变化到开始出现$v(y)$与 y 轴相切的那个临界攻角的情况。

值得指出的是：圆锥体有攻角低超声速绕流时，λ 是很小的，因此对称流态开始出

现结构不稳定的临界攻角，可近似看作是背风区对称线上曲线$v(y)$出现与y轴相切的那个攻角。当攻角大于这个临界攻角后，鞍点与鞍点相连的对称流态结构不能保持，于是流态就变成没有鞍点与鞍点相连的非对称结构。

根据这个研究，如果物面的不对称大到这样的程度，使得流态根本无鞍点与鞍点相连的对称线，那么也就不存在结构不稳定的对称流态。

3　数值模拟的结果

为了验证上述分析结果的正确性，我们利用Navier-Stokes方程，在局部锥型流近似之下，对圆锥有攻角的层流绕流作了数值模拟。计算条件是：$M_\infty=2.0$，$Re_\infty=4.2\times10^5$，半锥角$\theta=5°$。根据计算结果，作出了各种攻角下垂直于体轴的横截面流线图，

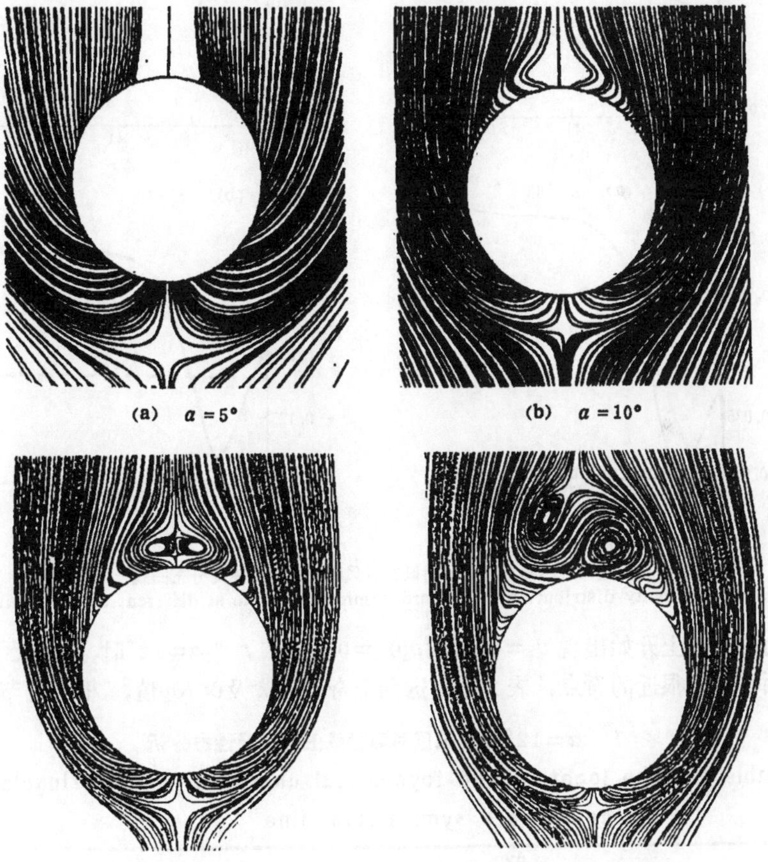

(a)　$\alpha=5°$　(b)　$\alpha=10°$　(c)　$\alpha=12°$　(d)　$\alpha=20°$

图 2　不同攻角时的横截面流线

Fig.2　Streamlines for cross flow at different angles of attack

见图2，可以看出：截面轮廓线不是截面流线，且其上无截面流线方程的奇点。由图还可以看出：

(1) 在攻角$\alpha \leqslant 10°$时，计算得到的横截面流态和拓扑分析得到的结论完全一致，它们是结构稳定的。

(2) 大约在攻角$\alpha > 11°$时，流线变成了结构稳定的非对称流态。

这表明，从结构稳定性的角度来分析锥体有攻角绕流的形态及转化，是抓住了问题的本质的。

根据前面的理论预测，当某种攻角下，背风区对称线上开始出现$v_s=0$和$(\partial v/\partial y)_s=0$的奇点时，这一攻角可视为临界攻角。为了验证这一条件的正确性，我们在图3中分别给出了$\alpha=5°$，$10°$，$12°$时背风区对称轴上的速度分布曲线，发现在接近$\alpha=12°$时，

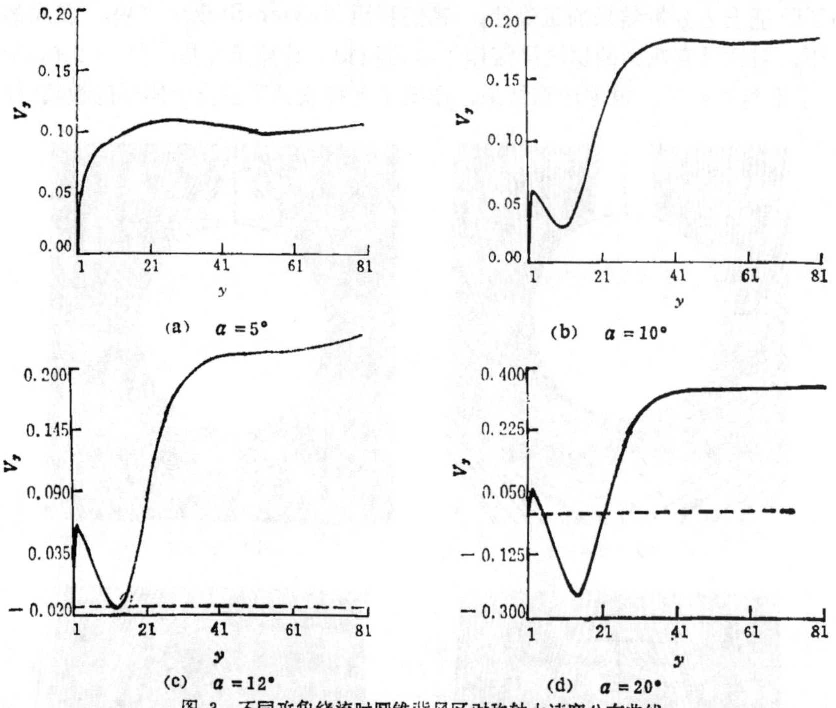

图3 不同攻角绕流时圆锥背风区对称轴上速度分布曲线

Fig.3 The velocity distribution at leeward symmetrical line at different angles of attack

背风区的对称轴上开始出现$v_s=0$，$(\partial v/\partial y)_s=0$的奇点，当$\alpha=12°$时，背风区对称线上已出现两个距离很近的奇点，表1给出这两个奇点的λ及$\partial v/\partial y$值，根据上节给出的条

表1 $\alpha=12°$时背风区对称轴线上奇点及性态分析

Table 1 The location and topological character of the singularity at the leeward symmetrical line

坐标(y_s)	$\left(\frac{\partial v}{\partial y}\right)_s$	λ	性态
9.9236809×10^{-2}	-3.8434	0.1181104	鞍点
0.1130468	3.267891	-4.9082994×10^{-2}	鞍点

注：判据条件如下：1. 若$\lambda<0$，当$(\partial v/\partial y)_s>-\lambda$或$(\partial v/\partial y)_s<0$时为鞍点，当$0<(\partial v/\partial y)_s<-\lambda$时为结点；
2. 若$\lambda>0$，当$(\partial v/\partial y)_s>0$或$(\partial v/\partial y)_s<-\lambda$时为鞍点，当$0>(\partial v/\partial y)_s>-\lambda$时为结点。

件，可知，它们均为鞍点，因此，在这一攻角下，已出现了同一流线连结两个鞍点的流态，该流态已经开始出现了小不对称。图4给出的是此状态下的流场局部放大图。同时，在此攻角以后$\alpha=15°$，$20°$等，均得到的是结构稳定的非对称形态解。此结果充分说明了前面判据的合理性。

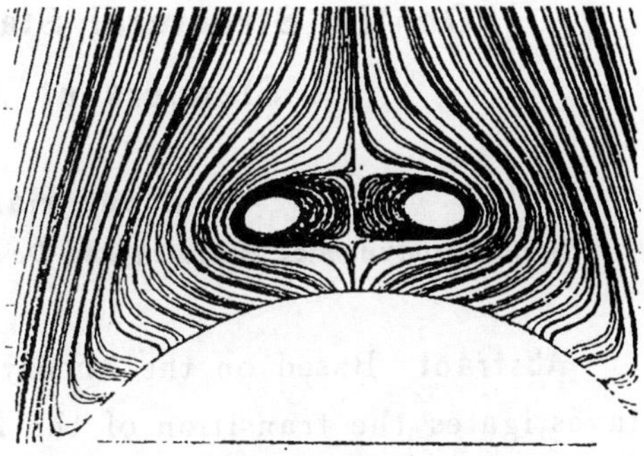

图4　$\alpha=12°$时流线的局部放大图

Fig.4　The local amplification streamlines of cross flow at $\alpha=12°$

4　结　　论

通过以上分析和数值模拟，有如下结论：

(1) 对于细长锥体有攻角绕流背风区的流态，从结构稳定性的观点出发来研究其流态的发展和演化规律是正确的。

(2) 圆锥体有攻角绕流时，小攻角情形下，出现结构稳定的对称流态，此时背风区对称线上速度$v(y)$不变号。随着攻角增大，$v(y)$开始在对称线的某位置处变为零，且$\partial v/\partial y$在该处也变为零，如果攻角更大，在背风区的对称线上，出现了两个鞍点，对称流态是结构不稳定的，它要演变为结构稳定的非对称流态。

(3) 定性分析结论和数值模拟结果是一致的。这证实锥体有攻角绕流时，由对称流态演变到非对称流态的机理是结构的不稳定性。

参　考　文　献

1　Peake D J, Tobak M. Three Dimensional Flows About Simple Components at Angle of Atrack. High Angle of Attack Aerodynamics. AGARD LS-121, 1982, (2)

2　Ericsson L E. Sources of High Alpha Vortex Asymmetry at Zero Sideslip. *Journal of Aircraft*, 1992, 29(6)

3　张芷芬，丁同仁. 微分方程定性理论. 北京：科学出版社，1985.

4　De Baggis H F. Dynamical Systems with Stable Structures, Contributions to Nonlinear Oscillations, 1952.

5　Peixoto M M. On Stuctural Stability. *Annu. Math.*, Princeton, 1959, 69: 199-222

6　Peixoto M M. Structural Stability on Two-Dimensional Mainfolds, Topology, 1962 1:101～120.

On the Structural Stability of the Flows over Slenders at Angle of Attack

Zhang Hanxin Ran zhen
(China Aerodynamics Research and Development Center, Mianyang, Sichuan 621000)

Abstract Based on the theory of structural stability, this paper investigates the transition of the flows over slenders at angle of attack from symmetric state to the asymmetric state. The conclusion show that the symmetric flow is structural stability at low angle of attack. On the contrary, the symmetric flow is structural unstability at high angle of attack. The critical condition of this transition also be presented in this paper.

Key words flows over slenders; asymmetric flow; topological analysis; structural stability

分离流和涡运动横截面流态的拓扑*

张　涵　信

中国空气动力研究与发展中心，四川绵阳 621000

摘要　为表征分离流和涡运动的空间特征，实验和计算多给出各横截面上流态。本文给出了横截面流态的拓扑规则，它们是：物体横截面轮廓线上半奇点的分布规则；横截面流态奇点总数的拓扑规则；Poincare 指数判定表面纵向分离起始和终结的规则；物面坡度为正时，横截面对称线上奇点数目的规则；物面坡度为负时，横截面对称线上奇点数目的规则。文中通过对正钝锥和倒钝锥高超声速绕流的 NS 方程的数值模拟，比较和验证了上面的拓扑规则。结果表明，计算和理论完全一致，理论对指导数值模拟，具有重要意义。

关键词　横截面流态；横向流拓扑；分离流动；旋涡运动；数值模拟

中图分类号　V211.3，V211.42

0 引　言

关于三维分离流动，最初人们多研究其表面流态，通过大量油流实验和理论分析，对表面流态的拓扑，给出了系统的结果，例如，对于单连物面，Lighthill 给出，其表面极限流线方程的结点总数比鞍点总数多 2；张涵信给出了三维定常流动分离的条件，并依据条件证明，对于实际的分离流动，分离线是一条极限流线，周围的极限流线向它收拢，但极限流线的收拢，并不意味着就一定是分离，分离线还必须满足其附近物面法向速度向外的条件。王国璋和张涵信分别给出，分离线有三种基本起始形态：鞍点起始、正常点起始和鞍、结点组合起始，并且三种形态可以相互转换；张涵信给出，如果分离线上有很多奇点，鞍点和结点是交替分布的。这些拓扑规律[1]，对分析表面分离流态，有重要指导意义。但是，当我们有兴趣于分离流动的空间流动特征时，仅仅了解表面流态是不够的，因此最近大量实验和数值计算，都在同时研究分离流动的截面流态，特别对于物体绕流的三维分离流场，研究垂直于体轴各横截面上的流态[2]。在这种情况下，如能给出横截面上流态的拓扑规律，并给出它与纵向流的联系，那将是很有意义的。为此，本文作者近几年来研究了旋涡横截面上及垂直于物体体轴的横截面流态的特征，关于前者，其旋涡横截面流态沿旋涡轴线的分岔演变规律，已在文献[3]内发表，本文给出后者的研究结果。

应该指出，关于截面上流态的拓扑，Hunt曾给出了截面轮廓线为一条截面流线时的

* 空气动力学学报，1997，15（1）：1-12. 国家自然科学基金资助项目。本文于1996年5月6日收到，7月8日收到修改稿。

拓扑规律[4]。但是在研究垂直于体轴横截面流态时，下面将会看到，如果物面与体轴纵向倾斜，截面轮廓线不是一条截面流线，因此需要研究更一般截面流态的拓扑规律，这就是本文试图解决的问题。

1 垂直于体轴的横截面上的流态拓扑

现在来研究回转体有攻角绕流的分离流动，设 z 为体轴，x,y 是垂直于体轴横截面上的直角坐标系，且 y 轴是该截面的对称线，u、v、w 是 x、y、z 方向的速度分量。定义

$$\frac{\mathrm{d}y}{\mathrm{d}x}=\frac{v}{u} \tag{1}$$

所表述的截面速度场的向量线为截面流线。作者与黎作武、贺国宏和冉政曾证明（文献[5，6，7]）以下规则成立：

（1）截面轮廓线上半奇点的规则：当回转体的子午线与体轴倾斜时，横截面的轮廓线不是横截面上的一条流线。如果截面轮廓线不穿过物面极限流线方程的奇点，则截面轮廓线上没有截面流线方程的奇点，如果截面轮廓线穿过物面极限流线方程的奇点，则物面轮廓线上的该点也是截面流线方程的奇点（称为半奇点），且奇点性质和物面极限流线方程在该奇点的性质相同。

（2）横截面流线奇点总数的规则：设在垂直于体轴横截面上，无限远处不是方程(1)的奇点，在截面轮廓线以外，结点总数 $\sum N$，鞍点总数为 $\sum S$，而在截面轮廓线上，结点总数为 $\sum N'$，鞍点总数为 $\sum S'$，再设 $I(C)$ 为截面轮廓线 C 的Poincare指数，则以下拓扑规律成立

$$\sum N+\frac{1}{2}\sum N'-\sum S-\frac{1}{2}\sum S'=-I(C) \tag{2}$$

（3）Poincare指数判定纵向分离的规则：当回转体表面沿流向没有反流的区域时，位于其内的截面轮廓线上 $I(C)=1$；如果回转体表面存在一个与流向相反的反流区，在此反流区以外，流动仍是顺流的，则当截面轮廓线位于该区时，$I(C)=0$，这表明，当回转体有攻角绕流在背风物面上存在一个流向（或纵向）分离区时，在分离区以前，$I(C)=1$，但在以后的反流区内，$I(C)=0$，因此 $I(C)$ 由 1 变为0，是流动出现流向分离的标志；如果表面上的纵向反流区在某点结束，在此点下游，流向均是顺流的，则该点以后，$I(C)$ 又变为1，因此 $I(C)$ 由 0 变 1，是表面纵向反流区结束的标志。

（4）物面与体轴有正的倾斜角时，横截面对称线上奇点分布的规则：对于回转体有攻角的分离流动，如果物面子午线与体轴的夹角为正，且物面没有纵向分离区时，在截面背风区的对称线上，截面流线方程或者没有奇点，或者有偶数个奇点（有时出现两个奇点重合的情况，这时形成一个高阶奇点，我们也视为两个），如果背风物面的对称子午线附近存在反流区，在此区域的横截面上背风对称线上存在奇数个奇点。且两种情况下，奇点要么是鞍点，要么是结点，没有螺旋型结点存在。在迎风区的对称线上，若无纵向分离，两种情况都仅有奇数个奇点。对任何一个上述奇点，当奇点处 $\partial v/\partial y$ 与 $\partial u/\partial x$ 反号时，奇点为鞍点，$\partial v/\partial y$ 与 $\partial u/\partial x$ 同号时，奇点为结点。此外，如果定义 $\lambda=(\partial u/\partial x)+$

$\partial v/\partial y$，当在奇点处$\lambda>0$时，则$(\partial v/\partial y)>0$和$\partial v/\partial y<-\lambda$的奇点为鞍点，$-\lambda<\partial v/\partial y<0$的奇点为结点；当在奇点处$\lambda<0$时，则$\partial v/\partial y<0$和$\partial v/\partial y<-\lambda$的奇点为鞍点，$0<\partial v/\partial y<-\lambda$的奇点为结点。

(5) 物面与体轴有负的倾角时，横截面上奇点分布的规则：对于回转体有攻角绕流，当物面子午线与体轴成负的倾斜角时，对于没有纵向反流的表面区域，其垂直于体轴的横截面的对称线上，背风区有奇数个奇点，迎风区有偶数个奇点。若背风区的子午线附近，出现纵向分离区，而迎风区的子午线附近，仍然没有纵向分离，则在此种区域内的垂直于体轴的横截面的对称线上，迎风区仍为偶数个奇点，但背风区的奇点变为偶数个。如果迎风和背风子午线附近，均存在纵向反流区，则在此各区域内的垂直于体轴的横截面的对称线上，迎风区的奇点为奇数个，背风区的奇点为偶数个。

2　截面流态拓扑和表面流态拓扑的联合应用

我们对两种高超声速气流绕回转体的分离流动作了数值模拟。现在应用上节给出的截面流态拓扑和文献中已经发展的表面流态的拓扑，来研究这些数值模拟结果。

2.1 钝锥有攻角的高超声速绕流

宗文刚利用NND格式通过求解层流NS方程，给出了这个问题的定常解，他假设流动是常比热完全气体，攻角分别为5°、10°、20°、30°、40°、50°、60°，来流Mach数$M_\infty=10$，Reynolds数$Re_\infty=(\rho_\infty u_\infty L)/\mu_\infty=10^6$。

图1给出了计算得到的表面分离形态，我们可看出，在攻角$\alpha=5°$时流动没有明显地出现分离；当攻角增大到10°、20°和30°时，流动出现开式分离，同时攻角增大时开始出现二次分离，但无纵向分离存在；攻角增大到40°，流动变为闭式分离，即在背风区，开始出现纵向分离；如果攻角进一步增加到50°和60°，则主分离线转变为鞍、结点组合起始的分离形态，背风区仍存在纵向反流区。图2给出了背风区对称子午面上的流线形态，可以看到，$\alpha=40°$、50°、60°时，背风区出现纵向分离。根据图1和图2所表示的流态以及上节给出的横向流的拓扑规律，我们可有以下结论：

(1) 对于$\alpha=20°$的情况，因流动没有纵向分离，物面与体轴有正的倾斜角度，因而在背风的对称线上，截面流态要么没有奇点，要么有两个奇点；在迎风对称线上，截面流态仅有一个奇点。截面轮廓线不是一条截面流线，且其上没有奇点。且在各个截面上均有$I(C)=1$。图3(a)是计算得到的背风对称线上，截面流态奇点沿体轴方向的分布，图4(b)～(g)是图4(a)所示各个横截面上的流态，以及某些局部放大图，可以看到，在迎风对称线上，仅有一个奇点是鞍点，背风对称线上的两个奇点，靠近物面者为鞍点型，最上面者为结点型，这符合结构稳定性原则。对于所计算的$\alpha=20°$的对称流动，根据截面流态奇点总数的拓扑规则和流动的对称性，在对称线以外的左方或右方，各分布数目相同的结点(包括螺旋点)和鞍点，图4的截面流态完全证实了理论结论。

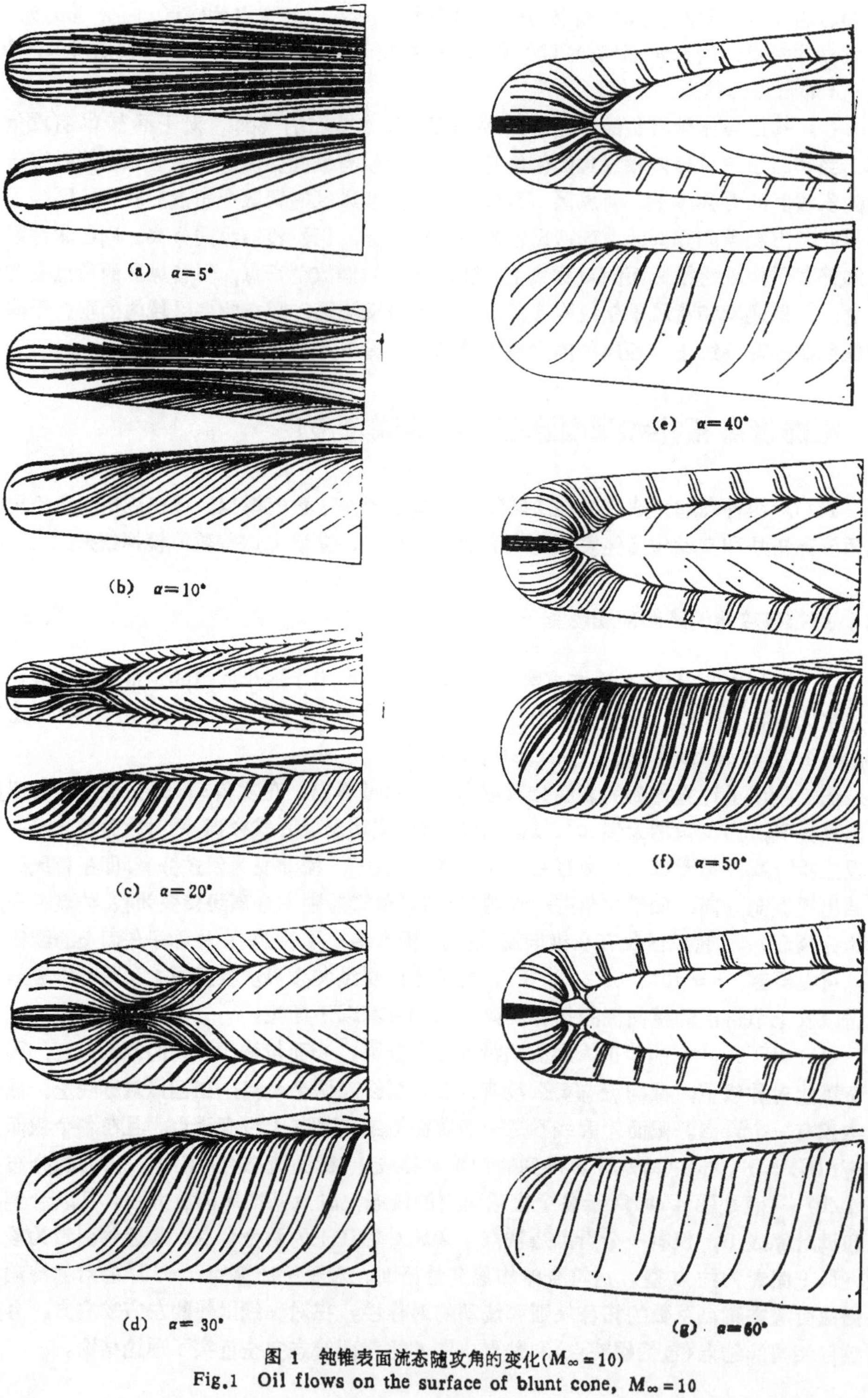

图 1　钝锥表面流态随攻角的变化($M_\infty=10$)

Fig.1　Oil flows on the surface of blunt cone, $M_\infty=10$

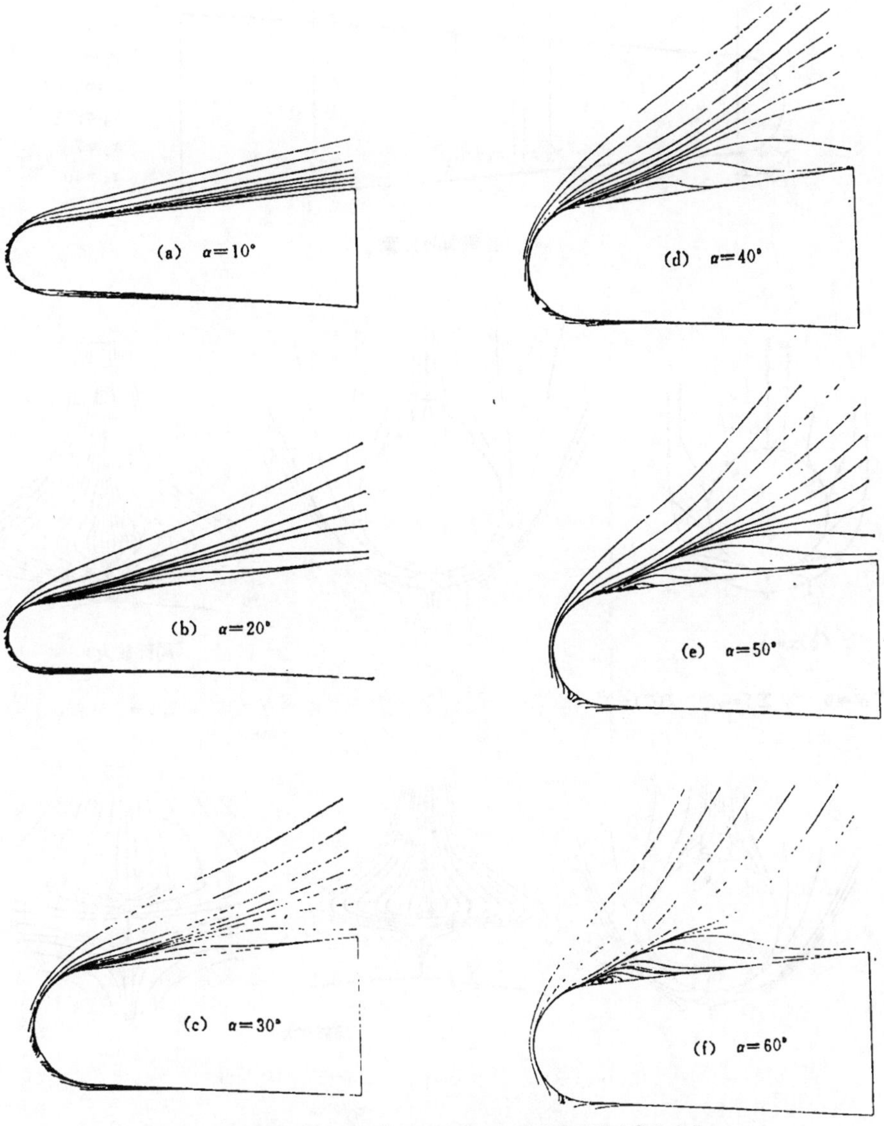

图 2 钝锥有攻角绕流时背风区对称于午面上流态随攻角的变化

Fig.2 Variation of flow pattern on the leeward symmetric meridional plane with increase of angle of attack

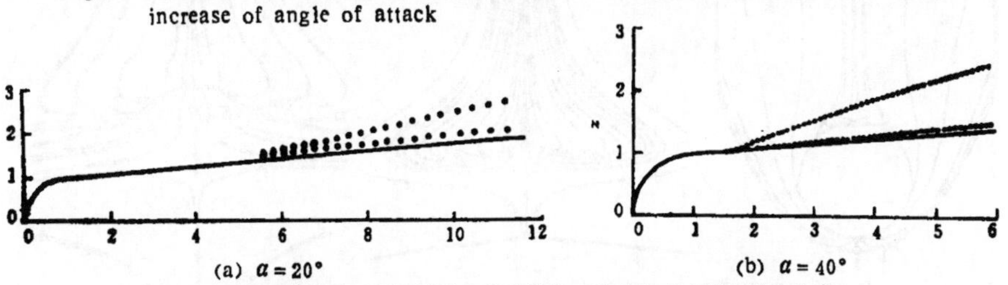

图 3 钝锥绕流情况下背风区对称线上横截面流态的奇点沿体轴的分布

Fig.3 Distribution of singular points of cross flow in the leeward symmetric line along axis of blunt cone

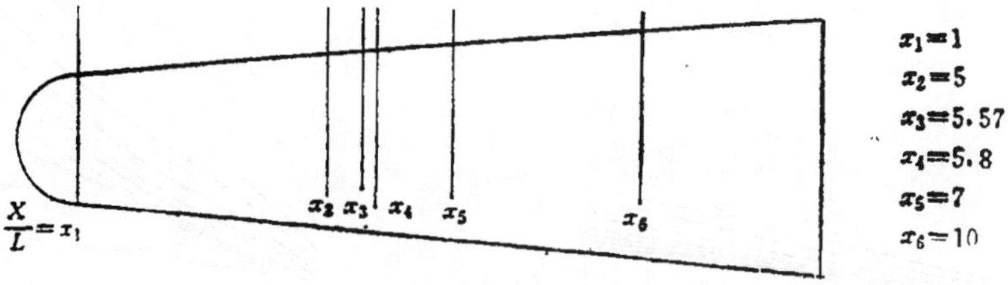

(a) 各截面的位置

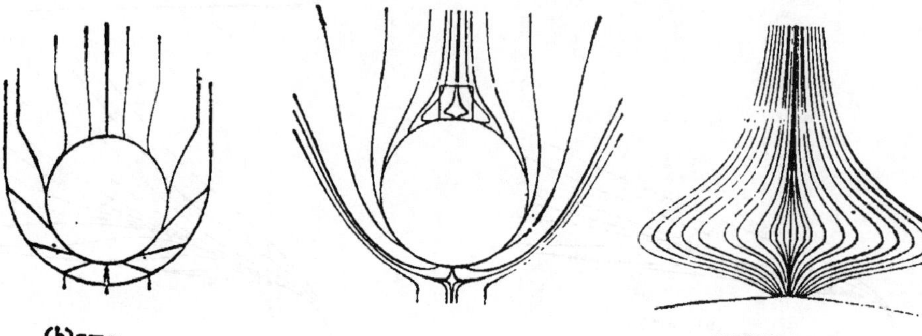

(b) $x=x_1$ (局部放大)

$\sum N=0$ $\sum S=0$ $I(C)=1$ (c) $x=x_2$ $\sum N=0$ $\sum S=1$ $I(C)=1$

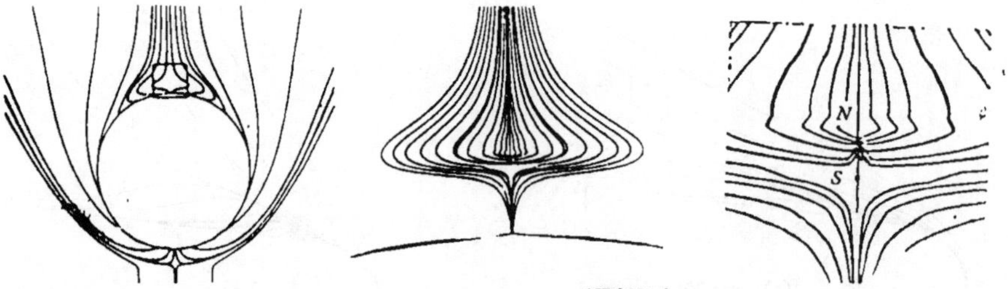

(局部放大)

(d) $x=x_3$ $\sum N=1$ $\sum S=2$ $I(C)=1$

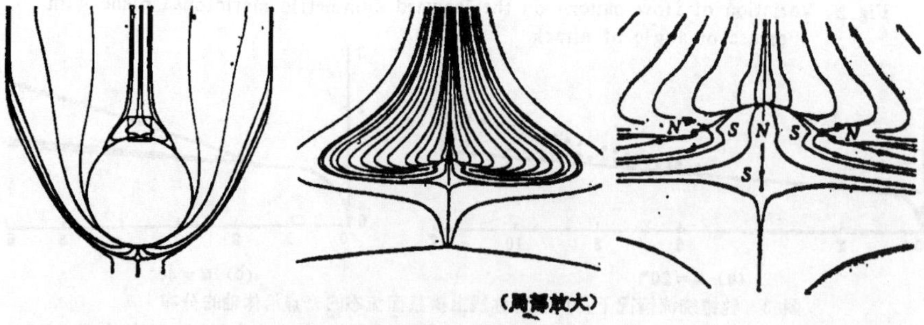

(局部放大)

(e) $x=x_4$ $\sum N=3$ $\sum S=4$ $I(C)=1$

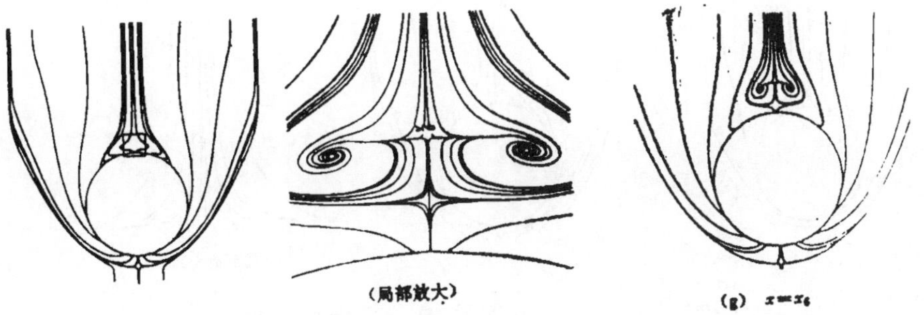

(f) $x=x_5$　$\Sigma N=3$　$\Sigma S=4$　$I(C)=1$　　$\Sigma N=3$　$\Sigma S=4$　$I(C)=1$

图 4　$\alpha=20°$时钝锥绕流情况下各截面的流态

Fig. 4　Crossflow pattern on the cross sections of blunt cone, $\alpha=20°$

(2) 对于$\alpha=40°$流动，因流动在背风区出现了纵向分离，根据上节给出的横截面流态的拓扑，位于纵向分离区以前的横截面，$I(C)=1$，其背风对称线上没有奇点；位于纵向分离区内的横截面，$I(C)=0$，其背风对称线上有一个奇点；而在纵向分离区以后的横截面，$I(C)=1$，其背风对称线上有两个奇点。在全部迎风对称线上，仅有一个奇点。图3(b)给出了$\alpha=40°$时计算得到的背风对称线上截面流态奇点沿体轴方向的分布，图5(b)～5(g)是图5(a)所示各横截面上的流态以及某些局部放大图，可以看出，在纵向分离区以前，确实背风对称线上没有奇点，在纵向分离区内，只有一个奇点，而在纵向分离区后，有两个奇点。在迎风横截面对称线上，仅有一个奇点。$I(C)$的计算数据，也和理论完全一致。另一方面，根据理论分析和计算数据，我们可以确定，当背风对称线上只有一个奇点时，它是鞍点；当有两个奇点时，背风对称线上临近物面的奇点为鞍点。最外的为结点，它们满足结构稳定性的要求。在全部情况下，迎风对称线上的奇点为鞍点。此外，根据奇点总数的拓扑规律，在横截面对称线两方，各分布数目相同的鞍点和结点(包括螺旋点)。图5的计算结果，完全证实了这些结论。

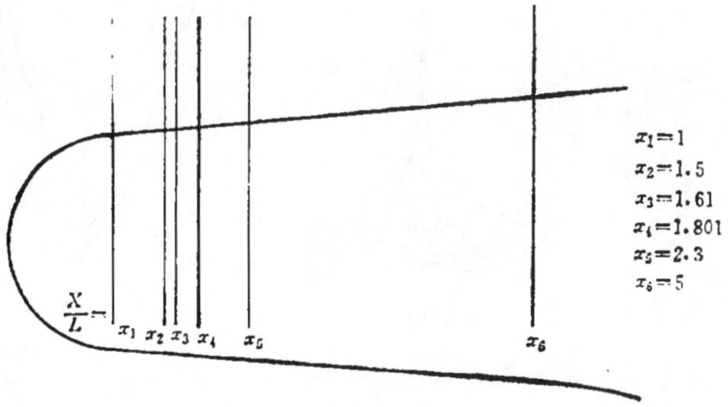

(a)　各截面的位置

(b) $x=x_1$ $\Sigma N=0$ $\Sigma S=1$ $I(C)=1$ （局部放大）

(c) $x=x_2$ $\Sigma N=0$ $\Sigma S=1$ $I(C)=1$

（局部放大）

(d) $x=x_3$ $\Sigma N=2$ $\Sigma S=2$ $I(C)=0$

（局部放大）

(e) $x=x_4$ $\Sigma N=3$ $\Sigma S=3$ $I(C)=0$

（局部放大）

(f) $x=x_5$ $\Sigma N=3$ $\Sigma S=4$ $I(C)=1$

(g) $x=x_6$ $\Sigma N=3$ $\Sigma S=4$ $I(C)=1$

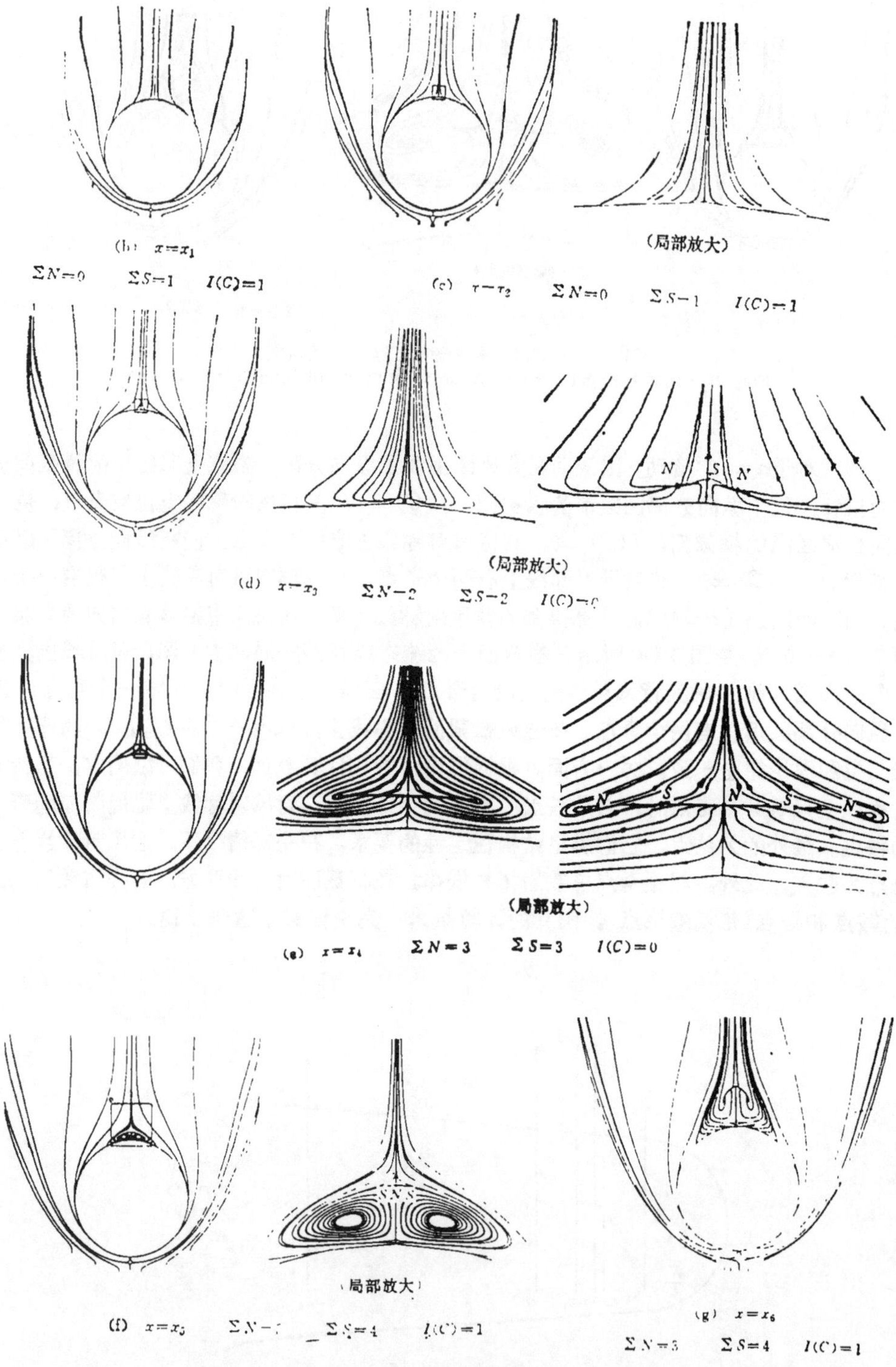

图 5 $\alpha=40°$ 时钝锥绕流情况下各横截面的流态
Fig.5 Crossflow pattern on the cross section of blunt cone, $\alpha=40°$

2.2 倒锥体(Apollo)有攻角高超声速绕流

黎作武利用NND格式通过求解NS方程数值模拟了这个流动，攻角为10°，Mach数为20，Reynolds 数为 10^5。假设流动为层流状态。

图6(a)给出了计算得到的表面流态，图6(b)是根据这个流态画出的拓扑结构。这两个图表明，在倒锥的前体区，分离线起始于鞍点；在后体区，对称面上的流态有二次分离，分离线起始于鞍点。起始于前体和后体的分离线，两者在倒锥体中部的结点处终结。这种图像清晰地表明，分离线的奇点是交替分布的，分离线的起始形态完全符合理论所给出的规律。

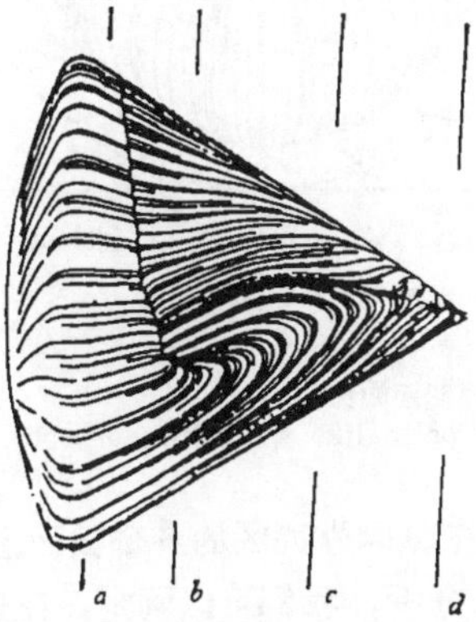

(a)　表面油流图及各截面位置

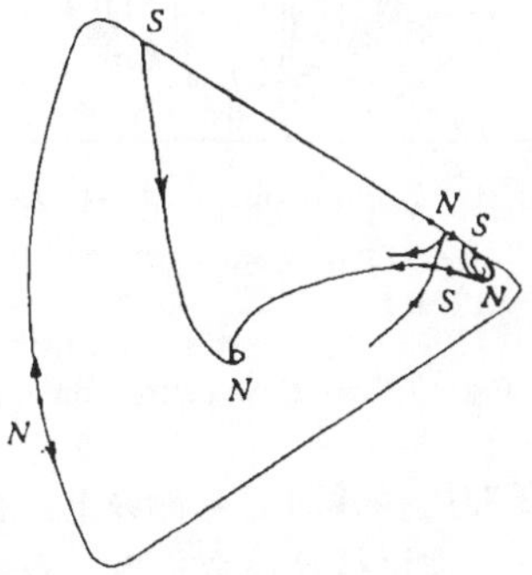

(b)　表面流态的拓扑

图 6　$\alpha=10°$时Apollo绕流的表面流态

Fig.6　Oil flow on the surface of Apollo-like spaceship, $\alpha=10°$

图 7 是计算给出的分离区内横截面上的流态，容易看出，对于这种流动情况，背风横截面的对称线上，在纵向分离区以前，有一个奇点，在纵向分离区以后，有两个奇

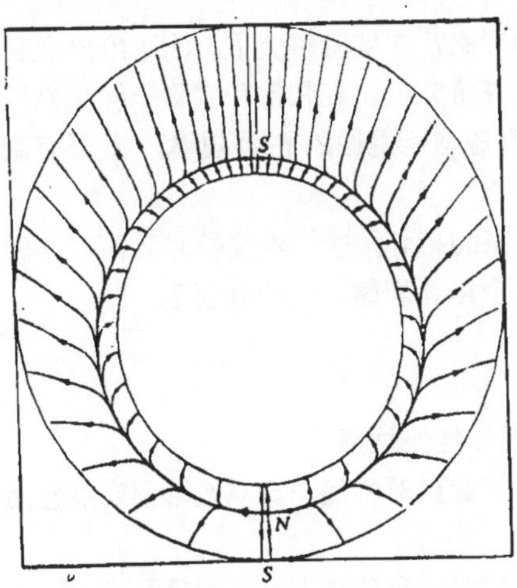

(a)　$x=-0.0848$　$\Sigma S=2$　$\Sigma N=1$

$\Sigma S'=\Sigma N'=0$　$I(C)=1$

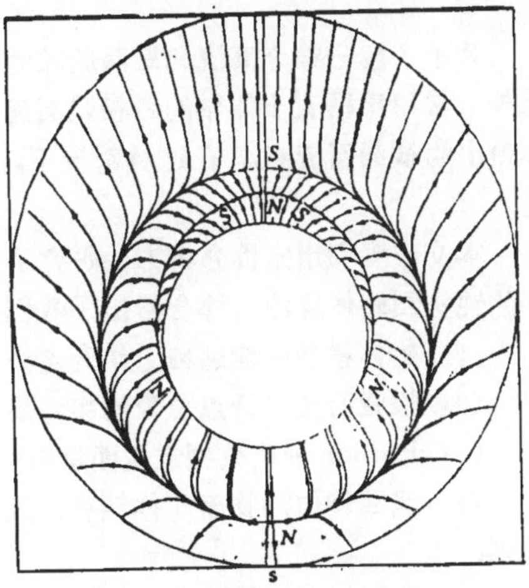

(b)　$x=-0.764$　$\Sigma S=4$　$\Sigma N=4$

$\Sigma S'=\Sigma N'=0$　$I(C)=0$

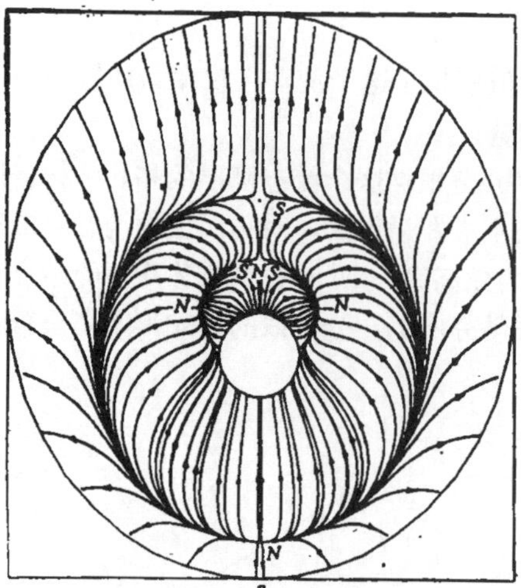

(c) $x=-0.470$ $\Sigma S=4$ $\Sigma N=4$ $\Sigma S'=\Sigma N'=0$ $I(C)=0$

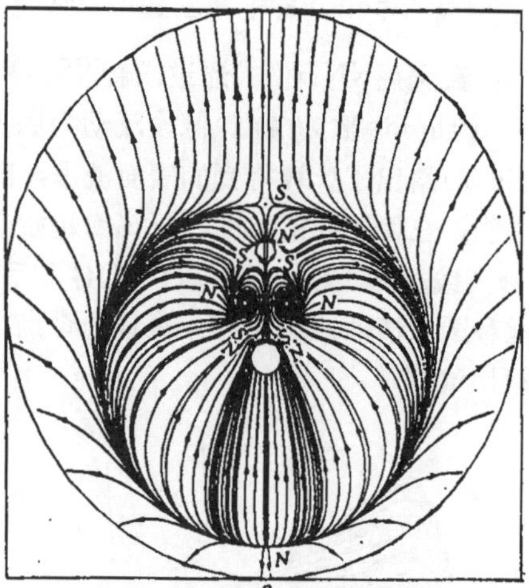

(d) $x=-0.396$ $\Sigma S=6$ $\Sigma N=6$ $\Sigma S'=\Sigma N'=0$ $I(C)=0$

图 7 $\alpha=10°$时Apollo绕流情况下各横截面的流态

Fig.7 Crossflow pattern on the cross sections of Apollo-like spaceship, $\alpha=20°$

点。而在迎风横截面的对称线上，也有两个奇点，且在纵向分离区的各个截面上$I(C)$均为零，这与理论结论完全一致。根据数值结果和理论分析，我们可以确定，在迎风和背风的对称线上，靠近物面的奇点均为结点，而靠外的奇点，均为鞍点，它们满足结构稳定性的要求。此外，根据奇点总数的拓扑规则，在对称线左侧或右侧，皆存在数目相等的鞍点和结点(包括螺旋点)数。

3 结束语

为了了解三维分离流和旋涡运动的空间流动形态，在实验研究上，除了给出表面流态外，常给出垂直于体轴的各横截面流态。在计算研究上，也常常和实验一样来显示计算给出的横截面流态。在这种情况下，研究截面流态所遵循的拓扑规律，是很有意义的。

本文作者利用定性分析方法研究了横截面流态的拓扑，这篇论文针对物面与体轴倾斜的钝头回转体绕流，综合给出了我们得到的各个拓扑规律，它们分别是：

(1) 物体横截面轮廓线上半奇点分布规则；

(2) 横截面流态奇点总数的拓扑规则；

(3) Poincare 指数判定表面纵向分离起始和终结的规则；

(4) 当回转体的物面与体轴有正的夹角时，横截面对称线上奇点数目及奇点性质的规则；

(5) 当回转体的物面与体轴成负的夹角时，横截面对称线上奇点数目及奇点性质的规则；

文中通过对正钝锥和倒钝锥高超声速绕流的NS方程数值模拟，比较和验证了上面所得到各个拓扑规则。结果表明，本文给出的拓扑规律，是正确的，它们对指导数值模拟具有重要意义。

参　考　文　献

1 张涵信，邓小刚．三维定常分离流和涡运动的定性分析研究．空气动力学学报，1992，10(1):8～20

2 Visbal M R et al. Crossflow Topology of Vortical Flows. *AAIA J*. 32，5. 1994.

3 张涵信．亚、超声速旋涡流动特征的定性分析研究．空气动力学学报，1995，13(4):259～264

4 Hunt J C R et al. Kinematical Studies of the Flows Around Free or Surface-Mounted Obstacles Applying Topology to flow Visualization. JFM 1984，86:179～200

5 黎作武．含激波、旋涡和化学非平衡反应的高超声速复杂流场的数值模拟[博士学位论文]，中国空气动力研究与发展中心，1994.

6 贺国宏．三阶ENN格式及其在高超声速粘性复杂流场求解中的应用[博士学位论文]．中国空气动力研究与发展中心，1994.

7 张涵信，冉政．细长锥体有攻角绕流对称流态到非对称流态的结构稳定性分析研究．空气动力学学报，1997，15(1):20～26.

Crossflow Topology of Three Dimensional Separated Flows and Vortex Motion

Zhang Hanxin
(China Aerodynamics Research and Development Center, Mianyang, Sichuan 621000)

Abstract In experimental as well as computational studies, the vortex structure in the flow fields over the body is often examined on the cross section perpendicular to the body axis. On such planes, the projected or sectional streamlines are always exhibited crossflow pattern. In this paper some new topological rules of the cross flows are presented. They are: 1. The distribution rule of the semi-singular point at the intersection line between the body surface and its cross section. 2. The rule of total singular point number for sectional streamlines on the cross section. 3. The poincare's index criterion for the flow over the body with or without longitudinal separation. 4. The rule of singular point number at the sytmmetric line of the cross section.

In addtion, NS equations are solved for the flows over the blunt-cone and Apollo-like spaceship, The toplogical structures of the cross flow are drawn by numerical results. The comparison between calculated results and conclusions obtained by above topological rules show that the agreement is very good, and the topological rules are very useful to explcre the flow structures.

Key words sectional streamline; crossflow topology; separated flow; vortex motion; numerical simulation

垂直于物面的横截面上流态的拓扑*

张涵信 国义军

中国空气动力研究与发展中心，四川绵阳 621000

国家计算流体力学实验室，北京 100083

摘要 对于旋成体有迎角绕流，本文研究了垂直于物面的横截面上的流态结构。利用解析方法，给出了物面轮廓线上、迎风和背风对称线上以及全横截面上截面流线方程奇点的分布规律以及奇点沿流动方向的演变规律，从而可定性地确定截面流态的结构。通过求解NS方程，数值模拟了钝锥有迎角高超声速绕流流场，计算获得的垂直于物面的横截面流线的拓扑结构和理论分析完全一致。

关键词 横向流态；拓扑分析；数值模拟

中图分类号 V211.4 **文章标识码**：A **文章编号**：0258-1825(2000)01-0001-13

0 引 言

在论文[1,2]中，张涵信等研究了三维物体绕流时垂直于体轴的横截面流线的特征，给出了一些重要的拓扑规则。如物体横截面轮廓线上半奇点分布规则；横截面奇点总数的拓扑规则；Poincare 指数判定表面纵向分离起始和终结规则；当回转体的物面与体轴成正的或负的夹角时，横截面对称线上奇点数目及奇点性质的规则；横截面流态的结构稳定性规则等。这些拓扑规律，对分析流场结构有重要指导意义。最近我们发现，垂直于体轴的截面流态与垂直于物面的截面流态不能等同（见图1），沿流向旋涡出现的位置有差别。本文通过拓扑分析和数值模拟，研究垂直于钝锥表面的截面流态拓扑，发现这种形式的截面流态能更加直观地反映出流场的空间结构。

1 垂直于钝锥体表面的横截面上流动结构的定性分析

为便于分析，我们采用贴体坐标系。设 x 轴沿着钝锥体表面周向，z 轴沿着子午线方向，y 轴垂直于物面，u、v、w 分别为 x、y、z 方向的速度分量。

1.1 物面轮廓线附近截面流线的性状

首先证明：垂直于物面的横截面与物面的交线，即物面轮廓线本身是截面流线。

事实上，在上述坐标系下，垂直于物面的截面流线方程为

* 空气动力学学报，2000，18（1）：1-13. 收稿日期：1999-01-06；修订日期：1999-05-04。

$$\frac{1}{h_1}\frac{\mathrm{d}y}{\mathrm{d}x} = \frac{v}{u} \tag{1}$$

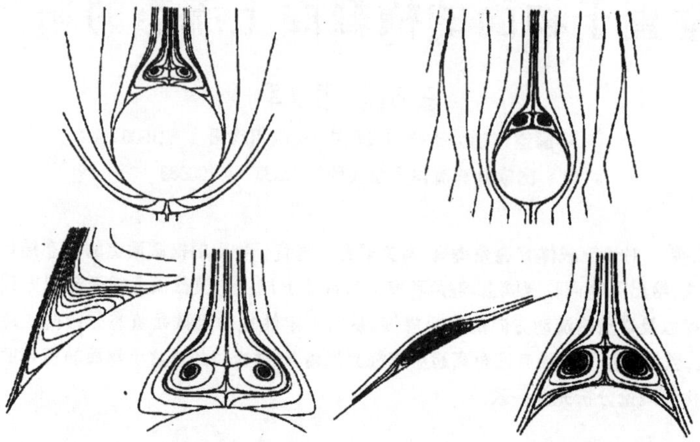

(a) 垂直于体轴的截面流态　　(b) 垂直于物面的截面流态

(下图为上图背风区流态的局部放大)

图 1　钝锥绕流时同一物面位置上不同截面取法给出的截面流态

Fig. 1　Flow pattern on sections, one of which perpendicular to the body surface and the other one perpendicular to the body axis of a blunt cone

这里 h_1 为 x 方向的尺度因子。将 u, v 在物面附近进行 Taylor 展开，有

$$\begin{aligned} u &= u_0 + \left(\frac{\partial u}{\partial y}\right)_0 y + \frac{1}{2}\left(\frac{\partial^2 u}{\partial y^2}\right)_0 y^2 + \cdots \\ v &= v_0 + \left(\frac{\partial v}{\partial y}\right)_0 y + \frac{1}{2}\left(\frac{\partial^2 v}{\partial y^2}\right)_0 y^2 + \cdots \end{aligned} \tag{2}$$

这里下标“0”表示在物面上取值。利用表面边界条件，$u_0 = v_0 = 0$，我们有 $(\partial u/\partial x)_0 = (\partial v/\partial x)_0 = 0$。由连续方程

$$\frac{1}{h_1}\frac{\partial \rho u}{\partial x} + \frac{\partial \rho v}{\partial y} = -\frac{1}{h_1}\frac{\partial \rho w h_1}{\partial z} - \frac{\rho v \cos\theta_c}{r} \tag{3}$$

式中 $r = r_b + y\cos\theta_c$，$h_1 = r/r_b = 1 + y\cos\theta_c/r_b$，$r_b$ 是物面到体轴线的距离，θ_c 是半锥角。在表面上，可以得到

$$\left(\frac{\partial v}{\partial y}\right)_0 = 0 \tag{4}$$

于是(2)式中 u, v 可表示为

$$\begin{aligned} u &= y[g(x) + yh(x, y)] \\ v &= y^2 f(x, y) \end{aligned} \tag{5}$$

式中

$$g(x) = \left(\frac{\partial u}{\partial y}\right)_0$$

$$h(x,y) = \frac{1}{2}\left(\frac{\partial^2 u}{\partial y^2}\right)_0 + \frac{1}{3!}\left(\frac{\partial^3 u}{\partial y^3}\right)_0 y + \cdots$$

$$f(x,y) = \frac{1}{2}\left(\frac{\partial^2 v}{\partial y^2}\right)_0 + \frac{1}{3!}\left(\frac{\partial^3 v}{\partial y^3}\right)_0 y + \cdots$$

将(5)式代入(1)式，截面流线方程可写成

$$\frac{1}{h_1}\frac{\mathrm{d}y}{\mathrm{d}x} = \frac{yf(x,y)}{g(x) + yh(x,y)} \tag{6}$$

除个别点外，物面上 $g(x)$ 一般不为零。因此当 $y=0$ 时，流线坡度为零，表示截面流线与物面轮廓线重合，即物面轮廓线是截面流线。

我们知道，在垂直于体轴的横截面上，截面流线方程在物面轮廓线附近可化为

$$\frac{1}{h_1}\frac{\mathrm{d}y'}{\mathrm{d}x'} = \frac{(\partial w/\partial y)_0}{(\partial u/\partial y)_0}\sin\theta_c \tag{7}$$

这里 x' 轴与 x 轴方向一致，y' 轴垂直于体轴和 x' 轴指向外。当物面与截面不正交时，$\theta_c \neq 0$，而一般情况下，在物面上 $(\partial w/\partial y)_0$ 不会处处为零，因此上式表明，在垂直于体轴的截面上，物面轮廓线不是截面流线。此外，在物体表面上，极限流线方程为

$$\frac{1}{h_1}\frac{\mathrm{d}z}{\mathrm{d}x} = \frac{(\partial w/\partial y)_0}{(\partial u/\partial y)_0} \tag{8}$$

比较(7)(8)两式不难发现，两式右端项仅相差一个 $\sin\theta_c$ 项，这说明垂直于体轴的截面流线在物面轮廓线附近仅能反映物面上奇点的性质，不能给出更多的空间流动信息，无法显示分离的空间起始过程和起始形态。而垂直于物面的截面流态却可以做到这一点。

由(6)式容易看出，物面上奇点位置 $(x_s,0)$ 由下式给出

$$g(x_s) = 0 \tag{9}$$

现在来讨论奇点的性质。引入坐标变换

$$\begin{aligned} x &= x_s + \xi \\ y &= \eta \end{aligned} \tag{10}$$

(6)式可写成

$$\frac{1}{h_1}\frac{\mathrm{d}\eta}{\mathrm{d}\xi} = \frac{\eta f(x_s+\xi,\eta)}{g(x_s+\xi) + \eta h(x_s+\xi,\eta)} \tag{11}$$

由于

$$f(x_s+\xi,\eta) = f(x_s,0) + \cdots = \frac{1}{2}\left(\frac{\partial^2 v}{\partial y^2}\right)_s + \cdots$$

$$g(x_s+\xi) = g(x_s) + \left(\frac{\partial g}{\partial \xi}\right)_s \xi + \cdots = \left(\frac{\partial^2 u}{\partial x \partial y}\right)_s \xi + \cdots$$

$$h(x_s+\xi,\eta) = h(x_s,0) + \cdots = \frac{1}{2}\left(\frac{\partial^2 u}{\partial y^2}\right)_s + \cdots$$

略去二阶以上小量后代入(11)式，得

$$\frac{\mathrm{d}\eta}{\mathrm{d}\xi} = \frac{\frac{1}{2}\left(\frac{\partial^2 v}{\partial y^2}\right)_s \cdot \eta}{\left(\frac{1}{h_1}\frac{\partial^2 u}{\partial x \partial y}\right)_s \cdot \xi + \frac{1}{h_1}h(x_s,0)\cdot \eta} \tag{12}$$

式中下标"s"表示 $x=x_s$ 和 $y=0$ 处的值。根据微分方程定性理论[3]，奇点(x_s, 0)的性质可由以下两式确定

$$\triangle = \frac{1}{2}\left(\frac{\partial^2 v}{\partial y^2}\right)_s + \left(\frac{1}{h_1}\frac{\partial^2 u}{\partial x \partial y}\right)_s$$

$$J = \frac{1}{2}\left(\frac{\partial^2 v}{\partial y^2}\right)_s \cdot \left(\frac{1}{h_1}\frac{\partial^2 u}{\partial x \partial y}\right)_s \tag{13}$$

若$(\partial^2 u/\partial x\partial y)_s > 0$，当$(\partial^2 v/\partial y^2)_s > 0$时为结点，当$(\partial^2 v/\partial y^2)_s < 0$时为鞍点。

若$(\partial^2 u/\partial x\partial y)_s < 0$，当$(\partial^2 v/\partial y^2)_s > 0$时为鞍点，当$(\partial^2 v/\partial y^2)_s < 0$时为结点。

若$(\partial^2 u/\partial x\partial y)_s = 0$或$(\partial^2 v/\partial y^2)_s = 0$，或两者同时为零，则为高阶奇点。它预示着流谱将发生分叉，因此这个条件同时也是流谱出现分叉的数学条件。这里把结点、焦点、临界结点和退化结点等统称为结点。

1.2 对称绕流时对称轴上奇点的特征

为了分析这个问题，不失一般性，我们可取对称轴作为 $x=0$ 的 y 轴，此时对称条件为

$$u(x,y) = -u(-x,y)$$

$$v(x,y) = v(-x,y) \tag{14}$$

$$u(0,y) = 0$$

这样在 y 轴附近，流线方程可写成

$$\frac{1}{h_1}\frac{\mathrm{d}y}{\mathrm{d}x} = \frac{v_0(y) + x^2\tilde{h}(x,y)}{x\cdot\tilde{f}(x,y)} \tag{15}$$

其中

$$\tilde{f}(x,y) = \left(\frac{\partial u}{\partial x}\right)_0 + \frac{1}{3!}\left(\frac{\partial^3 u}{\partial x^3}\right)_0 x^2 + \cdots$$

$$\tilde{h}(x,y) = \frac{1}{2}\left(\frac{\partial^2 v}{\partial x^2}\right)_0 + \frac{1}{4!}\left(\frac{\partial^4 v}{\partial x^4}\right)_0 x^2 + \cdots$$

下标"0"表示 $x=0$ 的值。设奇点坐标为(x_s, y_s)，由上式不难看出，位于对称线上的奇点可由下式确定

$$x_s = 0$$

$$v_0(y_s) = 0 \tag{16}$$

现在来研究对称线上奇点的特征。引入坐标变换

$$x = x_s + \xi = \xi;\quad y = y_s + \eta \tag{17}$$

注意到

$$v(y_s+\eta) = v_0(y_s) + \left(\frac{\partial v}{\partial y}\right)_s \eta + \cdots = \left(\frac{\partial v}{\partial y}\right)_s \eta + \cdots$$

$$\tilde{h}(\xi, y_s+\eta) = \tilde{h}(0,y_s) + \cdots = \frac{1}{2}\left(\frac{\partial^2 v}{\partial x^2}\right)_s + \cdots$$

$$\tilde{f}(\xi, y_s+\eta) = \tilde{f}(0,y_s) + \cdots = \left(\frac{\partial u}{\partial x}\right)_s + \cdots$$

(15)式可化为以下形式

$$\frac{d\eta}{d\xi} = \frac{\bar{h}(0, y_s)\xi + \left(\frac{\partial v}{\partial y}\right)_s \eta}{\left(\frac{1}{h_1}\frac{\partial u}{\partial x}\right)_s \cdot \xi} \tag{18}$$

该式表明,奇点$(0,y_s)$的性质由以下两式确定

$$\triangle = \left(\frac{1}{h_1}\frac{\partial u}{\partial x}\right)_s + \left(\frac{\partial v}{\partial y}\right)_s$$

$$J = \left(\frac{1}{h_1}\frac{\partial u}{\partial x}\right)_s \cdot \left(\frac{\partial v}{\partial y}\right)_s \tag{19}$$

若$(\partial u/\partial x)_s > 0$,当$(\partial v/\partial y)_s > 0$时为结点,当$(\partial v/\partial y)_s < 0$时为鞍点。

若$(\partial u/\partial x)_s < 0$,当$(\partial v/\partial y)_s > 0$时为鞍点,当$(\partial v/\partial y)_s < 0$时为结点。

若$(\partial u/\partial x)_s$和$(\partial v/\partial y)_s$两项中有一项为零,则为高阶奇点。

1.3 横截面上奇点总数的规则

张涵信和黎作武通过引进 Poincare 指数的概念,曾给出了一个普适的奇点数目拓扑规律[4]。对于本文所讨论的钝锥有攻角绕流问题,设截面的外边界取在无穷远处,内边界为锥体与截面相交的轮廓线 C,则截面流线方程奇点总数满足如下拓扑规律

$$\sum N + \frac{1}{2}\sum N' - \sum S - \frac{1}{2}\sum S' = I(\infty) - I(C) \tag{20}$$

这里$\sum N$、$\sum S$为域Ω内的结点和鞍点总数,$\sum N'$、$\sum S'$为截面轮廓线上的半结点和半鞍点总数,$I(C)$和$I(\infty)$分别是内外边界曲线的 Poincare 指数。

1.4 对称绕流时横截面流线的性状

由于截面垂直于物面,截面与物面相交的轮廓线本身是截面流线,且在轮廓线上有$v=0$,$\partial v/\partial y=0$。小迎角情况下,流动没有分离,物面上的极限流线是从迎风面走向背风面的。因此背风对称线上靠近物面的速度$v>0$。当迎角α小于锥角θ_c时,在背风侧的远处有$v<0$。此时背风对称线上$v(y)$的分布如表1(a)所示。$v(y)$与y轴有一个交点,表明背风对称线上有一个奇点。当$\alpha=\theta_c$时,y轴上$v(y)$的分布如表1(b)所示。当$\alpha>\theta_c$时,无穷远处$v>0$,此时y轴上无奇点(表1(c)),背风区封闭流线完全打开。进一步增加α,如果背风面开始出现纵向分离且截面位于该分离区内,此时物面附近$v<0$,则出现表1(d)所示的速度分布,此时背风区对称线上(除物面外)又有一个奇点。

迎风对称线上$v(y)$的分布主要与截面在锥体上的位置(z坐标,实际上与来流速度和激波面的夹角)有关。在锥体前部,头激波的作用使波后$v>0$,而波前(无穷远来流)$v<0$,最简单的$v(y)$分布如表1(a)所示。而在锥体尾部的截面上,由于激波角近似等于锥角θ_c并且激波强度较弱,波后速度同波前一致都小于零,最简单的$v(y)$分布如表1(f)所示。从表1(a)到(f)的过渡不是简单的过渡,而是具有一定规律性。沿锥体向后,首先在靠近物面一侧$v(y)$沿y轴分布曲线下凹。当z达到某一临界值时,曲线$v(y)$刚好与y轴相切(见表1(b)),在切点上以下条件成立$v=0$,$\partial v/\partial y=0$。如果z增大,曲线$v(y)$与y轴依次有三个(表1(c))、两个(表1(d))、一个(表1(e))、零个(表1(f))交点。在小迎角情况下,在迎风对称线上,$\partial u/\partial x>0$,根据上面的讨论,可以

证明，对于表1(a)所示的情况，最下面的一个奇点为鞍点，物面与迎风对称线的交点是半结点。

表1　截面上物理量的演变规律

Table 1　Variation of specific parameters on section

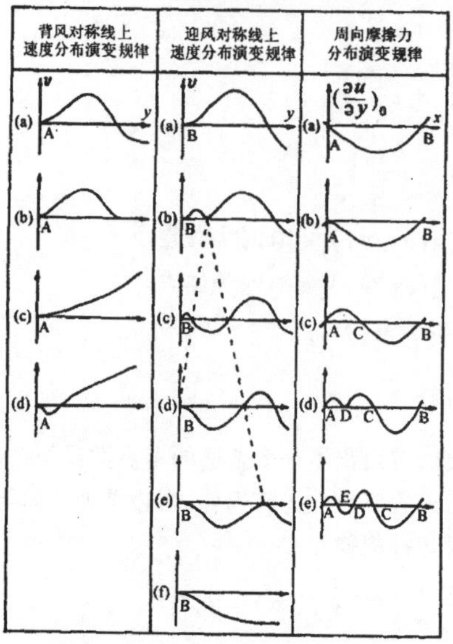

表2　小迎角下截面流态的的演变规律

Table 2　Variation of flow paterns at small angles of attack

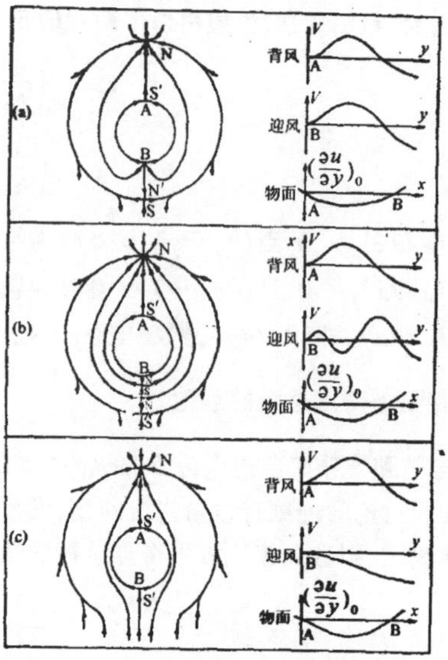

表3　中小迎角下截面流态的的演变规律

Table 3　Variation of flow paterns at middle angles of attack

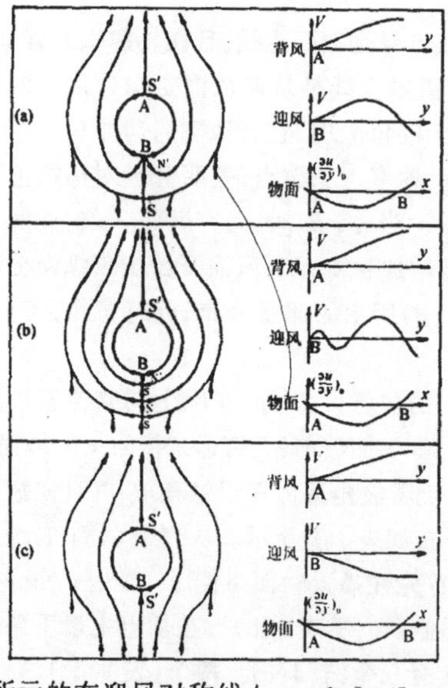

表4　中等及大迎角下截面流态的的演变规律

Table 4　Variation of flow paterns at large angles of attack

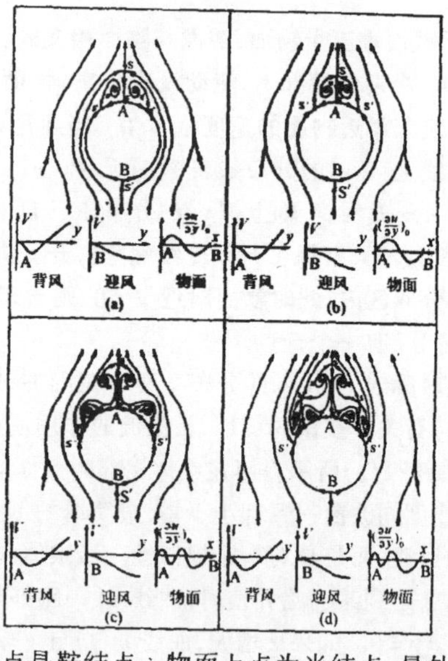

表1(b)所示的在迎风对称线上 $v=0, \partial v/\partial y=0$ 的点是鞍结点。物面上点为半结点，最外面的一个奇点为鞍点。对于表1(c)所示的情况，从外走向物面，奇点依次是鞍点、结点、鞍点和半结点。

沿 z 轴再向后的截面上，出现表 1(d)的情况，即原表 1(c)中间的两个奇点一个向物面靠拢，与物面上的半结点合并成一个半鞍点，另一个结点向最外面的一个鞍点靠拢，但尚未相合。并且随着 z 进一步增加，表 1(d)向外靠拢的结点与最外的奇点合并然后消失，依次出现表 1(e)和表 1(f)的情况，表 1(e)最外一个奇点为鞍结点，表 1(f)最外无奇点，此时迎风截面流线打开。

将坐标原点置于背风对称线与物面交点处，x 沿顺时针(前视)方向为正，则在小迎角情况下，物面轮廓线上摩擦力分布如表 1(a) 所示(由于流动对称，仅考虑一半)。因为物面上$(\partial u/\partial y)_0=0$ 的点为半奇点，故此时仅在迎风、背风对称线与物面交点处有一个半奇点。在中等迎角情况下，从锥面上某一位置开始，背风对称线附近$(\partial u/\partial y)_0$ 线上凹，在某一 z 位置上，曲线在 A 点与 x 轴相切(表 1(b)) 此时有$(\partial^2 u/h_1\partial x\partial y)_A=0$。这一条件即为流谱出现分叉的数学条件，意味着将有新的拓扑结构出现。在该截面下游，曲线与 x 轴有一新的交点(表 1(c))。如果迎角进一步增大，沿 z 轴向下游，AC 间曲线下凹，直至出现切点 D(表 1(d))。在切点 D 处同样有$(\partial^2 u/h_1\partial x\partial y)_D=0$，因此这一条件也是出现二次分离分叉的数学条件。此后，流动出现二次分离，在 AB 之间有三个奇点 E、D 和 C(表 1e)，其中 C 为主分离点，E、D 为二次分离和再附点。

下面利用前面的定性结论着重分析以下三种类型的截面流态。

(1)小迎角情况下($\alpha<\theta_c$)，流动没有分离。迎风和背风对称线上各有一个半奇点(B、A)和各有一个奇点，典型分布如表 1a 所示。背风对称线最外的奇点处$(\partial u/\partial x)_s<0$，$(\partial v/\partial y)_s<0$，因此该奇点为结点。同样可以证明，迎风对称线最外边的奇点为鞍点。物面上的 A 点为半鞍点，B 点为半结点。此时绕外边界 Poincare 指数 $I(\infty)=1$，绕物面 $I(C)=1$，迎风和背风对称线上及物面上的奇点指数之和为零，因此根据奇点总数的拓扑规律，流场内部(不包括对称线和物面)$\sum N_e=\sum S_e$。考虑到流态是左右对称的，$\sum N_e$ 和$\sum S_e$ 必分别为相等的偶数。这样最简单的情况就是$\sum N_e=\sum S_e=0$，即对称线以外流场内无奇点。小迎角无分离情况下的流态正好对应这种情况。表 2a 给出了上述情况下横截面流态示意图。

如果迎风对称线上不只有一个奇点(表 1(c))，根据 v 的连续性，从外向物面奇点依次为鞍、结、鞍、结…。这种情况下的横截面流态见表 2(b)。如果迎风面流线已打开，迎风对称线上除物面上有一个半鞍点外无其它奇点(表 1f)，此时横截面流态如表 2(c)所示。

(2)迎角稍大于半锥角，流动没有分离。此时背风对称线上除与物面交点外无其它奇点(表 1(c))，迎风对称线上速度分布及物面轮廓线上的摩擦力分布与(1)的情况相同。这种情况下的流态与情况(1)的唯一区别在于背风区对称线上的结点消失，流线打开，此时 $I(\infty)=0$。其流态示意图为表 3(a)、(b)、(c)。

(3)当迎角增大，流动出现分离时，除背风对称线上出现新的奇点外，物面上也对称地出现新的奇点。如果这些奇点位于锥体后部分离区内，则分别对应于主分离、二次分离和再附等现象。背风对称线上最简单的速度分布如表 1d 所示，此时，除物面上的半奇点外，背风对称线上有一个奇点。依照背风对称线上$\partial u/\partial x$ 的符号，我们可以判定半奇点和奇点的性质，对于最外边的一个奇点，它可以是鞍点，也可以是 SNS 结构。物面上由于分离产生两个新的奇点，半平面上摩擦力分布如表 1(c)所示。根据前面的分析及分离的物理含义不难证明，物面上的四个奇点都为半鞍点。而此时 $I(\infty)=0$，$I(c)=1$，根据奇点总数规律，在迎风和背风对称线以外$\sum N_e-\sum S_e=2$。考虑到对称绕流时$\sum N_e$ 和$\sum S_e$ 必为偶数。最简单的情况是$\sum N_e=2$，$\sum S_e=0$，即对称线以外存在两个结点。这种情况下流态示意图为表 4(a)或(b)。

如果出现二次分离,物面上同时又增加了四个奇点,容易证明都是半鞍点,此时$\sum N_e - \sum S_e = 4$,最简单的情况为$\sum N_e = 4, \sum S_e = 0$(表 4c),稍微复杂一点为$\sum N_e = 6, \sum S_e = 2$(表 4d)。

1.5 截面流态的非对称性

张涵信和冉政的论文[2]指出,截面流态存在结构稳定性问题。当背风对称线上的两个奇点都为鞍点时,它们不能稳定地直接相连,由此会形成非对称的鞍点与结点相连的稳定流态。因此在高超声速的某些情况下,流态也有可能是弱非对称的。

2 数值结果

我们利用时间和空间均为二阶精度的隐式 NND 格式[5,6],通过求解 NS 方程,计算给出了钝锥高超声速绕流的流场,其计算条件是

$$M_\infty = 10, Re_\infty = 2.0125 \times 10^5, T_\infty = 49\text{K}, T_w = 294\text{K}, \theta_c = 4.7°$$

这里 M_∞ 表示来流 Mach 数, Re_∞ 表示基于来流和头部半径的 Reynolds 数, T_∞ 是来流温度, T_w 是物面温度, θ_c 是钝锥的半锥角。下面分别讨论垂直于物面的各截面上流态以及它们沿体轴方向的演变情况。

2.1 小迎角 $\alpha = 4°$ 的情况

图 2 给出了 $S/R = 1.546, 4.116$ 和 10.001 三个截面上的流态,这里 R 是钝锥的头部半径, S 是沿体轴方向的坐标。图 3 是相应图 2 各截面上的迎风、背风对称线上的径向速度分布和截面轮廓线上摩阻分布(这里与表 1 不同,画出了全部轮廓线上的分布)。计算结果表明,物面轮廓线是一条截面流线,在对称线以外的位置上,没有奇点存在。对于靠近钝锥头部的截面($S/R = 1.546$),在迎风对称线上,物面轮廓线上是一个半结点,激波处有一个鞍点 在背风对称线上,物面轮廓线上是一个半鞍点,激波处是一结点。在钝锥中部的截面上($S/R = 4.116$),迎风对称线上物面处的半结点和激波处的鞍点间,又出现两个奇点。其中一个为结点,靠近激波。另一个为鞍点,靠近物面。背风对称线上和物面轮廓线上奇点分布的情形同于 $S/R = 1.546$ 的截面。对于钝锥后体的截面($S/R = 10.001$),图 2 的结果表明,背风对称线上的奇点相对于前面的截面仍没有大的变化,而迎风对称线上的奇点经过合并后性质发生了变化,物面上的奇点由半结点变为半鞍点,除此之外对称线上不再有别的奇点。由于在 $\alpha = 4° < \theta_c$ 的情况下,绕外边界 Poincare 指数 $I(\infty) = 1$,绕物面 $I(C) = 1$,迎风和背风对称线上及物面上的奇点指数之和为零,因此截面上奇点总数为零。图 2 给出的各个截面上的奇点总数,均满足这个规律。比较图 2、图 3 和表 2,可以看出上面所做的理论分析,完全得到了计算结果的证实。由于篇幅限制,图 2 没有画出全部计算结果,未画出的计算结果证实,在 $S/R = 4.116$ 前,有一个截面的迎风对称线上,确实在物面半结点和激波附近的鞍点间出现鞍、结点分叉,在此以后的截面上,进一步发展为鞍点和结点的组合,并且随着截面向后,结点向激波靠拢,鞍点向物面靠拢,这就形成了 $S/R = 4.116$ 截面所显示的形态;截面再向后,先是鞍点跑到物面与其上的半结点相合,出现鞍结点分叉,再后,对称线上的结点跑到激波,与激波处的鞍点相合,产生鞍结点分叉。两个鞍、结点分叉出现后,在其后的截面上,物面处出现半鞍点,而激波处出现正常点,截面流线在该处由闭式形态变为开式形态,这就出现了 $S/R = 10.001$ 的形态。

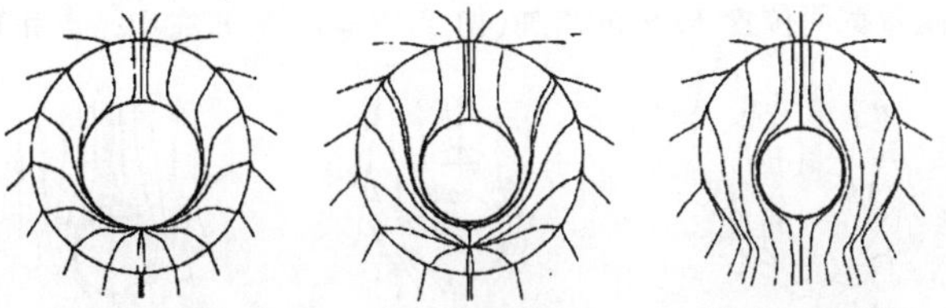

图2　α = 4°时钝锥绕流情况下垂直于物面的各截面的流态

Fig.2　Crossflow pattern on the sections perpendicular to the body surface of a blunt cone，α = 4°

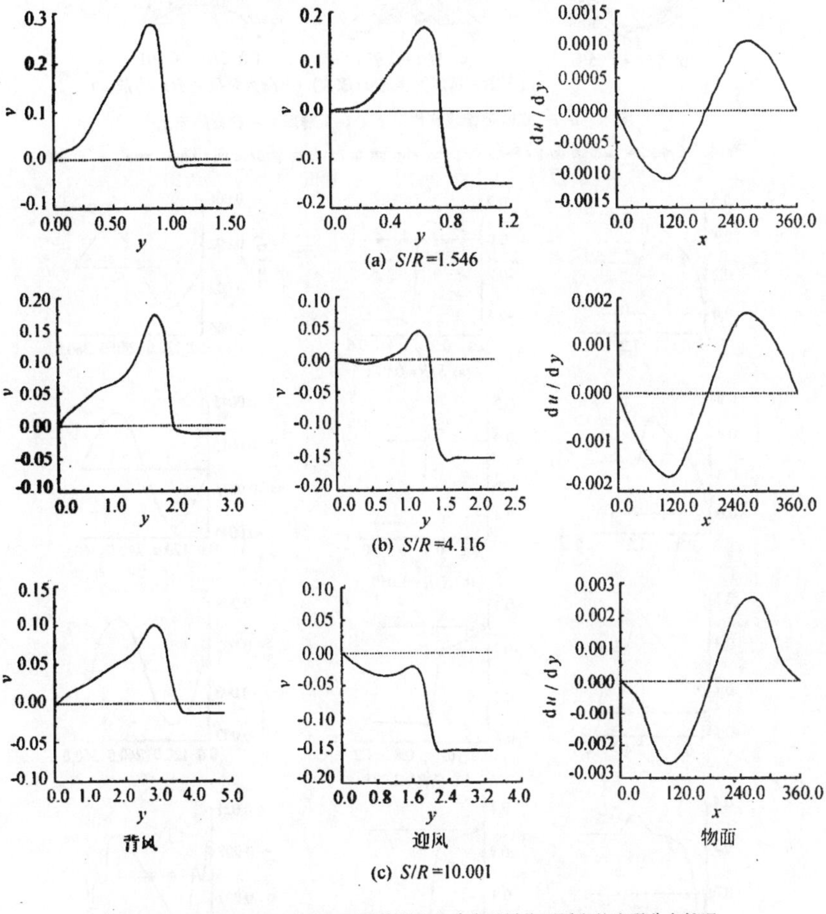

图3　α = 4°时沿迎风和背风对称线的速度分布及沿物面周向的摩阻分布情况

Fig.3　Variation of radical velocity along symmetric line of sections and circular fractional force，α = 4°

2.2　中等迎角 α = 20°的情况

在这一迎角下，迎风对称线上奇点随截面位置的变化规律和 $\alpha = 4°$时类似，即如图 4、5 所示，当 S/R 小时（如 $S/R = 0.918$），迎风对称线上仅有两个奇点，一个在物面上为半结点，一个在

激波处为鞍点。随着截面位置 S/R 的增加(如 $S/R=1.050$),在半结点和鞍点之间出现鞍结点

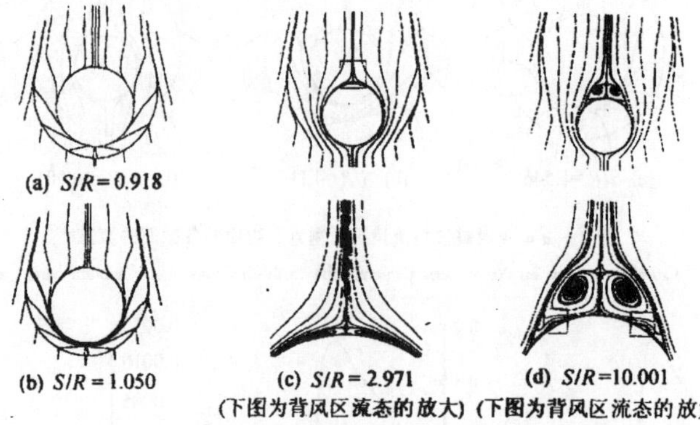

图 4　$\alpha=20°$时钝锥绕流情况下垂直于物面的各截面的流态

Fig.4　Crossflow pattern on the sections perpendicular to the body surface of a blunt cone, $\alpha=20°$

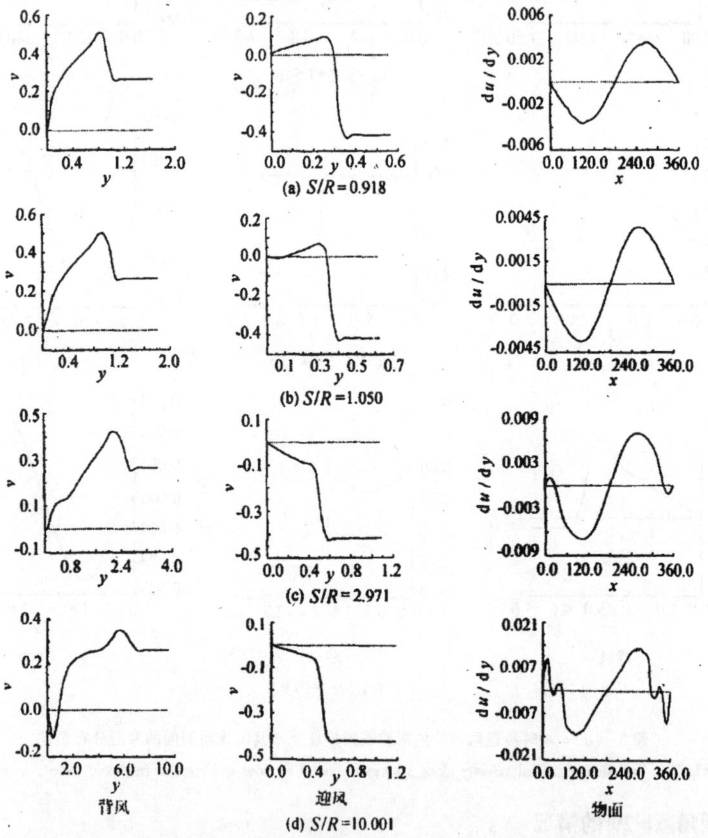

图 5　$\alpha=20°$时沿迎风和背风对称线的速度分布及沿物面周向的摩阻分布情况

Fig.5　Variation of radical velocity along symmetric line of sections and circular fractional force, $\alpha=20°$

分叉,相继产生两个新的奇点－鞍点和结点,并且随截面位置再增加,鞍点走向物面与半结点合

并后变成半鞍点,结点走向激波与鞍点合并后变成正常点,此时流线由闭式形态变成开式形态。在此以后的截面上,迎风对称线上仍在物面处只有一个半鞍点(如 $S/R=2.971$)。在背风区图 4、5 所示的截面上,由于激波角大于锥角,因此原在激波处的结点消失,使无穷远处的 Poincare 指数 $I(\infty)$ 由 1 变为零。由于物面轮廓线是一条截面流线,$I(c)=1$,于是整个截面上的奇点总数变为(-1)。在 $S/R=0.918$ 和 $S/R=1.050$ 截面,除迎风和背风对称线与物面的交点处存在两个半奇点外,在物面上不存在其它奇点。但是在 $S/R=2.971$ 截面,情况变生了变化,此时背风对称线上,在物面半鞍点的上方,产生了一个鞍点,相应地在背风对称线的两方,流场内各产生了一个结点,物面上各产生了一个半鞍点。截面进一步靠后,如 $S/R=10.001$,在上述 $S/R=2.971$ 的基础上,背风对称线两方,流场内又各增加了一个结点,物面上又各增加了两个半鞍点。容易验证,各个截面上均满足奇点总数为(-1)的拓扑规律。将图 4,5 和表 3,4 比较,清晰地说明,上节给出的定性分析结论是完全正确的。

2.3 大迎角 $\alpha=40°$的情形

图 6 给出了 $S/R=0.918$,2.781 和 5.405 三个截面上的计算结果,图 7 给出了相应截面迎风、背风对称线上的速度分布和物面摩阻分布。和表 4 的定性分析结果比较,流动的拓扑结构完全相同,这再次证明本文的理论分析是正确的。由于在这种情况的截面流态,和 $\alpha=20°$ 时 $S/R=2.971$ 和 10.001 的情况类似,此处不再进一步加以解释。

最后,我们要特别指出,当背风对称线上出现两个鞍点后,全流场的计算表明,背风区的流态确实是弱非对称的。

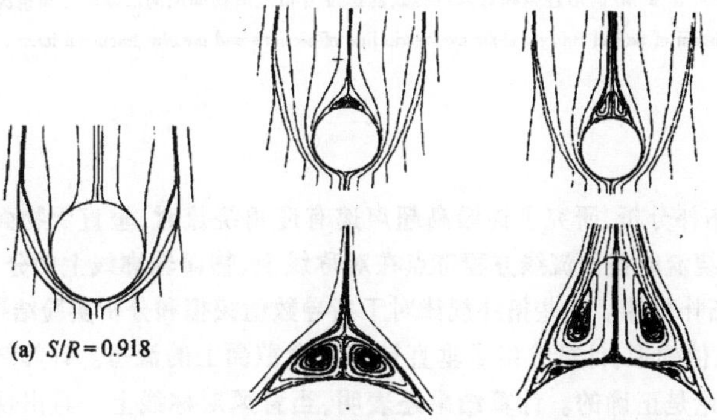

(a) $S/R=0.918$

(b) $S/R=2.781$ (下图为背风区流态的放大)

(c) $S/R=5.405$ (下图为背风区流态的放大)

图 6 $\alpha=40°$时钝锥绕流情况下垂直于物面的各截面的流态

Fig.6 Crossflow pattern on the sections perpendicular to the body surface of a blunt cone, $\alpha=40°$

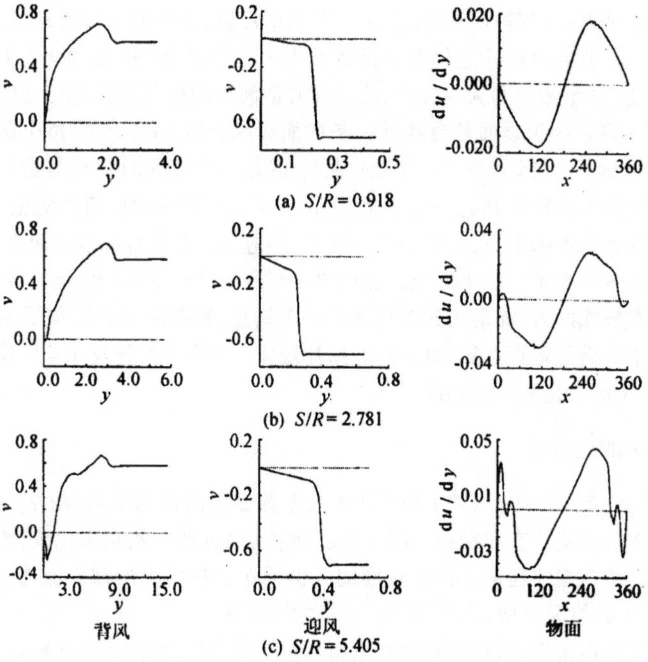

图 7　$\alpha = 40°$时沿迎风和背风对称线的速度分布及沿物面周向的摩阻分布情况

Fig.7　Variation of radical velocity along symmetric line of sections and circular fractional force , $\alpha = 40°$

3 结　论

(1) 本文通过拓扑分析,研究了钝锥高超声速有迎角绕流时,垂直于物面的横截面上流线的性状,给出了对称绕流时截面流线方程奇点在对称线上、物面轮廓线上的分布规律,以及整个截面上奇点总数的拓扑规律。这些拓扑规律对于指导数值模拟和分析实验结果具有重要意义。

(2) 本文通过数值模拟,计算给出了垂直钝锥各个截面上的流态。计算结果和分析结果完全一致,证实分析理论是正确的。计算结果还表明,当背风对称线上一旦出现两个相毗连的鞍点,流态就变成弱非对称的。

参　考　文　献

1　张涵信.分离流和涡运动横截面流态的拓扑.空气动力学学报,1997,15(1):1～12.

2　张涵信,冉政.细长锥体有迎角绕流对称流态到非对称流态的结构稳定性分析研究.空气动力学学报,1997,15(1):20～26.

3　Jordan D W.Nonlinear Ordinary Differential Equations.OXFORD :ClarendonPress, 1977.

4　黎作武,张涵信.绕 Apollo 飞船的高超声速化学非平衡流动的数值模拟.力学学报,1996,28(1).

5　Zhang Hanxin,Zhuang Fenggan.NND Schemes and Their Applications to Numerical Simulation of Two-and Three-Dimen-

sional Flows. Advances in Applicad Mechanics, 1992, 29.
6 国义军.旋转钝锥高超声速绕流的数值模拟与定性分析研究[博士学位论文].中国空气动力研究与发展中心,1997.

Topology of Flow Patterns on Cross Section Perpendicular to Surface of Revolutionary Body

Zhang Hanxin　Guo Yijun
(*China Aerodynamics Research and Development Center*, *Sichuan Mianyang* 621000)
(*National Laboratory of Computational Fluid Dynamic*, *Beijing* 100083)

Abstract The topology of flow patterns on cross section perpendicular to the body surface are studied for flows around a body of revolution at angles of attack. The rules satisfied by the singular points of the sectional streamlines on the cross section and along the configuration line and symmetric line are revealed systematically. The numerical results obtained by solving NS equations are in agreement well with the analytical results. A conclusion can be drawn from numerical flow visualization and topological analysis that the flow patterns on the section perpendicular to the body surface are different from those perpendicular to the body axis, the former can exhibit the beginning of the flow separation and developing of the vortex more clearly.

Key words flow patterns on the cross section ; crossflow topology; numerical simulation

时间发展的二维混合层的物理分析和数值模拟*

张涵信　李沁

中国空气动力研究与发展中心，国家CFD实验室 北京　100083

摘要　本文由四个部份组成。第一部份研究时间发展的二维剪切层流动的拓朴结构，提出了以下拓朴规律：（1）沿零 u 线，流线的结点和鞍点是交替分布的；流线的鞍点和结点分别近似对应于压力值最大和最小的位置点；（2）压力值最大和最小的位置点是等压力线的中心点或鞍点；（3）如果在零 u 线上某点“0”，出现 $v_0(x_0)=0$ $(\frac{dv_0}{dx})_0=0$，则流动的拓朴结构出现分叉，当还有 $(\frac{d^2v_0}{dx^2})_0=0$ 时，出现两个涡的合并（$(\frac{d^3v_0}{dx^3})_0<0$）或一个涡的消失（$(\frac{d^3v_0}{dx^3})_0>0$）。如果压力的极值点在某时刻 t_0 满足 $J_p=(\frac{\partial^2 p}{\partial x\partial y})_0+(\frac{\partial^2 p}{\partial x^2})_0(\frac{\partial^2 p}{\partial y^2})_0=0$ 和 $(\frac{\partial J_p}{\partial t})_0\neq 0$，则等压力线的结构出现分叉。第二部分是用数值模拟验证第一节的拓朴规律，两者的一致性很好地得到证实。第三部分讨论用数值方法模拟时间发展的剪切层流态的演化。第四部分是简单的结论。

关键词　时间发展的剪切层；拓朴结构；数值模拟；物理分析

中图分类号　V211.1

0　引　言

由于吸气式发动机研制的需求以及从层流到湍流过渡课题的吸引，很多研究者从事剪切层的混合以及流动的演化问题的研究。纵观这些研究，大概可分成两类[1]：一类为空间问题，即假设在流域的进口，给定进入条件，在流域出口给定相应的出流条件，然后通过求解流动方程给出剪切层的空间混合及演化形态[2, 3, 4]；另一类为时间问题，它把剪切层的混合简化为两股以同样对流速度沿相反方向的流动混合问题，在初始时刻，给定主流和扰动物理量的分布，并且假定初始时刻的流场沿流动方向（x 方向）具有周期性，然后利用 x 方向的周期性条件通过求解流动方程，决定流动起始以后剪切层的混合和演化特征[5, 6, 7]。关于剪切层的空间问题，由于容易开展实验，所以现有研究中，既有大量的数值模拟结果，也有大量实验结果，两者可以对比验证。对于时间问题，x 方向周期性条件的利用，使数值模拟容易实现，因此有大量的数值结果，但是实验却难以进行。这就提出一个问题：如何判定时间问题的数值演化和混合过程是适用的？开展流动的物理分析，对回答这个问题是有意义的。

* 空气动力学学报，2000，18（增刊）：38-51. 本文于1999年6月30日收到。

本文目的就是对剪切层的时间问题开展物理分析研究。论文共分四节。第一节研究剪切层时间问题的流场拓朴结构和演化规律。第二节是数值模拟结果对物理分析的验证。第三节讨论时间问题给出的数值演化规律。第四节是简单的结论。

1　流场的拓朴结构及演化规律

1.1 鞍点交替分布的规律

本文仅研究二维情况。如图 1，设 x、y 为直角坐标系，其中 x 沿着流向。因为在剪切层上方，x 方向的速度分量 u>0，而在下方 u<0，根据流场的连续性，在 x 轴附近，必有一条 u=0 的线 $y=h(x)$。我们称此线为零 u 线。设沿零 u 线，y 方向的速度 v 的分布为：$v=v_0(x)$。

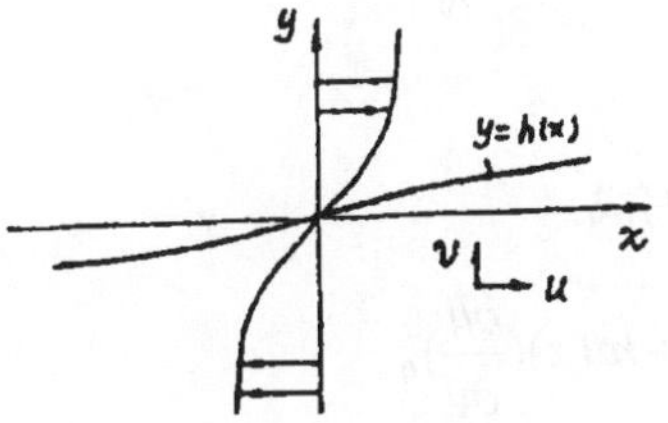

图 1　时间发展的混合层

Fig.1 emporally developing mixing layer

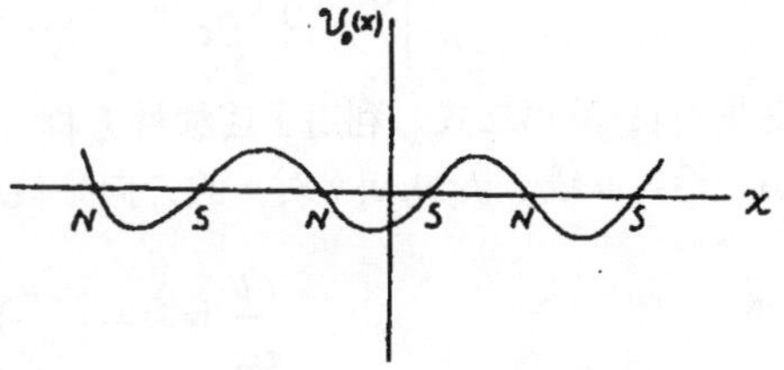

图 2　$V_0(x)$沿零 u 线的分布

Fig. 2 Distribution of $V_0(x)$ along line where u=0

在零 u 线上，任取一点“0”，在此点附近，流线方程可写成：

$$\frac{dy}{dx}=\frac{(v_0)_0+(\frac{\partial v}{\partial x})_0(x-x_0)+(\frac{\partial v}{\partial y})_0(y-y_0)+O_1(x-x_0,y-y_0)}{(\frac{\partial u}{\partial x})_0(x-x_0)+(\frac{\partial u}{\partial y})_0(y-y_0)+O_2(x-x_0,y-y_0)}$$

这里下标“0”在“0”点取值。(x_0, y_0) 是 0 点的坐标。O_1、O_2 分别表示 $(x-x_0)$，$(y-y_0)$ 的二阶以上的小量。令

$$\begin{cases}\xi=x-x_0\\ \eta=y-y_0\end{cases}$$

上式可以写成：

$$\frac{d\eta}{d\xi}=\frac{(v_0)_0+(\frac{\partial v}{\partial x})_0\xi+(\frac{\partial v}{\partial y})_0\eta+O_1(\xi,\eta)}{(\frac{\partial u}{\partial x})_0\xi+(\frac{\partial u}{\partial y})_0\eta+O_2(\xi,\eta)} \tag{1.1}$$

(1.1) 式表明，若在零 u 线上，$v_0(x_0)=0$，则 (x_0, y_0) 是流线方程的临界点。现在来讨论该临界点处流线的性状。事实上，在临界点处，(1.1) 给出，

$$\frac{d\eta}{d\xi}=\frac{(\frac{\partial v}{\partial x})_0\xi+(\frac{\partial v}{\partial y})_0\eta+O_1(\xi,\eta)}{(\frac{\partial u}{\partial x})_0\xi+(\frac{\partial u}{\partial y})_0\eta+O_2(\xi,\eta)} \tag{1.2}$$

根据常微分方程的定性分析理论，流线在临界点处的特性，取决于以下两个参数[8]：

$$\begin{cases} J=(\frac{\partial u}{\partial x})_0(\frac{\partial v}{\partial y})_0-(\frac{\partial v}{\partial x})_0(\frac{\partial u}{\partial y})_0 \\ q=-\left[(\frac{\partial u}{\partial x})_0+(\frac{\partial v}{\partial y})_0\right]=(\frac{1}{\rho}\frac{\partial \rho}{\partial t})_0 \end{cases} \tag{1.3}$$

这里对(1.3)第二式，利用了连续性方程。

由于沿零 u 线 $y=h(x)$，u, v 对 x 的方向导数可写成：

$$\frac{du}{dx}=0=(\frac{\partial u}{\partial x})_0+h'(x)(\frac{\partial u}{\partial y})_0$$

$$\frac{dv_0}{dx}=v_0'(x)=(\frac{\partial v}{\partial x})_0+h'(x)(\frac{\partial v}{\partial y})_0$$

于是，可以得到

$$(\frac{\partial u}{\partial x})_0=-h'(x)(\frac{\partial u}{\partial y})_0$$

$$(\frac{\partial v}{\partial x})_0=v_0'(x)-h'(x)(\frac{\partial v}{\partial y})_0 \tag{1.4}$$

将 (1.4) 代入 (1.3)，整理后可得：

$$\begin{cases} J=-v_0'(x)(\frac{\partial u}{\partial y})_0 \\ q=(\frac{1}{\rho}\frac{\partial \rho}{\partial t})_0 \end{cases} \tag{1.5}$$

式中 ρ 为流体的密度。因为沿零 u 线，总有 $(\frac{\partial u}{\partial y})_0>0$，由 (1.5) 式，可以得到以下结论：

（1） 若 $v'_0(x)<0$，则 $J>0$，流线在临界点处呈结点形态（这里的结点为广义的，包括结点、退化结点、临界结点和螺旋点）；如果 $v'_0(x)>0$，则 $J<0$，流线在临界点处呈鞍点形态。

（2） 根据连续函数的特征，若在零 u 线上有很多临界点，$v_0(x)$的分布必为图 2 所示情况，即沿零 u 线，临界点的 $v'_0(x)>0$ 和 $v'_0(x)<0$ 是交替出现的，因此沿零 u 线，鞍点和结点是交替分布的。$v_0(x)$的坡度为负的临界点为结点，$v_0(x)$的坡度为正的临界点为鞍点。

（3） 若 $(\frac{\partial \rho}{\partial t})_0>0$，结点是稳定的；若 $(\frac{\partial \rho}{\partial t})_0<0$，结点是不稳定的。利用 NS 方程，可以给出：$a^2\frac{\partial \rho}{\partial t}=\frac{\partial p}{\partial t}-(\gamma-1)(\phi+q_R)$。这里 a 为声速，p 为压力，$\phi$ 为耗散能，q_R 为热传导的能量。在绝热情况下，如果剪切层为超声速的，ϕ 为较大的正值，此时可能有 $\frac{\partial \rho}{\partial t}<0$，即旋涡是向外转的。对于亚声速剪切层，当雷诺数较大和 ϕ 比较小时，可能有 $\frac{\partial \rho}{\partial t}>0$，此时旋涡是向内转的。

1.2　奇点总数的拓朴规则

在文献[9]内，我们已经给出任一截面上流线奇点总数应该遵循的拓朴规则。根据这一规则，对于沿 x 方向满足周期性边界条件的二维剪切层的时间问题，其计算域内的流线方程奇点总数满足如下规则：

$$\sum N-\sum S+\frac{1}{2}\sum N'-\frac{1}{2}\sum S'=0 \tag{1.6}$$

这里 ΣN，ΣS 是计算域内的结点和鞍点总数，$\Sigma N'$、$\Sigma S'$ 是计算域边界上的结点和鞍点总数。如果所取的计算域边界上没有奇点，则在计算域内，结点和鞍点的总数分别相同。

1.3　流线方程奇点与压力极值点的关系

对于弱非定常的高雷诺数流动，利用 NS 方程，在临界点有如下近似关系：

$$\left(\frac{\partial p}{\partial x}\right)_0=0$$
$$\left(\frac{\partial p}{\partial y}\right)_0=0 \tag{1.7}$$

$$(\frac{\partial^2 p}{\partial x^2})_0 = -\rho J$$
$$(\frac{\partial^2 p}{\partial y^2})_0 = -\rho J \tag{1.8}$$

(1.7)表明，流线方程的临界点近似为压力的极值点。并且由(1.8)可以看出，结点（J>0）相应于最小压力点，而鞍点（J<0）相应于最大压力点。这样，根据压力点为极大或极小的情况，我们就可近似判断流线方程临界点的性质。

1.4 等压力线在其极值点附近的性状

由于压力的极值点近似对应于流线方程的临界点，研究等压力线在其极值附近的性状对说明流态的演化是有益的。设 P（x, y）=const 表示等压力线，沿此等压力线求其方向导数，可以得到等压力线的方程：

$$\frac{dy}{dx} = -\frac{\frac{\partial p}{\partial x}}{\frac{\partial p}{\partial y}} \tag{1.9}$$

(1.9)式表明，压力的极值点“0”，是等压力线方程的临界点。现在来研究极值点附近等压力线的形态。由(1.9)，利用台劳展开关系，极值点附近，等压力线的方程可写成：

$$\frac{dy}{dx} = -\frac{(\frac{\partial^2 p}{\partial x^2})_0 \xi + (\frac{\partial^2 p}{\partial x \partial y})_0 \eta + M(\xi, \eta)}{(\frac{\partial^2 p}{\partial x \partial y})_0 \xi + (\frac{\partial^2 p}{\partial y^2})_0 \eta + N(\xi, \eta)} \tag{1.10}$$

这里 $\xi = x - x_0$， $\eta = y - y_0$，(x_0, y_0)表示压力的极值点，$M(\xi, \eta)$，$N(\xi, \eta)$表示台劳展开式的高阶项。利用常微分方程中的定性理论，决定等压力线性状的两个特征量是：

$$J_p = -(\frac{\partial^2 p}{\partial x \partial y})_0^2 + (\frac{\partial^2 p}{\partial x^2})_0 (\frac{\partial^2 p}{\partial y^2})_0$$
$$q_p = 0 \tag{1.11}$$

(1.11)表明，等压力线在临界点附近要么是中心点形态（此时 $J_p>0$），要么呈鞍点形态（此时 $J_p<0$）。对于定常的高雷诺数流动，其粘性的贡献可以忽略，容易证明，$(\frac{\partial^2 p}{\partial x \partial y})_0 = 0, (\frac{\partial^2 p}{\partial x^2})_0 = -\rho J, (\frac{\partial^2 p}{\partial y^2})_0 = -\rho J$ 。于是 $J_P = \rho^2 J^2 > 0$，即等压力线在这种情况下是中心点形态。

如果流动是非定常的，或者粘性的贡献不可忽略，此时等压力线在极值点附近可能表现为鞍点形态。

1.5　临界点附近，涡量和耗散能的关系

在不少文献中，曾用涡量的耗散来表达流态的演化情况。现在来讨论涡量和耗散能的关系。事实上，对于可压缩流，耗散能可表述为：

$$\Phi=-\frac{2}{3}\mu\left(\frac{\partial u}{\partial x}+\frac{\partial v}{\partial y}\right)^2+2\mu\left[\left(\frac{\partial u}{\partial x}\right)^2+\left(\frac{\partial v}{\partial y}\right)^2\right]+\mu\left(\frac{\partial v}{\partial x}+\frac{\partial u}{\partial y}\right)^2 \tag{1.12}$$

利用(1.3)中J的符号和连续性方程，并令

$$\Omega=\frac{\partial v}{\partial x}-\frac{\partial u}{\partial y} \tag{1.13}$$

表示涡量，经过运算后，在临界点处可以得到：

$$J=\frac{1}{3}\left(\frac{1}{\rho}\frac{\partial \rho}{\partial t}\right)_0^2+\frac{1}{4}\Omega_0^2-\frac{1}{4\mu}\Phi_0 \tag{1.14}$$

若结点为旋涡，必有 $4J-\left(\frac{1}{\rho}\frac{\partial \rho}{\partial t}\right)_0^2>0$，即在旋涡中心，

$$\Omega_0^2+\frac{1}{3}\left(\frac{1}{\rho}\frac{\partial \rho}{\partial t}\right)_0^2>\frac{1}{\mu}\Phi_0 \tag{1.15}$$

而对于鞍点，

$$\Omega_0^2+\frac{4}{3}\left(\frac{1}{\rho}\frac{\partial \rho}{\partial t}\right)^2<\frac{1}{\mu}\Phi_0 \tag{1.16}$$

(1.15)和(1.16)表明，在旋涡中心，相对于耗散能来说，其涡量是大的；而鞍点处的涡量较小，特别对于高雷诺数流动，由于Φ_0较小，可视为鞍点处的涡量为零。

1.6　流动形态的分叉

先讨论流线形态的演化及分叉。

图 3(a), (b), (c)中最上一幅图各给出了剪切层在起始阶段 $v_0(x)$沿零 u 线的分布情况，其流线的鞍点和结点是交替分布的。流动拓朴结构的改变，可能在以下三种情况下发生：

(a) 鞍点和结点合并，如图3(a)，这叫鞍结点分叉。其相应的分叉条件是：

在分叉点 x_0：

$$v_0(x)_0=0,\left(\frac{dv_0}{dx}\right)_0=0,\left(\frac{d^2v_0}{dx^2}\right)_0\neq 0 \tag{1.17}$$

(b) 鞍点、结点和鞍点的合并，如图 3(b)，这叫单涡的消失。其分叉条件是：

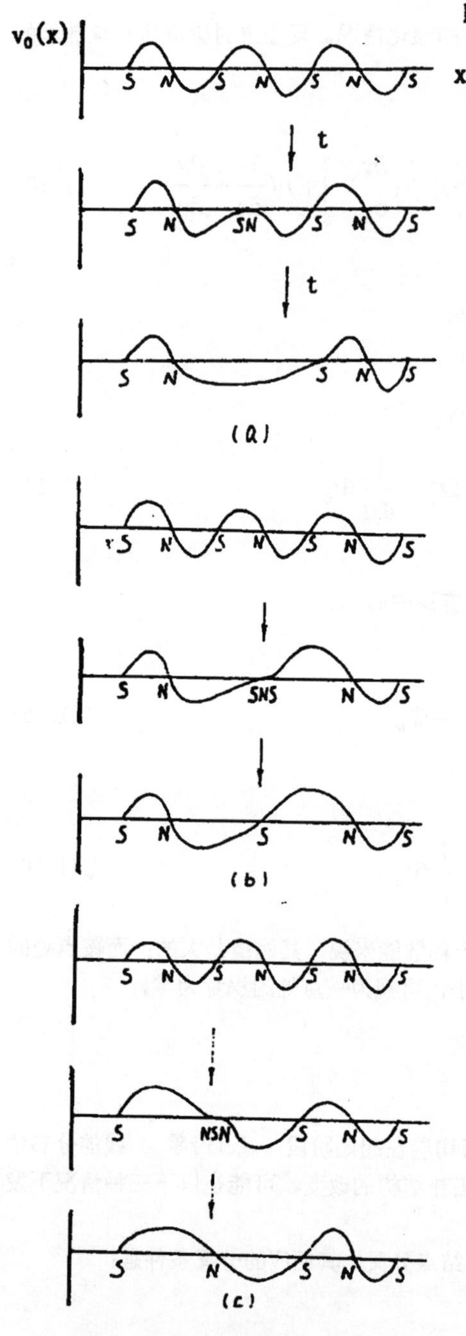

图 3 $V_0(x)$随时间的发展图

Fig. 3 Evolution of $V_0(x)$ with time

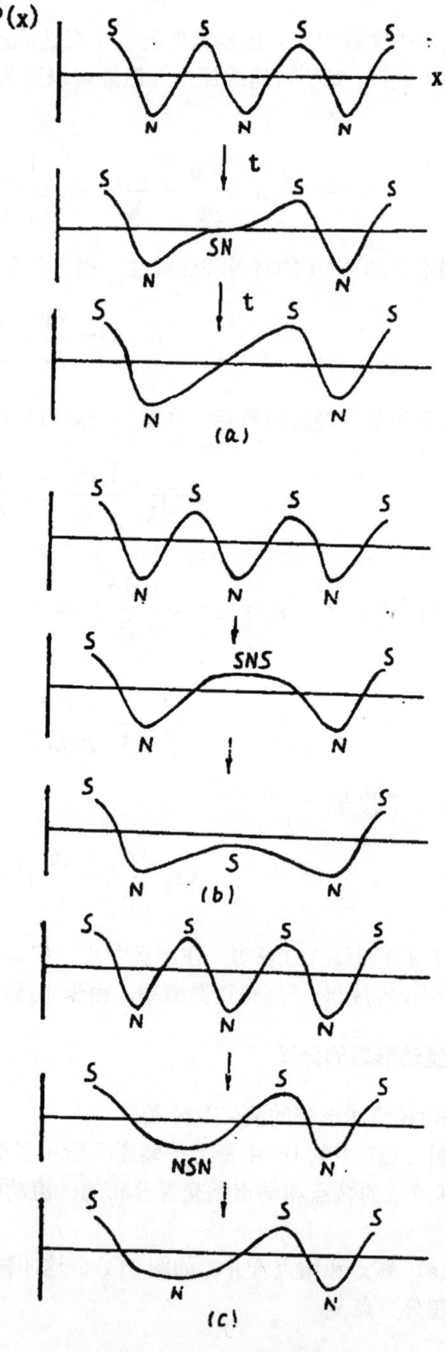

4 沿零 u 线，P(x)随时间的发展

Fig. 4 Evolution of P(x) with time along line where u=0

$$v_0(x_0)=0,(\frac{dv_0}{dx})_0=0,(\frac{d^2v_0}{dx^2})_0=0,(\frac{d^3v_0}{dx^3})>0 \tag{1.18}$$

(c) 结点、鞍点和结点的合并，如图3(c)，这叫两涡的合并。其分叉条件是：

$$v_0(x_0)=0,(\frac{dv_0}{dx})_0=0,(\frac{d^2v_0}{dx^2})_0=0,(\frac{d^3v_0}{dx^3})<0 \tag{1.19}$$

与(a)(b)(c)相反的过程也可能发生，即正常点可演生出一个结点和一个鞍点。一个鞍点可演生出二个鞍点和一个结点；一个结点可演生出两个结点和一个鞍点。显然(a)(b)(c)是涡的减小和合并，而其反过程是涡的生成和分裂。

相应于图3，图4给出了压力沿零u线的演化情况。

对于计算域仅包含二个周期的情况，考虑到周期性边界条件的要求，情况(a)和(b)都难以发生，因而可能出现情况(c)，即两涡合并的情况。当计算域含有三个周期时，考虑到周期性条件的要求，情况(a)和(c)都不易先发生，但情况(b)可能先出现。一但情况(b)出现后，流域内包含两个涡，进一步又可能出现两涡合并的情况。这表明，计算域在 x 方向取不同周期数，其流动演化过程是不同的。

下面研究等压力线形态的分叉。由（1.11）可以看出，若在某时刻，压力的极值点 $J_P=0$ 且 $\frac{\partial J_P}{\partial t}\neq 0$，则压力的等值线在此时刻将由中心点变成鞍点，或者由鞍点变为中心点形态。也就是说，等压力线的形态在此情况下出现了分叉。

2　数值模拟结果对物理分析的验证

为了验证物理分析的正确性，我们对剪切层的时间问题作了数值模拟。计算采用的初始速度型为：

$$\begin{cases} u=th(y) \\ v=0 \end{cases}$$

温度分布由 Buseman-Crocco 公式给出，流动 Reynoles 数为 5000，初始扰动取无粘 Rayleigh 方程最不稳定解。对流 Mach 数分别取值 M_C=1.4 和 0.5，计算域在 x 方向的长度分别取两个初始扰动的周期及三个周期。为了高分解率的求解 NS 方程，计算采用了二阶和四阶混合的差分格式，激波附近为二阶格式，激波以外为四阶格式。网格数为 321×401（流向×法向）。x 方向的边界采用周期性边界条件，y 方向的上下两个边界，采用根据特征信号传播而建立的边界条件[10]。图5给出了 M_C=1.4 时，各个不同瞬时计算得到的等压力线分布和流线分布，图6给出了 M_C=0.5 时各个不同瞬时的等压力线分布和涡量线分布。图7是 M_C=0.5 时各个不同时刻速度 v_0（x）和压力 P（x）沿零 u 线的分布。图5，6，7的 x 方向计算域的长度均取为2个初始扰动的周期。为了比较，图8给出了 x 方向3个初始扰动周期的等压力线以及压力沿零 u 线的分布。这些计算结果，给出如下结论：

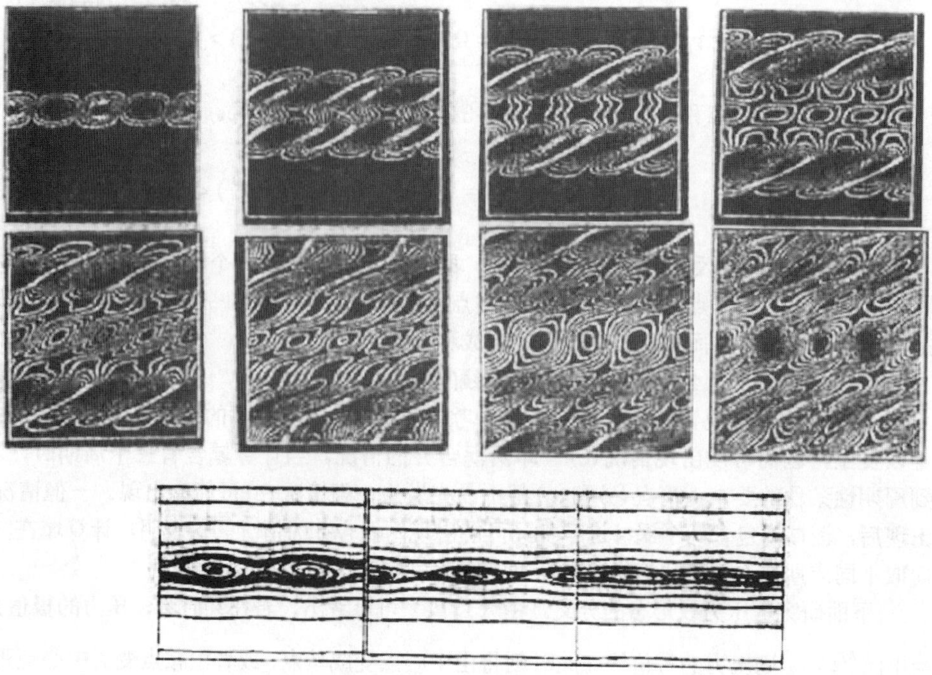

图5 计算得到的等压力线和流线，$M_c=1.4$

Fig. 5 Calculated pressure contours and streamlines for $M_c=1.4$

在流线图上，结点和鞍点是交替分布的；

（1） 流线的临界点，近似是压力的极值点，并且结点对应着最小压力点，鞍点对应着最大压力点；

（2） 在算例中，边界上没有奇点，流域内结点总数等于鞍点总数。

（3） 在旋涡中心处，涡量满足（1.15）式。

（4） 等压力线在极值点处的形态有的是中心点形态，有的是鞍点形态。

（5） 在 $M_c=0.5$ 的情况下，等压力线长时期保持中心点形态，但是，随着时间的增长，在纵向长度为两周期的计算情况下，出现涡的合并，流态出现分叉，其分叉条件和流态演化情况恰好同图 3(c)及（1.19）式的情况一致。对于纵向长度为三个周期的情况，在流域中的三个涡，中间的一个先消失，然后出现两个涡的合并。

当 $M_c=1.4$ 时，起始的等压力线呈中心点形态，但是随时间增长，等压力线变的形态复杂，其内含有很多中心点和鞍点，这说明，等压力线不断随时间分叉演化。这点和 $M_c=0.4$ 时等压力线始终保持中心点形态的情况很不相同。

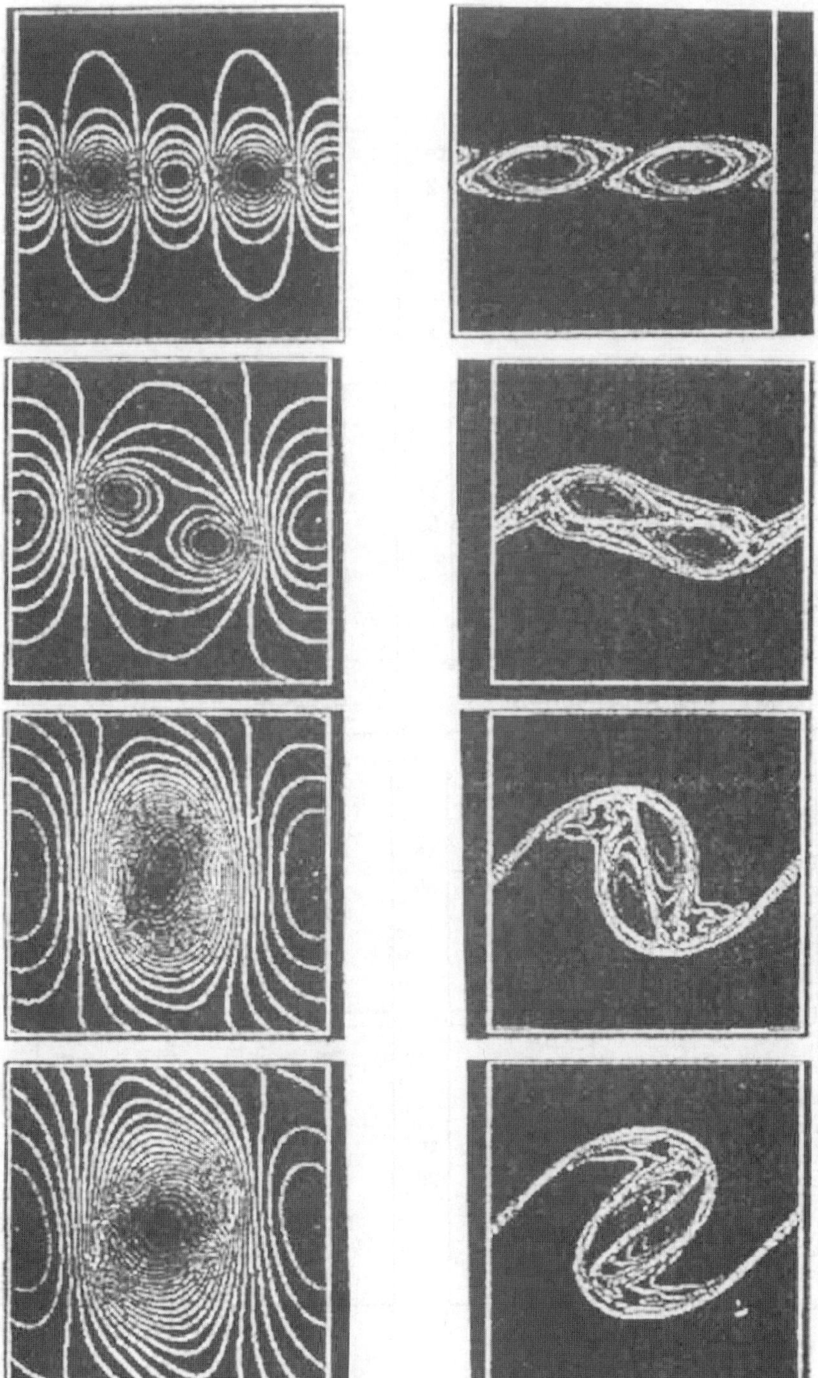

图6　计算得到的等压力线和涡量线，$M_c=0.5$

Fig.6 Calculated pressure and vorticity contours for $M_c=0.5$

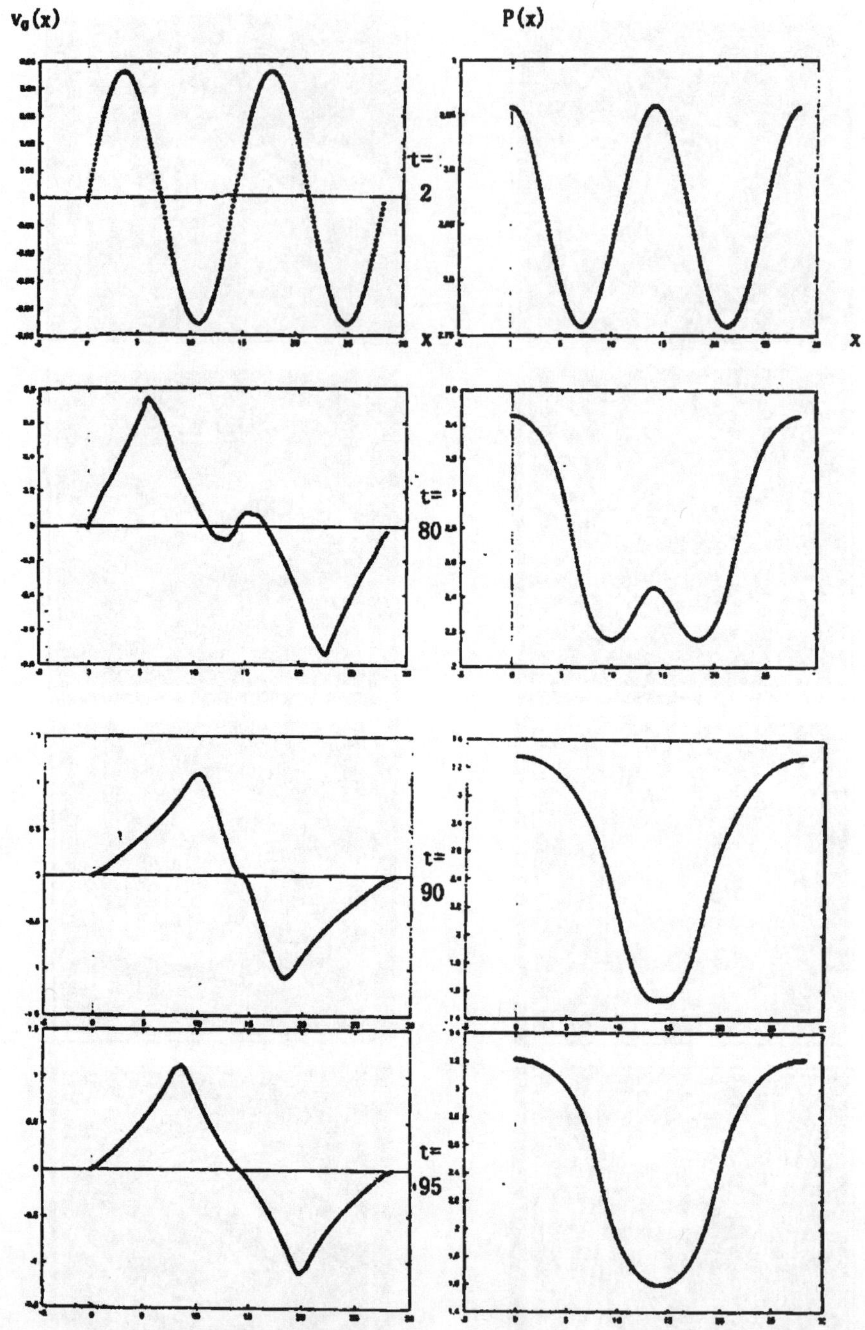

图 7　沿零 u 线 $V_0(x)$和 P(x)随时间的发展(2 周期,Mc=0.5)

Fig.7,Evolution of $V_0(x)$ and P(x) with time along line where $u=0$(2 periods,Mc=0.5)

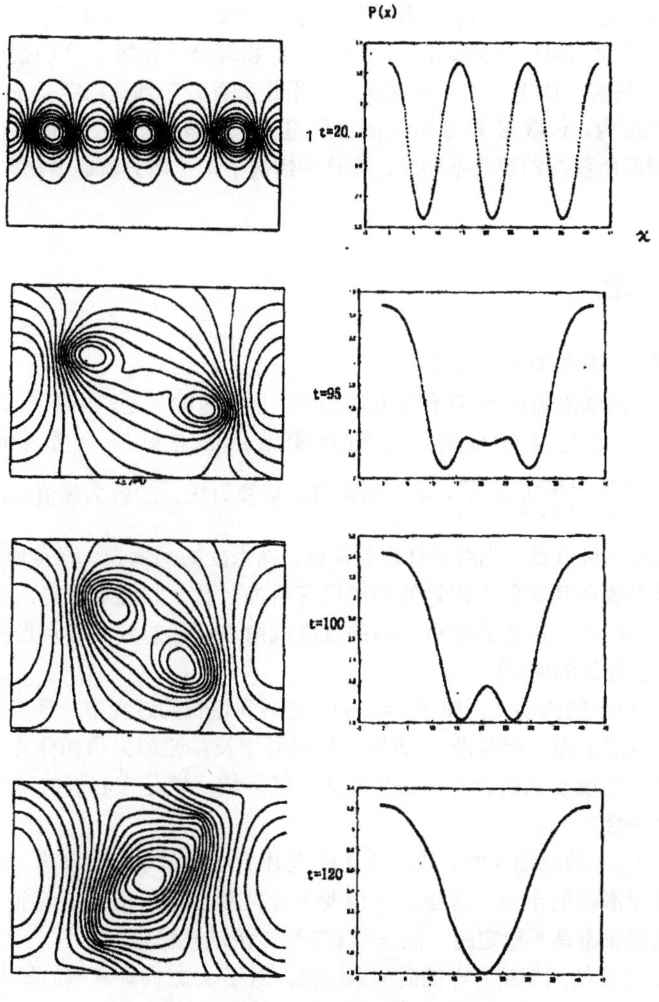

图 8 沿零 u 线 $V_0(x)$ 和 P(x) 随时间的发展(3 周期)

Fig.8,Evolution of $V_0(x)$ and P(x) with time along liods

3　关于数值模拟给出的时间问题流态演化的讨论

如果在其初始流动沿流向 x 具有周期性的剪切层的时间问题中，引入 $\xi=x+T$，$y=y$，这里 T 是初始流场在 x 方向的周期长度，代入 NS 方程和初始条件，我们可以证明，初始时刻 t=0 沿 x 方向具有周期性的流动，在 t>0 以后，也具有 x 方向的周期解，且周期和初值给定的周期相同。这表明，当求解这种具有周期性的运动时，流向可采用周期性边界条件，至于计算域在 x 方向的长度，可取为 nT，这里 n 为任意给的正整数。理论上只要存在 x 方向周期为 T 的解，n 取任何整数所给出的计算结果，都应该是相同的。然而问题是这种周期为 T 的解，随时间增加是不是总是存在的？如果这种解到达某一时间后，流动失稳，变成新的周期运动，这种固定计算域长度为 nT 的做法就有问题了。在此以后，n 取不同的数值，其获得流动演化情况就不同。第 1 节的物理分析和第 2 节的数值模拟均表明，x 方向周期为 T 的解，如 $M_C=0.5$ 的情况，并不是所有时刻都是稳定存在的。在周期解稳定存在的时间范围内，n 取 2 和 3 时，所得到的周期解都是一致的。但是一旦流动失稳或分叉，n 取不同值所获得的解是不同的。在这种情况下，在研究流态演化问题时，必须加以注意。

4 简单的结论

通过以上研究，我们有以下结论：

(1) 对于其流动沿流向 x 具有周期性的剪切层的时间问题，沿零 u 线，流线的鞍点和结点是交替分布的。且鞍点和结点的总数在计算流域满足规律：$\sum N-\sum S+\frac{1}{2}\sum N'-\frac{1}{2}\sum S'=0$。鞍点可近似视为压力的最大极值点，结点可视为压力的最小极值点。相对于耗散能来说，结点处的涡量大，鞍点处的涡量小。

(2) 等压力线在其极值点附近的形态仅有两种，要么为鞍点形态，要么为中心点形态，由中心点形态到鞍点形态的过度或由鞍点形态到中心点形态的过度，是局部流态分叉的结果。

(3) 对于 $M_C<1$ 的流动（例如 $M_C=0.5$），在时间增长的过程中，等压力线长时期保持中心点的形态，但是沿 x 方向，随时间增长，流态失稳和分叉。双周期的计算区域，出现双涡的合并；三周期的计算区域，先是中心涡的消失，然后是剩下二涡的合并。

(4) 对于 $M_C>1$ 的流动（例如 $M_C=1.4$），等压力线先是中心点形态，随着流场内小压缩波或激波的形成，等压力线演变为含有多个鞍点和中心点组合的形态。这说明局部流态是不稳定的，但是沿 x 方向，流动较稳定。

(5) 在 x 方向的周期解存在的时间范围内，对于 x 方向计算域的长度 nT，原则上 n 可取做任意整数值。但是一旦周期为 T 的解失稳或分叉，n 取不同值，所得的流态演变情况不同。在这种情况下，在研究流态演化问题时，必须加以注意。

参 考 文 献

1 S.I.Green, Fluid vortex, Kluwer Academic publishers, Dordrecht/ Boston/London, 1995.

2 T.L.Jackson and C.E. Grosch, Inviscid spatial stability of a compressible mixing layers,JFM v.208,1989

3 F.P.Liang et al., A stability study of the developing mixing layer formed by two supersonic laminar streams, Physics of Fluid, v.8,1996

4 Y.C. Fang and E.Reshotko, Inviscid spatial stability of a developing supersonic axisymmetric mixing layer,AIAA Journal v.37,No1,1999.

5 R.W. Metcalfe et al.,Secondary instability of a temporally mixing layer, JFM,184,207-243,1987.

6　M. Rogers and R. Moser,the three dimensional evolution of a plane　mixing layer,The Kelvin-Helmholtz roll up,JFM,243,183-226,1992.

7　Q. Wang,Dexun Fu. and Y.Ma,Numerical analysis of stability of compressible mixing layer using finite difference method, Proceedings of the seventh International Symposium of CFD.Beijing,China,International Academic publishers,1997.

8　张芷芬等，微分方程定性理论，科学出版社，1985.

9　黎作武，含激波、旋涡和化学非平衡反应的高超声速复杂流场的数值模拟，CARDC 博士论文，1994.

10　Qin Li et al, A hybrid fourth scheme, boundary condition based on characteris- tic and their applications,Proceedings of the Third Asia conference on CFD.

Physical analysis and numerical simulation for the temporally developing 2-D mixing layer

Zhang Hanxin ,Li Qin

(China Aerodynamics Research and Development Center,National Laboratory of CFD)

Abstract　This paper consists of four parts. The first investigates the topological structure of the flow pattern for a temporally developing mixing layer. Following rules are presented:(1)the saddle and nodal points of streamlines are distributed alternatively along the line where $u=0$;the saddle and nodale points of streamlines correspond approximately to the locations of the maximum and minimum of pressure respectively.(2)the maximum and minimum points of the pressure are of center or saddle points of iso-pressure lines. (3)if $v_0(x_0)=0$, $\left(\frac{dv_0}{dx}\right)_0=\left(\frac{d^2v_0}{dx^2}\right)_0=0$ at the point "0" on the line where $u=0$, then the flow topological strcture will appear bifurcation which corresponds to the mergence of two vortices $\left(\left(\frac{d^3v_0}{dx^3}\right)_0<0\right)$ or the elapse of a vortex $\left(\left(\frac{d^3v}{dx^3}\right)_0<0\right)$ .if $J_p=-\left(\frac{\partial^2 p}{\partial x\partial y}\right)_0+\left(\frac{\partial^2 p}{\partial x^2}\right)_0\left(\frac{\partial^2 p}{\partial y^2}\right)_0=0$ and $\left(\frac{\partial J_p}{\partial t}\right)_0\neq 0$ at time t_0,the pattern of iso-pressure lines will appear bifurcation.The second part deals with the validation of flow topological rules by using numerical simulations. The agreement between them are substantiated satisfactorily. The third part discusses the applicability of numerically simulating a temporally developing mixing layer for exploring the evolution of the flow pattern. The fouth part is brief conclusions.

Key words　Temporally developing mixing layer; Topological structure;Numerical simulation;Physical analysis

超声速剪切层的混合问题*

张涵信,罗俊荣

(中国空气动力研究与发展中心,四川 绵阳 621000;国家计算流体力学实验室,北京 100083)

摘 要:用数值模拟和物理分析相结合的方法,研究了入口速度剖面具有阶跃型的超声速混合层的混合机理和特征。指出在上游起始阶段,混合层产生的展向涡是平行发展的,近似二维情况,涡的运动先是稳定的,后经非线性不稳定性和分叉,并进一步发展为两涡合并或两合并涡的再合并。随着向下游的增加,由于展向出现物理量的三维效应,展向涡要弯曲,并且沿其轴向要分叉演化,产生一个或多个极限环,这就开始改变二维涡合并的发展规律,产生流向和法向的旋涡。如果进一步走向下游,展向涡有的要产生螺旋型和泡型破裂,并且破裂涡与上游来的涡要混掺、缠绕,形成中间夹有小涡的新的大涡相干结构,相应流向、法向涡进一步非线性增强,流动完全改变了二维混合规律,变成真正的三维混合。由于涡的破裂带有随机和间歇性,这种混合过程也具带有随机和间歇性。通过本文对概率密度分布、分数维和间歇因子的计算,证明在流动出口处,基本上已达到了湍流。文中还给出了转捩发生的特征和机理。

关键词:阶跃型速度剖面;混合层;数值模拟与物理分析;转捩;相干结构及湍流

中图分类号:V211.3 **文献标识码**:A

0 引 言

超声速剪切层的混合问题是吸气式超燃发动机关心的问题之一,也是层流到湍流的转捩、湍流的相干结构和湍流研究的重要课题。对于超声速混合层,目前虽有众多的实验研究和数值模拟结果,但对层流到湍流发展的机理、转捩的形成、相干结构的产生、湍流的特征等问题,还缺乏统一的认识,特别在机理方面。本文试图为解决这一问题作一尝试。所用方法是数值模拟与物理分析相结合。为了做到结果可靠,数值模拟方法必须符合物理要求,有高的精度,必须放弃周期性边界条件,采用符合实际的边界条件。在分析机理时,应该有真实的理论依据。本文力争这些方面做得好些。

1 出发方程、数值方法和物理分析依据

1.1 出发方程及数值方法

我们来研究图1所示三维混合层流动。进入流动域的来流为中间具有间断的两股均匀流(或称入口速度剖面具有阶跃的混合流),上部马赫数 $M_1=2.1$,下部 $M_2=1.1$,对流马赫数为 $Mc=0.5$,来流压力和密度都是均匀的,进口法向速度 $v=0$。整个流动用NS方程描述。上、下、左、右四个侧面的边界条件各用特征控制方程给出(无反射边界条件)。由于出口是超声速的,不需要另给边界条件。

为了求解混合层的流动,应该考虑计算格式满足以下物理条件[1]:它不产生任何虚假的波动;计算格式是稳定的;如有激波,它应能自动捕捉激波;它应能捕捉旋涡并保频谱。在这四个原则下,李沁[2]给出了四阶精度的计算格式,本文将采用这一格式。另外,李沁[2]把边界条件改写成等价的边界特征方程,考虑了无反射的物理条件,给出了边界计算格式。本文根据内点、边界和网格协调一致的原则,利用NS方程应该满足的网格配置的要求,给出了网格间距[3]。本算例采用矩形坐标网格,流向、法向和展向的无量纲长度为 $2\times0.92\times0.4$,相应的网格是 $201\times121\times41$。

1.2 物理分析的理论

超声速混合层,其混合的区域沿流向和法向是很狭窄的。起始时,将产生展向均匀平行分布的旋涡,即沿 X 方向发展的二维涡。在此以后,在三维影响下,展向涡要弯曲,出现三维效应。因此可见,要分析这种演化过程,搞清展向平行涡的发展演化和展向旋

* 空气动力学学报,2007,25(增刊):53-62.
收稿日期:2006-11-07;修订日期:2007-05-18.
作者简介:张涵信(1936-)男,中国科学院院士,中国空气动力研究与发展中心研究员,主要从事空气动力研究。

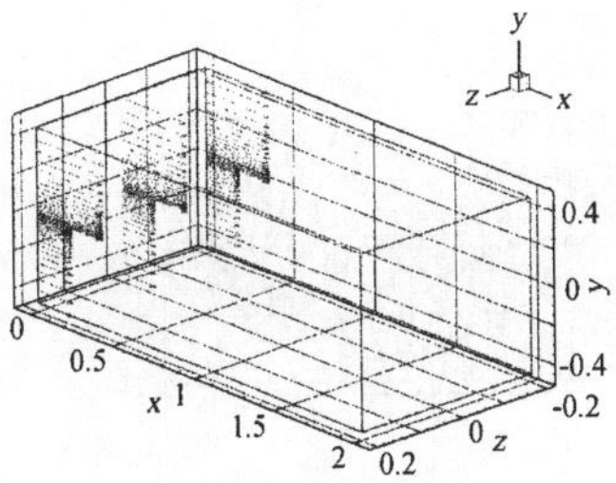

图 1　计算流场示意图

Fig.1　3D flow field

涡沿自身轴向的演化规律是必要的。文献[4,5]作了这方面的理论研究,我们可以借鉴。

(1) 流向发展的二维展向涡的演化规律[4,5]。

引入 $\bar{u}=u-\frac{1}{2}(U_1+U_2)$, $\bar{v}=v$,这里 U_1、U_2 是来流上、下方的速度,u、v 是直角坐标系 x、y 的速度分量,旋涡可在 $\bar{u}$、$\bar{v}$的速度空间内表达。理论上可以证明:

第一,存在一条 $\bar{u}=0$ 的线,其上 $v_0(x)=0$ 和 $\left(\frac{\mathrm{d}v}{\mathrm{d}x}\right)_0<0$ 的点是旋涡的中心,这里下标“0”表示在 $\bar{u}=0$ 的线上。在高雷诺数情况下,旋涡的中心为压力的最小值点。

第二,当 $\left(\frac{\partial\rho}{\partial t}\right)_0$ 不变号(这里 ρ 是流体的密度,t 是时间),以及 $v_0=0$ 处的 $\left(\frac{\mathrm{d}v}{\mathrm{d}x}\right)_0$ 保持小于零时,旋涡是稳定的。如果 $\left(\frac{\partial\rho}{\partial t}\right)_0$ 变号,特别当 $v_0=0$ 处,$\left(\frac{\mathrm{d}v}{\mathrm{d}x}\right)_0=0$ 时,旋涡的几何形态要出现分叉,变成不稳定。当 $v_0=0$、$\left(\frac{\mathrm{d}v}{\mathrm{d}x}\right)_0=0$、$\left(\frac{d^2v}{\mathrm{d}x^2}\right)_0<0$ 时,出现两涡合并。进一步合并后的两涡,还可能出现再合并的情况。图 2 给出了二维情况下,本文计算得到的展向涡沿流向的演化结果。计算和理论分析是一致的。

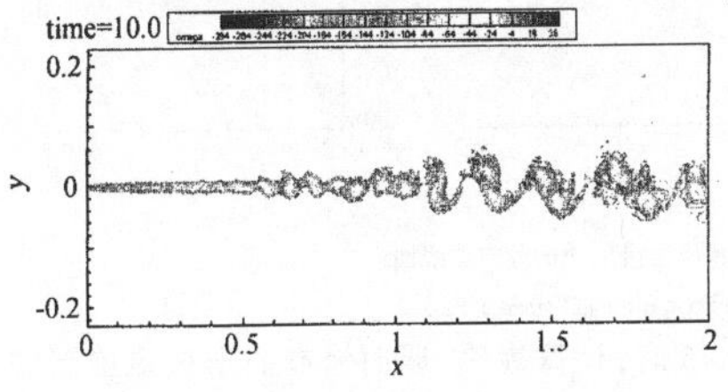

图 2　二维情况下展向涡的空间演化

Fig.2　Vortexes developing in 2D flow field when $t=10.0$

(2) 旋涡沿展向演化的规律[5]

当沿旋涡轴向流动的速度 w 和马赫数 M_z 改变时,理论可以证明,在旋涡的横截面上,沿轴向出现如下演化:

第一,参数 $\lambda=\left(\frac{1}{\rho}\frac{\partial\rho w}{\partial z}\right)_0$ 是决定演化规律的重要参数,这里 w 是涡轴方向的速度分量。在高雷诺数情况下,$\lambda=(1-M_z)_0\left(\frac{\partial w}{\partial z}\right)_0$,这里下标“0”表示在涡轴上,$M_z$ 是涡轴方向的马赫数。如果 $\lambda>0$,旋涡是由外向内转的;如果 $\lambda<0$,旋涡是由内向外转的。如果沿涡轴,λ 由 $\lambda>0$ 经 $\lambda=0$ 到 $\lambda<0$,在 $\lambda=0$ 处起,出现 Hopf 分叉,产生稳定的极限环,环外气流由外向内转,环内气流由内向外转。如果沿涡轴,λ 由 $\lambda<0$ 经 $\lambda=0$ 到 $\lambda>0$,则在 $\lambda=0$ 处起,产生不稳定的极限环,环外气流由环指向外部,环内气流由环指向涡心。如果沿轴向 λ 有 n 次变号,则有 n 个极限环产生,并且稳定和不稳定的极限环是交替分布的。这表明,沿轴向为超声速和亚声速的旋涡,其演化情况与 $\left(\frac{\partial w}{\partial z}\right)_0$ 的关系是不同的。

第二,当旋涡沿轴向演化时,特别当出现不稳定的极限环后,就有可能破裂。它或者变为螺旋状,或者变成泡状,或者变成鞍结点的形态。在原来存在若干涡轴平行发展的情况下,展向物理量将变化,涡轴会变成曲线,然后有的旋涡会出现破裂。破裂后的旋涡会和其它旋涡混掺并缠绕。

2　三维情况下的计算结果及分析[6]

以对流速度、来流参数和计算域长度为特征量的雷诺数为 $Re=1.524\times10^6$ 的情况下,利用上面给出的方法和方程,对三维混合层作了计算研究。图 3 给出了通过 $y=0$、$z=0$,即 X 轴上各个点的涡线的空间发展状况。因为在超声速情况下,混合层 y 方向的区域是薄的,所以这个图基本上代表了混合层内旋涡的走向。图 4 给出了沿展向不同 x 位置,速度 w 和压力的变化。图 5 给出了沿 X 轴,u、v、w 和 p 的变化。这三个图表明,在 $x<0.5$ 的区域内,展向涡基本上平行,接近二维的情况。根据上节二维情况涡演化的理论,可知 x 小时,涡运动是稳定的,随着 x 增大,涡要失稳和出现非线性分叉,并进一步出现两涡合并。当 x 介于(0.5,0.75)之间时,随着沿涡轴物理量

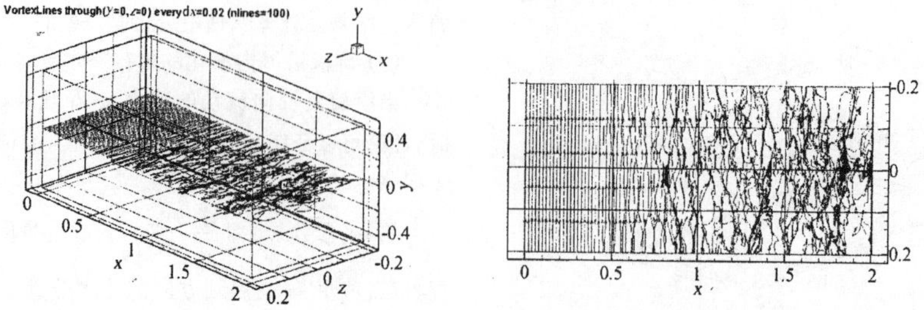

(a) 立体透视图 (b) 沿法线方向的俯视图

图 3 $t=10.0$ 时刻,经过 X 轴($y=0,z=0$)的三维流场涡线图

Fig.3 Vortex lines through X axis in 3D flow field when $t=10.0$

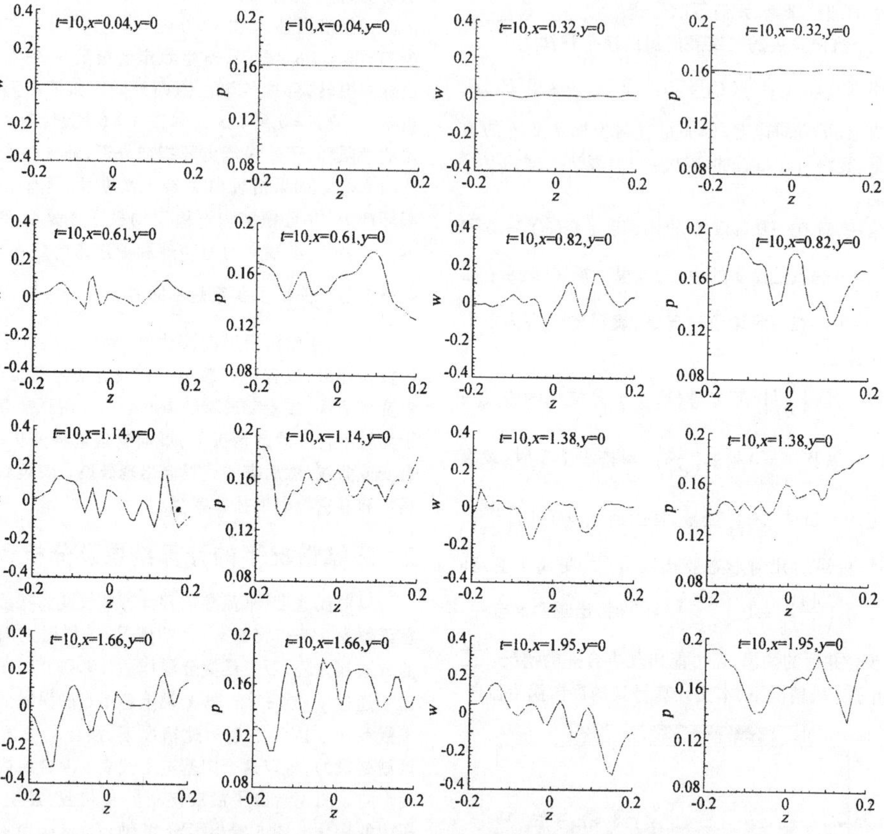

图 4 $t=10.0$ 时刻,不同 x 位置,展向速度和压力沿展向的分布曲线图

Fig.4 Spanwise velocity and pressure along spanwise direction when $t=10.0$

的变化,根据上节的理论,展向涡会沿展向演化,出现了一个或多个极限环,涡轴不再保持为直线,流动同二维情况有偏离,沿流向和法向开始产生旋涡。当 $x>0.75$ 时,计算表明,展向涡有的出现螺旋型破裂,有的出现泡型破裂。这些涡同上游合并的涡混掺、缠绕,改变了原来二维涡合并的规律。并且由于不是所

有涡都破裂，发生破裂的涡带有随机间歇性，涡混掺、缠绕的结果，出现了其间夹杂小涡的新的随机间歇性的大涡结构，通过滤波研究证实，这就是相干结构。伴随这一过程，计算表明，流向涡、法向涡沿 X 轴不断间歇的非线性增强，混合层的厚度也在间歇的非线性增大，这就完全变成了三维流动的状态。

图 6 给出了涡破裂和缠绕的性状，图 7 是展向、流向、法向涡和涡量幅值沿 X 轴发展的情况。图8

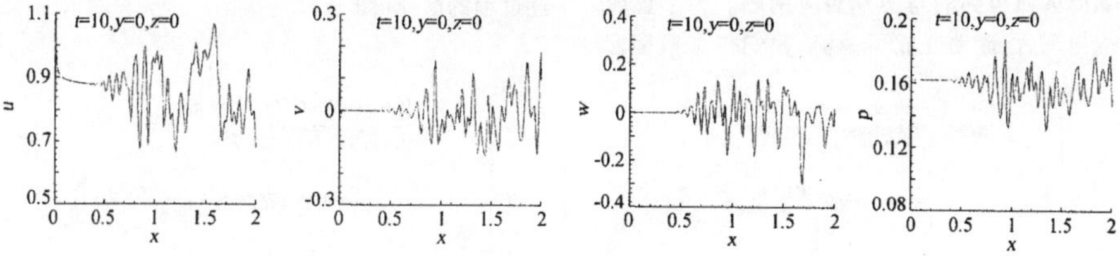

图 5　$t=10.0$ 时刻，X 轴($y=0$, $z=0$)上的速度分量和压力的分布曲线图

Fig.5　Velocity and pressure along X axis when $t=10.0$

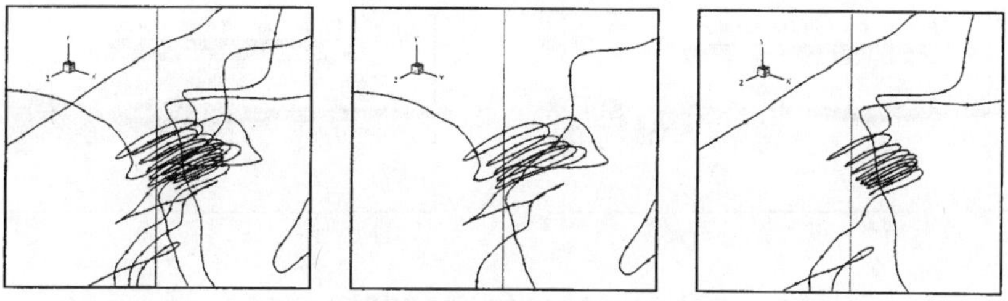

图 6　涡的破裂与缠绕

Fig.6　Burst and twist of vortexes

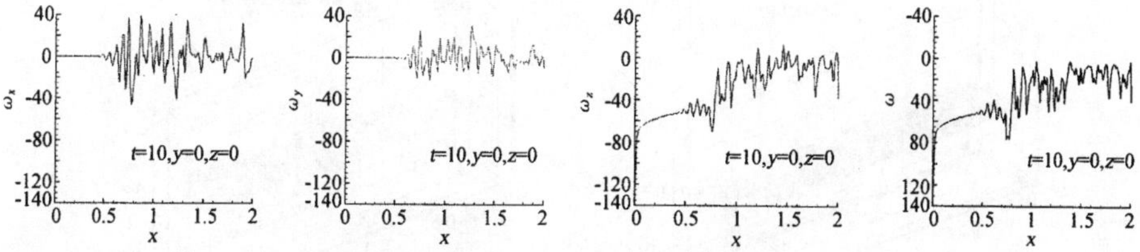

图 7　各涡量分量 ω_x, ω_y, ω_z 和涡量 ω 幅值沿 X 轴的分布

Fig.7　ω_x, ω_y, ω_z and $|\omega|$ along X axis when $t=10.0$

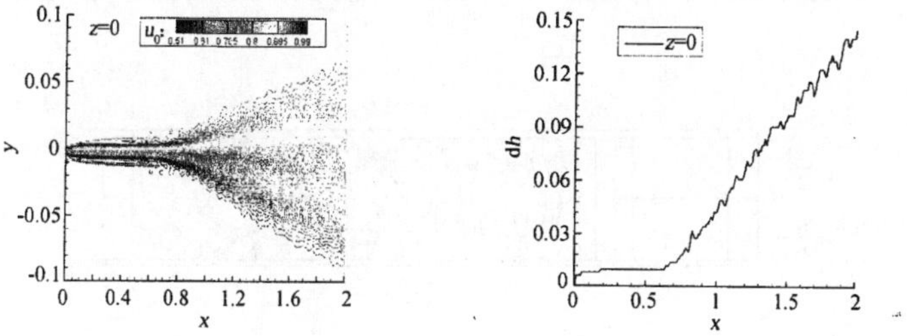

图 8　混合层厚度 h 的变化情况(利用流向平均速度表示)

Fig.8　The thick of mixing layer along X axis

是混合层厚度的变化情况。

图 9 给出了 $z=0$ 上展向、流向、法向及涡量幅值的剖面图。图 10 给出了涡的空间发展图。为了验证上面所说的大涡是相干结构，图 11 是使用滤波的方法将小涡滤去而得到的与图 9 对应的图。为了证明相干结构出现后，流动变成了湍流，我们作了概率密度分布图[7]、分数维图[8]和间歇因子图[9]（见图 12，13，14）。这些结果表明，在出口处，计算结果已给出了湍流场。我们给出了垂直于 Z 轴的各 xy 平面上的速度流线图。在相对速度坐标系内，它也可以说明上述过程的演化（图 15）。

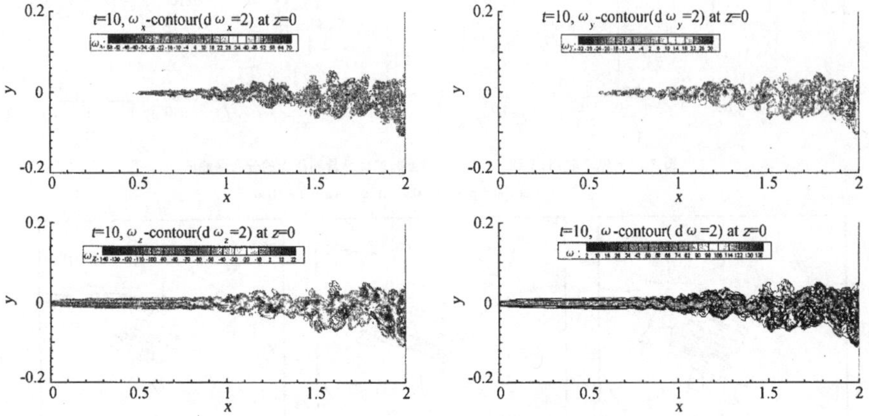

图 9　$t=10.0$ 时刻，$z=0$ 剖面上的各涡量分量和涡量幅值的等值线图

Fig.9　Contours of ω_x, ω_y, ω_z and $|\omega|$ on section plane $z=0$ when $t=10.0$

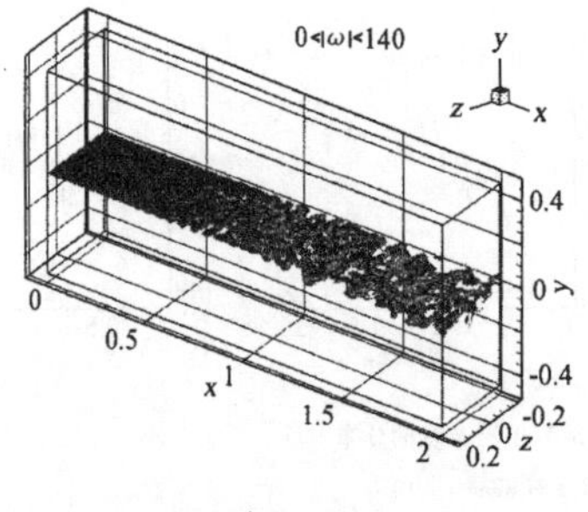

(a)　立体透视图（涡量幅值的等值面图）

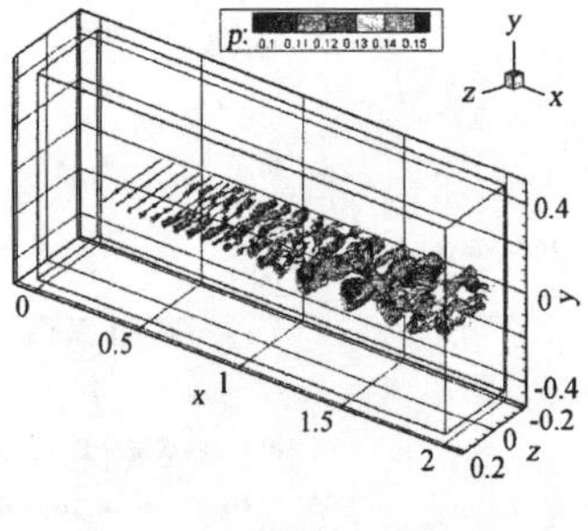

(b)　立体透视图（利用压力极小值的等值面图表示）

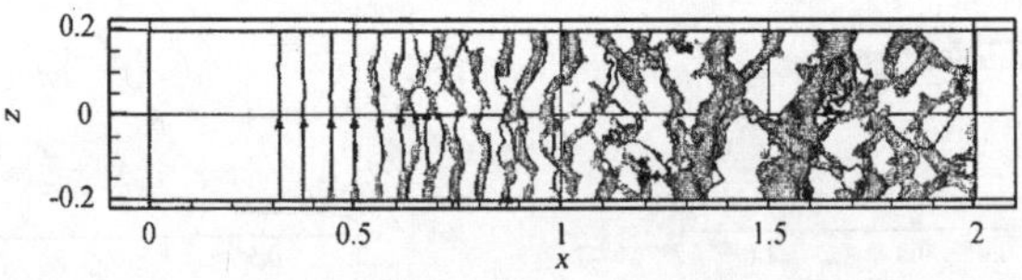

(c)　沿法线方向的俯视图（利用压力极小值的等值面图表示）

图 10　$t=10.0$ 时刻，涡的空间发展图

Fig.10　The development of vortexes in 3D flow field when $t=10.0$

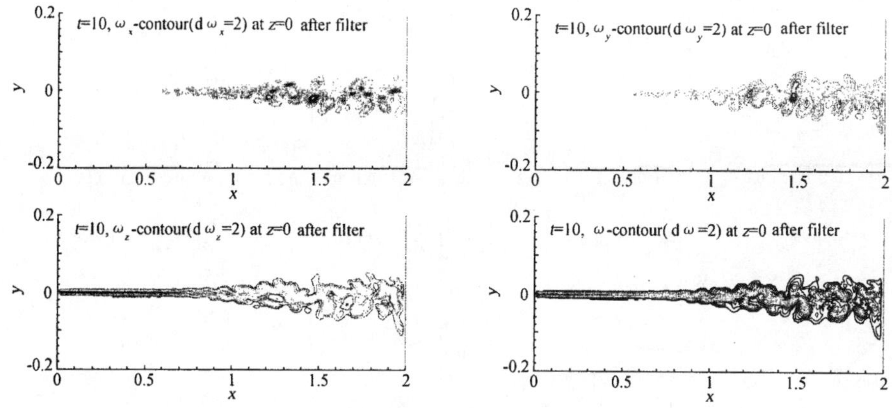

图 11　$t=10.0$ 时刻，$z=0$ 剖面上滤波后的的各涡量分量和涡量幅值的等值线图

Fig.11　Contours of filtered ω_x, ω_y, ω_z and $|\omega|$ at section plane $z=0$ when $t=10.0$

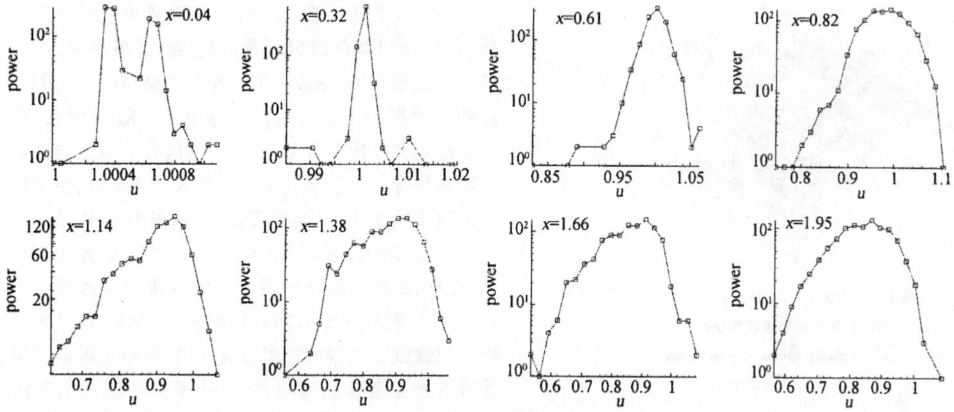

图 12　X 轴上各观测点处流向速度的概率密度分布图

Fig.12　Probability density of streanwise velocity along X axis

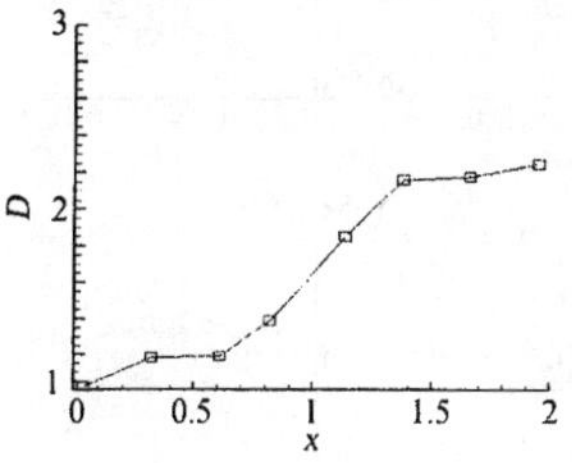

图 13　$t=4.0\sim10.0$，X 轴上各个观测点处压力 p 的分数维

Fig.13　Fractal dimension of pressure along X axis

我们还作了压力 p 的相图$(p, \mathrm{d}p)$沿 X 轴的变化，可以看出，在 x 小时，相图是稳定的，随 x 增加，相图先变成周期、准周期图像，然后过渡到混沌（图 16）。

图 17 给出了各雷诺应力沿 X 轴的分布。图 18 是雷诺应力分量 $\overline{u'u'}$ 在 $y=0$ 平面上的分布。图 19 是 $z=0$ 的平面上雷诺平均的各物理量的分布。

3　结　论

通过数值模拟和物理分析，我们有以下结论：

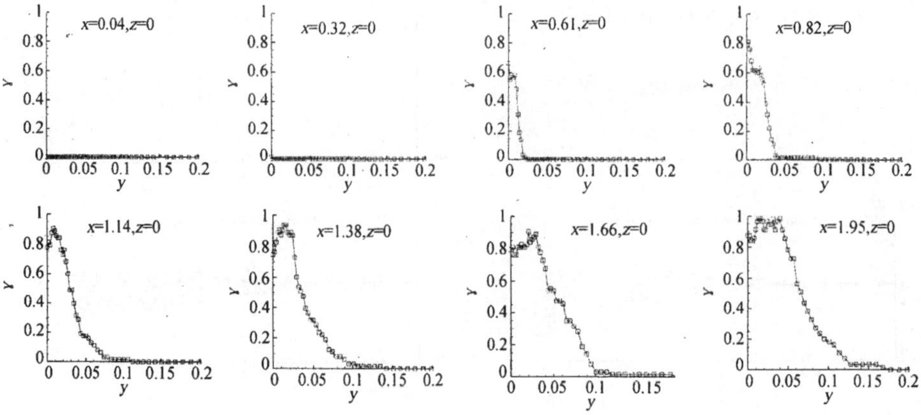

图 14　$z = 0$ 剖面上间歇因子(γ)沿法向的分布曲线图

Fig.14　Distribution of γ along normal direction on section plane $z = 0$

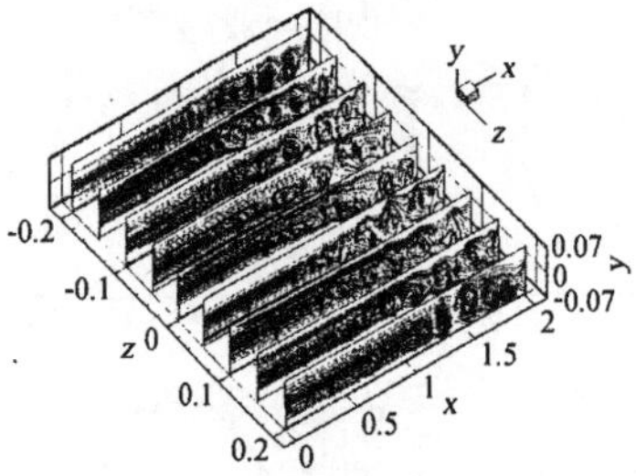

图 15　$t = 10.0$ 时刻，垂直于 Z 轴的各 xy 截面上的速度流线图

Fig.15　Velocity stream lines on section plane normal to Z axis

(1) 对于进口速度剖面为阶跃型的超声速混合层，它沿流向演化的过程是：在上游 x 很小时，展向涡是相互平行的，基本上可看作是二维情况。它们在以相对速度向下游移动时是稳定的。随 x 增加，出现不稳定和非线性分叉，并出现两涡合并以及合并后的两涡再合并的情况。当 x 大约大于 0.5 时，由于展向物理量的变化，展向涡变成曲线，并且沿其轴向出现一个或多个极限环，下游流向涡和法向涡逐渐生成，这样，二维情况下的涡合并的规律发生改变。当 x 更大时(例如 $x > 0.75$)，结果表明，展向涡有的开始出现螺旋型破裂或泡型破裂，破裂涡与上游向下运动的涡相互混掺或缠绕，进一步增强了流向涡和法

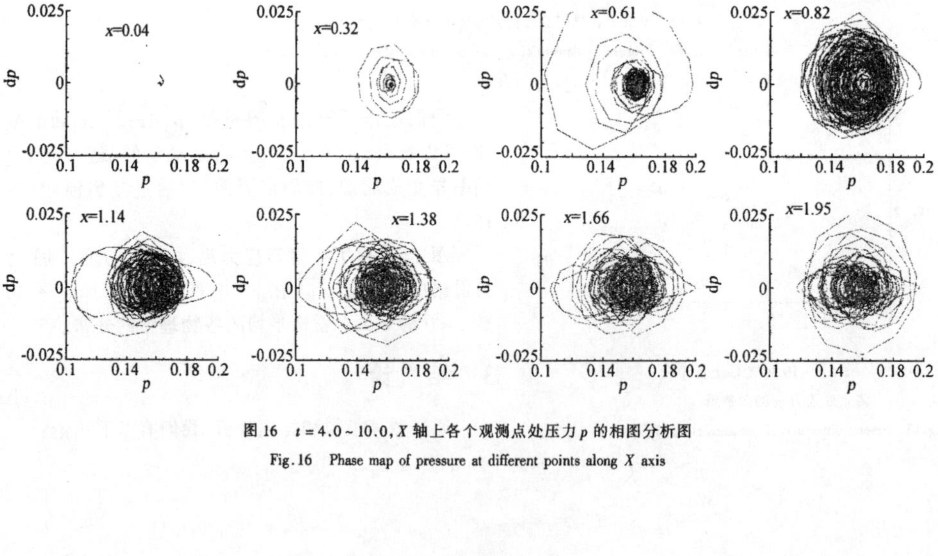

图 16　$t = 4.0 \sim 10.0$，X 轴上各个观测点处压力 p 的相图分析图

Fig.16　Phase map of pressure at different points along X axis

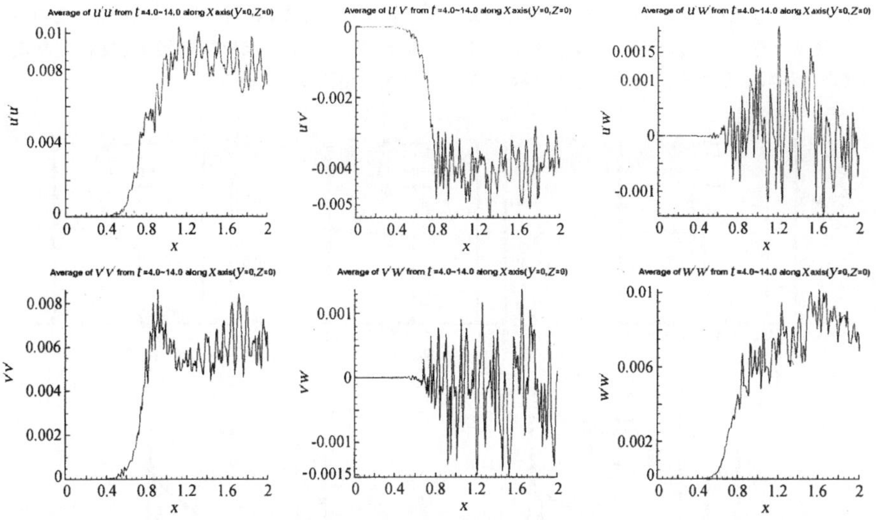

图 17　$\overline{u'u'}$、$\overline{u'v'}$、$\overline{u'w'}$、$\overline{v'v'}$、$\overline{v'w'}$、$\overline{w'w'}$ 沿 X 轴的分布曲线图

Fig.17　$\overline{u'u'}$、$\overline{u'v'}$、$\overline{u'w'}$、$\overline{v'v'}$、$\overline{v'w'}$、$\overline{w'w'}$ along X axis

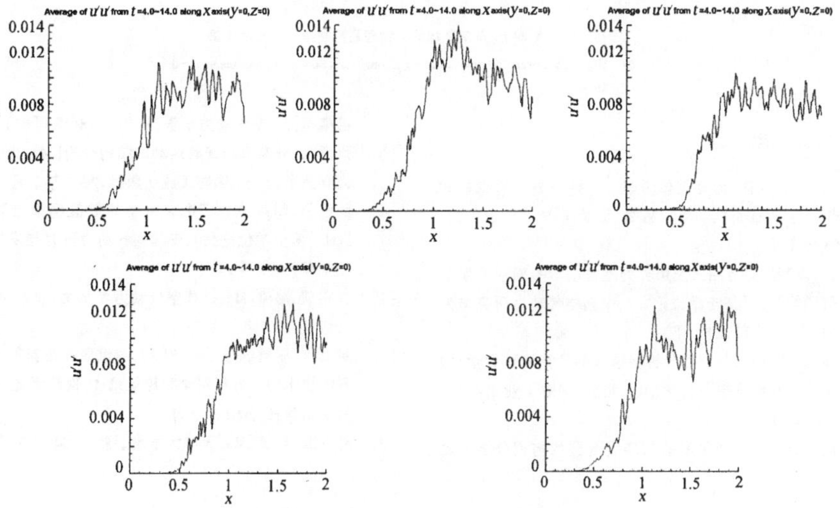

图 18　$y=0$ 平面上，$\overline{u'u'}$ 沿流向的分布曲线图

Fig.18　$\overline{u'u'}$ along streamwise direction on section plane $y=0$

向涡，并且产生了包含很多小涡的大涡结构。滤波的结果表明，这些大涡结构就是相干结构。由于涡破裂是间歇发生的，故相干结构也是间歇出现的。伴随这种情况，三维混合完全改变了二维涡合并的规律。

(2) 混合层的增长情况是：大约在 $x=0.3\sim0.6$ 起，混合层出现非线性增长，这可认为是转捩的起始。X 更大时，由于间歇的大涡结构产生，混合层的边界也具有间歇的特征。(3)根据数值计算结果所作的概率密度分布图、分数维图以及间歇因子图表明，流动在出口处，基本上达到了湍流状态。计算还给出了雷诺平均物理量和雷诺平均应力的分布。(4)沿 X 轴方向的压力相图的变化，在起始阶段是稳定的，随 x 增大，变为周期和准周期的图像，最后过渡成混沌。这表明湍流和混沌是有联系的。

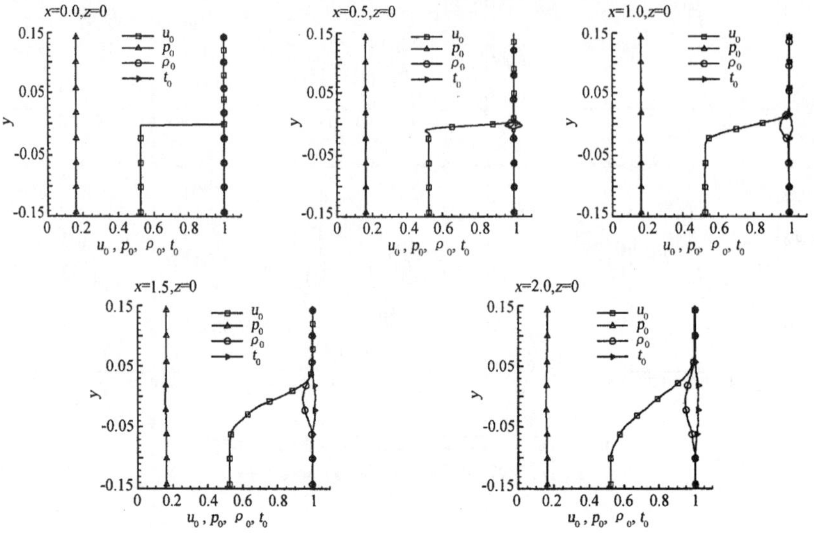

图 19　$z=0$ 平面上，雷诺平均的各物理量沿法向的分布曲线图

Fig. 19　Reynolds average parameters along normal direction on section plane $z=0$

参　考　文　献：

[1]　张涵信，沈孟育．计算流体力学——差分方法的原理和应用[M]．近代空气动力学丛书，北京：国防工业出版社，2003 年 1 月．

[2]　李沁．高精度差分格式及边界处理方法与平面混合层的数值模拟[D]．[博士学位论文]，中国空气动力研究与发展中心研究生部，2003 年．

[3]　张涵信，庄逢甘．与物理分析相结合的计算流体力学，钱学森技术科学思想与力学[M]．北京：国防工业出版社，2001：128-143．

[4]　张涵信，李沁．时间发展的二维混合层的物理分析和数值模拟[J]．空气动力学学报，2000，18(增刊 S1)：38-51．

[5]　张涵信．分离流与旋涡运动的结构分析[M]．近代空气动力学丛书，北京：国防工业出版社，2005 年 7 月．

[6]　罗俊荣．超声速剪切混合流动的数值模拟与物理分析[D]．[博士学位论文]，中国空气动力研究与发展中心研究生部，2005 年 11 月．

[7]　张兆顺．湍流[M]．近代空气动力学丛书，北京：国防工业出版社，2002 年 1 月．

[8]　黄真理．湍流的分形特征[A]．湍流研究最新进展－中国科学技术协会青年科学家论坛第 41 次活动论文集[C]，科学出版社，2001 年 2 月．

[9]　是勋刚．湍流[M]．天津大学出版社，1994 年 3 月．

Issues on the mixing of supersonic shearing layer

ZHANG Han-xin, LUO Jun-rong

(*China Aerodynamics Research and Development Center, Mianyang, Sichuan 621000, China; National Laboratory of Computational Fluid Dynamics, Beijing 100083, China*)

Abstract: The character and mechanism of supersonic mixing layer with entrance velocity in step-profile are studied through numerical simulation and physical analysis. In the forepart of the 3D flow field, the evolution of the spanwise vortexes in the shearing layer is similar to the evolution of vortexes of 2D flow field, which firstly move downstream stably and then merge bifurcately. When moving downstream, because of the evolvement of flow parameters, vortex will evolve along its axis line and be transfigured, bent, twisted and combined. Hopf bifurcation will show in vortex structures also. So the rules of vortex mergence of 2D flow are invalidated and some of the vortexes will burst. The burst vortex and its neighboring vortexes will blend and twist. As a result, coherent structure with intermittence and randomicity are formed, which is made up of many small vortexes and will lead to the transition of the mixing flow. Physical analysis show that transition and turbulence can be observed at the outflow boundary. The character and mechanism of transition are also studied in this paper.

Key words: entrance velocity in step-profile; mixing layer; numerical simulation and physical analysis; transition; coherent structure and turbulence

第五部分

动态问题

飞行器飞行时，必须具有静、动态稳定性。过去动态稳定性多是使用线性稳定性理论，其中需要力和力矩多用导数、动导数的实验或经验公式给出。这部分工作，利用非线性分析理论和数值模拟计算力与力矩相结合的方法，给出了一条新路。用此方法，研究了高超声速飞船返回时因马赫数不断下降而诱发出现俯仰动稳定问题。研究飞机由小攻角到大攻角飞行时诱发出现的摇滚动态稳定问题。两种动稳定耦合是需要研究的一个重要问题。

关于非定常流动的计算问题*

张涵信

(中国空气动力研究与发展中心，四川绵阳 621000)　(国家计算流体力学实验室，北京 100083)

摘要　对于非定常流动计算，除了差分格式应满足耗散控制、色散控制和激波控制条件以保证计算过程中的稳定性、不产生虚假波动和良好地捕捉激波外，还应特别要求满足保频率条件，并且要求计算网格和边界计算方法要与内点计算匹配协调。文中对此作了讨论，并按此要求给出了差分计算格式、网格和边界处理方法，对二维超声速剪切层在 M_c=0.5 的情况作了数值模拟。时间发展问题的结果表明，在起始阶段，初始产生的周期解是稳定的，只是在很长时间以后，流动出现分叉，不论计算域长度取多少初始扰动周期数的倍数(相应，初始含有不同数目的涡)，最后均合并成一个涡。空间发展问题的结果表明，在离进口的很长一段距离内，进口单频扰动产生的周期解，一直保持，只是在离进口很长距离的下游，才出现猝发现象，有大扰动间歇出现，以后逐步演化为多周期解、准周期解甚至混沌。如果进口为双频 $\left(\omega,\frac{1}{k}\omega\right)$ 扰动，周期解失稳提前发生，k=2 时，出现两涡合并，k=3 时，出现三涡合并，k=4 时，出现四涡合并。

关键词　5 个非定常流动，计算方法，超声速剪切层

引　言

伴随飞行器外形不断变化、速度不断提高和性能大幅度改进，飞行器绕流流型的研究已经历了四代：第一代为无黏流型，第二代为黏性附体流型，第三代为定常脱体涡流型，第四代为非定常分离涡流型。现在正处于第四代。机动飞行器、微型仿生飞行器以及智能飞行器等发展的需求，要求研究非定常分离涡流型的规律和机理，以便进行控制。和其它流型相比，非定常分离涡流型是复杂的，它具有以下特征：第一，流动常常是多尺度的，即流场内包含不同尺度的旋涡；第二，流场是多频运动的，即含有不同频率的振荡运动。大家知道，NS 方程是一耗散系统，它所描述的运动，要么稳定于定态解（即定常流动），要么动稳定于周期解、多周期解、准周期解或混沌、湍流运动。第三，流动是可以演化的。随参数变化它可由周期振荡解演化为多周期、准周期或混沌运动。鉴于非定常流动的复杂性，要准确地进行计算就变得困难，我们必须根据非定常流动的物理特征，建立网格、内点和边界点计算匹配协调的正确的计算方法。这里和流动特征的物理分析相结合是重要的，一方面可以帮助建立合理的数值模拟方法，另一方面可以帮助揭示复杂流动的演化机理。本文目的是从物理分析出发来探讨非定常流动的计算和演化问题。

1　非定常流动的计算方法问题

在 NS 方程中，由于黏性耗散项具有椭圆型的特征，其差分计算采用中心型格式是合宜的。研究 NS 方程的求解，主要困难在于无黏性项的处理。关于三维无黏性项的计算，又可分别按三个一维问题来处理，因此我们可从一维无黏性方程

$$\frac{\partial \boldsymbol{U}}{\partial t}+\frac{\partial \boldsymbol{F}}{\partial x}=\frac{\partial \boldsymbol{U}}{\partial t}+\boldsymbol{A}\frac{\partial \boldsymbol{U}}{\partial x}=0 \tag{1}$$

* 第六届全国流体力学会议论文集，2001：23-31.

出发，来讨论问题。这里$A=\dfrac{\partial F}{\partial U}=S^{-1}\Lambda S$，其中$\Lambda=\mathrm{diag}(\lambda_1,\lambda_2,\cdots,\lambda_m)$为$A$的特征对角矩阵，$S$为其左特征向量矩阵。如果引入

$$S\mathrm{d}U=\mathrm{d}W$$

$W=(w_1,w_2,\cdots,w_m)^{\mathrm{T}}$，(1)可进一步写成

$$\frac{\partial W}{\partial t}+\Lambda\frac{\partial W}{\partial x}=0$$

如果再令$w_l=u,\lambda_l=a$，则上式可写成

$$\frac{\partial u}{\partial t}+a\frac{\partial u}{\partial x}=0 \tag{2}$$

设利用某种差分格式求解(2)，则与差分方程对应的修正方程式是

$$\frac{\partial u}{\partial t}+a\frac{\partial u}{\partial x}=\sum_{n=m+1}^{\infty}\nu_n\frac{\partial^n u}{\partial x^n} \tag{3}$$

这里ν_n是截断误差中n阶导数项的系数，它与Δx^{n-1}成正比，其中Δx为网格间距。m表示格式的精度，截断误差的导数项由m+1阶开始。

同定常计算一样，在非定常计算中，我们也应要求：(1) 在计算过程中，计算是稳定的，即计算过程中的数值误差不能增长；(2) 在物理量连续的区域，不产生虚假的波动；(3) 如果流场有激波，应该能光滑、狭窄地捕捉激波。为了满足这些要求，应该和定常问题一样，要求修正方程式的截断误差项满足我们在文[1]给出的耗散控制、色散控制和激波控制原则。但是，对非定常流，另一个必须满足的要求是流动的频谱控制。因为非定常流常常包含有各种频率的振荡，如果数值解给出的频谱和真实物理问题的频谱不一致，根据李天岩、约克[2]"周期 3 就意味着混沌"以及沙可夫斯基[3]定理，数值解的结果可能与真实解相差甚大。所以非定常流动的保频谱原则是非常重要的。设式(2)和(3)分别可写成

$$\frac{\partial u}{\partial t}=R$$

$$\frac{\partial u}{\partial t}=\overline{R}$$

式中$R=-a\dfrac{\partial u}{\partial x},\overline{R}=-a\dfrac{\partial u}{\partial x}+\sum\nu_n\dfrac{\partial^n u}{\partial x^n}$，假定$\int_{-\infty}^{\infty}|R|\mathrm{d}x<\infty$，$\int_{-\infty}^{\infty}|\overline{R}|\mathrm{d}x<\infty$，$R$和$\overline{R}$的频谱为

$$\begin{aligned}F(\omega)&=\frac{1}{2\pi}\int_{-\infty}^{\infty}R\cdot\mathrm{e}^{\mathrm{i}\omega x}\mathrm{d}x\\ \overline{F}(\omega)&=\frac{1}{2\pi}\int_{-\infty}^{\infty}\overline{R}\cdot\mathrm{e}^{\mathrm{i}\omega x}\mathrm{d}x\end{aligned} \tag{4}$$

为了让真实解和差分解之间的频谱差最小，我们要求

$$\left|F(\omega)-\overline{F}(\omega)\right|=\min \tag{5}$$

将上面给出的R和$\overline{R}$代入式(4)和(5)，可以得到

$$\alpha^2+\omega^2\beta^2=\min \tag{6}$$

式中$\alpha=\sum(-1)^n\nu_{2n}k^{2n}$，$\beta=\sum(-1)^n\nu_{2n+1}k^{2n}$。(6)式表明，要满足保持频谱的条件，差分格式截断误差中的色散项和耗散项都要小。因为ν_{2n}和ν_{2n+1}都与网格间距有关，于是我们得到：

保频谱的格式应该是截断误差小的高阶格式，或者网格很密的二阶格式。

根据这一要求，并利用耗散控制、色散控制和激波控制原则，李沁等人[4]对方程

$$\frac{\partial u}{\partial t}+\frac{\partial f}{\partial x}=0 \tag{7}$$

建立了如下保频谱的二阶和四阶混合格式

$$\left(\frac{\partial u}{\partial t}\right)_j=-\frac{1}{\Delta x}(h_{j+1/2}-h_{j-1/2}) \tag{8}$$

式中

$$h_{j+1/2}=h^+_{j+1/2}+h^-_{j+1/2}$$

这里

$$h^+_{j+1/2}=\begin{cases}\left(h^+_{j+1/2}\right)_{\text{NND}} & \text{if } \left|\text{sign}(\Delta f^+_{j-3/2})+\text{sign}(\Delta f^+_{j-1/2})\right|+\left|\text{sign}(\Delta f^+_{j-1/2})+\text{sign}(\Delta f^+_{j+1/2})\right|=0 \\ & \text{or } \left|\text{sign}(\Delta f^+_{j-1/2})+\text{sign}(\Delta f^+_{j+1/2})\right|+\left|\text{sign}(\Delta f^+_{j+1/2})+\text{sign}(\Delta f^+_{j+3/2})\right|=0 \\ w_1\widetilde{h}_1^+ + w_2\widetilde{h}_2^+ + w_3\widetilde{h}_3^+ & \text{otherwise}\end{cases}$$

$$\widetilde{h}_1^+=c_1f^+_{j-2}-\frac{1+4c_1}{2}f^+_{j-1}+\frac{3+2c_1}{2}f^+_j$$

$$\widetilde{h}_2^+=c_2f^+_{j-1}+\frac{1-4c_2}{2}f^+_j+\frac{1+2c_2}{2}f^+_{j+1}$$

$$\widetilde{h}_3^+=\frac{1+2c_3}{2}f^+_j+\frac{1-4c_3}{2}f^+_{j+1}+c_3f^+_{j+2}$$

$$(c_1,c_2,c_3)=(0.189915766,-0.149078931,-0.149078931)$$

$$w_i=\frac{b_i}{b_1+b_2+b_3},\quad b_i=\frac{\alpha_i}{(IS_i+\varepsilon)^2}$$

$$IS_1=(f^+_{j-2}-4f^+_{j-1}+3f^+_j)^2$$

$$IS_2=(f^+_{j+1}-f^+_{j-1})^2$$

$$IS_3=(f^+_{j+2}-4f^+_{j+1}+3f^+_j)^2$$

$$(\alpha_1,\alpha_2,\alpha_3)=(0.1092369696,\ 0.47093503,\ 0.419827974)$$

$$\varepsilon=10^{-6}\sim10^{-9}$$

类似地可给出 $h^-_{j+1/2}$，格式(8)在激波附近为二阶 NND 格式，在激波以外为四阶精度。

对于三维 NS 方程，分别将(8)用于构造每个方向上的差分格式，其黏性项采用四阶中心格式，就可得到三维计算的计算式。

最近，沈孟育及其合作者，利用类似的原则和方法，也成功地构造了五阶和三阶的混合格式。

在利用高精度格式求解非定常 NS 方程时，还有两个问题必须同时考虑。一个是网格间距的选取问题，它除了应该满足文[5]提出的根据格式精度和流动区域的雷诺数确定网格间距

的条件外，还应该满足条件(6)。另一个是边界计算与内点计算同精度的问题，这可从文[4，6]给出的边界控制方程出发，并用同内点一致精度的格式求解该方程来解决。

2 超声速混合层的演化问题

作为一个例子，这里来计算超声速混合层的演化问题。这是一个当前学术界和吸气式发动机研制者非常关心的课题。实验指出，当对流 Mach 数小于 0.6 时(M_c<0.6)，流动仍具有二维的特征，因此，我们研究 M_c=0.5 的二维超声速剪切层的混合，并分成时间问题和空间问题加以讨论。

2.1 时间发展问题

假定求解域为矩形：$0 \le x \le L$，$-H/2 \le y \le H/2$，初始时刻(t=0)，已知流场为

$$u = U + u'$$
$$v = V + v'$$

其中 $U = \dfrac{U_1 - U_2}{2}\operatorname{th} y$，$V = 0$，$u'$，$v'$ 均是沿 x 方向具有周期性的小扰动速度分布，它们可用无黏 Reyleigh 方程最不稳定的解给出，其周期长度为 λ。U_1，U_2 均大于声速，是已知的。流场的初始压力是均匀的，温度分布按 Busemann-Crocco 分布计算。计算域的长度 $L = n\lambda$，其中 n 为整数，曾计算了 n=2，3，4 等三种情况。我们在此初值下利用上节给的差分格式和相应要求的网格及边界处理方法，对 NS 方程作了数值计算，x=0，和 x=L 两边界，取周期性边界条件，$y = -H/2$ 和 $y = H/2$ 两边界，按边界控制方程计算。以剪切层初始厚度为特征长度的雷诺数为 5 000，横向取 451 网格点，流向每初始波长 λ 取 150 个网格点。H 可取剪切层厚度的 35 倍。计算给出了如下结果：

(1) 利用等压力线和流线图可清晰显示流动演化的特征，在演化过程中，等压力线一直保持中心点形态，并且流线的涡心，近似对应于等压力线的最小压力点，流线的鞍点（涡心与涡心间），近似对应于等压力线的最大值点(图 1，2)。

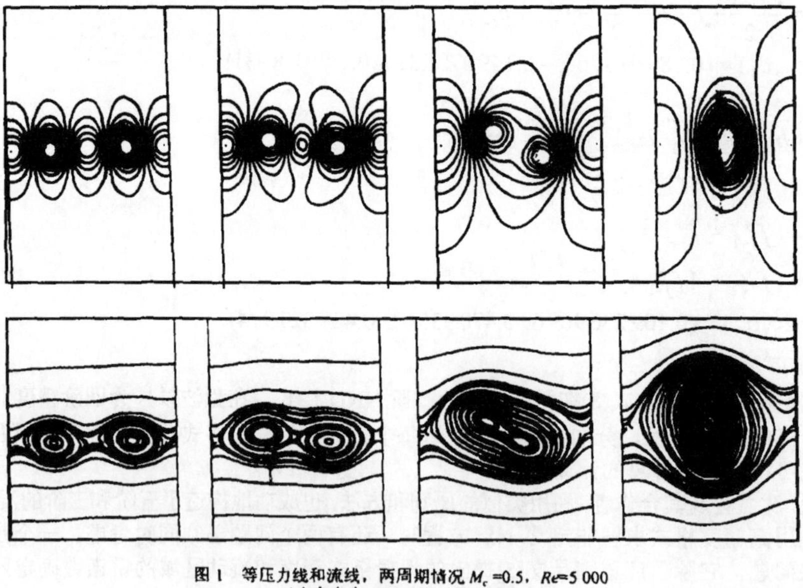

图 1　等压力线和流线，两周期情况 M_c =0.5，Re=5 000
（由左向右 t=20，70，80，90）

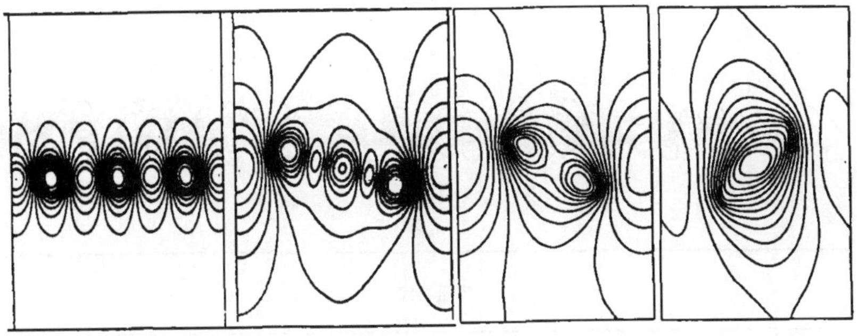

图 2　等压力线，三周期情况 M_c=0.5，Re=5 000
（由左向右 t=20，90，100，120）

(2) 在初始阶段，初始扰动给出的周期解，能在很长一段时间内保持。在周期解稳定存在的阶段，不论计算域的 n 值为何，在一个周期内，解都是相同的。但是时间很长以后，周期解失稳，流场拓扑结构改变，此时，不同 n 值的解，就变得很不相同。

(3) 周期解失稳后演化的情况是：当计算域取为 2λ 时，随时间增长，两涡合并成一个涡(图 1)。当计算域取为 3λ 时，随时间增长，中间一个涡先消失，然后剩下的两个涡合并，最后演变为一个涡(图 2)。当计算域取为 4λ 时，随时间增长，先是两个两涡合并，然后合并后的两个涡又合并，最后变成一个涡(图 3)。总之，不论初始阶段流场有几个涡，由于左右两边周期边界条件的限制，最终都变成一个涡。通过理论分析，我们可以给出涡结构分叉(消失，合并)的理论条件，可参见文[7]。

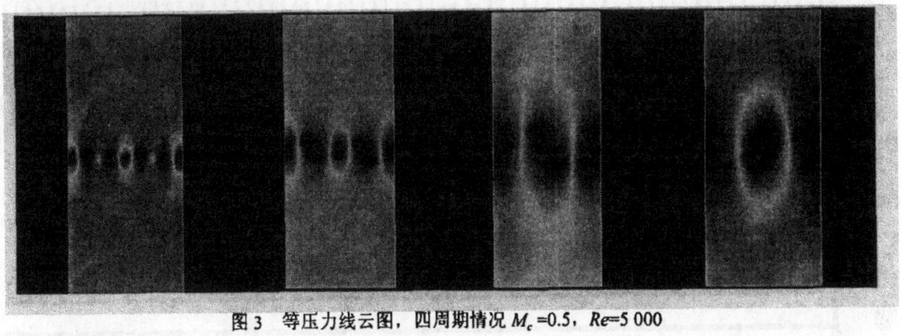

图 3　等压力线云图，四周期情况 M_c=0.5，Re=5 000

2.2 空间发展问题

求解域仍为：$0 \le x \le L$ 和 $-H/2 \le y \le H/2$ 的矩形，但是在进口边界，已知速度分布为

$$x = 0 \begin{cases} u = \dfrac{U_1 + U_2}{2} + \dfrac{U_1 - U_2}{2} \operatorname{th} y + u' \\ v = 0 + v' \end{cases}$$

式中 u'，v' 是已知的 t 的周期小扰动函数（设无量纲频率为 ω）。进口边界的其它参数用时间发展问题的公式计算。在出口和上下边界，利用边界控制方程计算。利用上节给出的方法求解 NS 方程，设 L=256，H=70，Re_L =2.1×10^4（L 为剪切层的厚度），网格为 1 515×451，可以得到如下结果：

(1) 由进口向后，在单频扰动的情况下，(如 $\omega = 0.3387$)，在相当长的距离内，剪切层的流动，一直保持单频周期运动的形态。但是沈清的计算发现（他用的是三阶精度格式）在离进口很远的距离以后，出现淬发现象，有大的扰动间歇出现，以后流动会变成多周期、准周期甚至混沌运动（见图 4，5）。

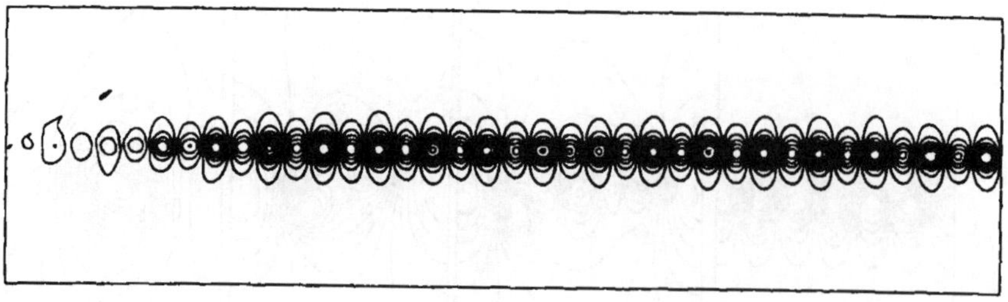

等压力线

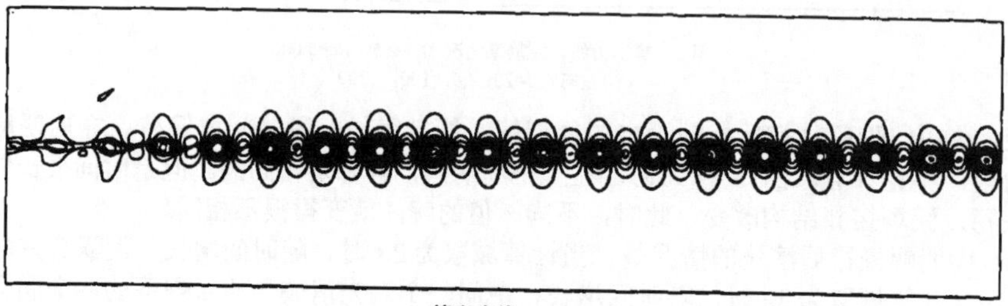

等密度线

图 4 进口为单频扰动的等压力线和等密度线，$M_c=0.5$，$Re=2.1\times10^4$

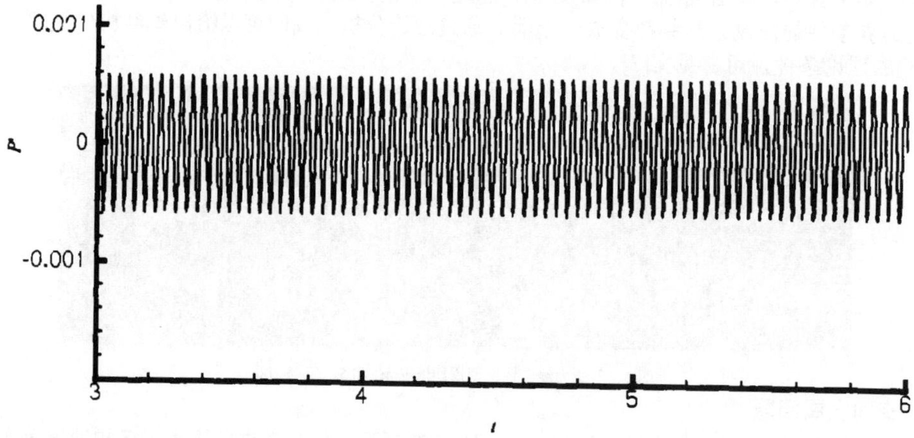

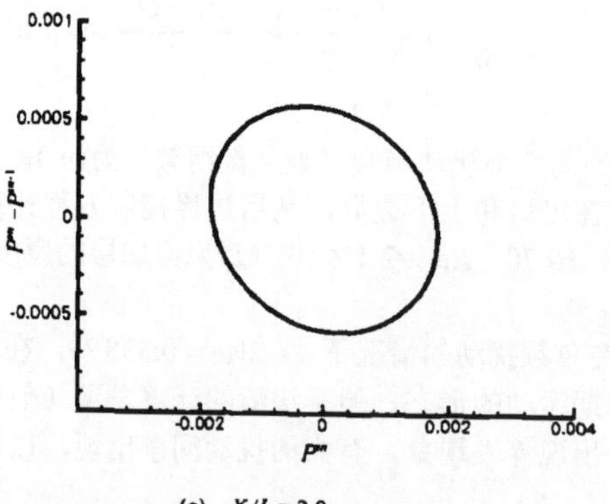

(a) $X/L=2.0$

图 5 剪切层的三个空间点处压力随时间的变化曲线及相图

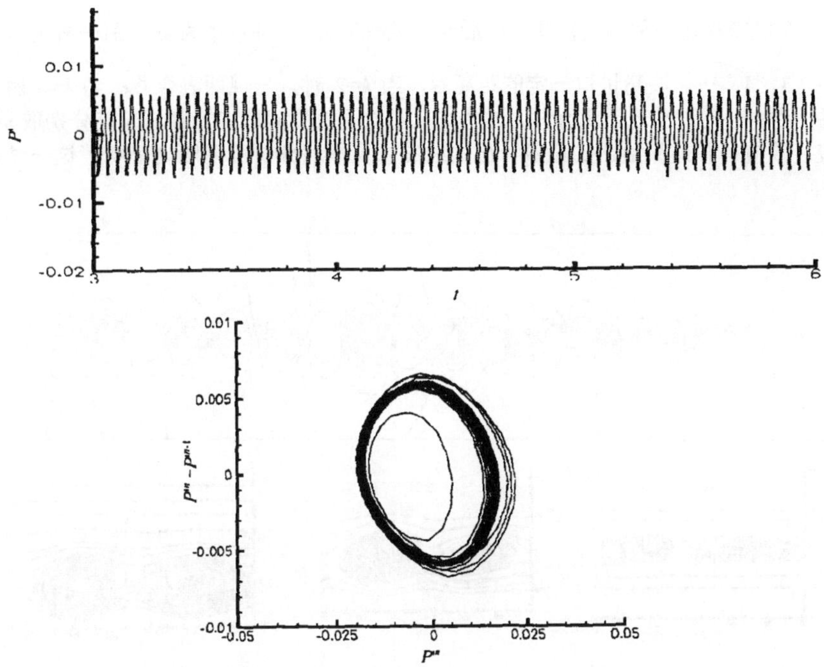

(b)　$X/L=2.4$

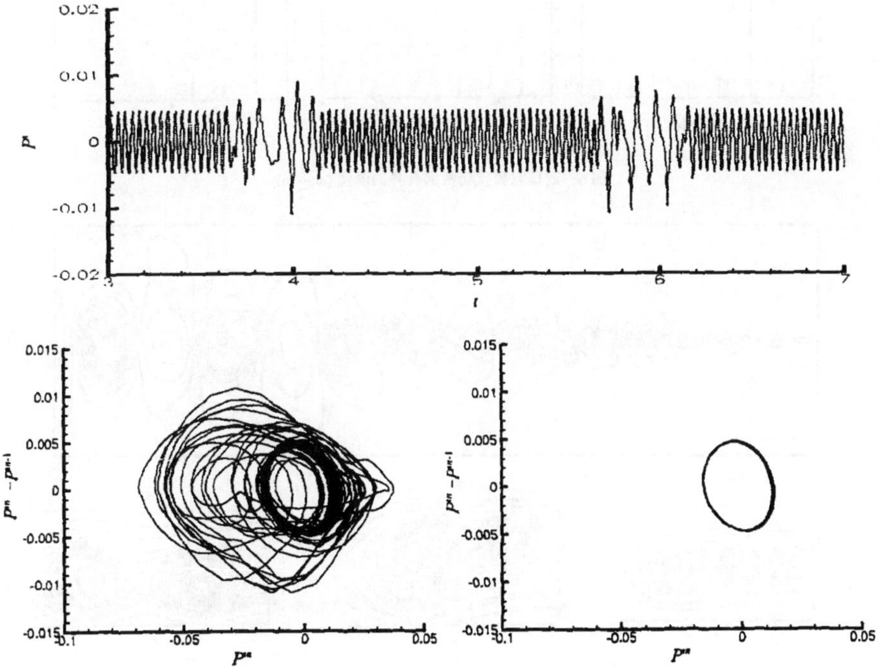

(c)　$X/L=2.48$

图 5　剪切层的三个空间点处压力随时间的变化曲线及相图（t=4.5 ~5.5）

(2) 若在进口存在两种周期扰动（以后叫双频扰动），一种频率为ω，另一种为$\frac{1}{k}\omega$，这里k为2，3，4，…。在离进口一定的距离后，当k=2时，出现两涡合并；当k=3时，出现三涡合并；当k=4时，出现四涡合并，这些情况和时间发展问题中计算域长度分别取n=2，3，4相对应。数值模拟结果给出的流线、压力线图以及频谱分析都清晰地证明了这一结论（见图6，7）。

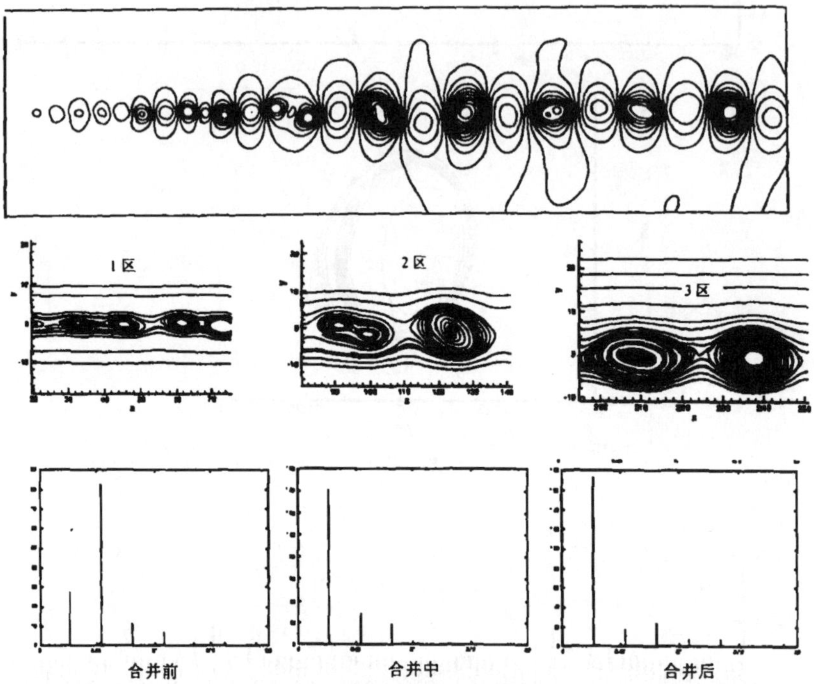

图6　进口双频扰动两涡合并的演化$(\omega,\frac{1}{2}\omega)$

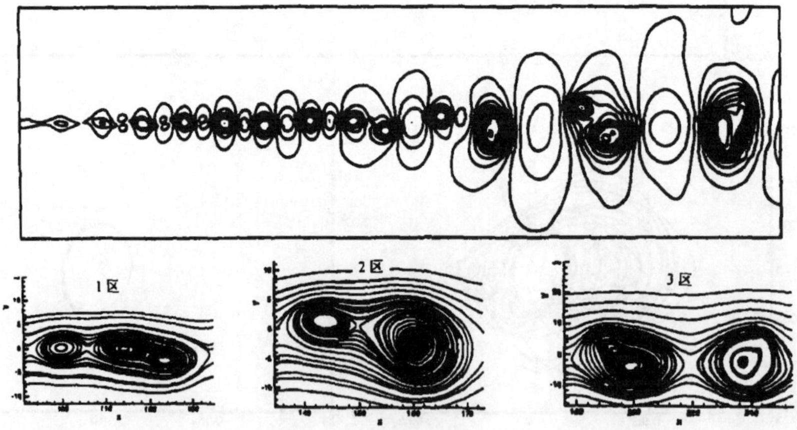

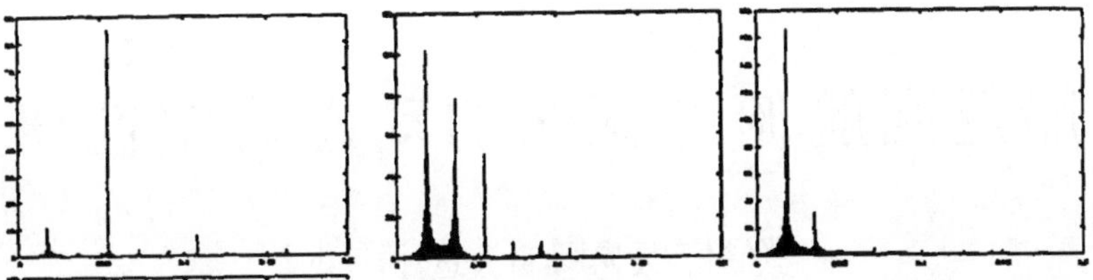

图 7　进口双频扰动三涡合并的演化 $(\omega,\frac{1}{3}\omega)$

(3) 若在进口两种频率是不可约的，情况和上面不同，很快出现多周期运动。

最近，我们对此现象作了理论分析，理论完全证实了这一结论（理论分析将另文发表）。

3　结　论

通过以上研究，我们有以下结论：

(1) 对非定常流动的计算，为了给出正确结果，在设计差分格式时，除了应该满足耗散控制、色散控制和激波控制条件外，应该特别重视满足保频率条件。还应该解决好网格和边界计算与格式的匹配问题。

(2) 对于 M_c=0.5 的超声速剪切层的时间发展问题，初始给出的周期性解，在较长的时间内一直保持，但后来失稳，计算域长度为双周期的解，出现两涡合并，计算域长度为三周期的解，出现三涡变成一个涡，计算域长度为四周期的解，最后也演化为一个涡。

(3) 对于 M_c=0.5 的超声速剪切层的空间发展问题，当进口为单频扰动时，周期运动会在离进口相当长的一段距离内保持，但在离进口很远距离的下游，会出现失稳，有大扰动的淬发现象间歇产生，再后变成多周期和准周期等运动。如果进口的扰动为双频情况，失稳会提前出现，双频为（$\omega,\frac{1}{2}\omega$）时，出现两涡合并，双频为（$\omega,\frac{1}{3}\omega$）时，出现三涡合并，双频为（$\omega,\frac{1}{4}\omega$）时，出现四涡合并的情况，这和时间问题中计算域长度 $n\lambda$ 分别取 n=2，3，4 的演化情况对应。

参　考　文　献

1　张涵信等. 关于建立高阶差分格式的问题. 空气动力学学报，1998，16(1)

2　Li TY and Yorke JA. Period three implies chaos. *Am Math Monthly*，1975，82：985

3　Sarkovskii AN. Ukr. *Math Zh*. 1964，16(1)

4　李沁等. 一种混合型四阶格式、基于特征的边界条件及其应用. 空气动力学学报，2000，18(2)

5　张涵信等. 网格与高精度差分计算问题. 力学学报，1994，31(4)

6　Zhang Hanxin. On the problems to develop physical analysis in CFD. In: 4th Asian Computational Fluid Dynamics Conference, Mianyang，China，September 18-22，2000

7　张涵信等. 时间发展的二维混合层的物理分析和数值模拟. 空气动力学学报，2000，18(增刊)

飞船返回舱俯仰振荡的动态稳定性研究*

张涵信，袁先旭，叶友达，谢昱飞

（国家计算流体力学实验室，北京 100083；
中国空气动力研究与发展中心，四川绵阳 621000）

摘　要：本文研究了以平衡攻角为中心作单自由度俯仰振荡的飞船返回舱，其动态稳定形态随来流 M_∞ 的变化。设 $\theta(t)$ 是由平衡攻角起算的俯仰振荡角，C_m 是作用在飞船返回舱上的气动俯仰力矩系数，$C_\mu(\theta,\dot{\theta})\cdot\dot{\theta}$ 是机械阻尼力矩（自由飞行时为零，实验时要计入其影响），文中给出飞船返回舱在平衡攻角处的俯仰振荡动态稳定性判据，并证明 $\lambda=\lambda(M_\infty)=\left[\left(\frac{\partial C_m}{\partial\dot{\theta}}\right)_0+C_\mu(0,0)\right]\Big/\left[1-\left(\frac{\partial C_m}{\partial\ddot{\theta}}\right)_0\right]$ 是决定动稳定形态的重要参数。如果随 M_∞ 的变化，$\lambda(M_\infty)$ 由 $\lambda<0$ 经过 $\lambda=0$ 变化到 $\lambda>0$，则飞船返回舱将由稳定的点吸引子形态（即稳定在平衡攻角状态）演化为周期吸引子形态（即作周期振荡）。对应于 $\lambda(M_\infty)=0$ 的马赫数就是飞船返回舱的俯仰运动出现 Hopf 分叉的临界马赫数 M_{cr}。本文首先分析了飞船返回舱所受动态气动俯仰力矩的依赖状态变量，然后应用非线性动力学理论对飞船返回舱的俯仰运动进行了定性理论分析；最后耦合求解俯仰振荡方程和非定常 Navier-Stokes 方程，数值模拟了飞船返回舱俯仰振荡随来流马赫数变化的 Hopf 分叉过程，验证了分析结论。

关键词：动稳定性；Hopf 分叉；极限环；数值模拟

中图分类号：V211.3　　　文献标识码：A

0　引　言

以火箭为动力的载人航天计划，其飞船返回舱的安全再入与回收是十分关键的技术之一。由于飞船返回舱的再入过程要经历高超声速至亚、跨声速的全流域飞行，人们对于飞船返回舱的稳定性特别是动稳定性问题十分关注。例如在"阿波罗号"载人飞船的研制过程中，动稳定性就占有重要地位，单是动稳定性的风洞实验就用 9 套模型在 14 座风洞中进行了亚、跨、超和高超声速风洞实验共约 700 多小时[4]。

上个世纪 60 年代美国用一系列的球冠及其相似外形（如大锥角的球钝锥等大阻力外形）作为火星探测器着陆外形的候选外形进行了一系列的动稳定性试验。试验结果表明，球冠及其相似外形在来流马赫数为 0.6 至 2.5 左右时可能会出现动不稳定现象，在马赫数大于 2.5 以后是动稳定的[5]。前苏联的"联盟号"，美国的"阿波罗号"和"双子星座号"，日本的轨道再入实验飞船，我国的"神舟号" 载人飞船返回舱都是球冠倒锥外形，因而一般有相似的动稳定性特性。例如文献[4]中的试验结果表明，在配平攻角区，阿波罗飞船

* 空气动力学学报，2002，20（3）：247-259.
收稿日期：2001-11-16；修订日期：2002-04-26。
基金项目：国家自然科学基金资助项目（批准号：10032060）。
作者简介：张涵信（1936-），中国科学院院士，流体力学专业。

返回舱在 $M_\infty \leqslant 0.7$ 时出现俯仰负阻尼，即俯仰阻尼导数为正，在 $M_\infty > 0.7$ 以后一般都是正阻尼；双子星座飞船返回舱在配平攻角区，当 $M_\infty \leqslant 2.0$ 时出现俯仰负阻尼，在 $M_\infty > 2.5$ 以后一般都是正阻尼，联盟号飞船返回舱在跨声速的配平攻角区也出现过俯仰负阻尼，存在动不稳定现象[4]。日本的轨道再入实验飞船在模型风洞实验和飞行试验中都发现在跨、超声速配平攻角区出现高频、大振幅的准极限环振荡[3]。

这种情况似乎表明，当 $M_\infty > M_{cr}$ 时，飞船返回舱以平衡攻角为定态解（点吸引子），当 $M_\infty < M_{cr}$ 时，飞船返回舱的俯仰运动，由点吸引子演化为周期吸引子，而且 $M_\infty = M_{cr}$ 是点吸引子到周期吸引子的分叉点。本文的目的是从非线性动力学理论出发，证明在俯仰振荡的条件下，实际飞行和实验中发现的上述现象是存在的。本文首先分析了飞船返回舱所受动态俯仰力矩的依赖状态变量和周期运动的特征，对飞船返回舱的单自由度俯仰运动构建了平面自治动力系统，然后应用非线性动力学理论对飞船返回舱的俯仰运动进行了定性理论分析[1]，给出了动稳定性判据及实现上述分叉的条件和分叉临界马赫数，指出了它与动态俯仰阻尼导数的联系，然后耦合求解俯仰振荡方程和非定常 Navier-Stokes 方程，数值模拟了飞船返回舱俯仰振荡随来流马赫数变化的 Hopf 分叉过程，验证了分析结论。

1　飞船返回舱作俯仰振荡运动的数学描述[1]

为了简单，本文只研究关于俯仰平面左右对称的飞船返回舱绕重心作单自由度俯仰振荡运动的情况。如图 1 设 ξ、η、ζ 是与飞船返回舱相固结的正交坐标系，其中 ξ 轴和飞船返回舱的体轴重合，ξ、η 两轴构成为俯仰对称平面；x、y、z 是惯性静止坐标系，其中 x 轴与来流方向一致。座标原点置于重心 CG 处。设 α_t 为平衡攻角，$\theta(t)$ 是由平衡攻角起算的俯仰振荡角，显然，瞬态攻角 $\alpha(t) = \alpha_t + \theta(t)$。在这种情况下，描述飞船返回舱俯仰振荡运动和非定常动态绕流以及所受俯仰力矩的耦合方程组为

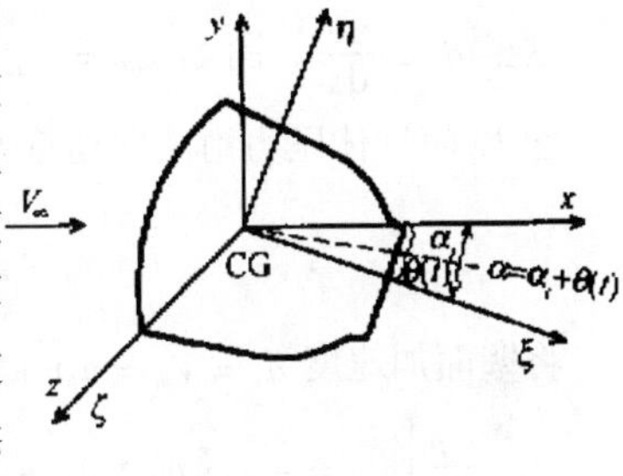

图 1　坐标系统

Fig.1　The coordinate system

$$I \cdot \ddot{\theta} = C_m + C_\mu \cdot \dot{\theta} \tag{1}$$

$$\frac{\partial U}{\partial t} + \frac{\partial E}{\partial x} + \frac{\partial F}{\partial y} + \frac{\partial G}{\partial z} = \frac{\partial E_v}{\partial x} + \frac{\partial F_v}{\partial y} + \frac{\partial G_v}{\partial z} \tag{2}$$

$$C_m \vec{k} = \iint_{\text{wall}} \vec{r}_b \times (-p_n \vec{n} + \sigma \vec{\tau}) \mathrm{d}s \tag{3}$$

方程(1)描述飞船返回舱绕重心的单自由度俯仰运动，该方程右端项包括气动俯仰力矩和机械阻尼力矩，其中 I 表示无量纲的转动惯量，C_μ 为机械阻尼力矩系数，在自由飞行中，C_μ 为 0，在风洞实验中，应当计及它的贡献，$\dot{\theta}$、$\ddot{\theta}$ 分别表示 θ 对时间的一阶和二阶导数，C_m 是气动俯仰力矩系数。方程(2) 为非定常 Navier-Stokes 方程，各符号的意义见文献[7]。方程(3) 为俯仰力矩系数的积分关系式，其中 $\vec{r}_b$ 是物体表面的点到重心的向径，$\vec{k}$ 为 z 轴方向的单位向量，$\vec{n}$ 和 $\vec{\tau}$ 分别为物面法向和切向单位向量，P_n、σ 为物面上气体的法向和切

向应力。

1.1 动态俯仰力矩依赖状态变量的确定

数值求解非定常 Navier-Stokes 方程(2),必须给出飞船返回舱的运动壁面和来流边界条件。设飞船返回舱的表面可用方程

$$F(\xi,\eta,\zeta)=0 \tag{4}$$

来描述,这里 ξ、η、ζ 和 x、y、z 有以下关系

$$\begin{cases}\xi = x\cos\alpha - y\sin\alpha\\ \eta = x\sin\alpha + y\cos\alpha\\ \zeta = z\end{cases} \tag{5}$$

这里瞬时攻角 $\alpha=\alpha_t+\theta$,α_t 为平衡攻角,θ 为俯仰振荡角,它是时间 t 的函数。

无穷远处的无量纲化后的边界条件为

$$u=1,v=w=0$$
$$\rho=1$$
$$p=1/\gamma M_\infty^2$$

俯仰运动壁面应满足的边界条件为[6,7]

① 壁面气体速度无滑移,即 $\vec{V}_b=-\dot{\theta}\cdot\vec{k}\times\vec{r}_b$,也即

$$u_b=\dot{\theta}\cdot(y_b-y_{CG}),v_b=-\dot{\theta}\cdot(x_b-x_{CG}),w_b=0 \tag{6}$$

这里 $\dot{\theta}=\frac{d\theta}{dt}$。图 1,$x_{CG}=y_{CG}=0$。

② 壁面气体压力由法向动量方程决定

$$\left.\frac{\partial p}{\partial n}\right|_{wall}=-\rho_b\vec{n}_b\cdot\vec{a}_b \tag{7}$$

将壁面加速度 $\vec{a}_b=\dot{\vec{V}}_b=\dot{u}_b\vec{i}+\dot{v}_b\vec{j}+\dot{w}_b\vec{k}$ 代入上式,即得到

$\left.\frac{\partial p}{\partial n}\right|_{wall}=-\rho_b(n_x\cdot\dot{u}_b+n_y\cdot\dot{v}_b+n_z\cdot\dot{w}_b)$,将(6)式代入,可得到

$$\left.\frac{\partial p}{\partial n}\right|_{wall}=-\rho_b[(n_x\ddot{\theta}-n_y\dot{\theta}^2)\cdot(y_b-y_{CG})-(n_y\ddot{\theta}+n_x\dot{\theta}^2)\cdot(x_b-x_{CG})]$$

这里,$\dot{\theta}=\frac{d\theta}{dt}$,$\ddot{\theta}=\frac{d^2\theta}{dt^2}$。

③ 壁面气体密度由状态方程计算

$$\rho_b=\gamma M_\infty^2\cdot p_b/T_{wall}$$

壁面气体温度由等温壁或绝热壁条件决定,即上式中

T_{wall} 给定(等温壁)或根据$\left.\frac{\partial T}{\partial n}\right|_{wall}=0$(绝热壁)计算。

式中,n 为物面法向。

初始条件,可给为以 α_t 为平衡攻角的定态解,它是不依赖于时间的。

由非定常 Navier-Stokes 方程(2)和飞船返回舱的运动壁面和来流边界条件以及初始

条件，可以得出流场物理量的依赖参数为

$$p,\rho,u,v,w \parallel t,\theta,\dot{\theta},\ddot{\theta},x,y,z,M_\infty,Re_\infty,T_\infty,T_{\text{wall}},\alpha_t,\gamma,p_\gamma \tag{8}$$

在给定飞船返回舱的外形并假定只作刚性运动，并给定来流条件和气体常数时，利用式（3）和式（8）积分，就可以得出动态俯仰力矩系数的依赖参数，即

$$C_m = C_m(\theta,\dot{\theta},\ddot{\theta},t) \tag{9}$$

这里 $M_\infty, Re_\infty, T_\infty, T_{\text{wall}}, \alpha_t, \gamma, p_\gamma$ 等常量参数没有被列出。

由于 $\theta = \theta(t)$、$\dot{\theta} = \dot{\theta}(t)$、$\ddot{\theta} = \ddot{\theta}(t)$ 和式（9）一起，可以看作是含参数 t 的函数，当 $\dot{\theta}$ 和 $\ddot{\theta}$ 不同时为 0 时，可以得到

$$C_m = C_m(\theta,\dot{\theta},\ddot{\theta}) \tag{10}$$

2　飞船返回舱作俯仰振荡运动的定性理论分析

为了书写方便，将方程（1）中的无量纲的转动惯量 I 吸收到 C_m 和 C_μ 中，且吸收后的力矩系数和机械阻尼系数仍用 C_m 和 C_μ 表示，将式（10）代入方程（1）给出

$$\ddot{\theta} = C_m(\theta,\dot{\theta},\ddot{\theta}) + C_\mu(\theta,\dot{\theta})\cdot\dot{\theta} \tag{11}$$

2.1　构造飞船返回舱俯仰运动的动力系统

将气动俯仰力矩系数在平衡攻角处进行 Taylor 展开，可得

$$C_m(\theta,\dot{\theta},\ddot{\theta}) = (C_m)_0 + \left(\frac{\partial C_m}{\partial\theta}\right)_0\cdot\theta + \left(\frac{\partial C_m}{\partial\dot{\theta}}\right)_0\cdot\dot{\theta} + \left(\frac{\partial C_m}{\partial\ddot{\theta}}\right)_0\cdot\ddot{\theta} + G(\theta,\dot{\theta},\ddot{\theta}) \tag{12}$$

这里，非线性项 $G(\theta,\dot{\theta},\ddot{\theta})$ 是 θ、$\dot{\theta}$ 和 $\ddot{\theta}$ 的高阶项，我们假定当 $(\theta^2,\dot{\theta}^2,\ddot{\theta}^2)^{1/2}\to 0$ 时，非线性项 $G(\theta,\dot{\theta},\ddot{\theta})$ 比 $(\theta^2,\dot{\theta}^2,\ddot{\theta}^2)^{1/2}$ 更高阶地趋于 0。

式中，下标 0 表示在平衡攻角处取值，故有 $(C_m)_0 = 0$。将式（12）代入式（11），即得

$$\left[1-\left(\frac{\partial C_m}{\partial\ddot{\theta}}\right)_0\right]\cdot\ddot{\theta} = \left(\frac{\partial C_m}{\partial\theta}\right)_0\cdot\theta + \left[\left(\frac{\partial C_m}{\partial\dot{\theta}}\right)_0 + C_\mu(0,0)\right]\cdot\dot{\theta} + G(\theta,\dot{\theta},\ddot{\theta})$$

令 $\begin{cases} x = \dot{\theta} \\ y = \theta \end{cases}$，就得到

$$\begin{cases} \dot{x} = a\cdot x + b\cdot y + g \\ \dot{y} = c\cdot x + d\cdot y \end{cases} \tag{13}$$

式（13）中各符号的定义如下

$$\begin{cases} g = \dfrac{G(\theta,\dot{\theta},\ddot{\theta})}{1-\left(\dfrac{\partial C_m}{\partial\ddot{\theta}}\right)_0}, \\ a = \left[\left(\dfrac{\partial C_m}{\partial\dot{\theta}}\right)_0 + C_\mu(0,0)\right]\Big/\left[1-\left(\dfrac{\partial C_m}{\partial\ddot{\theta}}\right)_0\right], \\ b = \left(\dfrac{\partial C_m}{\partial\theta}\right)_0\Big/\left[1-\left(\dfrac{\partial C_m}{\partial\ddot{\theta}}\right)_0\right], \\ c = 1, \\ d = 0。 \end{cases}$$

至此，方程(13)就成为描述飞船返回舱俯仰运动的非线性动力系统。

2.2 动力系统的定性分析[1]

对于非线性系统(13)，根据动力学的方法[1,9]，可以用非线性系统(13)的一次近似系统来分析其平衡解的稳定性，设

$$\lambda(M_\infty) = -p = (a+d) = \left[\left(\frac{\partial C_m}{\partial \theta}\right)_0 + C_\mu(0,0)\right] \Big/ \left[1 - \left(\frac{\partial C_m}{\partial \ddot{\theta}}\right)_0\right]$$

$$q = ad - bc = -b = -\left(\frac{\partial C_m}{\partial \theta}\right)_0 \Big/ \left[1 - \left(\frac{\partial C_m}{\partial \ddot{\theta}}\right)_0\right]$$

$$\Delta = p^2 - 4q = \lambda^2 + 4b$$

则非线性系统(13)的一次近似系统的 Jacobian 矩阵的特征值为：$\bar{\lambda}_{1,2} = \frac{1}{2}(\lambda \pm \sqrt{\Delta})$。

在飞船返回舱自由飞行时，$C_\mu = 0$。在平衡攻角情况下，飞船返回舱是静稳定的，即 $\left(\frac{\partial C_m}{\partial \theta}\right) < 0$。现在来研究在平衡点($\theta = \dot{\theta} = \ddot{\theta} = 0$)处的动态稳定性及其相关问题。根据非线性动力学系统的有关定理[1,9]可得到以下结论

(1) 若，$\lambda < 0 \Rightarrow p > 0$，$\Delta < 0 \Rightarrow q > 0$

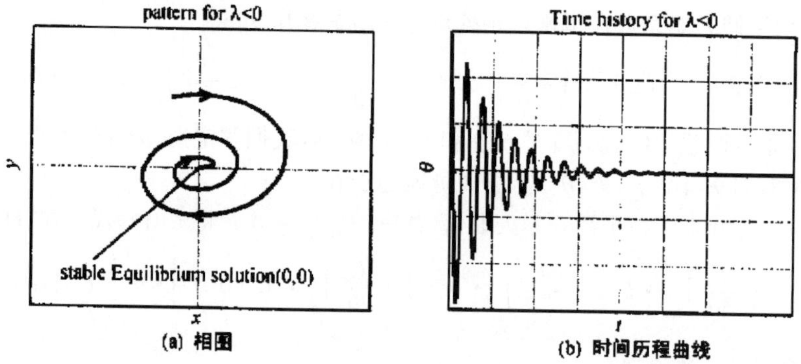

图2 $\lambda < 0$ 的形态

Fig.2 The pattern for $\lambda < 0$

则在(x,y)相平面上，平衡点为稳定的螺旋点，也称焦点，在平衡点(0,0)附近，非线性系统(13)的轨线为稳定的螺旋点形态(图2(a))。俯仰振荡角的时间历程曲线是收敛的，即随时间 t 增加，θ 是减小的，最后趋于0(图2(b))。因此，$\lambda < 0$ 和 $\Delta < 0$ 可作为动稳定性的判据。

(2) 若 $\lambda > 0 \Rightarrow p < 0$，$\Delta < 0 \Rightarrow q > 0$

则在(x,y)相平面上，平衡点为不稳定的螺旋点，在平衡点(0,0)附近，非线性动力系统(13)的轨线为不稳定的螺旋点形态(图3(a))。俯仰振荡角的时间历程曲线是发散的，即随时间 t 增加，θ 是增大的(图3(b))。

(3) 若 $\lambda = 0 \Rightarrow p = 0$，$\Delta < 0 \Rightarrow q > 0$

则此时非线性动力系统(13)的一次近似系统的 Jacobian 矩阵的特征值为不相等的两

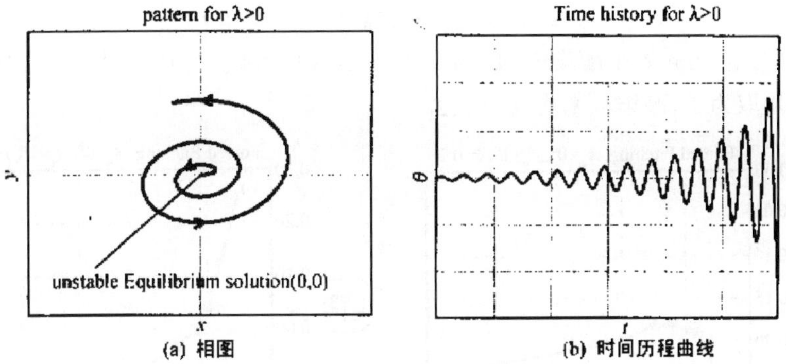

图3　$\lambda>0$ 的形态

Fig.3　The pattern for $\lambda>0$

虚根：$\bar{\lambda}_{1,2}=\pm i\sqrt{|b|}$。即在 $\lambda=\lambda_{cr}=0$ 时，满足

① 特征值的实部：$\mathrm{Re}[\bar{\lambda}_1(\lambda_{cr}),\bar{\lambda}_2(\lambda_{cr})]=0$，

② 特征值的虚部：$\mathrm{Im}[\bar{\lambda}_1(\lambda_{cr}),\bar{\lambda}_2(\lambda_{cr})]\neq 0$，

③ $\left.\dfrac{\mathrm{dRe}[\bar{\lambda}_1(\lambda),\bar{\lambda}_2(\lambda)]}{\mathrm{d}\lambda}\right|_{\lambda=\lambda_{cr}=0}=\dfrac{1}{2}\neq 0$。

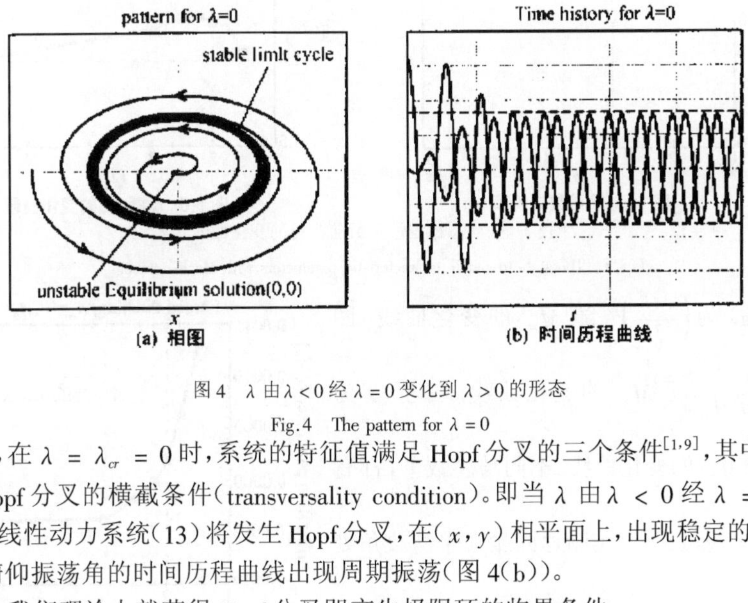

图4　λ 由 $\lambda<0$ 经 $\lambda=0$ 变化到 $\lambda>0$ 的形态

Fig.4　The pattern for $\lambda=0$

于是，在 $\lambda=\lambda_{cr}=0$ 时，系统的特征值满足 Hopf 分叉的三个条件[1,9]，其中第三个条件称为 Hopf 分叉的横截条件（transversality condition）。即当 λ 由 $\lambda<0$ 经 $\lambda=0$ 变化到 $\lambda>0$，非线性动力系统（13）将发生 Hopf 分叉，在（x,y）相平面上，出现稳定的极限环（图4（a））。俯仰振荡角的时间历程曲线出现周期振荡（图4（b））。

这里，我们理论上就获得 Hopf 分叉即产生极限环的临界条件

$$\lambda_{cr}=\left[\left(\frac{\partial C_m}{\partial\dot{\theta}}\right)_0+C_\mu(0,0)\right]\Big/\left[1-\left(\frac{\partial C_m}{\partial\ddot{\theta}}\right)_0\right]=0 \tag{4}$$

对日本的轨道再入实验飞船，我们用强迫振动法求出了在平衡攻角处的静、动态气动稳定性参数 $\left(\frac{\partial C_m}{\partial\theta}\right)_0$、$\left(\frac{\partial C_m}{\partial\dot{\theta}}\right)_0$ 和 $\left(\frac{\partial C_m}{\partial\ddot{\theta}}\right)_0$ 随 M_∞ 的变化。强迫简谐振动（无量纲化）形式如下

$$\alpha = \alpha_t + A_0 \sin(2kt) = \alpha_t + \theta(t) \tag{15}$$

上式中，α_t 为起始平衡攻角，A_0 为振幅，$k = \omega L_{\text{ref}}/2V_\infty$ 为减缩频率。计算中强迫振动的振幅均取为 1°，减缩频率均取为 0.2。

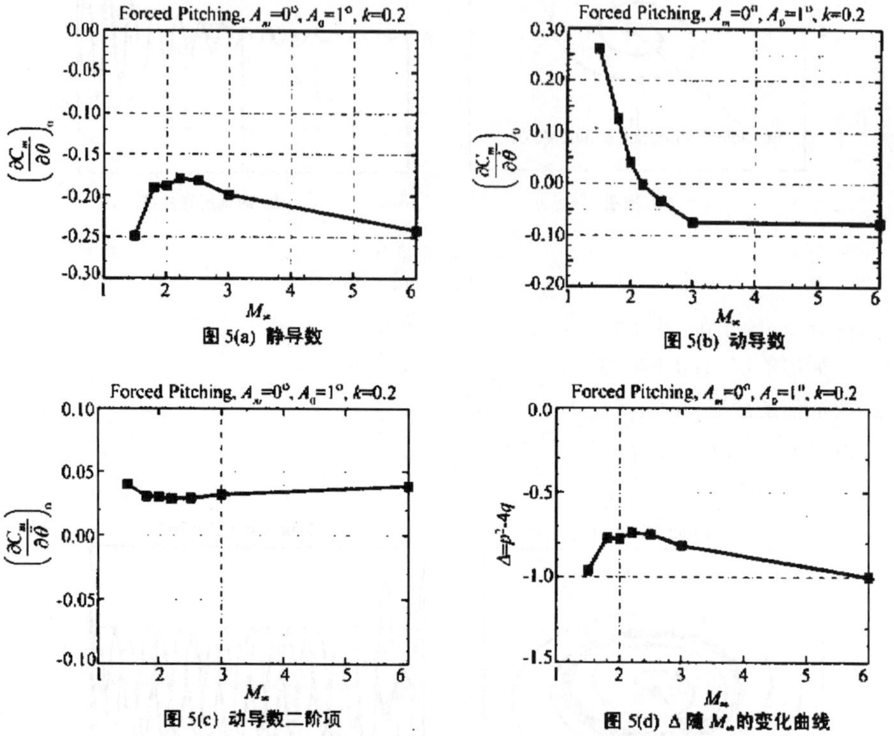

图 5(a) 静导数　图 5(b) 动导数　图 5(c) 动导数二阶项　图 5(d) Δ 随 M_∞ 的变化曲线

图 5　静、动态稳定性参数随马赫的变化曲线

Fig.5　The static/dynamic characteristic parameters with Mach numbers

图 5(a) 为 $\left(\frac{\partial C_m}{\partial \theta}\right)_0$ 随 M_∞ 的变化曲线，图 5(b) 为 $\left(\frac{\partial C_m}{\partial \dot\theta}\right)_0$ 随 M_∞ 的变化曲线，图 5(c) 为 $\left(\frac{\partial C_m}{\partial \ddot\theta}\right)_0$ 随 M_∞ 的变化曲线。不同马赫数下，都有 $\left(\frac{\partial C_m}{\partial \theta}\right)_0 < 0$，即表明该飞船返回舱在平衡攻角处都是静稳定的；$\left(\frac{\partial C_m}{\partial \dot\theta}\right)_0$ 随着来流马赫数的降低由 $\left(\frac{\partial C_m}{\partial \dot\theta}\right)_0 < 0$ 变为 $\left(\frac{\partial C_m}{\partial \dot\theta}\right)_0 > 0$；$\left(\frac{\partial C_m}{\partial \ddot\theta}\right)_0$ 随着马赫数的降低没有改变符号，都为正值，但其量值远远小于 1，对飞船返回舱的稳定性的影响很小。图 5(d) 给出 Δ 随 M_∞ 的变化曲线，在不同马赫数下，都有 $\Delta < 0$。

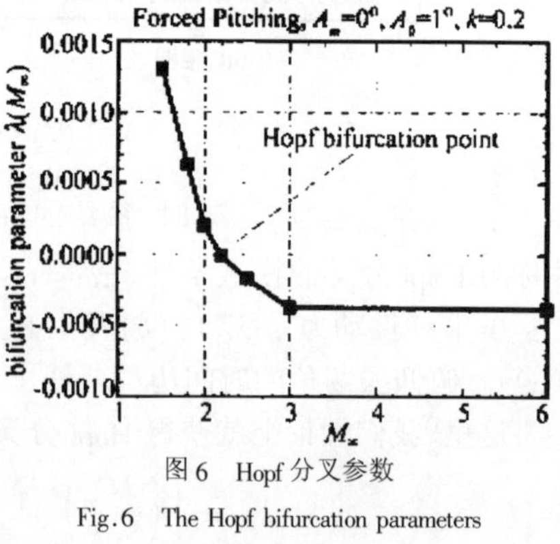

图 6　Hopf 分叉参数

Fig.6　The Hopf bifurcation parameters with Mach numbers

图 6 给出 $\lambda(M_\infty)$ 随 M_∞ 的变化曲线，可以看出，在 $M_\infty \approx 2.2$ 时，$\lambda = \lambda_{cr} = 0$，根据

上面的分析，此时非线性动力系统(13)要 出现 Hopf 分叉，产生极限环。

下面，我们将从方程(1)、(2)、(3)出发，用数值实验证明，以上有关日本的轨道再入实验飞船随来流马赫数的降低，在平衡攻角处的俯仰运动形态将发生 Hopf 分叉的论述是正确的。

3　数值模拟结果及分析

3.1　计算外形[3]、网格[2]以及平衡攻角处的定态绕流计算

利用第一节给出的描述飞船返回舱作俯仰振荡运动的方程(1)、(2)和(3)，可以耦合求解非定常动态绕流流场以及在动态气动俯仰力矩作用下的俯仰运动时间历程。数值方法采用本文第二作者发展的时空二阶精度的隐式迭代 NND[10] 方法，网格采用加权动网格技术[6,7]生成的贴体动网格，具体做法以及与非定常动态绕流流场数值模拟密切相关迭代收敛判则、几何守恒律的应用和动壁边界条件等详细处理可参考文献[6,7,8]。

日本的轨道再入实验飞船在再入经过跨、超声速阶段时，出现绕平衡攻角的极限环振荡，这有公开发表的风洞实验和飞行试验结果[3]。本文对该飞船返回舱进行了计算，并尽可能地采用与单自由度自由俯仰振荡的风洞实验条件一致，分别计算了 M_∞ 由高到低为 6.0、3.0、2.5、2.2、2.0、1.8、1.5 共七组状态，且都取 $Re_\infty = 10^5$，计算采用的是层流 Navier-Stokes 方程。重心位置在体轴上，距前缘的无量纲距离为 0.22059，不同来流马赫数下的平衡攻角均为 0°。

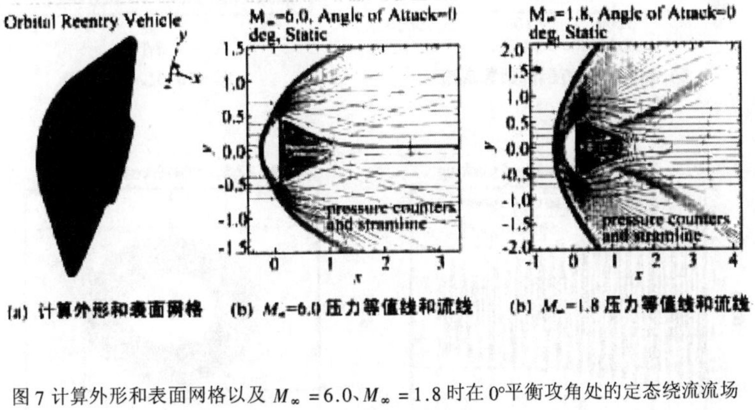

图 7 计算外形和表面网格以及 $M_\infty = 6.0$、$M_\infty = 1.8$ 时在 0°平衡攻角处的定态绕流流场

Fig.7　The body grid and steady flowfield at AOA = 0(angle of attack)degree for Mach number equal to 6.0 and 1.8

图 7(a)给出日本轨道再入实验飞船外形和表面网格，作为例子，图 7(b)和图 7(c)分别给出 $M_\infty = 6.0$、$M_\infty = 1.8$ 在 0° 平衡攻角处俯仰对称平面上定态绕流的压力等值线和流线。其他情况的定态绕流计算结果从略。

3.2　自激俯仰振荡时间历程计算[1,7]

为了验证以上的分析，本文数值模拟了不同马赫数下飞船返回舱在初始扰动下的自

激俯仰振荡，文中一般用攻角为3°或5°的定态绕流流场作为对平衡攻角的初始扰动流场。计算中方程(1)中的无量纲转动惯量 I 是一个重要参数，本文计算中无量纲转动惯量的倒数取为0.005。

图8(a)至图8(h)给出不同马赫数下自激俯仰振荡角的时间历程曲线和相图，从图中可以看到，本文自激俯仰振荡计算结果与上述分析结论是一致的。根据2.2节的分析，在 $M_\infty>2.2$ 时，参数 $\lambda(M_\infty)<0$，$\Delta(M_\infty)<0$，俯仰振荡角的时间历程曲线是收敛的，在相平面上，其轨线也是趋于平衡点(0,0)，见图8(a)、图8(b)、图8(c)、图8(d)；在 $M_\infty<2.2$ 时，参数 $\lambda(M_\infty)>0$，$\Delta(M_\infty)<0$，，俯仰振荡角的时间历程是趋于周期振荡的，在相平面上，轨线是趋于稳定的极限环，见图8(g)、图8(h)；在临界马赫数 $M_{cr}=2.2$ 处，参数 $\lambda(M_{cr})=0$，$\Delta(M_\infty)<0$，为发生Hopf分叉的临界点。而且此时由于气动阻尼几乎为0，故给定的初始俯仰振荡角能够维持(本文分别计算了初始俯仰振荡角为3°和5°的两种情况)，几乎既不收敛也不发散，见图8(e)、图8(f)。

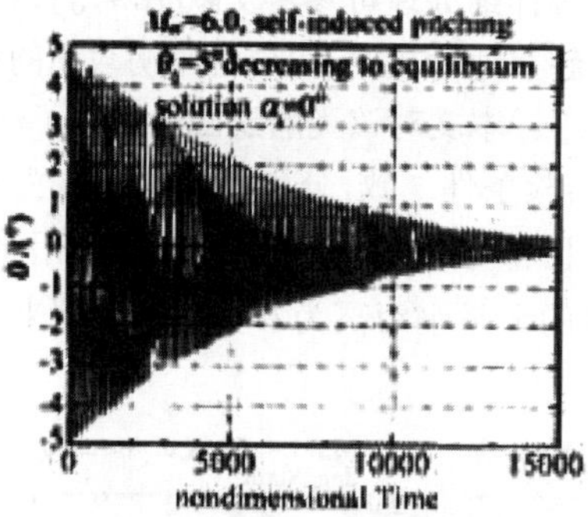

图8(a) $M_\infty=6.0$ 时间历程曲线

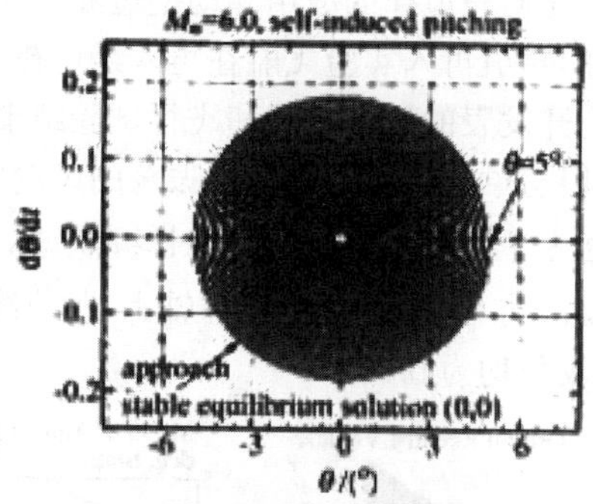

图8(b) $M_\infty=6.0$ 相图

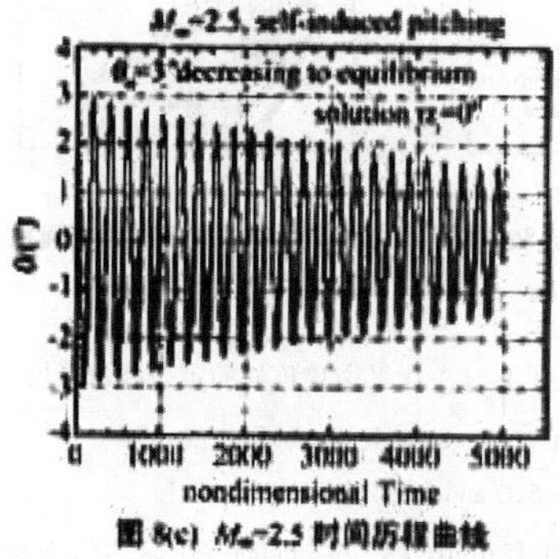

图8(c) $M_\infty=2.5$ 时间历程曲线

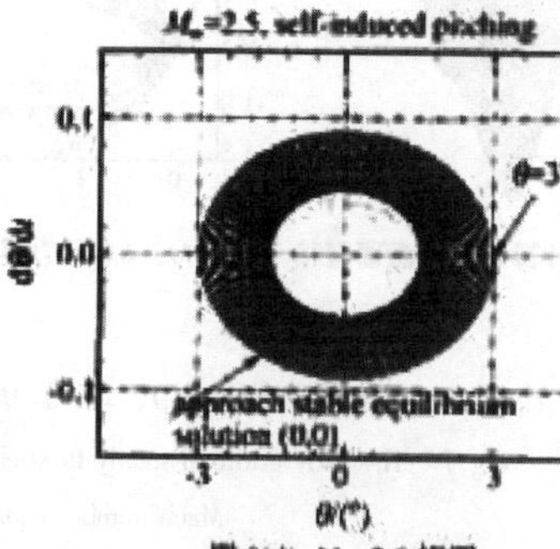

图8(d) $M_\infty=2.5$ 相图

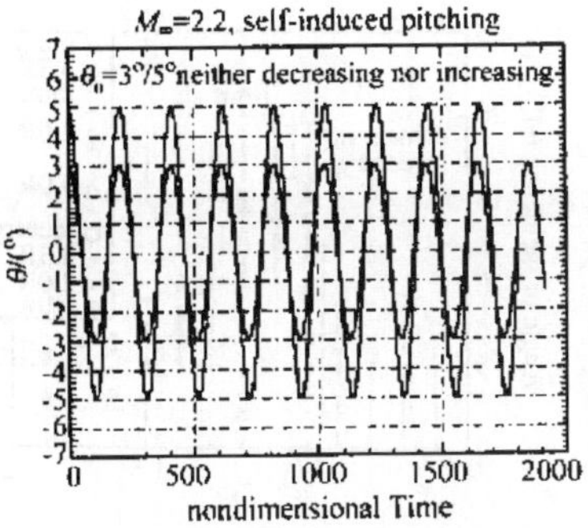

图 8(e) M_∞=2.2 时间历程曲线

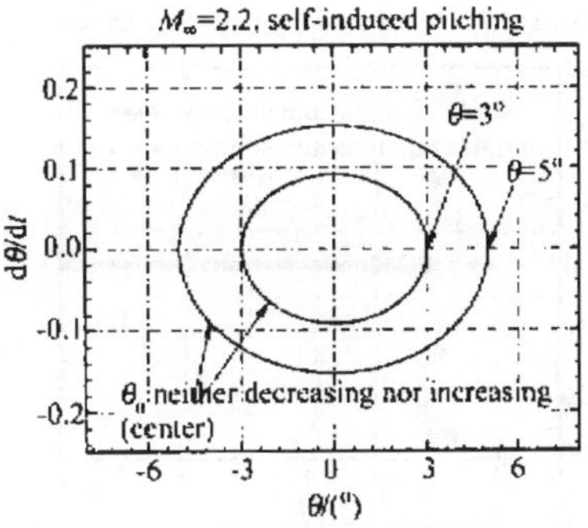

图 8(f) M_∞=2.2 相图

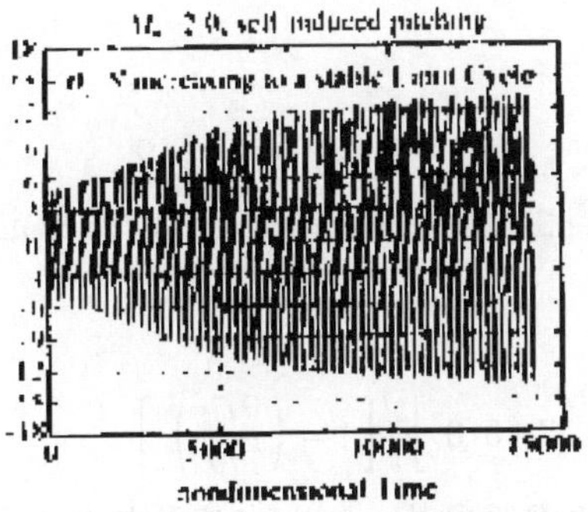

图 8(g) M_∞=2.0 时间历程曲线

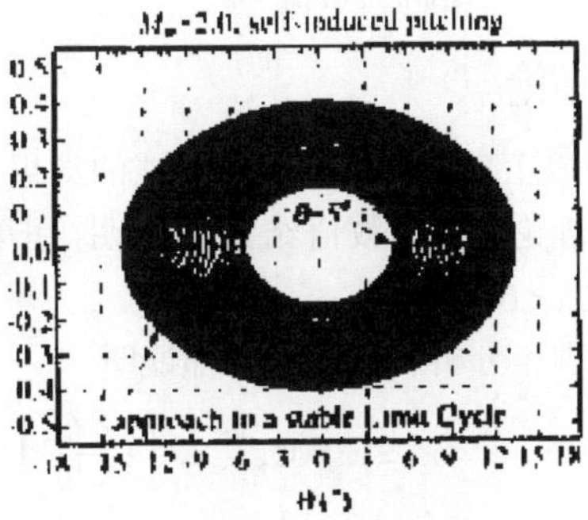

图 8(h) M_∞=2.0 相图

图 8　不同马赫数下自激俯仰振荡的时间历程曲线和相图

Fig. 8　Numerical results for self－induced pitching at four different Mach numbers

图 9 给出 $M_\infty = 2.0$ 时自激俯仰振荡极限环上气动俯仰力矩对 $\theta = \alpha$ 的曲线，为双“8”字型闭合曲线，且两边两个较小的俯仰力矩迟滞圈为顺时针旋转，中间较大的迟滞圈为逆时针旋转方向。

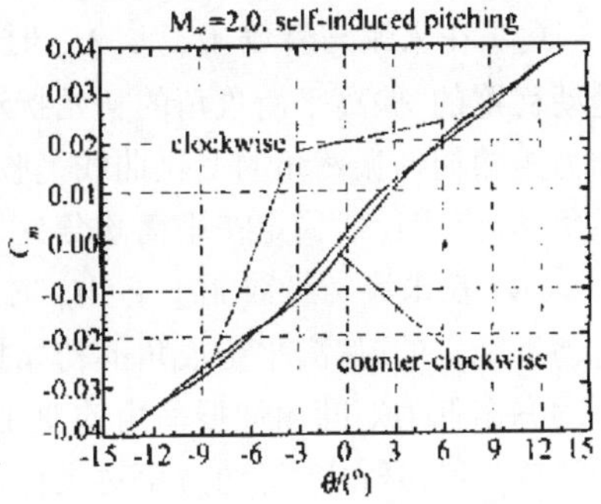

图 9　$M_\infty = 2.0$ 时极限环上俯仰力矩对攻角的变化曲线

Fig.9　C_m vs θ along Limit Cycle at $M_\infty = 2.0$

图 10 给出计算所得飞船返回舱自激俯仰振荡 Hopf 分叉图，图 11 给出了文献[3]的几套肩部钝度不同的模型的风洞自由振荡实验结果，从图中可以看到其发生 Hopf 分叉的临界马赫数 M_{cr} 略大于 2，这与本文数值模拟得到的 $M_{cr} \approx 2.2$ 符合较好，表明本文这组计算充分验证了以上的分析结论。但需要说明的是，由于计算外形肩部比实验模型更钝、计算采用层流模型、计算的 Re_∞ 和无量纲转动惯量等都与风洞模型自由振荡实验不完全一致，实验还存在尾支架干扰，故虽然计算得到的 Hopf 分叉临界马赫数与实验结果符合较好，但极限环的半径与实验有一定差别。

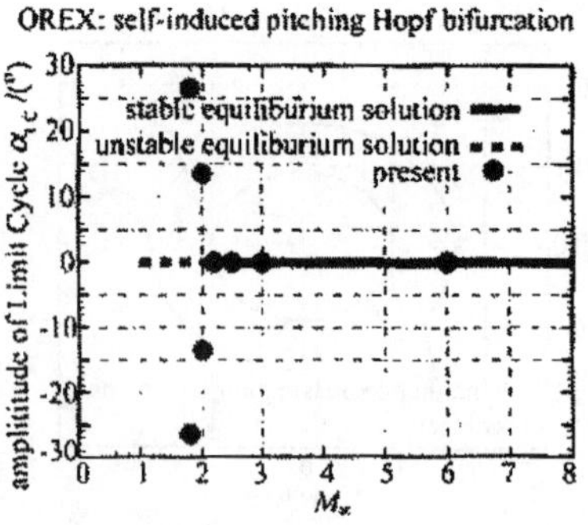

图 10 飞船返回舱自激俯仰振荡 Hopf 分叉图

Fig.10 Hopf bifurcation for OREX in self-induced pitching

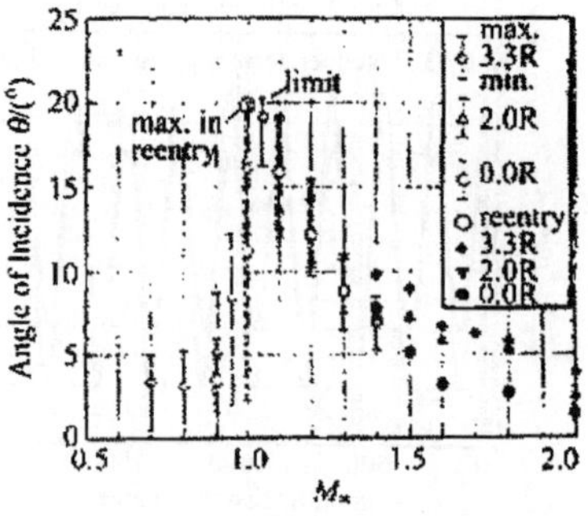

图 11 文献【3】的实验结果

Fig.11 The experimental results from reference[3]

4 结 论

根据以上理论分析和数值模拟的结果，我们可得出以下几点结论[1]

（1）理论分析和数值结果都表明，在单自由度俯仰振荡条件下，动态稳定性的判据是：$\lambda<0,\Delta<0$；

（2）理论分析和数值结果都证明

$$\lambda=\lambda(M_\infty)=\left[\left(\frac{\partial C_m}{\partial\dot{\theta}}\right)_0+C_\mu(0,0)\right]\Big/\left[1-\left(\frac{\partial C_m}{\partial\ddot{\theta}}\right)_0\right]$$

是决定飞船返回舱俯仰运动动态稳定形态的重要参数。随着来流马赫数的降低，一旦 M_∞ 减小至某一临界马赫数 M_{cr}，λ 由 $\lambda<0$ 经 $\lambda=0$ 变为 $\lambda>0$，飞船返回舱的运动形态就会发生 Hopf 分叉，其俯仰运动将会由点吸引子形态（稳定在平衡攻角）演化至周期吸引子形态（动稳定在极限环上）；

（3）在来流马赫数 $M_\infty>M_{cr}$ 时，有 $\lambda(M_\infty)<0,\Delta(M_\infty)<0$，飞行器在平衡攻角处是动稳定的。偏离平衡攻角的初始扰动都会衰减，最后稳定在平衡攻角处。相应的动态俯仰力矩随俯仰振荡角的变化曲线是收敛的，在初始扰动的衰减过程中，气动力矩对飞行器做负功，当飞行器稳定在平衡攻角处后，气动力矩对飞行器做功为 0；

（4）在来流马赫数 $M_\infty<M_{cr}$ 时，有 $\lambda(M_\infty)>0,\Delta(M_\infty)<0$，飞行器在平衡攻角处是动不稳定的。偏离平衡攻角的初始扰动就会增长或衰减，最后动稳定在极限环上。相应的动态俯仰力矩随俯仰振荡角的变化曲线具备“8”字或双“8”字形的特征，在初始扰动的增长或衰减过程中，气动力矩对飞行器做正功或负功，当飞行器动稳定在极限环上后，气动力矩对飞行器做功为 0；

（5）对于地面风洞实验，$C_\mu<0$，而在实际飞行时，$C_\mu=0$，这表明在风洞实验中，即使 $\left(\frac{\partial C_m}{\partial\dot{\theta}}\right)_0$ 随着来流马赫数降低出现改变符号的现象，由 $\left(\frac{\partial C_m}{\partial\dot{\theta}}\right)_0<0$ 变为 $\left(\frac{\partial C_m}{\partial\dot{\theta}}\right)_0>0$，但 $\lambda(M_\infty)=\left[\left(\frac{\partial C_m}{\partial\dot{\theta}}\right)_0+C_\mu(0,0)\right]\Big/\left[1-\left(\frac{\partial C_m}{\partial\ddot{\theta}}\right)_0\right]$ 可能还是小于 0，即风洞实验中 $\lambda(M_\infty)$ 的变号临界点将推迟到更低的来流马赫数，说明实验得到的临界马赫数 M_{cr} 应比实际飞

行时的临界马赫数低。

(6) 利用文献[7,8]中发展的时空二阶精度的隐式迭代 NND[10]方法，以及与非定常动态绕流流场数值模拟密切相关的运动网格生成技术、迭代收敛判则、几何守恒律的应用和动壁边界条件等处理，耦合求解俯仰振荡方程和非定常 Navier-Stokes 方程，可以数值模拟飞船返回舱俯仰振荡运动的 Hopf 分叉现象和分叉后的周期振荡形态。

本文计算结果全部由袁先旭提供。

参　考　文　献：

[1] 张涵信. 非线性动力学理论在流体力学中的应用[R]. CARDC 研究报告，1998.

[2] 张涵信. 网格与高精度差分计算问题[C]. 第九届全国计算流体力学会议，1998 年，云南大理：1-9.

[3] TAKASHI YOSHINAGA，ATSUSHI TATE，and MITSUNORI WATANABE. Orbital re-eetry experiment vehicle ground and flight dynamic test results comparison[J]，*Journal of Spacecraft and Rockets*，September-October 1996，32(5).

[4] 赵梦熊. 载人飞船返回舱的动稳定性[J]. 气动实验与测量控制，1995，9(2)：1-7.

[5] 杨在山. 载人飞船返回舱的气动特性分析与外形设计[J]. 气动实验与测量控制，1996，10(4)：12-17.

[6] 袁先旭等. 高超声速尖、钝锥动态气动特性粘性数值计算[C]. 第十一届全国高超声速会议论文集，2001 年 9 月，浙江建德：248-255.

[7] 袁先旭等. 耦合飞行器运动的非定常粘性流场的数值模拟[C]. 第十届全国计算流体力学会议论文集，2000 年 9 月，四川绵阳：96-102.

[8] YUAN XIANXU et al. A Comparison of implicit subiteration methods for numerical simulation of unsteady flows[C]，4th ACFD，Sept.，2000，Mianyan，PRC：415-420.

[9] 张锦炎. 常微分方程几何理论与分叉问题[M]. 北京：北京大学出版社，1981.

[10] ZHANG HANXIN，ZHUANG FENGGAN. NND schemes and their application to numerical simulation of two and three dimensional flows[J]. *Advances in Applied Mechanics*，1992，29：193-256.

Research on the dynamic stability of an orbital reentry vehicle in pitching

Zhang Han-xin，Yuan Xian-xu，Ye You-da，Xie Yu-fei

(*National Laboratory of CFD*，*Beijing* 100083，*China*；

China Aerodynamics Research and development center，*Mianyan* 621000，*China*)

Abstract: In this paper，the single-DOF (degree of freedom) pitching angular motion of an orbital reentry vehicle around static trim angle of attack is investigated by analytic and numerical methods. Criteria of the dynamic stability of the pitching motion are given by nonlinear dynamic theory. Supposing $\theta(t)$ is the pitching angle from static trim angle of attack，C_m is the aerodynamic pitching moment coefficient，$C_\mu(\theta,\dot\theta)\cdot\dot\theta$ is the frictional damping moment. It can be proved analytically that $\lambda=\lambda(M_\infty)=\left[\left(\dfrac{\partial C_m}{\partial\dot\theta}\right)_0+C_\mu(0,0)\right]\Big/\left[1-\left(\dfrac{\partial C_m}{\partial\ddot\theta}\right)_0\right]$ is an important parameter to determine the angular motion behavior，If $\lambda(M_\infty)$ changes from negative to positive with decrease in

Mach numbers，then the pitching motion will become a stable Limit Cycle oscillation from damping oscillation with a point attractor. The Mach number corresponding to $\lambda(M_\infty)=0$ is the critical Mach number M_{cr}，at which the Hopf bifurcation is occuring. The Hopf bifurcation process of a single-DOF pitching motion of an orbital reentry vehicle around static trim angle of attack is simulated by solving the coupled pitching motion equation and Navier-Stokes equations，the agreement between the analysis and numerical simulation is quite satisfactory.

Key words：dynamic stability；Hopf bifurcation；limit cycle；numerical simulation

不带稳定翼飞船返回舱俯仰动稳定性研究*

张涵信，袁先旭，谢昱飞，叶友达
（国家计算流体力学实验室，北京　100083；中国空气动力研究与发展中心，四川 绵阳　621000）

摘　要：联盟号飞船返回舱，如果不存在稳定翼，从高超声速到低 Mach 数时，力矩曲线有由一个平衡迎角(α_1)，经二个(α_1、α'_2)到三个(α_1、α_2、α_3)平衡迎角的情况出现。当有一个平衡迎角时，可能有一临界 Mach 数 M_{cr}，当 $M_\infty > M_{cr}$时，平衡迎角处是动稳定的；$M_\infty < M_{cr}$，变为动不稳定的，同时出现极限环。也可能不存在这个 M_{cr}，这时随 Mach 数降低到 $M_\infty = M'_{cr}$，即 2 个平衡迎角的情况，在力矩曲线与 α 轴相切的平衡点 α'_2，会出现鞍、结点分叉。$M_\infty < M'_{cr}$后，对于存在三个平衡点的情况，在 α 和 $\dot{\alpha}$ 的相图上，它是结点－鞍点－结点的结构。当 α_1 处是稳定结点形态时，只有在很小的扰动情况下，它才能返回 α_1 的状态。如果 α_1 为不稳定结点状态，在 α_1 附近，微小的扰动，使迎角由 α_1 迅速变成 α_3 或者更大。这是混沌的先兆。

关键词：俯仰振荡；Hopf 分叉；鞍结点分叉；动稳定性
中图分类号：V211.3　　**文献标识码**：A

0　引　言

文献[1]指出，如果联盟号飞船返回舱小头背风面上增装两片稳定翼，则飞船返回舱的力矩和迎角的特性将如图 1(a)、(b)、(c)中曲线(1)所示。此时，从高超声速到 $M_\infty = 0.6$，仅有一个静平衡点。这种情况，我们称作情况 1。计算和实验指出，当两个稳定翼不存在时，高 Mach 数下，仍只有一个平衡点；但 $M_\infty = 1.1$，力矩特性的曲线将出现二个平衡点 α_1、α'_2，$M_\infty = 0.6$ 时，出现三个平衡迎角 α_1、α_2 和 α_3，见图 1(a)、(b)、(c)中曲线(2)。这种情况我们称之情况 2。在文献[2]内，我们已就情况 1 的动稳定问题作了详尽的分析，指出可能存在一临界 Mach 数 M_{cr}，当 $M_\infty > M_{cr}$时，静、动态是稳定的；如果 $M_\infty < M_{cr}$，它变成动态不稳定的，并且在 $M_\infty = M_{cr}$时，开始发生动态 Hopf 分叉，产生极限环的周期振荡。这篇文章，是对情况 2 的分析，我们将指出，此种情况，随着 Mach 数的降低，存在另一临界 Mach 数 M'_{cr}，$M_\infty \leqslant M'_{cr}$时出现另一种分叉——鞍结点分叉和产生结点－鞍点－结点结构，这一研究，可以看作是文献[2]的补充。

1　对情况 2，鞍结点分叉及分叉后运动的情况及相图

无稳定翼飞船，对于存在一个平衡迎角的情况(图 1b)，根据文献(2)的研究，随着 Mach 数的降低，可能有一临界 Mach 数 M_{cr}，当 $M_\infty > M_{cr}$时，平衡迎角处是动稳定的；$M_\infty < M_{cr}$，变为动不稳定的，同时出现极限环。也可能不存在这个 M_{cr}，就会出现二个平衡点及三个平衡点的情况，现在研究这一问题。

设 $\alpha(t) = \alpha_t + \theta(t)$，$\alpha_t$ 分别为 α_1，α'_2 或 α_1，α_2，α_3，$\theta(t)$是俯仰振荡角，引用文献[2]的物理量和表示法，定义

$$\begin{cases} x = \dot{\theta} \\ y = \theta \end{cases} \tag{1}$$

则飞船返回舱在平衡迎角 α_1，α'_2 或 α_1，α_2，α_3 处俯仰振荡方程各可写成：

$$\begin{cases} \dot{x} = C_m = a \cdot x + b \cdot y + o(x, y, \dot{x}) \\ \dot{y} = x \end{cases} \tag{2}$$

式中

$$a = \left(\frac{\partial C_m}{\partial \theta}\right)_0 \Bigg/ \left[1 - \left(\frac{\partial C_m}{\partial \ddot{\theta}}\right)_0\right]$$

---

* 空气动力学学报，2004，22（2）：130-134.
收稿日期：2001-04-11；**修订日期**：2003-08-12。
基金项目：国家自然科学基金资助项目（10032060）。
作者简介：张涵信（1936-），男，中科院院士，主要研究领域：分离、旋涡流动机理分析，数值计算方法研究。

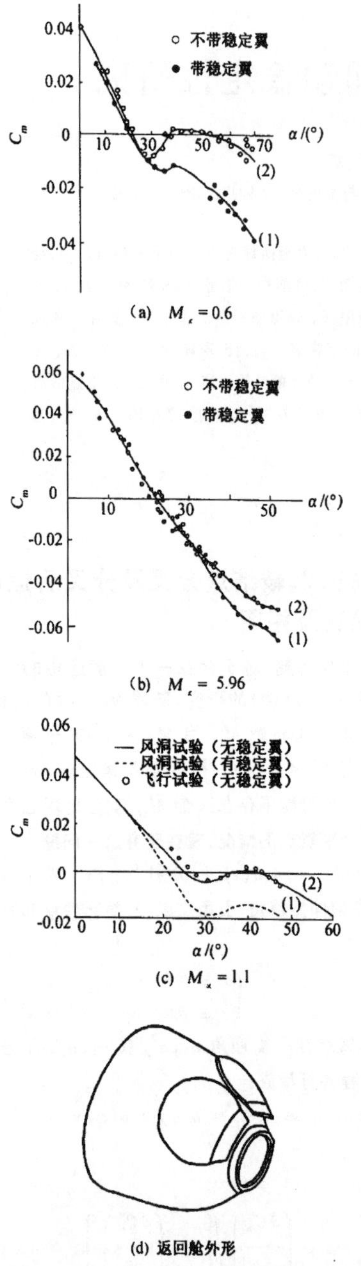

(a) $M_\infty=0.6$

(b) $M_\infty=5.96$

(c) $M_\infty=1.1$

(d) 返回舱外形

图1 “联盟”返回舱在不同 Mach 数下俯仰力矩系数随迎角的变化曲线

Fig.1 Pitching moment of UNION reentry capsule with angle of attack at different Mach numbers

下标“0”表示平衡迎角状态，$o(x,y,\dot{x})$是高阶的非线性小量。C_m 是吸收转动惯量后的力矩系数。将俯仰振荡方程和 NS 方程耦合求解后，$\left(\frac{\partial C_m}{\partial \theta}\right)_0$，$\left(\frac{\partial C_m}{\partial \dot{\theta}}\right)_0$ 和 $\left(\frac{\partial C_m}{\partial \ddot{\theta}}\right)_0$ 用参数辨识方法给出。由(3)式可定义：

$$p=-\left(\frac{\partial C_m}{\partial \dot{\theta}}\right)_0\Bigg/\left[1-\left(\frac{\partial C_m}{\partial \ddot{\theta}}\right)_0\right]$$

$$q=-\left(\frac{\partial C_m}{\partial \theta}\right)_0\Bigg/\left[1-\left(\frac{\partial C_m}{\partial \ddot{\theta}}\right)_0\right]$$

文献[2]指出上式中 $\left(\frac{\partial C_m}{\partial \ddot{\theta}}\right)_0$ 的绝对值远小于 1，以下总是默认这一说明成立。

1.1 $M_\infty = M'_{cr}$ 时，出现鞍结点分叉

当 Mach 数由高降低到某临界值 M'_{cr}时，力矩曲线由一个平衡点变为具有 α_1, α'_2 二个平衡点，即 $M_\infty < M'_{cr}$的三个平衡点的 α_2 和 α_3 合并成一个 α'_2，力矩曲线在此点与 α 轴相切(见图 1(c)曲线(2))。对于这种临界情况，可以证明[2,3]，方程(2)的线性部分的矩阵特征值 $\omega_{1,2}$有一个(例如 ω_1)具有如下性质：

(1)实部 $Re\omega_1=0$；

(2)虚部 $Im\omega_1=0$；

(3)随 M_∞趋于 M'_{cr}，ω_1 沿实轴正、负皆趋近零。即出现动不稳定和鞍结点分叉。

1.2 $M_\infty < M'_{cr}$时，三个平衡迎角附近的相图及运动形态

根据图 1 中的曲线(2)，我们可以知道平衡点 $\alpha_1, \alpha_2, \alpha_3$ 处的静导数 $\left(\frac{\partial C_m}{\partial \theta}\right)_0$ 的符号，即 $\left(\frac{\partial C_m}{\partial \theta}\right)_{\alpha_1}<0$、$\left(\frac{\partial C_m}{\partial \theta}\right)_{\alpha_2}>0$、$\left(\frac{\partial C_m}{\partial \theta}\right)_{\alpha_3}<0$。这样，对于平衡点 α_2，由于其静导数大于 0，此时 $q<0$，即该平衡点的形态不受 $\left(\frac{\partial C_m}{\partial \theta}\right)_0$ 符号的影响，总是为鞍点形态。根据以上分析，由文献[3]可知，方程(2)在平衡点 $\alpha_1, \alpha_2, \alpha_3$ 处，其 α 和 $\dot{\alpha}$ 的相图依 $\left(\frac{\partial C_m}{\partial \dot{\theta}}\right)_0$ 的不同分别有以下四

种性态：

(1)性态1

其特征由表1给出。

图2画出了这种情况的相图(表中的结点包括螺旋点、临界结点、退化结点和结点，图中只画了螺旋点的情况)和运动的形态。这里需要说明的是，所谓相图一般指在 $x \sim y$ 或 $\theta \sim \dot{\theta}$ 平面上的轨线，由于本文中 $\alpha = \alpha_t + \theta = \alpha_t + y, \dot{\alpha} = \dot{\theta} = x$，故本文所画为 $\alpha \sim \dot{\alpha}$ 平面上的轨线，这是等价的(以下相图均同理)。

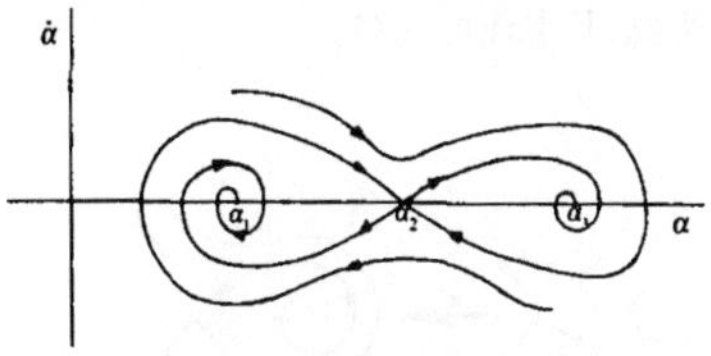

图2　性态1的相图

Fig.2　Pattern of style 1

表1　性态1的特征参数组合

Table 1　Characteristic parameters for style 1

平衡点	α_1	α_2	α_3
假设 $\left(\frac{\partial C_m}{\partial \dot{\theta}}\right)_0$	<0		<0
已知 $\left(\frac{\partial C_m}{\partial \theta}\right)_0$	<0	>0	<0
p	>0		>0
q	>0	<0	>0
平衡点特性	稳定结点	鞍点	稳定结点

(2)性态2

其特征由表2给出。

相应的相图和运动的性状由图3给出。

表2　性态2的特征参数组合

Table 2　Characteristic parameters for style 2

平衡点	α_1	α_2	α_3
假设 $\left(\frac{\partial C_m}{\partial \dot{\theta}}\right)_0$	<0		>0
已知 $\left(\frac{\partial C_m}{\partial \theta}\right)_0$	<0	>0	<0
p	>0		<0
q	>0	<0	>0
平衡点特性	稳定结点	鞍点	不稳定结点

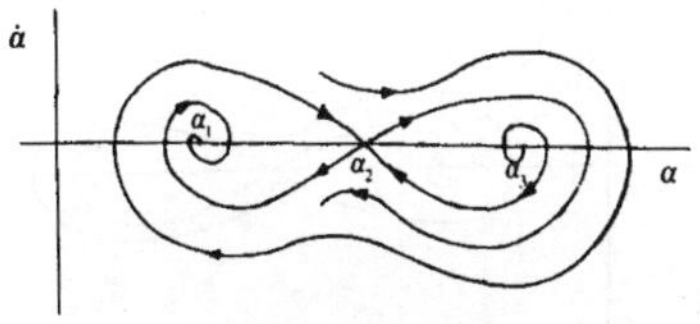

图3　性态2的相图

Fig.3　Pattern of style 2

(3)性态3

其特征见表3。

相应的相图和运动的形态见图4。

表3　性态3的特征参数组合

Table 3　Characteristic parameters for style 3

平衡点	α_1	α_2	α_3
假设 $\left(\frac{\partial C_m}{\partial \dot{\theta}}\right)_0$	>0		<0
已知 $\left(\frac{\partial C_m}{\partial \theta}\right)_0$	<0	>0	<0
p	<0		>0
q	>0	<0	>0
平衡点特性	不稳定结点	鞍点	稳定结点

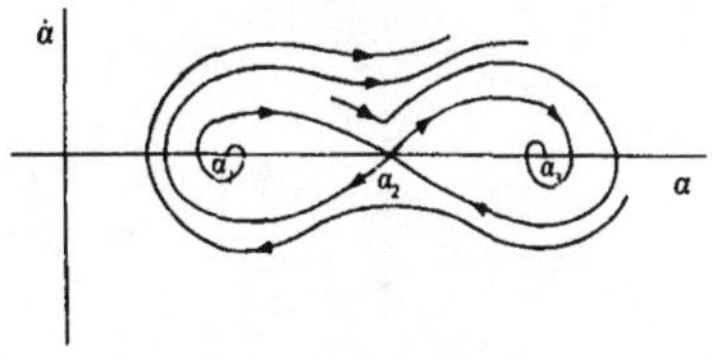

图4　性态3的相图

Fig.4　Pattern of style 3

(4)性态4

其特征见表4。

相应的相图和运动的形态见图5。

表4　性态4的特征参数组合

Table 4　Characteristic parameters for style 4

平衡点	α_1	α_2	α_3
假设 $\left(\frac{\partial C_m}{\partial \dot{\theta}}\right)_0$	>0		>0
已知 $\left(\frac{\partial C_m}{\partial \theta}\right)_0$	<0	>0	<0
p	<0		<0
q	>0	<0	>0
平衡点特性	不稳定结点	鞍点	不稳定结点

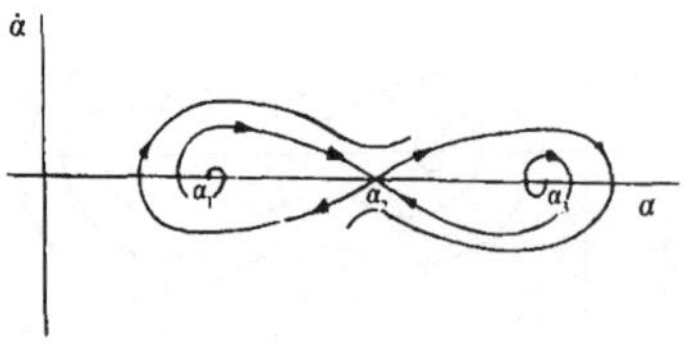

图 5　性态 4 的相图

Fig.5　Pattern of style 4

以上研究告诉我们，平衡迎角 α_1 处为稳定的螺旋点时，只在扰动很小时才能回复到 α_1。当扰动不很小，或者一旦出现动不稳定情况，就会使迎角由 α_1 变到 α_3 或者更大。前者对应于 α_3 为动态稳定情况，后者对应于 α_3 为动不稳定情况。

在 α_1 处，稳定的结点在某一 Mach 数 $M_{cr}^{(1)}$ 下可能会向不稳定结点转化，如性态(1)、(2)到性态(3)、(4)。根据文献[4]，其演化过程可能如图 6 所示：α_1 处先为稳定的螺旋点结构，在 $M_\infty \leqslant M_{cr}^{(1)}$ 时，α_1 附近为不稳定的螺旋点结构，且附近有极限环，随后通过同宿轨道演变为不稳定的螺旋结点。同样，在 α_3 处，如果在 $M_\infty = M_{cr}^{(3)}$ 下存在稳定结点到不稳定结点的转化，其演化过程可能如图 7 所示。这些情况正如文献[4]所说，是混沌的先兆。

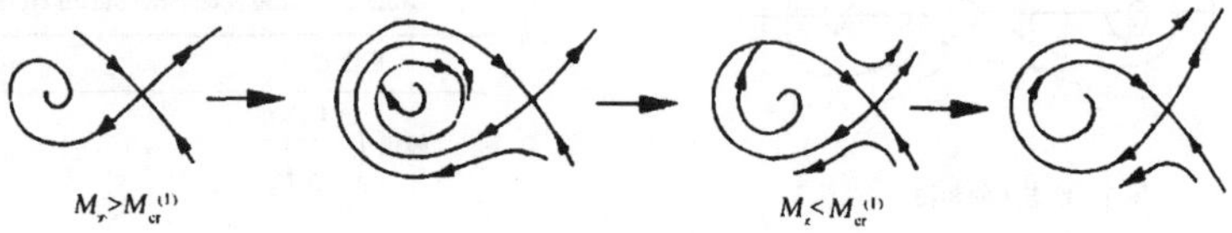

图 6　α_1 处稳定结点向不稳定结点的演化

Fig.6　Evolvement of α_1 from stable node to unstable node

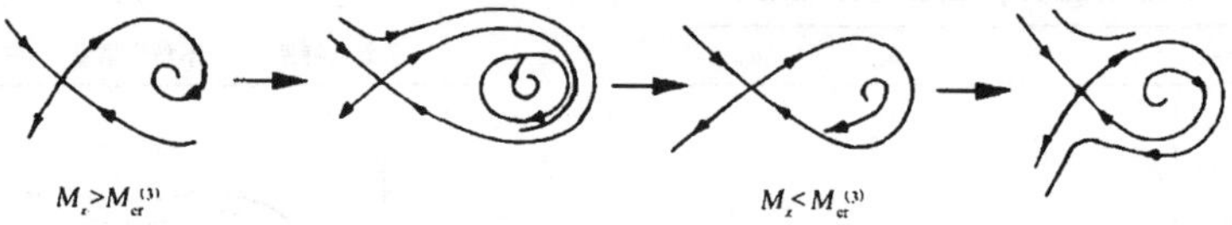

图 7　α_3 处稳定结点向不稳定结点的演化

Fig.7　Evolvement of α_3 from stable node to unstable node

2　结　论

根据以上分析，我们有以下结论：

(1) 当无稳定翼飞船返回舱的力矩曲线是图 1 中的曲线(1)时，随着来流 Mach 数的降低，可能存在一临界 Mach 数 M_{cr}，平衡迎角处会出现动不稳定。此时 Hopf 分叉导致极限环的产生。也可能不存在这一临界 M_{cr}，这时，当 Mach 数降至某一临界 M'_{cr}(图 1(c)中的曲线(2))，会出现另一种分叉——鞍结点分叉。

(2) 当 Mach 数再降低到临界 M'_{cr} 以下，即一旦出现图 1(a)中曲线(2)所示的力矩变化曲线，其平衡迎角 $\alpha_1, \alpha_2, \alpha_3$ 附近的相图是结点－鞍点－结点的结构。α_1 附近为稳定螺旋点状态时，只在很小的扰动时，α_1 才是静、动稳定的。当 α_1 处变成不稳定螺旋点状态时，在 α_1 处只要有很小的扰动，迎角就会增大到 α_3。如果 α_3 处也是不稳定螺旋点形态时，扰动时，迎角变得更大。

(3) 如果 $M_\infty < M'_{cr}$ 出现动不稳定，俯仰运动的相图演化是复杂的。例如：α_1 附近先为稳定的螺旋点结构，在 $M_\infty \leqslant M_{cr}^{(1)}$ 时，α_1 附近为不稳定的螺旋点结构，且附近有极限环，随后通过同宿轨道演变为不稳定的螺旋结点。对于 α_3 处，亦有类似的情况。

参　考　文　献：

[1]　赵梦熊．载人飞船空气动力学［M］，北京：国防工业出版社，2001

[2]　张涵信，袁先旭，叶友达，谢昱飞．飞船返回舱俯仰运动

的动态稳定性研究［J］,空气动力学学报,2002(3):247～259.
［3］ 张锦炎. 常微分方程几何理论与分支问题［M］,北京:北京大学出版社,1981.
［4］ 龙运佳. 混沌振动研究,方法与实践［M］,北京:清华大学出版社,1997.

Study of the dynamic stability of a pitching unfinned reentry capsule

ZHANG Han-xin, YUAN Xian-xu, XIE Yu-fei, YE You-da

(*National Laboratory of Computational Fluid Dynamics, Peking* 100083, *China*;
China Aerodynamics Research and Development Center, Mianyang Sichuan 621000, *China*)

Abstract: For the Soyuz reentry capsule without stabilizing fins, when the freestream speed reduces from hypersonic to low Mach number, the capsule's pitching moment curve has one (α_1), two (α_1, α'_2), until three trim angles of attack (α_1, α_2, α_3) successively. When there is one trim angle of attack, there probably exists a critical Mach number M_{cr}. The trim angle of attack is dynamic stable for $M_\infty > M_{cr}$, and will become dynamic unstable for $M_\infty < M_{cr}$, and a limit cycle oscillation will occur at the same time. If this M_{cr} does not exist, then with the decrease of Mach number to $M_\infty = M_{cr}$, the moment curve is getting tangent with the α axis at α_2', i.e. the number of trim angles of attack becomes two. In this case, a saddle - and - node bifurcation happens. When $M_\infty < M'_{cr}$, in which case three trim angles of attack exist, the phase portrait of α and $\dot{\alpha}$ is a node - saddle - node structure. When α_1 is a stable node, only in the condition of very small perturbation, will the trace return to α_1. When α_1 is an unstable node, tiny perturbation in its neighborhood will make the angle of attack deviate from α_1 quickly to become α_3, or even larger. This is the forecast of chaos.

Key words: pitching oscillation; Hopf bifurcation; saddle-and-node bifurcation; dynamic stability

PHYSICAL ANALYSIS AND NUMERICAL SIMULATION FOR UNSTEADY DYNAMIC STABILITY OF REENTRY CAPSULES*

Hanxin ZHANG †‡ Xianxu YUAN ‡ Yufei XIE ‡
Youda YE †‡ Fenggan ZHUANG ♯

Abstract

The theory of nonlinear dynamics and coupled Navier-Stokes/flight mechanics equations are used to analyze and numerically simulate the dynamic stability of reentry capsules. It is asserted that for the case of only one trim angle of attack existing in the reentry process of a capsule, a critical M_{cr} probably exists with the decrease of reentry Mach number. The trim angle of attack is dynamically stable at $M_\infty > M_{cr}$. But at $M_\infty \leq M_{cr}$, a Hopf bifurcation will occur and the motion is becoming periodic. In another kind of reentry process of the unfinned capsule there is one trim angle of attack at high Mach number, two at lower Mach number, and three at much lower Mach numbe. In this case, if no Hopf bifurcation happens at the one-trim-angle-of-attack stage, there probably exists another $M_{cr}^{(2)}$ critical, at which a saddle-and-node bifurcation happens. When $M_\infty < M_{cr}^{(2)}$ the phase pattern of motion is a node-saddle-node structure. This is a forecast of chaos. Numerical simulations to coupled equations are conducted for capsules undergoing these two kind of bifurcations. The results agree very well with the theoretical analysis and experimental data.

Key Words: Unsteady flow, Nonlinear dynamics, Dynamic stability

1 INTRODUCTION

When a vehicle is flying in the atmosphere, its flight state is influenced by parameters including flight Mach number M_∞, angle of attack α and Reynolds number Re_∞. The change of any of these parameters will lead to the change of the flight state. Because of outside perturbations, the vehicle's flight state may evolve into such cases as:

(1) Steady solutions (including fork bifurcation solutions)-i.e. point attractors;

(2) Periodic (and multi-periodic) solutions-i.e. period attractors;

(3) Quasi-periodic solutions-i.e. quasi-period attractors; and Saddle-and-node bifurcation solutions, as well as quasi-periodic solutions are both forecasts of chaos;

(4) Chaotic solutions and others-i.e. strange attractors and others.

The process of steady flight state → periodic motion state → quasi-periodic and saddle-and-node bifurcation state → chaos and others, is that of motion structure varying and destabilizing, which will often lead to catastrophic accidents. Thus a clear understanding of these problems should be very significant to the design of vehicles, as well as for the control and prevention of the accidents.

Nowadays, the vehicle itself and the flight environment around it are both complex, which renders the above problems highly nonlinear. It is theoretically required to analyze and solve coupled flight mechan-

Received on March 30, 2004
Project supported by National Natural Science Foundation of China (90205013)
† National Laboratory for CFD; 37 Xueyuan Street, Beijing 100083, CHINA
‡ China Aerodynamics Research and Development Center; Mianyang, Sichuan 621000, CHINA
♯ China Aerospace Science and Technology Corporation; Beijing 100830, CHINA

* Computational Fluid Dynamics Journal, 2004, 13(2) : 153-161.

ics and the Navier-Stokes equations. The enormous progress in the theory of nonlinear dynamic system, the numerical simulation of Navier-Stokes equations and experimental technology make it possible to analyze and solve the above problems.

Using the coupled equations of flight mechanics of vehicles and the Navier-Stokes equations, the aerodynamic parameters which control the motion states can be analyzed and obtained. Using the theory of nonlinear system dynamics, the conditions and criteria about the motion's destabilization caused by the variation of the parameters can be given. The evolution mechanism of the motion after it destabilizes can be studied. Then with the aid of numerical simulations to the coupled equations, the evolution of the destabilized motion can be captured quantitatively. In this way, systematic theory of nonlinear dynamic destabilization, and numerical simulation techniques can be developed. As an example, the dynamic problem of pitching reentry capsules is adopted to show the significance and importance of this method.

2 THEORETICAL ANALYSIS

Figure 1 [1] shows the Russian *Soyuz* reentry capsule with two stabilizing fins or without stabilizing fins, and the curves of static pitching moment coefficient with respect to α and M_∞. In order to investigate its dynamic characteristics, with the aid of the coupled equations of pitching movement and the Navier-Stoke equations, the following conclusions can be reached using the theoretical analysis of nonlinear dynamic system [2-5]:

(1) The aerodynamic parameters which determine the pitching dynamic stability are [2]

$$\left(\frac{\partial C_m}{\partial \theta}\right)_0, \left(\frac{\partial C_m}{\partial \dot{\theta}}\right)_0 \quad \text{and} \quad \left(\frac{\partial C_m}{\partial \ddot{\theta}}\right)_0,$$

where C_m is the dynamic instantaneous pitching moment coefficient acted on the pitching capsule, $\theta(t)$ is the pitching oscillating angle counted from the trim angle of attack. Both are functions of time. And $\dot{\theta} = \frac{\partial \theta}{\partial t}$, $\ddot{\theta} = \frac{\partial^2 \theta}{\partial t^2}$. The subscript "0" denotes the state at the trim angle of attack where $C_m = 0$. As depicted in Fig. 1 for the finned capsule, there exists one trim angle of attack. But for the unfinned capsule, there exists one trim angle of attack at high M_∞, two in the vicinity of $M_\infty = 1.1$, and three at $M_\infty = 0.6$. $\left(\frac{\partial C_m}{\partial \theta}\right)_0$, $\left(\frac{\partial C_m}{\partial \dot{\theta}}\right)_0$ and $\left(\frac{\partial C_m}{\partial \ddot{\theta}}\right)_0$ are all functions of M_∞. At high M_∞, $\left(\frac{\partial C_m}{\partial \theta}\right)_0 < 0$. With the decrease

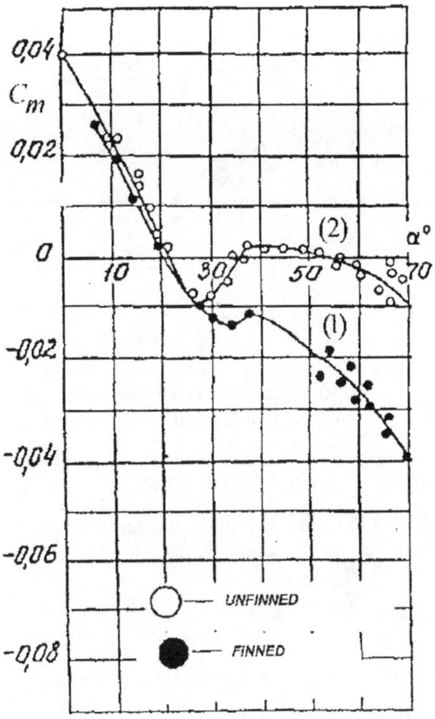

(a) $M_\infty = 0.6$

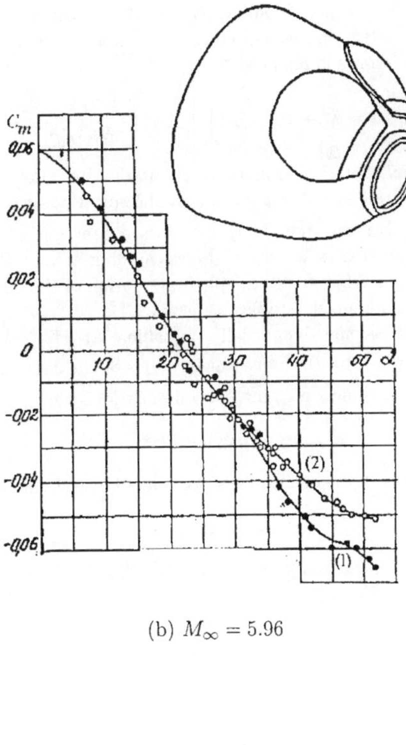

(b) $M_\infty = 5.96$

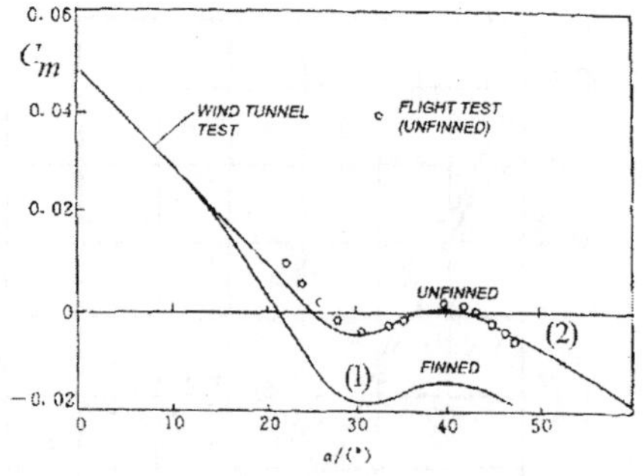

(c) $M_\infty = 1.1$

Fig. 1: *Soyuz* reentry capsule: variation of pitching moment coefficient with respect to angle of attack at different free stream Mach numbers

of M_∞, $\left(\frac{\partial C_m}{\partial \theta}\right)_0 > 0$ might happens.

(2) For the finned capsule, the criteria of dynamic stability at the trim angle of attack are [2]:

$$\lambda = \left(\frac{\partial C_m}{\partial \dot{\theta}}\right)_0 / \left[1 - \left(\frac{\partial C_m}{\partial \ddot{\theta}}\right)_0\right] < 0.$$

As $1 - \left(\frac{\partial C_m}{\partial \ddot{\theta}}\right)_0 > 0$ and $\left(\frac{\partial C_m}{\partial \dot{\theta}}\right)_0 < 0$ (Fig. 1), $\delta < 0$ naturally. Thus when $\left(\frac{\partial C_m}{\partial \theta}\right)_0 < 0$, there will be $\lambda < 0$, the capsule is dynamically stable. Once $\left(\frac{\partial C_m}{\partial \theta}\right)_0$ becomes positive with the decrease of M_∞, it will lead to $\lambda > 0$, i.e., dynamically unstable cases. It should be noted, the second equation in the above criterion sometimes is replaced by:

$$\Delta = \lambda^2 + 4\left(\frac{\partial C_m}{\partial \theta}\right)_0 \bigg| \left[1 - \left(\frac{\partial C_m}{\partial \ddot{\theta}}\right)_0\right] < 0.$$

This condition is more strict. It requires that phase portrait of stable motion is of the spiral point type.

(3) For the finned capsule, λ is a function of M_∞. There exists a critical Mach number M_{cr}. When $M_\infty > M_{cr}$, $\lambda < 0$, the pitching motion of the capsule is dynamically stable. When $M_\infty < M_{cr}$, $\lambda > 0$, it will become dynamically unstable. At $M_\infty = M_{cr}$, $\left(\frac{\partial \lambda}{\partial M_\infty}\right)_{cr} \neq 0$, the two eigenvalues of the Jocobian of the capsule's pitching motion equations are

$$\omega_{1,2} = R\omega_{1,2} + (\boldsymbol{Im}\omega_{1,2})i,$$

where R denotes the real part and $\boldsymbol{Im}$ the imaginary part. They satisfy the conditions of Hopf bifurcation [2]:

$$(R\omega_{1,2})_{cr} = 0\ ,\ (\boldsymbol{Im}\omega_{1,2})_{cr} \neq 0\ ,\ \left(\frac{\partial R\omega_{1,2}}{\partial \lambda}\right)_{cr} \neq 0.$$

Thus the capsule's pitching motion will undergo a Hopf bifurcation, and a periodic oscillation will occur. When $M_\infty < M_{cr}$, the amplitude of oscillation will grow larger.

(4) For the unfinned capsule, there exists another critical Mach number $M_{cr}^{(2)}$, which corresponds to the state of the curve of pitching moment tangent to the α axis(Fig. 1(c)). At this time, one of the two eigenvalues of the Jocobian of the capsule's pitching motion equations has the characteristics below [5]: $(R\omega_1)_{cr} = 0$, $(\boldsymbol{Im}\omega_1)_{cr} = 0$, and with the increase of M_∞ to $M_{cr}^{(2)}$, ω_1 tends to zero along the real axis from both the positive and negative direction.

Thus the conditions of saddle-and-node bifurcation are satisfied. At this critical Mach number, the capsule's pitching motion will undergo an instability and a saddle-and-node bifurcation. When $M_\infty < M_{cr}^{(2)}$, a node-saddle-node structure will occur. When the node is changing from a stable state to an unstable state, a complex process is happening. This is probably the forecast of chaos [4].

3 NUMERICAL SIMULATIONS

Numerical simulations are conducted for the pitching motion problems of reentry capsules. The equations are the coupled equations of flight mechanics of vehicles and the Navier-Stoke equations. The moving boundary conditions are used to capture the pitching motion of capsules, and the initial conditions are set as the steady solutions. Along the reentry orbit, coupled computations are carried out. The Navier-Stokes equations are firstly solved, so C_m is obtained. Then the equations of pitching motion which can give a new attitude and the Navier-Stokes equations are solved again. In this way, the time history of the dynamic process at this orbit point is given. The equations of the capsule's motion are solved using an implicit second-order accurate three point backward interpolation scheme. The unsteady Navier-Stokes equations are solved using the second-order accurate (both temporally and spatially) Hybrid Flux Difference Method devised by the authors [2]. A dynamic mesh producing technique which satisfies the Geometric Conservation Law and the Lagrange Conservation Law developed by the authors [2] is used. The code has been validated and produced a lot of results.

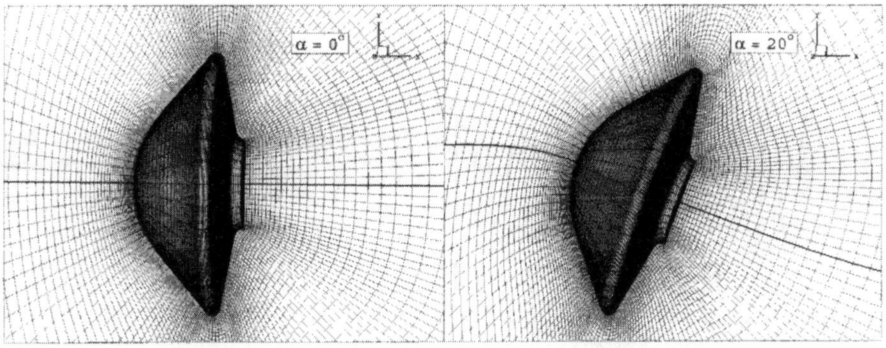

(a) $\alpha = 0°$ (b) $\alpha = 20°$

Fig. 2: Shape and computational grid of capsule-like OREX

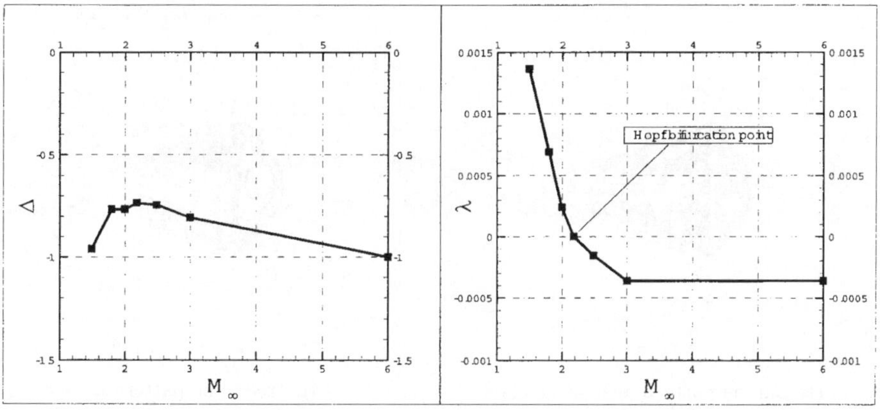

(a) (b)

Fig. 3: Variation of Δ and λ with respect to M_∞ given by coupled computations at angle of attack $\alpha = 0°$

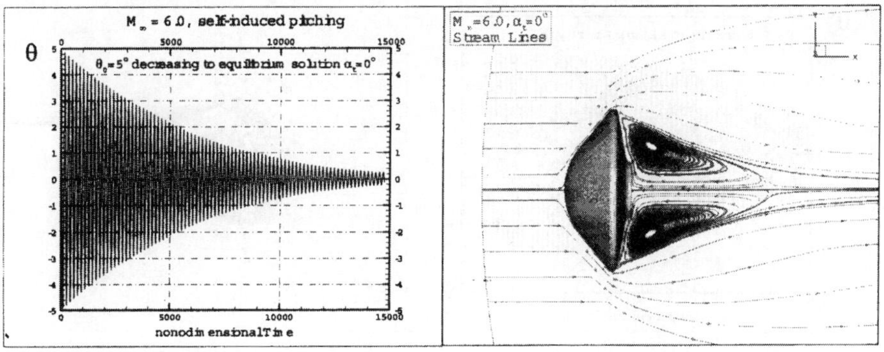

(a) time history (b) streamline pattern

Fig. 4: Time history of the capsule's free pitching oscillation, and steady streamline pattern given by coupled computations($M_\infty = 6$)

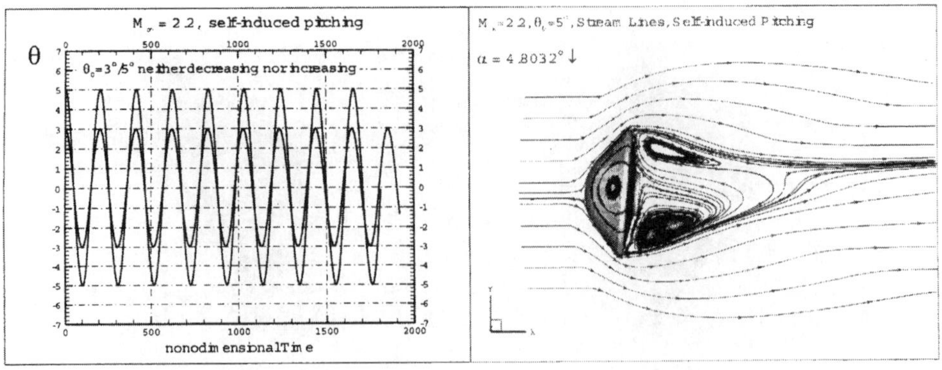

(a) time history　　　　(b) streamline pattern at $\alpha = 4.8032°$

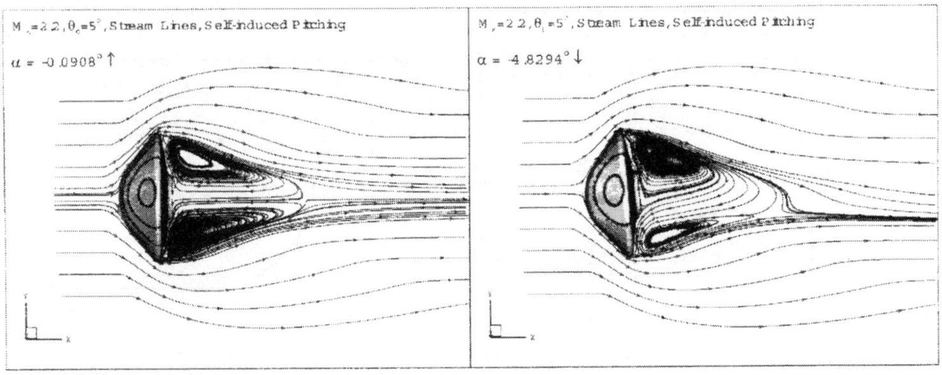

(c) streamline pattern at $\alpha = -0.0908°$　　　　(d) streamline pattern at $\alpha = -4.8294°$

Fig. 5: Time history of the capsule's free pitching oscillation, and instantaneous streamline patterns given by coupled computations($M_\infty = 2.2$)

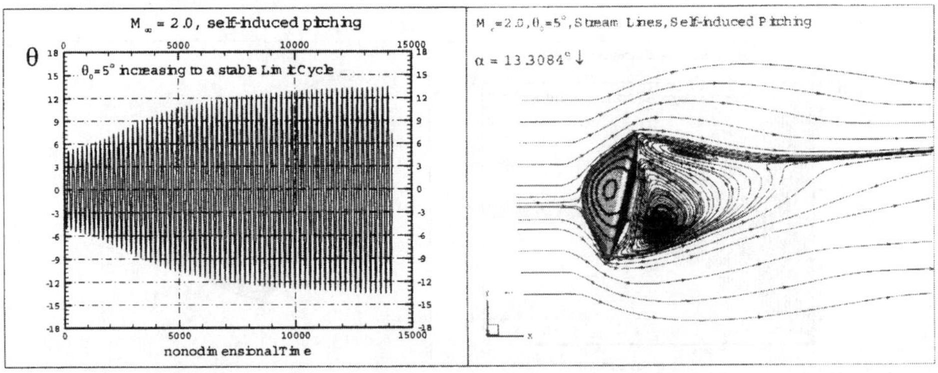

(a) time history　　　　(b) streamline pattern at $\alpha = 13.3084°$

Fig. 6: To be continued

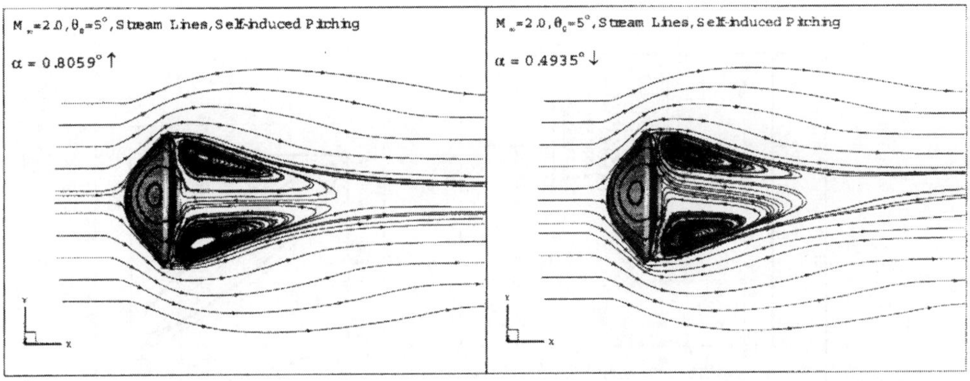

(c) **streamline pattern at $\alpha = 0.8059°$**　(d) **streamline pattern at $\alpha = 0.4935°$**

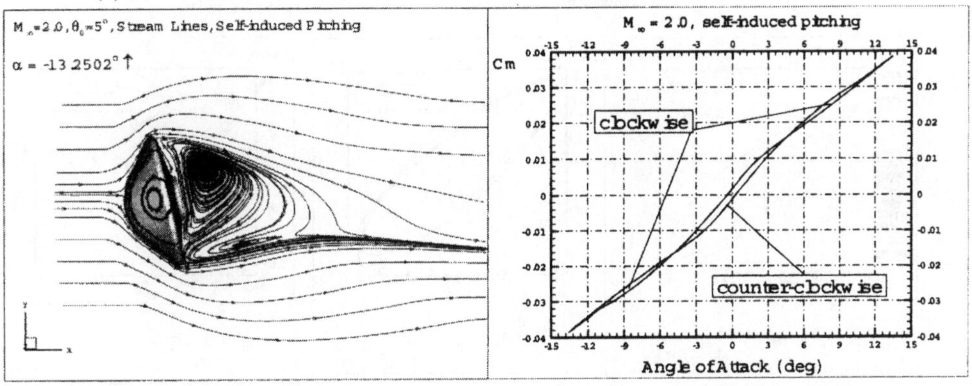

(e) streamline pattern at $\alpha = -13.2502°$　(f) pitching moment curve

g. 6: Time history of the capsule's free pitching oscillation, instantaneous streamline patterns, and pitching moment curve given by coupled computations ($M_\infty = 2.0$)

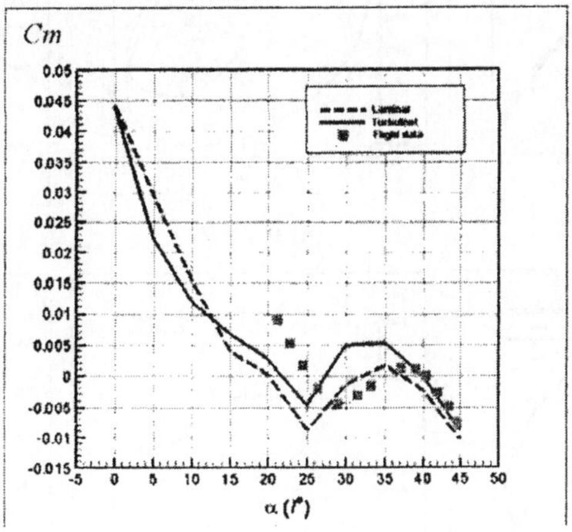

Fig. 7: Variation of static pitching moment coefficient with respect to AOA, of *Soyuz*-like capsule ($M_\infty = 1.1, Re_\infty = 10^6$, unfinned)

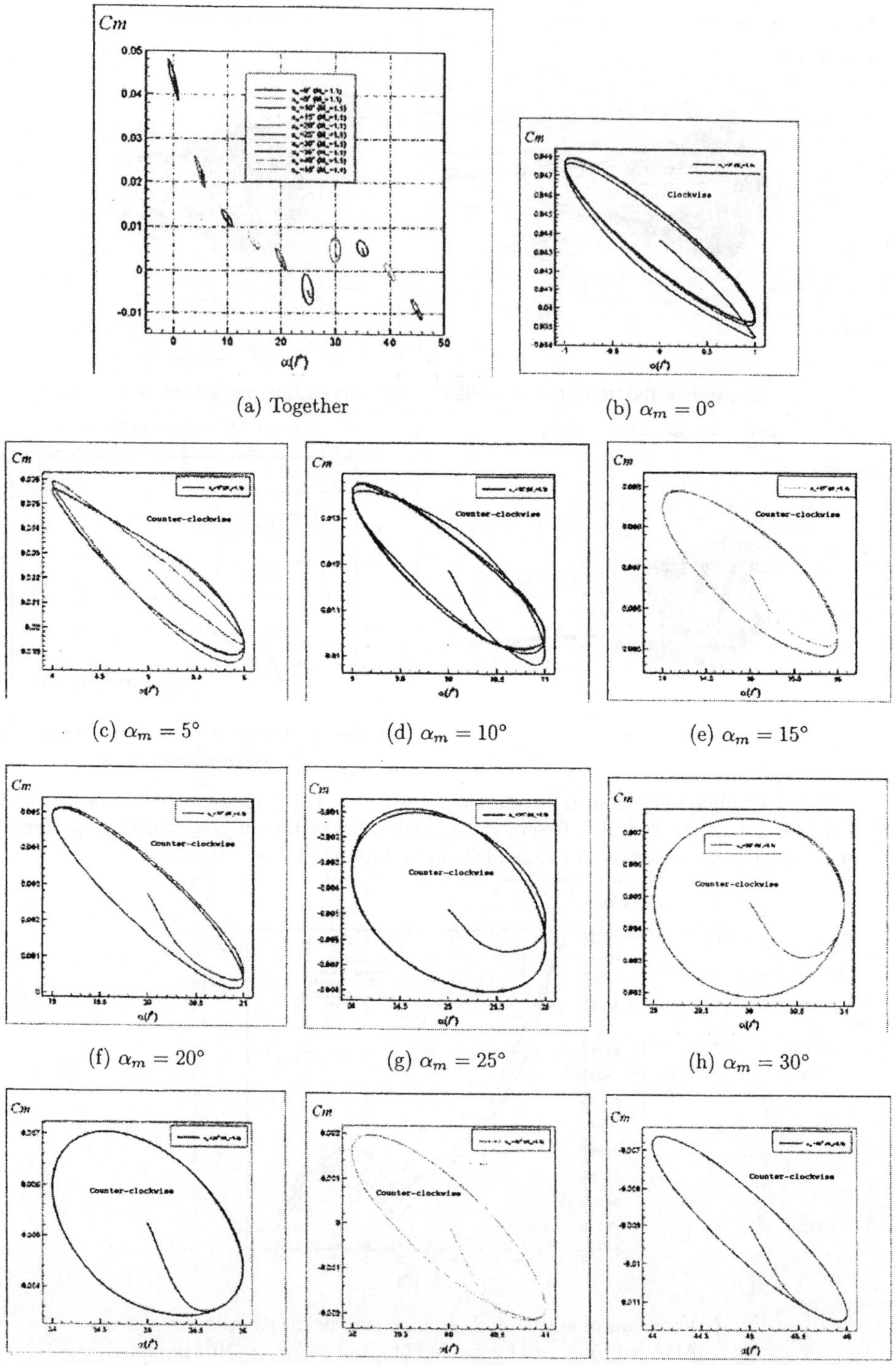

(a) Together
(b) $\alpha_m = 0°$
(c) $\alpha_m = 5°$
(d) $\alpha_m = 10°$
(e) $\alpha_m = 15°$
(f) $\alpha_m = 20°$
(g) $\alpha_m = 25°$
(h) $\alpha_m = 30°$
(i) $\alpha_m = 35°$
(j) $\alpha_m = 40°$
(k) $\alpha_m = 45°$

Fig. 8: Hysteretic loops of dynamic pitching moment coefficient, of *Soyuz*-like capsule ($M_\infty = 1.1, Re_\infty = 10^6$, unfinned)

In this paper, two examples are given. The first is the numerical simulation of the Japanese capsule-like OREX [6] with its ground experimental results available. The trim angle of attack of this capsule is $\alpha = 0°$. Its shape and the computational dynamic mesh are shown in Fig. 2. In Fig. 3, the computed varying curves of Δ, λ with respect to M_∞ are given. It can be seen that, when $M_\infty > 2.2$, $\lambda < 0$, $\Delta < 0$, the stability conditions are satisfied, thus the capsule is dynamically stable. While $M_\infty < 2.2$, $\lambda > 0$, it is dynamically unstable. And at $M_\infty = 2.2$, $\lambda = 0$, it is the critical case. According to the theoretical analysis, the capsule's motion undergoes a Hopf bifurcation, i.e., a periodic oscillation at $M_\infty = M_{cr} = 2.2$. Using the coupled computational code, Figure 4(a) shows the time history of the capsule's free pitching oscillation starting from $\theta = 5°$ at $M_\infty = 6$. This state is dynamically stable. Figure 4(b) depicts the streamline pattern of the final steady flow field. Similar cases can also be obtained at $M_\infty > 2.2$. Figure 5(a) is the time history of the capsule's free pitching oscillation starting from $\theta = 5°$ (or 3°) at $M_\infty = 2.2$. It is seen that the motion develops into periodic oscillations. Figure 5(b, c, d) depict instantaneous streamline patterns of the flow field at three moments. It is clear that the flow field is also in periodic variation. Figure 6(a) is the time history of the capsule's free pitching oscillation at $M_\infty = 2.0$. Figure 6(b, c, d, e) depict instantaneous streamline patterns of the flow field at four moments, and Figure 6(f) the pitching moment curve. It is seen that the flow field around the capsule and the pitching moment curve all undergo periodic motions at this M_∞.

In comparison to the wind tunnel experimental results, the dynamic destabilization, the critical Mach number (at which the limit cycle occurs) and the evolution after the destabilization are all in pretty good agreement.

The second example is the flow over the reentry capsule which is very alike with Russian *Soyuz*. The course of numerical simulation is the same as the first case. Figure 7 depicts the computed curves of C_m for laminar and turbulent cases at steady state. We can see that three trim angles of attack α_1, α_2 and α_3 exist for turbulent flow case at $M_\infty = 1.1$. Figure 8 shows the hysteretic loops of pitching moment coefficient at various angles of attack for $M_\infty = 1.1$ and $Re_\infty = 10^6$.

Table 1 gives respectively λ and Δ at three trim angles of attack α_1, α_2 and α_3 for turbulent flow. In this table, the behavior of the flow pattern near the three trim angles of attack is also depicted. It means that the node-saddle-node structure will occur as shown in Fig. 9. The results of numerical simulation are in satisfactory agreement with the theory mentioned above.

Table 1: Flow characteristics at trim angles of attack of *Soyuz*-like capsule ($M_\infty = 1.1$, $Re_\infty = 10^6$, unfinned)

Trim angle of attack	λ	Δ	Behavior near the Trim angle of attack
$\alpha_1 = 21.8°$	-0.3427	-0.5314	Stable node
$\alpha_2 = 27.5°$	-0.6464	0.8565	Saddle
$\alpha_3 = 40.0°$	-0.2170	-0.3393	Stable node

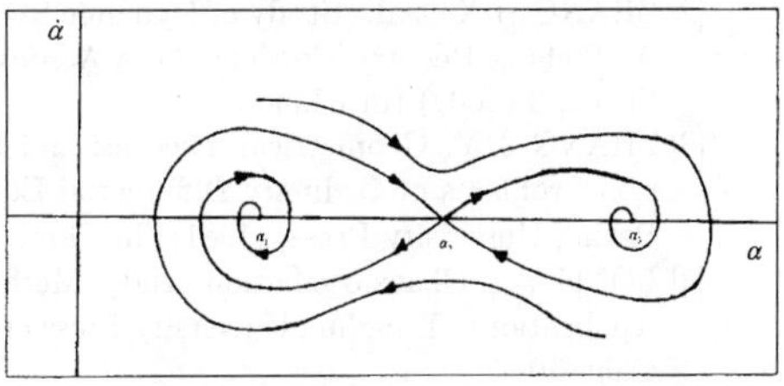

Fig.9: Node-saddle-node structure: phase portrait at the case of three trim AOAs existing

4 CONCLUSIONS

From the above study the following conclusions can be drawn:

(1) For the finned capsule shown in Fig. 1(Curve (1)), the criteria of dynamic stability at the trim angle of attack are $\lambda < 0$, $\delta < 0$. There exists a critical Mach number M_{cr} at which the pitching motion of the capsule will undergo a Hopf bifurcation. When $M_\infty > M_{cr}$, the pitching motion will be dynamically stable. For $M_\infty \le M_{cr}$, the periodic oscillations will occur.

(2) For the unfinned capsule shown in Fig. 1(Curve (2)), there exists probably another critical Mach number $M_{cr}^{(2)}$ which corresponds to a saddle-and-node bifurcation. When $M_\infty < M_{cr}^{(2)}$, the node-saddle-node structure will occur in the phase plane.

(3) Using the numerical simulation of coupled equations for flight mechanics of capsule and Navier-Stokes equations, the results are in good agreement with the theoretical and experimental conclusions.

(4) Using the same method, more complex problems can be analyzed starting from the coupled equations of multi-freedom flight mechanics and the Navier-Stokes

equations. Nonlinear dynamics theory and unsteady numerical simulation techniques will get new development in the establishment of this unsteady, nonlinear dynamic stability system.

REFERENCES

[1] ZHAO M .X: Manned Spacecraft Aerodynamics; National Defence Industry Press, (2000) (in Chinese)
[2] ZHANG H X et al.: Study of Dynamic Stability of A Pitching Reentry Capsule; Acta Aerodynamica Sinica, 3 (2002) (in Chinese)
[3] ZHANG J Y: Geometrical Theories and Bifurcation Problems of Ordinary Differential Equations; Peking University Press, (1981) (in Chinese)
[4] LONG Y J: Chaos oscillation Study; Methods and Applications; Tsinghua University Press (1997) (in Chinese),
[5] ZHANG H X et al.: Study of the Dynamic Stability of A Pitching Unfinned Reentry Capsule; CARDC & NLCFD Report (2002)
[6] TAKASHI F et al.: Orbital Re-Entry Experiment Vehicle Ground and Flight Dynamic Test Results Comparison; JSR, 32, 5 (1996).

基于动态演化的最优化方法*

张涵信[1]　沈孟育[2]
（1　中国空气动力研究与发展中心，绵阳　621000；
2　清华大学工程力学系，北京　100084）

摘　要　本文提出了确定气动优化外形的一种新方法。该方法实质上是把气动优化外形的决定，变成一个动态非定常问题。不仅概念简单，计算工作量比现有方法要小，适用于气动方程耦合的优化外形计算。

关键词　优化方法　优化外形　动态演化　非定常问题

1　引言

近代航空航天飞行器设计中，为了满足某种或某些应用的目的，常要求气动工作者能够给出满足这些应用要求的最优气动外形。例如，为了实现远程高超声速机动，要求大升阻比的气动外形。而我们知道，高超声速条件下，飞行器的升阻比是有一定上限的。为了实现突防，要求飞行器既满足机动性好的要求，又满足隐形的要求，也就是要给出气动性能和隐形双优的气动外形。因此，气动优化外形设计，是气动工作都一项重要任务。

气动优化外形设计，涉及到优化方法，和气动NS方程联合求解的问题。如果再考虑电磁隐形，还需要考虑同Maxwell方程的联合求解。前者计算设计已很困难，后者属多学科优化问题，更为困难。关于气动优化外形设计问题，对于从简化气动方程出发的文献已有了很多[1,2]，从NS方程或Euler方程出发，比较成功的是Jameson的工作[3,4]，他利用NS方程或Euler方程并从Lagrange乘子出发，建立了共轭梯度方程，然后求其最优梯度及其最优解。其过程和计算工作量都是相当大的。另一种是进化算法[5,6]，它是把外形用数组作为进化群体，通过选择、竞争、重组、优胜劣汰达到最优。

本文提出一种较为简单的优化外形算法。它是受鱼的进化的启发而发展的。鱼在水中游动，经进化，外形不断改变，但其结构的拓扑并不变化。从发展上来看，它是动态的优化演变过程。因此我们认为，基于动态外形的优化分析，可以建立优化外形分析方法。本文给出这种分析计算方法，并给出若干实例。方法和实例说明，本文方法是简单和可行的。

2　方法

设$z=f(x,y,c_1,c_2,\cdots,c_m)$为物体的外形，其中$x,y,z$为笛卡尔坐标，$c_1,c_2,\cdots,c_m$为控制变量，它们取不同值时，就对应于不同的外形，我们把它们看作时间的函数。这样，不同的时间就对应不同的外形。再设$J(c_1,c_2,\cdots,c_m)$为需要优化的量，它是控制变量的函数。例

* 近代空气动力学研讨会论文集，中国宇航出版社，2005：49-53. 本研究得到国家自然科学基金资助（90305013）。

如，我们希望当控制变量达到某组值时

$$J(c_1,c_2,\cdots,c_m) = \max$$

因为 $c_1,c_2,\cdots,c_m$ 是时间的函数，这就意味着当外形变化到某一时刻，达到该 $c_1,c_2,\cdots,c_m$ 值时，该外形就是最优外形。这样，寻求最优气动外形，就是在动态变化的外形中，寻求满足优化条件的某一外形。所以我们称它为动态演化的最优化方法。下面给出这种算法的过程。

设 $t=t_n$，给定控制变量 $c_i(i=1,\cdots,m)$，于是物体外形已知，它可表示为

$$z^n = f(x,y,c_1^n,c_2^n,\cdots,c_m^n) \tag{2.1}$$

如果在 $t=t_{n+1}=t_n+\Delta t$，设 $c_k^{n+1}=c_k^n+\Delta c_k^n$，即 c_k^n 作 Δc_k^n 的变化，$i\neq k$ 时，$c_i=c_j^n$ 不作变化，那么我们就得到一个新的外形

$$z_k^{n+1} = f(x,y,c_1^n,\cdots,c_k^n+\Delta c_k^n,\cdots,c_m^n) \tag{2.2}$$

对于外形(2.1)和外形(2.2)，可以通过分别求解 NS 方程给出 $J^n=J(c_1^n,\cdots,c_m^n)$ 及 $J_k^{n+1}=J(c_1^n,\cdots,c_k^n+\Delta c_k^n,\cdots,c_m^n)$，这样就可以计算出 $\Delta J_k^n=J_k^{n+1}-J^n$，进一步可计算出 $\left(\dfrac{\partial J}{\partial c_k}\right)_n$，这里的下标 n 表示"n 时刻"。改变 k，使其取其他标号的值，这样就可求得

$$gradJ^n = \left(\left(\frac{\partial J}{\partial c_1}\right)_n,\left(\frac{\partial J}{\partial c_2}\right)_n,\cdots,\left(\frac{\partial J}{\partial c_m}\right)_n\right) \tag{2.3}$$

及其模

$$|\,gradJ^n\,| = \sqrt{\sum_{i=1}^{m}\left(\frac{\partial J}{\partial c_i}\right)_n^2} \tag{2.4}$$

根据最优化算法，可以求得 $c_k^{n+1}=c_k^n+\Delta c_k^n$ 的表达式 $c_k^{n+1}=c_k^n-\alpha\cdot\dfrac{\left(\dfrac{\partial J}{\partial c_k}\right)_n}{|gradJ^n|}$ 中的 α，这样新时刻 t_{n+1} 的 $c_k^{n+1}(k=1,2,\cdots,m)$ 可以被求出，即新时刻 t_{n+1} 的物体外形可以被求出，进一步可求出相应的 J^{n+1}，研究 J^{n+1} 是否满足最优化条件，如果满足即达到收敛，该时刻对应的外形就是所要求的最优外形；否则，做下一时刻的迭代运算，直到收敛为止。

如果外形方程和优化函数写成更一般的形式

$$F(x,y,z,t,c_1,c_2,\cdots,c_m) = 0$$

$$J = J(t,c_1,c_2,\cdots,c_m)$$

那么，外形计算和优化函数计算应该利用如下关系式

$$\frac{\partial F}{\partial t} + gradF\cdot \boldsymbol{n}\cdot D = 0$$

$$\frac{\mathrm{d}J}{\mathrm{d}t} = \frac{\partial J}{\partial t} + gradJ\cdot \boldsymbol{n}_c D_c$$

式中

$$\boldsymbol{n} = \frac{\Delta x}{\sqrt{\Delta x^2+\Delta y^2+\Delta z^2}}\boldsymbol{i} + \frac{\Delta y}{\sqrt{\Delta x^2+\Delta y^2+\Delta z^2}}\boldsymbol{j} + \frac{\Delta z}{\sqrt{\Delta x^2+\Delta y^2+\Delta z^2}}\boldsymbol{k}$$

$$D = \frac{\sqrt{\Delta x^2+\Delta y^2+\Delta z^2}}{\Delta t}$$

$$gradF = \frac{\partial F}{\partial x}\boldsymbol{i} + \frac{\partial F}{\partial y}\boldsymbol{j} + \frac{\partial F}{\partial z}\boldsymbol{k}$$

$$n_c = \frac{\Delta c_1}{\sqrt{\sum_{i=1}^{m}\Delta c_i^2}}e_1 + \frac{\Delta c_2}{\sqrt{\sum_{i=1}^{m}\Delta c_i^2}}e_2 + \cdots + \frac{\Delta c_m}{\sqrt{\sum_{i=1}^{m}\Delta c_i^2}}e_m$$

$$D_c = \frac{\sqrt{\sum_{i=1}^{m}\Delta c_i^2}}{\Delta t}, e_i \cdot e_j = \begin{cases} 1 & i = j \\ 0 & i \neq j \end{cases}$$

$$gradJ = \frac{\partial J}{\partial c_1}e_1 + \frac{\partial J}{\partial c_2}e_2 + \cdots + \frac{\partial J}{\partial c_m}e_m$$

为简单,其进一步计算的细节,这里就不讨论了。

对于有约束问题,可化为无约束问题求解。

3　算例

为了检验上述方法的可用性,这节给出了四个简单的算例,前两个是反问题,后两个是优化设计。

3.1　例 1 茹可夫斯基翼型(为张兆、何枫完成)

假定流动是不可压缩的无黏流动。这个问题是,已知翼型表面的切向速度分布为茹可夫斯基的速度分布,求相应的翼型。理论答案应该是茹可夫斯基翼型。利用本章给出的方法,图 1 是计算给出的翼型剖面,和茹可夫斯基翼型基本重合,图 2 是迭代收敛的曲线,收敛过程是快的。

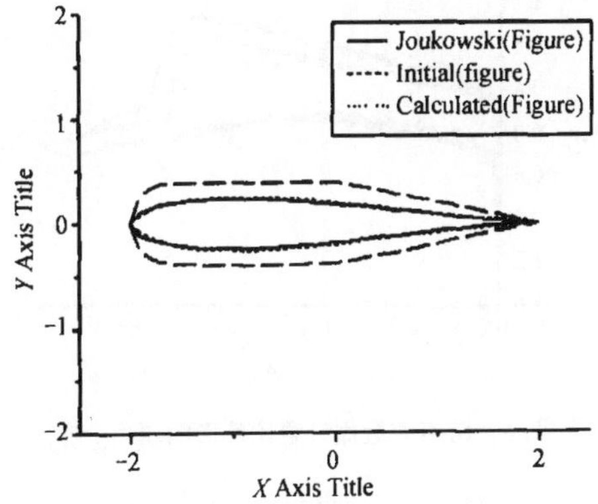

图 1　茹可夫斯基翼型的反问题

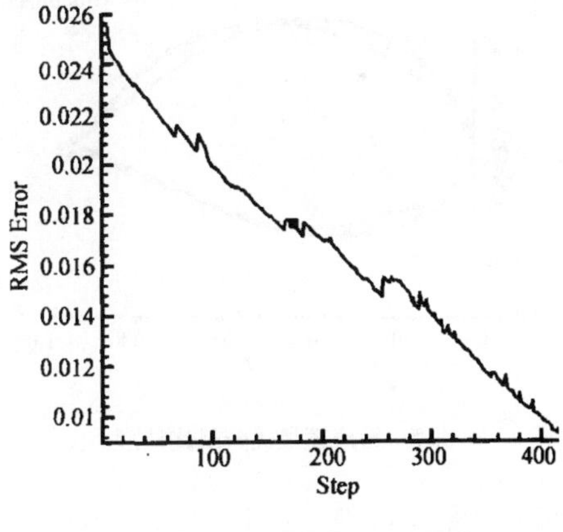

图 2　茹可夫斯基翼型的反问题的收敛过程

3.2　例 2 双圆弧翼型(为张兆、何枫完成)

假定流动是不可压缩的无黏流,已知条件为翼型表面的切向速度分布为圆弧翼型绕流的切向速度分布。这个问题的答案是,所求的翼型应为圆弧型翼型。利用本文的方法,图 3 给出的是计算翼型剖面,是几乎和圆弧翼型重合,图 4 是其迭代收敛曲线。

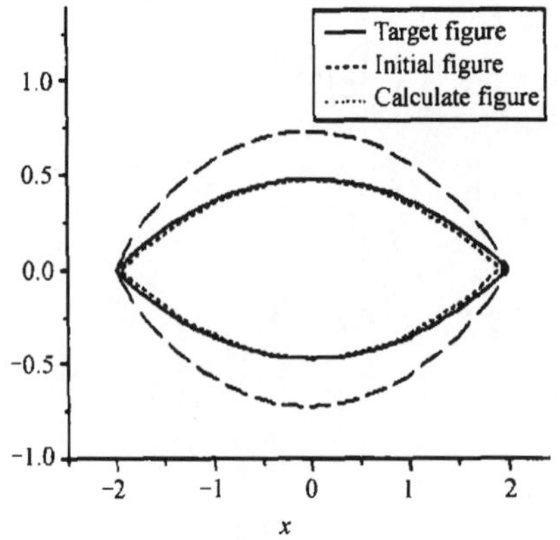

图 3　双圆弧翼型反问题

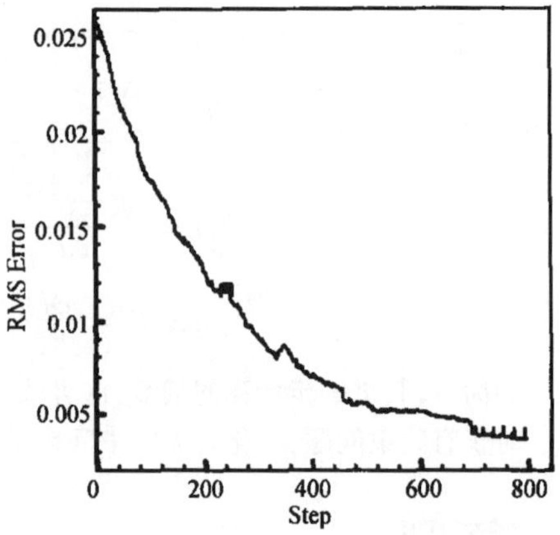

图 4　双圆弧翼型反问题的收敛过程

3.3　跨声速条件下，最优升阻比翼型(高正红完成)

计算从 Euler 方程出发，计算条件是：$M_\infty=0.8$，$\alpha=1.25°$，以 NACA64208 为初始翼型，要求升阻比最优，最大厚度不变，最大弯度小于 0.02，升力系数小于 0.5。初始值：$C_L=0.553$，$C_D=0.0218$，$C_L/C_D=24.43$。利用本文算法，给出优化值为：$C_L=0.509$，$C_D=0.0144$，$C_L/C_D=35.43$。图 5 给出了计算得到的最优外形，图 6 是此外形相应的压力分布。

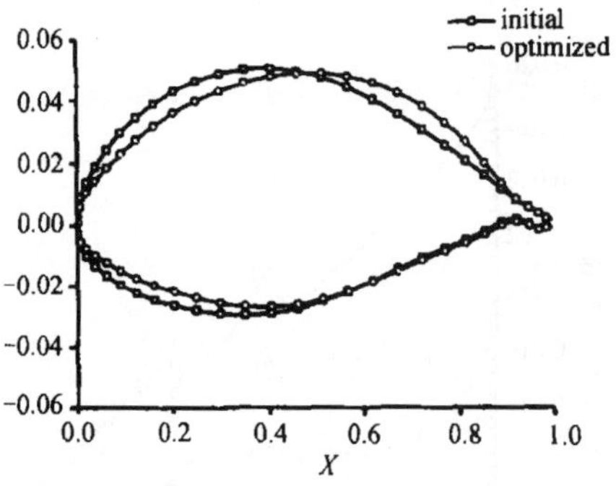

图 5　跨声速最优升阻比外形

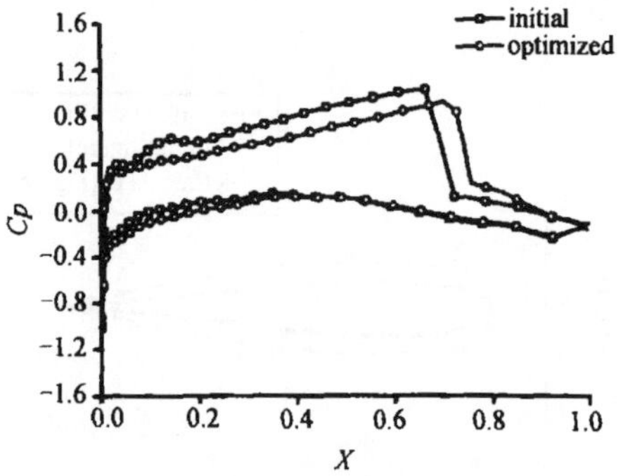

图 6　跨声速最优升阻比外形的压力分布

3.4　高超声速条件下，最优升阻比外形(贺立新、叶友达完成)

计算从 Euler 方程出发，在 $M_\infty=20$，结构系数($\frac{(\text{体积})^{2/3}}{\text{表面积}}=\eta$)不小于 0.100 的情况下，求升阻比不小于 4 的外形，其纵横向压力中心各不小于 0.66。利用本文方法，图 7 是计算给出的半锥、翼组合外形，半锥角为 7.5°，翼半张角为 9°。

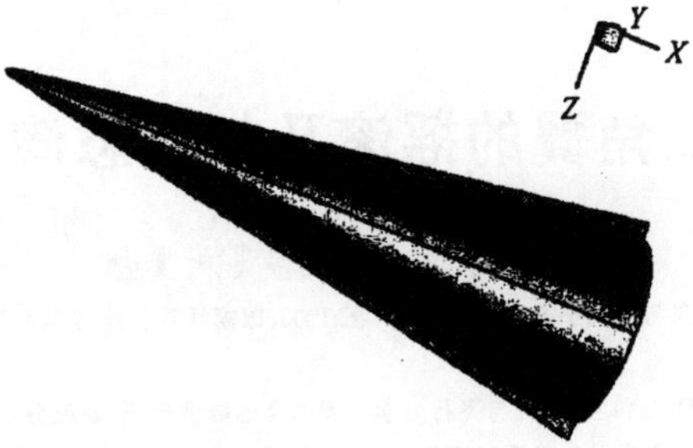

$\delta=7.5°$ $\beta=\delta+1.5°$

图 7 高超声速最优升阻比外形

4 简单的结语

本文提出了确定气动优化外形的一种新方法，该方法实质上是把气动优化外形的决定变成一个动态非定常问题。概念简单，计算工作量比现有方法要小，适用于 NS 方程的耦合优化计算。进一步是希望将此方法用在复杂气动优化外形计算中。

参考文献

1 Yu. N. J. and Rubbert P. E.. Transonic Wing Redesign Using a Generalized Fictitious Gas Method. D-180-25309-1, May 1979

2 华俊，张仲寅等.一种跨声速翼型的机翼设计方法的新进展，航空学报，18,5,1997

3 Jameson A., Aerodynamic Design Via Control Theory, ICASE, Report No 88-64, NASA LARC, Hampton, VA, 1988

4 Jameson A., Pierce N., Martinelli L.. Optimum Aerodynamic Design Using the NS equations. AIAA paper 97-0101, 1977

5 Ohayashi S. and Tsukahera T.. Comparison of Optimization Algorithms for Aerodynamic Shape Design, AIAA paper 96-2394-cp, 1996

6 王晓鹏，高正红，基于遗传算法的翼型气动优化设计.空气动力学学报，18,3,2000

后掠三角翼的摇滚及其动态演化问题*

张涵信，刘 伟，谢昱飞，叶友达

（中国空气动力研究与发展中心，四川 绵阳 621000；国家计算流体力学实验室，北京 100083）

摘 要：利用非线性动力学理论和 NS 方程与飞行力学方程耦合的数值模拟，研究分析了后掠三角翼摇滚运动的动稳定性，给出了动稳定性的判则以及失稳后的演化规律，指出当来流马赫数和雷诺数一定时，小攻角下是摇滚动稳定的，但大攻角出现 Hopf 分叉不稳定性。数值模拟和理论分析结论一致，与实验结果符合。

关键词：Hopf 分叉；动态不稳定；高精度算法；数值模拟

中图分类号：V211.3　　**文献标识码**：A

0 引 言

当细长后掠三角翼的绕流马赫数 M_∞ 和雷诺数 Re_∞ 给定后，来流攻角 α 改变，并且再加以受到横向扰动，流动就变成非定常的，绕其纵轴作滚转运动。由于流动系统是耗散的，滚转运动的发展可能演化成以下状态：

（1）回到定态解——即点吸引子

（2）演化为周期摇滚解——即周期吸引子，也称周期摇滚

（3）演化为准周期摇滚解——即准周期吸引子，也称准周期摇滚

（4）演化成混沌运动——即奇怪吸引子

大约早在 1948 年，Mekinney 和 Drake 在模型自由飞实验中就观察到了摇滚现象。第一个利用风洞实验研究自激周期摇滚现象的是 Nguyen，Yip 和 Chambers[1]。他们做了后掠角 $\Lambda = 80°$ 的三角翼实验，发现攻角到达 $\alpha = 27°$ 时，出现自激周期摇滚。后来 Levin 和 Kats[2] 做了 $\Lambda = 80°$ 和 $\Lambda = 76°$ 的后掠三角翼实验，发现 $\Lambda = 76°$ 时，并不出现自激摇滚现象；而 $\Lambda = 80°$ 时，自激摇滚出现的起始攻角 $\alpha_{onset} = 20°$。Ng[3] 利用水洞实验研究了 $\Lambda = 70°, 75°, 80°, 85°$ 四种后掠三角翼的摇滚现象，发现 $\Lambda = 70°$ 无自激摇滚发生，后三者有自激摇滚现象，其起始摇滚角分别为 31°，23°，18°。

Arena[4] 利用气浮轴承在风洞中做了 $\Lambda = 80°$ 的后掠三角翼的实验。他得到摇滚的自激起始角 $\alpha_{onset} = 22°$。实验结果的不同，主要来自于机械滚动阻尼力矩和使用的方法。Ericsson[5] 做了许多摇滚分析研究，他认为摇滚的产生是机翼滚转时前缘涡的不对称造成的，并有时间滞后的效应。涡破裂在摇滚过程中可能发生，但仅影响摇滚的振幅和频谱。他还指出，当 $\Lambda > 72°$ 时，后掠三角翼才可能出现自激摇滚。

在计算研究方面，最初采用无粘不可压非定常势流理论和滚转运动的耦合来求解。典型的工作有 Konstadinopoulos[6]，Arena[7] 等人。以后 Gainer[8] 又作了进一步改进。Kandil[9] 及杨国伟等人[10] 利用锥型流近似求解 Euler 方程来计算后掠三角翼的摇滚问题，后者还作了稳定性分析。Kandil[9] 也直接求解了三维 Euler 方程。不多的工作是从 NS 方程与滚动方程耦合求解出发来计算摇滚问题。例如 Kandil[11] 和 Gordnier[12] 在给定攻角下作了摇滚计算。由于问题是非线性、非定常且方程是耦合的，所以精确的数值模拟和理论分析工作较少。

以上研究表明，搞清如下问题是非常必要的：

（1）自激摇滚产生的机理是什么：什么条件下摇滚运动是稳定的；什么条件下演化为周期摇滚问题。这显然是非线性稳定性和分叉问题。

（2）如何用 NS 方程和滚动运动的方程耦合精确地求出自激的摇滚运动及其演化过程。这显然是非定常耦合问题高精度数值求解的问题。

* 空气动力学学报，2006：24（1）：5-9.
收稿日期：2005-01-04；修订日期：2005-06-13。
基金项目：国家自然科学基金（90205013）。
作者简介：张涵信（1936-），男，科学院院士，主要研究领域：分离、旋涡流动机理分析，数值计算方法研究。

当今文献中虽然还没有这方面问题的系统理论，但是非线性动力系统、NS方程的数值计算和实验技术的重大进展，使我们有可能对上述问题进行分析和求解。

本文作者从后掠三角翼摇滚运动的飞行力学方程和NS方程耦合出发，分析给出控制运动状态的气动系数，运用非线性动力学系统的方法，给出参数变化引起动态失稳的条件和判则，研究动态失稳后运动发展的机理和规律。然后通过对耦合方程的数值模拟，给出动态演化的过程和规律。数值计算结果验证了理论分析的正确性，已有的实际地面实验结果，也与理论和计算结果符合。本文为简单略去理论分析和数值计算的细节[13-18]，仅给出关键性的结果。

1　理论结果

本节借助于三角翼的摇滚运动和NS方程的耦合，以及非线性分叉分析稳定性的方法[18,15,16]来研究运动的特征，可以得到如下结论：

(1) 决定滚转运动的气动参数是：

$$\left(\frac{\partial C_m}{\partial\ddot{\theta}}\right)_0、\left(\frac{\partial C_m}{\partial\dot{\theta}}\right)_0 \text{和} \left(\frac{\partial C_m}{\partial\theta}\right)_0 \qquad (1)$$

这里，C_m是三角翼作滚转运动所受的动态瞬时力矩，θ是由平衡滚转角起算滚转振荡角，它是时间的函数。$\dot{\theta}=\frac{\partial\theta}{\partial t}$，$\ddot{\theta}=\frac{\partial^2\theta}{\partial t^2}$。下标“0”表示平衡状态(此处$C_m=0$)。

对于三角翼外形，当来流M_∞和雷诺数Re给定后，$(\partial C_m/\partial\ddot{\theta})_0$、$(\partial C_m/\partial\dot{\theta})_0$和$(\partial C_m/\partial\theta)_0$是攻角$\alpha$的函数。小攻角时，$(\partial C_m/\partial\dot{\theta})_0<0$，随攻角的增大，可出现$(\partial C_m/\partial\dot{\theta})_0\geqslant 0$。

(2) 在平衡位置处，动稳定性的判据是：

$$\lambda = \left(\frac{\partial C_m}{\partial\dot{\theta}}\right)_0 \Big/ \left[1-\left(\frac{\partial C_m}{\partial\ddot{\theta}}\right)_0\right] < 0$$
$$\delta = \left(\frac{\partial C_m}{\partial\theta}\right)_0 \Big/ \left[1-\left(\frac{\partial C_m}{\partial\ddot{\theta}}\right)_0\right] < 0 \qquad (2)$$

因为在一般情况下，$1-(\partial C_m/\partial\ddot{\theta})_0>0$，而对于具有静态稳定平衡位置的飞行器，$(\partial C_m/\partial\theta)_0<0$，所以$\delta<0$自然成立。当$(\partial C_m/\partial\dot{\theta})_0<0$时，$\lambda<0$，三角翼是动稳定的。一旦随攻角$\alpha$增大$(\partial C_m/\partial\dot{\theta})_0$变为正号，就出现$\lambda>0$的动不稳定情况。应该说明，上述稳定性判据第二式，有时写成：

$$\Delta = \lambda^2 + 4\left(\frac{\partial C_m}{\partial\theta}\right)_0 \Big/ \left[1-\left(\frac{\partial C_m}{\partial\ddot{\theta}}\right)_0\right] < 0 \qquad (3)$$

这个条件是更严厉的，它要求稳定运动的相图具螺旋点形态。

(3) 当$(\partial C_m/\partial\theta)_0<0$时，因三角翼的$\lambda$是$\alpha$的函数，可能存在一个临界攻角$\alpha_{cr}^{(1)}$，当$\alpha<\alpha_{cr}^{(1)}$时，$\lambda<0$，三角翼是滚转动稳定的。当$\alpha>\alpha_{cr}^{(1)}$时，$\lambda>0$，它变成动不稳定的。当$\alpha=\alpha_{cr}^{(1)}$时，$\lambda=0$，$(\partial\lambda/\partial\alpha)_{cr}\neq 0$，此时运动方程的Jacobian矩阵的两个特征值$\omega_{1,2}=R(\omega_{1,2})+\mathrm{Im}(\omega_{1,2})\cdot i$，(这里$R$表示实部，Im表示虚部)，满足Hopf分叉条件[15,17]：

$$(R\omega_{1,2})_{cr}=0、(\mathrm{Im}\omega_{1,2})_{cr}\neq 0、\left(\frac{\partial\omega_{1,2}}{\partial\lambda}\right)_{cr}\neq 0 \qquad (4)$$

因此，运动出现Hopf分叉，发生周期振荡。$\alpha>\alpha_{cr}^{(1)}$时，振荡振幅更大。

2　数值模拟方法

在耦合求解飞行器的运动方程和绕流的NS方程时，对于飞行器的运动，由于它是常微分方程，其计算方法是成熟的，关键是如何求解非定常的NS方程。这里涉及三个重要方面。第一方面是内点的计算。大家知道，非定常流动是复杂的：第一，它是耗散系统，在数值求解时，数值耗散不能太大；第二，它包含有大小尺度不同的旋涡，其频谱特性应该在计算中能够满意地捕捉；第三，流动是随时间不断演化的，计算结果必须能反映出这一历史效应；第四，流场内有时包含激波和边界层的干扰，计算结果必须能捕捉这种激波的干扰；第五，计算应该是稳定的，不应产生虚假的波动。因此，对于非定常流动内点计算，必须时间和空间都是高精度的，必须满足以下四个原则：即耗散控制原则、激波控制原则、虚假波动抑止原则和频谱控制原则。文献[13,14]详细讨论了这四项物理原则，并且依此建立了二阶、三阶、四阶、五阶等高精度格式。第二方面是边界点的计算。为了能够准确、稳定地进行边界计算，可根据信号传播的特征，将所有边界条件转化为等价的边界控制方程，然后利用与内点相似的原则，建立计算格式，可参见文献[13]。第三方面是网格问题。非定常流，一般要采用动网格技术。我们曾提出过两种方法建立动网格：壁面附近的网格与物体相对固定，远方的网格与来流相对固定，两者中间的区域，可以采用权函数方法连接，也可采用非结构网格技术连接。但要注意动网格生成时必须满足几何守恒条件。现两种方法都取得了满意的结果。这里有一问题，就是如何选择网格的间距。我们根据内点、边界点的格式精度的阶数和流动的局部雷诺数，提出了间距选择的原则和方法，可参见文献[14]。应该指出的是，现今的非定常计算，边界点格式的阶数、激波附近格式的阶数以及时间计算的格式阶数与内点格式的阶数是不一致的。前三者常常阶数较低，因此使用的计算方法是不同格式阶数混合的格式。在这种情况下，可通过调整网格的大小，来保证计算的误差尽可能各项一致和尽可能小。

3 理论与数值模拟结果

我们就后掠三角翼的摇滚问题作了数值模拟。出发方程为摇滚方程与NS方程的耦合方程，边界条件满足摇滚运动条件，初始条件可为任意的。耦合计算是，先求解NS方程，算出 C_m，再解滚动运动方程，求出新的运动姿态，然后再求解NS方程，如此计算下去，最后给出滚转的时间历程。三角翼的运动方程是用三阶精度格式计算，非定常NS方程是用本文第二作者提出的三阶精度的差分计算方法计算，采用的网格技术满足几何守恒律。计算中流动可为层流，亦可为湍流，湍流采用Baldwin-Lomax模型。计算软件是本文第二作者完成的[17]。这一软件系统，有相当广泛的适用性，下面给出应用实例[17]：

计算外形如图1。三角翼后掠角为80°，前缘尖角为45°，后缘采用削尖处理。计算来流条件为 $M_\infty = 0.35$，$Re = 2.5\times10^6$，攻角由小增大，分别取10°，22°和30°，自由滚转运动。

图2是攻角 $\alpha = 10°$的自由滚转时间历程和相平面图，可见滚转运动是稳定的。

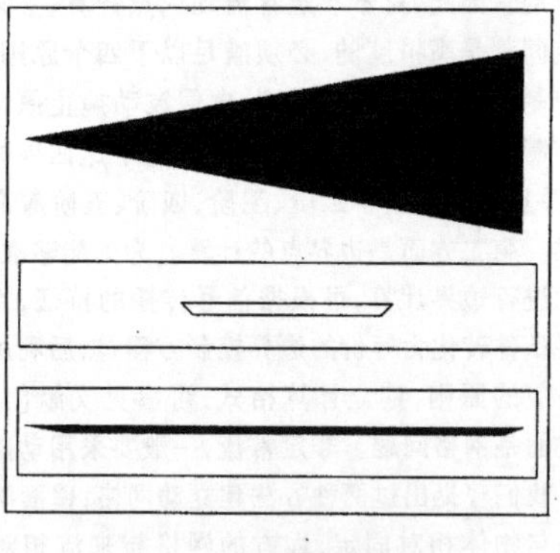

图1 80°后掠三角翼三视图

Fig.1 View of swept delta wing(Λ = 80°)

图3是攻角 $\alpha = 22°$的自由滚转时间历程和相平面图，滚动振幅衰减十分缓慢，接近Hopf分叉状态。

图4是攻角 $\alpha = 30°$的自由滚转时间历程，它出现振幅为35.82°的周期振荡，缩减频率约为0.9。图5是相应升力的变化历程，图6是滚转力矩系数的滞回曲线。

表1给出了滚转力矩导数 $\left(\frac{\partial C_m}{\partial \dot\theta}\right)_0$ 在各种攻角下的值。根据理论分析，在 $\alpha = 22°$多一点时，要出现Hopf分叉，理论分析和数值计算一致。

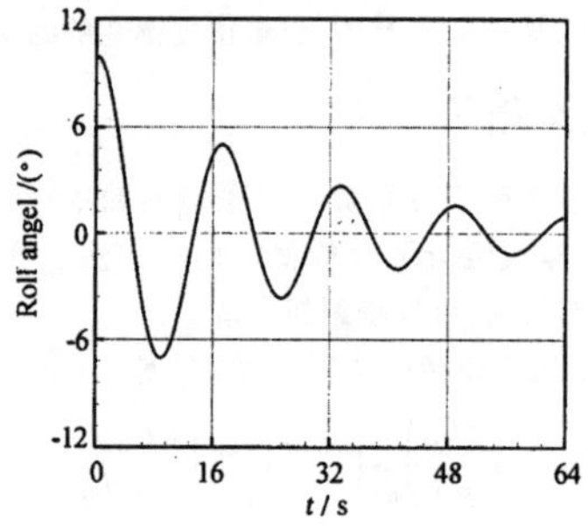

(a) 滚转振动历程

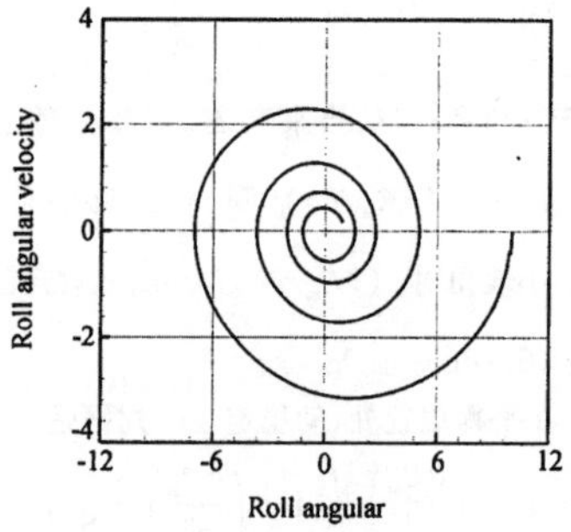

(b) 相平面图

图2 $\alpha = 10°$的自由滚转运动

Fig.2 Free rolling motion at $\alpha = 10°$

表1 阻尼滚转力矩导数

Table 1 Derivative of damping-rolling moment

攻角 α	10°	22°	30°
$(\partial C_m/\partial\dot\theta)_0$	-3.67×10^{-3}	-1.39×10^{-5}	2.77×10^{-3}

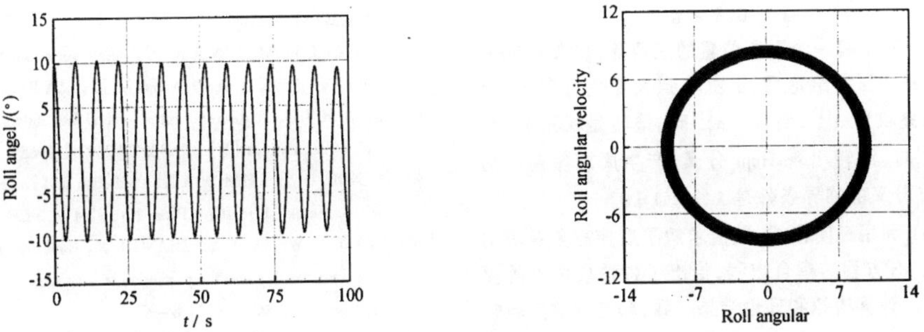

(a)　滚转振动历程　　　(b)　相平面图

图 3　$\alpha = 22°$的自由滚转运动

Fig.3　Free rolling motion at $\alpha = 22°$

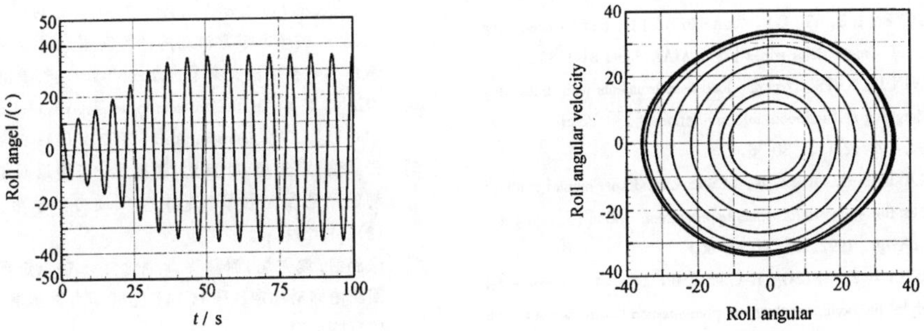

(a)　滚转振动历程　　　(b)　相平面图

图 4　$\alpha = 30°$的自由滚转运动

Fig.4　Free rolling motion at $\alpha = 30°$

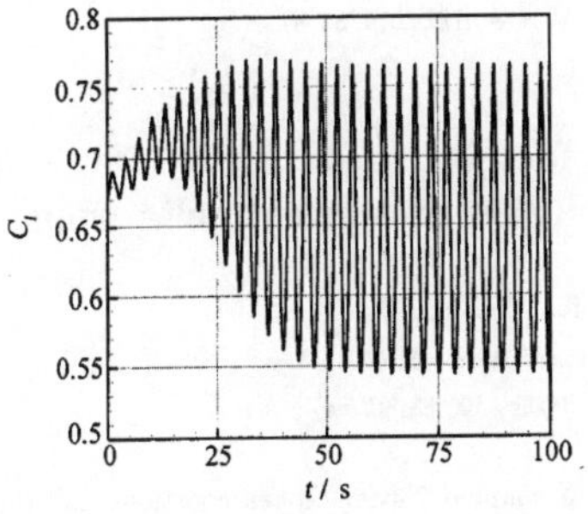

图 5　30°攻角时升力系数变化历程

Fig.5　Time history of lift coefficient at $\alpha = 30°$

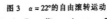

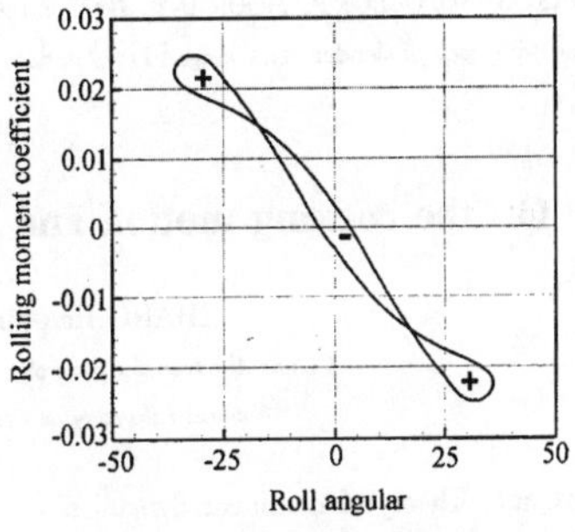

图 6　形成摇滚运动后的滚转力矩系数滞回曲线

Fig.6　Hysteretic loop of rolling moment coefficient when wing rock is formed at $\alpha = 30°$

4　结　论

利用非线性动力学的方法和非定常流动数值求解的技术，后掠三角翼滚转运动和 NS 方程耦合的方程被分析和求解，获得了如下结论：

(1) 运动的稳定条件是：

$$\lambda < 0, \delta < 0$$

(2) 对于有一个平衡位置的三角翼,在来流 Mach 数和 Reynolds 数给定后,α 由小到大变化过程中,存在一临界攻角 $\alpha_{cr}^{(1)}$,当 $\alpha < \alpha_{cr}^{(1)}$时,滚转是稳定的;当 $\alpha = \alpha_{cr}^{(1)}$时,滚转出现 Hopf 分叉,产生周期振荡。出现 Hopf 分叉的临界条件是 $\lambda(\alpha_{cr}^{(1)}) = 0$。

(3) 利用三阶格式,数值求解了后掠三角翼滚动方程和 NS 方程的耦合方程,给出了各种攻角下的模拟结果。计算模拟和理论结果一致,和已有的实验吻合。

参 考 文 献:

[1] NGUYEN L E, YIP L P, CHAMBERS J R. Self-induced wing rock of slender delta wings [R]. AIAA Paper 81-1883.

[2] LEVIN D, KATS. Dynamic load measurements with delta wing undergoing self-induced roll oscillations [J]. *Journal of Aircraft*, 1984,21(1): 30-36.

[3] NG T T, MALCOLM G N, LEWIS L C. Experimental study of vortex flows over delta wings in wing-rock motion [J]. *Journal of Aircraft*, 1992,29(4): 598-603.

[4] ARENA H S, NELSON R C, SCHIFF L B. An experimental study of the nonlinear dynamic phenomenon known as wing rock [R]. AIAA Paper 90-2812.

[5] ERICSSON L E. Wing rock analysis of slender delta wings, review and extension [J]. *Journal of Aircraft*, 1995, 32(6): 1221-1226.

[6] KONSTADINOPOULOS P, MOOK D T, NAYFEH A H. Subsonic wing rock of slender delta wings [J]. *Journal of Aircraft*, 1985,22(3): 223-228.

[7] ARENA J A, NELSON R A. A discrete vortex model for predicting wing rock of slender wings [R]. AIAA Paper 92-4497.

[8] GAINER T G. A discrete vortex method for studying the wing rock of delta wings [R]. NASA/TP-2002-211965.

[9] KANDIL O A, SALMON A A. Prediction and control of slender wing rock [R]. ICAS Paper No. 92-4.7.2-CP, 1992.

[10] YANG G W, LU X Y, ZHANG L X. Nonlinear analysis of dynamic stability and the prediction of wing rock [J]. *Journal of Aircraft*, 2002,39(1): 84-90.

[11] KANDIL O A, MENZIES M A. Effective control of computationally simulated wing rock in subsonic flow [R]. AIAA Paper 97-0831.

[12] GORDINIER R E. Computation of delta wing roll maneuvers [J]. *Journal of Aircraft*, 1995,32(3): 486-492.

[13] 张涵信.关于非定常流动的计算问题 [A].第六届全国流体力学会议论文集 [C].2000 年 4 月,气象出版社。

[14] ZHANG H X. On the problem to develop physical analysis in CFD [J]. *CFD Journal*, April, 2002,10(4):466-476.

[15] 张涵信,袁先旭,叶友达,谢昱飞. 飞船返回舱俯仰运动的动态稳定性研究[J].空气动力学学报,2002,20(3):247-259.

[16] 张涵信,袁先旭,谢昱飞,叶友达. 不带稳定翼飞船返回舱俯仰动稳定性研究 [J].空气动力学学报,2004,22(2):130-134.

[17] 刘伟,张涵信.细长机翼摇滚的非线性动力学分析及数值模拟 [C].全国第十二届计算流体力学会议,2004 年.

[18] 张锦炎. 常微分方程几何理论与分支问题 [M].北京:北京大学出版社,1981 年.

On the rocking motion and its dynamic evolution of a swept delta wing

ZHANG Han-xin, LIU Wei, XIE Yu-fei, YE You-da

(*China Aerodynamics Research and Development Center*, *Mianyang Sichuan* 621000, *China*;
National Laboratory for Computational Fluid Dynamics, *Beijing*, 100083, *China*)

Abstract: Theory of nonlinear dynamics and numerical simulation of coupled Navier-Stokes equations and flight mechanics equations are used to study and analyze the dynamic stability of the rocking motion of a swept delta wing. The judging criteria of dynamic stability and the evolution rule after destabilization are given. It is pointed out that with the Mach number and Reynolds number of free stream set, the rock motion is dynamically stable at low angles of attack, but dynamically unstable at high angles of attack and Hopf bifurcation occurs. Numerical Simulation agress with the conclusion of theoretical analysis, and also accords with the experimental results.

Key words: Hopf bifurcation; dynamic stability; high-order algorithm; numerical simulation

Physical analysis and numerical simulation for the dynamic behaviour of vehicles in pitching oscillations or rocking motions*

ZHANG HanXin[1,2,3], ZHANG Zhao[1,3], YUAN XianXu[1,2], LIU Wei[1], XIE YuFei[1,2†] & YE YouDa[1,2]

[1] China Aerodynamics Research and Development Center, Mianyang 621000, China;
[2] National Laboratory for Computational Fluid Dynamics, Beijing University of Aeronautics and Astronautics, Beijing 100083, China;
[3] School of Aerospace, Tsinghua University, Beijing 100084, China

Analytical methods of nonlinear dynamics and numerical simulations for the coupling equations of Navier-Stokes and flight mechanics are used to study the dynamic behaviour of pitching motions of reentry capsules with the variation of Mach number, and rocking motions of swept wings with the variation of angle of attack. Conditions under which the dynamic instability, Hopf bifurcation and saddle-node bifurcation occur are obtained. The node-saddle-node topological structure in the phase portrait, i.e. the state of bi-attractors (attracting basins) is described. The evolving process of dynamic behaviour and flow fields are given. The theories are compared with some numerical simulations conducted by the authors. Besides, some verifiable experimental results are cited. The agreement between them is very well.

physical analysis, numerical simulation, pitching oscillation, rocking motion, bifurcation

1 Introduction

In the flight process of vehicles, their performances are influenced by flight parameters including the Mach number M, the Reynolds number Re and the angle of attack α. With the variation of any of the parameters, the flight state and the flow field around it would change. As the system of Navier-Stokes equations is dissipative, the flight would evolve into such cases:

(i) Returning to a steady flight state, called a point attractor.

(ii) Changing to a periodic or a quasi-periodic motion, called a period or a quasi-periodic attractor.

(iii) A saddle-node bifurcation happening, called the forecast of chaos[1].

* Science in China Series E: Technological Sciences, 2007, 50(4) : 385-401.
Recommended by Prof. GU SongFen, Member of Editorial Committee of Science in China, Series E: Technological Sciences
Received April 26, 2007; accepted May 8, 2007
doi: 10.1007/s11434-007-0047-x
†Corresponding author (email: xyf123_1@sohu.com)

(iv) A chaotic motion happening, called a strange attractor.

The above phenomena were found in flight tests and wind tunnel experiments. Take the Japanese capsule OREX [2] for instance. In the reentry process, it was dynamically stable at $M_\infty > 2.2$. At $M_\infty \leqslant 2.2$, it underwent periodic oscillations in both flight tests and wind tunnel experiments, i.e. a Hopf bifurcation happened. Another example is the Russian reentry capsule *Soyuz*. When it is unfinned, the analysis below points out that its pitching oscillation is damped and stable at the supersonic stage in reentry. While certain transonic Mach number is reached, a saddle-node bifurcation happens. With Mach number being even lower, the phase portrait shows a node-saddle-node structure. To avoid this disadvantage, stabilizing fins were fixed on the actual reentry capsules[3].

More than 50 years ago, many researchers have studied the rocking phenomena of swept delta wings with the variation of angle of attack using free flight tests and wind or water tunnel experiments. Just as Ericsson[4] stated for swept angle Λ>72°, the wing underwent self-excited rocking motions at angles of attack higher than a certain critical value, i.e. a Hopf bifurcation happened. At angles of attack lower than the critical value, the rolling was dynamically stable and returned to the balance state. Arena [5] made experiments with a Λ=80° model in the wind tunnel using gas bearings. He obtained the onset critical angle of attack of self-excited rocking motion to be α= 22°. Pelletier and Nelson[6] experimented 80°/65° double delta wing on rolling motions. They found that at low angles of attack, the rolling motion was damped and dynamically stable. At high angles of attack, a quasi-periodic self-excited rocking happened, i.e. quasi-periodic limit cycles were produced. At even higher angles of attack, dynamically stable states were recovered.

We start from the physical analysis of nonlinear dynamics[7] and numerical simulations for the coupling equations of Navier-Stokes and flight mechanics to study the pitching motions of reentry capsules with the variation of Mach number and the rocking motions of swept delta wings with the variation of angle of attack. Theories describing the above dynamical process, the Hopf bifurcation and saddle-node bifurcation are given. To verify the developed theories, they are compared with numerical simulations. Besides, some verifiable experimental results are cited. The consistency is satisfactory.

2 Physical analysis

In this section, the pitching motions of reentry capsules with the variation of Mach number are first studied. The rocking motions of swept wings could be analyzed similarly.

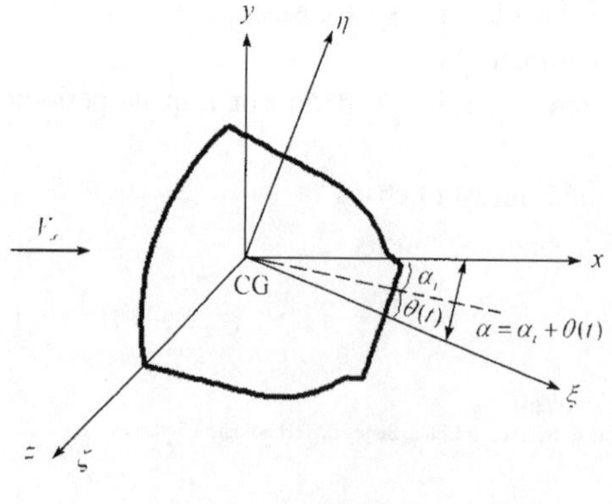

Figure 1 Coordinate system.

2.1 Mathematical description of the pitching motion of reentry capsules

Let $F(\xi,\eta,\zeta)=0$ be the configuration of the capsule (Figure 1), in which ξ,η,ζ are the body-axis orthogonal coordinate system, ξ is along the body axis and ξ,η build up the pitching plane. Let x,y,z to be the inertial orthogonal coordinate system, where axis x is along the free stream. The origins of both systems are located at the center of gravity CG. When the capsule is in pitching oscillation, the relation between the two systems is

$$\xi = x\cos\alpha - y\sin\alpha,$$
$$\eta = x\sin\alpha + y\cos\alpha,$$
$$\varsigma = z,$$

where $\alpha = \alpha_t + \theta(t)$. Here α_t is the trim angle of attack, $\theta(t)$ is the pitching oscillation angle counted from α_t. Coupling equations describing the pitching oscillations of the capsule and the unsteady flow around it yielding the pitching moment are

$$I \cdot \ddot{\theta} = C_m + C_\mu \cdot \dot{\theta}, \tag{1}$$

$$\frac{\partial U}{\partial t} + \frac{\partial E}{\partial x} + \frac{\partial F}{\partial y} + \frac{\partial G}{\partial z} = \frac{\partial E_v}{\partial x} + \frac{\partial F_v}{\partial y} + \frac{\partial G_v}{\partial z}, \tag{2}$$

$$C_m \boldsymbol{k} = \iint_{\text{wall}} \boldsymbol{r}_b \times [(-p_n \boldsymbol{n} + \sigma \boldsymbol{\tau})] \mathrm{d}S. \tag{3}$$

Eq. (1) describes the single-freedom pitching motion of the capsule about its center of gravity. I is the dimensionless rotation inertia. Pitching moment coefficient C_m and mechanic damping moment coefficient C_μ are included. Note that in free flight C_μ is zero, but it must be counted in wind tunnel experiments. $\dot{\theta}$ and $\ddot{\theta}$ are the first and second order temporal derivatives of θ. Eq. (2) is the unsteady Navier-Stokes equation, where the meaning of the symbols and the definition of the dimensionless variables could be found in ref. [8]. Eq. (3) is the integration formula of pitching moment coefficient, where $\boldsymbol{r}_b$ is the vector from the point on the body surface to the center of gravity, $\boldsymbol{k}$ is the unit vector in the direction of axis, z, $\boldsymbol{n}$ and $\boldsymbol{\tau}$ are respectively normal and tangential unit vectors on the body surface, p_n and σ are respectively normal and tangential stresses on the body surface.

2.1.1 Determination of the dependant state variables of dynamic pitching moment. To solve the unsteady Navier-Stokes eq. (2) numerically, the conditions of free stream and moving wall must be given. In the free stream, the dimensionless boundary conditions are

$$u = 1, v = w = 0, \rho = 1, p = 1/\gamma M_\infty^2.$$

On the moving wall, the boundary conditions should be satisfied as follows[8]:

(i) No velocity slips between the gas and the wall, i.e.

$$\boldsymbol{V}_b = -\dot{\theta} \cdot \boldsymbol{k} \times \boldsymbol{r}_b, \tag{4}$$

where $\dot{\theta} = \dfrac{\mathrm{d}\theta}{\mathrm{d}t}$.

(ii) The pressure of the gas on the wall is determined by the momentum equation in the normal direction:

$$\left.\frac{\partial p}{\partial n}\right|_{\text{wall}} = -\rho_b \boldsymbol{n}_b \cdot \boldsymbol{a}_b, \tag{5}$$

in which the acceleration of gas on the wall is

$$\boldsymbol{a}_b = \dot{\boldsymbol{V}}_b = \dot{u}_b \boldsymbol{i} + \dot{v}_b \boldsymbol{j} + \dot{w}_b \boldsymbol{k}.$$

Note that $\dot{\theta}=\frac{d\theta}{dt}$ and $\ddot{\theta}=\frac{d^2\theta}{dt^2}$ are involved.

(iii) The density of the gas on the wall is calculated from the equation of state:

$$\rho_b=\gamma M_\infty^2\cdot p_b/T_{wall},$$

while the temperature of the gas on the wall is determined by condition of isothermal wall (T_{wall} is given) or adiabatic wall ($\partial T/\partial n_{|wall}=0$).

In addition, the initial conditions should be given.

According to the unsteady Navier-Stokes eq. (2), the boundary conditions and the initial conditions, dependent parameters of the flow variables could be drawn out:

$$p,\rho,u,v,w \parallel \theta,\dot{\theta},\ddot{\theta},x,y,z,M_\infty,Re_\infty,T_\infty,T_{wall},\alpha_t,\gamma,Pr. \tag{6}$$

When the configuration of the capsule is given and rigid motion is assumed, integration of eq. (3) yields the dynamic pitching moment coefficient:

$$C_m=C_m(\theta,\dot{\theta},\ddot{\theta},M_\infty,\alpha_t). \tag{7}$$

Here the constants $Re_\infty,T_\infty,T_{wall},\gamma,Pr$ are not listed.

2.1.2 Static pitching moment coefficient. In the static flow case, $\ddot{\theta}=\dot{\theta}=\theta=0$, thus the pitching moment coefficient turns into

$$C_m=C_m(M_\infty,\alpha), \tag{8}$$

which indicates that C_m is the function of angle of attack α when M_∞ is given. For instance, the variation curves of C_m with α at different M_∞ for Russian capsule *Soyuz* are depicted in Figure 2[3].

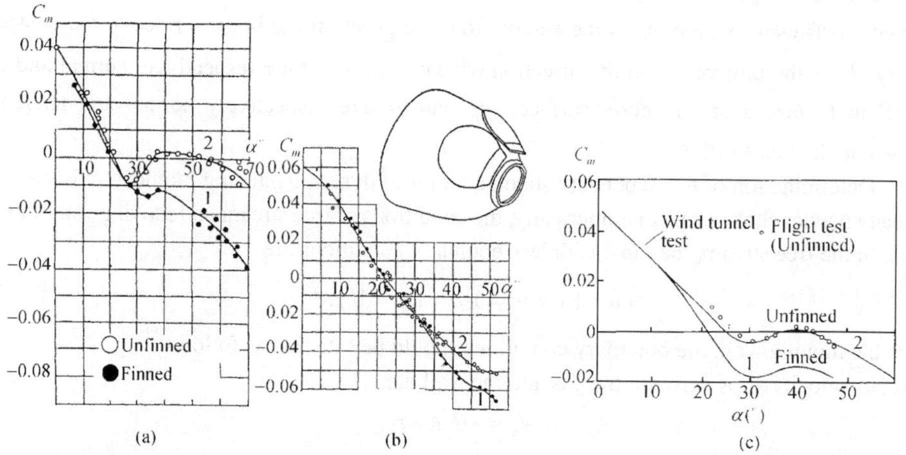

Figure 2 Variation of pitching moment coefficient with respect to angle of attack of the capsule *Soyuz* at different Mach numbers. (a) $M_\infty=0.6$; (b) $M_\infty=5.96$; (c) $M_\infty=1.1$.

The characteristics of pitching moment with angle of attack are shown by curve 1 in Figure 2 (a)—(c), if two stabilizing fins are fixed on the leeside of the small end of capsule *Soyuz*. In this case, only one $C_m=0$ static trim point exists from hypersonic speed down to $M_\infty=0.6$. If the two stabilizing fins are not fixed, there is still only one trim point at high Mach numbers (Figure 2 (b)-2). But at $M_\infty=1.1$, two trim points α_1 and α_2' appear on the characteristic curve of the moment (Figure 2 (c)-2). At $M_\infty = 0.6$, three trim points α_1, α_2 and α_3 are present (Figure 2 (a)-2). This indicates that, the cases with one trim point, two trim points and three trim points should be distinguished in analyzing the dynamic characteristics of the pitching capsule.

2.2 Qualitatively theoretical analysis of the pitching oscillations of reentry capsules

For convenience, absorb the dimensionless rotation inertia I into C_m and C_μ, and still use them to denote the moment coefficient and damping coefficient after absorption. Substituting eq. (8) into eq. (1) yields

$$\ddot{\theta} = C_m(\theta,\dot{\theta},\ddot{\theta}) + C_\mu(\theta,\dot{\theta}) \cdot \dot{\theta}. \tag{9}$$

Here M_∞ and α_t are omitted again for convenience of writing.

2.2.1 Build-up of the dynamic system of the pitching motion of reentry capsules. Carrying out Taylor's expansion to the aerodynamic pitching moment coefficient at the trim angle of attack (denoted by subscript "0") leads to

$$C_m(\theta,\dot{\theta},\ddot{\theta}) = (C_m)_0 + \left(\frac{\partial C_m}{\partial \theta}\right)_0 \cdot \theta + \left(\frac{\partial C_m}{\partial \dot{\theta}}\right)_0 \cdot \dot{\theta} + \left(\frac{\partial C_m}{\partial \ddot{\theta}}\right)_0 \cdot \ddot{\theta} + G(\theta,\dot{\theta},\ddot{\theta}). \tag{10}$$

Here nonlinear terms $G(\theta,\dot{\theta},\ddot{\theta})$ are the high order terms of $\theta,\dot{\theta}$ and $\ddot{\theta}$, and they tend to zero when $(\theta^2 + \dot{\theta}^2 + \ddot{\theta}^2)^{1/2} \to 0$.

As $(C_m)_0 = 0$ at the trim point, substituting eq. (10) into eq. (9) yields

$$\left[1 - \left(\frac{\partial C_m}{\partial \ddot{\theta}}\right)_0\right] \cdot \ddot{\theta} = \left(\frac{\partial C_m}{\partial \theta}\right)_0 \cdot \theta + \left[\left(\frac{\partial C_m}{\partial \dot{\theta}}\right)_0 + C_\mu(0,0)\right] \cdot \dot{\theta} + G(\theta,\dot{\theta},\ddot{\theta}).$$

Let $\begin{cases} x = \dot{\theta} \\ y = \theta \end{cases}$, we obtain

$$\begin{cases} \dot{x} = a \cdot x + b \cdot y + g, \\ \dot{y} = c \cdot x + d \cdot y, \end{cases} \tag{11}$$

where

$$g = \frac{G(\theta,\dot{\theta},\ddot{\theta})}{1 - \left(\frac{\partial C_m}{\partial \ddot{\theta}}\right)_0},$$

$$a = \left[\left(\frac{\partial C_m}{\partial \dot{\theta}}\right)_0 + C_\mu(0,0)\right] \Big/ \left[1 - \left(\frac{\partial C_m}{\partial \ddot{\theta}}\right)_0\right],$$

$$b = \left(\frac{\partial C_m}{\partial \theta}\right)_0 \Big/ \left[1 - \left(\frac{\partial C_m}{\partial \ddot{\theta}}\right)_0\right],$$

$$c = 1,$$

$$d = 0.$$

Here g, a and b are all functions of M_∞.

In this way, nonlinear dynamic system (eq. (11)) describing the pitching motion of capsule is built up.

2.2.2 Qualitative analysis of the dynamic system having one trim point $\left(\left(\frac{\partial C_m}{\partial \theta}\right)_0 < 0\right)$. According to the methods of dynamics[7,9], the conditions of dynamic stability for the nonlinear system eq. (11) could be written as

$$\begin{cases} \lambda(M_\infty) = \left[\left(\frac{\partial C_m}{\partial \dot{\theta}}\right)_0 + C_\mu(0,0)\right] \Big/ \left[1 - \left(\frac{\partial C_m}{\partial \ddot{\theta}}\right)_0\right] < 0, \\ \delta(M_\infty) = \left(\frac{\partial C_m}{\partial \theta}\right)_0 \Big/ \left[1 - \left(\frac{\partial C_m}{\partial \ddot{\theta}}\right)_0\right] < 0. \end{cases} \tag{12a}$$

Sometimes the second condition in eq. (12a) could also be written as

$$\Delta(M_\infty) = \lambda^2 + 4\frac{\left(\frac{\partial C_m}{\partial \theta}\right)_0}{1 - \left(\frac{\partial C_m}{\partial \ddot{\theta}}\right)_0} < 0. \tag{12b}$$

This condition is stricter, which requires the phase portrait of the stable motion to be the spiral point form. If condition (12a) or (12b) is not satisfied, the motion is dynamically unstable. Stable and unstable states are shown in Figures 3 and 4.

Moreover, the characteristic values of the Jacobian matrix of the linear parts of eq. (11) are two unequal roots: $\omega_{1,2} = \frac{\lambda}{2} \pm i\sqrt{\frac{|\Delta|}{4}}$. At $\lambda = \lambda_{cr} = 0$, following conditions are satisfied:

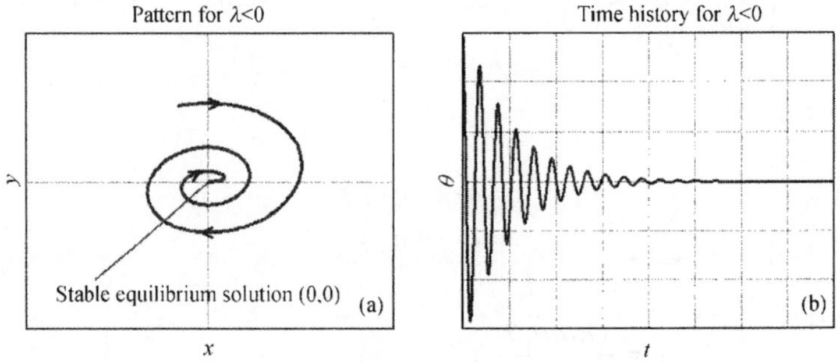

Figure 3 State of $\lambda < 0$, $\Delta < 0$. (a) Phase portrait; (b) time history.

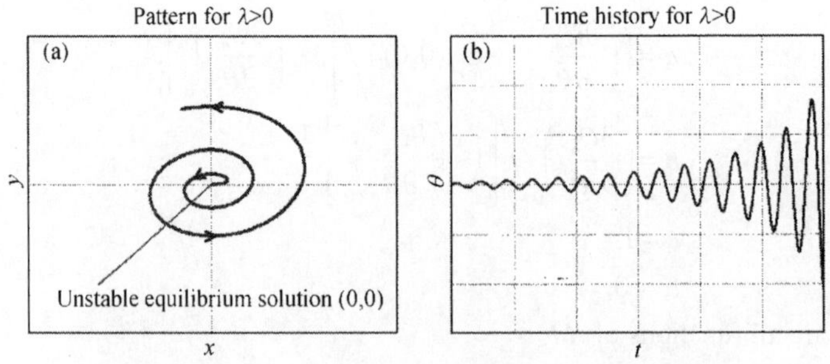

Figure 4 State of $\lambda > 0$, $\Delta < 0$. (a) Phase portrait; (b) time history.

(i) The real part of the characteristic values: $\mathrm{Re}[\omega_1(\lambda_{cr}),\omega_2(\lambda_{cr})]=0.$

(ii) The imaginary part of the characteristic values: $\mathrm{Im}[\omega_1(\lambda_{cr}),\omega_2(\lambda_{cr})]\neq 0.$

(iii) $\left.\dfrac{\mathrm{d}\,\mathrm{Re}[\omega_1(\lambda_{cr}),\omega_2(\lambda_{cr})]}{\mathrm{d}\lambda}\right|_{\lambda=\lambda_{cr}=0}=\dfrac{1}{2}\neq 0.$

Therefore the characteristic values of the system satisfy the three conditions of Hopf bifurcation[7,9] at $\lambda=\lambda_{cr}=0$. This indicates that Hopf bifurcation would happen to the nonlinear dynamic system eq. (11) when λ changes from $\lambda<0$ through $\lambda=0$ to $\lambda>0$. On the (x, y) phase plane, a stable limit cycle would occur (Figure 5(a)). The time history curve of pitching oscillation angle would present a periodic oscillation (Figure 5(b)).

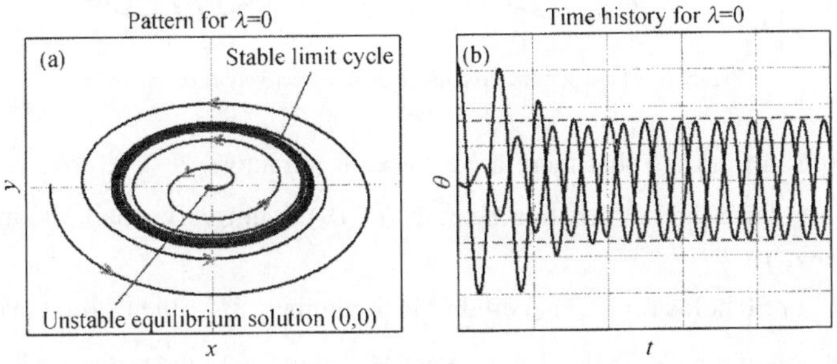

Figure 5 State of λ changes from $\lambda<0$ through $\lambda=0$ to $\lambda>0$. (a) Phase portrait; (b) time history.

Here, we theoretically obtain the critical condition of the happening of Hopf bifurcation as well as the occurrence of the limit cycle:

$$\lambda_{cr}(M_{cr})=\left[\left(\frac{\partial C_m}{\partial\dot{\theta}}\right)_0+C_\mu(0,0)\right]\bigg/\left[1-\left(\frac{\partial C_m}{\partial\ddot{\theta}}\right)_0\right]=0, \tag{13}$$

from which the critical Mach number M_{cr} could be determined.

2.2.3 Qualitative analysis of the dynamic system having two trim points on the moment curve ($M_\infty=M'_{cr}$). When the Mach number decreases from a high number to a certain critical number M'_{cr}, the moment curve changes from having one trim point to two trim points α_1 and α'_2 as curve 2 shown in Figure 2(c). For this critical case, it could be proved that[7,9] one of the characteristic values of the matrix of the linear part for eq. (11) (e.g. ω_1) possesses such qualities:

(i) The real part $\mathrm{Re}\,\omega_1=0$.

(ii) The imaginary part $\mathrm{Im}\,\omega_1=0$.

(iii) When M_∞ increases to M'_{cr}, ω_1 tends to zero from both directions along the real axis.

Then dynamic instability and the saddle-node bifurcation would occur.

2.2.4 Phase portrait in the neighbourhood of the three trim points at $M_\infty<M'_{cr}$. When $C_\mu=0$ and $(\partial C_m/\partial\theta)_0$ <0, >0, <0 are respectively at the three trim points α_1, α_2 and α_3 of eq. (11), so α_1 and α_3 are nodal points while α_2 is a saddle point. The form of the α-$\dot{\alpha}$ phase portrait is different with respect to the difference of $(\partial C_m/\partial\dot{\theta})_0$. For example, when $(\partial C_m/\partial\dot{\theta})_0<0$ (or

$\Delta < 0$) at α_1 and α_3 respectively, the phase portrait at α_1 and α_3 are all stable nodes (the term *node* is in general meaning, including spiral node, critical node, degenerated node and node, only spiral nodes are plotted here) (Figure 6).

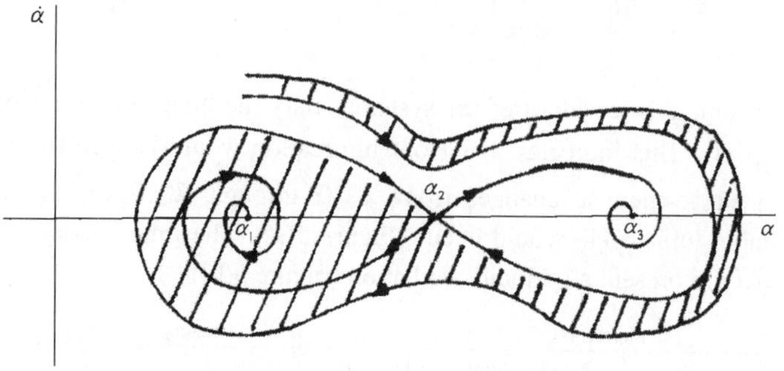

Figure 6 Phase portrait structure of $\Delta<0$ respectively at α_1 and α_3.

It could be seen in Figure 6 that there are two point attractors α_1 and α_3, or two attracting basins. In this case, once the perturbation near α_1 (or α_3) is not very small, the motion could be attracted to α_3 (or α_1).

If $\lambda(M''_{cr})=0$ or >0 holds for α_1 at certain Mach number M''_{cr}, then a limit cycle might occur in the neighbourhood of α_1. With the decrease of M_∞, the size of the limit cycle would increases and α_1 would turn into an unstable spiral point. While $M_\infty = M'''_{cr}$, the limit cycle may pass through trim point α_2 and the motion evolves into a chaotic state through a homoclinic orbit (Figure 7). Similarly, the case shown in Figure 8 might exist at α_3.

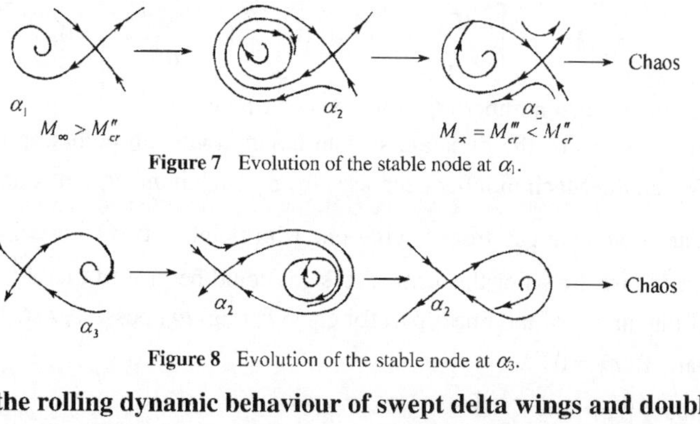

Figure 7 Evolution of the stable node at α_1.

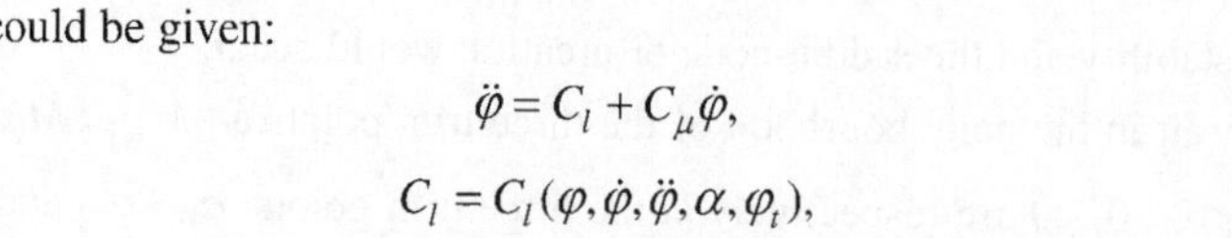

Figure 8 Evolution of the stable node at α_3.

2.3 Analysis of the rolling dynamic behaviour of swept delta wings and double delta wings

In the same way, the dynamic equations of single-freedom rolling of a wing and the expression of rolling moment could be given:

$$\ddot{\varphi} = C_l + C_\mu \dot{\varphi}, \tag{14}$$

$$C_l = C_l(\varphi, \dot{\varphi}, \ddot{\varphi}, \alpha, \varphi_t), \tag{15}$$

in which parameters including $M_\infty, Re, T_\infty, T_{\text{wall}}, \gamma, Pr$ are omitted. φ_t is the rolling balance angle. α is the angle of attack, $\dot{\varphi}, \ddot{\varphi}$ are the first and second order temporal derivatives of rolling angle

φ. Comparing (14) to (9), and (15) to (7), it can be seen that if we substitute θ by φ, α_t by φ_t, and M_∞ by α, the same methods studying the evolution of pitching motion with the variation of M_∞ could be used to study the evolution of rolling motion with the variation of α. As found in the experiments, there usually exists one balance point on the rolling moment curve for high swept angles of the wing, and here $(\partial C_l/\partial\varphi)_0 < 0$. While for the double delta wing, two or three rolling balance points exist at high angles of attack. Therefore, the conclusions drawn on the dynamic behaviour about pitching oscillations with the decrease of Mach number M_∞, also hold for the evolution of rolling oscillations with the increase of angle of attack α, i.e.

(i) Conditions of dynamic stability or instability of motion with the variation of angle of attack in the neighbourhood of the rolling balance point could be obtained.

(ii) The critical angle of attack ($\alpha = \alpha_{cr}$), where a Hopf bifurcation or a limit cycle occurs of the rolling motion with the variation of angle of attack could be obtained.

(iii) The conditions ($\alpha = \alpha'_{cr}$) under which a saddle-node bifurcation happens in the case of two static rolling balance points could be obtained.

(iv) It could be predicted that the phase portrait would display a node-saddle-node structure or two point attractors (attracting basins) in the case of three static rolling balance points. Furthermore, this may be led to chaos ($\alpha = \alpha'''_{cr}$).

3 Numerical simulations

In the following, we study the numerical simulation methods and results. The coupling equations of Navier-Stokes and flight mechanics are used to numerically simulate the process of free oscillating and developing of pitching and rocking motions. Started from the initial flight attitude, Navier-Stokes equations are first solved, so that moment coefficient (C_m or C_l) is obtained. Then the equations of flight mechanics are solved to obtain the new motion attitude. The same steps are carried out again in the next time step. Because the body is moved during the solution process, dynamic grid techniques are used. In the computation of the inner points of Navier-Stokes equations for the flow around the capsule, both temporally and spatially 2nd-order accurate implicit NND scheme developed by the authors[8] is used, while for the rocking motion a temporally 2nd-oredr and spatially 3rd-order weighted NND scheme[10] is adopted. The computation of the equations of flight mechanics is via an implicit 2nd-order three points backward interpolation scheme. Characteristic controlling equations are used to calculate the boundaries[11]. Three examples are given as follows.

3.1 Flow around capsule OREX[8]

Figure 9 shows the computational grid. The flow is assumed to be laminar with $Re = 10^6$. Figure 10(a) shows the computing history with an initial pitching oscillation amplitude of 5° (θ_0=5°) at M_∞=6, and the pitching oscillation is dynamically stable. Figure 10(b) shows the flow field when the oscillation turns steady. The computation at $M_\infty > 2.2$ is similar to $M_\infty = 6$ with the attenuation time of oscillation being longer. Figure 11 shows the results at $M_\infty = 2.2$. In Figure 11(a), no matter the initial amplitude perturbation being 3° or 5°, equi-amplitude oscillations were obtained with time elapsing, i.e. a Hopf bifurcation happens. Through calculation, the moment C_m can be given using the parameter discrimination method. $(\partial C_m/\partial\theta)_0$, $(\partial C_m/\partial\dot{\theta})_0$, $(\partial C_m/\partial\ddot{\theta})_0$, moreover, λ

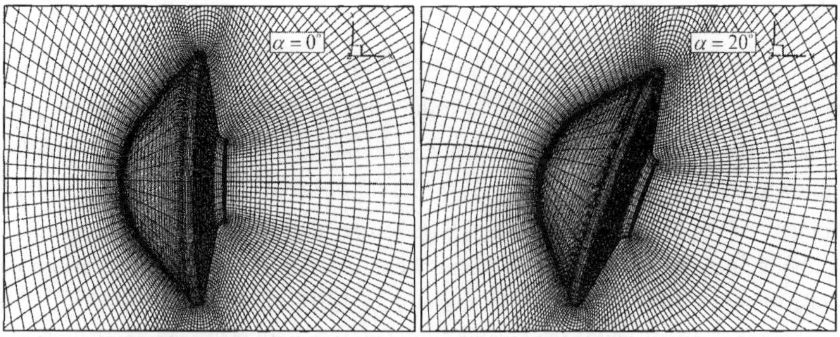

Figure 9 Computational grid.

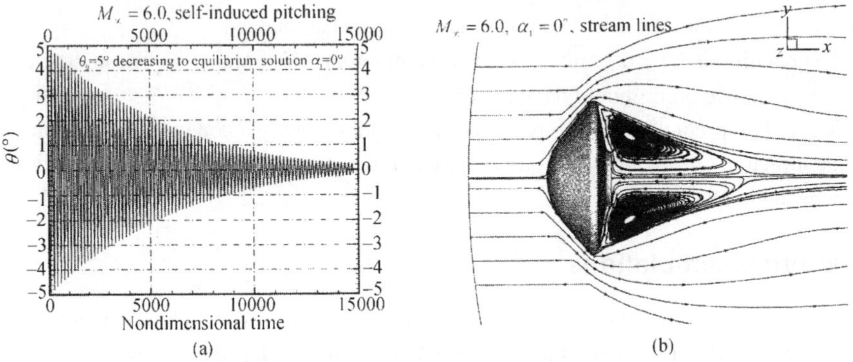

Figure 10 Results at $M_\infty = 6.0$. (a) Time history; (b) streamlines at the trim angle of attack.

and Δ are obtained. At $M_\infty = 2.2$, $\lambda = 0$ just holds, being consistent with the conditions given by the theory. Figure 11(b)—(d) shows the corresponding flow field at $M_\infty = 2.2$, which is seen to be changing periodically. Computation were also made at $M_\infty = 2$, a bigger limit cycle and the variation rule of the flow field and C_m are obtained.

3.2 Flow around *Soyuz*-like capsule[8]

This configuration is similar to *Soyuz*, while differs in size and local details. Assume $Re = 10^6$ and the flow is turbulent thus Baldwin-Lomax model was used. The computation showed that at about $M_\infty = 1.4$, the moment coefficient has two trim angles of attack, thus a saddle-node bifurcation would happen according to our theory. Figure 12 shows the static moment curve at $M_\infty = 1.1$. Two trim angles of attack are present thus the phase portrait is of the node-saddle-node structure according to our theory. To test this, dynamic free oscillations were computed. The dynamic pitching moment coefficient is given in Figure 13, and the hysteretic loops of the dynamic moment curves at various angles of attack are given in Figure 14. The counter-clockwise direction indicates dynamically stable while the clockwise direction indicates dynamically unstable. Table 1 shows the computed λ and Δ at the three trim angles of attack and the structural behaviour of phase portrait. The phase portrait of three trim angles of attack has two point attractors and is just in the form of Figure 6. Our computed phase portrait for $M_\infty = 0.8$ is shown in Figure 15.

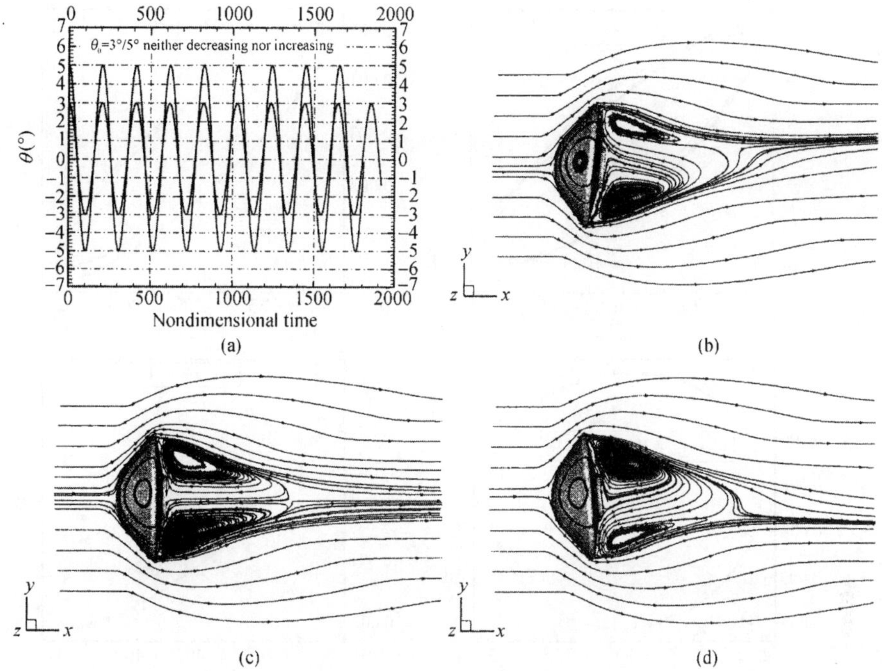

Figure 11 Results at $M_\infty = 2.2$. (a) Time history; (b) streamlines at $\alpha = 4.8032°$, θ_0=5°; (c) streamlines at $\alpha = -0.0908°$, θ_0=5°; (d) streamlines at $\alpha = -4.8294°$, θ_0=5°.

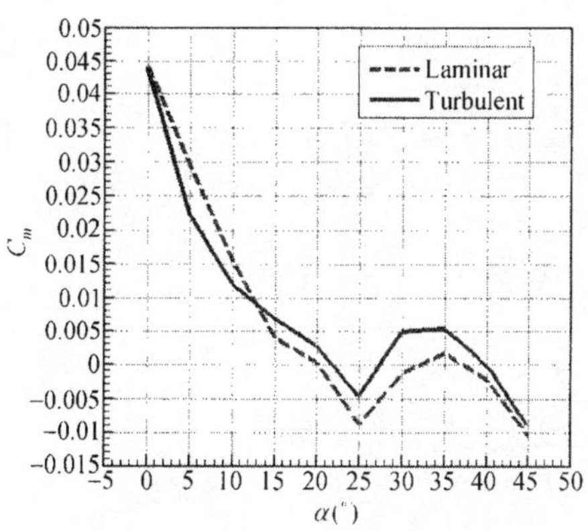

Figure 12 Static moment curve.

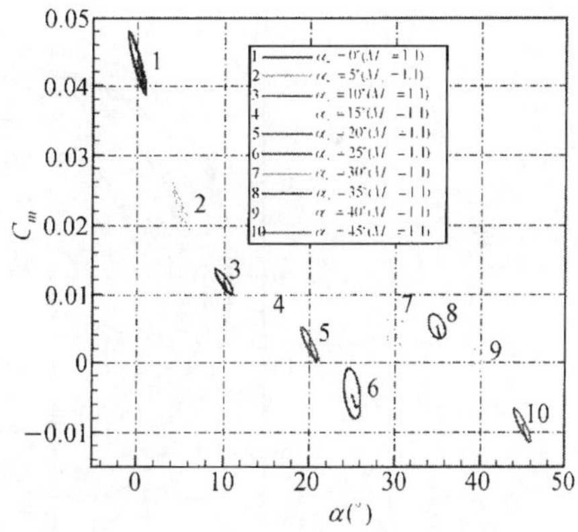

Figure 13 Dynamic pitching moment coefficients.

Table 1 λ and Δ at the three trim angles of attack and the structure of phase portrait ($M_\infty = 1.1$, $Re_{\infty} = 10^6$, unfinned)

Trim angle of attack	λ	Δ	Behaviour near the trim angle of attack
$\alpha_1 = 21.8°$	−0.3427	−0.5314	stable node
$\alpha_2 = 27.5°$	−0.6464	0.8565	saddle
$\alpha_3 = 40.0°$	−0.2170	−0.3393	stable node

3.3 Rocking of a swept delta wing

The rocking of a swept delta wing (swept angle $\Lambda = 80°$) at $M_\infty = 0.35$ and $Re = 2.5\times10^6$ was

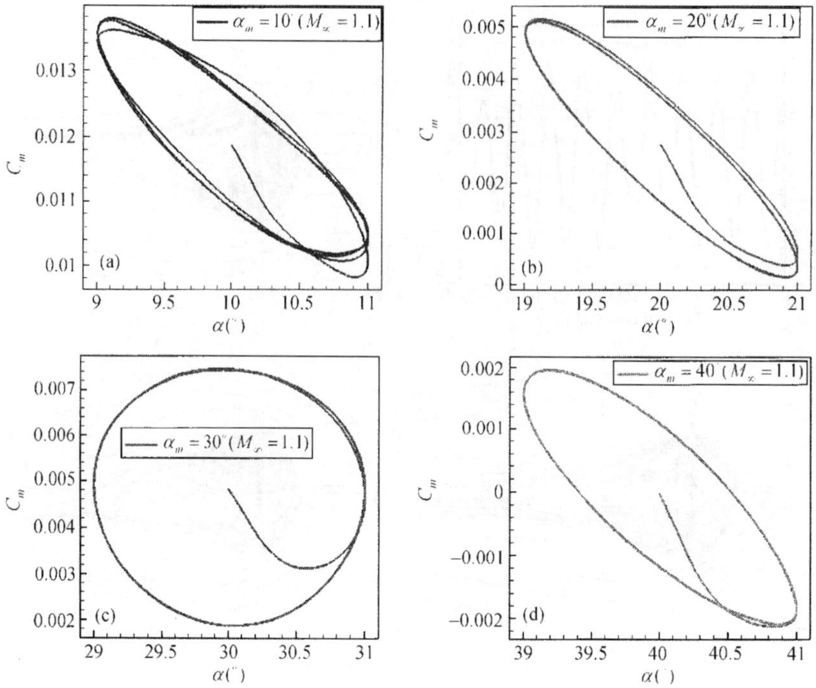

Figure 14 Hysteretic loops of dynamic moment curve at various angles of attack. (a) α_m=10°; (b) α_m=20°; (c) α_m=30°; (d) α_m=40°.

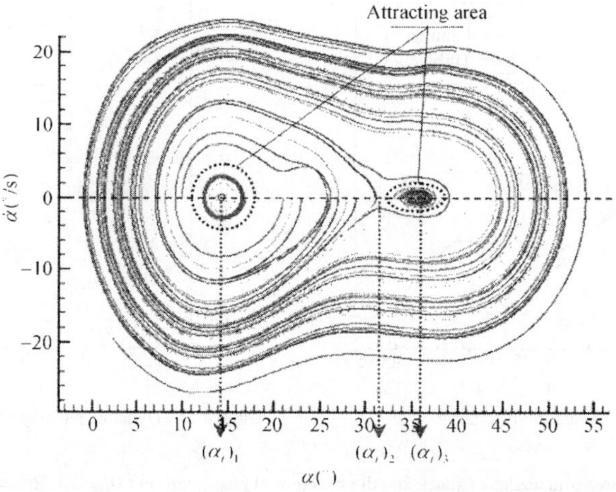

Figure 15 The phase portrait of three trim angles of attack for $M_\infty = 0.8$, $Re_\infty = 10^6$.

simulated. Figure 16 shows the configuration. Figure 17(a) and (b) is the variation history of rolling amplitude and the phase portrait at $\alpha = 10^\circ$, the rolling balance point was dynamically stable. Figure 18(a) and (b) is the variation history of rolling amplitude and the phase portrait at $\alpha = 22^\circ$, a state close to Hopf bifurcation and limit cycle motion. Using the rolling moment calculated from above free oscillations, $(\partial C_l / \partial \varphi)_0$, $(\partial C_l / \partial \dot{\varphi})_0$ and $(\partial C_l / \partial \ddot{\varphi})_0$ were extracted. The result just

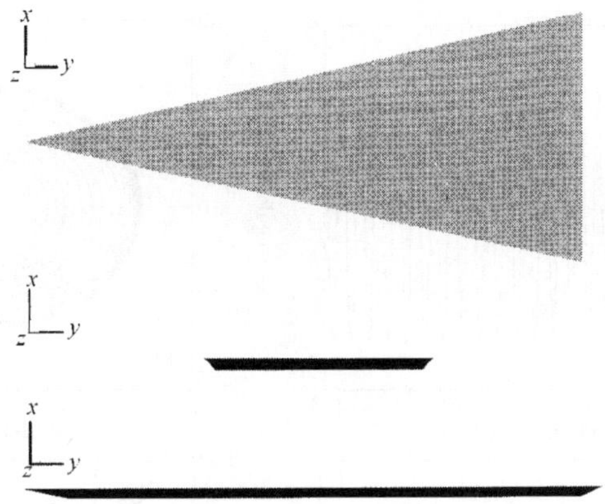

Figure 16 Configuration.

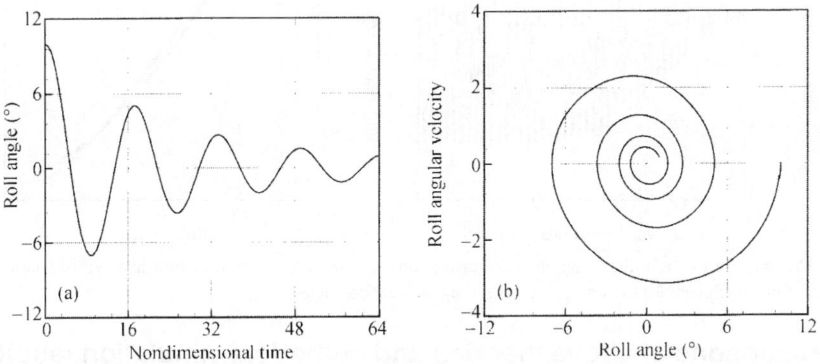

Figure 17 Free rolling motion at $\alpha = 10°$. (a) Rolling time history; (b) phase portrait.

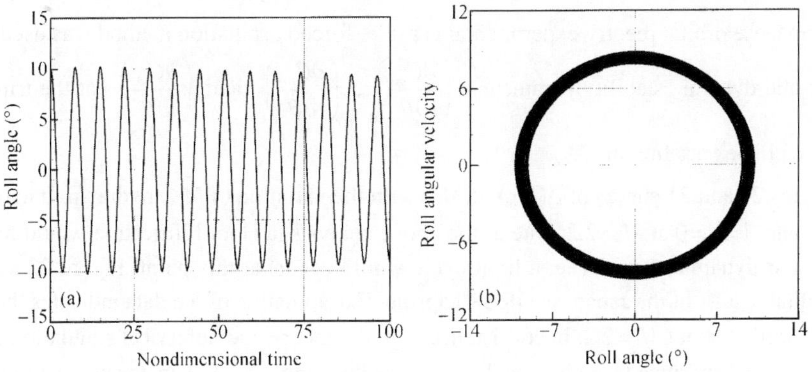

Figure 18 Free rolling motion at $\alpha = 22°$. (a) Rolling time history; (b) phase portrait.

indicats that $\lambda = (\partial C_l / \partial \dot{\varphi})_0 / [1 - (\partial C_l / \partial \ddot{\varphi})_0]$ is approximately zero at $\alpha = 22°$. Therefore our theory coincides with the numerical simulations. In Figure 19(a)—(d) the computed variation history of rolling amplitude, the phase portrait, time history of lift coefficient and the hysteretic loops of rolling moment coefficient C_l at $\alpha = 25°$ are given. Obviously, it is still an equi-amplitude limit cycle oscillation.

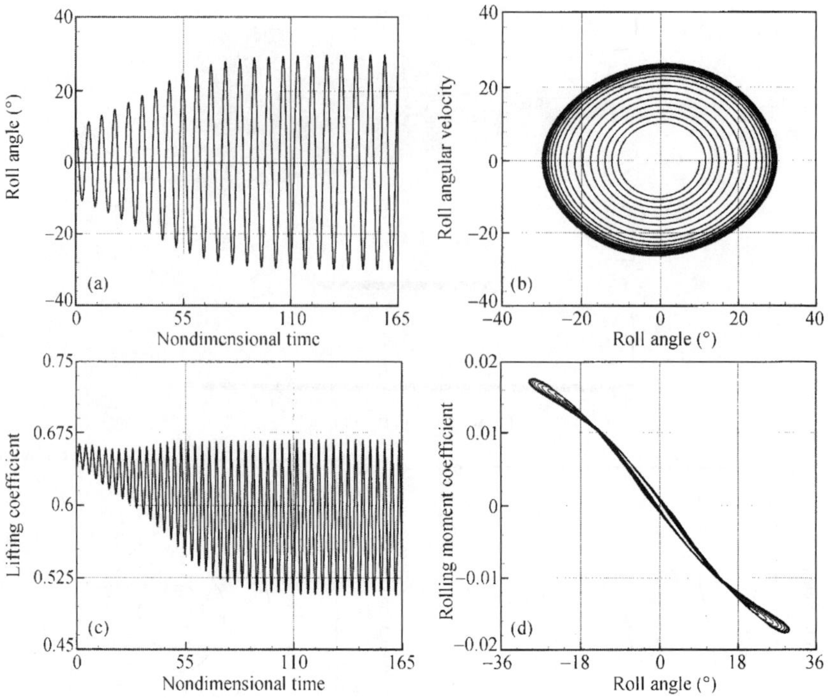

Figure 19 Variation history of rolling amplitude and phase portrait at $\alpha = 25°$. (a) Rolling time history; (b) phase portrait; (c) time history of lift coefficient; (d) hysteretic loops of rolling moment coefficient.

4 Comparisons of above theories and numerical simulation results with some experiments

For the Japanese orbital reentry experimental capsule, forced oscillation method was used to get[8] the static and dynamic stability parameters $\left(\frac{\partial C_m}{\partial \theta}\right)_0$, $\left(\frac{\partial C_m}{\partial \dot{\theta}}\right)_0$ and $\left(\frac{\partial C_m}{\partial \ddot{\theta}}\right)_0$ at the trim angles of attack with the variation of M_∞.

In Figures 20 and 21 curves of $\Delta(M_\infty)$, $\lambda(M_\infty)$ with the variation of M_∞ are drawn. It can be seen that $\Delta<0$, and $\lambda=\lambda_{cr}=0$ at $M_\infty\approx2.2$. Due to the above analysis, a Hopf bifurcation would happen to the nonlinear dynamic system (i.e. a limit cycle would occur) at this point. Figure 22 shows the experimental results of the Japanese OREX capsule. Extrapolation of the data indicates that a limit cycle occurred at about $M_\infty=2.2$, in consistence with the theory and numerical simulation results.

Arena made experiments with models of the delta wing ($\Lambda=80°$) in the wind tunnel using pneumatic bearings. He obtained the critical angle of attack of self-excited rocking motion to be 22°. According to our theory, a Hopf bifurcation would happen when $(\partial C_l / \partial \dot{\varphi})_0 = 0$. In Table 2 the variation of $(\partial C_l / \partial \dot{\varphi})_0$ with angle of attack is given by forced oscillation methods[10]. It can be seen that $(\partial C_l / \partial \dot{\varphi})_0$ is approximately zero at about 22°. Therefore the onset angle of attack predicted by experiment is consistent with the theory and numerical simulation results.

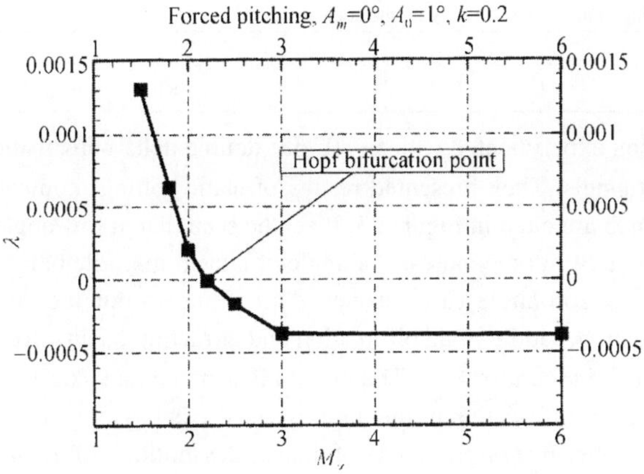

Figure 20 Curve of Δ with the variation of M_∞.

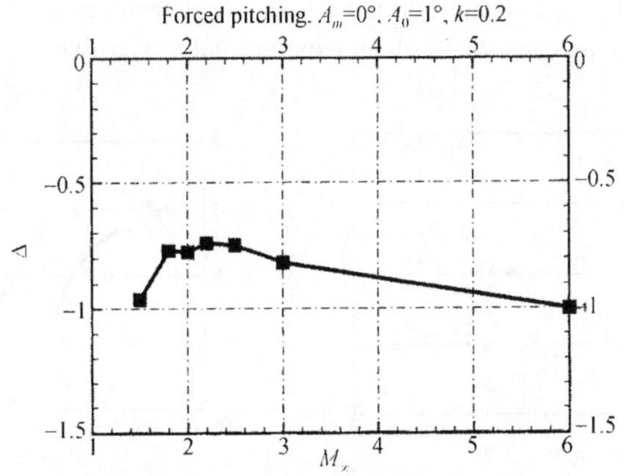

Figure 21 Parameter of the Hopf bifurcation.

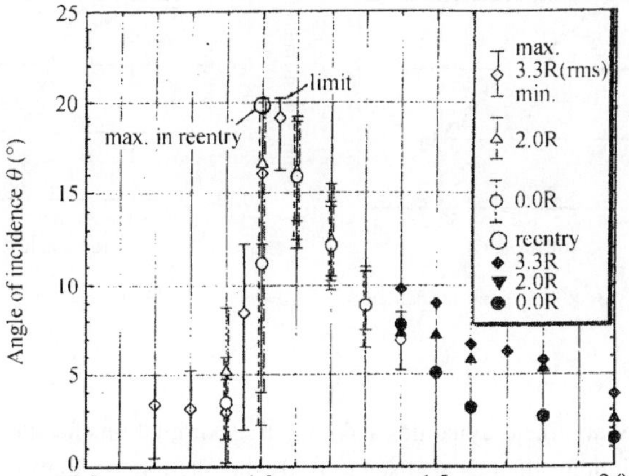

Figure 22 Experimental results from ref. 2.

Table 2 Variation of rolling moment derivatives with the angle of attack

α	10°	22°	30°
$(\partial C_l/\partial\varphi)_0\times10^3$	−3.67	-1.39×10^{-2}	2.77

Pelletier and Nelson experimented with an 80°/65° double delta wing using pneumatic bearings in low speed wind tunnels. They presented results of static rolling moment in the range of 60° rolling angle and which are cited in Figure 23. It can be seen that at low angles of attack, only one balance roll angle exists. With the increase of angle of attack, multiple balance roll angles appear. Finally the one-balance-roll-angle case recovers. According to our theories about the dynamic stability, Hopf bifurcation, saddle-node bifurcation and attracting basins, for low angles of attack, the wing can be trimmed around $\varphi = 0°$. The motion is damped and stable. As the angle of attack being increased, the Hopf bifurcation or the limit-cycle type behaviour can be observed. The wing starts to rock. With further increase in angle of attack, the motion will evolve into a saddle-node bifurcation. Then a node-saddle-node structure which oscillates around two different balance roll angles called attracting basins would be discovered. After these regions the wing oscillates periodically around $\varphi = 0°$ once again. Furthermore the state becomes dynamically stable. Above theoretical conclusions are consistent with the experimental results given by Pelletier and Nelson[6] shown in Figure 24.

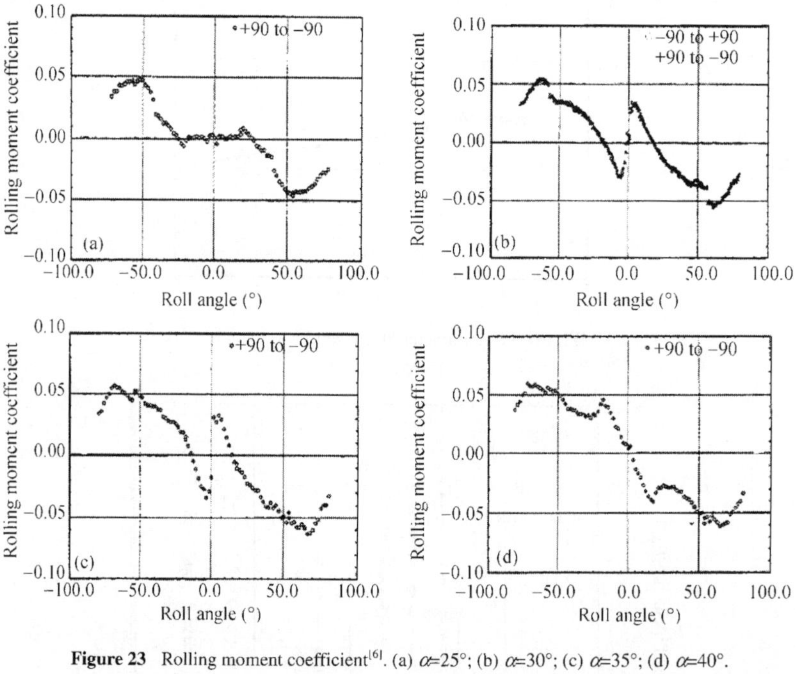

Figure 23 Rolling moment coefficient[6]. (a) α=25°; (b) α=30°; (c) α=35°; (d) α=40°.

5 Conclusions

Analytical methods of nonlinear dynamics and numerical simulations for the coupling equations of Navier-Stokes and flight mechanics are used to study the pitching oscillations of capsules with the variation of Mach number and the rolling oscillations of swept delta wings with the variation of angle of attack. The following theories or conclusions of the dynamic evolution behaviour were

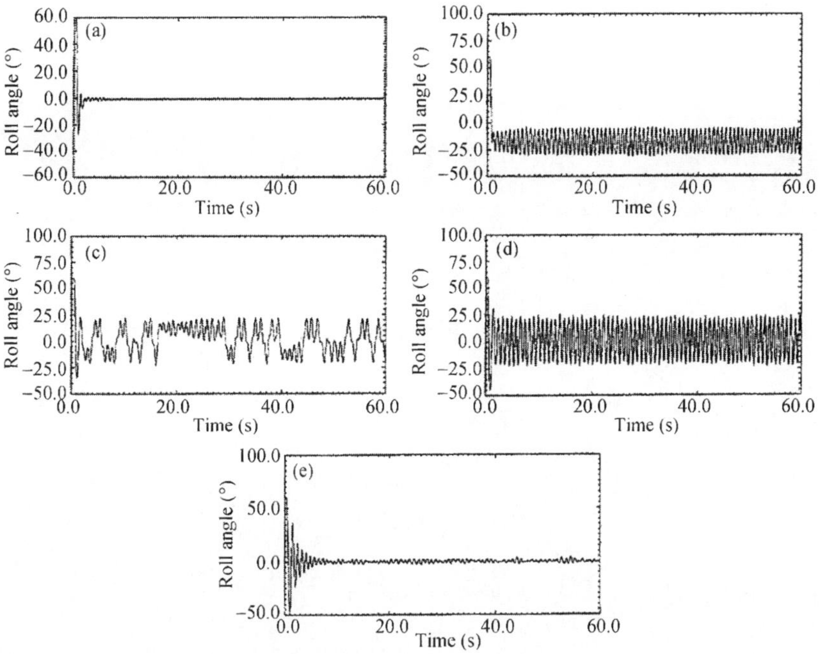

Figure 24 Evolution history of flow for initial condition $\varphi = 60^{\circ}$[6]. (a) $\alpha = 25°$; (b) $\alpha = 30°$; (c) $\alpha = 35°$; (d) $\alpha = 40°$; (e) $\alpha = 45°$.

established: (i) The theory of dynamic stability and instability; (ii) the theory of appearing Hopf bifurcation; (iii) the theories of appearing saddle-node bifurcation and node-saddle-node structure.

In addition, numerical methods solving the coupling equations of Navier-Stokes and flight mechanics for unsteady three dimensional flows are developed. The evolving process of dynamic behaviour and corresponding flow fields are given.

Theoretical analysis is compared with our numerical simulations. Besides, some verifiable experimental results are cited. The consistency is satisfactory.

1 Long Y J. Chaos Oscillation Study: Methods and Applications. Beijing: Tsinghua University Press, 1997

2 Takashi Y, Atsushi T, Mitsunori W, et al. Orbital re-entry experiment vehicle ground and flight dynamic test results comparison. J Spacecraft Rocket, 1996, 33(5): 635—642

3 Zhao M X. Dynamic stability of manned reentry capsules. Aerodynamic Experiments: Measurements and Control, 1995, 9(2): 1—8

4 Ericsson L E. Wing rock analysis of slender delta wings, review and extension. J Aircraft, 1995, 32(6): 1221—1226

5 Arena H S, Nelson R C, Schiff L B. An experimental study of the nonlinear dynamic phenomenon known as wing rock. AIAA 90-2812, 1990

6 Pelletier A, Nelson R C. Dynamic behavior of an 80°/65° double-delta wing in roll. AIAA 98-4353, 1998

7 Zhang J Y. Geometric Theories and Bifurcation Problems of the Ordinary Differential Equations. Beijing: Peking University Press, 1981

8 Yuan X X. Numerical Simulation for Unsteady Flows and Research on Dynamic Characteristics of Vehicle. Dissertation for the Doctoral Degree. Mianyang: Aerodynamics Research and Development Center, 2002

9 Liu Y Z, Chen L Q. Nonlinear Dynamics. Shanghai: Shanghai Jiao Tong University Press, 2000

10 Liu W. Nonlinear dynamics analysis for mechanism of slender wing rock and study of numerical simulation method. Dissertation for the Doctoral Degree. Changsha: National University of Defense Technology, 2004

11 Zhang H X, Li Q, Zhang L P. On problems to develop physical analysis in CFD. CFD J, 2002, 10(4): 466—476

第六部分

验证确认

对于一个绕流问题，当流动的物理模型、边界条件和初始条件给定后，求其数值解的前提是认为其解一定存在（虽然NS方程存在和唯一性还未证明）。这个解取决于正确的满足初、边值条件的解法，应该包含在可能的大量的数值计算结果中，所谓可能的大量的数值计算是由各种精度的计算格式，各种计算网格的边界处理方法等组成。这样可以设想利用大数定律、数学期望等数学统计理论找出数值解的正确结果。

关于 CFD 计算结果的不确定度问题*

张涵信

(中国空气动力研究与发展中心,四川 绵阳 621000;国家计算流体力学实验室,北京 100083)

摘　要:本文研究 CFD 的准确度和不确定度问题,希望给出一种说法,以此说明 CFD 的可用性、面临的现状和问题,并进一步研究提高 CFD 准确度的措施。

关键词:CFD;数值模拟;准确度;验证与确认

中图分类号:V211.3　　**文献标识码**:A

0 引 言

CFD 有了很大进展,表现在软件上,国内外已推出很多。问题是,这些软件的应用情况如何?这与 CFD 的准确度有关。大家知道,对定常气动力的某些量,如升力、力矩、阻力,风洞实验结果是可以给出准确度的(摩阻和热流等还难以给出)。而相应这些量,CFD 的准确度还没有一个说法。本文研究 CFD 的准确度问题,希望给出一种说法,以此说明 CFD 的可用性、面临的现状和问题,并进一步研究提高 CFD 准确度的措施。

1 准确度及不确定度问题

风洞实验中[1,2],定义气动量 C 的实验值与真值之差为准确度;准确度的绝对值的最大值为绝对不确定度 Δ_C,这个值与实验值的绝对值之比为相对不确定度 δ_C。世界各国例如对飞机的常规气动力实验,都积累了实验不确定度的经验和标准[1,2],中国也如此。例如对运输机:

升力[1)] C_L　$\Delta_{C_L} = 0.001$

力矩 C_m　$\Delta_{C_m} = 0.001$

阻力 C_D　$\Delta_{C_D} = 0.0001 = 1\text{d.c.}$

$(1\text{d.c.} = 1\text{drag count} = 10^{-4})$

在 CFD 中,我们仿照实验来定义计算量的不确定度。定义物理量 C 的计算值与真值之差的绝对值的最大值为绝对不确定度 ΔC,这个值与计算值的绝对值之比为相对不确定度 δ_C。因真值不知道,知道了计算值,给不出不确定度。这是现有的研究还没有计算不确定度表达式的原因。我们可换一个角度来考虑。大家知道,工程制造是按设计数据加工的。常有一种说法,加工能达到的形状,可准确到数据的第 n 位,这也是表示准确度的一种方法。我们不妨也采用这种方法来表达计算的不确定度。即用计算数据有效位数能达到真值的前 n 位来表示计算结果的准确度。用这种方法讨论准确度,还有明确的物理意义。这样改换提法的好处是,可以明确地给出不确定度的表达式。事实上设气动系数 C 可表达为:

$$C = a_m 10^m + a_{m-1}10^{m-1} + a_{m-2}10^{m-2} + a_{m-3}10^{m-3} + \cdots + a_{m-n}10^{m-n} + \cdots$$

如果要求 n 位真值准确,它可写成:

$$C = a_m 10^m + a_{m-1}10^{m-1} + a_{m-2}10^{m-2} + \cdots + a_{m-n+1}10^{m-n+1} + \Delta$$

$$|\Delta| < \Delta_C = 9.999 \times 10^{m-n} = 10^{m-n+1} = 10^{m-n+5}\text{drag counts}$$

即绝对不确定度为:

$$\Delta_C = 10^{m-n+5}\text{drag counts}$$

相对不确定度为:

$$\delta_C = \frac{1}{|a_m 10^{-1} + a_{m-1}10^{-2} + \cdots + a_{m-n+1}10^{-n}|} \cdot 10^{-n}$$

或近似可写成:

$$\delta_C = \frac{10}{|a_m + a_{m-1}10^{-1}|} \cdot 10^{-n}$$

可见,如果 $n = 2$,相对不确定度为

* 空气动力学学报,2008,26(1):47-49+90.

收稿日期:2007-01-30;修订日期:2007-04-20。

1) 此处指的是气动系数,下同。

$\left(\frac{10}{|a_m + a_{m-1}10^{-1}|}\right)\%$；如果 $n=3$，为千分之 $\left(\frac{10}{|a_m + a_{m-1}10^{-1}|}\right)$；$n=4$，为万分之 $\left(\frac{10}{|a_m + a_{m-1}10^{-1}|}\right)$。

例如对运输机，取 $n=3$，即量测值前三位真值准确，因

C_L:　　一般 0.×××，$m=-1$

C_m:　　一般 0.×××，$m=-1$

C_D:　　一般 0.0×××，$m=-2$

故

升力 C_L　　$\Delta_{C_L} = 0.001$

力矩 C_m　　$\Delta_{C_m} = 0.001$

阻力 C_D　　$\Delta_{C_D} = 0.0001 = 1\text{d.c.}$

相应可给出 δ_{C_L}，δ_{C_m}，δ_{C_D} 它们分别是千分之 $\frac{10}{(|a_m + a_{m-1}10^{-1}|)_l}$。这里下标 l 表示 C_L，C_m 及 C_D。可见，上面实验不确定度的标准正好是三位真值准确。

设 C_t 为计算值，C 为真值，则

$$C_t - \Delta_C \leqslant C \leqslant C_t + \Delta_C$$

这表明，计算结果满足前 n 位真值准确的数据带应该在带宽为

$$2\Delta_C = 2\cdot 10^{m-n+1} = 2\cdot 10^{m-n+5}\text{d.c.}$$

的区域内，数据带的半宽为 ΔC。表 1 给出了运输机 Δ_{C_L}，Δ_{C_m}，Δ_{C_D} 的 n 与带宽的关系。

表 1　n 与 $2\Delta_C$ 的关系

Table 1　The relationship between n and $2\Delta_C$

n	$2\Delta_{C_L}$	$2\Delta_{C_m}$	$2\Delta_{C_D}$
1	2000 d. c.	2000 d. c.	200 d. c.
2	200 d. c.	200 d. c.	20 d. c.
3	20 d. c.	20 d. c.	2 d. c.

由于在 CFD 中，求流场的解(设它存在唯一)时，其模拟方程和求解计算方法均可能有误差，因此使用不同算法和不同湍流模型的各个软件，计算结果就不同，综合在一起，就会有数据带。对运输机，文献[3]给出了众多单位的计算结果的数据带，情况是：升力 $2\Delta_{C_L} = =400$ d. c.，力矩 $2\Delta_{C_m} = 400$ d. c.，阻力 $2\Delta_{C_D} = 40$ d. c.，国内的计算结果数据带更宽。同表 1 比较，综合结果是：如果要求计算结果给出前三位真值准确，或相对不确定度为千分之 $\left(\frac{10}{|a_m + a_{m-1}10^{-1}|}\right)$，现时还做不到；但比前一位准确($n=1$)的情况好得多，近似为 $n=2$，这对应于前二位真值准确。与之相应：

升力 C_L　　$\Delta_{C_L} = 0.01$

力矩 C_m　　$\Delta_{C_m} = 0.01$

阻力 C_D　　$\Delta_{C_D} = 0.001$

对其它外形(非运输机)的大量计算结果作类似的分析，可以得到同样的结果。

于是结论为：

(1)三位真值准确接近实验的不确定度。现在计算的准确度不如实验高，总体上接近达到二位真值准确，即绝对不确定度为：

$$\Delta_C = 10^{m-1} = 10^{m+3}\text{d.c.}$$

相对不确定度为：

$$\delta_C = \left(\frac{10}{|a_m + a_{m-1}10^{-1}|}\right)\% \text{ 或} \left(\frac{10}{|a_m|}\right)\%$$

(2) 对运输机，国外的计算结果有能达到 $\Delta_{C_L} = 100$ d. c.或 $\Delta_{C_m} = 100$ d. c.或 $\Delta_{C_D} = 10$ d. c.的，所以国外有不少软件(密网格 10^7 量级)能真正或部分达到前两位真值准确的[4]。对于其它外形的计算，其计算结果也有全部或部分达到 $\delta_C = \left(\frac{10}{|a_m|}\right)\%$，即前两位真值准确的。但也有部分软件，其精度仍需提高。国内的情况也大体如此，更需进一步提高。

2　CFD 的应用

2.1　型号应用

型号部件或整机(弹)设计时，先要选择一些外形进行气动性能评估，从中优选少量几个或个别的外形再进行风洞实验，开展细微的设计。在评估阶段，国外实验和 AGARD 风洞实验小组提出，气动系数的准确度要求可以低些。该阶段气动系数的不确定度要求是[1,2]：

$$\Delta_{C_L} = 0.01$$

$$\Delta_{C_m} = 0.02$$

$$\Delta_{C_D} = 0.0005 \sim 0.001$$

这个要求与 CFD 二位真值准确的准确度是大致相当，所以满足二位真值准确的 CFD 可用于气动性能

评估。

2.2 气动噪声与飞行包线等的模拟

在型号设计过程中,须要降噪和决定飞行包线等。现时的 CFD 的准确度,对阐明这些问题还是合宜的。例如:

(1)飞行包线

飞机向上俯仰时,可诱生摇滚和偏航现象。这一影响飞行攻角边界的现象,利用俯仰-摇滚或俯仰-偏航-摇滚耦合的非定常数值模拟,可以揭示流动失稳和分离不对称等现象和产生的机理。如数值计算可证实实验给出的机翼强迫俯仰诱发的摇滚运动及分叉现象[5],也可证实飞行给出的俯仰诱发的偏航、摇滚现象。

(2)喷流啸音降低的机理

如数值模拟可证实:啸音的产生与喷流前 4、5 个激波系结构相关[6]。使喷流旋转可改变前 4、5 个激波结构,因此可降低啸音[7]。

(3)动态气动系数等的建模

3 进一步的发展——解决高雷诺数气动力及噪声等计算问题

对于复杂外形,湍流自模拟雷诺数很大,超过 10^7 以上。当 Re 数大于 10^7 时,其升阻比、力矩系数是一个随 Re 数变化的曲线。现有的风洞实验 Re 数多小于 10^7。如何预测雷诺数对这类气动力的影响,正确的方法是 CFD 和 EFD 相结合:通过实验和计算,修正模式方程、建立较精确的湍流模式方程的求解方法。还有噪声等问题,这是大飞机设计中另一个关注的课题。

有两个发展任务:一是把 CFD 的验证确认搞好,至少做到满足前二位真值相同的准确度;二是进一步再提高 CFD 的准确度,建立高精度的湍流方程和求解湍流方程的高阶算法。

对于第一方面的发展:

要判断不满足准确度的原因:是数值方法问题?还是湍流模型方程问题?要分析已经达到准确度要求的现有二阶格式软件,它们采用了什么措施;有两条可以借鉴:

(1)满足格式强烈依赖于密网格的要求。对复杂外形,采用二阶格式,大约网格点要达数千万或上亿的量级[8]。

(2)对采用的复杂外形,用什么湍流模式,什么转捩准则,如何处理边界条件,有相当多的地面及飞行实验的数据验证、修正和指导。

对于第二方面的发展:

(1)采用高阶算法,可解决算法依赖网格问题。要发展高阶有限差分、高阶紧致格式、高阶有限体积法和高阶间断有限元法(DG)。这里有稳定、收敛等问题,还有网格、边界与之匹配的问题。气动噪声、LES、DNS 和多涡非定常问题,本身就要求高阶算法。

(2)发挥 DNS、LES、DES、RANS 的互补作用,建立准确度更高的湍流方程,加强与地面实验和飞行实验的对比。在此基础上,为航空航天飞行器气动及噪声研制高阶计算软件系统。

4 结 论

(1)我们给出了 CFD 计算结果准确度和不确定度的定量表达式,从而可检验国内外 CFD 计算软件的可用性。

(2)根据现有 CFD 的情况,CFD 已可应用在型号中,代替相当多的地面实验。在阐明流动机理和流动建模上也可发挥重要作用。

(3)对 CFD 的进一步发展提出了两点建议:

第一、要搞好 CFD 的验证确认工作。是方法问题,要研究如何提高方法的能力。是模型问题,要研究如何修正模型方程的方法。

第二、要建立气动和噪声等问题的高阶计算体系,要研究高阶算法本身发展问题,和湍流方程等如何更精确表达的问题。这是更艰巨的任务。

参 考 文 献:

[1] 恽起麟. 风洞实验 [M]. 近代空气动力学丛书. 国防工业出版社. 北京, 2000,9.

[2] 程厚梅等. 风洞实验干扰与修正 [M]. 近代空气动力学丛书. 国防工业出版社. 北京, 2003,1.

[3] LAFLIN K.R et al. Summary of data from the second AIAA CFD drag prediction workshop (Invited) [R]. AIAA2004-0555.

[4] TINOCO E N, SU T Y B. Drag prediction with the ZEUS/CFL3D system [R]. AIAA 2004-0552.

[5] 唐敏中, 张伟, 何宏丽. 俯仰-滚摆耦合复杂流场试验研究 [J]. 空气动力学学报, 2001, 19(1): 47-55.

[6] 高军辉. 超音喷流啸音产生机制的数值模拟研究 [D]. [博士学位论文]. 北京航空航天大学, V23, 10006BY0204113, 2007.

[7] CHEN R H, YU Y K. Elimination of screech tone noise in

(下转第 90 页)

On the uncertainty about CFD results

ZHANG Han-xin

(China Aerodynamics Research and Development Center, Mianyang Sichuan, 621000;
National Laboratory for Computational Fluid Dynamics, Beijing, 100083)

Abstract: The accuracy and uncertainty about CFD are studied. The reliability of CFD, its current status and facing problems are explored with this discussion. Further development to improve the accuracy of CFD is presented.

Key words: CFD; numerical simulation; accuracy; uncertainty; experimental verification and validation

关于CFD验证确认中的不确定度和真值估算*

张涵信，查　俊

（中国空气动力研究与发展中心，四川绵阳，621000；国家计算流体力学实验室，北京，100191）

摘　要：本文回顾了CFD验证、确认中不确定度的概念和研究方法，CFD的不确定度尚无表达式可以使用。本文也讨论了现在正在进行的实验验证，对各个参加验证的软件，如何作出定量的精度评价也缺乏原则。针对这些情况，我们在不改变不确定度定义的前提下，对不确定度作了新的解读，即不确定度可解读为计算值或实验值与真值准确到前n位，从而可给出不确定度的表达式和真值估算的原则。并根据大样本数据的统计理论，对真值认为接近数学期望，从而给出准确到n位真值的计算方法。这个方法，可用于计算结果的检验，例如当模型一定时，可用此法寻求计算方法的真值，对算法进行检验；如算法一定模型改变时，也可用于检验模型的可靠性。利用这种方法，在没有实验结果的情况下，也可评价各计算软件的质量。这个方法当然也可以运用处理实验数据。因为CFD中计算模型是人为建立的，虽然可以检验它的解是否正确，但与物理情况是否一致，并未得到回答。因此，开展实验验证是必需的。

关键词：CFD；不确定度；真值估算

中图分类号：V211.3　　**文献标识码**：A

0　引　言

随着计算机技术、计算格式及网格技术等的发展，计算流体力学（CFD）取得了长足的进步，在基础研究及工程的应用方面日趋广泛。然而CFD方法的的可信度（不确定度）或可靠性一直是关心的问题。

AIAA在1998年发布的《Guide for the Verification and Validation of CFD Simulations》中对误差（error）和不确定度（uncertainty）给出了如下见解：

误差是建模和模拟过程中可认知的缺陷，不是由于知识缺乏导致的。（A recognizable deficiency in any phase or activity of modeling and simulation that is not due to lack of knowledge.）而不确定度是由于知识的缺乏，在建模和模拟过程中潜在的缺陷。（A potential deficiency in any phase or activity of the modeling process that is due to lack of knowledge.）

而Roache[1]把误差定义为计算值或试验值与真实值的差别。当真实值不确定或者不可知时，计算值或试验值的误差就不能确定，这时不确定度就是误差的估计。

尽管国外的工作已有很多关于这方面的研究[1-15]，但是对于CFD不确定度方面的一些基本概念还是缺乏明确和好用的定义。

CFD计算结果误差的来源一般分为四类[2]：物理模型误差、离散误差、计算机舍入误差、程序设计误差。

（1）物理模型误差：其主要源于不精确的物理模型，也就是说，控制方程和边界条件不能充分地描述要模型化的物理现象。例如湍流模型、流动由层流到湍流的转捩模式的误差、气体状态方程与真实情况之间的误差以及边界条件表述的误差等。

（2）离散误差：其主要来源与各种数值方法对控制方程及边界条件的离散化，因空间离散和时间离散的有限精度以及有限分辨率导致数值解与所求解方程的精确解之间存在误差；空间网格及表面网格不够密和不够光滑所带来的误差[3,16]。

（3）舍人误差：源于计算机数据存储字长的限制。

（4）程序设计误差：这是简单的失误，可以归为上述未提及的误差。并且一般可在使用某些方法或者在程序验证过程中发现这些错误。

此外，还有迭代如何判定收敛的误差。

CFD计算模拟的不确定度可以分为以下两类[17]：

* 空气动力学学报，2010，28（1）：39-45.
收稿日期：2009-04-02；修订日期：2009-08-03。
作者简介：张涵信（1936-）；中国空气动力研究与发展中心研究员，流体力学专业。

(1)模型形式不确定度:它是指数学模型描述实际物理系统的真实行为时的不确定度,也称为结构不确定度或者非参量化不确定度。这种类型的不确定度很难用概率密度函数来描述。在CFD中,湍流模拟即属此类。

(2)参量不确定度:它是CFD中某些参量(包括网格、算法中的系数)其精确的结果无法得到而产生。

在文献中,不确定度分析方法有以下几种[17]:

I. 非概率方法(Non-probabilistic Methods)

这里又可分为:

(1)区间分析(Interval Analysis)方法:给出计算值的上限和下限,从而确定不确定度。但要求可能的计算值不能遗漏。

(2)误差传播的敏感性导数(Sensitivity Derivatives)方法:其基本思想是量化输出结果对输入参数微小变化的灵敏度,从而分辨出各种输入量对于输出结果不确定度的影响。

(3)模糊逻辑(Fuzzy Logic)方法:模糊逻辑方法是对不精确、不完善的计算结果中输入参量的不确定范围,利用模糊逻辑和模糊规则进行推理分析,从而确定结果的不确定性。在CFD领域现还很难使用。

II. 概率方法(Probabilistic Methods)

(1) 常用的是Monte-Carlo方法[4,18]。该法首先假设概率密度函数计算输入参量的误差,形成样本,然后求计算样本值的确定性结果,再对确定输出结果进行统计分布(如均值、方差)给出不确定度。

Monte-Carlo方法的计算成本相当高昂,因此发展了许多修正方法。但由于输入量的概率密度函数的确定是否合宜,Monte-Carlo方法的结果仍有问题。

(2) 矩量法(Moment Method)[5,19,20]

该法给定可用的一阶(均值)、二阶(方差)、三阶(偏度)和四阶矩(峰度)来表示概率分析的特征,然后来确定概率分布,从而确定不确定度。

III. 随机微分方程方法(Stochastic Differential Equantion Method)[6]

它是在CFD确定性方程中加入输入量的随机变量来计算CFD模拟过程的不确定度。随机微分方程方法已应用于结构力学问题中,但最近才开始应用于CFD不确定度研究中。

以上情况表明,误差的定义、来源是明确的。由于真值不能确定,不确定度就定义为对误差的估计,但什么叫误差的估计也是不明确的。关于不确定度的理论、方法,虽已提出不少,但能够具体应用的不多。这就给飞行器CFD的实验和确认造成了困难。

飞行器的CFD验证、确认,一般是这样进行的:选定飞行器外形(根据需要确定一个或多个),指定来流条件和要验证的量,分别委托各实验部门和CFD部门,各进行实验和计算。一般各实验部门的实验数据各不相同,各计算部门提供的计算数据也不一致。实验部门必须给出实验结果的真值和不确定度(或可信度)。计算部门也必须给出计算结果的真值和不确定度,然后两者进行比较,完成验证与确认。但实际上,由于真值和不确定度现在还没有理论确定,因此,验证、确认的结果,只是给软件提供者给出他的结果与实验及其他计算结果的对比情况。对其计算软件和真值差多远,得不到确定的结论。这是现有验证、确认存在的不足。

本文的目的是在不确定度、误差等术语[21]和试验中使用的定义[22,23]相同的情况下,给不确定度一个新的解释方法,从而可给不确定度一个新的表达式,以此为基础,可给出真值的估计方法以及真值的近似表达式。这样就容易在CFD验证和确认中作出应用和判断。

1 CFD不确定度和真值的估算方法

1.1 CFD不确定度表达式

同实验所用的概念一样,我们把数值解 x_C 与真值 C 之差的绝对值的最大值,即:

$$|x_C - C|_{\max} = U(\text{或 } \Delta_C) \tag{1}$$

称为不确定度。把

$$\frac{U}{|x_C|} \text{或} \frac{\Delta_C}{|x_C|} \tag{2}$$

称为相对不确定度。

CFD的不确定度我们可以提出另一种说法来表达。大家知道,工程制造上是按设计数据加工的,常有一种说法,加工能达到形状,可准确到设计数据前几位,这也是表示准确度的一种说法,我们不妨也采用这种方法来表述计算的准确度。即采用计算值可达到真值的前 n 位来表示计算结果的不确定度。设气动系数 C 可表达为:

$$C = a_m 10^m + a_{m-1} 10^{m-1} + a_{m-2} 10^{m-2} + a_{m-3} 10^{m-3} + \cdots + a_{m-n} 10^{m-n} + \cdots \tag{3}$$

如果要求前 n 位真值准确,它可写成:

$$C = a_m 10^m + a_{m-1} 10^{m-1} + a_{m-2} 10^{m-2} + \cdots + a_{m-n+1} 10^{m-n+1} + \Delta \tag{4}$$

显然 Δ 应满足*：

$$\Delta < \Delta_C = 9.999 \times 10^{m-n} = 10^{m-n+1} = 10^{m-n+5}\,\text{drag counts}$$

式中，1drag count$=10^{-4}$。

即绝对不确定度为：

$$\Delta_C = 10^{m-n+5} = 10^{m-n+5}\,\text{drag counts} \tag{5}$$

相对不确定度为：

$$\delta_C = \frac{1}{a_m 10^{-1} + a_{m-1}10^{-2} + \cdots + a_{m-n+1}10^{-n}} \cdot 10^{-n} \tag{6}$$

或近似可写成

$$\delta_C = \frac{10}{a_m + a_{m-1}10^{-1}} \cdot 10^{-n} \approx \frac{10}{a_m}10^{-n} \tag{7}$$

可见，如果 $n=2$，即前两位真值准确，相对不确定度为$[10/(a_m+a_{m-1}10^{-1})]\%$；如果 $n=3$，相对不确定度为$[10/(a_m+a_{m-1}10^{-1})]‰$；如果 $n=4$，为万分之$10/(a_m+a_{m-1}10^{-1})$。这种表示方法对实验测量值和计算值均可运用。

对运输机，如取 $n=3$，即前三位真值准确，C_L，C_m，C_D 的不确定度是：

C_L：一般 0. ×××，$m=-1$，即 $\Delta_{C_L}=0.001$

C_m：一般 0. ×××，$m=-1$，即 $\Delta_{C_m}=0.001$

C_D：一般 0.0×××，$m=-2$，即 $\Delta_{C_D}=0.0001$

(8)

若给出 δ_{C_L}，δ_{C_m}，δ_{C_D}，它们分别是：

$$[10/(a_m + a_{m-1}10^{-1})]‰ \tag{9}$$

这里 a_m 表示 C_L，C_m 及 C_D 的第 1 位出现的值。大家知道，式(8)-(9)正是现在实验能达到的绝对和相对不确定度。

1.2　真值的估算方法

设 C_t 为计算值，C 为真值，则 $C_t-\Delta_C \leq C \leq C_t+\Delta_C$。这表明，计算结果满足前 n 位真值准确的数据带的带宽应该为：

$$2\Delta_C = 2\cdot 10^{m-n+1} = 2\cdot 10^{m-n+5}\,\text{drag counts} \tag{10}$$

如果一个量有多种计算方法给出计算结果，将它们的数据画出，就可给出一个数据带。若这个数据带满足式(10)，这里面的数据就满足前 n 位真值准确。这样我们就确定了真值的前 n 位。

做为例子，对运输机，表 1 给出了运输机的数值带宽 $2\Delta_{C_L}$，$2\Delta_{C_m}$ 及 $2\Delta_{C_D}$ 与 n 的关系。当数据带落在 n 的范围内时，真值前 n 位就可确定。

用这种方法，我们可以进一步估算真值。事实上要更准确的估算真值（计算值或者实验值），需作大量的计算或实验。即需要大的数据样本，此时可引用大数定律和统计理论。

表 1　n 与 $2\Delta_C$ 的关系

Table 1　Relations between n and $2\Delta_C$

n	$2\Delta_{C_L}$	$2\Delta_{C_m}$	$2\Delta_{C_D}$
1	2000 d. c.	2000 d. c.	200 d. c.
2	200 d. c.	200 d. c.	20 d. c.
3	20 d. c.	20 d. c.	2 d. c.

设多个计算或多个实验值给出的离散数据 ξ 为 x_i，$i=1,2,\cdots$，且 $P(\xi=x_i)=P_i$ 为其出现的概率，则加权平均值 x

$$E\xi = \frac{\sum_{i=1}^{\infty} x_i P_i}{\sum_{i=1}^{\infty} P_i} = x$$

是 ξ 的数学期望，对任意的 $\varepsilon>0$，其出现的概率满足：

$$\lim_{m\to\infty}\left[\frac{1}{\sum_{i=1}^{m} P_i}\sum_{i=1}^{m} P_i x_i - E\xi\right] = 1$$

若称 $\Delta_i=|x_i-x|$ 为方差，其

$$\frac{\sum_{i=1}^{\infty} P_i \Delta_i^2}{\sum_{i=1}^{\infty} P_i} = \min$$

这表明，当数据样本 m 足够大时，加权平均值

$$\bar{x} = \frac{\sum_{i=1}^{m} P_i x_i}{\sum_{i=1}^{m} P_i} \tag{11}$$

是样本中最可能出现的。当已知数值满足前 n 位真值准确后，以此可给出真值的估算方法，建议分两步进行：

(1)预测：

先预计一个权分布。例如在 CFD 的求解中，网格数越大，模型越好，计算方法精度越高，边界处理越好，一般求解越准确，N_i 就越大。可以把 N_i 先作为权，于是加权平均值可表达为：

$$\bar{x} = \frac{\sum_{i=1}^{m} N_i x_i}{\sum_{i=1}^{m} N_i} \tag{12}$$

这里 x_i 为计算值或实验值。

* Δ_C 也可表述为$\frac{1}{2}\times 10^{m-n+1}$，此时所作的结论小 1 倍。

令$|x_i-\bar{x}|=\Delta_i$，因Δ_i越大，偏差$\bar{x}$越大。因此可用$q_i=\frac{1}{\Delta_i^2}$作为进一步的权值，此时可得：

$$\bar{x}=\frac{\sum_{i=1}^{m}\frac{1}{\Delta_i^2}x_i}{\sum_{i=1}^{m}\frac{1}{\Delta_i^2}} \tag{13}$$

式(13)即可作为预测的真值，从而确定数据($x_1,x_2\cdots x_m$)接近真值几位，可以证明，它的误差是：

$$\Delta=\sqrt{\frac{\sum_{i=1}^{m}q_i\Delta_i^2}{\sum_{i=1}^{m}q_i(m-1)}} \tag{14}$$

(2)修正

在决定各计算值或实验值接近真值的预测的位数后，例如$n=2$，在这种情况下，我们把预测中已经准确到2位的数据集中起来，略去不到2位真值准确的数据。然后利用预测步的第二步公式进行重新计算，这样得到的结果可能是2位真值准确的最优结果。我们称之为最优解或最优值。用这个解，再回头评价各个CFD软件或实验结果，从而分别给出对它们精度的评价。

2 应用举例

2.1 模型方程确定，用CFD求解NS方程给出驻点压力、热流和摩阻的验证

为简单，这里仅讨论高超声速圆柱绕流。来流条件为：$M_\infty=8.03$，$T_\infty=124.94\text{K}$，$T_w=294.44\text{K}$，$Re=1.835\times10^5$，壁面采用等温壁条件。这个例子有实验结果[24]。

求解分别用了三种方法：NND格式、三阶紧致(CC3)、五阶紧致(CC5)，每个方法中分别用4套网格，由于每套网格中壁面附近最小网格$\Delta h_{\min}$又有两种不同，所以可以说每种算法中有八套网格。表2～表4分别给出计算得到的驻点压力、摩阻系数及驻点热流的结果。

表2 NND的结果

Table 2 Computed results using NND schemes

网格 $N_x\times N_y$	摩阻系数(E-03)	驻点压力	驻点热流(E-03)
81×71A	4.495759	0.923335	3.211234
81×71B	4.936355	0.922065	3.420139
81×141A	4.120859	0.927361	2.886435
81×141B	4.475836	0.925483	3.481410
161×71A	4.497879	0.920926	3.205560
161×71B	4.920880	0.919089	3.345621
161×141A	4.123831	0.924966	2.881773
161×141B	4.474698	0.921242	3.458603

表3 CC3的结果

Table 3 Computed results using CC3 method

网格 $N_x\times N_y$	摩阻系数(E-03)	驻点压力	驻点热流(E-03)
81×71A	4.543674	0.928631	3.779698
81×71B	4.528243	0.926161	3.666200
81×141A	4.528078	0.925522	3.736553
81×141B	4.508208	0.926716	3.686517
161×71A	4.547936	0.927658	3.747453
161×71B	4.530145	0.924722	3.621176
161×141A	4.500682	0.925067	3.682918
161×141B	4.508728	0.922932	3.588215

表4 CC5的结果

Table 4 Computed results using CC5 method

网格 $N_x\times N_y$	摩阻系数(E-03)	驻点压力	驻点热流(E-03)
81×71A	4.444767	0.924445	3.691135
81×71B	4.532273	0.924706	3.673619
81×141A	4.515659	0.924966	3.778622
81×141B	4.537566	0.923401	3.711589
161×71A	4.594739	0.926006	3.943052
161×71B	4.527362	0.923676	3.532378
161×141A	4.513576	0.924733	3.707421
161×141B	4.517485	0.924548	3.549493

表5是利用上节理论给出的最优解及其相应的误差，还列出了实验结果。可见，计算给出的真值，与经认真检验的实验值相当接近。这说明，本文的真值估算方法是正确有效的。

表6是根据最优解给出各个计算结果的比较。

2.2 DPW第二次验证会议阻力数据的分析验证

这里仅引用DLR-F6无发动机舱的各家阻力计算数据[25,26]。

表7是网格数与相应阻力系数的数据表(它是根据图读出来的)，计算条件是：$M_\infty=0.75$，$Re=3\times10^6$，$C_L=0.5$。

表8给出了根据上节理论给出的最优值，它与实验值相当接近。这再次说明，本文真值估算方法是满意的。

图1还画出了两位真值准确数据带。

表5 最优解的结果

Table 5 Optimum computed results

	摩阻系数	驻点压力	驻点热流
最优解	4.522814E-03	0.924509	3.681092E-03
误差Δ	2.19E-06	8.26E-05	2.83E-06
实验结果	——	0.9253	3.677

表 6 各软件结果的比较

Table 6 Comparison of computational results given by different codes

NND

网格 $N_x \times N_y$	摩阻(E-03)	δ(%)	精度	驻点压力	δ(%)	精度	驻点热流(E-03)	δ(%)	精度
81×71A	4.495759	-0.60	2	0.923335	-0.12	2	3.211234	-14.6	1
81×71B	4.936355	8.37	1	0.922065	-0.26	2	3.420139	-7.62	1
81×141A	4.120859	-9.75	1	0.927361	0.30	2	2.886435	-27.5	1
81×141B	4.475836	-1.04	2	0.925483	0.10	3	3.481410	-5.73	1
161×71A	4.497879	-0.55	2	0.920926	-0.38	2	3.205560	-14.8	1
161×71B	4.920880	8.08	1	0.919089	-0.58	2	3.345621	-10.0	1
161×141A	4.123831	-9.67	1	0.924966	0.04	3	2.881773	-27.7	1
161×141B	4.474698	-1.07	2	0.921242	-0.35	2	3.458603	-6.43	1

CC3

网格 $N_x \times N_y$	摩阻(E-03)	δ(%)	精度	驻点压力	δ(%)	精度	驻点热流(E-03)	δ(%)	精度
81×71A	4.543674	0.45	2	0.928631	0.44	2	3.779698	2.60	2
81×71B	4.528243	0.11	3	0.926161	0.17	2	3.666200	-0.40	2
81×141A	4.528078	0.11	3	0.925522	0.10	3	3.736553	1.48	2
81×141B	4.508208	-0.32	2	0.926716	0.23	2	3.686517	0.14	3
161×71A	4.547936	0.55	2	0.927658	0.33	2	3.747453	1.77	2
161×71B	4.530145	0.16	3	0.924722	0.02	3	3.621176	-1.65	2
161×141A	4.500682	-0.49	2	0.925067	0.06	3	3.682918	0.05	3
161×141B	4.508728	-0.31	2	0.922932	-0.17	2	3.588215	-2.58	2

CC5

网格 $N_x \times N_y$	摩阻(E-03)	δ(%)	精度	驻点压力	δ(%)	精度	驻点热流(E-03)	δ(%)	精度
81×71A	4.444767	-1.75	2	0.924445	-0.007	3	3.691135	0.27	3
81×71B	4.532273	0.20	3	0.924706	0.02	3	3.673619	-0.20	3
81×141A	4.515659	-0.15	3	0.924966	0.05	3	3.778622	2.58	2
81×141B	4.537566	0.32	2	0.923401	-0.11	2	3.711589	0.82	2
161×71A	4.594739	1.56	2	0.926006	0.16	2	3.943052	6.64	1
161×71B	4.527362	0.10	3	0.923676	-0.09	3	3.532378	-4.21	1
161×141A	4.513576	-0.20	3	0.924733	0.02	3	3.707421	0.71	2
161×141B	4.517485	-0.11	3	0.924548	0.004	3	3.549493	-3.70	1

表 7 网格与阻力系数的数据表

Table 7 Drag coefficients and grids

网格数	计算值	相对不确定度 δ(%)	准确度	网格数	计算值	相对不确定度 δ(%)	准确度
1.268E+06	0.032452	9.38	1	1.108E+06	0.031566	6.84	1
1.108E+06	0.031061	5.32	1	1.038E+06	0.030228	2.71	2
1.438E+06	0.029661	0.85	2	1.917E+06	0.029865	1.53	2
1.917E+06	0.028811	-2.06	2	2.157E+06	0.028589	-2.85	2
2.157E+06	0.028315	-3.85	1	2.157E+06	0.027606	-6.52	1
3.355E+06	0.030795	4.51	1	3.834E+06	0.030299	2.94	2
3.515E+06	0.030086	2.25	2	3.435E+06	0.029519	0.38	2
3.435E+06	0.029236	-0.58	2	3.834E+06	0.028811	-2.06	2
5.592E+06	0.029023	-1.31	2	1.837E+06	0.030361	3.14	2
2.636E+06	0.029865	1.53	2	3.035E+06	0.029156	-0.85	2
3.035E+06	0.028589	-2.85	2	4.074E+06	0.029652	0.82	2
3.834E+06	0.028873	-1.84	2	3.914E+06	0.028447	-3.37	2
3.914E+06	0.028164	-4.41	1	3.914E+06	0.027951	-5.20	1
4.953E+06	0.029723	1.06	2	5.512E+06	0.029723	1.06	2
5.911E+06	0.029865	1.53	2	5.751E+06	0.028802	-2.09	2
5.751E+06	0.028093	-4.67	1	6.550E+06	0.028306	-3.88	1
6.870E+06	0.028873	-1.84	2	7.309E+06	0.029298	-0.36	2
7.908E+06	0.029298	-0.36	2	2.356E+06	0.030503	3.59	1

5.252E+06	0.029298	-0.36	2	6.270E+06	0.029865	1.53	2
4.114E+06	0.027384	-7.38	1	2.836E+06	0.025825	-13.8	1
6.271E+06	0.029865	1.53	2	6.510E+06	0.029014	-1.35	2
8.188E+06	0.029440	0.11	3	8.667E+06	0.028660	-2.60	2
8.827E+06	0.028589	-2.85	2	9.086E+06	0.028235	-4.14	1
1.010E+07	0.029794	1.30	2	9.945E+06	0.029298	-0.36	2
9.546E+06	0.029156	-0.85	2	9.945E+06	0.028660	-2.60	2
1.130E+07	0.027810	-5.73	1	1.322E+07	0.028306	-3.88	1
1.258E+07	0.029227	-0.61	2	2.312E+07	0.029014	-1.35	2
2.256E+07	0.028306	-3.88	1	2.256E+07	0.027951	-5.20	1

表 8　最优解的结果

Table 8　Optimum computed results

最优解 C_D 及相应的误差 Δ	C_D	误差 Δ
最优解	2.940609E-02	5.98E-05
实验值	0.0295	-----

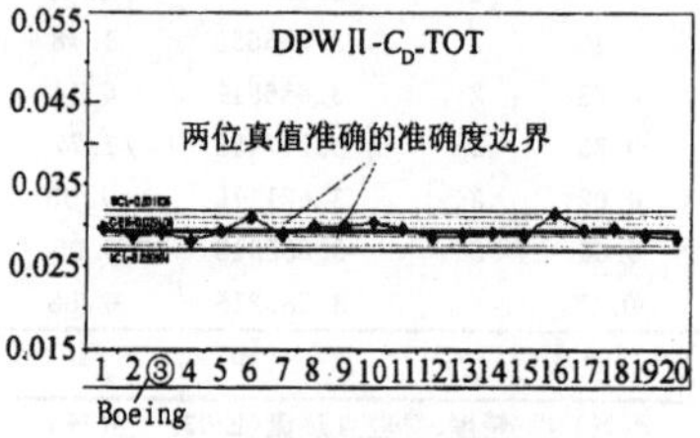

图 1　二位真值准确的数据带

Fig. 1　The zone of approximating to first two digil number of truth value

3　结　论

本文回顾了 CFD 验证、确认中不确定度的概念和研究方法，CFD 的不确定度尚无表达式可以使用。本文也讨论了现在正在进行的实验验证，对各个参加验证的软件，如何作出定量的精度评价也缺乏原则。针对这些情况，我们在不改变不确定度定义的前提下，对不确定度作了新的解读，即不确定度可解读为计算值或实验值与真值准确到前 n 位，从而可给出不确定度的表达式和真值估算的原则。并根据大样本数据的统计理论，对真值认为接近数学期望，从而给出准确到 n 位真值的计算方法。这个方法，可用于计算结果的检验，例如当模型一定时，可用此法寻求计算方法的真值，对算法进行检验；如算法一定模型改变时，也可用于检验模型的可靠性。利用这种方法，在没有实验结果的情况下，也可评价各计算软件的质量。文中方法当然也可以运用处理实验数据。因为 CFD 中计算模型是人为建立的，虽然可以检验它的解是否正确，但与物理情况是否一致，并未得到回答。因此，开展实验验证及确认是必需的。

参　考　文　献：

[1] ROACHE P J. Verification of codes and calculations [J]. *AIAA Journal*, 1998, 36(5):696-702.

[2] OBERKAMPF W L, BLOTTNER F G. Issues in computational fluid dynamics code verification and validation[J]. *AIAA Journal*, 1998, 36:687-695.

[3] ROACHE P J. Quantification of uncertainty in computational fluid dynamics[J]. *Annual Review of Fluid Mechanics*, 1997, 29:123-160.

[4] WALTERS R W, HUYSE L. Uncertainty analysis for fluid mechanics with applications[R]. NASA/CR-2002-211449, ICASE Report No. 2002-1, 2002.

[5] PUTKO M M, NEWMAN P A, TAYLOR A C, GREEN L L. Approach for uncertainty propagation and robust design in CFD using sensitivity derivatives [R]. AIAA Paper, 2001:2001-2558.

[6] MATHELIN L, HUSSAINI M Y, et al. Uncertainty propagation for turbulent, compressible flow in a quasi-1D nozzle using stochastic methods[A]. 16th AIAA Computational Fluid Dynamics Conference[C]. Orlando, Florida, AIAA, 2003:2003-4240.

[7] LUCOR D, XIU D, et al. Predictability and uncertainty in CFD[J]. *Int. J. Numer. Meth. Fluids*, 2003, 43 (5): 483-505.

[8] OBERKAMPF W L, TRUCANO T G. Verification and validation in computational fluid dynamics[J]. *Prog. Aero. Sci.*, 2002, 38:209-272.

[9] LUCKRING J M, HEMSCH M J, MORRISON J H. Uncertainty in computational aerodynamics[R]. AIAA-2003-0409, 2003.

[10] RAYMOND R, et al. The importance of uncertainty estimation in computational fluid dynamics[R]. AIAA-2003-0406, 2003.

[11] FREITAS C J, GHIA U, CELIK I, ROACHE P,

RAAD P. AMSE'S quest to quantify numerical uncertainty[R]. AIAA-2003-627, 2003.
[12] ROACHE J. Need for control of numerical accuracy[J]. *J. Spacecraft and Rockets*, 1990, 27(2): 98-102.
[13] COLEMAN H W, STERN F. Uncertainties and CFD code validation[J]. *Journal of Fluids Engineering*, 1997, 119(4):795-803.
[14] Quantifying uncertainty in CFD[J]. *Journal of Fluids Engineering*, 2002,124(1): 2-3.
[15] B. DE VOLDER, GLIMM J, GROVE J W, KANG Y, LEEY, PAO K, SHARP D H, YE K. Uncertainty quantification for multiscale simulations[J]. *Journal of Fluids Engineering*, 2002,124(1):29-40.
[16] ROACHE P J. Quantification of uncertainty in computational fluid dynamics[J]. *Annual Review of Fluid Mechanics*, 1997, 29:123-160.
[17] FARAGHER. Probabilistic methods for the quantification of uncertainty and error in computational fluid dynamics simulations[R]. DSTO-TR-1633, 2004.
[18] HAMMERSLEY J M, HANDSCOMB D C. Monte Carlo methods, methuen's monographs on applied probability and statistics[M]. Flether & Son Ltd., Norwich, 1964.
[19] HUYSE L. Free-form airfoil shape optimization under uncertainty using maximum expected value and second-order second-moment strategies[R]. Tech. Report, ICASE Report 2001-18/NASA CR 2001-211020,2001.
[20] HUYSE L, LEWIS R M. Aerodynamic shape optimization of two-dimensional airfoils under certain conditions [R]. Tech. Report, ICASE Report 2001-1/NASA CR 2001-210648,2001.
[21] 张涵信. 关于CFD计算结果的不确定度问题[J]. 空气动力学学报, 2008, 26(1):47-49.
[22] 恽起麟. 风洞实验[M]. 近代空气动力学丛书, 国防工业出版社, 北京, 2000.
[23] 程厚梅等. 风洞实验干扰与修正[M]. 近代空气动力学丛书, 国防工业出版社, 北京, 2003.
[24] WIETING A R. Experimental study of shock wave interference heating on a cylindrical leading edge[R]. NASA TM-100484, 1987.
[25] LAFLIN R, et al. Summary of data from the second AIAA CFD drag prediction workshop (Invited)[R]. AIAA-2004-0555, 2004.
[26] HEMSCH M J, MORRISON J H. Statistical analysis of CFD solutions from 2nd drag prediction workshop [R]. AIAA 2004-556, 2004.

The uncertainty and truth-value assessment in the verification and validation of CFD

ZHANG Han-xin, ZHA Jun

(*China Aerodynamics Research and Development Center*, *Mianyang* 621000, *China*;
National Laboratory of CFD, *Beijing* 100191, *China*)

Abstract: The idea and definitions for verification and validation of CFD or EFD are reviewed. The uncertainty is defined as the maximum error between counting datum of CFD or testing datum of EFD and its correspondent truth value. Since the truth value calculated or tested is unknown, there is no explicit expression for the uncertainty. In this paper, a new expression of uncertainty is given. We consider that the counting or testing value can be approximated to the first n digil number of truth values. Based on this consideration, the uncertainty of CFD or EFD and the approximate truth value can be assessed. If there are a great of counting or testing sample data, according to statistical theory and uniform design method, we can give the calculation method to get the values which accurate to first n bits of the truth values and the uncertainty. Then the verification and validation of CFD or EFD can be performed agreeably.

Key words: CFD; uncertainty; truth-value estimation

第七部分

实验模拟

对于实际飞行和地面实验两种情况，存在相似和相似参数。如果两者相似参数相等，但外形尺寸、绕流条件和气体介质可以不同，这种地面实验叫做模拟实验。现有的很多无化反应的低跨超实验就是如此。但如果相似参数相同但两者的外形尺寸、绕流条件和气体介质等必须相同，这种实验叫复现实验。有化学反应的非平衡流就是如此。因此做实验一定要研究相似参数。

自由分子流气动实验的模拟理论*

张涵信　余士杰

（中国气动力研究与发展中心）

摘要　本文给出了自由分子流气面作用的相似准则；分析了分子束流动与无限空间自由分子来流的相似性；提出了自由分子流气动实验的模拟理论。

引　　言

当研究卫星的姿态控制问题时，自由分子流作用在飞行器上的气动力是必须要考虑的。目前由于气体和物面之间的相互作用还没有完全搞清楚，在很大程度上，气动数据的提供，还要依赖于实验。

文献[1]介绍了自由分子流气动实验发展的有关情况，指出分子束装置是目前研究自由分子流气动力的主要手段。一般分子束的直径为毫米到厘米量级，而实验模型是面积为平方厘米量级的小平板。用这种细束流和微小平面进行模拟实验，存在如下问题：

1．在实际问题中，来流是绕飞船运动的无限空间的自由分子流。用直径细小的分子束，是否能够模拟真实的流动？

2．在实际问题中，物体是比较复杂的。用微小平板作为实验模型，是否能模拟真实的物体？

3．进行模拟实验时，应该满足什么相似条件？

关于这些问题，不少文献试图加以研究（如，[2,3,4,5]），然而直到最近，我们还没有看到系统解决这些问题的文章。本文的目的就是通过理论分析来解决这些问题。文中包括四个部分，第一部分是研究自由分子流的相似规律，第二部分是研究分子束内气体运动的基本特征，第三部分是研究无限空间自由分子来流的基本特征及其与分子束内流动相似的问题。第四部分是讨论引言中的三个问题。

无限空间自由分子来流与物面作用的相似规律

为了简单，我们假设无限空间自由分子来流的气体为单原子气体，来流参数如下：m_g——来流气体分子质量；d_g——来流气体分子直径；n_∞——来流分子数密度；V_∞——来流宏观速度；θ_i,φ——来流入射角和入射方位角（相对于物面法向）；T_∞——来流温

* 空气动力学学报，1981，2：49-59．本文于1975年7月15日收到。

度；R——气体常数$\left(R=\dfrac{K}{m_g}\right.$，其中$K$为Boltzmann常数$\left.\right)$。

我们假设，物体为晶体结构，物体的特征长度为L，其他相关的物理参数为：m_s——物面分子的质量；T_W——物面温度（或物体分子振动的能量）；d_s——物面分子直径；D_s——物体晶格长度；Δ_s——物面粗糙高度；ε_s——物体内部分子作用势的特征能量；a_s——物体内部作用势的有效直径。

气体分子和物面发生作用时，其表征气面作用的参数为：ε_{sg}——气面作用势的特征能量；a_{sg}——气面作用势的有效直径。

我们知道，作用在物面任一点处单位面积上的气动力，可用适应系数表示。设σ_n为法向动量适应系数，σ_τ为切向动量适应系数，根据量纲分析中的Π定理[6]，取$m_g, n_\infty, V_\infty, T_\infty$为主定特征量，则有：

$$\sigma_n=\sigma_n\left(K_n,\ \frac{d_g}{L};\ \frac{d_s}{L},\ \frac{a_s}{L},\ \frac{\Delta_s}{L},\ \frac{D_s}{L},\ \frac{a_{sg}}{L},\right.$$

$$\left.\frac{V_\infty}{\left(\dfrac{2KT_W}{m_g}\right)^{\frac{1}{2}}},\ \frac{\varepsilon}{KT_\infty},\ \frac{\varepsilon_{sg}}{\varepsilon_s},\ \frac{\varepsilon}{\varepsilon_{sg}},\ \frac{m_g}{m_s},\ \theta_i,\varphi\right) \tag{1.1}$$

$$\sigma_\tau=\sigma_\tau\left(K_n,\ \frac{d_g}{L},\ \frac{d_s}{L},\ \frac{a_s}{L},\ \frac{\Delta_s}{L},\ \frac{D_s}{L},\ \frac{a_{sg}}{L},\right.$$

$$\left.\frac{V_\infty}{\left(\dfrac{2KT_W}{m_g}\right)^{\frac{1}{2}}},\ \frac{\varepsilon}{KT_\infty},\ \frac{\varepsilon_{sg}}{\varepsilon_s},\ \frac{\varepsilon}{\varepsilon_{sg}},\ \frac{m_g}{m_s},\ \theta_i,\ \varphi\right) \tag{1.2}$$

式中$K_n=\lambda_\infty/L=(\sqrt{2}\,\pi d_g^2 n_\infty L)^{-1}, \varepsilon=\dfrac{1}{2}m_g V_\infty^2$。

在现在讨论的自由分子流的情况下，$K_n\to\infty$或$K_n\gg1$，它不应出现在(1.1)和(1.2)内。此外，如果物体对入射分子仅作一次反射，则自由分子流与物面任一微元的作用，仅与该微元的大小、方位、表面特征有关，而不受其他部分的影响，因此在(1.1)(1.2)内，物体的特征长度L也不应出现，这样(1.1)和(1.2)可表示为：

$$\sigma_n=\sigma_n\left(\frac{d_s}{d_g},\ \frac{a_s}{d_g},\ \frac{a_{sg}}{d_g},\ \frac{\Delta_s}{d_g},\ \frac{D_s}{d_g},\ \frac{m_g}{m_s},\ \theta_i,\ \varphi,\right.$$

$$\left.\frac{V_\infty}{\left(\dfrac{2KT_W}{m_g}\right)^{\frac{1}{2}}},\ \frac{\varepsilon}{KT_\infty},\ \frac{\varepsilon_{sg}}{\varepsilon_s},\ \frac{\varepsilon}{\varepsilon_{sg}}\right) \tag{1.3}$$

$$\sigma_\tau=\sigma_\tau\left(\frac{d_s}{d_g},\ \frac{a_s}{d_g},\ \frac{a_{sg}}{d_g},\ \frac{\Delta_s}{d_g},\ \frac{D_s}{d_g},\ \frac{m_g}{m_s},\ \theta_i,\ \varphi,\right.$$

$$\left.\frac{V_\infty}{\left(\dfrac{2KT_W}{m_g}\right)^{\frac{1}{2}}},\frac{\varepsilon}{KT_\infty},\frac{\varepsilon_{sg}}{\varepsilon_s},\frac{\varepsilon}{\varepsilon_{sg}}\right) \tag{1.4}$$

(1.3),(1.4)即是无限空间自由分子来流与表面微元相互作用的相似规律。如果物面和来流气体固定(例如实验气体和实验表面与被模拟的飞行情况取为一致)，则在(1.3),(1.4)中，$\frac{d_s}{d_g}$, $\frac{a_s}{d_g}$, $\frac{a_{sg}}{d_g}$, $\frac{\Delta_s}{d_g}$, $\frac{D_s}{d_g}$, $\frac{m_g}{m_s}$, $\frac{\varepsilon_{sg}}{\varepsilon_s}$将保持固定，于是$\sigma_n$和$\sigma_\tau$可表示为：

$$\sigma_n=\sigma_n(\theta_i,\ \varphi,\ S_W,\ \varepsilon_g^*,\ \varepsilon^*) \tag{1.5}$$

$$\sigma_\tau=\sigma_\tau(\theta_i,\ \varphi,\ S_W,\ \varepsilon_g^*,\ \varepsilon^*) \tag{1.6}$$

这里$S_W=\dfrac{V_\infty}{\sqrt{\dfrac{2KT_W}{m_g}}}=\left(\dfrac{\varepsilon}{KT_W}\right)^{\frac{1}{2}}$——壁温速度比；$\varepsilon_g^*=\dfrac{\varepsilon}{KT_\infty}=S^2$——入射分子动能与内部特征能量比；$\varepsilon^*=\dfrac{\varepsilon}{\varepsilon_{sg}}$——来流动能与气面作用特征能量比。

(1.5)(1.6)表明，在物面和气体固定的条件下，模拟实验要获得和飞行情况相同的适应系数，除了来流的入射角θ_i和方位角φ必须相同外，还必须保证S_W，ε_g^*，ε^*三个相似参数相同。由于物面和气体固定时ε_{sg}是固定的，若相似参数ε^*相同，则要求实验入射分子的能量和飞行情况下相同，进一步如S，S_W分别相同，则要求来流温度和壁温相同。这就表示，实验情况和飞行情况要完全一致。这对实验来说，要求是很苛刻的。然而在很多情况下，我们可以放松一个或两个相似参数的要求，使问题做到近似模拟。下面我们讨论两种近似模拟的情况：

1．$\varepsilon^*\gg1$的情形

这种情况，对很多实际问题是有意义的。例如He(氦)/W(钨)的相互作用，其特征能量$\varepsilon_{sg}=0.16$电子伏特，如果入射分子的动能为10电子伏特，则$\varepsilon^*=62.5$。再如Ne(氖)/W(钨)的相互作用，当$\varepsilon=10$电子伏特时，$\varepsilon^*=40.98$。在这种情况下，ε^*对σ_n，σ_τ的影响甚小，因此对ε^*的要求可以放松，于是(1.5)(1.6)给出：

$$\sigma_n=\sigma_n(\theta_i,\ \varphi,\ S_W,\ \varepsilon_g^*) \tag{1.7}$$

$$\sigma_\tau=\sigma_\tau(\theta_i,\ \varphi,\ S_W,\ \varepsilon_g^*) \tag{1.8}$$

这里除θ_i,φ外，相似参数为S_W,ε_g^*。根据S_W和ε_g^*的定义，它们联系了V_∞,T_∞和T_W三个物理参量，因此，在进行模拟实验时，在保证满足相似条件的前提下，我们就有了选择模拟参数的一个自由度。

2．$\varepsilon^*\gg1$和$\varepsilon_g^*\gg1$的情形

这种情况是飞船常常碰到的。此时，ε^*和ε_g^*对σ_n和σ_τ的影响都很小，(1.5)和(1.6)可近似写成：

$$\sigma_n=\sigma_n(\theta_i,\ \varphi,\ S_W) \tag{1.9}$$

$$\sigma_\tau=\sigma_\tau(\theta_i,\varphi,S_W) \tag{1.10}$$

这里除θ_i和φ外，相似参数为$S_W=V_\infty\Big/\left(\dfrac{2KT_W}{m_g}\right)^{\frac{1}{2}}$，可以看出，利用这个准则设计模拟实验，选择模拟参数的自由度更大了。如果模型表面温度和实际飞船取值相同，实验入射分子的能量必须和飞行情况相同，但是来流温度两者可以不同。当实验设备得不到飞行情况的入射分子能量时，根据这个准则，适当的降低模型表面温度，可使实验入射分子能量的要求降低。但是必须指出，当表面温度过低时，表面吸附作用使问题复杂化。

为了验证相似规律(1.9)(1.10)的正确性，图1.1收集了园柱自由分子流的阻力系数的实验结果[7—10]，在以来流马赫数 M_∞ 为横坐标，T_W/T_∞ 为参变量的图上，数据是分散和无规律的。但是如果利用(1.9)(1.10)去整理阻力系数，如图1.2所示，数据集中地落在一条曲线上。这表明(1.9)(1.10)是有意义的。

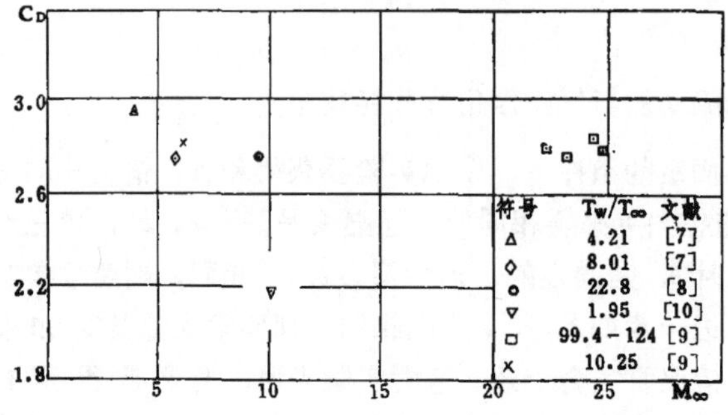

图 1.1　自由分子流中园柱阻力与M_∞的关系（实验结果）

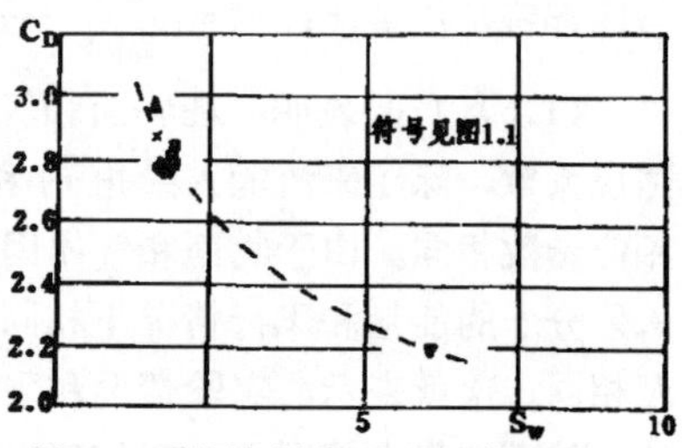

图 1.2　利用相似律（1.9）（1.10）对图1.1整理后的实验曲线

顺便指出，最近一些气面作用的微观理论，也证明上面引导的相似规律是正确的。

分子束内气体运动的基本特征

在分子束内由于气体一般已高度稀薄，气体分子的平均碰撞自由程，远远大于分子束的特征长度，因此分子束内气体的运动为自由分子流，具有如下特征：

1．如图2.1采用直角座标系，分子束内任一点 $Q(x,y,z)$ 其气体分子的速度分布函数为：

$$f=n_s\left(\frac{h_s}{\pi}\right)^{3/2}\exp\{-h_s[(u-U_s)^2+v^2+w^2]\} \tag{2.1}$$

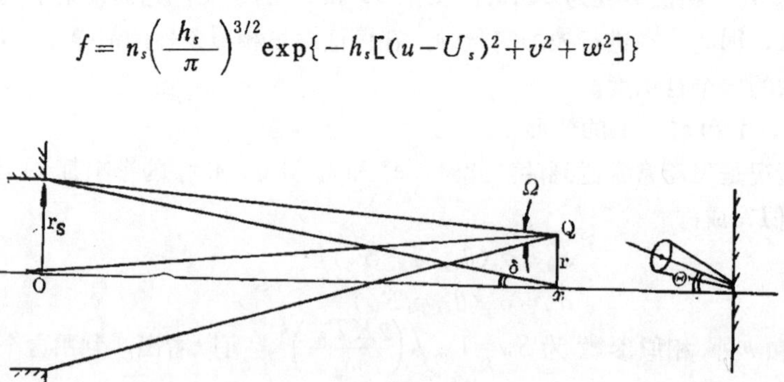

图 2.1　坐标系统 $(r=(y^2+z^2)^{\frac{1}{2}})$

这里 n_s，h_s，U_s 分别是分子束起始截面的数密度，最可机速度平方的倒数和宏观运动的速度；u，v，w 是分子在 x，y，z 方向上的速度分量，其中 u 的变化范围是 $(0,\infty)$，而 v，w 在这样范围内变化：它使 v/u 和 w/u 所给出的分子运动的轨迹包含在图 2.1 所示的立体角 Ω 内。

我们来证明这一结论。事实上，自由分子流的速度分布函数满足以下方程：

$$\frac{\partial f}{\partial t}+u\frac{\partial f}{\partial x}+v\frac{\partial f}{\partial y}+w\frac{\partial f}{\partial z}=0 \tag{2.2}$$

在分子速进口截面 $z=0$ 处，分子运动的速度分布函数为麦氏分布，因此方程 (2.2) 的边界条件是：

$$\begin{cases} x=0\text{ 时} \\ f=n_s\left(\dfrac{h_s}{\pi}\right)^{3/2}e^{-h_s\left[(u-U_s)^2+v^2+w^2\right]} \end{cases} \tag{2.3}$$

由(2.3)，方程(2.2)的解就是(2.1)。

2. 如果设 $s=U_s\sqrt{h_s}$，$\delta=\mathrm{tg}^{-1}\dfrac{r_s}{x}$（见图 2.1），$r_s$ 是分子束起始截面半径，x 是由起始截面算起的轴向距离，则在分子束内，数密度沿其中心轴线的变化规律是：

$$n(x)=n_s\left\{\frac{1+\mathrm{erf}\,s}{2}-\frac{1}{2}\left[1+\mathrm{erf}(s\cdot\cos\delta)\right]\cos\delta\cdot e^{-s^2\sin^2\delta}\right\} \tag{2.4}$$

而在垂直于 x 的截面上，当 $\dfrac{x}{r_s}\gg 1$ 时，数密度沿径向的分布规律是：

$$\frac{n(x,\theta_0)}{n(x)}=e^{-s^2\sin^2\theta_0}\cos^3\theta_0\times$$

$$\left\{\frac{(1+2s^2\cos^2\theta_0)\left[1+\mathrm{erf}(s\cdot\cos\theta_0)\right]+\dfrac{2}{\sqrt{\pi}}s\cdot\cos\theta_0\,e^{-s^2\cos^2\theta_0}}{(1+2s^2)(1+\mathrm{erf}\,s)+\dfrac{2}{\sqrt{\pi}}s\cdot e^{-s^2}}\right\} \tag{2.5}$$

式中 $\theta_0=\mathrm{tg}^{-1}\dfrac{r}{x}$，$r$ 为 Q 点至中心轴线的距离，而 $\mathrm{erf}\,x$ 的意义是：

$$\mathrm{erf}\,x=\frac{2}{\sqrt{\pi}}\int_0^x e^{-x^2}dx$$

这两个结论是很容易得到的。事实上，由图 2.1，Q 点的数密度为：

$$n(\theta_0,x)=\int_u\int_v\int_w f\,du\,dv\,dw \tag{2.6}$$

这里积分号下面的符号 u，v，w 分别表示在其变化范围内的积分。采用图 2.1 的速度座标系，显然：

$$\left.\begin{aligned} &u=\xi\cos\theta \\ &v=\xi\sin\theta\cdot\cos\varphi \\ &w=\xi\sin\theta\cdot\sin\varphi \\ &du\,dv\,dw=\xi^2\sin\theta\,d\theta\,d\varphi \end{aligned}\right\} \tag{2.7}$$

这里 $\xi=(u^2+v^2+w^2)^{\frac{1}{2}}$，将此式代入则得：

$$n(\theta_0,x)=\int_0^{\infty}\int_0^{2\pi}\int_{\theta_0}^{\theta_1}\xi^2 f\sin\theta\,d\xi\,d\varphi\,d\theta \tag{2.8}$$

式中 $\theta_1=\cos^{-1}\left[\left(1+\mathrm{tg}^2\theta_0+\frac{r_S^2}{x^2}-2\frac{r_S}{x}\mathrm{tg}\theta_0\cdot\cos\varphi\right)^{-\frac{1}{2}}\right]$。将分布函数(2.1)代入(2.8)，令 $\theta_0=0$，完成积分后即得(2.4)式。对于 $\theta_0\neq0$ 的情形，当 $\frac{r_S}{x}\ll1$ 时，立体角元的积分域 $\Omega=\frac{\pi r_S^2}{x^2}\cos^3\theta_0$，在此角元内，$\theta\approx\theta_0$，完成积分后得(2.5)。

3．当平板置于图 2.1 所示垂直于轴向的位置时，在与轴成 Θ 角的方向上，单位时间从单位立体角元入射到平板单位面积上的分子数即角强度是：

$$I_\Omega=\begin{cases} n_s\frac{1}{4\pi}\left(\frac{8KT_s}{\pi m}\right)^{\frac{1}{2}}\cos\Theta\, e^{-s^2\sin^2\Theta}\left\{\sqrt{\pi}\left(\frac{3}{2}\cos\Theta+\right.\right. \\ \left.\left.\quad + s^3\cos^3\Theta\right)[1+\mathrm{erf}\,s\cos\Theta]+(1+s^2\cos^2\Theta)e^{-s^2\cos^2\Theta}\right\} \\ \qquad\qquad \Theta\leqslant\delta=\mathrm{tg}^{-1}\left(\frac{r_S}{x}\right) \\ 0 \qquad\qquad \Theta>\delta \end{cases} \tag{2.9}$$

这里 T_s 是分子束起始截面气体的温度，m 为分子的质量。我们来引导公式(2.9)。事实上，以 Θ 为方向，从单位立体角元入射到平板单位面积上的分子数是：

$$I_\Omega=\int_0^{\infty}f\,\xi^3\cos\Theta\,d\xi$$

将分布函数(2.1)代入，并利用(2.7)，完成积分后即得(2.9)。

4．如果我们过分子束内任一点 Q，作一与轴线成 β 角的单位面积，当 $\frac{x}{r_S}\gg1$ 时，则单位时间内入射到该单位面积的分子数即强度是：

$$\begin{aligned} I(x,\theta_0)=&n_s\frac{r_S^2}{4x^2}\left(\frac{8KT_s}{\pi m}\right)^{\frac{1}{2}}\cos^3\theta_0\sin(\beta+\theta_0)\times \\ &\times e^{-s^2\sin^2\theta_0}\left\{\sqrt{\pi}\left(\frac{3}{2}s\cdot\cos\theta_0+s^3\cdot\cos^3\theta_0\right)\times\right. \\ &\left.\times(1+\mathrm{erf}\,s\cdot\cos\theta_0)+(1+s^2\cdot\cos^2\theta_0)e^{-s^2\cos^2\theta_0}\right\} \end{aligned} \tag{2.10}$$

此外，入射到该单位面积上的法向及切向动量是：

$$P_n = mn_s \frac{r_S^2}{4x^2} \frac{3KT_s}{m} \cos^3\theta_0 \sin^2(\theta_0+\beta) e^{-s^2\sin^2\theta_0} \times$$
$$\times \left\{ \frac{1}{\sqrt{\pi}} \left(\frac{4}{3} s^3 \cdot \cos^3\theta_0 + \frac{10}{3} s \cdot \cos\theta_0 \right) e^{-s^2\cos^2\theta_0} + \right.$$
$$\left. + \left(1 + 4s^2 \cdot \cos^2\theta_0 + \frac{4}{3} s^4 \cdot \cos^4\theta_0 \right) (1 + \mathrm{erf}\, s \cdot \cos\theta_0) \right\} \qquad (2.11)$$

$$P_\tau = mn_s \frac{r_S^2}{4x^2} \frac{3KT_s}{m} \cos^3\theta_0 \sin(\theta_0+\beta) \cos(\theta_0+\beta) \times$$
$$\times e^{-s^2 \cdot \sin^2\theta_0} \left\{ \frac{1}{\sqrt{\pi}} \left(\frac{4}{3} s^3 \cdot \cos^3\theta_0 + \frac{10}{3} s \cdot \cos\theta_0 \right) e^{-s^2 \cdot \cos^2\theta_0} + \right.$$
$$\left. + \left(1 + 4s^2 \cdot \cos^2\theta_0 + \frac{4}{3} s^4 \cdot \cos^4\theta_0 \right) (1 + \mathrm{erf}\, s \cdot \cos\theta_0) \right\} \qquad (2.12)$$

我们来引导(2.10)(2.11)和(2.12)，事实上根据定义 I、P_n 和 P_τ 可分别表示为：

$$\left.\begin{aligned} I &= \int_0^\infty \int_\Omega \sin(\theta_0+\beta) f \xi^3 \, d\Omega \, d\xi \\ P_n &= \int_0^\infty \int_\Omega m \sin^2(\theta_0+\beta) f \, \xi^4 \, d\Omega \, d\xi \\ P_\tau &= \int_0^\infty \int_\Omega m \sin(\theta_0+\beta) \cos(\theta_0+\beta) f \, \xi^4 d\Omega \, d\xi \\ d\Omega &= \sin\theta \, d\theta \, d\varphi \end{aligned}\right\} \qquad (2.13)$$

将分布函数(2.1)代入，利用(2.7)，并注意 $\frac{x}{r_S} \gg 1$ 时，$\theta \approx \theta_0$，立体角元的积分域 $\Omega = \frac{\pi r_S^2}{x^2} \cos^3\theta_0$，完成积分后即得(2.10)(2.11)和(2.12)。

5. 在分子束内任一点Q，分子运动的宏观平均速度U和最可机速度 U_P分别是：

$$U = \sqrt{\frac{\delta KT_s}{\pi m}} \cos\theta_0 \times$$
$$\times \frac{\sqrt{\pi} \left(\frac{3}{2} s \cdot \cos\theta_0 + s^3 \cdot \cos^3\theta_0 \right) [1 + \mathrm{erf} s \cdot \cos\theta_0] + (1 + s^2 \cdot \cos^2\theta_0) e^{-s^2 \cos^3\theta_0}}{(1 + 2s^2 \cdot \cos^2\theta_0)(1 + \mathrm{erf}\, s \cdot \cos\theta_0) + \frac{2}{\sqrt{\pi}} s \cdot \cos\theta_0 e^{-s^2 \cdot \cos^2\theta_0}} \qquad (2.14)$$

$$U_P = \sqrt{\frac{2KT_s}{m}} \left[\left(1 + \mathrm{tg}^2\theta_0 + \frac{s^2}{4} \right)^{\frac{1}{2}} + \frac{s}{2} \right] \cos\theta_0 \qquad (2.15)$$

(2.14)是容易证明的，因为将(2.10) 除以 (2.5)，令 $\beta = \frac{\pi}{2}$，即得 (2.14)。下面我们

来引导(2.15)。在 $du\,dv\,dw$ 范围内，分子数是：

$$f\,du\,dv\,dw = n_s\left(\frac{h_s}{\pi}\right)^{3/2} e^{-h_s[\xi^2+U_s^2-2\xi U_s\cos\theta_0]}\,\xi^2\,d\xi\,d\Omega$$

当 $\frac{x}{r_s}\gg 1$ 时，Q 点所张的立体角为 $\Omega=\frac{\pi r_s^2}{x^2}\cos^3\theta_0$，并且在 Ω 内，$\theta\approx\theta_0$，于是上式对 Ω 积分后得：

$$F = n_s\left(\frac{h_s}{\pi}\right)^{3/2}\Omega\,\xi^2\cdot\exp\{-h_s[\xi^2+U_s^2-2\xi U_s\cos\theta_0]\}d\xi$$

显然，F 表示 Q 点速度介于(ξ, $\xi+d\xi$)内的分子数，求 F 对 ξ 的极值，其极值点相应的 ξ 即是最可机速度(2.15)。

无限空间分子自由来流的基本特征及其与分子束内流动相似的问题

1. 无限空间自由分子来流的基本特征

关于无限空间的自由分子来流（设来流方向为 x 轴）的基本特征，已研究的相当充分了[2]，有以下一些结果：

(1) 入射分子速度分布函数为：

$$f = n_\infty\left(\frac{h}{\pi}\right)^{3/2} e^{-h_\infty[(u-V_\infty)^2+v^2+w^2]} \tag{3.1}$$

这里 u, v, w 是入射分子的速度分量，其变化范围是：

$$\left.\begin{aligned} 0<u<\infty \\ -\infty<v<\infty \\ -\infty<w<\infty \end{aligned}\right\} \tag{3.2}$$

式中 $h_\infty=m_g/(2KT_\infty)$。

(2) 在空间内，入射分子的数密度分布规律是：

$$n=n_\infty\left(\frac{1+\mathrm{erf}\,s}{2}\right) \tag{3.3}$$

(3) 当平板置于与 x 轴垂直的位置时，在与轴成 Θ 角的方向上，单位时间从单位立体角元入射到平板单位面积上的分子数即角强度是：

$$\begin{aligned} I_\Omega = {} & n_\infty\frac{1}{4\pi}\left(\frac{8KT_\infty}{m_g}\right)^{\frac{1}{2}}\cos\Theta\cdot\exp(-s^2\cdot\sin^2\Theta)\times \\ & \times\left\{\sqrt{\pi}\left(\frac{3}{2}s\cdot\cos\Theta+s^3\cdot\cos^3\Theta\right)(1+\mathrm{erf}\,s\cdot\cos\Theta)+\right. \\ & \left.+(1+s^2\cdot\cos^2\Theta)\exp(-s^2\cdot\cos^2\Theta)\right\} \end{aligned} \tag{3.4}$$

式中 $0 \leqslant \Theta \leqslant \frac{\pi}{2}$。

（4）如果在自由分子来流中，与 x 轴成 β 角作一平板，则单位时间入射到单位面积上的分子数即强度是：

$$I = n_\infty \left(\frac{KT_\infty}{2\pi m_g}\right)^{\frac{1}{2}} [\exp(-s^2 \cdot \sin^2\beta) + \sqrt{\pi}\, s \cdot \sin\beta(1 + \operatorname{erf} s \cdot \sin\beta)] \tag{3.5}$$

此外，入射到该平板模型单位面积上的法向和切向动量是：

$$P_n = \frac{m_g n_\infty V_\infty^2}{2\sqrt{\pi}} \sin^2\beta \left[\frac{\exp(-s^2 \cdot \sin^2\beta)}{s \cdot \sin\beta} + \sqrt{\pi}\left(1 + \frac{1}{2s^2\sin^2\beta}\right)(1 + \operatorname{erf} s \cdot \sin\beta)\right] \tag{3.6}$$

$$P_\tau = \frac{m_g n_\infty V_\infty^2}{2\sqrt{\pi}} \sin\beta\cos\beta \left[\frac{\exp(-s^2 \cdot \sin^2\beta)}{s \cdot \sin\beta} + \sqrt{\pi}\,(1 + \operatorname{erf} s \cdot \sin\beta)\right] \tag{3.7}$$

（5）在无限空间的自由分子流中，入射分子宏观的平均速度和最可机速度是：

$$U = V_\infty\{1 + [(1 + \operatorname{erf} s)\sqrt{\pi}\, s]^{-1}\exp(-s^2)\} \tag{3.8}$$

$$U_P = \frac{1}{2}\left\{V_\infty[1 - \exp(-2h_\infty U_P V_\infty)]^{-1} + \left[V_\infty^2(1 - e^{-2h_\infty U_P V_\infty})^{-2} + \frac{2}{h_\infty}\right]^{\frac{1}{2}}\right\} \tag{3.9}$$

2．分子束的流动和无限空间来流之间的相似问题

由上面的结果可以看出，无限空间自由分子来流的速度分布函数和角强度在形式上和分子束的分布函数和角强度是相同的。但是由于两种情况下的速度的变化范围不同，

2.1　$s \to 0$ 时分子束和无限空间来流的比较

	分　　子　　束	无限空间来流
数　密　度	轴向：$n(x) = \frac{n_s}{2}\left(1 - \frac{x}{(x^2 + r_S^2)^{\frac{1}{2}}}\right) \approx \frac{n_s r_S^2}{4x^2}$ 径向：$\frac{n}{n(x)} = \left(\frac{x}{\sqrt{x^2 + r_S^2}}\right)^2 \approx 1$	$n(x) = \frac{1}{2}n_\infty$ $\frac{n}{n(x)} = 1$
平 均 速 度	$U = \left(\frac{8KT_s}{\pi m}\right)^{\frac{1}{2}} \frac{x}{\sqrt{x^2 + r_S^2}}$	$U = \sqrt{\frac{2KT_\infty}{\pi m_g}}$
最可机速度	$U_P = h_s^{-\frac{1}{2}}$	$U_P = h_\infty^{-\frac{1}{2}}$
入 射 动 量 $\theta_0 = 0$	$P_n = m n_s \frac{r_S^2}{4x^2} \frac{3KT_s}{m} \sin^2\beta$ $P_\tau = m n_s \frac{r_S^2}{4x^2} \frac{3KT_s}{m} \sin\beta\cos\beta$	$P_n = \frac{1}{4} m_g n_\infty \frac{2KT_\infty}{m_g}$ $P_\tau = 0$
入 射 强 度 $\theta_0 = 0$	$I = n_s \frac{r_S^2}{4x^2}\left(\frac{8KT_s}{\pi m}\right)^{\frac{1}{2}} \cdot \sin\beta$	$I = n_\infty\left(\frac{KT_\infty}{2\pi m_g}\right)^{\frac{1}{2}}$

因此它们实际上有所不同。这样由它们给出的各个宏观量一般说来也就不同。特别当 $s\to 0$ 时，两种情况下各宏观量的不同，就更加清楚地被显示出来，从表 2.1 容易看出，它们之间不具有相似性。但是当 $s\cdot\sin\beta\gg 1$ 时，情况就不同了，由上面的公式，对于 $x/r_S\gg 1$ 的流动区域(这里放置模型)，我们可以给出两种情况下各宏观的计算公式，见表 2.2。可以看出，在分子束内，沿轴向数密度是逐渐减小的，平均速度基本上保持不变。由中心轴线向外，数密度和平均速度都不断减小。这些情况严格说来和无限空间来流的情况是不同的。但是如果我们采用的平板很小，则在平板模型的高度范围内，$r/s\ll 1$，沿径向数密度和平均速度的变化可以忽略。此时如果把平板模型处分子束的数密度 $n(x)$ 取作为被模拟的无限空间来流的数密度，表 2.2 表明，两种情况下各宏观量是相同的，因此分子束的流动和无限空间来流之间具有相似性。

2.2　$s\cdot\sin\beta\gg 1$ 时，分子束和无限空间来流的比较

	分子束	无限空间来流
数密度	轴向：$n(x)=n_s\dfrac{r_S^2}{x^2}\left(s^2+\dfrac{1}{2}\right)\approx n_s\dfrac{r_S^2}{x^2}s^2$ 径向：$\dfrac{n}{n(x)}=\cos^3\theta_0\exp(-s^2\sin^2\theta_0)\dfrac{1+2s^2\cos^2\theta_0}{1+2s^2}$ $=\left(\dfrac{x}{\sqrt{x^2+r^2}}\right)^s\exp[-s^2r^2(x^2+r^2)^{-1}]$	$n(x)=n_\infty$ $\dfrac{n}{n(x)}=1$
平均速度	$U=\sqrt{\dfrac{2KT_s}{m}}\cdot s\cos^2\theta_0=U_s\cos^2\theta_0$ $=U_s x^2(x^2+r^2)^{-1}$	$U=V_\infty$
最可机速度	$U_P=U_s$	$U_P=V_\infty$
入射动量 $\theta_0=0$	$P_n=mn_s\dfrac{r_S^2}{x^2}\dfrac{2KT_s}{m}s^4\cdot\sin^2\beta$ $=mn_s\dfrac{r_S^2}{x^2}s^2\sin^2\beta\cdot U_s^2$ $=m\,n(x)U_s^2\sin^2\beta$ $P_\tau=mn(x)U_s^2\sin\beta\cos\beta$	$P_n=m_g n_\infty V_\infty^2\sin^2\beta$ $P_\tau=m_g n_\infty V_\infty^2\sin\beta\cos\beta$
入射强度 $\theta_0=0$	$I=n_s\dfrac{r_S^2}{x^2}s^3\left(\dfrac{2KT_s}{m}\right)^{\frac{1}{2}}\sin\beta$ $=n(x)U_s\sin\beta$	$I=n_\infty V_\infty\sin\beta$

对引言中三个问题的讨论

1．关于分子束能否模拟真实流动的问题

根据第三部分的研究，当 $s\cdot\sin\beta = s\cos\theta_i \gg 1$ 时，分子束和无限空间自由分子来流具有相似性。为了满足这一模拟条件，一般 s 应大于 $\frac{3}{\sin\beta}$，或者 ε_i^* 应很大。

2．关于微小平板可否模拟真实物体的问题

对于凸物面单体绕流，物面对入射分子仅作一次反射。作用在物面上任一微元的气动力，仅与该微元的大小、方位、表面特征有关，而不受物体其他部分影响。这样当求其物面上任一微元的气动力时，完全可以把微元以外的物面去掉，而只用微元或微小平板在自由分子流中实验。

3．关于模拟实验的相似条件问题

为了进行模拟实验，首先要创造一个与被模拟流动相拟的自由分子流，这就要求：第一，实验气体的 Knudsen 数要保证足够大(例如大于 20)，但并不要求和实际飞行情况相同。第二，实验气流中入射分子的能量比 ε_i^* 必须充分大(或 S 充分大)，但也不必要求和被模拟的情形相同。此外在实验气体、物面与飞行情况完全相同的前提下，我们还必须要求模拟实验能满足如下相似准则：

(1) 如果我们要求比较准确的模拟，应该要求实验和飞行情况的 S_W 和 ε^* 分别相同。

(2) 如果 ε^* 很大，可采用近似模拟准则，即要求实验和飞行情况的 S_W 相同。根据这一准则，如果模型表面温度和被模拟物体相同，入射分子的动能两者也相同。如果模型表面温度低些，实验入射分子的动能也可作相应的降低。

参　考　文　献

[1] ULF. Bossel, AIAA Paper, 69-1032.

[2] M.N.Kogan, “Rarefied gas dynamics”, Plenum Press, New York, 1969.

[3] ULF.Bossel, AD 676911, 1968.

[4] J.B.Fenn and J.Deckers, “Rarefied gas dynamics” third Symposium, p.497-515, 1963.

[5] P.Г, Баранцев, “Вэаимодействие газов С поверхностями”, Сборник Статей, Издателъство Мир, 1965.

[6] Л.И.Седов, Методы Подобия И Размерности в Механике. Государственное иэдательство Технико-теоретинеской литературы, Москва, 1957.

[7] G.J.Maslach, Rept. AS-63-3, July, 1963. Univ. of California.

[8] Tang S.S., Rept. AS-64-3, 1964. Univ. of California.

[9] G.Koppenwallner, 6th rarefied gas dynamics Symposium, 1968.

[10] C.L.Sharpe, AIAA J. vol.17, No.8, 1969.

粒子侵蚀的相似规律及实验模拟问题*

张涵信
（中国空气动力研究与发展中心）

摘要 本文探讨了粒子侵蚀的相似规律，给出了粒子侵蚀实验的模拟参数，讨论了相似规律在实验模拟中的应用及实验模拟问题。

关键词 粒子侵蚀，相似律，实验模拟。

一、引 言

由于地球表面附近存在云粒子(冰晶、雪花、雨滴)，导弹再入大气层时，将受到侵蚀而使其防热层的后退率大大超过清洁空气环境下的后退率，因此云粒子侵蚀问题是其全天候弹头设计中的重要课题。由于问题的复杂性，至今尚未有解决这个问题的完整理论；在实验方面，虽已作了大量的地面实验工作，但是，什么是正确的模拟实验以及如何使用实验数据亦无统一的认识。这种状况，与缺乏相似律的指导是密切相关的。

本文探讨了粒子侵蚀的相似规律。为了简单，不考虑烧蚀和侵蚀的耦合以及有烧蚀液体层的情况，假定粒子直接撞击物面，并通过考虑物面温度和物体材料的热学、力学性质来计及烧蚀影响。论文由四个部分组成：第一部分讨论粒子侵蚀环境，从而建立粒子侵蚀模型；第二部分建立了粒子侵蚀的相似规律，给出了实验模拟的相似参数。第三部分研究了相似规律在地面模拟实验中的应用。第四部分是简单的结论。

二、粒子侵蚀的环境

侵蚀弹头的云粒子环境，是对地面附近天气情况作长期观察给出的。观测指出，云粒子天气剖面的出现具有随机性和统计规律。云粒子的成分为冰晶、雪花和雨滴。一般说来，粒子的直径约为 50 μm 到 1000 μm，云粒子的数密度为 200～15000 个/米^3（或 0.0002～0.015 个/厘米^3）。研究表明，当粒子运动速度超过 1000 m/s 时，物体前面的激波并不使云粒子破碎，也不使粒子有显著的减速。这样在弹头附近的激波层内，粒子的数目是不多的。例如当弹头前缘的曲率半径为 140 mm 时，其头部激波层内仅有十几个粒子。如果前缘曲率半径为 80 mm，其头部激波层内仅有 2，3 个粒子。这种情况表明，粒子在流场的运动，可视为单粒子运动。这样，粒子对物面的作用，可视为多个单粒子

* 空气动力学学报，1990，8（2）：124-128. 本文于1989年7月17日收到，8月28日收到修改稿。

碰撞的结果。尽管粒子在激波层内是稀少的，由于粒子运动速度较大，单位时间碰撞单位物面积的粒子数是可观的。例如，在较严重的情况下，1秒内碰撞$1cm^2$的表面积上的粒子数可达10^4之多。

云粒子对物面的上述作用，使我们研究某面积元的粒子侵蚀时，可只考虑碰撞本面积元的粒子，其它不与本面积元相碰的粒子，可以不予考虑。这样问题就得到了简化。在讨论中相对面积元来说，假设粒子的尺寸是很小的。

三、粒子侵蚀的相似规律

如图1取单位面积元(可视为平面)，它与粒子入射方向的倾角为φ。设碰撞物面前粒子的特征长度为d_p，质量为m_p，温度为T_p，粒子的入射速度为V_p，数密度为n_p，显然$\rho_p=n_p\cdot m_p$是单位体积内所含粒子的质量，即粒子流的密度。设粒子本身的比热为C_p。如讨论中包含固体粒子，再设粒子材料的特征硬度为σ_p(具有应力的量纲)。由于粒子运动速度较高，粒子对物面的撞击是非弹性的，其物体部分质量被侵蚀掉，出现凹坑。粒子的部分动能因碰撞而转变为热能。设由撞击开始经时间τ从单位面积元上侵蚀掉的质量为m，因撞击而产生的热流率为q，被撞击的物体其密度为ρ_d，特征破坏应力为σ_d，物面温度为T_w，物体材料的比热为C_d，显然，m，q是d_p、n_p、ρ_p、T_p、V_p、C_p、ρ_d、σ_d、σ_p、C_d、T_w、φ和τ的函数，即

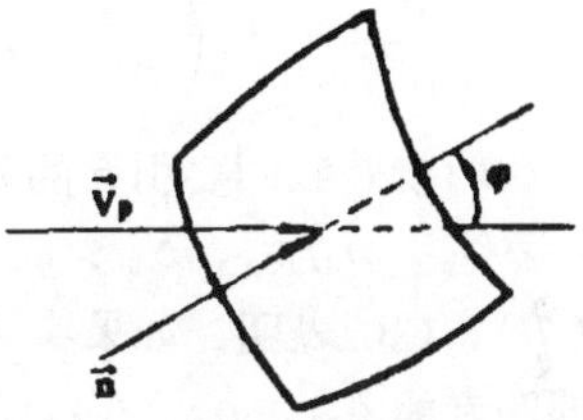

图1　粒子与面元的作用

($\vec{n}$为面元内法向)

$$m=f_m(d_p,\ n_p,\ \rho_p,\ T_p,\ V_p,\ C_p,\ \rho_d,\ \sigma_d,\ \sigma_p,C_d,\ T_w,\varphi,\ \tau) \tag{1}$$

$$q=f_q(d_p,\ n_p,\ \rho_p,\ T_p,\ V_p,\ C_p,\ \rho_d,\ \sigma_d,\ \sigma_p,\ C_d,\ T_w,\ \varphi,\ \tau) \tag{2}$$

根据量纲分析中的Π定理，式(1)、(2)可写成如下无量纲的函数关系：

$$\frac{m}{m_i}=f_m\left(\frac{\sigma_d}{\rho_p V_p^2},\ \frac{\sigma_p}{\rho_p V_p^2},\ n_p d_p^3,\ S_p,\ \frac{C_d}{C_p},\ \frac{\rho_d}{\rho_p},\ S_w,\varphi,\ \frac{V_p\tau}{d_p}\right) \tag{3}$$

$$\frac{q}{\rho_p V_p^3}=f_q\left(\frac{\sigma_d}{\rho_p V_p^2},\ \frac{\sigma_p}{\rho_p V_p^2},\ n_p d_p^3,S_p,\ \frac{C_d}{C_p},\ \frac{\rho_d}{\rho_p},\ S_w,\ \varphi,\ \frac{V_p\tau}{d_p}\right) \tag{4}$$

式中$m_i=\rho_p V_p\tau\cos\varphi$表示时间$\tau$内碰撞图1单位面积元的粒子质量，$S_p=V_p/(C_pT_p)^{\frac{1}{2}}$，$S_w=V_p/(C_pT_w)^{\frac{1}{2}}$。显然，$m/m_i$表示粒子打击单位面积元上质量侵蚀比。设$\rho_{pp}$是粒子本身的密度，我们有

$$n_p d_p^3=k\frac{\rho_p}{\rho_{pp}}$$

这里k是比例系数，对于球形粒子，$k=6/\pi$。于是，(3)、(4)中的$n_p d_p^3$可用ρ_{pp}/ρ_p代替。此外，由于

$$\frac{V_p\tau}{d_p}=\frac{\theta_b}{\frac{\pi}{4}n_p d_p^3} \qquad (5)$$

式中

$$\theta_b=\frac{\pi}{4}L n_p d_p^2 \qquad (6)$$

$L=V_p\tau$ 表示时间 τ 内侵蚀粒子的分布长度或叫侵蚀场的长度，θ_b 表示撞击面元的粒子的总横截面积与面元横向（垂直于粒子入射方向）面积之比，称之为面积复盖比[2]。将（5）代入（3）、（4），并利用 $n_p d_p^3$ 与 ρ_{pp}/ρ_p 的关系，易得

$$\frac{m}{m_i}=f_m\left(\frac{\sigma_d}{\rho_p V_p^2},\ \frac{\sigma_p}{\rho_p V_p^2},\ \frac{\rho_{pp}}{\rho_p},S_p,\ \frac{C_d}{C_p},\ \frac{\rho_d}{\rho_p},S_w,\varphi,\theta_b\right) \qquad (7)$$

$$\frac{q}{\rho_p V_p^3}=f_q\left(\frac{\sigma_d}{\rho_p V_p^2},\ \frac{\sigma_p}{\rho_p V_p^2},\ \frac{\rho_{pp}}{\rho_p},\ S_p,\ \frac{C_d}{C_p},\ \frac{\rho_d}{\rho_p},\ S_w,\ \varphi,\ \theta_b\right) \qquad (8)$$

（7）、（8）就是我们要引导的无量纲相似关系，其中 $\sigma_d/\rho_p V_p^2$，$\sigma_p/\rho_p V_p^2$，ρ_{pp}/ρ_p，S_p，C_d/C_p，ρ_d/ρ_p，S_w，φ，θ_b 是无量纲相似参数。

（7）、（8）表明，如果实际飞行情况和模型实验情况具有相同的粒子成分和表面材料，即两者的 ρ_{pp}，ρ_d，C_d，C_p，σ_d，σ_p 等分别给以相同的值，那么（7）、（8）可表达为

$$\frac{m}{m_i}=f_m(V_p,\ \rho_p,\ T_p,\ T_w,\ \varphi,\ \theta_b) \qquad (9)$$

$$\frac{q}{\rho_p V_p^3}=f_q(V_p,\ \rho_p,T_p,\ T_w,\ \varphi,\theta_b) \qquad (10)$$

不难看出，此时相似参数为 V_p，ρ_p，T_p，T_w，φ 和 θ_b。

四、粒子侵蚀实验模拟问题

上节的结果表明，m/m_i 和 $q/\rho_p V_p^3$ 是 θ_b（或侵蚀时间 τ）的函数。θ_b 增加，m/m_i 和 $q/\rho_p V_p^3$ 改变。不少文献指出[1,2]，当 θ_b 增加到某一临界数值 θ_b^* 时，其质量侵蚀比和无量纲热流不再变化。因为实验飞行的时间较长，$\theta_b>\theta_b^*$ 是有实际意义的情况，因此实验研究应该模拟这种情况。此时，（9）、(10)给出

$$\frac{m}{m_i}=f_m(V_p,\rho_p,T_p,T_w,\varphi) \qquad (11)$$

$$\frac{q}{\rho_p V_p^3}=f_q(V_p,\rho_p,T_p,T_w,\varphi) \qquad (12)$$

由此二式，可作出如下结论：如果实际飞行情况和地面模拟实验都满足以下要求

(1) $\theta_b>\theta_b^*$，即由（6）

$$L>\frac{\theta_b^*}{\frac{\pi}{4}n_p d_p^3}d_p=\frac{\theta_b^*}{k_1}\frac{\rho_{pp}}{\rho_p}\cdot d_p \qquad (13)$$

式中 k_1 为常数，对于球形粒子，$k_1=3/2$。

（2）入射粒子的成分和表面材料分别相同，即 ρ_{pp}，C_p，ρ_d，C_d，σ_d，σ_p 等分别相同；

（3）ρ_p，V_p，T_p，T_w 分别相同。则在 φ 分别相同时，实验得到的 m/m_i 和飞行情况分别相同。

下面来估计 θ_b^* 的大小。文献［1］研究指出，当特征长度 d_p 的高速粒子撞击物面时，它使物面产生特征长度为 d_c 的凹坑，且存在如下经验关系

$$\frac{d_c}{d_p}=C\left(\frac{V_p}{1000}\right)^{2/3}$$

式中 V_p 的单位为 m/s，C 为经验常数，它取决于侵蚀粒子和物面材料的特性，对于雨滴和碳碳材料，该值可取为 0.874。此外，文献［1］指出：

$$\frac{\pi}{4}V_p\tau n_p d_c^2\geq 1$$

时，m/m_i 将不随 τ 而改变。上式表明

$$\frac{\pi}{4}V_p\tau^* n_p d_p^2\left(\frac{d_c}{d_p}\right)^2=\theta_b^*\left(\frac{d_c}{d_p}\right)^2=1$$

于是

$$\theta_b^*=\left(\frac{d_p}{d_c}\right)^2=\frac{1}{C^2\cdot\left(\frac{V_p}{1000}\right)^{4/3}} \tag{14}$$

利用该式和(13)，可以给出实验侵蚀场的最小长度。图 2 给出了球型雨滴粒子在 $V_p=$ 15000 ft/s＝4571.9 m/s 情况下，侵蚀场最小长度 L 随雨滴直径和云粒子密度 ρ_p 的变化。可以看出，ρ_p 增加 L 减小，d_p 增加 L 增大。采用直径小的云粒子，可降低实验中对侵蚀场长度的要求。这些结果与文献［2］的结论一致。

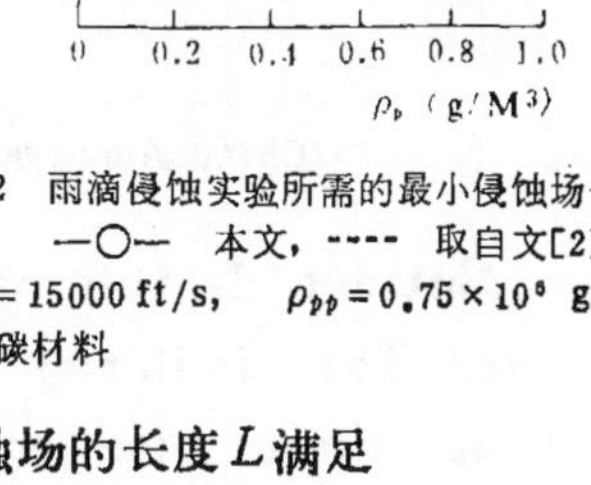

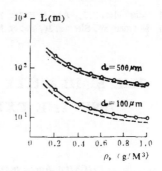

图 2　雨滴侵蚀实验所需的最小侵蚀场长度
—○—　本文，----　取自文［2］
$V_p=15000$ ft/s，　$\rho_{pp}=0.75\times10^6$ g/m³
碳-碳材料

五、简单的结论

1. 当飞行情况和地面实验情况两者粒子种类、物面完全相同时，其模拟的相似参数是

$$\rho_p,\ V_p,\ T_p,\ T_w,\ \varphi,\ \theta_b$$

2. 如果地面实验满足本节 1 的要求，且实验中侵蚀场的长度 L 满足

$$L>\frac{1}{k_1}\frac{\rho_{pp}}{\rho_p}d_p\cdot\theta_b^*$$

或者粒子侵蚀面积元的实验时间

$$\tau > \frac{1}{k_1} \frac{\rho_{pp}}{\rho_p} \cdot d_p \frac{\theta_b^*}{V_p} \tag{15}$$

则 m/m_i，$q/\rho_p V_p^3$ 依赖的相似参数为：ρ_p，V_p，T_p，T_w，φ。在这种情况下，模拟实验的 ρ_p，V_p，T_p 和 T_w 应分别和飞行情况取相同的数值。

3．弹道靶实验可提供和实际飞行情况相近的 V_p，如果适当地选择 ρ_p，T_p 和 T_w，并使侵蚀场的长度满足条件(13)，那么它将能满足相似条件的要求，因此是一种有效的云粒子侵蚀的模拟手段。电弧加热器和发动机的云粒子侵蚀实验，如能提高粒子的速度和控制 ρ_p，使之和飞行情况接近，侵蚀时间满足条件(15)，也是有用的实验工具。

4．如果 $\frac{\rho_p}{\rho_{pp}} \to 0$，即 ρ_p 很小，在(7)、(8)中相似参数 $\frac{\sigma_d}{\rho_p V_p^2}$，$\frac{\sigma_p}{\rho_p V_p^2}$，$\frac{\rho_{pp}}{\rho_p}$，$\frac{\rho_d}{\rho_p}$ 将组合成三个新的相似参数 $\frac{\sigma_d}{\rho_{pp} V_p^2}$，$\frac{\sigma_p}{\rho_{pp} V_p^2}$，$\frac{\rho_d}{\rho_{pp}}$

此时

$$\frac{m}{m_i} = f_m(V_p,\ T_p,\ T_w,\ \varphi)$$

这个关系包含如下特殊情况

$$\frac{m}{m_i} = V_p^2 f(T_p,\ T_w,\ \varphi)$$

这就是能量流模拟规律。

在论文写作过程中，多次与杨茂昭同志讨论，得到他不少帮助，特此致谢。

参 考 文 献

[1] Schneider, P.J.: AIAA Paper 78-816, (1978).

[2] Norman W. Sheetz, Jr: Paper No 45, Vol. 3, 10th Navy Symposium on Aeroballistics.

THE SIMILARITY LAW FOR WEATHER EROSION AND THE EXPERIMENTAL SIMULATIONS

Zhang Hanxin

(China Aerodynamic Research and Development Center)

Abstract In this paper the similarity law for weather erosion is explored. The similarity parameters for experimental simulation are given, and the applications of similarty law to weather erosion simulator are studied.

Key words weather erosion, similarity law, experimental simulation.

真实气体流动的相似规律*

张涵信

（中国空气动力研究与发展中心）

摘要 本文从具有化学反应的NS方程出发导出了真实气体流动的相似律，分别给出了高温空气非平衡流、平衡流和冻结流的相似参数。文中还讨论了航天飞机轨道器各种Mach数范围内的真实气体流动的相似参数和实验模拟问题。

关键词 真实气体，相似律，相似参数。

一、引 言

由于航天飞机等高超声速飞行器的发展和推动，近几年来高温气体的真实气体效应重新引起了空气动力学界的关注[1,2]，一个重要问题就是真实气体效应的实验模拟，为此需要了解真实气体的流动的相似规律。然而文献中已有的结果是在两体碰撞反应条件下得到的[3,4]，而真实高温空气不完全是这种情况。因而研究具有真实化学反应的高温空气的流动并给出相应的相似规律是很有意义的，这就是本文的目的。

对于航天飞机轨道器等再入高超声速飞行环境，其飞行器周围的空气温度可高达8000—10000K。由于常比热完全气体的假设只在不高的温度范围内（$T<1500—2000K$）适用，因此必须研究具有化学反应的非平衡流动。根据目前关于高温空气化学动力学的研究，当空气处于1500—10000K时，主要成分是O_2，N_2，NO，N，O，NO^+，e^-。至于氧氮的多原子化学物（如O_3，NO_2等）并不重要。在这种情况下，空气中存在下述反应

（1） $x_2+M\rightleftarrows x_2^v+M$

（2） $O_2+M\rightleftarrows O+O+M$

（3） $N_2+M\rightleftarrows N+N+M$

（4） $ON+M\rightleftarrows N+O+M$

（5） $NO+O\rightleftarrows O_2+N$

（6） $O+N_2\rightleftarrows NO+N$

（7） $N_2+O_2\rightleftarrows NO+NO$

（8） $x_2+M\rightleftarrows x_2^e+M$

$x+M\rightleftarrows x^e+M$

* 空气动力学学报，1990，8（1）：1-8. 本文于1989年5月31日收到，7月22日收到修改稿。

(9) $N+O \rightleftarrows NO^{+}+e^{-}$

这里 M 可以是空气中任何一种成分的分子或原子，x_2 表示分子，x 表示原子。反应(1)是分子的振动激发，反应(8)表示分子和原子的电子激发。容易看出所有反应的正向反应都是两体碰撞的，而分子离解的逆向反应(即原子复合反应)是三体碰撞的。

但是，上述九种反应，并不是在任何温度(或来流 M_∞)范围内都是重要的。研究表明，当温度处于 1000—2000 K 时，只有反应(1)是重要的，其它反应可不考虑。当 $M_\infty=10$—13 时，反应(1)、(2)、(4)、(5)、(6)是重要的。如果 $M_\infty=13$—25，反应(1)、(2)、(3)、(4)、(5)、(6)、(8)、(9)应予以考虑，至于反应(7)，它在非常靠近激波的区域起作用。

本文从反应(1)—(9)出发来研究问题。为了简单，假定分子的振动激发反应(1)和分子、原子的电子激发反应(8)均处于平衡态，而其它反应可以是非平衡的。并且为了方便，把上述反应统一表达为

$$\sum_{i=1}^{N} \nu_i'^{(j)} A_i \underset{k_r^{(j)}}{\overset{k_f^{(j)}}{\rightleftarrows}} \sum_{i=1}^{N} \nu_i''^{(j)} A_i \qquad (1.1)$$

$$j=1,2\cdots r$$

这里 $r=7$，A_i 代表第 i 种成分的化学式，$\nu_i'^{(j)}$、$\nu_i''^{(j)}$ 分别表示第 j 个反应中第 i 种成分的计量系数。

二、相似规律的建立

1．无量纲化的真实气体运动的方程组及边界条件

设$x_\alpha(\alpha=1, 2, 3)$表示直角坐标系的坐标，t 表示时间，u_α 是混合气体在 x_α 方向的分量，P,ρ，T，μ，h 分别为混合气体的压力、密度、温度、粘性系数和单位质量的焓，R 是气体常数。再设混合气体中第 i 种成分的质量浓度、分子或原子量、单位质量的焓分别为 c_i、m_i、h_i。$\theta_v^{(i)}$是第 i 种成分(分子)的振动特征温度，$\theta_n^{(i)}$、$g_n^{(i)}$为第 i 种成分在第 n 电子激发态的特征温度和简并度。$k_f^{(j)}$,$k_r^{(j)}$ 为式(1.1)所表达的第 j 个反应的正、逆反应的速度常数，它可表示为

$$k_f^{(j)}=a_f^{(j)}T^{b_f^{(j)}}\exp(-c_f^{(j)}/T) \qquad (2.1)$$

$$k_r^{(j)}=a_r^{(j)}T^{b_r^{(j)}}\exp(-c_r^{(j)}/T) \qquad (2.2)$$

式中 $a_f^{(j)}$、$b_f^{(j)}$、$c_f^{(j)}$、$a_r^{(j)}$、$b_r^{(j)}$、$c_r^{(j)}$ 为常量。引入如下无量纲量

$$\begin{cases} \bar{x}_\alpha=x_\alpha/L & \bar{t}=tV_\infty/L \\ \bar{p}=p/(\rho_\infty V_\infty^2) & \bar{\rho}=\rho/\rho_\infty \\ \bar{v}_\alpha=v_\alpha/V_\infty & \bar{T}=TR/(V_\infty^2 m_2) \\ \bar{h}=h/V_\infty^2 & \bar{\mu}=\mu/\mu_\infty \\ \bar{k}_f^{(j)}=k_f^{(j)}/k_{f_0}^{(j)} & \bar{k}_r^{(j)}=k_r^{(j)}/k_{r_0}^{(j)} \end{cases} \qquad (2.3)$$

这里 $\rho_\infty, V_\infty, \mu_\infty$ 为来流的密度、速度和粘性系数，m_2 是来流的平均分子量，L 是物体的特征长度 $k_{f_0}^{(i)}$ 和 $k_{r_0}^{(i)}$ 是

$$k_{f_0}^{(i)} = a_f^{(i)}\left(\frac{V_\infty^2 m_2}{R}\right)^{b_f^{(i)}} \exp[-c_f^{(i)} R/(m_2 V_\infty^2)] \tag{2.4}$$

$$k_{r_0}^{(i)} = a_r^{(i)}\left(\frac{V_\infty^2 m_2}{R}\right)^{b_r^{(i)}} \exp[-c_r^{(i)} R/(m_2 V_\infty^2)] \tag{2.5}$$

根据质量、动量、能量守恒定律，质量作用定律及道尔顿分压定律，假设每一种成分都可用完全气体来描述其热力学状态，并采用等扩散系数近似，气体的粘性系数可用以下公式表达

$$\bar{\mu} = \frac{\mu}{\mu_\infty} = c\cdot\left(\frac{T}{T_\infty}\right) \tag{2.6}$$

式中 c 是与参考温度 、参考浓度等相关的量。于是有化学反应的混合气体流动的无量纲方程组是

$$\bar{\rho}\left(\frac{\partial c_i}{\partial \bar{t}} + \bar{v}_\alpha \frac{\partial c_i}{\partial \bar{x}_\alpha}\right) = \bar{\dot{\sigma}}_i + \gamma\left(\frac{\sqrt{c}M_\infty}{\sqrt{Re_\infty}}\right)^2 \frac{\partial}{\partial \bar{x}_\alpha}\left\{\frac{L_{ef}}{Pr_f}\bar{T}\frac{\partial c_i}{\partial \bar{x}_\alpha} + \frac{L_e^T}{Pr_f}\frac{\partial \bar{T}}{\partial \bar{x}_\alpha}\right\} \tag{2.7}$$

$$\bar{\rho}\left(\frac{\partial \bar{v}_\alpha}{\partial \bar{t}} + \bar{v}_\beta \frac{\partial \bar{v}_\alpha}{\partial \bar{x}_\beta}\right) = -\frac{\partial \bar{p}}{\partial \bar{x}_\alpha} + \gamma\left(\frac{\sqrt{c}M_\infty}{\sqrt{Re_\infty}}\right)^2 \frac{\partial}{\partial \bar{x}_\beta}\left\{\bar{T}\left(\frac{\partial \bar{v}_\alpha}{\partial \bar{x}_\beta} + \frac{\partial \bar{v}_\beta}{\partial \bar{x}_\alpha}\right) - \frac{2}{3}\bar{T}\frac{\partial \bar{v}_\alpha}{\partial \bar{x}_\alpha}\delta_{\alpha\beta}\right\} \tag{2.8}$$

$$\begin{aligned}\bar{\rho}\left(\frac{\partial \bar{h}}{\partial \bar{t}} + \bar{v}_\beta \frac{\partial \bar{h}}{\partial \bar{x}_\beta}\right) &= \frac{\partial \bar{p}}{\partial \bar{t}} + \bar{v}_\beta \frac{\partial \bar{p}}{\partial \bar{x}_\beta} \\ &+ \gamma\left(\frac{\sqrt{c}M_\infty}{\sqrt{Re_\infty}}\right)^2 \frac{\partial}{\partial \bar{x}_\alpha}\left\{\frac{\bar{T}}{Pr_f}\left[\frac{\partial \bar{h}}{\partial \bar{x}_\alpha} + (Le_f - 1)\sum_i \bar{h}_i \frac{\partial c_i}{\partial \bar{x}_\alpha}\right.\right. \\ &\left.\left. + \sum_i L_e^T \frac{\bar{h}_i}{\bar{T}} \frac{\partial \bar{T}}{\partial \bar{x}_\alpha}\right]\right\}\end{aligned} \tag{2.9}$$

$$\bar{p} = \sum_i \frac{m_2}{m_i} c_i \bar{\rho} \bar{T} \tag{2.10}$$

$$\bar{h} = \sum_i c_i \bar{h}_i \tag{2.11}$$

$$\bar{h}_i = \begin{cases} \left[\dfrac{5}{2} + \dfrac{\sum_n \dfrac{\theta_n^{(i)}}{V_\infty^2}\dfrac{R}{m_2}\dfrac{1}{\bar{T}} g_n^{(i)} \exp\left(-\dfrac{\theta_n^{(i)} R}{V_\infty^2 m_2}\dfrac{1}{\bar{T}}\right)}{\sum_n g_n^{(i)} \exp\left(-\dfrac{\theta_n^{(i)}}{V_\infty^2}\dfrac{R}{m_2}\dfrac{1}{\bar{T}}\right)}\right]\dfrac{m_2}{m_i}\bar{T} \text{（单原子气体成分）} \\[3ex] \left[\dfrac{7}{2} + \dfrac{\dfrac{\theta_v^{(i)}}{V_\infty^2}\dfrac{R}{m_2}\dfrac{1}{\bar{T}}}{\exp\left(\dfrac{\theta_v^{(i)} R}{V_\infty^2 m_2}\right) - 1} + \dfrac{\sum_n \dfrac{\theta_n^{(i)}}{V_\infty^2}\dfrac{R}{m_2}\dfrac{1}{\bar{T}} g_n^{(i)} \exp\left(-\dfrac{\theta_n^{(i)} R}{V_\infty^2 m_2}\dfrac{1}{\bar{T}}\right)}{\sum_n g_n^{(i)} \exp\left(-\dfrac{\theta_v^{(i)} R}{V_\infty^2 m_2}\dfrac{1}{\bar{T}}\right)}\right]\dfrac{m_2}{m_i}\bar{T} \end{cases}$$

（双原子气体成分）　　(2.12)

$$\bar{\dot{\sigma}}_i=\sum_j(\nu''^{(j)}_i-\nu'^{(j)}_i)\frac{m_i}{m_2}\left\{\left(\frac{\rho_\infty}{m_2}\right)^{\sum\limits_i\nu'^{(j)}_i-1}\frac{L}{V_\infty}k^{(j)}_{f_0}\ \bar{k}^{(j)}_f\prod_i\left(\frac{\bar{\rho}\,c_i m_2}{m_i}\right)^{\nu'^{(j)}_i}\right.$$
$$\left.-\left(\frac{\rho_\infty}{m_2}\right)^{\sum\limits_i\nu''^{(j)}_i-1}\frac{L}{V_\infty}k^{(j)}_{r_0}\ \bar{k}^{(j)}_r\prod_i\left(\frac{\bar{\rho}\,c_i m_2}{m_i}\right)^{\nu''^{(j)}_i}\right\}\tag{2.13}$$

$$\bar{k}^{(j)}_f=(\bar{T})^{b^{(j)}_f}\exp\left[\frac{c^{(j)}_f R}{V^2_\infty m_2}\left(1-\frac{1}{\bar{T}}\right)\right]\tag{2.14}$$

$$\bar{k}^{(j)}_r=(\bar{T})^{b^{(j)}_r}\exp\left[\frac{c^{(j)}_r R}{V^2_\infty m_2}\left(1-\frac{1}{\bar{T}}\right)\right]\tag{2.15}$$

式中使用了张量符号，当 $\alpha=\beta$ 时，$\delta_{\alpha\beta}=1$，当 $\alpha\neq\beta$ 时，$\delta_{\alpha\beta}=0$。Pr_f 为冻结 Prandtl 数，Le_f 为冻结 Lewis 数，Le^T 为冻结热 Lewis 数，γ 为来流气体的比热，M_∞ 为来流 Mach 数，$Re_\infty=(\rho_\infty V_\infty L)/\mu_\infty$ 为来流 Reynolds 数。

假设所研究的流动存在脱体激波，激波前流动是均匀的，其无量纲的激波条件是*

$$\begin{cases}\bar{V}_{1\tau}=\bar{V}_{2\tau}\\ \bar{V}_{1n}=\bar{\rho}_2\bar{V}_{2n}\\ \dfrac{1}{\gamma M^2_\infty}+\bar{V}^2_{1n}=\bar{P}_2+\bar{\rho}_2\bar{V}^2_{2n}\\ \dfrac{1}{2}+\dfrac{1}{\gamma-1}\ \dfrac{1}{M^2_\infty}=\bar{h}_2+\dfrac{1}{2}\bar{V}^2_2\end{cases}\tag{2.16}$$

这里 $\bar{V}_{1\tau}$，$\bar{V}_{2\tau}$ 分别是激波前后的无量纲速度在激波面切向的投影，$\bar{V}_{1n}$，$\bar{V}_{2n}$ 是激波前后无量纲速度在激波法向的投影，$\bar{P}_2$，$\bar{\rho}_2$，$\bar{V}_2$ 是激波后的气体的压力、密度和速度。

如果假设物面温度已知，物面满足无滑移速度条件，且物面是完全催化的，则无量纲的物面条件是

$$\begin{cases}\bar{v}_\alpha=0\\ \bar{T}=\dfrac{1}{\gamma M^2_\infty}\ \dfrac{T_w}{T}\\ c_i=c_{iw}\end{cases}\tag{2.17}$$

这里 T_∞ 是来流温度，c_{iw} 是第 i 种成分在壁面上的质量浓度。如果物面是非催化的，代换(2.17)第(3)式的条件是：$\partial c_i/\partial n|_{物面}=0$，这里 n 是物面的法向。本文只讨论完全催化壁。

2．相似参数

由以上无量纲方程、激波条件和物面条件可以看出，真实气体绕流的无量纲相似参数为

$$\gamma,M_\infty,\ \frac{\sqrt{c}\,M_\infty}{\sqrt{Re_\infty}},\ \frac{1}{\gamma M^2_\infty}\ \frac{T_w}{T_\infty},\ c_{iw},\ \frac{m_2}{m_i},\ \left(\frac{\rho_\infty}{m_2}\right)^{\sum\limits_i\nu'^{(j)}_i-1}\frac{L}{V_\infty}k^{(j)}_{f_0},$$

* 如果流场内还存在其它激波，亦可给出相应的无量纲激波关系。在引导相似律时，不增加新的相似参数。

$$\left(\frac{\rho_\infty}{m_2}\right)^{\sum_i \nu''^{(j)}_i - 1}\frac{L}{V_\infty}k^{(j)}_{r_0},\ Pr_f,\ Le_f,\ Le^T,\ \frac{\theta^{(i)}_n R}{V^2_\infty m_2},\ g^{(i)}_n$$

$$\frac{\theta^{(i)}_v R}{V^2_\infty m_2},\ \nu'^{(j)}_i,\ \nu''^{(j)}_i,\ \frac{c^{(j)}_f R}{V^2_\infty m_2},\ \frac{c^{(j)}_r R}{V^2_\infty m_2},\ b^{(j)}_f,\ b^{(j)}_r$$

这表明，如果两个高温真实空气绕流流场，几何相似，上述无量纲参数分别相同，则两个绕流彼此相似。

不难看出，真实气体流动的相似参数是多的。但是，如果我们讨论的两个流动，它们不仅几何相似，而且气体组成成分两者也相同，那末当假定两个流动的 V 分别相同时，则 γ，$m_2/m_i, m_2, k^{(j)}_{f_0}, k^{(j)}_{r_0}, (\theta^{(i)}_n R)/(V^2_\infty m_2), g^{(i)}_n$，$(\theta^{(i)}_v R)/(V^2_\infty m_2)$，$\nu'^{(j)}_i$，$\nu''^{(j)}_i, (c^{(j)}_f R)/(V^2_\infty m_2), (c^{(j)}_r R)/(V^2_\infty m_2), b^{(j)}_f, b^{(j)}_r$，$Pr_f$，$Le_f$，$L^T_e$ 等分别相同，两个流动保证相似的条件是

$$M_\infty, \frac{\sqrt{c}\ M_\infty}{\sqrt{Re_\infty}},\ V_\infty, \rho_\infty^{\sum_i \nu'^{(j)}_i - 1} L, \rho_\infty^{\sum_i \nu''^{(j)}_i - 1} L \tag{2.18}$$

$$\frac{1}{\gamma M^2_\infty}\ \frac{T_w}{T_\infty},\ c_{iw} \tag{2.19}$$

显然条件(2.19)是物面要求满足的相似条件，(2.18)是流动要求满足的相似条件。

可以证明，如果仅讨论无化学反应的流动，相应的相似条件是

$$M_\infty,\ \frac{\sqrt{c}\ M_\infty}{\sqrt{Re_\infty}} \tag{2.20}$$

$$\frac{1}{\gamma M^2_\infty}\ \frac{T_w}{T_\infty} \tag{2.21}$$

三、相似规律的进一步分析和讨论

下面对相似规律作进一步分析。

1．无化学反应的完全气体流动

在这种情况下，除物面所要求的相似条件(2.21)外，流场的相似参数是

$$M_\infty, \tilde{V}'_\infty = \frac{\sqrt{c}\ M_\infty}{\sqrt{Re_\infty}} \tag{3.1}$$

(1) $\tilde{V}'_\infty \ll 1$ 的情形

在这种情况下，方程(2.7)、(2.8)、(2.9)中包含 $\tilde{V}'_\infty$ 的项可以忽略，于是参数 $\tilde{V}'_\infty$ 不再出现在无量纲方程组中，其相似参数仅为 M_∞。

对于美国航天飞机轨道器的再入飞行，当 $M_\infty < 13$ 时，$\tilde{V}'_\infty < 0.005$，此时可认为 $\tilde{V}'_\infty \ll 1$，因此在 $M_\infty < 13$ 的范围内，可认为控制气动力的相似参数为 M_∞。

(2) $M_\infty \gg 1$ 的情形

在这种情况下，$1/M_\infty^2 \ll 1$，方程中包含$1/M_\infty^2$的项可以忽略，因而相似参数不再包含M_∞，流动处于与M_∞无关的极限状态。此时相似参数仅为$\tilde{V}'_\infty$。对于美国航天飞机轨道器的再入飞行，大约$M_\infty>13$流动开始进入与M_∞无关的极限状态。

以上情况表明，当不计空气的化学反应时，航天飞机轨道器的气动力，在$M_\infty>13\sim15$时，主要控制参数为$\tilde{V}'_\infty$，而在$M_\infty<13\sim15$时，主要控制参数为M_∞。美国航天飞机轨道器气动设计手册[5]就是这样整理数据的。

2．有化学反应的真实气体的流动

在所讨论的情况下，化学反应为(2)—(7)、(9)。由于这些反应的所有正向反应皆为两体碰撞，因而$\sum\limits_i \nu_i'^{(j)}=2$。对于两体碰撞的逆反应，$\sum\limits_i \nu_i''^{(j)}=2$，对于三体碰撞的逆反应，$\sum\limits_i \nu_i''^{(j)}=3$。因此，除物面所要求的相似条件外，有化学反应的非平衡流动的流场相似参数为

$$M_\infty,\ \tilde{V}'_\infty,\ V_\infty,\ \rho_\infty L,\ \rho_\infty^2 L \tag{3.2a}$$

或者

$$M_\infty,\ \tilde{V}'_\infty,\ V_\infty,\ \rho_\infty L,\ \rho_\infty \tag{3.2b}$$

对于高温真实空气化学反应处于平衡的情况，容易证明，(2.18)中的后两个相似参数成比例出现，即流场的相似参数为

$$M_\infty,\ \tilde{V}'_\infty,\ V_\infty,\ \rho_\infty \tag{3.3}$$

大家知道，当$M_\infty<10$时，航天飞机轨道器的绕流，化学反应是不重要的，流动基本上可视为完全气体的流动或化学反应冻结的流动。但是，$M_\infty>10$以后，化学反应的影响逐渐重要，且M_∞的范围不同，起重要影响的反应也不同，下面分别讨论之。

(1) $M_\infty=10\sim13$的情形

此时$\tilde{V}'_\infty$的影响较小，主要化学反应为(2)(4)(6)(5)。由于三体碰撞的几率比二体碰撞小，在某些情况下三体碰撞反应可以忽略，此时(3.2)中最后一个相似参数将不重要，起作用的相似参数是

$$M_\infty,\ V_\infty,\ \rho_\infty L \tag{3.4}$$

如果逆向反应已发展到重要的地步，因为逆向反应中包含不可忽视的三体碰撞反应，则(3.2)中后一相似参数起作用，于是流场的相似参数为

$$M_\infty,\ V_\infty,\ \rho_\infty L,\ \rho_\infty \tag{3.5}$$

如果流动的化学反应处于平衡状态，相似参数为

$$M_\infty,\ V_\infty,\ \rho_\infty \tag{3.6}$$

(2) $M_\infty>13\sim15$的情况

此时流动开始进入与M_∞无关的极限状态，因此相似参数M_∞可以忽略。在此Mach范围内，化学反应(2)(3)(4)(5)(6)(7)(9)均需考虑。因此如果存在逆向反应次要的情况，相似参数应为

$$\tilde{V}'_\infty,\ V_\infty,\ \rho_\infty L \tag{3.7}$$

如果正、逆反应均重要，相似参数为

$$\tilde{V}'_\infty,\ V_\infty,\ \rho_\infty L,\ \rho_\infty \tag{3.8}$$

如果反应处于化学平衡状态，相似参数为

$$\tilde{V}'_\infty, V_\infty,\ \rho_\infty \tag{3.9}$$

根据以上分析，可以看出，要实验模拟真实空气的流动，除了相似参数M_∞，$\tilde{V}'_\infty$外，对平衡流，必须要求分别模拟参数V_∞，ρ_∞。对于非平衡流，还要再附加一个模拟参数$\rho_\infty L$，显然这是极为困难的，特别非平衡流动，要求全尺寸的模拟实验。

四、简单的结论

通过以上研究，我们有以下结论：

1．在$T<10000$ K的范围内，空气主要由O_2，N_2，NO，N，O，NO^+，e^-等7种成分组成，主要化学反应为(1)—(9)。在此情况下，除物面相似参数$(1/\gamma M_\infty^2)$ (T_w/T_∞) c_{iw}外，流动的相似参数为：

(1) 对于非平衡流

$$M_\infty,\ \tilde{V}'_\infty,\ V_\infty,\ \rho_\infty,\ \rho_\infty L \tag{4.1}$$

(2) 对于平衡流

$$M_\infty,\ \tilde{V}'_\infty,\ V_\infty,\ \rho_\infty \tag{4.2}$$

(3) 对于反应(2)(3)(4)中，逆反应可以忽略的情况

$$M_\infty,\ \tilde{V}'_\infty,\ V_\infty, \rho_\infty L \tag{4.3}$$

2．如果所研究的真实空气的流动，$M_\infty=10\sim13$，则$\tilde{V}'_\infty$可以从(4.1)、(4.2)、(4.3)中略去。如果$M_\infty>13$，则M_∞可从(4.1)、(4.2)(4.3)中略去。

3．和无化学反应的空气动力实验模拟相比较，对于化学平衡的流动，增加了V_∞，ρ_∞两个模拟参数。对于化学非平衡流动，还要再增加一个模拟参数$\rho_\infty L$，显然，地面实验模拟真实空气的流动是困难的，特别非平衡流，需进行全尺寸的模拟实验。

4．物面相似参数$(1/\gamma M_\infty^2)$ (T_w/T_∞)是重要的，如果物面是完全催化的，还必须考虑相似参数c_{iw}。

5．对于正逆化学反应全为两体碰撞的非平衡情况，流场的相似参数为

$$M_\infty, \tilde{V}'_\infty,\ V_\infty,\ \rho_\infty L$$

对于平衡情况，相似参数为：

$$M_\infty,\ \tilde{V}'_\infty,\ V_\infty$$

参 考 文 献

[1] Young, J.C., et al.: AIAA paper 81-2476, (1981).

[2] Griffith, B.J., et al.: *J.Spacecraft*, **24**, 4.(1987), 334～341.

[3] Neumann, R.D., "Experimental methods for hypersonics; Capabilities and Limitations", The Second joint Europe/US short course in hypersonics, January 19, (1989).

[4] Koppenwallner, G., "Simulation facilities and measurement technigues for hypersonic rarefied flow", The second Joint Europe/US short Course in Hypersonics, January 18, (1989).
[5] "Pre-Operational Aerodynamic Design Data Book, volume IL, Orbiter Vehicle", edited by W.R.Russell, Rockwell International, SD72-SH-0060, (1982).

THE SIMILARITY LAW FOR REAL GAS FLOW

Zhang Hanxin
(China Aerodynamic Research and Development Center)

Abstract For a real gas flow, Chemical processes as well as viscous interactions must be simulated. In this paper, we consider that the air in the high temperature regions in the flow field consists of seven species and there are seven chemical reactions. Based on the Navier-Stokes equations for real gas flow the similarity law is given, and the simulated parameters for the frozen, nonequilibrium and equilibrium chemistry are explored.

Key words real gas, similarity flow, simulated parameters.

收集到的张涵信院士及合作者发表的论文

(一) 以第一作者发表在学报、国际刊物的论文

1 张涵信.近代高超气体动力学现状．力学学报, 1963, 6(4):249-284.

2 张涵信.高超声速运动中的熵层问题．航空学报, 1964, 1(2):20-43.

3 张涵信.高超声速运动中第二激波形成的条件．力学学报, 1965,8(4):316-322.

4 张涵信，余泽楚，陆林生，马占奎.超声速、高超声速粘性气体分离流动的数值解法．力学学报, 1981,4(3):333-346.

5 张涵信，陆林生，余泽楚，马占奎.超声速和高超声速二维层流分离流动的数值解法．空气动力学学报, 1981, 1.

6 张涵信，余士杰.自由分子流气动实验的模拟理论．空气动力学学报, 1982, 2:49-59.

7 张涵信，陆林生，余泽楚.超声速、高超声速粘性气体分离流动的显、隐式差分解法．空气动力学学报, 1983,4(1).

8 张涵信，陆林生，余泽楚，马占奎.超声速、高超声速粘性分离流动的混合反扩散差分解法．应用数学与力学, 1983,4(1).

9 Zhang Hanxin.A mixed antidissipative method solving NS equations.Advance in Computational Engineering Mechanics, Collected paper of China-U.S. workshop, 1983.

张涵信，求解 NS 方程的混合反扩散方法，中美工程力学进展会议论文集，光华出版社，1983.

10 Zhang Hanxin. An explicit-implicit method for numerical solution of supersonic and hypersonic separated flow.Proceedings of the Second Asian congress of fluid mechanics, 1983.

张涵信.超声速、高超声速分离流动的显、隐式数值方法.第二届亚洲流体力学会议论文集，科学出版社, 1983.

11 张涵信，陆林生，余泽楚.分离点附近流线的性状及分离判据．力学学报, 1983, 3.

12 张涵信.二维分离流动的通用分离判据．力学学报, 1983, 6.

13 张涵信.差分计算中激波上、下游解出现波动的探讨．空气动力学学报, 1984, 1:12-19.

14 张涵信.求解 NS 方程的一个简单隐式方法．空气动力学学报, 1984, 4.

15 张涵信.三维定常粘性分离流动的分离条件及分离线附近流动的性状．空气动力学学报, 1985, 1:1-12.

16 张涵信.三维定常粘性流动中分离线的性状——建筑在边界层方程上的分析．空气动力学学报, 1985, 4:1-8.

17 Zhang Hanxin. The behavior of separation line and separation criterion in 3-D steady flow.Proceedings of the third Asian congress of fluid mechanicsz, 1985.

张涵信.三维定常流动的分离判据及分离线的性状，第三届亚洲流动力学会议论文集，科学出版社, 1985.

18 张涵信.分离流动研究进展．航空学报, 1985, 6(4):301-312.

19 Zhang Hanxin, Zheng Min. A mixed antidissipative method solving 3-D separated

flow.Lecture Notes in physics, 1986, 264.

张涵信，郑敏.求解三维分离流动的混合反扩散方法.物理演讲纪要，1986, 264.

20 张涵信，陆林生，余泽楚，郑敏.超声速三维粘性分离流动的反扩散解法. 空气动力学学报, 1986, 4(3):251-257.

21 张涵信.分离线上的奇点以及分离线的性状. 空气动力学学报, 1987, 5(1):1-10.

22 张涵信.分离流动数值模拟的几个问题. 力学进展, 1987, 3.

23 张涵信.反扩散隐式方法的新发展.清华大学工程力学与工程热物理学术会议论文集，清华大学出版社, 1988.

24 张涵信，余泽楚，耿为群.三维控制翼周围粘性分离流动的数值模拟. 空气动力学学报, 1988, 1.

25 Zhang Hanxin. Advances in the study of separated flow.ACTA mechanica sinica, 1988,2:93-111.

张涵信.分离流动研究进展，(北京国际流体力学会议大会邀请报告). 力学学报(英文版), 1988, 2:93-111.

26 张涵信.无波动、无自由参数的耗散差分格式. 空气动力学学报, 1988, 6(2):143-165.

27 张涵信.真实气体流动的相似规律. 空气动力学学报, 1990, 8(1):124-128.

28 Zhang Hanxin, Fu Lin.NND scheme and numerical simulation for viscous free jet flow.Acta mechanica, 1990, 3.

29 张涵信，姚慧，高树椿，沈清.钝锥超声速粘性绕流的推进求解方法. 空气动力学学报, 1990, 3.

张涵信.粒子侵蚀实验的相似规律. 空气动力学学报, 1990, 8(2):124-128.

30 Zhang Hanxin, Ye Youda. Explicit NND schemes solving Euler equations.4-th Symposium on CFD, Japan, 1990.

31 Zhang Hanxin. Implicit NND scheme.Applied Mathematics and Mechanics, 1991, 12(1).

32 张涵信，刘君.超声速平流中横向喷流场的激波－涡结构的数值模拟. 空气动力学学报, 1991, 9(1):8-13.

33 张涵信，高树椿.钝锥大攻角超声速分离流场的数值模拟及其分析. 空气动力学学报,1991, 9(2).

34 张涵信.求解气动方程的混合反扩散方法. 力学进展, 1991, 21(3):284-296.

35 张涵信.三维定常分离流和涡运动的定性分析研究. 空气动力学学报, 1992, 10(1):8-20.

36 Zhang Hanxin, Zhuang Fenggan. NND schemes and their applications to numerical simulation of two and three dimensional flows.Advances in Applied Mechanics, 1992, 29.

37 Zhang Hanxin. Numerical simulation of three dimensional separated flow and applications of topological theory.Advances in Science of China Mechanics, 1991, 11(1):59-80.

38 张涵信，邓小刚.三维定常分离流和涡运动的定性分析研究. 空气动力学学报，1992, 10(1).

39 张涵信，黎作武.高超声速层流尾迹的数值模拟.力学学报, 1992, 24(4):389-399.

40 张涵信，贺国宏.高精度差分求解气动方程的几个问题. 空气动力学学报,199311(4):347-356.
41 张涵信.旋涡流动中某些分叉现象的研究.现代流体力学进展,科学出版社, 1993:40-53.
42 张涵信.三维分离流动的拓扑分析研究.自然科学进展, 1994, 4(2): 229-231.
43 张涵信，陈坚强，高树椿.H_2/O_2 燃烧的超声速非平衡流动的数值模拟. 宇航学报, 1994,2:14-24.
44 张涵信，黄洁.带尖针杆的钝体粘性绕流的数值模拟. 航空学报, 1994, 15(5):519-525.
45 张涵信.多孔介质中热对流的分叉机理研究. 力学学报, 1994, 26(2).
46 张涵信.旋涡沿轴线的非线性分叉. 空气动力学学报, 1994, 12(3):243-251.
47 Zhang Hanxin. Development of numerical algorithms solving Navier-Stokes equations.Proceedings of Asian workshop on CFD, 1994.
48 Zhang Hanxin. Numerical simulation of hypersonic viscous flows around reentry vehicle.Proceedings of the Sino-Russian hypersonic flow conference, 1994.
49 张涵信.亚、超声速旋涡流动特征的定性分析. 空气动力学学报, 1995, 13(3):259-264.
50 Zhang Hanxin. Numerical simulation and physical analysis.First Asian CFD conference, Hong Kong Conference Proceedings, 1995, 1:101-107.(Invited lecture).
51 Zhang Hanxin. Analytical study of three-dimensional separated flows.Progress in natural science, 1995, 5(2).
52 张涵信.分离流和涡运动横截面流态的拓扑. 空气动力学学报, 1997, 15(1):1-12.
53 张涵信.细长锥体有攻角绕流对称流态到非对称流态的结构稳定性研究. 空气动力学学报, 1997, 15(1):20-26.
54 张涵信，李沁，庄逢甘.关于建立高阶差分格式的问题. 空气动力学学报, 199816(1):14-23.
55 张涵信.我国计算空气动力学发展中存在的问题及其对策.世界科技研究与发展, 1998, 20(6)：32-34.
56 张涵信，冉政.圆锥低超声速有攻角绕流非对称涡的数值模拟与非线性分叉研究. 空气动力学学报, 1999, 17(2).
57 张涵信，呙超，宗文刚.网格与高精度差分计算问题, 网格与高精度算法问题. 力学学报, 1999, 31(4).
58 张涵信，冉政，呙超，周伟江.关于飞船动态稳定问题. 空气动力学学报, 1999,17(2).
59 张涵信，国义军.垂直于物面横截面流态的拓扑. 空气动力学学报, 2000, 18(1):1-13.
60 张涵信.关于非定常流动的计算问题.第六届全国流体力学会议论文集(邀请报告), 气象出版社，北京, 2000.
61 张涵信.时间发展的二维混合层的物理分析和数值模拟. 空气动力学学报，2000，18(增刊):38-51.
62 张涵信，庄逢甘.与物理分析相结合的计算流体力学.钱学森技术科学思想与力学，国防工业出版社，北京, 2001.
63 张涵信，袁先旭，叶友达，谢昱飞.飞船返回舱俯仰振荡的动态稳定性研究. 空气动力学学报, 2002, 20(3):247-259.

64 Zhang Hanxin. On problems to develop physical analysis in CFD.CFD Journal, 2002, 10(4).

65 张涵信，袁先旭，谢昱飞，叶友达.不带稳定翼飞船返回舱俯仰动态稳定性研究. 空气动力学学报, 2004, 22(2):130-134.

66 Zhang Hanxin, Yuan Xianxu. Physical analysis and numerical simulation for unsteady dynamic stability of reentry capsules.CFD Journal, 2004, 13(4):153-161.

67 张涵信，沈孟育.基于动态演化的最优化方程.近代空气动力学研讨会论文集，北京：中国宇航出版社, 2005: 49-53.

68 Zhang Hanxin. Spurious oscillation of finite difference solutions near shock waves and a new formulation of "TVD" scheme.11th International Conference on Numerical Methods in Fluid Dynamics Volume 323 of the series Lecture Notes in Physics, 2005:302-305.

69 张涵信，刘伟，谢昱飞，叶友达. 后掠三角翼的摇滚及其动态演化问题. 空气动力学学报, 2006, 24(1):5-9.

70 Zhang Hanxin, Zhang Zhao, Yuan Xianxu, Liu Wei, Xie Yufei, Ye Youda. Physical analysis and numerical simulation for the dynamic behaviour of vehicles in pitching oscillations or rocking motions.Sci China Ser E-Tech SCI Aug. 2007 , 50(4): 385-401.

71 张涵信，罗俊荣.超声速剪切层的混合问题. 空气动力学学报, 2007, 25(z2):53-62.

72 张涵信.关于 CFD 计算结果的不确定度问题. 空气动力学学报, 2008, 26(1):47-49+90.

73 张涵信.《近代高温气体动力学研讨会》论文集序. 空气动力学学报, 2009, 27(z1).

74 张涵信，查俊.关于 CFD 验证确认中的不确定度和真值估算. 空气动力学学报，2010, 28(1):39-45.

75 张涵信，张树海，田浩，张来平，李沁.三维可压缩非定常流的壁面分离判据及其分离线附近的流动形态. 空气动力学学报, 2012, 30(4):421-430+463.

76 张涵信，周恒.对《空气动力学学报》的希望. 空气动力学学报, 2014, (5).

77 Zhang Hanxin, Zhang Laiping, Zhang Shuhai, Li Qin. Some Recent Progress of High-Order Methods on Structured and Unstructured Grids in CARDC, ICCFD8, 2014.

(二) 与他人合作发表在学报和刊物上的部分论文

1 陆林生, 马占奎, 余泽楚, 张涵信. 三维层流分离流动的 Navier-Stokes 方程的数值解法. 空气动力学学报, 1982, 4.

2 庄逢甘, 张涵信.计算空气动力学的回顾和发展. 力学进展, 1983, 13(1).

3 余泽楚, 陆林生, 马占奎, 张涵信.超声速二维湍流分离流动的数值解法. 空气动力学学报, 1983, 1.

4 庄逢甘, 张涵信.分离流动研究进展. 空气动力学学报, 1984, 4.

5 庄逢甘, 张涵信.求解气动方程的空间推进迭代法. 空气动力学学报, 1987, 3.

6 沈清, 顾刚民, 高树椿,张涵信. NND格式在航天飞机头部段NS方程求解中的应用. 空气动力学学报, 1989, 2.

7 郑敏, 张涵信.无波动、无自由参数的耗散差分格式(NND)在喷流计算中的应用. 空气动力学学报, 1989, 3.

8 叶友达, 郭智权, 高树椿,张涵信.航天飞机无粘性绕流的无波动、无自由参数格式的数值计算. 空气动力学学报, 1989, 3.

9 沈清, 高树椿,张涵信.钝锥大攻角超声速分离流场的数值模拟. 空气动力学学报, 1991, 9(1).

10 邓小刚, 张涵信.数值研究平板方舵激波－湍流边界层干扰. 力学学报, 1993, 25, (6).

11 庄逢甘, 张涵信.数值模拟与解析分析. 计算流体力学的理论、方法和应用. 科学出版社, 1－12.

12 Zhuang Fenggan, Zhang Hanxin. Physical analysis and computational fluid dynamics.CFD Journal, 1994:2(4). (Japan)

13 贺国宏, 张涵信.飞船高超声速粘性绕流的数值模拟. 空气动力学学报, 1994, 12(3).

14 郑哲敏, 周恒, 张涵信, 黄克智, 白以龙. 21 世纪初的力学发展趋势.力学与实践, 1996, 18(1).

15 张来平, 张涵信. NND 格式在非结构网格中的推广. 力学学报, 1996, 28(2).

16 黎作武, 张涵信.绕 Apolo 飞船的高超声速化学非平衡流动的数值模拟. 力学学报, 1996, 28(1).

17 张树海, 张涵信.朱国林.跨、超声速三角翼背风区旋涡运动的数值模拟. 空气动力学学报, 1997, 15(1).

18 贺国宏, 张涵信.带配平翼钝体高超声速粘性绕流的数值模拟. 空气动力学学报, 1997,15(4).

19 陈坚强, 张涵信, 高树椿.超声速气流中轴向涡强化混合及燃烧的数值模拟.推进技术, 1997, 8(5):27-31.

20 Zhuang Fenggan, Zhang Hanxin. High order schemes, hybrid grids and numerical simulation of the flow field. Proceedings of the Seventh International Symposium on computational Fluid Dynamics, Beijing, 1997:93-98.

21 He Guohong,Zhang Hanxin. Numerical simulation of hypersonic flow over complex aerodynamic configurations. Proceedings of the Seventh International Symposium on CFD, Beijing, China, 1997.

22 Zhang Laiping, Zhang Hanxin, Gao Shuchun. A cartesianunstructured hybrid grid solver and Its applications to 2D/3D complex inviscid flow fields. Proceedings of the Seventh International Symposium on CFD, Beijing, China, 1997.

23 Chen Jianqiang, Zhang Hanxin, Gao Shuchun. The reacting flows in the 2-D scramjet combustor. Proceedings of the seventh International Symposium on CFD, Beijing, China, 1997.

24 Ran Zheng, Zhang Hanxin. Numerical simulation of asymmetric separated flows about sharp cones in a supersonic stream. Proceedings of the Seventh International Symposium on CFD, Beijing, Chian, 1997.

25 Zhang Lumin, Liu Wei, Yuan Xianxu, Zhang Hanxin. Numerical caculation of dynamic stability derivatives for capsule-type re-entry vehicle. Proceedings of the Seventh International Symposium on CFD, Beijing, Chian, 1997.

26 Li Qin, Zhang Hanxin, Gao Shuchun. A hybrid fourth order scheme and boundary conditions based on characteristic propagation and their applications.The Third Asia Computational Fluid Dynamics Conference, 1998.

27 陈坚强，张涵信，高树椿.冲压加速器燃烧流场的数值模拟. 空气动力学学报，1998, 16(3).

28 张来平, 张涵信，高树椿.矩形/非结构混合网格技术及在二维/三维复杂无粘流场数值模拟中的应用. 空气动力学学报, 1998, 16(1).

29 张来平，张涵信.复杂无粘流场数值模拟的矩形/三角形混合网格技术. 空气动力学学报, 1998, 30(1):104-108.

30 冉政，张涵信.细长圆锥低超声速绕流尾迹时空演化特性的研究. 空气动力学学报，1999, 17(2).

31 张来平，呙超，张涵信，高树椿.任意平面域的三角形网格和混合网格生成. 空气动力学学报, 1999, 17(1):8-14.

32 张涵信，呙超，宗文刚.网格与高精度差分计算问题. 力学学报, 1999, 31(4).

33 李志辉, 张涵信.稀薄流到连续流的气体运动论统一数值算法初步研究. 空气动力学学报, 2000, 18(3):251-259.

34 李沁，张涵信，高树椿.一种混合型四阶格式、基于特征的边界条件及应用. 空气动力学学报, 2000, 18(2).

35 李沁，张涵信，高树椿.关于超声速剪切流动的数值模拟. 空气动力学学报，2000，18(增刊).

36 国义军，张涵信，高树椿，桂业伟.旋转钝锥高超声速绕流的数值模拟与定性分析研究. 空气动力学学报, 2000, 18(增刊).

37 Li Zhihui, Zhang Hanxin. Numerical investigation from rarefield transition flow to continuum

by solving the Boltzmann model equation. Proceedings of the 3rd Sino-Japan Computational Fluid Dynamics Workshop, Mianyang, 2000: 71-76.

38 Li ZuoWu, Zhang Hanxin. Criterion for grid arrangement in hypersonic viscous flow simulation. Proceedings of the 3rd Sino-Japan Computational Fluid Dynamics Workshop, 2000.

39 Li Qin, Zhang Hanxin. Vortexes merging in temporal developing and spatial developing shear layer where *M*c=0.5.Proceedings of the 4th Asian Computational Fluid Dynamics Conference, 2000, Mianyang, Sichuan.

40 ZhangLaiping, Yang Yongjian, Zhang Hanxin. Numerical simulations of 3D inviscid/viscous flow fields on cartesian/unstructured/prismatic hybrid grids.Special Lecture, the 4th Asian CFD Conference, Sep. 2000, Mianyang, Sichuan, Chian, 93-101.

41 Yuan Xianxu, Zhang Hanxin, Ye Youda. A comparison of implicit subiteration methods for numerical simulation of unsteady viscous flowfield. Proceedings of the 4th Asia Computational Fluid Dynamics, 2000.

42 Ye Youda, Zhang Hanxin, Yuan Xianxu, Pang Yong. Numerical simulations of viscous flowfield of maneuverable vehicle with rudder. Proceedings of the 4th Asian Computational Fluid Dynamics, 2000.

43 Deng Xiaogang, Zhang Hanxin. Developing high-order weighted compact nonlinear schemes.Journal of Computational Physics, 2000, 165(1): 22-44.

44 Li Zuowu, Zhang Hanxin. The heat prediction of space shuttle with CFD. Proceedings of the 4th Asian Computational Fluid Dyanmics, 2000.

45 Li Zhihui, Zhang Hanxin. Study on gas kinetic algorithm for flows from rarefield transition to continuum.Rarefield Gas Dynamics 22th, Sandia, Austria, 2000.

46 陈坚强，张涵信，高树椿.激波诱导混合增强数值研究．计算物理, 2002, 19(5):22-44.

47 李志辉，张涵信.稀薄流到连续流的气体运动论模型方程算法研究．力学学报，2002, 34(2):145-155.

48 宗文刚，邓小刚，张涵信.双重加权实质无波动激波捕捉格式．空气动力学学报，2003, 24(2).

49 杨永健，张来平，张涵信.多体干扰及多体分离数值计算方法研究．空气动力学学报，2003, 24(2).

50 杨永健，张来平，张涵信.混合网格下计算格式研究．空气动力学学报, 2003, 24(2).

51 Ren Yu-xin, Liu Miao'er, Zhang Hanxin. A characteristic wise hybrid compact weno scheme for solving hyperbolic conservation lams.JCP, 2003, 192:365-386.

52 Zhuang Fenggan, Zhang Hanxin, Li Qin. The unsteady development of the disturbance in two dimensional supersonic shear layer.CFD Journal, 2004, 13(4).

53 Liu Miao'er, Ren Yu-xin, Zhang Hanxin. A class of fully second order accurate projection methods for solving the incompressible Navier-Stokes equations.JCP, 2004, 20(1):325-346.

54 Li Zhihui, Zhang Hanxin. Gas kinetic algorithm using Boltzmann model equation.Computers

and Fluids, 2004, 33(7):967-991.

55 Li Zhihui, Zhang Hanxin. Study on gas kinetic unified algorithm for flows from rarefied transition to continuum.Journal of Computational Physics, 2004, 193(2):708-738.

56 袁先旭, 张涵信, 谢昱飞, 叶友达.非定常数值模拟方法的发展及其在动态绕流中的应用.空气动力学学报, 2004, 22(4).

57 张来平, 王志坚, 张涵信.动态混合网格生成及隐式非定常计算方法. 力学学报, 2004, 36(6).

58 Li Zuowu,Zhang Hanxin. Study on the unified algorithm for flows from rarefied transition to continuum using Boltzmann model equation.Computational Fluid Dynamics Journal, 2004, 13(4).

59 李志辉, 符松, 张涵信.气体运动论数值算法在微槽道流中的应用研究.计算力学学报, 2004, 21(3):264-271.

60 刘淼儿, 任玉新, 张涵信.不可压流动的二阶迭代投影法.清华大学学报, 2004, 44(5).

61 Ye Youda, Wang Zhenya, Lu Sheng, Zhang Hanxin. Numerical simulation of aerodynamic characteristics of airbreathing hypersonic vehicle with Euler equations.Computational Fluid Dynamics Journal, 2004, 13(2).

62 刘伟, 张涵信.后掠三角翼的摇滚及其动态演化问题. 近代空气动力学研讨会论文集, 北京:中国宇航出版社, 2005.

63 袁先旭, 张涵信, 谢昱飞. 基于 CFD 方法的俯仰静、动导数数值计算. 空气动力学学报, 2005, 23(4).

64 刘伟, 张涵信. 细长机翼摇滚的数值模拟及物理特性分析. 力学学报, 2005, 37(4).

65 刘淼儿, 任玉新, 张涵信. 求解不可压 Navier-Stokes 方程的三阶精度投影方法. 清华大学学报, 2005, 45(2).

66 刘淼儿, 任玉新, 张涵信. 非交错网格上不可压流动中的近似投影方法. 空气动力学学报, 2005, 23(3).

67 李志辉, 张涵信. 基于 Boltzmann 模型方程的气体运动论统一算法研究. 力学进展, 2005, 35(4).

68 李志辉, 张涵信, 符松. 用于 Poiseuille 等微槽道流的 Boltzmann 模型方程算法研究.中国科学 G 辑, 2005, 35(3).

69 He Lixing, Zhang Laiping, Zhang Hanxin. A finite element/finite volume mixed solver and applications on heat flux prediction.Computational Fluid Dynamics 2006, 695-700.

70 李志辉, 张涵信. 基于 Boltzmann 模型方程不同流区复杂三维绕流 HPF 并行计算. 航空学报, 2006, 27(2).

71 袁湘江, 涂国华, 张涵信, 沈清. 激波边界层的相互作用对扰动波传播的影响.空气动力学学报, 2006, 24(1).

72 刘淼儿, 任玉新, 张涵信. 数值求解不可压缩流动的投影方法研究进展. 力学进展, 2006, 36(4).

73 叶友达, 卢笙, 王发民, 张涵信.高升阻比飞行器气动特性数值模拟研究.气体物理研究,

2006, 1:39-45.

74 贺立新, 张来平, 张涵信. 间断Galerkin有限元和有限体积混合计算方法研究. 力学学报, 2007, 39(1).

75 贺立新, 张来平, 张涵信.任意单元间断 Galerkin 有限元计算方法研究. 空气动力学学报, 2007, 25(2).

76 张来平, 常兴华, 段旭鹏, 张涵信.基于动态混合网格的双鱼串列巡游数值模拟. 空气动力学学报, 2007, 25(z1).

77 袁先旭, 张涵信, 谢昱飞.飞船返回舱再入俯仰动稳定吸引子数值仿真. 空气动力学学报, 2007, 25(4).

78 张兆, 沈孟育, 张涵信.基于非结构 Cartesian 网格的电磁散射场计算. 清华大学学报, 2007, 47(11).

79 张来平, 段旭鹏, 常兴华, 王振亚, 张涵信.基于动态混合网格的不可压非定常流计算方法. 力学学报, 2007, 39(5).

80 谢昱飞, 刘金合, 张涵信.发射飞行器头部两种流态的分析及计算研究. 空气动力学学报, 2007, 25(z1).

81 张来平, 段旭鹏, 常兴华, 王振亚, 张涵信.基于动态混合网格的鱼体巡游数值模拟. 空气动力学学报, 2007, 25(z2).

82 李志辉, 张涵信.激波结构内流动问题的气体运动论描述. 空气动力学学报, 2007, 25(4)

83 邓小刚, 刘昕, 毛枚良, 张涵信.高精度加权紧致非线性格式的研究进展. 力学进展, 2007, 37(3).

84 张来平, 常兴华, 段旭鹏, 张涵信.三鱼群游流动干扰及其减阻机理的数值研究.水动力学研究与进展 A 辑, 2007, 22(6).

85 邓小兵, 张涵信, 李沁.三维方柱不可压缩绕流的大涡模拟计算. 空气动力学学报, 2008, 26(2).

86 石清, 张涵信, 李桦.复杂外形飞行器热流的 NND 有限元数值计算方法研究与应用. 空气动力学学报, 2008, 26(z1).

87 袁湘江, 张涵信, 沈清, 涂国华.钝体头部边界层特征谱分析和转捩途径预测. 空气动力学学报, 2008, 26(z1).

88 张来平, 段旭鹏, 常兴华, 王振亚, 张涵信.基于动态混合网格的双鱼串列巡游数值模拟. 空气动力学学报, 2008, 26(z1).

89 刘伟, 杨小亮, 张涵信, 邓小刚.大攻角运动时的机翼摇滚问题研究综述. 力学进展, 2008, 38(2).

90 李志辉, 张涵信.求解 Boltzmann 模型方程的气体运动论大规模并行算法. 计算物理, 2008, 25(1).

91 周恒, 张涵信, 崔尔杰.有关力学工作的一些反思. 力学进展, 2008, 38(1).

92 叶友达, 罗天宁, 卢笙, 张涵信.基于动态边界控制的优化方法在高升阻比气动外形优化中的初步应用. 空气动力学学报, 2009, 39(z1).

93 张来平, 段旭鹏, 常兴华, 王振亚, 张涵信.基于 Delaunay 背景网格插值和局部网格重构的变形体动态混合网格生成技术. 空气动力学学报, 2009, 27(1).
94 张来平, 常兴华, 段旭鹏, 张涵信.鱼类“钻石”状群游流动干扰及其减阻机理的数值研究. 空气动力学学报, 2009, 27(4).
95 张来平, 常兴华, 段旭鹏, 张涵信.小型昆虫“合拢-打开”运动机制的增升机理数值研究. 空气动力学学报, 2009, 27(2).
96 刘君, 白晓征, 张涵信, 郭正.关于变形网格“几何守恒律”概念的讨论.航空计算技术, 2009, 39(4).
97 Deng Xiaogang, Mao Meiliang, Tu Guohua, Zhang Yifeng, Zhang Hanxin. Extending weighted compact nonlinear schemes to complex grids with characteristic-based interface conditions. AIAA Journal, 2010:48(12),2840-2851.
98 李志辉, 张涵信.跨流域三维复杂绕流问题的气体运动论并行计算. 空气动力学学报, 2010, 28(1).
99 张来平, 邓小刚, 张涵信.动网格生成技术及非定常计算方法进展综述. 力学进展, 2010, 40(4).
100 Wang Zhijian, Shi Lei, Fu Song, Zhang Hanxin, Zhang Laiping. A PNPM-CPR Framework for Hyperbolic Conservation Laws, AIAA 2011-3227.
101 Deng Xiaogang, Mao Meiliang, Tu Guohua, Liu Huayong, Zhang Hanxin. Geometric conservation law and applications to high-order finite difference schemes with stationary grids.Journal of Computational Physics, 2011, 230(4):1100-1115.
102 张来平, 刘伟, 贺立新, 邓小刚, 张涵信.一种新的间断侦测器及其在 DGM 中的应用. 空气动力学学报, 2011, 29(4).
103 Deng Xiaogang, Mao Meiliang, Tu Guohua, Zhang Hanxin, Zhang Yifeng. High-order and high accurate CFD methods and their applications for complex grid problems.Communications in Computational Physics, 2012, 11(4):1081-1102.
104 刘伟, 张来平, 赫新, 贺立新, 张涵信.基于 Newton/Gauss-Sedel 迭代的 DGM 隐式方法. 力学学报, 2012, 44(4).
105 Zhang Laiping, Liu Wei, He Lixin, Deng Xiaogang, Zhang Hanxin. A class of hybrid DG/FV methods for conservation laws I: Basic formulation and one-dimensional systems.JCP, 2012,231(4): 1081-1103.
106 周恒, 张涵信.号称经典物理留下的世纪难题“湍流问题”的实质是什么?中国科学:物理学力学天文学, 2012, 01:1-5.
107 Zhang Laiping, Liu Wei, He Lixin, Deng Xiaogang, Zhang Hanxin. A class of hybrid DG/FV methods for conservation laws II: Two-dimensional cases.JCP, 2012, 231(4):1104-1120.
108 李沁, 张涵信.超声速钝锥三维分离条件的数值分析. 空气动力学学报, 2013, 31(6).
109 Sun Dong, Li Qin, Zhang Hanxin. Detached-eddy simulations on massively separated flows over a 76/40° double-delta wing.Aerospace Science and Technology, 2013, 20(1):33-45.

110 Zhang Shuhai, Li Hu, Liu Xuliang, Zhang Hanxin, ShuChiwang. Classification and sound generation of two-dimensional interaction of two Taylor vortices.Phys. Fluids 2013, 25:056103.

111 李沁，孙东，郑永康，张涵信.一类中心型三阶格式及应用. 空气动力学学报, 2013, 31(4).

112 孙东，陈江涛，李沁，张涵信.混合型三阶格式及关于两种 DES 算法的比较计算研究. 空气动力学学报, 2013, 31(4).

113 Deng Xiaogang, Mao Meiliang, Liu Huayong, Tu Guohua, Zhang Hanxin. Further studies on geometric conservation law and applications to high-order finite difference schemes with stationary grids. Journal of Computational Physics, 2013(239), 90-111.

114 李志辉，彭傲平，吴俊林，张涵信.稀薄气体自由分子流到连续流跨流域气动力热绕流统一算法研究.载人航天, 2013, 19(2).

115 张来平，贺立新，刘伟，李明，张涵信.基于非结构/混合网格的高阶精度格式研究进展. 力学进展, 2013, 43(2).

116 Deng Xiaogang, Zhu Huajun, Min Yaobing, Liu Huayong, Mao Meiliang, Wang Guangxue, Zhang Hanxin. Symmetric conservative metric method: a link between high order finite-difference and finite-volume schemes for flow computations around complex geometries. Eighth International Conference on Computational Fluid Dynamics (ICCFD8), Chengdu, China, July, 2014:14-18.

117 张来平，李明，刘伟，赫新，张涵信.基于非结构/混合网格的高阶精度DG/FV混合方法研究进展. 空气动力学学报, 2014, 32(6).

118 李志辉，吴俊林，蒋新宇，张涵信.含转动非平衡效应 Boltzmann 模型方程统一算法与跨流域绕流问题模拟研究. 空气动力学学报, 2014, 32(2).

119 袁先旭，陈琦，何琨，谢昱飞，张涵信.再入飞行器俯仰动态失稳的分叉理论与计算分析. 空气动力学学报, 2015, 33(2).

120 李明，刘伟，张来平，张涵信.高阶精度 DG/ FV 混合方法在二维粘性流动模拟中的推广. 空气动力学学报, 2015, 33(1).

121 周恒，张涵信.空气动力学的新问题.中国科学：物理学力学天文学, 2015, 45:104709.

(三) 发表在学术会议上的部分论文

1 张涵信. 无波动、无自由参数的耗散差分格式.第四届全国计算流体力学会议, 浙江杭州, 1988.

2 张涵信, 叶友达. Explicit NND Scheme Solving Euler Equations. 日本第四届数值流体动力学会议, 日本东京, 1990, 12.

3 叶友达, 郭智权, 张涵信. Numerical simulation for 3-D flows using NND schemes. 第十三届国际计算与应用数学会议, 爱尔兰都柏林, 1991, 7.

4 叶友达, 张涵信, 郭智权. 航天飞机简化外形无粘流场的数值模拟. 第六届全国高超声速空气动力学学术会议, 四川广元, 1991, 6.

5 沈清, 高树椿,张涵信. 航天飞机简化外形高超声小攻角粘性绕流的数值模拟.第六届全国计算流体力学会议, 福建武夷山, 1992.

6 叶友达, 张涵信, 高树椿,郭智权. 航天飞机简化外形的气动特性. 计算流体力学的理论、方法和应用, 第六届全国计算流体力学会议论文集, 科学出版社, 1992.

7 毛枚良, 叶友达, 张涵信. 航天飞机轨道器高超声速无粘流场的数值模拟. 计算流体力学的理论、方法和应用, 第六届全国计算流体力学会议论文集, 科学出版社, 1992.

8 张涵信. 旋涡流动中某些分叉现象的研究.第二次非线性流体力学研讨会, 北京, 1992.

9 毛枚良, 叶友达, 张涵信. 复杂外形高超音速无粘绕流流场数值模拟. 第六届全国流体力学数值方法讨论会, 山东济南, 1993, 8.

10 叶友达, 张涵信. Numerical simulation of hypersonic inviscid around the HERMES configuration. 第二届北京国际流体力学会议, 北京, 1993, 7.

11 叶友达, 张涵信. 绕 HERMES 外形高超声速无粘流动的数值模拟. 第七届全国高超声速空气动力学学术会议, 山西太原, 1993, 8.

12 叶友达, 张涵信. 飞船返回舱无粘流场的数值模拟. 第七届全国高超声速空气动力学学术会议, 山西太原, 1993, 8.

13 叶友达, 毛枚良, 张涵信. 三维复杂高超声速无粘流场的数值模拟. 第六届全国流体力学数值方法讨论会, 山东济南, 1993, 8.

14 叶友达, 黎作武, 张涵信. Numerical simulation of hypersonic flowfield. 第一届亚洲计算流体动力学讨论会, 四川绵阳, 1994, 9.

15 刘君, 张涵信. 对超音速自由剪切层的数值模拟和理论分析.第七届全国计算流体力学会议, 浙江温州, 1994.

16 张涵信, 叶友达, 黎作武, 贺国宏. Numerical simulation of hypersonic flows over spaceship. 中俄高超声速讨论会, 北京, 1994, 7.

17 贺国宏, 张涵信. 飞船粘性绕流的数值计算及分析.第七届全国计算流体力学会议, 浙江温州, 1994.

18 陈坚强, 张涵信. 求解 H_2/O_2 燃烧超声速非平衡流的对角化方法.第七届全国计算流体力学会议, 浙江温州, 1994.

19 叶友达，高树椿,张涵信．类联盟号飞船气动特性的数值计算.第八届全国高超声速流学术讨论会，青海西宁，1995, 8.

20 叶友达，高树椿,张涵信．飞船返回舱气动特性数值模拟研究．中国宇航学会返回与再入专业委员会 1996 年学术会，1996.

21 叶友达，高树椿,张涵信．真实气体效应对飞船返回舱气动特性的影响．第八届全国计算流体力学会议，浙江普陀山，1996.

22 张涵信，庄逢甘．关于建立高阶精度差分格式的问题.第八届全国计算流体力学会议，浙江普陀山，1996.

23 宗文刚，张涵信．基于 NND 格式、ENN 格式的高阶紧致格式.第九届全国计算流体力学会议，云南景洪，1998.

24 贺国宏，张涵信．高超声速钝体热流数值计算研究.第九届全国计算流体力学会议，云南景洪，1998.

25 冉政，张涵信．细长锥体低超声速绕流问题的研究进展.第九届全国计算流体力学会议 1998 .

26 冉政，张涵信．锥体有攻角绕流背风区对称轴线压力场结构研究.第九届全国计算流体力学会议，云南景洪，1998.

27 叶友达，袁先旭，张涵信.一种二阶非定常 NS 方程隐式求解方法.第二届海峡两岸计算流体力学学术研讨会，四川绵阳，1999, 9.

28 李志辉，张涵信．稀薄流利到连续流的气体运动论算法研究.第十届全国高超声速气动力(热)学术交流会，云南大理，1999.

29 张来平，呙超，杨永健，张涵信．一种求解粘性绕流的三棱柱/非结构/直角坐标混合网格技术.第十届全国高超声速气动力(热)学术交流会，云南大理，1999.

30 袁先旭，张涵信，叶友达．非定常NS方程隐式求解方法及其在高超声速气动弹性计算中的应用.第十届全国高超声速气动力(热)学术交流会，云南大理，1999.

31 张涵信，宗文刚，呙超．网格与高精度差分计算问题.郭永怀先生诞辰九十周年纪念大会，北京，1999.

32 Zhang Hanxin. On problems to develop physical analysis in CFD.Proceedings of the Fourth Asian Computational Fluid Dynamics Conference, 2000.

33 黎作武，张涵信．高超声速航天飞行器气动热特性的数值模拟.第十届全国计算流体力学会议，四川绵阳，2000.

34 袁先旭，张涵信，叶友达．耦合飞行器运动的非定常粘性流场的数值模拟.第十届全国计算流体力学会议，四川绵阳，2000.

35 叶友达，张涵信，袁先旭，庞勇．带控制舵的机动飞行器粘性流场的数值模拟.第十届全国计算流体力学会议，四川绵阳，2000.

36 李沁，张涵信，高树椿．Mc=0.5 的时间发展与超声速空间发展剪切流动的旋涡合并.第十届全国计算流体力学会议，四川绵阳，2000.

37 刘金合，张涵信，宋明德．塞式喷管无粘流场计算.第十届全国计算流体力学会议，四川绵阳，2000.

38 张来平, 呙超, 杨永健, 张涵信, 高树椿.计算流体力学研究进展.第十届全国计算流体力学会议, 四川绵阳, 2000.

39 张涵信, 李沁, 宗文刚, 张来平. 计算流体力学中发展物理分析的几个问题.力学 2000 学术大会, 北京, 2000.

40 李志辉, 张涵信. 从稀薄流到连续流的统一数值算法研究.第十届全国计算流体力学会议, 四川绵阳, 2000.

41 张来平, 呙超, 杨永健, 张涵信, 高树椿. 用混合网格数值模拟机动弹复杂流场.第十届全国计算流体力学会议, 四川绵阳, 2000.

42 沈清, 张涵信. 二维超声速混合层流动间歇结构的数值分析(Mc=0.5).第十届全国计算流体力学会议, 四川绵阳, 2000.

43 Li Zhihui, Zhang Hanxin. Study on gas kinetic algorithm for flows from rarefied transition to continuum.AIP Conference Proceedings, 2001.

44 李沁, 张涵信, 高树椿. Mc=0.4、0.5 的剪切流动的旋涡合并的压力频谱分析.全国流体力学青年研讨会, 江苏无锡, 2001.

45 张来平, 杨永健, 张涵信. 混合网格上的高分辨率数值计算方法和自适应技术研究.全国流体力学青年研讨会, 江苏无锡, 2001.

46 周恒, 张涵信. 流体力学的基础研究.自然、工业与流动——第六届全国流体力学学术会议, 2001.

47 张来平, 徐庆新, 张涵信, 朱国林. 非结构网格及混合网格复杂无粘流场并行计算方法研究.863 计划智能计算机主题学术会议, 北京, 2001.

48 张来平, 杨永健, 张涵信. 结构和非结构混合网格高分辨率有限体积格式.钱学森技术科学思想与力学, 北京, 2001.

49 叶友达, 张涵信, 袁先旭.流态变化对再入飞行器气动特性的影响.第十一届高超声速气动力(热)学术交流会论, 浙江, 2001, 9.

50 袁先旭, 张涵信, 叶友达.高超声速尖、钝锥动态气动特性粘性数值计算.第十一届高超声速气动力(热)学术交流会, 浙江, 2001, 9.

51 叶友达, 张涵信, 袁先旭. 考虑流态变化的再入飞行器粘性流场的数值模拟.全国流体力学青年研讨会, 江苏无锡, 2001.

52 罗俊荣, 沈清, 张涵信. 二维超声速非线性混合过程分析.全国流体力学青年研讨会, 江苏无锡, 2001.

53 任玉新, 刘淼儿, 张涵信. 守恒型迎风紧致格式.第十一届全国计算流体力学会议, 河南洛阳, 2002.

54 袁先旭, 张涵信, 叶友达, 谢昱飞. 跨声速翼型颤振非线性 Hopf 分叉过程数值模拟.第十一届全国计算流体力学会议, 河南洛阳, 2002.

55 杨永健, 张来平, 高树椿,张涵信. 多体干扰气动特性数值模拟方法研究.第十一届全国计算流体力学会议, 河南洛阳, 2002.

56 袁先旭, 张涵信, 叶友达, 谢昱飞. 飞船返回舱强迫/自激俯仰振荡粘性绕流数值模拟.全国第九届分离流会议, 北京, 2002.

57 张航，刘金合，国义军. 弹体高超声速绕流流态随攻角的演化.全国第九届分离流会议，北京, 2002.

58 张树海，张涵信，朱国林. 低速三角翼背风区旋涡破裂的起始及演变过程.全国第九届分离流会议，北京, 2002.

59 张来平，王志坚，张涵信. 基于动态混合网格的隐式非定常计算方法.全国流体力学青年研讨会，陕西西安, 2003.

60 叶友达，王振亚，卢笙，张涵信. 高超声速飞行器一体化流场数值模拟研究.全国流体力学青年研讨会，陕西西安, 2003.

61 沈清，袁湘江，张涵信. 三维平面超声速剪切层失稳结构和混合增强的数值模拟.全国流体力学青年研讨会，陕西西安, 2003.

62 刘淼儿，任玉新，张涵信. 求解不可压 N-S 方程的一类完全二阶精度投影方法.全国流体力学青年研讨会，陕西西安, 2003.

63 叶友达，王振亚，卢笙，张涵信，张来平.高超声速飞行器一体化外形的气动特性研究.第十二届高超声速气动力(热)学术交流会,吉林延边, 2003, 9.

64 李志辉，符松，张涵信. 微槽道流动的 Boltzmann 模型方程算法研究.空气动力学前沿问题研讨会论文集. 北京：中国宇航出版社, 2003.

65 刘淼儿，任玉新，张涵信. 求解不可压缩 N-S 方程的二阶投影方法.空气动力学前沿问题研讨会论文集. 北京：中国宇航出版社, 2003.

66 袁先旭，叶友达，张涵信，谢昱飞. 一种时空二阶精度的迭代 NND 算法、加权动网格生成技术及其在动态物体绕流中的应用.空气动力学前沿问题研讨会论文集. 北京：中国宇航出版社, 2003.

67 叶友达，王振亚，卢笙，张涵信. 高超声速飞行器机体/推进系统一体化外形的数值模拟研究.空气动力学前沿问题研讨会论文集. 北京：中国宇航出版社, 2003.

68 李志辉，张涵信. 从稀薄流到连续流的HPF并行算法研究.空气动力学前沿问题研讨会论文集. 北京：中国宇航出版社, 2003.

69 张涵信，袁先旭，谢昱飞，叶友达，庄逢甘. 关于非定常动稳定性的数值模拟和物理分析研究.第四届海峡两岸计算流体力学学术研讨会 2003.

70 耿湘人，张涵信，沈清，高树椿. 高速飞行器流场与固体结构温度场一体化计算新方法研究及其应用.空气动力前沿研究论文集，北京：中国宇航出版社, 2003.

71 张涵信，袁先旭，谢昱飞，叶友达.关于建立非定常非线性动态稳定系统的问题.空气动力前沿研究论文集，北京：中国宇航出版社, 2003.

72 叶友达，王振亚，卢笙，张涵信，张来平.高超声速飞行器机体推进系统一体化流场数值模拟.空气动力学前沿问题研讨会论文集. 北京：中国宇航出版社, 2003.

73 袁湘江，张涵信，沈清. 局部大扰动诱导转捩的物理机理研究.空气动力学前沿研究，北京：中国宇航出版社, 2003.

74 袁先旭，张涵信，叶友达，谢昱飞.类“潘兴”导弹滚转运动时非定常气动力与静态气动力差异的数值研究.第十二届高超声速气动力(热)学术交流会，吉林延边, 2003.

75 张涵信，袁先旭，谢昱飞，叶友达.再入飞船动态稳定性的物理分析及数值模拟.第四届海峡两岸计算流体力学学术研讨会，云南昆明, 2003.

76 Ren Yu-xin, Liu Miao'er, Zhang Hanxin. A hybrid compact-WENO scheme for solving hyperbolic conservation laws.第四届海峡两岸计算流体力学学术研讨会，云南昆明, 2003.

77 袁湘江，张涵信，沈清，高树椿. 钝体头部大扰动转捩的直接数值模拟.第四届海峡两岸计算流体力学学术研讨会，云南昆明, 2003.

78 叶友达，王振亚，卢笙，张涵信. 高超声速吸气式飞行器数值模拟研究.第四届海峡两岸计算流体力学学术研讨会，云南昆明, 2003.

79 Liu Miao'er, Ren Yuxin, Zhang Hanxin. A third-order accurate projection method for incompressible Navier-Stokes equations. Proceedings of Fourth Asia workshop on Computational Fluid Dynamics, 2004.

80 张来平，杨永健，王振亚，张涵信. 混合网格上的湍流模型应用研究.中国空气动力学会近代空气动力学研讨会, 2004.

81 袁先旭，张涵信，谢昱飞. 基于非定常流场数值模拟的俯仰阻尼导数计算方法.中国空气动力学会近代空气动力学研讨会, 2004.

82 沈清，袁湘江，张涵信. 超声速自由剪切层二次失稳过程的数值模拟. 中国空气动力学会近代空气动力学研讨会, 2004.

83 张涵信，沈孟育. 基于动态演化的最优化方法. 中国空气动力学会近代空气动力学研讨会, 2004.

84 张来平，杨永健，王振亚，高树椿,张涵信. 计算空气动力学中的非结构网格和混合网格技术及应用.中国空气动力学会全国工业空气动力学学术会议，湖南长沙, 2004 .

85 张涵信，袁先旭，刘伟，谢昱飞. 大攻角非定常流的动态演化问题.首届全国航空航天领域中的力学问题学术研讨会, 2004.

86 李志辉，张涵信.基于 Boltzmann 模型方程三维绕流问题 HPF 并行计算.首届全国航空航天领域中的力学问题学术研讨会, 2004.

87 刘伟，张涵信. 机翼自由滚转运动的 Hopf 分岔及数值模拟.首届全国航空航天领域中的力学问题学术研讨会, 2004.

88 刘伟，赵海洋，谢昱飞，张涵信. 高精度 WNND 格式的构造、验证及在流动定性分析中的应用.第十二届全国计算流体力学会议，陕西西安, 2004.

89 谢昱飞，张涵信，袁先旭，叶友达.非对称分离诱发的细长锥锥摆运动的计算.第十二届全国计算流体力学会议，陕西西安, 2004.

90 袁湘江，张涵信，沈清，高树椿. 利用紧致格式捕捉间断的数值方法研究.第十二届全国计算流体力学会议，陕西西安, 2004.

91 刘伟，张涵信.细长机翼摇滚的非线性动力学分析及数值模拟.第十二届全国计算流体力学会议论文，陕西西安, 2004.

92 王振亚，卢笙，叶友达，张涵信.非结构网格分区以及并行计算技术研究.第十二届全国计算流体力学会议论文，陕西西安, 2004.

93 袁先旭，张涵信，叶友达，谢昱飞. 类"联盟号"飞船返回舱(光体)俯仰静、动态气动特性的数值模拟.第十二届全国计算流体力学会议，陕西西安, 2004.

94 张来平，杨永健，张涵信．子母弹分离数值模拟.第十二届全国计算流体力学会议，陕西西安, 2004.

95 王振亚，卢笙，叶友达，张涵信．非结构网格分区技术研究.第十二届全国计算流体力学会议，陕西西安, 2004.

96 张涵信. 2020 年中国空气动力学发展研究.2020 年中国科学和技术发展研究(下), 2004.

97 谢昱飞，张涵信，袁先旭，叶友达．非对称分离诱发的细长圆锥锥摆运动的计算.第十二届全国计算流体力学会议，陕西西安, 2004.

98 李志辉，张涵信，符松．Boltzmann 模型方程数值算法对 Poiseuille 等微槽道流计算验证.第十二届全国计算流体力学会议，陕西西安, 2004.

99 沈清，袁湘江，张涵信．*Mc*=0.5 的超声速平面自由剪切层中二维涡横向失稳产生流向涡的数值模拟，第十二届全国计算流体力学会议，陕西西安, 2004.

100 沈清，罗俊荣，张涵信.二维超声速粘性剪切层演化过程分析.第十二届全国计算流体力学会议，陕西西安, 2004.

101 张涵信，贺立新，张来平．流体力学有限元和有限体积算法的联系.第十二届全国计算流体力学会议，陕西西安, 2004.

102 叶友达，卢笙，张涵信．高升阻比飞行器气动布局研究.第十二届全国计算流体力学会议，陕西西安, 2004.

103 张涵信，谢昱飞．圆锥有攻角低超声速绕流的非对称分离结构及诱导的锥运动.第十届全国分离流、旋涡和流动控制会议，江苏南京, 2004.

104 叶友达，张涵信.飞船返回舱气动特性的数值模拟研究.载人航天工程气动研究，北京, 2004, 5.

105 Liu Wei, Zhao Haiyang, Xie Yufei, Zhang Hanxin. High-order WNND scheme and Itsapplication in topological structure analysis of hypersonic flow around liftbody.17TH AIAA Computational Fluid Dynamics Conference, 2005.

106 Deng Xiaogang, Liu xin, Mao Meiliang, Zhang Hanxin. Investigation on weighted compact fifth-order nonlinear scheme and applications to complex flow.17TH AIAA Computational Fluid Dynamics Conference, 2005.

107 王振亚，叶友达，张涵信，吴介之．高超声速飞行器前体外形边界涡量流分析.全国高超声速气动力(热)学术交流会，安徽黄山, 2005.

108 王振亚，卢笙，叶友达，张涵信．高超声速一体化飞行器前体气动力特性分析.全国高超声速气动力(热)学术交流会，安徽黄山, 2005.

109 李志辉，张涵信．高超声速绕流问题 Boltzmann 模型方程算法研究.全国高超声速气动力(热)学术交流会，安徽黄山, 2005.

110 贺立新，张来平，张涵信．任意单元间断 Galerkin 有限元计算方法研究.全国高超声速气动力(热)学术交流会，安徽黄山, 2005.

111 张来平，张涵信．三维动态混合网格技术及非定常计算方法.全国流体力学青年研讨会，四川绵阳, 2005.

112 李志辉，张涵信．各流域三维复杂绕流问题气体运动论统一算法研究.全国流体力学青年研讨会, 四川绵阳, 2005.
113 张涵信, 崔尔杰. 庄逢甘院士传略与学术成就简介. 中国空气动力学会近代空气动力学研讨会, 北京, 2005.
114 袁湘江, 张涵信, 沈清, 涂国华. 激波、分离等复杂流动现象对扰动波传播的影响. 中国空气动力学会近代空气动力学研讨会, 北京, 2005.
115 叶友达, 卢笙, 张涵信. 高超声速远程机动飞行器气动特性研究. 中国空气动力学会近代空气动力学研讨会, 北京, 2005.
116 刘伟, 张涵信. 细长机翼摇滚的数值模拟及物理特性分析. 中国空气动力学会近代空气动力学研讨会, 北京, 2005.
117 谢昱飞, 张涵信, 袁先旭, 叶友达. 差分算法对称性的理论分析.中国力学学会学术大会, 2005.
118 谢昱飞, 张涵信, 袁先旭, 叶友达. 差分算法对称性分析的数值验证.中国力学学会学术大会, 2005.
119 李志辉, 张涵信. 稀薄流到连续流气体流动问题统一算法研究.中国力学学会学术大会, 2005.
120 叶友达, 卢笙, 张涵信. 高超声速远程滑翔机动飞行器气动布局研究.中国力学学会学术大会, 2005.
121 袁湘江, 沈清, 张涵信, 涂国华. 超音速边界层中小激波现象的机理研究.中国力学学会学术大会, 2005.
122 常兴华, 段旭鹏, 王振亚, 张涵信. 基于动态混合网格的鱼体巡游数值模拟.第十一届全国分离流、旋涡和流动控制会议, 2006.
123 张涵信, 罗俊荣. 超声速剪切层的混合问题.第十一届全国分离流、旋涡和流动控制会议, 2006.
124 李沁, 邓小兵, 张涵信. 三维超声速弱含旋射流混合层的数值模拟研究.第十一届全国分离流、旋涡和流动控制会议, 2006.
125 黎作武, 张涵信. 高超声速前向喷射流动的减阻特性研究.第十一届全国分离流、旋涡和流动控制会议, 2006.
126 张涵信, 谢昱飞, 刘金合. 分离流中若干问题的分析研究.第十一届全国分离流、旋涡和流动控制会议, 2006.
127 叶友达, 卢笙, 张涵信, 王发民. 高超声速高升阻比飞行器气动特性数值模拟研究.中国第一届近代空气动力学与气动热力学会议, 四川绵阳, 2006.
128 袁湘江, 张涵信, 沈清, 涂国华. 钝体头部边界层-逾越-型转捩机理研究.中国第一届近代空气动力学与气动热力学会议, 2006.
129 庄逢甘, 崔尔杰, 张涵信. 未来空间飞行器的某些发展和空气动力学的任务(代序).中国第一届近代空气动力学与气动热力学会议, 四川绵阳, 2006.
130 袁先旭, 张涵信, 谢昱飞. 飞船返回舱再入俯仰动稳定吸引子数值仿真.中国第一届近代空气动力学与气动热力学会议, 四川绵阳, 2006.
131 黎作武, 张涵信. 高超声速气动热高精度计算方法研究.中国第一届近代空气动力学与气动热力学会议, 四川绵阳, 2006.
132 袁湘江, 张涵信, 沈清.涂国华. 钝体头部边界层"逾越"型转捩机理研究.中国第一届近代空气动力学与气动热力学会议, 四川绵阳, 2006.
133 谢昱飞, 张涵信, 叶友达. 细长圆锥超声速绕流非对称分离的计算与分析.中国第一届近代空气动力学与气动热力学会议, 四川绵阳, 2006.
134 张涵信, 邓小刚. 内点、边界、网格与物理分析相结合的非定常模拟.中国第一届近代空气动力学与气动热力学会议, 四川绵阳, 2006.
135 李沁, 张涵信, 罗俊荣. *M*ac=0.8 的三维时间发展混合层的小激波结构与旋涡发展.中国第一届近代空气动力学与气动热力学会议, 四川绵阳, 2006.
136 张涵信, 沈清. 2005 年度可压缩湍流研究进展概述.中国第一届近代空气动力学与气动热力学会议, 四川绵阳, 2006.
137 李志辉, 张涵信. 基于介观 Boltzmann 模型方程各流域空气动力学问题计算研究.中国第一届近代空气动力学与气动热力学会议, 四川绵阳, 2006.
138 常兴华, 张来平, 张涵信. 柔性变形体动态网格生成方法.中国第一届近代空气动力学与气动热力学会议, 四川绵阳, 2006.
139 袁湘江, 张涵信, 沈清, 涂国华. 高速钝体绕流边界层失稳机理研究.庆祝中国力学学会成立 50 周年暨中国力学学会学术大会, 2007.
140 邓小刚, 张毅锋, 毛枚良, 张涵信. 高阶精度格式加速收敛研究. 庆祝中国力学学会成立 50 周年暨中国力学学会学术大会, 2007.
141 张来平, 常兴华, 段旭鹏, 王振亚, 张涵信. 小昆虫“clap-fling”运动机制的数值模拟. 庆祝中国力学学会成立 50 周年暨中国力学学会学术大会, 2007.
142 李志辉, 张涵信. 各流域三维复杂绕流问题气体运动论统一算法研究与应用. 庆祝中国力学学会成立 50 周年暨中国力学学会学术大会, 2007.
143 张来平, 常兴华, 段旭鹏, 王振亚, 张涵信. 基于动态混合网格的双鱼串列巡游数值模拟. 非定常空气动力学研讨会, 2007.
144 叶友达、罗天宁、张涵信.基于动态边界控制的优化方法在高超声速飞行器气动外形优化中的初步应用.近代高温气体动力学研讨会, 2008, 5.
145 袁湘江, 张涵信, 沈清, 涂国华. 钝体头部边界层特征谱分析和转捩途径预测.非定常空气动力学研讨会, 2007.
146 张涵信, 庄逢甘, 张现峰.三维非定常流的壁面分离的判则.第十四届全国计算流体力学会议, 贵阳, 2009.
147 邓小兵, 张涵信, 李沁. 与数值稳定滤波统一的大涡模拟显式滤波方案.第十四届全国计算流体力学会议, 贵阳, 2009.
148 张树海, 张涵信, Chi-Wang Shu. 非定常旋涡破裂的拓扑结构研究.第十四届全国计算流体力学会议, 贵阳, 2009.
149 袁湘江, 张涵信, 沈清, 涂国华. 轴对称流动抛物化稳定性研究.第十四届全国计算流体力学会议, 贵阳, 2009.
150 沈清, 张涵信, 庄逢甘. 可压缩湍流数值计算研究进展概述.第十四届全国计算流体力学会议, 2010.

151 李志辉, 彭傲平, 张涵信.气体运动论高阶格式在一维二维流动问题计算研究.第十四届全国计算流体力学会议, 2010.

152 李志辉, 张涵信, 彭傲平, 蒋新宇. 求解Boltzmann模型方程跨流域复杂飞行器绕流统一算法研究.第三届全国高能量密度物理会议暨第十五届中国空气动力学物理气体动力学学术交流会, 银川, 2011.

153 李志辉, 吴俊林, 彭傲平, 张涵信.考虑转动非平衡效应 Boltzmann 模型方程统一算法应用研究.第八届海峡两岸航空航天学术研讨会, 2012.

154 邓小刚, 刘化勇, 张涵信. 一类新的高阶混合型加权紧致非线性格式的构造.第十三届现代数学和力学学术会议(MMM-XIII)暨钱伟长诞辰 100 周年纪念大会, 上海, 2012.

155 叶友达, 张涵信. 高速高空机动飞行器的动稳定性.第十三届现代数学和力学学术会议(MMM-XIII)暨钱伟长诞辰 100 周年纪念大会, 上海, 2012.

156 李沁, 郭启龙, 孙东, 张涵信.基于带宽优化和非线性技术的新四阶、五阶格式.第十五届全国计算流体力学会议, 2012.

157 郭启龙, 李沁, 张涵信.二维混合层旋涡与小激波声场的比较计算研究. 第十五届全国计算流体力学会议, 烟台, 2012.

158 孙东, 李沁, 张涵信. 双三角翼大范围分离与旋涡亚结构数值模拟分析.第十五届全国计算流体力学会议, 烟台, 2012.

159 李沁, 张涵信.高阶格式色散关系过冲和逆耗散问题的再研究.第十五届全国计算流体力学会议, 2012.

160 刘伟, 张来平, 赫新, 贺立新, 张涵信.高阶精度DG/FV格式隐式计算方法研究.第十五届全国计算流体力学会议, 2012.

161 张树海, 张涵信. 高阶精度/高分辨率格式设计及其在复杂多尺度流中的应用.第十五届全国计算流体力学会议, 烟台, 2012.

162 李沁, 孙东, 张涵信. 76 / 40°双三角翼新型横流涡与流动机理分析.第十五届全国计算流体力学会议, 烟台, 2012.

163 吴俊林, 李志辉, 彭傲平, 张涵信. 考虑转动非平衡效应Boltzmann模型方程统一算法对跨流域一维/二维绕流计算验证.第十五届全国计算流体力学会议, 山东烟台, 2012.

164 郑永康, 李沁, 张涵信. 一类中心型三阶格式在热流计算中的应用.第十五届全国计算流体力学会议, 山东烟台, 2012.

165 叶友达, 张涵信, 张现峰. 高空高速飞行器强迫俯仰运动的滚转特性数值模拟研究. 第十五届全国计算流体力学会议, 烟台, 2012.

166 张来平, 刘伟, 李明, 赫新, 张涵信. 基于混合网格的高阶精度 DG/FV 混合算法及其隐式格式.第七届全国流体力学学术会议, 2012.

167 叶友达, 张涵信, 张现峰. 高速飞行器高空滚转特性数值模拟研究.第七届全国流体力学学术会议, 2012.

168 李志辉, 吴俊林, 彭傲平, 张涵信. 考虑转动非平衡效应Boltzmann模型方程统一算法与跨流域绕流问题模拟研究.第七届全国流体力学学术会议, 2012.

169 Liu Xiuliang, Zhang Shuhai, Zhang Hanxin, Chi-Wang Shu. A new class of central compact schemes with spectral-like resolution and its application to the interaction of two isentropic vortices.中国力学大会, 2013.

170 叶友达、田浩、张现峰、张涵信.飞行器单自由度滚动分析及实验和数值模拟验证.第十四届全国分离流、旋涡和流动控制会议, 2013, 10.

171 田浩、叶友达、张现峰、张涵信.急滚俯仰拉起的稳定性分析.第十四届全国分离流、旋涡和流动控制会议, 北京, 2013, 10.

172 张来平, 刘伟, 李明, 张涵信. 基于非结构/混合网格的高阶精度 DG/FV 混合格式研究进展.中国力学大会, 2013.

173 Li Zhihui, Wu Junlin, Ma Qiang, Jiang Xinyu, Zhang Hanxin. Gas-kinetic unified algorithm for hypersonic flows covering various flow regimes solving Boltzmann model equation in nonequilibrium effect.American Institute of Physics Conference Series, 2014.

174 叶友达、张涵信.高超声速空气动力学的发展及思考.香山科学会议第 508 次学术讨论会"新型航天器中的力学问题"的中心议题评述报告, 北京, 2014, 10.

175 叶友达、张涵信.临近空间高速飞行的气动特性模拟.国家自然科学基金委第 119 期双清论坛"多学科中的 Navier-Stokes 方程研究：需求、途径与发展"(邀请报告), 上海, 2014, 9.

176 郭启龙, 李沁, 张涵信, 二维混合层旋涡诱导小激波的声辐射数值模拟研究.第十六届全国计算流体力学会议, 2014.

177 李沁, 郭启龙, 张涵信.三维混合层转捩过程声场特性的数值模拟.第十六届全国计算流体力学会议, 2014.

178 李沁, 郭启龙, 孙东, 刘朋欣, 张涵信.基于新线性和非线性优化的四阶对称型 WENN 格式.第十六届全国计算流体力学会议, 2014.

179 叶友达, 余平, 安复兴, 张涵信. 高超声速滑翔飞行的转捩问题.第八届全国流体力学学术会议, 2014.

(四) 著　　作

- 张涵信, 沈孟育.计算流体力学——差分方法的原理和应用. 北京：国防工业出版社, 2003.
- 张涵信.分离流与旋涡运动的结构分析.北京：国防工业出版社, 2005.